JN336239

素数夜曲
女王陛下のLISP

素数夜曲

女王陛下のLISP

東海大学出版部

Invitations of The Queen of Mathematics:
(cons Primes LISP)
YOSHIDA Takeshi
Tokai University Press,2012
Printed in Japan

ISBN978-4-486-01924-4

増補改訂版・序

　本書は，平成六年 (1994) 年に上梓された『素数夜曲・女王の誘惑』の増補改訂版である．著者の，著者にとっての"壮大な計画"の一翼を担う作品であり，特に『オイラーの贈物』『虚数の情緒』の二著と連繋したものである．

　旧版出版は，Windows95 の発売以前であり，ネット環境も普及しておらず，暗号もキャッシュカードの暗証番号程度の認識しか持たれていなかった．従って，公開鍵暗号も一般にはほとんど知られておらず，また関連する啓蒙書の類も少なかったこともあって，暗号の専門家からも望外の評価を頂いた．

　訳あって絶版にしたが，"計画"の中に占める位置を失ったのではない．もし復刊が叶うなら，その際には「居るべき位置に居られる」ように，そう考えて様々な準備をしてきた．そして，本書においてそれが実現したのである．

　本書は，旧版を下敷きにした前半部，即ち**夜の一般講演を模した本体**と，**昼の大学での講義を模した附録**からなる――両者では文体も変えている．

　整数論は，具体的な計算においてその真の姿を現す．ガウスや高木貞治が強調したように，帰納においてその神秘を垣間見せる．全てはそこから始まる．

　四則計算を決して軽んじなかったガウスはその結果，四則計算だけでは決して到達出来ない高みに立つことが出来た．現代のガウスは，果たして何を為すべきか．個人でコンピュータが持てる時代，二十四時間，その気になれば何時でもソフトが無料で手に入り，その瞬間から自分自身の手足として使える時代に，これを利用しない選択は有り得ない．現代の"四則"は計算機実験である．

　従って，復刊においては，旧で果たせなかった計算機工学との融合を狙い，数学と計算機の隙間の無い連繋を目指すことが，著者の目標となった．この種の試みにおいて，執筆者を悩ませる最大の問題は言語の選定である．本書ではLISP 系言語の一方言である **Scheme** を選んだ．内容的には高校生なら充分に，中学生でも部分的には理解が出来，楽しめるものとなっている．適切な指導を受けられるなら，小学校高学年でも扱える題材は幾つもある．

　また，計算機専攻の学生諸君には，数学的な内容の理解の為に前半が，理学専攻の学生諸君には，計算機工学の理論的背景を知り得る後半が，興味深いのではないかと推察する．ただし両者に境目は無い，不可分一体のものとして楽しんで頂きたい．**二十一世紀のガウスは日本から**」それが合言葉である．

　　　　　　　本書の"景観と散策の手引"は目次後，特徴は p.847 に記載．

第0夜　♪♪♪　梟は黄昏に飛翔する

——さて，これから九夜連続で数学の基礎について御講演頂くわけでございますが，ここで簡単に本講演の主旨を御説明させて頂きます．通常は，講師略歴等を御紹介するところですが，「**あらゆる先入観を取り除いて，目の前にある数学的内容に没頭して頂きたい**」との担当講師の強い希望によりまして，御紹介等は省略させて頂きます．ここでは資料として御配りしております，担当講師の考え方，教育への取り組み方等を記したものを読み上げさせて頂きます．

♭♮♯♭♮♯♭♮♯

　これから，皆さんに数学を楽しむ方法についてお話したいと思います．履歴書の趣味の欄に，音楽鑑賞や美術鑑賞と書く人は多くおられますが，数学を趣味として書く人はあまりおられません．実際，人類文化の中で，最も敬遠されているものが数学なのかもしれません．「単純な四則計算以上の数学は，生きる上で役立つものではない」と断じる方までおられます．何故，こうまで数学が目の敵にされるのでしょうか．

　ところで，その数学を生業とする数学者の中には，音楽の愛好家が非常に多いのです．また，数学をその表現手段として用いる物理学者にも音楽好きは多くいます．彼らは，音楽と数学をほぼ同様の感覚で楽しんでいるように見えます．そこで，数学嫌いを自認される一般の人達にも，音楽を楽しむように数学を楽しんでもらえないだろうか，と考えて今回の講演を企画致しました．

　それでは，多少強引な比較になることを承知の上で音楽と数学の比較検討からはじめましょう．「ある少年の嘆き」を御紹介致します．

音楽が大好きで，一日中音楽を聞きながら仕事や勉強をしておられる方は非常に多くおられます．少年もそういう音楽に囲まれた生活をしていたのですが，彼自身，振り返って見た時に，学校の音楽の時間は嫌いだったそうです．
　何故嫌いかといえば，まず中学校の音楽の先生が嫌いであったこと，そしてその先生が尊敬しているという「ベートーベン」の世の不幸を一人で背負っているかの如き肖像画に嫌悪感を覚えたことがはじまりだったそうです．
　それにさらに拍車を掛けたのが，彼にとって永遠に利用不能と思われた楽典の授業でした．意味不明の楽典の講義が終ると，先生はピアノを弾いて，その和音は何かと質問されるのです．ところが，これが何度聞いてもすべて同じに聞こえる．当て推量で適当な答をいうと，これが見事にはずれて，「君には聴音の才能がない」と逸早く落伍者の烙印を押されてしまいました．確かにこういう経験を通じて，人は教科を嫌いになっていくのでしょう．

　それからは，お定まりのパターンにはまってしまい，音楽の先生が何をいっても腹が立つ，廊下ですれ違うことさえ許せなくなり，評価は常に最低ランクでした．しかし，ラジオから聞こえて来るビートルズの音楽は誠に胸踊るもので，当時彼と同様の音楽嫌いの仲間の間では，自分達が大嫌いであったはずの音楽に，心ときめかしている自分が恥ずかしくて，「ビートルズは音楽ではなくロックなのだ」と奇妙な理論武装をしていたそうです．
　そして，その後自分達でもバンドを組んで演奏をしようということになり，そのときはじめて，あのビートルズの曲にも譜面があり，やはりその構成は楽

典に乗ったものであることを，実践の中から知らされたのです．このまるで漫画のような経験を経て，当時の音楽の先生に対する負の感情が，彼の心の中から多少なりとも消えて行きました．しかし，今度は逆に，こんなに重要なものを，何故もっと興味を持てるように教えてくれなかったのか，という誠に手前勝手な不満が沸いてきたそうです．

　ブルースを基礎にしたロック・ミュージックは基本的には，三つの和音を演奏できる能力さえあれば，何とか形になるもので，素人バンドのほとんどがロックバンドであるのは，こういう技術上の問題があるわけです．もちろん，それらの和音を音楽的に規則正しいテンポで演奏することは，口で言うほど容易ではありませんが，とにかくこの方法を用いれば，理窟抜きでミュージシャンを気取れます．これで，ボーカルの声質でも良ければ，即バンドコンテストにでも出ようか，ということになります．実際，これほどの大胆不敵さはなくとも，最大限の自己満足を得ることができ，おまけに恋人までできて，音楽はなんと素晴らしいのだろう，というハッピイエンドが待っています．

　こうやって，音楽嫌いの少年は音楽家ではなく，カタカナのミュージシャンになりました．この奇蹟的な現象を支えている要素について反省しますと

　　♪ ロックに理窟は無用と考えていたので，楽典は無視していたこと．
　　♪ 演奏したいと思った楽曲が「カッコイイ」と無条件に思えたこと．
　　　 しかもその曲が，三和音で演奏できる簡単なものであったこと．
　　♪ 憧れのミュージシャンと同じ音を出している満足感があったこと．

などが挙げられます．要するに理窟以前に"感性"が反応したわけです．

　そこで，今述べたことを教育の問題として見直しますと，幾つかの重要なことに気が附きます．箇条書きにしてまとめますと

　　λ 初歩の段階で，理論的，高度に技術的な指導をしないこと．
　　λ 扱う例題は，現実の問題に繋がる拡がりを持っていること．
　　　 しかも簡潔な構成で，下準備の要らないものであること．
　　λ 自らの手で例題を解いた時，そこに驚きや感動があること．

となります．これらが基礎の講義に最も必要な視点ではないでしょうか．

　日本の教育の最大の問題点は「教えすぎ」という一言に集約されるでしょう．充分な理解を得る暇もなく，次から次へ大量の法則，公式，事例などをこ

れでもかと詰め込んで行く．その結果は，二通りに分かれます．

　詰め込みに成功した人は，大学受験まではほぼ良い結果を残し，あたかも人生の成功者であるかのように振る舞えますが，その一方で幅の広い考え方を学ぶ機会を逸する場合が多く，伸び悩む人が多いように思えます．他方，詰め込みに失敗した場合には，大きな挫折感とともに，知的下痢状態とでもいうべき虚脱感に襲われ，学ぶことそれ自体に拒否反応を示す人も出て来ます．どちらの場合も，日本の将来にとって望ましいことではないでしょう．

　特に，詰め込みの低年齢化だけは止めたいものです．学ぶ内容によって，それを学ぶに適切な年齢があります．確かに幼年時に徹底しておかないと，決して身に附かないものもあります．しかし，その一方で覚える必要もないこと，あるいは覚えたことが邪魔になることもあるのです．「絶対に必要な最小限の内容を適切な時期に」，これが基本です．これらを全く無視し，興味の持てない事柄を暗記力を頼りに学習させますと，真に美しいこと，不思議なこと，を感じることができる適齢期になっても感受性が麻痺しています．これでは学問は，無感動な若者を大量に世に送り出すだけの遺物になってしまいます．

　本当に私達はそんなに多くを学ぶ必要があるのでしょうか．「情報化時代」だそうですが，その大半が自分自身にとって「不必要な情報」だとしたら，単に時代に取り残される 焦躁感(しょうそうかん) を増大させるだけでしょう．「国際化時代」とも言いますが，日本人のための中・高等学校で，日本語の授業時間より英語の授業時間のほうが長い学校がぞくぞくと誕生しているのは，どういう理由によるのでしょうか．自国の文化を学ばずして，他国の文化が学べるはずもないのに．

今こそ最大限の勇気を持って，学ぶべき内容を精選する必要があります．もちろん，「授業内容を削減せよ」と主張しているのではありません．先人の残した偉大な遺産に対して，もう少し叮嚀（ていねい）にそれを味わい，感動できる程度の時間的，精神的余裕を持ちたいものだと考えるわけです．一つの方法で解ければ，それで終了ではなく，別の方法があることを，あるいは「別の方法は無いだろうか」と考えさせる時間がほしいのです．その結果，現在行われている授業内容より量的に減ったとしても，その欠落部分は学生本人が各々の興味の度合いに応じて，生涯を掛けて埋めていくのではないでしょうか．

　もし，ここで述べましたような条件を充たし，本物の知的昂奮（こうふん）が得られる例がありましたら，音楽の授業が大嫌いだった少年がバンドを組んだように，数学や物理の授業が嫌いだった方々にも，あたかも音楽を楽しむように，数学を楽しんでもらえるのではないか，と夢の中で考えた次第であります．音符が紙に書かれた音楽の記号であるのと同様に，数式は紙に書かれた数学の記号です．そんなに違いはありません．

　個人的には，音楽の最高の楽しみ方は，下手でもいいから自分で演奏することだと信じておりますが，一方で音楽には，全く他力本願の楽しみ方があります．即ち，自分で演奏したりする積極的方法以外に，ただ演奏される楽曲に身を委ねる方法です．実際，これだけでも随分楽しいし，感動もします．

　しかし，数学においては，この他力本願的な楽しみ方というものが，その本質に迫ろうとすればするほど難しくなるのです．なるほど，数学においても，本を眺めるだけで，定理の美しさに感動し，数の不思議さに昂奮する方もおられるかもしれませんが，そういう能力をお持ちの方は，すでに数学を楽しむ術を身に附けられているわけですから，この議論の対象ではありません．

以上を考慮しまして，今回は自然数を中心とした「初等整数論」に話題を絞ってお話を進めてまいります．整数論の第一歩は，自然数の計算からはじまります．非常に面白く，数の神秘性まで感じられる奥深い学問なのですが，学校数学の課程では，のんびり数の不思議さに感動している暇はないようです．もちろん，数学は数のみを扱うものではありません．基本的な図形を扱う「初等幾何学」なども，先に述べました諸条件を満足する大変重要なものですが，これはまたの機会ということに致したいと存じます．

　これからお話する数の美や調和は，実際に自分の手から導き出してこそ，より深い感動が味わえるものです．数学をはじめるのに何の準備も資金も要りません．若干の好奇心とゲームに興じる程度の根気さえあれば，誰でも幾多の天才数学者が営々と築いてきた素晴らしい結果を，今まで感じたことのないような感激をもって理解することができるのです．これから紹介させて頂く話題を理解するために，特別の知識や才能は必要ありません．買物の計算ができる程度の四則を操る能力があれば充分です．皆さんが，良くご存じの

$$1, 2, 3, 4, 5, 6, 7, 8, 9, \ldots$$

を自然数と呼びますが，この自然数を中心に展開される，数の神秘やそれらを統御している法則の不思議さ，どんな天才の予想をも覆してきた意外性を感じて頂ければ，この講演は大成功ということになります．

　さて，森では梟が鳴く時間になりました．それでは実学であり虚学でもある「複素」学，数学を学ぶことにしましょう．知性は夜に磨かれるのです．

虚軸に沿って連なるゼロの
ζの行方は知らねども
今宵映した素数の姿
消えてくれるな何時までも

素数夜曲
女王陛下のLISP

目次

増補改訂版・序 v
第0夜　梟は黄昏に飛翔する vii

第1夜　**素数のメロディ** 1
  1.1　プロローグ 2
  1.2　ささやかな手品 7
  1.3　砂漠のオアシス 12
  1.4　成功は失敗の子孫である 17
  1.5　ユークリッドの探索 18
  1.6　本日の配布資料・壹 23
        整数論の基本定理 23
        人物紹介 (エラトステネス・ユークリッド) 25

第2夜　**ピタゴラスの調べ** 27
  2.1　教祖誕生 28
  2.2　完全な友情 33
  2.3　少年ガウスのアイデア 37
  2.4　算術の作法 39
  2.5　愛しき三角形 42
  2.6　魂を揺さぶる予想 45
  2.7　重力が作るピタゴラス三角形 47
  2.8　本日の配布資料・貳 49
        人物紹介 (フェルマー) 49

	可視化教具の開発	50

第3夜　自然数のリズム　57
3.1	数のピラミッド	58
3.2	フラクタルな話	65
3.3	不思議の国のうさぎ達	67
3.4	愛の花占い	71
3.5	数 142857 の神秘	73
3.6	ジャックとコラッツの木	76
3.7	本日の配布資料・参	78
	人物紹介 (メルセンヌ・パスカル・フィボナッチ)	78

第4夜　整数のパーティ　81
4.1	数の構造	82
4.2	ゼロの機能	85
4.3	和のこころ	88
4.4	ディオファントスの秘術	96
4.5	ゆるやかに等しく	98
4.6	無限を有限に束ねる	107
4.7	有限の世界の相互関係	114
4.8	奇数を分類する	118
4.9	本日の配布資料・肆	123
	人物紹介 (オイラー)	123

第5夜　マエストロの技　125
5.1	不思議な算術	126
5.2	カードを並べる	135
5.3	カードを配る	143
5.4	冪の三角形	153
5.5	パスカルからフェルマーへ	156
5.6	オイラーの妙技	163
5.7	原始根と指数	171
5.8	整数論の宝石箱	180

5.9	平方剰余の法則	185
5.10	本日の配布資料・伍	195
	人物紹介 (ガウス)	195
	オイラーの函数の総和	196
	ガウスの予備定理	197
	第一・第二補充法則の証明	201
	相互法則の証明	203

第6夜　小数のメリーゴーランド　207

6.1	理のある数とは？	208
6.2	法の支配	211
6.3	巡廻数の不思議	214
6.4	埋めども尽きせぬ	220
6.5	無限を扱うための道具	222
6.6	驚愕の結果	225
6.7	本日の配布資料・陸	228
	循環小数の節の長さ	228

第7夜　切れ目の無い数へ　231

7.1	無理が飛び出す道理を探る	232
7.2	整数に潜む無理数の姿	235
7.3	デデキントの魔法のハサミ	237
7.4	分数の数珠繋ぎ	241
7.5	黄金数	244
7.6	パターンを探せ	248
7.7	無理数のオブリガート	252
7.8	超越数がいっぱい	254
7.9	本日の配布資料・漆	262
	無理数の証明	262

第8夜　異次元への飛翔　265

8.1	数の工場：方程式を解く	266
8.2	法による虚数	271

8.3	虚数，値千金	272
8.4	丸い多角形	275
8.5	多次元の数	279
8.6	オイラーの贈物	286
8.7	複素数から四元数へ	292
8.8	本日の配布資料・捌	298
	二次合同式	298
	原始根と虚数	299
	n次合同式の解	300
	原始根の判定方法	301
	原始根の存在証明	302

第9夜　素数はめぐる　305

9.1	ガウスの絨毯	306
9.2	アイゼンシュタインの蜂の巣	310
9.3	本日の配布資料・玖	314
	無限降下法	314
9.4	エピローグ：公開された暗号	318
	9.4.1　哀しみのスパイ	318
	9.4.2　ようこそ独学研究所へ	319
	9.4.3　屋内射場に轟音は似合わない	322
	9.4.4　巨大素数と公開鍵暗号	325

付録A　プログラミング言語の発見　335

A.1	無から始める	337
	A.1.1　無から括弧へ	338
	A.1.2　括弧から自然数へ	339
A.2	裏で支える集合論	342
	A.2.1　集合の定義	342
	A.2.2　要素から対へ	343
	A.2.3　対から順序対へ	345
A.3	集合を操る	347
	A.3.1　合併	347

	A.3.2	共通部分	348
A.4	命題と論理式		351
	A.4.1	命題	351
	A.4.2	命題論理	352
	A.4.3	論理式の意味	355
	A.4.4	万能結合子	358
A.5	自然数の構造		361
A.6	再帰による定義		364
	A.6.1	自然数の定義	364
	A.6.2	自己言及の定式化	365
	A.6.3	括弧と自然数	367
A.7	函数とラムダ記法		369
	A.7.1	函数の定義と記法	369
	A.7.2	ラムダ記法	371
	A.7.3	ラムダの来歴	372
A.8	リストから始まる		375
A.9	LISP is not LISt Processor		377
	A.9.1	S-表記	377
	A.9.2	リストの定義	378
	A.9.3	用語の多様性	380

付録 B　プログラミング言語の骨格　385

B.1	評価値を得る		386
	B.1.1	REPL	386
	B.1.2	四則計算	388
	B.1.3	一般評価規則	391
B.2	名前と手続		393
	B.2.1	函数の定義	395
	B.2.2	アルファ変換	396
B.3	ラムダ算法		398
	B.3.1	ラムダ項を知る	398
	B.3.2	略記の方法	401

		B.3.3	イータ変換	403
		B.3.4	ラムダ項の定義	403
		B.3.5	コンビネータ	405
		B.3.6	簡約の戦略	407
	B.4	特殊形式		411
		B.4.1	define	413
		B.4.2	lambda	416
		B.4.3	let	419
		B.4.4	引数の書法	421
		B.4.5	引数の無い函数	425
		B.4.6	抽象化の問題	426
		B.4.7	quote	428
		B.4.8	内部と外部	431
		B.4.9	set!	436
		B.4.10	if	441
		B.4.11	特殊形式の意味	443
	B.5	型の確認と構文の拡張		449
		B.5.1	非数値データの型	449
		B.5.2	数値データの型	451
		B.5.3	構文の拡張	453
	B.6	継続		457
		B.6.1	継続渡し形式	457
		B.6.2	継続の生成	460
		B.6.3	継続の機能	463

付録 C		プログラミング言語の拡張		469
C.1		函数を作る		470
	C.1.1	数のリスト		473
	C.1.2	選択肢のある iota		478
	C.1.3	再帰による加算・乗算		481
C.2		ループ不変表明		486
	C.2.1	末尾再帰		486

	C.2.2	逐次平方による冪乗計算	490
	C.2.3	階乗の計算	494
C.3		リストを調べる	496
	C.3.1	恒等函数	496
	C.3.2	要素の抽出	497
	C.3.3	二重再帰	500
	C.3.4	リストの平坦化	502
C.4		高階手続	506
	C.4.1	apply	506
	C.4.2	map による手続の分配	508
	C.4.3	map による手続の入れ子	514
	C.4.4	要素の並べ方	517
	C.4.5	リストによる数値計算	521
	C.4.6	総和と積	523
	C.4.7	文字と数字	531
C.5		データ構造と探索	536
	C.5.1	データ構造	536
	C.5.2	探索の手法	539
C.6		非決定性計算	549
	C.6.1	宣言的知識への移行	549
	C.6.2	機能と定義	550
	C.6.3	具体的な働き	552
C.7		函数型言語の基礎	555
	C.7.1	チャーチの数字	555
	C.7.2	後任函数	557
	C.7.3	加算函数	560
	C.7.4	乗算函数	562
	C.7.5	冪乗函数	564
	C.7.6	条件分岐	567
	C.7.7	前任函数	569
	C.7.8	Y コンビネータ	572
	C.7.9	Y の導出への再帰	577

付録D　女王陛下の LISP　　583

- D.1　組込函数による数値計算 584
- D.2　フィボナッチ数列に学ぶ 590
  - D.2.1　再帰の動き 590
  - D.2.2　一般項の計算 596
  - D.2.3　行列計算の為の手続 598
  - D.2.4　行列の逐次平方 607
  - D.2.5　ベクタとリスト 611
- D.3　四則計算の仕組 612
  - D.3.1　互除法 612
  - D.3.2　倍数と約数 614
  - D.3.3　循環小数を計算する 623
  - D.3.4　循環小数を表記する 626
- D.4　素数を求める 629
  - D.4.1　チューリングマシン 629
  - D.4.2　終了条件 630
  - D.4.3　更新と書込み 631
  - D.4.4　探索範囲の設定 633
  - D.4.5　エラトステネスの篩と素数分布 638
  - D.4.6　データの入出力とグラフ 641
  - D.4.7　素数と巡廻数 647
- D.5　コラッツの問題 648
- D.6　パスカルの三角形と剰余 654
  - D.6.1　係数の相互関係 654
  - D.6.2　パスカルの三角形に色を塗る 656
  - D.6.3　描画ソフトへの対応 658
  - D.6.4　係数の分布を調べる 661
  - D.6.5　パスカルカラーの世界 667
  - D.6.6　墨絵の世界 670
  - D.6.7　カタラン数と径路 673
  - D.6.8　冪の三角形を作る 675
- D.7　連分数・円周率・ベルヌーイ数 679

D.7.1	連分数による無理数の定義	679
D.7.2	ベルヌーイ数とゼータ函数	682

D.8 ベクトルの変換性 ... 687
- D.8.1 二つの積と行列式 ... 687
- D.8.2 和の規約と縮約計算 ... 688
- D.8.3 ベクトルの展開 ... 694
- D.8.4 座標系の廻転とベクトルの廻転 ... 698
- D.8.5 三次元の廻転 ... 700

D.9 行列で蝶を愛でる ... 702
- D.9.1 廻転行列と正多角形 ... 702
- D.9.2 不可能を描く ... 704
- D.9.3 三次元への飛翔 ... 708

D.10 四元数による廻転の記述 ... 713
- D.10.1 四元数の性質 ... 714
- D.10.2 虚空間の廻転角 ... 719
- D.10.3 行列による四元数 ... 725
- D.10.4 四元数による補間 ... 729

D.11 黄金の花を愛でる ... 733
D.12 無理数の視覚化 ... 737
D.13 擬似乱数を作る ... 741
- D.13.1 線型合同法 ... 742
- D.13.2 規則性の切除 ... 744
- D.13.3 実行と検証 ... 746

D.14 モンテカルロ法 ... 748
- D.14.1 面積を求める ... 748
- D.14.2 三次元への拡張 ... 753
- D.14.3 ピタゴラス数を求める ... 756
- D.14.4 ガウス素数の抽出 ... 760

D.15 非決定性計算による解法 ... 764
D.16 乱択アルゴリズム ... 770
- D.16.1 フェルマー・テスト ... 770
- D.16.2 カーマイケル数 ... 776

D.17	有限集合に対する諸計算		780
D.18	無限ストリーム		784
D.19	カードから格子点へ		799
	D.19.1 格子点を求める		800
	D.19.2 格子点の全数探査		802
D.20	オイラーの函数		804
	D.20.1 式のコード化		804
	D.20.2 自然数の相互関係		808
D.21	合同計算と素数		814
	D.21.1 合同式と根の個数		814
	D.21.2 原始根を求める		817
	D.21.3 指数を求める		818
	D.21.4 無限降下法と平方和		819
D.22	拡張された互除法		820
	D.22.1 互除法における値の変化		820
	D.22.2 一般解を導く		822
D.23	平方剰余		824
D.24	RSA暗号		827
	D.24.1 文字と数字の相互変換		827
	D.24.2 暗号生成と暗号解読		830
D.25	最終講義		833

付録 E　数表 (素数・原始根)　835

後書 (Postscript)　841

索引　853

本書の"景観"と"散策"の手引

　元より本の読み方は随意であるが，ここでは著者が勧める本書の"景観"と"散策"の方法についてお知らせしておく．御参考になれば幸いである．
　先ずは一般論である．理工系の本は前書，後書，目次，索引の順に目を通し，全体の粗筋を"文字"として頭に入れる．次に，末尾から逆に頁を辿り，内容を"画像"として入れる．未購入の場合，この段階で購入すべきか否かを決める．一つでも興味を引く内容，理解可能な内容があれば購入すべきである．チャンスは逃すべきではない．逃したチャンスと再会するのは一苦労である．
　「最初から順に辿って読了する」という"理想"に拘泥せず，先ずは全体の把握に努め，著作の目指す"目的地"を知る為に逆順に辿る．これにより全頁に手垢が着く．また，「最後まで読めるだろうか」という不安も無くなる．一般に理工系の著作物は，**論理的な構成・展開を心掛けて書かれているが，それは難易度順を意味しない．**従って，理解に苦労する部分は読み飛ばすことが重要である——後から戻ればいいだけの話である．一気に最後まで読むという"幻想"を捨て，「何度も行きつ戻りつするものだ」という方針を立てれば，心理的な負担はほとんど無くなり，厚手の本も気楽に読めるようになる．
　本書は，読者の多様な要望に応える為に，独特の多層的，再帰的構造によって編まれている．一つの内容を難易によって，或いは手法によって幾つかに分け，分散させている．従って，同じテーマが姿形を変えて何度も繰り返される．前半は「独立大学個人・敷島大学グールド記念ホール」にて開催された夜の一般講演会という設定になっている．後半の附録は「大学本部階段教室における学部通年科目 6.001 の講義と計算機実習」という大袈裟な設定になっている——独立した個人が自宅で大学課程を学べる時代であることを象徴させた．
　著作の方針として，常に論理的構造を重視すると同時に，"理想"をも追求し，「行きつ戻りつ」せずとも，内容が理解出来るように工夫している．ただし，これは本書においては"局所的な構造"に限定されている．多層的，再帰的である為に当然"大域的"には，この限りではない．読者の興味の中心とその読書経験によっては，一般論で述べた通り，先送りした方が理解が円滑に進むと思われるテーマもある．従って，最初から順に読まれることを希望する読者でも，理解に難渋する箇所に遭遇された場合は，下記の記述に従って先に進まれても，全体の把握に支障はない．何れは"再帰"する．

前半は，節単位で判断する．詳細に関わる長い節は後でもよい．例えば，「和のこころ」「奇数を分類する」「カードを並べる」「カードを配る」「冪の三角形」「原始根と指数」「平方剰余の法則」等は，二巡目以降でも充分である．前後半は密接に繋がっているが，それは順序を違えると全く理解出来ないというものではない．後半の附録をも含めた全体を眺めながら，取捨選択して頂きたい．

　附録において，先ずは Scheme の実際に触れたい読者は，「附録 A」全体，「ラムダ算法」「継続」「データ構造と探索」「非決定性計算」「函数型言語の基礎」を後に廻す．また，前半の数学的問題をプログラムで如何に表現するかに興味の中心がある読者は，「附録 D」と往復することにより，その実際に通じることが出来る．附録からは本文の該当頁が参照出来るようになっているので，ここでも「逆順読み」が有効である．また，「附録 D」における「ベクトルの変換性」「四元数による廻転の記述」も初回は外して構わない．こうして何巡かされた後，本書の並び順の意味が御理解頂けるものと期待している．

　なお本書では，昭和三十一年の国語審議会による「音だけを根拠とした恣意的な漢字の書換え」の手法を退け，旧に復することを目指した．当時より今に続くその主張は，計算機環境の改善によって無意味なものになっている．その計算機に関連する著作として，復旧への助力は当然の責務と考えた——該当漢字の初出にはルビを振った．「漢字は表意文字である」という原点に戻りたい．蝕むから「日蝕」なのである，日食ではまるで"旅のレストラン"ではないか．

　夜の講演会が大学への扉であり，附録講義の読了が敷島大学の卒業条件である．設定を楽しみながら，卒業目指してお読み頂きたい．借りた本でも買った本でも，先ずは全ての頁を捲ること．読む必要はない，先ずは眺める．それは景勝地の散策と何ら変わりがない．その地の歴史，伝統に興味が湧くのは，眺めて歩いて感動し，道程を振り返った後の話であろう．

共に学ぼう，共に遊ぼう！

使用するソフトに関して

　本書の附録は，Scheme の命令目録でもある．コードの意味から具体的な使用例に至るまで，出来る限り省略せずに書いているので，コンピュータ無しでも全体の大枠を理解することは可能である——数名の"実証試験"により確認済み．しかし，手元に計算機環境 (ソフト＆ハード) を備えて頂くことが，より確実な理解に繋がることは言うまでもない．特に計算機言語の学習は，計算機との直接対話により明らかになることが極めて多く，「テキストを読むこと」と，「キーボードを叩くこと」を，同時並行的に行う手法が最も効果的である．

　さて，計算機環境に関しては，ネット上に情報が極めて豊富にあり，かつ更新も速い．故に，そのアドレスを直接記載することは，迅速な改訂の行えない書籍において得策とは言えない．以上の理由から，ここではその名称を列挙するに留める．検索エンジンの力によって，読者自身で希望するものを"発見"して頂きたい．なお，ここまでに書かれていることの"意味"が理解出来ない方は，本書前半部を読み終えるまでに，何らかの方法で情報を得て頂きたい．

　再配布に関する問題や著作権の関係で，ソフトのそれぞれに固有の細かい違いが存在するが，本書では，個人で使用する限りにおいては「無料で自由に利用出来るもの」にのみ限って用いた．また，Windows, Linux, Mac の何れの OS に対しても，実行可能な版が容易に取得可能なものを選んだ——なお，Mac に関しては，全く動作確認を行っていないが，本書では言語の基礎的部分しか利用しないので，恐らく問題は生じないはずである．

　本書のプログラムは，以下のソフトにより開発された．

　　　　Gauche (Ver.0.92)　　国産 Scheme の雄
　　　　Racket (Ver.5.2.1)　　統合開発環境

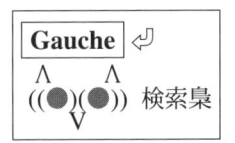

主に Gauche を用いたが，Gauche により軽快に開発を行うには，テキストを適切に処理出来るエディターが必要である．著者は，Windows, Linux 共に

　　　　　　　　　　GNU Emacs (Ver.23.4)

を用いている．これから計算機言語を学び，自ら開発していこうと志を立てた方は，一番初めの段階から，エディターも同時に学ぶつもりで，定評のあるも

のを使用されることが望ましい——それは Emacs に限らず，長期間に渡って一定の評価を得ているものであれば何でもよい．OS に添付されているレベルのものでも，本書の内容程度であれば，特別な問題は生じないが，将来を考えれば，なるべく早い時期から"本物"を知っておくべきである．特に，"長期に・多数の"利用者のあるものならば，関連情報に事欠かず，また OS が更新されても，有志により必ず新規対応版が作成されるので，苦労して身に附けた使用法を改める必要もなく，永続的に利用出来るからである．

一方 **Racket** は，自身にエディターから簡単な図形描画機能まで含んでいる．一つの"統合開発環境"を提供する規模の大きなものなので，外部ソフトの選択に悩む必要はない．なお，このソフトは初期設定として，使用する言語を選択する仕組である——本書のコード実行用には「学習用言語 R5RS」を選ぶ．

グラフの描画には，長くしかも極めて広範囲に用いられている

gnuplot (Ver.4.4)

を選んだ．このソフトは，極めて多くの"調整部分"を持つもので，慣れるまでは面倒な所も多い．描画命令とデータの所在を書込んだ命令書 (plt ファイルと呼ばれる) をエディターにより作成し，それを与えることで実行する形式が主であるので，微調整が利く半面，仕上がりの事前予想が必要であり，試行錯誤無しに望みのグラフを完成させることは難しい．しかしながら，特定の目的にのみ使うのであれば，知るべき命令もそれほど多くはなく，汎用的な書式の転用で済む場合も多い．グラフの出力は，様々な形式を選択することが出来るので，他のソフトに完成したグラフを張り込むことは容易である．

最後に，本書では利用していないが，**KNOPPIX/Math (2011)** は，一枚のメディア (CD・DVD・USB) に，OS から大量の数学関連ソフトまで，使用可能な状態で収録されている極めて便利なものである——Emacs, Gauche, その他の計算機言語を多数含んでいる．これは既存の計算機環境とは別に作動するものなので，手軽に試用することが出来る．一度は試して頂きたい一品である．

学生諸君は OS から言語まで，無料ソフトの利用に徹するべきであろう．時間は掛かるかもしれないが，本質的な飛躍が期待出来る"王道"である．そして，優れたソフトを開発した後は，それをまた無料で公開してほしい．"他人が使ってくれる喜び"を知ることは，君の人生にとって有意義であると信ずる．

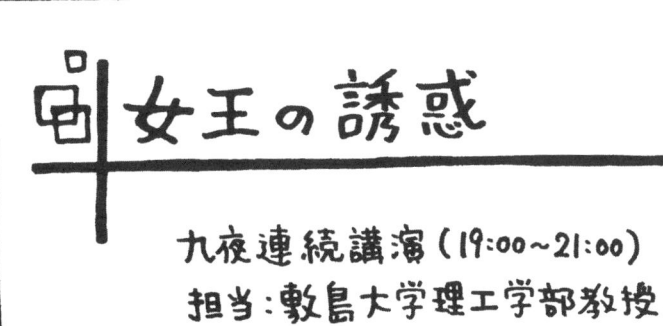

女王の誘惑

九夜連続講演 (19:00～21:00)
担当：敷島大学理工学部教授

Queen of Prime Ari

第1夜　　　　♪♪♪　素数のメロディ

　このたびは「夜の一般講演会」としまして，整数論の初歩をお話しさせて頂く機会を頂戴致しました．九日間の連続講演です．よろしく御願い致します．
　副題に掲げておりますのが『女王の誘惑』という，如何にも意味ありげな題でございますが，誠に残念ながら，王家の秘宝の話も，美貌の王女も出て来ません．この意味は，講演が進みましたところで，ごく自然に御理解頂けるものですので，無粋なタネ明かしは今はせずに，早速内容に入らせて頂きます．
　数学には"美"があります．その美しさは，他の藝術分野と異なり，受け身ではなかなか感じ取れないものです．音楽や絵画のように，その空間に身を委ねていれば，唯それだけで気持ちが安らいだり，昂揚した気分になったりする性質のものではありません．
　しかしそれは，「数学的な美を感じ取るには厖大な準備が必要だ」という意味ではありません．むしろ，その"準備"が邪魔になることさえある程です．実際に必要なことは，先入観の無い眼で見ること，そして可能ならば自分の手を動かして，具体例を試してみることです．数学的な美は，理解の後にやってきます．直接感情に訴えるのではなく，理性に訴えて，それが感情を揺り動かすのです．従って，その感情は穏やかに長く続き，次第に深まっていきます．その感覚が本格的な数学の学習へと人を誘うのです．
　さて，第1夜であります今宵は，皆さんがよく御存じの数に関する話題，特に素数に焦点を当てます．数の不思議と調和について具体的な計算の仕方を示しながら進めていきましょう．そして，数その一つひとつが持つ個性を感じ取って下さい．でははじめましょう．

1.1 プロローグ

私達は物の個数を

$$1,\ 2,\ 3,\ 4,\ 5,\ 6,\ 7,\ 8,\ 9,\ 10, \ldots$$

と数えていきます．鉛筆が一本，車が一台，鳥が一羽，犬が一匹，そこに居たとして，これらは直接には全く関係もなく，比較のできないものですが，これら四つのものに共通する「個体としての数」に注目し，これに 1 という単位を持たない記号を割り当てます．そして，それらが複数存在した場合のために

$$1+1 \to 2, \quad 2+1 \to 3, \quad 3+1 \to 4, \quad 4+1 \to 5, \ldots$$

に従って記号を準備しておくのです．これにより，私達は具体的な物体と離れて，色々な計算を実行できるわけです．これを**自然数**と呼びます．

これは私達が「物の個数を数える必要」から編み出した非常に重要な概念です．逆に，このようにして得られた数の体系をより深く調べ，整理しておけば，その無色透明さから様々なものに対して応用ができるわけです．

さて，はじめに書きました自然数の最後の「…」が中々意味深長です．これは先に記述したものが「それ以後も同様に**無限に**繰り返されますよ」ということを表す数学記号です．即ち，自然数の全体というのは，無限の要素を含み，**最大の自然数というものは存在せず**，最小は 1 であると約束するのです．

ここで，数学を学ぶ際に，よく起こる問題が登場しましたので，説明しておきましょう．それは「**〜となる**」という表現と「**〜とする**」という二つの表現の違いに注意して文章を読むことです．

学生から「どうして，**こうなる**のですか？」という形の質問を受けます．この種の質問は，「〜となる」という表現の場合，即ち，論理的帰結に対して，その論理の鎖がよく見えないので，何故「〜となる」のか分からない，というのなら意味を持ちます．しかし，二つの表現を混同した質問の場合には，何故かと問われても答えようがありません．「〜とする」とは，数の末尾の「…」のように，ある約束だからです．このような約束のことを**定義**と呼びます．混乱した状況で教師にできることは，定義の歴史的経緯や，それを定めた人達のドラマを紹介すること以上にありませんが，定義の歴史，その変遷を知ることによって学生の疑問が氷解する場合もあるようです．

1.1. プロローグ

　一つ，また一つと数えていく作業に終りがなく，幾らでも数えていけると考えて「**自然数に上限は無いとし，またその最小数を 1**」と**定義**するわけです．自然数とは，譬えれば，何の変哲もない小さなレンガです．この普段気にも留めないようなレンガの一つひとつが，人類の英知の結晶である**数学**という**巨大建造物**の骨格を成しているのです．そして，数学と楽しく附き合うために，一つのレンガの色や形，あるいはその匂いなどを想像力を働かせてイメージして下さい．全く同じに見える数にも，やはり個性があるのです．

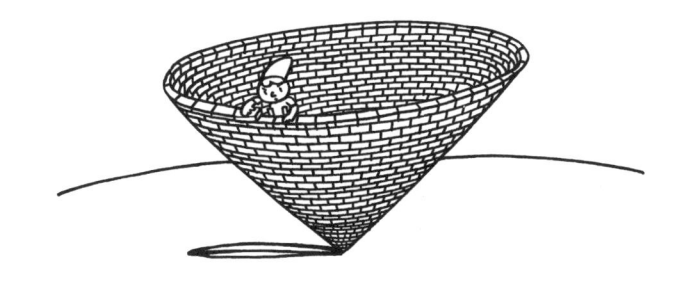

　現代社会においては，如何に数学嫌いの人といえども，**数字**そのものから逃げ切ることはできません．その一番顕著な例がカードに用いられている**暗証番号**でしょう．一般には四桁の場合が多いので，皆さんも色々な工夫して決めておられるでしょう．そして，社会の至る所で，その部門や仲間だけで通じる隠語，あるいは簡略語として使われる数があります．例えば

$$8086, \quad 80486, \quad 6502, \quad 68040, \ldots$$
$$660, \quad 1800, \quad 2000, \quad 2600, \ldots$$
$$8823, \quad 4126, \quad 4989, \quad 1192, \ldots$$

などから何を想像されますか．これらの数は，ある特定の分野の人には，まるでそれ自体が生き物のように，具体性を持って迫ります．抽象化によって作られた唯の数に，再び命を吹き込み，個性を宿らせるのは私達人間なのです．

　話を戻しましょう．
　自然数の全体の中では，足し算と掛け算が自由にできます．足し算のことを

加法，掛け算のことを**乗法**ともいいます．また，足し算の結果を**和**，掛け算の結果を**積**といいます．ここで，足し算・掛け算が自由にできるとは，二つの自然数の足し算の結果が，また一つの自然数になる，同様に二つの自然数の掛け算の結果が，また自然数になることを意味します．これを手短に

自然数は加法・乗法に関して〝閉じている〟

と表現します．ここで「閉じている」とは，"輪になっている"という意味です．割り算に関しても，与えられた自然数が，別の自然数で割り切れて，余りが出ない場合だけを考えればよいようにも思えますが，それは特別な自然数の組合せに関してだけ割り切れるわけですから，これでは"計算が自由にできる"とはいえません．途中で計算が途切れてしまい，仲間が輪にならないのです．引き算に関しても同様です．

それでは，自然数を一つ具体的に採り上げます．これから，数や式を**アルファベット**や**ギリシア文字**を使って表すことを，当たり前のように行いますが，心の中では具体的な数値を思い浮かべながら考えて下さい．例えば，12 は

$$1, \ 2, \ 3, \ 4, \ 6, \ 12$$

の六つの自然数で割り切れ，余りが出ません．このように，ある数を割り切る数のことをその数の**約数**といいます．即ち，12 の約数の個数は六つです．逆に約数から元の数を見た場合，これを**倍数**といいます．

今述べましたことを一般的に説明するために，文字 A, B, C がそれぞれある自然数を表すとしましょう．このとき

$$A \times B = C$$

が成り立つならば，C は A の倍数です．また，同時に C は B の倍数でもあります．立場を変えていうと，A, B は C の約数である，ということになります．あまり見慣れない記法だとは思いますが，この関係を

$$A \mid C, \qquad B \mid C$$

と書くことがあります．縦棒の左側に約数を，右側に倍数を書く方法です．また，X, Y が約数・倍数の関係に無い場合には，打ち消しの斜線を入れた $X \nmid Y$ で表します——括弧やコンマ，縦横の棒などの記号は，様々な意味で使われるので，混乱しないようにその場での定義を確認することが大切です．

1.1. プロローグ

　2で割り切れる数を**偶数**，2で割って1余る数を**奇数**ということはよくご存じでしょう．従って，すべての偶数は2を約数として持つことになります．ここで，一つ大事なことが分かりました．それは，すべての自然数は偶数か奇数であって，それ以外のものにはならない．自然数は

$$自然数 = \begin{cases} 奇数 : 1,\ 3,\ 5,\ 7, \ldots \\ 偶数 : 2,\ 4,\ 6,\ 8, \ldots \end{cases}$$

と分類できるということです．これは単純ですが非常に重要な考え方です．

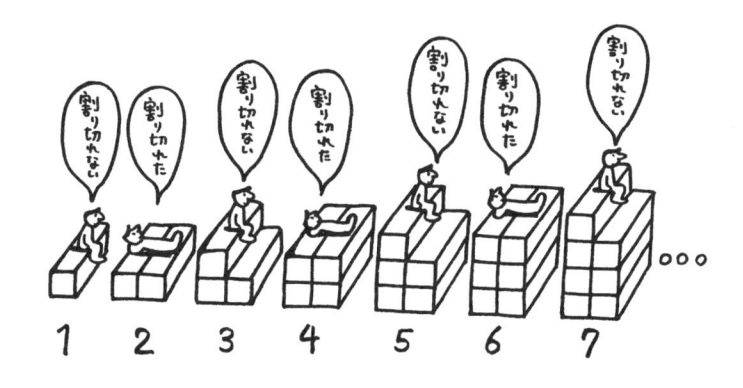

　さて，それでは7の約数は幾つあるでしょうか．7は，1と7以外では割り切れません．従いまして，この場合の約数は二個です．1は1以外に割り切る数を持たない特別な数ですので除外して，2から10までの数に対し，約数とその個数をその右側に書き出して，左の表を得ます．

数	約数	個数
2	1, 2	2
3	1, 3	2
4	1, 2, 4	3
5	1, 5	2
6	1, 2, 3, 6	4
7	1, 7	2
8	1, 2, 4, 8	4
9	1, 3, 9	3
10	1, 2, 5, 10	4

⇒

数	真の約数
2	×
3	×
4	2
5	×
6	2, 3
7	×
8	2, 4
9	3
10	2, 5

1とその数自身は，すべての場合において約数になっています．即ち，1を除くすべての自然数は，約数を少なくとも二個持ちます．しかし，これでは印象が弱いので，すべての場合に共通な1と，その数自身を除いた約数を**真の約数**と呼びます．それが先の右側の表です．そして，真の約数を持たない自然数を**素数**と名附けます．即ち，1から10までの間にある素数は，2, 3, 5, 7の四つです．ただし，**数1は素数ではありません**．この事情は後で御説明します．

さて，いよいよ今宵の主役「素数」が登場しましたが，実は素数にも二種類あります．先に述べましたように，偶数はすべて約数として2を持ちます．よって，2が唯一の偶数の素数になります．これを**偶素数**と呼びます．そこで，これを考察から除きたい場合には**奇素数**という用語を使います．素数は英語では *Prime number* といいますが，*prime* には，素敵とか，最良とか，最重要とかいった意味があります．"名は体を表す"という言葉がありますが，その存在の重要性が名前に見事に表現されています．以上のことから

素数とは真の約数を持たない数

であることがお分かり頂けましたでしょうか．これは極めて単純な定義ですが，この素数こそが**初等整数論**と呼ばれる学問の主役なのです．

一旦この素数の魔力に魅せられると，もう逃げられません．どうしてもこの数の本性が知りたくて知りたくて，他の職には目もくれず，貧乏覚悟で数学者になった人も数多くいます．知れば知るほど，不思議さが増してくるのです．理解すればするほど，その幅の広さ，奥行きの深さに唖然とさせられるのです．使える"道具"が増えるほど，そうした道具では太刀打ちできない，新たな謎が生まれてきます．理解は終りの刻印ではなく，はじまりの合図なのです．

それほど私達を魅了して止まないその魅力は何処にあるのでしょうか．その魅力と神秘の一部でも感じて頂くことが，この講演の目的です．

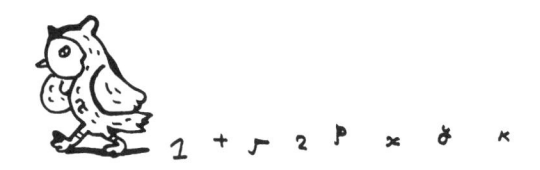

1.2 ささやかな手品

さて皆さん，ここで"ささやかな手品"を楽しんで頂きましょう．100まで の自然数を，僅か25種類の自然数の積で表して御覧に入れます．都合で1は 除いておきます．その前に準備として，素数の表が必要となりますので，**素数 表**を作る方法から御説明致しましょう．

◆ 先ず，1から100までの数を表の形に書きます．1は素数ではない約束でし たから消しておきます．
◆ 次の数は2ですが，これは素数であることを既に確かめましたので，これを 残して，2の倍数である $4, 6, 8, \ldots$ 即ち，偶数を順に消していきます．

$$2 \quad 3 \quad \times \quad 5 \quad \times \quad 7 \quad \times \quad 9 \quad \times \quad 11 \quad \times \quad 13 \quad \times \quad 15$$

この作業は，2の倍数が一つおきに現れることから機械的に実行できますね．
◆ 続いて，3に注目すると，やはりこれも素数ですから，これを残して

$$2 \quad 3 \quad * \quad 5 \quad \times \quad 7 \quad * \quad \times \quad * \quad 11 \quad \times \quad 13 \quad * \quad \times$$

今度は二つおきに登場する3の倍数 $6, 9, 12, \ldots$ を消します．このとき，すで に $6, 12$ などは2の倍数として消されていますが，気にせず，どんどん消して 行って下さい．この方法は考えなくてもできるところが良い点なのです．
◆ 全く同様に，5を残して5の倍数 $10, 15, 20, \ldots$ を消して

$$2 \quad 3 \quad * \quad 5 \quad * \quad 7 \quad * \quad * \quad \times \quad 11 \quad * \quad 13 \quad * \quad \times$$

さらに，続く素数7の倍数 $14, 21, 28, \ldots$ を消します．

$$2 \quad 3 \quad * \quad 5 \quad * \quad 7 \quad * \quad * \quad 11 \quad 13 \quad \times \quad *$$

そして，消去作業をここで終了します．

実は100までの素数を求めるには，7までの倍数を消去すれば十分であるこ とが証明されていますので，これで残った数はすべて素数となったわけです． その結果を表にまとめておきます．

*	2	3	*	5	*	7	*	9	*
11	*	13	*	15	*	17	*	19	*
21	*	23	*	25	*	27	*	29	*
31	*	33	*	35	*	37	*	39	*
41	*	43	*	45	*	47	*	49	*
51	*	53	*	55	*	57	*	59	*
61	*	63	*	65	*	67	*	69	*
71	*	73	*	75	*	77	*	79	*
81	*	83	*	85	*	87	*	89	*
91	*	93	*	95	*	97	*	99	*

[1] 先ず，2を除く偶数と1を消す

	2	3	5	7	*
11		13	*	17	19
*		23	25	*	29
31		*	35	37	*
41		43	*	47	49
*		53	55	*	59
61		*	65	67	*
71		73	*	77	79
*		83	85	*	89
91		*	95	97	*

[2] 残った3の倍数 (9, 15, . . .) を消す

	2	3	5	7	
11		13		17	19
		23	*		29
31			*	37	
41		43		47	49
		53	*		59
61			*	67	
71		73		77	79
		83	*		89
91			*	97	

[3] 残った5の倍数 (25, 35, . . .) を消す

	2	3	5	7	
11		13		17	19
		23			29
31				37	
41		43		47	*
		53			59
61				67	
71		73		*	79
		83			89
*				97	

[4] 残った7の倍数 (49, 77, 91) を消す

このようにして素数を求める方法を**エラトステネスの 篩**と呼びます．計算機の発達した現代においても，この方法が素数を組織的に求める最も効率的な方法であることは何か皮肉めいていますね．

手に入れた二十五個の素数に改めて御登場頂きましょう．

$$2,\ 3,\ 5,\ 7,\ 11,\ 13,\ 17,\ 19,\ 23,\ 29,\ 31,\ 37,\ 41,$$
$$43,\ 47,\ 53,\ 59,\ 61,\ 67,\ 71,\ 73,\ 79,\ 83,\ 89,\ 97.$$

さて，これらの素数が手品の種となります．では，はじめましょう．1は除く約束でした．2, 3は素数ですのでそのまま使い，4を料理しましょう．4は

$$4 = 2 \times 2 = 2^2, \quad \text{(使った素数 2)}$$

ですので，素数2を二つ使えば表わせます．5は素数です．6は

$$6 = 2 \times 3, \quad \text{(使った素数 2 と 3)}.$$

7は素数ですので，次に進んで，8は

$$8 = 2 \times 2 \times 2 = 2^3, \quad \text{(使った素数 2)}$$

1.2. ささやかな手品

となります. 9 は

$$9 = 3 \times 3 = 3^2, \quad \text{(使った素数 3)}$$

と順番に書換えることができます.

ここで, 新しい記号を使いましたので少し説明しておきます. 同じ数を何回も掛け算した結果, それらをまとめて**掛け算した回数を, 元の数の肩に乗せて**書きます. 今の例では

$$2 \times 2 \times 2 = 2^3$$

のように, 2 を三回掛けたので, 元の数 2 の上に掛けた回数 3 を乗せて略記し,「2 の三乗」と読みます. 一般に, 数 a を n 個掛け合わせたものを

$$\boxed{\underbrace{a \times a \times a \times \cdots \times a}_{n \text{ 個}} = a^n}$$

と書き, a の n 乗, 掛け合わせた回数 n を**指数**, 全体を**冪計算**と呼びます.

さて実際に, 100 までの自然数を素数で書き直し, 表の形にまとめますと

1	**2**	**3**	2^2	**5**	$2\cdot 3$	**7**	2^3	3^2	$2\cdot 5$
11	$2^2\cdot 3$	**13**	$2\cdot 7$	$3\cdot 5$	2^4	**17**	$2\cdot 3^2$	**19**	$2^2\cdot 5$
$3\cdot 7$	$2\cdot 11$	**23**	$2^3\cdot 3$	5^2	$2\cdot 13$	3^3	$2^2\cdot 7$	**29**	$2\cdot 3\cdot 5$
31	2^5	$3\cdot 11$	$2\cdot 17$	$5\cdot 7$	$2^2\cdot 3^2$	**37**	$2\cdot 19$	$3\cdot 13$	$2^3\cdot 5$
41	$2\cdot 3\cdot 7$	**43**	$2^2\cdot 11$	$3^2\cdot 5$	$2\cdot 23$	**47**	$2^4\cdot 3$	7^2	$2\cdot 5^2$
$3\cdot 17$	$2^2\cdot 13$	**53**	$2\cdot 3^3$	$5\cdot 11$	$2^3\cdot 7$	$3\cdot 19$	$2\cdot 29$	**59**	$2^2\cdot 3\cdot 5$
61	$2\cdot 31$	$3^2\cdot 7$	2^6	$5\cdot 13$	$2\cdot 3\cdot 11$	**67**	$2^2\cdot 17$	$3\cdot 23$	$2\cdot 5\cdot 7$
71	$2^3\cdot 3^2$	**73**	$2\cdot 37$	$3\cdot 5^2$	$2^2\cdot 19$	$7\cdot 11$	$2\cdot 3\cdot 13$	**79**	$2^4\cdot 5$
3^4	$2\cdot 41$	**83**	$2^2\cdot 3\cdot 7$	$5\cdot 17$	$2\cdot 43$	$3\cdot 29$	$2^3\cdot 11$	**89**	$2\cdot 3^2\cdot 5$
$7\cdot 13$	$2^2\cdot 23$	$3\cdot 31$	$2\cdot 47$	$5\cdot 19$	$2^5\cdot 3$	**97**	$2\cdot 7^2$	$3^2\cdot 11$	$2^2\cdot 5^2$

となります. ここで, 皆さんは, 本当に先に求めた素数だけしか使っていないか, ちゃんと元の数が再現されているか, 自分自身で確かめて下さい.

このように, 素数の積で表わされる数を**合成数**と呼び, 合成数を素数の積に分解することを**素因数分解**, その合成数の約数となる素数を**素因数**といいます. 特に, 今示しましたように, 分解を素数の冪の形式, 例えば, $100 = 2^2 \cdot 5^2$ などとまとめたものを, 素因数分解の**標準分解**, あるいは, その形式をそのまま名称として, **素数冪分解**と呼んでいます.

先に，自然数は，奇数と偶数に分類できることを示しましたが，今度はまた別の自然数の分類，即ち，"素数を考え方の中心においた分類"ができたわけです．素因数分解の結果，すべての自然数は

$$\text{自然数} = \begin{cases} 1 \\ \text{素数}:(2, \ 3, \ 5, \ 7, \ldots) \\ \text{合成数}:(4, \ 6, \ 8, \ 9, \ldots) \end{cases}$$

の三種類に分けられます．合成数は素数の積で書けることから，1以外の自然数の性質は，**素数を研究すれば分かる**ということになります．このように，日本語の素数という用語は，合成数が素数の積に分解できる，即ち，素数はそういった"数の素"であるという意味を持ちます．素数は**自然数の原子**なのです．

　素因数分解には，証明を要する二つの重要な性質があります．その一つは，自然数が必ず素因数分解できること，もう一つはその分解が一通りであることです．これらを**分解の可能性**，**分解の一意性**といいます．はじめに「素数中の素数」とも思える1を素数の仲間に入れなかったのは，この一意性を守るためです．分解が一通りであるとは，ある合成数が異なる素数の積で書かれることがない，という主張ですが，ここでもし1を素数として認めてしまうと

$$6 = 1 \times 2 \times 3 = 1^2 \times 2 \times 3 = 1^3 \times 2 \times 3 = \cdots$$

となり，一意性が崩れてしまうのです．ここでは，素因数分解のこれらの性質

を認めて頂くとして先に進みます——後で「資料」をお配りしますので，それをお読み頂いても結構です．本来，こうした点を一つひとつ証明していくことが数学なのだ，ということだけは覚えておいて下さい．

ところで，手品の定義は何でしょうか．手品には必ずタネがあります．タネも仕掛けもあるにも関わらず，人々が手品を楽しむのは何故でしょうか．こう考えていくと，手品とは科学的に説明できる仕掛けがありながらなお，人々を不思議がらせる行為ということになるでしょう．

皆さんは，自然数が素数の積に分解できることを確かめられました．この点については疑いない証明が存在していますが，それでもなお何か不思議なものを感じられないでしょうか．幾ら理性的に理解できたとしても，単に「真の約数を持たない」として定義した素数が，すべての自然数を統制している様子は，私達の素数に対する興味をさらに掻き立ててくれるものです．しかもこの素数，次から次へと簡単に発見できそうで，そうではない．方法は分かっていても，うまくいかない．まるで砂漠の中で宝物を探すような，そんな趣さえあるのです．「砂漠のオアシス」，それが素数です．

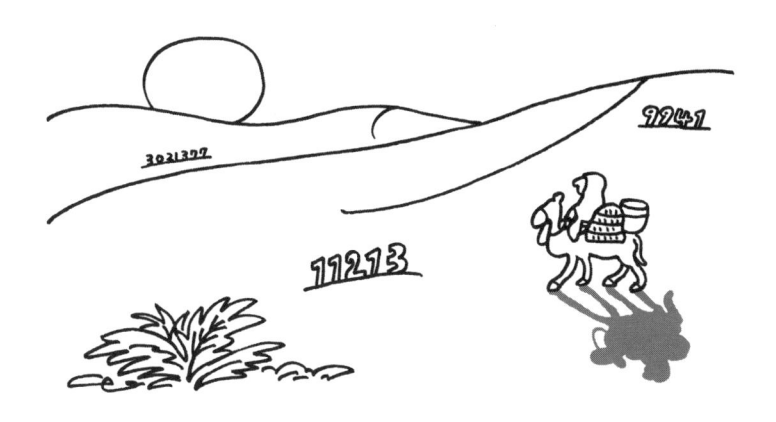

もし皆さんが，たとえ僅かでも不思議さを感じられたならば，それは既に数学を楽しんでおられることになります．不思議さを知覚する能力こそ，数学を楽しみ理解する能力なのです．素数の神秘はこれからです．さあ，宝物を求めて，孤独を恐れず，砂漠の中を突き進んでいきましょう．

1.3 砂漠のオアシス

さて，自然数に最大の数はなく，無限の要素を含むものであることは既に述べました．それでは，それら無限に存在する自然数を分解する素数はどれぐらいあるのでしょうか．もし，素数が有限個しかなければ，その中で最大の素数があるはずです．それを P と書くことにします．そして皆さんの前にすべての素数が詰まった「素数の箱」があると想像して見て下さい．箱の中身は

$$\{2,\ 3,\ 5,\ 7,\ 11,\ 13,\ 17,\ldots,P\}$$

となります．そして，最小の素数 2 から順に $3,5,7,\ldots$ と箱の中身をすべて掛けていき，最後に 1 を加えたものを Q とします．即ち

$$Q = 2 \times 3 \times 5 \times 7 \times \cdots \times P + 1.$$

Q の方が P より大きいことは明らかですが，もし，Q が素数ならば，P より大きい素数が存在することになります．もし，Q が合成数ならば，少なくとも一つの素因数を持つはずですが，Q は箱の中のどの素数で割っても 1 余ることになります．よって，Q を割り切る素数があるとすれば，それは P より大きい素数となります．従いまして，何れの場合にも矛盾する結果となりますが，この原因ははじめに素数が有限個しか存在しないと仮定したことにあります．よって，**素数は無限に存在し，これが最大の素数であると呼べるものはありません**．これは約二千年前に**ユークリッド**によって行われた証明です．

P の値を具体的に決めて，この意味を"体感"しておきましょう．例えば，最大の素数が 2 だと仮定すれば，$Q = 2 + 1 = 3$ より，Q は P より大きい素数となります．こうして仮の最大素数 P を順に決めて，その結果を並べますと

$$
\begin{aligned}
&P = 2, \quad Q = 3 &&(= 2 + 1) &&: Q \text{ は素数,} \\
&P = 3, \quad Q = 7 &&(= 2 \times 3 + 1) &&: Q \text{ は素数,} \\
&P = 5, \quad Q = 31 &&(= 2 \times 3 \times 5 + 1) &&: Q \text{ は素数,} \\
&P = 7, \quad Q = 211 &&(= 2 \times 3 \times 5 \times 7 + 1) &&: Q \text{ は素数,} \\
&P = 11, \quad Q = 2311 &&(= 2 \times 3 \times 5 \times 7 \times 11 + 1) &&: Q \text{ は素数,} \\
&P = 13, \quad Q = 59 \times 509 &&(= 2 \times 3 \times 5 \times 7 \times 11 \times 13 + 1) &&: Q \text{ は合成数}
\end{aligned}
$$

が得られます．即ち，Q は素数であっても合成数であっても，P より大きい素数を含んでしまいます．これは最初の仮定に矛盾します．

1.3. 砂漠のオアシス

このように，証明したい結論とは反対のことを仮定し，それが最後には矛盾することによって間接的に結論を導く方法を**帰謬法**といいます．帰謬法は**背理法**とも呼ばれており，こちらの呼称の方が一般的なようですが「理に背く」という語感よりは，「誤りに帰する法」の方が，証明の本質に沿っています．

素数が無限に存在するとしても，素数を順番に生成するような公式は発見されていませんので，より大きな素数を知るためには，私達は相当の努力をしなければなりません．その努力の成果が**メルセンヌ数**と呼ばれる

$$2^M - 1$$

という形の素数です．これが素数であるためには M 自身が素数でなければなりません．もし，M が合成数 ab ならば

$$2^{ab} - 1 = (2^a - 1)\left(2^{a(b-1)} + 2^{a(b-2)} + \cdots + 1\right)$$

と分解されるからです．しかし，逆は成り立たず，M が素数であっても必ずしも $2^M - 1$ が素数になるわけではありません．現在 (2012) 知られている序列の確定した M の値は，小さいものから順に並べて

$$\begin{aligned}M = {}& 2, 3, 5, 7, 13, 17, 19, 31, 61, 89, 107, 127, 521, 607, 1279, 2203,\\& 2281, 3217, 4253, 4423, 9689, 9941, 11213, 19937, 21701, 23209,\\& 44497, 86243, 110503, 132049, 216091, 756839, 859433, 1257787,\\& 1398269, 2976221, 3021377, 6972593, 13466917, 20996011\end{aligned}$$

の 40 個ですが，最後の

$$2^{20996011} - 1$$

は，何と 6320430 桁の数です．なお，これに加えて序列の未確定な M が七つ待機しています．飛躍の大きいそれらの間に，別の素数が存在するかもしれないため，コンピュータ・ネットワークを駆使して調査が続けられています．

ここで，ちょっと面白い形の素数を御紹介致しましょう．

$$1234567891, \quad 12345678912345678912345678 91.$$

綺麗な数の並びですね．また，1 だけで作られた数：

$$R_n = (10^n - 1)/9, \quad n \text{ は自然数}$$

は**レプ・ユニット**と呼ばれています．これはリピーテッド・ユニット (Repeated Units)——1 を繰り返す数——の略です．

このうち素数となるものは，$n \leq 9973$ では $n = 2, 19, 23, 317, 1031$ の五つです．最初の三個を具体的に書くと

$$11, \quad 1111111111111111111, \quad 11111111111111111111111$$

は素数だというわけです．この形の素数も中々面白いでしょう．

　何故このように，素数を見附けるために努力が必要なのか，見附けることに何の意味があるのか，と考えられる方も多いことと思います．**巨大素数**の利用価値に関しては，後でまとめてお話することにしまして，ここでは素数の見附け難さの理由について考えてみましょう．

　素数の分布は全く気紛れに見えます．例えば，素数の存在に関しまして**チェビシェフの定理**と呼ばれる有名な定理があります．それは

自然数 N と $2N$ の間には，必ず素数が存在する

という随分漠然としたものです．しかし，素数の全く存在しない，即ち，合成数ばかりが連続して存在する区間ならば簡単に作り出すことができます．そのために新しい記号を一つ導入します．n までのすべての自然数の積を考え，これを $n!$ で表わし，n の**階乗**（かいじょう）と呼びます．即ち

$$n! = 1 \times 2 \times 3 \times 4 \times \cdots \times n$$

となります．階乗記号！を含む数は凄まじい勢いで大きくなります．例えば，10 までの階乗は以下のようになります．

$$1! = 1,$$
$$2! = 1 \times 2 = 2,$$
$$3! = 1 \times 2 \times 3 = 6,$$
$$4! = 1 \times 2 \times 3 \times 4 = 24,$$
$$5! = 1 \times 2 \times 3 \times 4 \times 5 = 120,$$
$$6! = 1 \times 2 \times 3 \times 4 \times 5 \times 6 = 720,$$
$$7! = 1 \times 2 \times 3 \times 4 \times 5 \times 6 \times 7 = 5040,$$
$$8! = 1 \times 2 \times 3 \times 4 \times 5 \times 6 \times 7 \times 8 = 40320,$$
$$9! = 1 \times 2 \times 3 \times 4 \times 5 \times 6 \times 7 \times 8 \times 9 = 362880,$$
$$10! = 1 \times 2 \times 3 \times 4 \times 5 \times 6 \times 7 \times 8 \times 9 \times 10 = 3628800$$

これにより，素数不在の区間を望みの大きさで作ることができます．例えば

$$n! + 2 \quad \text{から} \quad n! + n$$

1.3. 砂漠のオアシス

の区間には全く素数は存在しません．これは階乗の定義から

$$n! + 2 = 1 \times 2 \times 3 \times 4 \times \cdots \times n + 2 = 2 \times (1 \times 3 \times 4 \times \cdots \times n + 1),$$
$$n! + 3 = 1 \times 2 \times 3 \times 4 \times \cdots \times n + 3 = 3 \times (1 \times 2 \times 4 \times \cdots \times n + 1),$$
$$\vdots$$
$$n! + n = 1 \times 2 \times 3 \times 4 \times \cdots \times n + n = n \times [1 \times 2 \times 3 \times \cdots \times (n-1) + 1]$$

となって，すべてが合成数となるからです．

具体的に $n = 9$ とすれば，$(9! + 2) \sim (9! + 9)$ の八個は合成数です．$n = 10000$ とすれば，合成数が連続して 9999 個続くことになります．このことからも素数を求める旅は，正に広大に広がる合成数の砂漠の中で，一点のオアシスを探すようなものであることが，お分かり頂けるのではないでしょうか．

逆に，二つの素数が最も接近して存在する場合，即ち

$$(5, 7), \quad (11, 13), \quad (17, 19)$$

などのように，二つの素数の差が 2 であるような組を**双子素数**(ふたご)と呼んでいます．

$$(10006427, \ 10006429),$$
$$(1000000009649, \ 1000000009651),$$
$$1159142985 \times 2^{2304} \pm 1,$$
$$1024803780 \times 2^{3424} \pm 1,$$
$$1691232 \times 1001 \times 10^{4020} \pm 1$$

などは，巨大な双子素数の例です．**「双子素数は無限に存在するか」はまだ証明されていません．**

しかし，誠に興味深く，正に神秘としかいいようがないことに，このような素数にも実は奥深い規則性が隠されているのです．「一つの素数が何処にあるか？」という問い掛けから離れて，素数の全体的な分布を調べていくと大変興味深い事実に出会います．自然数 N 以下の素数の個数を，記号 $\pi(N)$ で表すことにしますと，この $\pi(N)$ が非常に簡単な式：

$$\boxed{\pi(N) \approx P(N) = \frac{N}{\ln N}}$$

で近似されるのです．これは**素数定理**と呼ばれています――この式の分母は N の**自然対数**(しぜんたいすう)と呼ばれる性質のよく知られているものです．実際に素数の分布を調べて表の形にまとめておきます．N が大きくなるに従って，近似の程度が

よくなっていることがお分かり頂けるでしょう．

N	$\pi(N)$	$P(N)$	$\pi(N)/P(N)$
10^1	4	4.3	0.930
10^2	25	21.7	1.152
10^3	168	144.8	1.160
10^4	1229	1085.7	1.132
10^5	9592	8685.9	1.104
10^6	78498	72382.4	1.084
10^7	664579	620420.7	1.071
10^8	5761455	5428681.0	1.061
10^9	50847534	48254942.4	1.054
10^{10}	455052511	434294481.9	1.048

さて，階乗計算の持つ独特の構造について触れておきます．先の数表は

$$\begin{aligned}
2! &= 1! \times 2 &&= 2, \\
3! &= 2! \times 3 &&= 6, \\
4! &= 3! \times 4 &&= 24, \\
5! &= 4! \times 5 &&= 120, \\
6! &= 5! \times 6 &&= 720, \\
7! &= 6! \times 7 &&= 5040, \\
8! &= 7! \times 8 &&= 40320, \\
9! &= 8! \times 9 &&= 362880, \\
10! &= 9! \times 10 &&= 3628800
\end{aligned}$$

と書き直せることが容易に分かるでしょう．これより，一般的な関係：

$$n! = n \times (n-1)!$$

の成立が予想されます．また階乗は，自由に積を分割して

$$\begin{aligned}
n! &= n \times (n-1)!, \\
n! &= [n \times (n-1)] \times (n-2)!, \\
n! &= [n \times (n-1) \times (n-2)] \times (n-3)!, \\
n! &= [n \times (n-1) \times (n-2) \times (n-3)] \times (n-4)!
\end{aligned}$$

など，様々な形式で書くことができます．階乗は，この後も何度も登場します．数学における最も重要な計算式の一つです．そして，数学だけに留まらず，自然科学においても，階乗に代表される構造が非常によく見出されるのです．それはフラクタルとも，自己相似的とも，**再帰的**(さいきてき)とも呼ばれています．

1.4 成功は失敗の子孫である

素数の生成問題に果敢に挑戦した**フェルマー**により定義された**フェルマー数**を御紹介します。彼は，次の形式の数はすべて素数になると予想しました．

$$F_n = 2^{2^n} + 1$$

ここで，2 の肩に乗っている 2 の，そのまた肩に n が乗っていることに注意して下さい．2 の $2n$ 乗ではありません．実際

$$F_1 = 2^{2^1} + 1 = 2^2 + 1 = 5,$$
$$F_2 = 2^{2^2} + 1 = 2^4 + 1 = 17,$$
$$F_3 = 2^{2^3} + 1 = 2^8 + 1 = 257,$$
$$F_4 = 2^{2^4} + 1 = 2^{16} + 1 = 65537$$

は素数でしたが，五番目のフェルマー数：

$$F_5 = 2^{2^5} + 1 = 2^{32} + 1$$
$$= 4294967297 = 641 \times 6700417$$

は合成数で，**数学王レオンハルト・オイラー**によって分解されました．また，その後 F_6, F_7 も次に示すように，やはり合成数であることが分かりました．

$$F_6 = 2^{2^6} + 1 = 2^{64} + 1$$
$$= 18446744073709551617$$
$$= 274177 \times 67280421310721,$$
$$F_7 = 2^{2^7} + 1 = 2^{128} + 1$$
$$= 340282366920938463463374607431768211457$$
$$= 59649589127497217 \times 5704689200685129054721.$$

現在では，フェルマーの予想とは正反対に，F_5 以降の**フェルマー数はほとんど合成数であろう**と予想されていますが，未だに証明されていません．このように全くフェルマーの予想は見当違いであったにも関らず，**ガウス**による正多角形の作図可能性の問題に登場するなど，フェルマー自身の思いもよらない方向で数学に貢献しました．世の中分からないものです．

このように，まるで同じに見える自然数の集団の中でも，一つひとつの数が，それぞれに異なる輝きを見せてくれます．数にも色々な個性があるのです．

1.5 ユークリッドの探索

　自然数の様々な性質を御紹介してまいりました．加減乗除，四則計算と一口に言いましても色々面白いことがあるものだな，と思って頂ければ幸いです．これまで，四則の中でも割り算はあまり表立って活躍しませんでした．これから除法を本格的に利用した計算が登場します．それでは「割り算とは何か？」という根本的なところにまで戻って，話をはじめましょう．

　割り算は **割られる数** A と **割る数** B，及びその結果である 商 Q と 余り R の四つの構成要素を持っています．ここで，A は B より大きいとしておきます．このことを $B < A$，あるいは $A > B$ と表します．記号 $<$，$>$ を**不等号**と呼びます．また，一般に a が b より大きいか，あるいは $a = b$ を含むときには，$b \leq a$ (または，$a \geq b$) という記号を用います．

　日本語の「**以上**」「**以下**」は等号を含みますが「**未満**」は含みません．「十八歳未満お断り」は，不等号を用いて $x < 18$ であり，「二十以上，三十歳以下」は $20 \leq x \leq 30$ のことです．これは，"以て上・以て下" と読み，"以て" の意味を考えれば，その値を含むことが分かります．同様に，"未だ満たさず" と読めば，その値を含まないことを忘れないでしょう．

　さて，割り算の構成要素は，この不等号を用いた

$$\boxed{A = QB + R, \quad 0 \leq R < B}$$

という関係で結ばれ，この R の制限の下で Q, R は唯一つ定まります．また，自然数 A, B の共通の約数の中で最大のものを**最大公約数**と呼び

$$\boxed{D = (A, B)}$$

で表わします．共通の約数を持たない二数 X, Y を，**互いに素**であるといいます．このとき，$(X, Y) = 1$ となります．このように，数学では二つの数を括弧でくくって，多種多様の意味を持たせますので，注意が必要です．前後の文脈を見て慎重に，誤りのないようにして下さい．

　この D を用いて，A, B を $A = Da, B = Db$ と書換えることができます．さ

1.5. ユークリッドの探索

らに，B, R の最大公約数を d としますと

$$B = db', \quad R = dr$$

と書くことができますので，これらをはじめの式に代入して

$$A = Qdb' + dr = d(Qb' + r)$$

より，d は A の約数であることが分かります．また，d は $B = db'$ より B の約数にもなるので，結局 A, B の公約数になります．よって，$d \leq D$ を得ます．

ところで，余り R を

$$R = A - QB$$

と書換え $A = Da, B = Db$ を代入しますと

$$R = Da - QDb = D(a - Qb).$$

即ち，D は R の約数でもあるわけです．これより $D \leq d$ となりますが，先の結果 $d \leq D$ と両立する必要から，結局 $d = D$ となります．よって，A, B の最大公約数と B, R の最大公約数は同じものとなり，次の重要な関係を得ます．

$$\boxed{(A, B) = (B, R)}$$

この B, R を再び A, B と読み替えれば，今示しました手続を繰り返し適用できます．即ち，自然数 a, b ($b < a$) が与えられたとき，二数の最大公約数は

$$\begin{aligned}
a &= \underline{b}q_1 + r_1, & r_1 &< b, \\
\underline{b} &= \underline{r_1}q_2 + r_2, & r_2 &< r_1, \\
\underline{r_1} &= \underline{r_2}q_3 + r_3, & r_3 &< r_2, \\
\underline{r_2} &= r_3q_4 + r_4, & r_4 &< r_3, \\
&\vdots \\
r_{n-2} &= \underline{r_{n-1}}q_n + r_n, & r_n &< r_{n-1}, \\
\underline{r_{n-1}} &= r_nq_{n+1} + r_{n+1}, & r_{n+1}(&= 0) < r_n
\end{aligned}$$

から $(a, b) = r_n$ と求められるのです．ここで重要なことは

$$0 = r_{n+1} < r_n < r_{n-1} < r_{n-2} < \cdots < r_4 < r_3 < r_2 < r_1 < b$$

に従って，余り r_{n+1} が**有限回で必ず 0 になる**ことです．これを**ユークリッドの互除法**，あるいは単に**互除法**といいます．

共通の倍数の中で最小のものを，**最小公倍数**(さいしょうこうばいすう) と呼びます．最大公約数も，最小公倍数も元の数の素因数分解ができれば，簡単に求められます．例えば

$$143 = 11 \times 13, \quad 195 = 3 \times 5 \times 13$$

であれば，"両者に共に含まれている数"の最大のものは 13 であり，"両者を共に含む数"の最小のものは，すべての因数を一回だけ使った $3 \times 5 \times 11 \times 13 = 2145$ だと分かります．二数の積を，この点を強調して書けば

$$\begin{array}{c} \downarrow \text{最大公約数} \\ 195 \times 143 = (3 \times 5 \times \mathbf{13}) \\ \times (\mathbf{13} \times 11) = 27885 \\ \hline (3 \times 5 \times \mathbf{13} \times 11) \leftarrow \text{最小公倍数} \end{array}$$

となります．この例からも明らかですが，一般に以下の関係が成り立ちます．

$$\boxed{\text{与えられた二数の積 = 最大公約数 × 最小公倍数}}$$

しかし，大きな数を素因数分解することは極めて困難であり，事実上不可能である場合が多いので，互除法により最大公約数を導き，上の関係に従って最小公倍数を求める手順が採られます．

では，195, 143 の最大公約数を互除法によって求めておきましょう．

$$\left.\begin{array}{l} 195 = 1 \times 143 + 52 \\ \qquad \downarrow \quad \searrow \\ \quad 143 = 2 \times 52 + 39 \\ \qquad\qquad \downarrow \quad \searrow \\ \qquad 52 = 1 \times 39 + 13 \\ \qquad\qquad\quad \downarrow \quad \searrow \\ \qquad\quad 39 = 3 \times \mathbf{13} \end{array}\right\} \rightarrow 195 \times 143 \div 13 = \underline{\mathbf{2145}}$$

数値が順に入れ替わっていく様子を矢印で強調しました．特に余りが，52, 39, 13, 0 と計算が進む度に確実に減少していくところに注目して下さい．

ユークリッドの互除法のように，計算の方法が明確に定められ，有限回の実行で結果の定まる手続を，**アルゴリズム**と呼びます——この言葉は，九世紀中頃にアラビア語初の代数学の書を著した**ムハンマド・イブン・ムーサー・フワーリズミー** (Muhammad ibn-Mūsā al-Khwārizmī) の通称 アル・フワーリズミーが訛ったものだとされています．

昔はアルゴリズムといえば互除法そのもののことでした．しかし，現在では

1.5. ユークリッドの探索

有限回の計算の後に目的を達する一連の手続

をすべてアルゴリズムと呼んでいます．

計算可能とは終点があること

互除法の手続を整理しておきます．与えられた二つの自然数 m, n に対して

- **[1]** 大きさを比較し，$n < m$ となるように設定する．
- **[2]** m を n で割り，商を q，余りを r とする．
- **[3]** 余り r が 0 ならば，そのときの n を最大公約数として終了する．
- **[4]** 余り r が 0 でなければ，除数 n と余り r とを m, n と置きなおして [2] へ戻る．

この操作を反復することにより，必ず [3] の状態に達し終了します．ただし，第一ステップに関しては，仮に事前に大小関係を調整しなくても

$$143 = 0 \times 195 + 143$$
$$\downarrow \quad \searrow$$
$$195 = 1 \times 143 + 52$$
$$\downarrow \quad \searrow$$
$$143 = 2 \times 52 + 39$$
$$\downarrow \quad \searrow$$
$$52 = 1 \times 39 + 13$$
$$\downarrow \quad \searrow$$
$$39 = 3 \times 13$$

となって，計算が一回分増えるだけでアルゴリズムは破綻しません．

一般に未知のものを理解するために，その要素を分類することは大変重要です．分類によって，それらの異なる点，あるいは共通の点などが浮き彫りにされ，理解が深まります．今宵は，物の個数を数えることで皆さんに馴染みの深い自然数を，先ず 2 で割り切れるかどうか，ということで偶数と奇数に，そして，その数の持つ約数の個数によって，1 と素数と合成数に分類しました．

　このように，共通の性質を持つ一塊に分けることによって，数に対する親しみが湧いてきます．一言で自然数といっても非常に多様なものです．特に素数は，昔から人の心を捉えて放しません．素数は，自然数という五線譜の上で自由自在に踊り，ある時は美しく，またある時は私達をからかうように，自然の不思議さを歌い上げる音符達なのです．そして彼らのメロディは，時として自然数の五線譜の上をも飛び越えて大きく飛翔するのです．

　奏でるメロディに耳を傾け，新たなリズムをもってその正体を解き明かしてやろう，という大きな志を持った方が，皆さんの中から登場することを祈っています．サッカーが世界的なスポーツに成長した理由の一つは，道具にお金が掛からないからだと言われています．その点，数学はサッカー以上です．お金も設備も全く無しに，何時でも思い立った時からはじめられるのです．

　さて，予定の時刻が参りました．入口に資料がありますので，お持ち帰り下さい．それでは，これにて失礼致します．また明晩，お会いしましょう．

1.6 本日の配布資料・壹

　自然数は 1 と素数と合成数とに分かれる．合成数は，素数を掛ける順序を除いて，唯一通りに分解出来る．1 を素数としない理由はこの一意性の為である——これを素数として分解の中に入れると，$6 = 1 \times 2 \times 3 = 1^2 \times 2 \times 3 = \cdots$ など，何通りもの分解が可能となるからである．

● 整数論の基本定理

　素因数分解は，整数論における最も基本的な処理であり

> 定理 [1] 素因数分解の可能性
> 定理 [2] 素因数分解の一意性

という二つの主張により構成されている．

証明：定理 [1]——数学的帰納法を用いる．

　最小の合成数は 4 であるが，これは $4 = 2 \times 2$ と素因数分解できる．

　続いて，ある合成数を C とし，C より小さい合成数は，すべて素因数分解できると仮定する．C は合成数であるので約数を持ち，$C = A \times B$ と書ける——ここで A, B は，$1 < A < C$，$1 < B < C$ の範囲にある自然数である．もし，A, B が素数であれば，C は素因数分解されたことになる．

　これらが素数でない場合でも，先の条件より，A, B は共に C より小さいので，仮定により素因数分解が出来て，両者の積である C も分解可能となる．よって，1 を除く任意の合成数は，素数の積に分解出来ることが示された．

　数値を代入して証明を具体的に確認する．

　既に示したように，最小の合成数 4 は 2×2 と素因数分解された．

　次の合成数 6 は，約数 2 を持ち，2×3 と書ける．ここで，2, 3 は共に素数なので，6 の分解は完了した．これで 6 以下の合成数は，素因数に分解された．

　次の合成数 8 も，約数 2 を持ち，2×4 と書ける．4 は既に 2×2 と分解されている．従って，$8 = 2^3$ と分解される．

　以後はこれを繰り返し，素因数分解は全自然数に及ぶわけである．

証明：定理 [2]────帰謬法を用いる．

二通りの素因数分解を仮定し，それが矛盾することから一意性を導く．

先ず，[1] の場合と同様に最小の合成数 4 に注目する．これは 2×2 と素因数分解出来る．よって，最小合成数に対して一意性は証明された．この"事実"がこれ以降の証明の下限を保証する．即ち，「何々より小さい合成数は一意に分解される」という表現の連鎖の終点になる．

続いて，C より小さい合成数は全て一意性を満足し，C は二通りの分解：

$$C = \alpha \ \beta \ \gamma \times \cdots \times \delta$$
$$= \alpha' \ \beta' \ \gamma' \times \cdots \times \delta'$$

を持つと仮定する────以降，ギリシア文字は全て素数を表す．

ここでもし，$\alpha = \alpha'$ ならば，全体を α で割って

$$C/\alpha = \beta \ \gamma \times \cdots \times \delta$$
$$= \beta' \ \gamma' \times \cdots \times \delta'$$

となる．素数 α は正数であるから $C/\alpha < C$ である．C より小さい合成数は全て一意性を満足すると仮定しているので，$\beta\gamma \times \cdots \times \delta = \beta'\gamma' \times \cdots \times \delta'$ が成立し，二つの分解は一致して一意となる．

そこで $\alpha' < \alpha$ とし，C の両辺から $\alpha'\beta\gamma \times \cdots \times \delta$ を引いたものを C' とすれば，$C' < C$ より，C' には分解の一意性が成り立つはずであるが，その両辺は

$$\text{左辺} = (\alpha \ \beta \ \gamma \times \cdots \times \delta) - (\alpha'\beta\gamma \times \cdots \times \delta)$$
$$= (\alpha - \alpha')\beta\gamma \times \cdots \times \delta,$$
$$\text{右辺} = (\alpha'\beta'\gamma' \times \cdots \times \delta') - (\alpha'\beta\gamma \times \cdots \times \delta)$$
$$= \alpha'(\beta'\gamma' \times \cdots \times \delta' - \beta\gamma \times \cdots \times \delta)$$

である．素数 α' は，式中のどの数とも異なるので，α' は $(\alpha - \alpha')$ の約数でなければ両辺は一致しない．これは α' 自身が，α の約数となることを意味するが，二数は異なる素数であるから，これはあり得ない．よって両辺は一致せず，C は二通り，それより小さい C' は一意とした仮定に反している．

以上より合成数は，積の順序を除いて，一意に分解されることが証明された．

1.6. 本日の配布資料・壹

◆エラトステネス(Eratosthenēs)：B.C.275頃–194頃

　出身地キュレネを冠して，「キュレネのエラトステネス (–of Cyrene)」とも呼ばれる．学者としてエジプトに招聘され，アレクサンドリア図書館の館長を務めた．アルキメデスから著作『方法』についての手紙を送られるなど，当時の学問世界の中心にいた．シエネとアレクサンドリアにおける太陽光の入射角度の違いから，地球の大きさ (子午線の長さ) を測定した人物としても知られる．

◆ユークリッド(Euclid)：B.C.300頃

　ギリシア語読みでエウクレイデス (Eukleidēs) とも記される．二千年を越えて今なお生き続ける数学史上最も重要な著作『**原論**』の著者とされる．当時はパピルスによる巻物の体裁を採っていた．この著作は，幾何学体系を構築するにあたり，「公理から定義へ，そして証明へ」と流れる現代数学の標準的な記述方法を初めて提起して，それを世界中に広めたものとして知られている．

　先ずは，古代ギリシアを中心とした数学の発展史を，その流れを一望する為に，名前と生没年だけを並べて記しておく．

タレス (Thalēs)	B.C.624–547
ピタゴラス (Pythagoras)	B.C.572–497
テオドロス (Theodōros)	B.C.400頃
プラトン (Platōn)	B.C.429–347
テアイテトス (Theaitētos)	B.C.417–369
エウドクソス (Eudoxos)	B.C.408–355
アリストテレス (Aristotelēs)	B.C.384–322
デモクリトス (Dēmokritos)	B.C.430
ユークリッド (Euclid)	B.C.300頃
アルキメデス (Archimēdēs)	B.C.287–212
エラトステネス (Eratosthenēs)	B.C.276頃–195頃

　以後，人物紹介は主に『カッツ 数学の歴史』の内容に従った．なお資料番号を，日常的には用いる機会が少ない「大字」により表記した．0から10までを列挙すると，「零・壹・貳・參・肆・伍・陸・漆・捌・玖・拾」である．**大字の使用は，通常の漢数字よりも改竄され難いというセキュリティ上の利点がある．**

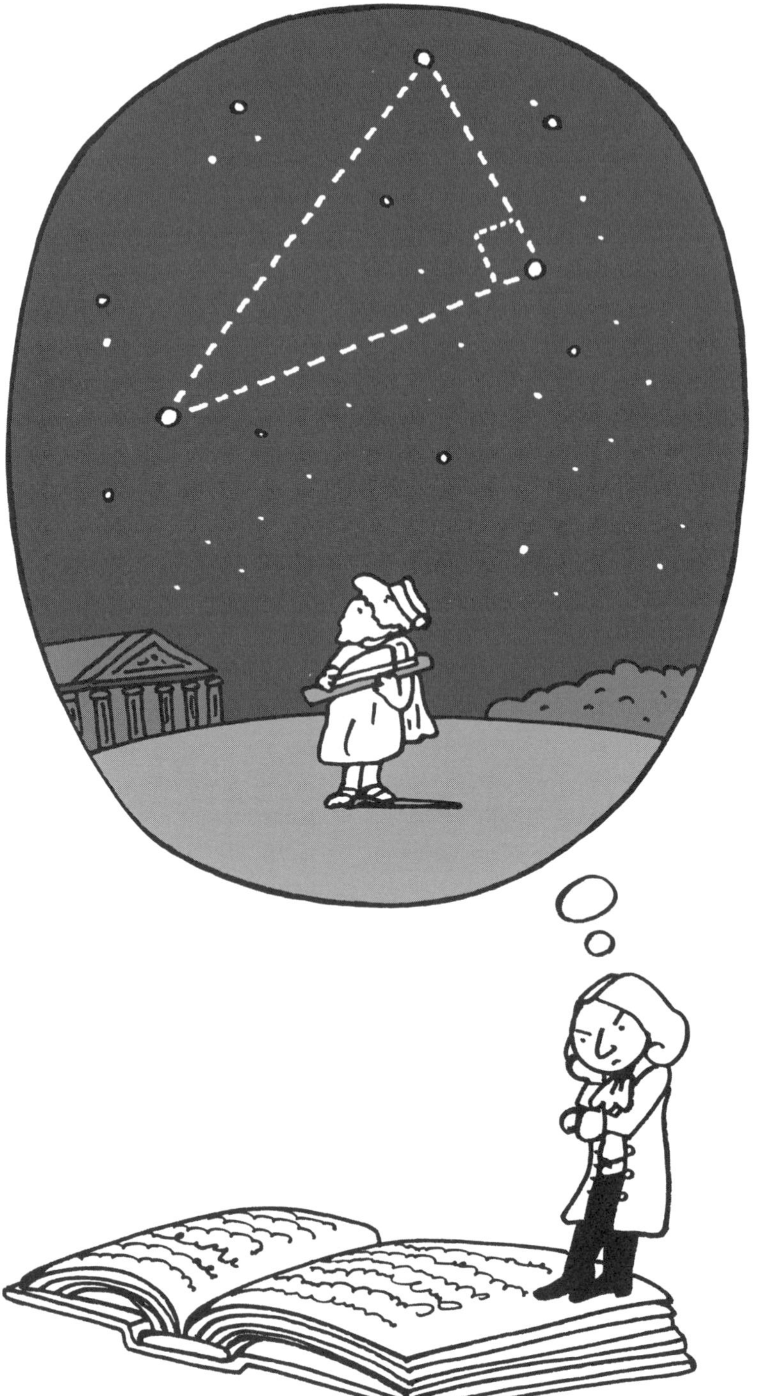

第2夜　　　　♪♪♪　ピタゴラスの調べ

　本日は，非常に良いお天気でした．こんな日は公園で草野球に興じる方も多いでしょう．ところで，グランドにラインを引くとき，どんな工夫をすれば，上手く直角に交わる直線を引けるでしょうか．一つ提案しましょう．十二人の選手からそれぞれベルトを提供してもらいます．そして，それらを繋いで大きな輪を作り，基点となる選手がベルトの繋ぎ目を握ります．さらに二人の選手に基点から三番目と八番目の繋ぎ目を握ってもらい，三人で三角形を作ります．このとき基点となる選手から二人の選手を見込む角は直角になります．

　これは，数学の最も有名な定理の一つである**ピタゴラスの定理**，即ち，直角三角形の三辺に成り立つ関係

$$a^2 + b^2 = c^2$$

を用いた方法です．この場合は最も簡単な自然数の解

$$3^2 + 4^2 = 5^2$$

を利用したわけです．このようにピタゴラスの定理を満足させる自然数の組 (a, b, c) を**ピタゴラス数**と呼びます．では，このピタゴラス数はいったいどれくらいあるでしょうか．皆さんはどのくらい実例を挙げられますか．今宵は，図形と数の愛好家**ピタゴラス**にまつわる「幾何から生まれた代数」の話です．

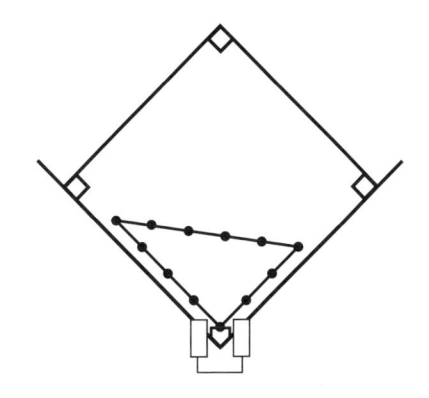

2.1 教祖誕生

　今を遡ること二千五百年ほど前，東洋では，釈迦や孔子がその哲学を完成させていた時代に，数学に天文学にその才を余すところなく発揮し，巨人の名をほしいままにしていた**タレス**という学者がいました．このギリシア生まれの天才が，どれほど凄い人物であったかを伝えてくれる逸話には事欠きません．

　商才にも長けたタレスは，商用でエジプトに赴いたおり，その影の長さからピラミッドの高さを算出し王を驚かせました．さらに一般の人々をも驚かせたのは，彼の天文学者としての能力でした．タレスは何と日蝕を予言し，その予言通り，太陽が目の前でどんどん欠けて光を失っていく様を見た兵士達は，これが神の怒りによるものであると判断して，直ちに戦争を止めたそうです．

かつて数学・物理学・天文学は一つであった

　時は過ぎ，エーゲ海に浮かぶサモス島に一人の男が誕生しました．天才タレスの弟子たるに相応しい男，師を越え，世界で最も有名になる宿命を帯びたその男は**ピタゴラス**と名附けられました．ピタゴラスは師の教えに従って，エジプトなどに長期に留学し自らの学問を磨いていきました．ピタゴラスは孤独な学者ではなく，多くの弟子を周りに置き，共に研究していくタイプでした．ただし，ピタゴラスを囲むこの学派には，発見された定理は「すべてピタゴラスの仕事にする」という約束があったらしく，定理の真の発見者は誰か分からない仕組になっていたようです．また，「学派の中で発見されたことは，決して

2.1. 教祖誕生

「口外しない」という掟があったため，この学派は他者からは，一種の新興宗教の教団，ないしは秘密結社と見られていたようです．実際，多くの賢者を集めて，次第に政治的な発言も目立つようになったため，遂には本部が焼き討ちに遭い，その場を逃げ延びた教祖ピタゴラスも，やがて殺害されてしまいました．

ピタゴラス，あるいは今述べましたように，ピタゴラス学派の業績といった方が適当かもしれませんが，その成し得た数学的業績は，整数論，幾何学など枚挙に暇がありません．また，彼等の調和を重んじる考え方は，音楽にまで及び**ピタゴラス音階**と呼ばれる音の解析まで行っていました．

ここでは，自然数に関する面白い結果を紹介しましょう．

ピタゴラスは，数と図形の関係を大変重視して，数に関する問題も**単子 (モナド)** と呼ばれる●を並べて考えました．そして，単子の並びが美しい図形になるとき，その個数に名前を附けて詳しく研究しました．まず，単子を正三角形になるように並べて，その単子の個数を**三角数**と呼びました．具体的には

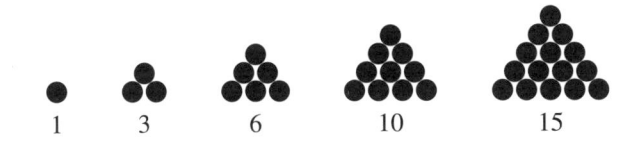

$$1 \quad 3 \quad 6 \quad 10 \quad 15$$

などが三角数になります．これを式で表しますと

$$1, \quad 1+2=3, \quad 1+2+3=6, \quad 1+2+3+4=10, \quad 1+2+3+4+5=15$$

となります．ここで，五番目の三角数 15 に注目して，その成り立ちを調べておきましょう．単子の図を上下逆様にしたものを並べて書きますと

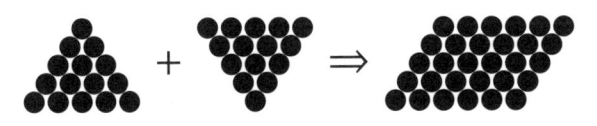

となります．このとき，右の図形は横に単子が六個，縦に五段並んで総数三十個となっています．これは元々同じ個数を持つ図形を二つ並べて作ったものですから，元の図形にはその半分の十五個の単子があるはずで，これより五番目の三角数を特徴附ける要素，「六個」「五段」が見出せました．

この論法を続けて，n 番目の三角数を求めることができます．即ち，n 番目の三角数を表す単子の図形を二つ並べると，横に $(n+1)$ 個，縦に n 段並びま

すので，それを 2 で割って，求める三角数は次のようになります．

$$1 + 2 + 3 + 4 + 5 + \cdots + (n-1) + n = \frac{1}{2}n(n+1).$$

三角形と数の面白い対応を発見しました．ならば次に考えるべきは当然四角形でしょう．続いて，単子を正方形になるように並べ，そのときの単子の個数を**四角数**と名附けます．具体的には次のようになります．

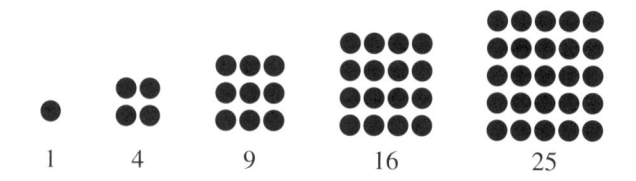

n 番目の四角数は一目瞭然，n^2 となります——二乗した結果ですので，単に**二乗数**，あるいは同じ意味で**平方数**とも呼ばれています．

さて，最後は数を先に与えて，和を単子を使って考えましょう．1 から n までの奇数の和を考えます．例えば

$$1 + 3 = 4 = 2^2, \quad 1 + 3 + 5 = 9 = 3^2, \cdots$$

などです．これは，一般的には

$$1 + 3 + 5 + 7 + \cdots + (2n-1) = n^2$$

と四角数になりますが，ピタゴラスはこのことを

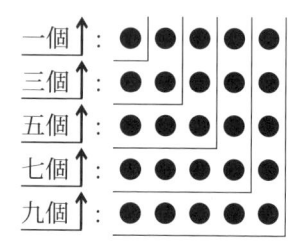

という図形を書くことにより示しました．

このように，ピタゴラスは単子を並べることで数に具体性を持たせ，さらにそれらに名前を附けることで，より親しみやすく扱いやすくして，研究を深めていきました．先にも述べましたように，ピタゴラスは自然の神秘，調和といったものを数や図形に託して極めようと試みました．そして彼等は，ピタゴ

2.1. 教祖誕生

ラス学派のシンボルとして，非常に美しい図形「**星型正五角形(五芒星)**」を選び，誇らしく附けていたそうです——我が国では陰陽師・安倍晴明の紋章としても知られ，現代でも魔除けの御札として用いられています．では，この図形は何故美しいのか．この点につきましては後で触れる予定です．

対称性は万物の真理・一筆書きは無限の象徴

　ピタゴラスらは，このような平面的な図形だけではなく，立体も研究しました．もちろん彼等は，自身の自然観に沿った"美しい立体"を探しました．例えば「六枚の正方形が立方体を作る」ように，同じ正多角形で覆い尽くされる立体，即ち**正多面体**こそ，その美学に一致したものだったでしょう．それは，正六面体 (立方体) の他に幾つあるのでしょうか．これもまた過去の蓄積があり，以後の発展もあって，何処までが彼等の業績か，それが現在の意味で何時確定したのかはよく分かりません．しかし，少なくとも**プラトン**の著作には

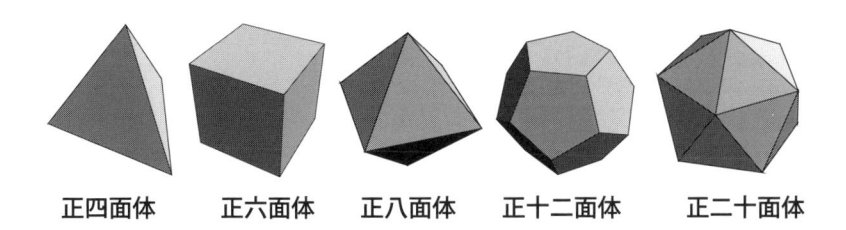

　　正四面体　　正六面体　　正八面体　　正十二面体　　正二十面体

の存在が書かれていますので，プラトンの時代には確立した知識になっていたのでしょう——こうした経緯から，これら五種類の図形を「**プラトンの立体**」と呼ぶことがあります．そして，**ユークリッド**の著作『**原論**』には，その証明が記載されています．ここで図を見ながら，それぞれの立体が

正四面体(regular tetrahedron) ⇐ 正三角形×四個,
正六面体(regular hexahedron) ⇐ 正方形×六個,
正八面体(regular octahedron) ⇐ 正三角形×八個,
正十二面体(regular dodecahedron) ⇐ 正五角形×十二個,
正二十面体(regular icosahedron) ⇐ 正三角形×二十個

となっていることを確かめて下さい——**多面体**(polyhedron) の一種であることを表す接尾語 headron を伴って，英語名が変化する様子も楽しんで下さい．また，これらの角を落とした図形も興味深い対象です．

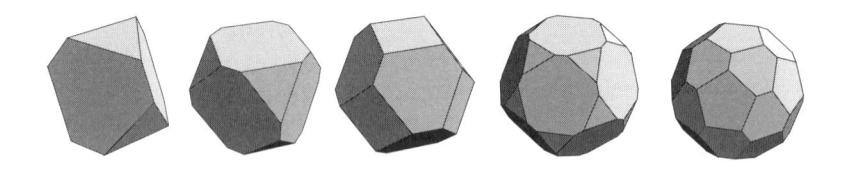

特に右端の角を落とした立体を膨らませますと，サッカーボールになります．

プラトンは，"対称性の物質化"であるこれら正多面体を，大自然の調和の象徴として愛しました．そして，これら多面体に準えて万物の本質に迫る哲学を構成しようと試みました．そこには，調和と対称性に美を見出し，美に真理を見出すという，長く数学の発展を支えてきた思想が認められます．

数学は人間の**発明**なのか，それとも既に存在するものの**発見**なのか．プラトンはこの問題を深く考えました．さて皆さんは，どう考えられますか．多くの数学者は，自らの業績を語るときに「定理を発見した」と言います．"そこに在ったもの"を，自分が一番先に見附けたのだ，と主張するのです．

2.2 完全な友情

ここでは，復習の意味も込めて「自然数の約数」について今一度考えてみましょう．この分野でもピタゴラスは大いに貢献しているのです．

6 は約数として，1, 2, 3, 6 の四つを持ちます．約数・倍数とは，掛け算・割り算の結果求められるものですが，ここですべての約数を足し合わせますと

$$1 + 2 + 3 + 6 = 12$$

となり，自身の値の二倍となります．ここで，数 n に関する**約数の総和**を，ギリシア文字シグマ σ を用いて，$\sigma(n)$ と表せば

$$\sigma(n) = 2n$$

となります．これは，自分自身を除くすべての約数を足し合わせたものが，再び自身に一致することを意味します．この見方で上式を書き直せば

$$\sigma(n) - n = n$$

です．このような性質を持つ数を**完全数**といいます．もちろん，このように上手くいく例は稀で，それが名前の由来でもあるのです．次に簡単な例は 28 で

$$1,\ 2,\ 4,\ 7,\ 14,\ 28, \qquad \sigma(28) = 56$$

より，確かに自身を除いた約数の総和は

$$1 + 2 + 4 + 7 + 14 = 28, \qquad \sigma(28) - 28 = 28$$

となっています．この結果を「なるほど完全だ美しい」と思われるでしょうか．

実は，メルセンヌ素数 $2^n - 1$ に対して

$$\begin{aligned} a_n &= 2^{n-1} \times \text{メルセンヌ素数} \\ &= 2^{n-1}(2^n - 1) \end{aligned}$$

が完全数になることが**オイラー**によって証明されています．そこで，具体的に n を定めて完全数をどんどん作っていきましょう．

$$a_2 = 2^1(2^2 - 1) = 2 \times 3 = 6,$$
$$a_3 = 2^2(2^3 - 1) = 4 \times 7 = 28$$

は既に紹介しました．昨日紹介しましたメルセンヌ素数の M の値を思い出しながら，順に代入していきますと，巨大な完全数が目の前に現れてきます．

$a_5 = 2^4(2^5 - 1) = 16 \times 31 = 496,$

$a_7 = 2^6(2^7 - 1) = 64 \times 127 = 8128,$

$a_{13} = 2^{12}(2^{13} - 1) = 4096 \times 8191 = 33550336,$

$a_{17} = 2^{16}(2^{17} - 1) = 65536 \times 131071 = 8589869056,$

$a_{31} = 2^{30}(2^{31} - 1) = 1073741824 \times 2147483647 = 2305843008139952128,$

$a_{61} = 2^{60}(2^{61} - 1) = 1152921504606846976 \times 2305843009213693951$
$= 2658455991569831744654692615953842176,$

$a_{89} = 2^{88}(2^{89} - 1)$
$= 309485009821345068724781056 \times 618970019642690137449562111$
$= 191561942608236107294793378084303638130997321548169216.$

今求めました完全数はすべて偶数でした．実は**偶数の完全数**はこの形に限ることが証明されています．一方で，**奇数の完全数**は一つも見附かっておらず，未解決の重要問題になっています．よって，"現状では"ここで示しました式によって，完全数の全体が把握できたことになります．

ところで，220 の場合，自身を除く約数：

$$1,\ 2,\ 4,\ 5,\ 10,\ 11,\ 20,\ 22,\ 44,\ 55,\ 110$$

をすべて足し合わせますと

$$1 + 2 + 4 + 5 + 10 + 11 + 20 + 22 + 44 + 55 + 110 = 284$$

となり，結果が元より大きくなるので，220 には**過剰数**（かじょうすう）という名前が附いています．式で書けば，$2n < \sigma(n)$ です．また，284 の約数

$$1,\ 2,\ 4,\ 71,\ 142$$

をすべて足し合わせると

$$1 + 2 + 4 + 71 + 142 = 220$$

となり，元の数より小さいので，284 は**不足数**（ふそくすう）と呼ばれます．この場合は $\sigma(n) < 2n$ となります．これで自然数は，$\sigma(n)$ と $2n$ の大小関係によって，**完全数，過剰数，不足数**の三種に分類されることが分かりました．

2.2. 完全な友情

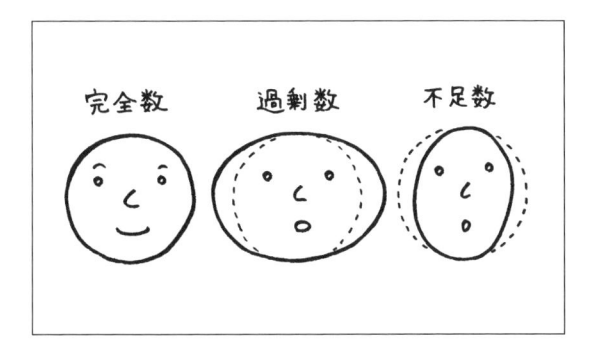

ここでは，約数を一杯持った"太った過剰数"，約数の足りない"痩せた不足数"，"バランスの取れた完全数"という意味でイラストにしてみました．

さて，既にお気附きかもしれませんが，220 の自分自身を除いた約数を足し合わせた結果は 284 となり，284 の結果は 220 となります．このような関係にある一組の数を**親和数**(しんわすう)と呼びます．実際，ピタゴラスは「友人とは何か？」という問いに対して

それは 220, 284 の如きものである

と言ったそうです．親和数の例としては他に

$$\begin{cases} 1184 : (1+2+4+8+16+32+37+74+148+296+592 = 1210), \\ 1210 : (1+2+5+10+11+22+55+110+121+242+605 = 1184) \end{cases}$$

$$\begin{cases} 2620 : (1+2+4+5+10+20+131+262+524+655+1310 = 2924), \\ 2924 : (1+2+4+17+34+43+68+86+172+731+1462 = 2620) \end{cases}$$

$$\begin{cases} 5020 : (1+2+4+5+10+20+251+502+1004+1255+2510 = 5564), \\ 5564 : (1+2+4+13+26+52+107+214+428+1391+2782 = 5020) \end{cases}$$

などが知られています．なお，二数を m, n として親和数の関係は

$$\begin{aligned} \sigma(m) - m = n &\Rightarrow \sigma(m) = m + n, \\ \sigma(n) - n = m &\Rightarrow \sigma(n) = m + n \end{aligned}$$

と表せることから，以下の関係が導かれます．

$$\sigma(m) = \sigma(n) = m + n$$

因みに親和数の和，即ち $(m + n)$ は 9 で割り切れる場合が多いようです．

最後にもう一度，確認しておきましょう．これで自然数は

$$
自然数 = \begin{cases} 完全数 : 6,\ 28,\ 496,\ 8128,\ldots \\ 過剰数 : 12,\ 20,\ 24,\ 30,\ldots \\ 不足数 : 1,\ 2,\ 3,\ 4,\ 5,\ldots \end{cases}
$$

という三種の分類が可能になりました．それでは，これら数の個性を"姿"で表しておきましょう．自然数の"体型比べ"です．

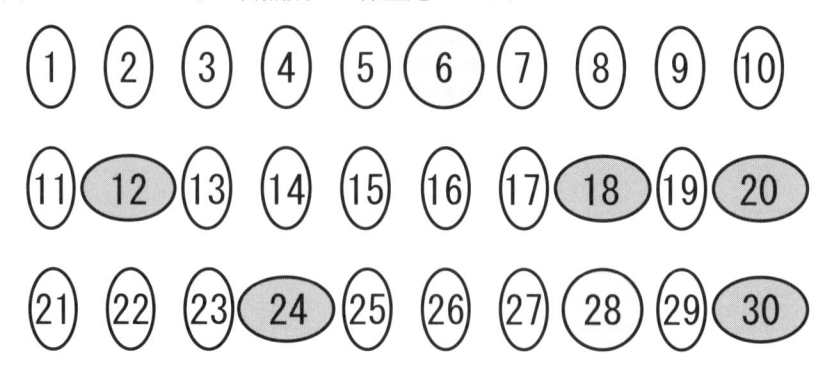

①　②　③　④　⑤　⑥　⑦　⑧　⑨　⑩

⑪　**⑫**　⑬　⑭　⑮　⑯　⑰　**⑱**　⑲　**⑳**

㉑　㉒　㉓　**㉔**　㉕　㉖　㉗　㉘　㉙　**㉚**

実際に，100 ぐらいまでの数の約数を求めて，三つのどれになるのかを自分で試して下さい——完全数がこの範囲にはもう存在しないことは明らかですが．

　数学では，ギリシア文字を多用しますので，ここで全体を御紹介しておきます．読みは，流通している中でも日本語として読み易いものを選びました．

A	α	alpha	アルファ	N	ν	nu	ニュー
B	β	beta	ベータ	Ξ	ξ	xi	グザイ
Γ	γ	gamma	ガンマ	O	o	omicron	オミクロン
Δ	δ	delta	デルタ	Π	π, ϖ	pi	パイ
E	ϵ, ε	epsilon	イプシロン	P	ρ, ϱ	rho	ロー
Z	ζ	zeta	ゼータ	Σ	σ, ς	sigma	シグマ
H	η	eta	イータ	T	τ	tau	タウ
Θ	θ, ϑ	theta	シータ	Υ	υ	upsilon	ウプシロン
I	ι	iota	イオタ	Φ	ϕ, φ	phi	ファイ
K	κ	kappa	カッパ	X	χ	chi	カイ
Λ	λ	lambda	ラムダ	Ψ	ψ	psi	プサイ
M	μ	mu	ミュー	Ω	ω	omega	オメガ

2.3 少年ガウスのアイデア

天才に逸話はつきものですが，それが何処まで本当か，何処までその人の本質を表しているかは，判断の難しいところです．それが本人談であっても．

ガウスの少年時代の話です．先生が叮嚀な計算の練習になるだろうと思って出した問題：「1 から 100 までの和を求めなさい」に対して，ガウスは直ちに「5050 です」と答えた，というのです．少年ガウスのアイデアは，一度理解すれば生涯忘れることのない鮮烈なものです．求めるべき答を S とするとき

$$
\begin{array}{rcccccccc}
S &=& 1 &+& 2 &+& 3 &+\cdots+& 98 &+& 99 &+& 100 \\
&& + && + && + && + && + && + \\
S &=& 100 &+& 99 &+& 98 &+\cdots+& 3 &+& 2 &+& 1 \\
\hline
2S &=& 101 &+& 101 &+& 101 &+\cdots+& 101 &+& 101 &+& 101
\end{array}
$$

より $2S = 101 \times 100$，これを 2 で割って所望の値 S を得ます．

和の計算を行うのに，数を増加方向に並べても，減少方向に並べても，結果は同じです．そして，両者を足し合わせても，その手順に関係無く同じ答が得られるはずです．ならば，そこに何か上手い組合せがあれば，結果が簡単に出せるのではないか．三角数について既に学ばれた皆さんにとって，これは簡単な問題に見えるかもしれません．しかし，この方法の核心部分は，「**余ったものと足りないものを組合せて一つの組を作る**」というところにあります．この問題にだけ限定された，応用力の乏しいものではないのです．

さて，約数の総和について求めたばかりですが，ここでは**約数の個数**について考えましょう．これをギリシア文字タウ τ で表します．例えば，6 ならば，約数 $1, 2, 3, 6$ を持ちますので，$\tau(6) = 4$ と書きます．

n	約数	τ	n	約数	τ
1	1	**1**	11	1, 11	2
2	1, 2	2	12	1, 2, 3, 4, 6, 12	6
3	1, 3	2	13	1, 13	2
4	1, 2, 4	**3**	14	1, 2, 7, 14	4
5	1, 5	2	15	1, 3, 5, 15	4
6	1, 2, 3, 6	4	**16**	1, 2, 4, 8, 16	**5**
7	1, 7	2	17	1, 17	2
8	1, 2, 4, 8	4	18	1, 2, 3, 6, 9, 18	6
9	1, 3, 9	**3**	19	1, 19	2
10	1, 2, 5, 10	4	20	1, 2, 4, 5, 10, 20	6

1 から 20 までの数の約数と，その個数 τ の表を作りました．この表を見て，直ぐに気が附くことは，平方数 1, 4, 9, 16 だけで，τ が奇数になっていることです——平方数は，四角数として既に見てきました．何故でしょうか．12 を例に採り"ガウスのように"考えてみましょう．約数を増加順と逆順に並べて，縦の組それぞれを掛け合わせますと

$$
\begin{array}{cccccc}
1 & 2 & 3 & 4 & 6 & 12 \\
\times & \times & \times & \times & \times & \times \\
12 & 6 & 4 & 3 & 2 & 1 \\
\hline
12 & 12 & 12 & 12 & 12 & 12
\end{array}
$$

となります．約数は，それ自身で除した残りもまた約数になる，即ち「約数には常に相棒が居る」わけです．この計算手法は，そのことを見事に表しています．さらに，一列に並べて相棒同士を結べば，次のように表せます．

$$
\begin{array}{cccccc}
1 & 2 & 3 & 4 & 6 & 12
\end{array}
$$

ところで，平方数 16 に対しても

$$
\begin{array}{ccccc}
1 & 2 & 4 & 8 & 16 \\
\times & \times & \times & \times & \times \\
16 & 8 & 4 & 2 & 1 \\
\hline
16 & 16 & 16 & 16 & 16
\end{array}
$$

と書くことはできますが，中央の数 4 は上下段で重複しており，4 には相棒が居ないことが分かります．これは一列に並べれば，さらに明瞭です．

$$
\begin{array}{ccccc}
1 & 2 & 4 & 8 & 16
\end{array}
$$

これはすべての平方数が持つ性質です——同じ数の二乗でできているのですから当然．自分自身を相棒と見做すしかない数が一つだけ存在するわけです．こうして，平方数は約数を奇数個持つこと，そしてそれ以外の数はすべて偶数個持つことが分かりました．これは平方数の判定に使える重要な性質です．

今ここで展開しました手法は，少年ガウスが和を求めるために用いたアイデア，即ち，考察する対象の中に上手い組合せを見出して，計算の見通しをよくする手法，その一つの応用といえます．この方法によれば，無限同士を巧みに組合せて，互いに打ち消し合うようにもできるのです．

2.4 算術の作法

さて，前回も触れましたように，数学は用いる言葉をはじめに定義し，それを守りながらどんどん発展させていくものです．従って，まず最初に計算のやり方を決めて，お互いに「こういうルールに沿って議論しますよ」という諒解(りょうかい)を取っておかねばなりません．ここでは，計算のルールブックから大事なものだけを選んで，今後の議論を展開する足場とします．ルールを守って，創造の羽を広げましょう．厳しいルールがあればこそ，そこに自由が定義され，またその抜け道を見附ける作業も楽しみになるのです．

数や文字の掛け算で表された一つの単位を**項**(こう)，項の中で注目している文字以外の数や文字を**係数**(けいすう)といいます．一つの項からなる式を**単項式**(たんこうしき)，単項式の和のことを**多項式**(たこうしき)と呼びます．ここで，今まであまり気に掛けずに実行してきた数の計算について反省，整理してみましょう．例えば

$$1+2 = 2+1, \quad 3\times 4 = 4\times 3$$

などは，皆さん何の抵抗もなく受け入れられるでしょう．このように，数を入れ替えても計算の結果が変わらないことを，より一般的に整理しておくために

$$A+B = B+A, \quad A\times B = B\times A$$

と表し**交換法則**と名附けます．より正確には

$$A + B = B + A : \quad \text{加法 (足し算) における交換法則},$$
$$A \times B = B \times A : \quad \text{乗法 (掛け算) における交換法則}$$

です．これらを用いて「加法と乗法は交換法則を満足する」と表現します．

同じように，非常に簡単な例を挙げますと

$$(1 + 2) + 3 = 1 + (2 + 3), \quad (4 \times 5) \times 6 = 4 \times (5 \times 6)$$

というような計算もよくやりますね．どちらを先にまとめて計算しても，結果は変わらないということです．これも文字を使って一般化しておきますと

$$(A + B) + C = A + (B + C), \quad (A \times B) \times C = A \times (B \times C)$$

これを**結合法則**と呼びます．これより「加法と乗法は結合法則を満足する」と表現することができます．逆に，加法・乗法に結合法則が成り立つ御蔭で

$$A + B + C, \quad A \times B \times C$$

などと簡略に書けるわけです．計算のルールを知らない人が，これらを見れば

足したり，掛けたりはできるけれど，前と後ろ
のどちらを先に計算すればいいのだろう？

という疑問を持つことでしょう．この当然過ぎる疑問に対して，結合法則は，「どちらでもご自由にお好きなほうをお選び下さい」と答えているわけです．

最後にもう一つ

$$2 \times (3 + 4) = 2 \times 3 + 2 \times 4, \quad (2 + 3) \times 4 = 2 \times 4 + 3 \times 4.$$

も簡単でしょう．これらから新ルールを導きましょう．

$$A \times (B + C) = A \times B + A \times C, \quad (A + B) \times C = A \times C + B \times C$$

これを**分配法則**と呼び，「加法と乗法は分配法則を満足する」といいます．

以上をまとめましょう．

> 加法と乗法は，交換，結合，分配の三つの法則を満足する

2.4. 算術の作法

ことが分かりました．これらの法則を用いて A, B を加えたものの二乗を計算してみましょう．ただし，以下では掛け算の記号 × を省略しています．

$$\begin{align} (A+B)^2 &= (A+B)(A+B) &&\text{(二乗は二回掛けること)}\\ &= (A+B)A+(A+B)B &&\text{(分配法則を用いる)}\\ &= AA+BA+AB+BB &&\text{(もう一度分配法則)}\\ &= A^2+2AB+B^2 &&\text{(交換法則より，}AB=BA\text{)}. \end{align}$$

同様にして，A から B を引いたものの二乗は

$$(A-B)^2 = A^2 - 2AB + B^2$$

です．このようにして得られた二つの式は，A, B にどのような数値を代入しても成り立つので，**恒等式**(こうとうしき)と呼ばれています．

最後にもう一つ，非常によく用いられる恒等式を紹介しておきましょう．それは，今調べた二つの恒等式の折衷ともいうべき

$$(A+B)(A-B) = A^2 - B^2$$

です．これは，計算式をそのまま読んで，「和と差の積」と呼ばれています．

さて，これら恒等式を暗算に利用して周囲の人を驚かせて下さい．手品にはタネがある，高速の暗算にもタネはあります．例えば，101 の二乗は

$$(100+1)^2 = 100^2 + 2 \times 100 + 1^2 = 10201$$

と一工夫することで簡単に計算できます．同じように，99 の二乗は

$$(100-1)^2 = 100^2 - 2 \times 100 + 1^2 = 9801$$

となります．また

$$101 \times 99 = (100+1) \times (100-1) = 100^2 - 1^2 = 9999$$

なども面白いですね．このように恒等式を利用すると容易にできる計算が結構あるものです．是非試して見て下さい．

如何でしたか．ルールは簡単だったでしょう．ルールは単純なほどゲームは面白くなります．前奏は終りました．さあ，いよいよ本題に入りましょう．

2.5 愛しき三角形

はじめにお話しましたように，皆さんはピタゴラスの定理 $a^2 + b^2 = c^2$ を御存じのことと思います．また，定理の具体例であるピタゴラス数

$$3^2 + 4^2 = 5^2$$

も有名です．さて，このような数はどれくらい存在して，またどうやって求めるのでしょうか．順に考えていきましょう．

実は，ピタゴラス数は無限に存在することを，簡単に示すことができるのです．例えば，最初に示しました $(3, 4, 5)$ を三辺とする三角形の各辺の長さを表す数値を d 倍してみましょう．ここで d は勝手な自然数としておきます．このとき与えられた三角形の三辺は

$$3d, \quad 4d, \quad 5d$$

となりますが，この三角形は

$$(3d)^2 + (4d)^2 = (3^2 + 4^2)d^2 = 5^2 d^2 = (5d)^2$$

より，やはり直角三角形になります．即ち，$(3d, 4d, 5d)$ もまたピタゴラスの定理を満足する自然数の組となることが分かりました．

成長の秘密は相似にある

具体的に $d = 2$ としますと $(6, 8, 10)$ となり

$$6^2 + 8^2 = 10^2, \quad (36 + 64 = 100)$$

2.5. 愛しき三角形

を得ます．確かにピタゴラスの定理を充たしていますね．これは幾何的には，与えられた三角形の相似三角形を扱っていることになります．もう少し視覚に訴えた言い方をしますと，直角三角形をカメラで二倍，三倍……と拡大しても，それはやはり直角三角形であるということです．

さて，d は自分で好きな自然数を選べるわけですから，これでピタゴラス数を幾らでも作りだせること，言い換えるとピタゴラス数は無限に存在することが示されたわけです．しかし，今述べましたように，この手法で求められるピタゴラス数はすべて $(3, 4, 5)$ に相似な三角形ばかりになります．それでは，これらに相似でないピタゴラス数はあるのでしょうか？

先に示しました代表的な恒等式：

$$(A+B)^2 = A^2 + 2AB + B^2, \quad (A-B)^2 = A^2 - 2AB + B^2$$

を眺めていると両者の面白い関係に気が附きます．$(A-B)^2$ に $4AB$ を加えると

$$\begin{aligned}(A-B)^2 + 4AB &= (A^2 - 2AB + B^2) + 4AB \\ &= A^2 + 2AB + B^2 \\ &= (A+B)^2\end{aligned}$$

となりますが，ここで冒頭で示しましたピタゴラスの定理を思い出して下さい．

$$\begin{array}{ccc}(A-B)^2 + 4AB & = & (A+B)^2 \\ \Downarrow \quad \Downarrow & & \Downarrow \\ a^2 \quad + \quad b^2 & = & c^2\end{array}$$

非常によく似ていますね．ちょうど上の式の $4AB$ が二乗の形式で書ければ，すべての項が「何々の二乗」という形式になり，両者の対応がよくなります．そこで $A = m^2$, $B = n^2$ とおきますと

$$4AB = 4m^2 n^2 = (2mn)^2$$

となりうまくいきます．この置換えを用いて

$$(A-B)^2 + 4AB = (A+B)^2 \quad \Rightarrow \quad (m^2 - n^2)^2 + (2mn)^2 = (m^2 + n^2)^2$$

と変形することができました．即ち

$$a = m^2 - n^2, \quad b = 2mn, \quad c = m^2 + n^2$$

とすることによって，私達はピタゴラス数の一般的な解を得たことになります．m, n は勝手に選んでいいわけですから，この式を用いて好きなだけピタゴラス数が作れます．簡略して書きますと，すべてのピタゴラス数は

$$\boxed{(m^2 - n^2,\ 2mn,\ m^2 + n^2)}$$

と表わせるわけです．ただし，a, b, c は三角形の辺の長さを表すわけですから，m^2 が n^2 より大きくなるように選んで下さい．また，ピタゴラス数をより無駄なく調べるために，m, n に若干の条件がありますが，うるさいことは後にして，ここでは実例を作って楽しむことに徹しましょう．

$m = 2, n = 1$ としますと，一番短い辺の長さを持つ例：

$$a_1 = 2^2 - 1^2 = 3, \quad b_1 = 2 \times 2 \times 1 = 4, \quad c_1 = 2^2 + 1^2 = 5$$

を作ることができます．これでお馴染みの $(3, 4, 5)$ が再現されたわけです．色々な数値をどんどん代入して

$$7^2 + 24^2 = 25^2, \quad 11^2 + 60^2 = 61^2, \quad 13^2 + 84^2 = 85^2,$$
$$15^2 + 112^2 = 113^2, \quad 17^2 + 144^2 = 145^2, \quad 19^2 + 180^2 = 181^2,$$
$$21^2 + 220^2 = 221^2, \quad 23^2 + 264^2 = 265^2, \quad \ldots \ldots$$

などを得ます．また，$m = 3, n = 2$ としますと

$$a_2 = 3^2 - 2^2 = 5, \quad b_2 = 2 \times 3 \times 2 = 12, \quad c_2 = 3^2 + 2^2 = 13$$

となって，$(3, 4, 5)$ の次に有名な $(5, 12, 13)$ を得ます．

ピタゴラス数を使って楽しむ方法は非常に多く，それだけで一冊の本になるぐらいです．面積を先に与えておいて，それを満足するピタゴラス数を探すのも一つの楽しみ方です．

$$693^2 + 1924^2 = 2045^2, \quad \text{面積} = 666666.$$

これなども中々面白い例ではないでしょうか．また，ピタゴラス三角形は，私達の住まいするこの空間の性質をも教えてくれます．その方法は後で紹介しますので，楽しみにお待ち下さい．

2.6 魂を揺さぶる予想

一人の法律家がいました．名を**フェルマー**といいます．彼は，生活の糧を学問そのものに求めないという意味ではアマチュアの数学者でした．しかし，彼が数学，特に整数論に残した数々の業績は，歴史上の大数学者に肩を並べるものでした．その中でも，彼の名前を永遠不滅のものにした**一つの予想**，その話をしましょう．フェルマーは，ピタゴラスの定理を拡張して

$$a^n + b^n = c^n, \quad (n \text{ は } 3 \leq n \text{ である自然数})$$

を考えました．そして，この式を満足する自然数の組 (a, b, c) は存在しないだろう，という予想を立てました．これは予想であって"証明"ではないのですが，フェルマー本人が，自身の愛読書である**ディオファントスの数論**に

定理の真に驚くべき証明を発見したが，この余白はあまりにも狭すぎる

と走り書きしていることが発見され，史上最も有名な予想になりました．

この予想は，数学のアマチュア，プロを問わず，数学を愛好するすべての者にとって，どうしても証明したい，と熱望させるものでした．何しろ問題の設定が簡単です．難問と呼ばれる数学の問題には，その意味を理解すること自体が，既に極めて困難な場合が多いのです．その点，ピタゴラスの定理の自然な拡張と見なされるフェルマー予想は「解決して世界的な有名人になってやろう」という野心を誰にでも抱かせる大いに人騒がせな問題でした．

また，この予想は一般受けが良いだけではなく，各時代の最高の数学者をも魅了し，幻惑し，絶望させて来たのです．そして，定理が成り立つ状況証拠が色々と存在することから，予想はいつしか勝手に昇格して「**フェルマーの大定理**」あるいは「**フェルマーの最終定理**」と呼ばれるようになりました．

具体的には，$n = 3$ の場合については**オイラー**が，$n = 4$ の場合は**フェルマー**が証明しました．その後，$n = 5$ の証明にディリクレが挑戦し，**ルジャンドル**が成し遂げました．**クンマー**は $n = 7$ の場合を証明し，その理論を用いて $p < 125000$ 以下の素数に対して自然数解のないことが示されました．

近年 (1993)，英国の**ワイルズ**は，フェルマーの問題に先立つ定理を証明し，これによりフェルマー予想を肯定的に解決できる，と発表しました．三百五十

年間，多くの数学者を挑発し続けたこの問題が，静かにその役割を終え，遂に，文字通りの意味での定理，「**フェルマー・ワイルズの定理**」となりました．

　フェルマーの問題が如何に微妙な問題であったかは，他の類題を調べてみると良く理解できます．オイラーは，$x^3 + y^3 = z^3$ には自然数の解がないことを証明し，これに関連して

$$x^4 + y^4 + z^4 = u^4, \ldots, \quad x_1^n + x_2^n + \cdots + x_{n-1}^n = x_n^n$$

にも自然数解がないと予想しました．実際

$$3^3 + 4^3 + 5^3 = 6^3,$$
$$4^4 + 6^4 + 8^4 + 9^4 + 14^4 = 15^4,$$
$$30^4 + 120^4 + 272^4 + 315^4 = 353^4,$$
$$4^5 + 5^5 + 6^5 + 7^5 + 9^5 + 11^5 = 12^5$$

などの面白い関係は見附かりましたが，反例は中々見附かりませんでした．

　しかし，上記したオイラーの予想の中「四個の自然数の五乗の和は五乗数にならない」という問題は，1966年計算機を用いて

$$27^5 + 84^5 + 110^5 + 133^5 = 144^5$$

という反例が見出され否定されました．その後

$$95800^4 + 217519^4 + 414560^4 = 422481^4,$$
$$2682440^4 + 15365639^4 + 18796760^4 = 20615673^4$$

など四乗数の和に関する問題の反例も計算機により発見されました．かなり大きな数になってから予想が覆る点が，整数論の問題の特徴であり，安易な予想やいいかげんな証明を拒絶する整数論の恐さでもあるのです．

　例えば，非常に良くできた「素数公式？」

$$n^2 - n + 41, \quad n'^2 - 79n' + 1601$$

は，それぞれ $n = 40, n' = 79$ までは素数になりますが，その次で破綻します．最後に，二乗和で数字が連続している味わい深い例を以下に示しておきます．

$$7^2 + 8^2 + \cdots + 190^2 = 1518^2,$$
$$18^2 + 19^2 + \cdots + 28^2 = 77^2,$$
$$20^2 + 21^2 + \cdots + 308^2 = 3128^2,$$
$$38^2 + 39^2 + \cdots + 48^2 = 143^2,$$
$$1081^2 + 1082^2 + \cdots + 1538^2 = 28167^2.$$

2.7 重力が作るピタゴラス三角形

　さて，簡単な実験から，私達が住まいするこの空間と，ピタゴラス三角形が密接に関わっていることを示します．先ずは自家製の"精密実験装置"から御紹介します．名附けて『**トリプレット・バランサー (Triplet Balancer)**』です．

　後ろの方は見え難いと思いますので，スクリーンを御覧下さい．また，今からお手元へ論文をお配りしますので，内容の詳細はそちらをお読み下さい．

　滑車を着けた天秤，写真の左側がこの実験装置の本体です．そしてチェーンとその先に吊す錘，それが写真右です．天秤は中央で自由に廻転できるように支持されており，二つの滑車にチェーンが掛けられて，両端とさらに中央部に錘を垂らすことで，天秤が傾くようになっています．簡単な装置ですが，極めて重要な役割を担います．数学の定理を物理実験で確かめたいのです．計算で証明されたことが，現実にはどうなっているか，それを探るのです．

　この装置を動かすのは**重力**です．そして，空間の性質が結論を左右します．私達は，"丸い地球の上に暮らしています"が，その丸さを実感することは，あまりありません．普段は，"平らな地上に住まいしています"．高いタワーの上に昇ったり，海路遙かに遠方を見渡した時にのみ，その丸さを感じる程度です．

　こうした視覚的な，言い換えれば幾何学的な問題を除けば，地球を丸く感じない理由は，重力がほぼ鉛直方向に揃って作用しているからでしょう．本質的には，重力は地球の中心，その一点からすべての物質を引っ張るように作用しますから，長い長い天秤の両端に吊した物質は，厳密には平行にはならず，地

球の中心で合流するある角をなすはずです．ところが実際には，これが平行になっている．よって，力学的にも地球が丸いことを忘れてもよく，鉛直方向での一様な重力という簡略化が正当化されるというわけです．

さらに，力は**平行四辺形の法則**によって足し算されます．二つの力を，それぞれ平行四辺形の一辺と見做したとき，その合力は対角線方向に，そしてその大きさは，まさに辺の比に対応するように働くのです．

さて，それではこの装置に，錘を吊してみましょう．左に四個，中央に五個，右に三個の錘を吊しますと，チェーンは中央部で直角をなします．これでピタゴラス三角形 $(3, 4, 5)$ が，物理的に実現されました．

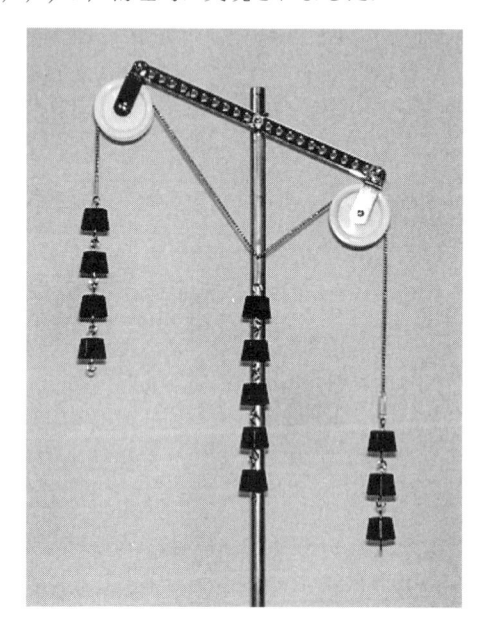

この実験を，何校かの小学校で実践した経験がありますが，何れの場合も実に面白い反応がありました．錘は常に 30 個用意しています．それは $(5, 12, 13)$ の直角三角形を，彼等に発見させるためです．適切に誘導すれば，彼等は自力で答を見附けます．計算は不要です，重力が答を導き出し，その結果を幾何学が教えてくれるのです．合流する角度が直角になれば，それは新しいピタゴラス三角形を発見したことになるのですから．詳しい内容は，お配りしました資料にありますので御覧下さい．それではまた明晩，お目に掛かりましょう．

2.8　本日の配布資料・貳

◆フェルマー(Fermat, Pierre de)：1601–1665

　トゥールーズ大学で学部を終え，オルレアンで法学の学位を得た後は，終生を開業弁護士として過ごした．数学は，大学で学んだ初等的な結果を，卒業後の数年間に集中的に深めていた為に．自らのアイデアを数式に反映させ，思考を練り上げていくだけの基礎的な技術は身に附いていた．論争で疲れた弁護士業務の傍ら，数学を趣味として楽しんでいたのである．従って，数学においてまで根深い論争に巻き込まれることを好まず，それが為に自らの業績を真正面から提示することはなかった．その成果は，文通相手へのゲーム的な挑戦によって広まっていったもので，没後の 1670 年に長男が正式に公開するまでは，その全貌は闇の中にあった──今日，メルセンヌ素数として知られている数の形式も，フェルマーが友人メルセンヌ宛の手紙の中で論じたものであった．
　フェルマーが残したものの中には，自らが証明した正しいものも，予想のみが書かれており，その正しさは後に他者によって確認されたものも，明らかに間違っていたものも，そしてプロアマを問わず，世界中の数学を愛する者達によって，350 年以上の長きに渡って正否が論じられ続けたあの「大定理」もあった．ファルマーが遺した "謎の言葉" に引き寄せられて，多くの人が果敢に挑戦した．それは本物の "ミステリー" であった．そして，近年のワイルズによる幕引きは，誠に劇的であり，感動的なものであった．
　フェルマーの業績には，整数論における「小定理」「大定理」などと共に，解析幾何学の研究もある．微分積分学にも "肉薄" しており，その創始者たる資格を得る僅か手前に居た．また，幾何光学において，「光は所要時間が最小になる径路を選ぶ」という自然界の奥に潜む根本的な原理を見出している──今日これは「フェルマーの原理」の名で呼ばれている．直観的に理解出来る「最短距離」ではなく，「最小時間」を実現する径路が，結果的に「最短」になっている，という着想は驚異的である．この原理により「屈折の法則」が導かれ，その思想は「変分原理」としてまとめられて，ファインマンによる「径路積分」にまで発展した．これらは現代物理学の中心的な考えた方になっている．

「力の合成則」の数学と「三平方の定理」の物理
——可視化教具の開発研究と授業実践——

要約

　本論文の目的は、ベクトルの合成則である「平行四辺形の法則」と「三平方の定理」を、数学と物理学の両者の間を自由に往来して、その本質を見失わずに、互いに他を関連付けながら学ぶ（或いは指導する）為に必要な具体的な教具を開発し、その活用方法を実際に小学校において行われた授業の流れに沿って紹介することにある。

　二つの滑車と三個の吊り下げフックを有するチェーンによって特徴附けられる本教具は、極めて単純な構造であり、誰にも容易に製作、活用出来るものである。正三角形、二等辺三角形、不等辺三角形の三種を例として採り上げ、それらの辺の長さが、本教具によって錘の個数に置き換えられ、その幾何学的特徴が力学的に再現されることを見ていく。

1．はじめに——本論文の問題意識

　昨今、理科教育の問題が様々な角度から論じられているが、その多くは一面的であり、人類文化全体の中での位置附け、という視座から語られることは少ない様である。科学、技術、数学の三つの相異なる要素が揃って、初めて理科教育の基礎を十全に語ることが出来るのである。それぞれの違い、それぞれの持ち場、その意味と意義を知らしめた上で、実は全体が一つの切れ目の無い融合体であり、であるが故に人類の知的基盤となっているのだ、という"客観的事実"を丁寧に根気よく指導していく必要がある。

　しかし、我が国の基礎教育においては、これらの相違も共通点も語られることは極めて少なく、その結果、進路指導等においても、適正を欠いている場合が屡々見受けられることは、非常に遺憾である——敢えて極言すれば、気の弱い者に科学は向かない、また根気の無い者に工学は向かない、抽象美に憧れない者に数学は向かないのである。

　物理学を数学的な裏付けすら無く、現象論としてのみ教えたり、数学に物理学や工学での具体例を持ち込むこと無く、論理的整合性のみに頼って教育していることは異常である。如何なる理由を以て国策をして「力学を微積分無しで指導する」等という暴挙が企てられ、今も尚それが続けられているのか、その"主観的区分"は全く理解に苦しむ所である。これでは学生諸君が、大自然の営みを人間の恣意的な分類を通してしか見ることが出来ず、科目名を振り回されて自然そのものを忘れる、という笑い話の様な発想しか出来なくとも致し方あるまい。

　こうした故無き分類、"科目間相互不可侵の原則"なるものの根は深い。具体的な力学の定式化の為に、微積分学そのものを自ら編み出した泉下のニュートンは、この惨状を如何に評価するであろうか。大学院生になっても、数学のベクトルと物理のベクトルの関係が、それぞれの含む意味内容に沿って的確に説明し得る者は少ないのである。そして、これは独り理科教育だけの問題ではなく、我が国の教育界全体に影響を及ぼす極めて大きな問題であり、その淵源が小学校算数、理科の乖離、更にそれらを担当する教官、及び研究グループの相互交流の不足にあることは、実状から見て明らかである。

　著者は、こうした現状を少しでも改善すべく、初等幾何学の華である「三平方の定理」と、力の本質である「平行四辺形の法則」を同時に視覚化し、小学生にも、その意味する所が体感出来るように工夫した教具『トリプレット・バランサー（Triplet Balancer）』を製作した。本論文では、この教具の製作方法と機能を紹介すると共に、具体的な授業実践をも加えて報告する。これによって、幾何学の知識として与えられた「三平方の定理」が、「力のバランス」によって、具体的な現象として実現されていることを、自らの目で見て確かめることが出来る。

　実際の授業は、小学校六年生（二十数名の小クラス編成）に対する一日一コマ、四日間の特別講義の形を取った。初回の講義において、「証明」という概念の説明を行った後に、切り紙細工による「三平方の定理の証明」を紹介し、その最も簡単な例として、三辺の長さが「3,4,5」「5,12,13」である二種類の直角三角形を示した——注1）参照。

2．教具の製作

　本教具『トリプレット・バランサー』は、構造が非常に単純であり、製作に必要な部品にも特別な物は何も無い。実際、著者は全ての部品をホームセンターで購入した。費用は千円程度であった。

　具体的には、中央部に支持穴を有し、二つの滑車を両端に止め得る長手部材があれば、それで事は足りる。ここでは、車載オーディオの取附け等に用いられる金属製の穴あき部材を流用した——穴の総個数が偶数であり、中央部に所望の穴が存在しなかった為、端の一つ分を金切り鋸で切り取って用いた。懸架台は譜面台の支柱である。譜面台支柱は高さが自由に変えられる為、机の上に置いても、床に直接置いても使え、教室での運用に非常に便利である。

　金属製のチェーンを適切な長さ（二つの滑車間距離の三倍程度）に切り、その両端と中央部に錘を吊り下げる為のフックとして、市販のゼムクリ

2.8. 本日の配布資料・貮

ップを取附けた。錘としては、一個九十円のゴム製部品を利用し、その天地にヒートンを附け、相互に連結出来るよう工夫した。一個の重さは約15グラム程度である。本論文では、これを最大で三十個 (5+12+13=30) 用いる。従って、チェーンは少なくとも総重量450グラムの錘の張力に耐え得る強度が必要であり、他の部材もこれに屈しないだけの材料を用いる必要がある。本教具の製作上の要点は、用いる部材とその取附け方法が、この張力に耐え得るものであることと、滑車とチェーンが円滑に動き、錘一個の増減に対して、器具全体が敏感に反応する様にすることの二点である。

図1：教具の全体と錘（拡大）

支柱と長手部材の接合部は、蝶ネジを用いてその締め附けの程度を調整出来る様にした。これは後で述べる様に、長手部材は、滑車を水平に維持するだけではなく、錘の個数、その配置によって自在に角度を変え、尚且つその角度を保持した状態で全体を機能させる必要がある為である。

今回は、教室におけるクラス単位の授業であり、動作原理を紹介する意味からもやや大型の物を製作したが、より小振りの「卓上型」を製作し、三四人のグループ単位で使わせれば、生徒達が自ら手を動かし、試行錯誤を繰り返すことが出来るので、更に望ましいであろう。

3. 物理から数学へ（或いは現象から理論へ）

先ず、子供達に「胴上げ」の写真を見せ、「多くの選手が、色々な方向から手を出して監督を押しているのに、何故、監督は一つの決まった方向に上がっていくのだろうか」との疑問を提示した。更に綱引きの話題等も絡めて、「どうやら多くの力が働いていても、それは一つの方向に纏められるらしい」と誘導した。そして、「監督の背中に色々な方向から力が働いている」と写真に矢印を書き加えながら話を続け、力は一つの方向を持った矢印で表現出来ることを暗示した。

これらの内容を踏まえて、力は、矢印でその働く方向を示し、その長さを力の大きさに比例する様に描けば、色々なことが分かり易くなる。こうした意味で用いられる矢印のことを「ベクトル」

と呼ぶ――英語では「ベクター」に近い発音をする、と附け加えた。そして最後に、二つの力は、それを表すベクトルを二辺と見た時の「平行四辺形の対角線」として合成されることを天降りに述べ、それを図解した後に、「さて、これは本当だろうか？」と纏めた―注2）参照。

以上の準備の後、「平行四辺形による力の合成則」の演示実験による確認作業を、本教具を用いて始めた。

（1）第一例：初めは、最も簡単な「錘を一つずつ三カ所に吊り下げた」場合である。

以後、左端のクリップから順に、吊り下げられた錘の個数を記し、それを「括弧＜＞」で纏めた三つ組 (triplet) を用いて、本教具の「状態」表記としよう。この場合、〈1,1,1〉である。

両端に錘を一つずつ下げて左右の釣合いを取り、最後にゆっくりと真ん中の錘を吊り下げた。次第に曲がっていくチェーンの角度に注目させながら、「さて、この角は何度になるだろうか」と問い、予想をさせた――以後、本教具で最も重要な三力が合流するチェーン中央部を「合流点」と記し、その点において左右のチェーンに挟まれた間の角を「合流角」と呼ぶ。

そして、各錘が静止するまで待って、実際に目の前でチェーンの屈曲により作られた「合流角」の大きさを再び問うた所、正解である「120度」という回答が多数を占めた。ただし、ほとんどの生徒は目測による数値を答えたものと思われる。

そこで、正三角形のボードを二枚取り出し、それらを組合せて平行四辺形を作って見せた所、その合成部の角が120度であることを生徒達は容易に納得し、正にそれが今、三個の錘の働きにより実現されていることに驚きの表情を見せた――ここで著者は、この平行四辺形を教具の「合流点」に沿わせて、両者が一致することを更に強調した。

続いて、黒板にこの平行四辺形の図を描き、そこに現れた対角線を強調して見せて、斜め上向きに引っ張っている二つの力と真下に向いた一つの力が、「合流点」において正確に釣り合っていること、そしてそれ即ち、「平行四辺形の法則」が成り立つことの一つの例であることを理解させた――物理から数学へのアプローチである。

正三角形の三辺の長さが等しいこと、またその一つの角が60度であることは充分に知っている事柄である。しかし、それが錘を使った演示実験で、目の前の一つの現象として提示されると、半ば分からない様な、それでいて不思議な様な、微妙な状態に見る者を導く――この反応は著者の知る限り、小学生のみではなく、大学生から理科教育関係者までも含めて同様であった。この状態こそ、生徒に「考えさせる」絶好の機会である。本来なら時間を充分に取って、各人に教具を運用させ、色々と試行錯誤をさせたい所である。

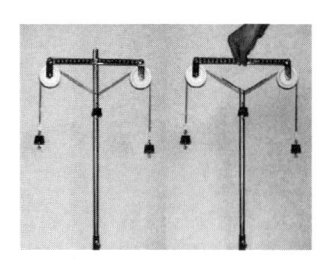

図2：「状態」⟨1,1,1⟩

以後、三辺の長さを「括弧()」で纏め、本教具の「状態」表記と並べて、以下の対応関係：

⟨1,1,1⟩ → (1,1,1)

を得る。即ち「錘の個数」がそのまま「辺の長さ」に対応している――辺長の三つ組「(*,*,*)」の要素の並び順を、状態表記「⟨*,*,*⟩」のそれに従属させると両者の対応はより強くなる。これは、錘により生じた力が、自らをチェーン上に位置するベクトルとして具現し、その幾何的な相貌を我々に見せてくれている訳である。「力の合成」という力学的問題が、「平行四辺形の法則」という幾何的な言葉によって表現されていることの意味を、非常に明瞭に表している、と云えよう

更に、本教具のもう一つの特徴である中央支持部の蝶ネジを緩めて、長手部材を掴み、充分ゆっくりと左右どちらかの方向に回転させると、「合流点」は「合流角」の値を保ったまま空間を推移し、この角は「動力学的な保存量」として振る舞う。このことによって、滑車の上下方向の位置関係や、チェーンの長さそのものは、この現象に無関係であることが直ちに分かる。これは錘の重さにより生じる力が、チェーンを伝わって互いに作用していることを強く実感させる。

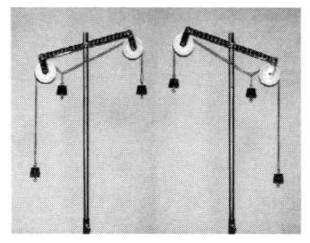

図3：「合流角」は変化しない

（2）第二例：両端の錘をそれぞれ一個追加した、即ち「状態」⟨2,1,2⟩の場合。

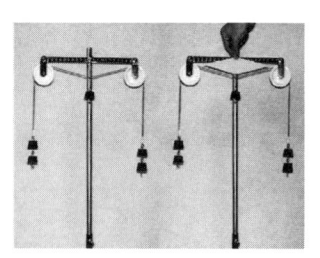

図4：「状態」⟨2,1,2⟩

第一例に比較して、「合流角」は更に大きくなる。この場合、底辺の長さを1、等辺の長さを2とする二等辺三角形が対応する。

⟨2,1,2⟩ → (2,1,2)

これを予想出来た生徒は居なかったものの、黒板上で図示し、説明を加えた段階で、結果に当惑する者も居なかった。事前に用意した二枚の二等辺三角形を組合せ、「合流点」に合わせて、その対応の正しさを示した所、頷く者が多数あった。

（3）第三例：ピタゴラス三角形に対応した「状態」⟨4,5,3⟩の場合――錘の分布が左右非対称であることから、長手部材の取附角を調整して、錘が滑車に衝突しないように工夫する必要が生じる。

この場合も両端の錘を先に吊り下げ、真ん中の錘の数を一個ずつ増やしながら、生徒の反応を見た。そしてその途中で、「(合流角)を直角にしたい場合、真ん中に何個の錘が必要だろうか」という問題を提起して、実験の手を止めた。

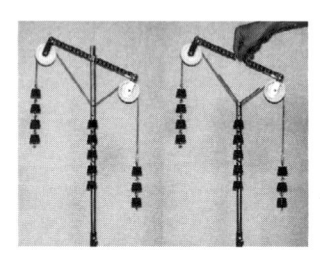

図5：「状態」⟨4,5,3⟩

一つの角が直角になる、ということから「直角三角形」を思い附き、更に初回の講義内容から「3,4,5」の辺の組合せに至り、更にそれを錘の個数と見做して、5個という正解に辿り着いて貰いたかったが、一気にここまで飛躍させようというのは高望みが過ぎる。そこで、一つひとつ誘導してヒントを与えいき、黒板に初回の授業で用いた

2.8. 本日の配布資料・貮

「3,4,5」の直角三角形のボードを張った。この時、多くの生徒が正解に至った。

〈4,5,3〉 → （4,5,3）

実際に五番目の錘を中央フックに吊し、その振動が収まるのを待って、確かに「合流角」が直角になっていることを、クラス全員に確かめさせた。更に、この結果を補強する意味から、中央の錘の数を増減させて、確かに5個以外の場合には、直角が形成されないことを印象附けた。

更に、数値の組合せの面白さを強調する意味から、黒板に

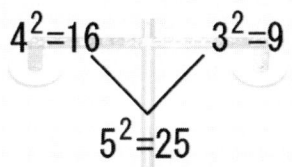

$$4^2 = 16 \quad 3^2 = 9$$
$$5^2 = 25$$

と書いて、生徒の頭の中に、数値と幾何、幾何と力学、という話の循環が出来る様にした——二乗の記号及びその考え方は、初回授業で、多くの実例を黒板に列挙して、充分に親しませてあったので、ここで特別驚いた表情をする者は居なかった。

小学校課程で、「三平方の定理」をどの様に扱うかは議論の分かれる所であろう。その証明は後に譲るとしても、著者は、具体的な「ピタゴラス三角形」を幾つか紹介して、そこに非常に美しい数の関係を見出させ、体感させることは、決して背伸びが過ぎるとは考えない。ＣＧの様なディスプレイの向こう側の出来事として提示するのではなく、本教材の様な体感型のものを通して強く印象附けていけば、充分その意味する所を汲み取り、一つのパズルとして楽しむだろう。ピタゴラス三角形もピタゴラス数も、最も簡単な最初の二例程度は、出来る限り早い時期から親しませ、直角三角形が秘める恐るべき威力に気附かせたい。この部分さえ乗り越えれば、数学の応用を実感出来る具体的な素材は、社会の活動の中に山の様に存在するのであるから。

（４）第四例：「状態」〈12,13,5〉の場合。

同じくピタゴラス三角形の場合である。前例同様に、「直角を作ってみよう。ただし、今度は錘が一杯必要だ」と言いながら、順に錘の数を増やしていく、中央の錘の数を問題にした。この段階まで来ると、生徒は皆リラックスしており、難しいことを学んでいる、という気持ちは無くなっている様であった。

ある程度まで個数を増やした所で、「初回の授業で勉強したことを思い出してみよう」と言うと、すかさず正しい値である 13 と声を挙げた者が二名居た。これは本問題をしっかりと考察して出した結論ではなく、単に記憶していた数値を言ったまでのことで、本当の意味での正解ではない。そこで、「正解を数値の面でも確認しておこう」と言って、黒板に前例と同種の計算を書き、その正しさと意味を確認させた。

4．数学から物理へ（或いは理論から現象へ）

以上、ここまでの展開で、生徒達は本教具にも馴染み、力の合成則が平行四辺形の対角線で与えられる、ということを幾つかの特殊例から体感し、法則そのものにも親しみを感じる様になっていた。そこで、生徒の授業展開に対する予測を覆して、更にこの問題の本質を自らの力で考えさせる為に、前章とは逆のアプローチ、即ち、数学的考察から実際の現象を探る、という手法を紹介した。

（１）先ず、二枚の三角形を合わせて平行四辺形を作る過程を今一度振り返ってみよう、と言って若干の時間を取った。平行四辺形を作る為には、互いに合わせる辺の長さが等しい必要がある。

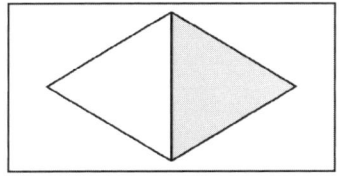

図6：正三角形の場合（一種類）

そこで、二枚の正三角形の場合を考えると、どの辺同士を合わせても、全て同じ長さであるから、結果としては一種類の平行四辺形しか作ることは出来ない。これは本教具の状態表記では、〈1,1,1〉となって、どの錘の位置を変えても、同じ結果に導かれることに対応している。

（２）次に、二等辺三角形の場合を考える。この場合、二種類の異なる長さの辺があり、その組合せに従って、二種類の平行四辺形が導かれる——その中の一つは、先に議論したもので、「状態」〈2,1,2〉に対応する。残りの一つは、二枚の二等辺三角形の長辺同士を組合せて作った平行四辺形に対応するものであり、その対角線を鉛直方向に向けた時、「合流角」がこの図形に沿う状態である。

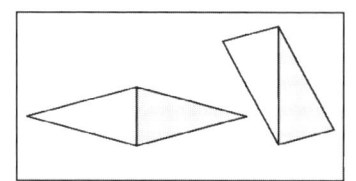

図7：二等辺三角形の場合（二種類）

これより、新しい「状態」〈2,2,1〉が見出される。即ち、ここでは前章とは逆向きの対応関係：

$$(2,2,1) \rightarrow \langle 2,2,1 \rangle$$

により、実際の力学現象を実験に先んじて予想することが出来た訳である――左図は、二枚の二等辺三角形により合成された平行四辺形を、もう一つの対角線に沿って二分した「新しい三角形」を誘導するが、これは錘の「状態」表記に従って、要素の順序にも意味を与えたことに依っている。

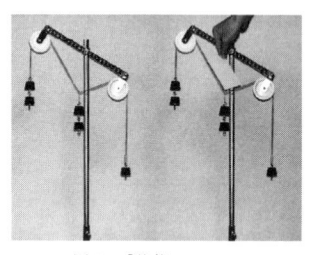

図8：「状態」〈2,2,1〉

実際にそれを作って合わせると、確かに予想通り、両者の角がピタリと一致する。以上の内容を実演した時、前章の話の展開とは違っていることが、生徒達にも確実に理解されていたのであろう、僅かながらではあるが感嘆の声が聞こえた。

（3）最後に、不等辺であるピタゴラス三角形の場合には、それぞれの辺に対応して、三種類の異なる平行四辺形を作り得る。

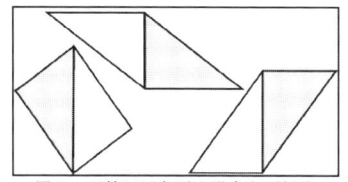

図9：不等辺三角形の場合（三種類）

一つは先に示した「状態」〈4,5,3〉であり、残る二つは、錘の位置を入れ換えた「状態」〈3,4,5〉、〈5,3,4〉に対応するものである。これより、以下の関係を見出す。

$$(3,4,5) \rightarrow \langle 3,4,5 \rangle, \quad (5,3,4) \rightarrow \langle 5,3,4 \rangle$$

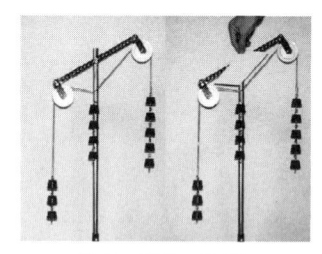

図10：「状態」〈3,4,5〉

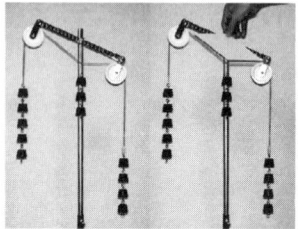

図11：「状態」〈5,3,4〉

何れの場合も、合流点での力の釣合いは、両端の錘により生じた上向きの二つの力の合力と、中央部の錘により生じた鉛直下向きの力が、互いに打ち消し合っている訳であるから、当然、平行四辺形の対角線は鉛直上向きとなる。

この様に、二枚の三角形を組合せて平行四辺形を作る行為から、本教具において可能な力学的な配置が予想出来た訳である――当然、これは錘の総数を固定した状態で試行錯誤し、その吊り位置を順に変えてみる、という行為からも見出せる。

5．まとめ

以上、述べてきた様に、本教具は、静力学の問題を幾何学に変換し、幾何学の問題を具体的な現象により解決する。「合流角」を分度器等で計るシステムを設ければ、これは一つのアナログ・コンピュータとも見做せるだろう。中学・高校課程においては、三角比及び三角関数の「問題生成機」ともなろう。また、それ自身が物理学、特に静力学の格好の問題を提供している。微小振動を附加すれば、システムの安定性の問題をも提起する。非常に簡素ではあるが、それだけに味わい深い教

2.8. 本日の配布資料・貳

具である。読者によって、更に深く研究され、更に優雅に活用して頂くことを希望する。

さて、第一章でも述べた様に、我が国理科教育界の科目間障壁は、異常な程に高い。数学に全く親しみを感じないという者が、その筆頭に挙げる理由は、それが何に使われるか分からないから、というものである。また、物理を嫌う者は、次から次へと新しい公式が登場し、とてもそれらを覚え切れないからだ、と嘆いている。この両者は一つの問題の裏表である。要するに、実例も挙げずに数学を教えるから、何に使われるか分からないのであり、きちんとした数学的手続きを教えずに物理を講ずるから、公式の山から逃れられなくなるのである。

この問題に真正面から取組み、数学の授業をもっと色彩豊かなものに変え、物理の授業をより積極的に数学を駆使して行ったならば、上記した理由でこれらを嫌う者は居なくなる筈である。少なくとも、大学での専門課程においては、その様に指導しているのであるから、年齢や学校のレベルを言い訳とせず、きちんと学問の王道に従って、各科目の指導を行うべきであろう。それを小学校の課程から、というのが著者の主張であり、そのことを具体的に実行する為の一つのアイデアとして、本論文で紹介した教具を考案した次第である。小学校の各科目間には、繊細な注意さえ怠らなければ、それらを結び、相互の理解を容易にする架け橋となるべき題材が、まだまだ見出せる筈である。本論文を切っ掛けとして、こうした方面での研究が活発化することを折っている。

注記

1) 全四回の授業の中、前半の二回分が本論文で扱った範囲である。

初回の授業では、クラス全員にA4用紙を配布し、それを各自四つに折らせて、直角の端の部分を手前に残す形で自由に直線を引かせ、その部分を鋏で切断させることによって、合同な四枚の直角三角形を作らせた。この四つの三角形を並べて、「二種類の正方形が目に見えるようにせよ」と出し、そこから三平方の定理の証明に至った——著者は黒板上に辺長「3,4,5」の"特殊な"直角三角形を並べて、数値的に二種類の正方形の面積を追跡して見せた。誠に残念ながら、今回の授業ではこの部分に纏まった時間を掛けることが出来なかった為、生徒には各自の三角形において、黒板上で行われた数値との対応関係が成り立つか否かを後で確かめて見よ、として話を先に進めた。

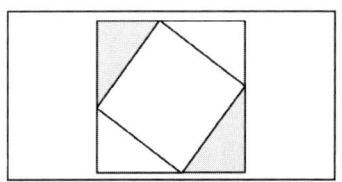

図12：三平方の定理の証明

ここで、生徒各人が自由に直線を引いて作った「様々な直角三角形の全て」において、この関係が成り立つ、ということが「数学における証明」という考え方の最も重要な所であると強調した。本来なら、この段階で数名の生徒の直角三角形の実際の数値を黒板に書き写し、それぞれにおいて三平方の定理が成り立っているか、成り立っていないか、どの程度の誤差があるのか、その誤差は何処から生じてきたのか、一番真の値に近かったものはどれか、そして、クラス全員がある誤差の範囲の中で「予想される結果」を得た、ということは如何なる意味を持つのか、といった色々な議論を行わせ、証明の意味を更に深めておきたい所であった。

また、よく知られている様に、辺長が整数値である直角三角形を「ピタゴラス三角形」、その辺の三つ組を「ピタゴラス数」と呼ぶ——正負の二項展開の公式を組合せて、ピタゴラス数が無限に存在することは、簡単に証明出来る。本論文では、他に適切な呼び名も流通していないことから、これらにピタゴラスなる個人名を冠するが、定理そのものは、数学史の教える所に従って、その内容を表す「三平方の定理」という呼称を用いることにする。この定理の発見者とするには、ピタゴラスは余りに若すぎるからである。

尚、第三回目の授業では、三平方の定理の本格的な応用を目指して、無理数の値を電卓を利用して求めさせ、教室にキーボード(鍵盤楽器)を持ち込んで、「2の平方根の音」を奏でた。最終回は、三平方の定理から「ローレンツ変換」に話を拡げ、「カーナビ(GPS)」の仕組について話した。どの場面においても「3,4,5」は最強の例題を提供する。

2) 力がベクトルとして表されること、また、その加法が「平行四辺形の法則」によって与えられることは、決して自明なことではない。物理学全般に云えることであるが、これは一つの近似概念である。空間の等方性、等質性を仮定した「平坦な空間(ユークリッド空間)」においては、その加法が座標成分同士の加法により定まる。この場合の幾何的表現が「平行四辺形の法則」である。従って、我々はこの法則を、出来る限り実例に当たって納得する必要がある——自然を記述する物理学は、定義と論理により定められる数学とは異なる、ということを肝に銘じながら。

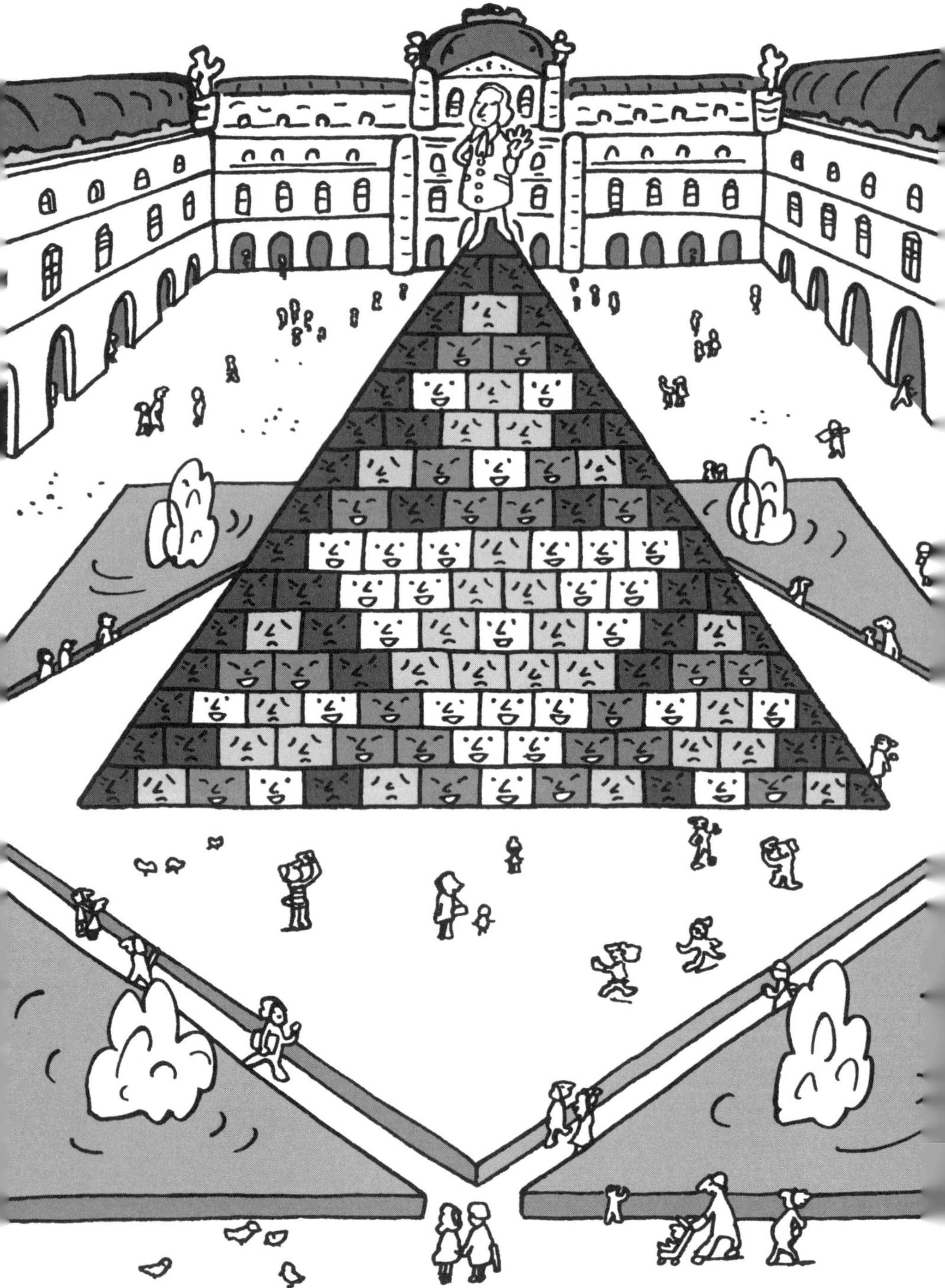

第3夜　♪♪♪　自然数のリズム

　今宵は，自然数のリズムと題しまして，大変重要で面白い二つの問題についてお話します．メロディがあればリズムがあり，リズムがあればハーモニーが際立つ．自然数は，音楽の基本的な要素をすべて持っているようです．

　さて，重要な話の条件とは何でしょうか．学問の場合，それは基礎を意味します．最新の成果や，多彩な応用よりも，それは遙かに上位に位置します．練りに練られた基礎的な知識を充分に飲み干してこそ，次のステップへはじめて進めるのですから．最新成果も応用も，基礎無くしては生まれず，基礎無くしては永遠に理解できません．講演会などで話者が最新の成果について語るとき，それはそれ自身の内容を伝えたいこともあるでしょうが，基礎に繋がる道筋を示したい，その切っ掛けとして華やかな話題を採り上げたい，という場合も多いのです．**基礎が分かるとは，「基礎とは何であるか」が分かることです．**

　面白い話の条件とはなんでしょうか．それは人それぞれあると思いますが，話の切っ掛けが簡単で誰にでも分かること，そしてそこから導きだされる結論に，論理だけでは収まらない不思議さがあることなどは，万人共通の条件ではないでしょうか．理性では受け入れられても，感情が納得をしない．そんなアンバランスが，不思議さや楽しさを運んでくるのです．

　これからお話する二つの問題は，これらの条件にピッタリ当てはまる，簡単で大変不思議なものです．そして様々な所に顔を出す，基礎の中の基礎ともいえるものです．はじめは，「数で作る三角形」の話です．そして，「うさぎの系図」の話へと続きます．では，数の三角形からはじめましょう．

3.1 数のピラミッド

さて昨夜，恒等式の話をしました際に，その代表的な例として
$$(a+b)^2 = a^2 + 2ab + b^2$$
を示しました．$a+b$ の二乗の関係が分かったわけですから，続く「三乗は？」との疑問を持つのは当然でしょう．二乗の結果に倣ってやってみましょう．

$$\begin{aligned}(a+b)^3 &= (a+b)^2(a+b) \\ &= (a^2 + 2ab + b^2)(a+b) \\ &= a^3 + 3a^2b + 3ab^2 + b^3\end{aligned}$$

となります．続いて四乗，五乗，六乗と計算して，並べますと

$$(a+b)^4 = a^4 + 4a^3b + 6a^2b^2 + 4ab^3 + b^4,$$
$$(a+b)^5 = a^5 + 5a^4b + 10a^3b^2 + 10a^2b^3 + 5ab^4 + b^5,$$
$$(a+b)^6 = a^6 + 6a^5b + 15a^4b^2 + 20a^3b^3 + 15a^2b^4 + 6ab^5 + b^6$$

となります．これら一連の計算を**二項展開**と呼びます．

ここで，重要な注意をしておきましょう．数学においては，用いる文字に特殊な意味や物理的な**次元**は与えません．このことが数学が，多くの分野で役立つ理由になっているのですが，物理的な次元を仮想したほうが，良く分かる場合もあります．**物理学においては，異なる次元を持つ量の加減は，全く意味を為さない**ので，対象とされる量は，互いに同じ次元を持つことになります．

長さと長さを加えれば，結果も当然長さとなりますが，それを以下のように表わします——a, b は長さであり，メートル (M) で測るものと約束します．

$$a+b : \quad \mathrm{M} + \mathrm{M} \to \mathrm{M}.$$

例えば，長さの三乗は体積と理解できますが，その次元は次のようになります．

$$(a+b)^3 : \quad (\mathrm{M}+\mathrm{M})^3 \to (\mathrm{M})^3.$$

さて，結果が体積になるためには，展開の各項もすべて M^3 の次元を持つはずです．そのためには，各項に必ず三つの文字が必要で，その可能な組合せは

$$a^3, \quad a^2b, \quad ab^2, \quad b^3$$

3.1. 数のピラミッド

の四種類だけ，ということになります．以上の注意は単純なことのようですが，自分で計算を行う場合には非常に役立つ考え方です．このことを知らない，あるいは無視して計算をすると，$(a+b)^3$ の展開式に ab とか b とかの在り得ない項を，平然と書いてしまうことにもなりかねません．

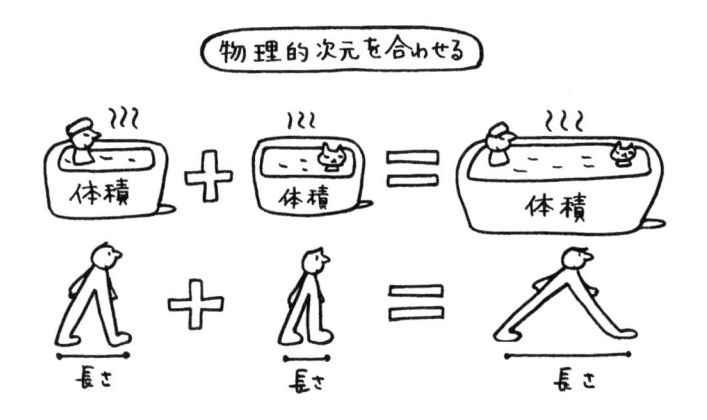

《物理的次元を合わせる》

偶数でも奇数でも素数でも，それが何個あるか，と考えるとき，そこには何か"数えられる物"が設定されているわけです．抽象世界を構成する数学ですが，そこには常に個数や次元といった"実体の影"が見え隠れしています．

世の中にはコレクターと呼ばれる趣味人がいますね．ある種の物に，深い深い愛着を持って接する人達のことをいうのですが，切手や包装のシールなどを集めて，奇麗に整理していく作業それ自体も楽しまれています．確かにそれ一枚ではほとんど無価値に見える包装シールなども，大量に集められ整理されると，その時代や文化の背景を知るための貴重な資料となります．

数学や物理における計算にも同じ趣があります．一つの計算では見えなかった法則性や，それに伴う美しさなどが，同種の計算を大量に行った後に，はじめて私たちの意識に引っ掛かることも多いのです．a と b の和を二乗する，ただそれだけのことでは見えなかった二項展開の面白い性質が，今目の前にあります．次の展開式の各文字の係数 1, 2, 1 に注目しましょう．

$$(a+b)^2 = 1 \times a^2 + 2 \times ab + 1 \times b^2.$$

この二項展開における係数のことを**二項係数**(にこうけいすう)と呼びます．同様に，先の二乗から六乗までの二項係数を並べますと，次のようになります．

$(a+b)^2 = \mathbf{1}a^2 + \mathbf{2}ab + \mathbf{1}b^2$
$\to 1, 2, 1,$

$(a+b)^3 = \mathbf{1}a^3 + \mathbf{3}a^2b + \mathbf{3}ab^2 + \mathbf{1}b^3$
$\to 1, 3, 3, 1,$

$(a+b)^4 = \mathbf{1}a^4 + \mathbf{4}a^3b + \mathbf{6}a^2b^2 + \mathbf{4}ab^3 + \mathbf{1}b^4$
$\to 1, 4, 6, 4, 1,$

$(a+b)^5 = \mathbf{1}a^5 + \mathbf{5}a^4b + \mathbf{10}a^3b^2 + \mathbf{10}a^2b^3 + \mathbf{5}ab^4 + \mathbf{1}b^5$
$\to 1, 5, 10, 10, 5, 1,$

$(a+b)^6 = \mathbf{1}a^6 + \mathbf{6}a^5b + \mathbf{15}a^4b^2 + \mathbf{20}a^3b^3 + \mathbf{15}a^2b^4 + \mathbf{6}ab^5 + \mathbf{1}b^6$
$\to 1, 6, 15, 20, 15, 6, 1.$

しかし，展開を二乗からはじめるのは残念な気がします．こういう場合には，全体の美しさや統一性をより重視して，足りない部分を補ってやるのです．即ち，自明な計算である $(a+b)^1 = a+b$ を加えて，以下のように並べます．

$(a+b)^1 \to 1, 1,$
$(a+b)^2 \to 1, 2, 1,$
$(a+b)^3 \to 1, 3, 3, 1,$
$(a+b)^4 \to 1, 4, 6, 4, 1,$
$(a+b)^5 \to 1, 5, 10, 10, 5, 1,$
$(a+b)^6 \to 1, 6, 15, 20, 15, 6, 1.$

さらに，頂上に 1 を書き加えますと，一段とその美しさが際立ってきます．さあ，$(a+b)^n$ の二項係数によって作られた**数のピラミッド**の完成です．

```
              1
            1   1
          1   2   1
        1   3   3   1
      1   4   6   4   1
    1   5  10  10   5   1
  1   6  15  20  15   6   1
```

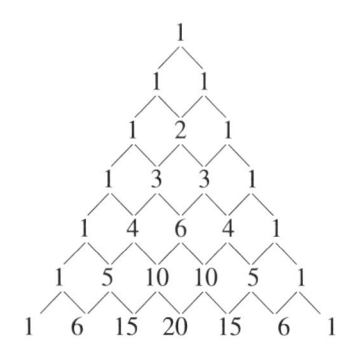

この図は左右対称になっており，線で結ばれた上段の二数の和が下段の数になること，両端から一つ内側の数が，順に $1, 2, 3, \ldots$ と増えていくこと，などが一目で分かりますね．これを**パスカルの三角形**といいます．この名は**パスカ**

3.1. 数のピラミッド

ルに由来し，その著書「**算術三角形論**」(1654) にその出典がありますが，しかし，それよりも三百年以上早く，元の数学者朱世傑の「**四元玉鑑**」(1303) にも同様な記述のあることが知られています．

この三角形の構造を理解して頂ければ，もう二項展開なんか恐くない，という気持ちになれるでしょう．もし，これを知らなければ，「$(a+b)$ の七乗を求めよ」といわれた場合，一つひとつ展開して整理して行くしか方法はありませんね．これは大変重要なことで，項を一つずつ叮嚀に展開整理していくことを疎かにしたり，嫌がったり，ましてや馬鹿にしては，そこで行き止まりになってしまいます．しかし，より少ない手数で求める方法があれば，楽をするという意味ではなく，間違いを少なくするという利点から是非利用したいものです．

では，やってみましょう．展開の各項は必ず七個の文字を含む必要がありますから，登場する項は a の冪の大きい順に並べて

$$a^7, \ a^6b, \ a^5b^2, \ a^4b^3, \ a^3b^4, \ a^2b^5, \ ab^6, \ b^7$$

となります．これらにパスカルの三角形の $n=6$ の段の係数から，七乗に対する係数を求め，当てはめますと

$$(a+b)^7 = a^7 + 7a^6b + 21a^5b^2 + 35a^4b^3 + 35a^3b^4 + 21a^2b^5 + 7ab^6 + b^7$$

というように，簡単で，しかも確実な答が得られます．

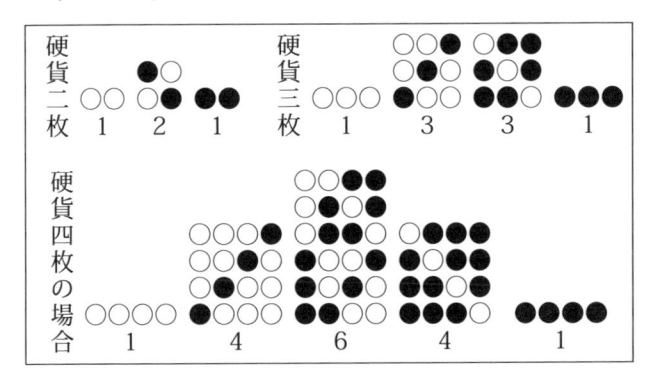

さて，二項係数は，実際に色々な所に現れます．硬貨をお持ちでしたら，先ず一枚を使って表か裏か，予想してみて下さい．この勝負の比率は，もちろん一対一ですね．では，硬貨二枚の場合はどうでしょうか．共に表が出る場合は一通り，表裏となる場合は二通り，共に裏が出るのはやはり一通りです．硬貨

の枚数を増やしていくと，表裏の出る場合の数が，二項係数そのものになっていることが分かってきます——ここでは○を表，●を裏と見て下さい．

数のピラミッドは二項係数だけではありません．おまけに「廻文的な数のピラミッド」を幾つか御紹介致しましょう．右から読んでも左から読んでも同じ並びとなるような数を**廻文数**といいます．次の左の例は，廻文数の二乗がまた廻文数になる大変面白いものです．

$$1^2 = 1$$
$$11^2 = 121$$
$$111^2 = 12321$$
$$1111^2 = 1234321$$
$$11111^2 = 123454321$$
$$111111^2 = 12345654321$$
$$1111111^2 = 1234567654321$$
$$11111111^2 = 123456787654321$$
$$111111111^2 = 12345678987654321,$$

$$1 \times 8 + 1 = 9$$
$$12 \times 8 + 2 = 98$$
$$123 \times 8 + 3 = 987$$
$$1234 \times 8 + 4 = 9876$$
$$12345 \times 8 + 5 = 98765$$
$$123456 \times 8 + 6 = 987654$$
$$1234567 \times 8 + 7 = 9876543$$
$$12345678 \times 8 + 8 = 98765432$$
$$123456789 \times 8 + 9 = 987654321$$

どちらもなかなか美しいでしょう．以下の例も 3 が一杯で面白いですね．

$$3 \times 9 + 6 = 33$$
$$33 \times 99 + 66 = 3333$$
$$333 \times 999 + 666 = 333333$$
$$3333 \times 9999 + 6666 = 33333333$$
$$33333 \times 99999 + 66666 = 3333333333$$
$$333333 \times 999999 + 666666 = 333333333333$$
$$3333333 \times 9999999 + 6666666 = 33333333333333$$
$$33333333 \times 99999999 + 66666666 = 3333333333333333$$
$$333333333 \times 999999999 + 666666666 = 333333333333333333$$

3.1. 数のピラミッド

　パスカルの三角形には，実に様々な数の関係が隠されています．次に三角形の斜辺に注目したとき，そこに忽然と現れる"和の関係"を御紹介します．

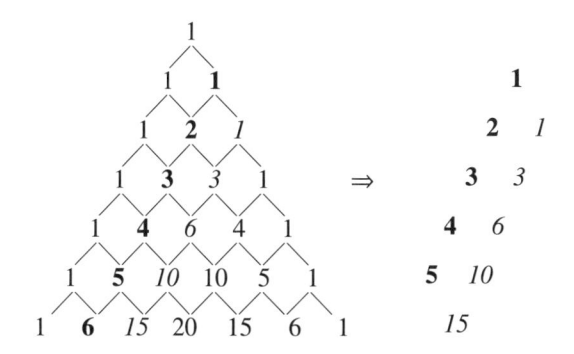

```
              1
            1   1                          1
          1   2   1                      2   1
        1   3   3   1        ⇒        3   3
      1   4   6   4   1              4   6
    1   5  10  10   5   1          5  10
  1   6  15  20  15   6   1      15
```

　斜辺に位置する太字の数値を見て下さい．そして一つ右側に位置する斜体の数字に注目します．右図を見ながら，L字型の物差しを数に沿って L と当てますと，そこには見事な和の関係が見出されます．

$1 = \mathbf{1}, \quad 1+2 = \mathbf{3}, \quad 1+2+3 = \mathbf{6}, \quad 1+2+3+4 = \mathbf{10}, \quad 1+2+3+4+5 = \mathbf{15}$

　この関係は一段下の斜辺においても，同様に成り立ちます．例えば

$1 = \mathbf{1}, \quad 1+3 = \mathbf{4}, \quad 1+3+6 = \mathbf{10}, \quad 1+3+6+10 = \mathbf{20}.$

さらに，もう一段下にもL字を当てますと

$1 = \mathbf{1}, \quad 1+4 = \mathbf{5}, \quad 1+4+10 = \mathbf{15}$

を得ます．元々のパスカルの三角形が左右対称であることから，この関係は右側の斜辺を軸に考えても同様に成り立つことが分かります．この関係は，L字が職人が使う曲尺(かねじゃく)にも似ていますので，「**パスカルの曲尺**」と名附けることに致しましょう．同様にL字がゴルフクラブに似ていることから，ゴルフクラブの定理と呼ばれることがありますが，「当てて測る」「当てた先に答がある」ということで"曲尺"を選びました．実際の曲尺の中にも，大変重要な数学的関係が仕込まれていますので，一度調べてみて下さい．

最後の例として，パスカルの三角形の奇数段目に注目しましょう．奇数段目は，その要素数も奇数であり，中央に値が存在します．段を詰めて，その部分だけ抜き出しますと

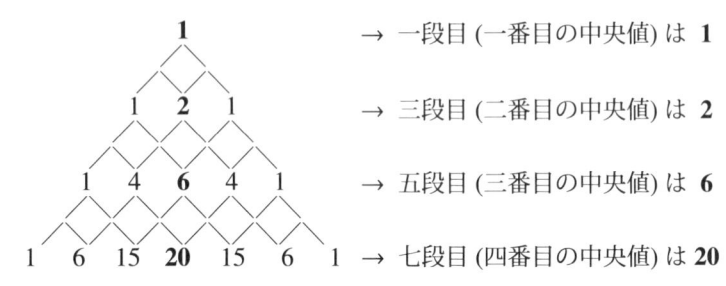

$$
\begin{array}{c}
1 \\
1\ 2\ 1 \\
1\ 4\ 6\ 4\ 1 \\
1\ 6\ 15\ 20\ 15\ 6\ 1
\end{array}
$$

→ 一段目(一番目の中央値)は **1**
→ 三段目(二番目の中央値)は **2**
→ 五段目(三番目の中央値)は **6**
→ 七段目(四番目の中央値)は **20**

となります．ここで，中央の値とそれが属する段数，特に何番目の中央値かという点に注目して，両者の比を考えますと，次の四つの数が定義できます．

$$1 \div 1 = 1, \quad 2 \div 2 = 1, \quad 6 \div 3 = 2, \quad 20 \div 4 = 5.$$

単にこれだけでは，本質の分からない不思議な定義にしか思われないでしょうが，この数は実に様々な場面に登場する極めて重要なものなのです．この数は**カタラン数**と呼ばれています．

$$1,\ 1,\ 2,\ 5,\ 14,\ 42,\ 132,\ 429,\ 1430,\ 4862,\ 16796,\ 58786, \ldots$$

と変化していく面白い数です．その一般形につきましては，もう少し後で御紹介することになります．

3.2 フラクタルな話

さて,パスカルの三角形は,そのまま見ていても数同士の関係が面白く,興味の尽きないものですが,この三角形を構成する数字を自然数 k で割り,その余りに注目しますと,幾何学的にも面白い,実に美しい模様ができあがります.

例えば,2 で割ると余りは 0 と 1 ですが,これは各係数を偶数と奇数に分けることになります.余りに対して何か適当な色を決めて塗り分けますと

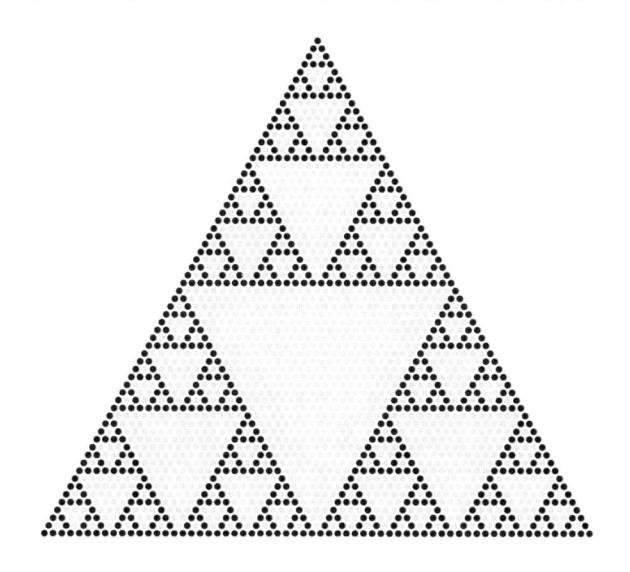

という幾何学模様ができます.この細部をよく見ますと,以下のブロック:

を単位として構成された図形であり,全体と細部が全く同じ構造を持っていることが分かります.このように,自分自身の部分を模倣して"増殖"していく図形は**自己相似図形**と呼ばれます.また,一般には**フラクタル図形**という名称でも知られています. k を変えることにより模様は様々に変わりますが,それらに共通していることは,割り切れる数が最も多いことです.そのために下の段にいくに従って,同色部分の面積が増えていくことが分かります.

この模様は,次に示します全く異なる過程から導きだすこともできます.

> [1] 基準となる正三角形を描き，各辺の中点を線で結ぶ．
> [2] 元の正三角形は中央部の逆向きの正三角形と，
>   その外側に位置する三つの正三角形に分割される．
> [3] 外側の正三角形を基準三角形と見做し，[1] へ戻る．

これを**シェルピンスキーのガスケット**と呼びます．以下が生成の過程です．

　知らず識らずの間に，同じ話を繰り返してしまったとき，「話がループしてるよ」と注意されることがあります．また，先祖や親戚の話などで，「祖父の従兄弟のその子供の……」などと話している中に，すっかり相手に正しく伝える自信を失い，省略したくなるときがあります．聞くほうも，同じ構造の話が少しずつ変化しながら繰り返されるため，一度聞いた程度では分かりません．やはり「フラクタルな話」には，図解が必要ということになりそうです．

3.3 不思議の国のうさぎ達

さて，ここでは世俗のことは忘れて，全く自由に夢の世界に遊びましょう．

昔々，海ともいえず，空ともいえない霧の深いある所に，うさぎによる，うさぎのためのラビトニアと呼ばれる小さな国がありました．ラビトニアは不老不死の王室が治める平和の楽園でした．しかし，時の揺らぎか天地の涙か，ある日，国を支える大きな大きな大理石の柱が，百万年に一度という巨大な反粒子流にさらされ，煙のように溶けてなくなりました．

静養中の皇太子ピエール・ラビタン夫妻だけを残して，ラビトニアのすべてが滅び去りました．次元修復機コスモ・リペアーDを用いて時空の歪みを取り，国土を取り戻したラビタンは，国家再興のために多くの子孫を生み育てる必要がありました．有り難いことに，彼らは一年で成人し，その翌年から以後，毎年一度に雌雄のカップルを出産する，という特徴を持っていました．この性質は子供達にも受け継がれ，一年で成人した子供達がまた同様に将来夫婦となるべき雌雄を生む，ということが繰り返され，間もなくラビトニアは，元のような活気を取り戻しました．目出度し，目出度し．

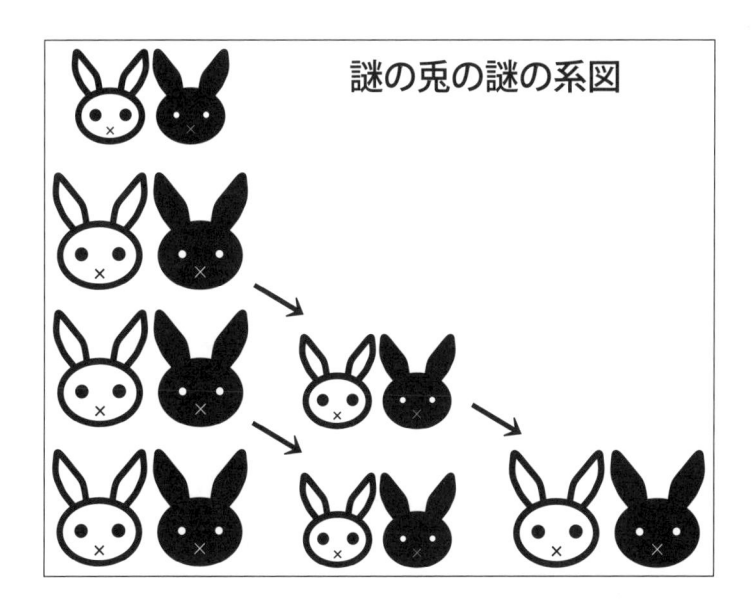

ところで n 年後，ラビトニアには何カップルの夫婦がいるのでしょうか？

最初は皇太子夫妻だけですから，カップルの数は 1 です．

次の年は彼らが成人するために必要ですから，カップルの数はやはり 1 です．

その次の年には，皇太子夫妻の最初の子供達が生まれるので，その数は 2．

さらに次の年には，二番目の子供達が生まれ，先に生まれた子供達が成人しますので，カップルの数は 3 となります．

これを繰り返して行くわけですが，結論を述べますと，ある年のカップルの数は，その前年と前前年のカップルの数の和となります．即ち

$$1+1=2, \quad 1+2=3, \quad 2+3=5, \ldots$$

となっていくわけです．今述べましたことを式で簡潔に表現しますと

$$\boxed{a_{n+2} = a_{n+1} + a_n, \quad (n \text{ は自然数，ただし，} a_1 = a_2 = 1)}$$

となります．このようにして定まる数の列：

$$\boxed{1, 1, 2, 3, 5, 8, 13, 21, 34, 55, 89, 144, 233, \ldots}$$

のことを**フィボナッチ数列**と呼びます．

フィボナッチとは，イタリアの**ピサのレオナルド**の通称です．フィボナッチ数列に関する研究は，それこそ星の数ほどあり，フィボナッチ数列だけを扱う研究雑誌があるくらいです．上に示しましたフィボナッチ数列を定める式のように，数列などの隣接する項の関係を与えるものを**漸化式**といいます．

さて，突然ですが，これから一寸した手品を御覧頂きましょう．ここに，一枚の画用紙があります．見ての通り，これは縦 5，横 5 の正方形 (下左) ですね．縦横に等間隔で直線が書いてありますので，この画用紙の面積は，升目の正方形を単位として 25 であることは直ちに分かります．

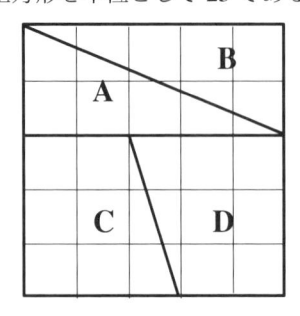

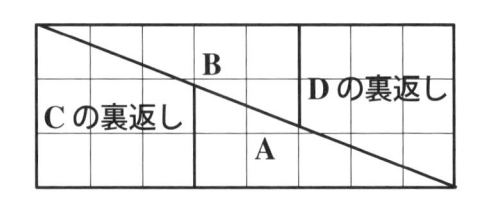

3.3. 不思議の国のうさぎ達　　　　　　　　　　　　　　　　　　　　**69**

　ところが，この正方形を右のように並べ変えますと，縦が 3，横が 8 の長方形になります．あれあれ，縦 3，横 8 ということは，この長方形の面積は 24 となりますね．同じものを並べ変えただけで面積が 1 減っています．

　もう一枚同様の画用紙を用意しました．今度は縦横 8 の正方形 (下左) ですので，面積は 64 ですね．この場合も，うまく並べ変えますと，縦が 5，横が 13 の長方形になります．即ち，面積は 65 となります．今度は，並べ変えで面積が 1 増えてしまいました．この場合も元の正方形の面積と一致しません．

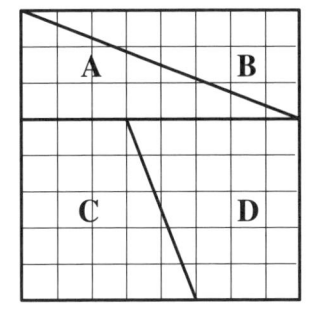

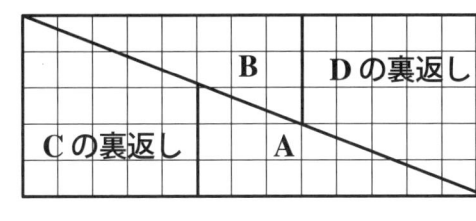

　では，そろそろ楽しい手品のタネ明かしをしましょう．

　消える面積の秘密は，フィボナッチ数列の中にあります．一つずつ確かめていきましょう．まず，フィボナッチ数列：

$$1, 1, 2, 3, 5, 8, 13, 21, 34, 55, 89, 144, 233, \ldots$$

の連続する三つの数に注目し，小さいものから順に a, b, c と名附けます．例えば，$a = 1, b = 2, c = 3$ と選びますと

$$1 \times 3 = 2^2 - 1. \quad 即ち， \quad ac = b^2 - 1$$

となります．同様に，$a = 3, b = 5, c = 8$ と選びますと

$$3 \times 8 = 5^2 - 1. \quad 即ち， \quad ac = b^2 - 1$$

が成り立ちます．ところが，$a = 2, b = 3, c = 5$ と選びますと

$$2 \times 5 = 3^2 + 1. \quad 即ち， \quad ac = b^2 + 1.$$

また，$a = 5, b = 8, c = 13$ と選びますと，以下の結果が得られます．

$$5 \times 13 = 8^2 + 1. \quad 即ち， \quad ac = b^2 + 1.$$

以上をまとめますと，フィボナッチ数列の連続する三つの数を $a < b < c$ とするとき，以下の関係：

$$ac = b^2 - 1, \quad \text{あるいは} \quad ac = b^2 + 1$$

の何れかが成り立ちます．以上が，手品のタネとなります．即ち，面積 b^2 の正方形と ac の長方形は，面積が 1 だけ違うのです．このことを巧みに利用して成り立っているのがこの手品で，実際には ac は厳密には長方形になっておらず，間に隙間があります．ところが，この隙間が非常に細く長く続くために，発見し難いのです．これで「消えた面積の謎」が消えましたか．

　最後に，互除法が"もっとも苦手にする数の組"がフィボナッチ数列の隣り合う二数であることを紹介しておきます．例えば，21, 13 の場合には

$$\begin{aligned}
21 &= 1 \times 13 + 8, \\
13 &= 1 \times\ \ 8 + 5, \\
8 &= 1 \times\ \ 5 + 3, \\
5 &= 1 \times\ \ 3 + 2, \\
3 &= 1 \times\ \ 2 + 1, \\
2 &= 2 \times\ \ 1
\end{aligned}$$

となります．一目見て明らかなように，縦の各列には，フィボナッチ数列そのものが現れています．この関係から読み取れることは，如何なる二数の組を採ろうとも，減少する数の列はフィボナッチ数列の各数を叮嚀に辿っていき，飛躍的に数値が小さくなる数の組が出て来ないことです．

　また，右辺第一項には最後を除き，すべて 1 が並んでいます．ここに大きな数値が立ちますと，その次のステップでは一気に対象となる数が小さくなるわけですが，それもありません．その結果，これは互除法が処理に非常に手間取る数の組合せだということになります．そして実際，フィボナッチ数列がこの意味で"最悪"だということが知られています．

　不思議な設定から定義されたこの数列が，何故か互除法に関係していることが分かりました．こうした予期せぬところに，予期せぬ関係を発見することが，数学を学ぶ一つの醍醐味でもあります．

3.4 愛の花占い

　ラビトニアの物語が，あまりにも荒唐無稽で無邪気なストーリーであったために，フィボナッチ数列も人工的で何の役にも立たない作り事のように思われたかもしれません．ところが，これが大自然の神秘といいましょうか，とんでもない所にひょこひょこ顔を出す大変面白い不思議な数列なのです．

　「愛してる，愛してない，愛してる，愛してない」．星占いほどパワーはありませんが，花占いに興じる若者の姿がなくなることはないでしょう．また，他愛もないことで喧嘩になるのも若者同志の特権でしょうか．気まずい雰囲気の中，花占いで花びらを一枚ずつ取っていき，運命の一枚が最後に残ってしまったあなた．もう破局は必至です．

　こんなことにならないためにも，ここで花占いの必勝法をお教え致しましょう．それはフィボナッチ数列に現れる数を良く覚えておくことです．花瓣や葉の枚数はフィボナッチ数になることが多いのです．

　これは，偶然ではなくちゃんとした理由があるのです．植物の花瓣や葉などがこれらの数を選ぶのは，自らを守るための大自然の偉大なる智慧なのです．植物は自らの命の源である水と太陽光を全身に隈無く浴びる必要があります．しかも，特定の花瓣や葉だけに太陽光が当たっても，全体的な繁栄にはなりません．何れの部分にも重なりがなく等分に光を浴びるために，植物はフィボナッチ数を利用しているのです．自然の神秘を感じませんか．

図に示しましたヒマワリの花の種のできる部分に注目して下さい．右廻転と左廻転の渦が見えますが，この渦の本数は何とフィボナッチ数列に現れる数になっているのです．

　何故この数列が自然界によく見出されるのか，ここで簡単にこの数の秘密についてお教えします．先にもお話しましたように，植物が自身の葉一枚一枚に隈無く光を浴びようとするとき，もし簡単に約数の見附かるような葉の枚数では，上下の葉が重なり合ってしまいますね．たとえば，下段に八枚，上段に四枚の葉があると仮定しますと，これらを巧みにずらして成長させることは困難です．そこで，約数を見附けるのが難しい数の組合せが望ましいわけです．

　さて，フィボナッチ数列のお話を締め括るにあたって，パスカルの三角形との間に成り立つ面白い関係を紹介しておきましょう．パスカルの三角形を斜めに倒し，下線部の数値の和を取ると，そこには何とフィボナッチ数列が現れるのです．単純で美しいものには，不思議な関係，共通点があるものですね．

							1	= 1	フ
						1		= 1	イ
					1		1	= 2	ボ
				1		2		= 3	ナ
			1		3		1	= 5	ッ
		1		4		3		= 8	チ
	1		5		6		1	= 13	**数**
1		6		10		4		= 21	**列**
パ	7		15		10		1	・	
	ス	21		20		5		・	
	カ		35		15		1	・	
	ル		35		6			・	
	の			21		1			
	三				7				
	角				1				
	形								

3.5 数 142857 の神秘

ここで，少し数遊びをしてみましょう．

少々唐突ですが，数 142857 について考えてみます．この数は，それ自体では何の変哲もない唯の自然数ですが，以下に示すような不思議な特徴を持っています．この数に 1 から 6 までの数を掛け算しますと

$$142857 \times 1 = 142857,$$
$$142857 \times 2 = 285714,$$
$$142857 \times 3 = 428571,$$
$$142857 \times 4 = 571428,$$
$$142857 \times 5 = 714285,$$
$$142857 \times 6 = 857142$$

となります．一目瞭然，掛け算の結果には数 $1, 4, 2, 8, 5, 7$ がその順番を変えながら登場しています．計算結果が順にずれていくように並べ直しますと

$$142857 \begin{cases} \times 1 = 142857, \\ \times 5 = 714285, \\ \times 4 = 571428, \\ \times 6 = 857142, \\ \times 2 = 285714, \\ \times 3 = 428571 \end{cases}$$

となります．このような性質を持った数を　巡廻数　と呼びます．数の並びが巡廻している，数の特徴をそのまま名称にしたものです．

また，この数に 7 を掛けますと

$$142857 \times 7 = 999999$$

となることも面白い結果だと思います．右辺は 1 だけ"不足している"ことを示しています．何に対して，何の意味で不足しているのでしょうか．この数値が暗示するものは何でしょうか．巡廻数が数を"巡廻"させる，その理由は何でしょうか．これらのことは，後で形を変えて登場します，お楽しみに．

さて，話は一気に変わりますが，SF 映画などで怪獣や異星人が画面にはじめて登場した時，人類初の遭遇であるにも関わらず，迎え撃つ側の"地球防衛軍"や"教授達"がその名前を知っていることに驚かれたことはありませんか．酷いものになると，街行く人々が口々にその名前を呟く場面などもあります．"人類初"であるはずなのに，何故誰もがその名を知っているのでしょうか．

　もう少し深刻な例を挙げますと，歴史の授業では，特にその教科書では，因果関係を全く無視して，「大化の改新」が起こったり，「鎌倉幕府」が成立したりします．風水害に関する記述も同様です．本来，叛乱や戦争が起こり，後にそれに名前が附くはずです．その結果，成立した政権が自称するにせよ，外部から呼ばれるにせよ，後から名前が追い掛けてくるはずです．しかし，教科書では簡略化のために，「名前附きの事件や事故」がいきなり起こったことになっている場合がほとんどです．国名にも地名にも意味はあるのです．指導する側も「その結果，後に何々と呼ばれるようになった」という叮嚀な表現は余り使いません．そんなことは当り前だと考えておられるからでしょうか．

　確かに，余り気にしない人が多いようですが，これは「手段と目的の混同」や，「原因と結果の取り違え」などを生じさせる，なかなか面倒な問題を含んでいるのです．名前には，それぞれに意味があります．そう名附けられるに相応しい状況があったはずです．こうした重要な点を一切論じることなく，単に名称とその主要人物を結び附け，あるいは事件事故とその年代を絡めて，そのまま暗記することを続けていると，物事の本質が分からなくなります．しかも，極めて危険なことに，"随分と物知りになった"と感じるために，それが学習であり，学問であるという錯覚を生んでしまいます．本質に根差さない暗記は，学問ではありません．折角の学習も，その意味が薄れてしまいます．

　ここまでにも多くの"名前"が登場しました．「自然数」「偶数」「奇数」「素数」「完全数」「巡廻数」……と，数と名の附いたものだけでも沢山ありました．また，「法則」も「定理」も登場しました．「交換法則」「結合法則」「分配法則」「チェビシェフの定理」「フェルマーの定理」などです．さて，こうした個別の名前を覚える必要があるのでしょうか．名前だけを覚えても仕方がない，中身を理解しなければ意味がない，とよくいわれますが，その方向を問題にしてみたいのです．即ち，「名前から入って意味を知る」という方法が唯一のものであり，それだけが正しい方法なのでしょうか．ここでは逆を考えます．

3.5. 数 142857 の神秘

　オープンエンド (open-end problem) と呼ばれる問題設定により，学習を進める方法が研究されています．これは簡単にいえば，「2 + 3 は幾つになりますか」と問うことの代わりに，「5 になる二数の組合せは？」と問う方法です．この場合には複数の解答が考えられますので，結末 (end) が開かれて (open) いる問題だというわけです．これは教室で子供達に議論させながら，まだ掘り起こされていない答は無いか，と考えさせるのに適した方法です．

　同様の主旨で「名附けの問題」をオープンエンドにすればどうか，というのがここでの提案です．即ち「オープンエンド・ネーミング」，あるいは名附け親の意味を持つ単語を流用して，「**ゴッドファーザー・ゲーム**(godfather game)」という名称で，対象の名前を様々に議論していく学習方法を考えたいのです．

　例えば，「二数の足し算の順序を入れ換えても，結果が変わらない」ことを，友達に上手く伝えたい．そのことを含む問題と解答を作りたい．そうした具体的な要求があった場合，どうしてもその法則に名前が必要になってきます．そこでその名前を自由に考えさせるのです．「入れ替えの法則」「順番の法則」「あべこべの法則」など，様々な意見が出て来るでしょう．そうしたそれぞれの意見の長所・短所を吟味した結果，ようやく一般に「交換法則」と名附けられていることの理由が理解できます．用語の適切さが体感できます．

　みんなで"名附け親の苦労を知ろう"というわけです．実は，この種の問題に最も悩まされているのが，研究者や教育者なのです．目の前の問題を解決するには，対象に何という名前を与えればいいか．変数は x がいいのか，t の方が適切なのか．直観的に分かりやすいのはどちらか．競合はしないか．本を書く場合でも同じです．各章の名前をどのように選べば，一番流れがよくなるか．定理の誤解を減らすには，定番の名称に換えて直訳の新語を導入した方がよいか，むしろ欧文をそのまま用いる方が適切か，誠に悩みは尽きないのです．

　学習の初期段階からこうした問題で悩めば，対象の本質が理解ができます．意味から入っていけば，自然に名前の謂われが分かります．そして長い間，そう呼ばれているのは，確かにそう呼ばれるだけの理由があることが見えてきます．分からないものは適当に切り上げて，先に進むことによって，後から分かってくるものも多数がありますが，こうして当り前と感じることにも，一度立ち止まって，名前の由来にまで遡るような経験をしておくことが大切です．

3.6 ジャックとコラッツの木

ジャックは，ある夜店で老人から不思議な鉢植えを買いました．この小さな小さな木は，コラッツの木と呼ばれ，数字を書いたコップで水をやると，背が伸びたり縮んだりするとても面白い性質を持っていました．老人はジャックに

決して 27 と書くな．27 と書くと恐ろしいことが起こる

と囁きました．ジャックはその意味が分からなかったのですが，同調しないと売ってくれそうもないので，大きく頷いて家路につきました．

説明書には「数 N を書いたコップで水をやると，この木は，もし N が奇数ならばその背丈を $(3N+1)$ 倍に伸ばす．もし偶数ならば背は半分に縮む」とだけ書いてありました．ジャックは慎重に N を 1 から順に変えました．すると

$N = 1$:　$1 \to 4 \to 2 \to 1$,
$N = 2$:　$2 \to 1$,
$N = 3$:　$3 \to 10 \to 5 \to 16 \to 8 \to 4 \to 2 \to 1$

となり，どの場合も最後には 4, 2, 1 という順に減っていき，最後に元の背丈 1 に戻りました．ジャックは少し安心しました．そして，もっと伸びないかなあ，と念じながら $N = 4, 5, 6$ と続けていきました．$N = 7$ とすると

$7 \to 22 \to 11 \to 34 \to 17 \to \mathbf{52} \to 26 \to 13 \to 40 \to 20$
$\downarrow$
$1 \leftarrow 2 \leftarrow 4 \leftarrow 8 \leftarrow 16 \leftarrow 5 \leftarrow 10$

となり，最高で高さが 52 倍にもなって，ジャックは大変驚きました．

そして，ジャックは禁を犯して 27 と書いたコップで水をやってしまいました．すると，どうでしょう．高さは 9232 倍にもなって，ジャックは空高く雲の遥か上まで放り上げられました．命の縮む恐ろしい体験をしたジャックも，やがてコラッツの木が縮みだしたので，ようやく一命を取り留めました．

実は，これは**コラッツの問題**として知られている有名な未解決問題なのです．果たして，すべての初期値に対して，数の列は 1 に戻るのか，それが問題なのです．その意味で，コラッツ予想とも呼ばれています．計算機を用いて巨大な数に対するテストが繰り返されていますが，本当にすべての数に対して再び 1 に戻ってくるのかは未だに証明されていないのです．

3.6. ジャックとコラッツの木

$27 \to 82 \to 41 \to 124 \to 62 \to 31 \to 94 \to 47 \to 142 \to 71$
$\downarrow$
$91 \leftarrow 182 \leftarrow 364 \leftarrow 121 \leftarrow 242 \leftarrow 484 \leftarrow 161 \leftarrow 322 \leftarrow 107 \leftarrow 214$
$\downarrow$
$274 \to 137 \to 412 \to 206 \to 103 \to 310 \to 155 \to 466 \to 233 \to 700$
$\downarrow$
$890 \leftarrow 1780 \leftarrow 593 \leftarrow 1186 \leftarrow 395 \leftarrow 790 \leftarrow 263 \leftarrow 526 \leftarrow 175 \leftarrow 350$
$\downarrow$
$445 \to 1336 \to 668 \to 334 \to 167 \to 502 \to 251 \to 754 \to 377 \to 1132$
$\downarrow$
$1438 \leftarrow 479 \leftarrow 958 \leftarrow 319 \leftarrow 638 \leftarrow 1276 \leftarrow 425 \leftarrow 850 \leftarrow 283 \leftarrow 566$
$\downarrow$
$719 \to 2158 \to 1079 \to 3238 \to 1619 \to 4858 \to 2429 \to 7288 \to 3644 \to 1822$
$\downarrow$
$2308 \leftarrow 4616 \leftarrow \mathbf{9232} \leftarrow 3077 \leftarrow 6154 \leftarrow 2051 \leftarrow 4102 \leftarrow 1367 \leftarrow 2734 \leftarrow 911$
$\downarrow$
$1154 \to 577 \to 1732 \to 866 \to 433 \to 1300 \to 650 \to 325 \to 976 \to 488$
$\downarrow$
$106 \leftarrow 35 \leftarrow 70 \leftarrow 23 \leftarrow 46 \leftarrow 92 \leftarrow 184 \leftarrow 61 \leftarrow 122 \leftarrow 244$
$\downarrow$
$53 \to 160 \to 80 \to 40 \to 20 \to 10 \to 5 \to 16 \to 8 \to 4$
$\downarrow$
$1 \leftarrow 2$

これがその成長の記録です．本当に不思議な変化をしています．

さて，今宵の内容は如何でしたでしょうか．冒頭にお話しましたように，パスカルの三角形もフィボナッチ数列も，定義が簡単で不思議が一杯詰まっているという点で，面白いお話の典型だと思いますが，如何でしたでしょうか．

3.7　本日の配布資料・参

◆メルセンヌ(Mersenne, Marin)：1588–1648

　メルセンヌは，学者のサークルを運営していた．それは，数学と物理学の新しい着想を議論する為の定期的な会合であった．彼自身は，会の記録や通信係を担う"事務局"として働き，様々な情報の入手と複写，そしてそれを広範囲に配布する役割を果たしていた．知人・友人と厖大な量の書翰の遣り取りを行い，それをまとめていた．パリの"アカデミー"は，こうして形成されていった．彼は編輯長であり，自ら「歩く科学雑誌」であった．

　デカルトやガリレイとも親交があり，特にデカルトとは長く信頼関係で結ばれていた．当然，同時代人であるフェルマーとの交流もあった．詳細を明らかにしないフェルマーを説得して，自らの研究成果をもっと積極的に提供するように促していた．そんな手紙の遣り取りの中から，メルセンヌ数が議論され，広く紹介されて今日に至っているわけである．

◆パスカル(Pascal, Blaise)：1623–1662

　パスカルもまた，フェルマーと文通していた．近代確率論の誕生は，1654年に「二人の間で交わされた手紙」から始まると考えられている．

　パスカルは1623年，フランスのクレルモン・フェランに生まれた．極めて早熟な才能を示していた彼を，メルセンヌを中心としたサークルに紹介したのは父であった．早熟な才能が，適切な環境を得た時，それは想像を絶する速度で変貌を遂げる．フェルマーの仕事を含むフランス数学の発展状況に精通したパスカルは，20歳を待たずして数学，自然科学の研究に邁進することになった．計算機の発明と，大気圧下での流体の振る舞いに関する研究が為された．圧力・応力の単位にその名を残した．本人のことを何も知らない人でも，天気予報で用いられる「ヘクトパスカル」という音の響きだけは知っている．随想録『パンセ』については知らずとも，「人間は考える葦」という言葉だけは知っている．健康に恵まれなかったパスカルは，39歳で世を去った．

3.7. 本日の配布資料・参

◆フィボナッチ(Leonardo Pisano)：1170 頃–1240

　フィボナッチとは"ボナッチの息子"という意味の通称であり，本名はレオナルドである——出身地を冠してピサのレオナルドとも呼ばれることは既に述べた．この通称は，レオナルドの著作の編輯人により与えられた．

　商人の父は，北アフリカ海岸にまで出向いて，盛んに取引をしていた．レオナルドは，この地でアラビア語を習得し，イスラム教の教師から数学を学んだ．その後も父と共に地中海地方を旅して回った．そして，各地で出会ったイスラム学者から，数学的な知識を吸収していった．

　1200 年頃，ようやくピサに戻り，その後の 25 年間を著述に費やした．『実用幾何学 (1220 年)』『算板の書 (初版 1202 年, 二版 1228 年)』『平方の書 (1225 年)』などが現存している．『実用幾何学』は，ユークリッド流儀の定義，定理，証明の連鎖により記述されている．『算板の書』は，ヨーロッパでは最も早い時期に登場した代数学の本であり，主にイスラム数学の紹介に費やされている．改訂版が出されているところから見ても，相当数が市場に出たものと思われる．あの"兎"はここに登場する．『平方の書』は，算板よりは理論的傾向の強い著作であり，平方計算を含む方程式の有理数解を求めることが主題である．

　その学問に対する功績は，ピサの町でも，フリードリヒ二世の宮廷でも認められた．長くイスラム社会を旅しながら，その数学を学び，そして包括的な著作としてまとめ，ヨーロッパに紹介したことは，非常に大きな業績である．

ディオファントス (Diophantos)	3 世紀中頃
フィボナッチ (Leonardo Pisano)	1170 頃–1240
ネイピア (Napier, John)	1550–1617
ガリレイ (Galilei, Galileo)	1564–1642
ケプラー (Kepler, Johannes)	1571–1630
メルセンヌ (Mersenne, Marin)	1588–1648
デカルト (Descartes, René)	1596–1650
フェルマー (Fermat, Pierre de)	1601–1665
パスカル (Pascal, Blaise)	1623–1662
オイラー (Euler, Leonhard)	1707–1783
ガウス (Gauss, Carl Friderich)	1777–1855
ニュートン (Newton, Isaac)	1642–1727

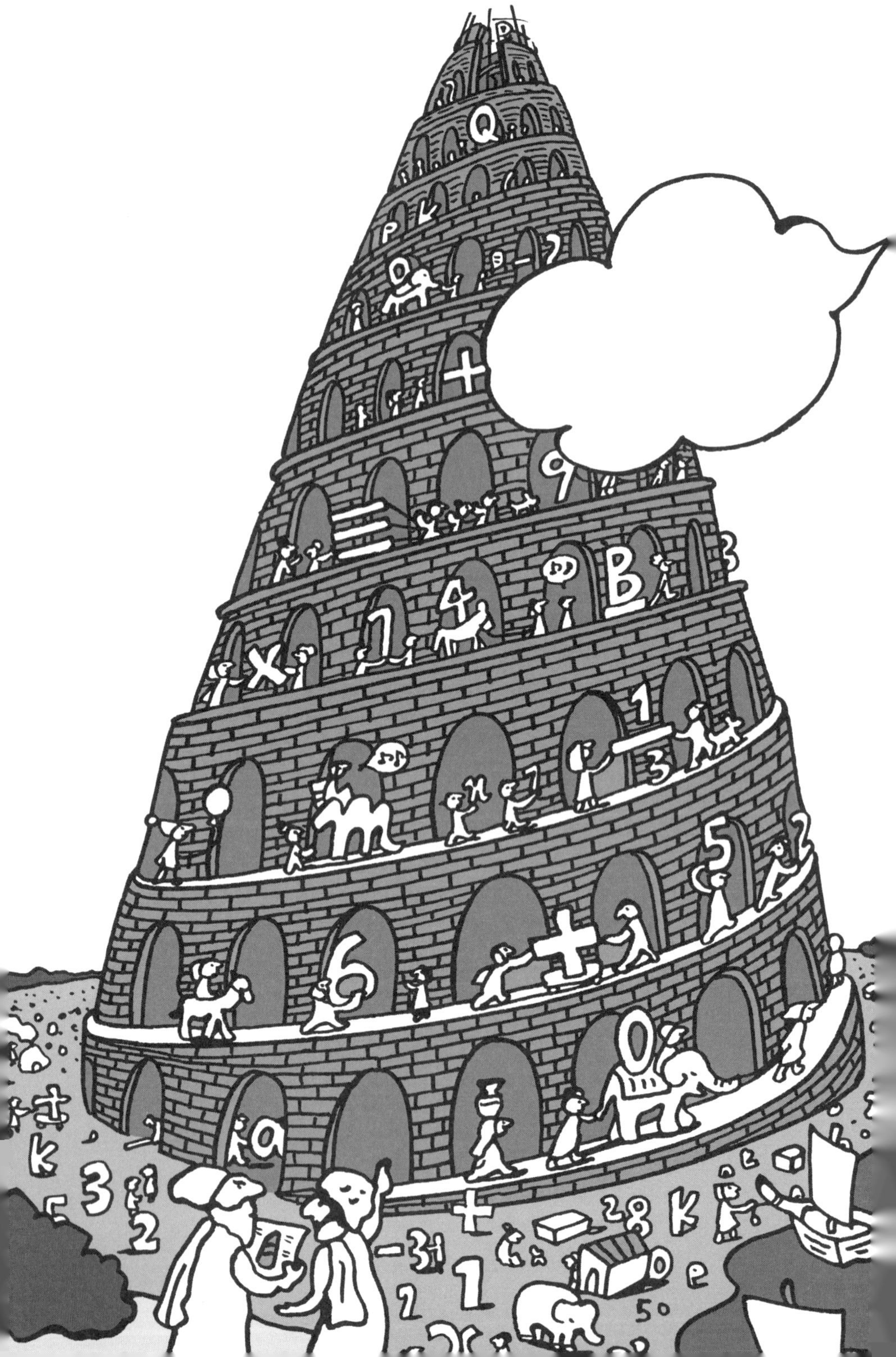

第4夜　♪♪♪ 整数のパーティ

　さて，これまで自然数のいろいろな性質について調べてきましたが，皆さんどうでしたか．少しは自然数について親しんで頂けたでしょうか．
　物を数えることから自然数の考え方がでてきたことは，繰り返しお話してまいりました．このような生い立ちからして，太古の昔，自然数は手の指の本数，即ち，10程度まであれば充分だったでしょう．ところが，世の中がどんどん変化していくに連れて，数えなければいけない量も次第次第に大きくなり，遂に私達は簡単には数えられないほどの大きい量を取り扱うに至ったわけです．
　これまでお話しましたように，自然数は無限の要素を持つ数の体系です．私達は相当の努力の結果，現在の自然数に到着したわけですが，これは標語的にいえば「**有限から無限**」への飛躍となるでしょうか．ここで，私達はこのような進歩の過程を踏まえつつ，さらに面白い数の性質を見出すために

「**無限から有限**」への旅立ち

をしましょう．無限は実に不思議な性質を持っています．しかしこれは，"有限が不思議ではない"という意味ではありません．

　今宵は，先ず鏡に映すようにして自然数を二倍に膨らまし，その中に潜む相互関係を明らかにします．そして，**ゆるやかな等しさ**についてお話します．ここからは，徐々に式の計算が増えたり，新しい考え方が登場して，今までと違う戸惑いを感じられるかもしれませんが，落ち着いて式や数字に幻惑されることなくお附き合い願えれば，そんなに難しくはありません．
　さあ，第4夜のスタートです

4.1 数の構造

第1夜は，自然数の話からはじめました．そのとき，自然数は物の個数を数える必要から，その個体としての数に注目して定義された考え方であること．その最小数を 1 と名附け，以後

$$1,\ 2,\ 3,\ 4,\ 5,\ 6,\ 7,\ldots$$

と数えていき終りがない，即ち無限に続くことなどを説明してまいりました．自然数は別名，**正の整数**とも呼ばれます．ここで「個体が存在しない」ということを表すために記号「**0**」を導入しましょう．これは英語でゼロ，日本語では零と読みます．数としての 0 は，相手にどのような数 a を選んでも

$$a+0=a,\quad 0+a=a,\quad a\times 0=0,\quad 0\times a=0$$

という関係を充たします．これで，自然数に 0 を仲間として加えた集まり

$$\overrightarrow{0,\ 1,\ 2,\ 3,\ 4,\ 5,\ldots}$$

ができました．"数が伸びていく方向"を強調するために矢印を添えました．これで自然数だけを考えていたときにはできなかった，自分自身の引き算：

$$1-1=0,\quad 2-2=0,\quad 3-3=0,\ldots$$

ができるようになりました．

ゼロとカレーはインドの恵み

4.1. 数の構造

　さらに，自然数同士の引き算がもっと自由自在にできるように，ちょうど鏡で自然数を映すようにして**負の数**を定義しましょう．もう少しうるさくいいますと，0 から 1 を引き算したとき，0 よりも 1 だけ小さい数となるものを「-1」と定めます．これを繰り返しますと

$$\ldots, \overleftarrow{-5, -4, -3, -2, -1}$$

という列ができます．これを**負の整数**といいます．正と負の両方を合わせた

$$\ldots, -5, -4, \overleftrightarrow{-3, -2, -1, 0, 1, 2, 3,} 4, 5, \ldots$$

を**整数**と呼びます．整数同士の引き算は必ず整数になり，これを「**整数は減法について閉じている**」といいます．例えば

$$0 - 1 = -1, \quad 1 - 2 = -1, \quad -1 - 1 = -2$$

などが成り立つわけですね．もちろん，加法については自然数の性質を受け継いで閉じていますので，結局「**加減について閉じている**」ことになります．

　第 1 夜で自然数についてお話しました折りに「自然数の各々の要素は，数学という巨大な建造物を構成するレンガの一つひとつに譬えられる」と申し上げました．さらに譬え話を続けますと，幾ら大量のレンガを用意しましても，それぞれがバラバラのままでは大きな建物は建ちません．互いを結び附ける強力な接着剤が間にあってこそ，一つのまとまりを持った建造物になるのです．整数というレンガには，お互いに他を結び附ける相互関係があります．その接着

力は，自然数よりも強く，より深く行き渡っています．数学においては，考察の対象と共に，それらを含む枠組が問題になります．その枠組の構造を理解して，名前を附けることで，それがまた新たな思考の対象になるのです．

如何なる整数同士の足し算も引き算も，その結果はやはり整数になることを，"閉じている" という言葉を用いて手短に表現しましたが，さらに加減は

$$(a+b)+c = a+(b+c)$$

を満足します．これは**和の結合法則**と呼ばれます．さらに，特徴的なことは

$$a+0 = a, \quad 0+a = a$$

となる**数 0** の存在です．数 0 はこの性質により**加法における単位元**という別名を持っています．言うまでもないことでしょうが，**乗法における単位元**とは

$$a \times 1 = a, \quad 1 \times a = a$$

という関係を充たす数 1 のことですね．単位という名称は，数 1 のこのようなイメージから取っているのです．また，与えられたどのような整数 a に対しても，それに加えると 0 となる整数 「$-a$」，即ち

$$a + (-a) = 0$$

が必ず存在します．これを整数 a の**反数**，あるいは**逆元**と呼びます．

以上四つの規則，即ち，要素間にある計算方法があり，それに関して**閉じている**こと，その計算方法が**結合法則を充たす**こと，**単位元が存在する**こと，及び各要素それぞれに対応する**逆元がある**こと，の四つを満足するものを**群**と呼びます．特に，加法に関して作られる群を**加群**ということがあります．

磯城島の
大和の国に 人ふたり
ありとし思はば 何か嘆かむ

Vol.13, No.3249.
作者未詳

愛しい単位元は唯一つ

4.2 ゼロの機能

　この群のように，数学的な考察の対象となる要素が，個別に存在するのではなく，要素全体に隈無く行き渡る相互関係が規定されている対象は「**構造を持つ**」といわれます．これまで述べた例のように，対象間に代数的な結合法則を仲立ちとして定義される構造を，特に**代数的構造**と呼びます．

　整数は，加群という名の要素間の相互関係を考えることにより，全体が一つのしっかりとまとまったものになります．いうなれば，このような代数的構造が，整数というレンガを相互にしっかりと結び離さない接着剤の役割を果しているのです．これで安心して，より大きな建物を建てることができますね．

　そこで，整数同士の掛け算について考えましょう．この問題は四つの場合に分けられます．即ち

$$整数 \times 整数 = \begin{cases} [1] \text{ 正の整数} \times \text{正の整数} = \text{正の整数} \\ [2] \text{ 正の整数} \times \text{負の整数} = \text{負の整数} \\ [3] \text{ 負の整数} \times \text{正の整数} = \text{負の整数} \\ [4] \text{ 負の整数} \times \text{負の整数} = \text{正の整数} \end{cases} = 整数$$

となり，整数は「**加法・減法・乗法**」という三つの算法で閉じていることになります．このように**除法を除く計算について閉じている**体系を**環**といいます．特に整数には**整数環**という名前が附いています．また，除法を含む**四則計算に関して閉じている**場合には，その対象を**体**と呼びます．

　さて，上に書きました四番目，「負の数×負の数」は，何故「正の数」になるのでしょうか．ここでは数値「−1」にこのタイプの計算を代表させて，簡単な"説明"を試みます．例えば，次の関係を認めない人はいないでしょう．

$$1 = 1.$$

ここで，右辺の 1 を左辺に移項します．移項には代償が伴います．それは負号によって表されます．ここで，等号を右から左へ，あるいは逆に左から右へと渡るとき，「要素に負号を附ける」，あるいは「要素に (−1) を掛け算する」ということは諒解済みの問題だとしておきます．その結果

$$1 - 1 = 0$$

が得られます．唯一の要素であった1が移項された右辺は抜け殻であり，これを0と表現するのです．ここで，1－1という計算式が与えられて，その結果として0が求められたとするのではなく，移項に伴う計算であると見做すことが要点です．そう考えますと，この式は

$$1 + (-1) = 0$$

と書換えられることが分かるでしょう．

　要素が"等号の橋"を渡るときは，負号を伴います．では，この(−1)を考察すべき新しい要素と見て，再び右辺に移項すれば，どうなるでしょうか．

$$1 = -(-1)$$

となりますね．そして，負号を附けることは，(−1)を掛けることでしたから

$$1 = (-1) \times (-1)$$

が得られます．これが，負数×負数が正数になることの，一つの"説明"です．ここまでに交換，結合，分配の法則を紹介しました．後は，こうした基本的な法則を使って，移項のカラクリを証明すれば，この説明も証明へと昇格します．

　さて，話題を変えましょう．ゼロの機能について紹介致します．

　インド人が，現在の算用数字の体系を作り出すまでは，計算は非常に不便なものでした．何しろ，桁が上がるに従って，それらに独特の名前を附けていくのが，それまでの多くの記数法でしたから，扱う数が大きくなるに従って，記号もどんどん増えてしまいます．これに対してインド人は「数0」を導入することで**位取り記数法**を確立したわけです．例えば707は

$$707 = 7 \times 100 + \mathbf{0} \times 10 + 7 \times 1$$

のことですが，ここで0は10倍の項が存在しないことを示しています．これを「**空位の0**」といいます．一方，整数を定義するために導入しました0は，個体が存在しないことを示す記号で「**無の0**」といえますね．さらに0には，何かを測るときに用いる「**基準の0**」としての用法もあります．

　こうして0が導入されますと，これまでの計算のあらゆるところに，この数が隠されていたことが分かってきます．例えば，冪乗計算の場合を考えましょう．aを二回掛け算することを，aの二乗と呼び，$a \times a = a^2$と書きました．三

4.2. ゼロの機能

回掛ければ三乗で，$a \times a \times a = a^3$ と書く約束でした．では，a そのものは，どうでしょうか．これは $a = a^1$ と書けますね．即ち

$$a^1 = a, \quad a^2 = a \times a, \quad a^3 = a \times a \times a, \ldots$$

と続いていくわけです．そこで，a^5 について考えましょう．これは

$$a^5 = a \times a \times a \times a \times a$$

の意味ですが，次のように書換えることもできます．

$$a^5 = (a \times a \times a) \times (a \times a) = a^3 \times a^2.$$

この結果より，**冪計算は指数の計算に置換えられる**ことが分かります．例えば，この場合でしたら，次のようになります．

$$a^5 = a^3 \times a^2 = a^{3+2}.$$

割り算はどうでしょうか．この場合も

$$\frac{a^3}{a^2} = \frac{a \times a \times a}{a \times a} = a \quad \Rightarrow \quad a^3/a^2 = a^{3-2} = a^1 = a$$

が成立します．分子分母の指数の大小関係が逆の場合には

$$\frac{a^2}{a^3} = \frac{1}{a} = a^{2-3} = a^{-1}$$

となりますが，この結果から負の指数に対する関係を得ます．

$$\frac{1}{a^k} = a^{-k}.$$

最後に，同じ冪の割り算を考えますと，その結果は 1 となりますが，これを

$$\frac{a^1}{a^1} = \frac{a^2}{a^2} = \frac{a^3}{a^3} = \cdots = \frac{a^k}{a^k} = 1$$

と書くことにより

$$a^{1-1} = a^{2-2} = a^{3-3} = \cdots = a^0 = 1$$

となることが分かります．先にパスカルの三角形の頂点に 1 を添えましたが，これは $(a+b)^0$ の意味での 1 だったわけです．

以上の結果をまとめますと

$$\boxed{a^m \times a^n = a^{m+n}, \quad a^m/a^n = a^{m-n}, \quad a^0 = 1}$$

となります．ここでも 0 が活躍して，全体の調和を保っているのです．

4.3 和のこころ

　四季の変化があり，海があり山があり，またそこからは食卓を賑わす海の幸，山の幸が頂けて，何と素晴らしい環境で私達は暮らしているのでしょうか．そんな豊かで美しい環境が"和のこころ"を育むのでしょう．

　さて，ここからは別の「和の話」，日本の和でも調和の和でもない，自然数の総和について考えます．先に求めました n 番目の三角数を求める式：

$$1 + 2 + 3 + 4 + 5 + \cdots + (n-1) + n = \frac{1}{2}n(n+1)$$

は，そのままで 1 から n までの自然数の和を示しています．ここで，左辺のような和を求める際に用いる記号 $\sum$ を紹介します．この記号により上式は

$$\sum_{k=1}^{n} k = \frac{1}{2}n(n+1)$$

と書けます．なお，$\sum$ はギリシア文字シグマ σ の大文字です．ここで下添字と本体に登場した k は，数え挙げのための**仮変数**で，計算結果を示す右辺には出て来ません．従いまして，どのような文字を用いても構いません――これをダミーと呼ぶことがあります．以後，この和を $s_1(n)$ と書くことにします．

　こうした式を見たら先ず，小さな数ではどうか，大きな数ではどうか，と表から裏から式の適用範囲を調べて下さい．自然数が相手ですから，一番小さい数は 1 です．そこで，n に 1 を代入しますと，答は $1\times(1+1)/2$ より，$s_1(1) = 1$ となって，正しい値を得たことが分かります．

　今度は大きな数を扱います．話を簡単にするために，10 の冪について考えましょう．例えば，$10^4 = 10000$ までならば

$$s_1(10) = 55, \quad s_1(10^2) = 5050, \quad s_1(10^3) = 500500, \quad s_1(10^4) = 50005000$$

となります．こうした計算式によって数を扱うことは基本中の基本ですが，それとは別にその数の大きさの"およその見積り"をすることも同じほど重要です．これを**概算**ともいいますが，大体どの程度の大きさか，ある数よりも大きいのか小さいのか，といった数の大きさを感覚的に掴むことが，大失敗をしないために極めて重要なのです．

4.3. 和のこころ

　そうした考え方から，今の結果を振り返りますと，先頭の数字 5 以外は，大勢に影響無しとして切り捨てることができそうです．そこで

$$s_1(10) \approx 50 = \frac{10^2}{2}, \quad s_1(10^2) \approx \frac{10^4}{2}, \quad s_1(10^3) \approx \frac{10^6}{2}, \quad s_1(10^4) \approx \frac{10^8}{2}$$

と書き直してみます．記号 $\approx$ は，"ほぼ等しい"という意味です．代入する数値の 10 の冪と，結果の冪を比べて下さい．これは自然数の和を示す式を

$$s_1(n) = \frac{1}{2}n(n+1) = \frac{n^2}{2} + \frac{n}{2} \approx \frac{n^2}{2}$$

と見ているということに他なりません．n の二乗がこの計算の主要部であって，n の一次の項は無視しても大丈夫だということです．このことは

$$\frac{1}{2}n(n+1) = \frac{1}{2}n^2\left(1 + \frac{1}{n}\right)$$

と変形すると，より明瞭になります．

　「どんな数よりも大きい数を含む自然数」において，"大きい数"という言葉は意味を持ちません．如何なる数を考えても，より大きな数を提示することができるからです．それでも"大きい数"と呼ぶ理由は，何か考察する対象が具体的にあって，この場合なら $1/n$ を含む項を略しても，結果的に大勢に影響が無いと判断できる場合に，その数を"大きい"と呼ぶのです．

　従いまして，その判断は状況によって変わります．今の例の場合なら，55 を 50 として丸めるのは，僅かに 5 を削っただけですが，最後の数値例では 5000

も略したことになります．しかし，全体に占める割合を考えれば，55 における 5 の方がより重要です．同じ数式でも同じ数値でも，判断基準は問題に応じて臨機応変に変わるのです．

さて，自然数の和を単子による図形的な解釈からではなく，式変形によって求めてみましょう．そのためには，次の恒等式を使います．

$$n^2 - (n-1)^2 = 2n - 1.$$

これは隣り合う二つの自然数 n と $n-1$ を意識して作ったものです．さらに

$$n = \frac{1}{2}[n^2 - (n-1)^2 + 1]$$

と変形しておきます．これは恒等式ですから，数値を代入して計算をしてしまえば"何も起こりません"．具体的な計算を進めずに，両辺の表記の違いを利用するのです．幾つかの結果を並べ，それを束ねることによって，新しい表現を得ます．そして類推するのです．

では，はじめましょう．1 から 4 までの数値を代入し，それを縦に並べます．

$$\begin{aligned}n=1: & \quad 1 = (1^2 - 0^2 + 1)/2, \\ n=2: & \quad 2 = (2^2 - 1^2 + 1)/2, \\ n=3: & \quad 3 = (3^2 - 2^2 + 1)/2, \\ n=4: & \quad 4 = (4^2 - 3^2 + 1)/2.\end{aligned}$$

そして，辺々それぞれを足し算して，結果を整理しますと

$$\begin{aligned}1+2+3+4 &= \frac{1}{2}[(1^2-0^2+1) + (2^2-1^2+1) + (3^2-2^2+1) + (4^2-3^2+1)] \\ &= \frac{1}{2}[4^2 + 4\times 1] = \frac{1}{2}\times 4\times (4+1)\end{aligned}$$

となります．ここでは数値を 4 で切りましたが，この計算は明らかに幾らでも続けることができて，しかも項が互いに消し合う効果も何処までも続きます．よって，数値 4 を一般的な数値を表す変数 n と読み替えて

$$s_1(n) = \frac{n^2}{2} + \frac{n}{2} = \frac{1}{2}n(n+1)$$

を再び得るわけです．もちろん，これは証明ではありません．類推であり，ある関係の発見です．しかし，このようにして計算結果を列挙して，それを眺め

4.3. 和のこころ

ながら考える習慣を附け，全体の数値の変化に敏感になれば，対象の構造が見えてきます．それはそのまま"証明を行うときの大きなヒント"になります．

全く同様にして，自然数の平方の和：
$$s_2(n) = 1^2 + 2^2 + 3^2 + 4^2 + 5^2 + \cdots + (n-1)^2 + n^2$$
を求めることができます．この場合に用いる恒等式は，二つの自然数をそれぞれ三乗したものの差から作ります．即ち，$n^3 - (n-1)^3 = 3n^2 - 3n + 1$ より
$$n^2 = \frac{1}{3}[n^3 - (n-1)^3 + 3n - 1]$$
を作って，先と同様の議論ができるわけです．数値を代入し，並べましょう．

$$\begin{aligned}
n=1: &\quad 1^2 = (1^3 - 0^3 + 3 \times 1 - 1)/3, \\
n=2: &\quad 2^2 = (2^3 - 1^3 + 3 \times 2 - 1)/3, \\
n=3: &\quad 3^2 = (3^3 - 2^3 + 3 \times 3 - 1)/3, \\
n=4: &\quad 4^2 = (4^3 - 3^3 + 3 \times 4 - 1)/3.
\end{aligned}$$

同じく，辺々を足し算して，結果を整理します．

このとき，途中の計算で $(1+2+3+4)$ が出て来ますが，これを $s_1(n)$ の式を元にして変形します．先の場合と同様に，大事な数値をそのまま残して"計算しないこと"がこの方法のポイントです．この場合なら 4 の冪を残すように，計算をまとめていきます．結果は次のようになります．

$$\begin{aligned}
1^2 + 2^2 + 3^2 + 4^2 &= \frac{1}{3}[(1^3 - 0^3 + 3 \times 1 - 1) + (2^3 - 1^3 + 3 \times 2 - 1) \\
&\quad + (3^3 - 2^3 + 3 \times 3 - 1) + (4^3 - 3^3 + 3 \times 4 - 1)] \\
&= \frac{1}{3}[4^3 + 3 \times (1+2+3+4) - 4 \times 1] \\
&= \frac{4^3}{3} + \frac{3}{3} \times \left[\frac{1}{2} \times 4 \times (4+1)\right] - \frac{4 \times 1}{3} \\
&= \frac{4^3}{3} + \frac{4^2}{2} + \frac{4}{6}.
\end{aligned}$$

これより，一般の n に対する以下の関係が示唆されます．
$$s_2(n) = \frac{n^3}{3} + \frac{n^2}{2} + \frac{n}{6} = \frac{1}{6}n(n+1)(2n+1).$$
そして，実際これは一般的に成り立ちます．和の記号を用いて書けば
$$\sum_{k=1}^{n} k^2 = \frac{1}{6}n(n+1)(2n+1)$$

となることが証明されているのです．この場合も

$$s_2(n) = \frac{1}{6}n^3\left(1 + \frac{1}{n}\right)\left(2 + \frac{1}{n}\right) \approx \frac{1}{3}n^3$$

と変形すると，大きな n に対しては，三乗の部分だけで充分よい値が出ることが分かります．従って，$n^3/3$ という簡単な式で近似できるわけです．

　自然数の和 $s_1(n)$ は，最初は単子による三角数という幾何的な発想から求められました．これは式からも明らかで，$s_1(n)$ は三角形の面積の式，「底辺×高さ÷2」と対比される形式を持っています．

　同様に，平方和は底面に n^2 個の単子を正方形に配した，高さ n の四角錐として理解できます．よって，その総数は四角錐の体積，「底面積×高さ÷3」で近似されるでしょう．これは $n^3/3$ で与えられますから，単子でできた凸凹の積木を，綺麗な四角錐で近似することにも充分な意味があることが分かります．これも値を"見積もる"上で，大変重要な考え方です．

　全く同様にして，これ以降の冪乗の和が求められます．三乗の和ならば

$$s_3(n) = \frac{n^4}{4} + \frac{n^3}{2} + \frac{n^2}{4} = \left[\frac{1}{2}n(n+1)\right]^2$$

です．一次の項が無いことが特徴です．これは $s_3(n) = [s_1(n)]^2$ を示しています．このことは，最初の数項を展開して

$$\begin{aligned}
1^3 + 2^3 &= 1 + 8 = 9 = 3^2 = (1+2)^2, \\
1^3 + 2^3 + 3^3 &= 9 + 27 = 36 = 6^2 = (1+2+3)^2, \\
1^3 + 2^3 + 3^3 + 4^3 &= 36 + 64 = 100 = 10^2 = (1+2+3+4)^2
\end{aligned}$$

としただけでも見えてきます．和の記号によれば

$$\sum_{k=1}^{n} k^3 = \left[\frac{1}{2}n(n+1)\right]^2$$

となります．続いて

$$s_4(n) = \frac{n^5}{5} + \frac{n^4}{2} + \frac{n^3}{3} - \frac{n}{30} = \frac{1}{5}n(n+1)(2n+1)(3n^2 + 3n - 1)$$

です——今度は二次の項がありません．和の記号によれば

$$\sum_{k=1}^{n} k^4 = \frac{1}{5}n(n+1)(2n+1)(3n^2 + 3n - 1)$$

4.3. 和のこころ

と書けます．なお，自然数 n そのものを

$$s_0(n) = \underbrace{1 + 1 + 1 + \cdots + 1}_{n \text{ 個}} = n$$

として，これら一連の定義の出発点とします．この場合も恒等式：

$$n - (n - 1) = 1$$

を用いて，以下の計算を行います．

$$\begin{aligned} n = 1: & \quad 1 = (1 - 0), \\ n = 2: & \quad 1 = (2 - 1), \\ n = 3: & \quad 1 = (3 - 2), \\ n = 4: & \quad 1 = (4 - 3). \end{aligned}$$

そして，これらを辺々加えることによって，以下の関係を見出します．

$$1 + 1 + 1 + 1 = [(1 - 0) + (2 - 1) + (3 - 2) + (4 - 3)] = 4.$$

本来なら，ここからスタートして，$s_1(n), s_2(n), \ldots$ へと議論を進めるべきですが，$s_0(n)$ は簡単過ぎて分かり難いために順序を変えました．しかし，ここまで来れば，各次数における恒等式の定義も，自然なものに見えてくるでしょう．そこで，数の 0 乗はすべて 1 になることを利用して，$s_0(n)$ を

$$1^0 + 2^0 + 3^0 + \cdots + n^0 = n = \sum_{k=1}^{n} k^0$$

と表します．この表現の意図は，ここまでの結果を並べて見れば明らかです．

$$\begin{aligned} s_0(n) &= \sum_{k=1}^{n} k^0 = 1^0 + 2^0 + 3^0 + \cdots + n^0 = n, \\ s_1(n) &= \sum_{k=1}^{n} k^1 = 1^1 + 2^1 + 3^1 + \cdots + n^1 = n(n + 1)/2, \\ s_2(n) &= \sum_{k=1}^{n} k^2 = 1^2 + 2^2 + 3^2 + \cdots + n^2 = n(n + 1)(2n + 1)/6, \\ s_3(n) &= \sum_{k=1}^{n} k^3 = 1^3 + 2^3 + 3^3 + \cdots + n^3 = n^2(n + 1)^2/4, \\ s_4(n) &= \sum_{k=1}^{n} k^4 = 1^4 + 2^4 + 3^4 + \cdots + n^4 = n(n + 1)(2n + 1)(3n^2 + 3n - 1)/30. \end{aligned}$$

こうして，自然数そのものからはじまる，統一した和の表記が得られました．

このように，和を求めるに際して，様々な係数が登場しました．冪が右側に行くに従って大きくなる**昇冪の順**に並べ替えてまとめますと

$$s_0(n) = \mathbf{1}\,n,$$
$$s_1(n) = \mathbf{\frac{1}{2}}\,n + \frac{1}{2}n^2,$$
$$s_2(n) = \mathbf{\frac{1}{6}}\,n + \frac{1}{2}n^2 + \frac{1}{3}n^3,$$
$$s_3(n) = \mathbf{0}\,n + \frac{1}{4}n^2 + \frac{1}{2}n^3 + \frac{1}{4}n^4,$$
$$s_4(n) = \mathbf{-\frac{1}{30}}\,n + 0\,n^2 + \frac{1}{3}n^3 + \frac{1}{2}n^4 + \frac{1}{5}n^5$$

となります．"存在しない次数の項"にも，係数 0 を与えて書き加え，表記をより統一性の高いものにしました．このようにして，何乗の和であってもすべて n の冪の形で書くことができます．即ち，係数が分かれば $s_k(n)$ が決まります．その係数を見易くするために，こうして並べてみたわけです．

ここで太字で示しました一次の項の係数，これに符号を加えたものは**ベルヌーイ数**，あるいは同時期に，もちろん独立に発見した和算家**関孝和**の名を加えて**関・ベルヌーイ数**と呼ばれています．広く用いられている記号では

$$B_0 = 1, \quad B_1 = -\frac{1}{2}, \quad B_2 = \frac{1}{6}, \quad B_3 = 0, \quad B_4 = -\frac{1}{30}, \ldots$$

と表されています．これは和の計算における一次の係数 c_1 を元に，関係：

$$B_k = (-1)^k c_1, \quad (k = 0, 1, 2, \ldots)$$

に従って定義された数です．B_1 を除く奇数の添字を持つベルヌーイ数：$B_3, B_5, \ldots$ は，何乗和の場合であっても，その一次の係数が 0 であるために，すべて 0 になります．即ち，三乗和，五乗和には，n の一次の項は存在しない，ということです．もう少し大きなところまで求めて表にしますと

n	0	1	2	4	6	8	10	12	14
B_n	1	$-\dfrac{1}{2}$	$\dfrac{1}{6}$	$-\dfrac{1}{30}$	$\dfrac{1}{42}$	$-\dfrac{1}{30}$	$\dfrac{5}{66}$	$-\dfrac{691}{2730}$	$\dfrac{7}{6}$

となります——B_0 以降の偶数を添字に持つベルヌーイ数 $B_2, B_4, \ldots$ は，元の係数 c_1 の正負によって，順次その符号を変えていきます．

4.3. 和のこころ

さらに，$s_k(n)$ における最高次 n^{k+1} の係数は常に $1/(k+1)$ であり，n に依存しない項，即ち定数項は存在しません．ここで，概算の話を思い出して頂ければ，どのような冪乗和であっても，それが充分大きな数と判断できる問題であれば，極めて単純な近似式が直ちに得られるということです．例えば

$$s_{99}(n) = 1^{99} + 2^{99} + 3^{99} + \cdots + n^{99} \approx \frac{1}{100} n^{100}$$

というように近似できるのです．これなら暗算もできます．

恒等式を用いて隣接する二数の関係を記述し，式変形によって全体に成り立つ関係を見出しました．本来は，本当に一般的な n で成り立つかどうか，それを確実にする"証明"を行うわけですが，その前にこうした数値例から"実感"を得て，予想を立てることは何より大切です．**実例だけでは証明にはなりませんが，実例無くしては，証明すべき関係すら見附けられません．**証明方法については皆さん御自身で考えてみて下さい．きっと"和のこころ"が掴めますよ．和の話には，和算家の和も入っていたわけです．

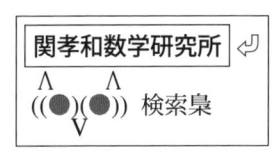

4.4 ディオファントスの秘術

さて以前，御紹介致しましたユークリッドの互除法の計算過程を，逆向きに追って行きますと意外な問題に役立つことが分かります．

例えば，195, 143 の最大公約数は，以下の手順 (左側) で 13 と求められましたが，この各段階の計算を余りについて解けば

$$195 = 1 \times 143 + 52 \quad \longrightarrow \quad 52 = -1 \times 143 + 1 \times 195$$
$$143 = 2 \times 52 + 39 \quad \longrightarrow \quad 39 = 3 \times 143 - 2 \times 195$$
$$52 = 1 \times 39 + 13 \quad \longrightarrow \quad 13 = -4 \times 143 + 3 \times 195$$
$$39 = 3 \times 13$$

となります．互除法は，二数の割り算を繰り返しているだけなので，余りはすべて元の数，この場合なら 143, 195 だけで書き直せるはずです．そこで一つ上の段の結果を用いて整理したものが右側です．最下段の式は，方程式：

$$143x + 195y = 13$$

において，$x = -4, y = 3$ が一つの整数解となることを示しています――上段のものにも同様の解釈が可能です．このように，整数係数の方程式の整数解を求めることを，**ディオファントス**の問題，そして以下の方程式：

$$\boxed{ax + by = d}$$

を**ディオファントス方程式**と呼んでいます．今の議論から明らかですが，d が a と b の最大公約数 (a, b) の倍数であること，即ち

$$d = k \times (a, b)$$

であれば，ディオファントス方程式は解を持っています．

さて，求められた $143x + 195y = 13$ の一つの解：$x = -4, y = 3$ より

$$x = -4 + k_1 t, \quad y = 3 + k_2 t$$

を作り，元の方程式に代入しますと

$$13 = 143 \times (-4 + k_1 t) + 195 \times (3 + k_2 t)$$
$$= 143 \times (-4) + 143 k_1 t + 195 \times 3 + 195 k_2 t$$
$$= 13 + (143 k_1 + 195 k_2) t$$

4.4. ディオファントスの秘術

となります．ここで

$$143k_1 + 195k_2 = 13 \times (11k_1 + 15k_2) = 0$$

となる整数，例えば $k_1 = 15$, $k_2 = -11$ を選びますと，任意の整数 t に対して x, y は解になります．よって，この方程式の一般的な解は

$$x = -4 + 15t, \quad y = 3 - 11t, \quad (t \text{ は任意の整数})$$

となります——ここで $t = 0$ とすれば元の解が再現されます．このように，解が一つに定まらない方程式を**不定方程式**と呼びます．

ところで，方程式：

$$ax + by = d$$

が解を持つとき，$d = k \times (a, b)$ となりますので，以下の整数：

$$a = a' \times (a, b), \quad b = b' \times (a, b)$$

が存在します．そこで全体を a, b の最大公約数 (a, b) で約した

$$a'x + b'y = k$$

を作り，特に $k = 1$ の場合の解 x_0, y_0 が得られたとします．このとき解は

$$a'x_0 + b'y_0 = 1$$

を充たしますが，ここで再び方程式全体を $d = k \times (a, b)$ 倍しますと

$$\begin{aligned} d &= k \times (a, b)(a'x_0 + b'y_0) \\ &= a'[k(a,b)x_0] + b'[k(a,b)y_0] \\ &= a(kx_0) + b(ky_0) \end{aligned}$$

となり，従って kx_0, ky_0 は，元の方程式の解になります．例えば

$$143x + 195y = 26$$

の解は，$(143, 195) = 13$ より，$k = 2$ となるので，先に求めた解を二倍した $-8, 6$ がこの方程式の一つの解になります．

4.5 ゆるやかに等しく

さて，皆さんよく御存じの等式について，ここでもう一度考えてみましょう．等式とは，**等号**「＝」で繋がれた式のことで，どのような数値に対しても成り立つ**恒等式**，ある特定の数値に対してのみ成り立つ**方程式**などがあります．

等式には，次に示す重要な性質があります．

> [1] $a = a$: **反射律**(はんしゃりつ)
> [2] $a = b$ ならば，$b = a$: **対称律**(たいしょうりつ)
> [3] $a = b, b = c$ ならば，$a = c$: **推移律**(すいいりつ)

これらはまとめて**同値律**(どうちりつ)と呼ばれます．数学において大切なことは，私達が日常接する現象とか，誰もが直感的に正しいと感じるような事柄に対して，反省しその本質を見極めることです．その結果，精密な議論や，一般化，抽象化が可能になり，考察する対象を拡げていくことができるようになります．

さて，等式が充たしている三つの法則，即ち，反射律，対称律，推移律を充たすような計算のやり方は他にもあるのでしょうか．ここでは，次の大いなる飛躍のために，以上の三つの法則を充たす新しい考え方を示しましょう．それは

$$a \equiv b \pmod{n}$$

で示される新しい計算のやり方です．先ず「≡」という記号の意味を説明します．等号 ＝ に一本の線を加えた記号 ≡ によって結ばれるこのような式を**合同式**(ごうどうしき)といいます．「**mod.**」は**モジュロ** (modulo) の略ですが，日本語では**法**(ほう)と訳されています．式全体は「**n を法として a と b は合同である**」と読みます．

言葉は厳めしいですが，その内容は単に「$(a - b)$ が n で割り切れること」を意味しているだけです．単純な計算ほど重要度は高く，そこには様々な表現が附随します．先ずこれは，n が $(a - b)$ の約数となることですから，$n \mid (a - b)$ と表せます．また，t を整数として，等号を復活させた次の形式：

$$\frac{a-b}{n} = t, \quad a - b = nt, \quad a = b + nt$$

を選ぶこともできます．さらに言い換えますと

4.5. ゆるやかに等しく

$$\boxed{a \equiv b \pmod{n} \text{ とは } a, b \text{ をそれぞれ } n \text{ で割った，その余りが等しいこと}}$$

となります．表現の多様性は，内容の重要性から自然に生まれてきたものです．

$$a \equiv b \pmod{n}, \qquad n \mid (a-b), \qquad a = b + nt, \qquad \frac{a}{n} \text{ の余り} = \frac{b}{n} \text{ の余り}$$

は皆同じ内容を意味します．これは内容的には易しいものですが，若干の慣れを必要としますので，具体的な問題を扱うことで親しんでいきましょう．

先ず，その定義から直ちに定まる合同式の性質についてまとめておきます．合同式の意味から考えて，すべての数は自分自身と合同であること，即ち

$$\boxed{a \equiv a \pmod{n}}$$

が分かりますが，これを合同式の**反射律**といいます．

次に，$a - b$ が n で割り切れるなら，$-(a-b) = b - a$ も n で割り切れ

$$\boxed{a \equiv b \pmod{n} \text{ ならば, } b \equiv a \pmod{n}}$$

が成り立ちます．これが合同式の**対称律**です．

また，$(a-b), (b-c)$ が共に n で割り切れるならば

$$(a-b) + (b-c) = a - c$$

より $a - c$ も n で割り切れ

$$\boxed{a \equiv b \pmod{n}, \ b \equiv c \pmod{n} \text{ ならば, } a \equiv c \pmod{n}}$$

が成り立ちます．これを合同式の**推移律**と呼びます．これら三つの法則が合同式を考える上で最も基本となるものです．以上で，**合同式は同値律を充たす**ことが分かりました．等式の場合と同じようにまとめておきましょう．

$$\boxed{\begin{array}{ll} [1] & a \equiv a \pmod{n} \hspace{3cm} :\textbf{反射律} \\ [2] & a \equiv b \pmod{n} \text{ ならば, } b \equiv a \pmod{n} : \textbf{対称律} \\ [3] & \left.\begin{array}{l} a \equiv b \pmod{n} \\ b \equiv c \pmod{n} \end{array}\right\} \text{ならば, } a \equiv c \pmod{n} : \textbf{推移律} \end{array}}$$

ただし，合同式の場合は，**常にその法を明示する必要があります**．この部分が，等式と合同式では最も異なるところです．

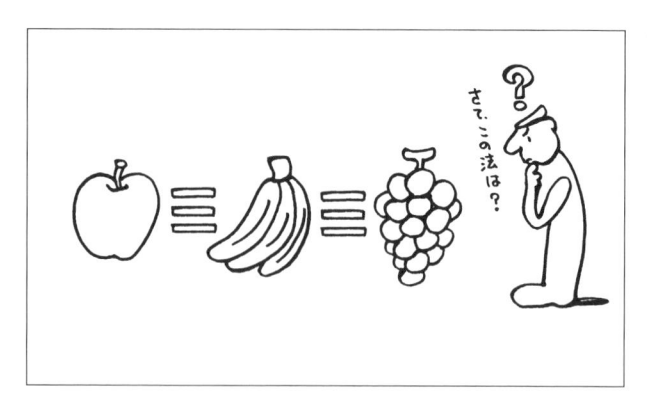

何処にでもある合同関係

　一方，合同式は等式と似た性質も非常に多く持っています．どこが似ていて，どこが違うのか，順に調べていきましょう．先ず，二つの合同式：

$$a \equiv a' \pmod{n}, \quad b \equiv b' \pmod{n}$$

を前提とします．即ち，$(a - a')$ と $(b - b')$ が共に n で割り切れるとき

$$(a - a') + (b - b') = (a + b) - (a' + b')$$

より，右辺も n で割り切れます．従いまして

$$a + b \equiv a' + b' \pmod{n}$$

が成り立ちます．また，同様にして以下を得ます．

　$(a - a') - (b - b') = (a - b) - (a' - b')$　より，　$a - b \equiv a' - b' \pmod{n}$．

これら正負の場合をまとめて

$$\boxed{a \pm b \equiv a' \pm b' \pmod{n}}$$

これで，法を等しくする合同式の**辺々を足し引きできる**ことが分かりました．
　また，整数 k に対して $ka - ka' = k(a - a')$ は n で割り切れることから

4.5. ゆるやかに等しく

$$\boxed{ka \equiv ka' \pmod{n}}$$

を得ます．即ち，**両辺を何倍しても合同の関係は崩れない**ことが分かりました．
最後に，積の関係を調べましょう．

$$(a - a')b + a'(b - b') = ab - a'b'$$

となることを利用して

$$\boxed{ab \equiv a'b' \pmod{n}}$$

を得ますが，これは合同式の**辺々を互いに掛け合わせてもよい**ことを示しています．ここで，b, b' を a, a' で置換えますと

$$aa \equiv a'a' \pmod{n} \quad \Rightarrow \quad a^2 \equiv a'^2 \pmod{n}.$$

これを繰り返して

$$\boxed{a^k \equiv a'^k \pmod{n}}$$

を得ます．以上，まとめますと

$$\boxed{\begin{array}{ll} a \pm b \equiv a' \pm b' \pmod{n}, & ka \equiv ka' \pmod{n}, \\ ab \equiv a'b' \pmod{n}, & a^k \equiv a'^k \pmod{n} \end{array}}$$

が成り立つことが分かりました．ここで，k は自然数です．これで法を等しくする二つの合同式は，等式のように辺々を，足したり，引いたり，掛けたりできることが分かりました．実際，法を 0 とする**非常に特殊な合同式**：

$$\boxed{a \equiv b \pmod{0}}$$

を考えますと，これは通常の等号の関係を導きます．

$$a - b = 0 \times 整数 = 0 \quad \Rightarrow \quad a = b.$$

即ち，合同とは**等号を"よりゆるやか"に定義したもの**と理解できます．合同式も記号「≡」も**ガウス**により導入されたものです．

1801 年，十九世紀の幕はガウスの著作『整数論研究』，通称**アリトメティカ**により切って落とされたのです．この一冊の本は，現代に至るまで世界中で

読み継がれ，整数論をそれまでのパズル的で散発的なまとまりを欠いたものから，系統的な学問にまで高めたといわれる不朽の名作です．

最後に，割り算について調べましょう．等式の場合，$c \neq 0$ ならば
$$ac = bc \quad \Rightarrow \quad a = b$$
が成り立ちます．即ち，両辺を c で割ることができるわけですが，さて合同式：
$$ac \equiv bc \pmod{n}$$
の割り算，それが可能であるためには，どのような条件が必要でしょうか．

先ずは類似の関係：$c \not\equiv 0 \pmod{n}$ を変形の条件として考えますと，0と合同になるのは，自身が 0 の場合のみではなく，法 n の倍数になる場合も含みます．また，法の約数になる場合にも複雑な問題を生じます．例えば
$$50 \equiv 20 \pmod{6}$$
に対して，これを
$$10 \times 5 \equiv 4 \times 5 \pmod{6}$$
と変形し，$5 \not\equiv 0 \pmod{6}$ であることから，$c = 5$ として両辺を割りますと
$$10 \equiv 4 \pmod{6}$$
となり正しい関係を得ます．ところが，これはさらに
$$5 \times 2 \equiv 2 \times 2 \pmod{6}$$

4.5. ゆるやかに等しく

と変形ができるので，新しく $c = 2$ を設定して両辺を割りますと

$$5 \not\equiv 2 \pmod{6}.$$

明らかに $2 \not\equiv 0 \pmod{6}$ であるにも関わらず，両辺を割ると合同関係が崩れるわけです．もちろん，一気に $c = 10$ として，両辺を割っても結論は変わりません．全く同じ手順を踏んで処理したにも関わらず，こうした誤った結果を導くのは，単に割る数 c に対して，「与えられた法に対して 0 と不合同な数」という条件を課すだけでは不充分であることを示しています．

また，合成数を法とする場合には，例えば

$$2 \times 3 \equiv 0 \pmod{6}$$

など，「0 でない二数の積が 0 になる」という場合が生じます——これらの数を，その法における「**零因子**」と呼びます．素数を法とする場合でも，c が法の倍数なら，a, b に無関係にすべて 0 と合同になります．

以上の問題を勘案しますと，割る数 c に課されるべき条件とは，単に 0 と不合同だというのではなく，法の約数にも倍数にもなっていないこと，即ち，「**n と c が互いに素であること**」を条件とすればよいことが分かります．即ち

$$\boxed{\begin{array}{l} ac \equiv bc \pmod{n} \text{ であり，} (n, c) = 1 \\ \text{であるならば，} a \equiv b \pmod{n} \end{array}}$$

これが「等式における割り算の条件 $c \neq 0$」に対応する合同式の条件です．

また，c が n と共通の約数を持っている場合には，その最大公約数 d より

$$c = c'd, \quad n = n'd, \qquad (c', n') = 1$$

を作ります．これで先の場合と同じように議論を進めることができて

$$\boxed{\begin{array}{l} ac \equiv bc \pmod{n} \text{ であり，} (n', c') = 1 \\ \text{であるならば，} a \equiv b \pmod{n'} \end{array}}$$

となります．法が n' に変わっている点に注意して下さい．

具体的には，先の例：$50 \equiv 20 \pmod{6}$ に対して

$$5 \times 10 \equiv 2 \times 10 \pmod{6}$$

と変形し，割る数 10 と法 6 の最大公約数 2 を用いて，$c' = 10/2 = 5$, $n' = 6/2 = 3$ を作ります．これより

$$5 \equiv 2 \pmod{3}$$

を得ます．以上で，割り算にまつわる問題点をご理解頂けたことと思います．

ここで，合同式を使った簡単な例を示しましょう．

例題 ◇◇◇◇◇◇◇◇◇◇◇◇◇◇◇◇◇◇◇◇◇◇◇◇◇◇◇◇◇◇◇◇◇◇

十進数で n 桁の数 N は，次の形式で表されます．

$$N = a_n \times 10^{n-1} + a_{n-1} \times 10^{n-2} + \cdots + a_2 \times 10^1 + a_1 \times 10^0$$
$$= \sum_{k=0}^{n-1} a_{k+1} \times 10^k.$$

このとき，与えられた数が 9 で割り切れるか否か，その判定法を求めましょう．

先ず，10 を 9 で割ると 1 余りますね．合同式で書くと，$10 \equiv 1 \pmod{9}$ となりますが，この式の両辺を k 回掛け合わせて，以下を得ます．

$$10^k \equiv 1^k = 1 \pmod{9}.$$

k を $n-1$ から順に変化させ，両辺に対応する係数 a_{k+1} を掛けていきますと

$$\left.\begin{array}{l} a_n \times 10^{n-1} \equiv a_n \\ a_{n-1} \times 10^{n-2} \equiv a_{n-1} \\ a_{n-2} \times 10^{n-3} \equiv a_{n-2} \\ \quad\quad\quad\quad\quad \vdots \\ a_2 \times 10^1 \equiv a_2 \\ a_1 \times 10^0 \equiv a_1 \end{array}\right\} \pmod{9}$$

となります．これらを辺々加え合わせましょう．左辺は定義より，N に等しく

$$\text{左辺} = a_n \times 10^{n-1} + a_{n-1} \times 10^{n-2} + \cdots + a_2 \times 10^1 + a_1 \times 10^0 = N$$

となり，右辺は $a_n + a_{n-1} + \cdots + a_2 + a_1$．これらが合同であることから，結局

$$\boxed{N \equiv a_n + a_{n-1} + \cdots + a_2 + a_1 \pmod{9}}$$

となります．即ち，N が 9 で割り切れるか否かは，各桁の数の総和が 9 で割り切れるか否か，という問題になるわけです．例えば $N = 123456$ は

$$123456 \equiv 1 + 2 + 3 + 4 + 5 + 6 = 21 \pmod{9},$$
$$21 \equiv 2 + 1 = 3 \pmod{9}$$

より，N は 9 で割ると 3 余る数であることが分かりました． ■

4.5. ゆるやかに等しく

全く同様に，十進数 N が 11 で割り切れる否かを考えます．10 を 11 で割ると 1 足りないので，$10 \equiv -1 \pmod{11}$．この両辺を k 回掛け合わせて

$$10^k \equiv (-1)^k \pmod{11}$$

を得ます．先の場合と同じようにして

$$\left.\begin{aligned}
a_n \times 10^{n-1} &\equiv a_n \times (-1)^{n-1} \\
a_{n-1} \times 10^{n-2} &\equiv a_{n-1} \times (-1)^{n-2} \\
a_{n-2} \times 10^{n-3} &\equiv a_{n-2} \times (-1)^{n-3} \\
&\vdots \\
a_2 \times 10^1 &\equiv a_2 \times (-1)^1 \\
a_1 \times 10^0 &\equiv a_1
\end{aligned}\right\} \pmod{11}$$

を作ります．辺々を加え合わせますと，左辺は N となり，右辺は

$$\text{右辺} = a_n \times (-1)^{n-1} + a_{n-1} \times (-1)^{n-1} + a_{n-2} \times (-1)^{n-2} + \cdots + a_2 \times (-1) + a_1$$

となります．よって，合同式

$$N \equiv a_n \times (-1)^{n-1} + a_{n-1} \times (-1)^{n-1} + a_{n-2} \times (-1)^{n-2} + \cdots + a_2 \times (-1) + a_1 \pmod{11}$$

を得ます．即ち，一桁目からその符号を順に正負と変えて加えたものが 11 で割り切れれば，数 N は 11 で割り切れます．そこで，123456 が 11 で割り切れるか否か，この方法で調べますと

$$123456 \equiv -1 + 2 - 3 + 4 - 5 + 6 = 3 \pmod{11}$$

となり，11 で割っても 3 余る数であることが分かりました．

私達が日常使っている十進数による表記法は，今示しました

$$N = a_n \times 10^{n-1} + a_{n-1} \times 10^{n-2} + \cdots + a_2 \times 10^1 + a_1 \times 10^0$$

というものです．このように表記の基礎となる数 10 を**表記の底**と呼びます．底が 10 の場合に十進数，2 の場合に二進数というわけです．

数表記の底は自由に選ぶことができます．底を b で表しますと

$$N_{(b)} = a_n \times b^{n-1} + a_{n-1} \times b^{n-2} + \cdots + a_2 \times b^1 + a_1 \times b^0$$

と書くことができます．例えば，十進数 19 は

$$1 \times 10^1 + 9 \times 10^0$$

のことですが，底を順に変えますと

$$19 = \mathbf{1} \times 10^1 + \mathbf{9} \times 10^0 \qquad \rightarrow \ 19 \quad (十進数)$$
$$= \mathbf{2} \times 9^1 + \mathbf{1} \times 9^0 \qquad \rightarrow \ 21 \quad (九進数)$$
$$= \mathbf{2} \times 8^1 + \mathbf{3} \times 8^0 \qquad \rightarrow \ 23 \quad (八進数)$$
$$= \mathbf{2} \times 7^1 + \mathbf{5} \times 7^0 \qquad \rightarrow \ 25 \quad (七進数)$$
$$= \mathbf{3} \times 6^1 + \mathbf{1} \times 6^0 \qquad \rightarrow \ 31 \quad (六進数)$$
$$= \mathbf{3} \times 5^1 + \mathbf{4} \times 5^0 \qquad \rightarrow \ 34 \quad (五進数)$$
$$= \mathbf{1} \times 4^2 + \mathbf{0} \times 4^1 + \mathbf{3} \times 4^0 \qquad \rightarrow \ 103 \quad (四進数)$$
$$= \mathbf{2} \times 3^2 + \mathbf{0} \times 3^1 + \mathbf{1} \times 3^0 \qquad \rightarrow \ 201 \quad (三進数)$$
$$= \mathbf{1} \times 2^4 + \mathbf{0} \times 2^3 + \mathbf{0} \times 2^2 + \mathbf{1} \times 2^1 + \mathbf{1} \times 2^0 \rightarrow \ 10011 (二進数)$$

となります．得た結果を並べますと

$$19_{(10)} \rightarrow 21_{(9)} \rightarrow 23_{(8)} \rightarrow 25_{(7)} \rightarrow 31_{(6)}$$
$$\rightarrow 34_{(5)} \rightarrow 103_{(4)} \rightarrow 201_{(3)} \rightarrow 10011_{(2)}$$

というように，一つの数に対して様々な表現があることがお分かり頂けたと思います．二進数が，計算機内部の構造に適合しているために用いられていることは，良く知られていますね．

さて，個人的に用いている記号ですので，紹介の程度に留めますが，合同計算を手計算で続ける場合には，法を省略するのではなく

$$\boxed{a \stackrel{n}{\equiv} b, \qquad 21 \stackrel{9}{\equiv} 3, \qquad a^p \stackrel{p}{\equiv} a}$$

という形で合同記号の上に乗せて書くと，手間もなく場所も余り取りません．法として長い数式が使われることはほとんどなく，大抵は文字一つか二項の和・差の程度ですので，便利に使えると思います．

何の断りも無しに"新記号"を導入しますと，内容全体がまるで呪文のようになってしまいますが，他の記号とのバランスを見ながら，整合性のある定義ができるのであれば，その"開発"を妨げる理由は，少なくとも数学内部にはありません．小さなことでも自分の腕一本で"改善"できることが，数学の魅力の一つでもあるのですから．内容に関しましては"発見"の趣が強い数学ですが，記号は明らかに"発明"です．真面目な発明は奨励されるべきです．

4.6 無限を有限に束ねる

除法の結果は，次の四要素 A, B, Q, R の関係：

$$\boxed{A = QB + R, \quad 0 \leqq R < B}$$

により，一つに定まります．そして，これは合同式で以下のように表せます．

$$A \equiv R \pmod{B}.$$

この合同式の表現に慣れるまでは，式の持つ意味を考えて

$$A \equiv R \pmod{B} \quad \Rightarrow \quad A - R = BQ, \ (Q \text{ は整数})$$

と直して考えれば必ず分かります．中身は単なる割り算ですから．

さて，ここで法を 2 としますと

$$A \equiv R \pmod{2}$$

となり，余り R は 0 と 1，即ち「2 で割り切れる場合」と，「1 余る場合」の二通りが考えられます．割り切れる数の全体を C_0 で表わしますと

$$C_0 \equiv 0 \pmod{2} \qquad [\text{あるいは},\ C_0 = 2k, (k \text{ は整数})]$$

となることが分かります．より具体的に書きますと，C_0 と名附けた箱の中には

$$C_0 : \{\ldots, -6, -4, -2, 0, 2, 4, 6, \ldots\}$$

といった数が，その名を連ねているわけです——自然数の場合の自然な拡張として，今後はこのように負の数を含めたものを**偶数**と呼びます．また，数の並び順には全く意味がないので，どのように並び変えても構いません．例えば

$$C_0 : \{0, 2, -2, 4, -4, 6, -6, \ldots\}$$

と書いても同じです．以後，「……で示されるものは，その中身にだけ意味があり，その並び順は問題としない」と約束します．

同様に，1 余る場合を C_1 と書きますと

$$C_1 \equiv 1 \pmod{2} \qquad [\text{あるいは},\ C_1 = 2k + 1, (k \text{ は整数})]$$

であり，具体的には

$$C_1 : \{\ldots, -5, -3, -1, 1, 3, 5, \ldots\}$$

となります．偶数の場合と同様に，これからは負の数も含めて**奇数**と呼びます．

非常に重要な結論を得ましたので，整理しておきましょう．合同式：

$$C_0 \equiv 0 \pmod{2}, \qquad C_1 \equiv 1 \pmod{2}$$

によって，整数は二つに，即ち偶数と奇数に分類され，これらを再び合わせることにより，すべての整数が表わされること．また，勝手に選ばれた一つの整数は，必ず偶数か奇数かのどちらかのグループに所属し，両方に属する数は一つとして存在しないことです．ここまでは第1夜でも述べました．

このように元の全体を再現する「部分」，この場合，偶数全体と奇数全体になりますが，これらを2を法とする**剰余類**といいます．これを合同類と呼ぶこともあります——類とは，組・クラスの意味です．具体的には

$$C_0 : \{\ldots, -4, -2, 0, 2, 4, \ldots\}, \qquad C_1 : \{\ldots, -5, -3, -1, 1, 3, 5, \ldots\}$$

のことです．この二つの剰余類から一つずつ代表を取った二数の組を，2を法とする**完全剰余系**といいます——系とは，仕組・システムの意味です．例えば

$$\{0, 1\}, \quad \{-2, 3\}, \quad \{-4, -9\}, \quad \{-957, 100\}$$

などです．この場合も数の並び順に意味はありません．また，$\{0, 1\}$ がこの場合の一番簡単な完全剰余系となります．ここで二つの数 a, b が合同でないことを**不合同**と呼び，記号 $\not\equiv$ を用いて表わしますと

$$\{a, b\}, \quad \text{ただし，} a \not\equiv b \pmod{2}$$

は 2 を法とする完全剰余系となります．逆に数 x, y が完全剰余系ならば $x \not\equiv y \pmod{2}$ であるといえます．

全く同じように考えて，3 を法とする合同式：

$$A \equiv R \pmod{3}$$

より，余り $R = 0, 1, 2$ に対応して，三つの数の組：

$$C_0 \equiv 0 \pmod{3} \ \Rightarrow \ C_0 = 3k + 0 \ \Rightarrow \ \{\ldots, -9, -6, -3, 0, 3, 6, 9, \ldots\},$$
$$C_1 \equiv 1 \pmod{3} \ \Rightarrow \ C_1 = 3k + 1 \ \Rightarrow \ \{\ldots, -8, -5, -2, 1, 4, 7, 10, \ldots\},$$
$$C_2 \equiv 2 \pmod{3} \ \Rightarrow \ C_2 = 3k + 2 \ \Rightarrow \ \{\ldots, -7, -4, -1, 2, 5, 8, 11, \ldots\}$$

4.6. 無限を有限に束ねる

を考えることができます．この場合も C_0, C_1, C_2 は全体ですべての整数を再現し，逆に，ある勝手に選んだ整数は，必ず C_0, C_1, C_2 の中の何れか一つに属します．これらは 3 を法とする剰余類で，数の組：

$$\{0, 1, 2\}, \quad \{-3, -5, -7\}, \quad \{9, 7, -1\}$$

などは，3 を法とする完全剰余系ということになります．

$$\{0, 1, 2\}$$

が最も簡単な完全剰余系です．逆に $\{x, y, z\}$ が 3 を法とする完全剰余系ならば

$$x \not\equiv y \pmod{3}, \quad y \not\equiv z \pmod{3}, \quad z \not\equiv x \pmod{3}$$

が成り立ちます．こうして数は束ねられ，整理されるのです．名前を附けられ，要求があれば何時でも簡単に取り出せるように，まとめられたわけです．

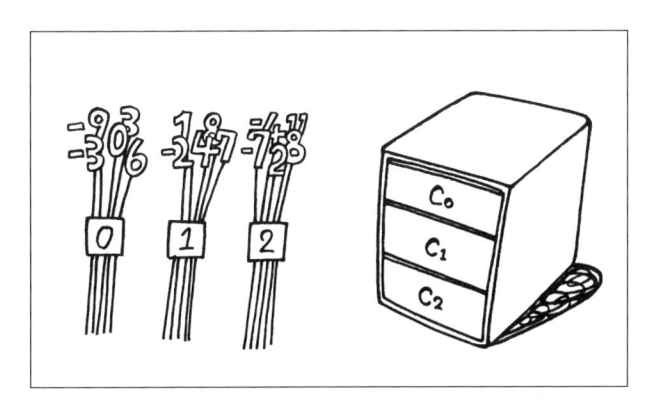

束ねたときに見えてくるもの

さて，法 2, 3 に対して得られた以上の結果を，一般的な場合に拡げるのは簡単です．即ち，与えられた数 n に対して，整数全体を

$$C_0 \equiv 0 \pmod{n}, \quad C_1 \equiv 1 \pmod{n}, \ldots \quad C_{n-1} \equiv n-1 \pmod{n}$$

の n 個に分割することができ，逆に，ある一つの整数は必ず $C_0, C_1, \ldots, C_n$ の何れか唯一つに属します．また，完全剰余系を構成する数の組：

$$\{x_0, x_1, x_2, \ldots, x_{n-1}\}$$

はどの二つを取っても n を法として不合同です．一番簡単な完全剰余系の例は

$$\{0, 1, 2, 3, \ldots, (n-1)\}$$

であることも分かりますね．

ところで，皆さんにとって日頃，奇数・偶数よりも，もっともっと親しんでいる「数に関する分類」があります．それは"時"に関わる数です．

先ず，1日という考え方は地球の自転に関するものですが，時間という点から見れば，24を法とする合同の考え方です——午前・午後という2を法とする分割の下で，さらに12を法とする分割をしたものとも考えられます．また，1時間は60分，1分は60秒ですから，これらは法を60とする合同関係です．

さらに，1週間は7日，1年は365日，干支は12年など，例は幾らでもあります．このように，合同という考え方は，私達の日常の生活の中に染み込んでいるのです．生活していて一番気になるのは，「今日が何曜日か」ということではないでしょうか．TV番組を一つ挙げれば，曜日を当てられる人もいます．これは，番組を各曜日の代表とする完全剰余系を考えていることになります．

さて，待ち合わせ場所に早く着いた，例えば5時の集まりに対して，4時45分に到着したとき，「5時15分前に着いた」と表現することは多いでしょう．そのままの時刻を言うよりも，4時半以降は，次の5時を規準にし，そこから針を戻した方が，お互いに理解しやすいようです．針があるのはアナログ時計ですが，数値だけの世界であるデジタルでも事情は変わりません．

4.6. 無限を有限に束ねる

合同計算は，割り算の余り R が正であり，同時に以下の条件：

$$A = QB + R, \quad 0 \leq R < B$$

に制限されることを利用しています．しかし，「負の余り」を考えた方が便利な場合もあります．「4 時・余り 45 分」ではなく，「5 時・余り"マイナス 15 分"」という要領です．この負数を含む剰余を**絶対最小剰余**と名附けて

$$A = Q'B + R', \quad -\frac{B}{2} < R' \leq \frac{B}{2}$$

と定義します．これと対比する場合には，「正値のみを取る通常の剰余」を**非負最小剰余**と呼びます．ここからも多くは非負最小剰余を用いて計算をします．

話を戻しましょう．再び，法 3 の場合の剰余類：

$C_0 \equiv 0 \pmod{3}$: $\{\ldots, -9, -6, -3, 0, 3, 6, \mathbf{9}, \ldots\}$
$C_1 \equiv 1 \pmod{3}$: $\{\ldots, -8, -5, -2, 1, 4, \mathbf{7}, 10, \ldots\}$
$C_2 \equiv 2 \pmod{3}$: $\{\ldots, -7, -4, \mathbf{-1}, 2, 5, 8, 11, \ldots\}$

において，C_0, C_1, C_2 に含まれる要素と，与えられた法 3 に注目すると，C_1 と C_2 は 3 と互いに素な数のみから構成されていることが分かります．

一方 C_0 はすべての要素が 3 の倍数となっています．実際このことは，全要素を調べなくても一つの完全剰余系，例えば，$\{9, 7, -1\}$ を調べてみれば分かるのです．このように，「法 n と互いに素な数のみで構成されている剰余類」を ***n を法とする既約剰余類*** と呼び，その個数を $\varphi(n)$ で表わします．即ち，3 を法とする既約剰余類は C_1 と C_2 の二つですから，以下のようになります．

$$\varphi(3) = 2.$$

最も簡単な例は偶数・奇数の分類，即ち 2 を法とする場合で，既約剰余類は

$C_0 \equiv 0 \pmod{2}$: $\{\ldots, -6, -4, -2, 0, \mathbf{2}, 4, 6, \ldots\}$
$C_1 \equiv 1 \pmod{2}$: $\{\ldots, -5, -3, -1, \mathbf{1}, 3, 5, 7, \ldots\}$

より，$C_1 \equiv 1 \pmod{2}$ の唯一つですから，$\varphi(2) = 1$ となります．また，既約剰余類からそれぞれの代表として要素を選び出したものを，**既約剰余系**と呼びます．例えば，以下がその例です．

$$\{1, 2\}, \quad \{-2, 5\}$$

既約剰余類の数と法の関係は，このように例を挙げて考えることで，より鮮明になってきます．もう一例だけ示しておきましょう．法4の場合，剰余類は

$$C_0 \equiv 0 \pmod{4}: \{\ldots, -12, -8, -4, 0, 4, 8, 12, \ldots\}$$
$$C_1 \equiv 1 \pmod{4}: \{\ldots, -11, -7, -3, 1, 5, 9, 13, \ldots\}$$
$$C_2 \equiv 2 \pmod{4}: \{\ldots, -10, -6, -2, 2, 6, 10, 14, \ldots\}$$
$$C_3 \equiv 3 \pmod{4}: \{\ldots, -9, -5, -1, 3, 7, 11, 15, \ldots\}$$

となります．既約剰余類は次の二つです．

$$C_1 \equiv 1 \pmod{4}: \{\ldots, -11, -7, -3, 1, 5, 9, 13, \ldots\}$$
$$C_3 \equiv 3 \pmod{4}: \{\ldots, -9, -5, -1, 3, 7, 11, 15, \ldots\}$$

従って，$\varphi(4) = 2$ となります．法2は偶素数，3は奇素数でしたから，法4は最初の合成数の例ということになります．こうした実例から，約数の多い合成数を法とする剰余類の場合，その既約剰余類の個数は，法の大きさほどには増えないことが，容易に推察できるでしょう．例えば，6を法とする剰余類を考えれば分かります．合同計算のすべてにおいて，合成数は大変注意して扱うべき存在なのです．素数が大切な理由がここにもあるわけです．

よく似た名前が色々と出て来ましたので，まとめておきましょう．

ある**対象**に対して**法**を定め，その剰余で分類したものが**剰余類**でした．対象を組に分けること，ちょうど学校での学年・学級のように，"クラス分け"をすることを**類別**といいます．類とは，組・クラスのことでした．剰余に関する類別だから剰余類と呼ぶわけです——合同類とも呼ばれる理由は，合同計算に伴う類別であることを強調するためです．このことを忘れないために，剰余類をクラス(Class)を象徴する文字 C によって表しました．

その各々の剰余類から，漏れなく一つだけ要素を抜き出し集めたものを**完全剰余系**と呼びました．今も述べましたように，"類"とは分類した組のことでした．そして，"系"とはそこから要素を横断的に集めて，一つの有用な仕組・システムを作ったものと理解できます——実際に英語では，これにシステム(system)という言葉が附与されています．一つの要素により，その"出自"である組の性質を代表させ，それをまとめることで，元の対象の性質を確実に記述する，そしてその選ばれた要素は互いに不合同な独立したものである，ということを"完全"という言葉に象徴させているわけです．

4.6. 無限を有限に束ねる

また，剰余類の中で，法と互いに素な数のみで構成されたものが "**既約**" **剰余類**でした．そして，その既約剰余類から漏れなく一つ選んだ要素の集まりが，"**既約**" **剰余系**と呼ばれました——この場合も「類と系の関係」は同じです．

法により定められた多様な分類は，再び「既約か否か」という観点による二つの分類に集約されました．このように，分割と統合を繰り返すことによって，内部の構造が明らかになり，無用のものが隠されて，抽象と具象の往復運動が生じ，そこから新たな概念が生み出されていくのです．

さて最後に，n を法とする完全剰余系の最も単純な例である

$$\{0, 1, 2, 3, \ldots, (n-1)\}$$

を元に $\varphi(n)$ の意味を考えますと，この函数は 1 から $n-1$ までの数の中で，n と互いに素な数の個数を表わしていることが分かります——函数 (あるいは関数と表記) については，後で説明致します．ただし，$\varphi(1) = 1$ と約束しておきます．$\varphi(n)$ は**オイラーの函数**，あるいは先んじてこれを発見した和算家にして詰将棋作家・**久留島義太**(くるしまよしひろ)の名を加えて**久留島・オイラー函数**と呼ばれています．

特に n が素数 p の場合には，完全剰余系：

$$\{0, 1, 2, 3, \ldots, (p-1)\}$$

において，0 以外のすべては p と互いに素な数からなる剰余類の代表要素ですから，オイラーの函数の値は，これらの数の個数，即ち剰余類の個数を表す

$$\boxed{\varphi(p) = p - 1}$$

となります．また，1 から p^k までの間に p を含む数は p 間隔で存在します．よって，その個数は p^k/p 個となります．例えば，$p = 3$, $k = 3$ としますと

$$1, 2, \mathbf{3}, 4, 5, \mathbf{6}, 7, 8, \mathbf{9}, 10, 11, \mathbf{12}, 13, 14, \mathbf{15},$$
$$16, 17, \mathbf{18}, 19, 20, \mathbf{21}, 22, 23, \mathbf{24}, 25, 26, \mathbf{27}$$

より，3 を約数として持つ数は九個になります．このようにして，p と互いに素な数 $\varphi(p^k)$ は全体 p^k から $p^k/p = p^{k-1}$ を引いて

$$\boxed{\varphi(p^k) = p^k - p^{k-1}}$$

となることが分かりました．

4.7 有限の世界の相互関係

無限の要素を持った存在である整数を，ある数で割り，その余りにより幾つかのグループに分類しました．2 で割った余り 0, 1 に対して剰余類：

$C_0 : \{\ldots, -4, -2, 0, 2, 4, \ldots\}, \quad C_1 : \{\ldots, -5, -3, -1, 1, 3, 5, \ldots\}$

を偶数・奇数と呼ぶことは繰り返し述べてきました．

ところで，この偶数・奇数という整数の分類に対して，その分類自体の個数を考えますと，無限の要素を持つ整数を二要素で表わしたことになります．同様に，3 を法とする剰余類は三要素，一般に n を法とする剰余類は n 個の要素に**整数を分類する**ことになります．このように分類の数が有限になること，そして剰余類の中から，代表する要素を取り出して，代表同士に計算規則を適用することにより，私達は「**有限の要素を持つ計算の対象**」を見出したことになります．それが実際に如何なるものか，調べていきましょう．

2 を法とする剰余類，即ち偶数，奇数に対する最も簡単な完全剰余系：{0, 1} を考察の対象としましょう．この要素 0, 1 に対して加法は

$$\left. \begin{array}{ll} 0+0 \equiv 0, & 0+1 \equiv 1 \\ 1+0 \equiv 1, & 1+1 \equiv 0 \end{array} \right\} \;(\text{mod. } 2)$$

となります．計算の結果もまた 0, 1 の要素しか持たないことが分かりました．即ち，この系は**加法に関して閉じている**ことになります．このような「2 を法とする合同計算」という諒解の下に，結果を表の形にまとめましょう．

+	0	1
0	0	1
1	1	0

(mod. 2).

掛け算はどうでしょうか．同じようにやってみましょう．

$$\left. \begin{array}{ll} 0\times 0 \equiv 0, & 0\times 1 \equiv 0 \\ 1\times 0 \equiv 0, & 1\times 1 \equiv 1 \end{array} \right\}$$

×	0	1
0	0	0
1	0	1

(mod. 2)

となり，**乗法に関しても閉じています**．これらの計算はもちろん代表の選び方によらないわけですから，例えば完全剰余系に {-2, 3} を選んでも {-4, -9} を

4.7. 有限の世界の相互関係

選んでも同じ結果を得ます．また，偶数・奇数という表記を用いますと

+	-2	3
-2	0	1
3	1	0

+	偶	奇
偶	偶	奇
奇	奇	偶

×	-2	3
-2	0	0
3	0	1

×	偶	奇
偶	偶	偶
奇	偶	奇

となります．ここで，剰余類に対する合同関係を諒解の上で，これらの関係を剰余類を表す記号を用いて，より一般的に書き表しますと

加法	$C_0 + C_0 = C_0$, $C_0 + C_1 = C_1 + C_0 = C_1$, $C_1 + C_1 = C_0$
乗法	$C_0 \times C_0 = C_0$, $C_0 \times C_1 = C_1 \times C_0 = C_0$, $C_1 \times C_1 = C_1$

となります．このように，"等号関係をゆるやかにした合同式"を用いて剰余類が定義され，それらの間に再び"等号を使うに相応しい関係"が現れたわけです．これは，さらに**高い次元での等号関係**ということができるでしょう．

同様にして，3 を法とする完全剰余系 $\{0, 1, 2\}$ の加法を調べましょう．

$$\left.\begin{array}{l} 0+0 \equiv 0, \quad 0+1 \equiv 1, \quad 0+2 \equiv 2 \\ 1+0 \equiv 1, \quad 1+1 \equiv 2, \quad 1+2 \equiv 0 \\ 2+0 \equiv 2, \quad 2+1 \equiv 0, \quad 2+2 \equiv 1 \end{array}\right\}$$

+	0	1	2
0	0	1	2
1	1	2	0
2	2	0	1

(mod. 3)

となりますね．これらを剰余類を表す記号を用いて書きますと

$$C_0 + C_0 = C_0, \quad C_0 + C_1 = C_1 + C_0 = C_1, \quad C_0 + C_2 = C_2 + C_0 = C_2,$$
$$C_1 + C_1 = C_2, \quad C_1 + C_2 = C_2 + C_1 = C_0, \quad C_2 + C_2 = C_1$$

となります．これより C_0 が加法における**単位元**の役割を果たしていることが見て取れるでしょう．さらに，C_0, C_1, C_2 を組み合わせて**結合法則**：

$$(C_0 + C_1) + C_2 = C_0 + (C_1 + C_2)$$

を示すことができます．また

$$C_0 + C_0 = C_0, \quad C_1 + C_2 = C_2 + C_1 = C_0$$

から C_0, C_1, C_2 は，何れも足して単位元になる相手，即ち，**逆元**を持っています．従って，これら剰余類は「**合同式の加法の意味で加群**」を成しています．

続いて，乗法について調べますと，以下のようになります．

$$\left.\begin{array}{l} 0 \times 0 \equiv 0, \quad 0 \times 1 \equiv 0, \quad 0 \times 2 \equiv 0 \\ 1 \times 0 \equiv 0, \quad 1 \times 1 \equiv 1, \quad 1 \times 2 \equiv 2 \\ 2 \times 0 \equiv 0, \quad 2 \times 1 \equiv 2, \quad 2 \times 2 \equiv 1 \end{array}\right\}$$

×	0	1	2
0	0	0	0
1	0	1	2
2	0	2	1

(mod. 3)

ここで，表の 0 を含む欄に注目して下さい．0 は掛け合わせて 1 となる要素，即ち，**逆元を持っていない**のです．従って，完全剰余系に対して乗法を考えますと，逆元を持たない要素を含むことになるため，群にはなりません．

そこで 3 の既約剰余系 {1, 2} に対して乗法の表を作りますと，次に示しますように，0 を含む欄を除くことができます．

×	1	2
1	1	2
2	2	1

(mod. 3).

即ち，以下の関係が成立しています．

$$C_1 \times C_1 = C_1, \quad C_1 \times C_2 = C_2 \times C_1 = C_2, \quad C_2 \times C_2 = C_1.$$

これは，単位元を C_1 とする「**乗法に関する群**」を構成しています．

まとめますと，3 を法とする剰余類は「**完全剰余系が加法に関して群**」を成し，「**既約剰余系が乗法に関して群**」を成すことが分かったわけです．

+	C_0	C_1	C_2
C_0	C_0	C_1	C_2
C_1	C_1	C_2	C_0
C_2	C_2	C_0	C_1

加法 ⇐ 群 ⇒ 乗法

×	C_1	C_2
C_1	C_1	C_2
C_2	C_2	C_1

先に示しました，整数における加群とは異なり，要素数が有限である場合，**有限群**といわれます．また，その要素数を群の**位数**(いすう)と呼びます．特に，このように剰余に関して作られる群を**剰余群**といいます．もう一度，与えられた対象が，**群となるための四つの規則**を復習しておきましょう．

> [1] 計算が定義されて，それについて閉じていること．
> [2] 計算が**結合法則**を充たすこと．
> [3] 要素の中に**単位元**が存在すること．
> [4] 要素各々に**逆元**が存在すること．

皆さんは，法を変えて，今述べました群であるための条件を一つひとつ確かめながら同じような表を作って見て下さい．特に，法が素数の場合とそうでない場合について調べてみて下さい．どんなことが発見できるでしょうか．

今一度，法と剰余から導かれる様々な考え方についてまとめておきます．ここでは法を具体的に 3 と定めて，ここまでに得た結果を列挙します．

4.7. 有限の世界の相互関係

法を 3 とする合同式：
$$A \equiv R \pmod{3}$$
から導かれる剰余類とは，さらに完全剰余系 (その一例) とは

$$\left.\begin{array}{l} C_0 : \{\ldots, -9, -6, -3, \mathbf{0}, 3, 6, 9, \ldots\} \\ C_1 : \{\ldots, -8, -5, -2, \mathbf{1}, 4, 7, 10, \ldots\} \\ C_2 : \{\ldots, -7, -4, -1, \mathbf{2}, 5, 8, 11, \ldots\} \end{array}\right\} \Rightarrow \{\mathbf{0, 1, 2}\}$$

3 を法とする剰余類　　　完全剰余系

+	0	1	2
0	0	1	2
1	1	2	0
2	2	0	1

のことでした．完全剰余系における要素の相互関係は，右表としてまとめられて，「加法に関する群を構成している」ことが分かりました．

ここで再び法に注目して，3 と不合同な要素だけからなる剰余類を探しますと，それは C_1, C_2 の二つであり，これを特に既約剰余類と呼ぶのでした．

$$\left.\begin{array}{l} C_1 : \{\ldots, -8, -5, -2, \mathbf{1}, 4, 7, 10, \ldots\} \\ C_2 : \{\ldots, -7, -4, -1, \mathbf{2}, 5, 8, 11, \ldots\} \end{array}\right\} \Rightarrow \{\mathbf{1, 2}\}$$

3 を法とする既約剰余類　　　既約剰余系

×	1	2
1	1	2
2	2	1

その中から代表を選んでまとめたものが，3 を法とする既約剰余系であり，その個数がオイラー函数の値：$\varphi(3) = 2$ の具体的な意味でした．そして，この既約剰余系は，右表にあるように乗法に関する群を構成しました．

以上の四種類の考え方を印象的にまとめれば

$$\begin{array}{ccc} \text{剰余類} & \Rightarrow & \text{完全剰余系} \\ \Downarrow & & \Downarrow \\ \text{既約剰余類} & \Rightarrow & \text{既約剰余系} \end{array}$$

となります．これらに親しむことが，次への飛躍に繋がります．

既約分数が "**既**に**約**分された" 分数であり，「分子と分母が互いに素」となっていることから転じて，法と各要素が互いに素である剰余類を "既約" 剰余類，そこから代表を選んだものを "既約" 剰余系と呼ぶわけです．

4.8 奇数を分類する

素数は偶素数と奇素数に二分されます．しかし，偶素数は 2 のみですから，**素数研究の主役は奇素数**だということになります——偶素数は本当に"奇な素数"です．そこで，奇数の分類からはじめます．自然数を 2 の剰余で二分したとき，そこに奇数と偶数が現れました．今，同じことを奇数に対して試みます．即ち，最初の奇数は 1，二番目は 3，三番目は，と順に番号を振ります．

```
   1    3    5    7    9   11   13   15   17  ⋯
  ⟨1⟩  ⟨2⟩  ⟨3⟩  ⟨4⟩  ⟨5⟩  ⟨6⟩  ⟨7⟩  ⟨8⟩  ⟨9⟩  ⋯
```

括弧内の数字が，何番目かを表します．そして，これらを奇数・偶数の分類をしたときと同様に，奇数番目のものと偶数番目のものに二分します．これを

```
奇数番目:  1         5         9         13        17 ⋯
         ⟨1⟩  ⟨2⟩  ⟨3⟩  ⟨4⟩  ⟨5⟩  ⟨6⟩  ⟨7⟩  ⟨8⟩  ⟨9⟩ ⋯
偶数番目:       3         7         11        15       ⋯
```

と表しましょう．奇数を一つ飛びに二分した結果，上下段とも数そのものは四つ飛びになっています．即ち，これらは 4 を法にして，1 余る場合 (奇数番目) と，3 余る場合 (偶数番目) に分割されたわけです．そこで

$Q_1 \equiv 1 \pmod{4}$: { 1, **5**, 9, **13**, **17**, 21, 25, **29**, 33, **37**, … },
$Q_3 \equiv 3 \pmod{4}$: { **3**, **7**, **11**, 15, **19**, **23**, 27, **31**, 35, 39, … }

と書くことにします——太字は奇素数です．両者の違いを論じるために，先ずは 1 以外の Q_1 に属する数同士の乗算表を作りましょう．

×	5	9	13	17	21	25	29	33	37
5	25	45	65	85	105	125	145	165	185
9	45	81	117	153	189	225	261	297	333
13	65	117	169	221	273	325	377	429	481
17	85	153	221	289	357	425	493	561	629
21	105	189	273	357	441	525	609	693	777
25	125	225	325	425	525	625	725	825	925
29	145	261	377	493	609	725	841	957	1073
33	165	297	429	561	693	825	957	1089	1221
37	185	333	481	629	777	925	1073	1221	1369

4.8. 奇数を分類する

もちろん，この表は右に下にさらに拡がります．注目すべきことは，**この表の中の数値はすべて再び Q_1 に属する，即ち 4 で割って 1 余る数になっている**ことです．これは以下の簡単な計算からも確かめられます．m, n を自然数として

$$(4m+1)(4n+1) = 4(4mn+m+n)+1$$

より，すべての m, n に対して，Q_1 のメンバーとなることが分かります．従いまして，Q_1 に属する数同士は，何回掛け合わせても，再び Q_1 に戻ってきます．それは実際に表内の数値を引用した，以下の例でも確かめられます．

$$5 \times 37 \times 957 \times 1369 = 242374605 = 4 \times 60593651 + 1.$$

続いて，Q_1, Q_3 から太字で示しました奇素数だけを取り出して

$\mathcal{P}_{4n+1} \equiv 1 \pmod{4}$: { 5, 13, 17, 29, 37, 41, 53, 61, 73, 89, 97, ... },
$\mathcal{P}_{4n+3} \equiv 3 \pmod{4}$: { 3, 7, 11, 19, 23, 31, 43, 47, 59, 67, 71, ... }

を作りますと，奇素数に関する分割：

$\mathcal{P}_{4n+1}$: (4 で割って 1 余る奇素数)， $\mathcal{P}_{4n+3}$: (4 で割って 3 余る奇素数)

ができます．当然の話ですが，これらは奇数としての性質も引き継いでいますから，$\mathcal{P}_{4n+1}$ に属する奇素数も，その積は Q_1 に属する数になります．積に関する限り，閉じた世界を作っているわけです．

さらに，$\mathcal{P}_{4n+1}$ に属する奇素数には，面白い特徴があります．それは，**二つの平方数の和として書ける**ことです．例えば，$5 = 1^2 + 2^2$ です．以下，13, 17, 29, ... と続きます．一覧用にまとめましょう．

$$
\begin{array}{lll}
5 = 1^2 + 2^2, & 13 = 2^2 + 3^2, & 17 = 1^2 + 4^2, \\
29 = 2^2 + 5^2, & 37 = 1^2 + 6^2, & 41 = 4^2 + 5^2, \\
53 = 2^2 + 7^2, & 61 = 5^2 + 6^2, & 73 = 3^2 + 8^2, \\
89 = 5^2 + 8^2, & 97 = 4^2 + 9^2, & 101 = 1^2 + 10^2, \\
109 = 3^2 + 10^2, & 113 = 7^2 + 8^2, & 137 = 4^2 + 11^2, \\
149 = 7^2 + 10^2, & 157 = 6^2 + 11^2, & 173 = 2^2 + 13^2, \\
181 = 9^2 + 10^2, & 193 = 7^2 + 12^2, & 197 = 1^2 + 14^2.
\end{array}
$$

こうした性質は，$\mathcal{P}_{4n+3}$ に属する数にはありません．何故なら，二数の和が奇数になるのは，偶数と奇数の組合せだけだからです——「偶数＋偶数」も，「奇

数＋奇数」も共に偶数です．それを $2m, 2n+1$ で表しますと

$$(2m)^2 + (2n+1)^2 = 4(m^2+n^2+n)+1 \quad \Rightarrow \quad Q_1$$

となり，Q_3 や，ましてや $\mathcal{P}_{4n+3}$ に属する数にはならないのです．

奇数を Q_1 と Q_3 の二つに分割しました．こうした分割作業はさらに続けることができます．ここで，後で重要な意味を持つさらなる分割を行いましょう．先の方法と全く同様にして，Q_1, Q_3 をそれぞれ二分割します．

$$Q_1 \begin{cases} 奇数番目: & 1 & & 9 & & 17 & & 25 & & 33 & \cdots \\ & \langle 1 \rangle & \langle 2 \rangle & \langle 3 \rangle & \langle 4 \rangle & \langle 5 \rangle & \langle 6 \rangle & \langle 7 \rangle & \langle 8 \rangle & \langle 9 \rangle & \cdots \\ 偶数番目: & & 5 & & 13 & & 21 & & 29 & & \cdots \end{cases}$$

$$Q_3 \begin{cases} 奇数番目: & 3 & & 11 & & 19 & & 27 & & 35 & \cdots \\ & \langle 1 \rangle & \langle 2 \rangle & \langle 3 \rangle & \langle 4 \rangle & \langle 5 \rangle & \langle 6 \rangle & \langle 7 \rangle & \langle 8 \rangle & \langle 9 \rangle & \cdots \\ 偶数番目: & & 7 & & 15 & & 23 & & 31 & & \cdots \end{cases}$$

これによって，Q_1, Q_3 由来のさらなる二分割がなされて，全体で奇数が四分割されたことになります．一目見て分かることは，どの場合も 8 を単位にして増えていることです．即ち，これらは以下のように表せます．

$$O_1 \equiv 1 \pmod{8}: \{1, 9, 17, 25, 33, \ldots\},$$
$$O_5 \equiv 5 \pmod{8}: \{5, 13, 21, 29, 37, \ldots\},$$
$$O_3 \equiv 3 \pmod{8}: \{3, 11, 19, 27, 35, \ldots\},$$
$$O_7 \equiv 7 \pmod{8}: \{7, 15, 23, 31, 39, \ldots\}$$

ここまでの経緯を振り返ってみましょう．奇数は，自然数を 2 の剰余で分類した結果でした．剰余 0 が偶数，1 が奇数．そして，これは $\mathcal{B} \equiv 1 \pmod{2}$ と表せます．さらにこれを二分割して得たのが法 4 による分割：

$$Q_1 \equiv 1 \pmod{2^2}, \qquad Q_3 \equiv 3 \pmod{2^2}$$

でした．そして，三度目の二分割により

$O_1 \equiv 1 \pmod{2^3}, \quad O_3 \equiv 3 \pmod{2^3}, \quad O_5 \equiv 5 \pmod{2^3}, \quad O_7 \equiv 7 \pmod{2^3}$

を得たわけです——ここでは法をすべて 2 の冪で書きました．また

剰余 (1)：法 2, 　　剰余 (1, 3)：法 4, 　　剰余 (1, 3, 5, 7)：法 8

より，法と剰余が互いに素な関係になっている点についても注目して下さい．

4.8. 奇数を分類する

さて,この法 8 による数の集団が如何なる構造を持っているか,先例同様に調べてみます.先ずは,O_1 に対し,非負の整数 m, n を用いて二数の積は

$$(8m+1)(8n+1) = 8(8mn+m+n)+1$$

となり,やはり O_1 に属する数になります.積が再び自分自身に戻るこうした性質は,他にはありません.何れも積は O_1 に属します.

$$(8m+3)(8n+3) = 8(8mn+3m+3n+1)+1,$$
$$(8m+5)(8n+5) = 8(8mn+5m+5n+3)+1,$$
$$(8m+7)(8n+7) = 8(8mn+7m+7n+6)+1.$$

さてここで,絶対最小剰余の定義を思い出して下さい.待ち合わせ時刻に譬えて紹介しました剰余の別定義です.法 8 について考えるとき,7 余ることと,1 足りないことは同じ意味を持ちます.同様に,5 余ることは 3 足りないことと同じです.そこで,O_7 を O_{-1} と書き,O_5 を O_{-3} と書いて,添字の正負を一つにまとめましょう.これは複号 ± を用いて

$$O_{\pm 1} \equiv \pm 1 \pmod{8} : \{1, 7\ 9, 15\ 17, 23\ 25, 31\ 33, 39, \ldots\},$$
$$O_{\pm 3} \equiv \pm 3 \pmod{8} : \{3, 5\ 11, 13\ 19, 21\ 27, 29\ 35, 37, \ldots\}$$

と表すことができます.すべての奇数が両者によって尽くされていることは

$$\mathcal{B}: \begin{array}{ccccccccccc} 1 & & 7 & 9 & & 15 & 17 & & 23 & 25 & & 31 & 33 & & 39 & 41 \\ \downarrow & \nearrow & \uparrow & \downarrow & \nearrow & \uparrow & \downarrow & \nearrow & \uparrow & \downarrow & \nearrow & \uparrow & \downarrow & \nearrow & \uparrow & \downarrow & \rightarrow \\ 3 & & 5 & 11 & & 13 & 19 & & 21 & 27 & & 29 & 35 & & 37 & 43 \end{array}$$

によっても明らかでしょう.このとき,$O_{\pm 1}$ に属する奇数は

$$(8m \pm 1)(8n \pm 1) = 8(8mn \pm m \pm n) + 1$$

により,その積は再び $O_{\pm 1}$ に属することが分かりました.

この分割によって,奇素数もまた以下に示すように二分されます.

$$\mathcal{P}_{8n\pm 1} \equiv \pm 1 \pmod{8} : \{7, 17, 23, 31, 41, 47, 71, 73, 79, 89, 97, \ldots\},$$
$$\mathcal{P}_{8n\pm 3} \equiv \pm 3 \pmod{8} : \{3, 5, 11, 13, 19, 29, 37, 43, 53, 59, 61, \ldots\}$$

100 までの素数では,表から外れた 67, 83 は共に $\mathcal{P}_{8n\pm 3}$ に属します.

この記法を用いることによって,法 4 の場合も Q_3 を,Q_{-1} と書換えることができます.即ち,法 4 における奇数の分割は,$Q_{\pm 1}$ の二種類であり,特に Q_1 が,積が再び Q_1 に属するという際立った性質を持っていました.また,法 8

の場合には，四分割を二つずつまとめた $O_{\pm 1}$ と $O_{\pm 3}$ の二種類であり，特に $O_{\pm 1}$ が，Q_1 と同様の性質を持っていました．

さて今宵は，「整数のパーティ」と題して，整数に関する話題を集めました．パーティとカタカナ書きしますと，高級茶やお酒の飲み放題，雑談をしながらの気楽な食餌，と何となく楽しげな雰囲気の言葉になってしまいますが，本来の英語の意味には，この茶会，宴会としての意味もありますが，政党や団体など，「志を同じくする人々の集まり」という語感の方が強いようです．

整数に「合同」という等号より "ゆるやかな関係" を持ち込み，それによって整数を幾つかの集まりに分類しました．即ち，ある数で割った余りにより，その数の "志" を推し量り，同好の士を集めて，それぞれの団体の代表選手に議論してもらおう，これが剰余類や完全剰余系の考え方だったわけです．これぞまさに「整数のパーティ」といった感じですが，如何でしたでしょうか．

明晩は，今日の成果を踏まえて，初等整数論の本丸へ入って行きます．そこでは，数学の巨人たちによって作り上げられた美しい結果が皆さんをお待ちしています．ここまでの道中で少々道に迷われた方は，細かいことをあまり気に留めずに，ゆっくりと何回も同じ景色を楽しんでから御追走を願います．

明日はさらに長い夜になります．ではまた明晩，お会いしましょう．

4.9 本日の配布資料・肆

◆オイラー(Euler, Leonhard)：1707–1783

　スイスのバーゼルに生まれ，十三人の子供をもうけ，ロシアで亡くなった．残る人生の全ては学問の話，そして研究生活の改善の為に国を渡り，ポストを渡った話．政治，哲学，宗教と科学が分離していく時代の話である．

　十五歳でバーゼル大学を卒業し，ヨハン・ベルヌーイの指導を受けるようになった．その天賦は隠しようもなかったが，余りの若さの為に，大学のポストを却下された．1726 年，ロシアのピョートル大帝により自国近代化の礎とする為に建設されたサンクト・ペテルブルグ科学アカデミーに医学・生理学担当として参加した——医学に関連する内容を研究していたことと，その当時，数学のポストが無かったことによる．1733 年，アカデミーの主任数学者になる．しかし，1741 年にはロシアに王位継承権問題が起こり，一外国人研究者に過ぎない身にとっては，何かと心配になることが増えつつあった．

　そうした動きの中で，プロシアのフリードリヒ二世が，ベルリン科学アカデミーに加わるよう説得した．オイラーはこれに応じ，数学部門の指導者に就任した．大量の論文と解析学教科書の出版により，忽ち欧州随一の数学者として認められ，1755 年にはパリ科学アカデミーの外国人メンバーとなった．しかしながら，フリードリヒ二世は，オイラーを含めた時代の動き，即ち哲学的な論考を最小限に抑え，徹底的に数学そのものに迫っていく研究態度，哲学と科学が一体の形式から，支え合う車の両輪になる新時代に対応出来なかった．乱暴にまとめれば，「神への言及無く科学が語れる時代」に着いていけなかったのである．言葉少なきオイラーこそ，そうした新時代の象徴であった．

　まさにその時，ロシアの王位は女帝エカテリーナ二世に継承され，ピョートル大帝の近代化政策が再び動き出した．1768 年，オイラーは女帝の招聘に応じ，ロシアに戻った．1771 年にはほとんど失明状態であったとされるが，死に至るその瞬間まで活発な研究活動が留まることはなかった．孫と遊んでいる最中，静かに息を引き取ったと伝えられている．

$\varphi(p)=p-1$

第5夜　♪♪♪ マエストロの技

数学者の中の数学者，**ガウス**のよく知られた言葉に，次のものがあります．

> *Die Mathematik ist die Königin der Wissenschaften und*
> *die Zahlentheorie ist die Königin der Mathematik*
> **数学は科学の女王であり，整数論は数学の女王である**

これが本講演の副題「女王の誘惑」の意味です．ガウスをしてこう言わしめた**整数論の魅力**の一端でも味わって頂きたく思いはじめました講演も，いよいよ正念場に差し掛かってきました．これまで，**エラトステネス**や**ディオファントス**ら古代の数学者の業績を見てきました．今宵は，**フェルマー**，**オイラー**といった数学のマエストロ達が本格的に登場して，その力を見せつけてくれます．

　法律家フェルマーにとって，数学は趣味でした．三百五十年間，私達を楽しませ，多くの数学者を苛立たせたあの予想は，一法律家の余暇が生んだものでした．数学・物理学の何れにも秀でた達人オイラーは，「この世に生を受け，言葉を発するより前に計算をはじめ，それは息を引き取る瞬間まで続いた」と伝えられています．また，ガウスはあらゆる科学にその才を示しました．特に，整数論に関する著作は，今日でも全く色褪せず見事な光彩を放っています．

　理系の学生は，あらゆる所でオイラーとガウスの名前に遭遇します．彼らの仕事の質は言うまでもないことですが，その量においても誠に驚異的で，会話を楽しむが如くに計算をし，生涯その集中力が途切れることはありませんでした．そして，論文を比喩ではなく，まさに「食前食後に書いた」そうです．

　彼らが残した偉大な芸術を堪能して下さい．さあ，はじめましょう．

5.1 不思議な算術

オイラーやガウスの仕事ぶりは，モーツァルトに優るとも劣らない，天才の輝きに満ち溢れたものですが，彼等の人生には映画「アマデウス」に描かれたような破天荒さは微塵もなく，一般に喜ばれそうなスキャンダラスなものはありませんでした．そして，彼等の人生同様に，その作品は地道な作業を繰り返せば，誰にでも理解可能な大変堅実なものです．

繰り返し述べてきたことですが，自然数は物の個数を数えることからはじまりました．このことからも明らかなように，人数であるとか，車の台数であるとかを現実の問題として厳密に扱う場合に，端数はあり得ません．そこで，問題となる未知の量を，自然数や整数の中に求める合同の考え方が生まれました．合同式を解くことによって，適切な答えを導くことができるのです．

特に，与えられた数 a, b，法 n に対して

$$ax \equiv b \pmod{n}$$

を満足する x を求める問題を**一次合同式**の問題といいます．ここでは，この問題の解法について考えましょう．

法 3 の場合を例にして，基礎的な考察からはじめましょう．法 3 と互いに素な数 a を定めますと，その既約剰余系 $\{1, 2\}$ を a 倍したものも，また一つの既約剰余系になります．例えば，$a = 5$ について調べますと

$$\{5 \times 1,\ 5 \times 2\} \quad \Rightarrow \quad \{5, 10\}.$$

確かに $5 \not\equiv 10 \pmod{3}$ となっており，また同時に，これらは 3 と互いに素な数ですから，数の組 $\{5, 10\}$ は，3 を法とする既約剰余系であることが分かります．前回御紹介しました表より，これらの関係を確認しておきましょう．

$$
\begin{array}{|l|}
\hline
C_0 \equiv 0 \pmod{3} \Rightarrow \{\ldots, -9, -6, -3, 0, \mathbf{3}, 6, 9, \ldots\} \\
\hline
C_1 \equiv 1 \pmod{3} \Rightarrow \{\ldots, -8, -5, -2, 1, 4, 7, \mathbf{10}, \ldots\} \\
\hline
C_2 \equiv 2 \pmod{3} \Rightarrow \{\ldots, -7, -4, -1, 2, \mathbf{5}, 8, 11, \ldots\} \\
\hline
\end{array}
$$

以上のことを一般化します．オイラーの函数を用いて，$\varphi(n) = l$ とおき，n と互いに素な数 a を定めます．このとき n の既約剰余系：

$$\{x_1, x_2, x_3, \ldots, x_l\}$$

5.1. 不思議な算術

の要素すべてを a 倍した

$$\{ax_1,\ ax_2,\ ax_3,\ldots,ax_l\}$$

もまた一つの既約剰余系となります．即ち，両者は剰余類の集まりとして同じものであるといえます．さて，これで一次合同式：

$$ax \equiv b \pmod{n}$$

を満足する x を求める準備が整いました．先ず，簡単のために「a と n は互いに素である」という条件を附けておきますと，与えられた合同式の解は，今，お話しました既約剰余系の知識から

$$\{x_1,\ x_2,\ x_3,\ldots,x_l\}$$

の中の何れか唯一つに決まります．ここで「唯一つ」という言葉は，もちろん，唯一つの剰余類が，与えられた合同式を満足するという意味です．

よって，法 n が小さい数のときには，x に以下の n 個の値：

$$\boxed{0,\ 1,\ 2,\ 3,\ldots,(n-1)}$$

を**代入して，結果が b と合同になるものを探す**，という方法で解を求めることが可能です．これは，闇雲に数値を入れて答を探る宝くじ的発想ですが，唯の当てずっぽうと違う点は，代入する数値が具体的な有限の範囲に限定されており，しかもその中に必ず"当たりくじ"のあることが保障されていることです．

例題 ◇◇◇◇◇◇◇◇◇◇◇◇◇◇◇◇◇◇◇◇◇◇◇◇◇◇◇◇◇◇

一次合同式 $3x \equiv 4 \pmod{5}$ を解きましょう．ここで，3 と 5 は互いに素となっていることを確かめて，x に法 5 の最も簡単な剰余系 $\{0, 1, 2, 3, 4\}$ より，数値を直接代入しますと

$$\left.\begin{array}{l} 3 \times 0 = 0 \equiv 0 \\ 3 \times 1 = 3 \equiv 3 \\ 3 \times 2 = 6 \equiv 1 \\ 3 \times \mathbf{3} = 9 \equiv 4 \\ 3 \times 4 = 12 \equiv 2 \end{array}\right\} \pmod{5}$$

となります．これより

$$x \equiv 3 \pmod{5} \quad \Rightarrow \quad x = 3 + 5t,\ (t\ は整数)$$

が解であることが分かります． ∎

続いて，法が"少しだけ"大きな数の場合を考えます．整数に関する問題は，小さな数の場合には極めて簡単に見えたものが，数が大きくなると極端に難しくなる，という特徴を持ったものが多いのです．法 n の大きい場合には，直接代入して解を求めるのではなく，問題に応じた独特の工夫が必要となります．

例題 ◇◇◇◇◇◇◇◇◇◇◇◇◇◇◇◇◇◇◇◇◇◇◇◇◇◇◇◇◇◇◇◇

一次合同式 $26x \equiv 1 \pmod{57}$ を解きます．

26 と 57 は互いに素ですから，解 x は原理的には $0, 1, 2, 3, \ldots, 56$ の中に必ず存在しますが，ここでは合同式の意味より

$$26x - 1 = 57t, \quad (t \text{ は整数})$$

となることを利用します．これをさらに

$$26x + 57y = 1$$

と変形し，ディオファントス方程式と見做して，整数 x, y を見出すことにしましょう．26 と 57 は互いに素ですから，この方程式は解を持っています．そこで，ユークリッドの互除法を用いて考えますと

$$\left. \begin{array}{l} 57 = 2 \times 26 + 5 \\ 26 = 5 \times 5 + 1 \end{array} \right\} \text{より,} \quad \left\{ \begin{array}{l} 1 = 26 - 5 \times 5 = 26 - 5 \times (57 - 2 \times 26) \\ = 11 \times 26 - 5 \times 57 \\ \Rightarrow \quad 26 \times 11 = 1 + 5 \times 57 \end{array} \right.$$

という関係が導かれますので，直ちに元の合同式の解：

$$x \equiv 11 \pmod{57} \quad \Rightarrow \quad x = 11 + 57t, \quad (t \text{ は整数})$$

を得ます．これより，b と合同の場合も全く同様に $26x + 57y = b$ を考えて

$$b = b(11 \times 26 - 5 \times 57) \text{ より,} \quad x \equiv 11b \pmod{57}$$

を得ます．また，この問題のように，法が大きい場合には，**自明な合同式**を用いて係数を小さくして解く方法があります．法 57 に対して自明な合同式：

$$57x \equiv 0 \pmod{57}$$

から問題の合同式 $26x \equiv 1 \pmod{57}$ を辺々二回引き算しますと

$$5x \equiv -2 \pmod{57}$$

を得ます．この変形で取り扱いが随分楽になります．　　　■

5.1. 不思議な算術

次に，一次合同式：
$$ax \equiv b \pmod{n}$$
において a と n が最大公約数 d を持つ場合，即ち $a = a'd, n = n'd$ の場合を考えましょう．このとき
$$a'dx \equiv b \pmod{n'd} \quad \Rightarrow \quad a'dx - b = n'dt, \ (t \text{ は整数})$$
となりますが，これを b について解いて
$$b = a'dx - n'dt = d(a'x - n't)$$
を得ます．この式の右辺は，約数として d を持ちますので，この式が成り立つためには，b も d を約数として持たなければなりません．もし，b が d を約数として持たなければ，与えられた合同式に解はありません．

そこで，b が $b = b'd$ の場合を考えますと
$$a'dx \equiv b'd \pmod{n'd}$$
ですから，全体から d を約して
$$\boxed{a'x \equiv b' \pmod{n'}}$$
を解けばよいことになります．この式の唯一つの解を x_0 としますと
$$a'x_0 \equiv b' \pmod{n'} \quad \Rightarrow \quad a'x_0 - b' = n't, \ (t \text{ は整数})$$
が成り立ちます．両辺に d を掛けて
$$da'x_0 - db' = ax_0 - b = dn't = nt$$
$$\Rightarrow \quad ax_0 \equiv b \pmod{n}$$
となり x_0 は，与えられた元の合同式の解でもあることが確かめられました．

ここで，今得ました解 x_0 より
$$x = x_0 + n't, \ (t \text{ は整数})$$
を作りますと
$$ax = a(x_0 + n't) = ax_0 + an't$$
となりますが，$an' = a'dn' = a'n$ となることに注意して，さらに変形しますと
$$ax = ax_0 + a'nt \equiv ax_0 \pmod{n}$$

となり，$x_0 + n't$ も合同式 $ax \equiv b \pmod{n}$ の解となることが示されました．ここで，t を $0, 1, 2, 3, \ldots$ と順に変化させますと x は

$$x_0, \quad x_0 + n', \quad x_0 + 2n', \quad x_0 + 3n', \ldots$$

となりますが $t = d$ において

$$x_0 + dn' = x_0 + n \equiv x_0 \pmod{n}$$

となって，再び同じ解に戻ってきます．従って，解は

$$x_0, \quad x_0 + n', \quad x_0 + 2n', \ldots, x_0 + (d-1)n'$$

の d 個となります．ここで「**d 個の解**」とは，「d 個の剰余類が元の合同式を満足する」という意味で用います．

例題を解いておきましょう．

例題 ◇◇◇◇◇◇◇◇◇◇◇◇◇◇◇◇◇◇◇◇◇◇◇◇◇◇◇◇◇

一次合同式 $36x \equiv 3 \pmod{33}$ を解きます．

36 と 33 は共通の約数 3 を持ち，右辺の係数も 3 で割り切れますので，この合同式には解があります．そこで，全体を約数 3 で割った $12x_0 \equiv 1 \pmod{11}$ は，12 と 11 が互いに素となり唯一つの解を持ちます．直接代入して

$$x_0 \equiv 1 \pmod{11} \quad \Rightarrow \quad x_0 = 1 + 11t, \quad (t \text{ は整数})$$

を見出します．このとき，元の合同式は $d - 1 = 3 - 1 = 2$ より

$$x_0, \quad x_0 + 1 \times 11, \quad x_0 + 2 \times 11$$

が解になります．具体的には

$$x = \begin{cases} 1 + 33t, \\ 1 + 33t + 11 = 12 + 33t, \\ 1 + 33t + 22 = 23 + 33t \end{cases} \quad (t \text{ は整数})$$

となります．■

以上，一次合同式の解法について説明してまいりました．続いて，k 個の一次合同式を同時に満足する解，即ち，**連立一次合同式**の解を求めます．先ずは，新しい用語から説明します．与えられた整数の集まり $n_1, n_2, \ldots, n_k$ の中

5.1. 不思議な算術

の「どの二つの組合せも互いに素である場合」，これらの整数は**対ごとに素**であるといいます．この「対ごとに素な k 個の数」を法とする k 個の連立合同式：

$$\begin{cases} x \equiv b_1 \pmod{n_1}, \\ x \equiv b_2 \pmod{n_2}, \\ \quad \vdots \\ x \equiv b_k \pmod{n_k} \end{cases}$$

を同時に充たす解 x_0 を求めましょう．

はじめに，法 n_i を用いて，以下の定数を定めます．

$$\begin{aligned} N &= n_1 \times n_2 \times n_3 \times \cdots \times n_k, \\ N_1 &= \mathbf{1} \times n_2 \times n_3 \times \cdots \times n_k, \\ N_2 &= n_1 \times \mathbf{1} \times n_3 \times \cdots \times n_k, \\ N_3 &= n_1 \times n_2 \times \mathbf{1} \times \cdots \times n_k, \\ &\quad \vdots \qquad \qquad \qquad \ddots \\ N_k &= n_1 \times n_2 \times n_3 \times \cdots \times \mathbf{1}. \end{aligned}$$

定数 N と N_i の関係を簡潔に書きますと

$$N_i = N/n_i, \quad (i = 1, 2, 3, \ldots, k)$$

となります．即ち，N_i は n_i を除くすべての法の積で，n_i は対ごとに素であり，しかも N_i の中に n_i は含まれないので，N_i と n_i は互いに素，ということになります．ここで，これらを用いて

$$N_i t_i \equiv 1 \pmod{n_i}, \quad (i = 1, 2, 3, \ldots, k)$$

となるような整数 t_i を準備しておきます．このとき，N_i と n_i は互いに素なので，この合同式は唯一つの解を持ちます．この t_i を用いて

$$x_0 = N_1 t_1 b_1 + N_2 t_2 b_2 + N_3 t_3 b_3 + \cdots + N_k t_k b_k$$

を作り，元の合同式に代入します．

先ず，法 n_1 に関する合同式に代入しますと，x_0 の第二項目以降の

$$N_2, N_3, \ldots, N_k$$

は，すべて n_1 を含んでいますので

$$x_0 = N_1 t_1 b_1 + (N_2 t_2 b_2 + N_3 t_3 b_3 + \cdots + N_k t_k b_k)$$
$$= N_1 t_1 b_1 + n_1(\cdots\cdots)$$
$$\equiv N_1 t_1 b_1 \pmod{n_1}$$

となります．ここで，$N_1 t_1 \equiv 1 \pmod{n_1}$ を用いますと，結局

$$x_0 \equiv b_1 \pmod{n_1}$$

となることが分かります．これで，x_0 は与えられた連立合同式の一番目の合同式を満足する解であることが示されました．

同じようにして，法 n_2 に関しては

$$x_0 = N_2 t_2 b_2 + (N_1 t_1 b_1 + N_3 t_3 b_3 + \cdots + N_k t_k b_k)$$
$$= N_2 t_2 b_2 + n_2(\cdots\cdots)$$
$$\equiv N_2 t_2 b_2 \pmod{n_2}$$

となることと，$N_2 t_2 \equiv 1 \pmod{n_2}$ より，x_0 は二番目の合同式の解：

$$x_0 \equiv b_2 \pmod{n_2}$$

となることが確かめられました．これを繰り返して，x_0 がすべての合同式を同時に満足する一つの解であることが分かります．

ところで，今

$$\begin{cases} x_0 \equiv b_1 \pmod{n_1}, \\ x_0 \equiv b_2 \pmod{n_2}, \\ \quad\vdots \\ x_0 \equiv b_k \pmod{n_k} \end{cases}$$

を得ましたが，一般的な解 x は

$$x \equiv x_0 \pmod{n_1}, \quad x \equiv x_0 \pmod{n_2}, \ldots, \quad x \equiv x_0 \pmod{n_k}$$

を充たします．このとき，$x - x_0$ は $n_1, n_2, \ldots, n_k$ のすべての数で割り切れる，即ち，$N = n_1 n_2 \cdots n_k$ で割り切れることより，以下の関係が成り立ちます．

$$x \equiv x_0 \pmod{N}.$$

以上をまとめますと，対ごとに素な数 n_i を法とする連立一次合同式：

5.1. 不思議な算術

$$\begin{array}{l} x \equiv b_1 \pmod{n_1}, \\ x \equiv b_2 \pmod{n_2}, \\ \quad \vdots \\ x \equiv b_k \pmod{n_k} \end{array}$$

の解は, $N = n_1 n_2 \cdots n_k$ を法として唯一つ存在します．この種の問題の具体例が算術書『孫子算経』に記載されていました．そこで，この定理は**孫子剰余定理**とも呼ばれるようになりました．それを改変して次の例題で紹介します.

|例題| ◇◇◇◇◇◇◇◇◇◇◇◇◇◇◇◇◇◇◇◇◇◇◇◇◇◇◇◇◇◇◇◇◇

クラス全員で試合形式の体育の授業を行うことになり，競技種目の選択が問題になりました．3 on 3(三人制バスケットボール) では一人余り，柔道の団体戦 (五人) では二人余り，駅伝形式の長距離走 (七人) では三人余ってしまいます．さて，このクラスの人数は何人でしょうか．ただし，人数は百人以下です.

この問題の解は，連立一次合同式：

$$\begin{cases} x \equiv 1 \pmod{3}, \\ x \equiv 2 \pmod{5}, \\ x \equiv 3 \pmod{7} \end{cases}$$

を解くことによって得られます．この問題の法 $3, 5, 7$ は対ごとに素なので，孫子剰余定理を用いて解 x を見附けることができます．先ず，問題を解くために必要な数を準備します．先ずは

$$N = 3 \times 5 \times 7 = 105,$$
$$N_1 = 5 \times 7 = 35, \quad N_2 = 3 \times 7 = 21, \quad N_3 = 3 \times 5 = 15$$

です．さらに

$$35t_1 \equiv 1 \pmod{3}, \quad 21t_2 \equiv 1 \pmod{5}, \quad 15t_3 \equiv 1 \pmod{7}$$

となる整数を求めておきましょう．ここでは数値を直接代入して与えられた合同式の解を探す方法を採ります．先ず $35t_1 \equiv 1 \pmod 3$ に対しては

$$\begin{cases} 35 \times 1 = 35 = 11 \times 3 + 2, \\ \underline{35 \times \mathbf{2} = 70 = 23 \times 3 + 1} \end{cases}$$

より $t_1 = 2$ とします．同様に $21t_2 \equiv 1 \pmod 5$ に対しては

$$\begin{cases} \underline{21 \times \mathbf{1} = 21 = 4 \times 5 + 1,} \\ 21 \times 2 = 42 = 8 \times 5 + 2, \\ 21 \times 3 = 63 = 12 \times 5 + 3, \\ 21 \times 4 = 84 = 16 \times 5 + 4 \end{cases}$$

より $t_2 = 1$ となります．最後の合同式 $15t_3 \equiv 1 \pmod 7$ は

$$\begin{cases} \underline{15 \times \mathbf{1} = 15 = 2 \times 7 + 1,} \\ 15 \times 2 = 30 = 4 \times 7 + 2, \\ 15 \times 3 = 45 = 6 \times 7 + 3, \\ 15 \times 4 = 60 = 8 \times 7 + 4, \\ 15 \times 5 = 75 = 10 \times 7 + 5, \\ 15 \times 6 = 90 = 12 \times 7 + 6 \end{cases}$$

より，$t_3 = 1$ となります．以上をまとめて

$$x_0 = 1 \times 35 \times 2 + 2 \times 21 \times 1 + 3 \times 15 \times 1 = 157$$

を得ます．よって

$$x \equiv x_0 \equiv 157 \equiv 52 \pmod{105} \quad \Rightarrow \quad 52 + 105t, \text{(t は整数)}$$

が解となり，クラスの人数は五十二人であることが分かりました．実際

$$52 = 17 \times 3 + 1, \quad 52 = 10 \times 5 + 2, \quad 52 = 7 \times 7 + 3$$

となり，題意を充たすことが確かめられます．∎

5.2 カードを並べる

「カード」という言葉から様々な物が連想されます．買物に行く場合ならキャッシュカードが，年末ともなればクリスマスカードが，すぐ頭に浮かぶでしょう．年賀状は葉書サイズの場合が多いですが，クリスマスカードは大きさも色も極端に異なるので，どれを選ぼうかと迷います．同じサイズなら内容で選べるのですが，選択の幅が広すぎてかえって困るのです．

「外見を揃えれば中身が際立つ」，これは数学においても非常によく見られる現象です．例えば，数の表記である数字にもこのことがいえます．数値といえば"数の値"のこと，数字といえば"数を表す文字"のことですが，その文字が数値によって大きく変化していくのが**ローマ数字**です．

$1, 2, 3, 4, 5, 10$ を表す「I」「II」「III」「IV」「V」「X」まではよく見掛けますが，$50, 100, 500, 1000$ を表す「L」「C」「D」「M」は目にする機会は少ないでしょう．オリンピックの正式表記にはローマ数字が使われており，例えば第三十回大会なら「Games of the XXX Olympiad」と表記されます．記述が難しいだけに誤記が減る利点がありますが，大きな数を表すには全く適していません．**アラビア数字** $0, 1, 2, 3, 4, 5, 6, 7, 8, 9$ と位取り記数法で，すべての数値を表記する方法がどれほど強力なものか，"不便を知ると便利が分かる"と思います．

さて，ここではアラビア数字を使って，数値を作る問題を考えます．例えば，1 2 3 4 と書かれたカードを並べて，その並びを一つの数と見る時，何種類の四桁の自然数を表すことができるでしょうか．カードは各四枚，全体で十六枚準備しました．カードの置き場所が位取りを示します．この場所をスロットと呼ぶことにします．左端を第一スロットとし，順に記号 $\langle x \rangle$ で表します．

$$\langle 1 \rangle \quad \langle 2 \rangle \quad \langle 3 \rangle \quad \langle 4 \rangle$$
千の桁　百の桁　十の桁　一の桁

一桁の数からはじめます．それは単に，1 2 3 4 から一枚を引いてくることですから四通りです．次は二桁の数．これは一の桁に四通り，そして，そのそれぞれにまた四通りの選択肢がありますから，全体では $4^2 = 16$ より

11　12　13　14　21　22　23　24　31　32　33　34　41　42　43　44

の十六通りとなります．続いて三桁の数は，四種類のカードの中から三枚を選ぶことで作られますので，$4^3 = 64$ より六十四通りの数値が得られます．

111 112 113 114 121 122 123 124 131 132 133 134 141 142 143 144
211 212 213 214 221 222 223 224 231 232 233 234 241 242 243 244
311 312 313 314 321 322 323 324 331 332 333 334 341 342 343 344
411 412 413 414 421 422 423 424 431 432 433 434 441 442 443 444

これらの結果は容易に一般化できます．即ち，n 種類の異なる要素から r 個を選び，重複を認めて並べる場合，その総数は以下の式で表されます．

$$\boxed{{}_n\Pi_r := n^r}$$

これを**重複順列**といいます．ここで記号 Π は π の大文字です．従いまして，四種類のカードすべてを使ってできる数の種類は，$n = 4, r = 4$ を代入して

$$_4\Pi_4 = 4^4 = 256$$

だけあることが分かります．具体的には以下の数となります．

1111 1112 1113 1114 1121 1122 1123 1124 1131 1132 1133 1134 1141 1142 1143 1144
1211 1212 1213 1214 1221 1222 1223 1224 1231 1232 1233 1234 1241 1242 1243 1244
1311 1312 1313 1314 1321 1322 1323 1324 1331 1332 1333 1334 1341 1342 1343 1344
1411 1412 1413 1414 1421 1422 1423 1424 1431 1432 1433 1434 1441 1442 1443 1444
2111 2112 2113 2114 2121 2122 2123 2124 2131 2132 2133 2134 2141 2142 2143 2144
2211 2212 2213 2214 2221 2222 2223 2224 2231 2232 2233 2234 2241 2242 2243 2244
2311 2312 2313 2314 2321 2322 2323 2324 2331 2332 2333 2334 2341 2342 2343 2344
2411 2412 2413 2414 2421 2422 2423 2424 2431 2432 2433 2434 2441 2442 2443 2444
3111 3112 3113 3114 3121 3122 3123 3124 3131 3132 3133 3134 3141 3142 3143 3144
3211 3212 3213 3214 3221 3222 3223 3224 3231 3232 3233 3234 3241 3242 3243 3244
3311 3312 3313 3314 3321 3322 3323 3324 3331 3332 3333 3334 3341 3342 3343 3344
3411 3412 3413 3414 3421 3422 3423 3424 3431 3432 3433 3434 3441 3442 3443 3444
4111 4112 4113 4114 4121 4122 4123 4124 4131 4132 4133 4134 4141 4142 4143 4144
4211 4212 4213 4214 4221 4222 4223 4224 4231 4232 4233 4234 4241 4242 4243 4244
4311 4312 4313 4314 4321 4322 4323 4324 4331 4332 4333 4334 4341 4342 4343 4344
4411 4412 4413 4414 4421 4422 4423 4424 4431 4432 4433 4434 4441 4442 4443 4444

一桁からこれら四桁まで，四種類のカードで表現可能な数の全体は

$$4^1 + 4^2 + 4^3 + 4^4 = 340$$

となります．このように，ある要素の集団の中から幾つかを選ぶ，その選び方，並べ方を考える場合，大量の数を同時に扱うことになります．トランプや将棋，囲碁などを思い出して下さい．何百年も対局が続けられているのに，未

5.2. カードを並べる

だに新手が尽きない，神秘さえ漂わせているのは，局面の数が途方もなく大きく，具体的にすべての場合を尽くすことが不可能だからです．

それでは今度は，重複を許さず，"一枚のカードは一回だけ"と制限します．従いまして，カードの枚数は各一枚，全体では四枚です．こちらは単に**順列**と呼ばれます．一番最初，第一スロットには何を当ててもいいわけですから，四種類の選択ができます．これで千の桁が決まります．例えば $\boxed{1}$ とすれば

$$\boxed{1} \quad \langle 2 \rangle \quad \langle 3 \rangle \quad \langle 4 \rangle$$
千の桁　百の桁　十の桁　一の桁

となります．次は $\boxed{2}\boxed{3}\boxed{4}$ の三枚ですから，第二スロットには三種類の選択が可能です．これを例えば $\boxed{2}$ とすれば，百の桁が 2 と決まります．

$$\boxed{1} \quad \boxed{2} \quad \langle 3 \rangle \quad \langle 4 \rangle$$
千の桁　百の桁　十の桁　一の桁

残るカードは $\boxed{3}\boxed{4}$ の二枚ですから，選択肢は二つ．ここでは $\boxed{3}$ を選んで

$$\boxed{1} \quad \boxed{2} \quad \boxed{3} \quad \langle 4 \rangle$$
千の桁　百の桁　十の桁　一の桁

となり，最後は"選択の余地無く"残るカード $\boxed{4}$ が自動的に決まります．そしてその結果，自然数 1234 を表すカードの並びを得るわけです．

$$\boxed{1} \quad \boxed{2} \quad \boxed{3} \quad \boxed{4}$$
四通り　三通り　二通り　一通り

こうして可能性の全体を把握することができました．最初は四通りの可能性があり，そしてその四つの中のどれを選んでも，次には三通りの可能性があり，これが順番に続いていくわけですから，全体ではこの掛け算：

$$4 \times 3 \times 2 \times 1 = 24 \text{ 通り}$$

の可能性があるわけです．そこで，n 個の異なる要素から r 個を選んで並べる場合の数を，${}_n\mathrm{P}_r$ と表すことにしますと，今の結果は ${}_4\mathrm{P}_4 = 24$ と書くことができます．なお文字 P は，順列を意味する英語 *permutation* に由来します．

順列は，重複順列に制約を加えたものですから，得た数は重複順列の中に既

に含まれているものです．これをエラトステネスのように篩に掛けて取り出してみましょう．一桁は自明ですから，二桁の数からはじめます．

~~11~~　12　13　14　21　~~22~~　23　24　31　32　~~33~~　34　41　42　43　~~44~~

11, 22, 33, 44 は，同じカードを二回使っているので外します．よって

12　13　14　21　23　24　31　32　34　41　42　43

即ち，四枚から二枚を選んだ時の順列として，$_4P_2 = 12$ が得られたわけです．

同様にして，四枚から三枚を選ぶ時の順列は

~~111~~ ~~112~~ ~~113~~ ~~114~~ ~~121~~ ~~122~~ 123 124 ~~131~~ 132 ~~133~~ 134 ~~141~~ 142 143 ~~144~~
~~211~~ ~~212~~ 213 214 ~~221~~ ~~222~~ ~~223~~ ~~224~~ 231 ~~232~~ ~~233~~ 234 241 ~~242~~ 243 ~~244~~
~~311~~ 312 ~~313~~ 314 321 ~~322~~ ~~323~~ 324 ~~331~~ ~~332~~ ~~333~~ ~~334~~ 341 342 ~~343~~ ~~344~~
~~411~~ 412 413 ~~414~~ 421 ~~422~~ 423 ~~424~~ 431 432 ~~433~~ ~~434~~ ~~441~~ ~~442~~ ~~443~~ ~~444~~

により与えられます．その結果，以下の数が×印を免れました．

123　124　132　134　142　143　213　214　231　234　241　243
312　314　321　324　341　342　412　413　421　423　431　432

これより，四枚から三枚を選んだ順列として $_4P_3 = 24$ を得ました．そして最初に示しました四枚から四枚を選ぶ順列 $_4P_4$ を求めるには

~~1111~~ ~~1112~~ ~~1113~~ ~~1114~~ ~~1121~~ ~~1122~~ ~~1123~~ ~~1124~~ ~~1131~~ ~~1132~~ ~~1133~~ ~~1134~~ ~~1141~~ ~~1142~~ ~~1143~~ ~~1144~~
~~1211~~ ~~1212~~ ~~1213~~ ~~1214~~ ~~1221~~ ~~1222~~ ~~1223~~ ~~1224~~ ~~1231~~ ~~1232~~ ~~1233~~ 1234 ~~1241~~ ~~1242~~ 1243 ~~1244~~
~~1311~~ ~~1312~~ ~~1313~~ ~~1314~~ ~~1321~~ ~~1322~~ ~~1323~~ 1324 ~~1331~~ ~~1332~~ ~~1333~~ ~~1334~~ ~~1341~~ 1342 ~~1343~~ ~~1344~~
~~1411~~ ~~1412~~ ~~1413~~ ~~1414~~ ~~1421~~ ~~1422~~ 1423 ~~1424~~ ~~1431~~ 1432 ~~1433~~ ~~1434~~ ~~1441~~ ~~1442~~ ~~1443~~ ~~1444~~
~~2111~~ ~~2112~~ ~~2113~~ ~~2114~~ ~~2121~~ ~~2122~~ ~~2123~~ ~~2124~~ ~~2131~~ ~~2132~~ ~~2133~~ 2134 ~~2141~~ ~~2142~~ 2143 ~~2144~~
~~2211~~ ~~2212~~ ~~2213~~ ~~2214~~ ~~2221~~ ~~2222~~ ~~2223~~ ~~2224~~ ~~2231~~ ~~2232~~ ~~2233~~ ~~2234~~ ~~2241~~ ~~2242~~ ~~2243~~ ~~2244~~
~~2311~~ ~~2312~~ ~~2313~~ 2314 ~~2321~~ ~~2322~~ ~~2323~~ ~~2324~~ ~~2331~~ ~~2332~~ ~~2333~~ ~~2334~~ 2341 ~~2342~~ ~~2343~~ ~~2344~~
~~2411~~ ~~2412~~ 2413 ~~2414~~ ~~2421~~ ~~2422~~ ~~2423~~ ~~2424~~ 2431 ~~2432~~ ~~2433~~ ~~2434~~ ~~2441~~ ~~2442~~ ~~2443~~ ~~2444~~
~~3111~~ ~~3112~~ ~~3113~~ ~~3114~~ ~~3121~~ ~~3122~~ ~~3123~~ 3124 ~~3131~~ ~~3132~~ ~~3133~~ ~~3134~~ ~~3141~~ 3142 ~~3143~~ ~~3144~~
~~3211~~ ~~3212~~ ~~3213~~ 3214 ~~3221~~ ~~3222~~ ~~3223~~ ~~3224~~ ~~3231~~ ~~3232~~ ~~3233~~ ~~3234~~ 3241 ~~3242~~ ~~3243~~ ~~3244~~
~~3311~~ 3412 ~~3413~~ ~~3414~~ 3421 ~~3422~~ ~~3423~~ ~~3424~~ ~~3431~~ ~~3432~~ ~~3433~~ ~~3434~~ ~~3441~~ ~~3442~~ ~~3443~~ ~~3444~~
~~4111~~ ~~4112~~ ~~4113~~ ~~4114~~ ~~4121~~ ~~4122~~ 4123 ~~4124~~ ~~4131~~ 4132 ~~4133~~ ~~4134~~ ~~4141~~ ~~4142~~ ~~4143~~ ~~4144~~
~~4211~~ ~~4212~~ 4213 ~~4214~~ ~~4221~~ ~~4222~~ ~~4223~~ ~~4224~~ 4231 ~~4232~~ ~~4233~~ ~~4234~~ ~~4241~~ ~~4242~~ ~~4243~~ ~~4244~~
~~4311~~ 4312 ~~4313~~ ~~4314~~ 4321 ~~4322~~ ~~4323~~ ~~4324~~ ~~4331~~ ~~4332~~ ~~4333~~ ~~4334~~ ~~4341~~ ~~4342~~ ~~4343~~ ~~4344~~
~~4411~~ ~~4412~~ ~~4413~~ ~~4414~~ ~~4421~~ ~~4422~~ ~~4423~~ ~~4424~~ ~~4431~~ ~~4432~~ ~~4433~~ ~~4434~~ ~~4441~~ ~~4442~~ ~~4443~~ ~~4444~~

より，残った個数を数えればいいわけです．以下に抜き出しておきましょう．

1234　1243　1324　1342　1423　1432　2134　2143
2314　2341　2413　2431　3124　3142　3214　3241
3412　3421　4123　4132　4213　4231　4312　4321

5.2. カードを並べる

よって，この場合も 24 個，従って $_4\mathrm{P}_4 = 24$ を再び得ました．

以上により，四枚のカードを使って表現できる数の全体は

$$4 + 12 + 24 + 24 = 64$$

の六十四通りであることが分かりました．また，一枚を選ぶ方法は $_4\mathrm{P}_1 = 4$ と表せますから，順列とはこれらの数：

$$_4\mathrm{P}_1 = 4, \quad _4\mathrm{P}_2 = 12, \quad _4\mathrm{P}_3 = 24, \quad _4\mathrm{P}_4 = 24$$

を導く具体的な計算式を持つ必要があるわけです．ここでは篩を使って，これを求めました．その方法は，重複順列により与えられた数表に，"同じカードは一回だけ"という条件を加えて，該当する数を残して得たものでした．

これは式では**否定等号**「≠」に相当します．即ち，四つの数 i, j, k, m に対して

$$\boxed{i \neq j \neq k \neq m}$$

という条件を課して，どの数字も異なるように選べ，と設定したことになります．並びの順番に意味があるということは，この否定等号の関係によって，各数字が異なることだけを要求し，"異なる並びは異なる数"として扱うということを意味します．"並び"という言葉の真意はここにあります．

さて，直接的な計算をせずに順列を求めましたが，その意味をより確実に知るためにも，また数の相互関係を体感するためにも，こうした比較的小さな数値の場合には，その全体を構造的に表示することが非常に重要になります．

考察する対象の部分と全体が，視覚的にもよく分かる一つの方法は，根から枝が伸びていくように，関連する要素を線分で繋ぎながら，順序立てて漏れなく記載していく，**木**と呼ばれるものです．単に「木」では音からも，文字からも意味が取り難い場合が多いので木構造，樹形図，あるいは英語をそのまま流用してツリー (tree) とも呼ばれています．実際の木は下から上へと生長していきますが，ここで用いる木は，ほとんどの場合，上から下へ，あるいは左から右へと繋がっていきます．どの場合でも扇形に拡がっていくのが特徴です．

　各部分の名称も"木"であることを意識したものです．木の大元，即ち，考察対象の出発点を**根**と呼びます．根から**枝**が伸びて各要素に連絡します．末端は**葉**です．枝が集まった所を**節**といいます．また，枝で繋がれた節を**親・子**関係で表しますと，子の無い節が葉ということになります．

　この木によって，先の問題を表記しましょう．

```
                    2: (12) < 3: (123) — 4: (1234)
                            4: (124) — 3: (1243)
          1 < 3: (13) < 2: (132) — 4: (1324)
                            4: (134) — 2: (1342)
                    4: (14) < 2: (142) — 3: (1423)
                            3: (143) — 2: (1432)

                    1: (21) < 3: (213) — 4: (2134)
                            4: (214) — 3: (2143)
          2 < 3: (23) < 1: (231) — 4: (2314)
                            4: (234) — 1: (2341)
                    4: (24) < 3: (243) — 1: (2431)
                            1: (241) — 3: (2413)
 根→
                    1: (31) < 2: (312) — 4: (3124)
                            4: (314) — 2: (3142)
          3 < 2: (32) < 1: (321) — 4: (3214)
                            4: (324) — 1: (3241)
                    4: (34) < 1: (341) — 2: (3412)
                            2: (342) — 1: (3421)

                    1: (41) < 2: (412) — 3: (4123)
                            3: (413) — 2: (4132)
          4 < 2: (42) < 1: (421) — 3: (4213)
         枝→         3: (423) — 1: (4231)
                    3: (43) < 1: (431) — 2: (4312)
                            2: (432) — 1: (4321)
                                ↑
                                葉
```

枝・葉の数	4	12	24	24

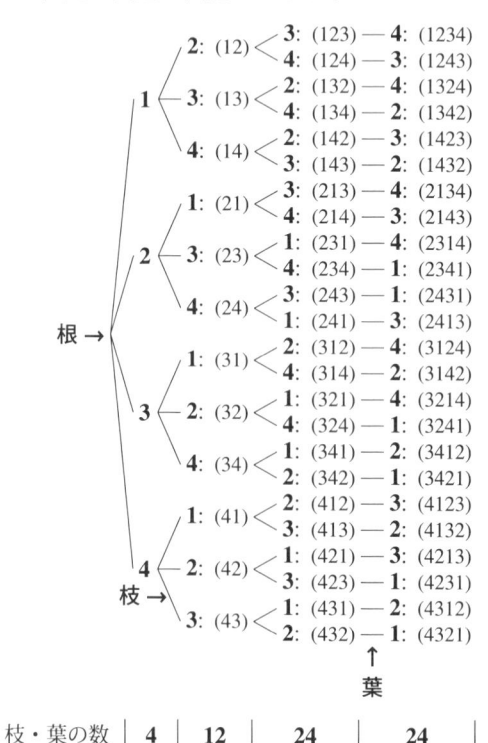

下に記した数値は，各スロットにおける枝・葉の本数です．

　この図から，すべての枚数を使い切らない場合の法則が自然に見えてきま

5.2. カードを並べる

す．例えば，四枚のカードから三枚を選んで作られる自然数は，第三スロットの枝の数で，これもやはり 24 通りあります．即ち，四枚から三枚を選ぶときの順列は 24 通りある，ということが視覚的にも分かりました．

続いて，四枚の中の二枚を選ぶ場合は，第二スロットの欄より，12 通りであることが分かります．そして，四枚中の一枚なら 4 通りです．以上の結果をまとめますと，その総数が

$$4 \times 3 \times 2 \times 1 = (4 \times 3 \times 2 \times 1) \quad = 24,$$
$$4 \times 3 \times 2 \quad = (4 \times 3 \times 2 \times 1)/1 = 24,$$
$$4 \times 3 \quad\quad\quad = (4 \times 3 \times 2 \times 1)/2 = 12,$$
$$4 \quad\quad\quad\quad\quad = (4 \times 3 \times 2 \times 1)/6 = 4$$

と変化していくことを示しています．

以上の結果から，n 個の要素から r 個を選んで並べる順列は

$$_n\mathrm{P}_r := n \times (n-1) \times \cdots \times (n-(r-1))$$

である，という一般化ができます．再び例題に戻れば，先ずは

$$_4\mathrm{P}_4 = 4 \times (4-1) \times (4-2) \times (4-(4-1)) = 24$$

となりますが，これは階乗計算そのものです．また，四枚のカードから二枚を選ぶ順列は，次のように再現されます．

$$_4\mathrm{P}_2 = 4 \times (4-(2-1)) = 12.$$

さて，ここに登場しました

$$n \times (n-1) \times \cdots \times (n-(r-1))$$

は階乗計算を途中で打ち切ったものであり，n から始まり 1 だけ順に減っていく数の積であることから，**下降階乗冪**(かこうかいじょうべき)と呼ばれています．これは階乗と比較して，その不足部分を補うことで，通常の記号で書くことができます．即ち

$$n! = [n \times (n-1) \times \cdots \times (n-(r-1))] \times [(n-r) \times \cdots \times 1]$$
$$= [n \times (n-1) \times \cdots \times (n-(r-1))] \times (n-r)!$$

より，一般的な順列の計算式：

$$\boxed{_n\mathrm{P}_r = \frac{n!}{(n-r)!}}$$

を得ます．これより，先に求めた"枝の本数"が

$$_4\mathrm{P}_1 = \frac{4!}{3!} = 4, \quad _4\mathrm{P}_2 = \frac{4!}{2!} = 12, \quad _4\mathrm{P}_3 = \frac{4!}{1!} = 24, \quad _4\mathrm{P}_4 = \frac{4!}{0!} = 24$$

と求められます——最後の式で「定義 $0! = 1$」を使いました．また

$$_n\mathrm{P}_r = n \times (_{n-1}\mathrm{P}_{r-1})$$

によって，P のみで自身を定義することもできます．

　ここでは，「否定等号により異なるカードを選ぶ」という単純な規則から，篩の方法によって順列が求められることを示しました．そして，順列計算の本質は，階乗の比であることが次第に明らかになりました．木によって対象に内在する構造が焙り出され，全体像が容易に把握できるようになりました．

　大変な手間を掛けましたが，ルールは単純でした．どうも手数とルールの複雑性は，その「積が一定になっている」ようにも思えます．難しそうに見える問題は，可能な限り手数を掛けて，細かく分解すれば，そこには簡潔な法則が見えてくる．道具が無ければ，素手で頑張る．その為には多少の無駄も，汚れ仕事も厭わない．逆に，複雑なルールを理解して，それを道具として駆使すれば，最小の手数で結果を導くことができる．手も汚れず，鮮やかで無駄が無い．両者は，そんな相補的な関係にあるのではないでしょうか．

　どんな難しい問題でも，道具など無くても，手数を惜しまなければ必ず理解できる，それが個人的な結論です．さあ，もっと手を動かしましょう．

5.3 カードを配る

　順列とは，異なる n 個の要素から r 個を選び，それを"順に並べた場合"の数でした．次に，この並べる順序を問わない場合，別の言い方をすれば，**異なる n 個の要素から r 個を選ぶ**，その"選び方にのみ意味がある"場合，これを**組合せ**と呼び，順列と同系統の記号：${}_nC_r$ によって表します．ここで C は組合せを意味する英語 Combination の頭文字です．

　ここでも篩の技法からはじめましょう．対象となる数表は，既に順列に関して求められたものを使いますので，グッと小さくなります．即ち，重複順列から数えれば，"二度目の篩に掛けて数を選別する"ことになります．一枚の場合は自明ですので，二枚の場合から選別を行いましょう．

　対象となるのは ${}_4P_2$ に関して得られた 12 個です．組合せに意味があり，並び順を問わないとは，例えば，12 と 21 を同じものと見做す，両者とも要素 1 と 2 によって作られた数なので，これを同一視するということです．ここで"同一視する"とは，**異なるものを同じと見ること**を意味します．外見上は異なるが，それをある関係から見直したときに，同じグループに属する場合，それを同一視という言葉によって一括りにするのです．数学の常套句です．

　この場合も"選別された数"の個数が問題なので，二数のどちらを残しどちらを消すか，は結果に影響しません．ここでは $10 \times i + 1 \times j$ と表記された数に対して，大小関係 $i < j$ を満足する数を，そのグループの代表として残すことにします．今の場合でしたら，12 は $1 < 2$ を充たし，21 はこの関係を充たしませんので，12 を残します．この規則を全体に適用して以下を得ます．

　　　　　12　13　14　~~21~~　23　24　~~31~~　~~32~~　34　~~41~~　~~42~~　~~43~~

残った数の個数 6 が，四枚の要素から二枚を選ぶ組合せの数，即ち，${}_4C_2 = 6$ となります．同様に，三枚を取り出す場合も，対応する順列の数表より

123　124　~~132~~　134　~~142~~　~~143~~　~~213~~　~~214~~　234　~~231~~　~~243~~
~~312~~　~~314~~　~~321~~　~~324~~　~~341~~　~~342~~　~~412~~　~~413~~　~~421~~　~~423~~　~~431~~　~~432~~

無印の 4 個が残り，${}_4C_3 = 4$ であることが分かります．

　最後に，四枚の中から四枚を選ぶ組合せは，1234 の一種類しかありませんので，直ちに ${}_4C_4 = 1$ を得ます．また，四枚の中から一枚を選ぶ組合せは四種

類あり，$_4C_1 = 4$ が成り立ちますので，組合せとは

$$_4C_1 = 4, \quad _4C_2 = 6, \quad _4C_3 = 4, \quad _4C_4 = 1$$

を導く関係だということになります．

　ここで篩に課した条件は，不等号「<」でした．大小関係 $a < b$ の成立は，同時に $a \neq b$ でもあるので，この条件は順列に課した条件をも含むものであることが分かります．よって，この場合の組合せは，四つの数 i, j, k, m に対して

$$\boxed{i < j < k < m}$$

となる条件を充たすように数を選べ，と問題設定したことになります．

　順列の木から，同一視によって組合せの木を求めることもできます．
● 先ず最初に，末端の葉，即ち第四スロットに並ぶ数は，何れも $1, 2, 3, 4$ のすべてを使った数なので，これを 1234 によって代表させます．
● 次に第三スロットです．$1, 2, 3$ の三要素を含む数は，123 を筆頭に $132, 231, 213, 312, 321$ の六組がありますので，これを 123 に代表させて他を消します．続いて，$1, 2, 4$ を含む数を調べますと，124 を筆頭に六組．これを 124 に代表させて他を消します．同様に，134 を筆頭に六組，234 を筆頭に六組の数の組がありますので，これらを消します．従いまして，全体の 24 個を 6 で割り算した 4 個が残ることになります．
● 第二スロットの部分は，二数の入れ替えを一つと数えます．例えば，12 を

5.3. カードを配る

残して 21 を消します．その結果，12 個の要素から半分の 6 個が残ります．
● 第一スロットは，そのまま 4 個が残ります．

```
        ┌ 2: (12) ┌ 3: (123) — 4: (1234)
        │         └ 4: (124)
      1 ┼ 3: (13) — 4: (134)
        │ 4: (14)
        │ 2 ┌ 3: (23) — 4: (234)
        │   └ 4: (24)
        3 — 4: (34)
        4
```

| 枝・葉の数 | 4 | 6 | 4 | 1 |

以上，大小関係によって数を選別し，代表以外の数を消した結果，木は左上半分を残した三角形状に"剪定"されました．これが組合せの木です．

さて，組合せと順列とを比較しましょう．両者は以下のように対応します．

$$_4P_1 = 4 \quad _4P_2 = 12 \quad _4P_3 = 24 \quad _4P_4 = 24$$
$$\Downarrow \quad \Downarrow \quad \Downarrow \quad \Downarrow$$
$$_4C_1 = 4 \quad _4C_2 = 6 \quad _4C_3 = 4 \quad _4C_4 = 1$$

これより直ちに

$$_4P_1/1 = {_4C_1}, \quad _4P_2/2 = {_4C_2}, \quad _4P_3/6 = {_4C_3}, \quad _4P_4/24 = {_4C_4}$$

なる関係が導けます．分母に注目しますと，これは 1!, 2!, 3!, 4! と書き直すことができますので，順列と組合せの一般的な関係：

$$\boxed{\,_nC_r := \frac{_nP_r}{r!} = \frac{n!}{r!(n-r)!}\,}$$

が予想されます．そして実際に，これが**異なる n 個の要素から，r 個を選ぶ組合せの式になっています．また，これを P のみ，あるいは C 自身のみを用いて

$$_nC_r = \frac{_nP_r}{_rP_r}, \qquad _nC_r = {_{n-1}C_{r-1}} + {_{n-1}C_r}$$

と書くこともできます．特に後者は，条件：$_nC_0 = {_nC_n} = 1$ を加えることで，階乗を直接用いずに，これ自身で $_nC_r$ の定義とすることができます——フィボナッチ数の定義に似ていますね．

分母の $r!$ は，既に見てきましたように，同一視されたグループの，各々の要素数を表しています．"剪定"により捨てられた部分です．これをカードでも示しておきます．例えば，異なる四枚のカードから三枚を引いたとき，それは

| 1 2 3 | 1 2 4 | 1 3 4 | 2 3 4 |

132　　　142　　　143　　　243
213　　　214　　　314　　　324
231　　　241　　　341　　　342
312　　　412　　　413　　　423
321　　　421　　　431　　　432

の四種類になりますが，その背後には同一視された5個の要素が隠されており，その結果，$_4C_3 = 4$ を得たわけです．第3夜に御紹介致しましたパスカルの三角形における係数は，二項展開の係数であり，**二項係数**と呼ばれました．そして，二項展開はこの $_nC_r$ を用いて，次のように書くことができるのです．

$$(a+b)^n = {}_nC_0 a^n + {}_nC_1 a^{n-1}b + \cdots + {}_nC_n b^n = \sum_{k=0}^{n} {}_nC_k a^{n-k}b^k.$$

さて，ここまでの議論をもっと具体的に，もっと印象的に再確認しましょう．ここで印象的とは，"印度の象のように巨大な証明"，エレガントとは対極をなすエレファントな証明という意味です．力尽くの方法とも呼ばれますが，原理原則に則った手法こそ，広い適用範囲を持つのは当然でしょう．従って，力尽くの方法が仮に上手くいかないとしたら，その理由こそ考えるべきなのです．その時に初めて，エレガントな発想が生まれてきます．過剰な装備，大袈裟な道具，寄り道の多い工程，これらは皆，学習者の力量を上げます．先ずは解けること，先ずは理解することが重要です．すべてはその後の話です．

さて，象を相手に挌闘(かくとう)を続けましょう．次は，記号 $_nH_r$ によって表される**重複**

5.3. カードを配る

組合せについて考えます．ここでは順列を求めるために，削られた 1111, 2233 などが復活します．残す数の組合せは，不等号に等号を加味した記号「≦」に象徴されます．この場合の条件は，各桁の数 i, j, k, m が

$$i \leq j \leq k \leq m$$

という関係を充たすことです——なお，この記号は，「等号と不等号のどちらか一方が成り立てばよい」という意味ですから，例えば，$1 \leq 2$ が正しい関係であるのと同様に，$1 \leq 1$ も正しいわけです．

一枚のカードの選び方は，この場合でも同じ四通りですので

$$_4H_1 = 4.$$

そこで，これまで同様に二桁からはじめます．二数の関係：$i \leq j$ を充たすものは残し，他に×印を上書きします．これより，六個が消え十個が残りました．

11 12 13 14 2̸1̸ 22 23 24 3̸1̸ 3̸2̸ 33 34 4̸1̸ 4̸2̸ 4̸3̸ 44

即ち，四種類の異なるカードから，重複を許して二枚を選ぶ組合せは $_4H_2 = 10$ となりました．同様に，三枚を選ぶ場合には

111 112 113 114 1̸2̸1̸ 122 123 124 1̸3̸1̸ 1̸3̸2̸ 133 134 1̸4̸1̸ 1̸4̸2̸ 1̸4̸3̸ 144
2̸1̸1̸ 2̸1̸2̸ 2̸1̸3̸ 2̸1̸4̸ 2̸2̸1̸ 222 223 224 2̸3̸1̸ 2̸3̸2̸ 233 234 2̸4̸1̸ 2̸4̸2̸ 2̸4̸3̸ 244
3̸1̸1̸ 3̸1̸2̸ 3̸1̸3̸ 3̸1̸4̸ 3̸2̸1̸ 3̸2̸2̸ 3̸2̸3̸ 3̸2̸4̸ 3̸3̸1̸ 3̸3̸2̸ 333 334 3̸4̸1̸ 3̸4̸2̸ 3̸4̸3̸ 344
4̸1̸1̸ 4̸1̸2̸ 4̸1̸3̸ 4̸1̸4̸ 4̸2̸1̸ 4̸2̸2̸ 4̸2̸3̸ 4̸2̸4̸ 4̸3̸1̸ 4̸3̸2̸ 4̸3̸3̸ 4̸3̸4̸ 4̸4̸1̸ 4̸4̸2̸ 4̸4̸3̸ 444

より，二十個が残ります．これで $_4H_3 = 20$ が分かりました．具体的には

```
111  112  113  114  122  123  124  133  134  144
222  223  224  233  234  244  333  334  344  444
```

となります．最後に，四個を重複を許して選ぶ，その組合せは

1111 1112 1113 1114 ~~1121~~ 1122 1123 1124 ~~1131~~ ~~1132~~ 1133 1134 ~~1141~~ ~~1142~~ ~~1143~~ 1144
~~2111~~ ~~2112~~ ~~2113~~ ~~2114~~ ~~2121~~ 1222 1223 1224 ~~2131~~ ~~2132~~ 1233 1234 ~~2141~~ ~~2142~~ ~~2143~~ 1244
...

より，以下の 35 個を得ます．

```
1111  1112  1113  1114  1122  1123  1124
1133  1134  1144  1222  1223  1224  1233
1234  1244  1333  1334  1344  1444  2222
2223  2224  2233  2234  2244  2333  2334
2344  2444  3333  3334  3344  3444  4444
```

これより，$_4H_4 = 35$ を見出します．従いまして，重複組合せとは

$$_4H_1 = 4, \quad _4H_2 = 10, \quad _4H_3 = 20, \quad _4H_4 = 35$$

を導く関係である，ということが分かりました．

　重複順列に否定等号を条件として篩を掛けました．そこから順列が導かれました．同じく不等号を条件として，組合せが導かれました．そして今，等号を含む不等号を条件とした篩によって，重複組合せが求められました．そこで順列，組合せの場合と同様に木を書いてみましょう．これら二例と構造が違うことがよく分かると思います．ここでは右側に，最終の節を基準に表記された数の個数を附記しています．

5.3. カードを配る

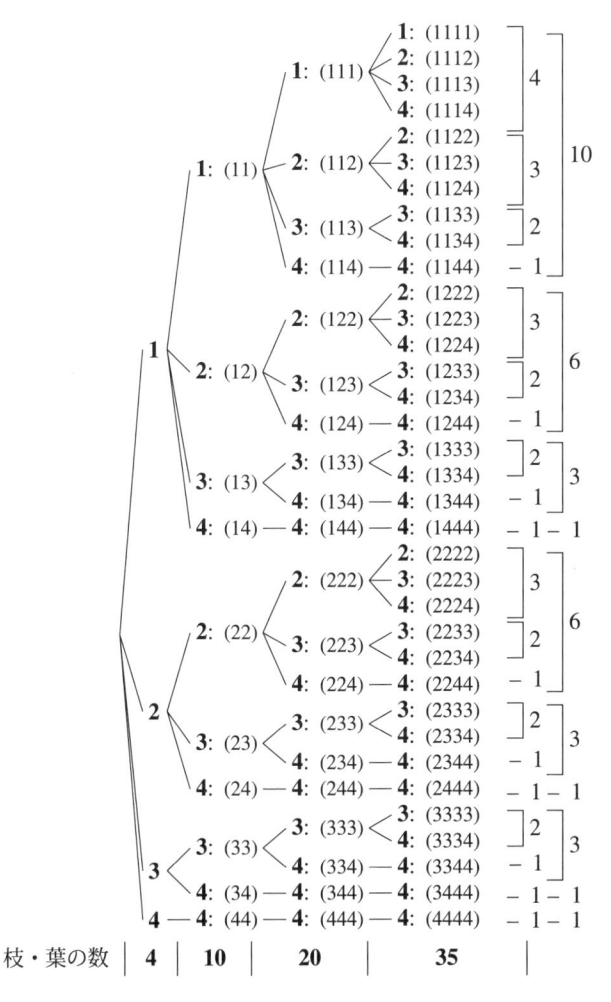

```
                           1: (1111)
                           2: (1112)  ⎫
              1: (111) <   3: (1113)  ⎬ 4
                           4: (1114)  ⎭
                           2: (1122) ⎫
              2: (112) <   3: (1123) ⎬ 3  ⎫
                           4: (1124) ⎭    ⎪
     1: (11) <                             ⎬ 10
                           3: (1133) ⎫ 2  ⎪
              3: (113) <   4: (1134) ⎭    ⎪
                                           ⎭
              4: (114) ― 4: (1144) ― 1
                           2: (1222)
                           2: (1222) ⎫
              2: (122) <   3: (1223) ⎬ 3
                           4: (1224) ⎭    ⎫
                           3: (1233) ⎫    ⎪
     2: (12) < 3: (123) <   4: (1234) ⎬ 2  ⎬ 6
                                      ⎭    ⎪
              4: (124) ― 4: (1244) ― 1   ⎭

              3: (133) <   3: (1333) ⎫ 2  ⎫
1 <                         4: (1334) ⎭    ⎬ 3
     3: (13) <                             ⎪
              4: (134) ― 4: (1344) ― 1   ⎭

     4: (14) ― 4: (144) ― 4: (1444) ― 1 ― 1

                           2: (2222)
                           2: (2222) ⎫
              2: (222) <   3: (2223) ⎬ 3
                           4: (2224) ⎭    ⎫
                           3: (2233) ⎫    ⎪
     2: (22) < 3: (223) <   4: (2234) ⎬ 2  ⎬ 6
                                      ⎭    ⎪
              4: (224) ― 4: (2244) ― 1   ⎭

              3: (233) <   3: (2333) ⎫ 2  ⎫
2 <  3: (23) <              4: (2334) ⎭    ⎬ 3
                                           ⎪
              4: (234) ― 4: (2344) ― 1   ⎭

     4: (24) ― 4: (244) ― 4: (2444) ― 1 ― 1

              3: (33)  <   3: (3333) ⎫ 2  ⎫
3 <           3: (33)  <   4: (3334) ⎭    ⎬ 3
                                           ⎪
              4: (334) ― 4: (3344) ― 1   ⎭

     4: (34) ― 4: (344) ― 4: (3444) ― 1 ― 1

4 ― 4: (44) ― 4: (444) ― 4: (4444) ― 1 ― 1
```

| 枝・葉の数 | 4 | 10 | 20 | 35 |

この図を元に，重複組合せの一般式を求めます．上下の個数の変化を見ながら，左端の要素 1, 2, 3, 4 から第四スロットへと目を移しますと，各要素に対する個数の生成過程が分かります．そこで，左端の数値を目印に角括弧で包み，それらの計算式を書きますと，第四スロットの結果：

$$[1]\ \begin{array}{r} 4+3+2+1 \\ 3+2+1 \\ 2+1 \\ 1\ (+ \\ \hline 20 \end{array} \quad [2]\ \begin{array}{r} 3+2+1 \\ 2+1 \\ 1\ (+ \\ \hline 10 \end{array} \quad [3]\ \begin{array}{r} 2+1 \\ 1\ (+ \\ \hline 4 \end{array} \quad [4]\ \begin{array}{r} 1\ (+ \\ \hline 1 \end{array} \longrightarrow 35$$

を得ます．同様にして，第三スロットは

[1] $\boxed{\dfrac{4+3+2+1\ (+}{10}}$ [2] $\boxed{\dfrac{3+2+1\ (+}{6}}$ [3] $\boxed{\dfrac{2+1\ (+}{3}}$ [4] $\boxed{\dfrac{1\ (+}{1}} \longrightarrow \mathbf{20}$

により与えられます．第二スロットに関しては，$4 + 3 + 2 + 1 \to \mathbf{10}$ となります．第一スロットの個数は **4** です．

以上の結果を念頭に，$n = 4$ の場合を拡張する形で，一般の n で成り立つ式を求めましょう．第一スロットから順に遡っていきます．「和のこころ」4.3 (p.88) で求めた自然数の和の式を思い出して下さい．先ず

$$\sum_{k=1}^{n} k^0 = n$$

となります．$\sum$(シグマ) は，下の添字から上の添字までの和を表す記号でした．この場合は，1 を n 個加えるという意味になりますので，その和は n です．これより $n = 4$ として，第一スロットの合計が再現されました．

第二スロットは，自然数の和の式そのものですから

$$\sum_{k=1}^{n} k = \frac{1}{2}n(n + 1)$$

となります．第一スロットの式 n を仮の変数 k に置換えて，その和を n まで取ることで，結果を得ています．$n = 4$ を代入して，第二スロットの合計 10 が再現されました．この計算は，第一スロットの結果を受けたものであることを強調しておきます．そのことを形式の上でも際立たせるために

$$\sum_{b=1}^{n}\left[\sum_{a=1}^{b} a^0\right] = \sum_{b=1}^{n} b = \frac{1}{2}n(n + 1)$$

と表記することもできます．ダミー変数 a, b の役割に注目して下さい．

第三スロットの合計は，"自然数の和の和"という形になっています．即ち，第二スロットの式を 1 から n までの和を取ることで得られます．

$$\sum_{k=1}^{n} \frac{1}{2}k(k + 1) = \frac{1}{2}\left[\sum_{k=1}^{n} k^2 + \sum_{k=1}^{n} k\right]$$

$$= \frac{1}{2}\left[\frac{1}{6}n(n + 1)(2n + 1) + \frac{1}{2}n(n + 1)\right] = \frac{1}{6}n(n + 1)(n + 2)$$

5.3. カードを配る

となります——ここで二乗和の式を用いました．これより，$n = 4$ を代入して，第三スロットの合計 20 が再現されます．これは前例と同様に

$$\sum_{c=1}^{n}\left[\sum_{b=1}^{c}\left[\sum_{a=1}^{b}a^0\right]\right] = \sum_{c=1}^{n}\left[\sum_{b=1}^{c}b\right] = \sum_{c=1}^{n}\frac{1}{2}c(c+1) = \frac{1}{6}n(n+1)(n+2)$$

と表記して，計算の連鎖を強調することもできます．

第四スロットは，この第三スロットの和になりますので

$$\sum_{k=1}^{n}\frac{1}{6}k(k+1)(k+2) = \frac{1}{6}\left[\sum_{k=1}^{n}k^3 + 3\sum_{k=1}^{n}k^2 + 2\sum_{k=1}^{n}k\right]$$

$$= \frac{1}{6}\left[\left\{\frac{1}{2}n(n+1)\right\}^2 + \frac{3}{6}n(n+1)(2n+1) + \frac{2}{2}n(n+1)\right]$$

$$= \frac{1}{24}n(n+1)(n+2)(n+3)$$

となります——ここで三乗和の式を利用しました．$n = 4$ を代入して，第四スロットの合計 35 を得ます．シグマを重ねた形式は以下のようになります．

$$\sum_{d=1}^{n}\left[\sum_{c=1}^{d}\left[\sum_{b=1}^{c}\left[\sum_{a=1}^{b}a^0\right]\right]\right] = \sum_{d=1}^{n}\left[\sum_{c=1}^{d}\left[\sum_{b=1}^{c}b\right]\right] = \sum_{d=1}^{n}\left[\sum_{c=1}^{d}\frac{1}{2}c(c+1)\right]$$

$$= \sum_{d=1}^{n}\frac{1}{6}d(d+1)(d+2) = \frac{1}{24}n(n+1)(n+2)(n+3)$$

各スロットの合計が，多重の和で表されることが，御理解頂けたと思います．

以上の結果を第一スロットの式から順に並べます．ここで分母が階乗の形式で書けることに注目して，揃えますと

$$1st: n, \quad 2nd: \frac{n(n+1)}{2!}, \quad 3rd: \frac{n(n+1)(n+2)}{3!}, \quad 4th: \frac{n(n+1)(n+2)(n+3)}{4!}$$

となります．これより容易に次の一般形を予想することができます．

$$rth: \quad \frac{n(n+1) \times \cdots \times (n+(r-1))}{r!}.$$

これは n 以降の積が続く**上昇階乗冪**の形になっており，関係：

$$(n+(r-1))! = [(n+(r-1)) \times \cdots \times n] \times [(n-1) \times \cdots \times 1]$$
$$= [(n+(r-1)) \times \cdots \times n](n-1)!$$

を用いて，通常の階乗形式に直せます．その結果，重複組合せの式：

$$\boxed{{}_n\mathrm{H}_r = {}_{n+r-1}\mathrm{C}_r = \frac{(n+r-1)!}{r!(n-1)!}}$$

を得ます．これは一般に成り立つことが証明されておりますので，以後この式を使って計算を進めます．実際，ここまでに得た結果は

$${}_4\mathrm{H}_1 = \frac{4!}{1!3!} = 4, \quad {}_4\mathrm{H}_2 = \frac{5!}{2!3!} = 10, \quad {}_4\mathrm{H}_3 = \frac{6!}{3!3!} = 20, \quad {}_4\mathrm{H}_4 = \frac{7!}{4!3!} = 35$$

となり，すべて再現されます．また ${}_n\mathrm{C}_r$ と同様に，${}_n\mathrm{H}_r$ も自身のみを用いて

$${}_n\mathrm{H}_r = {}_n\mathrm{H}_{r-1} + {}_{n-1}\mathrm{H}_r, \qquad \text{ただし，}{}_n\mathrm{H}_0 = {}_1\mathrm{H}_r = 1$$

と書けます——両辺を階乗の形にまで戻せば確かめられます．こうして，自己完結した定義を得ました．ここまでにカード，篩，木，そして様々な計算を経て，ようやく手にした重複組合せが，実に"エレガント"な表現で与えられることが分かりました．このように，定義の中に自分自身が再び現れる形式は，**再帰的定義**と呼ばれています．フィボナッチ数列も順列も，${}_n\mathrm{C}_r$ も ${}_n\mathrm{H}_r$ も，そして階乗そのものも，再帰的定義によってその本質が焙り出される好例です．

最後に，**カタラン数**の一般形：$\mathcal{K}_n$ を求めます．「二項展開の中央の値に対して番号を振り，その番号で値を割った数」という定義から，直ちに

$$\mathcal{K}_n = \frac{1}{n+1} {}_{2n}\mathrm{C}_n$$

を得ます．具体的に数値を代入して，その値を求めますと

$$\mathcal{K}_0 = \frac{{}_0\mathrm{C}_0}{0+1} = 1, \quad \mathcal{K}_1 = \frac{{}_2\mathrm{C}_1}{1+1} = 1, \quad \mathcal{K}_2 = \frac{{}_4\mathrm{C}_2}{2+1} = 2, \quad \mathcal{K}_3 = \frac{{}_6\mathrm{C}_3}{3+1} = 5$$

となります．これを二項間の関係として定義するには，上式を二度使って

$$\begin{aligned}{}_{2n}\mathrm{C}_n &= \mathcal{K}_n + n\mathcal{K}_n = \mathcal{K}_n + \frac{n}{n+1} {}_{2n}\mathrm{C}_n \\ &= \mathcal{K}_n + \frac{n}{n+1} \frac{(2n)!}{n! \cdot n!} = \mathcal{K}_n + {}_{2n}\mathrm{C}_{n-1}\end{aligned}$$

より，$\mathcal{K}_n = {}_{2n}\mathrm{C}_n - {}_{2n}\mathrm{C}_{n-1}$ を得ます．一般にカタラン数は文字 C により表されますが，ここでは二項係数との混乱を避けるために，$\mathcal{K}$ を用いました．また，その定義も初項を省いて，$\mathcal{K}_1$ 以降をカタラン数とする場合があります．

5.4 冪の三角形

さてここで，パスカルの三角形の第 n 段目の各係数，即ち，${}_n\mathrm{C}_r$ の展開：

$$ {}_n\mathrm{C}_1 = n, \qquad {}_n\mathrm{C}_2 = n(n-1)/2, \qquad {}_n\mathrm{C}_3 = n(n-1)(n-2)/6, \ldots $$

を改めて観察しますと，4.3 (p.88) で求めた自然数の和の式：

$$ s_0(n) = 1^0 + 2^0 + 3^0 + \cdots + n^0 = n, $$
$$ s_1(n) = 1^1 + 2^1 + 3^1 + \cdots + n^1 = n(n+1)/2, $$
$$ s_2(n) = 1^2 + 2^2 + 3^2 + \cdots + n^2 = n(n+1)(2n+1)/6 $$

と非常によく似た形式を持っていることに気が附きます．そこで，これを二項係数の組合せで書き直しましょう．互いの冪が等しくなるように調整します．

先ず，$s_0(n) = {}_n\mathrm{C}_1$ です．続いて，ある定数 u, v によって，等式：

$$ u \cdot {}_n\mathrm{C}_1 + v \cdot {}_n\mathrm{C}_2 = s_1(n) \;\Rightarrow\; u \cdot n + v \cdot \frac{1}{2}n(n-1) = \frac{1}{2}n(n+1) $$

が成り立つと仮定します．これを展開して冪を揃え，両辺の係数を比較して

$$ v \cdot \frac{n^2}{2} + (2u-v)\frac{n}{2} = \frac{n^2}{2} + \frac{n}{2} $$

より，$u = 1, v = 1$ を得ます．従いまして，n までの自然数の和は，形式的に

$$ s_1(n) = 1^1 + 2^1 + 3^1 + \cdots + n^1 = {}_n\mathrm{C}_1 + {}_n\mathrm{C}_2 $$

と書換えられました――二項係数の条件 $r \leq n$ については後で考察します．

次の $s_2(n)$ は，三項の和になります．ある定数 u, v, w によって，等式：

$$ u \cdot {}_n\mathrm{C}_1 + v \cdot {}_n\mathrm{C}_2 + w \cdot {}_n\mathrm{C}_3 = s_2(n) $$
$$ \Rightarrow\; u \cdot n + v \cdot \frac{1}{2}n(n-1) + w \cdot \frac{1}{6}n(n-1)(n-2) = \frac{1}{6}n(n+1)(2n+1) $$

が成り立つと仮定し，冪を比較します．展開して整理しますと

$$ \frac{w}{2} \cdot \frac{n^3}{3} + (v-w)\frac{n^2}{2} + (6u - 3v + 2w)\frac{n}{6} = \frac{n^3}{3} + \frac{n^2}{2} + \frac{n}{6} $$

となり，$u = 1, v = 3, w = 2$ を得ます．これより，以下が求められました．

$$ s_2(n) = 1^2 + 2^2 + 3^2 + \cdots + n^2 = {}_n\mathrm{C}_1 + 3{}_n\mathrm{C}_2 + 2{}_n\mathrm{C}_3 $$

こうした計算は，何処までも続けていくことができます．例えば

$$s_3(n) = 1^3 + 2^3 + 3^3 + \cdots + n^3 = {}_nC_1 + 7{}_nC_2 + 12{}_nC_3 + 6{}_nC_4,$$
$$s_4(n) = 1^4 + 2^4 + 3^4 + \cdots + n^4 = {}_nC_1 + 15{}_nC_2 + 50{}_nC_3 + 60{}_nC_4 + 24{}_nC_5$$

となります．これで書換えができることは分かりました．実際に値を入れて，その正しさを確認しておきましょう．一つだけ例を挙げますと

$$s_1(100) = {}_{100}C_1 + {}_{100}C_2 = \frac{100!}{1! \cdot 99!} + \frac{100!}{2! \cdot 98!} = 100 + 99 \times 50 = 5050$$

となり，確かに正しい値が求められます．しかし，既にこの計算のおかしさに気附いた方もおられるでしょう．冪を，それよりも遥かに急速に大きくなる階乗を用いて書換えることは，計算を困難にするだけであって，実際的な意味をそこに見出すことが難しいことを．実はこの計算の意味は，結果をパスカルの三角形に倣って並べてみることで，ようやく見えてくるのです．

先ずは結果をまとめ，定数部分を取りだして一覧します．

$$s_0(n) = {}_nC_1 \qquad\qquad \Rightarrow \quad 1,$$
$$s_1(n) = {}_nC_1 + {}_nC_2 \qquad\qquad \Rightarrow \quad 1,\ 1,$$
$$s_2(n) = {}_nC_1 + 3{}_nC_2 + 2{}_nC_3 \qquad\qquad \Rightarrow \quad 1,\ 3,\ 2,$$
$$s_3(n) = {}_nC_1 + 7{}_nC_2 + 12{}_nC_3 + 6{}_nC_4 \qquad\qquad \Rightarrow \quad 1,\ 7,\ 12,\ 6,$$
$$s_4(n) = {}_nC_1 + 15{}_nC_2 + 50{}_nC_3 + 60{}_nC_4 + 24{}_nC_5 \quad \Rightarrow \quad 1,\ 15,\ 50,\ 60,\ 24.$$

パスカルの三角形は，二項係数の"ショーケース"でした．この場合も同様に，各係数を取り出して，三角形状に並べてみようというわけです．その結果は

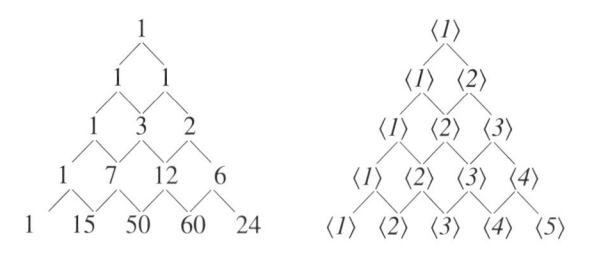

```
              1                              ⟨1⟩
            1   1                         ⟨1⟩   ⟨2⟩
          1   3   2                    ⟨1⟩   ⟨2⟩   ⟨3⟩
        1   7  12   6                ⟨1⟩  ⟨2⟩  ⟨3⟩  ⟨4⟩
      1  15  50  60  24           ⟨1⟩  ⟨2⟩  ⟨3⟩  ⟨4⟩  ⟨5⟩
```

となります．パスカルの三角形は，上の段の二数の和により，下の数値が定まるという，極めて簡潔な計算処方を表現していました．では，この場合の各係数間の関係は，どのようなものでしょうか．この図から明らかなことは，先ず左端の数は，すべて 1 になっていることです．そして，右端の数は，段数から 1 を引いた数の階乗になっています．問題はその間の数の関係です．

5.4. 冪の三角形

それは係数の居場所に関係しています．そこで，左端を第一スロットと見て，順に右側に番号を振っていきます．それが右側の三角形です．そして，左の三角形の各係数の裏側には，右側に示した番号があると考えて下さい．係数と番号，この二数の積を各項で作り，その和を下の段に降ろしていくのです．

例えば，三段目の数の並び，1, 3, 2 から，四段目を作りましょう．両端の数は先の原則により，1 と 6 (= 3!) に定まります．四段目の第二スロットは，三段目の第一スロット 1 とその番号 1 の積 1 と，第二スロット 3 とその番号 2 の積 6，以上の和となりますので，7 と決まります．続く四段目の第三スロットは，今求めました積 6 と，三段目の第三スロット 2 とその番号 3 の積 6 の和で 12 となります．以上で，四段目が 1, 7, 12, 6 と求められました．

さて，二項係数に類似したこの係数を，ここでは**冪和係数**と呼び，$_nG_r$ と書くことにしましょう．これは，自分自身のみを用いて

$$_nG_r = (r-1) \cdot {}_{n-1}G_{r-1} + r \cdot {}_{n-1}G_r, \quad \text{ただし，} {}_nG_1 = 1, {}_nG_n = (n-1)!$$

と定義することができます．そして，自然数の冪の和の公式 $s_k(n)$ は，この冪和係数と二項係数の積の和により，以下の式で与えられます．

$$s_k(n) = \sum_{i=1}^{k+1} {}_{k+1}G_i \cdot {}_nC_i^\dagger$$

ここで ${}_nC_r^\dagger$ は，二項係数における $n < r$ の場合を 0 と再定義したものです——記号 † はダガーと読みます．これにより $r \leq n$ における値はまったく影響を受けません．この意味を，$s_4(n)$ の場合を例に採り，説明しましょう．

例えば，$n = 4$ のとき，${}_4C_5$ は定義されないので

$$s_4(4) = 1^4 + 2^4 + 3^4 + 4^4 = {}_4C_1 + 15{}_4C_2 + 50{}_4C_3 + 60{}_4C_4 \quad [+24{}_4C_5]$$

は破綻しますが，実際には，その前の項までで実質的な計算は終了し

$$1^4 + 2^4 + 3^4 + 4^4 = 4 + 15 \times 6 + 50 \times 4 + 60 \times 1 = 354$$

となって正解を得ます．$n = 3$ の場合も末尾二項は貢献せず，以下を得ます．

$$s_4(3) = 1^4 + 2^4 + 3^4 = {}_3C_1 + 15{}_3C_2 + 50{}_3C_3 \quad [+60{}_3C_4 + 24{}_3C_5]$$
$$= 3 + 15 \times 3 + 50 \times 1 = 98.$$

他も同様です．これが $n < r$ の場合を 0 として全体が崩れない理由です．

5.5 パスカルからフェルマーへ

再び二項係数の話題を採り上げます．ここでは素数 p に対する二項係数：

$$_p C_r = \frac{p!}{r!(p-r)!}$$

を考えます．$r = 0, p$ の場合には，$_pC_0 = 1, \ _pC_p = 1$ となりますので，これらを除いて考えますと，$_pC_r$ の分子は p で割り切れ，分母は p で割れないことが分かります．その結果，$_pC_r$ は p で割り切れて

$$\boxed{_pC_r \equiv 0 \ (\text{mod.} \ p), \quad \text{ただし}, \ r = 0, \ p \text{は除く}}$$

を得ます．この関係を用いて，素数冪に対する二項展開は

$$(a+b)^p = {_pC_0}a^p + {_pC_1}a^{p-1}b + {_pC_2}a^{p-2}b^2 + \cdots + {_pC_p}b^p$$
$$= a^p + b^p + \left({_pC_1}a^{p-1}b + {_pC_2}a^{p-2}b^2 + \cdots\right)$$

より，右辺第三項，即ち a, b の交叉項がすべて p で割り切れて

$$\boxed{(a+b)^p \equiv a^p + b^p \ (\text{mod.} \ p)}$$

という形に簡略化されることが分かりました．

ここで，$a = b = 1$ とおき，以降，自明な法表記を省略しますと

$$(1+1)^p \equiv 1^p + 1^p \quad \Rightarrow \quad \mathbf{2^p \equiv 2} \quad \Rightarrow \quad 2^p + 1 \equiv 3$$

を得ます．続いて，$a = 2, b = 1$ の場合には，上式の最後の変形も用いて

$$(2+1)^p \equiv 2^p + 1^p \quad \Rightarrow \quad 3^p \equiv 2^p + 1 \quad \Rightarrow \quad \mathbf{3^p \equiv 3}.$$

同様にして，$\mathbf{4^p \equiv 4, \ 5^p \equiv 5, \ 6^p \equiv 6, \ldots}$ を得ます．これより

$$\boxed{a^p \equiv a \ (\text{mod.} \ p).}$$

この式は，$a = -s, \ (s > 0)$ とおきますと，奇素数 p' に対しては，-1 の任意の奇数冪は -1 に等しいことから，$a^{p'} = (-s)^{p'} = (-1)^{p'} s^{p'} = -s^{p'}$ となり

$$-s^{p'} \equiv -s \ (\text{mod.} \ p') \quad \Rightarrow \quad s^{p'} \equiv s \ (\text{mod.} \ p').$$

5.5. パスカルからフェルマーへ

偶素数 2 の場合には，$a^2 = (-s)^2 = s^2$ であり，$1 \equiv -1$ であることから

$$s^2 \equiv -s \pmod{2} \quad \Rightarrow \quad s^2 \equiv s \pmod{2}.$$

よって，偶奇によらず成り立ちます．また $a = 0$ の場合は，$0^p \equiv 0$ となります．これで正負・0 のすべてが同一形式になり，先の式が任意の整数で成り立つことが分かりました．さらに，a と p が互いに素であれば，両辺が a で割れて

$$\boxed{a^{p-1} \equiv 1 \pmod{p}, \quad (a, p) = 1}$$

を得ます．これを**フェルマーの小定理**といいます．あの $x^n + y^n \neq z^n, (3 \leq n)$ が "大定理" と呼ばれていたために，"小" の字が附いていますが，これは決して小さい定理ではありません．初等整数論の中核を成す**偉大**な定理です．

この定理の両辺から 1 を引きますと $a^{p-1} - 1 \equiv 0 \pmod{p}$ となります．これは左辺が素数 p で割り切れることを示しています．例えば，$a = 2$ としますと

$$p = 5 \ : 2^4 - 1 = 15 = 5 \times 3,$$
$$p = 7 \ : 2^6 - 1 = 63 = 7 \times 9,$$
$$p = 11 \ : 2^{10} - 1 = 1023 = 11 \times 93,$$
$$p = 13 \ : 2^{12} - 1 = 4095 = 13 \times 315,$$
$$p = 17 \ : 2^{16} - 1 = 65535 = 17 \times 3855,$$
$$p = 19 \ : 2^{18} - 1 = 262143 = 19 \times 13797,$$
$$p = 23 \ : 2^{22} - 1 = 4194303 = 23 \times 182361,$$
$$p = 29 \ : 2^{28} - 1 = 268435455 = 29 \times 9256395,$$
$$p = 31 \ : 2^{30} - 1 = 1073741823 = 31 \times 34636833,$$
$$p = 37 \ : 2^{36} - 1 = 68719476735 = 37 \times 1857283155.$$

となります．なお，a と p は互いに素である必要がありますので，$p = 2$ は除きました．また，$p = 3$ は，$2^2 - 1 = 3$ より，確かに p で割り切れますが，素数なのでこの表からは外しました．最右辺の数値は因子 p だけを抜き出したもので，完全に素因数分解されたものではありません．

さて，こうして数値を並べて，その動きを追っていく中に，メルセンヌ数の話が甦ってきませんか．それは上と同じ形式：$2^n - 1$ を持つ数でした．その指数が素数である場合にのみ，全体が素数になる可能性を残していました．メルセンヌ数の研究には，フェルマーも深く関わっていました．そこで，この両者を一つの表にまとめてみましょう．ここでは二数を

$$F_n := 2^{n-1} - 1, \qquad M_n := 2^n - 1$$

と略記します．以下，二重丸はメルセンヌ素数，黒印は合成数を表します．

- ◎ M_2 ： $2^2 - 1 = 3,$
- ◎ M_3 ： $2^3 - 1 = 7,$
- ■ F_5 ： $2^4 - 1 = 15 = 3 \times 5,$
- ◎ M_5 ： $2^5 - 1 = 31,$
- ■ F_7 ： $2^6 - 1 = 63 = 3^2 \times 7,$
- ◎ M_7 ： $2^7 - 1 = 127,$
- ■ F_{11} ： $2^{10} - 1 = 1023 = 3 \times 11 \times 31,$
- ● M_{11} ： $2^{11} - 1 = 2047 = 23 \times 89,$
- ■ F_{13} ： $2^{12} - 1 = 4095 = 3^2 \times 5 \times 7 \times 13,$
- ◎ M_{13} ： $2^{13} - 1 = 8191,$
- ■ F_{17} ： $2^{16} - 1 = 65535 = 3 \times 5 \times 17 \times 257,$
- ◎ M_{17} ： $2^{17} - 1 = 131071,$
- ■ F_{19} ： $2^{18} - 1 = 262143 = 3^3 \times 7 \times 19 \times 73,$
- ◎ M_{19} ： $2^{19} - 1 = 524287,$
- ■ F_{23} ： $2^{22} - 1 = 4194303 = 3 \times 23 \times 89 \times 683,$
- ● M_{23} ： $2^{23} - 1 = 8388607 = 47 \times 178481,$
- ■ F_{29} ： $2^{28} - 1 = 268435455 = 3 \times 5 \times 29 \times 43 \times 113 \times 127,$
- ● M_{29} ： $2^{29} - 1 = 536870911 = 233 \times 1103 \times 2089,$
- ■ F_{31} ： $2^{30} - 1 = 1073741823 = 3^2 \times 7 \times 11 \times 31 \times 151 \times 331,$
- ◎ M_{31} ： $2^{31} - 1 = 2147483647,$
- ■ F_{37} ： $2^{36} - 1 = 68719476735 = 3^3 \times 5 \times 7 \times 13 \times 19 \times 37 \times 73 \times 109,$
- ● M_{37} ： $2^{37} - 1 = 137438953471 = 223 \times 616318177.$

数表には幾つかの目的があります．その第一は，それまでに得た結果を集大成した「事実の記録」です．また，その事実を利用するための手軽な索引としても様々に加工されます．それは未来に向けての「新事実の発見」のためでも

5.5. パスカルからフェルマーへ

あります．データは個別ではなく，一覧されるときに本当の力を発揮します．

ここでの標的は M_{37} です．この数は 223 という小さな因子を持っていますので，素数で順に割っていく手法でも見附けられます．しかし，小定理を活用すれば，より無駄の少ない筋書きが描けます．そこで改めて，M_{37} は合成数だと「仮定」しましょう．ところで，メルセンヌ数は明らかに偶素数 2 では割り切れない数です．よって，合成数となるためには，奇素数 p を素因数として持つ必要があります．また，当然 p は 2 と互いに素であるため，$a = 2$ とした小定理をも充たします．即ち，合成数であるとの仮定は，以下の二式：

$$M_{37} = 2^{37} - 1 \equiv 0 \pmod{p} \qquad 小定理: a = 2, \ (2, p) = 1$$
$$\Downarrow \qquad\qquad\qquad\qquad \Downarrow$$
$$\boxed{2^{37} \equiv 1 \pmod{p}} \qquad \boxed{2^{p-1} \equiv 1 \pmod{p}}$$

を同時に成立させる p の存在を主張していることになります．

このとき，勝手な整数 x, y を用いて，両式をそれぞれを x 乗，y 乗しても，共に 1 と合同であることは変わりません．さらに，それらを辺々掛け合わせた結果も，やはり 1 と合同になるはずです．従って

$$\left(2^{37}\right)^x \times \left(2^{p-1}\right)^y = 2^{37x + (p-1)y} \equiv 1 \pmod{p}$$

となって，この合同式が x, y の選び方に因らずに成立します．ところが，この指数部を基に，4.4 (p.96) で紹介しましたディオファントス方程式：

$$37x + (p-1)y = 1$$

を作りますと，素数 37 に対して，$(p-1)$ がその**倍数でない場合**，即ち変数 x, y の係数が互いに素である場合には，これを充たす解 x_0, y_0 が存在することになります．しかし，この式の値を「1 に等しくする解がある」ということは

$$2^{37x_0 + (p-1)y_0} = 2^1 \not\equiv 1 \pmod{p}$$

を意味しますので，勝手な整数 x, y で成り立つとした前提に矛盾します．

よって，$(p-1)$ は 37 の**倍数になります**ので，これを $37m$ とおき，"奇素数 p" について解いて，$p = 37m + 1$ を得ます．この右辺を奇数にするためには，$37m$ が偶数である必要があり，さらに奇数 37 と掛け算した結果を偶数にするためには，m 自身が偶数である必要があります．その結果，探している素数

は，$p = 37m + 1$, (m は偶数) という形式に限定されます．これより

$$37 \times \underline{2} + 1 = 75, \quad 37 \times \underline{4} + 1 = 149, \quad 37 \times \underline{6} + 1 = \mathbf{223}$$

を順に調べることで，因子 223 に辿り着けました．

さて，フェルマーの小定理は「a の $(p-1)$ 乗が p を法として 1 と合同になること」を主張しているだけで，$(p-1)$ 乗以下のある数において**既に 1 と合同になっている**場合もあります．例えば，$a = 2$, $p = 7$ の場合，確かに

$$2^6 = 64 = 9 \times 7 + 1 \equiv 1 \pmod{7}$$

となりますが，これ以前に

$$2^3 = 8 = 1 \times 7 + 1 \equiv 1 \pmod{7}$$

より，既に三乗で 1 と合同になっていることが分かります．そこで

$$a^m \equiv 1 \pmod{n}, \qquad (a, n) = 1$$

を充たす n 以下で最大の数を m と定め，最小の正数 s を **a の位数**と名附けて，m と s との関係を調べましょう．先ず，$1 \leq t < s$ なる数 t を用いれば

$$a^s \equiv 1 \pmod{n}, \qquad a^t \not\equiv 1 \pmod{n}$$

という二式によって位数は定義されます．このとき $s \mid m$, 即ち，位数 s は m の約数となります．何故なら，$s \nmid m$ を考慮して

$$m = qs + r, \quad (0 \leq r < s)$$

となる数 q, r を仮定した場合，$a^m = a^{qs+r} = (a^s)^q \cdot a^r$ となりますが，前提条件より，a^m と a^s は共に 1 と合同なので，これを代入して

$$\underset{\underset{1}{\shortparallel}}{a^m} \equiv \underset{\underset{1}{\shortparallel}}{(a^s)^q} \cdot a^r \pmod{n} \quad \Rightarrow \quad \underset{\underset{矛盾}{\uparrow}}{a^r \equiv 1 \pmod{n}}$$

を得ます．この式は，s より小さい数として導入したはずの r において，既に 1 と合同になることを示しており，s が最小の正数であるとした仮定に矛盾します．従いまして $r = 0$, 即ち $m = qs$ より，**位数 s は m の約数**となります．

5.5. パスカルからフェルマーへ

これをもう少し具体的に書いてみましょう．s 個を単位に改行しますと

$$
\begin{array}{llllll}
\text{一巡目:} & a^1, & a^2, & \ldots, & a^{s-1}, & a^s, \\
\text{二巡目:} & a^{s+1}, & a^{s+2}, & \ldots, & a^{s+(s-1)}, & a^{2s}, \\
\text{三巡目:} & a^{2s+1}, & a^{2s+2}, & \ldots, & a^{2s+(s-1)}, & a^{3s}, \\
& \vdots & \vdots & \vdots & \vdots & \vdots \\
\underline{q\text{ 巡目:}} & a^{(q-1)s+1}, & a^{(q-1)s+2}, & \ldots, & a^{(q-1)s+(s-1)}, & a^m. \\
& \parallel & \parallel & & \parallel & \parallel \\
& a^1 & a^2 & \ldots & a^{s-1} & 1
\end{array}
$$

を得ます．横の並びは「s 乗するたびに 1 に合同」になっており，これが全体で q 回繰り返されることを，縦の並びが示しています．そして，最後に m に至ります．縦の列は，最下段に示しましたように，a の各冪と合同になり，右端の a^s の冪はすべて 1 と合同になります．また，$m = qs$ より $s \mid m$ であり，かつ $q \mid m$ であるため，横の並びが一周期を完成させずに途切れたり，縦の並びが乱れたりすることはありません．

ここで，一周期内での各要素の異同を調べるために

$$a^1, a^2, \ldots, a^{s-1}, 1$$

に注目して，その任意の二項が合同であると仮定します．

$$a^i \equiv a^j \pmod{n} \quad (1 \leq i < j \leq s).$$

ところが，a^i は法 n と互いに素ですので，これで両辺を割り算できて

$$1 \equiv a^{(j-i)} \pmod{n} \quad (1 \leq j - i < s)$$

となりますが，この場合も位数 s よりも小さい $(j - i)$ において，1 と合同になることから，**位数の最小性**と矛盾しますので，仮定は成り立ちません．よって，**各項はそれぞれが不合同な，独立した存在である**ことが分かります．

以上の結果を，a と互いに素な素数 p を法とする場合に適用しましょう．先ずは，フェルマーの小定理：

$$a^{p-1} \equiv 1 \pmod{p}$$

より，位数は $(p - 1)$ の約数となります．特に，a の位数が $(p - 1)$ そのものの場合，即ち，$1 \leq t < p - 1$ なる数 t においては，$a^t \not\equiv 1 \pmod{p}$ となる場合，これを"原始 $(p - 1)$ 乗根"の意味を込めて**原始根**と呼びます．

これは物差しに譬えられます．10m の長さを測るには，5m の物差しなら 2 回で測れます．2m の物ならば 5 回で測れます．1m 物差しで 10 回必要な測定が，それ以前の 2 回，5 回で終ってしまう物差しがあるわけです．しかし，その一方で 5m の物差しを用いて，2m の物も，もちろん 1m の物も測ることはできません．2〜10m のすべての長さの物差しの代わりになる，すべてを生み出す"万能 1m 物差し"が，この場合の"原始根"なのです．

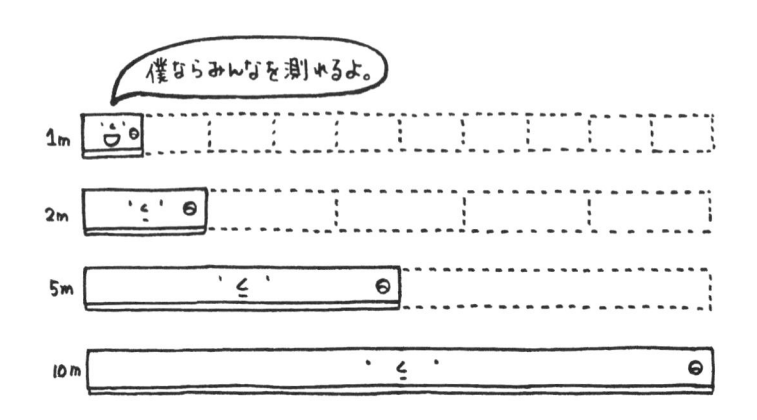

[図：1m, 2m, 5m, 10m の物差しの絵。1m の物差しが「僕ならみんなを測れるよ。」と話している]

なお，原始根を具体的に求めることは難しく，順に冪を計算していくのが一番確かな方法です——2000 以下の素数に対して，それぞれ最小の原始根は最大でも 21 です．ただし，上で得ましたように，合同計算により求められる値は，そのすべてが不合同となり，加えて原始根は考察すべき最高次数まで 1 とは合同にならない数ですので，その結果は既約剰余系：

$$\{1, 2, 3, \ldots, (p-1)\}$$

と，その並び順を除き一致します．

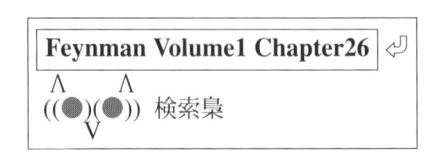

Feynman Volume1 Chapter26
((●)(●)) 検索梟

5.6 オイラーの妙技

さて次に，法 n の一つの既約剰余系を

$$\{y_1, y_2, y_3, \ldots, y_l\}, \quad l = \varphi(n)$$

と定め，a 倍して作った新しい既約剰余系：

$$\{ay_1, ay_2, ay_3, \ldots, ay_l\}$$

と比較してみましょう．ここで，$\varphi(n)$ はオイラーの函数です．数の並ぶ順番には元々意味がないこと，またその要素は何れかの剰余類に必ず属していることから，$\{y_1, y_2, y_3, \ldots, y_l\}$ の順番を適当に並び変えて作った既約剰余系：

$$\{z_1, z_2, z_3, \ldots, z_l\}$$

と a 倍して作った既約剰余系の間には

$$ay_1 \equiv z_1 \pmod{n}, \quad ay_2 \equiv z_2 \pmod{n}, \ldots, \quad ay_l \equiv z_l \pmod{n}$$

という関係が成り立つように調整できます．

ここで，$y_1, y_2, \ldots, y_l$ と $z_1, z_2, \ldots, z_l$ は単に順番を変えただけのはずですから，それらの積は一致します．それを K で表わしますと

$$K = y_1 y_2 \cdots y_l = z_1 z_2 \cdots z_l.$$

先に示しました合同式の辺々を互いに掛け合わせて

$$\text{左辺} = ay_1 \times ay_2 \times \cdots \times ay_l = a^l K, \quad \text{右辺} = z_1 \times z_2 \times \cdots \times z_l = K$$

より，$a^l K \equiv K \pmod{n}$ を得ます．このとき，$y_1, y_2, \ldots, y_l$ はすべて n と互いに素ですから，K も n と互いに素となり，合同式の除法の条件を満足します．よって，両辺を K で割って $a^l \equiv 1 \pmod{n}$．さらに，$l = \varphi(n)$ と戻して

$$\boxed{a^{\varphi(n)} \equiv 1 \pmod{n}, \quad (n, a) = 1}$$

を得ます．これは**オイラーの定理**と呼ばれています――ここで n と a が互いに素である条件 $(n, a) = 1$ が極めて重要です．先に p が素数の場合には，オイラーの函数の値は $\varphi(p) = p - 1$ となることを示しましたので，直ちに

$$a^{p-1} \equiv 1 \pmod{p}$$

となることが分かります．再び**フェルマーの小定理**を得たわけです．ここで，p は素数ですので，a が p で割り切れないことが定理の適用条件となります．オイラーの定理はフェルマーの小定理を含みますが，歴史的にはフェルマーの方が早いので，まとめて**フェルマー・オイラーの定理**ということがあります．

オイラーの定理を逆向きに

$$1 \equiv a^{\varphi(n)} \pmod{n}$$

と書いて，両辺を a で割りますと

$$a^{-1} \equiv a^{\varphi(n)-1} \pmod{n}$$

となります．これは合同式において a の逆数 a^{-1} の意味を示した式です．この式と一次合同式：$ax \equiv b \pmod{n}$ との辺々を掛け合わせますと

$$\text{左辺} = a^{-1} \times ax = x, \qquad \text{右辺} = a^{\varphi(n)-1} \times b$$

となります．即ち，法 n と係数 a が互いに素であるとき，合同式の解は

$$x \equiv a^{\varphi(n)-1} b \pmod{n}$$

と簡潔に表わされ，機械的に解を求めることができるようになりました．

5.6. オイラーの妙技

例題 ◇◇◇◇◇◇◇◇◇◇◇◇◇◇◇◇◇◇◇◇◇◇◇◇◇◇◇◇◇◇◇◇◇◇

再び一次合同式 $13x \equiv 1 \pmod{7}$ を解きます。
法 7 に関するオイラーの函数の値は $\varphi(7) = 6$ であることから，解は

$$x \equiv 13^{6-1} \times 1 = 13^5 \equiv 6 \pmod{7}$$

となります． ∎

最初の議論を，法 n を 5，係数 a を 3 として確かめておきましょう．先ず

$$C_0 \equiv 0, \quad C_1 \equiv 1, \quad C_2 \equiv 2, \quad C_3 \equiv 3, \quad C_4 \equiv 4 \pmod{5}$$

より，以下の関係を得ます．

$C_0 = 5k + 0 : \{\ldots, -15, -10, -5, 0, 5, 10, 15, \ldots\}$
$C_1 = 5k + 1 : \{\ldots, -14, -9, -4, 1, \underline{\mathbf{6}}, 11, 16, \ldots\}$
$C_2 = 5k + 2 : \{\ldots, -13, -8, -3, \mathbf{2}, 7, \underline{\mathbf{12}}, 17, \ldots\}$
$C_3 = 5k + 3 : \{\ldots, -12, -7, \mathbf{-2}, 3, 8, 13, \underline{\mathbf{18}}, \ldots\}$
$C_4 = 5k + 4 : \{\ldots, -11, \underline{\mathbf{-6}}, -1, \mathbf{4}, 9, 14, 19, \ldots\}$

となります．ここで，C_0 以外は 5 と互いに素な数だけで構成されており，既約剰余類を作っていることが分かります．よって，オイラーの函数の値は

$$\varphi(5) = 4$$

となることが確かめられました．さらに，既約剰余系の例として

$$y_1 = 6; [C_1], \quad y_2 = 2; [C_2], \quad y_3 = -2; [C_3], \quad y_4 = 4; [C_4]$$

を選びます．ここで，角括弧内は属している剰余類を表わします．表には**太字**で示しました．これら全体を 3 倍して，表を見ながらその所属を調べますと

$$3y_1 = 18; [C_3], \quad 3y_2 = 6; [C_1], \quad 3y_3 = -6; [C_4], \quad 3y_4 = 12; [C_2]$$

に属していることが分かります．表では**太字＋下線**で示しました．よって

$$z_1 = y_3, \quad z_2 = y_1, \quad z_3 = y_4, \quad z_4 = y_2$$

と選びますと，以下の関係が見出されます．

$$\left. \begin{array}{rcl} 3y_1 \equiv z_1 & \Rightarrow & 18 \equiv -2 \\ 3y_2 \equiv z_2 & \Rightarrow & 6 \equiv 6 \\ 3y_3 \equiv z_3 & \Rightarrow & -6 \equiv 4 \\ 3y_4 \equiv z_4 & \Rightarrow & 12 \equiv 2 \end{array} \right\} \pmod{5}$$

全体の辺々を掛け合わせますと，先ず左辺は

$$左辺 = 18 \times 6 \times (-6) \times 12 = 3^4 \times (6 \times 2 \times (-2) \times 4) = 3^4 K$$

となります．ここで，$K = 6 \times 2 \times (-2) \times 4$ です．一方，右辺は

$$右辺 = -2 \times 6 \times 4 \times 2 = -96 = K$$

となります．このとき，$K = -96$ と $n = 5$ は互いに素ですので，両辺を K で割ることができます．よって，以下を得ます．

$$3^4 \equiv 1 \pmod{5} \quad \Rightarrow \quad a^{\varphi(n)} \equiv 1 \pmod{n}.$$

これで，オイラーの定理の具体的内容がお分かり頂けたと思います．実際

$$3^4 = 81 = 5 \times 16 + 1$$

より，その正しさを確認できます．

　先にもお話しましたように，フェルマー・オイラーの定理は，初等整数論における最も重要な定理の一つです．この定理には，整数論の一番奥底に届く深い考え方が，実に自然な形で含まれています——これからその詳細を説明します．オイラーの函数もその中の一つです．しかも，そうした大事な考え方を含んでいるだけではなく，一次合同式の解の公式：

$$\boxed{ax \equiv b \pmod{n} \quad \Rightarrow \quad x \equiv a^{\varphi(n)-1} b \pmod{n} \text{ ただし，}(n, a) = 1}$$

を与えるなど実用性も充分に持っています．

　さて，既約剰余系の個数を表すオイラーの函数 $\varphi(n)$，それ自身の性質について調べましょう．法 a の既約剰余系は要素を m 個含み

$$\{\alpha_1, \alpha_2, \alpha_3, \ldots, \alpha_m\}$$

で表わされるとしますと，$\varphi(a) = m$ となります．同様に法 b の既約剰余系を

$$\{\beta_1, \beta_2, \beta_3, \ldots, \beta_n\}$$

で表しますと，要素数は $\varphi(b) = n$ となります．

5.6. オイラーの妙技

ここで，両剰余系によって作られる mn 個の組合せのそれぞれに対して成り立つ数 γ_{ij} が存在すると仮定しますと，それらは

$$\begin{cases} \gamma_{11} \equiv \alpha_1 \pmod{a}, \\ \gamma_{11} \equiv \beta_1 \pmod{b} \end{cases} \begin{cases} \gamma_{12} \equiv \alpha_1 \pmod{a}, \\ \gamma_{12} \equiv \beta_2 \pmod{b} \end{cases} \cdots \begin{cases} \gamma_{1n} \equiv \alpha_1 \pmod{a}, \\ \gamma_{1n} \equiv \beta_n \pmod{b} \end{cases}$$

$$\begin{cases} \gamma_{21} \equiv \alpha_2 \pmod{a}, \\ \gamma_{21} \equiv \beta_1 \pmod{b} \end{cases} \begin{cases} \gamma_{22} \equiv \alpha_2 \pmod{a}, \\ \gamma_{22} \equiv \beta_2 \pmod{b} \end{cases} \cdots \begin{cases} \gamma_{2n} \equiv \alpha_2 \pmod{a}, \\ \gamma_{2n} \equiv \beta_n \pmod{b} \end{cases}$$

$$\vdots$$

$$\begin{cases} \gamma_{m1} \equiv \alpha_m \pmod{a}, \\ \gamma_{m1} \equiv \beta_1 \pmod{b} \end{cases} \begin{cases} \gamma_{m2} \equiv \alpha_m \pmod{a}, \\ \gamma_{m2} \equiv \beta_2 \pmod{b} \end{cases} \cdots \begin{cases} \gamma_{mn} \equiv \alpha_m \pmod{a}, \\ \gamma_{mn} \equiv \beta_n \pmod{b} \end{cases}$$

を満足するはずです．このとき，a, b が互いに素であれば，この mn 個の連立一次合同式は，定められた α, β に対してそれぞれ唯一の解を持ち，mn 個の解：

$$\gamma_{11}, \ \gamma_{12}, \ \gamma_{13}, \ldots, \gamma_{21}, \ \gamma_{22}, \ \gamma_{23}, \ldots, \gamma_{mn}$$

が定まることになります．逆に定められた γ が ab と互いに素であれば，γ と a，γ と b も互いに素となりますので

$$\gamma \equiv \alpha_i \pmod{a} \quad (i = 1, 2, 3, \ldots, m),$$
$$\gamma \equiv \beta_j \pmod{b} \quad (j = 1, 2, 3, \ldots, n)$$

により，α_i, β_j が一意に定まります．よって，ab を法とする既約剰余系：

$$\{\gamma_{11}, \ \gamma_{12}, \ \gamma_{13}, \ldots, \gamma_{21}, \ \gamma_{22}, \ \gamma_{23}, \ldots, \gamma_{mn}\}$$

と

$$\{\alpha_1, \ \alpha_2, \ \alpha_3, \ldots, \alpha_m\}, \quad \{\beta_1, \ \beta_2, \ \beta_3, \ldots, \beta_n\}$$

の組合せとは一対一に対応しますので，以下の結果を得ます．即ち

$$\boxed{\varphi(ab) = \varphi(a)\varphi(b) \quad \text{ただし，} (a, b) = 1}$$

この性質をもって「**オイラーの函数は乗法的函数である**」といいます．

例題 ◇◇◇◇◇◇◇◇◇◇◇◇◇◇◇◇◇◇◇◇◇◇◇◇◇◇◇◇◇◇

オイラーの函数の乗法的性質を $a = 3, b = 5$ の場合について確かめておきます．法 3 に対する既約剰余系 $\{\alpha_1, \alpha_2\}$ は，最も簡単な数を選ぶと

$$\alpha_1 = 1, \quad \alpha_2 = 2, \quad \varphi(3) = 2$$

となり，同様に法 5 の既約剰余系 $\{\beta_1, \beta_2, \beta_3, \beta_4\}$ に対しては

$$\beta_1 = 1, \quad \beta_2 = 2, \quad \beta_3 = 3, \quad \beta_4 = 4, \quad \varphi(5) = 4$$

となります．これらを組合せて

$$\begin{cases} \gamma_{11} \equiv 1 \pmod{3}, \\ \gamma_{11} \equiv 1 \pmod{5} \end{cases} \begin{cases} \gamma_{12} \equiv 1 \pmod{3}, \\ \gamma_{12} \equiv 2 \pmod{5} \end{cases} \begin{cases} \gamma_{13} \equiv 1 \pmod{3}, \\ \gamma_{13} \equiv 3 \pmod{5} \end{cases} \begin{cases} \gamma_{14} \equiv 1 \pmod{3}, \\ \gamma_{14} \equiv 4 \pmod{5} \end{cases}$$

$$\begin{cases} \gamma_{21} \equiv 2 \pmod{3}, \\ \gamma_{21} \equiv 1 \pmod{5} \end{cases} \begin{cases} \gamma_{22} \equiv 2 \pmod{3}, \\ \gamma_{22} \equiv 2 \pmod{5} \end{cases} \begin{cases} \gamma_{23} \equiv 2 \pmod{3}, \\ \gamma_{23} \equiv 3 \pmod{5} \end{cases} \begin{cases} \gamma_{24} \equiv 2 \pmod{3}, \\ \gamma_{24} \equiv 4 \pmod{5} \end{cases}$$

以上八組の合同式を解くことによって各 γ が定まります．これらを解いて

$$\gamma_{11} = 1 \ (\alpha_1, \beta_1), \quad \gamma_{12} = 7 \ (\alpha_1, \beta_2), \quad \gamma_{13} = 13 \ (\alpha_1, \beta_3), \quad \gamma_{14} = 4 \ (\alpha_1, \beta_4),$$
$$\gamma_{21} = 11 \ (\alpha_2, \beta_1), \quad \gamma_{22} = 2 \ (\alpha_2, \beta_2), \quad \gamma_{23} = 8 \ (\alpha_2, \beta_3), \quad \gamma_{24} = 14 \ (\alpha_2, \beta_4)$$

を得ます．小さい順に並べますと

$$\{1, 2, 4, 7, 8, 11, 13, 14\}$$

となり，これらは $ab = 15$ と互いに素となります．

逆に，法 15 に対してその剰余 $(0, 1, 2, \ldots, 14)$ は

0,	**1,**	**2,**	3,	**4 = 2^2,**
5,	$6 = 2 \times 3$,	**7,**	**8 = 2^3,**	$9 = 3^2$,
$10 = 2 \times 5$,	**11,**	$12 = 2^2 \times 3$,	**13,**	**14 = 2×7**

となることから $15 = 3 \times 5$ に対して互いに素となるのは

$$\{1, 2, 4, 7, 8, 11, 13, 14\}$$

であり，これらと $a = 3, b = 5$ はやはり互いに素となります．これらを用いて

$$\left. \begin{array}{l} 1 \equiv 4 \equiv 7 \equiv 13 \equiv \alpha_1 \Rightarrow \alpha_1 = 1 \\ 2 \equiv 8 \equiv 11 \equiv 14 \equiv \alpha_2 \Rightarrow \alpha_2 = 2 \end{array} \right\} \pmod{3},$$

$$\left. \begin{array}{l} 1 \equiv 11 \equiv \beta_1 \Rightarrow \beta_1 = 1 \\ 2 \equiv 7 \equiv \beta_2 \Rightarrow \beta_2 = 2 \\ 8 \equiv 13 \equiv \beta_3 \Rightarrow \beta_3 = 3 \\ 4 \equiv 14 \equiv \beta_4 \Rightarrow \beta_4 = 4 \end{array} \right\} \pmod{5}$$

が導かれます．これらをまとめて

$$\varphi(15) = \varphi(3)\varphi(5) = 8$$

となることが確かめられました．

5.6. オイラーの妙技

これまでの話で，オイラーの函数とは，既約剰余系の個数を表すもので，そのことから素数 p に対して

$$\boxed{\varphi(p) = p - 1}$$

となること，さらに互いに素な二数 a, b に対して，乗法性：

$$\boxed{\varphi(ab) = \varphi(a)\varphi(b)}$$

を持つ乗法的函数であることが分かりました．これより，与えられた数に対するオイラーの函数の値を求めるには，先ずその数を素因数分解し，互いに素な数の積として記述しておけばよいことが分かります．

4.6 (p.107) で示しましたように，素数冪に対するオイラーの函数の値は

$$\varphi(p^a) = p^a - p^{a-1}$$

となりますので，自然数の標準分解：

$$N = p_1^{a_1} p_2^{a_2} \times \cdots \times p_k^{a_k}$$

に対しては，各 p_i が互いに素であることから

$$\begin{aligned}
\varphi(N) &= \varphi(p_1^{a_1} p_2^{a_2} \times \cdots \times p_k^{a_k}) = \varphi(p_1^{a_1})\varphi(p_2^{a_2}) \times \cdots \times \varphi(p_k^{a_k}) \\
&= \left(p_1^{a_1} - p_1^{a_1-1}\right) \times \left(p_2^{a_2} - p_2^{a_2-1}\right) \times \cdots \times \left(p_k^{a_k} - p_k^{a_k-1}\right) \\
&= p_1^{a_1} p_2^{a_2} \times \cdots \times p_k^{a_k} \times \left(1 - \frac{1}{p_1}\right)\left(1 - \frac{1}{p_2}\right) \times \cdots \times \left(1 - \frac{1}{p_k}\right) \\
&= N \left(1 - \frac{1}{p_1}\right)\left(1 - \frac{1}{p_2}\right) \times \cdots \times \left(1 - \frac{1}{p_k}\right)
\end{aligned}$$

となります．これを簡潔に以下のように書きます．

$$\boxed{\varphi(N) = N \prod_{i=1}^{k}\left(1 - \frac{1}{p_i}\right)}$$

ここで記号 $\prod$ は，重複順列と同様に π の大文字から派生したものです．この例からも分かりますように，総和の記号 $\sum$ が表す内容を，積の場合に置換

えたもので，総乗（そうじょう）とも呼ばれています．一番簡単な例は階乗計算：

$$n! = \prod_{k=1}^{n} k = 1 \times 2 \times \cdots \times n$$

です．この記法を用いて，順列や組合せを書くことができます．

また，オイラーの函数の和に関する性質(配布資料参照)としまして

$$\sum_{d \mid N} \varphi(d) = N$$

が知られています．ここで左辺は，N の全約数 $d_1, d_2, \ldots, d_k$ に対する関係：

$$\sum_{i=1}^{k} \varphi(d_i) = \varphi(d_1) + \varphi(d_2) + \cdots + \varphi(d_k)$$

を簡略表記したもので，「和は N の約数 d のすべてをわたる」と表現されます．

最後に，オイラーの函数を用いた例題を，一つ解いておきましょう．

例題 ◇◇◇◇◇◇◇◇◇◇◇◇◇◇◇◇◇◇◇◇◇◇◇◇◇◇

再び，一次合同式 $26x \equiv 1 \pmod{57}$ を解きます．

与えられた法 57 に関するオイラーの函数の値は，$57 = 3 \times 19$ より

$$\varphi(57) = \varphi(3) \times \varphi(19) = 2 \times 18 = 36$$

であることから，解は

$$x \equiv 26^{36-1} \times 1 = 26^{35} \equiv 11 \pmod{57}$$

となります．∎

函の中身を覗いてみたら

5.7 原始根と指数

原始根を具体的に求めましょう．はじめに，$p = 7$ の場合を採り上げます．この場合，$(p-1) = 6$ より，位数は 6 の約数 $1, 2, 3, 6$ に限定されます――なお，1 は一乗で 1 と合同になる「位数 1」の場合ですが，これは自明ですので省きます．以後，法 7 を略して計算を進めます．2 の冪から 6 の冪までを，順に調べていきましょう．先ずは

$$2^1 = 2, \quad 2^2 = 4, \quad \mathbf{2^3 = 8}, \quad 2^4 = 16, \quad 2^5 = 32, \quad 2^6 = 64$$
$$\parallel \quad\quad \parallel \quad\quad \parallel \quad\quad \parallel \quad\quad \parallel \quad\quad \parallel$$
$$2 \quad\quad 4 \quad\quad \mathbf{1} \quad\quad 2 \quad\quad 4 \quad\quad 1$$

です．三乗で 1 と合同になっていますので，「**2 の法 7 に対する位数は 3 である**」ことが分かりました――確かに位数は 6 の約数になっています．

1 に至る道を調べる

次に 3 の冪を計算しますと

$$3^1 = 3, \quad 3^2 = 9, \quad 3^3 = 27, \quad 3^4 = 81, \quad 3^5 = 249, \quad \mathbf{3^6 = 729}$$
$$\parallel \quad\quad \parallel \quad\quad \parallel \quad\quad \parallel \quad\quad \parallel \quad\quad \parallel$$
$$3 \quad\quad 2 \quad\quad 6 \quad\quad 4 \quad\quad 5 \quad\quad \mathbf{1}$$

となります．六乗してはじめて 1 と合同になっていますので，「**3 の法 7 に対する位数は 6 である**」ことが分かりました．即ち，これは**原始根**です．そしてこの場合，**最小の原始根**ということになります．こうして得ました $\{3, 2, 6, 4, 5, 1\}$ は，確かに並び順を除いて，1 から $(p-1)$ の既約剰余系に一致しています．

さて 4 の場合には

$4^1 = 4$,　　$4^2 = 16$,　　**$4^3 = 84$**,　　$4^4 = 336$,　　$4^5 = 1344$,　　$4^6 = 5376$
　‖　　　　‖　　　　　‖　　　　　‖　　　　　‖　　　　　‖
　4　　　　2　　　　　**1**　　　　　4　　　　　2　　　　　1

より，「**4 の法 7 に対する位数は 3**」となります．続く 5 の場合には

$5^1 = 5$,　　$5^2 = 25$,　　$5^3 = 125$,　　$5^4 = 625$,　　$5^5 = 3125$,　　**$5^6 = 15625$**
　‖　　　　‖　　　　　‖　　　　　‖　　　　　‖　　　　　‖
　5　　　　4　　　　　6　　　　　2　　　　　3　　　　　**1**

より，「**5 の法 7 に対する位数は 6**」であり，5 も**原始根**になります――$\{5, 4, 6, 2, 3, 1\}$ も既約剰余系に一致しています．最後に，6 の場合は

$6^1 = 6$,　　**$6^2 = 36$**,　　$6^3 = 216$,　　$6^4 = 1296$,　　$6^5 = 7776$,　　$6^6 = 46656$
　‖　　　　‖　　　　　‖　　　　　‖　　　　　‖　　　　　‖
　6　　　　**1**　　　　6　　　　　1　　　　　6　　　　　1

となりますので，「**6 の法 7 に対する位数は 2**」と求められました．

a	a^n (mod. 7)					位数
1	1	–	–	–	–	1
2	2	4	1	–	–	3
3	3	2	6	4	5	1	6
4	4	2	1	–	–	3
5	5	4	6	2	3	1	6
6	6	1	–	–	–	2

繰り返しを省略して表の形にまとめると，上のようになります．

以上で，法 7 に対する原始根は，3 と 5 の二つであることが分かりました．続いて，この原始根の個数を一般的に求める方法について考えましょう．先にメルセンヌ数 M_{37} を素因数分解しましたが，そのときの手法を再度用います．考察の基礎になるのは，やはりあの二つの式です．

先ず，a の k 乗が原始根になっていると仮定します．従いまして，他の要素はすべてこの原始根の冪により得られます．それがある整数 x の冪において，a と合同になるとします．即ち

$$\left(a^k\right)^x \equiv a \ (\mathrm{mod}.\ p) \ \text{より，} \quad a^{kx} \equiv a \ (\mathrm{mod}.\ p)$$

が成り立つと仮定します．これが一つ．

5.7. 原始根と指数

もう一つの式は，フェルマーの小定理の変形版です．ある整数 y を用いて

$$\left(a^{p-1}\right)^y \equiv 1 \pmod{p} \quad \text{より}, \quad a^{(p-1)y} \equiv 1 \pmod{p}$$

と変形します．この式の両辺に，さらにもう一つ a を掛ければ，a と合同になります．これで，a と合同になる以下の二つの式が手に入りました．

$$a^{kx} \equiv a \pmod{p}, \quad a^{(p-1)y+1} \equiv a \pmod{p}.$$

この二式が同時に成立するためには $kx = (p-1)y + 1$ より，次の方程式：

$$kx - (p-1)y = 1$$

が解を持つこと，即ち，x, y の係数が互いに素である条件：

$$k \nmid (p-1)$$

が必要です．この関係が原始根の個数を表すわけですが，これはそのまま「$(p-1)$ と互いに素な数」の個数を求めていることに他なりません．従いまして，それはオイラーの函数 $\varphi(p-1)$ によって与えられます．

法 7 の場合には，$\varphi(7-1) = 2$ より，原始根の個数は二個であることが再確認されます．また別の例として，法 11 の場合を挙げますと，各冪の表を作って

a	$a^n \pmod{11}$									位数
1	1	–	–	–	–	–	–	–	–	1
2	2	4	8	5	10	9	7	3	6	1	10
3	3	9	5	4	1	–	–	–	–	5
4	4	5	9	3	1	–	–	–	–	5
5	5	3	4	9	1	–	–	–	–	5
6	6	3	7	9	10	5	8	4	2	1	10
7	7	5	2	3	10	4	6	9	8	1	10
8	8	9	6	4	10	3	2	5	7	1	10
9	9	4	3	5	1	–	–	–	–	5
10	10	1	–	–	–	–	–	–	–	2

と求められます．この場合も，$\varphi(10) = 4$ より，原始根が $2, 6, 7, 8$ の四個存在すること，位数が 10 の約数 $1, 2, 5, 10$ になっていることが確かめられます．

さて，既約剰余系の表に戻って，原始根の意味をさらに確認しておきましょう．先ずは 3 を法とする既約剰余系の表 (下左)：

×	1	2
1	1	2
2	2	1

(mod. 3) $\Rightarrow$

×	1	2
1	2^0	2^1
2	2^1	2^0

(mod. 3)

に注目します．この表の数 $1, 2$ は，もちろん法 3 の剰余ですが

$$\left. \begin{array}{l} 1 \equiv 2^0 \quad (\equiv 2^2 \equiv 2^4 \equiv \cdots) \\ 2 \equiv 2^1 \quad (\equiv 2^3 \equiv 2^5 \equiv \cdots) \end{array} \right\} \text{(mod. 3)}$$

と書くこともできます．このことから，表の要素はすべて 2 の冪で，即ち，その原始根で表わされることが分かります．それが右側の表です．

同様に，5 を法とする既約剰余系 $\{1, 2, 3, 4\}$ に関する表を作りますと

×	1	2	3	4
1	1	2	3	4
2	2	4	1	3
3	3	1	4	2
4	4	3	2	1

$$\left. \begin{array}{l} 1 \equiv 2^0 \quad (\equiv 2^4 \equiv 2^8 \equiv \cdots) \\ 2 \equiv 2^1 \quad (\equiv 2^5 \equiv 2^9 \equiv \cdots) \\ 4 \equiv 2^2 \quad (\equiv 2^6 \equiv 2^{10} \equiv \cdots) \\ 3 \equiv 2^3 \quad (\equiv 2^7 \equiv 2^{11} \equiv \cdots) \end{array} \right\} \text{(mod. 5)}$$

となり，すべての要素を原始根 2 の冪で書き直すことができます．

×	1	2	3	4
1	2^0	2^1	2^3	2^2
2	2^1	2^2	2^0	2^3
3	2^3	2^0	2^2	2^1
4	2^2	2^3	2^1	2^0

(mod. 5)

7 を法とする既約剰余系 $\{1, 2, 3, 4, 5, 6\}$ の場合も同様に

×	1	2	3	4	5	6
1	1	2	3	4	5	6
2	2	4	6	1	3	5
3	3	6	2	5	1	4
4	4	1	5	2	6	3
5	5	3	1	6	4	2
6	6	5	4	3	2	1

$$\left. \begin{array}{l} 1 \equiv 3^0 \quad (\equiv 3^6 \equiv 3^{12} \equiv \cdots) \\ 3 \equiv 3^1 \quad (\equiv 3^7 \equiv 3^{13} \equiv \cdots) \\ 2 \equiv 3^2 \quad (\equiv 3^8 \equiv 3^{14} \equiv \cdots) \\ 6 \equiv 3^3 \quad (\equiv 3^9 \equiv 3^{15} \equiv \cdots) \\ 4 \equiv 3^4 \quad (\equiv 3^{10} \equiv 3^{16} \equiv \cdots) \\ 5 \equiv 3^5 \quad (\equiv 3^{11} \equiv 3^{17} \equiv \cdots) \end{array} \right\} \text{(mod. 7)}$$

より，原始根 3 の冪で全要素を書換えて，以下の表を得ます．

×	1	2	3	4	5	6
1	3^0	3^2	3^1	3^4	3^5	3^3
2	3^2	3^4	3^3	3^0	3^1	3^5
3	3^1	3^3	3^2	3^5	3^0	3^4
4	3^4	3^0	3^5	3^2	3^3	3^1
5	3^5	3^1	3^0	3^3	3^4	3^2
6	3^3	3^5	3^4	3^1	3^2	3^0

(mod. 7)

5.7. 原始根と指数

位数を定義し，その特別な場合である原始根について紹介してきました．多くの計算には，表裏，正逆の二面があり，それら二つで一組になっています．例えば，足し算と引き算が一つの組です．掛け算と割り算も同様です．相互の関係から，一方から他方を見れば"逆計算"ということになります．1 を加えること，1 を引くこと，あるいは 2 を掛けること，2 で割ること，これらは共に一組の計算であり，両方が有効に機能しなければ，計算は不自由になります．

合同計算は，冪と剰余が大活躍する計算です．そこでは，次の関係：

$$a^x \cdot a^y = a^{x+y} = a^y \cdot a^x, \qquad (a^m)^n = a^{mn} = (a^n)^m$$

を最大限に活用してきました．こうした計算の"逆"はどうなるのでしょうか．原始根は，この逆計算にどのように関係しているのでしょうか．原始根の具体的な例を調べながら，順にこの問題に迫っていきましょう．

逆から見れば逆は正

先に求めました法 7 の原始根 3，その冪を今一度整理しますと

$$\left.\begin{array}{cccccc} 3^1 & 3^2 & 3^3 & 3^4 & 3^5 & 3^6 \\ \| & \| & \| & \| & \| & \| \\ 3 & 2 & 6 & 4 & 5 & 1 \end{array}\right\} \boxed{\begin{array}{c}3 \text{の冪を}\\ 1\sim 6 \text{から}\\ 0\sim 5 \text{へ}\end{array}} \Rightarrow \left\{\begin{array}{cccccc} 3^0 & 3^1 & 3^2 & 3^3 & 3^4 & 3^5 \\ \| & \| & \| & \| & \| & \| \\ 1 & 3 & 2 & 6 & 4 & 5 \end{array}\right.$$

となります．冪を 0 からはじめるために，列を一つ動かしたものを右側に書きました．即ち，1 から $(p-1)$ までの並びを，0 から $(p-2)$ までの既約剰余系に対応する形式に改めたわけです——当然のことながら，対象が $(p-1)$ 個あることは変わりません．以上の準備の下で，この冪指数と値との関係を"裏返

します". そして，その並びを大きさ順に再整理しますと

$$
\left.\begin{array}{cccccc} 1 & 3 & 2 & 6 & 4 & 5 \\ \| & \| & \| & \| & \| & \| \\ 3^0 & 3^1 & 3^2 & 3^3 & 3^4 & 3^5 \end{array}\right\} \begin{array}{c} \text{剰余の} \\ \text{大きさ} \\ \text{の順に} \end{array} \Rightarrow \left\{\begin{array}{cccccc} 1 & 2 & 3 & 4 & 5 & 6 \\ \| & \| & \| & \| & \| & \| \\ 3^0 & 3^2 & 3^1 & 3^4 & 3^5 & 3^3 \end{array}\right.
$$

となります．さらに，この対応関係を次のように表します．

$$
\begin{array}{cccccc}
1 \equiv 3^0 & 2 \equiv 3^2 & 3 \equiv 3^1 & 4 \equiv 3^4 & 5 \equiv 3^5 & 6 \equiv 3^3 \\
\Downarrow & \Downarrow & \Downarrow & \Downarrow & \Downarrow & \Downarrow \\
\text{Ind}_3(1)=0 & \text{Ind}_3(2)=2 & \text{Ind}_3(3)=1 & \text{Ind}_3(4)=4 & \text{Ind}_3(5)=5 & \text{Ind}_3(6)=3
\end{array}
$$

左辺の剰余を括弧で囲み，右辺の冪を下に降ろします．そして合同記号を等号に変え，原始根である3を新記号 Ind の添字としています．

位数は，要素の冪乗が1に一致することを特徴附ける数でした．ここでは原始根 g の冪乗が，要素 x に一致することを特徴附ける数を定義します．即ち

$$\boxed{g^i \equiv x \ (\text{mod.}\ p), \quad (0 \le i < p-2)}$$

により定まる整数 i を，x の g に関する**指数**と呼び，$\text{Ind}_g(x)$ と表します．今の例の場合であれば，例えば「4の原始根3に関する指数は4である」と読み，これを $\text{Ind}_3(4)=4$ と書くわけです．用語としては，通常の"冪指数"と重複していますので，前後の文脈を確かめることが大切です．そこで，「**x の原始根 g に関する指数**」といった少々面倒な表現が必要になってくるわけです．

ここで，原始根の定義を思い出せば，指数の定義は

$$g^{i+k(p-1)} \equiv g^i \times \left(g^{p-1}\right)^k \equiv g^i \ (\text{mod.}\ p)$$

より，$(p-1)$ の倍数を加えても不変です．従いまして

$$a \equiv b \ (\text{mod.}\ \underline{p}) \quad \Rightarrow \quad \text{Ind}_g(a) \equiv \text{Ind}_g(b) \ (\text{mod.}\ \underline{p-1})$$

となり，指数は法 $(p-1)$ に関して合同となります——下線で強調しましたが，両者の法の違いは重要です．また定義より，恒等的に

$$g^{\text{Ind}_g(x)} \equiv x \ (\text{mod.}\ p)$$

が成り立ちます．これに $x=ab$ を代入して

$$g^{\text{Ind}_g(ab)} \equiv ab \ (\text{mod.}\ p)$$

5.7. 原始根と指数

を得ますが，これは

$$ab \equiv g^{\mathrm{Ind}_g(a)} \times g^{\mathrm{Ind}_g(b)} \equiv g^{\mathrm{Ind}_g(a)+\mathrm{Ind}_g(b)} \pmod{p}$$

と表すこともできます．従いまして

$$g^{\mathrm{Ind}_g(ab)} \equiv g^{\mathrm{Ind}_g(a)+\mathrm{Ind}_g(b)} \pmod{p}$$

を得ます．これは

$$g^{\mathrm{Ind}_g(ab)-\mathrm{Ind}_g(a)-\mathrm{Ind}_g(b)} \equiv 1 \pmod{p}$$

を意味していますので，フェルマーの小定理より，肩の部分は $(p-1)$ の倍数になります．これより，指数に関する重要な関係式:

$$\boxed{\mathrm{Ind}_g(ab) \equiv \mathrm{Ind}_g(a) + \mathrm{Ind}_g(b) \pmod{p-1}}$$

を得ると共に，その法が $(p-1)$ となることが確かめられました．また，冪乗とは $a^2 = a \cdot a$, $a^3 = a \cdot a \cdot a, \ldots$ の意味ですから，この式を繰り返し適用して

$$\mathrm{Ind}_g(a \cdot a) \equiv 2 \times \mathrm{Ind}_g(a) \pmod{p-1},$$
$$\mathrm{Ind}_g(a^2 \cdot a) \equiv 3 \times \mathrm{Ind}_g(a) \pmod{p-1},$$
$$\vdots$$
$$\mathrm{Ind}_g(a^n) \equiv n \times \mathrm{Ind}_g(a) \pmod{p-1}$$

を得ます．また定義より，$\mathrm{Ind}_g(1) = 0$ となります．

ここまで見てきましたように，$\mathrm{Ind}_g(x)$ はフェルマーの小定理を元にして，その"逆計算"を目指して定義されたものです．よって，混乱したときは何時でも小定理に戻って考えればよいわけです．例えば，以下の図式:

$$a^{p-1} \equiv 1 \pmod{p} \quad \text{あるいは}, \quad (p-1) \rightleftarrows p$$

を思い出しながら，小定理における冪指数と法の関係が，$\mathrm{Ind}_g(x)$ においては入れ替わっている，と記憶しておけば間違うことは減るでしょう．

さて，この記号を用いて，ここまでに具体的に求めてきた a と $\mathrm{Ind}_g(a)$ の対応関係を，二種類の表としてまとめましょう．

a	1	2	3	4	5	6
$\mathrm{Ind}_3(a)$	0	2	1	4	5	3

$\mathrm{Ind}_3(a)$	0	1	2	3	4	5
a	1	3	2	6	4	5

両者は"逆"の関係になっています．$\mathrm{Ind}_3(1) = 0$ も確かめられました．指数は原始根により異なりますので，もう一つの原始根 5 に関するものを求め，3 の場合も加えた表を作りますと

Ind\a	1	2	3	4	5	6
$\mathrm{Ind}_3(a)$	0	2	1	4	5	3
$\mathrm{Ind}_5(a)$	0	4	5	2	1	3

となります．指数の間の関係をより確実に理解するために，もう少し大きな法を扱いましょう．$p = 11$ の場合を求めます．原始根は $2, 6, 7, 8$ の四個でした．

Ind\a	1	2	3	4	5	6	7	8	9	10
$\mathrm{Ind}_2(a)$	0	1	8	2	4	9	7	3	6	5
$\mathrm{Ind}_6(a)$	0	9	2	8	6	1	3	7	4	5
$\mathrm{Ind}_7(a)$	0	3	4	6	2	7	1	9	8	5
$\mathrm{Ind}_8(a)$	0	7	6	4	8	3	9	1	2	5

原始根を 2 に固定して，先に求めた指数の一般的な関係を確かめましょう．具体的な数値を代入し，それが表の数値と一致しているか否かを調べます．

$$\begin{aligned}
\mathrm{Ind}_2(6) &\equiv 9 \equiv \mathrm{Ind}_2(2) + \mathrm{Ind}_2(3) \equiv 1 + 8 \pmod{10}, \\
\mathrm{Ind}_2(8) &\equiv 3 \equiv \mathrm{Ind}_2(2) + \mathrm{Ind}_2(4) \equiv 1 + 2 \pmod{10}, \\
\mathrm{Ind}_2(10) &\equiv 5 \equiv \mathrm{Ind}_2(2) + \mathrm{Ind}_2(5) \equiv 1 + 4 \pmod{10}, \\
\mathrm{Ind}_2(8) &\equiv 3 \equiv 3 \times \mathrm{Ind}_2(2) \equiv 3 \times 1 \pmod{10}.
\end{aligned}$$

確かに表と一致しています——法が 10 であることに注意して下さい．表の範囲の外にまで拡げればどうでしょうか．例えば 18 に関する指数であれば

$$18 \equiv 7 \pmod{11}, \quad \mathrm{Ind}_2(18) \equiv \mathrm{Ind}_2(7) \pmod{10}$$

より，表を引いて $\mathrm{Ind}_2(7) = 7$ を得ます．また，この計算は

$$\begin{aligned}
\mathrm{Ind}_2(18) &\equiv \mathrm{Ind}_2(3) + \mathrm{Ind}_2(6) \\
&\equiv 8 + 9 \equiv 17 \equiv 7 \pmod{10}
\end{aligned}$$

と分解することによってもできます．さらに

$$\begin{aligned}
\mathrm{Ind}_2(18) &\equiv \mathrm{Ind}_2(2) + \mathrm{Ind}_2(9) \\
&\equiv 1 + 6 \equiv 7 \pmod{10}
\end{aligned}$$

5.7. 原始根と指数

としても，素因数分解により

$$\text{Ind}_2(18) \equiv \text{Ind}_2(2 \cdot 3^2)$$
$$\equiv \text{Ind}_2(2) + 2 \times \text{Ind}_2(3)$$
$$\equiv 1 + 2 \times 8 \equiv 17 \equiv 7 \pmod{10}$$

としても求められます．もちろん一連の結果は，原始根を変えても変わりません．例えば，原始根 6 を選んでも

$$\text{Ind}_6(6) \equiv 1 \equiv \text{Ind}_6(2) + \text{Ind}_6(3) \equiv 9 + 2 \equiv 11 \pmod{10},$$
$$\text{Ind}_6(8) \equiv 7 \equiv \text{Ind}_6(2) + \text{Ind}_6(4) \equiv 9 + 8 \equiv 17 \pmod{10},$$
$$\text{Ind}_6(10) \equiv 5 \equiv \text{Ind}_6(2) + \text{Ind}_6(5) \equiv 9 + 6 \equiv 15 \pmod{10},$$
$$\text{Ind}_6(8) \equiv 7 \equiv 3 \times \text{Ind}_6(2) \equiv 3 \times 9 \pmod{10}$$

となり，全く同じ結果を得ます．以下の $p = 13$ の場合も確かめてみて下さい．

Ind\a	1	2	3	4	5	6	7	8	9	10	11	12
$\text{Ind}_2(a)$	0	1	4	2	9	5	11	3	8	10	7	6
$\text{Ind}_6(a)$	0	5	8	10	9	1	7	3	4	2	11	6
$\text{Ind}_7(a)$	0	11	8	10	3	7	1	9	4	2	5	6
$\text{Ind}_{11}(a)$	0	7	4	2	3	11	5	9	8	10	1	6

例題 ◇◇◇◇◇◇◇◇◇◇◇◇◇◇◇◇◇◇◇◇◇◇◇◇◇◇◇◇

$2x \equiv 5 \pmod{7}$ を解きます．原始根に 3 を選び，式の両辺の指数を求めます．

$$\text{Ind}_3(2x) \equiv \text{Ind}_3(2) + \text{Ind}_3(x)$$
$$\equiv \text{Ind}_3(5) \pmod{6}$$

以下の表の左側：

a	1	2	3	4	5	6
$\text{Ind}_3(a)$	0	2	1	4	5	3

$\text{Ind}_3(a)$	0	1	2	3	4	5
a	1	3	2	6	4	5

より値を拾いますと

$$2 + \text{Ind}_3(x) \equiv 5 \pmod{6} \quad \Rightarrow \quad \text{Ind}_3(x) \equiv 3 \pmod{6}$$

となります．ここで x について解くには，右側の $\text{Ind}_3(3)$ の欄より $x \equiv 6$ を得ます．これが実際に解になっていることは

$$2 \times 6 = 12 \equiv 5 \pmod{7}$$

より確かめられます． ■

5.8 整数論の宝石箱

　ここで導く定理や式は，初等整数論の豊かな成果の中でも，とりわけ素晴らしく，**宝石**にも譬えられる美しいものばかりです．先ずは，フェルマーの小定理：$a^{p-1} \equiv 1 \pmod{p}$ から導かれる大変重要なアイデアからはじめます．

　奇素数 $p = 2p' + 1$ に対して

$$a^{p-1} - 1 = a^{2p'} - 1 = (a^{p'} - 1)(a^{p'} + 1)$$

となりますので，フェルマーの小定理より

$$(a^{p'} - 1)(a^{p'} + 1) \equiv 0 \pmod{p}.$$

これより，$p' = (p-1)/2$ と戻して，a と互いに素な奇素数 p に対して

$$a^{(p-1)/2} \equiv 1 \pmod{p}, \quad \text{または} \quad a^{(p-1)/2} \equiv -1 \pmod{p}$$

の何れかが成り立つことが分かりました．これは**冪を半分に割って，"定理を因数分解した"**ことになります．右辺の ± 1 が非常に重要です．逆から見れば，この関係を二乗したものが，フェルマーの小定理になるということです．

　さてここで，a が x の二乗に法 p で合同である，即ち

$$\boxed{x^2 \equiv a \pmod{p}}$$

が成り立つとき，数 a を p の**平方剰余**，不合同のときを**平方非剰余**と名附け，与えられた p に対して，どのような数が平方剰余になるのかを調べましょう．先ず，a と p が互いに素であるという条件から，$x = 1, 2, 3, \ldots, (p-1)$ について計算すれば充分だと分かります．このとき左辺は，各要素の二乗

$$1^2, 2^2, 3^2, \ldots, (p-1)^2$$

となり，この $(p-1)$ 個の数が平方剰余の候補となりますが

$$(p-x)^2 = p^2 - 2px + x^2 \quad \Rightarrow \quad (p-x)^2 \equiv x^2 \pmod{p}$$

より，調べるべき数は半数の $(p-1)/2$ 個となります．例えば $p = 7$ としますと

x^2	1^2	2^2	3^2	4^2	5^2	6^2	
$\equiv$	$\equiv$	$\equiv$	$\equiv$	$\equiv$	$\equiv$	$\equiv$	(mod. 7)
a	1	4	2	2	4	1	

5.8. 整数論の宝石箱

となりますので，互いに不合同な最初の三数について調べればいいわけです——この辺りの話は，主たる考察対象が随時入れ替わっていきますので，何について議論し，何について解いているのかを，見失わないことが大切です．

今，xの二乗に関して求めました．解の候補が有限個であり，この場合なら六個ですが，そのすべての場合に対して計算した結果が得られたわけですから，その中の何れかにaが一致しない限り，この合同式は成り立ちません．従いまして，xを計算した結果は，右辺の定数aを，$1, 2, 4$の何れかに限定することになります．即ち，7の平方剰余は$1, 2, 4$，非剰余は残りの$3, 5, 6$となります．この結果は，より具体的には与えられた二次の合同式が

$$\text{解あり} \begin{cases} x^2 \equiv 1 & (x = 1, 6), \\ x^2 \equiv 2 & (x = 3, 4), \\ x^2 \equiv 4 & (x = 2, 5). \end{cases} \qquad \text{解なし} \begin{cases} x^2 \equiv 3, \\ x^2 \equiv 5, \\ x^2 \equiv 6. \end{cases}$$

となることを表しているわけです．以上は，合同式の本来の意味に沿って，解となるxの値を与えることから，その結果である定数の値を縛る方法でした．

求めるべき答と，解くべき問題が一体となって同時に定まる，というのが整数論の問題の特徴の一つです．「答があるか否かを最初に検討する」というのは，数学の標準的な発想ですが，特に整数論においては，問と答の自由度が互いに絡み合い，打ち消し合って全体が定まる場合が多いのです．今の場合には，解の候補を列挙することから，解くべき式が定まり，問題と答が同時に得られたわけです．従いまして，もう遣り残したことはありません．

第二の方法は，平方剰余そのものを直接的に求めるものです．与えられた二次合同式の両辺を$(p-1)/2$乗しますと

$$a^{(p-1)/2} \equiv \left(x^2\right)^{(p-1)/2} = x^{p-1} \pmod{p}$$

となりますが，右辺はフェルマーの小定理より1と合同になりますので，**数aが平方剰余ならば，以下の関係が成り立ちます．**

$$\boxed{a^{(p-1)/2} \equiv 1 \pmod{p}}$$

これは冒頭に御紹介しました"小定理の因数分解"そのものです．

逆に，上式が成り立つとき，これを充たす合同式はどのようなもので しょう

か．ここで p の原始根を g としますと，g の冪は既約剰余系となりますので

$$a \equiv g^r \pmod{p}$$

となる指数 r が存在します．両辺を $(p-1)/2$ 乗し，先の関係を用いますと

$$g^{r(p-1)/2} \equiv a^{(p-1)/2} \equiv 1 \pmod{p}.$$

ところが，原始根 g が 1 と合同になるためには，$r(p-1)/2$ は $(p-1)$ の倍数となる必要があるので，$r = 2k$, (k は整数) となります．従いまして，**平方剰余を与える指数は常に偶数**になります．ここで $g^k = x$ と置けば

$$a \equiv g^{2k} \equiv \left(g^k\right)^2 \pmod{p} \quad \Rightarrow \quad a \equiv x^2 \pmod{p}$$

となって，元々の二次合同式が再現されました．以上で逆も成り立ち，先の平方剰余を直接求める式が正しいことが示されました．

そこで，この方法を用いて，再び $p = 7$ の場合を求めます．

$$p = 7, \quad a^{(p-1)/2} \equiv 1 \pmod{p} \quad \text{より}, \quad a^3 \equiv 1 \pmod{7}$$

が実際に正しい結果を与えるか，冪計算を具体的に行って表にしますと

平方剰余	平方非剰余
$1^3 = 1 = 0 \times 7 + 1 \equiv 1$	$3^3 = 27 = 4 \times 7 - 1 \equiv -1$
$2^3 = 8 = 1 \times 7 + 1 \equiv 1$	$5^3 = 125 = 18 \times 7 - 1 \equiv -1$
$4^3 = 64 = 9 \times 7 + 1 \equiv 1$	$6^3 = 216 = 31 \times 7 - 1 \equiv -1$

となりました．確かに，$a = 1, 2, 4$ を代入しますと 1 と合同になり，3, 5, 6 では -1 と合同になって，それぞれ平方剰余，非剰余となっています．

以上をまとめますと，$a \not\equiv 0 \pmod{p}$ である数 a は，フェルマーの小定理：

$$a^{p-1} \equiv 1 \pmod{p}$$

を満足します．さらに上記合同式を二つに分解した

$$a^{(p-1)/2} \equiv 1 \pmod{p}, \qquad a^{(p-1)/2} \equiv -1 \pmod{p}$$

を考えた場合，もし a が p の**平方剰余であれば左式**を，**平方非剰余であれば右式**を満足することが分かりました．これを以下の**ルジャンドル記号**で表します

5.8. 整数論の宝石箱

——分数との違いを強調するために太線を用いました．

$$\left(\frac{a}{p}\right) = \begin{cases} 1 : a \text{ が } p \text{ の平方剰余の場合,} \\ -1 : a \text{ が } p \text{ の平方非剰余の場合.} \end{cases}$$

先にまとめました結果は，この記号を用いてさらに簡潔に

$$\boxed{\left(\frac{a}{p}\right) \equiv a^{(p-1)/2} \pmod{p}}$$

と書くことができます．これは**オイラーの規準**と呼ばれています．

さてここで，これまで求めた結果を利用して定理を一つ導きましょう．1から $p-1$ までをすべて掛け合わせた数：

$$1 \times 2 \times 3 \times \cdots \times (p-1) = (p-1)!$$

について，p を法とした剰余を考えます．ここで，p の原始根を g としますと，先ほど示しましたように，$(p-1)$ までのすべての数を原始根の冪の形で表すことができますね．よって，その並び順を問わなければ

$$\begin{aligned}(p-1)! &= 1 \times 2 \times 3 \times \cdots \times (p-1) \\ &\equiv g^1 \times g^2 \times g^3 \times \cdots \times g^{p-1} = g^{1+2+3+\cdots+(p-1)} \pmod{p}\end{aligned}$$

と表せます．指数部は**三角数**ですから，和は $p(p-1)/2$ となります．これを

$$\frac{1}{2}p(p-1) = \frac{1}{2}(p-1)(p-1) + \frac{1}{2}(p-1)$$

と変形し，元へ戻しますと

$$(p-1)! \equiv \left(g^{p-1}\right)^{(p-1)/2} \times g^{(p-1)/2} \pmod{p}$$

を得ます．フェルマーの小定理より右辺前半部は 1 と合同ですから

$$(p-1)! \equiv g^{(p-1)/2} \pmod{p}$$

となります．さらに上式右辺に注目しますと，これは ± 1 と合同のはずですが，g は原始根ですから $(p-1)$ 乗までは $+1$ とは不合同のはずです．よって

$$\boxed{(p-1)! \equiv -1 \pmod{p}}$$

これを**ウィルソンの定理**といいます．この定理は逆も成り立ちます．即ち
$$(a-1)! \equiv -1 \pmod{a}$$
が成立するとき，a は素数と定まるので，素数の判定に使えます．

同じ論法を使って，指数に関する重要な法則が導けます．奇素数 p における原始根 g によって，ある要素 a が
$$a \equiv g^{(p-1)/2} \pmod{p}$$
と表されているとしましょう．この辺々を二乗しますと
$$a^2 \equiv g^{p-1} \equiv 1 \pmod{p}$$
となりますので，$a \equiv \pm 1 \pmod{p}$ が成り立ちます．しかし，$+1$ を選ぶと，これは g の位数が $(p-1)/2$ 以下になってしまい，原始根の定義に矛盾します．よって，$g^{(p-1)/2} \equiv -1 \pmod{p}$ を得ます．そして，両辺の指数を取りますと
$$(p-1)/2 \equiv \mathrm{Ind}_g(-1) \pmod{p-1}$$
となります．これより，指数に関する重要な式を得ました．
$$\mathrm{Ind}_g(-a) \equiv \mathrm{Ind}_g(-1) + \mathrm{Ind}_g(a)$$
$$\equiv (p-1)/2 + \mathrm{Ind}_g(a) \pmod{p-1}.$$
ここで，$-a = -1 \times a$ として，先に求めた積を和に変える式を用いました．

さて，素数に関連したちょっと面白い問題を紹介します．$a = 2$ と固定して
$$2^{p-1} \equiv 1 \pmod{p}$$
が成り立つことは分かりましたが，このとき
$$2^{p-1} \equiv 1 \pmod{\underline{p^2}}$$
が成り立つ素数 p は存在するでしょうか．実は上式が成立する場合は極めて稀で $p < 6 \times 10^9$ の範囲では $p = 1093, 3511$ の場合，即ち
$$2^{1092} \equiv 1 \pmod{1093^2}, \qquad 2^{3510} \equiv 1 \pmod{3511^2}$$
だけであることが確かめられています．また同種の問題として
$$3^{p-1} \equiv 1 \pmod{p^2}$$
を充たす法は，$p < 10^9$ ならば $p = 11, 1006003$ のみです．色々と面白い関係があるものです．

5.9 平方剰余の法則

さて，ここではルジャンドル記号とオイラーの規準：

$$\left(\frac{a}{p}\right) \equiv a^{(p-1)/2} \pmod{p}$$

から派生する様々な関係について紹介します．先ずはその使用方法，具体例からはじめましょう．法 7 の場合を，この記号を用いて書きますと

$$\left(\frac{1}{7}\right) = 1, \quad \left(\frac{2}{7}\right) = 1, \quad \left(\frac{3}{7}\right) = -1, \quad \left(\frac{4}{7}\right) = 1, \quad \left(\frac{5}{7}\right) = -1, \quad \left(\frac{6}{7}\right) = -1.$$

また，ルジャンドル記号の値を $\mathcal{L}$ を目印にして，指数と共に表にしますと

Ind\a	1	2	3	4	5	6
Ind$_3$ (a)	0	2	1	4	5	3
Ind$_5$ (a)	0	4	5	2	1	3
$\mathcal{L}$	1	1	−1	1	−1	−1

となります．この結果は，指数が偶数の場合にはルジャンドル記号は +1 を，奇数の場合には −1 を取っていることを具体的に示しています．以下は，23 までの奇素数に対して，+1 には□を，−1 には■を与えて図案化したものです．中央部から左右対称になっている $p = 5, 13, 17$ と，左からの並びと右からの並びで符号が反転している $p = 3, 7, 11, 19, 23$ の二種類が読み取れるでしょう．

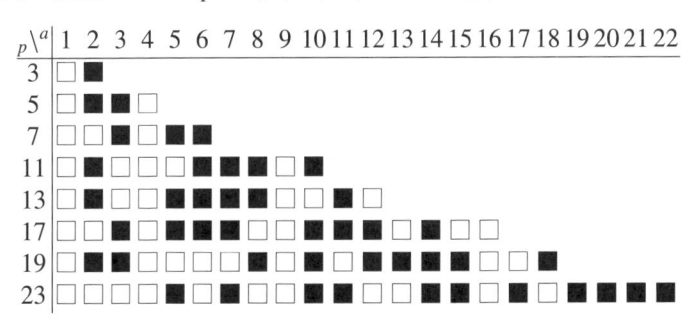

こうして，合同式の定数が平方剰余か否かを決定する方法を見出しました．ただし，この方法では，解 x そのものは得られません．定数の値を定め，この場合にのみ合同式は解を持つ，という主張をしているだけです．これが，具体的に冪計算を行って，問題と答を同時に求めた先の方法との違いです．

例として法 11 の場合を採り上げ，冪による第一の方法，今紹介しました第二の方法を適用して，その処理方法を再確認しておきましょう．先ず，x の冪は

x^2	1^2	2^2	3^2	4^2	5^2	6^2	7^2	8^2	9^2	10^2
≡	≡	≡	≡	≡	≡	≡	≡	≡	≡	≡	(mod. 11)
a	1	4	9	5	3	3	5	9	4	1

となり，この縛りから平方剰余は 1, 3, 4, 5, 9 と決まります．合同式と解は

解あり $\begin{cases} x^2 \equiv 1 & (x = 1, 10), \\ x^2 \equiv 3 & (x = 5, 6), \\ x^2 \equiv 4 & (x = 2, 9), \\ x^2 \equiv 5 & (x = 4, 7), \\ x^2 \equiv 9 & (x = 3, 8). \end{cases}$ 解なし $\begin{cases} x^2 \equiv 2, \\ x^2 \equiv 6, \\ x^2 \equiv 7, \\ x^2 \equiv 8, \\ x^2 \equiv 10. \end{cases}$

と求められました——必要な冪計算は全体の半分，枠内の数値だけで充分です．

次に，定数 a を直接定める場合には

$$p = 11, \quad a^{(p-1)/2} \equiv 1 \pmod{p} \quad \text{より，} \quad a^5 \equiv 1 \pmod{7}$$

を用いて計算をします．その結果

平方剰余	平方非剰余
$1^5 = 1 = 0 \times 11 + 1 \equiv 1$	$2^5 = 32 = 3 \times 11 - 1 \equiv -1$
$3^5 = 243 = 22 \times 11 + 1 \equiv 1$	$6^5 = 7776 = 707 \times 11 - 1 \equiv -1$
$4^5 = 1024 = 93 \times 11 + 1 \equiv 1$	$7^5 = 16807 = 1528 \times 11 - 1 \equiv -1$
$5^5 = 3125 = 284 \times 11 + 1 \equiv 1$	$8^5 = 32768 = 2979 \times 11 - 1 \equiv -1$
$9^5 = 59049 = 5368 \times 11 + 1 \equiv 1$	$10^5 = 100000 = 9091 \times 11 - 1 \equiv -1$

を得ます．これでルジャンドル記号の値も決まりましたので，これを加えて以下の表を得ます．太字 1, 3, 4, 5, 9 が偶数の指数を持つ a，即ち平方剰余です．

Ind\a	**1**	2	**3**	**4**	**5**	6	7	8	**9**	10
Ind$_2$ (a)	0	1	8	2	4	9	7	3	6	5
Ind$_6$ (a)	0	9	2	8	6	1	3	7	4	5
Ind$_7$ (a)	0	3	4	6	2	7	1	9	8	5
Ind$_8$ (a)	0	7	6	4	8	3	9	1	2	5
$\mathcal{L}$	1	−1	1	1	1	−1	−1	−1	1	−1

この方法ではここまでです．解 x を求めることは別の作業になります．

ここからは，ルジャンドル記号の働きをより詳細に調べていきます．先ず二数の関係からはじめます．互いに素である a, p に対して，関係：$a \equiv b \pmod{p}$

5.9. 平方剰余の法則

が成り立つとき，$x^2 \equiv a \pmod{p}$ が解を持つことと，$x^2 \equiv b \pmod{p}$ が解を持つことは，同じことですから

$$\left(\frac{a}{p}\right) = \left(\frac{b}{p}\right)$$

となります——ルジャンドル記号はその二値性により，相互の関係は常に等号で表されます．続いて，二数の積に対する値を求めます．オイラーの規準に ab を代入して，冪の法則：$(ab)^{(p-1)/2} = a^{(p-1)/2}b^{(p-1)/2}$ を用いれば

$$\left(\frac{ab}{p}\right) \equiv (ab)^{(p-1)/2} \equiv \left(\frac{a}{p}\right)\left(\frac{b}{p}\right) \pmod{p}$$

となりますが，記号の二値性から，以下の等号の関係を得ます．

$$\left(\frac{ab}{p}\right) = \left(\frac{a}{p}\right)\left(\frac{b}{p}\right).$$

従いまして，$a^2 = aa$ からはじめて，一連の冪の関係：

$$\left(\frac{a^2}{p}\right) = \left(\frac{a}{p}\right)\left(\frac{a}{p}\right) = \left(\frac{a}{p}\right)^2, \quad \left(\frac{a^3}{p}\right) = \left(\frac{a}{p}\right)^3, \quad \left(\frac{a^4}{p}\right) = \left(\frac{a}{p}\right)^4, \ldots$$

を得ます．これらの関係を整数 s に対して適用するためには，先ず s を

$$s = (\pm 1) \cdot 2^{\alpha_0} \cdot p_1^{\alpha_1} \cdot p_2^{\alpha_2} \cdots p_k^{\alpha_k}$$

と因数分解します．ここで，p_i は p とは異なる奇素数です．そして，この形式をルジャンドル記号に持ち込み，以下のように変形します．

$$\left(\frac{s}{p}\right) = \left(\frac{\pm 1}{p}\right)\left(\frac{2}{p}\right)^{\alpha_0}\left(\frac{p_1}{p}\right)^{\alpha_1}\left(\frac{p_2}{p}\right)^{\alpha_2} \cdots \left(\frac{p_k}{p}\right)^{\alpha_k}.$$

以上で，整数 s に対する最終的な結果を得るためには，次の四つの形式：

$$[1]: \left(\frac{1}{p}\right), \quad [2]: \left(\frac{-1}{p}\right), \quad [3]: \left(\frac{2}{p}\right), \quad [4]: \left(\frac{q}{p}\right)$$

についての具体的な計算処方を確立する必要があることが分かりました——なお，[4] における q は，p とは異なる奇素数です．

先ず [1] に対しては，合同式 $x^2 \equiv 1 \pmod{p}$ が解 $x = \pm 1$ を持つことから

$$\left(\frac{1}{p}\right) = 1$$

となります．[2] の場合には，オイラー規準に $a = -1$ を代入して

$$\left(\frac{-1}{p}\right) \equiv (-1)^{(p-1)/2} \pmod{p}$$

を得ます．既に述べました通り，上式両辺は共に ±1 の二値を取りますが，任意の奇素数 p に対する組合せとしては，同符号の $1 \equiv 1$ か，$-1 \equiv -1$ のみが可能であり，異符号は不可能ですから，両辺は最終的には等号で結ばれます．よって，右辺の正負の決定が，具体的な等式の意味を定めます．

右辺は，$(p-1)/2$ の偶奇により正負を反転させますので，自然数 k を用いて

偶数： $2k = (p-1)/2 \Rightarrow p = 4k+1$,
奇数： $2k+1 = (p-1)/2 \Rightarrow p = 4k+3$

より，$p \equiv 1 \pmod{4}$ であるか，$p \equiv 3 \pmod{4}$ であるかによって決まるとも言い換えられます．この p の性質による分類を用いれば

$$\left(\frac{-1}{p}\right) = \begin{cases} +1 : p \equiv 1 \pmod{4} \text{ の場合}, \\ -1 : p \equiv 3 \pmod{4} \text{ の場合} \end{cases}$$

となります——先に示しましたルジャンドル記号の図案化では，中央部から左右対称になっていた $p = 5, 13, 17$ が +1 の場合であり，左右で符号が反転していた $p = 3, 7, 11, 19, 23$ が −1 の場合に相当します．以下がその具体例です．

$$\left(\frac{-1}{3}\right) = -1, \quad \left(\frac{-1}{7}\right) = -1, \quad \left(\frac{-1}{5}\right) = 1, \quad \left(\frac{-1}{13}\right) = 1.$$

これは，法 3 及び 7 の場合には，二次合同式 $x^2 \equiv -1$ に解は無く，法 5 及び 13 である以下の場合には解があることを保証しているわけです．

$$x^2 \equiv -1 \pmod{5}, \qquad x^2 \equiv -1 \pmod{13}.$$

これらの解は，冪計算をそれぞれ全体の半分まで行って

$$\begin{array}{cc}
1^2 & \mathbf{2^2} \\
\| & \| \\
1 & \mathbf{4}
\end{array} \qquad \begin{cases} 4 \equiv -1 \pmod{5} \text{ より } x = 2. \\ (p-x)^2 \equiv x^2 \pmod{p} \text{ より}, \\ x = (5-2) = \mathbf{3}. \end{cases}$$

$$\begin{array}{ccccccc}
1^2 & 2^2 & 3^2 & 4^2 & \mathbf{5^2} & 6^2 \\
\| & \| & \| & \| & \| & \| \\
1 & 4 & 9 & 3 & \mathbf{12} & 10
\end{array} \qquad \begin{cases} 12 \equiv -1 \pmod{13} \text{ より } x = 5. \\ (p-x)^2 \equiv x^2 \pmod{p} \text{ より}, \\ x = (13-5) = \mathbf{8}. \end{cases}$$

より，法 5 に対しては $x = 2, 3$，法 13 に対しては $x = 5, 8$ が得られました．

5.9. 平方剰余の法則

また，絶対最小剰余を用いて，$p \equiv 3 \pmod{4}$ を $p \equiv -1 \pmod{4}$ と書換えますと，以下のより簡潔な表現が得られます．

$$\left(\frac{-1}{p}\right) = \pm 1 : p \equiv \pm 1 \pmod{4} \quad 複号同順$$

続いて [3] の場合について考えます．これを記号本来の意味に遡って，$x^2 \equiv 2 \pmod{p}$ の解を，数値を代入して求めるところからはじめます．

```
p\x| 1 2 3  4  5  6  7  8  9 10 11 12 13 14 15 16|17|18 19 20 21 22 23
 3 | 1
 5 | 1 4
 7 | 1 4 2
11 | 1 4 9  5  3
13 | 1 4 9  3 12 10
17 | 1 4 9 16  8  2 15 13
19 | 1 4 9 16  6 17 11  7  5
23 | 1 4 9 16  2 13  3 18 12  8  6
29 | 1 4 9 16 25  7 20  6 23 13  5 28 24 22
31 | 1 4 9 16 25  5 18  2 19  7 28 20 14 10  8
37 | 1 4 9 16 25 36 12 27  7 26 10 33 21 11  3 34|30|28
41 | 1 4 9 16 25 36  8 23 40 18 39 21  5 32 20 10| 2|37 33 31
43 | 1 4 9 16 25 36  6 21 38 14 35 15 40 24 10 41|31|23 17 13 11
47 | 1 4 9 16 25 36  2 17 34  6 27  3 28  8 37 21| 7|42 32 24 18 14 12
```

47 までの奇素数に対し，x に $(p-1)/2$ までの自然数を代入して値を求めました．この表から，縦横の交叉点の数値が 2 である，$p = 41$ に対する合同式：

$$x^2 \equiv 2 \pmod{41}$$

において，2 は平方剰余であり，17 が解であることが分かります．表には未記載の後半，即ち $(p-x)$ から定まる値 $(41-17) = 24$ がもう一つの解です．

以上の計算を 100 まで続けて，2 を平方剰余にする p の値：

p	7	17	23	31	41	47	71	73	79	89	97
x	3,4	6,11	5,18	8,23	17,24	7,40	12,59	32,41	9,70	25,64	14,83

を得ました．下段の二数がこのときの解です．従いまして，同時に平方非剰余となる p が以下の通りに定まりました．

3, 5, 11, 13, 19, 29, 37, 43, 53, 59, 61, 67, 83

さて，ここでの問題はこうした具体的な解を求めることではなく，[3] の解決でした．即ち，如何なる奇素数に対して，2 が平方剰余になるのか，その一般形を求めることでした．そのために，具体的な値を求めたわけです．しかし，探すまでもなく，この奇素数の並びは既に紹介したもの，奇数を分類した際に作りました奇素数の分類そのものです．

$\mathcal{P}_{8n\pm 1} \equiv \pm 1 \pmod{8}$: { 7, 17, 23, 31, 41, 47, 71, 73, 79, 89, 97, ... },
$\mathcal{P}_{8n\pm 3} \equiv \pm 3 \pmod{8}$: { 3, 5, 11, 13, 19, 29, 37, 43, 53, 59, 61, ... }.

これにより，2 の平方剰余に対して，以下の推察ができるでしょう．

$$\left(\frac{2}{p}\right) = \begin{cases} +1 : p \equiv \pm 1 \pmod{8} \text{ の場合}, \\ -1 : p \equiv \pm 3 \pmod{8} \text{ の場合}. \end{cases}$$

そして，実際にこれは正しい結果なのです．

この場合における，奇素数 p そのものによる表示を求めておきましょう．ここで，この分類が以下に示します「奇数の二分割」であったことを思い出して

$$\begin{array}{ccccccccc} 1 & 7 & 9 & 15 & 17 & 23 & 25 & 31 & 33 & 39 & 41 \\ \downarrow \to & \uparrow \to & \downarrow \to & \uparrow \to & \downarrow \to & \uparrow \to & \downarrow \to & \uparrow \to & \downarrow \to & \uparrow \to & \downarrow \to \\ 3 & 5 & 11 & 13 & 19 & 21 & 27 & 29 & 35 & 37 & 43 \end{array}$$

上段の奇素数に関しては偶数を，下段の奇素数に関しては奇数を与える式を作れば，それによって，-1 の正負が決定できます．ところで，1 から m 番目までの奇数の総和は m^2 で表され，番号 m の偶奇に従って総和の偶奇も変わります．そこで，上下段の数までの総和の偶奇を調べるために

$$(8k \pm 1)^2 = 64k^2 \pm 16k + 1, \qquad (8k \pm 3)^2 = 64k^2 \pm 48k + 9$$

を作りますと，両者は共に奇数になります．これをヒントに

$$((8k \pm 1)^2 - 1)/8 = 8k^2 \pm 2k \quad = 2k(4k \pm 1),$$
$$((8k \pm 3)^2 - 1)/8 = 8k^2 \pm 6k + 1 = 2k(4k \pm 3) + 1$$

を求めれば，偶奇の区別が着くようになります．これより以下の結果を得ます．

$$\left(\frac{2}{p}\right) = (-1)^{(p^2-1)/8}$$

最後の [4] の場合は，与えられた奇素数に関して，具体的な計算から結果を求めていくのが，基本的な手法です．ただし

5.9. 平方剰余の法則

$$\boxed{\left(\frac{p}{q}\right)\left(\frac{q}{p}\right) = (-1)^{(p-1)(q-1)/4}}$$

という極めて特異な関係が成り立ちます．これは，$p \equiv q \equiv 3 \pmod{4}$ の場合のみ -1，他は 1 となります．これまでも見てきましたように，法と剰余ではその働きが全く異なりますが，それを互いに入れ換えた

$$x^2 \equiv p \pmod{q}, \qquad x^2 \equiv q \pmod{p}$$

が相互に関係を持つということは，本当に驚くべきことです．これにより，計算の簡単な方を選べば，他は自動的に求められるわけです．

オイラーにより予想され，ガウスによってはじめて証明されたこの驚異の法則は，一般に**平方剰余の相互法則**と呼ばれています．先に求めました

$$\boxed{\left(\frac{-1}{p}\right) = (-1)^{(p-1)/2}, \qquad \left(\frac{2}{p}\right) = (-1)^{(p^2-1)/8}}$$

は，順に**第一補充法則**，**第二補充法則**と呼ばれています．また，定義に戻って

$$x^2 \equiv p - q \pmod{q} \quad \Rightarrow \quad x^2 \equiv p \pmod{q}$$

を見直しますと，具体的な計算に非常に有用以下の関係が得られます．

$$\left(\frac{q-p}{p}\right) = \left(\frac{q}{p}\right).$$

早速，具体例を計算してみましょう．$p = 23$ の場合を採り上げ，1 から 22 までのすべての値に対して，平方剰余となるか否かを調べます．先ずは

$$\left(\frac{1}{23}\right) = 1, \qquad \left(\frac{2}{23}\right) = (-1)^{(23-1)(23+1)/8} = 1$$

です——第二式は，p が $(8n-1)$ 型の奇素数であることから，第二補充法則を用いて導きました．これより，2 の冪である 4, 8 は直ちに求められます．

$$\left(\frac{4}{23}\right) = \left(\frac{2}{23}\right)^2 = 1, \qquad \left(\frac{8}{23}\right) = \left(\frac{2}{23}\right)^3 = 1.$$

次の 3 の場合は，上下段共に奇素数ですので，相互法則を利用して

$$\left(\frac{3}{23}\right)\left(\frac{23}{3}\right) = (-1)^{(3-1)(23-1)/4} = -1 \quad \Rightarrow \quad \left(\frac{3}{23}\right) = -\left(\frac{23}{3}\right)$$

を得ますが，$23 \equiv 2 \pmod{3}$ より，右辺にはさらに第二補充法則が適用できて

$$\left(\frac{23}{3}\right) = \left(\frac{2}{3}\right) = -1. \quad \text{よって，} \left(\frac{3}{23}\right) = 1. \quad \text{さらに，} \left(\frac{9}{23}\right) = \left(\frac{3}{23}\right)^2 = 1$$

となります．この次の 5 の場合は，相互法則を連続的に用いて

$$\left(\frac{5}{23}\right) = \left(\frac{23}{5}\right) = \left(\frac{3}{5}\right) = \left(\frac{5}{3}\right) = \left(\frac{2}{3}\right) = -1$$

を得ます．続いては，上段の数の分解により

$$\left(\frac{6}{23}\right) = \left(\frac{2}{23}\right)\left(\frac{3}{23}\right) = 1, \qquad \left(\frac{10}{23}\right) = \left(\frac{2}{23}\right)\left(\frac{5}{23}\right) = -1.$$

残った数 7, 11 も相互法則の適用により

$$\left(\frac{7}{23}\right) = -\left(\frac{23}{7}\right) = -\left(\frac{2}{7}\right) = -1, \qquad \left(\frac{11}{23}\right) = -\left(\frac{23}{11}\right) = -\left(\frac{1}{11}\right) = -1$$

と求められます．12 以降の数は，$23 - q$ ($1 \leq q \leq 11$) により変換して

$$\left(\frac{23-q}{23}\right) = \left(\frac{-q}{23}\right) = -\left(\frac{q}{23}\right)$$

から求められます．以上で法 23 に関する平方剰余の問題が，大きな数の煩雑な計算をすることもなく，簡単な手計算で求められました．まとめますと

5.9. 平方剰余の法則

a	1	2	3	4	5	6	7	8	9	10	11	12	13	14	15	16	17	18	19	20	21	22
$\mathcal{L}$	+1	+1	+1	+1	−1	+1	−1	+1	+1	−1	−1	+1	+1	−1	−1	+1	−1	+1	−1	−1	−1	−1

となります．冒頭で図案化した結果と，確かに一致しているか比較して下さい．

　さて，ルジャンドル記号の計算対象は，素数に限定されていました．分割された各項は，素数単位で計算する必要がありました．この縛りを除いて，合成数にも対応したものが，次に御紹介します**ヤコビ記号**です．この記号は，通常は後の発展の面も考慮して，ルジャンドル記号と全く同じ丸括弧を用いるのですが，ここでは導入に当たり両者の区別を強調する意味から，角括弧を用います．内容を理解された後，慣用の丸括弧に目を慣らして頂くことは簡単だと思いますので，ここでは誤解を避けることを最重点にして，記号を選びました．

　ヤコビ記号とは，互いに素な整数 a と奇数 $3 \leq n$ に対して，$n = p_1 p_2 p_3 \cdots$ と素因数分解できるとき，ルジャンドル記号の積より

$$\left[\frac{m}{n}\right] = \left(\frac{a}{p_1}\right)\left(\frac{a}{p_2}\right)\left(\frac{a}{p_3}\right)\cdots$$

と定義されたものです．要するに，ルジャンドル記号を一挙にまとめて扱うわけです．従いまして，この記号はルジャンドル記号の持つ性質の大半をそのまま継承しています．先ず，n が素数の場合，両者は一致します．

$$\left[\frac{a}{p}\right] = \left(\frac{a}{p}\right).$$

次に，$a \equiv a' \pmod{n}$ である a, a' に対して

$$\left[\frac{a}{n}\right] = \left[\frac{a'}{n}\right]$$

が成り立ちます．続いて，$a = 1$ に対する値と乗法的関係：

$$\left[\frac{1}{n}\right] = 1, \qquad \left[\frac{ab}{n}\right] = \left[\frac{a}{n}\right]\left[\frac{b}{n}\right]$$

が導かれます．そして，平方剰余の法則に対応した

$$\left[\frac{-1}{n}\right] = (-1)^{(n-1)/2}, \quad \left[\frac{2}{n}\right] = (-1)^{(n^2-1)/8}, \quad \left[\frac{a}{n}\right]\left[\frac{n}{a}\right] = (-1)^{(a-1)(n-1)/4}$$

が求められます．以上より，平方剰余の関係がより容易に求められるようになりました．ヤコビ記号は，その「定義に際して形式的に素因数分解を必要とした」だけで，実際の計算にはこれを要求しません．この点が非常に重要です．

さて今宵は，初等整数論の最も重要な定理であるフェルマー・オイラーの定理を御紹介致しました．この定理は，一次合同式の解法に利用できるだけではなく，整数の間に存在する精妙な関係を目に見える形で表しています．そして最後に，"整数論の庭に咲いた大輪の華" 平方剰余の相互法則について学びました．異なる法の間に成り立つ精妙な関係は，多くの人を魅了して離しません．

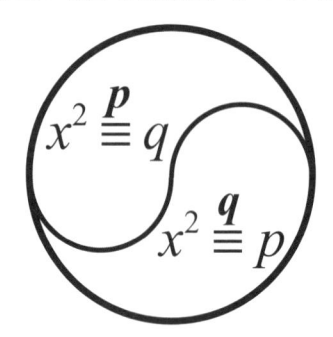

p の水面に映る q の影．q の水面に映る p の影．両者の奥に秘められた関係に想いを馳せるとき，数学における"美の意味"が分かってくるでしょう．

繰り返し述べてきましたように，整数の問題は私達の生活に密着した具体的なものです．人数や個数などを扱う場合，端数は存在しません．これらを正確に扱うためには整数論の考え方が不可欠です．整数論は決して古くならない学問なのです．今や，「整数論を制する者は情報を制す」と言えるでしょう．

5.10　本日の配布資料・伍

◆ガウス(Gauss, Carl Friderich)：1777–1855

　ブラウンシュヴァイクの神童，ガウスの天才ぶりを伝える話は多くある．最も有名なものがあの「1 から 100 までの整数の和」を求める話である．しかし，真に驚くべきことは，こうした耳目を集める話の存在ではなく，逸話がまさに数学の中身に直接関係するものであることではないか．ガウスもまたオイラー同様に，スキャンダラスな話題の無い，全く静かな人生を送った．華やかなのは逸話でもなく，交友関係でもなく，その論文と刊行された著作の内容に限定されている．学者になるべくして生まれ，学者を全うして死んでいる．

　中学校入学前から特別な教科書と個人教授を与えられ，進学後は伝統的な古典教育の課程を修めた．1791 年，ブラウンシュヴァイク公は奨学金を与えた．それによってガウスは，政府が資金援助して作った官僚や将校の為の学校コレギウム・カロリヌスに通うことが出来た．ここでは自然科学の教育が重視されていた．そして，ハノーファー近郊のゲッチンゲン大学に進学した．その後地元に戻ったガウスは，ヘルムシュテット大学から博士号を得た．

　1801 年，24 歳のガウスは生涯唯一の著作『整数論研究 (Disquisitiones Arithmeticae)』によって整数論の新生面を切り開き，旧来の研究を無効と感じさせる程の劇的飛躍を成し遂げた．それは「ブラウンシュヴァイク公・リューネブルク公・カール・ヴィルヘルム．フェルディナント殿下に捧げる」という献辞から始まっている．長年の恩に報いる気持ちであった．侯爵の庇護は 1806 年，フランスとの戦争で侯爵が殺害されるまで続いた．フランスに占領はされたものの，ガウス本人は保護され，翌年にはゲッチンゲン大学の天文学教授兼天文台長に就任することが出来た．純粋数学と応用数学，そして天文学，測地学と自らの研究成果を次々に適用して，新しい科学を創造していった．その秘密主義は，研究の先取権を巡って非難されることもあったものの，「誰が最初に問題に手を附けたか」ではなく，「誰が最初に完全に解決したか」で論じれば，自然と結論の出る話が多かったようである．

● オイラーの函数の総和

自然数 N の全ての約数に対するオイラーの函数の総和：

$$\sum_{d|N} \varphi(d) = N$$

を証明する．左辺を $\Phi(N)$ で表すことにする．即ち

$$\Phi(N) = \sum_{d|N} \varphi(d) = \sum_{i=1}^{k} \varphi(d_i)$$

と定義して，この $\Phi(N)$ が充たすべき関係を調べることから主題に入る．

証明: 互いに素な二数 m, n において，m の約数を u_i，n の約数を v_j で表す．この時，$(m, n) = 1$ より，全ての約数において $(u_i, v_j) = 1$ であり

$$\Phi(mn) = \sum_i \sum_j \varphi(u_i v_j) = \sum_i \sum_j \varphi(u_i)\varphi(v_j)$$
$$= \sum_i \varphi(u_i) \sum_j \varphi(v_j) = \Phi(m)\Phi(n)$$

が成り立つ．即ち，Φ は φ の性質を引き継いで，乗法的であることが示された．

また，単独の素数の冪に関しては

$$\Phi(p^k) = \sum_{i=0}^{k} \varphi(p^k)$$
$$= \varphi(p^0) + \varphi(p^1) + \varphi(p^2) + \cdots + \varphi(p^k)$$
$$= 1 + (p - 1) + (p^2 - p) + \cdots + (p^k - p^{k-1}) = p^k$$

となるので，以上と N の素因数分解：$\prod_{i=0}^{k} p_i^{a_i}$ を用いて，以下の結果を得る．

$$\Phi(N) = \Phi\left(\prod_{i=0}^{k} p_i^{a_i}\right) = \prod_{i=0}^{k} \Phi\left(p_i^{a_i}\right)$$
$$= \prod_{i=0}^{k} p_i^{a_i} = N$$

これが証明すべき関係であった (Q.E.D: Quod Erat Demonstrandum). ∎

5.10. 本日の配布資料・伍

● ガウスの予備定理

奇素数 p に対して $k = (p-1)/2$, 及び p と互いに素な定数 a を定め, k までの自然数との k 個の積 $a, 2a, 3a, \ldots, ka$ を作って, それぞれに対して法 p での剰余を求める. その中で, 剰余が $p/2$ を越えるものの個数を ℓ とする時

$$\left(\frac{a}{p}\right) = (-1)^\ell$$

が成り立つ. これを**ガウスの予備定理**と呼ぶ.

先ず, 定理の主張を確かめるために, 実例を作る. 以下の結果:

$$\left(\frac{5}{23}\right) = -1$$

は別解により既知であるので, この再現を試みよう. この場合, $p = 23, a = 5$ であり, p は奇素数, $(p, a) = 1$ であるので, 定理の前提条件を充たしている. そこで, $k = (23-1)/2 = 11$ を上限とする自然数 N によって, 11 個の積の表:

N	1	2	3	4	5	6	7	8	9	10	11
Na	5	10	15	20	25	30	35	40	45	50	55
$\mathrm{mod.}p$	5	10	**15**	**20**	2	7	**12**	**17**	**22**	4	9

を作る. 剰余が $p/2 = 11.5$ を越えたもの (太字の 5 個) を右側にまとめて

N	1	2	5	6	10	11	3	4	7	8	9
Na	5	10	25	30	50	55	15	20	35	40	45
$\mathrm{mod.}p$	5	10	2	7	4	9	**15**	**20**	**12**	**17**	**22**

としておく. これより $\ell = 5$ であり, 定理から以下の結果が再現出来た.

$$\left(\frac{5}{23}\right) = (-1)^5 = -1.$$

数直線上の整数位置を**格子点**と呼ぶ. こうした問題に対しては, これを利用して "幾何学的に考える" ことが, その全体像を把握するために有効である.

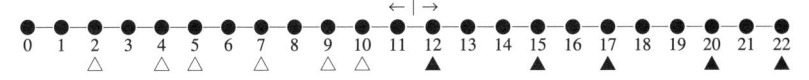

格子点の数え挙げが, この証明において本質的であることを, 直ぐ後で見る.

さて，続く証明の為に表をさらに次のように書換えておく．

N	1	2	5	6	10	11	3	4	7	8	9
Na	5	10	25	30	50	55	15	20	35	40	45
$\mathrm{mod}.p$	5	10	2	7	4	9	*8*	*3*	*11*	*6*	*1*

ここで最下段において，右側の $p/2 = 11.5$ を越える剰余は，p からその値を減算したもの (斜体表記) に書換えた．さらに，これらの数値を並べ代えて

$\quad$ 5, 10, 2, 7, 4, 9, 8, 3, 11, 6, 1 $\quad \Rightarrow \quad$ 1, 2, 3, 4, 5, 6, 7, 8, 9, 10, 11

を得る．1 から 11 までの数値が各一回のみ登場すること，また明らかに，全ての数値が $p/2$ 以下であることを，ここでの"観察事実"として注意しておく．

証明：最初に，剰余が $p/2$ 以下のものに関して，互いに異なることを示し，次に $p/2$ 以上のものについて示す．最後に全体においての異同を調べる．証明は，これら全ての場合において，定理の条件下では「剰余が等しいものは，その元も等しい」ことを利用する．各種設定は以下の通りである．

先ず，$a, 2a, 3a, \ldots, ka$ の p での剰余に関して，以下の二分割を行う．

$$\begin{array}{cccc|cccc} u_1 a & u_2 a & \cdots & u_m a & v_1 a & v_2 a & \cdots & v_n a \\ \| & \| & & \| & \| & \| & & \| \\ r_1 & r_2 & \cdots & r_m < p/2 < & s_1 & s_2 & \cdots & s_n \end{array}$$

そして，$p - s_i$ により，$p/2$ 以上の剰余を書換えると，明らかに全ての剰余が $p/2$ 以下となる．そこで，これを一列に並べた

$$r_1, \ r_2, \ldots, r_m, \ (p - s_1), \ (p - s_2), \ldots, (p - s_n)$$

が，k までの自然数の並びと順序を除いて同じであることを，以下に示す．

[1]：$r_i = r_j$ とすると，$u_i a \equiv u_j a \pmod{p}$ であるが，$(p, a) = 1$ であるから，これは $u_i \equiv u_j \pmod{p}$ を意味する．ここで，u_i, u_j は共に p 未満であるから，$u_i = u_j$ となる．従って，剰余と元の式は異同を同じくすることが示された．
[2]：$p - s_i = p - s_j$ として，**[1]** と同じことを試みる．値 p の"平行移動"では，p による合同式は変わらず，$v_i a \equiv v_j a \pmod{p}$ を得る．これより，$v_i \equiv v_j \pmod{p}$．v_i, v_j もまた共に p 未満の数であるから，$v_i = v_j$ となる．
[3]：$r_i = p - s_j$ と仮定すると，$r_i + s_j = p \equiv 0 \pmod{p}$ である．これより $u_i a + v_j a \equiv 0 \pmod{p}$，よって $u_i + v_j \equiv 0 \pmod{p}$ を得るが，この"係数の

5.10. 本日の配布資料・伍

和の範囲"は，2 以上 p 未満であって，p での剰余は 0 にはならず矛盾する．従って，$r_i \neq p - s_j$ であり，両者に同じ剰余はないことが分かった．

さて，この結果を受けて，k 個の定数全体の積を作ると

$$\begin{aligned}
a \times 2a \times \cdots \times ka \quad &(= k! \times a^k) \\
&= [(u_1 a)(u_2 a) \times \cdots \times (u_m a)] \times [(v_1 a)(v_2 a) \times \cdots \times (v_n a)] \\
&\equiv r_1 r_2 \cdots r_m \, s_1 s_2 \cdots s_n \\
&\equiv r_1 r_2 \cdots r_m \, [(p - s_1)(p - s_2) \cdots (p - s_n) \times (-1)^\ell] \\
&\equiv (-1)^\ell k! \pmod{p}
\end{aligned}$$

となる．ここで k は p 未満の数であるから，$(k!, p) = 1$ であり，これで全体を除することが出来る．よって，$a^k \equiv (-1)^\ell \pmod{p}$ を得る．

ここで，k を $(p-1)/2$ に戻し，さらにオイラーの規準と組合せることにより

$$a^{(p-1)/2} \equiv (-1)^\ell, \quad \left(\frac{a}{p}\right) \equiv a^{(p-1)/2} \quad \Rightarrow \quad \left(\frac{a}{p}\right) \equiv (-1)^\ell \pmod{p}$$

を得るが，両式共に ±1 の二値しか取らないことを考慮すれば，右式の両辺は等号で結ばれることが分かる．よって，以下の結果を得る．

$$\left(\frac{a}{p}\right) = (-1)^\ell$$

これが求めるべき関係であった．■

ここで，**格子点を数え挙げることで解を得る手法**について考察しておく．先に，剰余が $p/2 = 11.5$ を越えたものを探す為に表：

N	1	2	5	6	10	11	3	4	7	8	9
Na	5	10	25	30	50	55	15	20	35	40	45
mod.p	5	10	2	7	4	9	15	20	12	17	22

を作って，定理に必要な値「5 個」を得た．ところで，$p/2$ を規準にするとは全体を二分することであり，その点をより明瞭にするには，それぞれの剰余を p そのもので除すればよい．これにより，値 0.5 を境に分離されることが一目瞭然となる．そこで，以下のように書換える．

N	1	2	5	6	10	11	3	4	7	8	9
Na	5	10	25	30	50	55	15	20	35	40	45
$\dfrac{\text{mod.}p}{p}$	$\dfrac{5}{23}$=0.22	$\dfrac{10}{23}$=0.44	$\dfrac{2}{23}$=0.09	$\dfrac{7}{23}$=0.30	$\dfrac{4}{23}$=0.17	$\dfrac{9}{23}$=0.39	$\dfrac{15}{23}$=0.65	$\dfrac{20}{23}$=0.87	$\dfrac{12}{23}$=0.52	$\dfrac{17}{23}$=0.74	$\dfrac{22}{23}$=0.96

以上の計算を，より簡潔に行う為にガウス記号 [ ] の性質：

$$[x]：x \text{の整数部}, \qquad x-[x]：x \text{の小数部}$$

を用いる．表において行われた計算は，「自然数を 5 倍する」「法 23 の剰余を求める」「それを 23 で割り小数に直す」という手順であった．これを

$$\text{自然数 } x \text{ に対して，} y(x) = \frac{5}{23}x \text{ を作り，} y-[y] \text{ を求める}$$

に変更する．これより，先の結果が再現される．

x	1	2	3	4	5	6	7	8	9	10	11
y	$\frac{5}{23}$	$\frac{10}{23}$	$\frac{15}{23}$	$\frac{20}{23}$	$\frac{25}{23}$	$\frac{30}{23}$	$\frac{35}{23}$	$\frac{40}{23}$	$\frac{45}{23}$	$\frac{50}{23}$	$\frac{55}{23}$
$y-[y]$	0.22	0.44	0.65	0.87	0.09	0.30	0.52	0.74	0.96	0.17	0.39

これは数値的には全く同じものであるが，$y(x)$ を xy 平面上の直線と見做すことで，幾何学的な視点を持ち込み，問題の"見方"を変えることが出来る．

数直線上の格子の素直な拡張として，直交する二軸により定義される平面上の格子点 (座標が整数値) に対して，剰余との位置関係を調べよう．その為に，$y(x)$ に平行で，y の増加方向に幅 1/2 だけ離れた直線：$y'(x) = y(x) + 1/2$ を定義して，これら二本の直線で挟まれた帯状領域について考える．

この時，上の表において $(y-[y])$ の値が，1/2 を越えた x 軸上の直近の格子点は，この領域の中に必ず存在する．何故なら，格子点の間隔が 1 であるのに対して，幅 1/2 の帯状領域を下からスライドさせていき，その下端が中間点である 1/2 を越えたならば，領域は次の格子点まで覆うことになるからである．なお，$x < p/2$ の範囲において，格子点は領域の境界線上には乗らない——互いに素な二数からなる傾きを持つ y は整数値を取り得ない．従って，内部の格子点の個数を数えることで問題の解が得られる．

例えば，$a = 7, p = 13$ の場合ならば

x	1	2	3	4	5	6
y	$\frac{7}{13}$	$\frac{1}{13}$	$\frac{8}{13}$	$\frac{2}{13}$	$\frac{9}{13}$	$\frac{3}{13}$
$y-[y]$	0.54	0.08	0.62	0.15	0.69	0.23

であり，$x = 1, 3, 5$ 軸上の格子点が領域内に存在する——これで所望の値は「3 個」であると分かる．その様子は以下の図解：

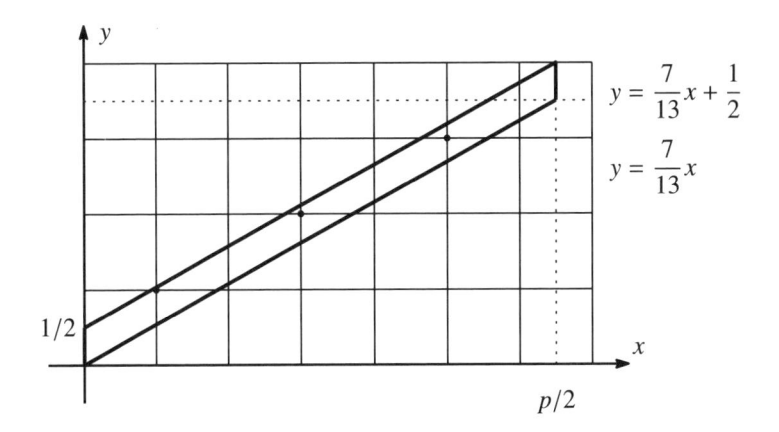

により明らかである.

● 第一補充法則の証明

ガウスの予備定理において,$a = -1$ とおく.先の場合と同様に数表を作ると

N	1	2	3	$\cdots$	k
Na	-1	-2	-3	$\cdots$	$-k$
$\mathrm{mod}.p$	$(p-1)$	$(p-2)$	$(p-3)$	$\cdots$	$(p-k)$

となる——ここで,負数の剰余を p を加えることで正に変えた.この時,$p/2$ を越える個数を勘定するのが証明となる.奇素数 $3 \leq p$ に対して

$$p - 1 > \frac{p}{2}, \qquad (p - k) = \frac{p}{2} + \frac{1}{2} > \frac{p}{2}$$

であり,この両端の結果から,列 $(p-1), (p-2), \ldots (p-k)$ は全て $p/2$ より大きく,その個数は k 個であると分かる.よって,$k = (p-1)/2$ を戻して

$$\left(\frac{-1}{p}\right) = (-1)^{(p-1)/2}$$

を得る.これが求めるべき関係であった. ■

● 第二補充法則の証明

ガウスの予備定理において,$a = 2$ とおく.基本となる数表は

N	1	2	3	$\cdots$	k
Na	2	4	6	$\cdots$	$2k = (p-1)$

である——従って，Na は偶数の列である．

考察対象の素数を以下の四グループに分けて調べていく．

[1]: $p = 8m + 1$ ($\mathcal{P}_{8m+1}$ の場合)

$2k = 8m$, $p/2 = 4m + 1/2$ と定まる．$p/2$ より大きい"偶数"のうち，一番小さいものは $4m + 2$ であり，最大は $8m$ である．従って

$$4m + 2 \times \mathbf{1}, \quad 4m + 2 \times \mathbf{2}, \quad 4m + 2 \times \mathbf{3}, \ldots, \underbrace{4m + 2 \times \mathbf{2m}}_{8m}$$

の $\mathbf{2m}$ 個が求めるものとなる．

[2]: $p = 8m + 3$ ($\mathcal{P}_{8m+3}$ の場合)

$2k = 8m + 2$, $p/2 = 4m + 3/2$ と定まる．$p/2$ より大きい"偶数"のうち，一番小さいものは $4m + 2$ であり，最大は $8m + 2$ である．従って

$$4m + 2 \times \mathbf{1}, \quad 4m + 2 \times \mathbf{2}, \quad 4m + 2 \times \mathbf{3}, \ldots, \underbrace{4m + 2 \times (\mathbf{2m + 1})}_{8m+2}$$

の $(\mathbf{2m + 1})$ 個が求めるものとなる．

[3]: $p = 8m + 5$ ($\mathcal{P}_{8m-3}$ の場合)

$2k = 8m + 4$, $p/2 = 4m + 5/2$ と定まる．$p/2$ より大きい"偶数"のうち，一番小さいものは $4m + 4$ であり，最大は $8m + 4$ である．従って

$$4m + 2 \times \mathbf{2}, \quad 4m + 2 \times \mathbf{3}, \quad 4m + 2 \times \mathbf{4}, \ldots, \underbrace{4m + 2 \times (\mathbf{2m + 2})}_{8m+4}$$

の $(\mathbf{2m + 1})$ 個が求めるものとなる．

[4]: $p = 8m + 7$ ($\mathcal{P}_{8m-1}$ の場合)

$2k = 8m + 6$, $p/2 = 4m + 7/2$ と定まる．$p/2$ より大きい"偶数"のうち，一番小さいものは $4m + 4$ であり，最大は $8m + 6$ である．従って

$$4m + 2 \times \mathbf{2}, \quad 4m + 2 \times \mathbf{3}, \quad 4m + 2 \times \mathbf{4}, \ldots, \underbrace{4m + 2 \times (\mathbf{2m + 3})}_{8m+6}$$

の $(\mathbf{2m + 2})$ 個が求めるものとなる．

以上まとめると，$\mathcal{P}_{8m\pm1}$ のとき偶数個，$\mathcal{P}_{8m\pm3}$ のとき奇数個となる．よって

$$\left(\frac{2}{p}\right) = \begin{cases} 1 : \mathcal{P}_{8m\pm1} \\ -1 : \mathcal{P}_{8m\pm3} \end{cases} \quad \Rightarrow \quad \left(\frac{2}{p}\right) = (-1)^{(p^2-1)/8}$$

を得る．これが求めるべき関係であった．

5.10. 本日の配布資料・伍

● 相互法則の証明

以上の結果を基礎にして,平方剰余の相互法則:

$$\left(\frac{p}{q}\right)\left(\frac{q}{p}\right) = (-1)^{(p-1)(q-1)/4}$$

を証明する.補助定理を二重に適用してこれを行う.例えば

$$\left(\frac{7}{13}\right)\left(\frac{13}{7}\right)$$

を考えるに際して,先ずはそれぞれに補助定理を適用する.前半部は既に解決した問題であり,以下の結果を得ている.

$$\left(\frac{7}{13}\right) = (-1)^3 = -1.$$

後半部も全く同様にして,次の数表:

x	1	2	3
y	$\frac{6}{7}$	$\frac{5}{7}$	$\frac{4}{7}$
$y - [y]$	0.86	0.71	0.57

から容易に決定される.その図解は以下 (左図) である——右は,左図を反時計方向に 90 度廻転させ,さらに裏返したものである.

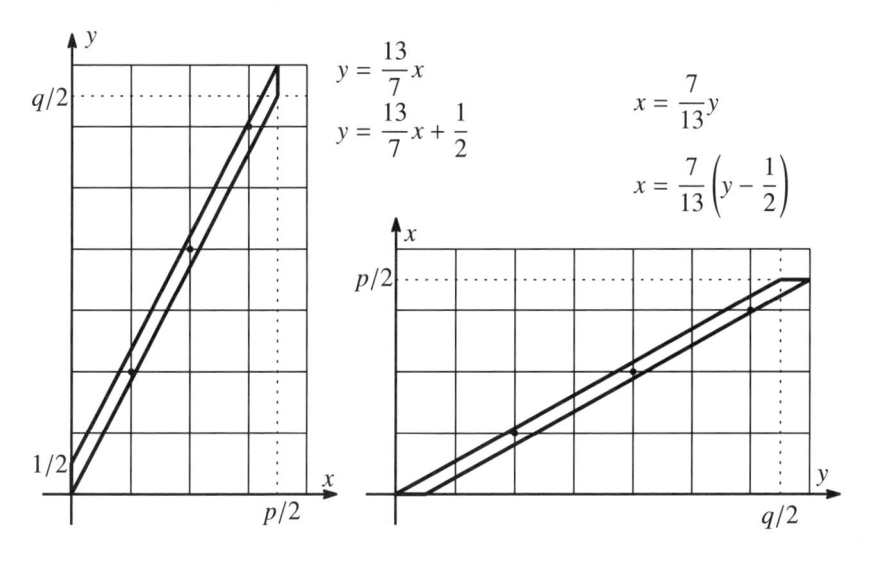

$$y = \frac{13}{7}x$$

$$y = \frac{13}{7}x + \frac{1}{2}$$

$$x = \frac{7}{13}y$$

$$x = \frac{7}{13}\left(y - \frac{1}{2}\right)$$

領域内の格子点の個数を数えて

$$\left(\frac{13}{7}\right) = (-1)^3 = -1$$

を得る．よって，両者をまとめて

$$\left(\frac{7}{13}\right)\left(\frac{13}{7}\right) = 1.$$

これは一般的に成立する関係：

$$\left(\frac{p}{q}\right) = (-1)^m, \quad \left(\frac{q}{p}\right) = (-1)^n \quad \Rightarrow \quad \left(\frac{p}{q}\right)\left(\frac{q}{p}\right) = (-1)^{m+n}$$

の具体例である——残る問題は $m+n$ を p, q で表すことである．

証明：こうして得られる二種類の結果を一望の下に収める為には，どちらか一方の図に「廻転と裏返し」を行い，座標と用いる変数を統一させる必要がある——これは既に準備済み (先の右図) である．合成の結果：

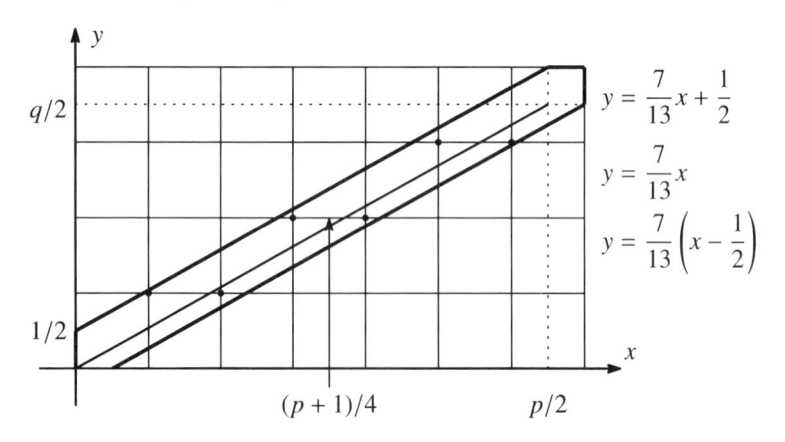

を得る．ここまでは具体例に頼って議論を進めてきたが，容易に理解出来るように，こうした二枚の図の合成は一般的に成立するものである．

ここで，上図において太線で示した六角形の外周に注目すれば，$m+n$ はこの図形内の格子点の総数に一致する．また，この図形は点対称図形であり，その中心点は $(p+1)/2, (q+1)/2$ の半分，即ち座標 $((p+1)/4, (q+1)/4)$ にある．ここで知りたいことは，$m+n$ の偶奇だけであるが，それはこの中心点が格子点として領域内に存在するか否かで決まる．中心点が格子点ならば対称性

5.10. 本日の配布資料・伍

から全体は奇数，そうでなければ偶数である．従って，中心点が 4 の倍数であれば整数値であり，格子点となる．即ち

$$p + 1 \equiv 0 \pmod{4}, \quad q + 1 \equiv 0 \pmod{4}$$

であれば，$m + n$ は奇数，他は偶数である．これは p, q が共に $(4t + 3)$ 型の素数であれば充たされる．そこで，$(p - 1)(q - 1)/4$ を作ると

$$[(4t + 3) - 1][(4t' + 3) - 1]/4 = (2t + 1)(2t' + 1)$$

となって，この場合のみ奇数となる．以上より，相互法則は証明された． ■

参考までに，対称の中心が格子点になる場合として，以下の図を与えておく．

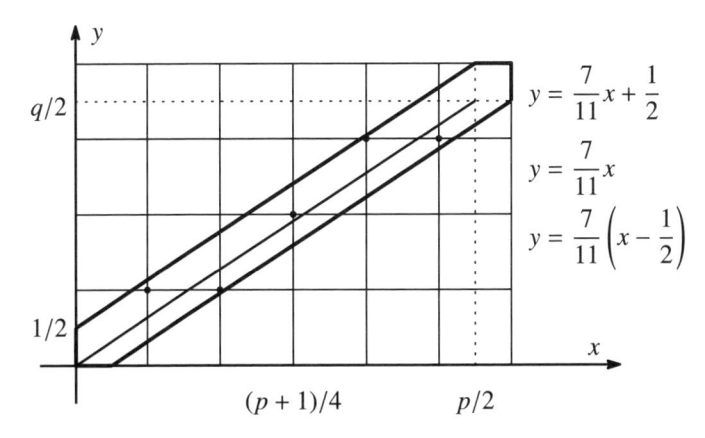

これは，p, q を 7, 11 に選んだ場合であり，対称中心が格子点になっている．また，格子点総数は 5 個であり，$(p - 1)(q - 1)/4 = 15$ より，相互法則の結果は -1 になる——確かに，7, 11 共に $(4t + 3)$ 型である．

history.mcs.st Teiji Takagi
((●)(●)) 検索梟

● さて，素数 p を法とする時，原始根の個数はオイラーの函数 $\varphi(p - 1)$ により与えられたが，その前に，"任意の素数に対して原始根が存在すること" は保証されているのだろうか．この点に関しては，第八夜の配布資料において示す．

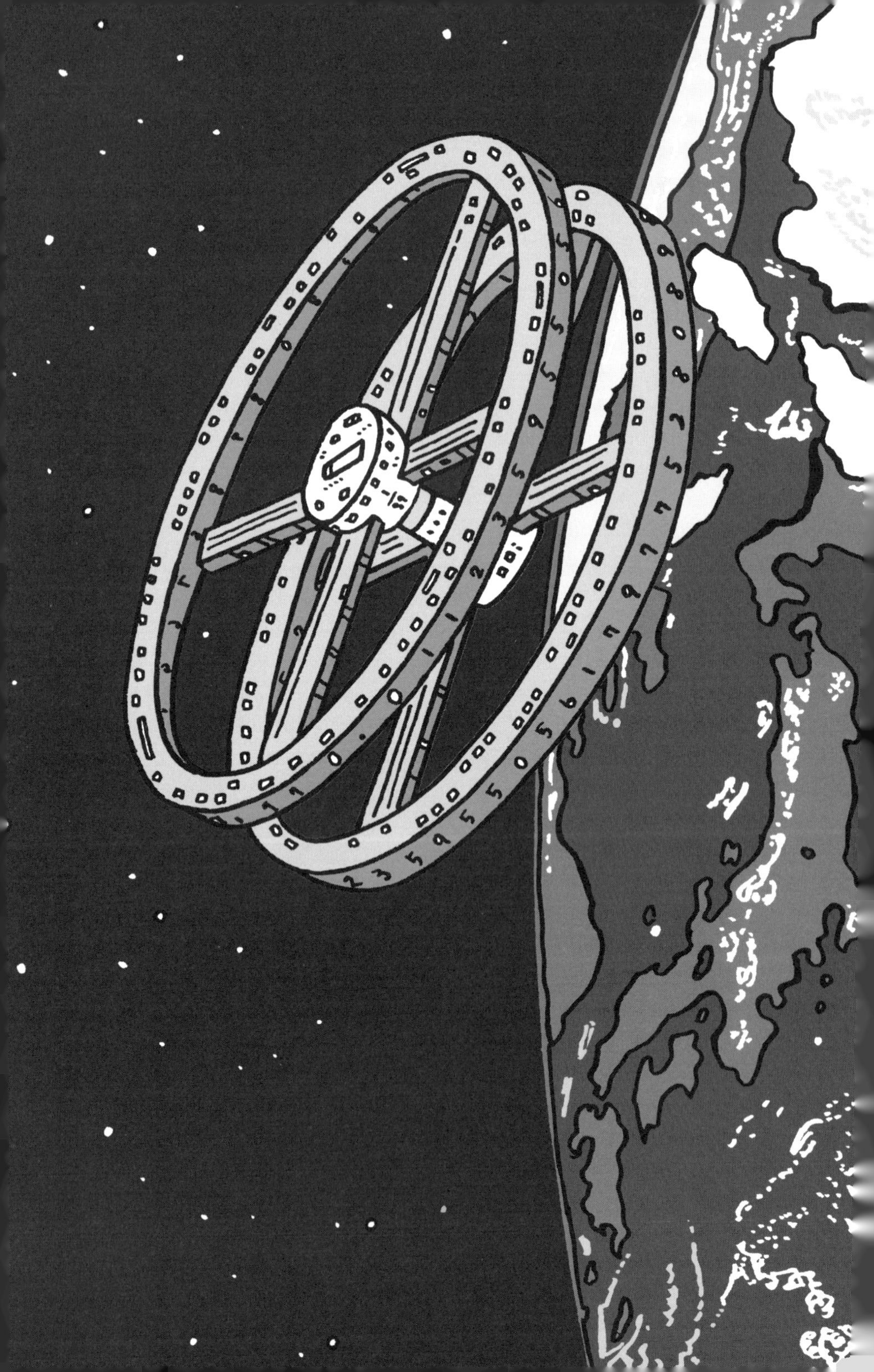

第6夜　♪♪♪　小数のメリーゴーランド

　数を体系的に考えるとき重要な問題は，与えられた数の範囲で，どういう計算ができて，どういう計算ができないか，を明瞭にしておくことです．

　自然数同士の引き算を考えた場合，同じ数同士の引き算では，結果は0になります．これは自然数ではありません．また，与えられた数より，より大きな数を引こうとすれば，0より小さい数を準備する必要が生じます．結局，自然数の範囲では，自由に引き算ができません．これらの数が必要なだけ準備された数の集まりを整数と呼び，具体的には

$$\ldots, -5, -4, -3, -2, -1, 0, 1, 2, 3, 4, 5, \ldots$$

などと書きました．整数は，その中で，足し算，引き算，掛け算が自由にできるので，「加法・減法・乗法に関して閉じた系」であるといわれました．

　四則計算，加減乗除の中で残された除法，即ち割り算を自由に行うためには，分子に整数，分母に自然数を割り当てた分数全体を考える必要があります．このような数を**有理数**(ゆうりすう)と呼びます．今宵は，有理数について学びます．

　数はそれ自身で仲間を呼ぶ性質を持っています．始発駅が終着駅になって一つの輪が作られる．数のメリーゴーランドをお楽しみ頂きましょう．

$\dfrac{1}{7} = 0.\overline{}$　　$\dfrac{2}{7} = 0.\overline{}$　　$\dfrac{3}{7} = 0.\overline{}$　　$\dfrac{4}{7} = 0.\overline{}$　　$\dfrac{5}{7} = 0.\overline{}$　　$\dfrac{6}{7} = 0.\overline{}$

6.1 理のある数とは？

有理数とは，分子に整数，分母に自然数を割り当てた分数形式，即ち

$$N = \frac{整数}{自然数}$$

と書ける数のことです．分母を自然数とするのは，0 での割り算を避けるためです．**分数**による数の表現では

$$\frac{1}{2}, \quad \frac{2}{4}, \quad \frac{5}{10}, \quad \frac{-123}{-246}$$

は異なるものと見做し，有理数はこれらをすべて 1/2 として扱うなど若干の語感上の違いがありますが，本質的には両者は同じものです．

さて，このように定義された数が，何故ゆえに「**理のある数**」と呼ばれるのでしょうか．この謎は，英語名 rational number を調べれば分かります．rational を辞書で引きますと，確かに理性的とか合理的とかいった訳語が目に入りますが，名詞である ratio を調べますと「比，割合」と書いてあります．

もうお分かりでしょう．有理数とは，分数の形で書ける，即ち二つの数の比に由来するものですから，本来，"有比数" とでも翻訳するのが，その定義からして適切だったのです．この意味で有理数は誤訳であると思います．

皆さんは，**小数**に関しては良く御存じと思いますので，先ず有理数と小数の関係から，有理数の性質を調べていきます．大半の人が，分数よりも小数を好むのです．その理由は，実は分数の加減における**通分**にあるようです．その点，小数は通分を必要としませんし，何といっても強い味方の電卓があります．

与えられた数 n に対して，それと掛け合わせると 1 になる数を n の**逆数**といいます．先ず，2 から 10 までの自然数の逆数を小数で表しますと

$$\frac{1}{2} = 0.5, \qquad \frac{1}{3} = 0.333333333333\cdots, \qquad \frac{1}{4} = 0.25,$$

$$\frac{1}{5} = 0.2, \qquad \frac{1}{6} = 0.166666666666\cdots, \qquad \frac{1}{7} = 0.142857142857\cdots,$$

$$\frac{1}{8} = 0.125, \qquad \frac{1}{9} = 0.111111111111\cdots, \qquad \frac{1}{10} = 0.1.$$

6.1. 理のある数とは？

これだけの例でも，自然数の逆数を小数で表すとき，割り切れて小数表示がある桁で終る場合と，終らないで繰り返しが続く場合があることが分かります．

数の表示がある桁で終る場合，その結果を**有限小数**と呼びます．与えられた有理数の分母を素因数分解したとき，**素因数として 2, 5 のみを含む場合**が有限小数となります．この場合には

$$\frac{1}{2} = 0.5, \quad \frac{1}{4} = \frac{1}{2^2} = 0.25, \quad \frac{1}{5} = 0.2, \quad \frac{1}{8} = \frac{1}{2^3} = 0.125, \quad \frac{1}{10} = \frac{1}{2 \times 5} = 0.1$$

の五つです．表示が終らないで繰り返しが続いていく場合，これを**無限循環小数**，あるいは**循環小数**といい，繰り返す数字の列の最初と最後の上に点を打って簡略表記します．以下の四つが循環小数です．

$$\frac{1}{3} = 0.333333333333\cdots \Rightarrow 0.\dot{3}, \quad \frac{1}{6} = 0.166666666666\cdots \Rightarrow 0.1\dot{6},$$
$$\frac{1}{7} = 0.142857142857\cdots \Rightarrow 0.\dot{1}4285\dot{7}, \quad \frac{1}{9} = 0.111111111111\cdots \Rightarrow 0.\dot{1}.$$

さて，小数を分数の形で表したり，その逆を計算したり，相互の変換ができないと一方通行になってしまいます．与えられた分数を小数に直すことは単純で，筆算にしろ電卓を用いるにせよ，簡単に実行できるでしょう．ここでは，小数を分数の形に変換する方法について考えていきましょう．

有限小数を分数に書換えることは，位取りの問題だけですから全く簡単ですね．例えば 0.125 ならば小数点以下三桁ですから

$$\frac{125}{1000}$$

となります．ここで，分子分母に注目し，**約分**して 0.125 = 1/8 を得ます．

面倒なのは循環小数です．例として $0.\dot{1}4285\dot{7}$ について考えましょう．この場合，循環する桁数が六桁であることに注目します．先ず

$$A = 0.142857\ 142857\ 142857\cdots$$

とおき，両辺を 1000000 倍しますと

$$1000000A = 1000000 \times 0.142857\ 142857\ 142857\cdots$$
$$= 142857.142857\ 142857\ 142857\cdots$$

となります．上式と A の小数点以下の数の並びが全く同じ形になっていることが分かりますね．そこで，両者を引き算しますと

$$1000000A - A = 999999A = 142857$$

となり，小数点以下の循環する部分が相殺されます．これより以下を得ます．
$$A = \frac{142857}{999999} = \frac{1}{7}.$$

$0.1\dot{6}$ などのように，循環が小数点以下第一位からはじまらない場合には
$$0.166666\cdots = 0.1 + 0.066666\cdots$$
と二つに分け，それぞれを
$$0.1 = \frac{1}{10}, \quad 0.066666\cdots = \frac{6}{90}$$
と直し，両者を加え 1/6 を得ます．

さて，無限循環小数 $0.\dot{9}$，即ち
$$0.99999\cdots$$
を分数の形に直しましょう．これを A とおき，両辺を 10 倍しますと
$$A = 0.99999\cdots, \quad 10A = 9.99999\cdots$$
となります．引き算して整理しますと
$$10A - A = 9A = 9 \quad \Rightarrow \quad A = 1$$
という"驚くべき結果"が導かれます．即ち
$$\boxed{0.99999\cdots = 1}$$
なる関係を得たわけです．このように 9 が無限に続く循環小数には，**小数の表示の仕方が二種類存在する**わけです．例えば
$$1999.99999\cdots = 2000, \quad 0.2499999\cdots = 0.25$$
なども成り立つわけです．上式の両辺は，もちろん近似ではなく，厳密に等しいことを意味します．何となく納得できない，何かごまかされたような気分の方もいらっしゃるでしょうが，これは真実です．納得できない気分の大半は，末尾の「…」の理解に原因するといえるでしょう．この単純な記号に無限が織り込まれているのです．それを理解することが，"納得"へと繋がります．

6.2 法の支配

小数の話をはじめたばかりですが，ホンの少しの時間だけ整数論に戻ります．整数だけの世界に戻って，"そこに何があったか"を確かめます．整数しかない合同計算の世界には，実は"何でも揃っていた"のです．先ずは，それを体感しましょう．ただし，法を決めねばなりません．合同計算は，法がすべてを支配する"法治主義の世界"なのです．法と証拠(数表)に基づいて論理を展開するのです．ここでは，法を7と決め，その支配が如何なるものかを再確認します．加算と乗算の"証拠"から話をはじめましょう．

+	1	2	3	4	5	6
1	2	3	4	5	6	0
2	3	4	5	6	0	1
3	4	5	6	0	1	2
4	5	6	0	1	2	3
5	6	0	1	2	3	4
6	0	1	2	3	4	5

×	1	2	3	4	5	6
1	1	2	3	4	5	6
2	2	4	6	1	3	5
3	3	6	2	5	1	4
4	4	1	5	2	6	3
5	5	3	1	6	4	2
6	6	5	4	3	2	1

この結果を用いて減算を定めましょう．そのために，合同計算における負数を導入します．その定義は，足し合わせた結果が0になる関係：

$$a + (-a) \equiv 0 \pmod{7}$$

を充たす $-a$ によって行います——以降，法を省略して表記します．即ち

$$-1 \equiv 6, \quad -2 \equiv 5, \quad -3 \equiv 4, \quad -4 \equiv 3, \quad -5 \equiv 2, \quad -6 \equiv 1$$

を用いて，負数の加算による減算の表ができあがります．

+	1	2	3	4	5	6
−1	0	1	2	3	4	5
−2	6	0	1	2	3	4
−3	5	6	0	1	2	3
−4	4	5	6	0	1	2
−5	3	4	5	6	0	1
−6	2	3	4	5	6	0

見出しを負数と正数の関係から定め，行の順序を入れ換えました．
　続いて，乗算に関しましては，書き直しではなく，その見方を変えます．

×	1	2	3	4	5	6
1	*1*	2	3	4	5	6
2	2	4	6	*1*	3	5
3	3	6	2	5	*1*	4
4	4	*1*	5	2	6	3
5	5	3	*1*	6	4	2
6	6	5	4	3	2	*1*

どの行にも，どの列にも 1 が唯一つだけ存在しています．主役はこの 1 です．
そこで，結果が 1 になる二数の組を表から抜き出します．

$1 \times 1 \equiv 1, \quad 2 \times 4 \equiv 1, \quad 3 \times 5 \equiv 1, \quad 4 \times 2 \equiv 1, \quad 5 \times 3 \equiv 1, \quad 6 \times 6 \equiv 1.$

そこで，"積が 1 になること"を合同計算における逆数の定義として，関係：

$$a \times \frac{1}{a} \equiv 1 \pmod{7}$$

により，$1/a$ を定めましょう．これより，以下を得ます．

$$\frac{1}{1} \equiv 1, \quad \frac{1}{2} \equiv 4, \quad \frac{1}{3} \equiv 5, \quad \frac{1}{4} \equiv 2, \quad \frac{1}{5} \equiv 3, \quad \frac{1}{6} \equiv 6.$$

また，負数の逆数も同じ原則によって

$$\frac{1}{-1} \equiv 6, \quad \frac{1}{-2} \equiv 3, \quad \frac{1}{-3} \equiv 2, \quad \frac{1}{-4} \equiv 5, \quad \frac{1}{-5} \equiv 4, \quad \frac{1}{-6} \equiv 1$$

と求めることができます．以下，結果を表にまとめておきます．

×	1	2	3	4	5	6
1/1	1	2	3	4	5	6
1/2	4	1	5	2	6	3
1/3	5	3	1	6	4	2
1/4	2	4	6	1	3	5
1/5	3	6	2	5	1	4
1/6	6	5	4	3	2	1

6.2. 法の支配

　合同計算は，法がすべてを支配します．従いまして，異なる法に関しては，結果は流用できません．法 7 で成り立つことが，他では成り立たないのです．もちろん，法が異なれば構成要素の数からして違いますから，当然ではありますが，特に合成数を法とする場合には，全く異なる構造になってしまいます．

　そこで，ここでは合成数 6 を法とする加算・乗算の表を紹介します．

+	1	2	3	4	5
1	2	3	4	5	0
2	3	4	5	0	1
3	4	5	0	1	2
4	5	0	1	2	3
5	0	1	2	3	4

×	1	2	3	4	5
1	1	2	3	4	5
2	2	4	0	2	4
3	3	0	3	0	3
4	4	2	0	4	2
5	5	4	3	2	1

加算の表は，法 7 と同種のものといえますが，乗算に至っては全く異なる構造になっています．比較のために，両者を並べてみましょう．

×	1	2	3	4	5	6
1	*1*	2	3	4	5	6
2	2	4	6	*1*	3	5
3	3	6	2	5	*1*	4
4	4	*1*	5	2	6	3
5	5	3	*1*	6	4	2
6	6	5	4	3	2	*1*

×	1	2	3	4	5
1	*1*	2	3	4	5
2	2	4	0	2	4
3	3	0	3	0	3
4	4	2	0	4	2
5	5	4	3	2	*1*

←法 7　　↑法 6

　法 7 の場合には，各行・各列ともすべての数値が出揃って漏れなく，重複もありません．また，その結果 1 が一度だけ現れるので，それを元に逆数が作れました．ところが，法 6 の場合には，頼みの綱の 1 が存在しない行があります．また，数値に偏りがあり，0 も複数箇所に存在しています．即ち，0 ではない二数の積が 0 になってしまうのです．

　法が素数である場合には，計算の一意性が保たれます．しかし，法 6 の場合には，必要な数が存在しない場合がある一方で，同じ数が複数回登場するなど，"一意" にはならず，敢えて洒落れば，"無意" であったり "多意" であったりするわけです．従いまして，法 6 の世界では，逆数による除算が不可能だということが分かります．これは合成数を法に選んだが故の悲劇です．

6.3　巡廻数の不思議

小数の世界に戻りましょう．$1/7 = 0.\dot{1}4285\dot{7}$ は特に面白い性質を持っています．これは巡廻数 142857 の数の並び順と同じことに気附かれましたでしょうか．実際に計算して確かめてみましょう．

$\dfrac{1}{7} = 0.142857\,142857\cdots = 0.\dot{1}4285\dot{7},\quad \dfrac{2}{7} = 0.285714\,285714\cdots = 0.\dot{2}8571\dot{4},$

$\dfrac{3}{7} = 0.428571\,428571\cdots = 0.\dot{4}2857\dot{1},\quad \dfrac{4}{7} = 0.571428\,571428\cdots = 0.\dot{5}7142\dot{8},$

$\dfrac{5}{7} = 0.714285\,714285\cdots = 0.\dot{7}1428\dot{5},\quad \dfrac{6}{7} = 0.857142\,857142\cdots = 0.\dot{8}5714\dot{2}.$

何れの場合も繰り返しの周期は六桁です．そして，その中央で二つに分割して加え合わせると，以下のようになります．

$142 + 857 = 999,\quad 285 + 714 = 999,\quad 428 + 571 = 999,$

$571 + 428 = 999,\quad 714 + 285 = 999,\quad 857 + 142 = 999$

何となく不思議な気分になりませんか．

ここで，割り算とその余りについて，もう一度振り返ってみましょう．1 を 7 で割る場合，その余りは 1 から 6 までの何れかの数値になります．余りが 0 ならば割り切れたことになりますし，7 余ればもう一回割り算ができて，やはり余りが 0 になりますね．即ち，この場合には余りは 1, 2, 3, 4, 5, 6 の六種類し

6.3. 巡廻数の不思議

か考えられないわけですから，これらの余りが出尽くした後には，計算は同じことの繰り返しになります．例えば，以下の"筆算"の経過を見て下さい．

```
      0.1428571…              0.0588235…
  7)10                     17)100
     7                         85
    ─                         ───
    30                        150
    28                        136
    ──                        ───
     20                        140
     14                        136
     ──                        ───
      60                         40
      56                         34
      ──                         ───
       40                         60
       35                         51
       ──                         ───
        50                         90
        49                         85
        ──                         ───
         1                          5
```

このことから，割る数 p に対して，登場する余りは最大で $(p-1)$ 種類になります．1/7 は最大の周期 $(p-1)$ を持つ最初の数というわけです．冒頭に掲げました円周上に数を配置する新表現は，この循環を強く印象附けるために捻り出したものです．数として循環する様子を，"映像化"したわけです．

☞ | **余談：数学と「鳩の巣」について** | ．．．．．．．．．．．．．．．．．．．．．．．．．．．．．．．．．

$(kn+1)$ 羽の鳩 $(1 \leq k)$ と n 個の巣箱があり，すべての鳩が，これら巣箱の何れかに入れば，$(k+1)$ 羽以上の鳩が同居している巣が必ず存在する．これを**「鳩の巣原理」**あるいは**鳩の巣論法**といいます――さてさて，ここでは梟が入っていますが，それでも"鳩の巣"と呼ぶことにしましょう．

一つの巣に k 羽の鳩が入った巣箱が n 個あれば，全部で鳩は kn 羽いるわけで，その全室満員の鳩ホテルに，さらにもう一羽お客さんがやってくれば，必ず一部屋は過剰になることは誰にでも直ぐ分かる道理ですね．下の図では，五つの部屋に六羽の鳩が入ろうとしていますが，当然「何処か一部屋は相部屋」ということになります．この論法の面白いところは，何処の部屋が相部屋か，またその部屋に何羽の鳩が集まっているかは分からないけれども，「少なくとも一つ相部屋がある」という「相部屋の存在にのみ徹して」主張していることです．

このように，その存在のみを主張することで，返ってこの原理は強力なものになります．例えば「367 人以上のグループの中には，必ず同じ誕生日の人が存在する」など，ちょっと意外なところで用いられる面白い論証法なのです．

先ほど，余りが六種類しかないので，これらの余りが出尽くした後には，同じ計算を繰り返すしかない，と述べました．これも余りという名の鳩が，巣に入って行く様子を思い浮かべながら考えると大変面白いのではないでしょうか．

要点は，何が"鳩"で何が"鳩の巣"かを見極めることに尽きます．例えば一辺が 1 である正方形の周およびその内部に五つの点が打たれている時，少なくとも一組の点は，最大でも $\sqrt{2}/2$ しか離れていません．何故なら，正方形を一辺 1/2 の小正方形で四等分すれば，少なくとも一区劃には二点が入ります——小正方形が鳩の巣，点が鳩になります．この区劃に注目すれば，その対角線長は $\sqrt{2}/2$ ですから，この長さを越えて二点を離すことはできません．これで問題が解決しました．鳩を探して巣に収める，それがポイントです． ∎

・・・■

割る数が合成数の場合には，分母を素因数分解すれば，より簡単な形になりますから，p を素数に限定して調べればよいのですが，残念ながら素数 p を分母にした小数が，最大周期 $(p-1)$ を持つ場合を即断する一般的な方法は知られていませんので，後は一つひとつ調べていくしか他に方法はありません．

1/7 の次にこのような性質を持つのは 1/17 で

$1/17 = 0.\underbrace{0588235294117647}_{16 \text{個}}\ 0588235294117647\ 0588235294117647 \cdots$

となり，周期は 16 です．この場合も 1 から 16 までの数を掛け算しますと

$1/17 = 0.0588235294117647\cdots$, $9/17 = 0.5294117647058823\cdots$,
$2/17 = 0.1176470588235294\cdots$, $10/17 = 0.5882352941176470\cdots$,
$3/17 = 0.1764705882352941\cdots$, $11/17 = 0.6470588235294117\cdots$,
$4/17 = 0.2352941176470588\cdots$, $12/17 = 0.7058823529411764\cdots$,
$5/17 = 0.2941176470588235\cdots$, $13/17 = 0.7647058823529411\cdots$,
$6/17 = 0.3529411764705882\cdots$, $14/17 = 0.8235294117647058\cdots$,
$7/17 = 0.4117647058823529\cdots$, $15/17 = 0.8823529411764705\cdots$,
$8/17 = 0.4705882352941176\cdots$, $16/17 = 0.9411764705882352\cdots$

となります．"車輪"にしてみましょう．

6.3. 巡廻数の不思議

$\dfrac{1}{17} = 0.\overline{0588235294117647}$

$\dfrac{2}{17} = 0.\overline{1176470588235294}$

$\dfrac{3}{17} = 0.\overline{1764705882352941}$

$\dfrac{4}{17} = 0.\overline{2352941176470588}$

$\dfrac{5}{17} = 0.\overline{2941176470588235}$

$\dfrac{6}{17} = 0.\overline{3529411764705882}$

$\dfrac{7}{17} = 0.\overline{4117647058823529}$

$\dfrac{8}{17} = 0.\overline{4705882352941176}$

$\dfrac{9}{17} = 0.\overline{5294117647058823}$

$\dfrac{10}{17} = 0.\overline{5882352941176470}$

$\dfrac{11}{17} = 0.\overline{6470588235294117}$

$\dfrac{12}{17} = 0.\overline{7058823529411764}$

$\dfrac{13}{17} = 0.\overline{7647058823529411}$

$\dfrac{14}{17} = 0.\overline{8235294117647058}$

$\dfrac{15}{17} = 0.\overline{8823529411764705}$

$\dfrac{16}{17} = 0.\overline{9411764705882352}$

1/7 の場合と同様に，数値を中央で二分し，足し合わせますと

05882352 + 94117647 = 99999999,
11764705 + 88235294 = 99999999,
17647058 + 82352941 = 99999999,
23529411 + 76470588 = 99999999,
29411764 + 70588235 = 99999999,
35294117 + 64705882 = 99999999,
41176470 + 58823529 = 99999999,
47058823 + 52941176 = 99999999,
52941176 + 47058823 = 99999999,
58823529 + 41176470 = 99999999,
64705882 + 35294117 = 99999999,
70588235 + 29411764 = 99999999,
76470588 + 23529411 = 99999999,
82352941 + 17647058 = 99999999,
88235294 + 11764705 = 99999999,
94117647 + 05882352 = 99999999

となり，やはり 9 が綺麗に並びますね．

皆さんは，全く同じことを素数 19, 23, 29, 47, 59, 61, 97 などに対して計算してみて下さい．100 までの素数ではこれらに 7, 17 を合わせた九個の数が同様の性質を持っています．次にまとめておきます．

1/7　= 0.$\dot{1}4285\dot{7}$,

1/17　= 0.$\dot{0}588235294117647$,

1/19　= 0.$\dot{0}5263157894736842\dot{1}$,

1/23　= 0.$\dot{0}43478260869565217391\dot{3}$,

1/29　= 0.$\dot{0}344827586206896551724137931$,

1/47　= 0.$\dot{0}21276595744680851063829787234042553191489361\dot{7}$,

1/59　= 0.$\dot{0}169491525423728813559322033898305084745762711864406779661$,

1/61　= 0.$\dot{0}16393442622950819672131147540983606557377049180327868852459$,

1/97　= 0.$\dot{0}103092783505154639175257731958762886597938144329896907216494845360824742268041237113402061855 6\dot{7}$.

さて，これまでは与えられた素数 p の逆数が，長さ $(p-1)$ の循環節を持つものを調べてきたわけですが，例えば，1/13 の循環節の長さは 6 になります．

$$1/13 = 0.076923\ 076923\ 076923\cdots$$

このように，可能な循環節の最長の長さ 12 の半分，即ち $(p-1)/2$ となる数を，次数 2 の巡廻数，あるいは**二次の巡廻数**と呼びます．前に示しました最長循環節を持つ数は**一次の巡廻数**といいます．100 以下の素数を分母にする数で二次の巡廻数となるのは，次の七個です．

1/13　= 0.$\dot{0}7692\dot{3}$,

1/31　= 0.$\dot{0}3225806451612\dot{9}$,

1/43　= 0.$\dot{0}23255813953488372093$,

1/67　= 0.$\dot{0}149253731343283582089552238805 9\dot{7}$,

1/71　= 0.$\dot{0}140845070422535211267605633802816\dot{9}$,

1/83　= 0.$\dot{0}1204819277108433734939759036144578313 25\dot{3}$,

1/89　= 0.$\dot{0}112359550561797752808988764044943820224719\dot{1}$.

以上の考察を広げて，三次の巡廻数，即ち循環節の長さが $(p-1)/3$ となるもの，さらに四次の巡廻数と考えていきますと，小数に対する興味がどんどん

深まって行きますね．例えば，三次の巡廻数を導く最小の素数は 103 であり，その循環節は長さ 34 となります．

$$1/103 = 0.\dot{0}09708737864077669902912621359223\dot{3}.$$

同様に，**高次の巡廻数**を導く最小素数は，53, 11, 79, 211, 41, 73, 281, 353, 37 と続きます．具体的な小数表記では

四次： $1/53 = 0.\dot{0}188679245283\dot{3}$,

五次： $1/11 = 0.\dot{0}\dot{9}$,

六次： $1/79 = 0.\dot{0}126582278481\dot{1}$,

七次： $1/211 = 0.\dot{0}04739336492890995260663507109\dot{9}$,

八次： $1/41 = 0.\dot{0}2439\dot{9}$,

九次： $1/73 = 0.\dot{0}136986\dot{3}$,

十次： $1/281 = 0.\dot{0}03558718861209964412811387\dot{9}$,

十一次：$1/353 = 0.\dot{0}0283286118980169971671388101983\dot{3}$,

十二次：$1/37 = 0.\dot{0}2\dot{7}$

となります．一口に"無限に続く"といいましても，その中に一定のパターンがある場合と無い場合では，それを扱う発想が全く変わってきます．単純な記号「…」には，こうした機微が隠されています．それを丁寧に引き出して，本質を明らかにしなければ，数の理解は深まりません．

以上，鳩の巣原理が如何に重要か，お分かり頂けたと思います．その重要性に鑑みて，この原理は様々な別名を持っています．「部屋割り原理」「引き出し原理」，あるいはこれを最初に提唱したとされる数学者の名を取って「ディリクレ原理」など実に多彩です．さて，この梟には帰るべき巣が無いようで……

草枕
旅行く君と 知らませば
岸の埴生に にほはさましを

Vol.1, No.69.
清江娘子
(すみのえのをとめ)

黄色の括弧が綺麗だ……

6.4　埋めども尽きせぬ

　さて，有限小数は当然のこととして，循環小数も簡単に有理数，即ち分数の形で書き表せることが分かりました．ここでは，有理数がどのくらい沢山あるのか，どのくらい密に詰まっているのかについて考えましょう．

　例えば，0 と 1 の間にある有理数について調べてみます．

　0, 1 の区間を，まず 1 の半分は 1/2，1/2 の半分は 1/4，1/4 の半分は……という風にどんどん区切っていきます．

$$1 \Rightarrow \frac{1}{2} \Rightarrow \frac{1}{4} \Rightarrow \frac{1}{8} \Rightarrow \frac{1}{16} \Rightarrow \frac{1}{32} \Rightarrow \frac{1}{64} \cdots$$

この作業は幾らでも続けることができます．そしてその結果，半分に分割された区間はどんどん小さくなり，0 に近づいていくことが分かりますね．

$$\cdots \Rightarrow \frac{1}{67108864} \Rightarrow \frac{1}{134217728} \Rightarrow \frac{1}{268435456} \cdots$$

即ち，0 に幾らでも近い所に，幾らでも小さい有理数が存在するわけです．この議論は，小数を用いて

$$\begin{cases} \mathbf{1}, \\ 0.1, \\ 0.01, \\ \vdots \\ 0.000000000000000000000000\cdots\cdots\cdots\cdots 00000000001, \\ \vdots \quad \text{<<< 果てしない 0 また 0 の山，そして末端に 1 >>>} \\ \underline{\mathbf{0}} \end{cases}$$

というように考えても同じことです．実際，どのような有理数にもその近くには幾らでも近い有理数が存在しますので，これが"一番近いお隣さん"といえるような有理数は考えられないのです．即ち，A, B を有理数とするとき，$(A + B)/2$ もまた有理数となるわけで，このような性質を

> 有理数は 稠密(ちゅうみつ) である

といいます．これは極めて重要な性質です．

6.4. 埋めども尽きせぬ

自然数は無限に存在します.

$$\overrightarrow{1,\ 2,\ 3,\ 4,\ 5,\ 6,\ 7,\ 8,\ 9,\ 10,\ 11,\ 12,\ 13,\ 14,\ 15,\ 16,\ 17,\ 18,\ 19,\ \ldots}$$

幾らでも大きな数を考えられること，どんどん大きくなって，宇宙の果てまで行ってもなお終ることなく続いていく，そんな**マクロ**なイメージですね.

有理数も無限に多く存在します.

$$\overleftarrow{\ldots, 0.0000001,\ 0.000001,\ 0.00001,\ 0.0001,\ 0.001,\ 0.01,\ 0.1,\ 1}$$

しかし，今度は巨大化していく無限のイメージだけではなく，わずか $0, 1$ の間にも無数の有理数を含み，幾らでも小さい数を考えることができる，分子よりも，原子よりも，素粒子よりもずっとずっと小さい，物質世界のスケールを遙かに越えた，そんな**ミクロ**な感覚を刺戟する無限なのです.

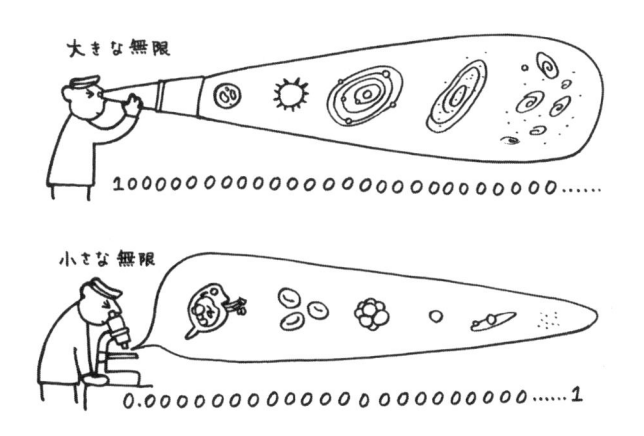

では，有理数は自然数や整数よりも，抜群に多い存在なのでしょうか？

有理数はわずか 0 と 1 の間にも無限に多くの数を含む体系なのですから「有理数の勝ち！」となるはずですね．しかし，なにしろ無限が相手ですから，ここはもう少し慎重にじっくり考えてみることにしましょう.

近代数学の歩みは，無限をどのように扱うか，果たして扱えるものなのか，そもそも「無限とは何か」を明らかにする闘いであったといってもいいでしょう．人類の知性が無限を抑え込むことができるのか．それとも永遠の課題として，喉に突き刺さったままなのか．まずは道具が必要です．

6.5　無限を扱うための道具

　無限相手に戦おうとする勇気ある戦士にとって，ほとんど唯一の武器といっても過言ではないもの，それは**集合**(しゅうごう)というものの考え方です．ここで，集合という言葉は，はじめは日常的に使う「**物の集まり**」のことと考えて頂いて結構ですが，数学の言葉として用いる場合には，その集まりの

> ◆ 全体が明確に指定できる．
> ◆ 一つひとつの要素が確実に区別できる．

などが重要な約束事として必要です．集まりを構成するもののことを，**集合の要素**，あるいは**元**(げん)といいます．要素数が有限のものを**有限集合**，無限に存在するものを**無限集合**と呼びます．

　自然数 $1, 2, 3, \ldots$ の全体は無限集合を形成しており，要素を括弧で括って

$$\mathcal{N} = \{1,\ 2,\ 3,\ 4,\ 5,\ 6, \ldots\}$$

などと表します．自然数の集合は，最も基本的な無限集合ですから，これに親しむことから無限の，そして集合の本質的理解がはじまります．

6.5. 無限を扱うための道具

有限集合とは，要素数が有限のものである，と先ほど述べましたが，これも自然数の集合を基に考えることができます．例えば，自然数の中から

$$\{1, 2, 3, 4\}$$

だけ取り出して考えますと，これは要素数 4 の有限集合です．このように，元の集合の要素を取り出して作った集合のことを**部分集合**と呼びます．

実は，これは自然数のはじめの話のときにも申し上げたことですが，この $\mathcal{N}$ の部分集合である有限集合と，一対一の対応が取れるすべてのものを私達は，その要素数は 4 である，即ち「そこにものが四つある」といっているわけです．例えば，k 個入りの菓子箱を貰ったとき，集合：

$$\{1, 2, 3, 4, \ldots, k\}$$

を用意して，菓子一つひとつと，この集合の要素を突き合わせていき，漏れが無い場合，即ち，一対一の対応が取れた場合に，この菓子箱が k 個入りであることを納得するわけです．菓子を◎で表せば，以下のようになります．

$$\begin{array}{ccccccccc}
1 & 2 & 3 & 4 & 5 & 6 & 7 & 8 & \cdots & k \\
\Downarrow & \Downarrow & \Downarrow & \Downarrow & \Downarrow & \Downarrow & \Downarrow & \Downarrow & \cdots & \Downarrow \\
\odot & \odot & \odot & \odot & \odot & \odot & \odot & \odot & \cdots & \odot
\end{array}$$

ここで，非常に重要な考え方がさりげなく登場しました．それは**一対一対応**という考え方です．これは，物を一つひとつ突き合わせていく，極めて原始的な方法ですが，方法が簡単なだけに大変強力なものです．

さて，x が集合 $\mathcal{M}$ の要素であることを $x \in \mathcal{M}$ と書き，要素でないことを $x \notin \mathcal{M}$ と書きます．また，性質 P を満足する要素 x の全体を

$$\{x \mid P\}$$

と書きます．この記号を用いますと，自然数の場合なら

$$\mathcal{N} = \{n \mid n \text{ は自然数}\}$$

と表すこともできるわけです．同様に

$$\mathcal{Z} = \{n \mid n \text{ は整数}\}, \quad \mathcal{Q} = \{n \mid n \text{ は有理数}\}$$

で整数，有理数を表すと約束します．先に示しました，合同式による偶数，奇数の表記法ならば，集合の記号を用いて次のように書けるわけです．

$$C_0 = \{x \mid x \equiv 0 \pmod{2}\}, \qquad C_1 = \{x \mid x \equiv 1 \pmod{2}\}.$$

自然数は整数に含まれ，整数は有理数に含まれることを

$$\mathcal{N} \subset \mathcal{Z}, \qquad \mathcal{Z} \subset \mathcal{Q}.$$

二つをまとめて $\mathcal{N} \subset \mathcal{Z} \subset \mathcal{Q}$ と表します．

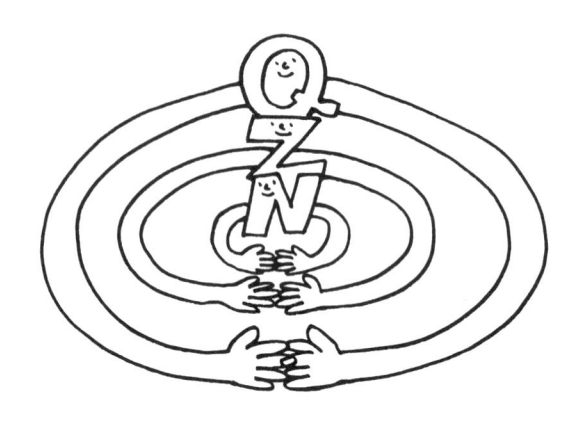

また，全く要素のない集合も存在します．これを $\emptyset$ で表し，**空集合**と呼びます．二つの有限集合 $\mathcal{A}, \mathcal{B}$ に対して，少なくともどちらかに含まれる要素全体の作る集合を

$$\mathcal{A} \cup \mathcal{B}$$

と表し，$\mathcal{A}, \mathcal{B}$ の**合併**，あるいは**和集合**といいます．また，$\mathcal{A}$ の要素であり，かつ同時に $\mathcal{B}$ の要素でもある要素全体の集合を

$$\mathcal{A} \cap \mathcal{B}$$

と表し，$\mathcal{A}, \mathcal{B}$ の**共通部分**，あるいは**積集合**と呼びます．

6.6 驚愕の結果

　素数は無限に存在します．ところが，良く考えてみると自然数も無限に存在し，しかも素数は自然数に含まれる概念だったはずです．

　同じようなことは，偶数・奇数に関しても考えられます．やはり偶数も奇数も無限に存在しますし，これらは自然数の一部です．では素朴な疑問として，例えば，共に無限に存在する自然数と偶数，どちらが多いのでしょう．

　ごく普通に考えれば，偶数は自然数の一部なのだから，幾ら無限に多いといっても，やはり自然数の方が多いに決まっている，と考えられるのではないでしょうか．しかし，この「ごく普通の考え方」というのは有限個の問題を扱う"日常的な感覚"に過ぎず，無限に多いものを含む場合には正しくないのです．

　これは一番はじめの偶数 2 から順に番号を附けていけば分かります．実は，番号を附け，要素数を数える，それ自身が自然数との一対一対応を考えるということに他なりません．これにより，偶数は自然数と**「同じ程度に多く」**存在することが分かります．奇数の場合も全く同様です．

$$
\begin{array}{cccccccccc}
偶数 & \mathbf{2} & \mathbf{4} & \mathbf{6} & \mathbf{8} & \mathbf{10} & \mathbf{12} & \mathbf{14} & \mathbf{16} & \mathbf{18} & \mathbf{20}\cdots \\
& \Uparrow & \Uparrow & \Uparrow & \Uparrow & \Uparrow & \Uparrow & \Uparrow & \Uparrow & \Uparrow & \Uparrow \\
番号 & 1 & 2 & 3 & 4 & 5 & 6 & 7 & 8 & 9 & 10\cdots \\
& \Downarrow & \Downarrow & \Downarrow & \Downarrow & \Downarrow & \Downarrow & \Downarrow & \Downarrow & \Downarrow \\
奇数 & \mathbf{1} & \mathbf{3} & \mathbf{5} & \mathbf{7} & \mathbf{9} & \mathbf{11} & \mathbf{13} & \mathbf{15} & \mathbf{17} & \mathbf{19}\cdots
\end{array}
$$

このように無限に存在するものには，何個あるという感覚よりも存在の濃さ，即ち，**濃度**という言葉が良く似合います．自然数の濃度を $\aleph_0$ (アレフ・ゼロと読みます) で表し

自然数は可算である，あるいは**可附番**である

といいます．また，$\aleph_0$ を**可算濃度**ということがあります．

　自然数で番号附けされる偶数，奇数，共に $\aleph_0$ の濃度を持ちます．

　全体の一部として存在する**「部分」**が**「全体」**と同じ程度に**存在する**，これが要素を無限に含むものの奇妙な奇妙な性質なのです．

それでは，これも単純に考えると，自然数の二倍は数を抱えていそうな整数
$$\mathcal{Z} = \{\ldots, -3, -2, -1, 0, 1, 2, 3, \ldots\}$$
はどうでしょうか．この場合は整数の要素の正負を順に

$$\begin{array}{c} 番号: \quad 1 \quad 2 \quad 3 \quad 4 \quad 5 \quad 6 \quad 7 \quad \cdots \\ \Downarrow \quad \Downarrow \quad \Downarrow \quad \Downarrow \quad \Downarrow \quad \Downarrow \quad \Downarrow \\ \{0, \quad 1, \quad -1, \quad 2, \quad -2, \quad 3, \quad -3, \ldots\} \end{array}$$

と並べ替えてみれば，やはりそれぞれに番号を附けることができ，自然数との一対一対応が附きます．従いまして

整数も自然数と同様に可算濃度 $\aleph_0$ を持つ

ことが分かりました．

ここまでの結果も皆さんには，ずいぶん意外なものだったと思います．最後に，有理数に関して調べましょう．分子分母に自然数を縦横に振り，表の形に書いていくと，すべての有理数を漏れなく書き尽くすことができます．

漏れなく数える径路1　　　漏れなく数える径路2

このとき，平面上に分布されたすべての分数を隈無く辿っていくように経路をうまく取らないと，重複があったり，数え漏らしがあったりしては番号附けができません．例えば，「経路1」に従って数を並べますと，これですべての分数が漏れなく直線的に

$$1, \quad 2, \quad \frac{2}{2}, \quad \frac{1}{2}, \quad \frac{1}{3}, \quad \frac{2}{3}, \quad \frac{3}{3}, \quad \frac{3}{2}, \quad 3, \quad 4, \ldots$$

6.6. 驚愕の結果

と配列されます．このような経路は，「経路 2」に示しましたように，色々工夫して作ることができます．ここで重複した数 (2/2 = 3/3 = 1 など) を取り除き，0 を加えて，整数の場合と同様に正負を交互に並べますと

1	2	3	4	5	6	7	8	9	10	11	12	13	14	15	16…
⇓	⇓	⇓	⇓	⇓	⇓	⇓	⇓	⇓	⇓	⇓	⇓	⇓	⇓	⇓	⇓
0	1	−1	2	−2	$\frac{1}{2}$	$-\frac{1}{2}$	$\frac{1}{3}$	$-\frac{1}{3}$	$\frac{2}{3}$	$-\frac{2}{3}$	$\frac{3}{2}$	$-\frac{3}{2}$	3	−3	4…

となり，やはりこの場合も順に番号を附けることができ，自然数との一対一対応が附きます．驚くべきことに自然数よりも遥かに密に存在すると思われた有理数の集合 Q も自然数の濃度 $\aleph_0$ を持つ，即ち

有理数もまた加算濃度 $\aleph_0$ を持つ

ことが確かめられたわけです．

さて，有理数だけで"空間は満足できるのか"というと，これがそうではないのです．これまで御紹介してきましたように，有理数は稠密ですが，循環しない無限小数は分数の形に書けないのです．即ち

有理数ではない数が確かに存在する

わけです．この話の続きは明晩として，今宵はここで納めましょう．

6.7 本日の配布資料・陸

● 循環小数の節の長さ

分数の循環節に関する以下の主張を証明する.

> 分子を 1, 分母を自然数 n とする分数において, $(n, 2 \times 5) = 1$ であるならば, 分数 $1/n$ は無限循環小数 (十進数表記) となり, 循環節の長さは, n に関する 10 の位数 s に一致する.

証明: 先ずは, 位数に関する部分から調べていく. 主張より

$$10^s \equiv 1 \pmod{n} \quad \Rightarrow \quad 10^s - 1 = kn$$

となる——ここで, k は自然数である. この k を用いて, 与えられた分数は

$$\frac{1}{n} = \frac{k}{kn} = \frac{k}{10^s - 1}$$

と書くことが出来る.

さて, 右辺をさらに変形する為に以下の準備をする. 次の二式:

$$R = 10^{-r} + 10^{-2r} + 10^{-3r} + \cdots,$$
$$10^r \times R = 1 \quad + 10^{-r} + 10^{-2r} + \cdots$$

を比較して, 辺々を引き算すれば

$$10^r \times R - R = R(10^r - 1) = 1 \quad \Rightarrow \quad R = \frac{1}{10^r - 1}$$

が得られる. この関係を用いて, 先の右辺を変形すると

$$\frac{1}{n} = \frac{k}{10^s - 1} = k(10^{-s} + 10^{-2s} + 10^{-3s} + \cdots)$$
$$= \frac{k}{10^s} + \frac{k}{10^{2s}} + \frac{k}{10^{3s}} + \cdots$$

となる. 加えて, $1 < n$ より, $k < kn < 10^s$ であることを考慮すると, 上式は s 個の数値が一つの周期となって繰り返す循環小数となることが分かる. この周期を t で表せば, $t \leq s$ という条件を充たす.

一方，$1/n$ が周期 t で循環する小数であると仮定すれば，$k' < 10^t$ なる自然数を用いて，以下の展開：

$$\frac{1}{n} = \frac{k'}{10^t} + \frac{k'}{10^{2t}} + \frac{k'}{10^{3t}} + \cdots$$

が成り立つはずである．ところで，右辺は

$$\frac{1}{n} = \frac{k'}{10^t - 1} \quad \Rightarrow \quad (10^t - 1) = k'n$$

とまとめられるので，$(10^t - 1)$ は n で割り切れる．これは

$$10^t \equiv 1 \pmod{n}$$

を意味しているが，この式を充たす最小数は位数 s であるから，$s \leq t$ となる．従って，s, t の大小関係を定める二式が，同時に成立する為には，$s = t$ となる必要がある．以上で，主張は確かめられた．■

例えば，$n = 7$ の場合には

$$10^1 \equiv 3, \quad 10^2 \equiv 2, \quad 10^3 \equiv 6, \quad 10^4 \equiv 4, \quad 10^5 \equiv 5, \quad 10^6 \equiv 1 \pmod{7}$$

より，位数は 6 と定まる．そこで，$7k = 10^6 - 1$ より

$$\begin{aligned}\frac{1}{7} &= \frac{142857}{10^6} + \frac{142857}{10^{12}} + \frac{142857}{10^{18}} + \cdots \\ &= \frac{142857}{1000000} + \frac{142857}{1000000000000} + \frac{142857}{1000000000000000000} + \cdots \\ &= 0.142857142857142857\cdots\end{aligned}$$

を得る．また，$n = 27$ の場合なら

$$10^1 \equiv 10, \quad 10^2 \equiv 19, \quad 10^3 \equiv 1 \pmod{27}$$

より位数は 3．さらに $27k = 10^3 - 1$ より，以下の結果を得る．

$$\begin{aligned}\frac{1}{27} &= \frac{37}{10^3} + \frac{37}{10^6} + \frac{37}{10^9} + \cdots \\ &= \frac{37}{1000} + \frac{37}{1000000} + \frac{37}{1000000000} + \cdots \\ &= 0.037037037\cdots\end{aligned}$$

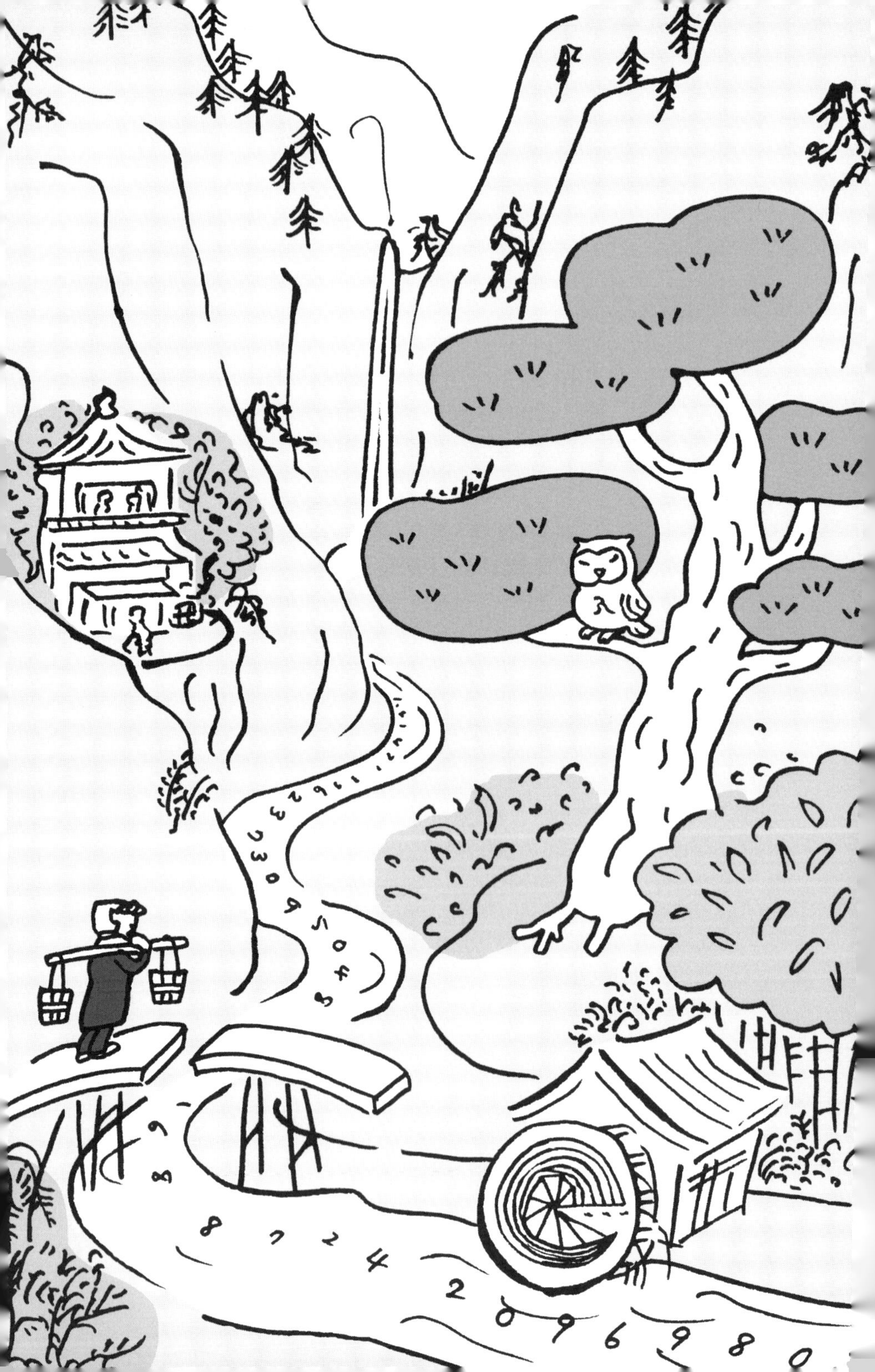
8 7 2 4 2 0 9 6 9 8 0

第7夜　♪♪♪　切れ目の無い数へ

　再びピタゴラスからはじめましょう．彼は**万物の根源**である自然数に対して絶大な信頼を寄せていました．そして，**ピタゴラスの定理**に代表される数と図形との関係，その調和を研究して，それらを教義にまとめあげ，一団を形成していたわけです．彼らは，はじめ三角形などの基本的な図形の辺の長さは，適当な自然数を組合せて，比を作れば表せる量だと考えていたようです．

　ところが，ピタゴラスの定理が発見される切っ掛けともいわれている床の模様，即ち，対角線の入った正方形タイルには，自然数の比では表し得ない数

$$1^2 + 1^2 = ?^2$$

が隠されていたのでした．

　さらに皮肉なことに，彼らがその抜群の対称性ゆえに教団のシンボル・マークとして用いていた星形五角形にも，同様の「**比で表せない数**」が潜んでいたのです．彼らはこの事実に気附き，"絶対他言無用"の箝口令を敷いたのでした．何故ならば，このような数の存在は，造化の神の欠陥であって，このことを他人に漏らせば神の怒りに触れ，死に至ると考えたからなのです．

　前回，有理数に関してお話しました最後に，分数の形には書けない数の存在について少し触れました．今宵は最大の関門，教祖ピタゴラスを震撼させた数，**無理数**を中心に，最後は実数に至る「数の拡張史」のクライマックスです．ここでは，数の世界の美しさが，これまで示してきましたような自然界との対応から遥かに離れて，数自身の中にある無限の構造，互いに絡み合う神秘的ともいえる相互の関係，これらが主役となって登場します．

7.1 無理が飛び出す道理を探る

「無理数を一つ示して下さい」と問われたとき，どんな数を思い浮かべられますか．ここでは「二乗して 2 になる正の数」を切っ掛けに話を進めましょう．それは，方程式：$x^2 = 2, \ (0 < x)$ の解 x を意味します．幾何学的に表現しますと，一辺が 1 の正方形の対角線の長さです．その大きさはどれくらいでしょうか．1 は何乗しても 1 です．2 は二乗すれば 4 になりますから，x は

$$1 < x < 2$$

の範囲にあるわけで，**少なくとも自然数ではない**ことが分かります．

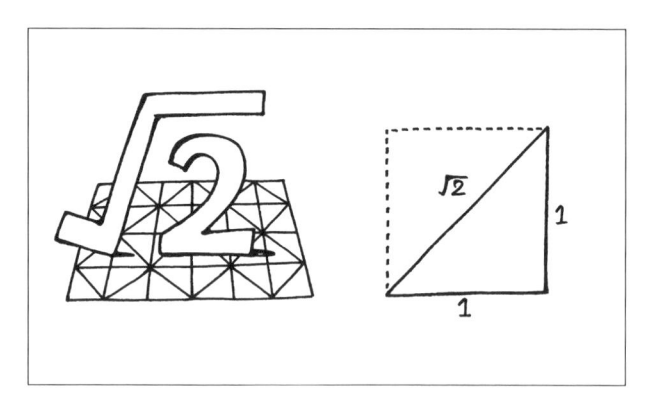

床の上の平方根

そこで，x を有理数と仮定し，二つの自然数 m, n を用いて

$$x = \frac{m}{n}$$

と書けるとします．ただし，m, n は互いに素，即ち，約分した結果，分子分母に共通の因子は無いものと定めます．さらに，それぞれを

$$m = p_1 \times p_2 \times p_3 \times \cdots \times p_k, \qquad n = q_1 \times q_2 \times q_3 \times \cdots \times q_l$$

と素因数分解しておきます．先の仮定より，素数 p_i と q_j はすべて異なり，また，素因数分解の一意性から，この分解は唯一通りしかありません．

7.1. 無理が飛び出す道理を探る

以上の約束をした上で，元の式に代入しますと

$$x^2 = \frac{m^2}{n^2} = \frac{(p_1 \times p_2 \times p_3 \times \cdots \times p_k)^2}{(q_1 \times q_2 \times q_3 \times \cdots \times q_l)^2} = \frac{p_1^2 \times p_2^2 \times p_3^2 \times \cdots \times p_k^2}{q_1^2 \times q_2^2 \times q_3^2 \times \cdots \times q_l^2}.$$

これが約分されて 2 になれば，確かに方程式の解になりますが，それは分子分母から共通因子を除いて「これ以上約分できない」とした前提に反します．

この矛盾が生じた理由は，解を有理数 m/n と仮定したことにあるわけです．よって，求めるべき解は"有理数ではない数"ということになります．このような，分数の形には書けない数のことを**無理数**と呼び，この場合は $\sqrt{2}$ と書き「**ルート 2**」，あるいは「2 の正の**平方根**」と読みます．

昨晩は，有限小数は言うに及ばず，小数点以下に数字が絶えることなく続く無限小数であっても，それが周期を持って循環している場合には，有理数で表せることを示しました．この逆を考えますと，無理数とは有理数ではない数なのですから，小数で表示した場合には，無限小数であってしかも循環しない，周期を持たない数になるはずです．ここから，無理数の別の表現「**循環しない無限小数**」という側面が見えてきます．具体的に $\sqrt{2}$ の値：

1.41421356237309504880168872420969807856967187537694807317667973799073247846210703885038753432764157273501384623091229702492483605585073721264412149709993583141322266592750559275...

を示しておきます．無意味にも見えるこの数字の列は，何処まで調べても永遠に繰り返すことなく，ひたすら続いていきます．この事実は，無理数の理論を幾ら学んでも，何か不思議な神秘的な感覚を呼び起こすものです．何しろ，この数字は何処にでもある正方形，そう，あのピタゴラスを悩ませたように，床に敷き詰めてあるタイルの対角線にすら潜んでいるものなのですから．

稠密な有理数の僅かの隙間を狙って無理数 $\sqrt{2}$ が進入してきました．ところが 0 でない有理数 K を用いて，$K \times \sqrt{2}$ を作りますと，これもまた一つの無理数となります．何故ならば，もしこれが有理数であると仮定して

$$K\sqrt{2} = A, \quad (A \text{ は有理数})$$

とおきますと，以下のような矛盾が生じます．

$$\sqrt{2} = A/K \quad \text{より，} \sqrt{2} \text{ も有理数.}$$

そこで，無理数 $K\sqrt{2}$ の K を動かしますと，この数は至る所に登場します．何と今度は**有理数は隙間だらけ**といった感じがしませんか？　そう，実際その通りなのです．無理数は何処にでもあるけれども，何故か掴めない，不思議な存在です．そこで，それを幾何学の力によって"掴み"ましょう．プラトンの著作で有名な，定木とコンパスだけで無理数を図示する方法を御紹介します．

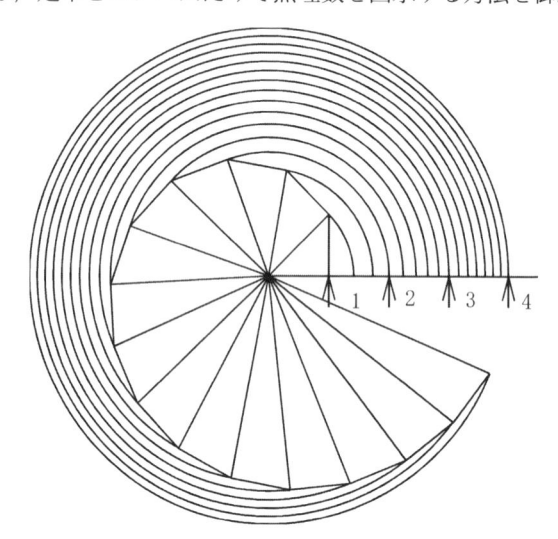

[1] 先ず，規準になる直線を引き，原点と単位長さを定めます．これでこの直線は数直線として機能します．

[2] 続いて，数 1 に対応する点に単位長さの垂線を引き，その先端と原点を結べば，直角二等辺三角形になります．その斜辺の長さは $\sqrt{2}$ です．

[3] 次に，この三角形の斜辺を新しい三角形の底辺として，再び単位長さの垂線を引き原点と結べば，その斜辺の長さは $\sqrt{3}$ となります．

[4] 以上を繰り返して得た長さを数直線上にコンパスで移せば，すべての自然数の平方根が図示できます．図の最大の円の半径は $\sqrt{16}=4$ です．

最後に無理数を一つ作りましょう．小数点以下に自然数を順に並べた数：

$$0.1\,2\,3\,4\,5\,6\,7\,8\,9\,10\,11\,12\,13\,14\,15\,16\,17\,18\,19\,20\cdots$$

は，もちろん循環せず，しかも無限に続くわけですから無理数になります．皆さんも自家製の無理数を作って見て下さい．幾つでも作れることがすぐに分かるでしょう．「作れる」ということ，それ自体が一つの驚きになると思います．

7.2 整数に潜む無理数の姿

無理数の話をはじめました．二乗して 2 になる数の意味を調べました．無限に続き，しかも循環しない小数である，ということが分かりました．

そこで一転，またまた整数論，法 7 の乗算表に話題は戻ります．

×	1	2	3	4	5	6
1	1	2	3	4	5	6
2	2	4	6	1	3	5
3	3	6	*2*	5	1	4
4	4	1	5	*2*	6	3
5	5	3	1	6	4	2
6	6	5	4	3	2	1

縦横同じ数値の交叉点を見れば，その数値を二乗した結果が書かれています．では，表のほぼ中央部に位置する二箇所の 2 は，何でしょうか．これは当然

$$3^2 \equiv 2 \pmod{7}, \qquad 4^2 \equiv 2 \pmod{7}$$

を表しています．即ち，法 7 の世界では，二乗して 2 になる数は，無限に続くわけでもなく，もちろん循環もしない唯の自然数 3，そして 4 であるということになります．従いまして

$$\sqrt{2}_{p7} = 3, \qquad \sqrt{2}_{p7} = 4$$

と書くことができるわけです．無限に続く非循環小数を知った今となっては，こちらの方がむしろ不気味な感じがしないでしょうか．しかも，それが唯一つではなく，3 と 4 の二つも存在しているのですから．

二乗の計算結果は，表の右下がり対角線に並んでいます．そして，この表の対称性を反映して，対角線上の中央から左上への数値の並びと，右下への並びは対称になっています．従いまして，所望の数値が一つあれば，必ず対称点にもう一つ存在することが分かります．これは，ここまでに見てきましたように，奇素数 p を考察の対象とする場合，1 から $(p-1)/2$ までの数値を計算すれば，全体が求められたことに対応しています．このように，表が結果のすべてを記載している場合，「そこから何を読み取るか」が最大の問題になります．

ところで，様々な法に対して，組織的に $\sqrt{2}_p$ を探すことは既に実行済みでした．それは 5.9 (p.185) において紹介しました平方剰余の第二補充法則が，まさにそのものズバリの結果を与えています．そのときの表を再掲しましょう．

$p \backslash x$	1 2 3 4 5 6 7 8 9 10 11 12 13 14 15 16 17 18 19 20 21 22 23
3	1
5	1 4
7	1 4 **2**
11	1 4 9 5 3
13	1 4 9 3 12 10
17	1 4 9 16 8 **2** 15 13
19	1 4 9 16 6 17 11 7 5
23	1 4 9 16 **2** 13 3 18 12 8 6
29	1 4 9 16 25 7 20 6 23 13 5 28 24 22
31	1 4 9 16 25 5 18 **2** 19 7 28 20 14 10 8
37	1 4 9 16 25 36 12 27 7 26 10 33 21 11 3 34 30 28
41	1 4 9 16 25 36 8 23 40 18 39 21 5 32 20 10 **2** 37 33 31
43	1 4 9 16 25 36 6 21 38 14 35 15 40 24 10 41 31 23 17 13 11
47	1 4 9 16 25 36 **2** 17 34 6 27 3 28 8 37 21 7 42 32 24 18 14 12

そして，100 までには 2 を平方剰余にする p と x の組，即ち $\sqrt{2}_p$ が

p	7	17	23	31	41	47	71	73	79	89	97
x	3,4	6,11	5,18	8,23	17,24	7,40	12,59	32,41	9,70	25,64	14,83

だけ存在しました．表の末尾を例に採れば

$$83^2 \equiv 2 \pmod{97}$$

もまた，2 の平方根の表現です．ただし，合同式による数値は，法が変わればその意味を失い，普遍性を持たないことは，常に注意しておくべき事柄です．

また，ここまでの計算の経緯から，三乗根や四乗根を容易に見出すことができるでしょう．例えば，2 の三乗根を与える最小の法は 17 であり

$$8^3 \equiv 2 \pmod{17}$$

その根は 8 となります．四乗根は改めて計算するまでもなく，何度も繰り返し利用してきました法 7 の表の中にあります．

$$2^4 \equiv 2 \pmod{7}$$

が，その答です．

7.3 デデキントの魔法のハサミ

　先にも触れましたが，数を目に見える形で表すために**数直線**がよく用いられます．これは直線上に**原点**と称して 0 を書き，それを挟んで左右に等間隔で順に数値を刻んでいったものです．このように，実数を含めた数が図示できるのは，実数に切れ目がない——**連続**である——ことによるわけです．

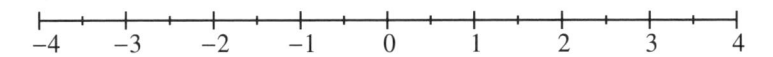

```
  |----|----|----|----|----|----|----|----|
 -4   -3   -2   -1    0    1    2    3    4
```

もし連続でなければ，直線上に，その点を除くという意味で，穴を開けなければなりません．実数は連続なのでその必要はないわけです．しかし，そもそも"連続"とは，数学的には何を意味するのでしょう．

　自然数や整数は，明らかに"連続"ではありませんが，有理数のみを考えた場合はどうでしょうか．有理数が指し示す数直線上の点を**有理点**と呼びます．その特徴は，どの有理点の周りにも無数の有理点が存在することです．例えば，勝手な二点 a, b を定めますと，これらの中点 $(a+b)/2$ もやはり有理点です．これを何回も繰り返せば，ある有理点に対して幾らでも近い有理点が作れます．これを**稠密**と呼びますが，しかし，**これだけでは連続ではないのです．**

　実数の連続性を厳密に考察するために，**デデキント**は素晴らしい方法を提案しました．数を，二つのグループに**分割**して，その分割の切れ目の様子に注目するのです．"切り口を見れば中身が分かる"という主張です．

　すべての数を**左組 L** と**右組 R** に分けて，右組の数はどの数を取っても，左組の数よりも大きくなっている，このような数の集合の二分割ができるとき，この組分け **(L, R)** を**デデキントの切断**と呼びます．ここですべての数は「漏れなく右組か左組かの何れか一方に，しかも一方のみに属する」と約束します．

　さあ，デデキントの魔法のハサミによって，切断された数の切り口を順に調べていきましょう．先ずは整数から考えます．例えば，整数の集合 $\mathbb{Z}$ を

$$\mathbf{L} = \{\ldots, -2, -1, 0, 1, \mathbf{2}\} : 最大数\ L_{\max} = 2,$$
$$\mathbf{R} = \{\mathbf{3}, 4, 5, 6, 7, 8, \ldots\} : 最小数\ R_{\min} = 3$$

と切断しますと，左組 **L** に要素の中で最大の数 2 が存在し，右組 **R** に最小の数 3 が存在します．即ち，左右両組には共に**端と呼べる数**があるわけです．これは，切断する切れ目の数に関係なく，**整数の切断**が持つ一般的な性質です．

続いて，**有理数の切断**について考えましょう．有理数の切断 (**L, R**) において，両組の端はどうなっているでしょうか．場合に分けて調べていきます．

◆**1**：先ず，整数の場合のように両組に端点，即ち

> **L** の最大の有理数 $L_{\max}$，　**R** の最小の有理数 $R_{\min}$

が存在すると仮定しますと，この二数の平均 $(L_{\max} + R_{\min})/2$ は，明らかにまた一つの有理数でありながら，**L** にも **R** にも属さない数になります．

$$L_{\max} \qquad R_{\min}$$
$$\frac{1}{2}(L+R)$$

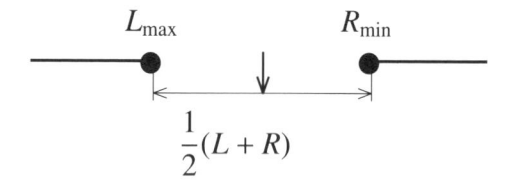

これははじめの仮定「すべての数は，漏れなく右組か左組かの何れかに属する」に反します．従いまして，有理数においてこの切断は不可能です．

◆**2**：次に，片側のみに端点がある場合，例えば

> **L** の最大の有理数は $L_{\max}$，　**R** の最小の有理数は存在しない

7.3. デデキントの魔法のハサミ

は可能です．実際，有理数 3 に注目すれば，以下のようになります．

> **L** は $q \leqq 3$ なる有理数の集合， **R** は $3 < q$ なる有理数の集合

また，切れ目である数 3 自身を右組に移動させれば

> **L** に最大の有理数は存在しない， **R** の最小の有理数は 3

というような切断が可能です．

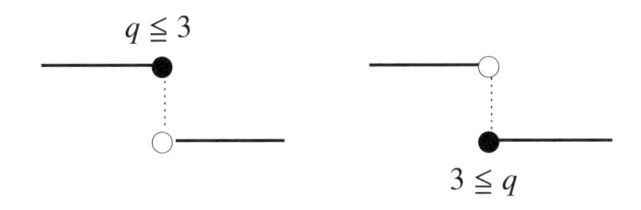

◆ 3：有理数の切断として最後に，二乗して 2 になる数 X に注目して考えてみましょう．このような数は有理数には存在しないわけですから，両組とも端点，即ち，**L** における最大数も，**R** における最小数も存在せず，組分けは

> **L** は $q < X$ となる全有理数， **R** は $X < q$ となる全有理数

となり，数 X の所で穴が開いていることが分かります．すなわち

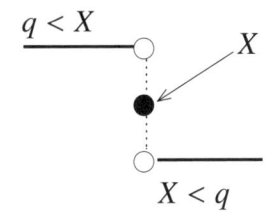

となります．この場合には

> "唯一つの有理数にも触れず" に，二分割することが可能

なのです．このような切断の切れ目として登場する数を，**無理数**と呼ぶわけです．この場合ですと，この切断は $\sqrt{2}$ を定めたことになります．

この意味において"稠密である有理数"には，無理数の穴が至る所に開いているわけです．この有理数の穴に，無理数を充填してたものを**実数**と呼び，集

合の記号では $\mathcal{R}$ と書きます．実数の切断には，今述べました二番目

| L_{max}が存在し，R_{min}は存在しない | L_{max}は存在せず，R_{min}が存在する |

の何れか一方，すなわち片側のみに端点がある場合しかありません．

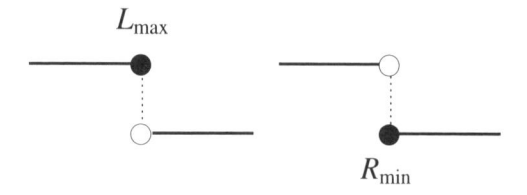

L_{max}

R_{min}

　例えば，実数を勝手な所で，二分割したとき，そこには必ず上記意味での切断が実現されており，穴はありません．これを**実数の連続性**と呼ぶわけです．

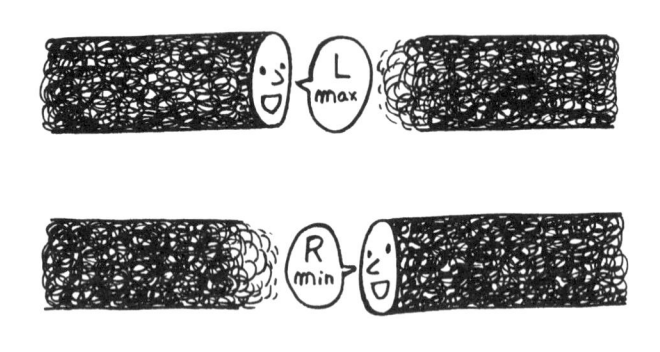

　私達は，物を数えることから「**自然数**」を定義し，二つの自然数の比として「**有理数**」を定義し，さらに有理数の切断として「**実数**」を定義したわけです．
　ここで大事なことは，これら数の概念が

| 自然数 $\underset{比を取る}{\Rightarrow}$ 有理数 $\underset{切断}{\Rightarrow}$ 実数 |

というように，**必ず一つ前の段階の概念のみを用いて定められている**ところです．即ち，自然数の理解が順に，有理数，実数の理解に結び付いているわけで，その間に概念上のごまかしはありません．

7.4　分数の数珠繋ぎ

2 の平方根 $\sqrt{2}$ は無理数であって，分数の形には書けないことが分かりました．ところで，次に示す分数の値に注目して下さい．

$\dfrac{3}{2} = 1.5,$

$\dfrac{7}{5} = 1.4,$

$\dfrac{17}{12} = 1.41\dot{6},$

$\dfrac{41}{29} = 1.\dot{4}137931034482758620689655172\dot{4},$ (※41/29 末尾)

$\dfrac{99}{70} = 1.4\dot{1}4285\dot{7},$

$\dfrac{239}{169} = 1.4\dot{1}420118343195266272189349112426035502958579881656804733727810650887573964497 0\dot{4},$

$\dfrac{577}{408} = 1.414\dot{2}15686274509803\dot{9},$

$\dfrac{1393}{985} = 1.4\dot{1}4213197969543147208121827411167512690355329949238578680203045685279187817258883248730964467005076,$

$\dfrac{3363}{2378} = 1.4\dot{1}4213624894869638351555929352396972245584524810765349032800672834314550042052144659377628259041211101766190075693860386879730866274179983179\dot{9}.$

もうお分かりでしょうが，無理数 $\sqrt{2}$ の値に非常によく似ていますね．

繰り返し述べてきたことですが，$\sqrt{2}$ は分数の形には書けないわけですから，上のような形で幾ら良い値が出てきたとしても，それはあくまでも近似値であって $\sqrt{2}$ を表し得た，というわけではありません．実用上の問題ならば四桁もあれば充分でしょう．しかし，「それにしても，この分数はずいぶん良い近似値を与えているな」とはお思いにならないでしょうか．

一体，この分数達はどうやって，求められたのでしょうか．この疑問にお答えするために，若干の準備をしましょう．二つの自然数 a, b により，有理数 a/b $(b < a)$ が与えられたとき，**ユークリッドの互除法**を利用して，与えられた

数を以下の形に変形します．商と余りの関係を代入して

$$\frac{a}{b} = \frac{q_1 b + r_1}{b} = q_1 + \frac{r_1}{b} = q_1 + \frac{1}{\frac{b}{r_1}} = q_1 + \frac{1}{\frac{q_2 r_1 + r_2}{r_1}}$$

$$= q_1 + \frac{1}{q_2 + \frac{r_2}{r_1}} = q_1 + \frac{1}{q_2 + \frac{1}{\frac{r_1}{r_2}}} = q_1 + \frac{1}{q_2 + \frac{1}{\frac{q_3 r_2 + r_3}{r_2}}}$$

$$= q_1 + \frac{1}{q_2 + \frac{1}{q_3 + \frac{r_3}{r_2}}} = q_1 + \frac{1}{q_2 + \frac{1}{q_3 + \cfrac{1}{\ddots}}}$$

を得ます．これを**連分数**と呼びます．この展開を，紙面の節約のために

$$\frac{a}{b} = q_1 + \frac{1}{q_2+}\,\frac{1}{q_3+}\,\frac{1}{q_4+}\,\cdots\,\frac{1}{+q_n} \quad \text{または，} \quad \frac{a}{b} = [q_1; q_2, q_3, q_4, \ldots, q_n]$$

と書きます．左式二項目以降の和の記号の位置 (分母の段) に注意して下さい．

ユークリッドの互除法が有限回で終了することに対応して，有理数の連分数による表示は，有限の展開で終り，特に**有限連分数**と呼ばれています．

一方，無理数を連分数に展開すると，互除法は終了しないので，項は無限に続き**無限連分数**と呼ばれる終りのない形式になります．この場合，無限連分数の部分和の極限が，ある値に収束し一つの無理数を表します．まとめますと

有限連分数は有理数，
無限連分数は無理数

となります．この無限連分数を途中で打ち切ることにより，無理数を任意の精度で近似する**近似分数**を作ることができるわけです．

実際に $\sqrt{2}$ を連分数の形に展開してみましょう．1 と $\sqrt{2}$ に対して，ユークリッドの互除法を適用します．先ず

$$\sqrt{2} = 1 \times 1 + \left(\sqrt{2} - 1\right)$$

7.4. 分数の数珠繋ぎ

ですが，括弧内は

$$\sqrt{2}-1 = \frac{(\sqrt{2}-1)(\sqrt{2}+1)}{\sqrt{2}+1} = \frac{1}{\sqrt{2}+1}$$

と変形することができますので

$$\sqrt{2} = 1 \times 1 + \frac{1}{\sqrt{2}+1}$$

と書き直し，さらに互除法を適用していきますと

$$1 = 2 \times \frac{1}{\sqrt{2}+1} + \frac{1}{(\sqrt{2}+1)^2},$$

$$\frac{1}{\sqrt{2}+1} = 2 \times \frac{1}{(\sqrt{2}+1)^2} + \frac{1}{(\sqrt{2}+1)^3},$$

$$\frac{1}{(\sqrt{2}+1)^2} = 2 \times \frac{1}{(\sqrt{2}+1)^3} + \frac{1}{(\sqrt{2}+1)^4}$$

となります．これより，$\sqrt{2}$ は循環連分数

$$\boxed{\sqrt{2} = 1 + \frac{1}{2+}\frac{1}{2+}\frac{1}{2+}\frac{1}{2+}\cdots, \quad \text{または，} \quad \sqrt{2} = [1; \dot{2}]}$$

の形に展開できることが分かりました．最後の表現では，循環小数の場合のように，繰り返しの数の上に点を打ってそれを表現しています．この展開を途中で打ち切って，先に示しました近似分数を作ることができるわけです．以下に，20までの平方根を連分数により表示しておきます．

$$\sqrt{3} = [1; \dot{1}, \dot{2}], \qquad \sqrt{10} = [3; \dot{6}], \qquad \sqrt{15} = [3; \dot{1}, \dot{6}],$$

$$\sqrt{5} = [2; \dot{4}], \qquad \sqrt{11} = [3; \dot{3}, \dot{6}], \qquad \sqrt{17} = [4; \dot{8}],$$

$$\sqrt{6} = [2; \dot{2}, \dot{4}], \qquad \sqrt{12} = [3; \dot{2}, \dot{6}], \qquad \sqrt{18} = [4; \dot{4}, \dot{8}],$$

$$\sqrt{7} = [2; \dot{1}, 1, 1, \dot{4}], \qquad \sqrt{13} = [3; \dot{1}, 1, 1, 1, \dot{6}], \qquad \sqrt{19} = [4; \dot{2}, 1, 3, 1, 2, \dot{8}],$$

$$\sqrt{8} = [2; \dot{1}, \dot{4}], \qquad \sqrt{14} = [3; \dot{1}, 2, 1, \dot{6}], \qquad \sqrt{20} = [4; \dot{2}, \dot{8}].$$

7.5 黄金数

さて，一つ質問です．ちょっと奇妙な問に思われるかもしれませんが，例えば「長方形を描いて下さい」といわれた場合，それが最も長方形らしく見える縦横の辺の長さの割合はどれぐらいでしょうか．縦横の長さがあまり違わないと正方形のようだし，かといって極端に長細いものも好くありません．

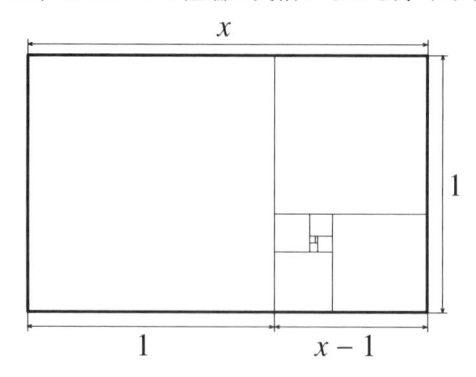

そこで，長方形の中から最大の正方形を取り，残った長方形が元の長方形と相似となる縦横比について考えましょう．即ち，長・短辺の長さをそれぞれ $x, 1$ とした時，残された長方形の長・短辺は $1 : (x-1)$ となります．これが

$$x : 1 = 1 : (x-1) \quad \Rightarrow \quad 1 = x(x-1)$$

を充たすことから，以下の二次方程式を得ます．

$$\boxed{x^2 - x - 1 = 0}$$

長方形が最も長方形らしく見える辺の比，これが**黄金分割**と呼ばれる縦横の比であり，それを数値として与えるものが，この方程式の根，**黄金数**なのです．

これは人間の感覚，美意識の問題ですから，人それぞれに意見が異なる問題のはずですが，古今東西の多くの大藝術家に取り入れられています．実際，黄金分割はピタゴラス教団のシンボル**星形五角形**，**ミロのビーナス**やギリシアの**パルテノン神殿**などにも見出されます．正方形と円はそれぞれ一辺の長さと半径が決まれば，それは一つに定まります．ところが，本来なら二辺の長さを必要とする長方形においても，黄金分割の場合には唯一つの要素で決まってしまうのです．ここに"美しさ"の理由の一つがあるのではないでしょうか．

7.5. 黄金数

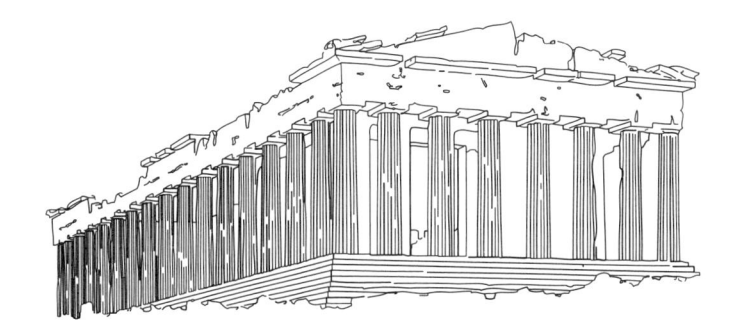

　また，黄金分割を連続して繰り返し，各点を円弧で繋いでいきますと，生きた化石と呼ばれるオウムガイの渦に"よく似た"，綺麗な渦巻き型の曲線ができ上がります．これは縦横比や曲線の詳細とは別に，その成長がこの作図同様の繰り返し過程によるものであることを想像させます．

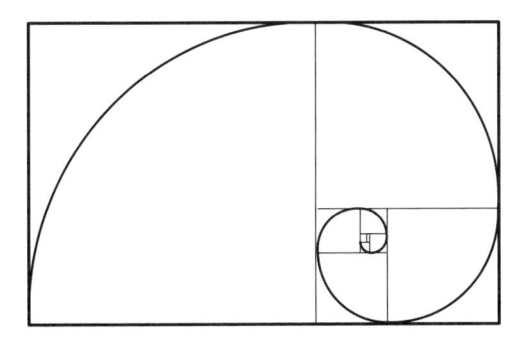

　このように黄金分割の類似物は，私達の身の周りに様々な形で隠れています．実際に方程式を解いてみましょう．二次方程式の根の公式：

$$ax^2 + bx + c = 0,\ a \neq 0 \quad \Rightarrow \quad x = \frac{-b \pm \sqrt{b^2 - 4ac}}{2a}$$

を用いれば，直ちに $x = (1 \pm \sqrt{5})/2$ が求められます．このうちの正の根：

$$\boxed{x = \frac{1 + \sqrt{5}}{2}}$$

を**黄金数**と呼ぶわけです．

　この数は数学的にも大変重要な特徴を持った数なのです．一般に，整数の係数を持つ二次方程式の根は，**二次の無理数**と呼ばれますが，これは循環連分数

に展開できることが知られています．そこで，元の方程式を

$$x = 1 + \frac{1}{x}$$

と変形し，これを基に黄金数の連分数表現について考えましょう．この変形は，右辺にも x が残っていますので，「x について解いた」とはいえず，このままでは方程式の解にはなりません．ところが，これを「右辺の古い x から，左辺の新しい x を導く」関係と見直しますと，一段階毎に新しい x の中に，古い x が入り込む**入れ子の構造**が，限り無く繰り返されることになり，その結果：

$$x = 1 + \cfrac{1}{1 + \cfrac{1}{x}} = 1 + \cfrac{1}{1 + \cfrac{1}{1 + \cfrac{1}{\ddots}}}$$

$$= 1 + \frac{1}{1+} \frac{1}{1+} \frac{1}{1+} \frac{1}{1+} \frac{1}{1+} \cdots \quad \left(= [1; \dot{1}] \right)$$

を得ます．これが黄金数の連分数表示です——両辺に x を含む式を"再帰"と見做したわけです．黄金数は二次の無理数なので，循環連分数になります．

　一般的な連分数では，係数に様々な数が現れます．その場合は大きな数が現れたとき——その逆数は小さな数になるので——そこで展開を打ち切っても，その次の項まで取った場合と近似の程度はあまり変わらないでしょう．しかし，循環連分数は次々に同じ数が現れるため，打ち切るべき特定の項がありません．さらにこの場合，各係数が 1 であることから，近似される無理数は，有理数で近似することが最も難しい数であることが分かります．

　途中で打ち切った部分和について，少し詳しく計算してみましょう．

$x_1 = 1, \quad x_5 = \dfrac{8}{5}, \quad x_9 = \dfrac{55}{34}, \quad x_{13} = \dfrac{377}{233}, \quad x_{17} = \dfrac{2584}{1597},$

$x_2 = 2, \quad x_6 = \dfrac{13}{8}, \quad x_{10} = \dfrac{89}{55}, \quad x_{14} = \dfrac{610}{377}, \quad x_{18} = \dfrac{4181}{2584},$

$x_3 = \dfrac{3}{2}, \quad x_7 = \dfrac{21}{13}, \quad x_{11} = \dfrac{144}{89}, \quad x_{15} = \dfrac{987}{610}, \quad x_{19} = \dfrac{6765}{4181},$

$x_4 = \dfrac{5}{3}, \quad x_8 = \dfrac{34}{21}, \quad x_{12} = \dfrac{233}{144}, \quad x_{16} = \dfrac{1597}{987}, \quad x_{20} = \dfrac{10946}{6765}.$

さらに続けて，第 37 部分和は

$$x_{37} = \frac{38609069}{23861717} = 1.6180339\cdots$$

7.5. 黄金数

となります．これは確かに黄金数：$\phi = (1+\sqrt{5})/2 = 1.6180339\cdots$ を近似していますが，先の 2 の平方根の場合と比べると，近似の進行は大変遅いです．

ところで，上記した一連の分数の分子分母に現れた数に見覚えはありませんか．そうです，前に話題にしました漸化式：

$$a_{n+2} = a_{n+1} + a_n, \quad (\text{ただし，} a_1 = a_2 = 1, n \text{ は自然数})$$

で定義されるフィボナッチ数列に登場する数：

$$1, 1, 2, 3, 5, 8, 13, 21, 34, 55, 89, 144, 233, \ldots$$

なのです．逆に見れば，この数列の前後の数の比は，次第に黄金数に近づいていくわけです．より印象深い関係として，次の連分数表示があります．

$$\cfrac{1}{1+\cfrac{1}{2^1+\cfrac{1}{2^1+\cfrac{1}{2^2+\cfrac{1}{2^3+\cfrac{1}{2^5+\cfrac{1}{2^8+\cfrac{1}{\ddots}}}}}}}} = \left[0; 1, 2^1, 2^1, 2^2, 2^3, 2^5, 2^8, \ldots\right]$$

$$= 0.7098034442861291314\cdots$$

$$= [\mathbf{0.10110101101101011}\cdots]_2$$

2 の指数部にフィボナッチ数を配したこの連分数の値は約 0.7098 となりますが，何とこの値の 2 進表記 (三行目) は，ϕ の自然数倍の整数部を取ったもの，その連鎖としても定まるのです．具体的に，その小数点以下 i 番目の数字は

$$\lfloor (i+1)\phi \rfloor - \lfloor i\phi \rfloor - 1$$

から求められます——ここで $\lfloor \cdot \rfloor$ は，値の整数部のみを取り出す記号です．

また，より直接的には，フィボナッチ数の一般項は黄金数 ϕ を用いて

$$a_n = \frac{1}{\sqrt{5}}[\phi^n - (1-\phi)^n] = \frac{1}{\sqrt{5}}\left[\left(\frac{1+\sqrt{5}}{2}\right)^n - \left(\frac{1-\sqrt{5}}{2}\right)^n\right]$$

と書けます．**黄金数**と**フィボナッチ数列**，この全く異なった二つの数学的要素が，ここで一つに合流しました．これぞ数学の醍醐味といった感じがしますが，皆さんも論理を越えた，何かしら不思議な感動を覚えられたのではないでしょうか．数学と美術，美しいものを愛する人の心が，両者を分かち難いものとして結び附けているのでしょう．

7.6 パターンを探せ

数学は，対象に「パターン」を見出すことで大きく前進します．それは表面的に明らかな繰り返しを持った場合もあれば，中に隠された秘めたる周期性による場合もあります．パターンという言葉が暗黙の中に指している幾何学的な描像が，そのまま代数においても成り立ちます．これを可能にしているのが，記号による数式表現です．数や文字，それに纏わる記号の数々が，紙面上で既に一つの幾何学を成しているわけです．その意味する中身は分からなくても，ある記号が何回も続いたり，正負の記号が交代に出て来たり，式の構成が左右対称であったり，なかったり，それは代数記号による対象の可視化，即ち**代数の幾何学**と呼んで，何の違和感もないものだと言えるでしょう．

従いまして，奥に秘められたパターンを見出すことが，数学的対象の深い理解に繋がるわけです．そして，それが呼び水になって，全く新しい概念が創造されていくのです．ここでは 4.3 (p.88) で紹介しました**ベルヌーイ数**の構造について，数の相互の関係から調べていきましょう．先ずは数表です．

n	0	1	2	4	6	8	10	12	14
B_n	1	$-1/2$	$1/6$	$-1/30$	$1/42$	$-1/30$	$5/66$	$-691/2730$	$7/6$

B_1 を除く奇数の添字を持つベルヌーイ数は，すべて 0 でした．そして偶数の添字を持つ数は，上のように順番に符号を変えていきます．即ち，ベルヌーイ数は 0 を挟んで増加・減少を繰り返す「パターン」を持っているわけです．

さて，この点に注目しますと，上手く係数を調整することで，ベルヌーイ数同士の組合せから，0 が作れるのではないかと"予想"できます．これに成功しますと，数の相互関係が明らかになり，あるベルヌーイ数を他のもので表すことができるようになります．先ず最初は，最も簡単な例：

$$B_0 + 2B_1 = 0 \quad \Leftarrow \quad \left[1 + 2 \times \left(-\frac{1}{2}\right) = 0\right]$$

を見出します．この結果を B_1 について解きますと，$B_1 = -B_0/2$ となります．こうして，添字の大きさ順に，一つずつ項を増やしていきます．続いては

$$B_0 + 3B_1 + 3B_2 = 0 \quad \Leftarrow \quad \left[1 + 3 \times \left(-\frac{1}{2}\right) + 3 \times \left(\frac{1}{6}\right) = 0\right]$$

7.6. パターンを探せ

となります．この次は，B_3 まで使って

$$B_0 + 4B_1 + 6B_2 + 4B_3 = 0 \quad \Leftarrow \quad \left[1 + 4 \times \left(-\frac{1}{2}\right) + 6 \times \left(\frac{1}{6}\right) + 4 \times 0 = 0 \right]$$

を得ます．しかし，B_2 までで既に 0 になっているのに，敢えて係数 4 まで添えて，中身は 0 である B_3 を加えているのは如何なる理由からでしょうか．さらにもう一段階，計算を進めてみましょう．

$$B_0 + 5B_1 + 10B_2 + 10B_3 + 5B_4 = 0$$
$$\Leftarrow \left[1 + 5 \times \left(-\frac{1}{2}\right) + 10 \times \left(\frac{1}{6}\right) + 10 \times 0 + 5 \times \left(-\frac{1}{30}\right) = 0 \right]$$

この場合も B_3 は無意味ですが，続く B_4 の係数は 5 である必要があります．

さて，これらの計算の意味は，ここまでの結果を並べてみれば分かります．

$$B_0 = 1$$
$$B_0 + 2B_1 = 0$$
$$B_0 + 3B_1 + 3B_2 = 0$$
$$B_0 + 4B_1 + 6B_2 + 4B_3 = 0$$
$$B_0 + 5B_1 + 10B_2 + 10B_3 + 5B_4 = 0$$

一目瞭然，ベルヌーイ数にはパスカルの三角形に類似した構造が隠されていたのです．従いまして，実質的に計算値に貢献しない，奇数を添字に持つベルヌーイ数も，続く係数を決定するために充分な意義をもって書き加えられているのです．この結果は二項係数を用いて，次のようにまとめられます．

$$\sum_{k=0}^{n} {}_{n+1}C_k B_k = \begin{cases} 1 & (n = 0), \\ 0 & (n \geqq 1). \end{cases}$$

この式から $k = n$ の場合だけ取り出しますと

$$\sum_{k=0}^{n} {}_{n+1}C_k B_k = \sum_{k=0}^{n-1} {}_{n+1}C_k B_k + {}_{n+1}C_n B_n = \sum_{k=0}^{n-1} {}_{n+1}C_k B_k + (n+1)B_n$$

となります．これより，B_n を B_{n-1} 以下の和から定める関係式：

$$B_n = \frac{-1}{n+1} \sum_{k=0}^{n-1} {}_{n+1}C_k B_k, \quad (\text{ただし，} B_0 = 1)$$

を得ます．この式によってベルヌーイ数が順番に求められていくわけです．

ベルヌーイ数の相互関係を最も簡単に記憶する方法は
$$(1 + B)^{k+1} - B^{k+1} = 0, \quad (1 \leq k)$$
による"形式的操作"を利用するものです．例えば，$k = 2$ のとき
$$1 + 3B^1 + 3B^2 + B^3 - B^3 = 1 + 3B^1 + 3B^2$$
と展開されますが，ここで指数部を下に降ろして添字と見做しますと
$$1 + 3B^1 + 3B^2 = 0 \quad \Rightarrow \quad \boxed{B^x \searrow B_x} \quad \Rightarrow \quad B_0 + 3B_1 + 3B_2 = 0$$
となり，先の結果が再現されるという仕組です――第一項では $1 = B_0$ を用いています．この形式的操作をさらに利用しますと，冪の和の式も極めて簡潔に
$$s_{k+1}(n) = \frac{1}{k+1}\left[(n+C)^{k+1} - C^{k+1}\right]$$
と表すことができます．ここで C の冪は，B と同様に添字として下に降ろします――特に $C_1 = -B_1$ と約束します．例えば，$k = 2$ としますと
$$s_3(n) = \frac{1}{3}\left[(n+C)^3 - C^3\right] = \frac{1}{3}\left[n^3 + 3n^2C^1 + 3nC^2\right]$$
$$\Rightarrow \frac{1}{3}\left[n^3 + 3n^2C_1 + 3nC_2\right] \Rightarrow \frac{1}{3}\left[n^3 - 3n^2B_1 + 3nB_2\right]$$
$$= \frac{1}{3}\left[n^3 - 3n^2 \times \left(-\frac{1}{2}\right) + 3n \times \left(\frac{1}{6}\right)\right] = \frac{n^3}{3} + \frac{n^2}{2} + \frac{n}{6}$$
となり，結果が再現されました．

さて，ここまでの議論は，すべて自然数の和：
$$1 + 2 + 3 + \cdots + n$$
を端緒にしたものでした．ここで n を限り無く大きくしていきますと，当然のことながら，この和は無限に大きくなります．それでは，自然数の逆数の和：
$$\frac{1}{1} + \frac{1}{2} + \frac{1}{3} + \cdots + \frac{1}{n}$$
の場合――これを**調和数**と呼びます――はどうでしょうか．加えられる数は次第に小さくなるので，総和は定まった値になりそうに見えますが，実際にはこの場合も和は無限に大きくなります．ところが，分母が二乗の場合には
$$\frac{1}{1^2} + \frac{1}{2^2} + \frac{1}{3^2} + \cdots = \frac{\pi^2}{6}$$

7.6. パターンを探せ

となります．求めたのは**オイラー**です．こんなところに円周率が現れるとは，計算結果を幾ら確かめても，不思議な気持ちは無くならないのです．オイラーは，その強烈な計算力を駆使して，こうした関係を次々に見出しました．特に，この逆数の和は，実に驚くべきものでした．そして，この式を一般化させた

$$\zeta(k) = \sum_{n=1}^{\infty} \frac{1}{n^k} = \frac{1}{1^k} + \frac{1}{2^k} + \frac{1}{3^k} + \frac{1}{4^k} + \frac{1}{5^k} + \cdots$$

を定義して，その詳細を調べる研究へと進みました．オイラーにより定義され，後年**リーマン**によって，その驚くべき性質が見抜かれたこの関数は，ギリシア文字 ζ により象徴されることから，**ゼータ函数**と呼ばれています．ゼータ函数は，数々の挑戦を撥ね除け，今も難攻不落の要塞として我々の前に立ちはだかっています．その全体像を把握した者は，未だ誰もおりません．数学最大の問題ともいわれる "リーマン予想" は，このゼータの詳細を知ることにあります．天才から天才へとバトンは手渡されました．次なる天才の出現を，この関数は待ちわびています．それは，もしかすると "あなた" かもしれません．

例えば，一番素朴な疑問である函数の値についても，奇数の k に関して分かっていることは極々僅かしかありません．ただし，偶数の k については，一般的な結果が知られています．それはベルヌーイ数を用いた：

$$\zeta(k) = \frac{2^{k-1}|B_k|}{k!}\pi^k, \ (k = 2, 4, 6, \ldots)$$

です――記号 | | は，間に挟まれた数値の大きさのみを正数として取り出す記号で，**絶対値記号**と呼ばれています．ここで，$k = 2$ を代入して整理しますと

$$\zeta(2) = \frac{2^{2-1}|B_2|}{2!}\pi^2 = \frac{\pi^2}{6}$$

となって，最初に挙げた例が再現されました．

パターンを見抜き，一般的な性質を求めて，他に応用する．この繰り返しによって，数学は何処までも深く，何処までも拡がっていきます．自然数を足し合わせる式の "単なる係数" として現れた，如何にも殺風景だったベルヌーイ数が，円周率を率いて「ゼータの世界」に再登場しました．それは数学最高の謎と関わった実に奥深い数だったのです．

7.7 無理数のオブリガート

有理数は，どの有理数の周りにも無限に多くの仲間が存在する，そんな数体系だったわけですが，その非常に密に詰まった並びの中にも隙間があり，そこに無理数が入り込んで実数を構成していることが明らかになりました．

それでは，**実数**とは如何なる存在なのでしょうか．有理数の濃度は，自然数の濃度と同じ $\aleph_0$ だったわけですが，実数の濃度はどうなっているのでしょうか．実数 $\mathcal{R}$ に属するどのような部分集合もまた，$\mathcal{R}$ 自身と同じ濃度を持ちます．それは，影絵が光と対象との距離によって自由に大きさが変えられるように，一点を固定して部分集合の各要素を"光で照らせば"，その距離を調整することで，全実数との一対一対応を作ることができるからです．よって，$\mathcal{R}$ の濃度を，開区間 (0, 1) の濃度により定めることができるのです．

帰謬法を用います．先ず，(0, 1) に含まれる実数 η は「可算濃度 $\aleph_0$ を持つと仮定します」と，範囲内のすべての実数に次のような番号附けができます．

$$\begin{cases} \text{一番目}: \eta_1 = 0.\underline{a_{11}}a_{12}a_{13}a_{14}a_{15}\cdots\cdots a_{1n}\cdots, \\ \text{二番目}: \eta_2 = 0.a_{21}\underline{a_{22}}a_{23}a_{24}a_{25}\cdots\cdots a_{2n}\cdots, \\ \text{三番目}: \eta_3 = 0.a_{31}a_{32}\underline{a_{33}}a_{34}a_{35}\cdots\cdots a_{3n}\cdots, \\ \text{四番目}: \eta_4 = 0.a_{41}a_{42}a_{43}\underline{a_{44}}a_{45}\cdots\cdots a_{4n}\cdots, \\ \qquad\qquad\vdots \qquad\qquad\qquad\ddots \\ k\text{番目}: \eta_k = 0.a_{k1}a_{k2}a_{k3}a_{k4}a_{k5}\cdots\underline{a_{kk}}\cdots a_{kn}\cdots, \\ \qquad\qquad\vdots \end{cases}$$

a_{ij} は η_k を 10 進表示したときの各桁の数字 $0, 1, 2, \ldots, 9$ です．ここで，上記表示の右下がり対角線に並ぶ数字 a_{kk} に注目し，それぞれに対して数 b_k を

$$b_k = \begin{cases} 5: & 0 \leq a_{kk} \leq 4 \text{ の場合,} \\ 1: & 5 \leq a_{kk} \leq 9 \text{ の場合} \end{cases}$$

で定義します．即ち，どのような番号 k においても，$b_k \neq a_{kk}$ となるように定めたわけです．この b_k を用いて，新しく数：

$$\beta = 0.b_1 b_2 b_3 \cdots b_k \cdots$$

を定義します．議論を具体的にするために，η_k を決めて例を作りましょう．

7.7. 無理数のオブリガート

$$\left.\begin{array}{l}\eta_1 = 0.\mathbf{9}2345\cdots, \quad (a_{11} = 9 \;\rightarrow\; b_1 = \mathbf{1}) \\ \eta_2 = 0.5\mathbf{6}789\cdots, \quad (a_{22} = 6 \;\rightarrow\; b_2 = \mathbf{1}) \\ \eta_3 = 0.24\mathbf{3}21\cdots, \quad (a_{33} = 3 \;\rightarrow\; b_3 = \mathbf{5}) \\ \eta_4 = 0.999\mathbf{7}4\cdots, \quad (a_{44} = 7 \;\rightarrow\; b_4 = \mathbf{1}) \\ \eta_5 = 0.5555\mathbf{4}\cdots, \quad (a_{55} = 4 \;\rightarrow\; b_5 = \mathbf{5}) \\ \qquad\vdots \qquad\qquad\qquad \ddots \end{array}\right\} \Rightarrow \beta = 0.\mathbf{11515}\cdots$$

このようにして作られた β は，明らかに $0 < \beta < 1$ ですから，私達が今問題にしている開区間 $(0, 1)$ の範囲内に存在する数です．従いまして，$(0, 1)$ のすべての実数を η_k として表示し尽くしたという仮定より，β は η_k のどれかと一致するはずです．ところが，β の作り方をもう一度考えてみますと，各桁の数字 b_k は，$b_k \neq a_{kk}$ となるように定めたわけですから，η_k とは小数点以下 k 桁目が必ず異なります．よって，β は η_k の何れの数とも一致しません．

これは最初の仮定：「**開区間 $(0, 1)$ 内のすべての実数に番号を附けて書き下すこと**」は不可能であることを示しています．即ち，$(0, 1)$ の濃度は可算濃度ではなく，これより実数 $\mathcal{R}$ も当然可算濃度 $\aleph_0$ ではないことが明らかになりました．この証明は**カントルの対角線論法**(たいかくせんろんぽう)と呼ばれています．

実数 $\mathcal{R}$ の濃度を**連続の濃度**といい，$\aleph$ で表します．$\mathcal{R}$ は**非可算集合**である，ともいいます．可算濃度は無限集合としては最も低い濃度を持ち

$$\boxed{\aleph_0 < \aleph}$$

が成り立ちます．実数 $\mathcal{R}$ の濃度が非可算であり

実数とは，有理数と無理数をまとめたもの

であること，また先に示しました有理数の濃度が可算濃度であることから「**実数の持つ非可算性は，無理数の非可算性によるもの**」と分かります．即ち，無理数だけでもう番号が附けられないくらい，**濃く**存在しているわけです．

7.8 超越数がいっぱい

ここで，もう一度実数の分類について考えてみましょう．

実数は，稠密に詰まった有理数と，その隙間を埋める無理数で構成されていることは，すでに何度も説明してまいりました．

さて，この種の分類とは別に整数係数を持つ方程式：

$$a_0 x^n + a_1 x^{n-1} + \cdots + a_{n-1} x + a_n = 0, \quad (a_k \text{は整数})$$

を**代数方程式**，その解となる実数を**代数的数**と呼びます．

また，n 次代数方程式は n 個の解を持つことが**ガウス**により証明されています．例えば，$n = 1$ の場合には，解は一つの有理数：

$$a_0 x + a_1 = 0 \quad \Rightarrow \quad x = -\frac{a_1}{a_0}$$

になります．**代数的数は有理数の一つの拡張**となっているわけです．2 の平方根，即ち $\sqrt{2}$ は，$n = 2, a_0 = 1, a_1 = 0, a_2 = -2$ の場合であり

$$x^2 - 2 = 0$$

により決まります．このように代数的数であり，無理数であるものを**代数的無理数**，特に最高次の係数 a_0 が 1 のとき，**代数的整数**と呼びます——通常の整数は**有理整数**として区別します．$\sqrt{2}$ も，$x^2 - x - 1 = 0$ の根である黄金数も代数的整数です．代数的無理数でない数は**超越数**と呼ばれます．まとめますと

$$\text{実数} \begin{cases} \text{有理数} & \rightarrow \textbf{代数的数} \\ \text{無理数} \begin{cases} \text{代数的無理数} & \rightarrow \textbf{代数的数} \\ \text{代数的でない無理数} & \rightarrow \textbf{超越数} \end{cases} \end{cases}$$

となります．超越数以外の他の実数を，すべて代数的数と呼ぶわけです．

ここで，代数的数を定める代数方程式：

$$a_0 x^n + a_1 x^{n-1} + \cdots + a_{n-1} x + a_n = 0, \quad (a_k \text{は整数})$$

に対して，この方程式の係数と次数より

$$h = n + a_0 + |a_1| + |a_2| + \cdots + |a_{n-1}| + |a_n|$$

を定義し，**方程式の高さ**と呼びます．全係数が負の場合には，両辺に -1 を掛けて全体の符号を正に変えることができますので，初めから係数 a_0 は正としておきます．記号 $|x|$ は，先にも説明しました絶対値記号です．

この方程式は，先に述べましたように超越数を除く全実数を表します．そこで h を一つ定めますと，その h に属する代数的方程式は明らかに有限個であり，各々の方程式の実数解の数も対応する n 以下となります．

実際に今述べましたことを確かめてみましょう．先ず，条件に当てはまる方程式を列挙し，それらの解を整理していきます．ここで，n, a_0 は共に 1 より大きいので，h は $2 \leq h$ となります．

◆ h=2 の場合 ◆

このときは $n = 1$, $a_0 = 1$ のみであり，導かれる方程式

$$x = 0$$

より，$h = 2$ に属する代数的数は $x = 0$ であることが分かります．

◆ h=3 の場合 ◆

[1]：$n = 1$ のとき，導かれる方程式は

$$a_0 x + a_1 = 0.$$

これより，以下の結果を得ます．

$$a_0 = 1, \ a_1 = \pm 1 \ \Rightarrow \ x = \pm 1, \qquad a_0 = 2, \ a_1 = 0 \ \Rightarrow \ x = 0.$$

[2]：$n = 2$ のとき，導かれる方程式は

$$a_0 x^2 + a_1 x + a_2 = 0.$$

これより

$$a_0 = 1, \ a_1 = a_2 = 0 \ \Rightarrow \ x = 0.$$

以上をまとめて，$h = 3$ に属する代数的数は $0, 1, -1$ の三個となります．

◆ h=4 の場合 ◆

[1]：$n = 1$ のとき

$$\begin{aligned}
(a_0 = 3, \ a_1 = 0) \ &\Rightarrow \ 3x = 0 \ &&\Rightarrow \ x = 0, \\
(a_0 = 2, \ a_1 = \pm 1) \ &\Rightarrow \ 2x \pm 1 = 0 \ &&\Rightarrow \ x = \pm \frac{1}{2}, \\
(a_0 = 1, \ a_1 = \pm 2) \ &\Rightarrow \ x \pm 2 = 0 \ &&\Rightarrow \ x = \pm 2.
\end{aligned}$$

[2]：$n = 2$ のとき

$$(a_0 = 2,\ a_1 = 0,\ a_2 = 0) \Rightarrow 2x^2 = 0 \Rightarrow x = 0,$$
$$(a_0 = 1,\ a_1 = \pm 1,\ a_2 = 0) \Rightarrow x^2 \pm x = 0 \Rightarrow x = 0,\ \pm 1,$$
$$(a_0 = 1,\ a_1 = 0,\ a_2 = \pm 1) \Rightarrow x^2 \pm 1 = 0 \Rightarrow x = \pm 1.$$

[3]：$n = 3$ のとき

$$(a_0 = 1,\ a_1 = 0,\ a_2 = 0) \Rightarrow x^3 = 0 \Rightarrow x = 0.$$

以上をまとめて，$h = 4$ に属する代数的数：

$$0,\quad 1,\quad -1,\quad 2,\quad -2,\quad \frac{1}{2},\quad -\frac{1}{2}$$

が求められました．

　このようにして，定められた高さ h に対して，そこに登場する代数的数に順に番号を附けることができます．これは**代数的数が可算濃度を持つこと**を表しています．結局，実数の非可算性は

超越数が連続の濃度 $\aleph$ を持つこと

に起因することが分かりました．言い換えれば，ほとんどの実数は超越数であること，即ち，数直線上の点を思いつくまま勝手に指示すれば，それはほぼ間違いなく超越数を示す点となるわけです．

7.8. 超越数がいっぱい

ところで，超越数は実数の中の多数派だといいながら，実例を一つも示していませんでした．ここでは感覚的に理解して頂きたいのですが，例えば小数点以下に 0 が爆発的に増えていく

$$\frac{1}{10^{1!}} + \frac{1}{10^{2!}} + \frac{1}{10^{3!}} + \frac{1}{10^{4!}} + \frac{1}{10^{5!}} + \cdots$$
$$= \frac{1}{10} + \frac{1}{10^2} + \frac{1}{10^6} + \frac{1}{10^{24}} + \frac{1}{10^{120}} + \cdots$$
$$= 0.1 + 0.01 + 0.000001 + 0.000000000000000000000001 + \cdots$$
$$= 0.110001000000000000000001000000000000000000000000\cdots\cdots$$

などは如何にも代数方程式の解ではなさそうですね．これは**リウヴィル**が初めて具体的に超越数を作って見せた例です．

皆さんに最も馴染みが深い円周率 π も単なる無理数ではなく，超越数であることを**リンデマン**が示しました．ところが，一般に与えられた数が超越数であることを示すことは極めて極めて難しいことなので，ここでは，π の値を具体的に求める簡単な方法にお話を限定します．

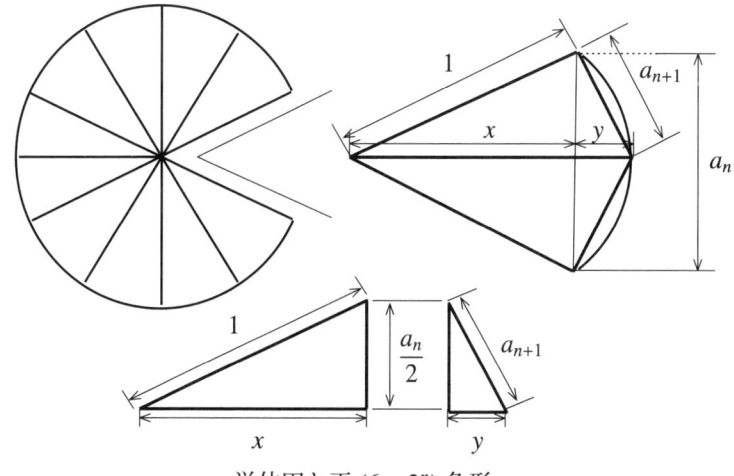

単位円と正 (6×2^n) 角形

円周率は，円に内接する正多角形を利用して近似できます．正六角形を基礎として，正 (6×2^n) 角形の周長を，ピタゴラスの定理を用いて求めましょう．

先ず，単位円に内接する正 (6×2^n) 角形を描き，一つの弦の長さを a_n で表します．その弦の両端を半径で結びますと，等辺の長さが 1 である二等辺三角形ができます．さらに，この三角形を半径で二等分して，正 $(6 \times 2^{n+1})$ 角形を

作り，その弦を a_{n+1} とします．中央の半径が中心から弦 a_n と交わる点までの長さを x, 円周までの残りを y と書きますと，$x + y = 1$ となります．

このとき，図の二種類の直角三角形にピタゴラスの定理を適用して

$$1^2 = \left(\frac{a_n}{2}\right)^2 + x^2, \qquad a_{n+1}^2 = \left(\frac{a_n}{2}\right)^2 + y^2$$

を得ます．両式から $(a_n/2)^2$ を消去して，$x + y = 1$ を用いますと

$$a_{n+1}^2 = 1 - x^2 + y^2 = 2 - 2x.$$

ここで，一つ上の式から

$$x^2 = 1 - \frac{a_n^2}{4}$$

となりますので開平して，以下の漸化式を得ます．

$$\boxed{a_{n+1} = \sqrt{2 - \sqrt{4 - a_n^2}}}$$

$n = 0$ の場合，図形は正六角形であり，$a_0 = 1$ となります．よって

$$a_1 = \sqrt{2 - \sqrt{3}} = \frac{\sqrt{6} - \sqrt{2}}{2} \quad \Rightarrow \quad 0.5176381.$$

これは正十二角形の弦の長さを表しているわけです．これを繰り返して

$$a_2 = \sqrt{2 - \sqrt{2 + \sqrt{3}}} \qquad\qquad \Rightarrow\ 0.2610524,$$

$$a_3 = \sqrt{2 - \sqrt{2 + \sqrt{2 + \sqrt{3}}}} \qquad \Rightarrow\ 0.1308063,$$

$$a_4 = \sqrt{2 - \sqrt{2 + \sqrt{2 + \sqrt{2 + \sqrt{3}}}}} \qquad \Rightarrow\ 0.0654382,$$

$$a_5 = \sqrt{2 - \sqrt{2 + \sqrt{2 + \sqrt{2 + \sqrt{2 + \sqrt{3}}}}}} \quad \Rightarrow\ 0.0327235,$$

$$\vdots$$

これらの値を用いて，正 $(6 \times 2^{n+1})$ 角形の半周の長さは

7.8. 超越数がいっぱい

> 正6角形： $3 \times a_0 = 3,$
> 正12角形： $6 \times a_1 = 3.1058285,$
> 正24角形： $12 \times a_2 = 3.1326286,$
> 正48角形： $24 \times a_3 = 3.1393502,$
> 正96角形： $48 \times a_4 = 3.1410320,$
> 正192角形： $96 \times a_5 = 3.1414525,$
> 正384角形： $192 \times a_6 = 3.1415576,$
> 正768角形： $384 \times a_7 = 3.1415839,$
> $\vdots$

となります．即ち，これが π の近似値を与えるわけです．もう少し精密な値を以下に示しておきましょう．

$$\pi = 3.1415926535897932384\cdots$$

さて，この場合も連分数による表示を求めておきます．上記しました円周率の値を見ながら，π と 1 との間に互除法を適用して各係数を求めます．π を記号のまま扱うのが，この方法のポイントです．

$$\pi = \mathbf{3} \times 1 + \underbrace{(\pi - 3)}_{0.141592653},$$

$$1 = \mathbf{7} \times (\pi - 3) + \underbrace{(22 - 7\pi)}_{0.008851424},$$

$$\pi - 3 = \mathbf{15} \times (22 - 7\pi) + \underbrace{(106\pi - 333)}_{0.008821281},$$

$$22 - 7\pi = \mathbf{1} \times (106\pi - 333) + \underbrace{(355 - 113\pi)}_{0.000030144}.$$

これを繰り返して

$$\pi = 3 + \frac{1}{7} + \frac{1}{15} + \frac{1}{1} + \frac{1}{292} + \frac{1}{1} + \frac{1}{1} + \frac{1}{1} + \frac{1}{2} + \frac{1}{1} + \frac{1}{3} + \cdots$$

を得ます．これは二次の無理数とは異なり，**循環しない連分数**になります．

部分和を計算して，近似の程度を調べましょう．$x_1 = 3$ として，第13部分和 x_{13} まで求め，整理しますと

$$x_2 = \frac{22}{7}, \quad x_6 = \frac{104348}{33215}, \quad x_{10} = \frac{1146408}{364913},$$
$$x_3 = \frac{333}{106}, \quad x_7 = \frac{208341}{66317}, \quad x_{11} = \frac{4272943}{1360120},$$
$$x_4 = \frac{355}{113}, \quad x_8 = \frac{312689}{99532}, \quad x_{12} = \frac{5419351}{1725033},$$
$$x_5 = \frac{103993}{33102}, \quad x_9 = \frac{833719}{265381}, \quad x_{13} = \frac{80143857}{25510582}.$$

最後の第 13 部分和は

$$x_{13} = \frac{80143857}{25510582} = 3.141592653589793\cdots$$

となり，八桁の数の割り算で，π の値を十六桁まで正しく表しています．このように，ユークリッドの互除法を用いて求めた連分数の部分和は，分母がそれより小さい分数の中では，最も近似の程度が良い**最良近似**となります．

また，π のより印象深い連分数表現として

$$\frac{\pi}{4} = \cfrac{1}{1 + \cfrac{1^2}{2 + \cfrac{3^2}{2 + \cfrac{5^2}{2 + \cfrac{7^2}{2 + \cfrac{9^2}{\ddots}}}}}}$$

が知られています．

さて，円周率と並んで，数学で最も重要な位置を占める定数に**ネイピア数**があります．ネイピア数とは

$$e = 1 + 1 + \frac{1}{2!} + \frac{1}{3!} + \frac{1}{4!} + \frac{1}{5!} + \cdots = 2.7182818284590452\cdots$$

で定まる数ですが，これも超越数で循環しない連分数になります．

$$e = 2 + \cfrac{1}{1 +} \cfrac{1}{2 +} \cfrac{1}{1 +} \cfrac{1}{1 +} \cfrac{1}{4 +} \cfrac{1}{1 +} \cfrac{1}{1 +} \cfrac{1}{6 +} \cdots.$$

部分和を計算しますと

$$x_1 = 2, \quad x_2 = 3, \quad x_3 = \frac{8}{3}, \quad x_4 = \frac{11}{4}, \quad x_5 = \frac{19}{7},$$

$$x_6 = \frac{87}{32}, \quad x_7 = \frac{106}{39}, \quad x_8 = \frac{193}{71}, \quad x_9 = \frac{1264}{465}$$

となります．π と同様に，より印象的なネイピア数の連分数表現として

$$e = 2 + \cfrac{1}{1 + \cfrac{1}{2 + \cfrac{2}{3 + \cfrac{3}{4 + \cfrac{4}{\ddots}}}}}$$

が知られています．

　音楽では，メロディに対して，その間を埋めてさらにそれを引き立たせる存在を**オブリガート**と呼んでいます．数直線上に稠密に分布し主旋律を奏でる有理数――あらゆる有理数の周りに無数の有理数が存在する――に対して，無理数は見事にその隙間を埋めて，しかもそれ自体が美しい調和を示す，まさにオブリガートなのです．その無理数の中でも，特異な存在と思われていた超越数こそが，実は最も多数派の存在であることが分かりました．

　自然数にはじまる長い長い旅路を経て，ようやく実数という山の頂にまで達しました．**実数は連続であり，その中で加減乗除が自由にできる**存在です．実数の連続性を理解すれば，微積分の本質的理解もすぐ手の届くところにまで来ます．明晩は，実数を越える数がメインテーマです．実数とは根本的に異質でありながら，その有効性を遙かに拡げる数，**虚数を中心**に御紹介します．

```
バッハ カンタータ ↵
 ∧   ∧
((●)(●)) 検索梟
 ∨
```

7.9 本日の配布資料・漆

● 無理数の証明

与えられた数が「無理数であること」を帰謬法によって証明する．

[1] $\sqrt{2}$ の場合

証明: 二次方程式 $x^2 = 2$ の正の解が $\sqrt{2}$ である．これが整数でも分数でもないこと示すことによって，「無理数であること」の証明とする．

先ず，$\sqrt{2}$ の近似値は $1.414\cdots$ なので整数ではない．

そこで，これを互いに素な自然数 m, n の商の形 $x = m/n$ (既約分数) に書けると仮定する．さらに，m, n を以下のように素因数分解しておく．

$$m = \alpha_1 \alpha_2 \cdots \alpha_i, \qquad n = \beta_1 \beta_2 \cdots \beta_j.$$

ここでギリシア文字は素数を表す．互いに素であるので，各文字は全て異なる素数である．よって，m/n が既約分数であれば，$(m/n)^2$ も既約である．

ところが，全体を二乗した結果は

$$x^2 = \left(\frac{m}{n}\right)^2 = \left(\frac{\alpha_1 \alpha_2 \cdots \alpha_i}{\beta_1 \beta_2 \cdots \beta_j}\right)^2 = \frac{\alpha_1^2 \alpha_2^2 \cdots \alpha_i^2}{\beta_1^2 \beta_2^2 \cdots \beta_j^2}$$

であり，これが約分されて 2 になることは，既約分数であることに矛盾する．

よって，$\sqrt{2}$ は分数の形にも書けない，即ち無理数である． ∎

[2] ネイピア数 e の場合

証明: ネイピア数は，以下の展開式：

$$e = 1 + 1 + \frac{1}{2!} + \frac{1}{3!} + \frac{1}{4!} + \cdots = 2.7182818284590452\cdots$$

により定義されていた．これは整数ではないので，既約分数 m/n で表せると仮定する．そこで，$e = m/n$ の両辺に $n!$ を掛けると

$$n!\, e = n!\, \frac{m}{n} = (n-1)!\, m$$

となり，その値は整数となる．

一方，展開式に $n!$ を掛けて，項を以下の形式に二分する．

$$n!\mathrm{e} = n!\left[1 + 1 + \frac{1}{2!} + \frac{1}{3!} + \cdots + \frac{1}{n!}\right] + n!\left[\frac{1}{(n+1)!} + \frac{1}{(n+2)!} + \frac{1}{(n+3)!} + \cdots\right]$$
$$= E_1 + E_2$$

この時，右辺第一項 E_1 は

$$E_1 = n! + n! + \frac{n!}{2!} + \frac{n!}{3!} + \cdots + 1$$

より，和は整数である．第二項 E_2 は先ず

$$E_2 = \frac{n!}{(n+1)!} + \frac{n!}{(n+2)!} + \frac{n!}{(n+3)!} + \cdots$$
$$= \frac{1}{n+1} + \frac{1}{(n+1)(n+2)} + \frac{1}{(n+1)(n+2)(n+3)} + \cdots$$

と変形して，その大きさを上から抑える．即ち，E_2 と比較すべき和を

$$E_2 \leq \frac{1}{n+1} + \frac{1}{(n+1)^2} + \frac{1}{(n+1)^3} + \cdots$$

と定義する——分母がより小さいので，その逆数は大きくなる．ここで右辺は

$$\frac{1}{1 - \frac{1}{n+1}} - 1 = \frac{1}{n}$$

と計算出来るので，結局

$$E_2 \leq \frac{1}{n} < 1$$

を得る．即ち，第二項 E_2 は，1以下の大きさとなるので整数ではない．

以上より，両辺の関係をまとめると

$$\text{整数} = \text{整数} + \text{非整数}$$

となって矛盾する．これは e が既約分数で表せると仮定したことに原因がある．よって，ネイピア数 e は無理数であることが証明された． ∎

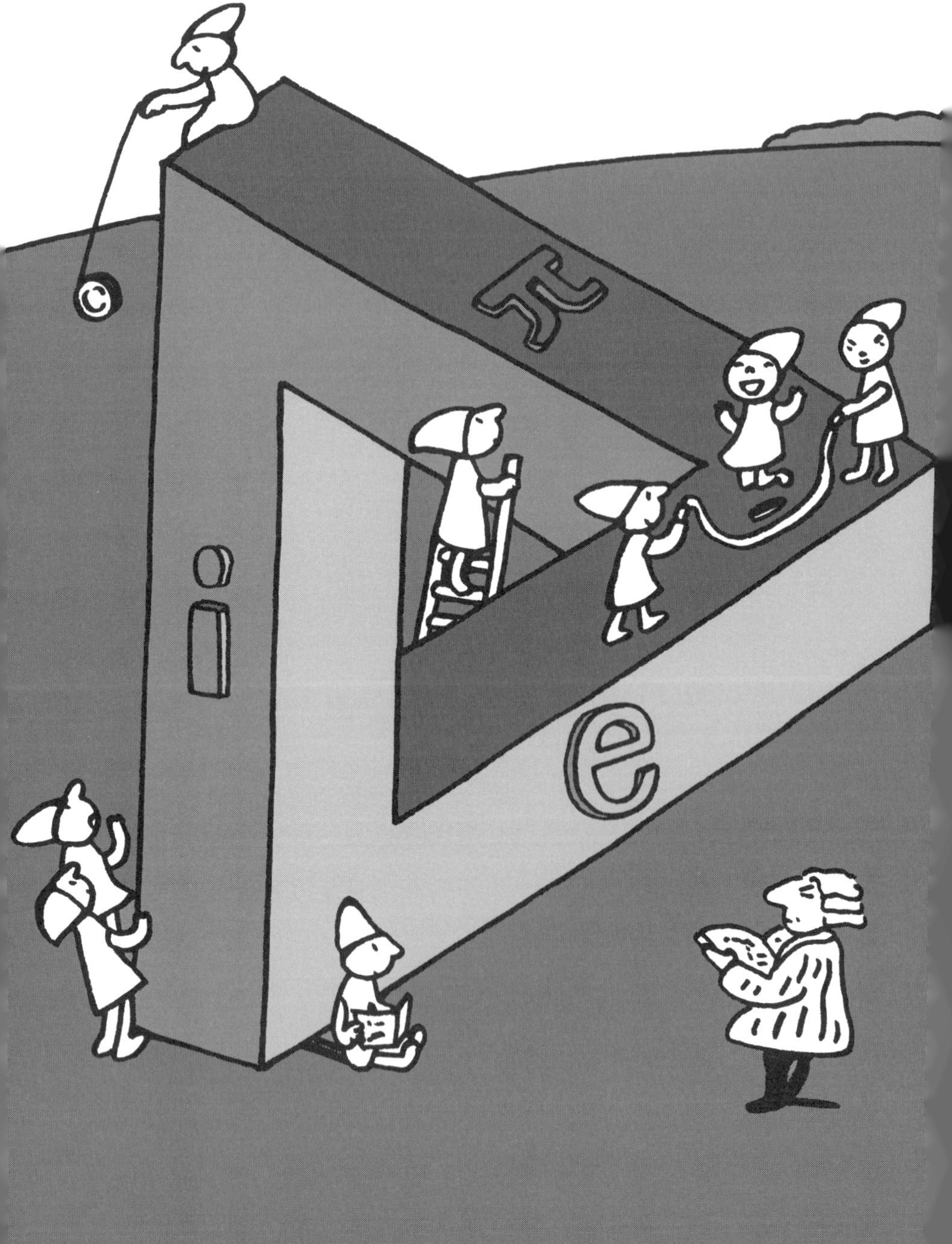

c
π
i
e

第8夜　　　　♪♪♪　異次元への飛翔

　この講演のテーマは，数を中心に据えた数学の発見的学習でした．自然数から実数に至る数の拡張の旅路は，前回でひとまず結論を得たわけですが，実は実数だけを考えていたのでは解決できない問題が，身近にまだ残っています．

　補助線を一本引くと，一瞬にして問題の答が得られる**初等幾何学**のファンは，数学嫌いの人たちの中にも沢山おられるようです．これと同様に，**因数分解**がパズルのようで面白かった，といわれる方もいらっしゃいます．

　さて，次の式を因数分解して下さい，といわれた場合，どうされますか．

$$x^2 - 5x + 6, \qquad x^2 - 2x - 1, \qquad x^2 + 1$$

はじめの問題は，簡単に $(x-2)(x-3)$ と分解できますが，残りのものは少し難しそうですね．結論を先に述べますと，はじめの例は整数の範囲で分解できる例ですが，後の二つは数の範囲をさらに拡げなければ解けません．このような数の拡張は，初等的な因数分解のルールにはないことですが，これによって分解できない式がなくなるとしたら，どちらが素晴らしい考え方でしょうか．

　「できない」といって降参するか，ルールを変えてでも積極的に攻め込むか，古来有能な数学者はみな後者の道を歩んできました．手持ちの道具ではとても解けそうにない難問が見附かった，そんな時，数学者は新しい道具を開発することはもちろんですが，さらにルールや自分たちの依って立つ基盤をも再検討して，前進してきたのです．それが**数学の自由性**です．

　今宵は，方程式を解く必要から生まれた新しい考え方を紹介します．名前は虚しくとも，中身はぎっしりと詰まった数「**虚数**」が本日の主役です．

8.1 数の工場：方程式を解く

はじめに，使用する用語とその定義を整理しておきましょう．これまで，幾つかの式を扱いましたが，その多くはより詳しくいえば恒等式と呼ばれるものです．これは**どのような値を代入しても，両辺が等しくなる式**を意味します．

数学において公式とは，多くの場合，恒等式のことです．展開式：

$$(a \pm b)^2 = a^2 \pm 2ab + b^2$$

は恒等式の典型例です．展開とは逆の関係である因数分解も恒等式です．

一方で**ある特定の値でなければ，等号の成立しない式**も存在します．これを**方程式**と呼び，その値を**根**，あるいは**解**といいます．物理学において公式とは，多くの場合方程式のことです．

また，求めるべき量を**未知数**といい，x, y, z などアルファベット後半の文字を使い，定数値は a, b, c など前半の文字で表すのが慣例です．特に，未知数の冪による多項式の形で与えられた方程式を，**代数方程式**といいます．未知数の指数をその項の**次数**といい，一番大きい次数をもってその方程式の次数とします．即ち，一般的な n 次代数方程式とは，各係数を a_i で表して

$$\boxed{a_0 x^n + a_1 x^{n-1} + a_2 x^{n-2} + \cdots + a_{n-1} x + a_n = 0}$$

と書かれる式のことです．

8.1. 数の工場：方程式を解く

それでは，n 次代数方程式，特に $n = 1, 2$ の場合の具体的な解法について順番に説明しましょう．

◆ 一次方程式の解法

代数方程式の最も簡単な例は，次に示す x の一次方程式でしょう．

$$ax + b = 0.$$

x の係数 a が $a \neq 0$ のとき，定数項を移項し，両辺を a で割って

$$\boxed{x = -\frac{b}{a}}$$

これは一次方程式の**根の公式**です．特に b が a の倍数のとき，根は整数であり，一般には有理数となります．係数 a が 0 で，さらに $b = 0$ であるとき，方程式は**不定**(ふてい)(根は無数にある)，$b \neq 0$ のとき**不能**(ふのう)(根なし) であるといいます．

◆ 二次方程式の解法

続いて，x の二次方程式：

$$ax^2 + bx + c = 0$$

の解法について考えましょう．この方程式が，一次式の積の形に因数分解できる場合，即ち，$(x - \alpha)(x - \beta) = 0$ のときには，$x - \alpha = 0$，または $x - \beta = 0$ と分割ができて，根 $x = \alpha, \beta$ を得ます．逆に，展開をしますと

$$(x - \alpha)(x - \beta) = x^2 - (\alpha + \beta)x + \alpha\beta$$

となることより，係数 a, b, c との間には，以下の関係が成り立ちます．

$$\boxed{\alpha + \beta = -\frac{b}{a}, \quad \alpha\beta = \frac{c}{a}}$$

これは**根と係数の関係**と呼ばれています．ここで，二根の差の二乗から

$$\boxed{D = a^2(\alpha - \beta)^2}$$

を定義し，**根の判別式**と呼びます——この名前の意味はすぐ後で明らかになり

ます．また，D を係数を用いて書き直しますと，次のようになります．

$$D = a^2(\alpha - \beta)^2 = a^2[(\alpha + \beta)^2 - 4\alpha\beta] = b^2 - 4ac.$$

例えば，方程式 $x^2 - 7x + 12 = 0$ は

$$0 = x^2 - 7x + 12 = (x - 3)(x - 4)$$

と因数分解できますので，直ちに根：$x = 3$，$x = 4$ を得ます．

次に，二次方程式の根を，その係数により表す式を導きましょう．与式の両辺を a で割り，$(b/2a)^2$ を足し引きして**完全平方式**を作ります．

$$0 = x^2 + \frac{b}{a}x + \frac{c}{a} = x^2 + \frac{b}{a}x + \frac{c}{a} + \left(\frac{b}{2a}\right)^2 - \left(\frac{b}{2a}\right)^2$$
$$= \left(x + \frac{b}{2a}\right)^2 - \left(\frac{b}{2a}\right)^2 + \frac{c}{a}.$$

x を含まない項を移項して

$$\left(x + \frac{b}{2a}\right)^2 = \frac{b^2 - 4ac}{4a^2}.$$

開平，整理して，以下に示す二次方程式の**根の公式**を得ます．

$$\boxed{x = \frac{-b \pm \sqrt{D}}{2a}, \quad D = b^2 - 4ac}$$

ここで，D が平方数の場合，例えば先の $a = 1$，$b = -7$，$c = 12$ の場合には

$$D = (-7)^2 - 4 \times 1 \times 12 = 25 = 5^2$$

より根は有理数 (整数) になります．逆に，平方数でない場合には無理数になりますが，二次式を因数分解して根を得る，という立場に戻って考えますと

$$x\text{ の二次式} \quad \Rightarrow \quad (x - \alpha)(x - \beta), \quad (\alpha, \beta \text{ は無理数})$$

となります．これで例えば，$x^2 - 2x - 1 = \left(x - 1 + \sqrt{2}\right)\left(x - 1 - \sqrt{2}\right)$ なども見事に因数分解されるわけです．これは初めて因数分解を学んだ時の暗黙の諒解事項である「因数は整数」を乗り越えた考え方ですね．このように，因数を整数に固定して狭く考えるよりは，無理数にまで拡げて，因数分解できる式を増やしておくほうが，遥かに素晴らしい考え方ではないでしょうか．

8.1. 数の工場：方程式を解く

最後に，D が負の場合を考えます．その最も単純な方程式は

$$x^2 + 1 = 0, \quad D = 0^2 - 4 \times 1 = -4$$

ですね．D はその平方根として根の公式に登場するわけですから，負の数の平方根を扱う術を，身に附けておかなければなりません．

そこで，実数の世界では決して有り得なかった，二乗して -1 となる "**全く新しい数**" を導入します．これを i で表し，**虚数単位**と名附けます．即ち

$$\boxed{i^2 = -1}$$

と定義するわけです．この定義は，これを受け入れた結果もたらされる発展の正当性，妥当性から評価されます．数学における定義は，常にこうした側面を持ちます．ちなみに i は，*imaginary number* の頭文字で "立体" で書きます．

無理数を認めることで，因数分解できる式の範囲が格段に拡がりました．多少心理的な負担や困難があったとしても，「できないこと」が「できる」ようになったわけです．この場合も同様に，「新しい数」を受け入れることで，どのような世界が拡がるかを確かめていきます．先ず，i の御蔭で，はじめに示しました式が，$x^2 + 1 = (x - i)(x + i)$ と因数分解できるようになりました．

続いて，この新しい数を巡る "新しい言葉" を定めましょう．先ず i の冪は，$i^2 = -1$ よりはじまり

$$i^3 = i \times i^2 = -i, \quad i^4 = i \times (-i) = -i^2 = 1, \ldots$$

と続きます．以後はこの繰り返しです．矢印で i の掛け算を表しますと，右図のようになります．

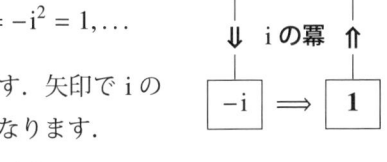

虚数単位と二つの実数 a, b を組合せた

$$Z = a + bi$$

を**複素数**といい，a を**実部**，b を**虚部**と呼びます．これを記号：$a = \text{Re}(Z), b = \text{Im}(Z)$ で表します．また，虚部の符号を変えたものを

$$Z^* = a - bi$$

と書き Z の **共軛 複素数**，また互いに**複素共軛**であるともいいます——共役とも書きます．記号「*」は**アスタリスク**と読みます．両者の和は

$$Z + Z^* = (a + bi) + (a - bi) = 2a = 2\text{Re}(Z)$$

より実数であり，これを**トレース**と呼びます．両者の積：

$$ZZ^* = (a+bi)(a-bi) = a^2 + b^2$$

も実数です——実数の組たる複素数から，実数との新たな関係が導かれました．

この ZZ^* の平方根の正の方を，Z の**絶対値**と呼び，以下の記号で表します．

$$|Z| = \sqrt{ZZ^*} = \sqrt{a^2 + b^2}.$$

また，具体的な計算により，「積の複素共軛は，各々の複素共軛の積に等しい」，即ち，$(ZZ')^* = Z^*Z'^*$ となることが分かります．これより

$$(ZZ')\,[(ZZ')^*] = (ZZ')\,(Z^*Z'^*) = (ZZ^*)\,(Z'Z'^*)$$

という二数の項の組換えができて，以下の絶対値に関する重要な関係を得ます．

$$|ZZ'| = |Z||Z'|.$$

即ち，**積の絶対値は，各々の絶対値の積に等しい**という**乗法性**を持つことが分かりました——"組換え"には積順序の交換を用いています．また，絶対値を利用して，複素数の逆数：$Z^{-1} = Z^*/|Z|^2$ が定義されます．これは

$$ZZ^{-1} = Z\,\frac{Z^*}{|Z|^2} = \frac{ZZ^*}{ZZ^*} = 1$$

となり，確かに「積が 1 になるという逆数の定義」を充たしています．

これだけの約束をしておけば，すべての D の場合に対して，二次方程式の根が以下のように定まります．

[1] $D > 0$：根は異なる実数	**実根**
[2] $D = 0$：根は重複した実数	**重根**
[3] $D < 0$：根は共軛な虚数	**虚根**

即ち，二次方程式の三種類の根は，D の正，0，負により判別されます．これが D を判別式と呼ぶ理由です．このように，係数の四則算法と冪根をとる作業のみで解く方法を**方程式の代数的解法**と呼びます．

このように方程式を解く，根を表す，という必要から数の概念が拡張されていきます．「これは解けない！」というのは容易なことですが，ではどう解けないのか，をはっきりさせて問題点を鮮明にするほうがより発展性があります．

8.2 法による虚数

先に，平方根が整数の世界にも存在すること，特に2の平方根に関しては，平方剰余の第二補充法則が，それを組織的に与えることを見てきました．

整数論における負数とは，時計の針を逆に廻すのと同様，極めて簡単な作業から得られました．それは循環する数値の中で零れ出た数値を"余る"と見るのか，"足りない"と見るのか，という見方の差でしかありませんでした．従いまして，整数論の中では，負数がどのような形式で登場しようとも，何の驚きも無いわけです．当然，二乗して負になる数など，幾らでも存在します．幾らでも作り出せるわけです．この問題に関しましても平方剰余の法則，特にその第一補充法則が既に結論を出しています (配布資料・伍)．それは

$$\left(\frac{-1}{p}\right) = \pm 1 : p \equiv \pm 1 \pmod{4} \quad \text{複号同順}$$

というものでした．即ち，4.8 (p.118) で述べましたように，p が $(4n+1)$ 型の素数 $\mathcal{P}_{4n+1}$ でありさえすれば，そこに **"虚数は存在する"** のです．

$\mathcal{P}_{4n+1} \equiv 1 \pmod{4} : \{5, 13, 17, 29, 37, 41, 53, 61, 73, 89, 97, \dots\}$.

具体的に求めて，表にしてみましょう．

```
 p\x | 1  2  3   4   5   6   7   8   9  10  11  12  13  14  15  16  17  18  19  20
  5  | 1  4
 13  | 1  4  9   3  12  10
 17  | 1  4  9  16   8   2  15  13
 29  | 1  4  9  16  25   7  20   6  23  13   5  28  24  22
 37  | 1  4  9  16  25  36  12  27   7  26  10  33  21  11   3  34  30  28
 41  | 1  4  9  16  25  36   8  23  40  18  39  21   5  32  20  10   2  37  33  31
```

ここで斜体で示しました $x = p - 1$ が，-1 に相当するわけですから，例えば

$$2^2 \equiv -1 \pmod{5}, \quad 4^2 \equiv -1 \pmod{17}, \quad 9^2 \equiv -1 \pmod{41}$$

となります．即ち，$i_{p5} = 2$，$i_{p17} = 4$，$i_{p41} = 9$ などと書けるわけです．そして，100 までには，こうした関係を充たす p, x の組，即ち虚数 i_p が，以下のように分布しています――法 17, 41 は 2 の平方根も含んでいます．

p	5	13	17	29	37	41	53	61	73	89	97
x	2,3	5,8	4,13	12,17	6,31	9,32	23,30	11,50	27,56	34,55	22,75

8.3 虚数，値千金

さてさて法無き虚数，"無法者の虚数"の話に戻りましょう．この数が導入された当時は，偉大な数学者の間でも

これは"思考の遊技"であって何の実利もなく，数学を貶めるものである

とまで嫌われたのです．しかし，三次方程式の一般的な解法においては，実根を求めるためにも，中間的な処置として虚数を用いざるを得ないことが分かり，この主張は退けられました．今日では，数学に限らず物理学においても，虚数が単に形式的な便利さを越えた本質的存在として考察されています．"実在"を記述するにも"虚数"が必要だ，ということが分かったのです．0に対しても，負数に対してもその導入には抵抗がありました．従いまして，虚数の導入には，それなりの時間と経験が必要だったことは当然でしょう．しかし，大自然はそんな人間の思惑とは別に，はじめから虚数を利用していたのです．

さて，ここで複素数に関する四則計算についてまとめておきましょう．
複素数：
$$Z_1 = a + b\mathrm{i}, \qquad Z_2 = c + d\mathrm{i}$$
に対して，その四則を以下のように定義します．

$$Z_1 \pm Z_2 = (a \pm c) + (b \pm d)\mathrm{i},$$
$$Z_1 Z_2 = (ac - bd) + (ad + bc)\mathrm{i},$$
$$\frac{Z_1}{Z_2} = \frac{ac + bd}{c^2 + d^2} + \frac{-ad + bc}{c^2 + d^2}\mathrm{i}$$

ここで，Z_1 と Z_2 が等しいのは，実部と虚部がそれぞれ等しいとき，即ち
$$a = c \quad \text{かつ} \quad b = d$$
のときに限ります．逆に，$Z_1 = Z_2$ であれば，$a = c, b = d$ となります．この定義は，複素数同士の加減乗除がまた複素数になることを示しています．これを

複素数は加減乗除の演算で閉じた体系である

といいます．これまでに登場した数の関係を表の形にまとめておきましょう．

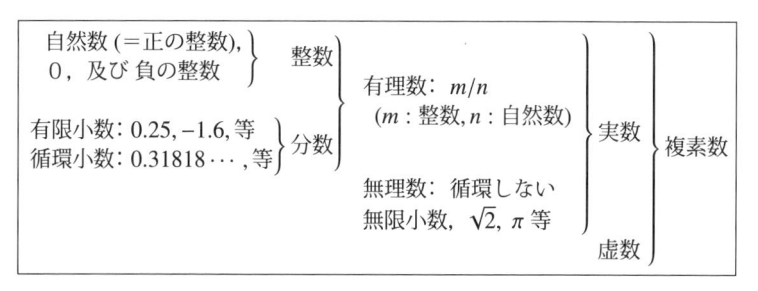

```
┌─────────────────────────────────────────────────────────────┐
│ 自然数 (＝正の整数),  ⎫                                      ⎫│
│ 0，及び 負の整数      ⎬ 整数   有理数： m/n           ⎫     │
│                       ⎭       (m：整数, n：自然数)   ⎬ 実数 ⎬複素数│
│ 有限小数: 0.25, −1.6, 等 ⎫ 分数                      │     │
│ 循環小数: 0.31818…, 等   ⎭   無理数: 循環しない      ⎭     │
│                              無限小数，√2, π 等    虚数   ⎭│
└─────────────────────────────────────────────────────────────┘
```

ところで，これまでの数は，任意の数 a, b, c に対して

  [1]: $a < b,\ a = b,\ a > b$ の何れかただ一つ，

  [2]: $a < b,\ b < c$ ならば，$a < c$

が成り立ちます．これを数の**順序的構造**といい，自然数，整数，有理数，実数はすべてこの関係を充たしています．ところが，複素数の四則計算におきましては，意味のある大小関係は定義できないのです．即ち

二つの複素数の大小は比べられない

わけです．これがこれまで学んできた数体系と大きく異なるところです．

　複素数は，1 と i という二つの単位 (素) を持つことから，平面上の点により表せます．横軸に実数を取り**実軸**，縦軸に i を単位として取り**虚軸**と呼びます．両軸により定義される座標平面を**複素平面**，あるいは**ガウス平面**といいます．虚数単位は，自分自身を四回掛けることで 1 に戻るので，i を一回掛けることは複素平面上で，**反時計方向 90 度の廻転**に対応するわけです．

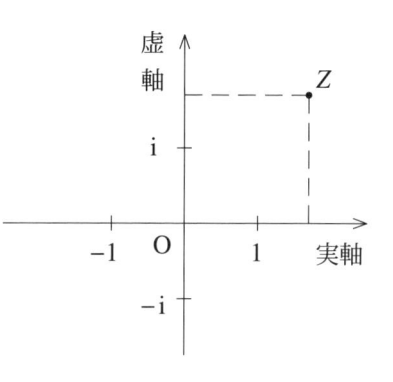

　さらに，$-1\,(=\mathrm{i}^2)$ を掛けることは 180 度の廻転にあたるので，複素平面は

| 負の数 × 負の数 ＝ 正の数 |

という関係に視覚的な解釈を与えていることになります．以上のことから，**複素数は二次元の数である**ということができます．

　以下に，複素数 Z_A, Z_B, Z_C の間に成立する法則をまとめておきます．

$$Z_A + Z_B = Z_B + Z_A \qquad :交換法則(加法)$$
$$Z_A Z_B = Z_B Z_A \qquad :交換法則(乗法)$$
$$(Z_A + Z_B) + Z_C = Z_A + (Z_B + Z_C) \qquad :結合法則(加法)$$
$$(Z_A Z_B) Z_C = Z_A (Z_B Z_C) \qquad :結合法則(乗法)$$
$$Z_A \times (Z_B + Z_C) = Z_A Z_B + Z_A Z_C \qquad :分配法則$$

これらは実数の持つ性質をそのまま受け継いでいます．複素数特有の関係である，絶対値と共軛複素数に関しては以下が成り立ちます．

$$|Z| = \sqrt{ZZ^*}, \qquad |Z_A Z_B| = |Z_A||Z_B|, \qquad Z^{-1} = Z^*/|Z|^2,$$
$$(Z^*)^* = Z, \qquad (Z_A + Z_B)^* = Z_A^* + Z_B^*, \qquad (Z_A Z_B)^* = Z_A^* Z_B^*.$$

すべての二次方程式を解くためには，複素数の導入が必要不可欠だったわけですが，このような状況は以後も続くのでしょうか？ 三次方程式を解く，四次方程式を解く，という必要に迫られた場合，次から次へ新しい数をどんどん定義しなければならないのでしょうか？

幸福なことに，あるいは意外なこと，といってもよいかもしれませんが，代数方程式を解くという立場からいえば，数の拡張は複素数で終ります．即ち，以下の n 次代数方程式は，複素数の範囲で必ず n 個の根を持ちます．

$$\boxed{a_0 x^n + a_1 x^{n-1} + a_2 x^{n-2} + \cdots + a_{n-1} x + a_n = 0}$$

これは**代数学の基本定理**と呼ばれるもので，ガウスにより証明された"数学における最も重要な定理"の一つです．ただし，この定理は**存在定理**であって，n 個の根を具体的に求める方法については教えてくれません．それでは，具体的解法が他にあるのか，という疑問が湧きますが，残念ながら

五次以上の代数方程式は代数的に解けない

ことが証明されています．ここでわざわざ「代数的」と断っていますように，数値的には何次方程式でも解くことは可能です．

さて「代数方程式を解く」という立場からは，確かに複素数で充分なのですが，それは数の発展がここで留まることを意味しません．むしろ，ここがスタート地点なのです．この件はまた後で触れることにしましょう．

8.4　丸い多角形

　ところで，一般的でない，即ち特殊な代数方程式には，大変興味深い特徴を持ったものが数多くあります．特に，具体的に根を求めることができる場合を考えましょう．自然数 n に対して，$x^n = 1$，即ち

$$\boxed{x^n - 1 = 0}$$

なる方程式を考え，その根——これを **1 の n 乗根**といいます——を求めます．特に，n 乗してはじめて 1 になる根を**原始 n 乗根**といいます．

　原始根という用語は，既に 5.5 (p.156) で登場しています．そこでは，素数 p に対して，$(p-1)$ 乗してはじめて 1 と合同になる数を，原始 $(p-1)$ 乗根の略として，こう呼びました．即ち，両者ともそこからすべての要素を引き出すことができる，根源的な存在であることを主張したものなのです．整数の世界の原始根，複素数の世界の原始根，その奥深さ，その拡がりを味わって下さい．それでは，本当にこの原始 n 乗根から，他のすべての根が導かれるのか否か，順に調べていきましょう．これは方程式の"根っこ"を押さえる探索です．

　この方程式は，代数学の基本定理より n 個の根を持ち，明らかにすべての n について，$x = 1$ が根になります．よって，$x^n - 1$ は，$x - 1$ で割り切れ

$$x^n - 1 = (x-1)(x^{n-1} + x^{n-2} + \cdots + x + 1)$$

を得ます．そこで，方程式：

$$\boxed{x^{n-1} + x^{n-2} + \cdots + x + 1 = 0}$$

を解き，$(n-1)$ 個の根を求めます．これは**円分方程式**と呼ばれていますが，この名前の意味を調べていきましょう．小さい n に対して，その根を求めます．

◆ **$n = 1$ の場合**：根は $x_0 = 1$．
◆ **$n = 2$ の場合**：根は $x_0 = 1$, $x_1 = -1$．
　-1 は二乗してはじめて 1 に等しくなるので，原始二乗根は $x_1 = -1$ です．

◆ **$n = 3$ の場合**：解くべき方程式は $x^3 - 1 = 0$．

$x = 1$ が根であることを利用して

$$x^3 - 1 = (x - 1)(x^2 + x + 1)$$

と因数分解し，右辺の二次方程式を解いて，残りの二根が求められます．

$$x_0 = 1, \quad x_1 = \frac{-1 + \sqrt{3}i}{2}, \quad x_2 = \frac{-1 - \sqrt{3}i}{2}.$$

x_1, x_2 は三乗してはじめて 1 と等しくなるので，原始三乗根は x_1, x_2 です．

◆ $n = 4$ の場合

因数分解して

$$0 = x^4 - 1 = (x - 1)(x + 1)(x - i)(x + i)$$

より，根は

$$x_0 = 1, \quad x_1 = i, \quad x_2 = -1, \quad x_3 = -i$$

の四つ．x_1, x_3 が原始四乗根となります．

以上の場合の根について，もう少し詳しく調べてみましょう．$n = 3$ の場合について考えます．ここで，一つの原始根 x_1 を

$$\omega = x_1 = \frac{-1 + \sqrt{3}i}{2}$$

とおきますと，$x_2 = \omega^*$ となり，ω の絶対値は

$$\omega \times \omega^* = x_1 \times x_2 = \left(\frac{-1 + \sqrt{3}i}{2}\right)\left(\frac{-1 - \sqrt{3}i}{2}\right) = 1$$

より 1 となります．また

$$\omega + \omega^* = -1, \quad \omega^2 + \omega + 1 = 0$$

より，以下の関係が成立します．

$$\omega^2 = -(1 + \omega) = \omega^* = x_2, \quad \omega^3 = 1 = x_0.$$

これで，唯一つの原始根 ω によって，他のすべての根を表せたわけです．この手法は，$n = 1, n = 2$ の場合については明らかですね．$n = 2$ の場合には $x_1 = -1$ を，$n = 4$ の場合には $x_1 = i$ を軸にして同様に考えればよいわけです．

8.4. 丸い多角形

即ち,以上求めた根はすべて,その絶対値が1となっていることから,各根は複素平面の単位円周上に位置し,各根の間を直線で結べば,正n角形になります.図に示しておきましょう.

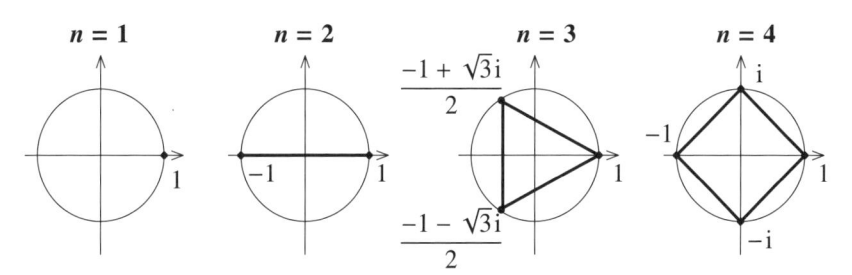

◆ **$n = 5$ の場合**

方程式は $x^5 - 1 = 0$. この場合も $x = 1$ が根になることを利用して

$$x^5 - 1 = (x-1)(x^4 + x^3 + x^2 + x + 1)$$

と因数分解し,四次の円分方程式:

$$x^4 + x^3 + x^2 + x + 1 = 0$$

を解きます.明らかに $x = 0$ は根ではないので,全体を x^2 で割って

$$x^2 + x + 1 + \frac{1}{x} + \frac{1}{x^2} = 0$$

と変形し,未知数を

$$t = x + \frac{1}{x}$$

と置換え,t に関する二次方程式 $t^2 + t - 1 = 0$ を得ます.これを解いて $t = \left(-1 \pm \sqrt{5}\right)/2$. 未知数を元へ戻して,二つの二次方程式:

$$x^2 - \frac{1}{2}\left(-1 + \sqrt{5}\right)x + 1 = 0, \qquad x^2 + \frac{1}{2}\left(1 + \sqrt{5}\right)x + 1 = 0$$

を得ます.両方程式を解いて,1の五乗根: $x_0 = 1$,及び

$$x_1 = \frac{1}{4}\left(\sqrt{5} - 1 + i\sqrt{10 + 2\sqrt{5}}\right), \qquad x_2 = \frac{1}{4}\left(-\sqrt{5} - 1 + i\sqrt{10 - 2\sqrt{5}}\right),$$

$$x_3 = \frac{1}{4}\left(-\sqrt{5} - 1 - i\sqrt{10 - 2\sqrt{5}}\right), \qquad x_4 = \frac{1}{4}\left(\sqrt{5} - 1 - i\sqrt{10 + 2\sqrt{5}}\right)$$

を得ました.前の場合と同様に,根の位置を図示しておきます.

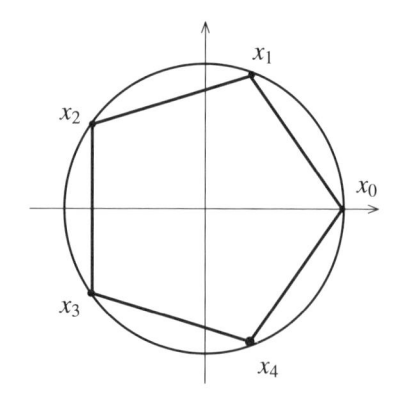

この場合も x_1 を何回か掛けることによって，すべての根を得ます．

◆ $n = 6$ の場合

まず，方程式 $x^6 - 1 = 0$ を，$x^6 - 1 = (x^3 + 1)(x^3 - 1)$ と分解します．後半の式は三乗根の場合と全く同じ形をしていますから，1の三乗根である

$$\omega = x_1 = \frac{-1 + \sqrt{3}i}{2}$$

を利用して，前半の根を表しましょう．

$$(x^3 + 1) = (x + 1)(x^2 - x + 1)$$

と因数分解して，三根を求めれば

$$x = -1, \quad \frac{1 + \sqrt{3}i}{2} = 1 + \omega = -\omega^2, \quad \frac{1 - \sqrt{3}i}{2} = -\omega$$

となります．まとめて，1の六乗根は

$$\pm 1, \quad \pm \omega, \quad \pm \omega^2$$

の六つであることが分かりました．根の位置を繋ぐと正六角形になります．

以上で，1の n 乗根の解法と，その複素平面における幾何的な意味，即ち

| 1の n 乗根は，単位円周上に正 n 角形を構成する |

が示されたわけです．どうですか，二乗して負になる数を導入したお陰で，こんなにも豊かな新しい世界が目の前に現れたわけです．

8.5　多次元の数

与えられた数 x に対して，唯一つの数 y を定める規則のことを**函数**といい

$$\boxed{y = f(x)}$$

と書きます．ここに至るまでに，既にオイラーの"函数"などでこの用語は用いてきましたが，その根本はこうした定義に則っているということです．

原則無き漢字制限の関係で，音を写しただけの表記"関数"が主流になりましたが，文字の持つ意味を大切にする立場からは，その実態を示唆する文字を用いるべきでしょう．原語の音写とされる大陸伝来の言葉を元にしながら，"容器"を表す"函"を用いることで，その本質である従属性と"black box"に通じる意味を添えてきたのです．"関"にこの役割は果たし得ません．また，同じ数の掛け算を冪と表記してきましたが，これも現行の多くは"巾"という字を用いています．略字や当て字ばかりに頼っていますと，折角の"表意文字の看板"が泣きます．旧に復したい用語は他にも沢山あります．

さて函数の問題，そのもっとも簡単な例からはじめましょう．

$$f(x) = Kx, \quad K \text{ は定数}$$

は**一次函数**と呼ばれ，そのグラフが直線状であることから，**線型函数**とも呼ばれます．ここで α, β を任意の実数として

$$f(\alpha x_1 + \beta x_2)$$

を変形しますと，仮定より

$$f(\alpha x_1 + \beta x_2) = K\alpha x_1 + K\beta x_2 = \alpha f(x_1) + \beta f(x_2)$$

となります．一般に，与えられた函数が

$$\boxed{f(\alpha x_1 + \beta x_2) = \alpha f(x_1) + \beta f(x_2)}$$

を満足するとき——これは一次式に限られるので—— f は**線型**であるといいます．さてここで，再び用語の問題ですが，現状では「線型」と「線形」が共に同じ主旨で使われています．次第に「線形」が増えてきたようですが，問題の核

心は，今ここで定義しましたように，幾何学的な直線を発想の原点に置きながら，それに類似する関係を論じるところにあります．従いまして，具体的に直線が描かれるわけではありません．そこで，その姿形 (shape) を暗示する「線形」ではなく，その典型 (model) としての意味を強調する「線型」を選びました．線形より出て，それを抽象化したものが，線型であるという立場です．

さて，その線型の例を挙げましょう．複素数の加法・減法は，実部同士，虚部同士を，それぞれ加減する約束でした．即ち

$$Z_1 = a + b\mathrm{i}, \qquad Z_2 = c + d\mathrm{i}$$

とするとき，その和は

$$Z_1 \pm Z_2 = (a \pm c) + (b \pm d)\mathrm{i}$$

で定義されました．定数倍は，k を任意の実数として

$$kZ_1 = ka + kb\mathrm{i}.$$

まとめますと，以下のようになります．α, β を任意の実数として

$$\alpha Z_1 \pm \beta Z_2 = (\alpha a \pm \beta c) + (\alpha b \pm \beta d)\mathrm{i}.$$

ここで，一般の複素数を

$$f(x, y) = x + y\mathrm{i}$$

で表しますと，$Z_1 = f(a,b), Z_2 = f(c,d)$ となります．このとき

$$\begin{aligned}f(\alpha a + \beta c, \alpha b + \beta d) &= (\alpha a + \beta c) + (\alpha b + \beta d)\mathrm{i} \\ &= \alpha(a + b\mathrm{i}) + \beta(c + d\mathrm{i}) \\ &= \alpha f(a,b) + \beta f(c,d)\end{aligned}$$

が成り立ちます．これは，複素数の実部と虚部が，それぞれ線型であることを示しているわけです．一般に n 個の要素を一つにまとめた対象：

$$X = (x_1, x_2, \ldots, x_n), \quad Y = (y_1, y_2, \ldots, y_n)$$

が線型の定義：

$$\begin{aligned}&(\alpha x_1 + \beta y_1,\ \alpha x_2 + \beta y_2, \ldots, \alpha x_n + \beta y_n) \\ &= \alpha(x_1,\ x_2, \ldots, x_n) + \beta(y_1,\ y_2, \ldots, y_n) = \alpha X + \beta Y\end{aligned}$$

を満足するならば，それを**数ベクトル**と呼び，その要素数 n を**数ベクトルの次元**といいます．数ベクトルは単に**ベクトル**とも呼ばれ，**肉太の立体文字**で表される場合があります (他にも様々な表記法があります)．従いまして

複素数は二次元のベクトル

と考えられます．また，α, β のような単なる数値を**スカラー**といい，**通常の斜体文字**で表します．また，次図のように，複素数を表す点と原点を直線で結べば，この直線の長さは，与えられた複素数の絶対値を表します．

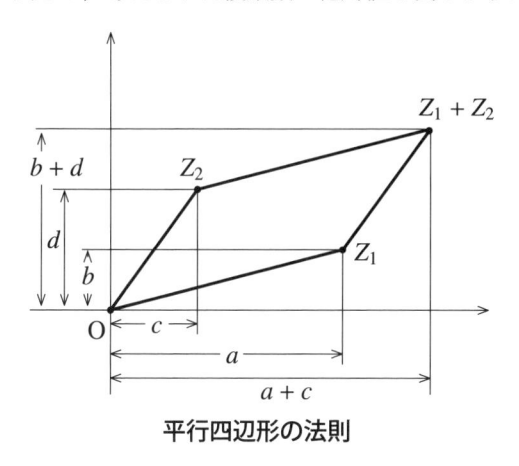

平行四辺形の法則

ここで，$Z = a + bi$ を座標表示で書けば (a, b) ですが，この表示法を用いれば，複素数の加法は，次のように示せるわけです．

$$Z_1 + Z_2 \iff (a+c,\ b+d).$$

これは幾何的には，Z_1, Z_2 を二辺とする**平行四辺形**を描くことであり，足し算の結果はその対角線に対応します——これを**平行四辺形の法則**と呼びます．また，複素数の定数倍は，元の複素数と同じ方向を持った直線を，その長さの定数倍だけ延ばしたもので表せます．これらの性質を利用して「数の幾何学」を作ることができます——前に御紹介致しましたピラゴラスの定理を重力を使って確かめる実験装置「トリプレット・バランサー」も，力がこの平行四辺形の法則に従うことを証明するものです．このとき，原点と足し算の結果である平行四辺形の頂点を「矢線」で結びますと，数ベクトルは単なる幾何的な存在を越えて，目に見え手に触れることができる"実体"となってきます．

力の大きさや方向を一本の矢印に託して描くとき，自然法則の見えざる部分が，私達の直観に訴えるようになり，その直観を数式に直すことで，精密な議論ができるようになります．数ベクトルは，線型性により定義されたものですが，物理学では，こうした広すぎる定義を少し狭めて，自然現象を記述するに相応しい条件を加えます．それは，「物理法則は，何処から誰が見ても同じ形式で成り立つ」という当然のことを，数式に課したもので，**変換性**の条件と呼ばれています．従いまして，物理学でベクトルと言えば，数ベクトルであることに加えて，変換性の条件をも充たすものを指すことになります．

　こうした議論を展開するには，私達が出来事を観測する際の拠り所となる**座標系**を，先ず最初に定めねばなりません．観測者と座標系は密接な関係にあり，時として同一視されます——"百人百様に物の見方が異なる"ように，それに対応して座標系にも様々なものがあり，それぞれ特徴を持っています．そこで，問題の性質に応じて，適切なものを選択する必要が生じてきます．

　これと同時に，私達の周囲で起こる「巨視的物体の運動」は，観測者の有無に関わりなく，それが"見られているか否か"には影響は受けないので，物理現象と"その影を見る観測者"を明確に区別する必要が生じてきます．例えば，右から左へ走り抜けた自動車も，反対側から見れば左から右です．どちらから見られたかは，車にも当の運転者にも無関係な事柄です．そこで

　　　　　　物理現象を一般的に記述するために**ベクトル**を用い，
　　　　　観測者の立場を明確にするために**座標系**を定めます．

私達は"ベクトルが座標に落とす影"を観測するのです．力の大きさを長さとし，それが働く方向を含めて一本の矢線で表す時，二つの力の合成は，平行四辺形の法則によって，その対角線となりますが，これは地球表面に住まいする私達にとっての**実験事実**であって，論理的に証明されるものではありません——トリプレット・バランサーによる検証は，このことを示したわけです．

　以上を前提に，現代の私達にとって，最も馴染みやすい形式である三次元の**直交座標系**から設定します——これは**デカルト座標**とも呼ばれます．次元とは，数学的には変数の個数を意味しますが，ここでは日常語「縦・横・高さ」の三要素を指すものとします．そして，測定の基準となる軸を"直線"に選び，しかも相互に直角に交わるよう配置します．これを**三次元直交座標系**と呼びます．ここでは x, y, z の三文字を用いて，各軸の名前とします．

8.5. 多次元の数

長さが 1 のベクトルを**単位ベクトル**と呼び，各軸に沿った単位ベクトル $\mathbf{e}_x, \mathbf{e}_y, \mathbf{e}_z$ によって座標系を特徴附けます——添字として数字を選んだ方が都合が好い場合には，$\mathbf{e}_1, \mathbf{e}_2, \mathbf{e}_3$ などと書きます．これらは座標系を定めるので，**基底ベクトル**とも呼ばれます．このとき，位置 (x, y, z) を示すベクトル $\mathbf{r}$ は

$$\mathbf{r} = x\mathbf{e}_x + y\mathbf{e}_y + z\mathbf{e}_z$$

となります——逆に，x, y, z はベクトル $\mathbf{r}$ の座標値とも，**成分**とも呼ばれます．

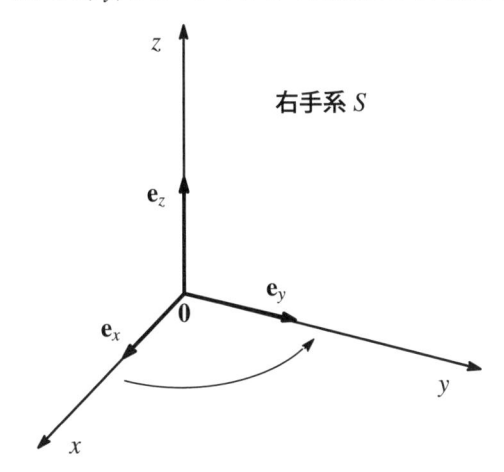

右手系 S

三次元直交座標系には，**右手系**と**左手系**の二種類がありますが，両者は全く独立した別物で，連続的な変化では互いに移り変われません．右手系の基底ベクトルの中，その一つの符号を変えれば，左手系になります——例えば，$(\mathbf{e}_x, \mathbf{e}_y, \mathbf{e}_z) \to (\mathbf{e}_x, \mathbf{e}_y, -\mathbf{e}_z)$ などです．どちらを選んでも問題はありませんが，一般には「右手系」が多いようです．右手系の軸は，x 軸から y 軸方向への廻転に対して，**右ネジ**(普通のネジ) の進行方向を z 軸と定めます——xy 平面の下に潜って，z 軸方向を見たとき，時計廻りが右ネジとなります．

変換性を論じるとき，その基本となるのは，空間の点の位置を示す**位置ベクトル $\mathbf{r}$** です．そこで改めて，座標の変換に際し，位置ベクトルと同じ変換性を示すものをベクトル，変換によって全く変化を受けない一個の数値を**スカラー**と定めます——ベクトルの大きさ (矢線の長さ) はスカラーです．例えば，川の流れはベクトルで表され，部屋の温度はスカラーで表されます．また，ベクトルはベクトル同士，スカラーはスカラー同士が加減されるものであり，如何なる場合でも両者が"等号"で結ばれることはありません．

ユークリッド幾何学が成り立つ空間を**ユークリッド空間**，あるいは**平坦な空間**と呼びますが，ある空間が"ユークリッド的"であるか否か，を調べるには**三平方の定理**の成立を確かめるのが最も簡単です．例えば，机の上の平面上では，直角三角形の三辺に対して $a^2 + b^2 = c^2$ が成り立ちますが，同じ二次元空間であっても，球面上では，この関係は成り立ちません．

また，「二本のベクトルが等しい」と主張するとき，それは同一位置で完全に重なるものだけを特別視するのではなく，平行移動により重なる無限のベクトルを，すべて等しく扱います——これぞ平坦な空間の持つ"特権"です．これにより，与えられたベクトルの始点を，平行移動で任意の場所に移して，議論を著しく簡単にすることができます．

ベクトルの代数において，その加減は極めて単純です．ベクトル **A** のスカラー m 倍とは $m\mathbf{A}$ であり，長さを m 倍します．また，記号 $|\mathbf{A}| = A$ で，そのベクトルの長さを表します——これはベクトルの**絶対値**とも呼ばれます．ベクトル **B** の -1 倍とは，同じ長さのまま向きを反転させます．これで減法が可能になります．二本のベクトルの和は，先の「平行四辺形の法則」に従います．ここまでの代数は，すべて"線型性"の幾何的な表現になっています．

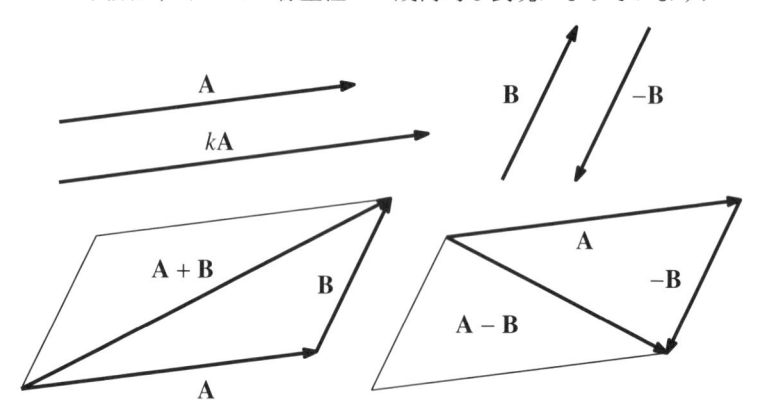

二つのベクトルの積の計算は，次の二種類が代表的なものです．

$$\mathbf{A}\cdot\mathbf{B} = |\mathbf{A}||\mathbf{B}|\cos\theta \quad :スカラー量,$$
$$\mathbf{A}\times\mathbf{B} = |\mathbf{A}||\mathbf{B}|\sin\theta\,\mathbf{k} \quad :ベクトル量.$$

この二式は，計算結果をそのまま名前に流用して，それぞれ**スカラー積**，**ベクトル積**と呼ばれています——スカラー積は**内積**，あるいは**ドット積**，ベクトル積は**外積**，あるいは**クロス積**とも呼ばれています．

8.5. 多次元の数

　ここで θ は，**A** から **B** へ測った間の角ですが，スカラー積は，二つのベクトルからスカラーを作る式ですから，角をどちらから測るかということは，結果を左右しません——これは，すぐ後で御紹介します三角関数 cosine の性質：$\cos(-x) = \cos x$ からも導けます．ベクトル積は，二つのベクトルから新たなベクトルを作る式ですから，その新しいベクトルが"どの方向を指しているか"を定義する必要があります——三角関数 sine の性質：$\sin(-x) = -\sin x$ も関係してきます．このことから，与えられたベクトルの入れ換えに対して

$$\mathbf{A} \cdot \mathbf{B} = \mathbf{B} \cdot \mathbf{A}, \qquad \mathbf{A} \times \mathbf{B} = -\mathbf{B} \times \mathbf{A}$$

が成り立つことが分かります．

　さて，ベクトル積における **k** を，**A**, **B** の作る平面に垂直で，**A** から **B** の方向へ右ネジを廻転させた時に，ネジの進む向きを持った単位ベクトルであると定義しましょう．この定義の下で，右手系の基底ベクトルが充たすべき関係を，二つの積の表現により明記することができます．即ち，以下が成り立ちます．

$$\mathbf{e}_x \cdot \mathbf{e}_x = \mathbf{e}_y \cdot \mathbf{e}_y = \mathbf{e}_z \cdot \mathbf{e}_z = 1,$$
$$\mathbf{e}_x \cdot \mathbf{e}_y = \mathbf{e}_y \cdot \mathbf{e}_z = \mathbf{e}_z \cdot \mathbf{e}_x = 0,$$
$$\mathbf{e}_x \times \mathbf{e}_y = \mathbf{e}_z, \quad \mathbf{e}_y \times \mathbf{e}_z = \mathbf{e}_x, \quad \mathbf{e}_z \times \mathbf{e}_x = \mathbf{e}_y.$$

基底ベクトル $\mathbf{e}_x$ から $\mathbf{e}_y$ に向けて角 θ を測った場合，$\mathbf{e}_z$ が右ネジの進む向き，$\mathbf{k} = \mathbf{e}_z$ になるわけです．この関係を基礎にして，二つのベクトルのスカラー積，ベクトル積の成分表示を求めることができます．具体的に

$$\mathbf{A} = A_x \mathbf{e}_x + A_y \mathbf{e}_y + A_z \mathbf{e}_z, \qquad \mathbf{B} = B_x \mathbf{e}_x + B_y \mathbf{e}_y + B_z \mathbf{e}_z$$

と定義したとき，それぞれ以下のようになります．

$$\mathbf{A} \cdot \mathbf{B} = A_x B_x + A_y B_y + A_z B_z,$$
$$\mathbf{A} \times \mathbf{B} = \mathbf{e}_x (A_y B_z - A_z B_y) + \mathbf{e}_y (A_z B_x - A_x B_z) + \mathbf{e}_z (A_x B_y - A_y B_x).$$

ここで，ベクトル積の各成分の添字 x, y, z の循環に注目して下さい．第一項は，基底ベクトル $\mathbf{e}_x$ に対して yz, zy となっています．第二項は $\mathbf{e}_y$ に対して zx, xz．第三項は $\mathbf{e}_z$ に対して xy, yx．即ち，$x \to y \to z$ の循環の項はすべて正，逆順の項はすべて負になっているわけです．また，最も簡単な関係ですが

$$\mathbf{A} \cdot \mathbf{A} = |\mathbf{A}|^2, \qquad \mathbf{A} \times \mathbf{A} = \mathbf{0}$$

は特に重要です——右側のベクトル積の結果は，スカラーの 0 ではなく，**ゼロ・ベクトル**であることに注意して下さい．

8.6 オイラーの贈物

　さて，先に函数の定義について説明させて頂きました．ここでは，数学において基本的な意味を持つ二つの定数，円周率 π とネイピア数 e に関連した大変重要な函数を簡単に紹介しましょう．今，二つの定数といいましたが，それが最後には見事に混じり合って一つになるところをお見せ致します．

　まず，三角形の辺の比を表すことから定義され発展した**三角函数**，**サイン**(sine), **コサイン**(cosine), **タンジェント**(tangent)：

$$\sin x, \quad \cos x, \quad \tan x \left(= \frac{\sin x}{\cos x}\right)$$

に関しましては，名前と共に幾つかの特殊な値などは御存じのことと思います．それでは一般的な値はどのようにして求められるのでしょうか．それは**テイラー展開**と呼ばれる以下の x の冪展開により計算されます．

$$\sin x = x - \frac{1}{3!}x^3 + \frac{1}{5!}x^5 - \frac{1}{7!}x^7 + \cdots + \frac{(-1)^k}{(2k+1)!}x^{2k+1} + \cdots,$$

$$\cos x = 1 - \frac{1}{2!}x^2 + \frac{1}{4!}x^4 - \frac{1}{6!}x^6 + \cdots + \frac{(-1)^k}{(2k)!}x^{2k} + \cdots$$

sin は x の奇数冪のみ，cos は偶数冪のみで構成されていますので，直ちに

$$\sin(-x) = -\sin x, \quad \cos(-x) = \cos x, \quad \tan(-x) = \frac{\sin(-x)}{\cos(-x)} = -\tan x$$

となることが分かります．また，代入する数値を角度として扱いたい場合には

$$1 \text{ ラジアン} = \frac{360 \text{ 度}}{2\pi} = 57.2957795 \cdots \text{ 度}$$

なる関係を用いて単位を**ラジアン**(radian: 弧度) に直しておく必要があります．具体的には以下の表のようになります．

度 ⇔ 弧度 (小数表記)	度 ⇔ 弧度 (小数表記)
0° ⇔ 0　　(= 0)	15° ⇔ $\pi/12$ (= 0.2617993⋯)
30° ⇔ $\pi/6$　(= 0.5235987⋯)	45° ⇔ $\pi/4$　(= 0.7853981⋯)
60° ⇔ $\pi/3$　(= 1.0471975⋯)	90° ⇔ $\pi/2$　(= 1.5707963⋯)
120° ⇔ $2\pi/3$ (= 2.0943950⋯)	135° ⇔ $3\pi/4$ (= 2.3561944⋯)
150° ⇔ $5\pi/6$ (= 2.6179938⋯)	180° ⇔ π　　(= 3.1415926⋯)

8.6. オイラーの贈物

また，**指数函数**：

$$e^x, \quad (これを \exp[x] と書く場合もあります)$$

は自然界の現象を記述するために必要不可欠です．この函数も具体的に値を求めるためにはテイラー展開：

$$\boxed{e^x = 1 + x + \frac{1}{2!}x^2 + \frac{1}{3!}x^3 + \frac{1}{4!}x^4 + \frac{1}{5!}x^5 + \cdots}$$

をしておくと便利です——**ネイピア数** e は，この函数の展開に $x = 1$ を代入しても得られます．

さてここで，正に神秘としかいいようのない，美しい一つの式を導きましょう．指数函数の展開式に $x = i\theta$ を代入します．i はもちろん虚数単位です．

$$e^{i\theta} = 1 + (i\theta) + \frac{1}{2!}(i\theta)^2 + \frac{1}{3!}(i\theta)^3 + \frac{1}{4!}(i\theta)^4 + \cdots.$$

ここで，虚数単位の性質：

$$i^2 = -1, \quad i^3 = -i, \quad i^4 = 1, \quad i^5 = i, \ldots$$

を用いて上式を整理しますと

$$e^{i\theta} = \left(1 - \frac{1}{2!}\theta^2 + \frac{1}{4!}\theta^4 + \cdots\right) + i\left(\theta - \frac{1}{3!}\theta^3 + \frac{1}{5!}\theta^5 + \cdots\right)$$

となります．よく右辺の括弧の中を見て下さい．何と三角函数の展開式と同じ形になっていることがお分かり頂けるでしょう．即ち

$$\boxed{e^{i\theta} = \cos\theta + i\sin\theta}$$

という素晴らしい関係式を見出したわけです．これは**オイラーの公式**と呼ばれており，数多いオイラーの業績の中でも抜群のものです．三角函数と指数函数の深い深い結び付きが，虚数を取り込むことで明らかになったわけです．これは，まさに"人類の宝物"と呼ぶに相応しい式です．

不思議はさらに続きます．オイラーの公式に $\theta = \pi$ を代入することで

$$\boxed{e^{i\pi} = -1}$$

となりますが，これは数学において最も重要な定数であるネイピア数と円周率，さらに複素数の単位となる1とiが見事に調和結合した感動的な式です．

$$(2.71828182845904523\cdots)^{i3.141592653589793238\cdots} = -1.$$

超越数の"超越数乗"，しかも肩には虚数が乗っている，それが-1になるなんて．オイラーの公式を，幾ら理論的に納得できたとしても，不思議な気持ちは納まりません．左辺も，右辺もこれ以上ないシンプルな形をしていながら，極めて異質なその性格を見事に表している，そしてそれが"数の天秤"たる等号で結ばれている．見た目は等量，中身は異質，そこに究極の美があるのです．

合同計算においても，"二乗して負になる数"が存在することを示してきましたが，それでもなお虚数の"実在"にまだ疑念を持っておられる方には，次のような例はどうでしょう．虚数の虚数乗はオイラーの公式より

$$i^i = \left(e^{i\pi/2}\right)^i = e^{-\pi/2}.$$

何とこれは実数値ですね．具体的には

$i^i = 0.20787957635076190854695561983497877003387784163177\cdots$

となります．「事実は小説よりも奇なり」，信じられないでしょうが本当です．

指数函数は，素晴らしい性質を持っています．それは整数の世界における関

8.6. オイラーの贈物

係：$a^{m+n} = a^m \cdot a^n$ の素直な拡張として

$$e^{x+y} = e^x \cdot e^y$$

が成り立つことです——これにより，上の i^i も求められたわけです．しかし，計算にはその"逆"が必要です．即ち，「e を x 乗した値は何か」という設定に対して，「その値を得るには e を何乗すればいいのか」という逆の問題設定が考えられます．この問題に対する答がほしいのです．そこで，相互の関係：

$$e^x = p \iff x = \ln_e p$$

を充たす函数 ln が，指数函数の相棒として必要になるわけです．これは**対数函数**と呼ばれています．より詳細には，ネイピア数 e が果たしている役割を対数の**底**，p を**真数**と名附けて，「x は，底を e とする p の対数である」と表現します．そして，任意の正の実数 p に対して，唯一の実数 x が存在するとき，これは一つの函数を定めますが，特に底を e とする場合を重要視して，これを**自然対数 (函数)** と呼ぶのです．微積分などで用いられる対数は，ネイピア数を底とするこの自然対数です．

具体的な値を知るためには，以下の級数展開：

$$\frac{1}{2} \ln \frac{1+x}{1-x} = x + \frac{1}{3}x^3 + \frac{1}{5}x^5 + \frac{1}{7}x^7 + \cdots$$

が便利です．ここで

$$k = \frac{1+x}{1-x}, \qquad x = \frac{k-1}{k+1}$$

という関係を利用して，展開式に代入すべき値を定めます．

一方，実用的には，底を 10 にしたものが便利でしょう．そこでこれを log で表し，**常用対数 (函数)** と呼びます．即ち

$$10^x = p \iff x = \ln_{10} p = \log p$$

という関係から定められた函数です．両者の関係は次のようなものです．

$$\log x \approx \frac{\ln x}{2.3026}.$$

この係数は $e^{2.3026} \approx 10$ に由来します．これは一般的な**底の変換規則**：

$$\ln_a x = \frac{\ln_b x}{\ln_b a}$$

における $a = 10$, $b = e$ の場合に相当します．

対数函数に関しては，「指数函数の逆である」という定義にまで戻れば，多くの性質を自然に導くことができます．例えば，$e^0 = 1$, $e^1 = e$ より

$$\ln 1 = 0, \qquad \ln e = 1$$

が直ぐに分かります．また，$e^{x+y} = e^x e^y$ より

$$\ln xy = \ln x + \ln y$$

を得ます．さらに，この式に $xy = 1$ と関係：$\ln 1 = 0$ を適用すれば

$$0 = \ln (x \cdot x^{-1}) = \ln x + \ln x^{-1} \quad \Rightarrow \quad \ln x^{-1} = - \ln x$$

となり，負の冪に対する関係が得られます．続いて，$a = e^b$ となる正数 a, b に対して，両辺の対数を取りますと，$\ln a = \ln e^b = b$ となりますが，この両辺を x 乗した $a^x = e^{bx}$ に対して，再び両辺の対数を取りますと

$$\ln a^x = \ln e^{bx} = bx \ln e = bx \quad \Rightarrow \quad \ln a^x = x \ln a$$

を得ます．これで負数に対する冪の関係も，任意のものに拡張されました．

ところで，以上の対数函数の性質は，5.7 (p.171) において紹介しました"指数"に似ています．合同計算における原始根 g の冪が，x に一致するとき，即ち

$$g^i = x \pmod{p}, \quad (0 \leq i < p - 2)$$

により定まる整数 i を $\text{Ind}_g(x)$ と書き，x の g に関する"指数"と呼びました．通常の"冪指数"と混同しないように，「x の原始根 g に関する指数」という呼び方を提唱しました．また，定義より，$\text{Ind}_g(1) = 0$ であり

$$\text{Ind}_g(ab) \equiv \text{Ind}_g(a) + \text{Ind}_g(b) \pmod{p - 1}$$

という関係が成り立ちました．

以上の結果から，原始根に対する"指数"は，対数に非常によく似た性質を持っているものであることが，お分かり頂けたと思います．この意味で，$\text{Ind}_g(x)$ は**離散対数**とも呼ばれています——この名称の方が，混乱も少なくより適切です．**離散的な値を扱う整数論での対数**，という意味です．

8.6. オイラーの贈物

オイラーの公式を用いれば，三角関数の様々な関係を簡単に導くことができます．先ずは，加法定理を求めましょう．二つの実数 α, β に対して

$$e^{i\alpha} = \cos\alpha + i\sin\alpha, \qquad e^{\pm i\beta} = \cos\beta \pm i\sin\beta$$

を作って，辺々の積を取りますと

$$e^{i\alpha}e^{\pm i\beta} = (\cos\alpha + i\sin\alpha)(\cos\beta \pm i\sin\beta).$$

左辺は指数法則とオイラーの公式より

$$\text{左辺} = e^{i\alpha}e^{\pm i\beta} = e^{i(\alpha\pm\beta)} = \cos(\alpha\pm\beta) + i\sin(\alpha\pm\beta)$$

となります．一方，右辺を展開し，それを実部と虚部に整理して

$$\begin{aligned}\text{右辺} &= (\cos\alpha + i\sin\alpha)(\cos\beta \pm i\sin\beta) \\ &= \cos\alpha\cos\beta \mp \sin\alpha\sin\beta + i(\sin\alpha\cos\beta \pm \cos\alpha\sin\beta)\end{aligned}$$

を得ます．ここで，二つの複素数が等しいとは，実部，虚部がそれぞれ等しいことでしたから，左辺＝右辺とおいて

$$\boxed{\begin{aligned}\sin(\alpha \pm \beta) &= \sin\alpha\cos\beta \pm \cos\alpha\sin\beta, \\ \cos(\alpha \pm \beta) &= \cos\alpha\cos\beta \mp \sin\alpha\sin\beta\end{aligned}}$$

が導かれました (複号同順)．さらに，これらを加減して，積を和に直す式：

$$\boxed{\begin{aligned}\sin A\sin B &= \frac{1}{2}[\cos(A-B) - \cos(A+B)], \\ \cos A\cos B &= \frac{1}{2}[\cos(A-B) + \cos(A+B)], \\ \sin A\cos B &= \frac{1}{2}[\sin(A-B) + \sin(A+B)]\end{aligned}}$$

が得られます．ここで α, β, A, B を選べば，以下の関係が容易に導かれます．

- ●半角： $\sin^2\dfrac{\theta}{2} = \dfrac{1-\cos\theta}{2}, \quad \cos^2\dfrac{\theta}{2} = \dfrac{1+\cos\theta}{2},$
- ●倍角： $\sin 2\theta = 2\sin\theta\cos\theta, \quad \cos 2\theta = \cos^2\theta - \sin^2\theta,$
- ●二乗： $\sin^2\theta = \dfrac{1-\cos 2\theta}{2}, \quad \cos^2\theta = \dfrac{1+\cos 2\theta}{2}.$

8.7　複素数から四元数へ

　代数方程式を解くためには，複素数があれば充分でした．しかし，それが数の発展を留める理由にはならないことは，先にも述べた通りです．ある制限された範囲では充分に見えたものも，その範囲を少し拡大すれば，何かが足りないことが分かってきます．高い所から見下ろせば，迷路の脱出口も，繋げるべき道も見えてきます．そこが新たな発展のスタートになります．

　複素数は，実数 1 と虚数単位という二つの規準を持っていました．謂わば"二元数"です．二乗して負になる数を導入することで，豊かな世界が拡がることを見てきました．ここでは，この虚数単位をさらに増やします．四つの実数 w, x, y, z とその単位 1，そして三種類の虚数単位 i, j, k を用いて

$$w \cdot 1 + x \cdot i + y \cdot j + z \cdot k$$

と定義される数，**四元数**(しげんすう) (quaternion) を紹介します——英語名をそのままに**クォータニオン**と呼ぶ場合も多いのですが，派生する用語の問題もありますので，全体を和名で統一します．複素数の場合に倣って，第一項を四元数の**実部**，残り三項をまとめて**虚部**と呼びます．

　四元数の和と差は，再び四元数になります．即ち

$$(w + xi + yj + zk) \pm (w' + x'i + y'j + z'k)$$
$$= (w \pm w') + (x \pm x')i + (y \pm y')j + (z \pm z')k$$

です．さらに，α を実数として，次の定数倍の関係が成り立ちます．

$$\alpha(w + xi + yj + zk) = \alpha w + \alpha x i + \alpha y j + \alpha z k.$$

以上より，四元数は線型性の条件を充たすことが分かりました．ここまでは，複素数と全く同様です．四元数の特徴は，その積において明らかになります．

　四元数の積は，新たに導入した三種の虚数単位の持つ独特の性質により決まります．ここで i, j, k は，各々が二乗して -1 になるというこれまでに馴染みの虚数単位としての性質だけではなく，掛ける順序の決まった相互関係：

$$i^2 = -1, \qquad j^2 = -1, \qquad k^2 = -1, \qquad ijk = -1$$

も仮定されているのです．ここに四元数の秘密が隠されています．

8.7. 複素数から四元数へ

　鍵となる右端の式から，具体的な相互関係を導きましょう．$ijk = -1$ の両辺に"右側"から k を掛けますと，$ijk^2 = -k$ となりますが，$k^2 = -1$ ですから，$ij = k$ となることが分かります．この結果に，さらに"右側"から j を掛けますと，$-i = kj$ を得ます．逆に"左側"から i を掛ければ，$-j = ik$ となります．こうした計算を繰り返して，以下の相互関係を得ます．

$$ij = -ji = k, \quad jk = -kj = i, \quad ki = -ik = j.$$

特に各式の前半部に関しましては，次のような印象的な書き方もできます．

$$ij + ji = 0, \quad jk + kj = 0, \quad ki + ik = 0.$$

これを表の形にまとめますと，次のようになります．

×	1	i	j	k	−1	−i	−j	−k
1	1	i	j	k	−1	−i	−j	−k
i	i	−1	k	−j	−i	1	−k	j
j	j	−k	−1	i	−j	k	1	−i
k	k	j	−i	−1	−k	−j	i	1
−1	−1	−i	−j	−k	1	i	j	k
−i	−i	1	−k	j	i	−1	k	−j
−j	−j	k	1	−i	j	−k	−1	i
−k	−k	−j	i	1	k	j	−i	−1

即ち，$\pm 1, \pm i, \pm j, \pm k$ の八要素は乗法に関して閉じているわけです．このように，i, j, k は積の順序により結果が異なる数なのです——この点が普通の虚数単位と異なる特徴的なところです．ここから四元数は，「掛け算の順序の交換ができない数」だということが分かります．これを積の**非可換性**と呼びます——「交換可能ではない」を縮めた用語です．

　続いて，二つの四元数の積を具体的に求めておきましょう．虚数単位の積の順序を保ったまま展開し，最後に上記表の関係を利用してまとめます．

$$\begin{aligned}
&(w + xi + yj + zk) \times (w' + x'i + y'j + z'k) \\
&= ww' + (wx' + xw')i + (wy' + yw')j + (wz' + zw')k \\
&\quad + (xy'ij + yx'ji) + (xz'ik + zx'ki) + (yz'jk + zy'kj) \\
&\quad + xx'i^2 + yy'j^2 + zz'k^2 \\
&= ww' - xx' - yy' - zz' + (wx' + xw' + yz' - zy')i \\
&\quad + (wy' + yw' - xz' + zx')j + (wz' + zw' + xy' - yx')k.
\end{aligned}$$

これで，二つの四元数の積もまた，四元数になることが分かりました——四元数は，"加減乗"の計算に関して閉じていることが示されました．

ここで，$w' = w$, $x' = -x$, $y' = -y$, $z' = -z$ となる特別な四元数を考えますと，積における虚部はすべて消えて，一つの実数 $w^2 + x^2 + y^2 + z^2$ になります．これを元の四元数に対する**共軛四元数**と呼び，通常の複素数の場合と同様にアスタリスクを用いてこれを表します．即ち，以下の記法を採用します．

$$Q = w + (x\mathrm{i} + y\mathrm{j} + z\mathrm{k}), \qquad Q^* = w - (x\mathrm{i} + y\mathrm{j} + z\mathrm{k}).$$

通常の複素数と同様に，同じ実部を持ち，虚部の符号のみ異なるものを"共軛"と定義するのです．この場合は，積の順序とは無関係に，両者の積は実数：

$$QQ^* = Q^*Q = w^2 + x^2 + y^2 + z^2$$

になります．この平方根の正の方を**四元数の絶対値**と呼び，その大きさと定義するのも，通常の複素数の場合と同様です――特に，大きさ 1 の四元数を**単位四元数**と呼びます．この Q^* を QQ^* で除したものを，Q^{-1} と定義しますと

$$QQ^{-1} = 1, \quad \text{ここで } Q^{-1} = \frac{1}{w^2 + x^2 + y^2 + z^2}(w - x\mathrm{i} - y\mathrm{j} - z\mathrm{k}).$$

即ち，Q^{-1} は四元数 Q の逆数になります――Q が単位四元数の場合には，共軛四元数がそのまま逆数になります．これで除算も定義でき，その結果もまた四元数になることから，四元数は四則計算のすべてが可能な，「四則に関して閉じた数体系である．ただし積は非可換である」ということが分かりました．

さて今一度，積の計算に戻ります．実部が 0 の四元数，即ち虚部のみの四元数を，**純虚四元数**と呼びます．この数の二乗は，先の計算結果を流用して

$$\begin{aligned}
&(x\mathrm{i} + y\mathrm{j} + z\mathrm{k}) \times (x\mathrm{i} + y\mathrm{j} + z\mathrm{k}) \\
&= x^2\mathrm{i}^2 + y^2\mathrm{j}^2 + z^2\mathrm{k}^2 + xy(\mathrm{ij}+\mathrm{ji}) + yz(\mathrm{jk}+\mathrm{kj}) + zx(\mathrm{ik}+\mathrm{ki}) \\
&= -(x^2 + y^2 + z^2)
\end{aligned}$$

となります．この結果から，純虚四元数の要素間に，$x^2 + y^2 + z^2 = 1$ という関係がある場合，その二乗は -1 になる，即ち，"単位・純虚四元数"は虚数単位の役割を果たすわけです．これを印象的に以下のように表します．

$$\mathbf{I} = x\mathrm{i} + y\mathrm{j} + z\mathrm{k}, \qquad \mathbf{I}^2 = -1 \quad (\text{ただし}, x^2 + y^2 + z^2 = 1).$$

逆に，虚部がすべて 0 の四元数は，実数そのものです――これを実四元数と呼ぶ場合もあります．また，$Q = w + (x\mathrm{i} + 0\mathrm{j} + 0\mathrm{k})$ は通常の複素数ですから，四元数はこれまでに学んだすべての数を含んだ体系だということになります．

8.7. 複素数から四元数へ

ここまでの結果を綜合しますと，単位四元数はある実数 Θ を用いて

$$Q = \cos\Theta + \mathbf{I}\sin\Theta$$

と表されることが分かります——虚部の大きさが 1 ではない一般的な場合：$Q = w + \mathbf{r}$ でも，それが単位四元数であるならば，$\mathbf{I} = \mathbf{r}/|\mathbf{r}|$, $\tan\Theta = |\mathbf{r}|/w$ により変換できます．この Q の大きさが 1 になることは，直接的な計算：

$$\begin{aligned}QQ^* &= (\cos\Theta + \mathbf{I}\sin\Theta)(\cos\Theta - \mathbf{I}\sin\Theta) \\ &= \cos^2\Theta - \mathbf{I}^2\sin^2\Theta = \cos^2\Theta + \sin^2\Theta = 1\end{aligned}$$

から明らかです．そして，驚くべきことに Q は"あの公式"と全く同じ形をしています．実際，複素数の場合と同じ手順によって，四元数を要素とする指数関数を定義することができて，オイラーの公式の四元数版：

$$e^{\mathbf{I}\Theta} = \cos\Theta + \mathbf{I}\sin\Theta$$

が導かれます——記号 Θ はギリシア文字 θ の大文字です．複素数の場合と異なるこの式の特徴の一つは，虚数単位の役割を果たす $\mathbf{I}$ が

$$\mathbf{I} = x\mathbf{i} + y\mathbf{j} + z\mathbf{k}$$

という"内部構造"を持っているところです．

さて，一つでも奇妙な虚数単位を三つも束ねて，積の交換の自由も失って，代わりに何を得たのでしょうか．四元数は**ハミルトン**により見出されました．これは「三次元の物理現象を上手く記述する道具は無いだろうか」という問題意識の中で，長年の悪戦苦闘の末に発見されたものです——ハミルトンの名前は，大学の物理学の講義では，聞かない日が無いほど頻出します．

複素数におけるオイラーの公式が，大きさ 1 のすべての複素数を表現すること，それは即ち，複素平面上での単位円を形成すること，を紹介しました．上で求めた"四元数版"も全く同じ性質を持っています．大きさが 1 の四元数は，すべてこの形式で記述できます．そして，式全体は四次元の"四元数空間"を形成しており，中でもその虚部は三次元単位球面上の一点を示しています．虚部に記号 x, y, z を選んだのは，この対応関係によります．オイラーの公式は，あるいは単位四元数は，この単位球面上の一点を，同じ球面上の点へと移動させる，即ち"廻転"させる働きをします．

四元数における"廻転"は，その対象を共軛四元数と共に前後を挟むことで実現します．具体的な例を挙げてみましょう．例えば，一点 $x = 1$ を表す単位四元数：$R_P = 0 + 1\mathrm{i} + 0\mathrm{j} + 0\mathrm{k}$ に対して，オイラーの公式を作用させます．ここでは見通しをよくするために，$\mathbf{I}$ の中身を $x = y = 0, z = 1$ としておきます．よって，実質は $e^{\mathrm{k}\Theta} = \cos\Theta + \mathrm{k}\sin\Theta$ となります．具体的に計算を進めて

$$
\begin{aligned}
e^{\mathbf{I}\Theta} R_P e^{-\mathbf{I}\Theta} &= (\cos\Theta + \mathrm{k}\sin\Theta)\,\mathrm{i}\,(\cos\Theta - \mathrm{k}\sin\Theta) \\
&= (\cos\Theta + \mathrm{k}\sin\Theta)(\mathrm{i}\cos\Theta + \mathrm{j}\sin\Theta) \\
&= \mathrm{i}\cos^2\Theta + \mathrm{j}\cos\Theta\sin\Theta + \mathrm{j}\sin\Theta\cos\Theta - \mathrm{i}\sin^2\Theta \\
&= \mathrm{i}(\cos^2\Theta - \sin^2\Theta) + \mathrm{j}2\sin\Theta\cos\Theta \\
&= \mathrm{i}\cos 2\Theta + \mathrm{j}\sin 2\Theta
\end{aligned}
$$

を得ます——最後の変形で三角函数の二倍角の式を用いました．以上で，オイラーの公式が，単位四元数を角 2Θ だけ廻転させることが分かりました．従いまして，この半角を取れば，一般的な角 Θ の廻転がオイラーの公式：$e^{\mathbf{I}\Theta/2}$ を適用することで得られるわけです．

　各軸に個別の記号を割り当てておくと便利です．そこで x 軸の廻転，即ち i 周りの廻転角を ψ で，y 軸・j 周りの廻転角を θ で，z 軸のそれを ϕ で表すことにしますと，これら個別の廻転は

$$
\begin{aligned}
Q_x &= \cos\frac{\psi}{2} + (\mathrm{i} + 0\mathrm{j} + 0\mathrm{k})\sin\frac{\psi}{2} = \cos\frac{\psi}{2} + \mathrm{i}\sin\frac{\psi}{2}, \\
Q_y &= \cos\frac{\theta}{2} + (0\mathrm{i} + \mathrm{j} + 0\mathrm{k})\sin\frac{\theta}{2} = \cos\frac{\theta}{2} + \mathrm{j}\sin\frac{\theta}{2}, \\
Q_z &= \cos\frac{\phi}{2} + (0\mathrm{i} + 0\mathrm{j} + \mathrm{k})\sin\frac{\phi}{2} = \cos\frac{\phi}{2} + \mathrm{k}\sin\frac{\phi}{2}
\end{aligned}
$$

により表されます．繰り返しになりますが，これらはすべて一つの単位四元数に過ぎません．オイラーの公式を含めて，こうした単位四元数が，対象となる四元数を廻転させるわけです．廻転一般が僅かに一つの数で確実に表されることの利点には，極めて大きなものがあります．

　四元数は，発見当時には，ハミルトンやその支持者達によって期待された程の大きな成果は挙がりませんでした．しかし，計算機工学の進歩と共に，航空機や人工衛星の姿勢制禦，3D の画像処理等で使われるようになりました．四元数による廻転の表現は，他の方法には無い，簡潔さと強みを持っていたのです．今や虚数は，旅行や天気予報，ゲーム等の娯楽にも貢献しているわけです．

8.7. 複素数から四元数へ

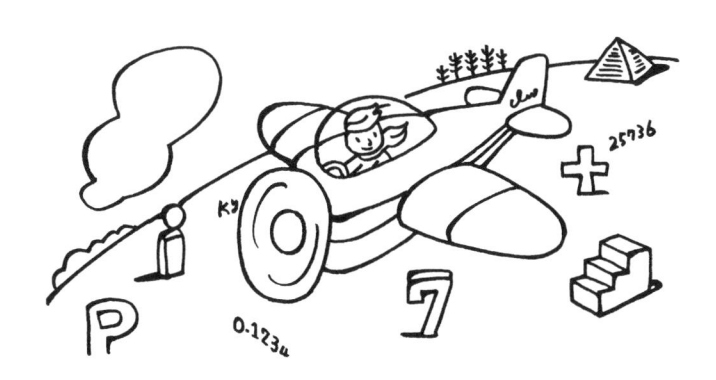

　以前，数学においては，より程度の高い概念を学ぶことによって，それ以前には見えなかった絶景が目の当たりにできることをお話しました．これは数学に限らず学問一般に共通の真理でしょう．しかし，今宵お話させて頂いた複素数を導入することで開ける新しい世界は，それらの中でも一際光輝く劇的なものだったのではないでしょうか．

　確かに，負数掛ける負数が正数になることは不思議であり，はじめは中々納得がいきません．しかし，今や皆さんは遥か一万メートル上空から下界を見下ろすように，軽やかにフライトされているわけです．視界はどうでしょうか．皆さんの不思議を知覚される能力が，より高度に奥深くなられたのではないかと期待して，今宵の講演を終了致します．いよいよ明晩が最終夜です．

櫻花
咲きかも散ると　見るまでに
誰れかもここに　見えて散り行く

Vol.12, No.3129.
柿本人麿

卒業式が終われば，入学式か

8.8　本日の配布資料・捌

● 二次合同式

　一次合同式は既に解いた．ここでは素数 p を法とする**二次合同式**：
$$ax^2 + bx + c \equiv 0 \ (\mathrm{mod}.\ p), \qquad a \not\equiv 0 \ (\mathrm{mod}.\ p)$$
の解法を考える――"二次"と断る以上，右の附加条件は当然である．

　最も簡単な解法は，x に対して 0 から $(p-1)$ までの数値を代入して，剰余を求めることである．合同式の場合には，「解が存在するか否か」が先ず問題になる．偶素数 2 の場合は，$0, 1$ を代入すればよいので
$$x = 0 \text{ に対して } c \equiv 0, \qquad x = 1 \text{ に対して } a + b + c \equiv 0$$
が解の存在条件となる．なお，二次の合同"方程式"は最大で二個の解を持つ．これは通常の方程式において保証された性質と同様のものである．これで $p = 2$ の場合は解決したので，以後 p は奇素数とする．

　先ず，方程式の場合に倣って平方を作る．$(4a, p) = 1$ より，両辺にこれを掛ける．さらに両辺に b^2 を加え，定数項を右辺に移項すると
$$(2ax + b)^2 \equiv b^2 - 4ac \ (\mathrm{mod}.\ p).$$
ここで変数の変換：$2ax + b = t,\ b^2 - 4ac = k$ を試みると，解くべき式は
$$t^2 \equiv k \ (\mathrm{mod}.\ p), \qquad 2ax + b \equiv t \ (\mathrm{mod}.\ p)$$
の二式となる――これで**平方剰余**の処方が使える．先ずは，左の二次合同式の"解があれば"それを求め，その解 t を，右の一次合同式に持ち込んで x の値を定める．例えば，$2x^2 + 3x + 1 \equiv 0 \ (\mathrm{mod}.\ 7)$ の場合ならば
$$k = b^2 - 4ac = 1 \quad \Rightarrow \quad t^2 \equiv 1 \ (\mathrm{mod}.\ 7), \quad 4x + 3 - t \equiv 0 \ (\mathrm{mod}.\ 7)$$
であり，1 は 7 の平方剰余なので解は存在する．この場合は視察により容易に $t = 1, 6$ を得る．これより，$2x + 1 \equiv 0, 4x - 3 \equiv 0$ という二つの一次合同式が導かれ，その解は，$x = 3, 6$ と求められる．これを問題の二次合同式に代入すれば，それが解であることが確かめられる．

● 原始根と虚数

ここでは"法による虚数"を定める二次合同式：

$$x^2 \equiv -1 \pmod{p}$$

が解を持つ条件は，p が $\mathcal{P}_{4n+1}$ 型の素数であることを証明する．

証明: 先ず，この合同式が解を"持つならば"，解の位数は

$$x^2 \equiv -1 \pmod{p} \quad \Rightarrow \quad x^4 \equiv 1 \pmod{p}$$

より 4 と定まる．位数は $\varphi(p) = p-1$ の約数であるから，p は $\mathcal{P}_{4n+1}$ 型である．

次に，ある $\mathcal{P}_{4n+1}$ 型素数の原始根を g とすると，これは $(p-1)$ 乗してはじめて 1 と合同になるはずである．このことと，$x^4 \equiv 1 \pmod{p}$ を組合せれば，$x = g^{(p-1)/4}$ とおけばよいことが分かる．ところで，合同式の因数分解により

$$0 \equiv x^4 - 1 \equiv (x^2 - 1)(x^2 + 1) \pmod{p}$$

を得る．これは，$(x^2 - 1)$，または $(x^2 + 1)$ が p で割り切れることを意味する．ところが，仮に前者が割り切れるとすると，原始根 g が $(p-1)/2$ の冪で既に 1 と合同になり，原始根の定義に反してしまう．よって，割り切れるのは後者であり，即ち $x^2 \equiv -1 \pmod{p}$ の解となる．

例えば，13 を法とする場合，その原始根は 2，冪は $(p-1)/4 = 3$ となるので

$$x = 2^3 = 8 \quad \Rightarrow \quad 8^2 = 64 \equiv -1 \pmod{13}$$

となる．もう一つの解は，$x^2 \equiv (x-k)^2 \pmod{k}$ より，$13 - 8 = 5$ となる．同じく，17 を法とする場合，その原始根は 3，冪は $(p-1)/4 = 4$ となるので

$$x = 3^4 = 81 \quad \Rightarrow \quad 81^2 = 6561 \equiv -1 \pmod{17}$$

となる．もう一つの解は，$17 - 13 = 4$ となる．

以上をまとめて，二次合同式 $x^2 \equiv -1 \pmod{p}$ の解の一つは

$$g^{(p-1)/4}, \quad (g \text{ は } p \text{ の原始根})$$

で与えられることが示された． ∎

● n 次合同式の解

整数係数の多項式 $f(x) = a_0 x^n + a_1 x^{n-1} + \cdots + a_n$ による合同式：

$$f(x) \equiv 0 \pmod{m}$$

を考える．各係数は，法 m に対して合同な数で置換え得る．特に，m で割り切れる係数は，結果に寄与しないので除去しておく．以上の整理を行った後に，なお $a_0 \not\equiv 0 \pmod{m}$ である場合，これを n 次の合同式と呼ぶ．この時

> 法を素数 p とする n 次合同式：
>
> $$f(x) \equiv 0 \pmod{p}$$
>
> は，「高々 n 個の解」——n 個より多くなることはない——を持つ．

証明： 一次合同式：$a_0 x + a_1 \equiv 0 \pmod{p}$, $(a_0, p) = 1$ は，唯一の解を持つ ($n = 1$ の場合に相当する)．また，二次合同式 ($n = 2$ の場合に相当する) においても，二個以上の解は持たない．以上のことは既に見てきた．

さて，a が n 次合同式の一つの解，即ち，$f(a) \equiv 0 \pmod{p}$ である時

$$(x - a) f_1(x) \equiv 0 \pmod{p}$$

が成り立つ——ここで $f_1(x)$ は恒等変形：

$$\begin{aligned} f_1(x) &= \frac{f(x) - f(a)}{x - a} \\ &= \frac{a_0(x^n - a^n) + a_1(x^{n-1} - a^{n-1}) + \cdots + a_{n-1}(x - a)}{x - a} \\ &= \left[a_0(x^{n-1} + a x^{n-2} + \cdots + a^{n-1}) + a_1(x^{n-2} + \cdots) + \cdots + a_{n-1} \right] \end{aligned}$$

により定まる最高次の項を $a_0 x^{n-1}$ とする $n - 1$ 次の多項式である．

よって $f(x)$，即ち $f(x) = (x - a) f_1(x) + f(a)$ における $x \equiv a \pmod{p}$ 以外の解は，$n - 1$ 次合同式：$f_1(x) \equiv 0 \pmod{p}$ の解である．この結果を受け，$f_1(x)$ を $f(x)$ と読み替えることによって，恒等変形の連鎖を $n = 1$ に至るまで続けることが出来る．加えて，$n = 1$ においては既に唯一の解を持つことが示されているので，数学的帰納法が成立し，定理が証明される． ■

● **原始根の判定方法**

> 素数 p に対して，$p-1$ が k 個の異なる素数 p_i により，標準分解：
> $$p - 1 = p_1^{e_1} p_2^{e_2} \cdots p_k^{e_k}, \qquad n_i = (p-1)/p_i$$
> されるとする——ここで，定義した k 個の定数 n_i は，明らかに全ての i に対して関係：$n_i < (p-1)$ を充たす．n_i を具体的に書けば
> $$\begin{aligned} n_1 &= p_1^{e_1-1} p_2^{e_2} \cdots p_k^{e_k}, \\ n_2 &= p_1^{e_1} p_2^{e_2-1} \cdots p_k^{e_k}, \\ &\vdots \\ n_k &= p_1^{e_1} p_2^{e_2} \cdots p_k^{e_k-1} \end{aligned}$$
> である．この時，整数 a が法 p における原始根であれば
> $$\begin{aligned} a^{n_1} &\not\equiv 1 \pmod{p}, \\ a^{n_2} &\not\equiv 1 \pmod{p}, \\ &\vdots \\ a^{n_k} &\not\equiv 1 \pmod{p} \end{aligned}$$
> が同時に成立し，逆にこの関係が成立すれば，a は原始根である．

証明: a が原始根であれば，k 個の合同式を充たすことは，原始根の定義そのものである．そこで以下に，この逆が成立することを示す．即ち，これらの合同式が充たされる時に，a が原始根になることを明らかにする．

先ず，a の位数を s とすると

$$a^s \equiv 1 \pmod{p}$$

であり，s は $(p-1)$ の約数となる．これは，$s \leq (p-1)$ を意味しているが，等号が成立すれば a は原始根であるから，不等号 $s < (p-1)$ が成立するか否かを検証すればよい．不等号成立ならば，$n_i < (p-1)$ であるから，n_i が s の倍数となる $i = t$ を選ぶことが出来て，その結果

$$a^{n_t} \equiv 1 \pmod{p}$$

となる．しかし，これは前提条件に反するので不等号は選べない．従って，$s = (p-1)$ となる．これは a が原始根であることを示している． ■

● 原始根の存在証明

任意の素数 p に対して，"少なくとも一つは原始根が存在する"ことを証明する——記号は前頁「原始根の判定方法」に従う．合同式の解と，それに漏れたものとの関係から，原始根を導き出すことによって，その存在証明とする．簡略化の為に，$p-1$ が二つの素数で表される場合について示す．即ち

$$p - 1 = p_1^{e_1} p_2^{e_2}, \qquad n_i = (p-1)/p_i$$

である．ここで，$i = 1, 2$ の何れに対しても，$n_i < (p-1)$ が成立することに注意する．また，具体的に n_i を書けば，次のようになる．

$$n_1 = p_1^{e_1-1} p_2^{e_2}, \qquad n_2 = p_1^{e_1} p_2^{e_2-1}.$$

証明: この時，合同式：$x^{n_1} \equiv 1 \pmod{p}$ を考えると，これは「n 次合同式の解」の定理から，高々 n_1 個の解しか持ち得ない．加えて，$n_1 < (p-1)$ から

$$x_1^{n_1} \not\equiv 1 \pmod{p}$$

となる x_1 が存在する．そこで，さらに二つの定数：

$$m_1 = p_1^{e_1}, \qquad m_2 = p_2^{e_2}$$

を定義すると，これらは $p-1, p_1, p_2, n_1, n_2$ と関係：

$$m_1 m_2 = p - 1, \qquad n_1 = m_1 m_2 / p_1, \qquad n_2 = m_1 m_2 / p_2$$

で結ばれていることが分かる．

そこで，新たに $y_1 = x_1^{m_2}$ を定義し，さらにその m_1 乗を求めると

$$y_1^{m_1} = x_1^{m_2 m_1} = x_1^{p-1}$$

となる．これより

$$y_1^{m_1} \equiv 1 \pmod{p}$$

を得る．一方，y_1 の m_1/p_1 乗を求めると

$$y_1^{m_1/p_1} = x_1^{m_1 m_2/p_1} = x_1^{n_1}$$

8.8. 本日の配布資料・捌

となり，x_1 の設定：$x_1^{n_1} \not\equiv 1 \pmod{p}$ より

$$y_1^{m_1/p_1} \not\equiv 1 \pmod{p}$$

を得る．この式と，先に得た合同式：$y_1^{m_1} \equiv 1 \pmod{p}$ の組は，y_1 の位数が m_1 であることを示している．全く同様に

$$x_2^{n_2} \not\equiv 1 \pmod{p}$$

となる x_2 に対して，$y_2 = x_2^{m_1}$ とおけば

$$y_2^{m_2} = x_2^{m_1 m_2} = x_2^{p-1}$$

となるので

$$y_2^{m_2} \equiv 1 \pmod{p}$$

を得る．一方，y_2 の m_2/p_2 乗を求めると

$$y_2^{m_2/p_2} = x_2^{m_1 m_2/p_2} = x_2^{n_2}$$

となるので

$$y_2^{m_2/p_1} \not\equiv 1 \pmod{p}$$

を得る．これより y_2 の位数は m_2 であることが分かる．

以上の結果を用いて，$y_1 y_2$ の位数を求める．先ずは

$$(y_1 y_2)^{n_1} = y_1^{n_1} \cdot y_2^{n_1} = y_1^{n_1} \cdot (y_2^{m_2})^{m_1/p_1} \quad \Rightarrow \quad (y_1 y_2)^{n_1} \equiv y_1^{n_1} \not\equiv 1 \pmod{p}$$

である——ここで，y_2 の位数が m_2 であり，法 p において 1 と合同になることを用いた．同じ計算を冪 n_2 に対して行うと

$$(y_1 y_2)^{n_2} = y_1^{n_2} \cdot y_2^{n_2} = (y_1^{m_1})^{m_2/p_2} \cdot y_2^{n_2} \quad \Rightarrow \quad (y_1 y_2)^{n_2} \equiv y_2^{n_2} \not\equiv 1 \pmod{p}$$

を得る．そして，最後に

$$(y_1 y_2)^{m_1 m_2} = (y_1 y_2)^{p-1} \equiv 1 \pmod{p}$$

を含む三式をまとめて，$y_1 y_2$ の位数が $p-1$ であること，即ち，原始根 $y_1 y_2$ の存在が示された．以上より，任意の素数 p に対して原始根が存在すること——その個数はオイラーの函数で与えられる——が証明された． ■

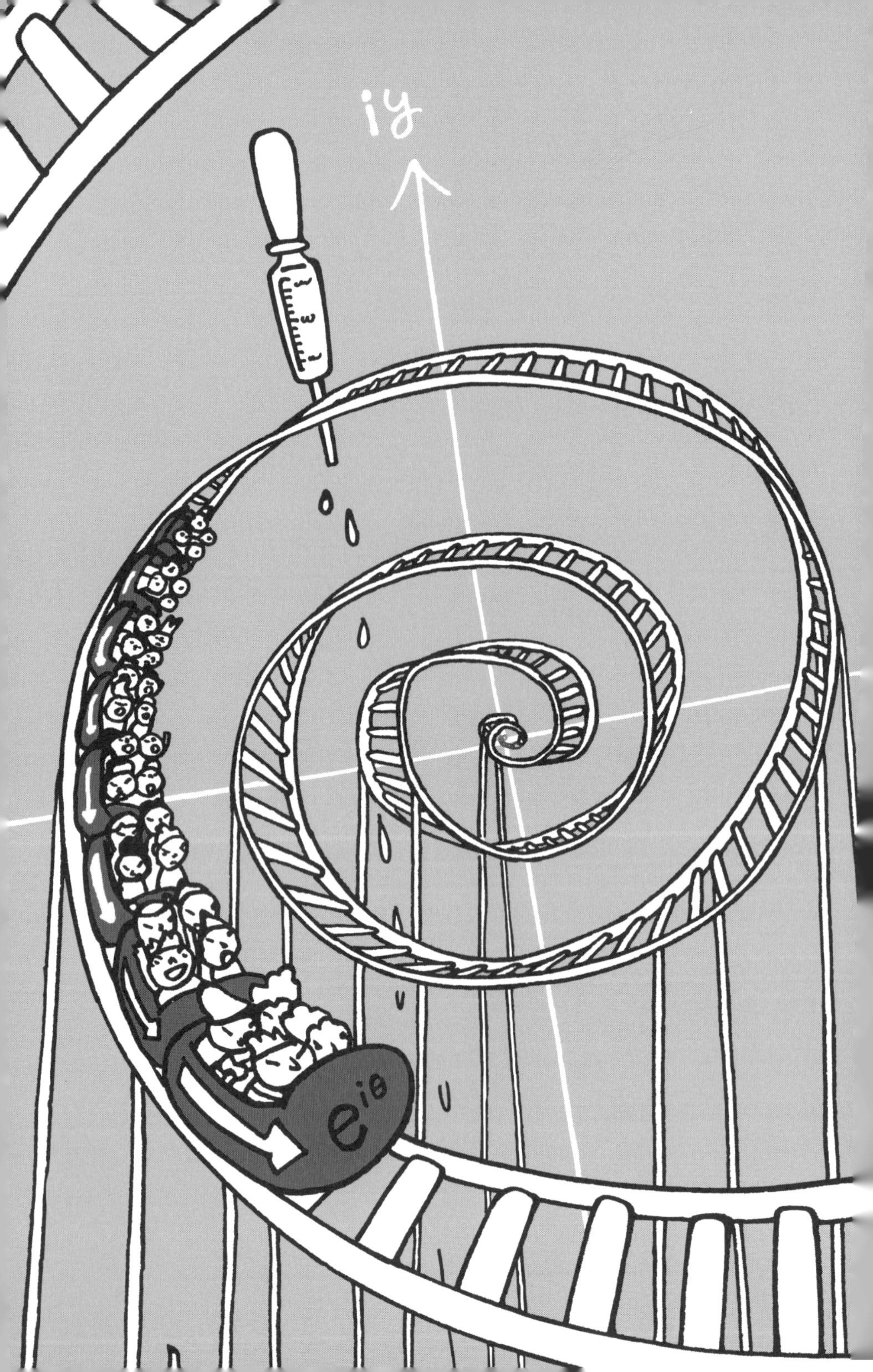
iy
e^{iθ}

第9夜　　　　　　　♪♪♪　素数はめぐる

　素数を手掛かりにはじめました数拡張の旅路を辿る講演も，いよいよ今夜が最終夜となりました．お楽しみ頂けましたでしょうか．さて，今宵は最後に相応しく，再び素数をメインテーマとして取り上げます．

　昨晩もお話しましたように，複素数を考察の対象にすれば，すべての代数方程式が解を持つこと，しかもそれ以上"数の拡張"は必要ないことが分かりました．この意味からも，色々な考え方を複素数の範囲にまで拡張しておくことは大切なことです．そこで素数を，複素数の範囲にまで拡げます．考察する対象は，**ガウス素数**と呼ばれる"二次元の素数"です．

　複素数は，平面上の点との対応関係を考えることにより，幾何学的な考察の対象となります．皆さんは，この平面上に分布する素数の集団に，実数だけの世界にはない美しい幾何学模様を，見出されることでしょう．この拡張こそが，数学の一大分野である**代数的整数論**の扉を開くものなのです．

　そして講演終了後に，暗号作成とその解読の方法を巡る"寸劇"を見て頂きます．謎の研究所とその主，そしてその研究所を調査に訪れた諜報部員との珍妙な物語です．ここでも主役は素数です．その脇をロケットが固めています．

　今や巨大な素数を素因数分解できるか否かで，世界の景色が一変するような大事件が起こる可能性さえあるのです．情報化の時代であり，プライバシーの保護が叫ばれる現代は，日常的に暗号を必要とする時代です．ドライマティニを好み，抜群の運動神経と知能を持った色男がスパイの代名詞である時代は終りました．二十一世紀は，素数を操る者こそが情報を制するのです．

　最終夜，それでははじめましょう．

9.1 ガウスの絨毯

ガウスは整数論の研究をさらに深めるためには，整数と同じような性質を持ったもっと広い対象に，整数の概念を拡張する必要がある，と感じました．

そこで，ガウスは"通常の整数" a, b を用いて

$$\boxed{a + b\mathrm{i}}$$

を考えました．これは今日，**複素整数**あるいは**ガウス整数**と呼ばれています．ここで，i は虚数単位です．ガウス整数は，二次の係数が 1 である代数方程式：

$$x^2 - 2ax + (a^2 + b^2) = 0$$

の根ですから，**代数的整数**ということになります．

二つのガウス整数 $(a + b\mathrm{i})$, $(c + d\mathrm{i})$ に対して，その加減と積は

$$(a + b\mathrm{i}) \pm (c + d\mathrm{i}) = (a \pm c) + (b \pm d)\mathrm{i},$$
$$(a + b\mathrm{i})(c + d\mathrm{i}) = (ac - bd) + (ad + bc)\mathrm{i}$$

となり，やはりガウス整数になります．商は

$$\frac{a + b\mathrm{i}}{c + d\mathrm{i}} = \frac{ac + bd}{c^2 + d^2} + \frac{-ad + bc}{c^2 + d^2}\mathrm{i}$$

となり，一般にはガウス整数になりません．これも整数同士の割り算が，必ずしも整数にならないのと同じです．

1 の約数のことを**単数**(たんすう)と呼びます．通常の整数の範囲では ± 1 だけですが，ガウス整数の範囲においては

$$\frac{1}{\pm \mathrm{i}} = \mp \mathrm{i}$$

より，虚数 $\pm \mathrm{i}$ がその仲間に入ります．よって，単数 ± 1, $\pm \mathrm{i}$ は

$$\frac{a + b\mathrm{i}}{\pm 1} = \pm(a + b\mathrm{i}), \qquad \frac{a + b\mathrm{i}}{\pm \mathrm{i}} = \mp(-b + a\mathrm{i})$$

より，すべてのガウス整数を割り切ります．ガウス整数における単数は上記した四つだけです．このような単数の掛け算により生じる数を**同伴数**(どうはんすう)と呼び，乗除においては同じ一つの数として扱います．

また，共軛なガウス整数の積：

$$(a+b\mathrm{i})(a-b\mathrm{i}) = a^2+b^2$$

をガウス整数の**ノルム**といいます．

さて，ちょっと懐かしいところで，この講演のはじめに紹介しました，素因数分解と素数のことを思い出して下さい．そのとき，素数はすべての自然数の構成要素である，と申し上げました．そして，唯一の偶数の素数は 2 であって，他の素数はすべて奇数であることなどをお話しました．ところが，今定義しましたガウス整数を用いますと，面白い現象が生じます．例えば素数 2 は

$$2 = (1+\mathrm{i})(1-\mathrm{i})$$

というようにガウス整数の積の形に分解できてしまうのです．そこで，複素数を考えることですべての二次式が因数分解できたように，ガウス整数による自然数の素因数分解を導入しましょう．

先に述べましたように，2 を除くすべての素数は奇数です．また，第 4 夜 4.8 (p.118) でも紹介しましたように，4 で割った余りで二つのグループに分割できました．実際にやってみましょう．100 までの奇素数に限定すれば

3, 5, 7, 11, 13, 17, 19, 23, 29, 31, 37, 41, 43,
47, 53, 59, 61, 67, 71, 73, 79, 83, 89, 97

の二十四個です．これらは

$$\left.\begin{array}{lll} 5 = 4\times 1+1, & 13 = 4\times 3+1, & 17 = 4\times 4+1, \\ 29 = 4\times 7+1, & 37 = 4\times 9+1, & 41 = 4\times 10+1, \\ 53 = 4\times 13+1, & 61 = 4\times 15+1, & 73 = 4\times 18+1, \\ 89 = 4\times 22+1, & 97 = 4\times 24+1 & \end{array}\right\} \mathcal{P}_{4n+1}$$

$$\left.\begin{array}{lll} 3 = 4\times 0+3, & 7 = 4\times 1+3, & 11 = 4\times 2+3, \\ 19 = 4\times 4+3, & 23 = 4\times 5+3, & 31 = 4\times 7+3, \\ 43 = 4\times 10+3, & 47 = 4\times 11+3, & 59 = 4\times 14+3, \\ 67 = 4\times 16+3, & 71 = 4\times 17+3, & 79 = 4\times 19+3, \\ 83 = 4\times 20+3 & & \end{array}\right\} \mathcal{P}_{4n+3}$$

のように，その剰余が 1 と，3 である二つのタイプに分割できました．

そして，$\mathcal{P}_{4n+1}$ 型の素数は，平方和の形 $A^2 + B^2$ に表すことができました．一般的にこのことを証明するのは少し面倒ですが，その逆，即ち平方和が $(4n+1)$ 型の奇数になることは容易に示せます．自然数 u, v に対して偶数の平方和は

$$x^2 + y^2 = (2u)^2 + (2v)^2 = 4(u^2 + v^2)$$

であり，偶数になります．また，奇数と奇数の和は偶数になるので，偶・奇の組合せだけが問題になります．そこで $x = 2u, y = (2v+1)$ とおくと

$$x^2 + y^2 = (2u)^2 + (2v+1)^2 = 4(u^2 + v^2 + v) + 1$$

より，確かに $4n + 1$ の形式になるからです——詳細は配布資料を御覧下さい．

よって，これらはガウス整数を用いた分解：

$$A^2 + B^2 = (A + B\mathrm{i})(A - B\mathrm{i}) \quad \Leftarrow \quad \text{ガウス整数の積}$$

が可能となります．即ち，$\mathcal{P}_{4n+1}$ 型の素数は，ガウス整数の範囲では，もはや「素数」ではなく，分解できる合成数なのです．

これも具体的にやってみましょう．

$$\begin{aligned}
5 &= 1^2 + 2^2 = (1 + 2\mathrm{i})(1 - 2\mathrm{i}), & 13 &= 2^2 + 3^2 = (2 + 3\mathrm{i})(2 - 3\mathrm{i}), \\
17 &= 1^2 + 4^2 = (1 + 4\mathrm{i})(1 - 4\mathrm{i}), & 29 &= 2^2 + 5^2 = (2 + 5\mathrm{i})(2 - 5\mathrm{i}), \\
37 &= 1^2 + 6^2 = (1 + 6\mathrm{i})(1 - 6\mathrm{i}), & 41 &= 4^2 + 5^2 = (4 + 5\mathrm{i})(4 - 5\mathrm{i}), \\
53 &= 2^2 + 7^2 = (2 + 7\mathrm{i})(2 - 7\mathrm{i}), & 61 &= 5^2 + 6^2 = (5 + 6\mathrm{i})(5 - 6\mathrm{i}), \\
73 &= 3^2 + 8^2 = (3 + 8\mathrm{i})(3 - 8\mathrm{i}), & 89 &= 5^2 + 8^2 = (5 + 8\mathrm{i})(5 - 8\mathrm{i}), \\
97 &= 4^2 + 9^2 = (4 + 9\mathrm{i})(4 - 9\mathrm{i}).
\end{aligned}$$

これらの右辺に登場した，例えば $(1 + 2\mathrm{i})$ 及び，その同伴数：

$$-1 - 2\mathrm{i}, \quad -2 + \mathrm{i}, \quad 2 - \mathrm{i}$$

は，ガウス整数の範囲においても分解不可能な数であり，**ガウス素数**と呼ばれています．同様に

$$2 \pm 3\mathrm{i}, \quad 1 \pm 4\mathrm{i}, \quad 2 \pm 5\mathrm{i}, \quad 1 \pm 6\mathrm{i}, \ldots$$

とその同伴数などもガウス素数です．一般にそのノルム，即ち $a^2 + b^2$ が通常の素数となる数は，ガウス素数となることが知られています．

9.1. ガウスの絨毯

また，ガウス整数 $1+3i$ などは

$$1 + 3i = (1+i)(2+i)$$

とガウス素数の積に，同伴数を除いて**唯一通りに**素因数分解されます．

一方，$\mathcal{P}_{4n+3}$ 型の素数：

$$3,\ 7,\ 11,\ 19,\ 23,\ 31,\ 43,\ 47,\ 59,\ 67,\ 71,\ 79,\ 83$$

は，それ自身がすでにガウス整数の範囲でも分解不可能であり，ガウス素数となります．右図は，原点附近の単数を◎，ガウス素数を■，それ以外を□で表したものです．調べる数値の範囲を，もう少し大きく取って描きますと，次に示しますような素晴らしい幾何学模様が現れます．皆さんも絨毯の模様に如何ですか．

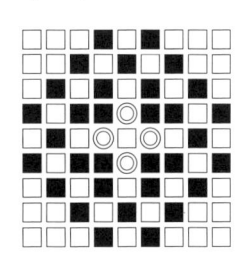

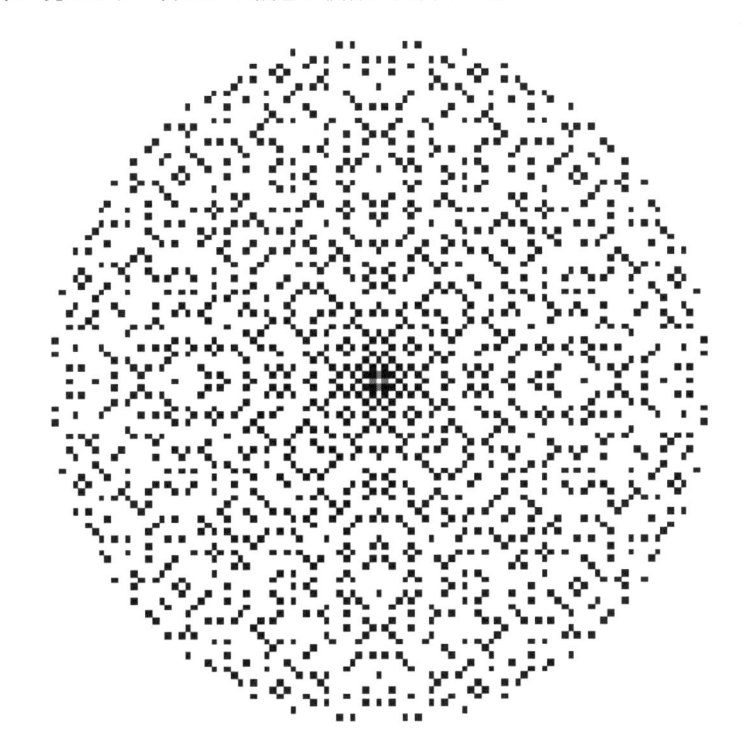

もし，お客様が「この美しい絨毯は誰の作品ですか？」と訊ねられたら，すかさずこう答えて下さい．「**はい，十八世紀の巨匠ガウスの作品です**」と．

9.2 アイゼンシュタインの蜂の巣

ガウスは,二つの整数 a, b と虚数単位 i を組合せて,ガウス整数 $a + bi$ を定義し,そこには拡張された整数の美しい世界があることを見せてくれました.

それに対して,ガウスの弟子であり,若くして亡くなった**アイゼンシュタイン**は,i の代わりに 1 の三乗根:

$$\omega = \frac{-1 + \sqrt{3}\,i}{2}, \qquad \omega^2 + \omega + 1 = 0$$

を用いて,以下に示すさらに新しい形の整数を作りました.

$$\boxed{a + b\omega}$$

ここで,a, b は通常の整数です.これも二次の係数が 1 である代数方程式:

$$x^2 - (2a - b)x + (a^2 - ab + b^2) = 0$$

の根ですから,**代数的整数**です.これを**アイゼンシュタイン整数**と呼びます.

この数の四則を確かめておきましょう.先ず,加減は

$$(a + b\omega) \pm (c + d\omega) = (a \pm c) + (b \pm d)\omega$$

となります.乗法は

$$\begin{aligned}(a + b\omega)(c + d\omega) &= ac + (bc + ad)\omega + bd\omega^2 \\ &= ac + (bc + ad)\omega - bd(\omega + 1) \\ &= (ac - bd) + (bc + ad - bd)\omega\end{aligned}$$

より,やはりアイゼンシュタイン整数となります.

除法は,分子分母に $(c + d\omega^*)$ を掛けて

$$\frac{a + b\omega}{c + d\omega} = \frac{(a + b\omega)(c + d\omega^*)}{(c + d\omega)(c + d\omega^*)} = \frac{ac + bc\omega + ad\omega^* + bd\omega\omega^*}{c^2 + cd(\omega + \omega^*) + d^2\omega\omega^*}.$$

ここで,ω とその共軛数との関係:

$$\omega + \omega^* = -1, \qquad \omega\omega^* = 1$$

を用いますと

$$\frac{a + b\omega}{c + d\omega} = \frac{ac - ad + bd + (bc - ad)\omega}{c^2 - cd + d^2}$$

9.2. アイゼンシュタインの蜂の巣

となり，これまでの例と同様に，分子が分母で割り切れない限りは，アイゼンシュタイン整数にはなりません．

次に，アイゼンシュタイン整数 $(x + y\omega)$ の単数を求めましょう．この場合，ノルムが 1 となる条件は

$$(x + y\omega)(x + y\omega^*) = x^2 - xy + y^2 = 1$$

となります．上式を

$$4 = 4(x^2 - xy + y^2) = (2x - y)^2 + 3y^2$$

と変形し，条件を満足する整数値 x, y を探しますと

$$x = 0, \ y = \pm 1, \quad \text{または，} \quad x = \pm 1, \ y = \pm 1.$$

即ち，$\pm\omega$, $\pm(1 + \omega) = \mp\omega^2$ を得ます．よって，**アイゼンシュタイン整数における単数**は

$$\boxed{1, \ -1, \ \omega, \ -\omega, \ \omega^2, \ -\omega^2}$$

の六つということになります．これらは 1 の六乗根として御馴染みですね．ガウス整数は，複素平面を格子状に分割し，その頂点に位置していたわけですが，アイゼンシュタインの整数は，複素平面を ω に従って斜めに分割します．

さて，法を 3 に取った $p \equiv 1 \pmod{3}$ となる通常の素数：

$$\left.\begin{array}{llll} 7 = 3 \times 2 + 1, & 37 = 3 \times 12 + 1, & 73 = 3 \times 24 + 1, \\ 13 = 3 \times 4 + 1, & 43 = 3 \times 14 + 1, & 79 = 3 \times 26 + 1, \\ 19 = 3 \times 6 + 1, & 61 = 3 \times 20 + 1, & 97 = 3 \times 32 + 1 \\ 31 = 3 \times 10 + 1, & 67 = 3 \times 22 + 1, & \end{array}\right\} \equiv 1 \pmod{3}$$

は，アイゼンシュタイン整数に，単数倍を除いて唯一通りに分解されます．

$$\begin{array}{lll} 7 = (3 + \omega)(2 - \omega), & 37 = (7 + 3\omega)(4 - 3\omega), & 73 = (9 + \omega)(8 - \omega), \\ 13 = (4 + \omega)(3 - \omega), & 43 = (7 + \omega)(6 - \omega), & 79 = (10 + 3\omega)(7 - 3\omega), \\ 19 = (5 + 2\omega)(3 - 2\omega), & 61 = (9 + 4\omega)(5 - 4\omega), & 97 = (11 + 3\omega)(8 - 3\omega). \\ 31 = (6 + \omega)(5 - \omega), & 67 = (9 + 2\omega)(7 - 2\omega), & \end{array}$$

また，$p \equiv 2 \pmod{3}$ となる素数は分解できないことが知られており，これ

はアイゼンシュタイン素数と呼ばれています.

$$\left.\begin{array}{lll} 5 = 3 \times 1 + 2, & 29 = 3 \times 9 + 2, & 59 = 3 \times 19 + 2, \\ 11 = 3 \times 3 + 2, & 41 = 3 \times 13 + 2, & 71 = 3 \times 23 + 2, \\ 17 = 3 \times 5 + 2, & 47 = 3 \times 15 + 2, & 83 = 3 \times 27 + 2, \\ 23 = 3 \times 7 + 2, & 53 = 3 \times 17 + 2, & 89 = 3 \times 29 + 2 \end{array}\right\} \equiv 2 \pmod{3}$$

原点附近のアイゼンシュタイン整数に対して，単数を◎，アイゼンシュタイン素数になるものを●，それ以外を○で表して，図にしてみましょう．

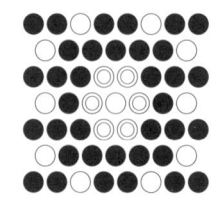

ガウス整数は虚数単位 i，即ち，$\sqrt{-1}$ を利用して，整数概念の拡張をはかったものでした．一方，アイゼンシュタイン整数は，1 の三乗根 ω，言い換えれば $\sqrt{-3}$ を取り込んで同様の拡張を試みたものなのです．

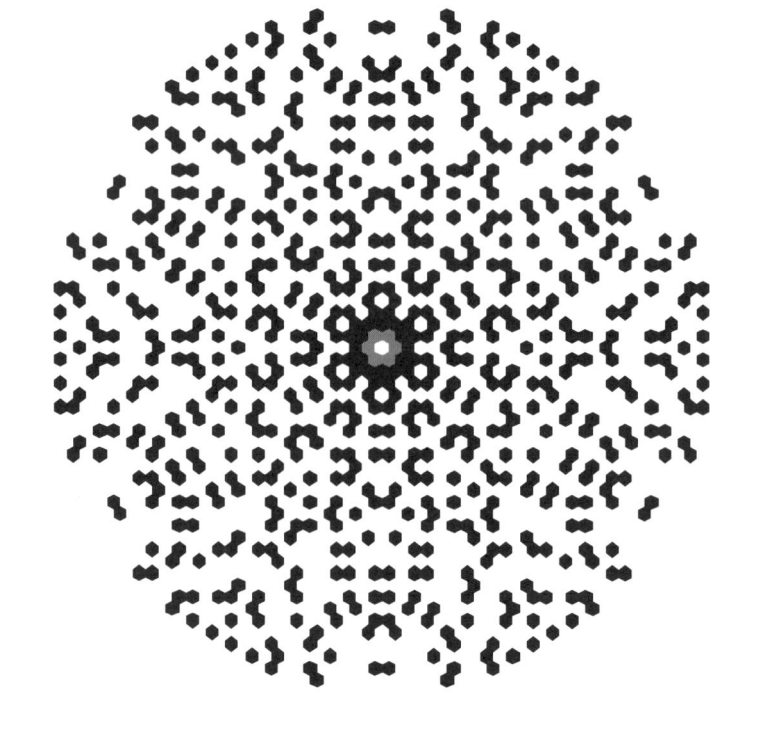

9.2. アイゼンシュタインの蜂の巣

これらの考察をさらに広げて,平方因子を含まない数 m を用いて

$$\boxed{a + b\sqrt{m}}$$

を考え,整数を拡張することが可能となります.こうしておいて,ガウス整数は $m = -1$ の場合,アイゼンシュタイン整数は $m = -3$ の場合,と考えるわけです.実際,これらの数の四則計算を考えますと

$$(a + b\sqrt{m}) \pm (c + d\sqrt{m}) = (a \pm c) + (b \pm d)\sqrt{m},$$
$$(a + b\sqrt{m})(c + d\sqrt{m}) = (ac + bdm) + (ad + bc)\sqrt{m},$$
$$\frac{a + b\sqrt{m}}{c + d\sqrt{m}} = \frac{ac - bdm}{c^2 - md^2} + \frac{-ad + bc}{c^2 - md^2}\sqrt{m}$$

となり,この拡張が数の計算として一定の意味を持つことが分かります.

しかし,例えば $m = -5$ の場合,即ち $a + b\sqrt{-5}$, $(a, b$ は通常の整数$)$ を具体的に計算してみますと

$$6 = 2 \times 3 \qquad\qquad 21 = 3 \times 7$$
$$= (1 + \sqrt{-5})(1 - \sqrt{-5}), \qquad = (1 + 2\sqrt{-5})(1 - 2\sqrt{-5})$$
$$= (4 + \sqrt{-5})(4 - \sqrt{-5})$$

などと分解されます.ところが,ここに登場した数

$$2, \quad 3, \quad (1 \pm \sqrt{-5}), \quad (1 \pm 2\sqrt{-5}), \quad (4 \pm \sqrt{-5})$$

はこの数体系では,すべて素数と見なされる分解不可能な数であり,その結果 **素因数分解の一意性** が崩れることになります.素因数分解においては,**分解の一意性** こそが最も重要な資質であって,これが崩れるとその後の発展が閉ざされてしまいます.従いまして,$\sqrt{-5}$ を用いた整数の拡張は,非常な困難を伴うものとなります.この欠陥を取り除き,さらに思考を飛翔させ"理想"を追求するために,多くの数学者の偉大な努力がありました.

ここから先は,面白くて難しくて,人を捉えて離さない **数学の魔界** です.皆さん,どうされますか? これらの話に興味を持たれた方は,既にもう境界を越えられたのかもしれません.**女王は誘惑だけするのです.**

御静聴,ありがとうございました.引き続き,映像を御覧頂きます.配布資料をお持ちの上,隣の「2D4U アナログ平面シアター」まで移動して下さい.

9.3 本日の配布資料・玖

● 無限降下法

無限降下法(infinite descent) とは，フェルマーの手になる数学的帰納法の一種であり，フェルマー自身も「私の方法」と呼んで，特に愛用したものである．

それは「自然数を係数とする問題」において，ある枠組を作り，その同じ枠組が「より小さな係数においても成り立つことを示す」ことが前段となる．しかし，この仮定は係数が自然数であることから，"底打ち"があり必ず破綻する．枠組が順次小さくなっていくその様子を"無限降下"と描写して，その否なることを示す帰謬法である．即ち，その実態は"有限降下法"である．

例:「2の平方根」を二つの自然数 m_0, n_0 により

$$\sqrt{2} = \frac{m_0}{n_0}$$

と表せると仮定する．両辺を平方して整理すると，$2n_0^2 = m_0^2$ となるが，これは m_0 が偶数であることを示している．そこで，自然数 m_1 により $m_0 = 2m_1$ と書き直して代入すると，今度は $n_0^2 = 2m_1^2$ となり，n_0 が偶数であることが示される．よって同様に，自然数 n_1 により，$n_0 = 2n_1$ と書き直し代入して

$$\sqrt{2} = \frac{m_1}{n_1}$$

を得る．ここで，$m_1 < m_0, n_1 < n_0$ であり，より小さな係数で平方根が表記出来たことになる．この作業は"無限に続けられる"が，それは自然数に"底"があることと矛盾する．よって，仮定「$\sqrt{2}$ は有理数である」は誤りである．∎

この無限降下法を用いて「$\mathcal{P}_{4n+1}$ **は二つの平方数の和で表せる**」を証明する．

証明: 対象とする素数 p は，$\mathcal{P}_{4n+1}$ 型の奇素数であり

$$p \equiv 1 \pmod{4}, \qquad \left(\frac{-1}{p}\right) = 1$$

が成り立つ．即ち，$t^2 \equiv -1 \pmod{p}$ は解を持つ．

9.3. 本日の配布資料・玖

これに対して $p = x^2 + y^2$ を示すことが目的である．証明の手順は

$$(x_0^2 + y_0^2) = k_0 p,$$
$$(x_1^2 + y_1^2) = k_1 p,$$
$$(x_2^2 + y_2^2) = k_2 p,$$
$$\vdots$$

という全く同質の枠組が構成出来ること，しかしながら，そこで最小の係数として仮定した k_0 に対して，より小さな減少する係数の列 k_i が附随すること，この二点の矛盾から係数は1に等しいことを示す．

先ず，$t^2 \equiv -1 \pmod{p}$ の解を，x_0 として採用し，同時に $y_0 = 1$ とおくと

$$x_0^2 + 1 \equiv 0 \pmod{p} \Rightarrow x_0^2 + y_0^2 \equiv 0 \pmod{p} \Rightarrow x_0^2 + y_0^2 = k_0 p$$

と書換えられる．係数 k_0 は，等式を充たす最小の正数であると仮定する——$k_0 = 1$ ならば，所望の結果が示されたことになる．

そこで，係数が1でない場合に議論を進める．先ず，一般性を失うことなく，x_0 の範囲を $1 \leq x_0 \leq (p-1)$ に制限することが出来る．この時，k_0 の上限は

$$k_0 = \frac{x_0^2 + 1}{p} \leq \frac{(p-1)^2 + 1}{p} = p - \frac{2(p-1)}{p} < p$$

で抑えられる．そこで，$1 < k_0 < p$ と仮定する．即ち，$(k_0, p) = 1$ である．なお，k_0 は x_0, y_0 の約数でもない．何故なら，$k_0 \mid x_0, k_0 \mid y_0$ ならば

$$x_0^2 + y_0^2 = k_0 p \Rightarrow k_0^2 \mid k_0 p$$

となって，k_0 が p の約数になるからである．以上で，"降下" の準備が整った．

$$x_0^2 + y_0^2 = k_0 p, \quad (x_0, p) = (y_0, p) = 1, \quad (1 < k_0 < p).$$

続いて，以上の枠組を踏襲(とうしゅう)するように，"降下第一段" を設定する．先ずは

$$r_x \equiv x_0 \pmod{k_0}, \quad r_y \equiv y_0 \pmod{k_0}, \quad |r_x| \leq \frac{k_0}{2}, \quad |r_y| \leq \frac{k_0}{2}$$

に従って，新変数 r_x, r_y を定義する．これらは係数 c_x, c_y により

$$r_x = x_0 - c_x k_0, \quad r_y = y_0 - c_y k_0$$

と書換えることが出来る．この二式の平方和を作ると

$$\begin{aligned} r_x^2 + r_y^2 &= (x_0 - c_x k_0)^2 + (y_0 - c_y k_0)^2 \\ &= (x_0^2 + y_0^2) + k_0^2(c_x^2 + c_y^2) - 2k_0(c_x x_0 + c_y y_0) \\ &= k_0 p + k_0^2(c_x^2 + c_y^2) - 2k_0(c_x x_0 + c_y y_0) \end{aligned}$$

となる——ここで，$x_0^2 + y_0^2 = k_0 p$ を用いた．従って

$$r_x^2 + r_y^2 \equiv 0 \pmod{k_0}$$

を得る．ここで，左辺の値の範囲を，r_x, r_y の範囲より導けば

$$0 < r_x^2 + r_y^2 \leq 2\left(\frac{k_0}{2}\right)^2 < k_0^2$$

となるが，これは k_0 より小さい k_1 が存在して

$$r_x^2 + r_y^2 = k_0 k_1, \quad (0 < k_1 < k_0)$$

と表せることを意味している．そこで比較すべき二つの式：

$$x_0^2 + y_0^2 = k_0 p, \qquad r_x^2 + r_y^2 = k_0 k_1$$

の辺々を掛け，さらに"積を和に変える"恒等式：

$$(A^2 + B^2)(\xi^2 + \eta^2) = (A\xi + B\eta)^2 + (B\xi - A\eta)^2$$

を利用して，以下の式を得る．

$$(x_0^2 + y_0^2)(r_x^2 + r_y^2) = k_0^2 k_1 p = (x_0 r_x + y_0 r_y)^2 + (y_0 r_x - x_0 r_y)^2.$$

右辺は再び二乗和になっている．この二項に対して，先に示した関係：$r_x = x_0 - c_x k_0, r_y = y_0 - c_y k_0$ を代入・整理して，新変数 x_1, y_1 の定義：

$$x_0 r_x + y_0 r_y = (x_0^2 + y_0^2) - k_0(c_x x_0 + c_y y_0) = k_0 p - k_0(c_x x_0 + c_y y_0) = k_0 x_1,$$
$$y_0 r_x - x_0 r_y = k_0(c_y x_0 - c_x y_0) = k_0 y_1$$

とする．これらを用いて，恒等式より導かれた関係は

$$k_0^2 k_1 p = k_0^2 x_1^2 + k_0^2 y_1^2 \quad \Rightarrow \quad x_1^2 + y_1^2 = k_1 p$$

と簡潔にまとめられる．以上から，より小さい係数 k_1 を持つ同じ枠組が構成出来たことが分かる——しかも，この計算は希望するだけ繰り返すことが出来て，係数の減少は留まらない．従って，k_0 は最小の係数ではない．

そこで，$k_1 = 0$ と仮定すると，以下の連鎖が始まる．

$$\begin{aligned} r_x^2 + r_y^2 = 0 &\Rightarrow r_x = 0, \ r_y = 0 \\ &\Rightarrow x_0 \equiv 0 \ (\mathrm{mod.}\ k_0), \ y_0 \equiv 0 \ (\mathrm{mod.}\ k_0) \\ &\Rightarrow x_0^2 + y_0^2 \equiv 0 \ (\mathrm{mod.}\ k_0^2) \\ &\Rightarrow k_0 p \equiv 0 \ (\mathrm{mod.}\ k_0^2) \\ &\Rightarrow p \equiv 0 \ (\mathrm{mod.}\ k_0) \end{aligned}$$

最後の関係は，$k_0 < p$ より不可能である．従って，$k_0 = 1$ であるか，$k_1 \neq 0$ の何れかである．しかし，この議論は次の係数 k_2 においても繰り返されて，$k_1 = 1$ を要求される．よって，係数は必ず 1 になることが示された．

即ち，$\mathcal{P}_{4n+1}$ 型の素数は，二乗和の形式に分解出来ることが証明された．■

この証明は，そのまま具体的な計算処方を与えている点で優れている．

例えば，奇素数 $p = 13$ の場合を考えよう．初期値として，$x_0 = 8, y_0 = 1$ を選べば，$8^2 + 1^2 = 65 = 5 \times 13$ より，$k_0 = 5$ と定まる．続いて

$$8 \equiv -2 \ (\mathrm{mod.}\ 5), \quad 1 \equiv 1 \ (\mathrm{mod.}\ 5) \quad \Rightarrow \quad r_x = -2, \ r_y = 1$$

より，$r_x^2 + r_y^2 = 5 = 1 \times 5$ となるので，$k_1 = 1$．以上を恒等式に代入して

$$(8^2 + 1^2)((-2)^2 + 1^2) = 5^2 \times 1 \times 13 = (8 \times (-2) + 1 \times 1)^2 + (1 \times (-2) - 8 \times 1)^2.$$

全体を 5^2 で除して，結論：$3^2 + 2^2 = 13$ を得る．

初期値 x_0, y_0 は，一般的には，先ず p の原始根 g を求め，$x_0 = g^{(p-1)/4}, y_0 = 1$ として設定する．例えば，$p = 29$ の場合ならば，原始根は 2 であるので

$$x_0 = 2^7 = 128, y_0 = 1, \quad 128^2 + 1^2 = 16385 = 565 \times 29$$

より，$k_0 = 565$ として計算を始める．

9.4 エピローグ：公開された暗号

　国家機密とは何か．企業秘密とは何か．
　個人の小さな研究が社外秘になり，そして遂には国家機密になる．最新の研究成果が派手に宣伝される．かと思えば突如としてその消息が途絶える．それが"合図"である．隠す方も，それを探る方も，秘密また秘密の応酬である．

9.4.1 哀しみのスパイ

　任務は虚無である．成功しても得るものはない．すべては秘密を守るためである．大仕事の翌朝は気怠い．次の指令は，朝刊に挟まれた広告の中にある．ラフマニノフの写真，そして安売りビラの一番下に，公認の証明番号が小さく書いてある．こんなものを読む暇人は一人もいない．そこが狙いだ．

$$\boxed{6886359282883579767872}$$

慎重を期し，アスキーコード表：

空	...	.	/	0	1	2	...	A	B	C	...	Z	[	¥
32	...	46	47	48	49	50	...	65	66	67	...	90	91	92

を見ながら解読する．キーワードは"ラフマニノフ三番"か．ずらしキーは3だ．各文字を三文字ずつずらして読めばいい．全く単純な**シーザー暗号**だ．

```
 #  A  B  C  D  E  F  G  H  I  J  K  L  ...
 ↓  ↓  ↓  ↓  ↓  ↓  ↓  ↓  ↓  ↓  ↓  ↓  ↓
 空  X  Y  Z  A  B  C  D  E  F  G  H  I  ...
```

空白も疎かにはできない．昔，敵軍の進入に際し，空白を入れ間違えて

$$NOW\ HERE \quad \Rightarrow \quad NO\ WHERE$$

なんて打電した奴がいたらしい．恐ろしいことだ．こんな単純な暗号なんてもう誰も使わないだろう，と思わせるところがポイントだ．

$$\boxed{As\ You\ Like}$$

　「本部に出頭せよ」か，なるほど．そういえばある研究所が次の監視ターゲットになるという噂を聞いた．また，"この名刺"を使えということか？

9.4.2 ようこそ独学研究所へ

　研究所とは名ばかりのある建物にやってきた．「色々と教えて貰え」という上からの指示であった．確かに法務関係を中心にやってきたから，物理や数学に疎いことは認めるが，さて"民間人記者"としては何から探りを入れるべきか．まあ，あまり芝居をすることもない，本当に知らない分野だからな．

マンションの玄関口に立った．確かにそれらしいプレートはある．

> Teach Yourself 研究所
> "独学とは再帰なり"

独学研究所……「TY 研」とはこの意味か．そういえば，ここの主のイニシャルも TY だったな．さて先ずは型通り，名刺交換から始めるとするか．

　　　　南東京新聞・学芸部……　南東京……は海じゃないか．

名刺を見ながら，博士は呟いた．小さな研究が国家機密にまで発展することは……確かにある．しかし，今回のこれは……何かの間違いじゃないのか．築三十年は過ぎているであろう，うらぶれた建物内の自称研究所で講義ははじまった．学習環境に恵まれない人のために，独学による科学の修得にその生涯を賭けてきたという老研究者の話は実に明快であった．明快ではあったが……

　　　　話は聞いています．彼とは長い附合いなのでお受けしましたが，個人

情報に関してはどうか，御内密に御願いします．さて，何処からはじめましょうか．量子暗号と重力理論，この二つ，いや本当は一つかもしれませんが，それがこの研究所の主たるテーマです．勿論，それを独学する方法についてもです．こちらへどうぞ．

奥の部屋に通された．そこは完全に"オモチャ箱"であった．

　　まずは重力とは何か，を掴んで貰わねばなりません．人類が重力に本気で対抗するようになったのは，彼等が月を目指してからです．次に行けるのは何時ですかね．地球は廻転しています．廻転している，ということは静止している"誰かが居る"ということです．お分かりですか？

折り畳み椅子の上に附けられた円盤．その下のスイッチを入れると，ギーと音を立てながら盤が廻り出した．中央部の緑の円板は止まったままであった．

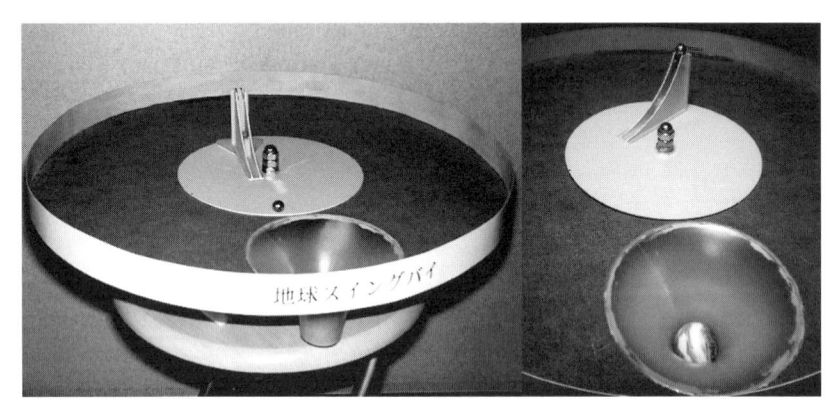

　　これは**コリオリ力**と**地球スイングバイ**の演示装置です．廻転する円板の上で，金属球を発射台から打ち出すと，まるで横から押されたかのように，球は直線軌道から逸れていきます．これがコリオリの力です．
　　噴霧器の首から上を撥ねたものを逆さに埋め込んでいますが，これが地球の重力ポテンシャルの代わりをします．中心にある地球のオモチャに向けて金属球を撃ち込むのです．特定の軌道に乗ると，球は弾き返されるように盤上に戻ってきます．失敗すれば地球重力場の虜になって落ち込んでいきます．こうした原理を利用して，探査機は地球重力場と一瞬合体し，その速度を譲り受けて加速していくのです．

9.4. エピローグ：公開された暗号

　確かに打ち出した球は真っ直ぐには進まない．地球と噴霧器の残骸は廻転しているが，発射台とその下の円板は固定されている．こちらを向いたままで動きはしない．だから，球が逸れていくのが実によく見える．昔，戦車部隊の連中が，"弾が逸れるから……"といっていたのは，このことだったのか．こんな小さな装置の中でも明らかに逸れるのだから，如何に地球の廻転が遅くとも，長い距離を移動する物体には，こうした力の影響が出るということだろう．

　　装置の裏側をお見せしましょう．単にタイヤを廻して盤を動かしているだけです．中央の軸が椅子に固定されており，その軸上に板と発射台が固定されているので，椅子に対して発射台は不動です．盤のみが廻転する仕掛けです．費用は椅子を含めて，三千円程度でしたが，なかなか上手くできたと思っています．まあ，実験の意味を理解して頂けるかは別ですが，意味は分からなくても，楽しいオモチャでしょう．

　　三方にキャスターを附けて，残りの一角に動輪を配置しているだけです．さて，いきなり宇宙空間での軌道問題に行ってしまいましたが，その前にロケットを打ち上げなければなりませんね．

　部屋には軽やかなピアノの音が響き，何処からともなく微かに呻き声が聞こえていた．人体模型やら，標本やらが並んだ理科実験室には，子供ながらに不気味さを感じたものだった．この研究室にはそうした不気味さはないが，この呻き声は一体何だろう．その答は意外そのものだった．

　　バッハはお好きですか．やはりバッハはこの"弾き語り"が最高ですよ．よく曲のテンポにも関係無しに，椅子の上で身体を揺すりながら弾

いていたなんて言われてますが，これはね，あの脚の短い椅子，ちょうどそこに写真があるでしょう．あの椅子の固有振動数に合わせて，身体を動かしていたんですよ．それが彼には大変心地よかったんだと思いますね．だからあんなにも声が出るんですよ．歓喜の声がね．どうです，この天翔る低音部の動き，やはりバッハには左利きが……

あれは"弾き語り"だったのか．カザルスの呼吸音も凄いと思ったが，バッハ弾きには多いのだろうか，"弾き語り"が．

ロケットの打上げ実験に立ち会うことになった．場所は玄関の片隅を借りてやるそうである．確かに天井は高く，十メートルぐらいはありそうだが，それにしても屋内で……ロケット……分からないことが多すぎる．

準備がありますから，と先に出ていってしまったが，部屋に他人を一人残して何の心配もしないのだろうか．危機管理には興味が無いのだろうか．

9.4.3　屋内射場に轟音は似合わない

テーブルの上には蒲鉾板が乗っている．横には多種多様のスポイトを収めたケースが置かれている．さらにその横には，コンピュータと防護眼鏡が．一体何がはじまるというのだ．

これから打ち上げます．この建物の管理者の許可が必要で，一応時間的にも空間的にも制限された中で行いますので，人の往来などの件で逐次連絡が入りますので，その場その場の対応で時間が無駄になることもありますが，御了承下さい．

燃料の充填作業がはじまった．それにしても無造作にやっている．ペットボトルから燃料をスポイトへ移して，それを何処へ注入しようというのか．危険物の認識はないのか．それと肝心のロケットは何処に……

注射器の附いた蒲鉾板にスポイト．スポイトの首は，御叮嚀にワイヤーでグルリと一廻り絞められている．圧力を加えるつもりなのだろうか，何やら一所懸命に注射器の端を押している．その度に，スポイトの頭部には空気の泡がポツリポツリと浮き上がってくる．ところで，肝心のロケットは何処に……

準備が整いました．これが世界最小の水ロケット**"スポイト・ワン"**

9.4. エピローグ：公開された暗号

です．原理は普通の水ロケットと全く同じ．圧縮した空気により水を噴射させて，その反動で飛翔します．ゴムチューブの首をワイヤーで絞めて，圧力を逃がさないように工夫していますから，横の留め金をリリースすれば，ロケットは打ち上がります．

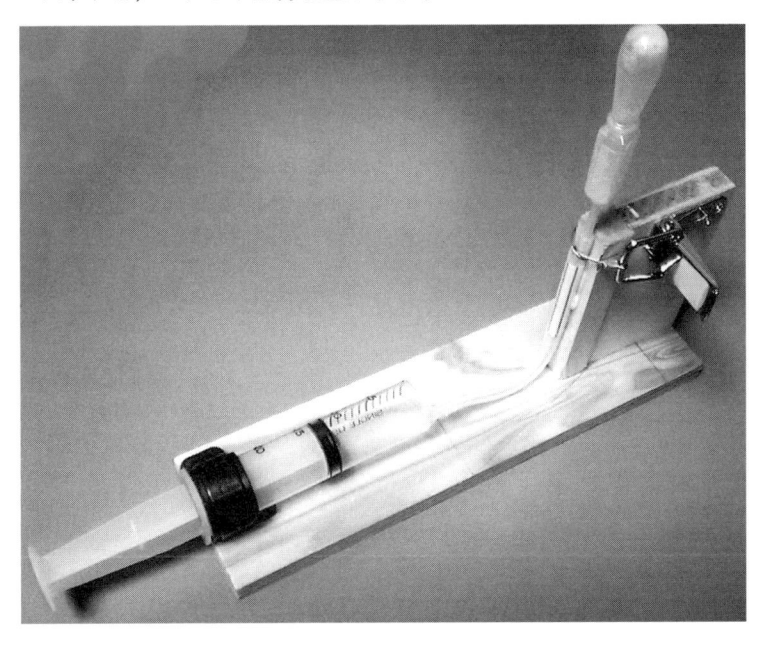

唯々絶句した．スポイトがロケットだったとは．本当に世界最小かどうかは別にして，これは五百円も掛かっていないんじゃないか．あのケースに収められたスポイトを全部"打ち上げる"つもりなのか．

　　すでに水平試射実験に成功していますので，打上げ最高高度も把握できています．今回は管理者の依頼で，天井の塗装の剥落部を採り，今後の補修工事の参考にするのが目的です．謂わばサンプルリターンです．上手く当たれば，塗料の欠片が自ら落ちてくるでしょう．

思い切って訊ねてみた．「水ロケットは何処にでもあるもので，それを小さくして，まあそれで当然費用も少なくてすむでしょうし，その程度のメリットまでは分かりますが，それ以上に何か意味があるのでしょうか」と．質問したのが失敗だった．強烈なプレゼンテーションがはじまった．

一般に市販されているスポイトをロケット部とし，圧力発生部には，同様に市販の注射器を活用しているものです．原理的にはこれまでの"水ロケット"と全く同じですが，その軽さのため，圧縮された空気のみの場合でも，一定の高さまで到達可能な飛翔能力を持っています．
　ワンアクションで，ノズル部の圧力シールドと，ロケット部の固定をもする"締上げ機構"を持っており，これを開放することでロケット部を発射します．ロケットは自身の推力で上昇します．
　本装置の画期的な特徴としては，ロケット部が軟質材料であり，また極端に軽量であるために，事故の可能性が極めて低いことが挙げられるでしょう．スポイト，注射器共に正確に物理量を測定するための目盛りを持っていることから，定量的な実験が可能となります．

なるほど，それで……えー．

　屋内で繰り返し実験ができる規模であること．またそのために，天候や風向きに左右されず，安定した条件下で均質な実験が可能となること．全体のサイズが小さいため，絶対的な到達高度が低くとも，水は全量が噴出されるので，発射，飛翔，回収のプロセス全体が一望の下に観察できること——特に，階段や吹き抜けを活用すれば，通常の水ロケットのサイズでは実現できない"俯瞰観測"が可能となること．"ALL in ONE"であり，打上げに必要な加圧システム，発射台，切り離しレバーが一体となっていること，などが特徴として上げられます．
　これらの特徴は，科学の基礎である，同一条件下での繰り返し実験，諸量の精密な測定等々，を可能にするものであり，兎角これまでの"水ロケット"が定性的な"体験"に終っていたことに比して，科学・技術教育への直接の道を拓く極めて優れた教材である，と考えております．
　以上からスポイト・ワンが，"ペンシル"の正当な後継者であることが分かるでしょう．我が国の宇宙開発が，あのペンシルからはじまったように，スポイトもまた，教育に一定の貢献をするものと信じております．

「よく分かりました，ところでその打上げは……」と切り出すのが精一杯だった．倉庫のホワイトボードを使った説明は，すでに二時間続いていたのだ．

　　　大変失礼しました．打上げ許可が必要ですので，こちらからまず暗号

文を送ることにします．結果がすぐに送られてくるでしょう．色々な方がおられる建物ですから，周知徹底させるだけでも大変なんです．

「暗号ですか？」とつい呟いてしまった．またしても大失敗だ．暗号のレクチャーがはじまった．暗号を使うことが当り前の仕事をしていても，その原理は全く知らない．ちょうどいい機会だから，教えて貰うにこしたことはないが，玄関先で立ったままとは如何にも辛い……

9.4.4 巨大素数と公開鍵暗号

ようやく座らせて貰った．場所は地下の電気室．ここも根城にしているのだろうか．実に手際よく，"講義"の準備がはじまった．

ここで説明させてもらうのは，**公開鍵暗号**といって，暗号化の方法も，その鍵も一般に公開するものです．方法は実に簡単！

名前は知っているが，中身はサッパリだな．公開された暗号だって……，今や日常的に使っているのだから，疑問の余地は無いのだが……

すべての方法を公開して，どうして暗号になるんだ，と思われるでしょうが，公開する鍵は二つに割れ，その割れ方が分からないのです．誰も**ラマヌジャン**になれるわけではないのでね．

ラマヌジャンとは，**すべての数はラマヌジャンの友達**と評された奇蹟の男のことである．これも名前は知っている．しかし，その波瀾万丈の人生は分かっても，その仕事の内容はまさに"It's Greek to me"だった．

この暗号は，巨大な数の素因数分解が絶望的に困難である所に注目したものなので，最初から複雑な文章では扱う数が大きくなり過ぎて分かり難いでしょうから，簡単な例からはじめましょう．

ホワイトボードは延々と数式で埋められていった．古典的な講義スタイルだ．スライドが主流の今の学生では着いていけないだろうが，本来は書くリズムと，それを写す者のリズムがちょうど合って，テンポのよい講義になるものだが，それも今は昔か．しばらく質問はしないぞ，絶対に！

............《公開鍵暗号に関する非公開講義がはじまった》............

まず,最も簡単な信号 Yes, No を送る場合を考えましょう.ここでは N を送ることにして,そのアスキーコード 78 がどう暗号化されるか,を調べます.

このとき,文 $x = 78$ より大きい数 n を定めます.この n の選び方が最も重要で,二つの素数 p, q の積となるよう,即ち

$$x < n = pq$$

となるように n を選ぶのです.これが二つに割れる鍵になります.ここで素数 P に対するオイラーの函数:$\varphi(P) = P - 1$ を思い出して貰えば,これは

$$\varphi(ab) = \varphi(a)\,\varphi(b), \quad (a, b \text{ は互いに素})$$

という性質を持つ,即ち,乗法的函数だったので

$$\varphi(n) = \varphi(p)\,\varphi(q) = (p-1)(q-1)$$

となります.この $\varphi(n)$ と"互いに素"となるように数 r を選びます.例えば

$$\boxed{n = 85 = 5 \times 17}$$

とすると,確かに $x = 78 < n = 85$ であり

$$\varphi(85) = \varphi(5)\,\varphi(17) = 4 \times 16 = 64 = 2^6$$

となるので,素因数として 2 を含まない数,例えば

$$\boxed{r = 3}$$

と選べばいいわけです.これより

$$\boxed{x^r \equiv y \pmod{n}}$$

となる y を計算すると,これが暗号化された文になります.実際に

$$78^3 = 474552 = 5582 \times 85 + 82 \quad \Rightarrow \quad 78^3 \equiv 82 \pmod{85}$$

となるので元の文,これを平文(ひらぶん)と呼びますが,$x = 78$ は

$$\boxed{y = 82}$$

9.4. エピローグ：公開された暗号

と暗号化されました．ここで用いたのは n と r だけでした．

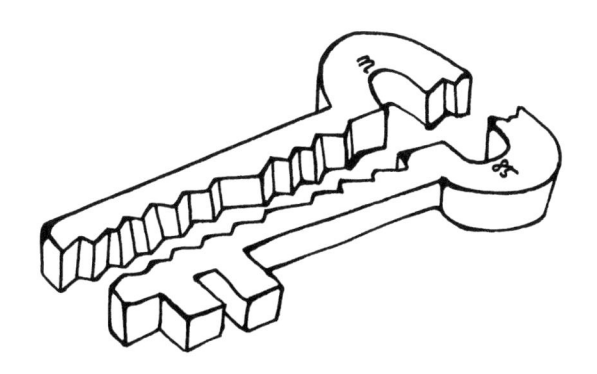

ここからが，この方法の凄いところですが，暗号化された文 $y = 82$ も $r = 3$ も，鍵 $n = 85$ さえも**隠す必要はない**のです．たとえこれらの値を公開しても，平文 $x = 78$ が復元される心配はまずありません．

具体的に理解するために，実際の復元過程を示します．一次合同式：

$$rs \equiv 1 \pmod{\varphi(n)}$$

を考えます．仮定より，r と $\varphi(n)$ は互いに素なので，この合同式は解を持ちます．よって，ある整数 k を用いて

$$rs = 1 + k\varphi(n)$$

と書くことができます．そこで，暗号化に用いた式の両辺を s 乗して

$$y^s \equiv x^{rs} \pmod{n}.$$

ここで，合同式の解を右辺に代入して整理しますと

$$x^{rs} = x^{1+k\varphi(n)} = x \times x^{k\varphi(n)} = x\left(x^{\varphi(n)}\right)^k$$

となりますので，まとめて

$$y^s \equiv x\left(x^{\varphi(n)}\right)^k \pmod{n}$$

と書き直すことができました．さらに，オイラーの定理：

$$a^{\varphi(n)} \equiv 1 \pmod{n}, \quad (a, n は互いに素)$$

を右辺に用いて，求めるべき関係：

$$\boxed{x \equiv y^s \pmod{n}.}$$

を得ます．これで暗号化された文 y から平文 x を再現できるわけです．

即ち，復元に必要な最も重要な値は，一次合同式：

$$rs \equiv 1 \pmod{\varphi(n)}$$

の解 s だということが分かりました．そして，この式を解くためには $\varphi(n)$ の値が不可欠であり，ここでは $\varphi(85) = 64$ でしたから

$$3s \equiv 1 \pmod{64} \quad \Rightarrow \quad 3s - 1 = 64t, \ (t は整数)$$

を解けばよいわけです．これをディオファントス方程式：

$$3s + 64t = 1$$

と見做して，ユークリッドの互除法を用いると

$$64 = 21 \times 3 + 1, \ 3 = 1 \times 3 \quad \Rightarrow \quad 64 \times 1 - 3 \times 21 = 1.$$

これより，一般解：

$$s = -21 + 64k, \quad t = 1 - 3k, \quad (k は整数)$$

を得ます．ここで，$k = 1$ とすると $s = 43$，即ち

$$x \equiv y^{43} \pmod{85}$$

を計算すればいいわけで，具体的には

$$\left. \begin{array}{ll} 82^1 &= 82 \quad \equiv 82 \\ 82^2 &= 6724 \equiv 9 \\ 82^4 &= 81 \quad \equiv 81 \\ 82^8 &= 6561 \equiv 16 \\ 82^{16} &= 256 \quad \equiv 1 \\ 82^{32} &= 1 \quad \equiv 1 \end{array} \right\} \pmod{85}$$

9.4. エピローグ：公開された暗号

を準備しておき，43 の二進数表現 **101011** を利用します．この表記は

$$43 = \mathbf{1} \times 2^5 + \mathbf{0} \times 2^4 + \mathbf{1} \times 2^3 + \mathbf{0} \times 2^2 + \mathbf{1} \times 2^1 + \mathbf{1} \times 2^0$$
$$= 32 + 8 + 2 + 1$$

という意味ですから，これを使って

$$82^{43} = 82^{32+8+2+1} = 82^{32} \times 82^8 \times 82^2 \times 82^1$$

と書換えることができるわけです．よって，対応する合同計算を採用して

$$82^{43} = 82^{32} \times 82^8 \times 82^2 \times 82^1$$
$$\phantom{82^{43} =} 1 \times 16 \times 9 \times 82 = 11808 \equiv 78 \pmod{85}$$

を得ます．即ち

$$\boxed{x = 78 \to N}$$

が復元できたわけです．繰り返しなりますが，このプロセスで最も重要なことは，s の値を知らなければ復元不可能なこと，即ち $\varphi(n)$ の値を知り得なければ，たとえ r, n, y の値を手中に収めたとしても解読不能であるところです．

今の例では $n = pq$ が小さい数だったため，利点が明瞭ではありませんでした．通常は p, q を共に 100 桁以上の数に設定します．こうすると，現在の数学と計算機の水準では，n をその素因数 p, q に分解することは非常に難しいのです．しかし，これら二数の掛け算ならば瞬時にできるわけで，この**一方通行性**がこの方法の安全性を保っているのです．

しかも，「**文章の暗号化に必要なのは n と r だけ**」ですから，この二数だけを指定して相手に暗号を作ってもらえば，作成者も解読できないわけです．もちろん本人は p, q を控えておかないと，本当に誰も解読できなくなりますが．

もう一つ"実用的"な例題をやっておきましょう．打上げの最終確認：

Go/No-Go

をコード化した文：

$$\boxed{x = 7111147781114571111}$$

を暗号化し，送受信しましょう．相手側から次の二数：

$$n = 7000000013390000000171, \quad r = 5$$

が指定されているとします——ただし，暗号化には，$x < n$ の条件がありましたから，充分大きな n であるかを確かめて，それが足りなければ平文を分割する必要があります．これで合同式：

$$x^5 \equiv 2573486531281732474725 \pmod{7000000013390000000171}$$

より暗号文

$$\boxed{y = 2573486531281732474725}$$

が完成します．送信者側はこれで終了です．

さて，暗号文を要求した方は，n の素因数を知っていますが，これを途中で盗み見ようとする者は，この素因数を知る必要があります．スパイは，何とかして n の素性を暴かねばなりません．今それに何らかの方法で成功したとしましょう．即ち，22 桁の数 n は，10^{10} を越えたはじめての素数を p，同じく 7×10^{11} を越えたはじめての素数 q の積：

$$\left. \begin{array}{l} p = 10000000019, \\ q = 700000000009 \end{array} \right\} \Rightarrow n = pq = 7000000013390000000171$$

であることを知りました．これより，オイラーの函数の値は

$$\begin{aligned} \varphi(n) &= (p-1)(q-1) \\ &= 7000000012680000000144 \\ &= 2^4 \times 3 \times 73 \times 131 \times 521 \times 73259 \times 399543379 \end{aligned}$$

となるので，確かに $r = 5$ とは互いに素になっていますね．よって，解読には

$$5s \equiv 1 \pmod{\varphi(n)} \quad \Rightarrow \quad s = 1400000002356000000029$$

を用いればよいわけです．

　以上，本問題で鍵 n, r を公開しても全く問題がないことを，暗号文 y を盗まれても，素因数 p, q さえ不明ならば，暗号の安全性が極めて高いことを，実感して頂けたのではないでしょうか．如何でしたか？

9.4. エピローグ：公開された暗号

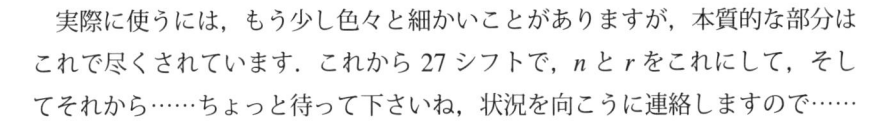

実際に使うには，もう少し色々と細かいことがありますが，本質的な部分はこれで尽くされています．これから 27 シフトで，n と r をこれにして，そしてそれから……ちょっと待って下さいね，状況を向こうに連絡しますので……

............................《講義終了》............................

学生時代に戻った気分だった．あの睡魔が甦ってきたのだ．寝て，起きたときに，講義がおわっている快感．しかし，それでは何も身に着かない．やはり長年の訓練の成果だ．薄らぐ意識の中でも，要点だけは理解した．

　　やあ，御苦労様でした．何時も少々やり過ぎる傾向がありましてね．寝床で反省するんです．夜は"夢中大後悔時代"といった感じですよ．
　　オッと，それより管理者から返信が来ました．早速解読しましょう．

$$16437657834804435197314511739013800 5109$$

なるほど，なるほど，全員の Go が出ましたか……．
　　それでは発射シーケンスの最終ボタンを押します．一応防護眼鏡を着用して下さい．非常に細かい水飛沫があがりますが，すぐ乾く程度の量ですから心配ありません．では，カウントダウンを行います．T−60．

お馴染みのカウントダウン「…3, 2, 1」でロケットは発射された．"ポン"という小さな乾いた音と，僅かな飛沫を残して，驚くような速さで舞い上がった．そして，天井の目標を捉え，表面の剥離した層を叩き落とした．"サンプルリターン"は成功したのだろう．確かに，あの小さな柔らかいスポイトが，あれほど鋭く，一文字に飛び出すとは思わなかった．

上司に報告するだけの知識は得た．また，この研究所と主が本気だということは充分分かった．何しろ，まだ"カウントアップ"を行っているのだ．しかし，機密に関するこの杜撰さは何だろう．もちろん，こちらから個人情報を公開することなど決してないが．

それでは，挨拶をして本部に帰るとするか……

　　見事に成功しましたね．これで来月分の管理費を払わなくて済むのですよ．業者に頼めば，梯子を運んで，一部切除するために結構なお金が掛かるのでね．こちらで千円で請け負ったというわけです．

仰々しいと思われたかもしれませんが，実験に規模は関係ないのです．大規模科学もこうした卓上実験も，すべて同じ手続に沿って行うものです．すぐに規模は大きくなるのですから，最初から手順を整えておくべきなのです．これからは管理人との遣り取りも，量子暗号のテストを兼ねて行う予定です．ロケットにおいて大切な二つの要素をお教えしましょう．気密と機密ですよ，ハハハ……．

　それでは，続いてあの盤の上にスポイト・ワンを載せて，廻転系での発射実験をしましょうか．コリオリ力と飛翔径路の関係を……えっ，今日はお帰りなる，そうですか．そういえば陽も落ちてきましたからね．

　ところで，あの部屋で撮られた写真は全部消去させて貰いましたので，悪しからず．普通の帯域と異なる携帯電話を持ち込まれると，うちのシステムはすぐ反応するんですよ．まあ，そう設定してるわけですが．ただし，ファイルのタイムスタンプは厳密に調べておりますから，入室以前の時刻のものには，一切手を附けていませんので御安心を．いや，あの部屋そのものが，あなたの携帯電話をハックして，消去命令を送り込んだので，私は何もしていませんが，ちょうど今，その報告がこちらの携帯に来たもので，ハイ．お互い嫌な仕事ですな．

　彼によろしくお伝え下さい．元締めも大変だなあってね．それから「暗号の重要性は国家規模だけの問題ではない，個人レベルでの充分な理解こそが危機管理上，最重要の課題なのだ」ということも附け加えておいて下さい．そのための独学研究なのだとね．量子暗号のことで相談があれば，何時でもお越し下さい．

　それでは，さようなら．また会う日まで！

Mission Completed.

附録 Scheme,
Instruction,
Code and,
Prime

敷大祭「アルゴリズム選手権」出場者募集中！
連絡はメールにて

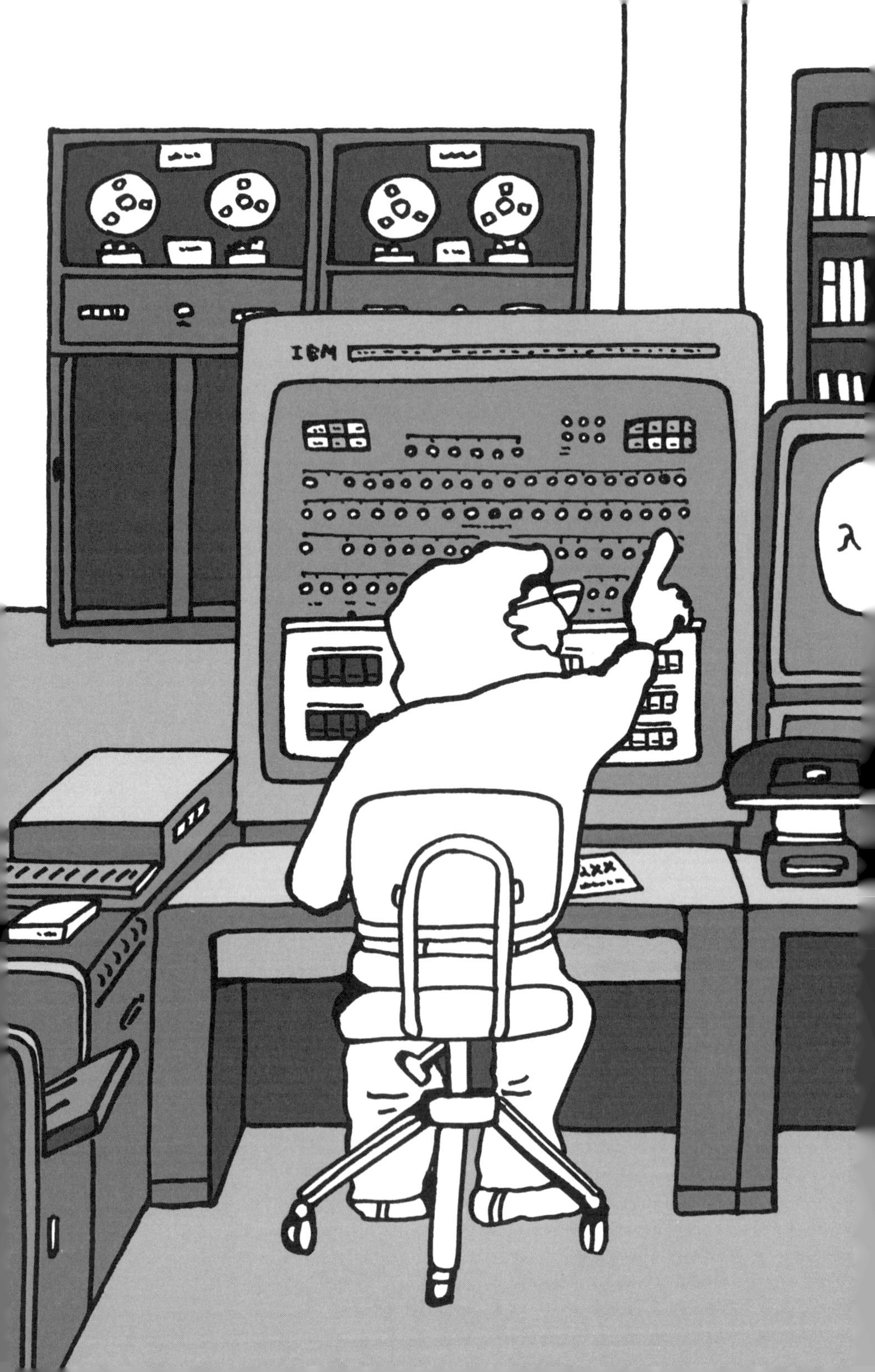
IBM
λ

付録 A

プログラミング言語の発見

　夜の一般講演会に出席してくれている諸君も多いようであるが，本講義ではその内容を下敷きにして，プログラミング技法の基本を素描する．講演内容に関しては，『素数夜曲』という黒い本の前半に書かれているので，夜の時間が取れない諸君は再帰してくれたまえ．本講義においても難しい話はない，根気さえあれば誰でも諒解可能なものばかりである．

　本講義は，コンピュータ・プログラムの何たるかを紹介することが主たる目的である．「何故そのように考えるのか」「その考えは何処から来たのか」，こうしたプログラミング技法に関する発想の原点を，数学的素材との関わりの中から紹介する．従って，技法，言語の詳しい内容は，その後の諸君の独学に任されている．この講義の内容を理解しても，それで具体的にプログラムが書けるようになる訳ではない．特定の言語を用いるが，そのプログラミング言語の詳細を論じる訳でもない．本講義は"計算機プログラムの構造と解釈"に関して，ホンの少しばかりの下準備を与えるものに過ぎない．

　何事も本格的に身に付けようと思えば，自学自習しかないのであるが，その点，コンピュータ関係の学問は恵まれている．**絶対に飽きず倦まず，望む時に望むだけ，こちらの質問に答えてくれる"コンピュータ"という相手がいるからである．**その真摯さ，辛辣さは人間の及ぶものではない．必要な情報，細かいテクニックは，"相棒との対話"の中から自分自身で補って貰いたい．

　プログラミングは技芸，即ちアートであり，個人が自らのアイデアを特定の言語に寄り添って実体化させ，**アルゴリズム**(algorirhm) の形で主張するもの

である．当然，そこに文体というものが生まれ，著者と読者・利用者との語らいの中で，更新・保守されていくものである．

　大量の註釈文（ちゅうしゃくぶん）に依るのではなく，本文そのものが人間に読み易く，間違い難い構造と文体を持っていなければならない．その為には，基礎を理解しておく必要がある．プログラムは，整然とした一筋の流れの中から生み出されるものではなく，まさに文筆家や画家がするように，書いては消し，試しては止め，という試行錯誤の中から作り上げていくものである．そこでは体系的な知識よりも好奇心が，整理された手法よりも根源的な発想が有効である．

　本講義では，そうした本質部分の学習を目指した．よって，用語も日本語として滑らかになるように使い分けた．統一することを金科玉条とはしなかった．また独自のものもあるが，それはその場で断りを入れた．一般的に使われているものも附記したので，理解が進んだ後は各自で読み替えて頂きたい．

　先ずは理解することが先決であり，その為には用語 (訳語) を分かり易い，元々の意味が明瞭になるものに替えていく必要がある．専門用語であるからそれを無条件に覚えねばならない，と思い込む必要はない．自分自身で納得が出来る呼び方を見附けたならば，当面それに従って理解を深めていくことは，決して間違ったやり方ではない．自己流の用語を駆使して，より深い理解を得ていく中で，何故その言葉がそのように定められ，多くの人がそれに従って今があるのか，が納得出来るようになる．その過程が大切なのである．例えば，今さら「有理数・無理数」という用語を廃止する訳にもいくまいが，講義の中で「有比数・無比数」を使うことは，教育的な意味があると信じる次第である．

　プログラムを書く，アルゴリズムを考えるということは，数学学習の補助ではなく，その中心に位置する大問題である．不可分一体の両者の関係を知り，どちらにも偏ることなく叮嚀（ていねい）に学ぶ必要がある．数学が精神ならば，プログラミングは肉体である．それは数学と物理学の関係に似ている．それは科学と技術の関係にも似ている．全てを分け隔てなく，同時並行的に学ばねば，本質的な成果は得られない．深い理解は得られないのである．学校がこれを分けて教えるなら，自力で統合するしかない．それは自分の精神であり，自分の肉体なのである．自分で鍛え，自分で労るより他に方法はあるまい．

　　　　　　　それでは始めよう．"hello world, hello myself"

A.1 無から始める

　さて「これ以下は無い」という最も基本的なところから話を始める．何も無い，「存在しない」ということを如何にして表すか，このことを先ず考えよう．
　猫が炬燵で丸くなっている様子を，例えば記号：

$$(猫)$$

で表したとしよう．括弧が炬燵の脚だと思って貰えば結構．さて，ここから猫が逃げ出した時，炬燵は空家になる．これを，即ち"抜け殻になった炬燵"を

$$(\ )$$

と表す．何かを具体的に記録するためには，それを示す記号がどうしても必要になる．それを ( ) と記した，という訳である．何も無いことを如何に理解するか，如何に記述するか，そして如何に解釈するか．

　それは"存在の抜け殻"なのである．何者かが立ち去った跡である．それは猫かもしれない，人間かもしれない，存在の全てなのかもしれない．全存在が立ち去った跡，その無形の痕跡が記号 ( ) なのかもしれない．ならば逆に，この記号から全てが湧き出してくるはずだ．そう考えた瞬間に，諸君は予期せぬ発見をする．何も無いことを具体的に記号として表したその刹那，そこに新たな思考対象が存在することに気が附く．即ち，そこに

記号 ( ) が一つ存在する

ということを発見するのである．

そんなわけで附録
にイラストはない

A.1.1 無から括弧へ

何も無いことを示す記号が定義出来た．今度は，先に"炬燵の脚"と見做した括弧を掌と見立ててみよう．最初はイメージから入り，徐々にそれを捨てていく，それが一番簡単で確実な抽象概念の把握法である．抽象を具象で考える．無形の物を有形に，有形のモノクロ静画を色彩ある動画に準えて考える時，概念は命を与えられ，まさに我が掌中に捉えられるものとなる．

そう考えると記号 ( ) は，何かを掴もうとして，空を切った状態にも見えてくる．空振りではあるが，その空振りそのものを記述したと考える訳である．全ての基礎となっている記号に，何の名前も無いというのも寂しい．いや実は名無しではないのだ．諸君は直ぐ後で，この記号が実に華やかな，様々な異名を持つものであることを知るだろう．その最初の名前は**ニル**(nil) である．ラテン語で nothing を意味するニヒル (nihil) から派生した言葉である．

続いて，このニルをさらに両手で包み込むように掴まえてみよう．それを

$$(( ))$$

と描く．何も無いことを表す記号が ( ) であり，その記号を掴まえた新しい記号が (( )) である．我々は既に「何も無い」「一つある」という言葉を使って，これらの記号を表現してきた．即ち，これらの記号の背後には，数 0 と 1 が控えているのである．そこで，以下のように書換えてみよう．

$$\mathbf{0} := (\ ), \qquad \mathbf{1} := ((\ )), \qquad \left[\text{或いは}\quad \mathbf{1} := (\,\mathbf{0}\,)\right].$$

ここで「:=」は，左辺を右辺で定義する記号である——右辺を左辺で略記する，と読んでもよい．要するに，「左辺は未知，右辺は既知」のものなので，通常の等号記号を用いず，計算で導き出せる対象ではないことを強調した．

☞ 余談：記号の工夫 ....

定義記号としては，直接的な $\stackrel{\text{def}}{=}$ ("def" は definition の略) や，≡ などがあるが，後者は合同記号として多用されるので，前後の文脈に注意する必要がある．
定義式に対して := を用い，恒等式に対して :=:，方程式に対して = を用いてはどうか，というのが本講義での提案である．読み手側に式の意味を察して貰う負担を強いるのではなく，書き手側が積極的に記号を使い分ければと思

うのであるが如何だろうか．そうした区別が重要な"急所"では，例えば

$$A := \frac{\pi}{2}, \qquad (a+b)^2 :=: a^2 + 2ab + b^2, \qquad ax^2 + bx + c = 0$$

と書くのである．コロンの位置によって，矢印記号「←」「↔」の雰囲気を出したつもりである．こうしておけば，定義式や代入の意味に悩んだり，恒等式を解こうとしたりする人が，少しは減るのではないだろうか．

．．．■

普段は日陰者の"括弧"が大活躍であったが，しかし今のところ，これらは諸君が知っている数 0, 1 とは大いに異なる．そこで太字を用いて相違を強調した．荒唐無稽，実現性の無いことを揶揄して使う言葉で，「空を掴むような話」というものがあるが，我々はまさに「空を掴んだ瞬間に，同時に **1** をも得た」ことになる．両者は不可分の対象だった訳である．

A.1.2 括弧から自然数へ

もう一段階，話を進めよう．この"二つ"の思考対象をさらに括弧でまとめれば，それは数 2 を象徴するものと見做せるだろう．

$$\mathbf{2} := (\mathbf{1}\ \mathbf{0}).$$

混乱してきた諸君は単純に，「括弧の中に異なる思考対象が二つ納められている」という本質的な部分に戻って，中身の個数に注目して考えればよい．

元の括弧のみの表現に戻せば

$$((\,(\,)\,)\,(\,)\,)$$

となる．こうして我々は「括弧のみを用いて全ての数を記号化する」というアイデアに辿り着く．眼が廻らないように**アラビア数字**(Arabic numeral) を活用して，最初の幾つかを書いてみよう．

数	定義	括弧による表記
0 :=	( )	( )
1 :=	(**0**)	(( ))
2 :=	(**1 0**)	((( ))( ))
3 :=	(**2 1 0**)	(((( ))( ))(( ))( ))
4 :=	(**3 2 1 0**)	((((( ))( ))(( ))( ))((( ))( ))(( ))( ))

どの場合も，一つ前で得た結果を取り込み，それらを括弧で包み込んで一つの思考対象にまとめ，次のステップに進む構造になっている．そして最も重要なことは，この作業には終りが無いこと，終る理由が無いことである．

僅かこれだけの作業で，我々は非常に多くを手に入れた．先ず，全ての基本である数が"括弧"だけで記号化出来ること．そこには，箱の中に箱がある，人形の中に人形が入っている「マトリョーシカ」に類似した**入れ子構造**(nested structure) が出来ていること．この場合には下の限界，即ち，数 0 に対応する記号 ( ) があり，それを元に次々と新たな定義が進む，終り無き構造になっていること等である．ニルは無でも空でもない，全ての数の根源だったのである．

無限を表す記号など何処にも無いが，望みの桁数まで確実に得られる具体的な数生成の処方を与えている．記号化に終りはない．一枚ずつ衣を着るように，括弧が増えていく．重ね着は果てなく続く．ところが逆のプロセスには終りがある．最後の括弧を取り除けば，そこにはニルが待ち受けている．そこが唯一の終着点である．しかし，ここでは括弧で表されたもの同士の計算規則はまだ何も決められていない．例えば，括弧同士の加算は如何にするのか，果してそれが可能なのか．それ故に太字で書き，一応の区別を附けておいたのである．これを**形式的自然数**と呼ぶことにしよう．

括弧の渦の中でも，勿論コンピュータは誤解をしない．正しく内容を把握する．しかし我々人間は，ホンの数ステップで混乱状態に陥る．そこで，我々にも出来る括弧の正しい読み取り方を考えておこう．当然，こうした問題を考えた人達が，コンピュータに正しい読み取りの仕方を教えた訳であるから．

初めに注意すべきことは，開き括弧 (の数と，閉じ括弧) の数が同数であることである．これを違えば，記述そのものが間違いである．また同数であっても，表現)))(((のようなものも間違いである．確実に箱の中に箱が入っていなければならない．開いた箱は閉じていなければならない．括弧の正しい相互関係は，次のような図形：

```
   ／＼
  (   )

    ／＼          ／＼
  ／＼  ／＼    ／  ／＼
( )( )  ( ( ) )

  ／＼    ／＼        ／＼          ／＼          ／＼          ／＼
( )( )( ) ( )( ( ))  ( ( ))( )  ( ( )( ))  ( ( )( ))  ( ( ( )))
```

としても表現出来る[1]．二種類の括弧と斜線，逆斜線を対応させたわけであるが，こうして描かれた図形が"一連の山並"として連なっていれば正解ということになる——各段は，一組の括弧で作り得る図形は一種類，二組なら二種，三組なら五種のみで，それ以上は無いことを表しており，具体的には5.3 (p.143)で紹介した**カタラン数**(Catalan number)：$_2{}_nC_n/(n+1)$ で与えられる．

ここで示した「一つ前の段階で出来たものを，外側から括弧で包み込む」という自然数の生成法は，こうした間違いが混入しないように出来ている．括弧に関するあらゆる組合せが登場するのではない．ある一定のルールに従ったものだけが生み出される．それ故に括弧の一団が，ルールそのものを体現するのである．"はぐれ括弧"が入り込む心配は無いのである．

☞ | **余談：無意味を考える** |

プログラミング言語が配慮するべき対象として
(1) 全く無意味なもの (meaningless)
(2) 意味はあるが間違っているもの (meaningful & incorrect)
(3) 正しい意味と正しい結果を持つもの (meaningful & correct)

と段階的に区分することが出来る．
例えば，括弧と加算乗算を含む要素：

$$1,\ 2,\ 3,\ (,\ ),\ +,\ \times,\ =$$

から，次のような組合せを作り得る．

$)(3 = (1 + \times 2)$ ：無意味．
$2 + 3 = 1$ ：意味はあるが間違い．
$1 + 2 = 3$ ：意味があり正しい．

正しい結果を得る為には，先ずは記号として無意味なものを除外する．そして，その中に潜む間違いを見附け，それを正すことで希望のものを得る．従って，内容の正否以前の問題として"意味を持つもの"の形式を最初に定義し，それ以外をルール違反として除外するのである．括弧の扱いはその第一歩である．

---

[1] IIJ技術研究所の和田英一所長は，開き括弧を"カッコ"，閉じ括弧を"コッカ"と名附けられた．これはAlgol68で，添字に使う角括弧 [を「sub symbol」，対応する] を「bus symbol」と呼んでいたことを真似て名附けられたそうである．**ディラック**(Dirc, Paul Adrien Maurice)は，量子力学の基礎を定式化するにあたり，角括弧 (bracket) を二つに分割し，それぞれを「ブラ (bra)」「ケット (ket)」と名附けている．両者とも実に"秘妙"な表現である．

A.2 裏で支える集合論

以上の議論は，6.5 (p.222) でも論じた**集合論**(set theory) における手法に準えたものであった．集合論においては公理と呼ばれる"宣言文"が全てである．

初めに**空集合**(empty set) が在った．

空集合の存在を認識することから物語が始まる．何もかもが空集合から創られていく．生み出される全てが集合である[2]．そして，先の手法に沿って形式的自然数が構成されていく．数学の底の底には，常にこうした議論がある．

実際，ここまでの議論を集合論の形式に変換するのは極めて容易である．**丸括弧**(parenthesis) を，集合論で用いられる**波括弧**(brace) に，即ち，( ) を { } に変えるだけである．例えば，空集合を ｛｝ で表すのである――数学においては，空集合に記号 ∅ を当てる場合が多い．見掛け上はこれだけの話である．

集合論の成果は膨大であり，それを記述するにも，理解するにも相当の準備が要る．本講義ではその極々一部を摘み食い的に紹介するしかない．興味を持った諸君は，自力でこれをものにしてほしい．ここでは必要な概念を必要最低限のレベルで話しておく．

A.2.1 集合の定義

集合論において，考察の対象となるものは全て集合である．集合しか出て来ない，それが集合論である．では"集合"とは何か．これには答えない．答えないことによって，定義の堂々巡りを避けるのである．これを**無定義用語**(undefined term) という．無定義用語は，全体の関係の中で意味が附与されていく．集合論において，集合は無定義用語である．

そして，"属す・属さない"という帰属関係のみが二つの集合の関わりを定める．これ以上ないほどに簡潔なこの設定が，全数学の土台を提供する．全ての数学は集合論の上に立って，その存在を確たるものにしているのである．

集合 a が A に属することを

$$a \in A$$

---

[2] 諸君は今後，この種の思想に様々な場面で出会うだろう．曰く「全ては nand である」「全ては式である」「全てはオブジェクト」である等々．

と書き，属さないことを

$$a \notin A$$

と書く．属すか，属さないか，どちらか一方のみが成立する．空集合は，そこから如何なる集合も取り出せない唯一の存在である．そして自身は，如何なる集合の中にも隠れ住むことが出来る．まさに神出鬼没の存在である．

　帰属関係を図示する時，その幾何学的印象から，我々はaをAの要素と呼びたい誘惑に駆られる．そして実際，そのように呼ぶことが多い．しかし，何度も断っているように，"全てが集合である"以上は，両者は共に集合であり**要素**(element)，或いは**元**(member)という名称は，我々の直観を刺戟するように工夫した印象面での配慮に過ぎない．

　ただし，"直観を刺戟する"ということは，この呼称にそれだけの力があることを示している．実際，複雑に入り組んだ帰属関係を思考し，記述する時，それを暗示する名称を使う必要がある．混乱を避ける為にも，積極的に使うべきである．それ故，この場合も明らかに所属の関係を暗示させる大文字Aと小文字aの対比を利用した．「大文字の中に小文字が吸い込まれていく状況」を直観する人が多いであろうことを利用したのである．勿論，その場における定義が全てであるから，これを安易に"前提"としてはならない．常に「要素も元も集合である」という"大前提"が優先することを忘れてはならない．

A.2.2　要素から対へ

　集合は，**異なる要素の順序を問わない並び**として具体的に表される．これを**外延記法**(extensional notation)と呼ぶ[3]．その基本は，二つの要素a, bを持つ集合を以下に示す**対**(pair)：

$$\{a, b\}$$

の形式で表す手法である．この対が，**新たな一つの集合として定まる**ことは，**対公理**(axiom of unordered pair)が保証する．

　集合論の**公理**(axiom)は，その多くが**存在保証の公理**であり，空集合から順に様々な集合を定義していく作業に，確かな根拠を与える為にある．集合は，

---

[3] 一般的には外延"的"記法が用いられている．確かに"extension+al"ではあるが，日本語として，果たして「的」が必要か否か．その意味するところは，「外延による記法」であり，「外延のような記法」「外延の如き記法」ではない．語呂を優先して意味がぼやけてはいないか．同種の疑問を感じる用語が他にもある．多くの人に考えて頂きたい問題である．

異なる要素のみに注目したものなので，対において，特に $a = b$ の場合には

$$\{a, a\} = \{a\}$$

と書く約束にする——この形式を**シングルトン**(singleton) と呼ぶ．これより同じ要素が列挙されることはなくなる．従って，冒頭の前提"異なる要素の〜"は崩れない．逆に，シングルトンの場合においても，"その内部では対形式が生きている"と考えることは，以降の形式的拡張において意味がある．あくまでも，基本単位は対の"二"であることを意識しておく為である．ここで，a は $\{a\}$ の唯一の要素であるが，$\{a\}$ は $\{a\}$ の要素ではない．即ち

$$a \in \{a\}, \qquad \{a\} \notin \{a\}$$

であることを注意しておく．

また，集合の"等しさ"はその外延により特徴附けられること，即ち，**互いに等しい要素を持つ二つの集合は等しい**と定義する．例えば

$$\{a, b\} = \{b, a\}, \qquad \{2 \times 3, 5 \times 7\} = \{6, 35\}$$

などである——これは**外延公理**(axiom of extensionality) が保証する．

二要素の場合を基本として，対の概念は拡張される．要素が，対形式の集合を内包している場合を考える．例えば，a, b が $a = a_1$, $b = \{a_2, b_1\}$ である時

$$\{a_1, \{a_2, b_1\}\}$$

となる．さらに，$b_1 = \{a_3, a_4\}$ の場合には

$$\{a_1, \{a_2, \{a_3, a_4\}\}\}$$

である．このようにして対は，二つの集合から計算を始め，希望する要素数を含むまで拡張することが出来る．例えば，英文字の集合なら

$$\{a, \{b, \{c, \{\ldots\ldots \{u, \{v, \{w, \{x, \{y, z\ \}$$

である．以降これを簡略化し，以下のように表す．

$$\{a, b, c, d, e, f, g, h, i, j, k, l, m, n, o, p, q, r, s, t, u, v, w, x, y, z\ \}.$$

集合の要素の並びに順序は無いので，文字の順番に意味は無い．例えば

… {c, w, m, f, j, o, r, d, v, e, g, b, a, l, k, s, n, t, h, p, y, x, q, u, i, z }

と**パングラム**(pangram)[4]として並び替えても，両者は全く同じ集合である．これを一般に**タプル**(tuple) と呼ぶ．n 個の要素を含む場合：

$$\{a_1, a_2, a_3, \ldots, a_{n-1}, a_n\}$$
$$:= \{a_1, \{a_2, \{a_3, \{\cdots\cdots \{a_{n-1}, a_n\} \sim\}$$

は n-タプルである——右端の「 } ~}」は括弧のみをまとめた記号である[5]．この表現では，$n = 2$ の場合が「対」になる．また，これを**二つ組**(double)，$n = 3$ を**三つ組**(triple) と呼ぶ．先にも注意したように，二を単位として"入れ子構造によって要素を収納"していく手法が，後で大きな意味を持つ．

集合の要素を，ある関係によって他と置換えたものも集合になる．これは，**置換公理**(axiom schema of replacement) が保証する．また部分集合の全体も集合になることは，**冪集合公理**(axiom of power set) により与えられる．

A.2.3 対から順序対へ

さて，このように具体的に要素を列挙して集合の内容を記述する手法は，要素数が少ない場合にこそ有効であるが，それが多くなった場合，ましてや無限の要素を持つ場合などは全く無力である．そこで，要素の性質を記述することで集合を定める手法が必要となる．例えば，先の例であれば，「英字 26 字を要素とする集合」と書く方法である．これを記号を交えて

$$\{x \mid x \text{ は英字 26 字}\}$$

と記す．これを集合の**内包記法**(intensive notation) と呼ぶ．**内包とは，対象の性質を説明する手法**であり，**外延とは対象を具体的な物として例示する手法**である．内包でも外延でも，それが集合であることを，外側の波括弧が表している．即ち，内包記法とは，次のように読むべきものである．

{x} は，x を要素とする集合である．ただし，x は以下の性質 $\sim$ を持つ．

---

[4] 英語版「いろは歌」．様々な言語で同様の試みがあり，パングラムはその総称である．
[5] この新記号は，n 番目の要素が右端に来るという位置関係を鮮明にする為に用いた．左側の「……」には，括弧で区分けされた要素という実質を持つが，右側は括弧だけである．この両者を同じ記号で表す記法では，n 項が最終要素であるという印象を与えない．そこで，同一記号の反復には「$\sim$」を，単純な反復には「…」を，やや複雑なものには「……」を用いる記法を提案する．これにより省略無く書いた場合の雰囲気も伝わるのではないか．

集合は，対を基礎にした要素の順序に依らない表記——この立場を強調する時には，これを"非順序対"と呼ぶ——を，基本とするものであるが，記述の順序が重要な場合，或いはそれに積極的に意味を持たせて活用したい場合も多い．そこで，順序を含めてそれぞれの要素が一致した場合のみ，互いに等しいと定める**順序対**(ordered pair) が必要になる．これを角括弧を用いて

$$\langle x, y \rangle$$

と表す．そして二つの順序対が等しい，即ち $\langle a,b \rangle = \langle c,d \rangle$ とは

$$a = c, \quad b = d$$

が成り立つ時のみである，と定義する．非順序対にとっては，この定義のみが重要であって，それを実現させる具体的な手法には幾つかの選択肢がある．この性質を満足する定義で，一番よく用いられるものは

$$\langle x, y \rangle := \{\{x, x\}, \{x, y\}\}$$

である．ここで，$x = y = a$ の場合にも

$$\langle a, a \rangle := \{\{a, a\}, \{a, a\}\} = \{\{a\}, \{a,\}\} = \{\{a\}\}$$

となり，定義は矛盾せず成立していることが分かる．また，この順序対も，非順序対の場合と同様の方法で，n 個の要素を持つ場合に拡張される．

$$\langle a_1, a_2, a_3, \ldots, a_{n-1}, a_n \rangle$$
$$:= \langle a_1, \langle a_2, \langle a_3, \langle \cdots\cdots \langle a_{n-1}, a_n \rangle \sim \rangle$$

このように，集合は情報の集積所としても機能する．

神話の時代より，情報を集め，操る能力が知性であるとされた．梟はその象徴である．聴覚に優れ，立体視が可能である．夜行性であり，飛翔は静音でステルス性が高い．狙った獲物は逃さない梟は，今宵も"知"に飢えている．

ミネルバの梟　黄昏 ⏎

Die Eule der Minerva beginnt erst mit
　der einbrechenden Dämmerung ihren Flug.
The owl of Minerva first begins
　her flight with the onset of dusk.

∧　∧
((●)(●))　検索梟
　∨

敷島の梟は昼も飛ぶよ

A.3　集合を操る

ここまでは，集合の要素と，要素の組としての対を考えて，集合論における"思考の対象"を増やしてきた．ここからは，与えられた集合同士の計算処方について考える．合併と共通部分がその核となる．

A.3.1　合併

合併(union) から始める．ここでも単位は対を基礎にした"二"である．合併とは，与えられた集合の各々の要素を持ち寄り，一つにまとめた新しい集合である．先ず，集合 A, B を対にする．そして，その対となった集合の要素を洗い出して一つにまとめる．それが再び集合になることを保証するのが**合併公理**(axiom of union) である．これを，∪ **前置記法**(prefix notation) によって

$$\bigcup \{A, B\}$$

と記す．この式全体が一つの新しい集合，即ち，集合 A, B の合併を表す．集合と自身の要素との階層的な違いを明確にする為に

$$A := \{a_1, a_2\}, \qquad B := \{b_1, b_2\}$$

と定めて具体的に計算をする．この時，合併とは次の右辺：

$$\bigcup \{\{a_1, a_2\}, \{b_1, b_2\}\} = \{a_1, a_2, b_1, b_2\}.$$

を求める計算である．即ち合併とは，ある要素が集合 A に属しているか，或いは集合 B に属しているか，少なくともどちらか一方にでも属していれば，選抜される仕組のことである．

ここで，計算の対象となる左辺は，二つの集合をまとめた対であり，対の要素たる集合 A, B が，さらに要素を抱えている為，波括弧が二重になっている．その内側の波括弧の中から，A の中身 (要素) である a_1, a_2 と，B の中身である b_1, b_2 と取り出して，新たな集合としたのが右辺である——形式的には内側の波括弧を解いたものである．

この意味で，要素が具体的に書かれている上の例のような場合には

$$\{a_1, a_2\} \cup \{b_1, b_2\} = \{a_1, a_2, b_1, b_2\}$$

という ∪ の**中置記法**(infix notation) も併用する[6]．この記法によれば，要素 a のみを持つ集合 $\{a\}$ と，要素 b のみを持つ集合 $\{b\}$ との合併は

$$\{a\} \cup \{b\} = \{a, b\}$$

となり，対を再現する——逆方向に見れば，対の分解となる．

これらの関係をまとめて

$$\bigcup \{\{a\}, \{b\}\} = \{a, b\} = \{a\} \cup \{b\}$$

より，対に作用する前置記法と，中置記法の一般的な関係：

$$\bigcup \{X, Y\} = X \cup Y, \qquad \bigcup \{X\} = X$$

を得る——右側の式は，シングルトンの定義による．

この場合も定義の素直な拡張として，二つ以上の集合に関する合併が定められる．例えば，$C := \{c_1, c_2\}$ として

$$\{a_1, a_2\} \cup \{b_1, b_2\} \cup \{c_1, c_2\} = \{a_1, a_2, b_1, b_2, c_1, c_2\}$$

である．こうした場合でも

$$\bigcup \{A, B, C\}$$

などと簡略化して書けることが前置記法の強みの一つである．扱う集合の数が多い場合には特に有効である．前置記法では，対象が増えても合併記号は一回記すのみである．

A.3.2 共通部分

与えられた集合の各要素をまとめる合併は，集合における「和」の計算であると見做せる．そこで，「積」に対応する計算を，与えられた集合に属する各要素の中から，共通するものを取り出し，一つの集合としてまとめる処方によって定義しよう．これを記号：

$$\bigcap \{A, B\}$$

で表して，**共通部分**(intersection) と呼ぶ．即ち，ある要素が集合 A に属しており，同時に集合 B にも属している，その時に限り選抜される仕組である．集

---

[6] 広く用いられているのは，むしろこの記法であるが，全ての記号がそうであるように，一長一短がある．それが故に，記号の改善は止むことなく続くのである．

A.3. 集合を操る

合に共通する要素が無い場合には，空集合を与える．また，合併の場合と同様に，前置記法と中置記法の間には，以下の関係が成り立つ．

$$\bigcap \{X, Y\} = X \cap Y, \qquad \bigcap \{X\} = X.$$

例として，順序対の共通部分について考えよう．先ず，定義である非順序対まで戻して計算を始めると

$$\bigcap \langle x, y \rangle = \bigcap \{\{x, x\}, \{x, y\}\} = \{x, x\} \cap \{x, y\}$$

である．よって

$$\bigcap \langle x, y \rangle = \{x\}$$

となるが，さらに重ねて共通部分を取れば

$$\bigcap \bigcap \langle x, y \rangle = x$$

が得られる．これによって，与えられた順序対の特定の要素——この場合ならば左要素 x ——を取り出せる訳である．

また，合併と同様の手法で扱う集合を増やすことが出来る．

$$\bigcap \{A, B, C\} = \{a_1, a_2\} \cap \{b_1, b_2\} \cap \{c_1, c_2\}$$

などである．さらに順序対の合併は，上の議論と同様に，非順序対の定義から計算を始めて

$$\bigcup \langle x, y \rangle = \{x, y\}, \qquad \bigcup \bigcup \langle x, y \rangle = \bigcup \{x, y\} = x \cup y$$

と求められる．また，ここまでに得た関係をまとめて，以下を得る．

$$\bigcup \bigcap \langle x, y \rangle = x, \qquad \bigcap \bigcup \langle x, y \rangle = x \cap y.$$

ここで，集合 A から集合 B の要素を取り除いて得られる集合を，**差集合**(difference set) と名附け，記号：$A \setminus B$ で表すと，以上の計算の組合せから

$$[\bigcup \bigcup \langle x, y \rangle \setminus \bigcap \bigcap \langle x, y \rangle] \cup [\bigcap \bigcup \langle x, y \rangle]$$
$$= [(x \cup y) \setminus x] \cup (x \cap y) = y$$

が導かれる．これによって，順序対の右側要素 y を取り出せる．

順序対は，まさに要素の並び順が保たれるので"データの保管庫"として利用可能である．そして，各データには上の結果を利用して"アクセス"する．

例えば，英字 26 字を順序対で表しておけば，共通部分を計算することで，先頭の要素 a にアクセス出来る[7]．そして，差集合を用いて右側の要素も取り出せる訳である．連続的にこの計算を行えば，希望する深さまで括弧の中を掘り起こし，必要な要素を取り出すことが可能となる．

$$\bigcap\bigcup \underbrace{\langle a, \langle b, \ddots \langle x, \langle y, z\rangle\rangle \sim\rangle}_{24\text{個}} = a$$

ここでは**字下げ・インデント**(indent) を活用することによって，多数の括弧により生じる"目眩"を避けられることを示した．紙面は二次元である，有効に使いたい．縦にも横にも書ける日本語は，この分野を得意とする．

　字下げ・改行は，文章を二次元化する．話し言葉が時間の一方向性に因った一次元的なものであるのに対して，書かれた言葉はより高次元の表現を持つ．朗読は人の心に訴えるが，それは後戻り出来ない，聞き返せない儚さによる部分が多い．音楽も同様である．しかし，その下支えをするのは紙上に拡がった峻厳な詩であり，楽譜である．"儚さ"を人類共有の財産とする為には，同じく人類の財産である"確かさ"が必要なのである．

　藝術としての数学，プログラミングは，そこで展開される論理・アルゴリズムが美しいだけではなく，その表現，記号をも含めて，人の感性を刺戟するものである．この意味からも表記の改善は続けられるであろう．Knuth は「プログラムは技芸 (art) である」との立場を，最も強く主張している人である．それは情報伝達の意味をも越えた文学であり，藝術だということである．

　平坦な論理が紙上において二次元となり，実験装置として，或いは機器として三次元の実体と化す．そして，それが時間を超えて記憶され，記録される．論理的であることが美しさの原点である．あらゆる美のその奥には動かざる論理がある．数学はあらゆる分野の才能を必要とする綜合藝術である．

---

[7] この形式ならば先のパングラムの語順も「Cwm fjord veg balks nth pyx quiz」のまま保てる．

A.4 命題と論理式

集合の最も初等的な部分を紹介した．ここでは**論理学**(logic) の初歩を概観しながら，集合との関係についても触れる．

集合とは，論理の幾何学化である．記号だけで操られる関係を，視覚に訴え，手に触れられるようにする．論理を学べば，集合という思考対象が，随分と具体的なものであることが分かる．論理を学び，それが集合と同様に具体的なもの，我々の五感に訴える確かなものである，と感じられるようになれば，さらに一段階深いレベルにまで達することが出来る．

具体的なものを抽象化し，抽象化されたものを具体的に考える．この繰り返しによって，我々は高次の思考に到達するのである．

今，現実から集合へ，集合から論理へと歩を進めている．この道を逆に辿ることが，計算機を本質的に理解する一つの方法である．計算機に可能なことは何か．具体的な"回路"に実現出来ることは何か．計算機は現実を再現することが出来るか．こうした様々な問題のその基礎を，論理の問題として扱うことが出来る．我々の"思考"を計算機に乗せる為の，その最初の一歩が論理を学び，それを操る技術を身に附けることである．計算機が論理的に働き，論理的にしか働かないのならば，それを論理的に設計した人が，それを導いた学問があるはずである．その基礎の基礎が論理学である．

A.4.1 命題

先ず最初に，論理を展開する土台を提供しなければならない．それは**命題**(proposition) と呼ばれる．命題とは，最も一般的な定義によれば

> 客観的に検証可能な**陳述**(statement), 或いは主張のことである．

命題そのものに**真**(true)・**偽**(false) は無い．命題は"容器"であって，真偽はその内容にある．真偽の何れか一方のみが成立する場合，この"真偽の二者択一"を**排中律**(law of the excluded middle) と呼ぶ．これは**二値原理**(principle of bivalence) であり，このことを大前提とする分野を古典論理と呼ぶ．

他の命題を導き出す為に必須な，最も基礎となる命題の真偽は"非論理的"に決められる．これは論理学の外の問題であり，学問を如何に構成するか，そ

の意図により定まる．全く主観的な任意性を持つものである．この種の命題を，特に**公理**(axiom)と呼ぶのである．従って，公理に対して真偽を問うことはない．問題になるのは，その有効性，妥当性のみである．

公理に従って，命題が立てられ，その内容の真偽が問題となる場合，そこに論理が登場する．肯定形の単文で表現された基本的な命題を組合せて，より複雑な命題を"論理的に"合成することが出来る．陳述の真偽を論理の外に求めた命題を**単純命題**(simple proposition)，そこから派生し，論理に従って真偽の定まる命題を**複合命題**(compound proposition)と名附けると，論理の仕事とは，単純命題から新しい複合命題を作り，その真偽を誤り無く導くことと言える．単純命題を単独の文字で表したものを**原子式**(atomic formula)，複合命題のそれを**論理式**(well-formed formula)と呼ぶ．

論理とは，時間の概念を含まない"静的"なものである．論理の"流れ"は静止画の集団として示される．物理は因果律を表す動的なものである．動画として"事象の流れ"を表すものである．数学の発想の原点もまた"現実"の中にある．従ってその根は物理に張っている．物理における"動的な発想"が"静的な記述"に向かう時，そこに数学が生まれる．論理によって時の流れを切り取り，躍動するものを留めて"一枚の画"に閉じ込めるのである．

これが論理と物理・数学の関係である．数学も物理も，計算機の内部では論理の連鎖に分解処理される．論理を学ぶことは，計算機内部に自身の拠点を見出すことである．そこは，全てを論理と自然数に還元することを，理念としてではなく，行為として要求される場なのである．

A.4.2　命題論理

命題を解剖しよう．"不確定な要素"を含み，それが確定した場合に全体の真偽が定まる陳述を**述語**(predicate)と呼ぶ——この立場からは，命題とは不確定要素を含まない特別な述語である，と見做し得る．述語の真偽もまた，論理の外で決められる．即ち，そこには任意性が存在する．

命題を分解，或いは合成するに当たって，四種の**論理結合子**(logical connective)，即ち，**否定**(negation)，**論理和**(logical sum)，**論理積**(logical product)，**含意**(implication)をもって行い，これを軸に命題を調べる枠組を**古典命題論**

A.4. 命題と論理式

理(classical propositional logic) と呼ぶ[8]．記号には実に様々なものがある[9]．

否定：	¬	~	**not**
論理和：	∨	+	**or**
論理積：	∧	&	**and**
含意：	→	⊃	**if~then**

以上の論理結合子——及び，補助記号としての開き・閉じ括弧——を用いることによって，論理式は定義される．即ち，論理式とは

(1)：原子式
(2)：原子式に論理結合子を適用したもの

という二項目によってのみ構成される思考対象である．

次に，論理結合子の"意味"が問題となるが，論理をより広範囲に適用する為には，出来る限り自然言語から離れた表現によって定義されることが望ましい．ここでは，二つの命題の陳述を，それぞれ P, Q とした時，それらの真偽に対応して，結合子の"機能"を次のように定める．

| 否定：P が真の値を取る， |
| その時に限り $\neg P$ は偽の値を取る． |
| 論理和：P と Q が共に偽の値を取る， |
| その時に限り $P \lor Q$ は偽の値を取る． |
| 論理積：P と Q が共に真の値を取る， |
| その時に限り $P \land Q$ は真の値を取る． |
| 含意：P が真，Q が偽の値を取る， |
| その時に限り $P \to Q$ は偽の値を取る． |

ここで真の値を1，偽の値を0と定めて，これらの関係をまとめると

---

[8] 論理和は**選言**(disjunction)，或いは離接，論理積は**連言**(conjunction)，或いは合接とも呼ばれる．重要な概念は多方面で用いられる為に，訳語にも多様性が生じる．

[9] 記号 & は印象も強く，論理学における意味もハッキリしている素晴らしいものであるが，それに対応する選言の為の記号が無い．与える印象が強く，他の文字と紛れがない"一文字"の記号が望まれるが，なかなか好ましいものが見附からない．そこで，キリル文字から я を提案しておく．これなら英字と混同する心配も無いし，or の R が裏返ったと考えれば，覚え易いだろう．P я Q，$P \& Q$ と並べれば結合子の双対性もより明らかになる．

否定: $\neg P$	0	1	–	–
命題: P	**1**	**0**	**1**	**0**
命題: Q	**1**	**0**	**0**	**1**
論理和: $P \vee Q$	1	0	1	1
論理積: $P \wedge Q$	1	0	0	0
含意: $P \to Q$	1	1	0	1

となる．これを**真理表**(truth table)と呼ぶ．論理式が有する全ての情報は，この表で尽くされる．ここで否定は一つの命題に作用する単項結合子であり，他は二つの命題間にあって働く二項結合子であることを注意しておく．

二つの論理式の真理表が完全に一致する時，即ち，両者が真偽を共にする時，これを**論理的同値**(logically equivalent)と呼ぶ．論理的同値の関係にある二つの論理式は，相互に入れ替えが可能である．これによって，与えられた論理式を簡潔にすることも，或いは，内在された関係を露わにすることも出来る．

例えば，二つの命題に対する二種類の含意を考える．

P	**1**	**0**	**1**	**0**
Q	**1**	**0**	**0**	**1**
$P \to Q$	1	1	0	1

Q	**1**	**0**	**0**	**1**
P	**1**	**0**	**1**	**0**
$Q \to P$	1	1	1	0

両者の論理積により生じる新たな複合命題を記号：

$$P \rightleftarrows Q := (P \to Q) \wedge (Q \to P)$$

で表し，**双条件法**(biconditional)と呼ぶ[10]．その真理表を求めれば

P	**1**	**0**	**1**	**0**
Q	**1**	**0**	**0**	**1**
$P \to Q$	1	1	0	1
$Q \to P$	1	1	1	0
$P \rightleftarrows Q$	**1**	**1**	**0**	**0**

となる．これから明らかなように，双条件法は，P, Qの真・偽が一致すれば真，異なれば偽となっている．即ち，この命題が成り立つ時，PとQは論理的同値の関係にある．

---

[10] 記号：$P \leftrightarrow Q$も広く用いられている．"デザイン"としての訴求力の面から，本文の記号を選んだ．記号の選択は，その内容を体現していることと同時に，如何に書き間違い，読み間違いが減らせるか，がポイントである．

A.4.3　論理式の意味

以上の論理的関係を把握した後，これらを"日常使う言葉"に翻訳する．両者の間には微妙な差がある．そこで言葉から論理式に至るのではなく，論理式の翻訳として言葉を定めていく．逆は非常に危険である．最初の段階では，少しでも疑問があれば，真理表に戻って確かめる必要がある．

先ずは命題である．

$$P, \quad \neg P.$$

これを左から順に「P である」「P ではない」と読む——右式が先に示した英単語による表記「**not P**」に対応する．続いて

$$P \lor Q, \quad P \land Q$$

は，それぞれ「P または Q」「P かつ Q」と読む——「**P or Q**」「**P and Q**」に対応する．ただし，この「または」は，真理表が定める「共に成り立つ場合をも許す"両立的な関係"に対して割り当てた」ものであり，どちらか一方のみに限定された"排他的な関係"を表す日常語である「または」ではない．そこで，前者を**包含的論理和**(inclusive or)，後者を**排他的論理和**(exclusive or) と呼んで，その差を強調する[11]．最後に

$$P \to Q, \quad P \rightleftarrows Q$$

であるが，左側は「P ならば Q である」と読む——「**if P then Q**」に対応する．右側は「P と Q は論理的に同値である」，或いは簡単に「同値」と読む．以後，論理的同値を

$$P :=: Q$$

と表すことにする[12]．ただし，この記号は二つの命題の関係を示すものであって，論理結合子ではない．従って，上式は新たな命題を生み出す核となる複合命題ではなく，置換え可能を示す略記法である．

---

[11] 排他的論理和は，$(P \lor Q) \land \neg(P \land Q)$ と表される．宝籤で「冷蔵庫または洗濯機が当たります！」とあれば，日常的には，どちらか一方が当たるという意味であるが，論理的には両方が当たる可能性を排除しない．しかし「明日ロンドンまたはシアトルに行きます」と言われれば，両方同時に行く可能性は物理的に排除される．"常識的"に判断するか，"論理的"に判断するか，"物理的"に斟酌するか，先ずは判断基準を判断する必要がある．

[12] 先に提案した恒等式の記号の流用である．なお，これを $P \equiv Q$ と表す場合も多い．

英語では，$P \to Q$ を「P, only if Q」，$Q \to P$ を「P, if Q」と読む．また，$P \rightleftarrows Q$ を「P, if and only if Q」と読んで，「P iff Q」と略記することが多い．

命題 P, Q に関わる論理的関係は，**ベン**(Venn, John) により図解された．

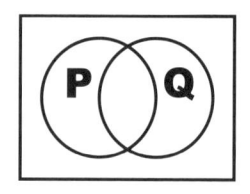

これは**ベン図**(Venn diagram) として知られている．ここで，集合の包含関係を思い出せば，集合が論理の幾何学化であることが極めてよく分かるだろう．

$P \lor Q$ 　　　　　　　　$A \cup B$ 　　$P \land Q$ 　　　　　　　　$A \cap B$

実際，図に描かれた論理式は，既に"集合の顔"をしている．純粋な論理式が，領域を専有したり，面積を持ったりはしないのであるから，概念を図示するという段階で，既に幾何学的発想に因っている訳である．

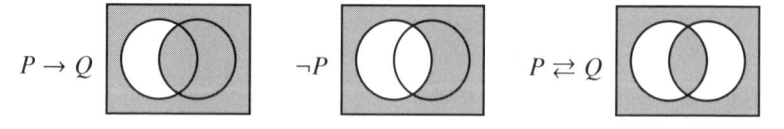

$P \to Q$ 　　　　　　　　$\lnot P$ 　　　　　　　　$P \rightleftarrows Q$

論理は集合に力を与え，集合は論理に形を与えている．両者を切り離さず，不可分のものとして学ぶべきであろう．ただし，こうした図の欠点もまた常に意識しておくべきである．当然のことながら，図中の円の大きさにも位置にも意味は無く，長方形にも"全思考対象"を示唆する意図しか無い．

述語，命題の最も理解しやすい例として，数における大小関係を挙げる．等号，及び不等号はそれのみでは命題たり得ないが，その前後を具体的な数で挟むことで，真偽の定まる命題となる．従って，$=, >, <$ はそれぞれが述語であり

$$1 = 1, \quad 1 > 2, \quad 1 < 2$$

は順に，真，偽，真となる命題である．これより数の範囲を示す，例えば

$$1 < x < 9$$

A.4. 命題と論理式

は，次に示す論理積による合成述語として理解することが出来る．

$$(1 < x) \wedge (x < 9) \qquad \text{別記法では} \quad (1 < x) \text{ and } (x < 9).$$

また，x が"ある数(例えば5)より小さいか等しいか"を表す記号 $x \leqq 5$ は，論理和による合成述語として次のように書ける．

$$(x < 5) \vee (x = 5) \qquad \text{別記法では} \quad (x < 5) \text{ or } (x = 5).$$

これは同時に，"ある数より大きくはない"という意味でもあり

$$\neg (5 < x) \qquad \text{別記法では} \quad \text{not } (5 < x)$$

という論理否定として記述出来る．以上，x を $1, 2, \ldots, 9$ に限定すれば

$$(1 < x) \wedge (x < 9) \quad x = 2, 3, 4, 5, 6, 7, 8 \text{ に対して真，他で偽}$$

という複合命題になる．また同様に

$$(x < 5) \vee (x = 5) \quad x = 1, 2, 3, 4, 5 \text{ に対して真，他で偽}$$

を得る．逆に，極めて単純な関係である $x \neq 5$，即ち，論理否定の形式で記述されるものを，二つの述語の論理和として分解することも出来る．

$$\neg (x = 5) :=: (x < 5) \vee (5 < x).$$

ここでは，x が 5 を含むか否か，5 より上か下かという二者択一であることから，論理和と否定の書換が出来た．しかし，最初の **and** の例の場合には，これは不可能である．このことは真理表の作成を試みれば直ちに理解出来る．

ここで示したような"条件が成立するある範囲"を考察する場合には，それを領域と見ることで，集合の幾何表示が初めて具体的な意味を持ってくる．

さて，論理式 $P \rightarrow Q$ には，その**逆**(reverse), **裏**(converse), **対偶**(contraposition) と呼ばれる派生的な関係：

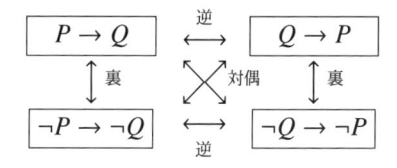

$$\begin{array}{ccc} \boxed{P \rightarrow Q} & \stackrel{\text{逆}}{\longleftrightarrow} & \boxed{Q \rightarrow P} \\ \updownarrow \text{裏} & \times \text{対偶} & \updownarrow \text{裏} \\ \boxed{\neg P \rightarrow \neg Q} & \stackrel{\text{逆}}{\longleftrightarrow} & \boxed{\neg Q \rightarrow \neg P} \end{array}$$

がある．この四態の真理表は，それぞれ

P	1	0	1	0
Q	1	0	0	1
$P \to Q$	1	1	0	1
$\neg P$	0	1	0	1
$\neg Q$	0	1	1	0
$\neg P \to \neg Q$	1	1	1	0

Q	1	0	0	1
P	1	0	1	0
$Q \to P$	1	1	1	0
$\neg Q$	0	1	1	0
$\neg P$	0	1	0	1
$\neg Q \to \neg P$	1	1	0	1

となる．即ち，対偶は同値である．

$$P \to Q :=: \neg Q \to \neg P, \quad Q \to P :=: \neg P \to \neg Q.$$

各種の証明において，基礎となる関係の証明が難しい場合，その対偶を以て代えるという手法がよく使われる．「同値であればこそ」の手法である．

ところで，排中律は，真・偽の二者択一であり，即ち，「P である」ことと，「P ではない」ことの"どちらか一方が成り立つ"ことであり，これは論理式：

P	**1**	**0**
$\neg P$	**0**	**1**
$P \lor \neg P$	**1**	**1**

によって表現される．このように，全ての場合に真となる論理式を**恒真式・トートロジー**(tautology) と呼ぶ．これは命題の内容に関わらず成り立つ関係を示し，通常の数式における恒等式に対応する．数学における"公式"は主に恒等式であり，論理における"公式"とはトートロジーのことである．

A.4.4 万能結合子

二つの命題と結合子によって作られる論理式の全体について考える．二命題の真・偽に関する四項目に対して，真理表は 2^4 通りの異なる値を取る．

1	1	1	1
1	1	1	0
1	1	0	1
1	1	0	0
1	0	1	1
1	0	1	0
1	0	0	1
1	0	0	0

0	0	0	0
0	0	0	1
0	0	1	0
0	0	1	1
0	1	0	0
0	1	0	1
0	1	1	0
0	1	1	1

ところが，右側の表は左の"否定"を取ることによって表されるので，左のみを考察すれば以下の議論には充分である．ここまでは具体的な P, Q には無関

A.4. 命題と論理式

係に定まる．この八種類の場合を，P, Q と先に定義した結合子によって表現出来るか否かを調べよう．これまでの結果から，次のことが直ちに分かる．

(1) $P \vee \neg P$	1	1	1	1
(2) $Q \to P$	1	1	1	0
(3) $P \to Q$	1	1	0	1
(4) $P :=: Q$	1	1	0	0
(5) $P \vee Q$	1	0	1	1
(6) P	1	0	1	0
(7) Q	1	0	0	1
(8) $P \wedge Q$	1	0	0	0

$\neg(P \vee \neg P)$	0	0	0	0
$\neg(Q \to P)$	0	0	0	1
$\neg(P \to Q)$	0	0	1	0
$\neg(P :=: Q)$	0	0	1	1
$\neg(P \vee Q)$	0	1	0	0
$\neg P$	0	1	0	1
$\neg Q$	0	1	1	0
$\neg(P \wedge Q)$	0	1	1	1

この表から，十六種類の全ての場合が，既出の結合子のみで記述出来ることが分かった．さらに，表の各項目を比較すると，相互の関係が見えてくる．

双条件法は，否定と論理積によって合成された結合子なので，記号 $:=:$ は，$\neg$ と $\wedge$ の組によって置換えられる．そこで，記号 $\wedge$ に注目して，$\neg P, \neg Q$ との組合せを求めると

P	1	0	1	0
$\neg Q$	0	1	1	0
$P \wedge \neg Q$	0	0	1	0
$\neg(P \to Q)$	0	0	1	0

$\neg P$	0	1	0	1
Q	1	0	0	1
$\neg P \wedge Q$	0	0	0	1
$\neg(Q \to P)$	0	0	0	1

$\neg P$	0	1	0	1
$\neg Q$	0	1	1	0
$\neg P \wedge \neg Q$	0	1	0	0
$\neg(P \vee Q)$	0	1	0	0

となる．最下段の命題が示しているように，ここから以下の同値関係：

$$P \to Q :=: \neg(P \wedge \neg Q), \quad Q \to P :=: \neg(\neg P \wedge Q), \quad P \vee Q :=: \neg(\neg P \wedge \neg Q)$$

が導かれる――特に，最右式は，**ド・モルガンの法則**(De Morgan's law) としてよく知られたものである．三式の右辺は全て $\neg, \wedge$ のみで書かれているので，これを用いて先の表から記号 $\vee, \to$ を削除することが出来る．さらに，**シェーファーの棒**(Sheffer stroke) と呼ばれる記号を以下により定義する．

$$P \,|\, Q := \neg(P \wedge Q).$$

これは，**not** と **and** により構成されているので

$$P \text{ nand } Q := \text{not } (P \text{ and } Q)$$

とも書く――左辺の結合子は"ナンド"と読む．定義に従って

$$P \,|\, P :=: \neg(P \wedge P) :=: \neg P$$

である．即ち，自分自身との **nand** を取ると **not** が附く．これより

$$(P\,|\,Q)\,|\,(P\,|\,Q) :=: P \wedge Q$$

となり，**not** と **not** が打ち消し合う．この二つの結果は，新結合子が $\neg$ と $\wedge$ を含んでいることを示している．即ち，**nand** はこれ一つで全ての場合を表現出来る，二命題における万能結合子であることが分かった[13]．

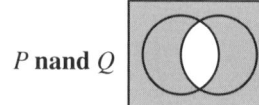

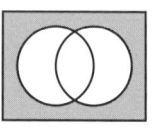

同様の能力を持つ結合子は，**not** と **or** からも作ることが出来て，これは **nor** と呼ばれている．電気回路によって論理計算を行う場合，**nand** を含むチップさえあれば，あらゆる論理計算が可能な回路が設計出来る訳である．ここで展開した理論は，真偽値 $(1, 0)$ を (on, off) に，或いは，電圧 $(5\text{V}, 0\text{V})$ に置換えることで，そのまま電気回路理論に応用出来るものである．

☞ | **余談：論理的な文章とは何か** ....

　　書店の入試・入社対策書や一般啓蒙書などの棚には，「論理的な文章を書く秘訣」といった類の本が溢れている．論理的文章を書くことに秘訣もコツもありはしない．単純に「and」「or」「not」を駆使して書けばいいだけである．これは冗談のようで冗談ではなく，極論のようで極論でもない．要するに論理構造を明確にする接続詞などを，叮嚀にその字義通りに用いればいいのである．
　　接続詞は，「順接」「逆接」「並列」「選択」「添加」「転換」などと大別されているが，これらの言葉の導きに従って，その指示の通りに書くだけの話である．書き出しに使った「よって」「しかし」「ならびに」「もしくは」「その上」「さて」といった言葉を裏切らないように注意する．これに違反した文章が非論理的になるのは，まさに論理的結論であり，内容の問題ではない．
　　内容の子細や心理描写ばかりを云々して，構造を学ぶ機会が少ない今の教育では，非論理的文章や会話を糺すことが出来ない．感想文で他人の文章を論じる遙か前に，自分を鍛える必要がある．心理の前に「真理の表現」を学ぶべきである．国語教育の脆弱さを打破するには，出来る限り早期に論理演算子を学ばせて，基本を磨くしかない．その意味でも情報教育の責任は重いのである．

....■

---

[13] 因みに，$P \vee Q :=: (P\,|\,P)\,|\,(Q\,|\,Q)$ である．

A.5 自然数の構造

無限公理(axiom of infinity) により，任意の集合 s が与えられた時

$$s^+ := \{s\} \cup s \quad \big[= \{s\,\text{自身},\ s\,\text{の要素}\}\big]$$

もまた集合となることが保証されている．即ち，「与えられた集合 s」と，その「集合の要素」を要素とする集まりも，また集合となることを示している．ここに入れ子の構造が見られる．核になる集合を定めれば，そこから幾らでも新しい集合が定義出来る．集合論はこの公理によって，無限に続く集合の一大集団を作り得ることを保証している．この公理を補完するのが，**空集合の存在公理**(axiom of empty set) である．上式を文章化し，空集合 $\emptyset$ の存在を加えれば

> ◆ s が集合ならば，s^+ も集合である．
> ◆ ただし，$\emptyset$ は集合である

となる．そこで最初の s として $\emptyset$ を選び，これを **0** と書換えて代入すると

$$\mathbf{0}^+ := \{\mathbf{0}\} \cup \mathbf{0} = \{\mathbf{0}\,\text{自身},\ \mathbf{0}\,\text{の要素}\}$$

となるが，空集合は「如何なる集合も含まない」ので，右辺は $\{\mathbf{0}\}$ となる．これが公理によりその存在が保証される新集合である．これを **1** と記そう．

$$\mathbf{1} := \mathbf{0}^+ = \{\mathbf{0}\}.$$

この計算を繰り返して，先に求めた形式的自然数が再現される．

$$\begin{aligned}
\mathbf{2} &:= \mathbf{1}^+ = \{\mathbf{1}\} \cup \mathbf{1} = \{\mathbf{1}\,\text{自身},\ \mathbf{1}\,\text{の要素}\} \\
&= \{\mathbf{1}\} \cup \{\mathbf{0}\} = \{\mathbf{1}, \mathbf{0}\}, \\
\mathbf{3} &:= \mathbf{2}^+ = \{\mathbf{2}\} \cup \mathbf{2} = \{\mathbf{2}\,\text{自身},\ \mathbf{2}\,\text{の要素}\} \\
&= \{\mathbf{2}\} \cup \{\mathbf{1}, \mathbf{0}\} = \{\mathbf{2}, \mathbf{1}, \mathbf{0}\}, \\
\mathbf{4} &:= \mathbf{3}^+ = \{\mathbf{3}\} \cup \mathbf{3} = \{\mathbf{3}\,\text{自身},\ \mathbf{3}\,\text{の要素}\} \\
&= \{\mathbf{3}\} \cup \{\mathbf{2}, \mathbf{1}, \mathbf{0}\} = \{\mathbf{3}, \mathbf{2}, \mathbf{1}, \mathbf{0}\}.
\end{aligned}$$

このように，集合として定義された形式的自然数には，連続的な帰属関係：

$$\mathbf{0} \in \mathbf{1} \in \mathbf{2} \in \mathbf{3} \in \mathbf{4} \in \cdots$$

が附与され，これによって本来の自然数が持つ「大小関係」を導入することが出来る．以上より，形式的自然数が，その基礎を集合論によって裏附けられていること，そしてそこには「入れ子構造」があることが分かった．

次なる問題は，この太字による形式的自然数が，我々に馴染みの数——両者の比較をする際にはこれを**直観的自然数**と呼び，特にその必要が無い場面では，単に自然数[14]と呼ぶことにする——が充たす様々な性質を持ち得るか否かである．ここでは直観的自然数における加法をその代表として調べよう．我々のよく知る加算の性質を抽出し，以後の議論の土台としたい．

数 0 を定め，1 を得た時，そこに一つの規範が生まれる．二つの異なる思考対象を尺度とする一本の直線を考えよう．諸君が馴染んでいる自然数は，直観的には間隔 1 で目盛を附けられた，数の並びである．即ち，自然数とは「順に 1 を加えることによって生成出来る」ものである．具体的に書いてみよう．

$$\begin{aligned} 1+0 &= 1, \\ 1+(1+0) &= 2, \\ 1+(1+(1+0)) &= 3, \\ 1+(1+(1+(1+0))) &= 4. \end{aligned}$$

この場合も一つ前の結果に，「1 を加える」ことで次の数が定まる"自然数の持つ入れ子構造"がよく現れるように記述を工夫した．

これらから，「計算する相手が記されていない表記法」である 1+ が，自然数の生成器となることが分かる．常に口を開けて計算すべき相手を待ちわびている記号を，**オペレータ**(operator) と呼ぶ．またその計算対象を**オペランド**(operand) と呼ぶ．

オペレータがオペランドに作用することによって，計算が完結する．因みにオペレータの訳語は，物理方面では演算子，数学方面では作用素が主に用いられる．演算をする基であるから演算「子」，対象に作用するから作用「素」である．本講義では演算子と呼ぶことにする[15]．また，演算子に対象要素を"食わせる"ことを，「作用させる」「適用させる」などと言い表す．

---

[14] 形式的自然数が **0** から順に定義されることから，計算機分野では，数 0 を自然数に含める場合が多い．本講義ではこの定義と，従来の数学的定義 (0 を含めない) を併用する．

[15] コンピュータ関係では演算子が有力のようであるが，果たして物理と数学と計算機関係者が混在する量子計算機の分野では今後どのようになるのであろうか．結局のところ，文脈により，どちらがより馴染むかという問題であろうが，中々興味深い．

A.5. 自然数の構造

さて，この生成器——1を加える演算子——の連続適用によって全てが生み出される，その様子を具体的に書いておこう．この演算子を $\mathcal{S} := 1+$ で表すと，先の結果は次のようにまとめられる．

$$\begin{aligned} \mathcal{S}\,0 &= 1, \\ \mathcal{S}(\mathcal{S}\,0) &= 2, \\ \mathcal{S}(\mathcal{S}(\mathcal{S}\,0)) &= 3, \\ \mathcal{S}(\mathcal{S}(\mathcal{S}(\mathcal{S}\,0))) &= 4. \end{aligned}$$

また，演算子の適用回数を記号の肩に乗せて記述すれば，簡潔な表記になる．

$$\mathcal{S}^1 0 = 1, \quad \mathcal{S}^2 0 = 2, \quad \mathcal{S}^3 0 = 3, \quad \mathcal{S}^4 0 = 4, \dots$$

さらに，次のようにも書ける．

$$\mathcal{S}\,0 = 1, \quad \mathcal{S}\,1 = 2, \quad \mathcal{S}\,2 = 3, \quad \mathcal{S}\,3 = 4, \dots$$

これより関係：

$$\mathcal{S}\,n = n + 1$$

の成立が予想される．

このように演算子 $\mathcal{S}$ は次の自然数を生み出す．そこでこの演算子を改めて**後任函数**(successor)と名附けよう[16]．ただし，演算子記法は，計算をその「主体」と，「適用される対象」とに明確に区別し，それぞれの立場を鮮明にするところに妙味があるので，その表記法は画一的に決まるものではない．

例えば，$\mathcal{S}$ はオペランドに「1を加える」ことが，その本質なので，加算の順序を変えても，その結果が変わらないことから，$\mathcal{S} := +1$ と定義しても同じである．しかし，計算の種類によっては，この両者が異なることもあり，またオペランドを挟んで右から左へと作用するのか，左から右へと作用するのかの区別が最重要となる場合もある．何れにしても，演算子の"口が開いている場所"(これをスロットとも呼ぶ)を把握しておくことが基本である．

---

[16] 後者関数，或いは後継者関数などと呼ばれることが多い——単に後継関数とする場合もある．ここでは複数の項を論じる際にも用いられる「前者」「後者」という余りに日常的な言葉を避ける為に，また後継の対義語が前任である為に，これを後任と名附けることにした．

A.6 再帰による定義

このようにして"状況証拠"を集めて予想を立て，それを証明していく．或いは直観的な思考を離れて，より精密な，より秩序だった定義を求め，そこから話を作り直していく．それが数学を創る行為であり，そして学ぶための最善の方法である．具体例の地道な収拾を怠って出来る創造行為は存在しない．

A.6.1 自然数の定義

そこで計算の手順，その内容，意味を反省しながら，経験的に得た数の相互関係が，全ての**自然数**(natural number) において充たされるように工夫したものが，以下の文章による定義である．

> ◆ n が自然数がならば，Sn も自然数である．
> ◆ ただし，0 は自然数である．

先に述べた集合の公理と同じ形式である．ここまで見てきたように，自然数の議論には必ず，「同一作業の繰り返し」「入れ子構造」が登場する．そしてこの手法で無限が取り込まれる．**無限という危険物を直接には扱わずに，しかし無限にまで行き渡る**，という実に巧みな定義である．

続いて，加算について考えよう．これまでの経緯を離れて，改めて加算の意味を探る．無限に続く自然数の中から，どのような組合せを取っても，確実に加算が定義される為には，どのような工夫が必要であろうか．

自然数 a, b の加算を考える．この計算が持つべき性質を，「自然数の隣同士の差は全て同じである」こと，それのみを利用して特徴附ける．ある自然数の次の自然数を「後任」と呼ぶ――この用語は既に"後任函数"として登場している．これを用いて，数の相互関係より加算の持つべき性質を定める．即ち

> ◆ ある数 a に，「ある数 b の後任」を加えたものとは，
>   「ある数 a に，ある数 b を加えた」全体の後任である．
> ◆ ただし，どの数に 0 を加えても，結果は変わらない．

自然数同士の加算が持つべき当然の性質としてこの主張を受け容れ，これによって"加える"という計算，演算子 + の意味を定めるのである．

以上の主張を数式化すれば，以下のようになる．

> ◆ plus(a, $\mathcal{Z}b$) := $\mathcal{Z}$ plus(a, b)
> ◆ ただし，plus(a, 0) := a

ここで演算子 $\mathcal{Z}$ は後任函数である．記号 plus は，括弧内の二数に対して計算する機能を持っている．ただし，今はその意味を調べているのであるから，記号 + は使えない．そこで新たな記号を導入した訳である．

A.6.2　自己言及の定式化

さて，この段階で plus の正体は不明，さらに後任函数の具体的な形も不明である．また plus を定義しているはずの式で，未知の内容を表す左辺にも，既知の内容を表す右辺にも，定義されるべき plus が顔を出している．分からないものばかりの堂々巡りである．これは一見，矛盾しているように見える．

定義の中に自分自身が登場する．所謂**自己言及**，或いは**自己参照**(self-reference) である．これは果てしなく続く入れ子構造を想像させるものである．鏡を持って鏡の前に立てばどうなるか．マイクを持ってスピーカーの前に立てばどうなるか．鏡の中には鏡を持った自分が映り，そのまた鏡の中には，と画像の入れ子は延々と続く．自分の声がマイクで拾われ，それを拡声したものが再びマイクに拾われて，忽ちハウリングを起こしてしまう．雄叫びを上げるギターの秘密はここにある．これらは自己言及の物理実験である．

自己言及の数学的定式化を**再帰**(recursion) と呼ぶ．再帰は無限の繰り返しを確実な方法で捉えたものである．ただし，この無限は一方向である．その為の条件が必ず添えられている．今の場合なら，「但し書きの式」である．これが片方を有限に収める．大きくも無限，小さくも無限，プラスにも無限，マイナスにも無限では困るのである．底無し沼を避けて，行き止まりのある一方の無限を扱うのが，再帰の仕事である．

矛盾しているかに見える定義も，この条件に従って，内部の動きに想いを馳せれば，一番簡単な場合から順に定義そのものが自らの力で進んでいくことが分かるだろう．逆に見れば，複雑な入れ子構造が次第に簡単なものに代わり，最後に「最も簡単な場合の具体的な値」に代えられることによって，全体が矛

盾無く収まるのである．この定式化の本体を**再帰部**(recursion case) と呼ぶ——今の場合ならば，plus($a, \mathcal{Z}b$) := $\mathcal{Z}$ plus(a, b) が再帰部である．

再帰の定義は常にこうした形式を採る．その鍵は底の存在，これ以下は無いという終着点の存在である．これを**基底部**(base case) と呼ぶ——plus($a, 0$) := a が基底部である．下から上へと臨む時は始発駅，上から下へと降りる時は終着駅の役割を演じる．終了条件と呼ばれる場合もあるが，呼称の違いは，扱う問題の性質によって生じるもので，本質的ではない．再帰部と基底部が揃ってはじめて，対象が定式化される．自然数に内在する入れ子構造がその基礎を与える．節度のある自己言及，それが再帰の正体である．

譬えて言えば，再帰部はドミノ倒しの駒の間隔を与えるものである．どの駒の間隔も等しく，前のものが倒れれば，必ず次も倒れるという配置になっている．それを定めたものである．基底部は，最初の一枚である．それが倒れなければ何も始まらない，その一枚を与えている．両者が揃わなければ，ドミノ倒しは始まらない，最後の一枚まで倒れない．

☞ | 余談：自己言及の捧げもの |

通称 **GEB**，ホフスタッターの手になる名著『**ゲーデル，エッシャー，バッハ**(GÖDEL, ESCHER, BACH)』は，"自己言及の捧げもの"である．その副題が示しているように，この類い希なる著作おいて，数理論理学の**ゲーデル**，騙し絵の**エッシャー**，そしてフーガの**バッハ**が，実に見事な「不思議の環 (an Eternal Golden Braid)」を為している．三人の巨人を列挙した書名には，奇異な感じを受ける人も居るだろうが，彼等の仕事を少しでも知れば，そこに共通基盤としての「自己言及」が存在することに気が附くだろう．そこで明らかにされる「三者三様の再帰」は，コンピュータ・プログラムの言葉と混じり合って，次第に一つのものにまとめられていく．そこには本当の意味での娯楽がある．実際にバッハを聴きながら，エッシャーを見ながら，GEB を読む時，自らが知的な階段を再帰的に昇っていることが実感出来るだろう．

学ぶは"真似る"から始まる．全ての学習行為は，模倣と再構成による再帰である．GEB が人工知能の解説へと歩を進め，知性とは何かという著者自身の仕事へと誘導していく手腕は格別である．それでは，著作そのものが大きな再帰構造をもって編まれている GEB の"基底部"は何か．ここで採り上げた「自然数の再帰的定義」を理解することこそ，この著作を楽しむ為の第一歩である．

A.6.3 括弧と自然数

再帰により定義された自然数に話を戻して，実際の計算を進めてみよう．先ず $b = 0$ を再帰部に代入すれば

$$\text{plus}(a, \mathcal{Z}0) = \mathcal{Z}\,\text{plus}(a, 0)$$

となるが，基底部 $\text{plus}(a, 0) = a$ の条件より

$$\text{plus}(a, \mathcal{Z}0) = \mathcal{Z}a$$

を得る．これは「0の後任と a の加算」が，「a の後任に等しい」ことを示している．ここで 0 の後任を $\mathcal{Z}0 = 1$ と書けば，$\mathcal{Z}a = \text{plus}(a, 1)$ となる．これは直観的自然数として，初めの幾つかを計算して得た結果：$\mathcal{S}n = n + 1$ を再現している．従ってこの場合，$\mathcal{Z}$ は $\mathcal{S}$ に等しく，その具体的な計算手法は 1+ で与えられると考えてよい．

以上から，通常の加算の意味が明らかになった．plus を導入した強みは，全く同じ手法が形式的自然数に対しても適用出来ることである．後任函数 $\mathcal{Z}$ を集合の計算式 s^+ に置換えて，空集合から始めればいい．そしてこれは，直ちに"括弧の集団"へ適用出来る．即ち

$$\mathcal{Z}(\,) = ((\,))$$
$$\mathcal{Z}((\,)) = (((\,))(\,))$$
$$\mathcal{Z}(((\,))(\,)) = (((\,))(\,))((\,))(\,))$$
$$\mathcal{Z}((((\,))(\,))((\,))(\,)) = ((((\,))(\,))((\,))(\,))(((\,))(\,))((\,))(\,))$$

が成り立つ．また，太字を用いて書き直せば，以下のようになる．

$$\mathcal{Z}\,\mathbf{0} = \mathbf{1}, \quad \mathcal{Z}\,\mathbf{1} = \mathbf{2}, \quad \mathcal{Z}\,\mathbf{2} = \mathbf{3}, \quad \mathcal{Z}\,\mathbf{3} = \mathbf{4}, \ldots$$

この辺りも集合論に戻って，内容を附き合わせていけば，議論をより精密化させることが出来る．こうして形式的自然数にも，我々が日常使っている自然数と同様の加算が組込めることが分かった．即ち，ここまでの定義の意味で

$$((\,)) + (((\,))(\,)) = ((((\,))(\,))((\,))(\,))$$

が成り立つ．以後は，形式的，直観的という言葉を冠せず，単に自然数と呼ぶことにする．ただし，先の註釈の通り，ここでは 0 も含むものとする．

ここで「自然数とは何か」ということをまとめておこう．自然数とは，次の規則により生成されるものである．

> 再帰部：n が自然数ならば，$n+1$ も自然数である．
> 基底部：0 は自然数である．

この再帰形式の定義が，自然数の全てを尽くしている[17]．

これより，自然数に関する**数学的帰納法**(mathematical induction) と呼ばれる証明手法のカラクリも理解出来るだろう．数学的帰納法とは

> 再帰部：自然数 n が性質 P を充たす時，$n+1$ も同じ性質を充たす．
> 基底部：0 も性質 P を充たす．

を示して，0 からスタートした証明が，全ての自然数に及ぶことを明らかにする演繹手法である．実際には演繹であるにも関わらず，具体的な数に関する事例を示し，個別撃破していくプロセスが如何にも帰納的である為，この名称が附けられている．その断り書きが"数学的"である．

☞ 余談：証明の発想 ....

数学的帰納法の過程は，「$P(n)$ が成り立つならば，$P(n+1)$ が成り立つ．この時……」として記述される場合が多いが，これは明晰な文体とは言い難い．また，その"精神"を表してもいない．実際に証明を行う時に必要な発想は

$P(n)$ という"事実"を用いて，$P(n+1)$ の成立を示すこと

である．別の言い方をすれば，「$P(n+1)$ を求めるに際して，条件：$P(n)$ のみを用いること」である．両者の間を繋ぐのは，自然数における"後任"の概念である．$n+1$ が n の後任であることを活用して，$P(n+1)$ を導くのである．

証明における仮定，或いは前提条件とはその場における"事実"である．従ってそれを確定事項として使う．事実から"新しい事実"を導き出すことが証明である．そしてその結果が否定的な結末を迎えた時には，"それは事実ではなかった"ことが，新しい事実として証明される．表面を飾る言葉は"仮定"であるが，証明を行う者を支えるのは"事実"という強い言葉である．特に，数学的帰納法における証明は，事前に小さい n に対する具体例を見出し，その確かさに支えられて，$P(n+1)$ を捻り出すのである．

....■

---

[17] 0 を自然数としない立場からは，当然 1 がそのスタートとなる．

A.7 函数とラムダ記法

　函数，その内容は兎も角として，この言葉は広く知られている．一般的には"関数"と書くが，本講ではその実体を示唆する"函"の文字を用いる．

A.7.1　函数の定義と記法

　入力に対してある処理を行い，出力をする．その出力が一意である．即ち，与えられた入力に対して，出力は一つに定まっており紛れがない時，これを**函数**(function) と呼ぶ．同じ意味で**写像**(mapping) や，**変換**(transformation) も用いるが，ここでは函数を主に使う[18]．

　例えば，与えられた数を二乗して返す式：

$$x \mapsto x^2$$

は函数である．ここで入力側である x がどのような集合に属しているか，が問題になる．これを**定義域**(domain) と呼ぶ．また，この函数の出力側である x^2 の属する集合を**値域**(range) と呼ぶ．通常，函数はこの定義域と値域，そして入出力の関連を示す本体の組で定義される．ただし，定義域は「可能な集合の全域」とし，値域もまた同様に「出力される全域」である，とする"暗黙の仮定"が採用されて，これらを明記しないこともある．

　プログラム理論では，こうした入出力の氏素性を明確にする手法を「型附き」，省略する手法を「型無し」と呼んで区別している．実際，数値計算のバグが，文字出力に変じてしまうようでは，安心してプログラムを書くことが出来ない．そこで型を明記して，ミスを最小限にする手法を取るのである．しかし，これはプログラマには負担にもなるので，「型推論」と呼ばれる自動機構が開発されている．型推論とは，型を明示しない書法でありながら，プログラムが自らその型を判定してこれを附加し，安全性を高める機構のことである．

---

[18] 各用語に数学的内容の違いはなく，多分に感覚的なものである．写像は元々が map の訳語であり，幾何学的な意味での"像を移す"というニュアンスが強い．解析学との関連で，数の対応関係を扱う場合には函数が広く用いられる．変換は，写像とほぼ同じ使われ方をするが，特に入・出力の変数が同じ集合に属している場合に用いられる．従って，数と文字が共存するプログラムの場合，写像が適切な用語であるようにも思えるが，洋の東西を問わず，この意味では余り使われていない．

「**全ては集合である**」という集合論の立場からは，当然，函数も集合によって定義される．それには**順序対**(ordered pair) を用いる．例えば，$x \in X, y \in Y$ の時，$\langle x, y \rangle$ の全体は，与えられた変数間の対応関係を与えるので，それが一意に定まるものであれば

$$\langle x, y \rangle \in f$$

という形式で函数 f を定めることが出来る．

函数の表記方法には様々なものがある．先に示したように，尻尾附きの矢印を用いて変数間の関係だけを明示したもの．また，函数に名称を附けて

$$f : x \mapsto y, \quad \text{或いは} \quad y = f(x)$$

と表したもの．変数が属する集合間の関係：

$$f : X \to Y, \quad \text{或いは} \quad X \xrightarrow{f} Y$$

によって示したもの．これをより詳細に，集合と要素の関係を含めて図案的に

$$X \ni x \mapsto y \in Y, \qquad \begin{array}{ccc} X & \xrightarrow{f} & Y \\ \cup & & \cup \\ x & \mapsto & y \end{array}$$

と書いたもの．定義域と値域の関係を含めて集合により

$$f(X) = \{f(x) \mid x \in X\} = Y$$

と表したもの等々，多種多様な形式がある．また，f の定義域を $\mathrm{Dom}\, f$，値域を $\mathrm{Im}\, f$ として附記する場合もある[19]．

自動販売機のように，入力に応じて出力が決まる，そうした能力を持った"箱"，それが函数のイメージである．ただし，プログラム理論においては，函数の概念は出来る限り拡げられている．入力に対して一切変化せず，同じ値を出力するものも函数である (定数函数と呼ぶ)．函数を入力として，別の函数を吐き出すものも函数である (高階函数と呼ぶ)．また，プログラムの時刻表示処

---

[19] 表記の多様性は，その存在の多様性に依る．局所的には記述の統一は為されるべきであろうが，大域的にはその分野で慣用されているもの，その場の表現にとって便利なもの，を自由に選択し，それでも足りない場合には，自ら新しい記述法を編み出していくべきであろう．数学記号もまた変化し，新しい息吹を与えられて洗練されていくものである．

理のように，入力すべき値を必要としないものも函数の名で呼ばれる．全く何もしない函数もある[20]．従って，「函数への入力」と書かれていても，それが定数である場合も，函数である場合もあり，また出力の「値」と書かれていても，それが単なる文字の場合も別の函数となる場合もある．

A.7.2 ラムダ記法

さて，簡単な函数の例として

$$x \mapsto ax + b$$

を取り上げよう．式を記述する際に，定数はアルファベット前半の文字に，変数は後半の文字に，という**暗黙の諒解**がある．通常，この慣習を尊重して文字選びをする．従って，この場合なら，a, b は定数，x は変数である．

しかし，こうした約束事は想像以上に窮屈である．この函数の振舞いの全体を具体的に知りたい場合には，定数値を様々に変えて調べねばならない．その時には，a, b は変数として扱われる．

そこで，どの文字が変数として考察されているか，という点と共に，函数と"函数の値"の区別を明瞭にする記法が必要である．通常は，この種の区別は文脈から判断され，大きな問題を起こすことは稀であるが，プログラミングの問題としては，まさに"機械的"に判断出来る形式が望ましい．先の表記にはこの点に難がある．そこで，函数の表記法として次のような形式：

$$\lambda x.\, ax + b$$

が，**チャーチ**(Church, Alonzo) により発案された．これを**ラムダ記法**(lambda notation)，或いは**無名函数**(nameless function) と呼ぶ．ギリシア文字 λ が矢印 $\mapsto$ の代わりを務めるシンボルであり，その後に続く文字が変数となる．即ち，これは形式的には以下の書換である．

$$x \mapsto f(x) \quad \Rightarrow \quad \lambda x.\, f(x)$$

この記法によって，「x における f の値を示す $f(x)$」と，「x において $f(x)$ という値を与える函数 $\lambda x.\, f(x)$」の区別が明瞭になる．

---

[20] 金額に依らず同じ商品が出て来ても困る．自販機にお金を入れたら，中から小さな自販機が出て来たというのも困る．何も起こらないのはなお困る．イメージ作りも難しい．

また，函数への代入は

$$(\lambda x.\, ax + b)\, 2 = 2a + b$$

という形式で行う．さらに文字 a に関しても代入が必要な場合には

$$(\lambda a.\, (\lambda x.\, ax + b))\, (3\ 2) = 6 + b$$

と書く．既に明らかなように，この場合，値を代入される"変数"として，a, x が指定されている．b は定数である．計算は，代入すべき値に近い変数，即ち，一番外側の括弧から，この場合なら a から始める——ここにも入れ子構造が現れている．この場合も，変数の個数に応じて幾重にも括弧を重ね多層化出来る．計算は，一変数の函数として，その繰り返しにより行うのである．これを発案者**カリー**(Curry, Haskell) に因んで，**カリー化**(currying) と呼ぶ．文字 a を変数と見れば，上記した式は二変数函数のカリー化である．

　函数と"函数の値"を区別したのと同様に，変数と"代入される値"を区別したい．そこで，変数を**仮引数**(formal-parameters)，代入される値を**実引数**(acutual-parameters) と呼ぼう．これによって，函数内部の変数は仮引数であり，函数の値は実引数から成ることが分かる．こうした区別が特に必要とされない場所では，従来通りの"変数"を用いることに何ら問題はない．

A.7.3　ラムダの来歴

　さてここで諸君は，「何故にラムダであるか」という疑問を持つだろう．この文字そのものに意味は無い．元々はタイプライター印字の際に，変数であることを強調する為に文字上に**山印記号**(circumflex / caret) を附けて表現していたのであるが，最初はこれを二行ではなく一行に書く工夫をし，次に類似の大文字ラムダが選ばれ，最後に他との混同を避ける意味から小文字になったと言われている．以下がその表記の変遷である．

$$\hat{x}(x+1) \quad\Rightarrow\quad \wedge x\,(x+1) \quad\Rightarrow\quad \Lambda x\,(x+1) \quad\Rightarrow\quad \lambda x\,(x+1)$$

　キーボード上には様々な記号が印字されているが，その「読み」を知っている人は余り多くない．これらは元々，読まれることを前提にして作られたものではないので，その読みも一定せず，複数の読みが流通しているものも多い．これは音よりは"絵"として，対象の意味を表す記号の宿命かもしれない．

A.7. 函数とラムダ記法

数学は独自の記号を大量に有しているので，特別のソフトウエアを介さない限り，直接キーボードからそれらを打ち込むことは出来ない．一方，プログラミング言語はアルファベットと数字，そして以下に記した記号によって充分表現される．従って，数学記号を論じる遥か以前の問題として，これら打鍵出来る記号に親しみ，その読みを知っておくことが好ましい．

!	Exclamation	@	Commercial at	#	Hash	$	Dollar
%	Percent	^	Circumflex	&	Ampersand	*	Asterisk
(	Left paren	)	Right paren	−	Minus	+	Plus
=	Equals	?	Question mark	<	Less than	>	Greater than
[	Left bracket	]	Right bracket	{	Left brace	}	Right brace
_	Underscore	|	Vertical bar	/	Solidus	\	Backslash
,	Comma	.	Point	;	Semicolon	:	Colon
`	Grave accent	'	Acute accent	~	Tilde	"	Double quote

数式混じりの文章において，文章の一部たる数式の末尾には句読点 (実際には point と comma を使う) を要する．一方，プログラムにおいては，こうした数少ない記号を駆使している為，如何に工夫しても記号の衝突が起こり，句読点を附けることによってコードが読み難くなる．特にラムダ記法における点記号は，極めて重要な意味を持つ．こうした理由から本講では，通常の数式には句読点を打ち，コードにはこれを省くという折衷案を基本とする．

```
キイボウド
ふりさけ見れば ラムダなる
記号の山に 出でし点かも
```

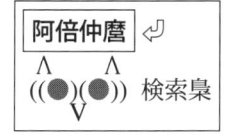

```
阿倍仲麿 ⏎
  Λ   Λ
((●)(●)) 検索梟
    V
```

ところで，コンピュータ・プログラムを「問題を入力し，その解答を出力するもの」と定義すれば，これを広義の函数と見做すことが出来るだろう．こうした立場を強調し，徹底したものが**函数型言語**(functional language) である．**函数プログラミング**(functional Programming) という言葉もよく用いられる．

函数型言語において，その処理は「函数」によって行われる．全体の処理を大きな函数と見做し，その部分処理を小さな函数の連鎖によって行う．従って，プログラマは部分処理の最小ユニットとなるべき函数を作成し，それを順に束ねることで全体を完成させる．このユニットが何処まで小さく，簡潔なものに出来るかが一つのポイントである．そしてそれが何処まで独立しているか，予想外の影響を他に与えないかが極めて重要であるが，函数型言語はこうした面で高い能力を有している．函数型言語と対比されるものは「命令型言語」と呼ばれるものであり，現状の多数派である．

☞ 余談：分割統治

> 大きな処理は小さな処理に分割する．例えば，あるメーカーが車を作るに当たって，タイヤは T 社に，ブレーキは B 社に，エンジンは E 社に発注したとする．この分業を，各社をある函数に割り当て，全体の工程を考えることによって表現する．下請けを表す函数と，それを束ねる元の函数により，一台の車が作られる全過程が記述される．下請けの作業も分割して，さらに小さな函数で記述される．こうして函数の連鎖が作業過程を示すことになる．そうした流れの中で，同じ函数が繰り返し用いられる場合もある．そこで再帰が活躍する．再帰は特別のものではない，繰り返し作業があるところには，常に再帰の影が見える．「自然数の生成過程が再帰そのものであることから，繰り返し作業や，計数処理を含む場合などは，ごく自然に再帰の形式で記述される」という主張を繰り返し，再帰的に書いておく．

あらゆる問題に当て嵌まることではあるが，定義を厳しくすれば，その対象は狭まり，議論は精密になる．しかし，それが過剰になると，一般性が無くなり個別の議論と変わらなくなる．本講では，何が函数型であるか，との細かい詮議立てはせず，函数型言語の持つ特徴，その発想を学ぶことを目的とする．

A.8 リストから始まる

歴史的には「0 の発見」は相当の難産であり，その発見はまさに茨の道であったが，先に述べた集合論による構成法では，最初に「0」が存在した．後智慧の強みである．空を示す記号 ( ) の発見，その定義により全てが始まった．これを元にして，順次自然数が定義されていく．希望する回数だけ，これを繰り返すことが出来る．そこに躓きの石は無い．0 を定義した，それが 1 の発見に繋がった．そして，0 と 1 とを括弧によりまとめた「対」が思考の単位となった．

さて，ここからは集合論における順序対を基礎に，対象を丸括弧でまとめて並列表記する方法を採用する．要素は同じでも異なってもよい．同じ要素も与えられただけ，そのまま正直に記載する．要素間の区切には，コンマではなく**空白文字**(whitespace charactor) を使う．以下，これを**リスト**(list) と呼ぶ．

最初は，0 と 1 から成るリスト：

$$(1 \quad 0)$$
$$\uparrow \quad \uparrow$$
$$head \quad tail$$

である．ここでリストの先頭部分，即ち左端の要素を第一要素と見て「head (頭部)」，それ以外を「tail (尾部)」と呼ぼう．この場合なら head は 1，tail は 0 となる．ここで第二要素とせず，"それ以外" としたところが重要である．

また，二つの要素を括弧で括る作業を「construct」より転じて，**コンス**(cons) と呼ぶ．「1 と 0 とをコンスして，リスト (1 0) を得た」という使い方をする．逆に，コンスより作られたリストから，head 命令と tail 命令により要素を取り出すことが出来る．例えば，リスト：

$$(3 \quad 2 \quad 1 \quad 0)$$

ならば，head は 3，tail は (2 1 0)．そのまた head は 2，tail は (1 0) と続けて，どの要素にも到着する．このように，先頭要素と残り，先頭要素と残り，と括弧内の最も左側の要素を取り出す手法が成立するということは，順序対と同様に，内部要素が再帰により階層的に収められていることを暗示している．

これら三種類の命令「cons」「head」「tail」があれば，自在にリストを作り，その中のデータを指定して取り出すことが出来る．箱の中にも箱がある，こうし

た再帰構造を持ったリストを基本的な枠組とするプログラミング言語が存在する．世界初の函数型言語，チャーチ直系の若手研究者**マッカーシー**(McCarthy, John) により見出された「LISP」である[21]．マッカーシーは当時，知識表現の数学化を目標に研究を行っており，所謂「人工知能」という用語を提案して，その草分けとして活躍していた．その研究活動の一環として，LISP は誕生したのである．

LISP は括弧を多用する言語である．しかし，当然のことながら，そこに「はぐれ括弧」は存在せず，全ては開き括弧・閉じ括弧のペア (カッコ＆コッカ) として登場する．即ち，どの括弧においても，その内側と外側が存在し，プログラムの意味内容を区切っている．

従って，実際にプログラミング作業を始めれば，僅かな時間でこれに慣れる．また，字下げ・改行を併用することで，視覚的にも区別がつきやすくなり，その結果，ほとんど括弧に目を奪われることがなくなる．要するに，無意味な括弧は一つとして無いので，プログラムの中身さえ把握出来れば，脳内で括弧を消し去ることが出来る．大量の括弧も霞の如しである．

例えば，次のリスト：

$$(\; 9 \; 8 \; 7 \; 6 \; 5 \; 4 \; 3 \; 2 \; 1 \; 0 \;)$$
$$\uparrow \hspace{10em} \uparrow$$

である．果たしてこの両端の括弧に意識を奪われる人は居るだろうか．それがリストであることを諒解すれば，我々はこれを意識の外に追いやって最早"見る"ことはない．最後まで括弧が必要なのはプログラムの方である．LISP に裸で登場する命令は無い．全ては括弧にくるまれている．しかしながら，論理構造を明確にする為に存在する括弧を，我々人間は"論理的に"読み飛ばすことが出来るのである．全ては経験であり，慣れである．

---

[21] 全ては論文：「Recursive functions of symbolic expressions and their computation by machine (Part I)」から始まった．起源が明確に分かっているものを調べるのは楽しいものである．なお LISP は，より正確には「函数型言語としての特徴をも持つ汎用言語」であり，純粋な函数型言語とは見做されていない．ただし，LISP の前には，言語は FORTRAN しか存在せず，歴史的文脈でこの二つを比較する場合などには，この呼称は広く用いられている．

A.9 LISP is not LISt Processor

　リストが持つ柔軟な構造．LISP はそれを駆使する．基本はリストである．LISP とは「LISt Processor」の略語である．では，リストとは何か．ここまで繰り返し紹介してきた直観的なものに換え，正式な定義を与えて以後の基礎としよう．何事もその対象を知ろうと思えば，先ずはそこに現れる違いを明確にしておく必要がある．一番簡単な方法は，二つに分けることである．所謂「二分法」を極めるところに，論理の基礎が築かれる．そして二分法のその先に，一つ高い次元での一元論が見えてくる．

A.9.1　S-表記

　LISP は処理する対象を二つに分ける．
アトム(atom) と**リスト**(list) である．

　アトムとはリストでないもの，リストとはアトムでないものである．
そしてリストとは，アトムを並べ括弧で一つにまとめたものである．
一つのアトムも含まないものもリストと認め，「空リスト」と呼ぶ．
即ち，リストは「括弧で括られた 0 個以上のアトムの集団」である．
ここで，アトムをリストの要素と見直せば「リスト一元論」となる．
　さてアトムが先か，リストが先か．定義の堂々巡りに決着を着けよう．アトムとは何か．名前が暗示しているように，これは「空白を含まない分割不能の文字の一群」のことである．アルファベット，数字により作られた一塊の文字を "基本素材" と見てアトムと呼ぶ．この意味でアトムから作られたリストは，原子に対する分子である．原子と分子から，プログラムという具体的な "物質" を構成していこうという訳である．

　それでは "原子と分子の統一理論" を目指して，両者を含む枠組を作ろう．それは **S-表記**(S[ymbolic]-expression) と呼ばれている．丸括弧と中黒，即ち (・) だけを用いて記述される再帰形式：

> 再帰部：e_1, e_2 が S-表記ならば，$(e_1 \cdot e_2)$ も S-表記である．
> 基底部：アトムと空リストは S-表記である．

により定まる**データ構造**(data structure) である[22]——上式における対を**ドット対**(dotted pair) と呼ぶ.

マッカーシーにより構想された LISP は 1956 年，IBM704 上でその産声を上げた[23]．このマシンの記憶領域の特性から，ドット対の前半部・後半部にはそれぞれ car, cdr という名称が与えられた[24]．

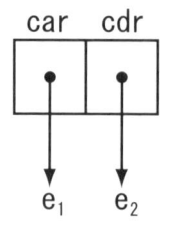

```
        car   cdr
      ┌─────┬─────┐
      │  •  │  •  │
      └──┬──┴──┬──┘
         │     │
         ▼     ▼
         e₁    e₂
```

これが記憶領域のイメージ図である．この対を**コンスセル**(cons cell)，或いは簡単にコンスと呼ぶ．その名の由来は，先にも記したように construct であり，対の生成を「コンス」と呼ぶことに因る[25]．

A.9.2　リストの定義

これまで議論してきた「リスト」の性質は，全て S-表記に含まれる．そこで，S-表記を元にしたリストの定義を改めて与え，以後これを採用する．cdr 部がリストである特別なドット対について考える．これを同様の再帰形式：

> ◆ S-表記とリストのコンスは，リストである.
> ◆ ただし，空リストはリストである.

とまとめて，リストの定義にするのである[26]．

---

[22] S 式と呼ばれることが多い．本来ならもう少し直訳的に「記号表現」とした方がいいかとも思うが，多用される言葉なので，間を取ってこれを選んだ．方程式，恒等式，公式等々，末尾に「式」が附く訳語が多すぎる．また「式」には「様式」「流儀」の含みもあるので，"expression" の訳語としてこれ以上の濫用は避けるのが賢明ではないか，というのが私見である．あらゆる対象を飲み込むこの定義に対して，何々式という名称は余りにも狭すぎる．

[23] 1954 年 4 月に発表された International Business Machines 社のコンピュータ．

[24] car は Contents of the Address part of the Register の略であり，カーと読む．cdr は Contents of the Decrement part of the Register の略であり，クダーと読む．

[25] 先に定義した head は car に等しく，tail は cdr に等しい．実際，純粋函数型言語である Haskell においては同じ意味で，head & tail が使われている．より意味が通じる first & rest を好む人もいる．これ以降，リストに関する用語は，car, cdr, cons に統一する．

[26] 空リストは「空白無き記号の塊」ではあるが，アトムとは考えない．

A.9. LISP is not LISt Processor

最も簡単な場合は，アトムと空リストをコンスしたもの，即ち

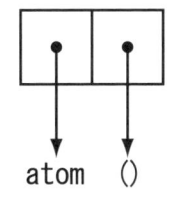

```
  atom  ()
```

である．アトムを b で表すと，このドット対は $(b \cdot (\,))$ となる．これは定義によりリストである．そこで，リストという言葉の語感——単純な要素の並び——に沿って記号を改め，ドットを省いて (b) と書くことにしよう．これで唯一つのアトムを要素として含むリストが得られた訳である．

この結果に，さらにアトム a をコンスすると $(a \cdot (b \cdot (\,)))$ となるが，先の場合と同様にドットを省いて簡略化し $(a\ b)$ と書くことにする．

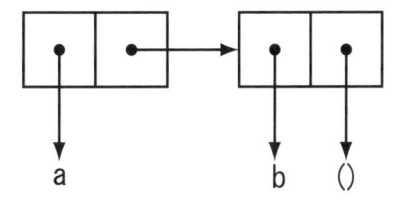

```
  a  b  ()
```

これがそのイメージ図である．こうして，任意の要素を含むリストが定義される．ドット対としての実体は

$$(a_1 \cdot (a_2 \cdot (a_3 \cdot (a_4 \cdot (\cdots\cdots (a_n \cdot (\,)) \sim)$$

であるが，これを簡略化して

$$(a_1\ a_2\ a_3\ a_4\ \cdots\ a_n)$$

と書くのである——これは**真性リスト**(proper list) と呼ばれる．連続してリストの cdr を取り，その内部深くへと侵入することを，*cdr-down* するという．ここでは空リストから cons を繰り返して積み上げ，リスト一般を定義した——これを *cons-up* と呼ぶことがある．逆に，リストとは「*cdr-down* を続けた最終結果が空リストで終るペア」とも言える．

リストの car とはその先頭要素のことである．一方，リストの cdr とは先頭要素を除いた残り全部である．この非対称性に注意しなければならない．リストの car はリストの場合も，アトムの場合もあるが，リストの cdr は必ずリストになる，元々そのように定義したことを思い出そう．

なお，空リストではない任意のリスト L に対して，以下の恒等関係：

$$L := (\text{cons } (\text{car } L) \ (\text{cdr } L))$$

が成り立つ．car, cdr, cons の相互関係が極めて印象的に表されている．

リストは 5.2 (p.135) でも議論した**木構造**(tree structure) と密接に関連している．木は階層構造であり，その構成要素は**節**(node) と呼ばれ，互いに他と結ばれている．階層の上位を**親**(parent node)，下位を**子**(child node)．特に，親の無い節は**根**(root)，子の無い節は**葉**(leaf node) と呼ぶのであった．

親の持つ子の数が 2 以下のものを，**二分木**(binary tree) という．以下に示すように，LISP におけるリストの内部構造は二分木そのものである．

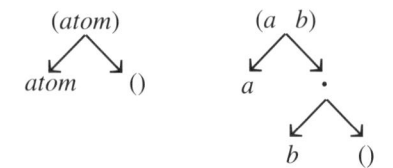

両者は見方が異なるだけであり，本質的には同じものである．従って，二分木は cons により構成され，またその要素は全て，car と cdr により取り出せる．

A.9.3 用語の多様性

ここでは LISP の内部処理に従って，与えられた要素をアトムとリストに二分する手法について説明した．しかし，思考の対象は，まさにその思考の方法によって別の名称をも獲得する．一人の同じ人間が，町民であり市民であり，県民であり国民であるように，枠組を変えれば，呼び名も変わる．そこに附随する思想も変わる．即ち，属する集合が違えば，同じ実体であっても名称は変わり，それに応じて働きも変わるのである．

アトムと呼ばれる文字の塊も，プログラム中で対象の"呼び名"としての役割を担う場合には**シンボル**(symbol) と呼ばれる．即ち，「名前アトム」はシンボルである．また，自他を区別するという意味で，**識別子**(identifier) という名称も用いられる．

プログラムの入力として与えられ，出力時にもその名称を変えないものは**リテラル**(literal) と呼ばれる．それが数値である場合，数値リテラル，文字である場合，文字リテラルと呼ばれる．単に数値型，文字型という場合もある．

プログラムは入力されると，それが正しい用語で書かれているか，不正な用語を用いていないかを別種のプログラムで検討される．これは**字句解析**(lexical analysis)と呼ばれる作業である．この時，ソースコードにおける意味の最小単位を**トークン**(token)と呼ぶ．

このように，同じ文字の塊であっても，時にアトムと呼ばれ，時にシンボルと呼ばれ，時にリテラルと呼ばれ，時にトークンと呼ばれる．如何なる集合の要素として，その言葉が用いられているか，その事を忘れると話の筋が分からなくなる．また，その多様性，多面性こそが文字に生命を吹き込み，物同様の存在感を我々に与えてくれるのである．

物理学者が文字cを，或いはgを見た時，直ちに連想するもの．ℏを見た時，感じるもの．その実感が対象への理解へと道を通じている．一方，数学者はそうしたイメージを捨てることで飛躍する．そして飛躍の糧がほしい時，再び実感を求めて現実世界に戻ってくる．

計算機プログラムの世界は，数学と物理の狭間にある．自らに物理的な実体は無いが，直ちに実体となり得るだけの"現実世界との関係"を保持している．従って，定義，名称，通称，その他様々な「名附の問題」に曝されるのである．思考の対象に名前を附ける，この行為を楽しめるようになれば，その対象もまた諸君に微笑みかけるであろう．

☞ | **余談：発見された言語** | . . . .

LISPは，基本的な構造が極めてシンプルであり，かつ柔軟性があるので，長い準備期間を経ずに，プログラミングの実際の過程に直接入って行ける．その設計思想が長寿の秘密である．実際，LISPの思想は古くならない．何故なら，LISPは発明された言語ではないからである．数学的な研究の中で，偶発的に"発見された言語"なのである．

LISPは，入力されたS-表記を処理し，新たなS-表記として出力する．これは入力されたリストを，新たなリストに書換えて出力するシステムであるとも言える．LISPがLISPと呼ばれる所以である．

しかし，LISPはその名称に反して，単なるリスト処理言語には留まらない．"括弧の壁"が，プログラムとデータの壁を取り払う．プログラムはデータであり，データはまたプログラムとなる．"Program as Data"の思想は，LISPの特徴として強調してし過ぎることのないものである．

函数型言語として振る舞うが，命令型としても使える．自己主張が弱いが故

に，あらゆる言語に影響を与えている．何処にも在って何処にも無い，それがLISPの自己主張である．まるで空集合のような存在，それがLISPである．

....

現在，LISPは二つの大きな流れに別れている．一つは商業用プログラムの制作にも使われている**Common Lisp**．もう一つは，必要最小限の機能に絞って作られた**Scheme**である．

本講義ではSchemeを使って，プログラミング言語の基礎を学び，そして数学的問題の解決に取り組む．なお，その版は「**第五改訂版**(R5RS:Revised 5 Report on the Algorithmic Language Scheme)」を用いる．現在(2012)は，仕様が拡大された六訂版になっているが，この方向性にはSchemeの特徴，その本質を損なうものであるとの批判が相当数あり，次の第七版においては，再び"必要最小限"を目指すという気運もあること，また拡大された仕様そのものが，本講で目指す教育目的に合致するものでないことから，旧版を前提にコードを書いている．この制限によって，読者が受ける"具体的な損失は無い"．何故なら，基本システムに出来ないことを出来るようにすることが本講の目的であり，その過程の中から言語の本質を学ぶことが主眼だからである．

最初から断っているように，数学の面においても，プログラミングの面においても，本講義は網羅的ではない．記述は必要最低限の事項に限り，しかも，それが実際に必要になる場面まで説明を遅らせるスタイル，自称「**遅延教育システム**」を採用している．

学習すべき内容が多岐に渡る時，その各部において理解の難易度が異なるのは当然である．従って，そこに記述の濃淡が現れるはずである．内容の取捨選択も必須である．それを単に網羅的であろうとする為に悪平等に並べることは，初学者の利便には繋がらず，むしろ負担だけを増す．

例えば，減算は加算の，除算は乗算の裏返しである．そして，乗算は加算の繰り返しであることが理解出来る人ならば，或いは，そのように理解が進む教育システムを採用しているならば，確かに四則の綜合学習は無用である．加算教育に徹すべきである．他の計算への類推が可能になるまで，加算で腕を磨くべきなのである．これこそが対象の深い理解に繋がる唯一の方法である．

知的飢餓感を奪う教育は，知的拒食症を誘発する．食べたことも無いのに嫌いだと感じ，学んだことも無いのに理解出来ないと感じる気質を育ててしま

う．不足分は自習に期待する．もし不足感を覚えたなら，それは自分の勉強が相当進んできた証拠であるから，自信を持って自学自習に励んで頂きたい．確かに"必要は発明の母"である．そして同時に"必要は理解の母"でもある．

　式番号は用いない．これは**"goto 文の排除"**に相当する．その部分で必要な事項はその部分に記述されている．従って，記述の順序に因らず，再利用が可能な形式にパック化されている．記号や用語も大域的には一貫するよう配慮し，**"参照の透明性"**を確保した．

　具体的な数値計算を行う場合，前提となる各数を全て素数とした．

　数学や理論物理の研究者は文字扱いに慣れている．文字でなければ気持ちが落ち着かない部分がある．その理由は，数値では"計算の痕跡"が消えていくからである．計算の筋道を見失うことを最も恐れるからである．従って，数値の代入は最終段階まで留保されるのが普通である．分野を問わず，新アイデアは数値的な例から見出される場合が多いが，その特殊性が一般性を掻き消す為に，出来る限り速やかに文字を使って一般化を図ろうとするのである．

　しかし，初学者にとっては文字の多用は負担となり，むしろ計算の筋道を見失う原因となっているようである．そこで本講では，予てより提唱している「**素数係数法**」を使って，両者の欠点を補うこととした．鍵は「素因数分解の一意性」にある．素数を元になる数として選べば，それが様々に計算された後も，その痕跡は消えることなく，素因数分解によって一意に分解され，その"出自"が判明する．計算後に文字と差し替えて，全てを文字式に直すことも出来る．即ち，文字と同等の"刻印"が残る．その一方で，単なる整数値でもあるので，簡単にまとめて項数を減らすことも出来る．**積計算が主役を演ずる場面**においては，非常に有効な手法である．

　自身の"短期記憶領域"が不足している場合には，簡潔な数値として取扱い，余裕のある場合には，それを分解することで，如何なる計算が過去に行われたかを判別することも出来る．素数は"値"であると同時に"名前"でもある．値として記憶領域から呼び出すか，名前として呼び出すか，その場に応じて選択が出来る．素数は，プログラム解説に実に相応しい数である．

　それでは，実際にキーを叩きながら，講義を進めていこう．

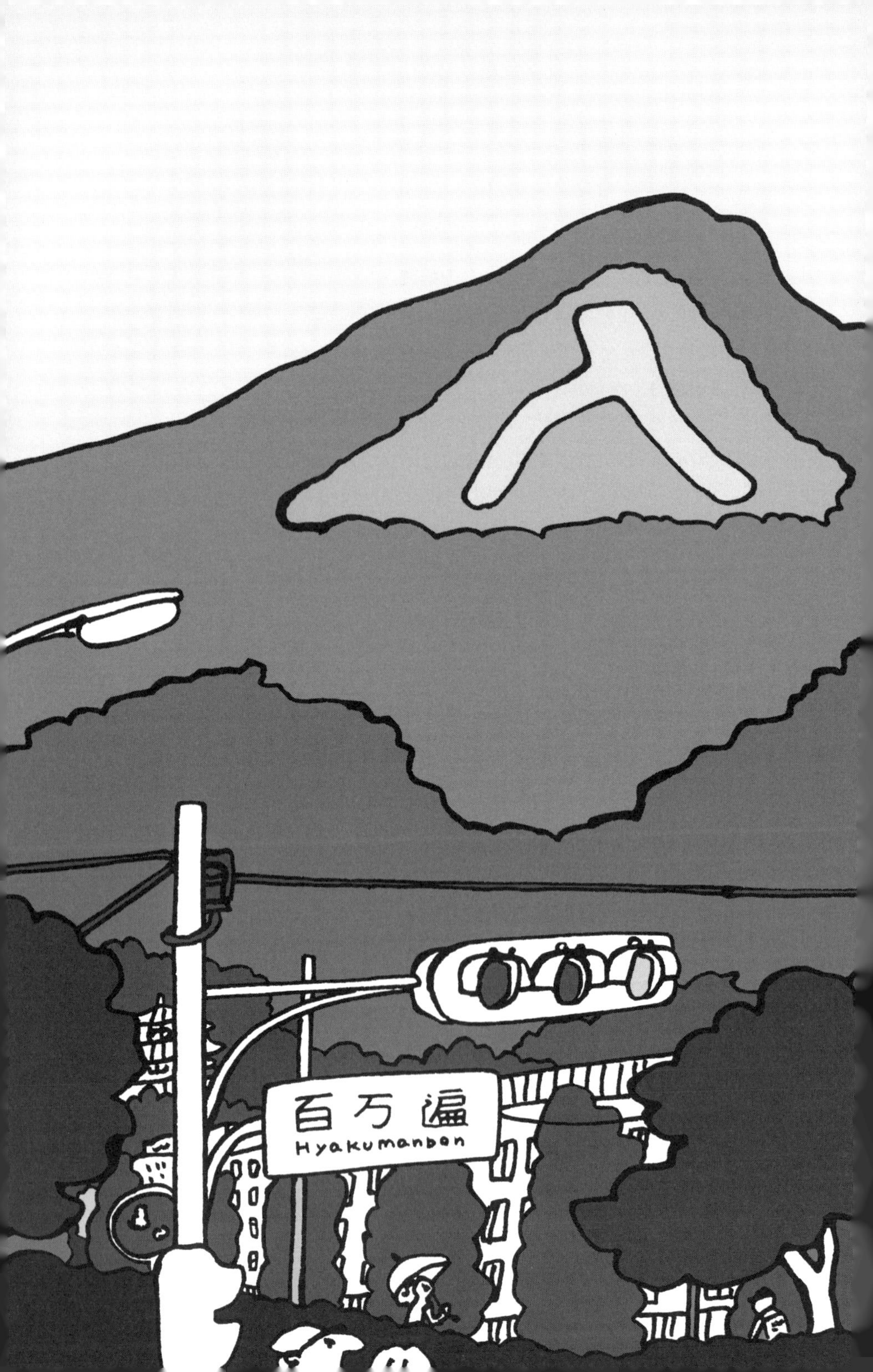
百万遍
Hyakumanben

付録 B

プログラミング言語の骨格

　先ずは，Scheme 入門．扉を叩いて門を開けよう．とりわけ LISP 系言語の場合はキーボードを叩く，"括弧を叩く"と言った方が適切かもしれないが．定義も構文の紹介もそこそこに，「何かを始める」というところから始めよう．試行錯誤と現場主義，それが一番 Scheme らしいやり方である．

　俗に「Scheme 遣い」を Schemer と呼ぶ．直訳すれば，"陰謀家"である．開発者[1]の一人である Guy Steele によれば，その名称は，先行開発されていた複雑な言語：planner (計画者) に対して，より簡明なものを目指す自らの立場を"捻りを利かして表明した"，それが当時のファイル名の制限 (六文字まで) によって，Scheme になったという．陰謀と現場主義では，その名称と実態が逆転しているようで面白い．核となる体系 (scheme) があるからこそ，どちらの手法も採れる，工夫することを厭わなければ，装備は必要最小限でよい，という発想である．現場主義を許す，その背後には明確な計画がある．数学的定義に則った厳格な骨組みの上でこそ，コードは自由に踊れるのである．

　処理系により形式は異なるが，画面には**プロンプト**(prompt)，所謂「入力促進記号」が出ているだろう (本講では最も単純な > と仮定する)．これは**インタープリタ**(interpreter)——以後，**解釈系**[2]と簡単に書く——，要するに Scheme 本体の待機状態であり，**トップレベル**(top level) とも呼ばれる最上位階層，人間に一番近い側である．入力準備 OK のサインである．

---

[1] 1970 年代後半，MIT の Guy Lewis Steele Jr. と Gerald Jay Sussman によって開発された．
[2] これとは対照的に，命令を溜め込んでおき，コンピュータが実行可能な形式にまで一気に翻訳するプログラムを，**コンパイラ**(compiler) と呼ぶ．これは翻訳系とも訳される．

B.1 評価値を得る

早速，123 と入力して，リターン・キーを押してみよう——以後はコードのみを書いて，リターン・キー押下については省略する．解釈系は逐次に入力を分析，実行する．よって，我々は解釈系との対話が楽しめるのである．この状態を**対話モード**(interactive mode) とも呼ぶ．先ずは問うてみよう．

```
> 123
123
```

画面は一行分だけ行が落ちて，123 が表示されたと思う——紛れがないように，入力を立体，出力を斜体で表す．実際の出力は立体文字のはずである．

続いて，二重引用符附きの文字列，例えば "Gauss" を入力すると

```
> "Gauss"
"Gauss"
```

となる．この二例は，リテラルに対する Scheme からの回答である．

Scheme のみならず LISP 系言語では，解釈系の応答を**評価**(evaluation)，或いは戻り値，返り値などと呼んでいる．転じて，プログラムの実行のことを「評価する」と言ったり，入出力の過程を「何々は，何々 (という値) に評価される」と言ったりする．この種の言葉遣いは，時として議論の細部を見失わせるので，本講では原則として，評価の結果である戻り値を**評価値**と呼ぶ．そして，原語との一対一対応に拘らず，その場に適した日本語に翻訳していく．

B.1.1 REPL

これは形式的には，入力されたプログラムが実行されて，その結果が画面に表示されたのであるが，実はこの段階で既に，LISP 系言語の特徴である **REPL**(Read-Eval-Print Loop)，即ち，**入力を"読み"，その"評価値"を求め，"表示"して，再び待機状態に"戻る"**という連鎖が現れている．この場合，解釈系は入力をそのまま評価値として出力し，プロンプトを表示して停止した訳である——逆にリテラルとは，評価値が入力に一致するものとして定義出来る．プログラムにおいては，このように入力通りに扱われ，データとして保管されるものが必要である．一方，入出力が全く同じというだけなら，問題の解

きようがない．従って，入力に対してある処理を施した後，結果を評価値として出力する**手続**(procedure) が必要となる．

今度は，キーボードの最上段にある"丸括弧"を対で入力してみよう．そのまま () を返す実装もあれば，エラーとなるものもある[3]．

続いて，括弧内に要素を一つ入れてみる．例えば

>   > (7)   > (apple)

である．どちらもエラー・メッセージが出る．要素を増やして，(5 3) と入力しても結果は同じ．では，**(+)** はどうだろうか．

>   > (+)
>   *0*

今度はエラーも出ず，評価値 0 が返される．次に，**(*)** と入力すると

>   > (*)
>   *1*

となる．この違いは何処からくるのか．Scheme において要素の並びであるリストは主たる存在である．そして，各要素は全て同格である．ただし，**第一要素，リストの左端の要素だけは例外**である[4]．Scheme は，制限も約束事も極めて少ない言語であるが，この"第一要素別格の約束"だけは特別である．

解釈系は空白で区切られた内容を一つの要素と見做す．そして，その第一要素は手続，或いは演算子と呼んでも同じことであるが，解釈系に処理を促すもののみが占めることの出来る特別の席であると定義されている．先の二例では，リストの第一要素が手続ではなかった．この段階で，解釈系はそれが"リストである"と認識する為の根拠を失う．従って，これを拒否したのである．

では後の二例では，何故に評価値が返ってきたのか．それは，LISP 系言語が**前置記法**(prefix notation) を採用しており，加算・乗算の手続である **+ *** が，引数の無い計算を正しく実行して，その評価値を返してきた．即ち，「足す相手の無い計算を実行して，その評価値 0」を返した．「掛ける相手の無い乗算を実行して，その評価値 1」を返してきた，と理解される[5]．

---

[3] 実装とは，Scheme の基本仕様書に沿って作られた個々のソフトウエアのことである．
[4] 名作から一行："ALL THESE WORLDS ARE YOURS EXCEPT EUROPA. ATTEMPT NO LANDING THERE"— 2010: Odyssey Two
[5] 「加法の単位元」は 0 であり，「乗法の単位元」は 1 であることを思い出そう．

全く同様に，(-) (/) を試せばエラーが出る．これらが減算と除算の手続であり，両者とも引数が無い場合，計算不能となるからである．しかしながら，-2 を (- 2) として「引かれる数 0 を省略」し，また 1/2 を (/ 2) として「割られる数 1 を省略」する記法は許されている．従って，加減乗除全ての計算において，引数が少なくとも一つ存在すれば，それは以下のような意味を持つ．

> (+ 3)	> (- 3)	> (* 3)	> (/ 3)
3	**-3**	**3**	**1/3**

ただし，手続「-」「/」に関するこの省略記法は，減算・除算の結果と考えるよりも，負数と逆数の定義であると見做す方が自然だろう．

B.1.2 四則計算

さらに引数を与える．二数の加減乗除は，以下のようになる．

> (+ 5 3)	> (- 5 3)	> (* 5 3)	> (/ 5 3)
8	**2**	**15**	**5/3**

以上の結果を見ただけで，解釈系が如何なる処理をしているか，ほぼ理解出来たのではないか．前置記法は引数が多い場合，非常に簡潔に書ける．そして同時に，Scheme のリスト表現と連動している．次に三数の場合を例に挙げる．

> (+ 7 5 3)	> (- 7 5 3)	> (* 7 5 3)	> (/ 7 5 3)
15	**-1**	**105**	**7/15**

先頭に手続を置く，それ以降の要素は全て演算の対象，即ち引数であり，途中に記号を要しない．ここに前置記法の便利さがある．リストは対を基にした再帰から作られているのであるから，上の結果から解釈系の内部では，次のような入れ子構造を基礎にして，計算が進められていることが推察される．

  (+ (+ 7 5) 3) (- (- 7 5) 3) (* (* 7 5) 3) (/ (/ 7 5) 3)

具体的に，一桁の数を例にとって，一般的な数式と対比しておこう．

$$
\begin{aligned}
(+\ 1\ 2\ 3\ 4\ 5\ 6\ 7\ 8\ 9) &\longleftrightarrow 1+2+3+4+5+6+7+8+9, \\
(*\ 1\ 2\ 3\ 4\ 5\ 6\ 7\ 8\ 9) &\longleftrightarrow 1\times2\times3\times4\times5\times6\times7\times8\times9, \\
(-\ 1\ 2\ 3\ 4\ 5\ 6\ 7\ 8\ 9) &\longleftrightarrow 1-2-3-4-5-6-7-8-9, \\
(/\ 1\ 2\ 3\ 4\ 5\ 6\ 7\ 8\ 9) &\longleftrightarrow 1\div2\div3\div4\div5\div6\div7\div8\div9.
\end{aligned}
$$

こうした計算手法が成立するのは，再帰によるリスト構造の御蔭である．従って，手続は通常の加減乗除の機能を持つ二項演算子で充分なのである．また，四則計算における乗除の優先規則も，括弧により視覚的なものになる．例えば

$$2 \div 3 + 5 \times 7 - 11$$

の場合ならば，以下の形になる．

```
> (- (+ (/ 2 3) (* 5 7)) 11)
74/3
```

さらに改行・字下げを使えば，より明瞭である[6]．以下は一番極端な例である．

```
(-
  (+
    (/ 2 3)
    (* 5 7)
  )
  11)
```

このように，計算の内容に照らして徹底的に原則を貫くと，返って読み難くなる場合があるので，一行当たりの字数にも考慮して配置する．一般的に用いられている字下げ量は，半角二文字分である．また多くの場合，末尾に大量の閉じ括弧が集積する為に，非常に読み難くなる．そこで，最後の式が完結した位置を一つの区切とするように，一文字分の空白を入れてみた．例えば

```
(* 1 (* 2 (* 3 (* 4 (* 5 6) ))))
                             ↑
```

である．この方針も全体の可読性を優先して，対象に応じて採否を決める——コード内における"一個以上の連続した空白"は，全て読み易さの為である．

　演算子が必ず複数の引数を必要とする訳ではない．引数を一つしか取らない単項演算子もある．例えば，平方根を求める **sqrt** の場合には

```
> (sqrt 2)
1.4142135623730951
```

となる．勿論，入れ子にしても機能する．

---

[6] Scheme は括弧の閉じ開きを監視しており，改行，字下げ，余分な空白などは無視して，コードの正否を判定しているので，我々は読み易さを優先して工夫することが出来る．

```
> (sqrt (sqrt 4))
**1.4142135623730951**
```

ネイピア数(Napier's number) も単項演算子 **exp** によって

```
> (exp (exp 0))
**2.718281828459045**
```

と求められる．また，二項演算子であっても，評価値が数値でないものもある．例えば，等号は二項演算子としても働き，二数が等しいか否かを判定する．

```
> (= 1 1)              > (= 1 2)
# t                    # f
```

評価値は真偽値，即ち，真 (**# t**: true) か偽 (**# f**: false) か，である——なお真偽値 **#t**, **#f** もリテラルである．また不等号も同じようにして，真偽判定に使える．この働きを持つ手続を**述語**(predicate) と呼ぶ．これらの述語も，四則計算と同様に多数の項を持つリストに対して適用することが出来る．

```
> (= 1 2 3 4 5 6 7 8 9)    > (< 1 2 3 4 5 6 7 8 9)
# f                         # t
```

これは隣接する二項，その全てにおいて成り立つ場合のみ真であり，他は偽となる関係である．また，等号・不等号の複合形式を用いれば

```
> (< 1 2 2 3)          > (<= 1 2 2 3)
# f                    # t
```

となり，数値の増加傾向に"停滞"がある場合を識別出来る．また，分子が整数，分母が自然数 (0 を含まない) である場合，例えば表記 1/2 は，有理数を表す数値リテラルである．その計算は誤差無しで行われる．例を挙げれば

```
> (+ 1/2 1/3)  | > (- 1/2 1)  | > (* 1/2 4)  | > (/ 1/2 3)
**5/6**        | **-1/2**     | **2**        | **1/6**
```

である．従って，次の三種の表記は全く同じ値となる．

```
>  (= (/ 1 2) (/ 2) 1/2)
#t
```

以上，四則計算，平方根，等号の手続を紹介した．これらは Scheme に初期設定されている**組込手続**(built-in procedure) である．なお，Scheme は英文字の大小を区別しないのが原則であるが，実装により異なる部分もあるので，特に

組込手続に関しては小文字に統一する方が安全である．また，区別の無いことを積極的に利用して，大小を混在させた印象的な記述にする手法も採れる．

B.1.3　一般評価規則

ここでは，Scheme の標準的な評価手順，"一般評価規則"をまとめておく．

例えば，三要素から成るリスト (X Y Z) の場合ならば，先ず解釈系は最左要素 X を調べ，それが手続であることを確認する．次に，**後続の"全ての要素の評価値"を求める**——もし各要素がリストの入れ子になっている場合には，その一番深い階層まで降りて，そこから逆に"地上"を目指す．この時，どのような順番で求めるか，**その順序は規定されていない**，順不同である．この場合なら，Y, Z のどちらを先行するかは実装により異なる．

そして，求められた評価値を先頭の手続に持ち込み，全体の評価値を定める．ここでリストの全要素を評価対象にしている点が重要である——これはリテラルにおいても同様であり，その評価値が元と同じである，というリテラルの特性によって"評価値と外見上の違いが無い"という結果になっているのであって，評価値を求める対象から外されている訳ではない．

これは**値呼び評価** (call-by-value evaluation) と呼ばれ，多くのプログラミング言語で採用されている手順である——**作用的順序の評価**(applicative-order evaluation) とも呼ぶ．全ての要素の評価値を求め，その後にまとめるというこの戦略の必然的結果として，後続要素の一つにでも文法的な瑕疵，或いは 0 での除算など，処理内容に関する問題があった場合には全体が破綻する．この破綻を部分的なものに収め，有効な部分のみの評価値を得て，処理を進められるのが，**名前呼び評価** (call-by-name evaluation) である——**正規順序の評価**(normal-order evaluation) とも呼ぶ．

何れの戦略も，我々が手計算を行う際に常に体験している，大変身近なものである．例えば，$(2+3)^2$ を求める時にも

$(2+3)^2$	$(2+3)^2 = (2+3) \times (2+3)$
$\downarrow$	$\downarrow \qquad \downarrow$
$(5)^2$	$5 \qquad (2+3)$
$\downarrow$	$\downarrow \qquad \downarrow$
$5 \times 5 = 25$	$5 \quad \times \quad 5 \quad = 25$
値呼び評価	名前呼び評価

という二種類の方法がある．要するに括弧の中身である 2 + 3 を先に計算して，それを二乗するのか，括弧を展開して，それぞれの中身である 2 + 3 を計算し，それらの積を求めるかの違いである——矢印で示した 2 + 3 を求める加算は，前者では一回であるが，後者では二回必要である．

先に括弧内の"値"を求めて，それを最終的な乗算に渡すから"値呼び"であり，括弧内をそのまま渡すから"名前呼び"と称するのである．「数値」という"値"を呼ぶか，「一括り」の"名前"を呼ぶかの違いである．この例でも明らかなように，一般的に値呼び戦略の方が，名前呼びに比べて計算量は少なくなる．これが Scheme を含めた多くのプログラミング言語で，値呼びが採用されている理由の一つである．

ただし，大量の計算を行った後で，0 との乗算が生じる場合，先んじた計算は全て無駄になる．また 0 での除算が行われる場合も同様である．即ち

```
(* 0 (+ 1 2 3 4 5))        (/ (+ 1 2 3 4 5) 0)
```

における括弧内部の加算は無用であり，場合によっては，プログラムを異常終了させる原因にもなる．名前呼びは，こうした意味では無駄が少なく，より安全な方法である．評価方法の一長一短である．

Scheme のコードに直せば，先の計算は

```
(* (+ 2 3) (+ 2 3))
```

であるが，ここで以下の対応：

$$X := *, \qquad Y := (+\ 2\ 3), \qquad Z := (+\ 2\ 3)$$

を考えれば，引数である Y, Z の評価値が先に求められ，それが手続 X に持ち込まれて全体の評価値が定まる，という一般評価規則の意味が具体的に分かるだろう．この規則の例外が後で述べる"特殊形式"である．

なお，この例の場合には引数 Y, Z がまた，「手続・引数」の構造を持っているので，同じ規則に従って引数先行で評価値が求められる．その対応は

$$X' := +, \qquad Y' := 2, \qquad Z' := 3$$

である．即ち，先にも述べたように，Scheme は括弧の一番深い所まで入って，そこから順に評価値を求めて戻ってくるのである．

B.2 名前と手続

　リストの最左位置は特別であることを述べた．そこには手続が位置し，他は全て被演算子，引数の席であることを説明した．手続には名前がある．引数にも名前がある．ここまでも，ここからも名前の問題は悩ましい．名前を附けるという行為は，抽象化の第一歩である．抽象化とは**余計なことを考えないで済ませること**である．名によって語り，その内部構造を問わないことである．思考のパック化である．従って，時としてその実態が見えなくなる．プログラミングとは「名附」による抽象化の連鎖である．具体的な問題を抽象化されたシステムで解くことである．

　名前が同じなら，"同じ物"であるか否か．

　名前が異なれば，"違う物"であるか否か．

　これは実に難しい問題である．今，目の前にある本は書店で購入したもので，全国で"同じもの"が多数販売されている．それは果たして"同じ物"だろうか．電車の中に忘れた本が駅員の配慮によって目出度く手元に戻って来た．「これは確かに"同じ本"だろうか」と心配になって蔵書印を探す．

　ヒッチコックの映画「鳥」，原題は「The Birds」．鳥と bird では名前が異なるが，レンタル店で困ることはない．旅に出れば地域に応じて，自分の知っている物が実に多様な名称で呼ばれていることに驚かされる．

　違う名前には差異を際立たせたい理由がある．

　同じ名前には共通点を強調したい理由がある．

　さて，時に「手続」と書き，時に「演算子」と書き，時に「函数」と書く．異なる名称には異なるだけの理由があり，概念があり，背景がある．ニュアンスという便利な言葉もあって，議論を細部にまで至らせれば，必ずそこには異質な，相容れない，決定的な違いが見出せるものである．

　しかし，共通点も多いのである．そこでその共通点は何か，違いは何か，何処でどのように使うのが正しいのか，何処までが許されて，何処からが許されないのか，名称使用の **TPO** が問題となる．

　ここまでの議論では，手続でも演算子でも函数でも，どう呼んでも特段の問題は生じなかった．そしてこれからも大きな問題にはならない．ただし，違いはある．演算子及び函数は，数学に根を持っており，正式の定義はあくまでも

数学的なものを採用すべきである．その結果，言葉の適用範囲は狭くなる．

　数学的な定義には，それを具体的に求める，という発想が無いものがある．数学においては，その対象が如何なるものであるか，という存在に対する記述が最大の関心事である．一方，プログラムの目的は，その対象を如何にして実現するか，という具体的処理にある．これは

プログラミングは命令的知識を扱い，数学は宣言的知識を扱う

という表現に集約されている．

　命令的(imperative) とは，まさにここで述べた「如何にして為すか」という意味であり，**宣言的**(declarative) とは「何であるか」という意味である．「何であるか」という定義に関する問題，「存在するか否か」という存在に関する問題を第一義とする数学的定式化を，具体的な解を「如何にして得るか」という段階まで進めていくには，両者の歩み寄りが必要なのである．

　そこで，数学的な定義をより具体化，現実化して，処理のプロセスを記述する必要が出て来る．「何であるか」という記述から，解法にまで至るプロセスを作っていく必要がある．従って言語開発者は，演算子，函数の数学的な定義よりも広く，処理プロセスの全般に目配りの利く「手続」という用語が，Schemeにおいては最も適切であるとの結論に至ったのであろう．

　こうした用語の差が全く問題にならない場合も多い．注意が必要な場合もある．そこでSchemeでは，最左位置にある要素を「手続」と呼び，さらにそれから派生して，各種処理に対しても手続の名称を冠している．従って，加減乗除も手続であり，平方根を求める **sqrt** もまた手続と呼んでいる．

　なお本講では，主に具体的な数から数への対応を導くものを**函数**(function)，或いは**オペレータ**(operator) [或いは演算子] と呼び，リストの一般的な処理や，プログラムの構造的要素となるものを**手続**(procedure) と呼ぶことにする——従って，最左位置におけるその役割について議論する場合には"手続"を使う．

　ただし，この種の分類問題に対して原理原則を立て，神経質に拘る必要は無い．原語においても状況はさほど変わらず，そこに翻訳による誤差が伴うので，前後の文脈において座りの好いものを選べばよい．多様性は混沌ではなく豊穣である．過剰な統制は視野狭窄を齎し，全体における部分の位置を不鮮明にする．従って，部分の総和たる全体も見えなくなるのである．

B.2.1　函数の定義

四則計算が自由に出来ることは既に見た．それでは希望する函数を，四則同様に使えるように定義するには如何にすればよいか．ここで函数のラムダ記法を思い出そう．それは以下の書換えの規則：

$$x \mapsto f(x) \quad \Rightarrow \quad \lambda x. f(x)$$

であった．具体的に，与えられた数 x を二乗する函数は

$$x \mapsto x^2 \quad \Rightarrow \quad \lambda x. x^2$$

と書ける訳である．Scheme は，この記法をこのままの形式で採用している．即ち，二乗函数を再現する手続は

```
(lambda (x) (* x x))
```

と書くことが出来る．具体的に値を求める場合には，最後に数値を置き，全体を括弧で包む．得られた評価値が，この場合の求めるべき答：

```
> ((lambda (x) (* x x)) 5)
25
```

である．ラムダ記法は，形式的には函数表記の矢印を λ に置換えただけのものなので，Scheme においても，初めに函数の定義であることを宣言する意味で **lambda** と書く．その後に続くのが函数本体の記述である．

例えば，x の一次函数：

$$x \mapsto ax + b \quad \Rightarrow \quad \lambda x. ax + b$$

に対して，さらに文字 a, b まで動かしたい場合には

$$\lambda a. (\lambda b. (\lambda x. ax + b))$$

と表すが，これは Scheme では次のようなコードになる．

```
(lambda (a) (lambda (b) (lambda (x)
  (+ (* a x) b) )))
```

この式に $a = 2, b = 3, x = 5$ を代入して，その結果を求めたい場合には

```
> ((((lambda (a) (lambda (b) (lambda (x)
    (+ (* a x) b) )))
   2) 3) 5)
13
```

とする．確かに，$2 \times 5 + 3 = 13$ が求められている．しかしながら，これでは余りにも見通しが悪い．そこでラムダ記法自身にも記号 λ をまとめる簡略化が認められている．今の場合なら

$$\lambda abx. ax + b$$

と書くのである．Scheme はこの簡略記法にも対応しており

```
((lambda (a b x)
   (+ (* a x) b))
 2 3 5)
```

と書くことが出来る．一般的に，簡略化は問題の抽象度を上げる．従って，扱いやすくなる代わりに，その本質を掴み難く，分かり難くする．常にラムダの基本的な書き方を忘れずに，対応することが大切である．

B.2.2　アルファ変換

しかし，改めて言うまでもないことであるが，この無名の函数は，その外側からは使えない．ここに示したように，値を後ろに置き，それを括弧で包んだ形でしか，求めるべき数値は出力しないのである．常に自らの領域である括弧の内部でしか機能しないのである．これは欠点である．しかし，長所でもある．名前が省略出来ることで，一時的な函数や値の保存場所として気軽に使えること．そして，短所がそのまま長所になっているのであるが，外の手続に影響を与えないことである．

これに関連して，変数の意味について再考しておこう．以下に示すように，変数の"名称"として何を選んでも，函数そのものは変わらない．例えば

$$x \mapsto x^2 \quad \Longleftrightarrow \quad y \mapsto y^2$$

である——これは当り前の注意ではあるが忘れやすい．積分計算：

$$\int_{-\infty}^{\infty} e^{-x^2} \, dx = \int_{-\infty}^{\infty} e^{-y^2} \, dy = \sqrt{\pi}$$

などでも事情は同じである．文字選択の立場から見れば，その選択に"自由がある変数"を**束縛変数**(bound variable) と呼び，取り換えによって計算結果が変わる"窮屈な変数"を**自由変数**(free variable) と呼ぶ――本来の意味は，計算式の立場から見て，式の内部に取り込まれて完結しており，外部との遣り取りの自由が無いものを束縛変数と呼び，逆を自由変数と呼ぶのである．以上の意味から束縛変数は**ダミー**(dummy) とも呼ばれる．

束縛変数の文字の取り換えを**アルファ変換**(α-conversion) という．一つの項の中に束縛変数と自由変数が同名で混在している場合には，特に注意を要する．混乱を避ける為に，アルファ変換が活用される状況である．束縛変数と自由変数が重ならないように調整した結果を，"**変数条件を充たしている**"と表現する．問題に取り組む前に，変数条件を充たすように，変数の名称を選んでおく方が安全である．以降，この条件は"暗黙の諒解事項"とする．

☞ | 余談：名附の問題

プログラムを書く場合，変数の衝突問題は深刻である．その為に，名称設定には充分の配慮を要する．しかし，それでも偶発的な衝突は起こる．そして，何より多人数での分担作業の場合には，常に神経を尖らせて対処する必要がある．よって余分の名称を附けない，外部に無関係な変数なら，それが外に影響しない，そのようなプログラミング技法が必要となる．

数学公式においても，変数名が重複使用されており，冷静に読めば分かるが一瞥しただけでは理解し難い，利用者の混乱を誘発するような好ましくない記述がかなりある．利用者の冷静さに期待するような記述は避けるべきである．

こうした問題意識から，変数の有効範囲に関する対応が，プログラミング言語の特徴として大きく掲げられるのである．従って，この問題は仕様書や解説書にのみ頼るのではなく，プログラム自身に問うべきである．Scheme と対話しながら，幾つかの実験を行えば，実感を伴った本質的理解が出来るだろう．

Scheme が **lambda** を用いて，その実態が明確になる *make-function* という呼称を用いないのも，固有の意味を持たない **car** & **cdr** を用いて，*first* & *rest* を用いないのも，こうした文化や伝統を尊重している為である．学問的基礎や歴史的経緯を切り離しては，全体の繋がりが見えず，直観が利かなくなるからである．変えるべき用語と変えてはならない用語，この見極めは難しい．これはやはり個人の力ではどうにもならない，試行錯誤と時間が必要な大問題である．

B.3 ラムダ算法

ラムダ記法が用いられるのは，こうした形式的な対応の為だけではない．この記法を元にした**ラムダ算法**(lambda calculus)，或いはラムダ計算と呼ばれる計算処方が，プログラミング言語開発の基礎として極めて重要な位置を占めている為である[7]．実際，LISP系言語を筆頭に，多くの函数型言語はこのラムダ算法を理論的な基礎としている．ラムダ**記法**が，具体的な函数の精密な表記を目指したものであったのに対し，ラムダ**算法**は函数概念そのものを再考し，より一般的な枠組の中でそれを捉え直して，"計算とは何か"という根本的な疑問に答えようとする取組の一つである．夾雑物を排除し，抽象化の極限において見えてくる"計算の本質"を取り出す試みである．

B.3.1 ラムダ項を知る

扱うべき対象は**ラムダ項**(lambda term)と呼ばれる．それは変数 x，及び M，そして x による M の**函数抽象**(functional abstraction)[8]：

$$(\lambda x. M)$$

と，ラムダ項 N に対する M の**函数適用**(functional application)：

$$(MN)$$

により構成される．この時，記号 $\lambda x.$ は M を有効範囲とする変数 x の局所的な宣言であり，M に内在する自由変数 x を N で置換える

$$(MN) = M[x := N]$$

は代入である．さらに，この二つの処方を繋ぐ**ベータ簡約**(β-reduction)：

$$(\lambda x. M) N \xrightarrow{\beta} M[x := N]$$

---

[7] 自然数及びその四則，即ち"算術"から作り上げていくのであるから，意味の広すぎる計算ではなく，"算法"と訳すのが適切ではないか．

[8] **ラムダ抽象**(lambda abstraction)とも呼ばれる．

B.3. ラムダ算法

と呼ばれる操作が，左辺から右辺へと展開する計算の流れを作り出す[9]．この左辺を**ベータ可簡約項**(β-redex)，或いは原語のままベータリデックス，右辺を**コントラクタム**(contractum) と呼ぶ．即ち，ベータ簡約とは，ベータ可簡約項からコントラクタムへの変形である．

代入はラムダ項が変数，函数適用，函数抽象の三種類存在するのに対応して，三つの場合に分けられる．先ず，M が変数の場合には

$$M :=: x \quad \Rightarrow \quad M[x := N] = N,$$
$$M :\neq: x \quad \Rightarrow \quad M[x := N] = M$$

となる．即ち，M の自由変数 x に対して，$x = N$ という置換えを行えば，M は N に変わり，M の自由変数と N が異なれば，そのまま M が生き残るという仕組である．函数適用の場合には

$$M :=: M_1 M_2 \quad \Rightarrow \quad M[x := N] = M_1[x := N]\, M_2[x := N]$$

となり，それぞれに代入される．函数抽象の場合には

$$M :=: \lambda z. L \quad \Rightarrow \quad M[x := N] = \lambda z.(L[x := N])$$

となる．なお，繰り返しになるが，代入は指定された自由変数についてのみ行う．例えば，次のラムダ項：

$$K := y\, x\, (\lambda x. x)$$

の場合，変数 x に関する置換えは

$$K[x := N] = (y\, \underset{\uparrow}{x}\, (\lambda x. x))\, [\underline{x := N}] = y\, N\, (\lambda x. x)$$

となり，可簡約項には関与しない．これは事前に別の変数 t を用いて K をアルファ変換し，変数条件を充たすように

$$K := y\, x\, (\lambda t. t)$$

と書換えておけば避けられる無用の混乱である．

---

[9] 逆向きの計算をベータ抽象，両方向をまとめてベータ変換と呼ぶ場合がある．

ラムダ**算法**は，僅かこれだけの道具立てで，全ての計算処理が可能である為，プログラミング言語の基礎研究に用いられている．先のラムダ**記法**の議論の中にも，既にこれらのアイデアは自然に入っている．例えば

函数抽象	函数適用	ベータ簡約
$(\lambda x. x^2)$	$(\lambda x. x^2)\ 5$	5^2
`(lambda (x) (* x x))`	`((lambda (x) (* x x)) 5)`	5×5

などである――ただし，ラムダ算法の定義から分かるように，冪や掛算などの演算は定義されていないので，これらは正式な意味でのラムダ項ではない．

未知の概念に挑むには，既知の概念との執拗な往復を要する．従って，記述は煩瑣を極め，透明度の高い議論をすることは難しい．**新しい言葉を支えるのは，当然古い言葉であるから，両者が混在する時期を乗り切らねばならない．**

そこで，全く新しい概念であるラムダ算法の理解を深める為に，今一度，通常の函数表記まで戻って考えよう．函数：$M(x) = ax + b$ を例に採る．$x = 3$ の時，その値は代入によって，$M(3) = 3a + b$ と求められる．これが函数の値を求めるという"行為"であった．

そこで函数名である M を外して，$\lambda x. ax + b$ と表すのがラムダ記法であった．この記述を元にラムダ算法の世界に入りたいのであるが，先にも記したように，残念ながらこの世界には加算も乗算も定義されていない．

$$x \mapsto ax + b \qquad \lambda x. ax + b \qquad \lambda axbsz. ((b\ s)\ ((a\ (x\ s))\ z))$$
通常表記　　　　　**ラムダ記法**　　　　　**ラムダ項**

正式にラムダ算法の対象となるのは右端の表記である――詳細は後述する．

従って，折衷案として $\lambda x. ax + b$ をラムダ項として認めよう．ここでは，むしろ函数名を戻して

$$\lambda x. M, \qquad \text{ただし}\ \ M := ax + b$$

と書いた方が函数抽象の定義に沿って，よりラムダ項らしく見えるだろう．この M を N に対して当てるのが函数適用 (MN) であった．

これは具体的な値の代入に対応する．即ち，M 内部の自由変数 x に N を代入すること，これを $M[x := N]$ と表すのであった．この場合，$ax + b$ における変数 x は確かに自由変数であり，入力を待つ仮の場所，所謂**プレースホル**

ダー(place holder)として機能している．そして，$aN + b$ が函数適用の結果である．

ベータ簡約とは，この函数抽象と，代入に相当する函数適用を繋ぎ，計算の流れを示すものである．即ち，M の自由変数を $\lambda x.$ で縛り，後に続くラムダ項の取り込みを図る．その結果，ラムダ項の置換えが行われ，代入結果に相当する簡約を得るのである．

$$(\lambda x. ax + b) N \underset{\beta}{\to} aN + b.$$

矢印は計算の流れ，その進行方向を示している．二者の単純な同値関係ではなく，処理の流れをも含めて考えた場合，等号ではなく矢印を用いて表すことが適切であろう．何故なら，矢印の向きの計算結果は一意であるが，その逆はそうではない．例えば，$2 \times 3 \to 6$ であるが，計算結果が 6 になるのは，二つの自然数の計算に限定しても，$3 + 3$ など幾らも考えられるからである．**計算とは，複雑なものから，より簡単なものへの変形であり，その流れを矢印に託し，その主旨を簡約という言葉に込めている**のである．

B.3.2　略記の方法

再び，ラムダ算法の一般論に戻ろう．多数の括弧をまとめる"記述の問題"から始める．以降，全ての括弧を記したものを**原形**，他を**略記形**と呼ぶことにする．先ずは略記の基準について考えよう．略記は"することが出来る"という性質のものであって，"必ずするべし"というものではない．括弧の省略には，形を整えて人の目に見易くすること以上の意味は無い．従って，唯一つの原形に対して，様々な略記形が考えられるが，当然その内容は全て同一である．

函数抽象，函数適用が単独で記述されている場合，外側の括弧を外して

$$\lambda x. M, \qquad M N$$

と記してよい．これは"一番外側の括弧は省略出来る"という省略基準の最も見易い例である．函数適用は**左結合**(association to the left)，即ち，左から右へと順に適用されるものとする．従って，右端が一番外側ということになる．このことを理解した上で

$$M_1 M_2 M_3 \cdots M_n := (\sim ((M_1 M_2) M_3) \cdots \cdots) M_n), \quad (n \geqq 2)$$

と略記してよい．逆にこうした記述があれば，その背後に潜む括弧を見抜かなければならない．また，**函数適用は函数抽象より優先される**ので，次の例における左辺の括弧は省略出来ない．

$$(\lambda x. M) N \neq \lambda x. M N.$$

右辺の本来の形，即ちその原形 $(\lambda x.(MN))$ に戻せば，その違いが一段と明瞭になるだろう．項が続く場合には，先に説明した二項の場合を拡張して

$$(M_1 M_2 \cdots M_n) N \underset{\beta}{\to} M_1[x := N] M_2[x := N] \cdots M_n[x := N].$$

函数抽象は**右結合**(association to the right) を採用して略記される．

$$(\lambda x_1 x_2 x_3 \cdots x_n. M) := (\lambda x_1.(\lambda x_2.(\lambda x_3.(\cdots\cdots(\lambda x_n. M) \sim), \quad (n \geq 1)$$

従って，左端が一番外側である．これは先にカリー化の例として示した際に用いた省略記法と同じ手法である．

変数が混在している場合には，慣れるまではその原形：

$$(\lambda xy. M) A B :=: (((\lambda x.(\lambda y. M)) A) B)$$

に遡って調べるとよい．これは

$$(((\lambda x.(\lambda y. M)) A) B) \underset{\beta}{\to} ((M[x := A])[y := B])$$

という各変数についての置換えとなる．略記形で書けば

$$(\lambda xy. M) A B \underset{\beta}{\to} M[x := A][y := B]$$

である．また，以下の場合：

$$\lambda x.(\lambda y. M) x$$

も同様に，原形を元に考えれば

$$(\lambda x.((\lambda y. M) x)) \underset{\beta}{\to} \lambda x.(M [y := x])$$

であるから，右辺は M の内部の変数 y を x で置換えたものであることが分かる．よって，x, y 両変数に関する函数抽象は同じものとなり

$$\lambda x.(\lambda y. M) x = \lambda y. M$$

が導かれる．この函数抽象は，両側を x で挟んだ独特の形式を持っている．

B.3.3　イータ変換

　全く異なる二つの作用が，同じ結果を齎す場合がある．例えば，前から押すことと，後ろから引くことが，全く同じ方向へ同じ勢いで対象を倒した場合，結果を見ているだけでは，その作用が如何なるものであったかを知ることは出来ない．両者の区別はつかない．

　同様に，ある対象に二つの異なる函数が作用して同じ結果を得た場合，二つの函数が，あらゆる入力に対して全く同じ出力を返した場合，両者を同じものと見做すことが出来る．ここに相互に置換え可能な"等しさ"を定義することが出来る．これを**函数の外延性**(extensionality) と呼ぶ．

　そこで，x を自由変数として含まない M において

$$(\lambda x.\, M\, x)\, N \xrightarrow{\beta} M\, N$$

が，任意のラムダ項 N に対して成り立つことより，N を除去した関係：

$$\lambda x.\, M\, x \xrightarrow{\eta} M$$

を取り出して，これを**イータ簡約**(η-reduction)，左辺の形式を**イータ可簡約項**(η-redex) と名附ける．これは形式的には，ラムダ記号の除去，逆向きには追加に相当する置換えであり，両方向に利用されるので**イータ変換**(η-conversion) とも呼ばれる．

　ただし，変換前と後では評価値を求めるタイミングが異なる．函数抽象で囲まれた M は，裸の自身に対して一手順遅れる．この違いを積極的に利用して，評価戦略を部分的に切り替える為に，イータ簡約が用いられる場合が多い．

B.3.4　ラムダ項の定義

　さてここで，より精密な議論に耐え得るように，ラムダ項を再帰表現を用いて再定義しておこう．

> **[1]**：変数 $x_0, x_1, x_2, \ldots$ はラムダ項．
> **[2]**：x が変数，M がラムダ項の時，$(\lambda x.\, M)$ はラムダ項．
> **[3]**：M と N が共にラムダ項の時，$(M\, N)$ もラムダ項．

この規則に従って生み出されたものだけがラムダ項であり，ラムダ算法の対象となるものである[10]．また，特定のラムダ項に至るまでの"途中経過"は，**部分項**(subterm) と呼ばれる．ベータ簡約による置換えによって計算を進める際に，どの部分項から処理していくか，ということが極めて重大な意味を持つ．

そこで，先ずは与えられたラムダ項に如何なる部分項が含まれているか，を正確に把握することが必要となる．一つの例として，ラムダ項：

$$\lambda x.\, x\, (\lambda y.\, y)(\lambda z.\, zz)$$

の部分項を求めよう．全体も一つの部分項となるので，先ずはその原形：

$$(\,\lambda x.\,(\,(\,x\,(\lambda y.\, y)\,)\,(\,\lambda z.\,(zz)\,)\,)\,)$$

を書く——ここでは対応関係を見易くする為に，各括弧間に隙間を入れた．函数抽象を象徴する「ラムダ・変数・ドット」の部分はラムダ項ではないので，外側からこれを剥がしていくことで，部分項を順に取り出せる．ここでは一番外側の $\lambda x.$ を外して

$$(\,(\,x\,(\lambda y.\, y)\,)\,(\,\lambda z.\,(zz)\,)\,)$$

が次に得られる部分項である．これは二つのラムダ項の並びになっているので

$$(\,x\,(\lambda y.\, y)\,),\quad (\,\lambda z.\,(zz)\,)$$

を得る．後はそれぞれの部分項を求めて

$$x,\quad (\lambda y.\, y),\quad (zz).$$

さらにもう一段下がって

$$y,\quad z,\quad z$$

を得る．全体をまとめると

$$(\lambda x.\,((x(\lambda y.\, y))(\lambda z.\,(zz)))),\quad ((x(\lambda y.\, y))(\lambda z.\,(zz))),$$
$$(x(\lambda y.\, y)),\quad (\lambda z.\,(zz)),$$
$$x,\quad (\lambda y.\, y),\quad (zz),$$
$$y,\quad z,\quad z$$

---

[10] 一般に，変数には小文字，ラムダ項には大文字を用いる場合が多い．しかし一般に，変数もまたラムダ項であるので，これは具体例に対する見易さへの配慮に過ぎない．

が与えられたラムダ項の部分項の全てである．省略形は以下である．

$$\lambda x.\, x(\lambda y.\, y)(\lambda z.\, zz),\quad x(\lambda y.\, y)(\lambda z.\, zz),$$
$$x(\lambda y.\, y),\quad \lambda z.\, zz,$$
$$x,\quad \lambda y.\, y,\quad zz,$$
$$y,\quad z,\quad z.$$

ベータ可簡約項を部分項に持たないラムダ項を，**ベータ正規形**(β-normal form)，或いは単に正規形と呼ぶ．これよりラムダ算法とは，「与えられたラムダ項に対して，その中に含まれたベータ可簡約項を順にコントラクタムに置換えていき，ベータ正規形が得られたところで終了する処方である」とまとめられる．ラムダ算法において，これ以上の簡約が不可能なベータ正規形こそが，計算における"最も簡単な形"の表現であり，"計算終了"の印である．

これは所謂**チューリングの停止問題**(Turing's halting problem)と同値であり，事前に計算が終了するか否かを知る方法はない．従って，簡約が終り正規形が求められるか否かは分からない．また，簡約の手順により異なるベータ簡約が得られる場合がある．しかし，正規形が得られた場合，それは一意である．即ち，如何なる手順で処理を実行しようとも，その結果は一致する．これを保証するのが**チャーチ・ロッサー定理**(Church-Rosser theorem)である．繰り返しになるが，この定理は"答があれば一つに決まる"ことを保証しているだけで，答の存在そのものを保証している訳ではない．

B.3.5 コンビネータ

ラムダ項の中でも特に重要なものとして，**コンビネータ**(combinator)，或いは**結合子**と呼ばれる形式がある．コンビネータとは，函数抽象の本体における変数が全て縛られた，自由変数の存在しないラムダ項であり，"閉じたラムダ項"とも呼ばれている．コンビネータは，この定義から明らかなように無数に存在するが，以下のものが特によく利用される．

$$\mathbf{I} := \lambda x.\, x \qquad \mathbf{K} := \lambda xy.\, x \qquad \mathbf{F} := \lambda xy.\, y$$
$$\mathbf{S} := \lambda xyz.\, x\, z\, (y\, z) \qquad \mathbf{B} := \lambda xyz.\, x\, (y\, z) \qquad \mathbf{C} := \lambda xyz.\, x\, z\, y$$

任意のラムダ項 M, N に対して，これらの性質を調べよう．先ずは

$$\mathbf{I}\, M = (\lambda x.\, x)\, M \xrightarrow{\beta} x\, [x := M] = M$$

となるので，これは"単位元"に相当するコンビネータであることが分かる．

次に，**K**, **F** に関しては，先に求めた関係：

$$(\lambda xy. M) \, A \, B \underset{\beta}{\to} M \, [x := A][y := B]$$

を利用して

$$\mathbf{K} \, M \, N = (\lambda xy. x) \, M \, N \underset{\beta}{\to} x \, [x := M][y := N] = M,$$
$$\mathbf{F} \, M \, N = (\lambda xy. y) \, M \, N \underset{\beta}{\to} y \, [x := M][y := N] = N.$$

この関係によって，M, N の何れかを"選択"出来る．そこで新しく

$$\mathbf{cons} := \lambda xyz. zxy, \qquad \mathbf{car} := \lambda z. (z \, \mathbf{K}), \qquad \mathbf{cdr} := \lambda z. (z \, \mathbf{F})$$

を定義すると，三者に相互関係が生まれる．先ず

$$\mathbf{cons} \, M \, N = (\lambda xyz. zxy) \, M \, N = \lambda z. (z \, M \, N)$$

より，M, N を"接着"して一つの塊とする．これに **car** を作用させると

$$\mathbf{car} \, (\mathbf{cons} \, M \, N) = \lambda z. (z \, \mathbf{K}) \, (\lambda z. (z \, M \, N))$$
$$= (\lambda z. (z \, M \, N)) \, \mathbf{K}$$
$$= \mathbf{K} \, MN = M.$$

同様にして **cdr** $(\mathbf{cons} \, M \, N) = N$．よって，これらはリストにおける *cons, car, cdr* の機能を実現している．より広い意味では，**cons** は **構成子**(constructor), **car**, **cdr** は **選択子**(selector) と呼ばれるデータ構築の基本要素である．

続いて，他のコンビネータの相互関係を示しておく．最初は

$$\mathbf{S} \, \mathbf{K} \, \mathbf{K} = (\lambda xyz. x \, z \, (y \, z)) \, \mathbf{K} \, \mathbf{K} = \lambda z. \mathbf{K} \, z \, (\mathbf{K} \, z)$$
$$= \lambda z. z = \mathbf{I}$$

である――このラムダ項本体の処理において，上で求めた関係：$\mathbf{K} \, MN = M$ を用いた．これで **I** は，**S** と **K** で表せることが分かった．また

$$\mathbf{S} \, (\mathbf{K} \, \mathbf{S}) \, \mathbf{K} = (\lambda xyz. x \, z \, (y \, z)) \, (\mathbf{K} \, \mathbf{S}) \, \mathbf{K}$$
$$= \lambda z. (\mathbf{K} \, \mathbf{S}) \, z \, (\mathbf{K} \, z) = \lambda z. (\mathbf{K} \, \mathbf{S} \, z) \, (\mathbf{K} \, z)$$
$$= \lambda z. \mathbf{S} \, (\mathbf{K} \, z) = \lambda z. (\lambda abc. a \, c \, (b \, c)) \, (\mathbf{K} \, z)$$
$$= \lambda z. (\lambda bc. (\mathbf{K} \, z) \, c \, (b \, c)) = \lambda zbc. (\mathbf{K} \, z \, c) \, (b \, c)$$
$$= \lambda zbc. z \, (b \, c) = \mathbf{B}$$

となるので，**B** もまた，**S** と **K** で表せる．さらに，これを用いて

$$\mathbf{B\,I} = (\mathbf{S\,(K\,S)\,K})\,\mathbf{I} = (\lambda xyz.\,x\,z\,(y\,z))\,(\mathbf{K\,S})\,\mathbf{K\,I}$$
$$= (\mathbf{K\,S})\,\mathbf{I}\,(\mathbf{K\,I}) = (\mathbf{K\,S\,I})\,(\mathbf{K\,I}) = \mathbf{S\,(K\,I)}$$

を得る．また

$$\mathbf{S\,K} = (\lambda xyz.\,x\,z\,(y\,z))\,\mathbf{K} = \lambda yz.\,\mathbf{K}\,z\,(y\,z) = \lambda yz.\,z,$$
$$\mathbf{K\,I} = (\lambda xy.\,x)\,\mathbf{I} = \lambda y.\,\mathbf{I} = \lambda y.\,(\lambda z.\,z) = \lambda yz.\,z$$

となり，**S K** = **K I** を得る．これに関連して

$$\mathbf{S\,B} = (\lambda xyz.\,x\,z\,(y\,z))\,\mathbf{B} = \lambda yz.\,\mathbf{B}\,z\,(y\,z)$$
$$= \lambda yz.\,(\lambda abc.\,a\,(b\,c))\,z\,(y\,z)$$
$$= \lambda yz.\,(\lambda c.\,z\,((y\,z)\,c))$$
$$= \lambda yzc.\,z\,(y\,z\,c)$$

を求めておく．これは，**K I** を対象とした"後任函数"として振る舞う[11]．

次の **Ω** コンビネータ：

$$\mathbf{\Omega} := \omega\,\omega, \qquad \text{ただし} \quad \omega := \lambda x.\,x\,x$$

は"停止しない計算"を示すものである．何故なら，このベータ簡約はラムダ項 ω の中の x を，再び ω で置換えることに他ならないので

$$\omega\,\omega = (\lambda x.\,x\,x)\,\omega \xrightarrow{\beta} \omega\,\omega \xrightarrow{\beta} \omega\,\omega \xrightarrow{\beta} \cdots$$

となって，終ることがない．言い換えれば，ベータ正規形を持たない．**Ω** はこの特徴を活かして，繰り返し計算に応用される．ω を重ね，その内部で x を重ねる．譬えれば合せ鏡のようなものである．二枚の鏡の中に果てなく続く陽炎のように，**Ω** の処理は終らないのである．

B.3.6　簡約の戦略

先にも述べたように，複数の簡約箇所を持ったラムダ項のベータ簡約は，その手順によって異なる結果を示す場合がある．例えば，$(\lambda x.\,y)\,\mathbf{\Omega}$ は，左側に位

---

[11] これは後で示す．

置する函数抽象から始めれば

$$(\lambda x.\, y)\, \underline{\Omega} \xrightarrow[\beta]{} y$$

となり，一回のベータ簡約で終る．一方，右側に位置する Ω から始めれば

$$(\lambda x.\, y)\, \underline{\Omega} \xrightarrow[\beta]{} (\lambda x.\, y)\, \underline{\Omega} \xrightarrow[\beta]{} \cdots$$

となって終らない．この例からも明らかなように，ベータ簡約には適切な戦略を必要とする．この戦略こそが，先に述べた Scheme の一般評価規則の起源である——この場合なら，前者が名前呼び，後者が値呼びに対応する．

簡約が停止する場合には，必ず最終形に至ることが保証されている戦略を**正規戦略**(normal order strategy) と呼ぶ．最も左側から簡約していく手法，**最左簡約**(leftmost reduction) は正規戦略である．例えば

$$((\lambda x.\, x)((\lambda y.\, y)(\lambda z.\,((\lambda s.\, s)\, z))))$$

に関して最左簡約を行ってみよう．注目すべき項に下線を引いて

$$\begin{aligned}
& \underline{(\lambda x.\, x)}((\lambda y.\, y)(\lambda z.\,((\lambda s.\, s)\, z))) \\
\to_\beta \quad & \underline{(\lambda y.\, y)}(\lambda z.\,((\lambda s.\, s)\, z)) \\
\to_\beta \quad & \lambda z.\,\underline{((\lambda s.\, s)\, z)} \\
\to_\beta \quad & \lambda z.\, z
\end{aligned}$$

となる．これが最終的な形である．先に説明したように，函数適用は"左結合"であるので，最も左側に特別の意味が生じるのである．

名前呼びもまた最左戦略であるが，函数抽象の中身を簡略しないことを特徴とする．この場合は

$$\begin{aligned}
& \underline{(\lambda x.\, x)}((\lambda y.\, y)(\lambda z.\,((\lambda s.\, s)\, z))) \\
\to_\beta \quad & \underline{(\lambda y.\, y)}(\lambda z.\,((\lambda s.\, s)\, z)) \\
\to_\beta \quad & \lambda z.\,((\lambda s.\, s)\, z)
\end{aligned}$$

が最終的な形となる．値呼びは，引数を先に簡約する戦略であり

$$\begin{aligned}
& (\lambda x.\, x)\underline{((\lambda y.\, y)(\lambda z.\,((\lambda s.\, s)\, z)))} \\
\to_\beta \quad & \underline{(\lambda x.\, x)}(\lambda z.\,((\lambda s.\, s)\, z)) \\
\to_\beta \quad & \lambda z.\,((\lambda s.\, s)\, z)
\end{aligned}$$

と計算を進める．これは最も内側にある可簡約項の中で，最も左側にあるものを選ぶ**最左最内簡約**(leftmost innermost reduction) である．

B.3. ラムダ算法

函数抽象の中身には，"適用"のみが許される．例えば

$$\lambda x. M := \lambda x. (x + (2 \times 3)), \qquad N := 5$$

の場合なら，M 内部の乗算は簡約の対象ではない．処理が行われるのは，函数適用が終了した後である．即ち

$$M N = M [:= N]$$
$$= 5 + (2 \times 3) = 5 + 6 = 11$$

と計算が進む．函数抽象の中身を簡約しない，というのはこの意味である．従って，評価値を求める作業を先送りしたい場合，函数抽象によって包めばよい．これは先に述べたイータ変換によって実現される．ラムダの衣で包むことで，評価手順を変更することが出来る訳である．

そこでもう一題，例を挙げる．先ず次のラムダ項の簡約は

$$\underline{(\lambda x. x N)\, M} \underset{\beta}{\to} M N$$

と一段階で終了する．次に引数 M をイータ変換して，引数から評価値を求める．これは簡約しないので，そのまま残る．そして，処理は左側のベータ可簡約項へと進み，これによって引数は取り込まれる．よって

$$(\lambda x. x N)\, \underline{(\lambda s. M s)} \underset{\beta}{\to} \underline{(\lambda s. M s)\, N}$$
$$\underset{\beta}{\to} M N$$

となって，簡約が終る．こうして二段階の処理が必要となる．これはイータ変換によって，値呼びの評価戦略が，名前呼びと同等の過程へと変更されたことを意味している．

ラムダ算法の定義を一瞥しただけでは，極めて限定的な対象を扱うものに見えるだろう．しかし実際には，ラムダ算法は「計算可能」と呼ばれる全範囲を網羅する．表記が直観的でないとか，大量の記号を必要とするので到底読み切れないとかいった人間側の事情を除けば，ラムダ算法は充分な"実用性"を持っている．あらゆるプログラミングが可能な万能言語である．

斯くして，理論的には全てが可能であるが，実際には四則すらままならないものを，人間にプログラミング可能なものにまで調整するのが，言語開発の主たる目的となる．即ち，言語の核となる理論が破綻していないことが確認出来れば，後はユーザーインターフェイスの問題に注力出来るという訳である．

☞ **余談：数学基礎論と計算機工学**　.................................

先ずは，以下の研究者の名前と生没年に注目頂きたい．

◆**ヒルベルト**(Hilbert, David)：1862–1943
◆**ノイマン**(Neumann, John von)：1903–1957
◆**チャーチ**(Church, Alonzo)：1903–1995
◆**ゲーデル**(Gödel, Kurt)：1906–1978
◆**ロッサー**(Rosser, John Barkley)：1907–1989
◆**クリーネ**(Kleene, Stephen Cole)：1909–1994
◆**チューリング**(Turing, Alan Mathison)：1912–1954
◆**マッカーシー**(McCarthy, John)：1927–2011

　数学を公理に基づいて再構築し，一分の隙も無い，完璧なものとして定義することに，その生涯を捧げていたヒルベルトの野望を，ゲーデルが粉微塵に打ち砕いたことは，少しでも数学の基礎に興味のある者なら誰でも知っている．

　一方，チャーチが「ラムダ算法」を創始し，マッカーシーが「LISP」を提唱したことは，計算機の歴史に興味のある者には，よく知られたことである．

　実は両者は不可分一体のものであり，手を携えて発展してきたものである．年長のヒルベルトを除き，彼等は**アインシュタイン**(Einstein, Albert) が**特殊相対性理論**(special theory of relativity) を発表する前後に生まれた．マッカーシーは**量子力学**(Quantum mechanics) の誕生と時を同じくして生まれた．人類史の中でも特筆すべき科学的大発見が相次いだ二十世紀初頭に，彼等は相次いで生まれた——僅かな生没年の違いが，人の運命を様々に変えた時代であった．

　形式的には，クリーネやロッサーは，プリンストン大学で教鞭を執るチャーチの学生であった．しかし実質は共同研究者であった．チューリングもまたこれに参加した．彼等は，同世代のゲーデルの仕事も熱心に研究していた．そして，ゲーデルもプリンストンにやってくる．高等研究所には，ヒルベルトと共同研究をしていたノイマンも，アインシュタインも在職していた．戦争の終結と共に，基礎数学の聖地は，高木貞治も留学したヒルベルトの居るドイツ・ゲッチンゲンから，アメリカのプリンストンに移っていたのである．

　そんな環境の中で，数学の基礎を極めるべく集まった青年達が，現在の計算機のハードとソフトの基礎を築いた．数学と計算機工学を同時に，そして相互の関連を強調しながら学ぶべき理由がここにもある．元々は同じものなのであるから，分けることなど不可能なのである．

　特異な形で世を去ったチューリングとノイマンを除き，他はみな長命であった．彼等は自身が生み出した計算機の驚異の成長を，その眼で確かめて亡くなった．まさに数学の理論が世の中を一変させたことを，彼等は見たのである．

....■

B.4 特殊形式

　さて，対象に名前を附けて，プログラム上の何処からで自由に使えるようにすることを，**トップレベル定義**(top-level definition) という．これは **define** により実現される．例えば，先に議論した一次函数に名前を附けるには

```
(define linear
  (lambda (a b x)
    (+ (* a x) b) ))
```

とする．この時，定義が Scheme に認められた証拠として，この場合の函数名 `linear` を返す実装もあれば，"無言を貫く"ものもある．何れの場合でも，それを確認する為には"使ってみる"ことである．その使用方法は

```
> (linear 2 3 5)
13
```

である．この定義によって，以後はプログラム上の何処からでも，この函数にアクセスすることが出来る．また，次のラムダを用いない省略記法もある．

```
(define (linear a b x)
  (+ (* a x) b) )
```

これは **MIT 記法**と呼ばれている[12]．ただし，Scheme の内部では，先のラムダ記法がそのまま使われている．両者は等価である．要するに，プログラマ向けの配慮である．この種の簡略記法は，苦い薬を飲み易くする糖衣錠と同様に，煩雑な文法を書き易くする意味から**糖衣構文**(syntax sugar) と呼ばれている．

　学習の方法として，難しいものが気軽に扱えるようになる喜びと，気軽に扱っていたものに深い背景があることを知る驚きでは，どちらを優先させるべきか．なかなか悩ましい問題ではあるが，本講義では後者を採用する．苦さを知ってこその"糖衣錠"であると考える．本講の最終段階においては，紙面の有効活用と他書の理解を容易にする為に糖衣構文も積極的に使うが，その時には既にどちらの記法にも特別な違いは感じなくなっているだろう．

---

[12] 正確な由来は分からないが，開発者，或いはその周辺の者が lambda による記法の対義語として，便宜的に在席する大学の名前を冠したものと思われる．

● **大域と局所**

さて，トップレベルとは，本節冒頭でも記したように，対話的入力時のプロンプトに象徴される領域であり，解釈系の全体が見える場所である．これを**大域環境**(grobal environment) と呼び，この環境下で定義された変数を**大域変数**(global variables) と呼ぶ．即ち，大域環境の実態は，システムの記憶領域と大域変数に代表される対象との関わり，その情報の全体である——プログラム要素のその全てが，少なくとも一組の括弧で包まれる Scheme のコードにおいては，一番外側の括弧がトップレベルということになる．これらの対句として**局所環境**(local environment)，或いは単に環境，また**局所変数**(local variables)，或いは単に変数を用いる．グローバルとローカルで一対である．

数学・物理学における "常套句" を使えば，全体集合と部分集合であり，全空間と部分空間の関係である．さらに強調すれば，トップレベルとは "全世界"，或いは "全宇宙" である．これより "外側" が無い存在である．

大域対局所は場合によっては相対的に捉えられる．即ち，階層構造を考えた場合には，局所はさらにその下から見れば "大域" であり，大域もさらにその上から見れば "局所" である．こうした見方には，統一感を増す長所もあれば，混乱を招く短所もあるので，これ以上の言及は避けるが，トップレベルの "トップ" が，我々が思考の対象としている全存在の "頂点" を意味することだけは，常に意識しておきたい．繰り返しになるが，ここで言う大域とはトップレベルの別称であり，それは "唯一の存在" であるとし，その下部階層には何れも "局所" の名を冠することにする．一連の用語の詳細な説明はこれ以降，関連する項目が登場する "ローカルな場" で行うことにする．

最後に，アルファ変換に従った変数の書換えは全く自由であり

```
(define (linear# u v w)
    (+ (* u w) v) )
```

と変えても，結果は

```
> (linear# 2 3 5)
13
```

となり，不変であることを Scheme 上でも確認しておく．これは "局所変数" の意味を考える上で基本となる実験である．

B.4.1　define

　さて，糖衣構文であることを認識した上で，**lambda** を隠した手続定義の詳細を示しておこう．対象を挿入する場所，所謂スロットを角括弧で表して

> 定義方法：(**define** (⟨name⟩ ⟨fps⟩) ⟨body⟩)
> 利用方法：(⟨name⟩ ⟨aps⟩)

と書く．これが一般形である．既に述べたように，手続の作用の対象となるものが**引数**(parameter) である——argument とも書かれる．ここで ⟨fps⟩ は，函数内部で用いられる**仮引数**(formal-parameters) の略記である．⟨aps⟩ は，実際的な処理対象となる**実引数**(acutual-parameters) の略記である．手続を演算子と見れば引数は被演算子に，函数と見れば変数に相当する．

　⟨body⟩ とは，任意個数の**式**(expression) で構成される手続の本体である．Scheme において式とは，アトムやリテラルなどを含め，**評価値が戻ってくるもの全て**を指す．従って，**define** はより叮嚀には

> (**define** (⟨name⟩ ⟨fp_1⟩ ⟨fp_2⟩ ⋯ ⟨fp_n⟩) ⟨exp_1⟩ ⟨exp_2⟩ ⋯ ⟨exp_m⟩)

という形式になる．ここで式 ⟨exp_m⟩ は少なくとも一つ必要である．引数 ⟨fp_n⟩ は無くても成立する——後でこの場合を詳述する．

　Scheme の一般評価規則に従わないもの，即ち，特定の対象の評価値を求めないものを**特殊形式**(special from)，或いは**構文**(syntax) と呼ぶ．本節では，代表的な特殊形式を順に紹介して，この言語の本質を明らかにしていく．

　Scheme は，式と定義で出来ている．expression と definition である．これらを生成する核となるのが特殊形式であり，新たな特殊形式を作るのが構文定義，所謂マクロである．Scheme において，「全ては式である」と言われ，同時に「全ての式は値を持つ」と言われる．その式に名を与えるのが定義である．式と定義と構文定義，これら取扱い上の異同については，順に体感していく．

　引数・変数という用語の使い分けに関しては厳しい指針がある訳ではないが，処理対象の存在や場所を示す静的なものとして引数が，そしてその内容や動きを示す動的なものとして変数が使われている．従って，引数は変数が入るべき場所を示すことにもなり，守備範囲は変数よりも広い．

ここで簡単に略号についてまとめておく．手続や定数の定義を説明したり，或いはコード内に記す一般形を示したりする際に用いる略号は，ある程度まで統一しておいた方が便利である．ここまでに既に登場したもの，今後登場するものも含めて記しておく．

proc : procedure	*exp* : expression	*num* : number	*predi* : predicate
func : function	*var* : variable	*int* : integer	*consq* : consequent
args : arguments	*val* : value	*str* : string	*altna* : alternative
char : charactor	*obj* : object	*lst* : list	*stm* : stream

● 引数の有効範囲

さて，このようにして定義していく中に，引数の有効範囲の問題に直面するようになる．「函数型言語は代入を使わない言語である」と言われている．ただしこれは，積極的には使わない，その使用を奨励はしない，という意味であって全く使わない訳ではない．また，使えない訳でもない．これは引数の名称に関する衝突問題を避ける根本的治療として，函数型言語が掲げている主張であり，望ましい解決策である，という提案なのである．

代入の危険性に触れる前に，幾つかの実験をしておこう．学習初期の段階に戻って，文字 a を入力してみよう．エラーが返ってきたはずである．続いて，引用符附きの "a" はどうであろか．今度はリテラルとして認識され，そのまま "a" が評価値として返ってくる．

続いて，先の一次函数の手続を再度実行してみよう．ここでは，$a = 2$ と設定している．しかし，この手続の実行後も，裸の a にはエラーが出て，引用符附きの "a" にはリテラル表示が返ってくることには，何の変わりもない．

そこで，次の入力をしてみよう．

    (define a 3.14)

これは記憶領域のある場所に a という名前を与え，その場所と値 3.14 を結び附ける——表面的には，変数 a に値を代入したように見えるが，変数はあくまでも場所の名前である．これは **define** のもう一つの用法：

$$\boxed{\text{定義方法：} (\textbf{define} \ \langle name \rangle \ \langle exp \rangle)}$$

の最も簡単な例になっている．これを

⟨*name*⟩ とは ⟨*exp*⟩ の名前である

と読む．この記法によれば，先の一次関数：

```
(define linear (lambda (a b x) (+ (* a x) b)))
```

もまた，「名前 (linear) ＋式 (lambda)」という形式であることが分かる．従って，これを「linear とは，続くラムダ項の名前である」，或いはラムダ項により定義 (*define*) されると読める．そこで通常は用いない記法ではあるが

```
(define                             ; 以下を定める
  linear                            ; とは
  (lambda (a b x) (+ (* a x) b)))   ; の名前である
```

と **define** の後に改行を加えると，この立場がより強調されるであろう．

一方，これを MIT 記法に直すと

```
(define (linear a b x) (+ (* a x) b))
```

となり，**define** の最初の記法「名前＋仮引数＋本体」に合致する．また，これは函数適用——より一般には**手続適用** (procedure application)——の形式，即ち「名前＋引数」と，「本体」を等値させるとも読める．ここでも改行により

```
(define                  ; 以下を定める
  (linear a b x)         ; とは
  (+ (* a x) b))         ; のことである
```

と強調すれば，その意味がより明瞭になる．即ち，特殊形式 **define** は，後に続く二要素，この場合なら (linear *a b x*) と (+ (* *a* *x*) *b*) を等値させる．その結果，(linear *a b x*) における仮引数を，実引数に置換えることによって，本体の値が求めるられる．MIT 記法は，**define** の第一要素が，そのまま函数適用としての実際の利用形態を示しているのである．

● **束縛と環境**

さて話題を戻して，再び裸の文字 *a* を入力すると，今度はエラーも無く

```
> a
3.14
```

となり，値が返ってくる．このように変数に束縛された値を確認する手法を，**変数参照** (variable reference) という．より精密には，これはトップレベルにお

ける変数参照であり，その手法はプロンプト直後に，変数名を直接入力することである．さらに，aに関する計算をする．例えば，aを二倍してみよう．

```
> (* 2 a)
6.28
```

記号 a が定数 3.14 と確実に関連附けられていることが分かる．これは記憶領域の特定の場所に a という名前を附け，変数参照によりそこに格納された値を取り出しているのであるが，これを Scheme では**束縛**(bind) と呼ぶ．そして，この束縛情報の全体を**環境**(environment) と呼ぶのである．我々は解釈系を通して，環境と情報の遣り取りをする．Scheme において計算とは，環境との関わりの中で定まる評価値の連鎖により，希望の結果を求めることである．

なお，**define** には引数部にドット対を用いた三種目の用法もあるが，これは続く項で説明する．繰り返しになるが，**define** は **lambda** の糖衣構文である．では，その **lambda** とは何であるか，が次の問題である．ラムダ算法において縦横に駆使された λ が，Scheme の中でどのように働くか．計算の理論と実装が，この一つの記号を通して見事に結ばれている所を順に見ていく．

B.4.2　lambda

こうして a が具体的な数値と関連附けられた後も，手続 linear は不変である．linear は定義内部で文字 a を使っているにも関わらず

```
> (linear 2 3 5)
13
```

となり，やはり影響が出ていないことが分かる．そこで今一度，ラムダ記法にまで戻ってこの手続の定義を見直してみる．

```
((lambda (a b x)
   (+ (* a x) b))
   2 3 5)
```

この式は，以下の形式で括弧の内側でのみ，各文字と値を関連附けている．

> 定義方法：**(lambda** (⟨*fps*⟩) ⟨*body*⟩**)**
> 利用方法：**((lambda** (⟨*fps*⟩) ⟨*body*⟩**)** ⟨*aps*⟩**)**

B.4. 特殊形式

これがラムダ構文の最も多用される形式である．仮引数と本体の詳細を書けば

$$(\textbf{lambda}\ (\langle fp_1\rangle\ \langle fp_2\rangle\cdots\langle fp_n\rangle)\ \langle exp_1\rangle\ \langle exp_2\rangle\cdots\langle exp_m\rangle)$$

である——仮引数はリストの形態を持っており，返される評価値は列中の末尾の式，即ち exp_m となる．**lambda** に関するこの形式が先に定められており，糖衣構文である **define** に転写されているので，後述する仮引数が 0 個の場合を含むことも，式が少なくとも一つは必要であることも同様である．

手続定義の一番簡単な実験は，組込手続を利用して新手続を作ることである．LISP 系言語において，全ては前置記法により表される．しかし，それは"定義"により変更可能である．例えば，四則計算の入力なら

```
(define prefix
  (lambda (proc a b)
    (proc a b)))
```

と表せば，次のような形式で加算・乗算が行える．

```
> (prefix + 2 3)
5
```
```
> (prefix * 2 3)
6
```

これを雛形として，数学における標準的な表記法である**中置記法**(infix notation) や，**後置記法**(postfix notation) が定義出来ることが分かる．

```
(define infix
  (lambda (a proc b)
    (proc a b)))
```
```
(define postfix
  (lambda (a b proc)
    (proc a b)))
```

実行例は以下である．

```
> (infix 2 + 3)
5
```
```
> (postfix 2 3 +)
5
```

こうした簡単な変更を重ねて，言語全体の形式を変えていくことが出来る．

● ブロック構造

lambda の定義において (当然 **define** においても)，複数の式を記述することが許されている．これは直ちに**内部定義**(internal definitions) に結び附く．説明を簡潔にする為に，**define** の MIT 表記を用いてその例を挙げよう．例えば

```
(define (linear x)
  (+ (* a x) b))
```

は，唯一の式である (+ (* *a* x) *b*) において，定数 *a*,*b* が未定義であるので当然エラーとなる．そこで定数を定義する別の **define** を内部に入れる．ただし，これは本体の先頭部からの挿入に限定される．即ち

```
(define (linear x)
  ┌─────────────┐
  │(define a 2) │
  │(define b 3) │
  └─────────────┘
  (+ (* a x) b))
```

とする．元々の手続 linear が，定数定義の二式を一つの塊として挟み込んだ形になっている．これを**ブロック構造**(block structure) と呼ぶ．定義の入れ子である——末尾からの挿入では入れ子にも，ブロックにもならない．

ここでは字下げと枠囲みによって，挟み込む側と挟み込まれる側の両者を区別して書いているが，元の **define** の記法に戻れば，これは三式の列挙である．

```
(define (linear x) (define a 2) (define b 3) (+ (* a x) b) )
                       式-1         式-2          式-3
```

ここで実引数 5 を適用した場合，評価値 13 が得られるのは，これを導く第三式が末尾の式だからである．従って，これに第四式を加えた場合，例えば

```
(define (linear x) (define a 2) (define b 3) (+ (* a x) b)
  (* a b))
```

ならば，結果は適用する実引数に因らず，常に 6 となる．この**手続の評価値は，内部の末端の式により定まる**ことは，常に意識するべきことである——本体が一つの式で成り立つ場合のみを扱っていると，時としてこれを忘れる．

なお，定数定義は手続 linear の内部でのみ有効であり，大域環境には影響を与えない——これは *a*,*b* の変数参照を行えばエラーとなることから分かる．従って，ブロック構造によって内部に挿入される部分の手続名，引数名は，外部での使用の有無に関わらず自由に選べる．これが内部定義の意味である．

ここに記したことを逆に辿れば，手続の定義は徹底的に細分化して，それぞれが確実に機能することを確かめた上で，それらを持ち寄り，主たる手続の内部に挿入していけばよいことが分かる．

● begin

こうした **lambda** の持つ列挙機能：$((\text{lambda ( )} \langle exp_1 \rangle \langle exp_2 \rangle \cdots \langle exp_m \rangle))$ を含む特殊形式が **begin** である——両者は**式を対象にする限り同等**である．

$$(\text{begin} \ \langle exp_1 \rangle \ \langle exp_2 \rangle \cdots \langle exp_m \rangle)$$

これにより式の単純並記が可能となる．評価値は最終式の値である．

```
> (begin
    (define a 2)
    (define b 3)
    (* a b))
6
```

ただし，これは"内部定義"にはならず，変数 a, b は大域的に定義される[13]．

B.4.3　let

ラムダ構文は要素と要素を結び附ける，そのことを定義は示している．この機能をより簡便に利用する為に

$$((\text{lambda} (\langle var_1 \rangle \ \langle var_2 \rangle \cdots \langle var_n \rangle) \ \langle body \rangle)$$
$$\langle exp_1 \rangle \ \langle exp_2 \rangle \cdots \langle exp_n \rangle)$$

の糖衣構文として以下に示す **let** が定義されている．

$$\begin{array}{l} (\textbf{let} \ ((\langle var_1 \rangle \ \langle exp_1 \rangle) \\ \quad\quad\ (\langle var_2 \rangle \ \langle exp_2 \rangle) \\ \quad\quad\quad\quad \vdots \\ \quad\quad\ (\langle var_n \rangle \ \langle exp_n \rangle)) \\ \quad \langle body \rangle) \end{array}$$

これにより式 $\langle exp_n \rangle$ の評価値が変数 $\langle var_n \rangle$ に結ばれる．これは上記したラムダ構文と等価であることから，その適用に一定の範囲があること，そしてそれは **let** で囲まれた内部のみであることが分かる．従って，これは内部変数を定

---

[13] この問題と，引数の無いラムダの詳細に関しては後述する．

義しているものと見做すことが出来る──**let** には，これを基本形として他に，**let***，**letrec**，**名前附き let** という三種類の派生形があるので，順に紹介する．

既に見てきたように，ラムダ構文は仮引数の名前には因らず，返される評価値は変わらない──アルファ変換を充たしている．よって，**let** の支配領域においても，変数名ではなく，本体内との対応関係のみが意味を持つ．そこで定数を $a=2, b=3$ に固定した一次函数を，**lambda** と **let** で書いてみよう．先ずはラムダ記法より，x に関する函数抽象を括り出す．

```
((lambda (x)
  ((lambda (a b)
    (+ (* a x) b)) 2 3))
 5)
```

次に，x に対する値 5 を取り除き，改めて函数 f_2x+3 として定義すると

```
(define f_2x+3
  (lambda (x)
    ((lambda (a b)
      (+ (* a x) b)) 2 3) ))
```

となる．これが求めるものの"実体"であるが，さらに **let** を用いると

```
(define f_2x+3
  (lambda (x)
    (let ((a 2) (b 3))
      (+ (* a x) b) )))
```

となる．こちらの方が，文字と数値の組合せが直接的であり，視覚的には分かり易い．勿論，どちらの形式からも得られる結果は変わらない．

● クロージャ

ここで，この函数の本体である

```
(lambda (x) ((lambda (a b)
  (+ (* a x) b)) 2 3))
```

を取り出して，改めてその評価値を求めると，それは実装により異なるが，多くの場合 **#< closure >** 或いは **#< function >** といった文字列を含んだものが返って来る．一般に，参照される変数の定義，定数の値を含んだ**環境と函数抽**

象の組を**クロージャ**(closure)，或いは**函数閉包**(function closure) と呼ぶ．この評価値は，入力された内容が確かに **lambda**，即ち函数抽象によって定義されたものであることを表しているのである．

先にも述べたように，ここで定義されている関係：$a = 2, b = 3$ は，クロージャの中だけで有効であり，外部に影響も与えず影響も受けない．即ち，クロージャは閉じた世界を作る．外部との遣り取りは変数 x のみが行う．例えば，外部から a に対して別の値を与えても，函数本体の式は **lambda** の内部のみを見ており不変である——これを内部定義と呼んだ．

要するに，函数は使われる場所ではなく，定義された場所での環境を常に持参して，"その見掛けの通り"に定まる．変数が参照出来る範囲のことを**スコープ**(scope) と呼ぶ．Scheme は，それがプログラム実行という"動的処理"の前に，内容の解析という"静的処理"だけで確実に定まる**レキシカル・スコープ**(lexical scope)——"字句構造による変数参照機構"——を採用している．この意味で，**レキシカル・クロージャ**(lexical closure) という言葉も使われる．

B.4.4 引数の書法

lambda の引数部はリストの形態：

$$(\langle fp_1 \rangle\ \langle fp_2 \rangle \cdots \langle fp_n \rangle)$$

を取っている．これは既に述べた通りである．簡単の為に，三つの変数と一つの式の場合を例に採って，その詳細を説明しよう．例えば，三次元のユークリッド空間の原点からの距離の二乗ならば

```
(lambda (x y z)
  (+ (* x x) (* y y) (* z z)))
```

と定義出来る．$x = 2, y = 3, z = 5$ とすれば

```
> ((lambda (x y z)
    (+ (* x x) (* y y) (* z z)))
   2 3 5)
```
38

と求められる．ここで仮引数の全てに値を与えなければエラーになる．仮引数は全て生きており，その個数と実引数の個数は，常に一致している必要がある．

● ドット対

ところで，z の値を固定して，xy 平面での距離のみを変化させたい場合など，引数を"必須のもの"と，"追加のもの"の二形式に分けて扱いたいことがある．これは所謂"オプション設定"であり，無設定の場合に取るべき"事前設定値"——**デフォルト値**(default value)——を定義しておくことによって，対応する実引数の入力を任意にするものである．

この機能を実現する為には，引数部にドット対の記法を用いて

```
> ((lambda (x y . z)
    (+ (* x x) (* y y) (* 5 5)))
   2 3)
38
```

と書く——この場合，本体内の z は無効化され，デフォルト値として 5 が設定されている．また，仮引数部と本体の引数の個数が異なる場合：

```
> ((lambda (x y . z)
    (+ (* x x) (* y y)))
   2 3)
13
```

も可能である．要するにドット記号の次の仮引数 z においては，実引数も対応する本体内の記述も省略出来るのである．この引数の分割は，ドットより右側は一つ，左側は無制限と定められている．従って，二個の引数を省略しようと考えて，$(x \ . \ y \ z)$ と書くとエラーになる．

実は，この記法はドット記号の右側をリストとして処理するものであり，リストが任意個数の引数を吸収する——よって右側も無制限となる．この部分が何個の実効性を持つ引数を代表するかは，デフォルト値の設定に関連して定まる．この場合なら，リスト w を導入して $(x \ . \ w)$ と書き，本体内に設定値を定めておけば，二引数をまとめたものとなる．実引数は一個のみで成立する．

```
> ((lambda (x . w)
    (+ (* x x) (* 3 3) (* 5 5)))
   2)
38
```

ただし，省略されたリスト部に吸収される余剰の実引数は，そのまま無視され

B.4. 特殊形式

るので，残りの二引数に留まらず，それ以降に幾つ実引数を追加しても入力に伴うエラーは発生せず，結果も変わらない．評価値は 38 のままである．

同じことであるが，例えば 5 引数"限定"の場合なら

$(x_1\ x_2\ x_3\ x_4\ .\ x_5)$ ： x_1, x_2, x_3, x_4 は必須，x_5 は省略可
$(x_1\ x_2\ x_3\ .\ w)$ ： x_1, x_2, x_3 は必須，w は $(x_4\ x_5)$ を含むリスト
$(x_1\ x_2\ .\ w)$ ： x_1, x_2 は必須，w は $(x_3\ x_4\ x_5)$ を含むリスト
$(x_1\ .\ w)$ ： x_1 は必須，w は $(x_2\ x_3\ x_4\ x_5)$ を含むリスト

という形式でリスト w に含まれる仮引数への実引数の入力が省略可能となる——ただし，第一引数だけは省略出来ない．

この意味で，仮引数の全体を**第一引数**(first parameter) という名のアトムと，**残余パラメータ**(rest parameter) という名のリストのドット対と見做して

$$(\langle \textit{first parameter} \rangle\ .\ \langle \textit{rest parameter} \rangle)$$

と表現する．これにより，リスト処理の手法を駆使して，任意個数の引数を代表させることが出来る．これを**ドット末尾記法**(dotted-tail notation) と呼ぶ．ただし，無定義の引数が構文内に存在することは許されないので，先に示したようにデフォルト値の設定による定義と，省略されなかった場合の対応を定めておく必要がある——この際に必要となるリスト内からの引数の取り出しは，リストに対する常套手段 **car, cdr** によって行う．

ここで，ドット対の定義を思い出しながら，具体的な実引数を例に採る．仮引数 *first* に 3.14 を，*rest* にリスト (2 3), (5 7) を割り当てた場合，即ち

```
(first  .   rest)
  ↑         ↑         ←→   (3.14 (2 3) (5 7))
  3.14   (2 3) (5 7)
```

とした場合，仮引数部全体は右側のリスト形式になる．従って

> (cdr (3.14 (2 3) (5 7)))
((2 3) (5 7))

が *rest* の実体であり，二つのリストを一つにまとめた形式になっていることが分かる．このように，*rest* はリストなので，そこに実引数としてリストを持ち込めば，"リストのリスト"になる訳である．この事情はリストの個数に因らない．実引数の多い場合には起こらない間違いであるが，仮に単独のリストの場合に仮引数 *rest* は，例えば ((2 3)) となり，その **car** と **cdr** は

```
> (car '((2 3)))          > (cdr '((2 3)))
(2 3)                     ()
```

となるので，コードを読む際には若干の注意が必要である．

　加算の +，乗算の * など，任意個数の引数を取る演算子，或いは述語が Scheme には組込として定義されているが，同様の特徴を持つものを，この手法によって自前で作り出せるという訳である．以上の機能はそのまま MIT 記法による **define** にも引き継がれており

```
(define (r-square x y . z)
  (+ (* x x) (* y y) (* 5 5)))
```

と書くことが出来る．僅かドット記号一個で，その意味する所が激変するので，コードを読む場合には特に注意が必要である．

● リストの生成

　ここまでに紹介したのは，仮引数部のリストが，真性のリストである場合と，ドット対による場合の二種類であった．ドット対による場合は，引数の省略が可能となり，それにより任意個数の引数に対応出来る手続が定義可能となった．何れの場合も，仮引数部は"リスト形式"であり，括弧に包まれていた．

　最後に紹介する手法は，この括弧が無い，以下のような場合である．

```
(lambda x x)
```

このラムダ項は，これだけで任意個数の実引数を受け取る．そして，その評価値はリストになり，引数に束縛される．例えば

```
> ((lambda x x) 1 2 3)
(1 2 3)
```

である．即ち，これは与えられた要素からリストを生成する手続となる．実際，組込手続 **list** はこの糖衣構文：

```
(define list (lambda x x))
```

である．これを MIT 記法で書けば以下のようになる．

```
(define (list . x) x)
```

この表記は，先のドット対における第一引数をも省略したものとなっており

B.4. 特殊形式

```
> ((lambda x x))            > (list)
()                          ()
```

は空リストをその評価値としている.

B.4.5 引数の無い函数

ところで，**lambda** によって"引数の無い函数"も書ける——既に式に対応する **begin** に，その一つの応用例を見ている．その前段として

```
(lambda (x) (* 2 3))
```

を考えよう．これは仮引数 x と本体である (* 2 3) の間に何の関係も無い．従って，この仮引数に如何なる数値を入れても，如何なる文字リテラルを入れても，全体の評価値は括弧内の乗算結果である 6 となる．例えば

```
((lambda (x) (* 2 3)) 99)     => 6
((lambda (x) (* 2 3)) "yes")  => 6
```

である——なおこれ以後，評価値の比較や，連続表記などでは，解釈系を模したこれまでの記述手法では著しく紙面を消費する為，ここで示した新記号 => による"一行表記"を併用する．この場合，実引数は本体評価の"実行スイッチを押す"役割しか担わず，函数としての具体的意味を失っている．そこで，無意味な仮引数と実引数を共に削除した次の形式を試してみよう．

```
> ((lambda () (* 2 3)) )
6
```

この場合も同様に，乗算の評価値が求められた．従って，引数の無い函数の場合，一番外側の括弧のみで"スイッチ"が入ったことが分かる．これがラムダ構文の定義における，仮引数 0 個の場合に相当する．即ち

```
(lambda () (* 2 3))
```

は形式的には，(* 2 3) の評価値を求める作業を，"括弧の衣"一枚分だけ遅らせる機能を有することになる．比較の為に

```
(define late (lambda () (* 2 3)))
(define now             (* 2 3))
```

を定義すると，late では乗算値は求められず，括弧で包んではじめて

```
> (late)                    > now
6                           6
```

を得る．now との違いは明瞭である．これは評価値を"フリーズ"させたい場合に使われる形式である——この機能によって，値呼びシステムの中に"名前呼び評価"を実現させることが出来る．また，MIT 記法によれば，引数の無い函数は，函数名をそのまま括弧で括ることになる．故に，late は

```
(define (late) (* 2 3))
(define now    (* 2 3))
```

と書き直すことが出来て，now との比較がより容易になる[14]．なお，同種の機能が Scheme には組込まれているので，ここでは紹介だけしておく．先ずは

```
(delay (* 2 3))
```

である．手続 **delay** は，この段階では評価値を出力せず保留する．そして **force** によって，初めてその評価値を

```
> (force (delay (* 2 3)))
6
```

と出力する．その名 *delay* の通り，評価値を求める作業を遅延させる．後でこの遅延を含む計算が，プログラムの発想を大いに変えることを説明する．

B.4.6　抽象化の問題

ここで"抽象化の問題"に関して，具体例からその本質へと迫っていこう．我々は，ラムダにより自由に函数を定義して，それに名前を附けることが出来るようになった．そこで，次の函数を見て頂きたい．

```
1: (define five (lambda (x) (* 5 x)))
2: (define five (lambda (y) (+ y y y y y)))
3: (define five (lambda (z) (/ (* 10 z) 2)))
```

一目瞭然，これら三種は全て与えられた数を 5 倍して返す函数である．しかし，内部処理の中身を知らない利用者にとっては，同じ入力に対して同じ出力を返してくる以上，識別不能である．利用者が見ることが出来るのは

---

[14] define の仮引数 0 個の場合に相当する．lambda と先に示した define の二種類の定義から考えると，ここで述べた複数の表現が矛盾無く，しかも密接に関係していることが分かる．

```
> (five 7)
35
```
という入出力の実態だけである．こうして内部構造とは無関係に，その入出力だけを論じる時，またその函数名によってのみ前後の処理の意味を理解する時，「対象の抽象度が上がった」と言うのである．

　これら三種は，処理速度に僅かばかりの違いが出るかもしれないが，全く同じ函数だと見てよい．プログラミングにおける抽象化の問題は，こうした簡単な例からも分かる．下位構造の詳細を隠蔽し，名前を附け，その名において前後との関連を示す時，プログラマは「上位構造を作り上げた」のであり，即ちそれが「問題の抽象度を上げる」ということの意味となる．

　分かり易いように，処理の中身に則した名前を附けて具体的にしたつもりが，実は抽象度を上げている．逆説めいた話に聞こえるかもしれないが，それは"抽象性"という言葉に対する認識の相違から来るものである．上の段落で強調したように，例示することが"具体的"で，概念を記述することが"抽象的"という認識だけでは，言葉の片側しか捉えていない．人間の直観が利くようにする為に，下位構造を包み隠すことが抽象的であり，それを暴いて触感により理解しようとするのが具体的なのである．即ち，抽象的だから分かり難いのではなく，分かり易くする為に抽象度を上げたその結果，それが人間の五感を離れ，スッキリし過ぎた為に逆に分かり難くなる現象が生じたのである．この点を理解しないと，高級言語が受け持つ文化的役割が分からなくなる．

☞ **余談：劇中劇** ....

　　劇中劇というものを御存知だろう．芝居の中で別の芝居が演じられる．小説の中で，登場人物が作家として別の小説を書いている．アニメの主人公が，別のアニメに夢中になっている等々，様々な入れ子構造がある．『ハムレット』では旅芸人達が，求めに応じて王殺しの芝居を演じる．『ブルース・ブラザーズ』では実在するバンドが，映画中で架空のバンドを演じた．『プリごろ太』はフランスでも放映していた，ということになっている．

　　舞台の中央に立った俳優は，「父の亡霊が告げた真実を，旅芸人の芝居の台詞として埋め込んだ」というハムレットの独白，その緊張の場面を淀みなく鮮やかに演じなければならない．「「亡霊の台詞」が「芝居の台詞と化した」という台詞」を，臨場感をもって観客に届けるのがその使命である．

　　こうした劇中劇，作中作を書く場合に必須となる手法が，「引用」である．プ

プログラムを「引用」することで、データとして格納することが出来る。データを取り出して、プログラムとして稼働させることが出来る。「引用」によって、プログラム中にプログラムを記す入れ子を作ることが出来るのである。

....■

B.4.7 quote

　リテラルを増やす方法を紹介する。直前の「余談：劇中劇」で記した**引用**(quotation)である。例えば、引用符附きの文字列 "Gauss" を入力すれば、それはリテラルと見做され評価値は "Gauss" となる。これは既に確認した。ここでは、引用符の無い文字列そのものを評価値とする手法を取り上げる。それが"引用する"という動詞を、そのまま手続名とした **quote** である。

　　> (quote Gauss)
　　Gauss

これが Scheme での「引用」である――先の「引用符」と紛らわしいが全くの別物である。即ち、引用とは、入力されたものの評価を行わず、それをリテラルと見做して、そのまま出力することである。"Gauss" は元々がリテラルであり、それがそのまま評価を受けず出力されるのは、その定義より当然である。**quote** はリテラルでないものを、リテラルと見做して出力するのである。

　Scheme は、先ず引数の評価値を求め、それを手続が処理して最終的な結果として出力する。従って、評価されて困るものは **quote** する必要がある。**quote** した結果はデータである。即ち、評価値はデータであり、プログラムではない。こうして **quote** は、データとプログラムの仲介をするのである。

　この手法によって、式の評価値を求めずに、元の形のまま次のステップへと送ることが出来る。例えば、加算手続 (+ 2 3) をそのまま入力すれば、評価値として 5 が得られるが、元の計算式は消えてしまう。計算式をデータとして保留する為には、これを **quote** する。

　　> (quote (+ 2 3))
　　(+ 2 3)

これによって、計算結果としての評価値は先送りされる訳である。これは即ち、プログラムをデータとして遣り取り出来ることを意味している。

この逆演算が **eval** である．即ち，**eval** はデータを再び計算可能な対象として引き戻し，その評価値を返す．例えば

```
> (eval (quote (+ 2 3)) (interaction-environment))
5
```

である．ここで **(interaction-environment)** は，現在の環境情報を **eval** に渡す手続である——現状の仕様では，二引数を必須とする **eval** における「指定された一引数」に過ぎず，計算結果を左右するものではない．

● リストとの関係

四則計算の手続も記号としてリストにすることが出来る．しかし，それを再び抜き出して最左位置に据えれば，正規の手続として機能する．

```
((car     (list + - * /)) 5 3)   => 8
((cadr    (list + - * /)) 5 3)   => 2
((caddr   (list + - * /)) 5 3)   => 15
((cadddr  (list + - * /)) 5 3)   => 5/3
```

car と **cdr** を重ねて用いる時，ここで記した短縮形が利用される．この用例を見れば，その意味は明らかであろう．例えば **caddr** の場合ならば

```
((car (cdr (cdr (list + - * /)))) 5 3)
```

の略記である．そして，これは

```
(define caddr
  (lambda (x) ((car (cdr (cdr x)))) ))
```

により実現される．この短縮形は深さ四段まで総数 28 個が準備されている．

caaaar	caaadr	caaar	caadar	caaddr	caadr	caar
cadaar	cadadr	cadar	caddar	cadddr	caddr	cadr
cdaaar	cdaadr	cdaar	cdadar	cdaddr	cdadr	cdar
cddaar	cddadr	cddar	cdddar	cddddr	cdddr	cddr

以上が組込として定義されているものの一覧である．こうした略記が可能であることも，**car** と **cdr** が今なお広く用いられる理由の一つである．

また，引用はリストの生成にも活用される．先ず，空リストとは要素の無いリストであるから，(list) により生成される．この評価値は () であるが，こ

の評価値をデータとして扱う為には **quote** する必要がある．従って，コード内に空リストを書く場合には，(quote ()) と記述する．

　数値はリテラルであるので，空リストとの **cons** により，それを唯一の要素とするリストが作れる．例えば

> (cons 7 (quote ()))
(7)

である．ところが，文字はリテラルではないので，この方法ではリストを作れない．そこで **quote** をする．初めは空リストとの **cons** を取る．

> (cons (quote b) (quote ()))
(b)

さらに *a* を含むリストを作りたい場合には，**cons** を重ねる．

> (cons (quote a) (cons (quote b) (quote ())))
(a b)

　quote は非常に重要な操作であり，頻繁に用いられるので，糖衣構文が用意されている．我々が日常的に用いる引用符は，その始めと終りを示す意味で二つ一組のものであるが，S-表記では括弧により適用すべき範囲が決められているので，括弧の前に単一引用符「'」を附けてそれを示す．上の例ならば

> (cons 'a (cons 'b ()))
(a b)

であり，先の加算の場合なら

> '(+ 2 3)
(+ 2 3)

である．しかし，リスト生成の為に，**cons** を何重にも重ねるのは煩雑である．そこで，与えられた要素を一気にリストにする手続 **list** が，多重 **cons** の手法の代わりに使われるのである[15]．これでリストが直截に書ける．

> (list 'a 'b 'c)
(a b c)

複数のリストを繋ぐには **append** を用いる．

---

[15] さらに list の本質は，ラムダ項：(lambda *x x*) であった．

```
> (append '(a b) '(c d))
(a b c d)
```

cons は後続するリストの先頭に要素を加える．**append** との違いは，次の例によって理解出来るだろう——**append** は集合の合併に類似した手続である．

```
> (cons '(a b) '(c d))          > (append '((a b)) '(c d))
((a b) c d)                     ((a b) c d)
```

ここでも **car** と **cdr** の働きを確かめておこう．

```
> (car (list 'a 'b 'c))         > (cdr (list 'a 'b 'c))
a                               (b c)
```

連続して **cdr** を取る *"cdr-down"* を続けると，右式は (c)，() となる．

また，二重の **quote** に対して，その中身を **car** を用いて分析すると

```
> (car (quote (quote Euler)))   > (car ''Euler)
quote                           quote
```

となるので，どの部分が"引用"されているのか，よく分かるだろう．

B.4.8　内部と外部

さて，**quote** の処方も加え，クロージャ，レキシカル・スコープ，引数の無い函数をまとめて，その意味をより鮮明にする為の，さらなる"実験"を企画しよう．先ずは，未定義の文字列 scope を使って

```
(lambda () scope)
```

と入力する．これはクロージャであり，scope の評価値に関する処理は先送りされる形式であった．そこで，これをさらに括弧で包んで実行すると，当然の結果として"未定義を警告するエラー"が出る．これを避けるには文字列を定義する，その一つの方法が文字列の **quote** であった．ここでは

```
(define scope 'external)
```

によってクロージャの"外部"，即ちトップレベルから定義しよう．これによって，未定義エラーは解消されて評価値：

```
> ((lambda () scope))
external
```

を得る．これはクロージャの変数 scope が，外部定義された情報 external を参照していることを示している．環境は評価値を求める為の前提となる．変数は外部であれ，内部であれ，何処かでその存在を定義されている必要がある．

そこで次に，クロージャ内部に入り，**let** により変数と文字列を関連付けて，その評価値を求めると

```
> ((lambda ()
    (let ((scope 'internal))
      scope)))
```
internal

となって，今度は外部定義が退けられている．これを**隠蔽**(shadow)と呼ぶ[16]．ただし，外部定義そのものは一貫してその有効性を失っておらず，それは

```
> scope
```
external

と変数参照することによって確認出来る．即ち，外部では external と定義されている変数も，クロージャ内では，内部定義 internal が"優先"されている．しかし，この段階で内部変数である scope は，既にこの名称である理由を失っており，他と取換えても結果は変わらない．例えば

```
> ((lambda ()
    (let ((x 'internal))
      x)))
```
internal

である．従って，外部における scope と内部のそれは，同じ名称ではあっても，全くの別物と考えるべきである．

● 変数の視野

クロージャ内部の **let** を入れ子にして，さらに隠蔽の仕組を調べる．例えば

```
> ((lambda ()
    (let ((scope 'outer))
    (let ((scope 'inner))
      scope))))
```
inner

---

[16] この場合の訳語として，善悪の印象を持ち込まない「遮蔽」を提案する．

である．scope に近い，内側の **let** により定義された文字列が出力されている．入れ子に制限は無いので，次にような定義も可能である．

```
((lambda ()
  (let ((x 0))
  (let ((x (+ x 3)))
  (let ((x (+ x 2)))
  (let ((x (+ x 1)))
    x))))))
```

これは，x を $x+1$ とし，$x+1$ の x を $x+2$ とし，$x+2$ の x を $x+3$ として，最後に $x=0$ と定義したものであり，値は 6 となる．本来，隠蔽は特殊な場合を除き，変数名を変更することによって避けるべきものである．この場合なら

```
((lambda ()
  (let ((x_3 0))
  (let ((x_2 (+ x_3 3)))
  (let ((x_1 (+ x_2 2)))
  (let ((x_0 (+ x_1 1)))
    x_0))))))
```

によって解消される——これを通常の数式で書けば

$$\underbrace{x_0 := x_1 + 1, \quad x_1 := x_2 + 2, \quad x_2 := x_3 + 3, \quad x_3 := 0}_{x_0 = (((0) + 3) + 2) + 1 = 6}$$

である．互いに変数名が異なれば，等号を使って素直に書き直すことが出来る．定義が有効である範囲，階層構造の作り方，その意味等々は，このように実際にコードを書いて確かめていく方法が一番早くて確実である．

　間違っていれば解釈系を通らない，また通ったからといって，それが"正しい"という保証は無い．文法的には正しくとも，希望している処理とは異なる場合もある．エラーとエラーが打ち消し合って，解釈系が警告しない場合もある．従って，エラー表示が出るものを"論外"として，幾つかの異なる場合を試し，そのそれぞれが希望する処理を行っているか否かを確かめていけばよい．しかし，それでは"全ての場合"を尽くしたことにならないので，その裏付けとなる理論が必要とされる．こうした問題を体感したタイミングで理論的なことを学べば，一番理解しやすく，また深いところに到達出来る．

　加えて，**let** によってラムダ項との束縛関係も定義することが出来る．例えば

```
(let ((times2 (lambda (x) (* x 2)))
      (times3 (lambda (x) (* x 3))))
  (times3 (times2 2)))
```

である．これは **define** による函数定義と似た形式になっているが，`times2`, `times3` は大域的な函数として登録されないので，函数名の衝突が生じない．また，定義済みの手続を利用したい場合には，束縛する引数の無い形式：

```
(let ()
  (define times2 (lambda (x) (* x 2)))
  (define times3 (lambda (x) (* x 3)))
  (times3 (times2 2)))
```

を採ってもよい．これは以下のラムダ項の糖衣構文として理解出来る．

```
((lambda ()
  (define times2 (lambda (x) (* x 2)))
  (define times3 (lambda (x) (* x 3)))
  (times3 (times2 2))))
```

ところが，**begin** の場合は異なる．具体的な値を求めるということに関しては

```
(begin
  (define times2 (lambda (x) (* x 2)))
  (define times3 (lambda (x) (* x 3)))
  (times3 (times2 2)))
```

によっても出来るが，**begin** は"引数の無いラムダ項の糖衣構文"ではなく，列挙された定義と式のそれぞれが，トップレベルにおいて定義されたものの"単なる列"となるように設定されたものである．従って，この形式では `times2`, `times3` は大域的に定義され，**内部定義にはならない**．

ここで紹介した手法には，それぞれに特徴がある．どの手法を選んでも，函数定義に際し，先ずは簡単な例を作って"動作試験"を行い，変数束縛の範囲を確認しておく必要がある．これは"開発"に必須の基本的な姿勢である．

● let*

さらに"実験"を続けよう．**let** の複数の引数設定における順序は，実装の裁量に任されている．即ち，一般的な規約が無い．例えば

B.4. 特殊形式

```
> (let ((x 2) (y 3) (z (* x y)))
    z)
```

はエラーとなる．何故なら，z を設定する時に，x, y が設定済みであるとは限らないからである．そこで **let** を入れ子にして

```
(let ((x 2) (y 3))
  (let ((z (* x y)))
    z))
```

と定め，評価値 6 を得る．このような場合の為に，**左から右へ順序を限定して設定**する **let*** が用意されている．これにより以下の定義が可能となる．

```
(let* ((x 2) (y 3) (z (* x y)))
  z)
```

先に示したように，変数定義そのものが多重構造を持っている場合には，それに対応して **let** も多重化させる必要があるが，この **let*** を用いることで入れ子を避け，並列に書ける．例えば，二次方程式の根の公式より

```
(let* ((a 1) (b -5) (c 6)
       (div (* 2 a)) (minus-b (- 0 b))
       (d (- (* b b) (* 4 a c))) (sqr-d (sqrt d))
       (x1 (/ (+ minus-b sqr-d) div))
       (x2 (/ (- minus-b sqr-d) div)))
  (list x1 x2))
```

を設定すれば，この段階で既に計算は終了し，二根 (3, 2) が得られる．

● letrec

限定された範囲の中で，互いに何処まで"見えている必要があるか"によって，**let** を使い分ける．順序よく定義を重ねていく手法を採れば，或いはそれが可能であるならば，**let*** により問題は解決する．

それが不可能な場合には，ここで紹介する **letrec** を検討する．この形式によれば，さらに自由に変数の定義順を変更出来る．唯一の制約は，変数に設定される値が，その部分で独立した評価値——未定義要素の無い——を持っている必要があることだけである．例えば，以下の形式も可能となる．

```
(letrec ((z (lambda () (* x y))) (x 2) (y 3))
    z)
```

ここで，(z (* x y)) としたのでは，単独では未定義な (* x y) を z の値とする為にエラーとなる——これも実装により異なり，受け入れる処理系も存在する．その為に引数無しの **lambda** で包み，これを避けるのである．

　let も **let*** も，その本体内部から引数が見え，その引数と束縛関係にある定数を取り込むことで，本体内の式を具体的に計算可能なものにしていた．**letrec** は加えて，定数部分からも引数が見えるようになっている．ここが本質的に重要な部分である．これによって，再帰函数を定義することが出来る．これは **let, let*** には不可能である．この意味で，**letrec** による引数の束縛は，**define** による定義に一番近い形式が採れる．

B.4.9　set!

　既に定義されている変数の値を変更するには **set!** を用いる．これは所謂"代入"に相当する．末尾の記号！は，その操作が"破壊的"である時に用いる Scheme の慣習的記法である．**set!** はそれが実行される前後で対象の値を完全に変えてしまう．従って，それがプログラム中の何処で実行されるかによって，全体の結果が異なる．函数型言語では，こうした処理がプログラムの読み書きを一気に難しくすることから，特に慎重に扱っている．その注意喚起の為の記号が！である．具体的には

$$\boxed{(\text{set!}\ \langle name \rangle\ \langle new\text{-}value \rangle)}$$

の形式に従って，記号 ⟨*name*⟩ に式 ⟨*new-value*⟩ の評価値が代入される．繰り返すが，未定義の変数にこれを適用するとエラーになる——**define** がデータの設定から行うのに対して，**set!** はこれを行わず，既存のデータを消去して新データに更新 (renew) するものであり，それ故に"破壊的"と呼ばれるのである．

　例えば，変数 z が **let** の内部で"局所的"に，以下のように定義されていれば

```
(let ((z 0))
  (set! z 2))
```

により，変数の値は 0 から 2 に変更される——ここで z を定義している **let** の部分が無ければエラーとなる．また，式 (* 2 3) を設定すれば

```
(let ((z 0))
  (set! z (* 2 3)))
```

により，評価値 6 が z に代入される．この二例は **let** の中で変数の値が変更され，その結果が全体の評価値として返されている．しかし，z は大域的な変数として定義された訳ではないので，変数参照をするとエラーになる．

● 大域変数

そこで z をトップレベルから定義する．これは大域変数としての z を定めることである[17]．例えば，(define z 5) と定義すれば，変数参照により評価値 5 を得る．そこで **let** の外側に z をもう一つ置き，全体を **lambda** で包むと

```
> ((lambda ()
    (let ((z 0))
      (set! z (* 2 3)))
        z))
5
```

となる．今度は，**let** 内部で更新された値 6 ではなく，大域変数としての値 5 が全体の評価値になっている．これは前の小節でも確認した関係である．

このように内部定義に束縛されていない変数は，外部にその定義を求める．そして，それはクロージャの"窓口"として機能する．この状況を調べる為に

```
> ((lambda ()
    (set! z (* 3 5))))
15
```

を定義しよう．これは大域変数としての z が (* 3 5) の評価値である 15 によって上書きされたことを示している．これは変数参照により容易に確かめられる．またこの式は，変数 z に式 (* 3 5) の評価値 15 を代入したものを，構文内における"末尾の式"として認識し，全体の評価値としたものであるが，最後尾にさらに z を附加した

```
> ((lambda ()
    (set! z (* 3 5))
      z))
15
```

の場合には，変数 z の値そのものを返している．

---

[17] Scheme では，大域変数をアスタリスクで挟む"慣習"がある．ただし，この場合のように短い変数に対して殊更に *z* などとしないことも一つの"慣習"である

これは例えば，外部からその値を 0 と定義されている三変数 x, y, z に対して

```
> ((lambda ()
    (set! x 2)
    (set! y 3)
    (set! z 5)
      x))
2
```

を実行することによっても確かめられる．末尾の変数を y, z と変えれば，出力される値は全体のものではなく，末尾の指定によるものであることが分かる．これを再び削除して"無指定"とすれば，末尾の式である z の値，この場合なら 5 が全体の評価値として返される――しかも，こうした出力の有無とは無関係に，各変数の値は $x = 2, y = 3, z = 5$ に更新されていることが確認出来る．

● **大域環境によるカウンタ**

従って，大域変数の値を **set!** によって変更した場合には，その変更された値を再び大域環境から"吸い出す"ことによって，更新の循環を作り出すことが出来る．次の例は，初期設定 (define n 0) に対して

```
(set! n (+ n 1))   =>  1
```

という評価値を与えるものであるが，これを連続実行するだけで

```
(set! n (+ n 1))   =>  2
(set! n (+ n 1))   =>  3
```

となって，カウンタの役割を果たす．そこで

```
(define count
  (lambda ()
    (set! n (+ n 1))))
```

を定義すると，大域環境が壊されない限り，カウントは継続される．

```
(count)   =>  4
(count)   =>  5
(count)   =>  6
(count)   =>  7
```

どのような状況で呼び出しても，常に同じ評価値を返す式によってプログラミング出来る所が，函数型言語の特徴である．従って，呼び出す度に値が異なる count のようなものは，その長所を破壊していることになる．しかし一般に，入出力関係においてはこうした問題が生じる——例えば，常に同じ画面を出力していたのでは，インターフェイスにならない——ので，言語の"理想への情熱"は入出力以外の部分に注がれることになる．ただし，LISP は函数型であることを追求している言語ではなく，"函数型としても扱える"極めて守備範囲の広い言語であるので，この辺りの拘りはあまり生産的ではない．

● **内部環境によるカウンタ**

ところで，この変数 n は全く無防備な状態で曝されている為に，その値を外部から自由に変更することが出来る．別目的の手続で同名の変数が大域変数として使われていれば，その影響を受ける．従って，外側からの影響を排除した"安全なカウンター"として定義する為には，変数の隠蔽が必要となる．

そこで count を改善する．変数 n を内部定義し外部環境から遮蔽する．**lambda** 以降を丸ごと外側からもう一つの **lambda** で包んでしまい，その初期値として 0 を与えることにしよう．即ち

```
(define count
  ((lambda (n)
     (lambda () (set! n (+ n 1))))
   0))
```

である．(count) を連打することで，繰り返し評価値が返されて，数値が 1 から順に上がっていく．これを **let** で書き直せば以下のようになる．

```
(define count
  (let ((n 0))
    (lambda () (set! n (+ n 1)))))
```

さてここで，"何が起きているか"を考えておこう．最も簡単な表現を採れば，「トップレベルで必要なもの，そこで起きたことが，そのままラムダの内部に定義され，必要なものがあり，必要なことが起きた」ということである．

let により変数 n の定義と初期化が為された．**lambda** に先駆ける **let**，通称 "let over lambda" はクロージャを作る．作られた内部記憶領域に対して，**set!** が値を書込んでいく．初期化は count 実行時，即ちクロージャの生成時にの

み行われ，(count)による呼び出し時には行われない．従って，呼び出される度に，**set!** は内部記憶の n の値を参照して 1 を加算していくのである．

この定義により，変数 n は局所的な存在となって外部との関係が断たれる．例えば，この変数を q に置換えても count は機能するが，トップレベルから q の変数参照を行えば未定義のエラーが出る．故に，変数を外部から上書きしてカウンターの値を操作することは出来ないのである．

こうして **let** の括弧内に全てを閉じ込めた．括弧の内側に小宇宙が，内部の住人だけが利用出来る"小さな大域環境"が作られた．即ち，階層下への大域環境の機能的複写がクロージャであり，それぞれのクロージャが作る小宇宙は互いに不可侵・不干渉でありながら，大域変数により相互通信可能なのである．

● generator

そこで，この手続をさらに一般的にする為に，さらに **lambda** で包み込んだ

```
(define generator
  (lambda ()
    (let ((n 0))
      (lambda () (set! n (+ n 1))) )))
```

を定義する．これは文字通りカウンターを生み出す *generator* となる．例えば

```
(define count-1 (generator))
(define count-2 (generator))
```

は互いに独立なカウンターとして機能する．両者はそれぞれ独自のクロージャを形成する．従って，専有する記憶領域は独立している為に，互いの値が混じり合うことなしに機能する．カウンターのリセットは，クロージャの再生成，即ち上式の再実行によって為される．

また，この generator において，カウンターの初期値を選択出来るように改造することは簡単である．これは初期値として 0 を設定していた所を initial で書き直せばよい．これで generator は initial の函数となる．

```
(define generator
  (lambda (initial)
    (let ((n initial))
      (lambda () (set! n (+ n 1))) )))
```

クロージャの定義も同様であり

```
(define count-1 (generator -1))
(define count-2 (generator 0))
```
により行う——設定した初期値の次の数からカウントが始まる．従って，count-1 は 0 から，count-2 は 1 から数え始める．

B.4.10　if

繰り返しになるが **quote** は，引数の評価値を返している訳ではない．また先に記した **define** も **lambda** も引数との関連を定めているだけで，手続として機能している訳ではない．こうした Scheme の一般的な評価規則に従わないものを特殊形式と呼ぶのであった．述語の真偽によって二種の分岐を行う条件式 **if**，破壊的代入を行う **set!** も特殊形式である[18]．

if は，述語(predicate) の判断により，帰結部(consequent) と代替部(alternative) の二種類に場合分けが出来る時に用いる条件式である[19]．一般形は

$$\begin{aligned}&(\textbf{if}\ \langle predi\rangle\\ &\quad\langle consq\rangle\\ &\quad\langle altna\rangle\ )\end{aligned}$$

で与えられる[20]——ここで各段を *predi* の頭に揃えて字下げを行うのが"慣習"である．"字下げを活用せよ"が大原則である．例えば，以下のように記す．

```
> (if (> (* 13 13) (* 8 21))
      "OK"
      "NG")
"OK"
```

ただし，これも内容次第である．この例や真偽値のように，帰結部と代替部が同じ構造を持ち，しかも簡潔な場合には，全体を一行で

```
(if (> (* 13 13) (* 8 21)) "OK" "NG")
```

と書くことも，次のように

---
[18] Scheme では，代入の末尾に「!」を附けるように，真偽を問う述語には末尾に「?」を附ける慣習があるが，単純な大小関係を問う述語はその限りではない．
[19] 分岐をする為には，真偽に従って，どちらか一方のみの評価値を求める訳であり，一般評価規則には当然従えない．それ故に特殊形式なのである
[20] より馴染み易い表現は (**if** ⟨*condition*⟩ ⟨*yes-result*⟩ ⟨*no-result*⟩) であろうか．

```
(if (> (* 13 13) (* 8 21)) "OK"
    "NG")
```

と書くことも可能である——これは後に説明する **cond** の記法に倣ったものである．論理構造が明確に示され，かつ読み易いコードであれば，バグの混入も防げ，意思疎通も円滑になる——原則は絶対ではないから"原則"なのである．

さて，この **if** を用いれば，絶対値を求める手続を

```
(define abs (lambda (x)
  (if (< x 0)
      (- x)
      x)))
```

と定義することが出来る．ここで各段は，次のような意味を持っている．

- 仮引数 x を持つ手続 abs を定義する．
- もし x が負の数ならば (述語による判断)．
- 符号を反転させた $-x$ を評価値とする (帰結部)．
- そうでなければ，x を評価値とする (代替部)．

長い定義には，各部分の意味を記した方がよい．コード内に**セミコロン**を書くと，解釈系はそれ以降を無視するので註釈が書ける．例えば以下である[21]．

```
(define abs (lambda (x)      ; 仮引数 x を持つ手続 abs の宣言
  (if (< x 0)                ; もし x が負の数ならば
      (- x)                  ; 符号反転させた -x を評価値とする
      x)))                   ; そうでなければ，x を評価値とする
```

述語とは，内容の真偽に従って，**#t**，**#f** の何れかを評価値とするものである．これに対応して，**if** はプログラムの流れを変える．**#t** ならば帰結部を，**#f** ならば代替部によって，**if** 全体の評価値を定める．

なお，数の正負の判断に用いられる述語として，以下の三種が組込述語として設けられている——右側に等価表現を添えた．

positive? : (lambda (x) (> x 0)) と等価
zero?   : (lambda (x) (= x 0)) と等価
negative? : (lambda (x) (< x 0)) と等価

---

[21] 本来は，こうした註釈無しでも，コードの意味がよく分かるように手続名などを工夫するべきであるが，これも余り念入りにやると，却って読み難くなる．難しい問題である．

これらを用いれば，条件判断は以下のように簡潔になる[22]．

```
(define abs
  (lambda (x)
    (if (negative? x)
        (- x) x)))
```

これは読み易さに貢献する．ゼロ判定の例として階乗 (factorial)：

```
(define fact
  (lambda (n)
    (if (zero? n)
        1
        (* n (fact (- n 1))) )))
```

を挙げておく．この短い定義の中に，様々な要素が秘められている，まさに"例題中の例題"である．具体的な再帰函数が得られたところで，**letrec** によるコードも書いておく．これは **define** による定義と，ほぼ同様の形式：

```
(letrec ((fact
          (lambda (n)
            (if (zero? n)
                1
                (* n (fact (- n 1))) ))))
  (fact 10))
```

で記述出来る——以降，数学的結論に直結する手続は，背景を灰色表示する．

B.4.11 特殊形式の意味

if が特殊形式であることは，次のコードからも推測される．

```
(define Card-1
  (lambda (x)
    (if (= x 1234)
        'ok!
        oops!)))
```

---

[22] 個人的に，表意文字と表音文字に対応して，**positive?** などを「表意的」，等価なラムダ項を「表数的」と呼んでいる．表数的な表現を"抽象化"したものが表意的表現である．裏の計算を隠した表意的表現は，隠した分だけ短いコードになる．「正か負か」という今のレベルでは余り有難味は無いが，「prime?」という述語の成立を考えれば，これは明らかである．

これは四桁の暗証番号を入力して，それが設定値 (ここでは 1234 と設定) と合致すれば，ok! と表示し，合致しなければ oops! と表示する "予定" で書かれたものである．実際，正解を入力すると，以下のように出力される．

```
> (Card-1 1234)
ok!
```

しかし，他の値ではエラーとなる．その理由は，oops! を **quote** しなかった為である．「'ok!」と同様に，先頭に「'」を添えれば，誤入力に対しても期待通りの出力が得られる．正答の場合，oops! の評価は行われず，誤答の場合に初めて評価値を求めるプロセスが始まるが，その時，oops! が **quote** されていない為，解釈系はそれを未定義変数と認識して，異常終了するのである．以上より，**if** が一般評価規則に従わない形式であることが示された．

● cond

同種の特殊形式に **cond** がある——条件式を意味する conditional expression の略である．これは多種の分岐を，**cond** 節 (cond-clause) と呼ばれる述語と式の対を並べた形で記述する．より複雑な分岐を見通しよく書きたい場合に用いられる形式である．その一般形は

$$
\begin{array}{l}
(\textbf{cond}\ (\langle predi_1 \rangle\ \langle exp_1 \rangle) \\
\qquad\quad (\langle predi_2 \rangle\ \langle exp_2 \rangle) \\
\qquad\qquad\qquad \vdots \\
\qquad\quad (\langle predi_n \rangle\ \langle exp_n \rangle))
\end{array}
$$

である．絶対値函数を三分岐として，この形式に直すと

```
(define abs
  (lambda (x)
    (cond ((positive? x)  x)
          ((zero?     x)  0)
          ((negative? x) (- x)) )))
```

となる．この手続は，述語を調べ，それが偽であれば次の述語に移動する．真であれば，それに属する処理をし，その評価値を **cond** 全体の評価値として返して，それ以降の述語を無視するものである．

また，"その他の場合" を意味する **else** を用いて，**if** と同形式：

B.4. 特殊形式

```
(define abs
  (lambda (x)
    (cond ((negative? x) (- x))
          (else x) )))
```

にすることも出来る．ただし，**cond** 節は場合分けの数だけ書けるので，**else** により処理される"その他の場合"を充分把握しておく必要がある．

● cond による if

再び話題を **if** に戻す．この **cond** を用いて，**一般的な手続として if の機能が実現出来ないものか**，試してみよう．以下の my-if を定義する．

```
(define my-if
  (lambda (predi consq altna)
    (cond (predi consq)
          (else altna) )))
```

これを用いて，先のプログラム Card-1 を書き直すと

```
(define Card-2
  (lambda (x)
    (my-if (= x 1234)
           'ok!
           oops!)))
```

となるが，これは全ての入力に対してエラー表示を出す．手続である my-if は一般評価規則に従って，先に引数の評価値を求める為に，oops! が **quote** されていない影響が全体に及ぶわけである．従って，この部分を修正すれば，my-if は Card-2 の範囲においては，正しい分岐機能を持った **if** であるかのように振る舞う．しかし，これでは限定されたプログラムでしか使えない．

そこで代替部 oops! を未修正のままで，通常の **if** と同様の機能を実現させる為の工夫をする．"引数の無い函数"で帰結部と代替部，それぞれを包んで評価作業を遅延させる．

```
(define Card-3
  (lambda (x)
    (my-if (= x 1234)
           (lambda () 'ok!)
           (lambda ()  oops!) )))
```

この変更によって，代替部の影響は自身が呼び出された時に限定され，通常の **if** と同等の振る舞いをする．ただし，これを起動する為には

```
> ((Card-3 1234))
ok!
```

と二重の括弧を必要とする．そこで，`my-if` の方を改良しよう．cond 節内の *consq* と *altna* に括弧の衣を一枚着せて

```
(define my-if
  (lambda (predi consq altna)
    (cond (predi (consq))
          (else (altna)) )))
```

と再定義すると，一対の括弧が `my-if` 側の負担となり

```
> (Card-3 1234)
ok!
```

が得られる．こうして引数の評価を遅らせることにより，特殊形式を模倣することが出来る．この種のアイデアは，名前呼びで定義されたプログラムを，Scheme のような値呼びの言語で実行する場合にも役立つ．

● and と or

述語 **and**, **or** も特殊形式である．**and** は，与えられた引数の評価値を左から右へと順に求め，偽と判断された所で作業を終えて，その後の評価値は求めない．同様に **or** は，真と判断された所で終え，その後は求めない．なお，単一項の評価値に関わる述語 **not** は特殊形式ではなく，通常の手続である．

具体的な数値を元に議論を進めよう．例えば，数の範囲を示す $1 < x < 9$ は，論理積である **and** を用いて

```
(define dom1-9
  (lambda (x) (and (< 1 x) (< x 9))))
```

とコード化される．これに $x = 0$ を与えると，後半の評価値は求めず，直ちに"偽"が出力される．1.5 (p.18) でも触れたように，数の大小関係を言葉で表現する際には注意が必要である．例えば，"5 以下 (five or less)" は $x \leq 5$ であり，"5 以上 (five or more)" は $5 \leq x$ である．また，"5 未満 (less than five)"

B.4. 特殊形式

は $x < 5$ であり，"5 超え (more than five)" は $5 < x$ である．英文中の or は，そのまま論理結合子として読めばよい．「以下」と「以上」をコードにすると

以下： (define or-less5
　　　　(lambda (x) (or (< x 5) (= x 5))))

以上： (define or-more5
　　　　(lambda (x) (or (< 5 x) (= x 5))))

となる．例えば，or-less5 において，$x = 4$ の入力に対して引数前半の真判定により，評価値を求める作業は終了する．後半部において $4 \neq 5$ より偽判定を出しても，論理和の結果は変わらないので，これは余分な作業なのである．以上の手続は，Scheme に組込まれている述語 **<=** を用いて

(define ol5-S (lambda (x) (<= x 5)))
(define om5-S (lambda (x) (<= 5 x)))

と定義しても実現される．また，$x \neq 5$ は以下の二種類の表現が可能である．

(define not5 (lambda (x) (not (= x 5))))
(define out5 (lambda (x) (or (< x 5) (< 5 x))))

ドット対とリストは**対**(pair)，或いは英語をそのままに"ペア"と総称される．対象がペアか否か，これを判断する述語が **pair?** である——空リストはペアではない．また，対象が空リストか否かを判断する述語は **null?** である．これらは否定の形式でもよく登場する．そこで，特にペアに関して

(define nonpair?
　(lambda (x) (not (pair? x))))

を準備しておく．これより，対象がアトムであるか否か，即ちペアではなく，かつ空リストでもないものを判断する述語：

(define atom?
　(lambda (x)
　　(and (nonpair? x) (not (null? x)))))

を定義することが出来る．実行例は以下である．

> (atom? '(1 2))　　　> (atom? '())　　　> (atom? 'atom)
#f　　　　　　　　　　**#f**　　　　　　　　**#t**

本節最後の例として，**if** の代わりに **and, or** を用いて定義された述語を紹介する．**letrec** の真価は再帰が記述出来る点にある．以下は，この **letrec** による**相互再帰**(mutual recursion) と呼ばれる大変面白い例である．先ずは

```
(define nonzero?
  (lambda (x) (not (zero? x))))
```

を定義する．これを用いて

```
(letrec (
  (even? (lambda (x) (or  (zero?    x) (odd?  (- x 1)))))
  (odd?  (lambda (x) (and (nonzero? x) (even? (- x 1))))))
  (even? 3))
```

である——この評価値は#f となる．**let** による以下の形式と比べると，両者の特徴が鮮明になる．即ち，**letrec** は引数束縛用の **define** なのである．

```
(let ()
  (define even?
    (lambda (x) (or  (zero?    x) (odd?  (- x 1)))))
  (define odd?
    (lambda (x) (and (nonzero? x) (even? (- x 1)))))
  (even? 3))
```

なお，Scheme には同名の偶奇判定用の述語：**even?**，**odd?** が組込として存在するので，こうした定義とは無関係に，自由に用いることが出来る．

こうして次第に複雑化していく再帰コードを"朗唱"すれば，それはまるでカッコ・コッカ〜と軽やかに啼く鳥の声にも聞こえてくるだろう．再帰は繰り返しの表現であり，それそのものが韻を踏む．よって，コードは一つの詩になる．プログラマーこそ"真の現代詩"の詠み人なのである．

```
敷島の
学舎の際の 木末には
ここだも騒ぐ 友の声かも
```

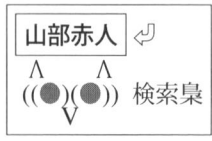

```
山部赤人 ↵
 ∧  ∧
((●)(●)) 検索梟
   ∨
```

B.5 型の確認と構文の拡張

プログラミング言語の中で用いられる用語は，その"守備範囲"に応じて**型**(type)という名称の下でグループ化されている．Scheme は，事前にこうした型を厳しく精査するシステムではないので，その内容を詳しく知る前に，プログラムを書きながら必要な部分から順に学んでいくことが出来る．

B.5.1 非数値データの型

仕様書を片手に，そして組込述語の判断を元に，実際にコードを書きながら対象の型を知ることが，最も簡便な学習方法である．先ずは述語を列挙する．

procedure?　**number?**　**pair?**　**null?**　**symbol?**
boolean?　**string?**　**char?**　**vector?**

何か疑問が生じたら，直ぐにその型が調べられるように，型チェックの手続：

```
(define type-check
  (lambda (x)
    (define form
      (lambda (str)
        (display "This is ") (display str)))
    (cond ((procedure? x) (form "a procedure: ") x)
          ((number?    x) (form "a number: ")    x)
          ((pair?      x) (form "a pair: ")      x)
          ((null?      x) (form "the empty: ")   x)
          ((symbol?    x) (form "a symbol: ")    x)
          ((string?    x) (form "a string: ")    x)
          ((char?      x) (form "a charactor: ") x)
          ((boolean?   x) (form "a boolean: ")   x)
          ((vector?    x) (form "a vector: ")    x)
          (else (display
            "may be a special form: ") x) )))
```

を定義する——これらの型が全て独立であり，同時に複数の述語を満足させることが無い為に，**cond** により手際よく記述することが出来た．ここで **display** は内容を画面表記する手続である——評価値は定められていない．

具体的に対象を定めて，その結果を記していくと

> (type-check car)
This is a procedure: #< car>
> (type-check 3.14)
This is a number: 3.14
> (type-check '(a b))
This is a pair: (a b)
> (type-check '())
This is the empty: ()
> (type-check 'a)
This is a symbol: a
> (type-check "ab")
This is a string: "ab"
> (type-check #\a)
This is a charactor: #\a
> (type-check #t)
This is a boolean: #t
> (type-check #(1 2))
This is a vector: #(1 2)
> (type-check if)
may be a special form?: #< if>

と求められる——なお，**procedure?** に関する出力は実装に依存する．勿論，type-check も一つの手続であることは，(type-check type-check) により確かめられる．また，特殊形式であることを，直接示す述語は用意されていないので，上記 **cond** 節のどれにも該当しないものを割り当てた．

述語そのものは手続であるが，その実行結果は boolean である．例えば

> (type-check (number? 3.14))
This is a boolean: #t

が成り立つ．また，**and** は特殊形式であるが，それを括弧で包めば

> (type-check (and))
This is a boolean: #t

となる．これは 0 個の要素に対して論理積を取った結果を示している．その他，述語そのものに関する説明は，それが必要になったところで行う．

B.5.2 数値データの型

続いて，Schemeにおける数の扱いを紹介する．先ず組込述語を列挙する．

number? **complex?** **real?** **rational?** **integer?**
positive? **negative?** **zero?** **odd?** **even?**
exact? **inexact?**

複素数はこれらの枠組の中では，全体を束ねる最上位の概念であり，数であれば複素数でもあることになるので，述語 **complex?** は使い難い．また，ある数が有理数か無理数かを判断することは，個別例外的なものを除いては，計算機に判断することが出来ないので，**rational?** に数学的意味での実用性は無い．この二つの述語を除いて，与えられた数が，如何なる数の範疇にあるかを示す手続を作り，その結果から逆に，上記述語の意味を探っていく．

```
(define type-of
  (lambda (x)
    (define form
      (lambda (str) (display str) (display "/ ")))
    (display "This is ")
    (cond ((number? x) (display "a number: ")
      (cond ((and (real? x) (not (negative? x)))
             (form "real/ nonnegative"))
            ((and (real? x) (negative? x))
             (form "real/ negative"))
            (else (form "complex")))
      (cond ((and (integer? x) (odd? x))
             (form "integer/ odd"))
            ((and (integer? x) (even? x))
             (form "integer/ even"))
            (else (form "noninteger")))
      (cond ((exact? x) (form "exact"))
            (else (form "inexact"))) x)
    (else (display "a string: ") x) )))
```

非数値型の場合とは異なり，各述語の対象が独立していない為，コードも複雑になっている．それでは具体的に数を与えて，その型を調べよう．

```
> (type-of 2+5i)
```
This is a number: complex/ noninteger/ inexact/ 2.0+5.0i
```
> (type-of 'symbol)
```
This is a string: symbol
```
> (type-of -2/5)
```
This is a number: real/ negative/ noninteger/ exact/ -2/5
```
> (type-of -0.4)
```
This is a number: real/ negative/ noninteger/ inexact/ -0.4
```
> (type-of 5)
```
This is a number: real/ nonnegative/ integer/ odd/ exact/ 5
```
> (type-of 5.0)
```
This is a number: real/ nonnegative/ integer/ odd/ inexact/ 5.0
```
> (type-of 0)
```
This is a number: real/ nonnegative/ integer/ even/ exact/ 0

一般に **quote** されていない文字列を入力するとエラーになる．ただしトップレベルで定数が定義されている時，例えば (define *pi* 3.1415) が実行されている環境では，以下のようになる．

```
> (type-of pi)
```
This is a number: real/ nonnegative/ noninteger/ inexact/ 3.1415

注目すべきは最後の項目である．Scheme (五訂版: R5RS) では，数学的な定義とは別に，数を誤差の無い計算が期待出来る**確定数**(exact number) と，実数計算などで必然的に誤差を含まざるを得ない場合に使われる**限定数**(inexact number) の二種に分けている――それぞれ正確数，不正確数と記す場合もある．これを識別する述語が **exact?** と，その逆の判断を示す **inexact?** である．その意味する所は，再び上記出力を読み返せば明らかであろう．数に対して直接の接頭辞として #e を附けると限定数が確定数に，#i を附けると確定数が限定数に変更される．例えば，以下である．

```
> (type-of #e3.1415)
```
This is a number: real/ nonnegative/ noninteger/ exact/ 6283/2000
```
> (type-of #i-2/5)
```
This is a number: real/ negative/ noninteger/ inexact/ -0.4

確定数を限定数に，限定数を確定数に変える手続も準備されている．

```
> (exact->inexact 5)
```
5.0
```
> (inexact->exact 5.0)
```
5

B.5.3　構文の拡張

ここまでに見てきたように，特殊形式 (構文) は実用的なプログラミングに必要不可欠なものである．しかしながら，それが余りに多くなると，何が原則で何が特殊なのか分からなくなる．この意味で Scheme は，例外を出来る限り少なくして，一般原則が広く通用する言語体系を目指したものであると言える．

例外が少なく原則の占める割合が多いというこの特徴によって，既存の体系を覚えることよりも，「新しい形式を自ら定義して，利用目的に合致した言語に作り替えていく」という開発スタイルが生まれてくる．問題を分割し，細分化された個々に対して，単一目的の手続を定義して，それを合体させることで全体を解決する手法である．

そこで，さらに求められるのが，独自の特殊形式を定義する**構文定義**の方法である．既存の特殊形式を組合せたり，より複雑な手続定義を行ったりする為に活用されるのが，**マクロ**(macro) と呼ばれる拡張構文である．マクロは新しい言語設計に匹敵する力を持つ．それ故に奥は深く，容易にその全貌を捉えられない．そこで，ここでは極めて単純な例を挙げることによって，その意味と意義を紹介することに留める．

● if の更新

例えば，Scheme の **if** は非常に殺風景であり，字下げが無いと読み難い．他言語同様に `if then else` という形式を使いたい．特殊形式である **if** を手続定義で置換える難しさは，先にも述べた通りである．マクロは **if** をそのままに，パターンに埋め込むことによって書換える．結論から書くと

```
(define-syntax new-if
  (syntax-rules (then else)
    ((new-if predi then consq else altna)
       (if    predi     consq      altna))
    ((new-if predi then consq)
       (if    predi     consq      #f))
    ((new-if predi      else altna)
       (if    predi     #f        altna))))
```

がその定義である．イタリックは仮引数である．

マクロ宣言 **define-syntax** の後ろに名称 (この場合は new-if) を書く．続く **syntax-rules** によってパターンのマッチングを行う．後ろの括弧に定義内で使用する**識別子**(identifier) を (この場合は then,else) 指定する．

new-if で始まる各行には，先ず**パターン**(pattern)——所望の処理形態——を書き，その後に**テンプレート**(template)——既存の式による実現方法——を書く．これは各々独立した**節**(clause) の形で記される．ここでは三種類の異なる利用形態を想定し，それに対応出来るように節を三段に重ねた．

以上の設定により，new-if が呼び出されると，**if** が定義パターンに従って実行される．換言すれば，マクロとは特殊形式と手続の合体であり，その略記法である．具体的な例から，定義の意味を確認しておこう．

```
> (new-if #t then 1 else 0)          > (if #t 1 0)
1                                    1
```

先ずは右側の Scheme の記法から，左側の希望する形式への変更が確認出来た．また，同時に then,else が単独で使われる場合の用例：

```
> (new-if #f then 1)                 > (new-if #t else 0)
#f                                   #f
```

も確かめられた．

● nand の定義

次に論理積 **and** の否定である **nand** を定義する．この場合も結論から書くと

```
(define-syntax nand
  (syntax-rules ()
    ((_) #f)
    ((_ p q ...) (not (and p q ...)))))
```

である．前例との違いは，アンダースコアの部分である．これは名前 nand の略記，即ち (nand), (nand p q ...) の省略記法である——先の場合なら，new-if の部分を同様に (_ predicate〜) と書くことが出来る．一般的には，こちらの省略記法の方が印象がより強く，誤記・誤読の可能性が減る．

識別子は使わないので，syntax-rules の後ろの括弧は空欄となる．ただし，括弧そのものを省略するとエラーになる．また，三点ドットはこれ全体で一つの記号であり，手続定義の末尾ドット記法と同様の多引数の為の表記であ

る．この場合，**and** 自身が多引数対応なので，こうした記述だけで全体が対応する——そうでない場合は，この部分を再帰構造にする．

```
(nand)       => #f
(nand #t)    => #f
(nand #f #f) => #t
(nand #t #t) => #f
```

三点ドットは引数 q が 0 個の場合も含むので，(nand #t) のような場合にも

```
> (nand #t #t #t #t #t #t #t #t #t #f)
#t
```

のような場合にも対応している．

また，組込の **not** も **and** も用いずに，自前で定義するには，**if** を用いて

```
(define-syntax nand
  (syntax-rules ()
    ((_) #f)
    ((_ p) (if p #f #t))
    ((_ p q ...)
      (if p (nand q ...) #t))))
```

と再帰的に書けばよい．

● inc と dec の定義

計数の増減には，以下のマクロが便利である．

```
(define-syntax inc                              ; increase
  (syntax-rules ()
    ((_ i)   (begin (set! i (+ i 1)) i))
    ((_ i k) (begin (set! i (+ i k)) i))))


(define-syntax dec                              ; decrease
  (syntax-rules ()
    ((_ i)   (begin (set! i (- i 1)) i))
    ((_ i k) (begin (set! i (- i k)) i))))
```

単純な 1 の増減と，オプションとして k の増減に対応している——以後，この場合のように，定義された手続名，或いは略称の"意味"を末尾に添える場合がある．具体的には，以下の四例：

```
((lambda (x) (inc x))   3)  => 4
((lambda (x) (inc x 2)) 3)  => 5
((lambda (x) (dec x))   3)  => 2
((lambda (x) (dec x 2)) 3)  => 1
```

を試しておけば意味は明らかだろう．これらの定義にマクロは必須ではないが，場合分けが簡単に出来るので，記述が明瞭になる．これが利点である．

● delayed cons の定義

先に紹介した評価値を求める作業を遅延させる「特殊形式 delay」と，その評価値を引き出す「手続 force」を伴うリスト処理を考える——これは一般に遅延リストと呼ばれる．最も基本となるのは，通常の要素を car に，遅延された要素を cdr に置いたリストを作る特殊形式 s-cons である．その定義は

```
(define-syntax s-cons                       ; stream cons
  (syntax-rules ()
    ((_ x y) (cons x (delay y)))))
```

である．delay された対象は，force されるまで評価値を保留する．これは**約束**(promise)と呼ばれている．値は既に約束されているが，今はまだ求めないということである．表現は実装により異なるが，s-cons により対を作ると

```
> (s-cons 'a 'b)
```
(a . #<promise>)

という評価値が返ってくる．また，こうして作った対から要素を引き出すのは

```
(define s-car (lambda (x) (car x)))
(define s-cdr (lambda (x) (force (cdr x))))
```

である．これらの間には当然要求される関係として以下が成り立つ．

```
(s-car (s-cons 'a 'b))  => a
(s-cdr (s-cons 'a 'b))  => b
```

B.6 継続

　幾何学が対象の全体を束ね，その全貌を静止画として与える学問であるのに対し，力学は世界の動きを，物の流れを時系列で追う学問である．両者は相補的な関係にあり，互いに刺戟しあって発展してきた．異なる学問であるというよりも，我々が育んできた一つの自然観を，二つの代表的な立場から記述したものと見做す方が適切であろう——こうした相互補完的な関係は，様々な分野において存在する．逆に，一つの学問体系の中に異なる二つの視座を与え，個別に知見を深めることも出来る．計算機プログラムも然り．プログラムとは，我々の思考の具現化であるから，見方を変えれば変えただけ，異なる形式が可能となる．プログラムを一枚の静止画として見るか，時々刻々と変化する動画と見るか，立場を変えてコードを見直す時，そこに新しい発想が生まれてくる．

B.6.1 継続渡し形式

　例えば，計算を時間的に変化していく流れと見た場合，それはある時刻 t_0 において，「既に終了している部分」と，「これから行う部分」の二つに分割出来る．それ"以前"と，それ"以後"である．それまでと，それからである．

　この以後の計算を，以前の計算の**継続**(continuation)と呼ぶ．計算の全貌は，一枚の静止画として目の前に展開されている通りであるが，そのコードの中に分け入って，コードと一体となって処理を"追体験"すれば，こうした見方はごく普通のものに思えてくる．あらゆる処理が二分割可能であるように，あらゆる計算過程に"それ以後の計算"——継続——は附随する．継続とは，二分割されたものの"後半"であるから，その到着先は全体の終了地点，多くの場合，それはトップレベルとなる．即ち，継続とは，計算処理の道中日記，ある地点から終了地点までの道順を記したものである，ということが出来る．

　しかし，こうした問題設定は余りにも当然過ぎて，通常の処理過程の中で意識されることはない．そこで，それを明示的に表に出して，その意味を探っていこう．先に紹介した計算の表記法である後置表記：

```
(define postfix
  (lambda (a b proc)
    (proc a b)))
```

を元に，二種類の手続が利用出来るようにこれを拡張する．即ち

```
(define cps
  (lambda (a b proc1 proc2)
    (proc2 (proc1 a b))))
```

である——二つ目の手続 proc2 がこの手法の鍵を握っている．

● 以前と以後の分離

CPU に近い言語である**アセンブラ**(Assembler)においては，"何もしない命令"を nop と表す．no operation の略である．加算における単位元である 0，乗算における単位元である 1 も，計算結果を変えないという意味からは，この nop に類似する要素だと言えるだろう．そこで手続処理における nop，即ち与えられた入力をそのままの形で出力する手続：

```
(define id (lambda (x) x))
```

を定義しておくと便利である——これを**恒等函数**(identity function)と呼ぶ．この id を用いて，極めて単純な計算を"出来る限り複雑"に表記してみよう．

例えば，(+ 3 5)，(* 3 5) を手続 cps を用いて

```
(cps 3 5 + id)      (cps 3 5 * id)
```

と表す——これは後置表記により得た結果を，恒等函数に与えて出力したものと見做せる．さらに，cps を入れ子にして適用すると，(* 7 (+ 3 5)) の加算と乗算を分離することが出来る．

```
(cps 3 5 +
  (lambda (x) (cps 7 x * id)))
```

これは，3 と 5 の加算の結果を，7 倍する乗算処理に送って，その結果 56 を出力する手続であると読める．

こうして加算と乗算の間に"楔"を入れて，両者を分離することが出来た．この楔を基準にして，"以後"の処理である乗算が，加算の継続である，ということになる．楔であると同時に，両者の仲介者となっているのは一引数の手続，この場合は x を引数とするクロージャである．クロージャが引数と，それが定義された環境を保持して，以後の計算に送っていく．x に (+ 3 5) が詰め込まれて，乗算処理部へと送られているのである．

B.6. 継続

　こうした記述法を**継続渡し形式**(continuation passing style) と呼ぶ――cps はこの略である．要するに cps とは，計算処理を細分化し，その各処理結果を順番に渡していく，その受取側の手続を陽に書き出して，処理の流れを明確にコード上に記す手法である．処理の分割数に制限は無い．また，渡す引数の個数も自由なので，論理構造が一番明瞭になる形でコードを記述すればよい．

　例えば，分母が奇数である分数の値を求める手続として

```
(define cps-div
  (lambda (num den failure1 failure2 failure3 success)
    (cond ((= den   0) (failure1))
          ((= den   1) (failure2 num))
          ((even? den) (failure3 den))
          (else        (success (/ num den))))))
```

を考える．これは分母が 0 の場合にはエラー表示を，1 の場合には全体が有理数となることを，偶数の場合にはそれが偶数であることを示して，奇数の場合のみ値を表示させる"予定"で四分割したものである．これを受けて，それぞれの結果を具体的に表示する次の手続を以て全体が完結する．

```
(define frac-odd
  (lambda (num den)
    (cps-div num den
    (lambda ()  (display "error: divided by zero"))
    (lambda (x) (display x) (display ": result is rational"))
    (lambda (x) (display x) (display ": denominator is even"))
    (lambda (x) x))))
```

この場合の `success` を成功継続，`failure` を失敗継続と呼ぶことがある．数値による分岐処理の"継続"として，その出力処理が設定されたことになる．

● ラムダ項による再検討

　さて，再び (+ 3 5) に戻る．これは **lambda** を用いて

```
((lambda (k) (+ 3 k)) 5)
```

と表せる．そこで数値 5 をも **lambda** で包めば

```
((lambda (x) (x 5)) (lambda (k) (+ 3 k)))
```

となり式の順序も変わる．以下の乗算の場合も同様である．

```
((lambda (x) (x 5)) (lambda (k) (* 3 k)))
```

これらをまとめて，(* 7 (+ 3 5)) をこの手法で記述すると

```
((lambda (x) (x (+ 3 5))) (lambda (k) (* 7 k)))
```

となる——先に示した cps による計算に類似した表記になっている．これは分離された計算が，それぞれを表すクロージャによって保持され，かつ引数を仲立ちとして互いに結ばれていることを示している．即ち

$$(closure\ A) \xrightarrow[\text{情報の伝達}]{\text{引数による}} (closure\ B)$$

という形式によって，計算プロセスが記述されている訳である．

以上の結果から，(* 7 (+ 3 5)) における加算処理の継続は

```
(lambda (k) (* 7 k))
```

により与えられることが分かる．

B.6.2 継続の生成

この継続を生成する手続が **call-with-current-continuation** である．以後，**call/cc** と略記する[23]．手続 **call/cc** は，与えられた一引数の手続から，それ自身の引数ともなる「新しい一引数の手続 (継続)」を"裏側"で生成する．ここで一引数手続を，*opp (one parameter procedure)* と略記すれば，この関係は

(call/cc *opp*)   <=>   (*opp opp/cc*)

と表せる——生成された継続を *opp/cc* と記した．また，記号 <=> は「両辺は同じ評価値を持つ」という意味で用いる．

即ち，継続 *opp/cc* は **call/cc** によって生成はされるものの，我々の目に触れることはない．常に上記関係に従って，その働きを"推察"される対象である．働きは推察されるが，例えば，(+ *x x*) と (* 2 *x*) は任意の対象に対して同じ評価値を持つ，という意味で具体的なコードは不明である．従って，記号 <=> により等値される両者は，"外延的"に等しいということである．

---

[23] 直訳すれば"現在の継続の呼び出し"である——Scheme では記号「/」に with の意味を与えている．組込にない場合は，(define call/cc call-with-current-continuation) により定義する．

B.6. 継続

以下では，計算の本質を際立たせる為にラムダ算法を混在させる．先ず，継続の導入により二分割される手続 P を，それぞれ"以前 (before)・以後 (after)"の意味を込めて，P_a, P_b と表す．よって

$$(P) \iff (P_a \ P_b)$$

が考察の対象となる．ここで P_b を (**call/cc** opp) で置換えると

$$(P_a \ (\textbf{call/cc} \ opp))$$

となる．この評価値を求めると，**call/cc** により $(\lambda k. P_a k)$ が生成される．これが継続，即ち opp/cc である．この時，opp として $(\lambda x. x P_b)$ を選べば

$$(opp \ opp/cc) = ((\lambda x. x P_b)(\lambda k. P_a k))$$

となる．これはベータ簡約により

$$(\lambda x. x P_b)(\lambda k. P_a k) \xrightarrow{\beta} (\lambda k. P_a k) P_b \xrightarrow{\beta} P_a P_b$$

と求められる．これにより，生成された継続が，opp を適切に選ぶことにより，元の手続 P を再現するものであることが確かめられた．

● **沈黙のクロージャ**

さて，ここまでに説明してきたように，継続とは「ある基点からそれ以後，対象全体の処理が終了するまでの計算をまとめたもの」である．その具体的意味は，「**call/cc** は自身を含む手続定義の全体，即ち，その一番外側の括弧までを範囲として，整合性のある部分手続を生成する」ということである．

また，コードは左から右へと書かれるので，視点が右側へと偏りがちであるが，Scheme においては，深い括弧からより浅い括弧へとその多層構造を解して，順に評価値を求めていくことが，"式が展開される方向"となる．従って"以後の計算"は表記上の右にも左にも存在する．例えば，極端な例として

```
                表記上の"以後"
               ───────────────────────▶
(+ 1 (* 2 (+ 3 (* 4 (+ 5 (* 6 (+ 7 (* 8 (+ 9 0)))))))))
               ◀───────────────────────
                展開上の"以後"
```

では評価値を求める作業は，右から左へと一方的に続いていく．

それでは再度 (* 7 (+ 3 5)) を例に引く．P_b として (+ 3 5) を採り，これを (`call/cc opp`) とおくことで，加算と乗算の間に楔を入れる．即ち

```
(* 7 (+ 3 5)) <=> (* 7 (call/cc opp))
```

である．opp は $(\lambda x.\, x\, P_{\text{b}})$ によって求められる．コードに直せば

```
(lambda (x) (x (+ 3 5)))
```

である．実行して，以下の関係が成立していることを確認する．

```
> (* 7 (call/cc (lambda (x) (x (+ 3 5)))))
56
```

この段階で継続：$(\lambda k.\, P_{\text{a}} k)$ は生成されている．それをコードに直せば

```
(lambda (k) (* 7 k))
```

であると"想像"される．何故なら，評価値 56 が得られるのは

```
(opp opp/cc) = ((lambda (x) (x (+ 3 5))) (lambda (k) (* 7 k)))
```

が成立することに因るからである．しかし，継続は引数 x に封入されており，コードの形で直接に現れてくるものではない．従って，**call/cc** に関連するコードは，以下の如く読むべきものとなる．

```
(* 7 (call/cc (lambda (x) (x (+ 3 5)))))
         ↓                    ↑
           →     (lambda (k) (* 7 k))
```

ただし，先にも述べたように，封入されたコードの具体的な形式は不明であり，ここで与えているものは，外延的に等しく，かつ最も簡潔な形式を持つものとして，理解を容易にするために例示しているだけである．

また，**call/cc** は処理の裏側で継続を生成するだけであり，表面的には何も起こさない．譬えれば，一つの手続を鋭利な刃物で"切断"しただけであって，両者を"分離"してはいない．斬られる前も，斬られた後も，その姿は不変である——分離は，継続の具体的な活用時に初めて生じる．その結果，**call/cc** と対象のクロージャ化を含む全体を，元の手続に挿入した後も，その評価値は何も変わらないのである．即ち，その表記を上下二段に分離して

```
(* 7                              (+ 3 5    )
     (call/cc (lambda (x) (x                ))
```

と書いた場合，全体から下段の網掛け部分を取り除いても，或いは逆に，元の手続に下段の内容をそのまま滑り込ませても，評価値は変わらない．生成された継続は，活用時に初めてその正体を明らかにするのである．

B.6.3 継続の機能

そこで，この「継続・沈黙のクロージャ」の姿を強引に焙り出し，その影をして "実体化" せしめる為に，(define *opp/cc* '()) により大域変数を定義して，**set!** によって継続をこの変数に複写する．

```
(* 7 (call/cc (lambda (x) (set! opp/cc x) (x (+ 3 5)))))
```

これにより opp/cc には加算の継続となる一引数手続が保存される．これは具体的な数値を与えることによって明らかになる．例えば

> (opp/cc 0)	> (opp/cc 1)	> (opp/cc (+ 3 5))
0	*7*	*56*

である．これより，以下の関係が成り立っていることが再確認された．

```
(opp/cc k)   <=>   ((lambda (x) (* 7 x)) k)
```

ここで，大域変数がクロージャの内部変数 *x* の複写である点が重要である．これは，変数 *x* が一つのクロージャとして機能していることを示している．このような大仕掛けによって継続は手続を二分する．そして具体的な指示を与えることなく，後半部の計算を再利用可能なクロージャの形で取り出すのである．

ただし，ここでの "等しさ" は，あくまでも単独での比較をした場合，「両辺の評価値が同じ」という意味であり，他の計算を含む場合，例えば

```
(+ 1 (opp/cc 8))                  =>  56
(+ 1 ((lambda (k) (* 7 k)) 8))    =>  57
```

の場合には，両者は全く異なる結果を与える——opp/cc は，後に続く加算を全く無視している．継続が持つこの性質については，次項で詳細に議論する．

繰り返しになるが，**call/cc** を挿入する場所が継続定義の基点になる．以下の手続は，(* 3 5 7) を分割して継続を定義したものであるが，各段でそれぞれ異なるクロージャが生成されて内部変数に送られている．先例と同様に，大域変数にコピーして，その値の変化を調べれば継続の中身が分かる．

```
(* 3 5 (call/cc (lambda (x) (x 7))))        (opp/cc 1) =>  15
(* 3   (call/cc (lambda (x) (x 5))) 7)      (opp/cc 1) =>  21
(*     (call/cc (lambda (x) (x 3))) 5 7)    (opp/cc 1) =>  35
       (call/cc (lambda (x) (* 3 5 7)))     (opp/cc 1) =>  1
```

ここで最下段の **call/cc** は最も外側に位置している．従って，これはトップレベル定義であり，その継続は恒等函数となる．何故なら"以後"の計算は何も定められていない状態——**call/cc** の左側にコードが無い——なので，如何なる相手もそのまま受け入れる恒等函数が"継続"となるのである．実際

```
(call/cc (lambda (x) (set! opp/cc x) (* 3 5 7)))
```

における opp/cc は任意の要素をそのまま返す．例えば

```
> (opp/cc 'test)
```
test

である．数値のみを扱っているこのコードに対して，文字を入力してなおエラーが出ないことから，この場合の継続が，本体の数値計算と全く無関係な恒等函数になっていることが分かる．

以上の内容を，ラムダ算法により確認しておこう．**call/cc** がトップレベル定義されていることは，処理すべき全対象 P が，これに包まれていることを意味している．そこで恒等函数 id を利用して以下の恒等変形：

$$(P) \quad <=> \quad (\text{id } P)$$

を行い，さらに id を P_a，P を P_b と見做せば，先の計算をそのまま流用することが出来る．先ず

$$(\text{id } (\textbf{call/cc } opp)) \quad <=> \quad (\textbf{call/cc } opp)$$

である．そして，これがまた (opp opp/cc) と評価値を同じくすることから，恒等函数をラムダ項 ($\lambda y. y$) で表して，計算を進めると

$$\begin{aligned}
(opp\ opp/cc) &= ((\lambda x.\, x\, P)\, (\lambda k.\, P_a\, k)) \\
&= ((\lambda x.\, x\, P)\, (\lambda k.\, (\lambda y.\, y)\, k)) \\
&\underset{\beta}{\to} ((\lambda x.\, x\, P)\, (\lambda k.\, k))
\end{aligned}$$

が成り立つことが分かる．これは **call/cc** により出力される P の継続 opp/cc が，恒等函数 ($\lambda k.\, k$) であることを示している．

● **大域脱出**

さて，継続は **call/cc** の外に出て，トップレベルへと帰還する性質を持っている．それを利用して，本来なら実行されるはずの内部処理を省き，大域環境

へ移行——これを**大域脱出**(global exit) と呼ぶ——させることが出来る．この極めて強力な機能は，先に例示した函数との対応関係：

```
    (opp/cc k)    <=>       ((lambda (x) (* 7 x)) k)
(+ 1 (opp/cc k))  <≠>    (+ 1 ((lambda (x) (* 7 x)) k))
```

に象徴的に現れている．この性質は継続以降の計算の種類に因らない．例えば

```
(* 3 (call/cc (lambda (x) (+ 5 (x 7)))))
```

の評価値は 21 であり，ラムダ項内部の + 5 は実行されない．

先に call/cc の挿入位置が分割の基準となること，そしてそれが継続の函数としての性質を定めることを示した．ここではトップレベル定義の場合，即ち継続が恒等函数である場合に，継続を表す引数の挿入位置が，結果に如何に影響するかを調べる．先ず，その結果を列挙すれば

```
(call/cc (lambda (x) (x (* 7 (+ 3 5)))))   => 56
(call/cc (lambda (x) (* (x 7) (+ 3 5))))   => 7
(call/cc (lambda (x) (* 7 (x (+ 3 5)))))   => 8
(call/cc (lambda (x) (* 7 (+ (x 3) 5))))   => 3
(call/cc (lambda (x) (* 7 (+ 3 (x 5)))))   => 5
```

となる．ここで継続を代表する引数 x が，クロージャ：(lambda (x) x) であり，恒等函数であることを思い出せば，各段の計算の意味するところは

```
((lambda (x) x) (* 7 (+ 3 5)))   => 56
((lambda (x) x) 7)               => 7
((lambda (x) x) (+ 3 5))         => 8
((lambda (x) x) 3)               => 3
((lambda (x) x) 5)               => 5
```

であると分かる．引数に値が与えられた瞬間に，継続はその値をそのまま出力し，そして call/cc の外側に処理の基点を移す．よって，残りの計算は行われないのである．これは，より一般的な性質の特殊例である．継続の生成に関して

$$(\textbf{call/cc}\ (\textbf{lambda}\ (\text{cc})\ \langle exp_1\rangle\ \langle exp_2\rangle \cdots \langle exp_n\rangle))$$

という形式の場合，最後の式 exp_n までの評価値が順に求められる．ただし，式の途中に継続の呼び出しがあった場合，即ち exp_m が (cc exp) の形式を持つ場合には，評価値を求める作業はこの項をもって終了し，トップレベルに戻る．

従って，$exp_{m+1}\cdots exp_n$ は無視される．

この性質は **if** や **cond** の分岐として登場しても変わらない．例えば

```
(define branch
  (lambda (s)
    (cond ((= s 1) (call/cc (lambda (x) (* (x 7) (+ 3 5)))))
          ((= s 2) (call/cc (lambda (x) (* 7 (x (+ 3 5))))))
          ((= s 3) (call/cc (lambda (x) (* 7 (+ (x 3) 5)))))
          (else 'again))))
```

である——評価値は $s = 1, 2, 3$ に従って $7, 8, 3$ と変化する．この性質を利用して，無駄な計算を省略して処理を高速化させることが出来る．次の例は，与えられたリストの全数の積を求めるに際して，リスト中の 0 の発見と同時にそれ以降の計算を止めて，答である 0 を出力する手続である．

```
(define product
  (lambda (lst)
    (call/cc (lambda (k)
      (cond ((null? lst) 1)
            ((= (car lst) 0) (k 0))
            (else (* (car lst) (product (cdr lst))) )))))
```

この場合の脱出処理は，取得した継続に 0 を与えてトップレベルに戻る，(k 0) の部分により行われている．この例のように，コードの冒頭部分で **call/cc** により継続の取得が行われている場合，それ以降のコード全体が一引数手続として変数 k に格納されていると考えればよい．即ち，継続を取得してそれを活用するということは，同種のコードを表・裏で二本走らせ，裏側で条件判断を行ったその結果のみを表に持ち帰って処理を進める，と見做すことが出来る．

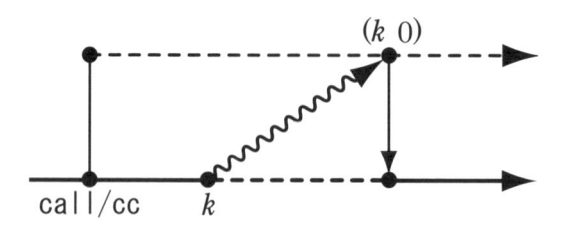

自分自身のコピーをバックグランドに作り，そのコピーに自身の未来を，過去を問い合わせる．そして，返された答に従って次の行動を定める，という描像である．作られたコピーは無期限の寿命を持つので，何時でも，何処からでも

これに問い合わせることが出来る．表と裏との遣り取りを知らなければ，単なる"ジャンプ"が実現されているようにしか見えないのである．

以上，継続の持つ基本的な性質を論じてきた．**call/cc** が生成するクロージャは，具体的なコードとしては現れないので，その挙動によって内容を推察するしかない．また，**call/cc** が引数として取るのは，一引数の手続であり，その引数の正体はクロージャであった．従って，コード全体の中でより直観が働くように，引数の名前を工夫した方が理解が容易になるだろう．例えば，単に x, k などとするのではなく，その原義に従って cc を選べば継続であることが明瞭になる．その用途が大域脱出の場合なら

　　(call/cc (lambda (exit) …))
　　(call/cc (lambda (escape) …))

などとすれば意図が鮮明になる．他にも *return*, *break*, *jump*, *back* 等々，そのコードの目的に従って工夫すればよい．要するに，クロージャとして確実に認識する為には，余りに短い"記号"よりは，それ自体に意味を持たせた"名称"の方が相応しいだろうということである．

なお，**call/cc** により実現される機能は，全て **cps** によっても実現可能である．従って，両者のコードをよく比較研究することによって，継続により如何なる処理が可能になるかが明確になってくる．継続を駆使すれば，難解な処理が簡潔に書ける．これは同時に，他者にとって理解し難いコードが，容易く書けることをも意味する．従って，使用はその必要性に充分に配慮した上で為されるべきである．これは"未来の自分に対する配慮"でもある．今は楽に読めても，時が経てば，その急所，要点を忘れることも多いからである．自らをも賓客としてもてなす心構えが大切である．怠惰は身を滅ぼす……

| あらかじめ |
| 君来まさむと　知らませば |
| 門に宿にも　珠敷かましを |

Vol.6, No.1013.
かどべのおほきみ
門部王

継続は力なり，また **call** して！

脳内アルゴリズム対決
第一問
フィボナッチ数列をSchemeで!
Hub Net V.S. Syntax Sugar
ラムダ、カッコ、カッコ、ラムダ、カッコ……

付録 C

プログラミング言語の拡張

　ここでは函数を具体的に定義して，希望する評価値が得られるように，動作状況を調べながら，"完動品"になるまで練り上げていく．函数の定義は，最初は上手くいかないものである．試行錯誤で作る．分からないことがあれば"On Scheme"，即ち"Scheme に聞け"が方針である．

　仕様説明書を読んでもなかなか分からないことが，実際に動かしてみると，忽ち頭の中に飛び込んでくることが多い．例を考えてそれを実行し，そして希望通りに動かないことから逆に，その本質を知る．最高の勉強仲間である．

　手始めは，入力に対して"対応"しない，常に同じ評価値を出力する函数である．例えば，問えば"必ず non"と答える

```
(define non (lambda (x) 'non))
```

である．または，与えられた要素をそのまま返す恒等函数が考えられる．

```
(define id (lambda (x) x))
```

次に簡単なものは，与えられた数値に 1 を加減する函数：

```
(define add1 (lambda (n) (+ n 1)))
(define sub1 (lambda (n) (- n 1)))
```

である．これらは，任意の k に対して以下の関係を持つ．

```
k :=: (sub1 (add1 k))
```

こうした函数を見様見真似で定義し，一つひとつ動作チェックを行っていくことによって，翻ってその定義が理解出来る．それが"Schemer's way"である．

C.1 函数を作る

以上は，内容を略語に因って記号化したものである．一方，記号そのものの印象によって，他との識別を容易にする手法として

```
(define ++ (lambda (i) (+ i 1)))
(define -- (lambda (i) (- i 1)))
```

などが考えられる——これらは函数内の計算内容に対して用いるのではなく，繰り返し処理のカウント専用にすると，コードが読み易くなる．

● **組込函数の再定義**

また，組込手続の再定義(改名，或いは糖衣構文)により，入力する文字数を減らすと共に，その内容を際立たせることも出来る．例えば，冪計算の

```
(define ** (lambda (a b) (expt a b)))
```

である．整数論で多用される除算を基礎とする手続も

```
(define //  (lambda (a b) (quotient  a b)))
(define /@  (lambda (a b) (remainder a b)))
(define /:  (lambda (a b) (modulo    a b)))
```

と変更すると印象が強くなる．勿論これらの基本的な手続は，実行を忘れると，これを利用したコード全体が破綻するので注意が必要であり，強く勧められるものではないが，その価値は充分にある．好みのスタイルを採用出来るLISP系言語の特色を楽しみ，自分自身の可読性と他の利用者のそれを秤に掛けた上で，試行錯誤しながら作業効率を上げるべく徐々に改造していくことが望ましい．特に Scheme においては，最小限のシステムを"利用者が育てる"ことが前提になっているので，そうした特色を活かすべきであろう．

これら名附の問題は極めて重要である．表意文字である漢字を使わない条件下では，短く鋭い印象を与える記号作りには限界がある．しかも，数学記号，システム予約記号など，諸々の制約がそれに加わることもあって，その限界点は極めて低い．そこで函数名，引数名に"説明的な"名前を附けることになる．これはメンテナンスの上でも重要であるが，その意図に反して，可読性を下げる場合もある．特に表音文字によってこれを行うのであるから，コードは必然

C.1. 函数を作る

的に長くなる．例えば MIT 記法による次の函数：

```
(define (elements-of-wavefunction wavelength amplitude) body)
```

は極めて叮嚀な名附であり，共同開発など他者を交える場合には重要視されるべき配慮であるが，しかしこの函数が頻出するエリアでは，その主旨に反して混乱を招く．函数名，引数名が連続して一つの意味を持った文章を形作るように配慮することによって，コードの外部からコメントを加える必要性は減る．しかしその一方で，名前と処理内容そのものとの区別が難しくなる．この辺りのバランスを意識することが，読み易いコードを書く要諦であろう．

● **偶奇性**

与えられた数を二倍する函数と，さらにそれに 1 を加える函数：

```
(define make-even (lambda (n)    (* 2 n)))
(define make-odd  (lambda (n) (+ (* 2 n) 1)))
```

を与える．これは自然数から**偶数**(even number) と**奇数**(odd number) を作る．また述語 **even?**, **odd?** は，その偶奇を判断する．これより

```
(define parity-of
  (lambda (p)
    (if (odd? p) -1 1) ))
```

を定義すると，これは奇数に対して -1 を，偶数に対して $+1$ を与える．偶奇性は整数の最も基本的な要素であり，同時に分類の基礎でもある．

● swap

新データと旧データの入れ換えなどで，変数の相互取替が必要な場合がある．この時，常用される手法は swap と呼ばれている．具体的には，次の手続 swap-test に示される，ダミー変数による値の遣り取りである．

数値 $a = 2$ と $b = 3$ に関する冪乗を考える．これには次の二種類しかない．

$$a^b = 2^3 = 8, \qquad b^a = 3^2 = 9.$$

この計算を実行するべく，先ずは以下を定義する．

```
(define swap-test
  (lambda (a b)
    (** a b)))
```

これは冪乗の定義そのままであり，実際に値を適用すると

```
> (swap-test 2 3)
8
```

を得る．次に，このラムダ以下に **let*** による変数の swap 項を挿入すると

```
(define swap-test
  (lambda (a b)
    (let* ((dummy a) (a b) (b dummy))
      (** a b))))
```

となる．本体の記述には一切変更を加えていないが，同じく評価値を求めると，以下に示すように，変数の相互取替が行われていることが分かる．

```
> (swap-test 2 3)
9
```

先ず引数 *dummy* に a の値を転写し，その a に b を転写する．そして，最後に嘗ての a の値を保持している *dummy* の値を b に転写することによって，二つの引数の値が取り換えられる訳である．この手順が重要であり，順番を間違うと元々の値を失ってしまう．その為に，単なる **let** ではなく，その実行順序を字面の通りに保持した **let*** が必要なのである．

● 誤差の修正

整数と小数の計算が混在する場合，計算誤差が累積して本来取るべき正しい数値を示さない場合がある．これを四捨五入によって修正する．小数を *digit* 倍してその整数部を取り，再び *digit* で除算して小数点を元に戻す．

組込手続 **round** は，x に最も近い整数を評価値とするものであるが，x が二整数の中間値であった場合には，偶数に"丸める"と定義されている．即ち

```
> (round 1.5)              > (round 2.5)
2.0                        2.0
> (round 3/2)              > (round 5/2)
2                          2
```

となる手続である――上下段の記述は，小数点を含む限定数に対しては，評価値もまた限定数となり，確定数としての分数に対しては，評価値もまた確定数になることを対比したものである．

C.1. 函数を作る

これは特にランダムデータを扱う場合，中間値が一方に偏ることを避ける為に，偶奇により振り分け，統計的な誤差を少なくしたものである．従って，これは四捨五入ではない──「偶数丸め」とも「偶捨奇入」とも呼ばれている．

そこで組込手続 **truncate** を用いる．これは x の絶対値以下であり，かつそれに最も近い整数を評価値とするものである．これを用いて

```
(define adjust-of
  (lambda (x)
    (let ((digit 1000)
          (slide (if (positive? x) 1/2 -1/2)))
      (/ (truncate (+ slide (* digit x))) digit) )))
```

を定義する──通常の"四捨五入"を実現する為に，**truncate** の引数に正負によって二値：±1/2 を取る定数 *slide* を加えた．定数 *digit* は問題に応じて選ぶ．小数点第三位以降を丸めるならば 100，第四位以降なら 1000 とすればよい．例えば，この二種類の *digit* に対応して，左から順に

> (adjust-of 0.2994)　　　　　　> (adjust-of 0.2994)
> **0.3**　　**(digit: 100)**　　　　　**0.299**　　**(digit: 1000)**

が導かれる．負数においても同様に，以下を得る．

> (adjust-of -0.2994)　　　　　> (adjust-of -0.2994)
> **-0.3**　　**(digit: 100)**　　　　**-0.299**　　**(digit: 1000)**

C.1.1　数のリスト

数のリストを生成する手続 `iota` を定義する．これは最小値 *min* と最大値 *max* を入力することによって，二数の間の整数をリストとして与えるものである──負の値を設定すれば，整数にも対応している．

ここでも再帰の仕組を考察することから，それが自然な形で定義されることを見る．再帰による定式化の要点は，希望する状態に対して"その一つ前"，或いは"一つ後"の状態が存在すること，これを確実に把握することである．即ち，再帰とは状態に自然数の番号附けを行う，これが行える，という所から出発する考え方であるので，当然自然数のことを知る必要がある．また，自然数が直接に関わる問題の場合には，実に素直にそこに再帰構造が入ってくる訳である──以降，単純なカウントには手続「++」「--」を用いる

● **再帰を導く恒等式**

希望する iota とは関係：

(iota min max) => (min ...... max)

を充たすものである[1]．ここで記号「=>」は，右辺が左辺の評価値であることを，右辺の下附六点は，前後の関係から自然に導かれる要素が，連続して並んでいることを表すものとする．解釈系の表現を用いれば，例えば

(iota 1 9) => *(1 2 3 4 5 6 7 8 9)*

となる関係である．こうして結論から中身を定めていく．

最小値 *min* の次の数を *min+1* で表すと，定義から以下の関係が導かれる．

(iota min   max) => (min min+1 ...... max)
(iota min+1 max) => (min+1 ...... max)

ここで両者を比較すると，**cons** を仲立ちとする恒等関係：

(cons min (min+1 ...... max)) => (min ...... max)

があることが容易に分かる．これを iota の関係に書き直すと

(cons min (iota min+1 max)) <=> (iota min max)

となる．これが再帰部になる．基底部は空リスト () である．簡単な例として，*min=1*, *max=3* とした場合，上式は

```
(cons 1 (iota 2 3))              <=>  (iota 1 3)
(cons 1 (cons 2 (iota 3 3)))     <=>  (iota 1 3)
(cons 1 (cons 2 (cons 3 ())))    <=>  (iota 1 3)
(1 2 3)                          <=   (iota 1 3)
```

と変化することを表している．よって，所望の手続は

```
(define iota
  (lambda (min max)
    (if (> min max)
        '()
        (cons min (iota (++ min) max)) )))
```

---

[1] なおこの名称は，「その内容である *index* の頭文字を採用するに当たり，より印象的にする為に対応するギリシア文字イオタ ι を用いたことに因る」とされている．

C.1. 函数を作る

により与えられる．述語の部分は，直観的には一回毎に増加する変数 *min* が，*max* に等しくなった所で終了させればよいと考えられるが，それでは最終回の処理に分岐せずに終ってしまう．そこで，*max* の値を超えて，次のループの際に終るようにする．実行例は，希望の通り

> (iota 1 9)
(1 2 3 4 5 6 7 8 9)

である．また，負数への対応も自然に為されており，以下の結果を得る．

> (iota -5 5)
(-5 -4 -3 -2 -1 0 1 2 3 4 5)

ここでは値の小さい *min* から順に **cons** しているが，逆順にすれば

```
(define iota-reverse
  (lambda (min max)
    (if (> min max)
        '()
        (cons max (iota-reverse min (-- max))) )))
```

となる．先例に倣って動きを見れば

```
(cons 3 (iota 1 2))           <=>  (iota 1 3)
(cons 3 (cons 2 (iota 1 1)))  <=>  (iota 1 3)
(cons 3 (cons 2 (cons 1 ())))  <=>  (iota 1 3)
(3 2 1)                        <=   (iota 1 3)
```

と変化する．従って，実行例もそのまま逆順のリストになる．

> (iota-reverse -5 5)
(5 4 3 2 1 0 -1 -2 -3 -4 -5)

なお，一般に用いられている iota の定義は，初期値とそこから発生させる"数の個数"を与えるものであり，この点でここで導入したものとは異なる．

● named let

Scheme には，このように再帰構造そのものを書くのではなく，間接的に記す手法も用意されている．**名前附き let**(named let) と呼ばれる特殊形式である．既にその中身がよく分かっている iota をこの手法によって書き直すと，手法そのものの説明になるだろう．そこで，そのコードから紹介する．

```
(define iota
  (lambda (min max)
    (let iota-loop ((i max) (tmp '()))
      (if (< i min)
          tmp
          (iota-loop (-- i) (cons i tmp)) ))))
```

これが典型的な記述方法である．この場合，iota-loop がその名前である[2]．

let により初期値として数値変数 i が max に，リストとなる変数 tmp に空リスト '() が設定され，その全体に名前が附いたことで，本体から呼び出すことが可能となる．間に条件判断の述語部分を挟んで，再帰形式の定義が出来ている．その対応関係のみを抜き書きすれば

```
    let iota-loop ((i max)   (tmp '()))
                     ↓         ↓
        iota-loop   (-- i)   (cons i tmp)
```

である．この場合"名前附き **let**"により，二変数 i, tmp を持つ函数 iota-loop が定義された．i はその初期値 max から順に 1 ずつ減る．同時にそれを受けて変数 tmp には，i が **cons** される．そして，それらが i, tmp の新しい値として設定されて次のループが始まるのである．値の動きは

```
    iota-loop (3) ('())                              ; 初期設定
    iota-loop (3) (cons 3 '())
    iota-loop (2) (cons 2 (cons 3 '()))
    iota-loop (1) (cons 1 (cons 2 (cons 3 '())))
```

である．逆順の定義も簡単である．

```
(define iota-reverse
  (lambda (min max)
    (let iota-loop ((i min) (tmp '()))
      (if (> i max)
          tmp
          (iota-loop (++ i) (cons i tmp)) ))))
```

同様に値は以下のように変動する．

---

[2] 通常は loop であるとか，count であるとか，より単純な名称が選ばれる．ここではこれが指定された名称ではなく，任意であることを強調する意味から，少々目立つものを選んだ．

```
iota-loop (1) ('())                              ; 初期設定
iota-loop (1) (cons 1 '())
iota-loop (2) (cons 2 (cons 1 '()))
iota-loop (3) (cons 3 (cons 2 (cons 1 '())))
```

正順と逆順の定義の相違点，或いは先に示した再帰定義との比較により，コードの意味とリストの構造が理解出来る．**cons** によるリストの生成は，空から始まり，先に処理されたものから順に奥——より右側——へと送り込まれていく形になる．従って，リストの先頭，即ちリストの左端に位置させたい要素は，一番最後に処理する必要がある．

● 生成されたリストによる判断

ここまでの手続は全て，リストの要素となる i の動きを追って，それが min，或いは max を越えた時に終了する仕組になっていた．しかし，こうした登録すべき要素の生成部の動向によって処理を終らせるのではなく，出来上がったリストの中身によって判断したい場合も多い．

そこで上記 iota-reverse における **if** の述語部のみを $(>\ i\ max)$ から

```
(and (not (null? tmp)) (= (car tmp) max))
```

に変更する．これは論理積による二段重ねになっている．その真偽値は

> (and #t #t)	> (and #t #f)	> (and #f #t)	> (and #f #f)
#t	***#f***	***#f***	***#f***

であった——即ち，両者共に真の場合以外は偽である．従って，この場合には tmp が空リストではなく，しかもその先頭要素が max に等しい時のみ帰結部であるリスト出力へ移る．それ以外は i の値を一つ増やしてループを続行する．

論理積は偽となる値を見附けた段階で，その後の評価値を求めない——求めなくとも，全体は偽となるからである．従って，tmp が空リストの場合には，後続の `(car tmp)` の評価は行わないので，エラーは出ない——空リストに **car** は存在しないからである．以上より，この二つの真偽判断の順序を入れ換えると，直ちにエラーとなることが分かるだろう．

C.1.2　選択肢のある iota

実際の問題への応用を考えた場合，どのようなリストが必要になるだろうか．ここまでに求めた手続 iota を含む，より改良された最終版を定義する．

単純な正数のリスト (1 2 3 ⋯ n) でよければ，最大値のみ入力出来ればよい．出発点を 1 以外の数に選びたいのであれば，最小値も必要となる——これは負数への対応を含むべきである．さらに数の範囲を拡げて，自由な刻み幅で最小値と最大値の間を等分したい場合もある．

● **全体構想**

これらの要望を充たし，また無用の入力を避ける為に，オプション選択の形で項目を選びたい．先ず，最大値 max を必須項目として定め，最小値 min と刻み幅 $step$ を任意選択とする．三要素をこの順序で仮引数として割り当て，省略時は $min, step$ 共に基準値として 1 を採用する．以下がその手続である．

```
 1:(define iota
 2:  (lambda (max . opt)
 3:    (let* ((min  (if (null? opt) 1 (car opt)))
 4:           (step (if (or (null? opt) (null? (cdr opt)))
 5:                     1 (cadr opt)))
 6:           (dummy max)
 7:           (max  (if (null? opt) max min))
 8:           (min  (if (null? opt) min dummy)))
 9:      (let loop ((i (- min step)) (tmp '()))
10:        (if (< (- max step) i)
11:            (reverse tmp)
12:            (loop (+ i step)
13:                  (cons (adjust-of (+ i step)) tmp)) )))))
```

オプション選択の仕掛けは，3 行目から 5 行目までである．

6 行目から 8 行目までは引数の swap を行っている．

それ以降は，既に議論した旧 iota の書き直しによる計算の本体であり，末尾行の `adjust-of` は小数計算を含む場合の誤差修正である——11 行目の **reverse** は，与えられたリストの内容を逆順にする組込手続である．

C.1. 函数を作る

● オプション選択の機構

それでは中身を順に説明しよう.

オプション選択は, **lambda** の用法の一つであるドット末尾記法による. ドット記号より左側は通常の引数として処理される. この形式においては, 過不足は認められず, 指定個数が要求される——この場合は *max* が唯一つの必須引数である. ドット記号より右側の *opt* はオプション用のリストとなる. このリスト内より数値を取り出して, **let** により *min* と *step* の値を定める.

min はリストが空なら省略時の指定値 1 を選び, 空でない場合には, リストの **car** をその値とする. 第二オプションの *step* は, リストが空であるか, 或いは *min* の保管場所であるリストの **car** を除いた部分, 即ち (cdr opt) が空である場合には指定値 1 を選び, そうでない場合には **cdr** 部の **car** を選ぶ.

● swap の機構

以上の内容から分かるように, 最大値 *max* が必須の引数であり, この形式では省略出来ない. そして同時に, この省略不可の引数は必ず, ドットの左側に位置する必要がある. この序列は変更出来ない.

ところが, 入力に際して, 最小値・最大値の順で入力出来ることが望ましい. 特別の断り書きが無い場合, 数直線は左から右へと増加する方向で記されている. こうした慣例と直観に反して, 最大・最小の順で入力するシステムを作ると, 利用者はそれを"覚えておく"必要が生じ誤入力の元となる[3]. そこで内部処理によって, これを避けようというのが swap 部の意図である.

入力は「最小値・最大値・ステップ」の順であり, 省略は「最小値・最大値」, 或いは「最大値のみ」という形式だけを認めることにする——最小値を基準に刻み幅を定めるので, ステップ入力を伴う場合には, 最小値は省略不可とする. 従って, 最大値の単独入力の場合には何も問題は生じない. 他の場合に, 入力と引数の対応を変える必要があり, その為に引数の swap を行うのである.

一番最初に必要なことは, *max* の値を *dummy* に待避させることである. これによって, *max* の更新が行える. そして, リスト *opt* が空ならば, 必須の第一引数に入力された値をそのまま *max* の値とし, 空でないならば, それを *min*

---

[3] 同じ意味で不等号も, 出来るならば < に統一して右側増加に徹底した方が直観が利く.

の値とする．同じく *opt* が空ならば，*min* はそのまま *min*——実質的には，この場合は何もしない——として空でないならば，*dummy* を *min* の値とする．

● 誤差修正と本体

続く処理は，数値計算に伴う誤差を削り落とす作業である．これには定義済みである手続 `adjust-of` を使う．小数点以下何桁目以降を削るかにより定数 *digit* を定め，事前に設定しておく——ここでは仮に 1000 とした．

これだけの準備の後，名前附き **let** による `iota-reverse` を"新項目・ステップ"を含むように書換える——最初に記したように，最小値から刻みを積み上げていく必要上，逆順のパターンを採用する．特に刻みを1以下の数に選んだ場合，累積する誤差により結果が乱れてくる．これを避ける為に，ループ毎に手続 `adjust-of` を利用して値を綺麗にしている．

手続適用は設定通り (iota *min max step*) である．実行例は以下である．

```
> (iota 9)
(1 2 3 4 5 6 7 8 9)
```
```
> (iota 4 9)
(4 5 6 7 8 9)
```
```
> (iota 2 9 3)
(2 5 8)
```

```
> (iota 1 9 0.5)
(1.0 1.5 2.0 2.5 3.0 3.5 4.0 4.5 5.0 5.5 6.0 6.5 7.0 7.5 8.0 8.5 9.0)
```

● iota の別定義

続いて，引数の処理をさらに一工夫した `iota` の別定義を行う．

```
(define iota
  (lambda lst
    (let* ((x (length lst))
           (max  (if (= 1 x) (car    lst) (cadr lst)))
           (min  (if (< 1 x) (car    lst)  1))
           (step (if (= 3 x) (caddr lst)  1)))
      (let loop ((i (- min step)) (tmp '()))
        (if (< (- max step) i)
            (reverse tmp)
            (loop (+ i step)
                  (cons (adjust-of (+ i step)) tmp)) )))))
```

手続定義における"不特定数の引数に対応する手法"には，組込手続 **list** の実体である，仮引数を括弧で包まない **lambda** 形式，即ち

```
(lambda x x)
```

による方法があった．この手法により仮引数は個数に因らず，その全てが一つのリストとなって，ドット記号の右・左といった引数の位置の問題は存在しなくなる．この場合も，先例と同様に，"正しい入力"がされることを前提にしている．即ち，それに相応しい大小関係を持った *min, max, step* の三種類の数値が，この順番で入力されること，省略の方法も同様である．この条件の下，手続 **length** により入力された引数の個数を調べ，その値 1, 2, 3 に応じて分岐させ，**car, cdr** によって，リスト内の引数を適切に取り出している．このように Scheme においては，引数であっても全く普通のリストとして扱えるので，非常に見通しの良い定義が出来るのである．

C.1.3　再帰による加算・乗算

既に A.5 (p.361) において示したように，自然数は「1 の加算を繰り返す」ことによって，順番に定義していくことが出来る．ここでは，自然数を 1 の並びとして捉え，それをリストの形式によって示す．即ち

$$
\begin{aligned}
0 = 0 &\quad \Rightarrow \quad (\ ) \\
1 + 0 = 1 &\quad \Rightarrow \quad (1) \\
1 + (1 + 0) = 2 &\quad \Rightarrow \quad (1\ 1) \\
1 + (1 + (1 + 0)) = 3 &\quad \Rightarrow \quad (1\ 1\ 1) \\
&\quad \vdots
\end{aligned}
$$

という対応関係によって理解する．

自然数の場合，add1 により 1 を加える，sub1 により 1 を引くという計算が，そのまま全体の構造を反映したものになっている．より一般的には，これらは次の要素を定める**後任函数**(successor) と，前の要素を定める**前任函数**(predecessor) によって定まる——その最も簡潔な場合が，add1, sub1 であると理解すればよい．リストによる場合には，先頭に 1 を附け加える **cons** と，先頭部を削って残りを出力する **cdr** がこれを与える．即ち

```
(define succ (lambda (list) (cons 1 list)))
(define pred (lambda (list) (cdr     list)))
```

である．その働きは，実際にリストを与えて確かめられる．

```
> (succ '(1 1 1))              > (pred '(1 1 1 1))
(1 1 1 1)                      (1 1 1)
```

　以上を用いて，二数の加算，乗算，冪乗を再帰により定義しよう．要点は，コード化以前の段階で，慣れ親しんでいる基本的な計算の中から，如何にして減算機構 (再帰部) と到着点 (基底部) を切り出すか，という所にある．

　例えば，個人の人生にとっての再帰とは

> 再帰部：明日 := 今日 + 1 日　　　再帰部：昨日 := 今日 − 1 日
> 基底部：寿命　　　　　　　　　　基底部：誕生

である．命尽きた後に明日は無く，生まれる前に昨日は無い．どちらも「今日が大切である」という"再帰訓"を記しておこう．人生は日々の再帰である．

● 加算 plus

　先ずは加算である．二数の加算は，A.6 (p.364) で与えた再帰による定義：

> 再帰部：$\mathrm{plus}(a, \mathcal{Z}b) := \mathcal{Z}\,\mathrm{plus}(a, b)$,
> 基底部：$\mathrm{plus}(a, 0) := a$

における変数を，$a \to x$, $b \to (y-1)$ と読み替えればよい．ここでは，加減算の意味が既に確定している，という前提で議論を進めるので，これは恒等変形となり，通常の式を用いて表せば

$$x + [1 + (y-1)] = x + y$$
$$= 1 + [x + (y-1)]$$

となる．これが再帰部を与える．よって

> 再帰部：$\mathrm{plus}\,(x, y) := \mathrm{succ}\,\mathrm{plus}\,(x, (\mathrm{pred}\,y))$,
> 基底部：$\mathrm{plus}\,(x, 0) := x$

となるが，これを Scheme のコードに翻訳して

```
(define plus
  (lambda (x y)
    (if (null? y)
        x
        (succ (plus x (pred y))) )))
```

C.1. 関数を作る

を得る——ここで **null?** は，既に紹介した「与えられた要素が空リストであるか否か」を判定する述語である．具体的にリストを与えて

```
> (plus '(1 1) '(1 1 1))
```
(1 1 1 1 1)

と求められる．これは $2 + 3 = 5$ のリストによる表現になっている．ここで重要なことは，このコードが以下の定義変更：

$$\text{succ} \to \text{add1}, \quad \text{pred} \to \text{sub1}, \quad \text{null?} \to \text{zero?}$$

によって，そのまま数の計算にも使えることである．即ち

```
(define plus-num
  (lambda (x y)
    (if (zero? y)
        x
        (add1 (plus-num x (sub1 y))) )))
```

である．ここに細かい部品を定義して，その処理内容を抽象化しておく長所が明確に出ている．続く計算も同様であるが，プログラムの設計方針として，出来る限り再利用が可能な，汎用性のある形式を採用することが重要である．

● **乗算 mult**

同様にして乗算は，恒等変形：

$$\begin{aligned} x \times y &= x \times (y + 1 - 1) \\ &= x + x \times (y - 1) \end{aligned}$$

を用いて，再帰として定義することが出来る．即ち

> 再帰部：$\text{mult}(x, y) := \text{plus}(x, (\text{mult}(x, (\text{pred } y))))$,
> 基底部：$\text{mult}(x, 0) := 0$

より，コード化して

```
(define mult
  (lambda (x y)
    (if (null? y)
        '()
        (plus x (mult x (pred y))) )))
```

を得る．実行例は以下である．

```
> (mult '(1 1) '(1 1 1))
(1 1 1 1 1 1)
```

● **累乗 pows**

また，冪乗の場合，その再帰部は

$$x^y = x^{y+1-1} = x \times x^{y-1}, \quad \text{ただし } x^0 = 1$$

によって定義され，そのコードは

```
(define pows
  (lambda (x y)
    (if (null? y)
        '(1)
        (mult x (pows x (pred y))) )))
```

となる．実行例は以下である．

```
> (pows '(1 1) '(1 1 1))
(1 1 1 1 1 1 1 1)
```

● **無限集合との関係**

先に A.5 (p.361) で議論した無限集合の公理より導かれる関係：

$$s^+ := \{s\} \cup s \quad \left[= \{s \text{ 自身}, s \text{ の要素}\} \right]$$

は，これも既に紹介した **list** と **append** を用いて，自然な形でリストの言葉に翻訳出来る．先ず，空集合に対応する空リストは，引数無しの (list) により生成された．さらに一般的に，(append (list '(s1 s2)) '(s1 s2)) の評価値が ((s1 s2) s1 s2) となることから，これらの関係を利用して

```
(define kakko
  (lambda (i)
    (if (zero? i)
        (list)
        (append (list (kakko (-- i)))
                      (kakko (-- i))) )))
```

を定義して，A.1 (p.337) で議論した，括弧のみを用いた自然数の表記：

C.1. 函数を作る

```
> (kakko 0)        | > (kakko 1)       | > (kakko 2)      | > (kakko 3)
()                 | (())              | ((()) ())        | (((()) ()) (()) ())
> (kakko 4)
((((()) ()) (()) ()) ((()) ()) (()) ())
> (kakko 5)
(((((()) ()) (()) ()) ((()) ()) (()) ()) ((((()) ()) (()) ()) ((()) ()) (()) ()))
```

を得る．これは数 n に対して，2^n 組の括弧を必要とする巨大なものである——しかし，それでも確かに「括弧だけで自然数が表現出来る」ことが具体的に分かったことには，大きな意味がある．

また，`add1` を用いれば，Scheme の上で自然数を生成出来る．

```
> (add1 0)    | > (add1(add1 0))   | > (add1(add1(add1 0)))
1             | 2                  | 3
```

こうして自然数の定義を改めて振り返ると，生成の源泉であった 0 の存在が次第に薄れていくのを感じる．実際，`add1` が如何なるものか，その正体を知らずとも子供でも上の記述が，何らかの数を表していることは分かる．例えば

$$(猫 (猫 (猫 (\quad))))$$

と書いてあれば，子供達はそこに 3 という数値を見出すであろう．猫がこれから炬燵に入ろうとしているのか，それとも出て来たところなのか，そんな事とは無関係に三匹の存在を確かに理解するであろう．「繰り返しそのものが自然数である」と認識を変えれば，また別の定義を考えられるのである．

(では……(では……(では……(   ))))

C.2 ループ不変表明

先ずは，再帰による加算，乗算，冪乗のコードを，通常の演算記号 +, * を用いて書き直した上で再掲する．注目すべき部分に下線を引いた．

```
(define plus (lambda (x y)
  (if (zero? y) x (+ 1 (plus x (- y 1))))))
(define mult (lambda (x y)
  (if (zero? y) 0 (+ x (mult x (- y 1))))))
(define pows (lambda (x y)
  (if (zero? y) 1 (* x (pows x (- y 1))))))
```

三式は基本的に同じ構造を持ち，再帰部においては，「1 を加える」のか，「x を加える」のか，「x を掛ける」のか，という違いがあるだけだと分かる．

そこで先ずは加算手続 plus を例に採り，その"動き"を紙面上に再現する．$x = 2, y = 3$ として，ループ毎の値を記していくと

```
(plus 2 3)                                  ; y=3
 = (+ 1 (plus 2 2))                         ; y=2
 = (+ 1 (+ 1 (plus 2 1)))                   ; y=1
 = (+ 1 (+ 1 (+ 1 (plus 2 0))))             ; y=0
 = (+ 1 (+ 1 (+ 1 2)))
 = (+ 1 (+ 1 3))
 = (+ 1 4)
 = 5
```

となる——再帰による定義の連鎖，これを印象そのままに**定義の塔**(tower of definitions) と呼ぶことがある．ループの脱出条件である $y = 0$ に至るまで，再帰コードの展開のみが続けられ，具体的な値は何も求められていない．

C.2.1 末尾再帰

記憶容量にも時間にも特別の配慮をしない数学的理論としてはこれで充分であるが，計算機で実行するコードとしては，使用するメモリーの量や，処理時間などが気になるところである．また，計算途中でエラーが出た場合，プログラムを調べる為の"鍵"になる要素もほしい．

● plus の場合

そこで再帰コードの元となった次の恒等式に注目する．

$$x + y = 1 + [x + (y - 1)]$$

ここに中間状態を記憶する**累積変数** p を導入し，両辺に加えると

$$x + y + p = 1 + [x + (y - 1)] + p$$
$$= x + (y - 1) + (p + 1)$$

となる．これもまた恒等式であるので，変数が如何に変化しても，左辺，右辺の値は変わらない．この三変数の対応関係：

$$(x \ y \ p) \longrightarrow (x \ y-1 \ p+1)$$

を元にして，新たな加算手続：

```
(define plus-iter
  (lambda (x y p)
    (if (zero? y)
        (+ x p)
        (plus-iter x (- y 1) (+ p 1)) )))
```

を定義する——ここで iter は反復を意味する *iteration* の略記である．実行例は

```
> (plus-iter 2 3 0)
5
```

である．この時，ループ毎の結果は"手続の入れ子"の形式を取らず

```
↓ (plus-iter 2 3 0)
↓ (plus-iter 2 2 1)
↓ (plus-iter 2 1 2)
→ (plus-iter 2 0 3)
```

と各々が独立した形で定まり，ループ脱出後に (+ x p) が実行されて値 5 を得る——矢印は処理の流れを示す．手続 plus における数値の変化：

```
(plus 2 3)
 = (+ 1 (plus 2 2))                    ; ┐
 = (+ 1 (+ 1 (plus 2 1)))              ; │処理の記憶
 = (+ 1 (+ 1 (+ 1 (plus 2 0))))        ; ┘
```

```
= (+ 1 (+ 1 (+ 1 2)))                    ; ┐
= (+ 1 (+ 1 3))                          ; │ 実際の計算
= (+ 1 4)                                ; ┘
= 5
```

と比較すれば，如何に記憶容量を専有しない形式であるかがよく分かる．

さて，`plus-iter` の値の変化だけを追えば，各辺とも x, y, p の順で

$$x_0 + y_0 + p_0 = x_1 + y_1 + p_1 = x_2 + y_2 + p_2 = x_3 + y_3 + p_3$$
$$\downarrow \quad \downarrow \quad \downarrow \quad \downarrow \quad \downarrow \quad \downarrow \quad \downarrow \quad \downarrow \quad \downarrow \quad \downarrow \quad \downarrow \quad \downarrow$$
$$2 + 3 + 0 = 2 + 2 + 1 = 2 + 1 + 2 = 2 + 0 + 3$$

となり，全てが等号で結ばれたまま展開する．より見易く表の形にまとめれば

$n \backslash k_n$	x_n	y_n	p_n
0	2	3	0
1	2	2	1
2	2	1	2
3	2	0	3

$\rightarrow x_n + y_n + p_n = 3$

となる．この場合は，与えられた恒等式から導かれた関係であるので，一定値となることは当然であるが，一般にループ実行中に様々に値を変える変数を組合せて，"不変量"を見出すことは難しい．しかし，こうした量が具体的に定義出来た場合，その変化を追跡することで，プログラムの正しさが確認出来る．このような関係を**ループ不変表明**(loop invariant assertion) と呼ぶ．

また，手続 `plus-iter` は再帰部が，手続それ自身だけで出来ており，他の計算を要しない——手続 `plus` の場合には，再帰部に 1 の加算が附加されていた．この形式を**末尾再帰**(tail recursion) と呼ぶ．以下に，外側を二変数函数で包んで使いやすくしたものを書いておく——tailrec は末尾再帰の印である．

```
(define plus-tailrec
  (lambda (x y)
    (define plus-iter
      (lambda (x y p)
        (if (zero? y)
            (+ x p)
            (plus-iter x (- y 1) (+ p 1)) )))
    (plus-iter x y 0)))
```

● mult の場合

乗算，累乗も同様である．先ず，乗算の場合には恒等式：

$$xy + p = x(y-1) + (x+p)$$

を利用して，三変数の対応関係：

$$(x \ y \ p) \longrightarrow (x \ y-1 \ x+p)$$

より，末尾再帰形式の手続：

```
(define mult-tailrec
  (lambda (x y)
    (define mult-iter
      (lambda (x y p)
        (if (zero? y)
            p
            (mult-iter x (- y 1) (+ x p)))))
    (mult-iter x y 0)))
```

が定義される．値の変化は，各辺とも x, y, p の順で

$$2 \times 3 + 0 = 2 \times 2 + 2 = 2 \times 1 + 4 = 2 \times 0 + 6$$

である．以下，表にまとめて，ループ不変量を見出す．

$n \backslash k_n$	x_n	y_n	p_n
0	2	3	0
1	2	2	2
2	2	1	4
3	2	0	6

$\longrightarrow x_n \times y_n + p_n = 6$

● pows の場合

累乗の場合に用いる恒等式は

$$x^y p = x^{y-1}(xp)$$

であり，三変数の対応関係：

$$(x \ y \ p) \longrightarrow (x \ y-1 \ xp)$$

より，末尾再帰形式：

```
(define pows-tailrec
  (lambda (x y)
    (define pows-iter
      (lambda (x y p)
        (if (zero? y)
            p
            (pows-iter x (- y 1) (* x p)))  ))
    (pows-iter x y 1)))
```

が定義される．値の変化は

$$2^3 \times 1 = 2^2 \times 2 = 2^1 \times 4 = 2^0 \times 8$$

であり，表にすれば

$n \backslash k_n$	x_n	y_n	p_n
0	2	3	1
1	2	2	2
2	2	1	4
3	2	0	8

$\Biggr\} \rightarrow x_n^{y_n} \times p_n = 8$

となる．これがループ不変量となる．

末尾再帰形式は，使用するメモリ量が少なく，余分な式の展開が無い分だけ処理速度にも優れているが，数式をコードに翻訳する際に一工夫が必要になる．従って，プログラムに要求される仕様によって選択すべきものであり，必ず末尾再帰形式にしなければならない，という性質のものではない．

C.2.2 逐次平方による冪乗計算

携帯電話内蔵の"電卓"でも，実際の卓上計算機でも同様であるが，同じ数の連続した乗算は"イコール・キー"を押し続けることによって可能である[4]．例えば，「3」「×」「3」「=」と入力した結果，画面に9と表示されている状態で，そのまま「=」を繰り返し押下するだけで，3の冪乗計算が実行出来る．

$$(3 \times (3 \times (3 \times (3 \times (3 \times (3 \times (3 \times 3)))))))$$

要するに，「=」が演算子「×3」を代行するので，連続七回の「=」の押下で $3^8 = 6561$ が求められ，同じ数を何度も入力する手間が省ける訳である．

---

[4] 仕様として出来ない機種も，禁止しているソフトもあり，この辺りは機種依存が激しい．

C.2. ループ不変表明

次なる実験として，「3」を入力した後，「×」「=」を一つのペアとして連続押下すると，同じ計算結果が，この「ペア押し三回」で得られる．これは「× =」が，演算子「x^2」を代行しているものと見做せる．即ち

$$((3 \times 3)^2)^2$$

により値を求めていることになる．より具体的に流れを書けば

$$3^2 = 3 \times 3 \quad \rightarrow \quad 3^4 = 3^2 \times 3^2 \quad \rightarrow \quad 3^8 = 3^4 \times 3^4$$

となる．この手法をソフトウエア上で実現することにより，大幅に計算量を減らすことが出来る．これは，与えられた冪を二分することにより得られる．例えば，今の場合であれば，計算の流れを逆に辿って

$$3^8 = 3^4 \times 3^4$$
$$\downarrow$$
$$3^4 = 3^2 \times 3^2$$
$$\downarrow$$
$$3^2 = 3 \times 3$$

と見直せば，簡単な再帰として記述出来る．また奇数冪の場合，例えば 3^9 ならば，事前に 3×3^8 と分解することにより，同じ再帰処理で結果が求められる．一般形としては，基底となる数を b として，次のように表現される．

$$b^n = (b^{n/2})^2 \quad (n \text{ は偶数}),$$
$$b^n = b \cdot b^{n-1} \quad (n \text{ は奇数})$$

これを**逐次平方**(successive squaring) と呼ぶ．これによる冪乗処理は手続：

```
(define sq**
  (lambda (b n)
    (cond ((zero? n) 1)
          ((even? n) (sq  (sq** b (/ n 2))))
          ((odd?  n) (* b (sq** b (- n 1))) ))))
```

となる——ここで sq は以下に示す通常の二乗計算である．

```
(define sq
  (lambda (x) (* x x)))
```

例として，3^{43} を求めよう．指数 43 は 9.4.4 (p.325) での例 82^{43} に合わせた．この再帰プロセスの中で，主役を演じているのは指数である．そこで先ずは指

数部の変化に注目して,これを追い掛ける.奇数であれば,1を分離する.偶数であれば,約数2を引き出す.この連続によって,以下の表を得る.

$n \to n'$	指数 $n = 43$ の展開 (偶奇による処理の分岐)
43 (*odd*)	$1 + \mathbf{42}$
42 (*even*)	$1 + (2 \times \mathbf{21})$
21 (*odd*)	$1 + (2 \times (1 + \mathbf{20}))$
20 (*even*)	$1 + (2 \times (1 + (2 \times \mathbf{10})))$
10 (*even*)	$1 + (2 \times (1 + (2 \times (2 \times \mathbf{5}))))$
5 (*odd*)	$1 + (2 \times (1 + (2 \times (2 \times (1 + \mathbf{4})))))$
4 (*even*)	$1 + (2 \times (1 + (2 \times (2 \times (1 + (2 \times \mathbf{2}))))))$
2 (*even*)	$1 + (2 \times (1 + (2 \times (2 \times (1 + (2 \times (2 \times \mathbf{1}))))))) $

このコードは実は,指数部を二進数 $\mathbf{101011}_2$ に展開するものであった,即ち

$$43 = 1 + 2 + 2^3 + 2^5 = \mathbf{1} \times 2^5 + \mathbf{0} \times 2^4 + \mathbf{1} \times 2^3 + \mathbf{0} \times 2^2 + \mathbf{1} \times 2^1 + \mathbf{1} \times 2^0$$

である.これを受けて,再帰コードの全体は,以下のように進む.

$$\begin{aligned}
3^{43} &= 3 \times 3^{42} \\
&= 3 \times (3^{21})^2 \\
&= 3 \times (3 \times 3^{20})^2 \\
&= 3 \times (3 \times (3^{10})^2)^2 \\
&= 3 \times (3 \times ((3^5)^2)^2)^2 \\
&= 3 \times (3 \times ((3 \times 3^4)^2)^2)^2 \\
&= 3 \times (3 \times ((3 \times (3^2)^2)^2)^2)^2 \\
&= 3 \times (3 \times ((3 \times ((3^1)^2)^2)^2)^2)^2 \\
&= 3 \times (3 \times ((3 \times (3^2)^2)^2)^2)^2 \\
&= 3 \times (3 \times ((3 \times 9^2)^2)^2)^2 \\
&= 3 \times (3 \times (243^2)^2)^2 \\
&= 3 \times (3 \times 59049^2)^2 \\
&= 3 \times 10460353203^2 \\
&= 328256967394537077627.
\end{aligned}$$

各段が再帰処理の一回分に対応する.展開終了後,最も内側から順に計算を行い,括弧を一組ずつ外していく作業によって,具体的な値が求められていく.このようにして,任意の冪乗計算が,二乗により処理出来ることが分かった.

● **末尾再帰への変換**

この手続を末尾再帰にする為に,ループ不変量 $b^n p$ に注目して,恒等式から各変数の対応関係を定めよう.この場合には偶奇に応じて二種類の対応があ

C.2. ループ不変表明

る．先ずは，通常の冪の場合と同様に

$$b^n p = b^{n-1}(bp)$$

より導かれる対応関係：

$$(b \quad n \quad p) \longrightarrow (b \quad n-1 \quad bp)$$

であり，これは奇数の場合に相当する．偶数の場合には

$$b^n p = (b^2)^{n/2} p$$

と変形されるので，三変数の対応関係は次のようになる．

$$(b \quad n \quad p) \longrightarrow (b^2 \quad n/2 \quad p).$$

以上をまとめてコードにすると，逐次平方による冪計算の末尾再帰版：

```
(define sq**-tailrec
  (lambda (b n)
    (define sq**-iter
      (lambda (b n p)
        (cond ((zero? n) p)
              ((even? n) (sq**-iter (* b b) (/ n 2) p))
              ((odd?  n) (sq**-iter b (- n 1) (* b p)) ))))
    (sq**-iter b n 1)))
```

が得られる．ここで各変数の動きを表の形でまとめておこう．例として，与えられた冪が奇数である 2^3 と，偶数である 2^4 を取り上げた．計算の途中で，指標の偶奇が交代する為，その度にコード内で処理が変わる．表の中では n_i が偶数の場合を太字で，奇数の場合をコード用のフォントで表し，注意を促した．

$i \backslash k_i$	b_i	n_i	p_i	$b_i^{n_i} \times p = c$
0	2	**3**	1	$2^3 \times 1 = 8$
1	2	2	2	$2^2 \times 2 = 8$
2	4	**1**	2	$4^1 \times 2 = 8$
3	4	0	8	$4^0 \times 8 = 8$

$2^3 = 8$ の場合の変数の動き

$i \backslash k_i$	b_i	n_i	p_i	$b_i^{n_i} \times p = c$
0	2	4	1	$2^4 \times 1 = 16$
1	4	2	1	$4^2 \times 1 = 16$
2	16	**1**	1	$16^1 \times 1 = 16$
3	16	0	16	$16^0 \times 16 = 16$

$2^4 = 16$ の場合の変数の動き

C.2.3 階乗の計算

これまでに登場した階乗の定義を再掲する．この定義：

```
(define fact
  (lambda (n)
    (if (zero? n)
        1
        (* n (fact (- n 1))))))
```

もまた，再帰部に n の乗算 (下線部) がある為，末尾再帰形式にはなっていない．そこで元々の階乗の定義式に累積変数を加え，変形して

$$y! \times p = (y-1)! \times (yp)$$

を作る．先の三例とは異なり，階乗は一変数の函数なので，累積変数を加えた二変数の対応関係：

$$(y\ p) \longrightarrow (y-1\ \ yp)$$

より，末尾再帰形式：

```
(define fact-tailrec
  (lambda (n)
    (define fact-iter
      (lambda (y p)
        (if (zero? y)
            p
            (fact-iter (- y 1) (* y p))) ))
    (fact-iter n 1)))
```

を定義することが出来る．値の変化は

$$3! \times 1 = 2! \times 3 = 1! \times 6$$

であり，表にすれば

$n \backslash k_n$	y_n	p_n
0	3!	1
1	2!	3
2	1!	6

$\longrightarrow y_n! \times p_n = 6$

これがループ不変量となる．

● 繰り返しの書法

さて，階乗の計算は見通しが良いので，プログラミング技法の紹介に多用される．ここでも階乗の簡潔さに頼って，繰り返しの手法を論じよう．既に紹介した例ではあるが，名前附き **let** を用いれば

```
(define fact-let
  (lambda (n)
    (let countdown ((y n) (p 1))
      (if (zero? y)
          p
          (countdown (- y 1) (* y p)) ))))
```

と書くことが出来る．これは与えられた n を y に転写し，その大きさを減少させていく，これまで通りの countdown 型であるが，増加方向に計算する方法：

```
(define fact-let+
  (lambda (n)
    (let countup ((y 0) (p 1))
      (if (= y n)
          p
          (countup (+ y 1) (* (+ y 1) p)) ))))
```

もある．また，特殊形式 **do** を用いれば，以下のようにも書ける．

```
(define fact-do
  (lambda (n)
    (do ((y n (- y 1)) (p 1 (* y p)))
        ((zero? y) p)  )))
                ↑
              (display p)(display " ")
```

記号を揃えている強みで，他との比較だけで **do** が如何なる手法かが分かる．**do** 以降，先ず変数の定義が始まる．名称，初期値，ステップが全体で一つの組になっている．この場合なら変数 y を定義し，その初期値を n，ステップを $y-1$ としている．同様に変数 p の定義が続き，その初期値を 1，ステップを $y \times p$ と定めている．述語による判定を含めて全体を繰り返し，終了時には変数 p の値が出力される．なお矢印の部分にさらに **display** を追加すれば，偽判定の際の p の値を列挙出来る．例えば $n = 3$ の場合なら，１３６６が得られる．

C.3　リストを調べる

　今一度，その定義にまで遡ってリストの構造を調べておこう．リストは再帰により定義されている．従って，それを調べる場合にも再帰により内部に侵入する．使う道具は恒等関係：

```
lst   <=>   (cons (car lst) (cdr lst))
```

とその基礎になっている **cons** と **car**，そして **cdr** である．

C.3.1　恒等函数

　さて，(define id (lambda (x) x)) にリストを与えると

```
> (id '(1 2 3))
(1 2 3)
```

となる．これは恒等函数であるから当り前の話であるが，一方

```
> (cons (car '(1 2 3)) (cdr '(1 2 3)))
(1 2 3)
```

もリストがそのまま返ってくる．しかし，こちらはリストを一旦分解し，そしてそれを再結合させている．ここが二つの手法の大きく異なる点である．

　構造を明らかにする為に，括弧内部の **car, cdr** を実行すれば

```
(cons 1 '(2 3))
```

である．そこで再び恒等関係を (2 3) に見出して，2 を取り出し，さらにもう一回 (3) について，同様の演算を続けると，与えられたリストは

```
(cons 1
      (cons 2
            (cons 3
                  '())))
```

と分解される．以上の過程を順に辿ることを *cdr-down* と呼び，逆に昇ることを *cons-up* と呼んだ．両者は裏表の関係にある．これは再帰として定義されたリストを，再帰として分解する手法の基礎を示している．

　ここでリストを *lst* で表し，**car, cdr** を復活させると上式は

```
(cons (car lst)
      (cons (car (cdr lst))
            (cons (car (cdr (cdr lst)))
                  (cdr (cdr (cdr lst)))))))
```

と書き直せる——再び lst に '(1 2 3) を入れれば，この式の正しさが確認出来る．この手続の連鎖を自動化したものが

```
(define id-updown
  (lambda (lst)
    (if (null? lst)
        '()
        (cons (car lst)
              (id-updown (cdr lst))) )))
```

である——全要素が調べ尽くされて，空リストになったことを判断する為の述語 null? を基底部として加えている．この手続は，**cons** の第二項で *cdr-down* して取り出した要素を，第一項で *cons-up* して再構築する恒等函数である．

C.3.2 要素の抽出

　函数 id-updown はこのままで何かの役に立つ訳ではない．リストの構造に従って，その全要素を取り出し再構築する，その動きをコードと一体になって体感することが目的である．そして，**cons** の第一項，或いは第二項を利用して，リストを操る手続の雛形として使う，それが主目的である．

　リストに関連する手続は，「**何らかの述語を定義し，全要素スキャンによってそれぞれの真偽を調べ，結果をまた一つのリストにまとめる**」という形式が多い．従って，この恒等函数を活用することで，新しく定義する処理の本質にのみ集中出来るようになる．即ち，リスト処理の雛形として使える訳である．

● append

　既に紹介した **append** は，二つのリストを"合体"させる手続であるが，これは固定した一方のリスト *lst+* に対して，もう一方のリスト *lst* を分解して一つずつ **cons** により加えていくことで実現出来る．譬えれば，土台となるリスト *lst+* の上で，id-updown によって"上下動"する *lst* が，これを巻き込んで両者が合体する仕組である——即ち，*lst+* には手を着けない．従って，コード

の構造は全く同じものとなり

```
(define append
  (lambda (lst lst+)
    (if (null? lst)
        lst+
        (cons (car lst)
              (append (cdr lst) lst+) ))))
```

で与えられる．単純に二つのリストを **cons** した場合と比較すると，"譬え"の意味が分かるだろう．

> (cons '(1 2 3) '(4 5 6))	> (append '(1 2 3) '(4 5 6))
((1 2 3) 4 5 6)	*(1 2 3 4 5 6)*

先のコードが示す通り，**append** は先ずは対象のリストを要素に分解し，そしてそれを一つずつ **cons** している訳である．即ち

```
(cons 1 (cons 2 (cons 3 '(4 5 6))))
```

である．このように，与えられた二つのリストの扱いは全く異なる．

● length

次に簡単な例は，*cdr-down* する度に 1 を加えることによって，リストの全要素数を数える以下の手続 length である．

```
(define length
  (lambda (lst)
    (if (null? lst)
        0
        (+ 1 (length (cdr lst))) )))
```

● list-tail・list-ref・list-head

リストから最初の n 要素を除いた部分リストを得るには

```
(define list-tail
  (lambda (lst n)
    (if (zero? n)
        lst
        (list-tail (cdr lst) (- n 1)) )))
```

C.3. リストを調べる

を用いる．第 n 要素そのものがほしい場合には，この **car** を取る．即ち

```
(define list-ref
  (lambda (lst n)
    (if (zero? n)
        (car lst)
        (list-ref (cdr lst) (- n 1)) )))
```

である．共に起点は 0 である．よって，(list-tail *lst* 0) はリストをそのまま返す恒等函数であり，(list-ref *lst* 0) は **car** そのものである．

また，list-tail とは逆に，リストの最初の n 要素を得るには

```
(define list-head
  (lambda (lst n)
    (if (zero? n)
        '()
        (cons (car lst)
              (list-head (cdr lst) (- n 1)) ))))
```

を用いる．これら三種の手続の異同を吟味することは，大いに参考になる．これらを組合せて，末尾要素をペアとして取り出す手続 last-pair を

```
(define last-pair
  (lambda (lst)
    (list (list-ref lst (- (length lst) 1))) ))
```

と定義する．これは，以下のように直接与えることも出来る．

```
(define last-pair
  (lambda (lst)
    (if (null? (cdr lst))
        lst
        (last-pair (cdr lst)) )))
```

● reverse

既に iota で利用しているが，リストの要素を逆順に並び替えるには，バラバラの要素を一つのリストにまとめる手続 **list** と二つのリストを合体させる **append** を用いる．要点は，**car** により抽出されたリストの先頭要素を，**append** の第二引数の位置に置き，リストの最後尾になるように配列することである．

```
(define reverse
  (lambda (lst)
    (if (null? lst)
        '()
        (append (reverse (cdr lst))
                (list (car lst)) ))))
```

なお,**list**, **append**, **length**, **list-tail**, **list-ref**, **reverse** は全て組込手続として定義されているので,上記コードを実行しなくても利用出来る.

C.3.3 二重再帰

リスト内部の要素を探索する為に,様々な手続を定義してきた.その雛形として利用したのは,恒等函数の一種である以下のコードであった.

```
(define id-updown
  (lambda (lst)
    (if (null? lst)
        '()
        (cons (car lst)
              (id-updown (cdr lst))) )))
```

しかし,この定義を見れば分かるように,これはリストの **car** に対して,その内部へは入らない.即ち,**car** 部の中身には"一切触れることなく",そのまま一つの塊として素通しさせている.これでは,リストの要素がまたリストとなっている入れ子の場合,他の手続定義の雛形とすることは出来ない.例えば

> (car '(((1 2) 3) 4))   > (caaar '(((1 2) 3) 4))
((1 2) 3)   **1**

であるように,全要素を処理対象とする為には,**car** 部もまた再帰する必要がある.実際,ドット対などリストではない対象に対して,その要素を探索するには,与えられたデータ全てをアトムの形で取り出して再構成しなければならない.*cdr-down* すると同時に,**car** 部を展開する,敢えて名附ければ *car-open* する必要がある.そこで,**car, cdr** の両方を順に再帰する手続を定義する——手続定義中に自分自身が二度登場するこの形式を**二重再帰**と呼ぶ.

先ず,その準備として,対象が「アトムか否か」を判断する為の述語 nonpair? を,「ペアか否か」を判断する述語 **pair?** の否定,として定義する.Scheme に

C.3. リストを調べる

おいて，空リストは独自の分類を持ち，リストでもアトムでもない．また

```
> (nonpair? '(1))        > (nonpair? '())       > (null? '())
#f                       #t                     #t
```

となり，空リストに関しては，nonpair? と **null?** は等価である．これより

```
(define id-all
  (lambda (lst)
    (if (nonpair? lst)
        lst
        (cons (id-all (car lst))
              (id-all (cdr lst))) )))
```

が定義される．この二重再帰手続 id-all もまた恒等関数なので

```
> (id-updown '(((1 2) 3) 4))    > (id-all '(((1 2) 3) 4))
(((1 2) 3) 4)                    (((1 2) 3) 4)
```

となって，結果だけを見れば両者は変わらない．そこで，これを雛形にし，length の定義を参照しながら，アトムの総数を与える手続：

```
(define length-all
  (lambda (lst)
    (cond ((null? lst) 0)
          ((nonpair? lst) 1)
          (else (+ (length-all (car lst))
                   (length-all (cdr lst)) )))))
```

を定義する．実行例を比較すると

```
> (length-all '(((1 2) 3) 4))    > (length '(((1 2) 3) 4))
4                                 2
```

となり，確かに全要素が掘り起こされ，結果に反映されていることが分かる．同様に，reverse を参照しながら，入れ子内部の要素まで逆転させる手続：

```
(define reverse-all
  (lambda (lst)
    (if (nonpair? lst)
        lst
        (append (reverse-all (cdr lst))
          (list (reverse-all (car lst))) ))))
```

を定義する．実行例は以下である．

```
> (reverse-all '(((1 2) 3) 4))       > (reverse '(((1 2) 3) 4))
(4 (3 (2 1)))                        (4 ((1 2) 3))
```

勿論，これは同一階層のリストに関しては，reverseと同様の働きをする．

C.3.4　リストの平坦化

さて，データの格納時に，その場所に特別の意味を持たせる為にリストを多重化することは，基本的なテクニックとして多用されるが，一方でその取出しに際しては，同一階層のリストとしてまとめておいた方が処理が容易になる場合も多い．そこで"リストの平坦化"を行う手続が必要となるが，これは二重再帰の雛形を使って容易に定義することが出来る．

```
(define flatten
  (lambda (lst)
    (cond ((null? lst) '())
          ((pair? lst)
             (append (flatten (car lst))
                     (flatten (cdr lst))))
          (else (list lst)))))
```

である．例えば，これにより無限公理における例は

```
> (flatten '((s1 s2) s1 s2))
(s1 s2 s1 s2)
```

とフラット化される．括弧のみで表した自然数3も

```
> (flatten '(((()) ()) (()) ()))
()
```

と見事に潰される．この記号は括弧の多重構造によって数を表現しているが，flattenから見れば，何処まで降りても中身が無く，遂には空集合に辿り着くので，何の土産も無い状態で戻ってきた結果を，空リストとして報告しているのである．次の例と比較すれば，コードの動きが推察出来るだろう．

```
> (flatten '(0 (1) ((2)) (((3))) ((((4))))))
(0 1 2 3 4)
```

☞ 余談：鋸引き ....

　再帰によるプログラムの理解が難しい理由の一つは，計算機の処理が早すぎることと，その過程が見えないことにある．一つずつ叮嚀にその動きを追い掛ければ，構造が読み取れるようになる．仮に機械式計算機で歯車が音を立てながら再帰プログラムを走らせていたなら，我々はその詳細を直ちに理解しただろう．思わず「御苦労様」と呟くかもしれない．再帰を理解する為に，繰り返し図形を思い浮かべることは，時に有効であろう．代表的なものは以下である．

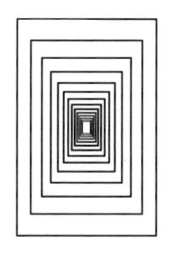

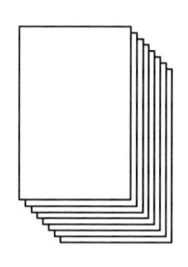

　函数の中に函数を見出す，大量の函数が列を成して並ぶ，その繰り返し条件を考え，停止条件を見附けることが，再帰を定義することである．
　さて，詰将棋に「長手数詰将棋」と呼ばれる特殊な分野がある．もしこの詰み手順をコード化すれば，その大半が再帰形式で書かれることになるだろう．「鋸引き」は，馬や龍が行きつ戻りつしながら，敵陣の駒を処理していく長手数詰将棋の見せ場である．その様子がまるで鋸を引いているように見えることから，この名称が附いたものである．映画「ベンハー」の闘技場面をこの手法によって表現しようと，生涯を費やして研究を重ねられた達人もおられる．
　数学的帰納法や再帰の説明に「ドミノ倒し」が屡々引き合いに出されるが，一連の連鎖反応を表現するに際して「将棋倒し」という言葉もよく用いられる．しかし，この「鋸引き」を再帰の例として引用したものは記憶にない．1525手にも及ぶ詰将棋が成立したのは，主役となる駒が盤面全体を舐めるように動き，また次の主役に席を譲りして，難解な局面が少しずつ解消する手法に因っている．相手陣の駒一枚を動かす為に，数十手を掛けて盤面全体を変化させていくその姿は，実に再帰コードを理解する為にあるかのようである．
....■

　そこで一時，早すぎる計算機から離れて，その一部始終がゆっくり見える，"手計算"の境地に遊ぼう．計算機に聞いて分からないならば，人間が計算機になればいい訳である．二重再帰を体験する為に，先例を"小規模化"した

```
> (flatten '(0 (1))
```
(0 1)

について，その動きを定義に従って追い掛ける．
　先ずは使われている述語の性質を再確認をしておこう．null?は

```
> (null? '())          > (null? '(1))
#t                     #f
```

に従って空リストを識別する．リストとペアの違いは次により明らかである．

```
> (list? '())          > (pair? '())
#t                     #f
```

空リストは，文字通り"リスト"ではあるが"ペア"ではない．また

```
> (list? '(a . b))     > (pair? '(a . b))
#f                     #t
> (list? '(a b))       > (pair? '(a b))
#t                     #t
```

より，ドットペアは，文字通り"ペア"ではあるが"リスト"ではないことが分かる．これらの述語により，手続flattenは読込んだ対象に対して

→ それはnullか否か？	真ならば空リストを返す．
	偽ならば通過，次項へ．
→ それはpairか否か？	真ならばappendの為に再帰
	偽ならば通過，次項へ．
→ 二述語とも通過の場合	対象をリストにする．

従って，述語による判断，そしてappendが主たる処理内容である．
　それでは対象を(0 (1))と定めて，再帰の動きを追い掛けよう．

```
(flatten '(0 (1))):
  [1]: (0 (1)) は null か？ → 偽により通過，次項へ
  [2]: (0 (1)) は pair か？ → 真により append：対象は (car (0 (1)))
  (flatten '0):
    [3]: 0 は null か？ → 偽により通過，次項へ
    [4]: 0 は pair か？ → 偽により通過，次項へ
    [5]: 0 をリスト (0) にして append へ：対象は (cdr (0 (1)))
    (flatten '(1)):
      [6]:(1) は null か？ → 偽により通過，次項へ
      [7]:(1) は pair か？ → 真により append：対象は (car (1))
      (flatten '1):
```

```
            [8]: 1 は null か? → 偽により通過，次項へ
            [9]: 1 は pair か? → 偽により通過，次項へ
           [10]: 1 をリスト (1) にして append へ：対象は (cdr 1)
                (flatten '())
                   [11]: () は null か? → 真により ()
          [12]: () (1) を append してリスト (1) を作る
         [13]: (0) (1) を append してリスト (0 1) を作る
  [14]: (flatten '(0 (1))) → (0 1) として終了
```

ここに示しているように，下請けの函数に処理を委ね，その結果をまとめることで全体の結果を得る仕組である．その下請け函数が「自分自身である」という点が再帰形式の特徴である．(flatten '(0 (1))) を求める為には，(flatten '0) と (flatten '(1)) が必要であり，(flatten '(1)) を求める為には，(flatten '1) と (flatten '()) が必要である．こうした要素の分解へと注意が払われるようになると，再帰の理解は一段と進む．

こうして一番底まで辿り着いた後 (*cdr-down*)，結果を携えて上の層まで戻る (*cons-up*) のである．再帰は，選択 (**car, cdr**) と組立 (**cons**) により作られる．この場合の **append** のように，扱う対象によって用いられる手続はそれぞれ異なるが，基本は常に同じである．再び原点に戻って，リスト生成の過程：

```
> (append (cons 0 (list))
          (cons
            (cons 1 (list))
            (list)))
```
(0 (1))

を確認することも，理解の助けになるだろう．

なお，リスト内の括弧を一層分だけ除去するには，flatten の簡易版：

```
(define flat-in
  (lambda (lst)
    (if (null? lst)
        '()
        (append   (car lst)
          (flat-in (cdr lst))))))
```

を用いればよい．この手続も用途が広い．

C.4 高階手続

　LISP 系言語はリストを操る．本講では"数遊び・リスト遊び"の基礎として，自然数の諸計算を再帰手続として再考し，リスト化することから始めた．
　例えば，一桁の数のリストなら，以下のように求められる．

```
> (iota 9)
(1 2 3 4 5 6 7 8 9)
```

　一度求めたリストは，他と共用が出来るように名前を附けておこう．

```
(define num0-9 (iota 0 9))      (define num1-9 (iota 9))
```

以下に示すように，変数参照を行えば直ちにその"中身"が明らかになる．

```
> num1-9
(1 2 3 4 5 6 7 8 9)
```

同様に **num0-9** を用いれば，0 を含んだリストが得られる．"裏の仕組"を理解する為には，当り前と思うことでも確認することが大切である．例えば

```
> (cons 0 num1-9)               > num0-9
(0 1 2 3 4 5 6 7 8 9)           (0 1 2 3 4 5 6 7 8 9)

> (cdr num0-9)                  > num1-9
(1 2 3 4 5 6 7 8 9)             (1 2 3 4 5 6 7 8 9)
```

などを実行しておくと理解が深まり，次の段階への負担が少なくなる．

C.4.1 apply

　さて，数のリストが手に入ったので，これを加工してみよう．例えば，一桁の数の総和を求めたい時には，リストの先頭に加算記号を書き加えればよい．

```
> (+ 1 2 3 4 5 6 7 8 9)
45
```

単に記号を加えるだけなら，(cons '+ num1-9) でも出来る．しかし，リストに何か細工をして，その結果を計算させるのではなく，「リストそのものには手を加えず，計算処理だけを付け加える」ことは出来ないものだろうか．

C.4. 高階手続

それを実現するのが，手続を引数として取る手続，所謂**高階手続**(higher-order procedures) である．ここでは詳しい説明の前に，その働きを見て，そこで何が行われているかを推察し，理解の切っ掛けとしていこう．

先ず **apply** を用いると，上の計算はリスト num1-9 を用いて

```
> (apply + num1-9)
45
```

と表せる．ここで実行されているのは，先頭に加算手続を加えたリストを作り，その評価値を求める作業である．全く同様にして，他の計算も以下に示すように極めて簡潔に記述出来る．

```
(apply * num1-9)   =>  362880
(apply - num1-9)   =>  -43
(apply / num1-9)   =>  1/362880
```

最上段の掛算は (fact 9)，即ち 9! そのものである．述語も同様である．

```
(apply < num1-9)   =>  #t
(apply = num1-9)   =>  #f
```

以上の実行結果から，**apply** は**任意の手続を後続するリストに適用して，その評価値を求めるもの**であると推察される．注意点としては，これは「リスト」に対して適用されるものなので，例えば，(apply * (1 2 3)) ではなく，以下に示すように **quote** により"リスト化"しておく必要がある点である．

```
> (apply * '(1 2 3))
6
```

一般形としてまとめれば

$$\boxed{(\textbf{apply}\ \langle proc \rangle\ (\langle arg_1 \rangle \cdots \langle arg_m \rangle))}$$

である．また **apply** は，リストに加えたい要素がある場合，リストを作り直さず，それをそのまま直後に記載することで追加して評価値を求める．例えば

```
> (apply * 4 5 '(1 2 3))
120
```

である．これは新しいリスト (4 5 1 2 3) に乗算手続 * を適用した結果と同じものである．従って，この直後に以下の計算を続けると

```
> (apply < 5 num1-9)
#f
```

となる．これは単調増加する列の先頭に，5を加えてそれを乱したリスト：

```
(5 1 2 3 4 5 6 7 8 9)
```

の手続「<」に対する評価値を求めたことになる．同じ意味で，リストの変更を調べるには，先頭要素が結果を支配する減算・除算を利用すればよい．

```
(apply - 120 num1-9)   =>  75
(apply / 120 num1-9)   =>  1/3024
```

これからも，評価値を求めるべきリストが如何に変更されているかが分かる．

C.4.2　map による手続の分配

map も極めて強力な高階手続である．先ずは，減算・除算の手続を用いて

```
(map - num1-9)   =>  (-1 -2 -3 -4 -5 -6 -7 -8 -9)
(map / num1-9)   =>  (1 1/2 1/3 1/4 1/5 1/6 1/7 1/8 1/9)
```

を得る．こうして実に簡単に負数と逆数のリストを作ることが出来た．

続いて，リスト num0-9 と先に定義した二つの函数を利用する．

```
(map make-even num0-9)   =>  (0 2 4 6 8 10 12 14 16 18)
(map make-odd  num0-9)   =>  (1 3 5 7 9 11 13 15 17 19)
```

この場合も **map** が如何なる作用をするものか，結果から見た方が遙かに容易に理解出来るのではないか．函数 make-even は与えられた数を二倍する．この函数を用いてリストの全要素が二倍されたということは，**map** がこの**函数を全要素に対して分配して，その個別の評価値を求め，出力した**ことを示している．これによって，上記の「偶数リスト」が作られた．函数 make-odd も同様である．これによって「奇数リスト」が作られた．

高階手続もまた多重に用いることが出来る．例えば

```
> (map add1 (map make-even num0-9))
(1 3 5 7 9 11 13 15 17 19)
```

である．これはリストに make-even を適用することで出来た偶数リストの各要素に，さらに add1 を適用して「奇数化」したものである．

● 要素同士の計算

また **map** は，後続する複数のリストを一挙に扱い，対応する要素同士を組合せる．先ずは **list** から見ていこう．

> (map list '(1 2) '(3 4) '(5 6))
((1 3 5) (2 4 6))

これも結果から明らかであるが，同じ位置関係にある要素同士を集めた新しいリストを作っている．続いて，数値計算について調べる．例えば

> (map * '(2 3 5) '(7 11 13))
(14 33 65)

である——この場合においても，実例として素数を用いた効果：

$$14 = 2 \times 7, \quad 33 = 3 \times 11, \quad 65 = 5 \times 13$$

が出ている (素因数分解の一意性から，計算過程が推察出来る)．この性質を利用すれば，各要素の冪乗を要素とするリストを得ることは簡単である．

> (map * num1-9 num1-9)　　　　> (map * num1-9 num1-9 num1-9)
(1 4 9 16 25 36 49 64 81)　　　***(1 8 27 64 125 216 343 512 729)***

ここで行われている作業は，リスト間の"縦の計算"である．

$$\begin{array}{ccccccccc}
(1 & 2 & 3 & 4 & 5 & 6 & 7 & 8 & 9) \\
\times & \times & \times & \times & \times & \times & \times & \times & \times \\
(1 & 2 & 3 & 4 & 5 & 6 & 7 & 8 & 9) \\
\downarrow & \downarrow & \downarrow & \downarrow & \downarrow & \downarrow & \downarrow & \downarrow & \downarrow \\
(1 & 4 & 9 & 16 & 25 & 36 & 49 & 64 & 81)
\end{array}$$

同様に，除算を行って

> (map / num1-9 num1-9)
(1 1 1 1 1 1 1 1 1)

を得る．リストの全要素数は，この和によっても求められる．

> (apply + (map / num1-9 num1-9))
9

ここで一般形としてまとめれば，以下のようになる．

$$\boxed{(\mathbf{map}\ \langle proc\rangle\ \langle list_1\rangle \cdots \langle list_m\rangle)}$$

同じアイデアで文字のリストに関しても，その語数を数えることが出来る．**等価性述語**(equivalence predicate) と呼ばれる文字に対する"等しさ"を調べる述語，ここでは **eq?** を利用する．全てのリストは自分自身と等しいのであるから，各要素を比較しても，そのそれぞれが等しいはずである．そこで先ず，入力された文字が等しいか否かを調べる手続：

```
(define check-of
  (lambda (k)
    (if (eq? k k) 1 0) ))
```

を定義する．これは **if** により等しければ 1 を，異なれば 0 を出力するのであるが，比較するのは同じものなので，恒等的に 1 が出力される——異なるリストに対応する際には，入力を二変数とすればよい．この手続をリストの全要素に適用すれば，その数だけ 1 が並んだリストが得られるので，その総和を取れば，リストの内の語数が分かる．その為の手続が

```
(define words
  (lambda (n)
    (apply + (map check-of n))))
```

である．ここで例として

```
(define fruits
  (list 'apple 'orange 'kiwi 'grape 'tomato))
```

を定義して，上の手続を実行すると

```
> (words fruits)
5
```

が得られる．これは先の数リストに適用することも出来る——先に議論した **length** とは全く異なるアプローチである．

また，画面表記の手続である **display** に適用して，文字列の処理を見易くすることも出来る．例えば，以下である．

```
> (let ((x 2) (y 3))
    (map display (list "(+ " x " " y ") " "is equal to ")) 
    (+ x y))
```
(+ 2 3) is equal to 5

こうした工夫を重ねて，表記用の手続を定義することも出来る．

C.4. 高階手続

● map の再定義

さて，**map** は組込手続であるが

```
(define map-unit
  (lambda (proc lst)
    (if (null? lst)
        '()
        (cons     (proc (car lst))
          (map-unit proc (cdr lst)) ))))
```

によって定義することも出来る――ここでも手続 `id-updown` が参考になる．ただしこの定義では，単独のリストの各要素の評価値を求めることは出来ても，複数のリストの各要素を組合せた処理を行うことは出来ない．

この機能を実現する為に，ドット末尾記法を用いる．与えられたリスト *rest* が単独のリストの場合と複数の場合に分けて考える．単独の場合には，今求めた `map-unit` を map として用いる．そこで，*rest* が複数のリストを含む，即ち，リストのリストになっている場合に対して

```
(define map-mult
  (lambda (proc rest)
    (if (null? (car rest))
        '()
        (cons (apply     proc (map-unit car rest))
          (apply map proc (map-unit cdr rest))))))
```

を定義する．`map-unit` の定義を見ながら，`(map-unit car` *rest*`)` が複数のリストの先頭要素のみを集める手続になり，同じく `(map-unit cdr` *rest*`)` が，それぞれのリストの残部を集める手続になることを確認する――これに与えられた手続 *proc* を作用させる為には **apply** が必要となる．

これらをまとめて，*rest* の単複に応じて分岐する以下の手続が定義される．

```
(define map
  (lambda (proc . rest)
    (if (null? (cdr rest))
        (map-unit proc (car rest))
        (map-mult proc        rest) )))
```

この定義では，与えるリストの要素数は全て等しくなければならないが，map-mult の分岐条件を (member '() *rest*) に変更することで，不統一である場合にも対応出来るようになる．これは *rest* の処理が進み，他に先んじて要素が尽きたリスト──空リスト──を，組込手続 **member** により発見して終了条件とするものである．実行例は以下である．

```
> (map even? '(1 2 3 4 5 6 7 8 9))
(#f #t #f #t #f #t #f #t #f)
> (map * '(2 3 5) '(7 11 13) '(17 19 23))
(238 627 1495)
> (map * '(2 3 5) '(7 11 13) '(17 19))          ; 分岐条件変更の場合
(238 627)
```

● for-each

手続 **for-each** は，結果をリストとして残さない **map** である．自らの評価値を返すのではなく，必要な手続を後続するリストに作用させることだけが目的である．従って，**display** のように画面表示をすることがその目的であって，評価値を持たない手続に対して用いることが一つの使用法となる．例えば

```
(for-each
  (lambda (x) (display x) (display " "))
  '(1 3 5 7))
```

ならば，画面に 1 3 5 7 と表記され，末尾に **for-each** の評価値が規定されていないことが附記される──数値表記だけで終る実装もある．一方，同じ手続を **map** で分配すると，数値表記の後に **display** の評価値が規定されていないことが追加される──この場合なら，警告はリスト形式の四連打となる．

また，**for-each** も組込手続であるが

```
(define (for-each proc lst)
  (if (null? lst)
      '<unspecified>
      (begin (proc (car lst))
             (for-each proc (cdr lst)))))
```

と定義することが出来る──コードの内容を **map** と比較すれば，この手続の特徴がより鮮明に分かるだろう．

C.4. 高階手続

● **要素の取捨選択**

さて，リスト中から希望の要素を見出すには，如何なる手続が必要だろうか．先ずは，先頭から n 要素が除かれたリストは，先に示した **list-tail** から

```
> (list-tail num1-9 5)          > (list-tail fruits 3)
(6 7 8 9)                       (grape tomato)
```

と求められる．さらに **list-ref** によって，第 n 要素が取り出せる．

```
> (list-ref num1-9 5)           > (list-ref fruits 3)
6                               grape
```

より一般的には，リスト中の特定の要素のみに作用する篩があれば便利である．そこで，要素を取り出す filter を作る．対象となるリストを *lst* で，内容の取捨選択をする述語を *predi* で表す．filter はリストから，述語の真偽に従って特定の内容を更新する手続である．お馴染みの恒等関係：

$$lst \iff (\text{cons (car } lst\text{) (cdr } lst\text{))}$$

を念頭に，リストの構造を確認しながら定義する．即ち

再帰部：先頭要素 (car *lst*) を述語 *predi* により調べる．
　　　——真なら残し，残りのリスト (cdr *lst*) に移る．
　　　——偽なら捨て，残りのリスト (cdr *lst*) に移る．
基底部：リストが空 (null? *lst*) であれば () を出力して終る．

に従ってコード化すると

```
(define filter
  (lambda (predi lst)
    (cond ((null? lst) '())
          ((predi (car lst))
            (cons (car lst)
                  (filter predi (cdr lst))))
          (else   (filter predi (cdr lst))) )))
```

を得る．用例は以下の通りである．

```
(filter even? num0-9)  => (0 2 4 6 8)
(filter odd?  num0-9)  => (1 3 5 7 9)
```

勿論，重ねて使うことも出来て，例えば次のようになる．

```
> (filter odd? (filter even? num0-9))
()
```

ここで処理判断を逆転させれば，指定した要素のみを除いたリストの更新が出来る．これを remove と名附ける．違いは **cond** 節の入れ換えだけである．

```
(define remove
  (lambda (predi lst)
    (cond ((null? lst) '())
          ((predi (car lst))
            (remove predi (cdr lst)))
          (else (cons (car lst)
                      (remove predi (cdr lst)))) )))
```

用例は以下である．

```
(remove even? num0-9)  =>  (1 3 5 7 9)
(remove odd?  num0-9)  =>  (0 2 4 6 8)
```

両手続とも希望条件を述語化すれば，特定の要素を単独で取り出すことも，取り除くことも極めて容易に出来る．例えば

```
(define target?
  (lambda (proc x)
    (lambda (y) (proc y x))))
```

により定義された要素選択用の二引数述語を用いて

```
(filter (target? = 5) num0-9)  =>  (5)
(remove (target? = 5) num0-9)  =>  (0 1 2 3 4 6 7 8 9)
(filter (target? < 5) num0-9)  =>  (0 1 2 3 4)
(remove (target? < 5) num0-9)  =>  (5 6 7 8 9)
```

などと求められる．

C.4.3　map による手続の入れ子

ここまでに **map** を"多重"に用いる手法を見てきた．これは **map** による処理が終った対象に対して，さらに **map** を作用させることで，より複雑な処理を実現させる手法であった．ここでは複数の **map** が互いに連繋して作用する

C.4. 高階手続

手法を紹介する．即ち，**map** の "入れ子" により，これを実現させる．

簡単な例は，二要素を単位として要素とするリストの生成である．その基礎となるのは，**lambda** による以下の形式である．

```
> ((lambda (i)
    ((lambda (j) (list i j)) '1))
   'a)
```
(a 1)

この場合のデータをリストに変え，その適用に **map** を用いれば

```
> (map (lambda (i)
    (map (lambda (j) (list i j)) '(1 2)))
   '(a b))
```
(((a 1) (a 2)) ((b 1) (b 2)))

が得られる．これより，内側のデータ (1 2) と内側の引数 j に対する **lambda**，外側のデータ (*a b*) と外側の引数 i に対する **lambda** が対応していることが見て取れる．この形式では，データ (*a* 1) と (*a* 2) が，また (*b* 1) と (*b* 2) が，一つのデータの単位となって階層構造を為している．これを解して，二要素を単位とするリストを得るには，**append** を用いて

```
> (apply append
    (map (lambda (i)
    (map (lambda (j)
      (list i j)) '(1 2))) '(a b)))
```
((a 1) (a 2) (b 1) (b 2))

とすればよい．このようにリスト内部の括弧を外し，リストを平坦化する為に，**append** と **map** を組合せた手続を定義しておくと便利である．そこで

```
(define flatmap
  (lambda (proc lst)
    (apply append (map proc lst))))
```

を定義して，上の例に適用すると

```
> (flatmap (lambda (i)
    (map (lambda (j)
      (list i j)) '(1 2))) '(a b))
```
((a 1) (a 2) (b 1) (b 2))

となる——この手法は，コードが読み易くなる半面，その本質である"**map の入れ子**"が隠されてしまうので，注意が必要である．

多くの問題において，大小関係が規定された数のリストが必要となる．これに対応する為に，二つの自然数と不等号により定まる数のリストを，ここまでに議論した手法を雛形にして作ろう．

```
(define (double n)
  (apply append
    (map (lambda (i)
      (map (lambda (j) (list i j))
        (iota (- i 1)) ))
    (iota n) )))
```

である．ここで，i, jは関係：$i > j$に縛られたnまでの自然数である．これは具体的な出力を見ればよく分かる．

```
> (double 4)
((2 1) (3 1) (3 2) (4 1) (4 2) (4 3))
```

これは補助手続：

```
(define sq  (lambda (x) (* x x)))
(define sq+ (lambda (i j) (+ (sq i) (sq j))))
```

を用いることで，直ちに応用出来る．次の手続：

```
(define (triple n)
  (apply append
    (map (lambda (i)
      (map (lambda (j)
        (list (sq+ i j) i j))
          (iota (- i 1)) ))
      (iota n) )))
```

は，二つの自然数からなる組の中に潜む三平方の定理の解，2.5 (p.42) で見た**ピタゴラス数**(Pythagorean number) の在処を示唆している．具体的には

```
> (triple 4)
((5 2 1) (10 3 1) (13 3 2) (17 4 1) (20 4 2) (25 4 3))
```

であるが，この場合，**二乗数**(square number) である 25 を先頭要素とする数の三つ組 (25 3 4) が，ピタゴラス数 (3 4 5) の存在を示している．

C.4. 高階手続

また，9.1 (p.306) では，(5 2 1), (13 3 2), (17 4 1) に関しては，その先頭要素である素数が，複素数の範囲では分解出来ることを見てきた．実際

$$5 = (2 + i)(2 - i),$$
$$13 = (3 + 2i)(3 - 2i),$$
$$17 = (4 + i)(4 - i)$$

であり，このリストは，その因子の組を与えている訳である．

二重リストの形式を持つ対象に対して，その内部の各要素にまで手続が行き渡るようにしたい．即ち，**map** そのものも含めて分配したい場合には

```
(define dismap                              ; distribution map
  (lambda (proc dlst)
    (map (lambda (x) (map proc x)) dlst)))
```

が便利である．この手続を用いれば

```
> (dismap sq '((2 3) (5 7)))
```
((4 9) (25 49))

と内部の全要素が二乗される．また，新たな一変数手続を作って

```
> (dismap (lambda (x) (adjust-of (sqrt x))) '((2 3) (5 7)))
```
((1.414 1.732) (2.236 2.646))

という形式でも利用出来る．これらの場合のように，全データに一括処理が必要な場合には特に有用である．

C.4.4 要素の並べ方

5.2 (p.135) と続くセクションで紹介したように，**順列**(permutation) とは，要素の異なる並べ方の総数である．これは一つずつ要素を固定し，それ以外の要素をその下に位置付けていく，と考えれば容易に求められる．例えば，四要素 (1 2 3 4) に対して，1 を定めた時，その次に位置する可能性を有するのは (2 3 4)．その中から 2 を定めた時，その次に位置する可能性を有するのは (3 4)．3 を定めた時，次に位置するのは (4)，と順に決まっていく．従って，順列を求めるには，与えられたリストの中から，ある要素を削除したリストを求める手続が先ず必要となる．その手続は

```
(define del-obj                              ; delete object
  (lambda (lst obj)
    (call/cc
      (lambda (k)
        (cond ((null? lst) '())
              ((equal? (car lst) obj) (k (cdr lst)))
              (else (cons    (car lst)
                    (del-obj (cdr lst) obj))) )))))
```

で与えられる．ここでは継続を用いている．継続とは，B.6 (p.457) でも議論したように，表と裏で同じコードを並立して走らせ——**call/cc** による継続の生成——条件に従って表から裏へと回って，希望する処理が行われている場所へ一気に移動する手法だと考えれば理解しやすい．この場合は，リストの先頭要素が *obj* であるか否かを，組込の述語 **equal?** により判断し，裏のコードの入口である変数 *k* に (cdr *lst*) を与えて処理を一段階進めている．これによって要素 *obj* は **cons** されずに除外されて，表のコードに戻る．一つのコードでありながら，継続により複線化されているので，処理の基点を自由に選ぶことが出来るのである．具体例は以下である．

```
> (del-obj '(1 2 3 4) 1)
```
(2 3 4)

これを用いれば，先に調べた **map** の入れ子形式により順列を求めることが出来る．その手続は次のようなものになる．

```
(define (permutations lst)
  (if (null? lst)
      (list '())
      (apply append
        (map (lambda (i)
        (map (lambda (j) (cons i j))
             (permutations (del-obj lst i))))
             lst))))
```

この場合，**map** の中に，さらに `permutations` の再帰が入っている．具体例は

```
> (permutations '(1 2 3))
```
((1 2 3) (1 3 2) (2 1 3) (2 3 1) (3 1 2) (3 2 1))

である．また，異なる並べ方の総数は **length** により容易に求められる．

C.4. 高階手続

```
(length (permutations '(1)))          => 1
(length (permutations '(1 2)))        => 2
(length (permutations '(1 2 3)))      => 6
(length (permutations '(1 2 3 4)))    => 24
(length (permutations '(1 2 3 4 5)))  => 120
```

以上，要素数 n の階乗通りの並べ方が存在する，そのことが確認出来た．

● 順列・組合せの値を求める

さて，具体的に要素を並べ，その要素数を **length** から得て順列の値を求めた訳であるが，こうした並べ方を提示するのではなく，単にその総数を求めるだけであれば，順列の定義に従って計算を行えばよい．これは**組合せ**(combination)，及び**重複組合せ**(repeated combination) に関しても同様であり，式計算だけで事足りる．そこで先ずは，これらの定義を再確認しておく．

$$_nP_r = \frac{n!}{(n-r)!}, \qquad _nP_r = n \times {_{n-1}P_{r-1}}, \qquad [_nP_0 = 1, {_nP_1} = n],$$

$$_nC_r = \frac{n!}{r!(n-r)!}, \qquad _nC_r = {_{n-1}C_{r-1}} + {_{n-1}C_r}, \qquad [_nC_0 = 1, {_nC_n} = 1],$$

$$_nH_r = \frac{(n+r-1)!}{r!(n-1)!}, \qquad _nH_r = {_nH_{r-1}} + {_{n-1}H_r}, \qquad [_nH_0 = 1, {_1H_r} = 1].$$

左側に階乗による定義式を，右側に隣接する項の関係によって自らを定めた式——これは再帰形式になっている——を列挙した．そこで，先ずは右側をそのままコードにしよう．最初は，順列 perm：

```
(define perm
  (lambda (n r)
    (cond ((= r 0) 1)
          ((= r 1) n)
          (else (* n (perm (- n 1) (- r 1)))) )))
```

である．続いて，組合せ comb を求める．

```
(define comb
  (lambda (n r)
    (if (or (= r 0) (= r n))
        1
        (+ (comb (- n 1) (- r 1))
           (comb (- n 1) r)) )))
```

最後に重複組合せ rept：

```
(define rept
  (lambda (n r)
    (if (or (= r 0) (= n 1))
        1
        (+ (rept n (- r 1))
           (rept (- n 1) r)) )))
```

である．こうして階乗を直接利用することなく，各種手続が定義出来た．よって，他を順列から導く"順列一元論"も可能となる．即ち，関係：

$$_nC_r = \frac{_nP_r}{_rP_r}$$

より組合せ，及び重複組合せが次のように再定義出来る．

```
(define comb                  (define rept
  (lambda (n r)                 (lambda (n r)
    (/ (perm n r)                 (/ (perm (- (+ n r) 1) r)
       (perm r r))))                 (perm r r))))
```

同様に，**階乗**は (define !n (lambda (*n*) (perm *n n*))) と書くことが出来る．以下，具体例を求めておこう．

```
(perm 4 0)  => 1         (comb 4 0)  => 1
(perm 4 1)  => 4         (comb 4 1)  => 4
(perm 4 2)  => 12        (comb 4 2)  => 6
(perm 4 3)  => 24        (comb 4 3)  => 4
(perm 4 4)  => 24        (comb 4 4)  => 1

(rept 4 0)  => 1         (!n 0)      => 1
(rept 4 1)  => 4         (!n 1)      => 1
(rept 4 2)  => 10        (!n 2)      => 2
(rept 4 3)  => 20        (!n 3)      => 6
(rept 4 4)  => 35        (!n 4)      => 24
```

　このように隣接二項の関係から定義され，二箇所で再帰が行われる場合，コードはどのように動くのだろうか．この問題は，後でフィボナッチ数列をコード化する際に考察するが，大きな数を扱う際には，複数箇所で再帰を行うコードが不利になることは容易に想像出来る．計算速度の低下や，記憶容量不足の為に処理そのものが破綻する場合もある．従って，階乗計算による定義：

C.4. 高階手続

```
(define comb                        (define rept
  (lambda (n r)                       (lambda (n r)
    (/ (fact n)                         (/ (fact (- (+ n r) 1))
       (* (fact r)                        (* (fact r)
          (fact (- n r)))))))               (fact (- n 1)))))))
```

の方が広範囲に活用出来る．理論的な明快さと，実用的な速度・容量の兼ね合いから，問題に応じてコードの内容を検討することが必要なのである．

C.4.5 リストによる数値計算

再び，数のリストに戻って議論を続ける．手続 parity-of を利用して，要素の偶奇を ±1 によって表したリスト：

```
> (map parity-of num1-9)
(-1 1 -1 1 -1 1 -1 1 -1)
```

が得られる．これを par1-9 と定義しておく．要素の数が偶数か奇数かは，このリストの和により分かる．偶数なら 0，奇数なら −1 である．

```
> (apply + par1-9)
-1
```

● 確定数と限定数

こうした工夫により表計算ソフトと同様の処理が出来る．全てはリストから始まる．先ずはリストを手に入れる．"料理方法" は後から考えるのである．これまで得た結果を複合的に用いると，次のような計算が出来る．先ずは，二乗リストの各要素の**逆数**(reciprocal number) を要素とするリストを求める

```
> (map / (map * num1-9 num1-9))
(1 1/4 1/9 1/16 1/25 1/36 1/49 1/64 1/81)
```

そして，この要素の総和を求める．

```
> (apply + (map / (map * num1-9 num1-9)))
9778141/6350400
```

この結果を小数で求めたい場合には，確定数を限定数に変換する手続である **exact->inexact** を前に被せる．

```
> (exact->inexact (apply + (map / (map * num1-9 num1-9))))
```
_1.5397677311665408_

簡便な方法としては，限定数である **1.0** との**乗算**を実行してもよい．

```
> (* 1.0 (apply + (map / (map * num1-9 num1-9))))
```
_1.5397677311665408_

計算の中に一つでも限定数が混入すると，全体の結果もそれに倣う．その性質を利用して上記の結果を求めた訳である．

● ゼータの値を求める

自然数の逆冪の和によって定義される函数：

$$\zeta(k) := \sum_{n=1}^{\infty} \frac{1}{n^k} = \frac{1}{1^k} + \frac{1}{2^k} + \frac{1}{3^k} + \frac{1}{4^k} + \frac{1}{5^k} + \cdots$$

は，**ゼータ函数**(zeta function) と呼ばれ，深く研究されている．ここでは，その値を初めの 9 項の和として求める．方法は上の手法を繰り返すだけである．

```
> (* 1.0 (apply + (map / (map * num1-9 num1-9))))
```
_1.5397677311665408_
```
> (* 1.0 (apply + (map / (map * num1-9 を 3 回書く))))
```
_1.1965319856741932_
```
> (* 1.0 (apply + (map / (map * num1-9 を 4 回書く))))
```
_1.0819365834937567_
```
> (* 1.0 (apply + (map / (map * num1-9 を 5 回書く))))
```
_1.0368973413446936_
```
> (* 1.0 (apply + (map / (map * num1-9 を 6 回書く))))
```
_1.0173405124414314_

ここでは各要素の冪乗を，リスト全体を冪乗する形式で実行した．当然，各要素をそれぞれ計算して，リストとして出力する方法も採れる．そこで x の n 乗を計算する手続 (`** x n`) を用いて

```
(define exp-6 (lambda (x) (** x -6)))
```

を定義して，実行すると

```
> (* 1.0 (apply + (map exp-6 num1-9)))
```
_1.0173405124414314_

C.4. 高階手続

が得られる．ゼータ函数における偶数冪に関しては特に美しい結果：

$$\zeta(2) = \frac{\pi^2}{6}, \qquad \zeta(4) = \frac{\pi^4}{90}, \qquad \zeta(6) = \frac{\pi^6}{945}$$

が知られている．ここで具体的な数値計算を進める為に，円周率 pi を

$\tan\frac{\pi}{4} = 1 \Rightarrow \pi = 4\times\tan^{-1}1$ より，（define *pi* (* 4 (atan 1)))

によって定義すると，pi は 3.141592653589793 となる．これより二種の解法の比較検討が出来る．即ち

```
> (/ (** pi 2) 6)                 > [ num1-9 を 2 回 ]
1.6449340668482264                1.5397677311665408

> (/ (** pi 4) 90)                > [ num1-9 を 4 回 ]
1.0823232337111380                1.0819365834937567

> (/ (** pi 6) 945)               > [ num1-9 を 6 回 ]
1.017343061984449                 1.0173405124414314
```

左右の結果を比べれば，num1-9 の冪が高くなるに従って近似の程度が良くなっている．僅かに 9 項だけの計算でも，このレベルまで出来るのである．

C.4.6 総和と積

項毎に符号の変わる数値を加算する場合，例えば**交代級数**(alternating series)：

$$1 - \frac{1}{2} + \frac{1}{3} - \frac{1}{4} + \frac{1}{5} - \frac{1}{6} + \cdots$$

の場合ならば，逆数リストと parity リストを掛け合わせ，その後に和を取ればよい．手続 iota によりリストを作った後，順に評価値を求めていく．

```
> (begin
    (define num-x (iota 9))
    (define parity-of (lambda (p) (if (odd? p) -1 1)))
    (define parity-x (map parity-of num-x))
    (define terms (map / (map * (map - parity-x) num-x)))
    (* 1.0 (apply + terms)))
0.7456349206349207
```

各段の意味は次の通りである．

(1): 希望する項数を定め，自然数のリスト num-x を定義する．
(2): 偶奇判断をする手続 parity-of の定義．
(3): num-x より自然数の偶奇を記した parity-x を定義する．
(4): parity-x の各項の符号を変え，その逆数を terms と定義する．
(5): 総和を求め，小数表記にする為に 1.0 を掛ける．

従って，諸手続により出力される評価値はリスト形式で

> *(1 2 3 4 5 6 7 8 9)*
> → *(1 1 1 1 1 1 1 1 1)*
> → *(-1 1 -1 1 -1 1 -1 1 -1)*
> → *(1 -1 1 -1 1 -1 1 -1 1)*
> → *(1 -2 3 -4 5 -6 7 -8 9)*
> → *(1 -1/2 1/3 -1/4 1/5 -1/6 1/7 -1/8 1/9)*
> → *1879/2520*
> → *0.7456349206349207*

と順に求められていく．

冒頭の num-x の定義により，計算する項の数を定めることが出来る．100 までの和を求めたければ，(iota 100) とすればよい．その結果は，0.6881721793101953 となる．因みにこの級数の和は ln 2，即ち

> (log 2)
> *0.6931471805599453*

と知られているので，この段階での近似の程度は高くないことが分かる．

この方法は冗長で全く非実用的ではあるが，無意味なものではない．何故なら，これは我々が暗算を行う場合に用いている方法と同じ流れだからである．初めの数項を思い浮かべ，それを頭の中一杯に広げる．各項に粗い計算を加え，符号を調整して，最後に加え合わせる．実際に処理出来るのはホンの数項に過ぎないが，それでも熟練した技術者は充分実用的な値を手に入れる[5]．

LISP 系言語では，九九の計算や数表を見ながら値の見当を附けていく概算の発想が，随所で活かされる．値を何処かに溜め込んでいくのではなく，全体を一気に処理して少しずつ修正していく．それがこの言語の特徴である．

---

[5] ただし，この級数は極めて収束が遅く，対数の近似公式として用いるには不適当である．級数の"性能の悪さ"と，手法の冗長さは別問題である．

● 総和記号のコード化

勿論，この級数を**一般項**(general term)：

$$\sum_{n=0}^{\infty} \frac{(-1)^{n-1}}{n}$$

より求めれば，一本道の計算で処理出来る．その為には第 n 項から順に絞り出していく以下の手続があればよい．

```
(define prototype
  (lambda (n k)
    (if (> n k)
        0
        (+ (/ 1.0 (* (** -1 (- n 1)) n))
           (prototype (++ n) k)) )))
```

ところで，この手続をよく見ると，再帰の部分は処理を連続させることに貢献しているのみであって，繰り返しの中で数値を出しているのは，一般項の形式の部分だけである．そこで両者を切り離して，先に示した数学的な表記に出来る限り近づけたい．総和記号の部分のみを独立した手続として，他と共用が利くように工夫したい．即ち"一般化"，或いは"汎用化"である．

☞ **余談：計算機言語の抽象化** ....

　一般化，この言葉の意味を味わう為には，車や家電製品を思い浮かべるのがよいだろう．製品が開発され，性能も使用方法も充分洗練された時，その中身はほとんど black box 化される．誰にでも使えて，他製品にも転用可能な"部品"が出来れば，大量生産により低価格になる．そして，表面的な個性を失う．広く長く使われる製品は汎用部品の塊である．その結果，中の仕掛けの分からない，故障しても丸ごと取り換えるしかない，という利用者に取っては極めて"抽象的"なものになる．洗練とは，無用の"個性"を失うことである．洗練されると抽象化される．洗練させる為には抽象化せざるを得ないのである．

　再び抽象化の問題を取り上げたのは，それが学問としての計算機言語の本質だからである．言語の詳細説明に忙しいプログラミング手法の本には，この種の議論がほとんど無い．それ故に繰り返し強調しておきたいのである．

　便利さの裏側には，常に具体性からの脱却がある．"道具"の開発とは本来そういうものである．如何に特殊用途に限定された道具であっても，それは抽象化されている．僅か一種類のネジしか締められない道具であっても，その中の

特定の一本にしか対応出来ないわけではない．仮に特定の一本だけであっても，それは"ネジを締める"という共通概念の下にある．抽象とは，物事を高次化して難解にする為ではなく，その"使い勝手"を共通化する為に行われる．計算機言語における"抽象化"も同じ意味である．抽象化の促進とは，適用範囲を広げる為に一般化し，汎用化された独立した部品として振る舞うように，プログラムの unit 化，package 化を進めることである．それが函数型言語の目的である．

....■

この目的を達成する為に，以下を定義する．

```
(define sum
  (lambda (initial final body)
    (if (> initial final)
        0
        (+ (body initial)
           (sum (++ initial) final body) ))))
```

初期値(initial value)，**最終値**(final value)，計算本体の三変数による手続である．その使用法と数学記号との対比を書けば，次のようになる．

$$(\text{sum } initial\ final\ body) \quad \longleftrightarrow \quad \sum_{initial}^{final} body$$

続いて，取り込むべき計算式を log2 と名附けて

```
(define log2
  (lambda (n) (/ (** -1 (- n 1)) n)))
```

を定義する．両者を組合せて

> `(* 1.0 (sum 1 1000 log2))`
> ***0.6926474305598204***

を得る．これで**総和**(summation) の手続が分離され，級数の定義式を取り込んだ後に，全体で計算が進むようになった[6]．

---

[6] 収束が遅い級数なので，初項 1 から 1000 項までの和を取っても，組込函数で求めた先の値になかなか近づかない．

● 無限級数と無限乗積

これだけの準備が整えば，後は公式集などに掲載されている一般項を，前置形式に直すだけで和が求められる．例えば，**ライプニッツ**(Leibniz, Gottfried Wilhelm)，或いは**グレゴリー**(Gregory, James) の級数として知られている：

$$\sum_{n=0}^{\infty} \frac{(-1)^n}{2n+1} = 1 - \frac{1}{3} + \frac{1}{5} - \frac{1}{7} + \cdots = \frac{\pi}{4}$$

である．これに対応する手続 leibniz は

```
(define leibniz
  (lambda (n) (/ (** -1 n) (+ (* 2 n) 1))))
```

となる．結果は以下の通りである．

```
> (* 4.0 (sum 0 1000 leibniz))
```
3.1425916543395434

また，ゼータ函数 $\zeta(2)$ は以下の手続を定義して

```
(define zeta2
  (lambda (n) (/ (** n 2))))

> (* 1.0 (sum 1 1000 zeta2))
```
1.64393456668156

と求められる．他のゼータも全く同様である．

項同士の掛算である**無限乗積**(infinite product) も同様の手法で計算出来る．先ずは積の部分を切り離した手続を定義する．これは総和における加算を乗算に，基底部を 0 から 1 に変更するだけでよい．

```
(define product
  (lambda (initial final body)
    (if (> initial final)
        1
        (* (body initial)
           (product (++ initial) final body) ))))
```

使用方法も全く同じである．例題として

$$\prod_{n=1}^{\infty} \frac{2n}{2n+1} \cdot \frac{2n+2}{2n+1} = \frac{2 \cdot 4 \cdot 4 \cdot 6 \cdot 6 \cdot 8 \cdots}{3 \cdot 3 \cdot 5 \cdot 5 \cdot 7 \cdot 7 \cdots} = \frac{\pi}{4}$$

を求めてみよう．一般項を翻訳して以下を定義する．

```
(define pi/4
  (lambda (n)
    (* (/ (* 2 n) (+ (* 2 n) 1))
       (/ (+ (* 2 n) 2) (+ (* 2 n) 1)))))
```

これより計算の範囲を 1 ~ 1000 として，以下の値を得る．

> (* 4.0 (product 1 1000 pi/4))
3.142377365093878

この手法で階乗計算も行える．0 の階乗が 1 であることを加えた

```
(define fact
  (lambda (i) (if (= i 0) 1 i)))
```

を定義して，以下の結果を得る．

> (product 0 10 fact)
3628800

ここでは再帰部分が汎用化され，外部定義されている為に，再帰の典型例として扱われる通常の階乗の定義とは異なり，分岐のみで書くことが出来た．

● accumulate

総和と積に関して，全く同形式の手続が定義された．一般に，何かを集める処理は**アキュムレーション**(accumulation) と呼ばれる．即ち，sum も product も値を集めるアキュムレーションである．そこで，これらを以下に示す一つの手続 accumulate から導き出そう．

```
(define accumulate
  (lambda (op ini seqs)
    (if (null? seqs)
        ini
        (op (car seqs)
            (accumulate op ini (cdr seqs)) ))))
```

C.4. 高階手続

ここで，引数 *op* は計算の処方を定める手続，*ini* は初期値，*seqs* は計算本体をリスト形式で与える．これより，sum と product は次のように定義される．

```
(define sum
  (lambda (ini fin body)
    (accumulate + 0 (map body (iota ini fin)))))

(define product
  (lambda (ini fin body)
    (accumulate * 1 (map body (iota ini fin)))))
```

実行例を以下に示す．例えば，0 から 100 までの自然数の和は，先ず手続 (define num (lambda (*i*) *i*)) を定義して

```
> (sum 0 100 num)
```
5050

となる．iota のオプションであるステップを 10 とした，sum10 を

```
(define sum10
  (lambda (ini fin body)
    (accumulate + 0 (map body (iota ini fin 10)))))
```

により定義すれば

```
> (sum10 0 100 num)
```
550

を得る．こうして，"より一般化された手続" を元に，具体的な問題に必要な手続を作る．個別具体的な手続を生み出すものは，"抽象的" である．従って，accumulate は sum や product の抽象化ということになる．抽象化のレベルを上げれば，個々の手続の独立性が高くなり，部品化が促進される訳である．

● ネイピア数

この階乗計算と先の総和の手続とを組合せて，**ネイピア数**(Napier's number)を求めることが出来る．その定義は

$$e := \sum_{n=0}^{\infty} \frac{1}{n!} = 1 + \frac{1}{1!} + \frac{1}{2!} + \frac{1}{3!} + \frac{1}{4!} + \cdots$$

である．そこで手続 napier を

```
(define napier
  (lambda (n)
    (/ (product 0 n fact))))
```

と定義し，計算範囲を 0 ～ 100 と定めて

```
> (* 1.0 (sum 0 100 napier))
```
2.7182818284590455

を得る．因みに組込函数による値は

```
> (exp 1)
```
2.718281828459045

であるから，この級数の収束速度が速いことがよく分かる．

● **冪乗数を抽出する**

例えば，二乗数を生成することは簡単である．

```
> (map (lambda (x) (* x x)) (iota 10))
```
(1 4 9 16 25 36 49 64 81 100)

三乗数も全く同様である．

```
> (map (lambda (x) (* x x x)) (iota 10))
```
(1 8 27 64 125 216 343 512 729 1000)

では逆に，与えられた数の中から冪乗数を抽出するには如何にすればよいか．二乗数だけなら，2.3 (p.37) で示した約数の個数を調べる方法が使える．ここでは一般の冪まで対応出来る方法を探りたい．その為に，先ず述語：

```
(define pow2?
  (lambda (x)
    (let ((y (inexact->exact (round (** x 1/2)))))
      (if (= x (** y 2)) #t #f) )))
```

を定義しよう——ここで，(** x 1/2) は (sqrt x) と同じ，続く (** y 2) は (* y y) と同じである．要するに，与えられた数の平方根を取り，それを一番近い確定数に丸めたものを y とする．それを再び二乗し，それが元の数 x に等しければ二乗数であると判断する述語である．

後はこの述語と filter を組合せれば希望の処理が実現出来る．

```
> (filter pow2? (iota 100))
```
(1 4 9 16 25 36 49 64 81 100)

ここでは先の結果と比較する為に，iota の引数に 100 を与えている．filter を用いず，直接これを求めたい場合には

```
(define pow2-list
  (lambda (n)
    (let loop ((i n) (tmp '()))
      (cond ((= i 0) tmp)
            ((pow2? i) (loop (- i 1) (cons i tmp)))
            (else      (loop (- i 1)            tmp)) ))))
```

とすればよい．(pow2-list 100) により同じ結果が得られる．

以降，他の冪乗数も全く同様にして求められる．三乗数の場合のみ例示しておくと，二乗数の場合の述語を雛形に

```
(define pow3?
  (lambda (x)
    (let ((y (inexact->exact (round (** x 1/3)))))
      (if (= x (** y 3)) #t #f) )))
```

を定義し，これを filter に適用して

```
> (filter pow3? (iota 1000))
```
(1 8 27 64 125 216 343 512 729 1000)

を得る．なお，組込手続 **member** を用いて，x が冪乗数であるか否かを，リスト内探索によって決定することも出来る．例えば，この場合ならば

```
> (member 343 (map (lambda (x) (* x x x)) (iota 10)))
```
(343 512 729 1000)

となる——リスト内にその数が存在しない場合には"偽"が返る．

初めに述べたように，高階手続は手続を引数にする手続であるが，その働きを実際に見ていくと，名前ほど厳めしいものではないことが分かる．

C.4.7 文字と数字

Scheme において**文字**(character)とは分割不能な対象を意味し，そのリテラル表現は，記号 #¥ に続けてその文字を記すことで得られる．よって，数値 0 を

文字として扱う場合には #\0 と記す——文字 a は #\a であり，空白は #\space と表される．文字であるか否かは述語 **char?** により明らかになる．

```
> (char? #\G)      > (char? "G")      > (char? "Gauss")
#t                 #f                 #f
```

一方，二重引用符に挟まれた 0 個以上の文字で出来たものが**文字列**(string)であり，文字列か否かは，述語 **string?** によって調べられる．

```
> (string? #\G)    > (string? "G")    > (string? "Gauss")
#f                 #t                 #t
```

また，文字列から文字を抽出するには

```
> (string-ref "Gauss" 0)
#\G
```

を用いる——これは"文字列"の n 番目の"文字"を抜き出す手続である．

● 数を数字に

さて，こうした作業を自動化して，0 から #\0 を作る為には，先ず"文字の所在"を示す **ASCII コード**が必要である．これを調べるには

```
> (char->integer #\0)
48
```

を使う．これより，48 (16 進表記では 30) であると分かる．そして，その後に 1 から 9 までの"文字"に順に番号が振られているので，平行移動の手続：

```
(define trans48
  (lambda (x) (+ x 48)))
```

を **map** によりリスト全体に適用して，アラビア数字の ASCII コード表：

```
> (map trans48 ten)
(48 49 50 51 52 53 54 55 56 57)
```

を作る——ここで (define ten (iota 0 9)) である．この結果を，数値を文字に変換する組込手続 **integer->char** に与えると

```
> (map integer->char (map trans48 ten))
(#\0 #\1 #\2 #\3 #\4 #\5 #\6 #\7 #\8 #\9)
```

C.4. 高階手続

となり，**数**(number) から**数字**(numeral) への変換，即ち数字化が為されたことが分かる．これで組込手続 **list->string** が使える．この手続は与えられた文字のリストを，単一の文字列として出力する．そこで，この手続により全体をまとめ，これまでの処理を一括する手続 digit->string を定義する．

```
(define digit->string
  (lambda (lst)
    (list->string
      (map integer->char (map trans48 lst)))))
```

これに，数のリスト *ten* を与えて実行すると

```
> (digit->string ten)
```
"0123456789"

が得られる．数値のリストが ASCII コードに変換され，ASCII コードが文字のリストになり，それが一個の文字列に変換され返された訳である．

● **文字を数値に**

こうした作業は同じ場所を堂々巡りしているだけで，如何にも無価値に見える．しかし数から数字へ，そして文字の変換へと歩を進めることは，裏返せば文字の数値化であり，計算機上でのテキストの扱いに，数値による大小関係や論理による判断を持ち込めるようになる．

そこで文字の数値化を試みる．初めにアルファベットの ASCII コードを調べる．先ずは大文字から始めよう，その両端は

```
> (char->integer #\A)              > (char->integer #\Z)
```
65   **90**

である．数値は連続して変わる．同様に小文字は 97 ～ 122 である——即ち，大文字のコードに +32 をすることで，小文字が得られる訳である．半角空白は

```
> (char->integer #\space)
```
32

であり，ピリオド (.) は 46, コンマ (,) は 44, アンダースコア (_) は 95 である．これだけ揃えば普通の英文を数値の列として記述することが出来る．

逆変換は **integer->char** によって得られるので，以下に示すような大文字・小文字の相互変換手続を簡単に作ることが出来る．

```
(define ul-exchange                          ; upper-lower-exchange
  (lambda (charactor)
    (let ((x (char->integer charactor)))
      (cond ((and (<= 65 x) (>=  90 x))
             (integer->char (+ x 32)))
            ((and (<= 97 x) (>= 122 x))
             (integer->char (- x 32)))
            (else 'again!)))))
```

ASCIIコードの大文字の範囲 $65 \leqq x \leqq 90$ と，小文字の範囲 $97 \leqq x \leqq 122$ を述語にし，そしてそれぞれに 32 を加減することによって，大文字を小文字に，小文字を大文字に変えている．両範囲に収まらない場合には，**else** に分岐する．

また，組込手続として，対象が大文字か否かを，小文字か否かを判断する述語，空白か否かを，アルファベットか否かを，数値か否かを判断する述語：

  char-upper-case? **char-lower-case?** **char-whitespace?**
  char-alphabetic? **char-numeric?**

が定義されているので，これらを組合せることによって，キーボードから直接入力する文字に関しては全て処理することが出来る．

● シーザー暗号

これだけ道具が揃えば，9.4 (p.318) において紹介した**シーザー暗号**(Caesar cipher) の**符号化**(encode) も**復号化**(decode) も容易い．次の手続 shift-encode は，与えられた文字列 *str* を個別文字のリストにし，それを **char->integer** によって ASCII コードに変えて，整数 *k* だけ値をズラす．そして最後に，**string->list** により再びリストにまとめることで，シーザー暗号を実現する．

```
(define shift-encode
  (lambda (str k)
    (define (e-engine lst k)
      (if (null? lst)
          '()
          (cons (+ k (char->integer (car lst)))
                (e-engine (cdr lst) k)) ))
    (e-engine (string->list str) k)))
```

文字列は二重引用符を附けて入力する．実行例は

C.4. 高階手続

```
> (shift-encode "Cross the Rubicon!" 3)
```
(70 117 114 118 118 35 119 107 104 35 85 120 101 108 102 114 113 36)

である．手続 shift-decode はこれを復号化する．

```
(define shift-decode
  (lambda (num k)
    (define (d-engine lst k)
      (if (null? lst)
          '()
          (cons (integer->char (+ (car lst) k))
                (d-engine (cdr lst) k)) ))
    (list->string (d-engine num k))))
```

符号化処理をそのまま入力すると

```
> (shift-decode
   (shift-encode "Cross the Rubicon!" 3)
   -3)
```
"Cross the Rubicon!"

となり，確かに元の文字列が再現されている．

これらは **map** を用いれば，極めて簡潔に書ける．

```
(define map-encode
  (lambda (str k)
    (map (lambda (x) (+ x k))
      (map char->integer (string->list str)))))

(define map-decode
  (lambda (num k)
    (list->string (map integer->char
      (map (lambda (x) (+ x k)) num)))))
```

リストの中身を順に開いて閉じるという"動的"な部分が無くなり，目の前に拡がったリスト全体に渡って作業をするという"静的"なコードになっている．

C.5 データ構造と探索

データを管理する為には，それがある規則に従って保管されていること，そして，それが漏れ無く容易に取り出せることの二点が必要である．ここではデータ構造と，その探索方法について議論する．

C.5.1 データ構造

代表的なデータ構造を二つ紹介する——これらは対を為すものである．

先ずは**スタック**(stack) である．これはデータの入出力が"後入れ先出し"により行われるもので，LIFO (Last In First Out) 方式とも呼ばれる．スタックにデータを入れることを**プッシュ**(push)，スタックからデータを引き出すことを**ポップ**(pop) と呼ぶ．これは曽ては学生食堂などでよく見られたディッシュスタック——大量の皿が鉛直方向に重ねられた形で収納されており，一番上の一枚を取ると，丁度その一枚を埋める分だけ皿が下から迫り上がってくる仕掛け——に譬えられることが多い．ほとんどこのイメージのまま，リストによってスタックは実現出来る．先ずは，大域変数 *stack* を (define *stack* '()) によって定義する．これがデータの"保管場所"となる．これを初期化する為に

```
(define set-stack
  (lambda ()
    (set! stack '())
    'done))
```

を作る．これで (set-stack) を実行することにより，何時でも *stack* を初期値である空リストに戻すことが出来る．データ書込みの主役は"破壊的手続"である **set!** である．従って，既に存在するデータを書換えることから，それを実行するタイミングに注意を払う必要がある．

続いて，データ入力の手続である push を定義する．

```
(define push
  (lambda (x)
    (cond ((null? stack) (set! stack (list x)))
          (else (set! stack (cons x stack))))
    stack))
```

C.5. データ構造と探索

stack が空ならば，データ *x* をリスト化させて書込む．空でない場合は，既存のデータに加える為に **cons** する．そして，書換えられた *stack* を出力する，という手順である．実行例は以下である．

```
(push 'a)  => (a)
(push 'b)  => (b a)
(push 'c)  => (c b a)
```

各評価値が *stack* のその段階での全データである．

これを取り出すのが pop の役割である．pop は対応するデータ保管場所を *stack* に定めている限り，引数を取らない手続となる——複数の保管場所を使い分けたい場合には，それを引数として設定すればよい．定義は以下である．

```
(define pop
  (lambda ()
    (let ((tmp '()))
      (cond ((null? stack) '())
            (else (set! tmp   (car stack))
                  (set! stack (cdr stack))
                  tmp) ))))
```

stack が空の場合は，() である．データが存在する場合には，その **car** を一時待避用に設定した *tmp* に書込み，**cdr** 部を *stack* に上書きする．そして，*tmp* を出力する．これによって，pop は，一番最後に *stack* に保管されたデータを取り出し，そのデータを除去したものが *stack* に残されたことになる．

```
(pop)  => c
(pop)  => b
(pop)  => a
(pop)  => ()
```

以上によって，後入れ先出しが実現されていることが確かめられた．

もう一つのデータ構造は**キュー**(queue) と呼ばれる，先入れ先出し，即ち，FIFO (First In First Out) 方式である——これは受付に並ぶ人の列にも譬えられるので**待ち行列**とも呼ばれる．キューにデータを入力することを，**エンキュー**(enqueue)，出力させることを**デキュー**(dequeue) と呼ぶ．

先ずは，データの保管場所としての *queue* を (define *queue* '()) により定義する．先入れ先出しを実現させる為には，その先頭 (最古のデータ) と末

尾 (最新) を把握する必要がある．特に末尾を (define *tail* '()) によって定義する．初期化はこれら二つの保管場所を空にすることなので

```
(define set-queue
  (lambda ()
    (set! queue '())
    (set! tail  '())
    'done))
```

を定義し，(set-queue) の実行により行う．

続いて，データ入力の手続である enqueue を定義する．

```
(define enqueue
  (lambda (x)
    (cond ((null? queue)
           (set!     queue (list x))
           (set!     tail  queue))
          (else (set-cdr! tail  (list x))
                (set!     tail  (cdr tail))))
    queue))
```

先ず，キューが空リストの場合，与えられたデータ *x* をリスト化し，それを *queue* と *tail* に書込んで *queue* を出力する．そうでない場合は，*tail* の **cdr** 部に (list *x*) を書込み，さらに *tail* を自身の **cdr** で書換えて，*queue* を出力する——これにより *tail* は最新データ *x* のみを含むものとなる．

ここで，**set-cdr!** はペアの cdr 部にデータを格納させる"破壊的変更"である．例えば，(define *abc* '(*a b c*)) に対して，(set-cdr! *abc* '(*z*)) を実行すると，(*a b c*) が (*a z*) と書換えられる．また，これと対を為す **set-car!** は，(set-car! *abc* '*z*) より (*z b c*) を得る手続である．

データ出力用の手続 dequeue は，スタックにおける pop の保管場所を queue に変更するだけでそのまま流用出来る．

```
(define dequeue
  (lambda ()
    (let ((tmp '()))
      (cond ((null? queue) '())
            (else (set! tmp   (car queue))
                  (set! queue (cdr queue)) tmp) ))))
```

C.5. データ構造と探索

具体的な実行例として，以下に示す enqueue による入力状況：

```
(enqueue 'a)    =>  (a)
(enqueue 'b)    =>  (a b)
(enqueue 'c)    =>  (a b c)
```

を確認し，そしてそのデータが dequeue によって

```
(dequeue)       =>  a
(dequeue)       =>  b
(dequeue)       =>  c
(dequeue)       =>  ()
```

と取り出せることから，先入れ先出しのデータの動きが分かるだろう．

C.5.2 探索の手法

さて，こうして保管されたデータを，漏れ無く確実に探索する方法を紹介する．木形式のデータを扱う．木の根に近い方を親，それに繋がる要素を子と呼んだ．これは**親子関係の再帰**である．自然に生育する「木」と同様に，この形式も端点が互いに繋がっていないこと——即ち，閉じた輪を形成していないこと——を特徴としている[7]．これをリスト形式で定義し，内部データの探索処理を行う．例えば

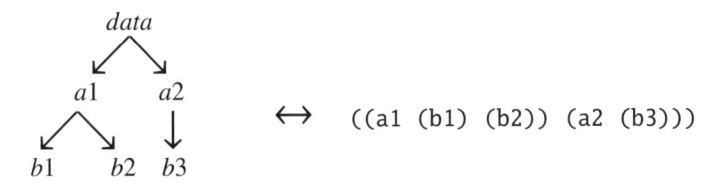

$$\text{data 木} \leftrightarrow \text{((a1 (b1) (b2)) (a2 (b3)))}$$

である．以下に続く記述の便の為に，これに data という名前を附けておく．

```
(define data '((a1 (b1) (b2)) (a2 (b3))))
```

リストは，"同世代"の要素——同一階層に属する組 $a1$, $a2$ と，$b1$, $b2$, $b3$ には同じ文字を用いた——が，互いに括弧の重複度が等しくなるように設定する．

与えられた要素を順に探索する場合，一本の枝に着目して，それを何処までも深く探っていく手法，即ち，この場合なら $a1 \to b1 \to b2 \to a2 \to b3$ と

---

[7] 既に書いてきたように，論理学やコンピュータ関連の分野を含め，自然科学で木形式を扱う場合，"重力は鉛直上向き"に働いている——或いは太陽は下から照っている．

いう順序で，先ずは縦に降りていく方法と，$a1 \to a2 \to b1 \to b2 \to b3$ という順序で横に移動する方法とが考えられる[8]．前者を**深さ優先探索**(depth-first search)，或いは縦型探索，後者を**幅優先探索**(breadth-first search)，或いは横型探索と呼ぶ．この二つの方法は，先に定義した *stack* と *queue* を使い分けることによって，同種の手続によって実行される．

● **深さ優先探索**

　データが親子関係の再帰として与えられている今の場合，処理は **car** と **cdr** によるリストの展開により行われる．リストを分解して，各要素の"区切"を見出していく．元の「木形式」に戻って譬えれば，枝振りの一つずつを確かめていく作業である．なお，後のコード化を睨んで，処理対象の引数 w に対して，(car w) を *head*，(cdr w) を *tail* と書くことにする．一般にリストの要素は，*atom*, *pair*, *null* の三種に分類出来るが．空でない w に対しては

head	*atom*	*pair*	~~*null*~~
tail	~~*atom*~~	*pair*	*null*

と，それぞれが二分される．即ち，全体が空リストでない場合，**car** により生成される *head* もまた空にならないので，結果は「*pair* か *atom* か」の二者択一であり，これは例えば *atom* を用いずに，「*pair* かその否定か」の組で表現出来るということである．また一般に，**cdr** により生成される *tail* は，*atom* には成り得ないので，やはり「*pair* か否か」の二種に分類出来る．

　以上を考察の基礎として，リストを分解していく．この時，データを一時避難させる"倉庫"が *stack* である場合，それは深さ優先探索となり，*queue* である場合，それは幅優先探索となる．先ずは深さ優先探索，略称 **dfs** から見ていく．*stack* が如何にして **dfs** を実現するか，その手順を先ず示しておこう．

　さて，ここまでに充分体験してきたことではあるが，改めて「**car** により取り出される要素と，**cdr** により取り出される残余の要素は対称ではない」ことを指摘しておく．即ち，後者は常に一重の"括弧の衣"を着ている．それは

```
(car '(a b))   =>  a
(cdr '(a b))   =>  (b)
```

---

[8] 「左右のどちらの枝から作業を始めるか」に関しては任意性がある．リストの特徴を活かし，さらに直観が利くように以後「一番左側の枝」を最初の要素として選択する．

C.5. データ構造と探索

を見れば明白である．これを対称的に扱うには，**cadr** を用いればよい．即ち

```
(car '(a b))   => a
(cadr '(a b))  => b
```

である．この点を考慮しながら，*data* を *stack* に収めていく．初期設定は

[0]: push data → stack: ((a1 (b1) (b2)) (a2 (b3))) pop →
     tmp:

となる．ここでは，上段の長方形で *stack* を，最下段の長方形で探索結果を格納する *tmp* を表す．網掛表示は，push と pop により遣り取りされるデータの出入口を示している．pop により取り出されたデータは改めて変数 *w* に格納される．従って，データの遣り取りの度に *w* の中身は変わり，その結果，*head* と *tail* も処理過程の進行と共に変化していく——"その時の *head*" であり，"その時の *tail*" であることに注意する．

以上の前提の下，データを *head* と *tail* に二分割する．リストという名の"棒状の構造物"を二つに割って内部に入り込む．そして，両者がさらに内部構造を持っているか否かを調べる．その為の判定基準が「*pair* か否か」である．先に述べた通り，*head* が *pair* でなければ，それは内部構造を持たない *atom* であり，*tail* が *pair* でなければ，それは空である．この調査を，隅々まで行い，残余が空になるまで続けた後に残った"足跡"が所望の探索結果である．

処理を紙上で試行する．先ずは

```
head: (car data)  => (a1 (b1) (b2))
tail: (cdr data)  => ((a2 (b3)))
```

より，*head*, *tail* 共に結果は *pair* であり，更なる内部構造を持つ．この時，*tail* の **cdr** は空であり，**car** を取ることにより，"一重の括弧"が取り除かれ，*head* と同形式になる——**cadr** の効果である．即ち，以下の関係である．

```
(cdr (cdr data))  => ()
(car (cdr data))  => (a2 (b3))
```

括弧が多層化されている場合は，この処理を繰り返して無用の衣を外す．これは"リスト最後尾"の () の掘り起こしである．そして遂に発見した空に対し，その **car** に相当する部分を取りだして push するのである．

これに続いて，元々のデータに対する *head*，即ち，(*a*1 (*b*1) (*b*2)) を push する．これで，*data* の前後半の二要素が区別され，*stack* にリスト後半に位置する要素から順に収納された．この時，後入れ先出し (LIFO) のデータ構造であることを意識して，*tail* を先に push する——これは左側の枝を先に探査する為である．以上，処理の一巡目を図案化する．

[**1**]:
```
head is pair → push head
tail is pair → push tail
             tmp empty
```
| (a1 (b1) (b2)) | pop → [2] |
| (a2 (b3)) |
| |

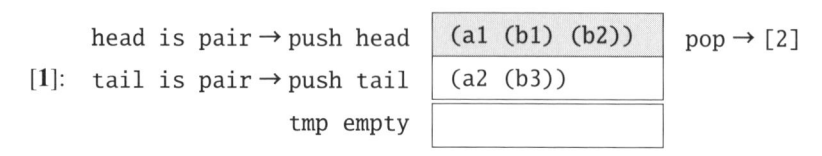

二巡目は，上図右端の pop → [2] に示されている通り，一巡目で *stack* に収納されたデータ (*a*1 (*b*1) (*b*2)) を pop して，処理の対象とする——*stack* 内下位のデータ (*a*2 (*b*3)) には手を附けない．このデータに関する *head* は *a*1 であり，これは *atom* である．*tail* は ((*b*1) (*b*2)) であり，これは *pair* である．この組合せに対して，*head* を *tmp* に入れ，*tail* を push する．

[**2**]:
```
head is atom → push tail

          head →
```
| ((b1) (b2)) | pop → [3] |
| (a2 (b3)) |
| | a1 |

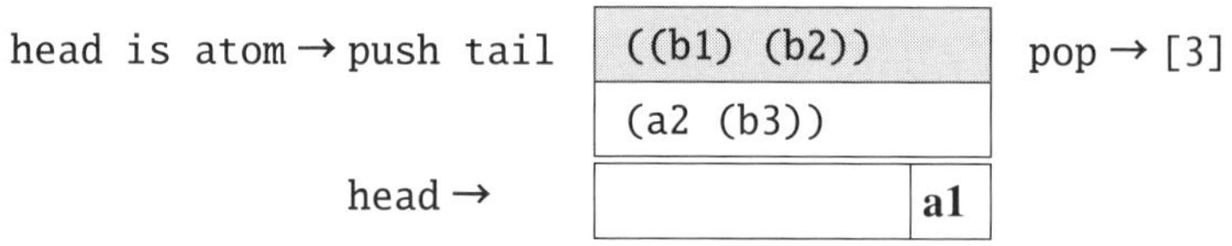

第三巡目の処理対象は，((*b*1) (*b*2)) である．これは *head*, *tail* 共に *pair* であるので，処理は第一巡目と同様に，*tail* となる要素から先に *stack* に収納され，*head* が後に続く．その結果，*stack* は三層になる．

[**3**]:
```
head is pair → push head
tail is pair → push tail
```
| (b1) | pop → [4] |
| (b2) |
| (a2 (b3)) |
| | a1 |

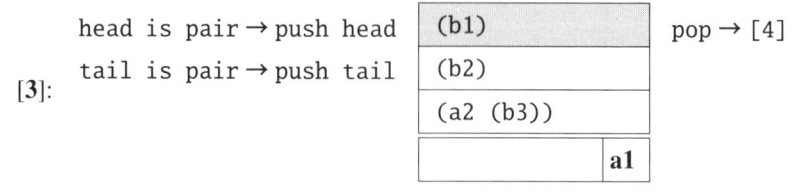

このようにして，*stack* には上から順にデータを積み上げられる．そして，その取り出しは最上部からに限るということが，LIFO の意味である．

次は，第四巡目である．この時，*head* になる *b*1 は *atom* であり，*tail* は空である．よって，*b*1 を *tmp* に収納すると，*stack* 最上位に下からデータが上がる——これは *stack* 自身の働きであり，探索手続とは無関係である．

C.5. データ構造と探索

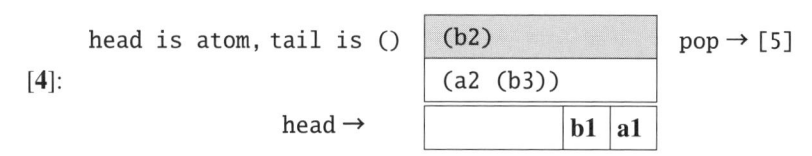

[4]:
```
head is atom, tail is ()    (b2)              pop → [5]
                            (a2 (b3))
                    head →           | b1 | a1 |
```

第五巡目は，四巡目と全く同様である．*head* である *b2* を *tmp* に送る．*tail* は空であり，*stack* に push するものは無い．その結果，下から (*a2* (*b3*)) が自動的に迫り上がり，*stack* はこの一層のみとなる．

[5]:
```
head is atom, tail is ()    (a2 (b3))         pop → [6]
                    head →        | b2 | b1 | a1 |
```

第六巡目の対象は，(*a2* (*b3*)) である．これは *head* は *atom*, *tail* は *pair* の組合せであるから，*a2* が *tmp* に収納されて，((*b3*)) が *stack* に push される．

[6]:
```
head is atom → push tail    ((b3))            pop → [7]
                    head →        | a2 | b2 | b1 | a1 |
```

第七巡目の対象として pop されたものは，(*b3*) を *head*, 空を *tail* とする ((*b3*)) である．*pair* と空の組合せである．*head* を push する．

[7]:
```
head is pair → push head    (b3)              pop → [8]
                    head →        | a2 | b2 | b1 | a1 |
```

第八巡目の対象は (*b3*) であり，*atom* である *b3* と空の組合せである．よって，これを *tmp* に送り，遂に *stack* は空になる．この時，*tmp* に全データが移行している．この内容を逆順にしたものが，所望の結果である．

[8]:
```
head is atom, tail is ()                      empty
                    head →  | b3 | a2 | b2 | b1 | a1 |   reverse
```

以上の流れを，そのままコード化したものが次の手続 search である．データを入れ換えるタイミングを変えるだけで，幅優先探索 (略称: bdf) も同時に実現されるので，先んじて，それを含めた形式で両者をまとめた定義とした——両者は，*stack* を用いるか，*queue* を用いるか，それに対応して補助手続：dig-dfs, dig-bfs のどちらを用いるかだけの違いである．

```
(define search (lambda (name tree)
  (define path (lambda (insert delete dig)
    (let loop ((tmp '()))
      (let ((w (delete)))
        (if (null? w)
            (reverse tmp)
            (let ((head (car w)) (tail (cdr w)))
              (cond ((pair? head)
                      (cond ((pair? tail) (dig w)
                              (loop tmp))
                            (else (insert head)
                              (loop tmp))))
                    (else
                      (cond ((pair? tail) (insert tail)
                              (loop (cons head tmp)))
                            (else
                              (loop (cons head tmp)))))))))))))
  (cond ((string=? name "dfs") (push tree)
          (path push pop dig-dfs))
        (else (enqueue tree)
          (path enqueue dequeue dig-bfs)))))
```

ここで，文字列 dfs は限定されるが，その他は何を入力しても，bfs が選ばれる仕組である．二種の補助手続に関しては，引き続き説明する．

● **補助手続の定義**

ここで補助手続 dig-dfs は，**cadr** の多層リストに対する一般化であり

```
(define dig-dfs (lambda (x)
  (cond ((null? (cdr x))      (push (car x)))
        (else (dig-dfs (cdr x)) (push (car x))))))
```

と定義される——幅優先探索に対する補助手続：dig-bfs の定義は後に示す．

この手続の動きを見る為に，今一度リストの構造を復習しておく．括弧の衣を一枚着ることで，*atom* は *pair* に変じる．それは，リストが空リストに *atom* を **cons** することで生成されていることから説明される——(*atom*) は「*atom* と空リストのペア」である．即ち，以下の意味でリストは定義されていた．

$$(atom) \iff (\mathbf{cons}\ atom\ '())$$

C.5. データ構造と探索

さて，手続 dig-dfs における基底部 (終了条件) の push を大文字で書き，再帰部と区別する——当然，文字の大小は内容には無関係である．即ち

```
(cond ((null? (cdr x))        (PUSH (CAR X)))
      (else (dig-dfs (cdr x)) (push (car x)))))
```

として，その動きを調べると，以下と等価であることが分かる．

```
(begin (push (cad…dr x))……(push (cadr x)) (PUSH (CAR X)))
```

実際，(define test '((a) (B))) を定義して，dig-dfs に与えると

```
(dig-dfs test)
  => (null? (cdr test))   => (null? ((B)))      [#f]
     (dig-dfs ((B)))
       => (null? (cdr ((B)))) => (null? ())  [#t]
       => (PUSH (CAR ((B))))  => (PUSH (B))   → (B) を stack に
  => (push (car test))    => (push (a))        → (a) を stack に
```

となる．以上の過程は，冒頭に登場した元データの二分割において，最も明瞭に見ることが出来る．*head*, *tail* が共に *pair* の場合，この手続は実行された．

[1]:	head is pair → push head	(a1 (b1) (b2))
	tail is pair → push tail	(a2 (b3))

ここで **null** 判定により，直後に起動する上段の push は

(cdr data) => ***((a2 (b3)))***   (cdr data) => ***()***

の実行後に，直前の **car** である ((a2 (b3))) を対象としたものである．そして，この再帰処理の終了後に実行される二段目の push は，元データに対する **car**，即ち，(a1 (b1) (b2)) に対するものである．*stack* には，この順序で push されるので，後入れ先出しが実現するのである．手続 dig-dfs は，*pair* の組に対して，常にこのように作用する．この手続により search が機能する．

手続 search に引数"dfs"を与えて実行し，以下の結果を得る．

(search "dfs" data) => ***(a1 b1 b2 a2 b3)***

問題に則した適切なアルゴリズムが存在しない場合，解の候補を虱潰しにする総当たり検査を行う．しかし，"それ以降の候補"に解が存在しないことが明らかな場合には，"それ以前の候補"に対して別ルートを辿って検査を続けた

方が無駄が無い．こうして，行きつ戻りつしながら解を探す手法を，**バックトラック法**(Backtracking) と呼ぶ．深さ優先探索は，この具体的な処方を与えていることから，**dfs** そのものをバックトラックと呼ぶ場合がある．

● 幅優先探索

さて，幅優先探索，略称 **bfs** の流れも確認しておこう．*stack* が *queue* に，push が enqueue に，pop が dequeue に変わっただけである．網掛表示はデータの出入口である．処理の流れは，先例と変わらないので簡略表記する．

enqueue data → queue	((a1 (b1) (b2)) (a2 (b3)))	dequeue →
tmp		

先ず，enqueue によりデータの読込みを行う．dequeue により変数 w が定義される．dequeue が再帰的に呼び出される度に，変数は更新される．

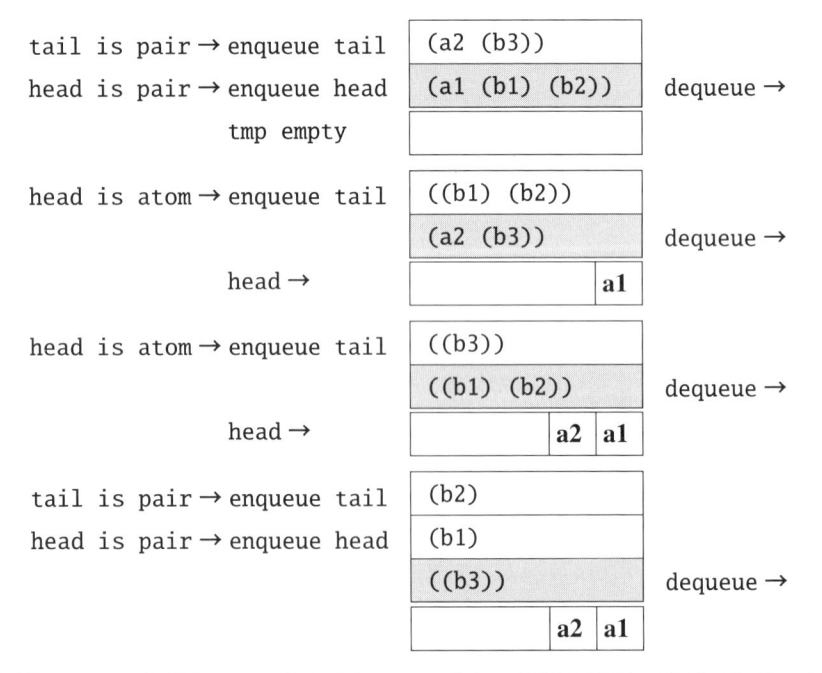

tail is pair → enqueue tail	(a2 (b3))	
head is pair → enqueue head	(a1 (b1) (b2))	dequeue →
tmp empty		

head is atom → enqueue tail	((b1) (b2))	
	(a2 (b3))	dequeue →
head →	a1	

head is atom → enqueue tail	((b3))	
	((b1) (b2))	dequeue →
head →	a2 a1	

tail is pair → enqueue tail	(b2)	
head is pair → enqueue head	(b1)	
	((b3))	dequeue →
	a2 a1	

最後は二回の処理を一回にまとめた．この後も，単純な処理の連続である．上から下へとデータが蓄積され，それを下の出入口を用いて処理をする．

C.5. データ構造と探索

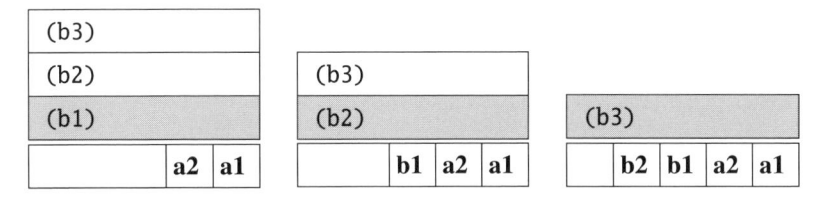

三層に積まれたデータが下から順に捌けていく．この段階で全データが，「head は *atom*, *tail* は空」という形式になっているので，head がそのまま *tmp* に移項され，新たに enqueue されるものはない．

(b3)		
(b2)		
(b1)	a2	a1

(b3)			
(b2)			
b1	a2	a1	

(b3)			
b2	b1	a2	a1

queue が空になり処理は終了する．*tmp* を逆順にして所望の結果を得る．

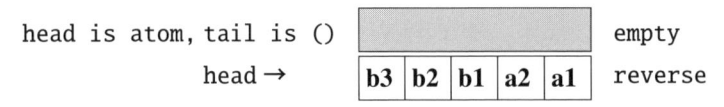

```
head is atom, tail is ()                    empty
            head →  | b3 | b2 | b1 | a2 | a1 |   reverse
```

先入れ先出し (FIFO) であるから，*head* を先に enqueue させる必要がある．こうした処理の違いを全て手続 dig-bfs が受け持っている．

```
(define dig-bfs (lambda (x)
  (cond ((null? (cdr x)) (enqueue (car x)))
        (else (enqueue (car x)) (dig-bfs (cdr x))))))
```

先に定義した dig-dfs とは，データを送り出すタイミングが逆になっていることに注意する．即ち

```
dig-dfs: (else (dig-dfs (cdr x)) (push (car x)))
dig-bfs: (else (enqueue (car x)) (dig-bfs (cdr x)))
```

である．これを用いて，同じデータに対して以下の結果を得る．

```
(search "bfs" data)   =>  (a1 a2 b1 b2 b3)
```

なお，先にも注意した通り，文字列 "dfs" 以外の引数は全ての場合において，幅優先探索が実行される．

ここでは，深さ優先探索と幅優先探索の対称性を，その起源である *stack* と *queue* の対称性に求めて議論した．比較"対照"することで両者の"対称性"が，その入出力の具体的な動きが明らかになった．また，補助手続として導入した dig-dfs と dig-bfs も，同様の対称性を持っている．共にデータを溜めて，そして吐き出すタイミングを制禦している．

こうした一連の過程において，リストの中から *atom* を抽出するのは **car** の働きであって，**cdr** ではない．要するに *atom* がほしければ，「**cdr** で捉えて，**car** で撃て！」である——*cdr-down* による照準の合わせ方，その目盛の刻み方が探索戦略なのである．従って，探索や *stack*・*queue* の比較をするという縛りを外せば，**car**・**cdr** を駆使するだけの簡潔な二重再帰によって，データを処理することも出来る．例えば，以下の定義：

```
(define dfs-w (lambda (tree)
  (define chk (lambda (tree)
    (cond ((null?    tree) (reverse stack))
          ((nonpair? tree) (push tree))
          (else (chk (car tree))
                (chk (cdr tree)))))))
  (set-stack) (chk tree)))
```

は極めて簡潔である——さらに，外部変数としての *stack* を使わない，完全に独立した手続も容易に定義することが出来る．これより，先に求めた手続 `search` により求めたものと同じ結果：

(dfs-w data)   => **(a1 b1 b2 a2 b3)**

を得る．処理の本体は，**else** の部分だけなので，その動きがよく見えるだろう．

先入れ先出し (上段) と後入れ先出し (下段)

C.6 非決定性計算

　計算機プログラムの発展は，不要の情報を隠蔽して抽象性を高めることによって為されてきた．所謂"実用言語"の範疇においては，どの言語においても出来ることは同じであり，要するにどちらがより目的を達成しやすいか，どちらがより少ないコードで記述出来るか，どちらがより高速に処理出来るか，どちらがより記憶容量を食わないか，どちらがより思考を節約出来るか，といった面での比較だけが言語を特徴附け，優劣の根拠とされている．

　内部処理としては単純な全数探索であっても，それが隠蔽され，具体的なコードとして探索の詳細を書く必要がなければ，利用者側の負担は激減する．それはより抽象性が高く，より思考を節約出来る言語である．

C.6.1 宣言的知識への移行

　例えば，差が2である素数の組 p, q を**双子素数**(twin prime) と呼ぶ．即ち

$$p - q = 2 \quad (p > q)$$

となる組：(p, q) のことであるが，この双子素数を求めるコードは如何なる形式になるだろうか．素数のリストがあれば，そのリスト内を探索することで，これを求めることは出来る．逆に二数の差が2である奇数の組を先に作り，そのそれぞれに対して素数か否かをチェックする手法も可能である．

　しかし，こうした処理の詳細に立ち入ることなく，上記した双子素数の定義そのものを入力することで，答を求めることが出来れば，残された作業は，プログラミングの実際ではなく，「問題の定式化」のみになる．

　一般に，計算機による解法は，解くべき問題とそれを解く手法が不可分一体であり，問題そのものと道具たるプログラムを截然と切り離すことが難しい．この難しさは B.2 (p.393) でも述べたように，「プログラミングは命令的知識を扱い，数学は宣言的知識を扱う」ことから生じている．この境界を少しでも取り払い，宣言的知識を扱えるようにプログラムを改善したい．与えられた問題を，「真に解くべき部分」とそれに「用いる道具」という形で分けて，核心部分にのみ注力したい．これを実現する為の計算手法の一つが**非決定性計算**(nondeterministic computation) である．これは深さ優先探索 (dfs) を軸にし

て，探索の失敗を隠蔽することにより，恰もプログラムが"初めから答を知っていた"かのように振る舞わせるものである．

設定された条件に合わない探索結果を「失敗 (fail)」として特徴附ける．双六の表現を借りれば，"失敗したら振り出しに戻る"のである．これを継続を利用したクロージャによって実現させ，深さ優先探索の手法によって，解の探索を行う．従って，一時記憶としては *stack* を用いる．

この手法の特徴は，「探索・失敗・戻り・再び探索」という連鎖の中で，条件を充たす解が存在する限り，それを見出すまでプログラムは終了しないこと，また見出した場合，そこに至るまでの失敗については何一つ"語らない"ので，内部処理の具体的な戦略を知らない者から見れば，まるで最初から「プログラムは解の在処を知っている」かの如くに見える，或いは「プログラムが自動的に失敗を避けて探索を続けている」かのように見えることである．

C.6.2　機能と定義

こうした計算手法を，二つの手続 `fail` と `choose` によって実現させる．先ずは，`fail` の定義から見ていく．

```
(define fail '())

(call/cc (lambda (f-cc)
  (set! fail
    (lambda () (if (null? stack)
                   (f-cc 'empty)
                   ( ((pop)) )))))
```

`fail` は *stack* の中身を確認して，もしそれが空なら継続に `'empty` を与えて，トップレベルまで脱出する．この機能を実現するには一番外側に **call/cc** を設定する必要があり，同じ位置を要求する **define** は使えない．そこで記憶場所としての `fail` を準備しておき，それを **set!** により書換える．

stack が空でない場合には，`(pop)` によりデータを引き出す．与えられたデータから，`choose` により作られるクロージャは継続を伴っており，その起動を一段階遅らせる必要がある為に，引数無しのラムダで包まれている——継続が剥き出しで存在すれば，そこで直ちに大域脱出が始まってしまい，以後の処理が出来ないからである．従って，引き出されたクロージャの中身を起動さ

C.6. 非決定性計算

せるには，括弧を二重にした ((pop)) が必要となる．また fail 自身も継続を伴ったクロージャであり，同様の理由で外側をラムダで包んでいる．

choose はこの処理の中心であり，与えられた不定個数の要素を選択肢として，その中から一つを"非決定的"に選び出す．選択の可能性は全要素にあり，状況によって出力される値が異なる．非決定性計算の所以である[9]．また，選択肢が存在しない場合には，fail を呼び出す――従って，引数無しの choose と fail は等価である．適合する解を一つ見附けた段階で，その結果を出力して処理を終える．choose により取り込まれた要素は，脱出機構である継続を伴うクロージャ形式で，その末尾から順に push され stack に収められている．よって，これを pop させることで，残りの解を引き出すことが出来る．

choose は任意個数のデータを取り込む為に，ラムダの引数 x に括弧は附かない．これにより引数の無い場合にも choose は機能する．従って，(choose) は (fail) と等価となる．

```
(define choose
  (lambda x
    (if (null? x)
        (fail)
        (call/cc (lambda (c-cc)
          (push (lambda () (c-cc (apply choose (cdr x))))))
        (car x))) ))
```

取り込むデータが存在する場合には，それを継続附きのクロージャにして，stack に push する――**apply** によって，choose はリスト (cdr x) の内部に入って働く．その後，(car x) を評価値として出力する．従って，choose の最も簡単な「引数無し」と「単独のデータ」の場合には

  (choose)   => ***empty***
  (choose 'test) => ***test***

となる．以後，stack を空にする為に，事前に (set-stack) を実行する．

---

[9] ただし，コードの全体を詳細に追えば，その選択は"決定的"であり，実行の度に結果が異なるランダム選択とは別種のものである．無条件の場合，リストの **car** が選ばれる．

C.6.3　具体的な働き

それでは非決定性計算の具体的な意味を示す，最も簡単な例から始めよう．先ずは二要素 1, 2 を choose に与えると

```
> (choose 1 2)
1
```

となる．この場合の評価値は必ず 1 となり"決定的"である．ただし，この段階で既に"非決定性"への準備は着々と為されている．

その意味を知るには，*stack* の内容の変化を順に追うのがよい．choose は *stack* にデータを push する．データを取り出す pop は fail に内蔵されている——等価である (choose) を用いてもよい．そこで，*stack* の要素数を示す (length stack) も加えて，その評価値の変化を実行順に記載すると

```
↓ (choose 1 2) => 1       (length stack) => 1
↓ (fail)       => 2       (length stack) => 1
→ (fail)       => empty   (length stack) => 0
```

が得られる——右の列がその時の *stack* の要素数である．この結果から分かることは，choose が *stack* に empty, 2 の順でデータを push したこと．また，それらはまとめられ，一つのクロージャとして管理されていること，の二点．そして，fail がそのクロージャ内からデータを一つずつ取り出し，empty を取り出した後は，*stack* の内容は全て吐き出された空であり，要素数 0 のまさに *empty* な状態になっていることである．

以上の結果を，コードを逐一追うことで再確認しておこう．鍵を握るのは

```
(push (lambda ()
        (c-cc (apply choose (cdr x))) ))
(car x)
```

であり，さらにその要点だけを抜き書きすれば

> 継続を伴う (choose (cdr *x*)) を
> push して，(car *x*) を取得する

という再帰過程である．

C.6. 非決定性計算

これを軸にコードを展開して以下を得る.

```
↓ (choose 1 2) の実行
[1]: (1 2) は null か? → 偽により代替項へ，対象は (2)
  ↓ (choose 2) へ再帰
  [2]: (2) は null か? → 偽により代替項へ，対象は ()
    ↓ (choose) へ再帰
    [3]: () は null か? → 真により (fail) へ移動
      [4]: stack は null か? → 真により評価値確定
           fail を (lambda () (f-cc 'empty)) に更新
    [5]: (choose 2) へ復帰，評価値確定
         (call/cc (lambda (c-cc)
           (push (lambda () (c-cc (fail)))) 2))
  [6]: (choose 1 2) へ復帰，評価値確定
       (call/cc (lambda (c-cc)
         (push (lambda () (c-cc (call/cc (lambda (c-cc)
           (push (lambda () (c-cc (fail)))) 2)) ))) 1))
[7]: 評価値出力，stack 確定
     評価値 1 を出力して入力完了
     stack: (lambda () (call/cc (lambda (c-cc)
             (push (lambda () (c-cc (fail)))) 2)))

---------- data の取り出し ----------
↓ (fail) の実行
[a]: stack は null か? → 偽により ((pop))
     評価値 2 を出力して完了
     stack: (push (lambda () (c-cc (fail))))
↓ (fail) の実行
[b]: stack は null か? → 偽により ((pop))
     評価値 'empty を出力して完了
     stack: ()
```

このようにして, choose は *stack* とデータの遣り取りをする. fail は *stack* が空でない限り, そこからデータを引き出す. *stack* から引き出されたデータは, 継続の機能によって, choose の定義されている場所に戻り, その評価値であるかの如く振る舞う. 即ち, choose は fail に遭遇する度に, dfs の手法に則って新データを出力するように見えるわけである.

例えば, 次のコードは "決定的" に 2 を出力する.

```
(define odd-killer
  (lambda ()
    (let ((x (choose 1 2)))
      (if (odd? x)
          (fail)
          x) )))
```

choose が選択する最初の要素は，この場合なら"必ず 1"である．そして，**if** により"必ず" `fail` に遭遇する．*stack* は空ではないので，データの取り出しが行われて，次の値である 2 が継続によって **let** 内に持ち込まれて，*x* に設定される．これは偶数なので，**if** の代替部が選ばれて 2 を出力するわけである．

　繰り返しになるが，choose は全体を先読みして"無傷"で結果を得るのではなく，失敗後のバックトラックで新しい値を出力する．即ち，choose は"問題を解く"のではなく，"失敗した経験"を活かし，最終的に `fail` に遭遇することのない順路を見出して，それを答として出力する手法である．

　この性質を利用して，容易に多元要素を列挙することが出来る．例えば

```
(define two-nums
  (lambda ()
    (list (choose 2 3)
          (choose 5 7) )))
```

を定義して，(two-nums) の実行の後に，(fail) を連続実行すれば，その可能な組合せである以下の四種のリスト：

　　　(2 5)　　(2 7)　　(3 5)　　(3 7)　　empty

を重複無く，漏れ無く書き出すことが出来る．同様に

```
(define three-nums
  (lambda ()
    (list (choose 2 5 13)
          (choose 3 7 11) )))
```

を定義すれば，以下の組合せを得ることが出来る．

　　　(2 3)　　(2 7)　　(2 11)
　　　(5 3)　　(5 7)　　(5 11)
　　　(13 3)　　(13 7)　　(13 11)　　empty

見易くする為に，出力結果に改行を入れて整理した．

C.7　函数型言語の基礎

函数型言語の標語は,「全ては函数である」であった．その基礎をラムダ算法が与えることを見てきた．ここではそのまとめとして,如何にしてデータや繰り返し計算が,ラムダの世界で実現されていくかを調べていくことにしよう．

C.7.1　チャーチの数字

先ずは自然数を函数として表そう．ゼロを意識して文字 z を,同様に後任函数を意識して文字 s を用いて

$$\lambda s.(\lambda z. z) \qquad \lambda s.(\lambda z. s\, z) \qquad \lambda s.(\lambda z. s\,(s\, z)) \qquad \lambda s.(\lambda z. s\,(s\,(s\, z)))$$

を定義する．一目瞭然であろうが,末尾の z に作用している s の個数によって自然数を表す,という発想である．これをラムダ算法の省略規則に則って書き直せば,次のようになる．

$$\underset{\textbf{zero}}{\lambda sz. z} \qquad \underset{\textbf{one}}{\lambda sz. s\, z} \qquad \underset{\textbf{two}}{\lambda sz. s\,(s\, z)} \qquad \underset{\textbf{three}}{\lambda sz. s\,(s\,(s\, z))}$$

これは**チャーチの数字**(Church numerals) と呼ばれている[10]．k 番目の数字は

$$\mathbb{C}_k := \lambda sz. s^k\, z, \quad \text{ただし}\ \ s^k\, z = \underbrace{s\,(s\,(\cdots(s\, z)))}_{k\,\text{個}}$$

によって与えられる．ここで s, z には何の制約も無い．s が作用する個数だけに意味がある．最初の数項に具体的に名前を附けてコードにすると

```
(define zero   (lambda (s) (lambda (z) z)))
(define one    (lambda (s) (lambda (z) (s z))))
(define two    (lambda (s) (lambda (z) (s(s z)))))
(define three  (lambda (s) (lambda (z) (s(s(s z))))))
```

となる．以上の定義は,今までの議論を含めて,より拡張したものである．

事例を挙げて説明しよう．簡単すぎるものは一般性が見えず,複雑すぎるものは理解に苦労する．少なすぎず多すぎず,ここでは手続 **two** を取り上げるの

---

[10] ここで **zero** は,先に議論したコンビネータ **K I** に等しい．

が適当であろうか．これは"ある函数 z に対して，ある函数 s を二回適用したもの"を出力する手続である．そこで，s として先に示した **add1** を，z として数 0 を選び，**two** を計算してみよう——これは次の右側の処理と同等である．

```
> ((two add1) 0)                > (add1 (add1 0))
2                               2
```

他の定義も確認しておこう．

```
((zero  add1) 0)   =>  0
((one   add1) 0)   =>  1
((two   add1) 0)   =>  2
((three add1) 0)   =>  3
```

ここで重要なことは，チャーチの数字が，このような具体的な計算とは離れて，ラムダの世界だけで四則計算を行い得る，その基礎を与えている点である．

add1 の繰り返し計算を実行するには合成函数[11]：

```
(define compose
  (lambda (f g)
    (lambda (x) (f (g x)))))
```

と再帰による手続：

```
(define repeated
  (lambda (f n)
    (if (zero? n)
        (lambda (x) x)
        (compose f (repeated f (-- n))) )))
```

を定義することによっても可能である[12]．これにより，与えられた函数を，再帰により必要なだけ束ねることが出来る．その結果，以下の解を得る．

```
> ((repeated add1 7) 3)
10
```

ここで重要なことは，「1 を 7 回連続して加える」という作用と，それを「具体的な手続に因らない形式に抽象化したチャーチの数字」，そして「再帰により作用を七重に束ねる」という三種の手法の違いを理解することである．

---

[11] `(define ((compose f g) x) (f (g x)))` という印象的な形式にも書ける．
[12] 手続 compose は **B** コンビネータに等しい．

C.7.2　後任函数

さてチャーチの数字が，実際に"数として正しく振る舞う"か否か，順に調べていこう．後任函数を作るところから始める．求めるべきものは

$$\mathbf{Succ}\,\mathbb{C}_k = \mathbb{C}_{k+1}, \quad 即ち\ \mathbf{Succ}\,(\lambda sz.\,s^k\,z) = \lambda sz.\,s^{k+1}\,z$$

なる関係を充たす **Succ** である．これはチャーチの数字を一つ取り，一つ返す．作用としては，s の冪を k から $(k+1)$ へと 1 だけ増やすものである．

● 単位元

数学において何かを新しく作ろうと試みる時，最も役立つのは単位元であり，その"因数分解"である．自明な計算から，自明でないものを絞り出す．数なら 1 である．その最も簡単な分解は，虚数単位による $1 = -i \cdot i$ である．ベクトルなら単位ベクトル，行列なら単位行列，演算子にも単位となるものがある．恒等関係が在る所，単位元が隠れている．これを解していく中で見えてくるものがある．ラムダ算法の場合には，$\mathbf{I}$ コンビネータ：

$$\mathbf{I} := \lambda x.\,x$$

がこれに相当する．これは任意のラムダ項 N に対して

$$\mathbf{I}\,N = (\lambda x.\,x)\,N = N$$

となる．プログラムとしては，入出力が等しい恒等函数，と見做せる．これは容易に多変数に拡張されて，例えば以下の形式を取る．

$$(\lambda xyz.\,((x\,y)\,z))\,NML = NML$$

さて，チャーチの数字から繰り返しの部分を取り出すには

$$(\mathbb{C}_k\,s)\,z = ((\lambda ab.\,a^k\,b)\,s)\,z = s^k\,z$$

とすればよい．さらに両辺に対して，s, z に関する函数抽象を行えば

$$\lambda sz.\,((\mathbb{C}_k\,s)\,z) = \lambda sz.\,(s^k\,z) = \mathbb{C}_k$$

と元に戻る．ここで左辺に変数 v を導入して，$\mathbb{C}_k$ を右端へ引き出せば

$$(\lambda vsz.\,((v\,s)\,z))\,\mathbb{C}_k$$

となるが，これより三変数の"単位元"が焙り出された形の恒等変形：

$$\mathbb{C}_k = (\lambda vsz.((v\ s)\ z))\,\mathbb{C}_k$$

を得た．ここで，チャーチの数字に対して，それを変数 v で捉え，その変数を s, z に揃えて，繰り返し回数を表す冪を裸で取り出す為に用いた：$((v\ s)\ z)$ という形式は非常に便利なので，以降随所でこれを用いる．

● Succ

この形式に s を追加すれば，繰り返し回数を一つ増やせる．そこで

$$\mathbf{Succ} := \lambda vsz.(s\,((v\ s)\ z))$$

と定義して，実際に $\mathbb{C}_k$ に適用すると

$$\begin{aligned}
\mathbf{Succ}\,\mathbb{C}_k &= (\lambda vsz.(s\,((v\ s)\ z)))\,\mathbb{C}_k \\
&\underset{\beta}{\to} \lambda sz.(s\,((\mathbb{C}_k\ s)\ z)) \\
&\underset{\beta}{\to} \lambda sz.(s\,(s^k\ z)) = \lambda sz.\,s^{k+1}\,z = \mathbb{C}_{k+1}
\end{aligned}$$

となり，確かに所望の関係を実現していることが分かる——これは先に求めたコンビネータ **S B** に等しい．ここで，s, z の具体的な内容には無関係に，また二項演算子 **+** などを全く用いずに次の数字が定まっている点が重要である．括弧を省略しない原形表記：

$$\mathbf{Succ} = (\lambda v.(\lambda s.(\lambda z.(s\,((v\ s)\ z)))))$$

に戻せば，カリー化の手順通り **lambda** を重ねて，Scheme のコード：

```
(define Succ
  (lambda (v) (lambda (s) (lambda (z)
    (s ((v s) z)) ))))
```

になる．具体的な数字に戻す為には

```
> ((two add1) 0)
2
```

```
> (((Succ two) add1) 0)
3
```

などとすればよい．また，**lambda** の省略形を元にコード化すれば

```
(define Succ#
  (lambda (v s z) (s ((v s) z))))
```

と簡潔になり，その使用方法も

```
> (Succ# two add1 0)
3
```

と変わる——ただし，このコードでは，元々のラムダ項が持つ多層性が失われていることに注意が必要である．両者は引数の取り方が異なるが，何れの場合も，手続 two をラムダの世界で一段階上げて，手続 three に相当するものを作る．そして数値 0 に対して **+1** という直接的な演算を行う手続 add1 を利用して，その結果として通常の数値 3 を出力する，という手順になっている．

ここで以下の関係：
$$a^k b = (\lambda q.\, a\, q)^k b$$
が成り立つことを注意しておく．実際，k 個のダミー $q_1, q_2, \ldots, q_k$ を用意して

$$\begin{aligned}
(\lambda q.\, a\, q)^k b &= ((\lambda q_1.\, a\, q_1)(\lambda q_2.\, a\, q_2)\cdots\cdots)((\lambda q_k.\, a\, q_k)\, b) \\
&\xrightarrow{\beta} (a\, ((\lambda q_2.\, a\, q_2)(\lambda q_3.\, a\, q_3)\cdots\cdots))((\lambda q_k.\, a\, q_k)\, b) \\
&\xrightarrow{\beta} (a\, (a\, ((\lambda q_3.\, a\, q_3)(\lambda q_4.\, a\, q_4)\cdots\cdots)))((\lambda q_k.\, a\, q_k)\, b) \\
&\xrightarrow{\beta} (\underbrace{a\, (a\, (\cdots\cdots(a}_{k\text{ 個}}\, b)\, \sim) = a^k b
\end{aligned}$$

となる．以降，この関係を利用して計算を簡略化する．

● **定理と定義**

ここでは先ず，チャーチの数字が定義されており，その各数字の間の関係を充たすものとして後任函数が導かれた．これは初めに自然数の概念が見出され，それが次第に理論的な裏附けを伴ってきた，という歴史的な流れに沿ったものだと言えるだろう．この場合，数ゼロは様々な研究の後に"発見"されたものと理解されている．

一方で，そうした歴史とは一旦離れ，純粋に理論的な要請から，自然数を構成していくという立場が生まれた．それは集合論に関連して既に説明したように，先ずはゼロを"発明"し，それを元に自然数を順に作っていく手法である．今，議論しているラムダ算法において，こちらの方針を採るならば，後任函数は導かれるものではなく，数ゼロと共に最初に定義されるものとなり，逆にチャーチの数字の全体が，そこから導かれるものとなる．即ち

$$\mathbb{C}_0 := \lambda sz.\, z, \quad \textbf{Succ} := \lambda vsz.\, (s\, ((v\, s)\, z)), \quad \textbf{Succ}\, \mathbb{C}_k = \mathbb{C}_{k+1}$$

であり，この一行に本小節の内容は集約されてしまうのである．

この二つの考え方を混同すると，"後任函数を求める"ことの意味が分からなくなる．ゼロを自然数に含めるか否かも，この考え方の違いに因るものである．何が"定義"で，何がそこから導かれた"定理"であるか，根本的な問題を議論する際には，常に注意が必要である．

C.7.3 加算函数

後任函数を基にして様々な計算が定義される．先ずは加算である．これはチャーチの数字を二つ取り，一つ返す

$$\textbf{Plus } \mathbb{C}_m \mathbb{C}_n = \mathbb{C}_{m+n}$$

が求めるべき関係である．そこで加算の元々の意味に戻って考える．通常の数の加算において，$(m+n)$ とは n に 1 を m 回加えること，即ち

$$m + n = \overbrace{1 + 1 + \cdots + 1}^{m \text{ 個}} + n = 1 + (1 + (\cdots\cdots (1 + n) \sim)$$
$$= 1 + ((m-1) + n)$$

であるから，変数 u によって，必要な回数だけ変数 v に **Succ** を作用させる

$$\textbf{Plus} := \lambda uv.((u\, \textbf{Succ})\, v)$$

を定義すると

$$\textbf{Plus } \mathbb{C}_m \mathbb{C}_n = (\lambda uv.((u\, \textbf{Succ})\, v))\, \mathbb{C}_m\, \mathbb{C}_n$$
$$\underset{\beta}{\to} (\mathbb{C}_m\, \textbf{Succ})\, \mathbb{C}_n$$

となる．ここでチャーチの数字が，後続する函数を内部に取り込み，その繰り返し回数によって数を表していることを思い出せば

$$(\mathbb{C}_m\, \textbf{Succ})\, \mathbb{C}_n = ((\lambda pq.\, p^m\, q)\, \textbf{Succ})\, \mathbb{C}_n$$
$$\underset{\beta}{\to} (\textbf{Succ})^m\, \mathbb{C}_n = \underbrace{(\textbf{Succ}\,(\textbf{Succ}\,(\cdots\cdots(\textbf{Succ}\, \mathbb{C}_n) \sim)}_{m \text{ 個}}$$

より，**Succ** が $\mathbb{C}_n$ に m 回適用されていることが分かる．再帰形式で書けば

$$\boxed{\begin{aligned}&\text{再帰部：} \textbf{Plus } \mathbb{C}_m \mathbb{C}_n = \textbf{Succ } (\textbf{Plus } \mathbb{C}_{m-1} \mathbb{C}_n), \\ &\text{基底部：} \textbf{Plus } \mathbb{C}_0 \mathbb{C}_n = \mathbb{C}_n\end{aligned}}$$

C.7. 函数型言語の基礎

である．一方，ラムダ項を直接変形すれば

$$\begin{aligned}\textbf{Plus} &= \lambda uv.((u\ \textbf{Succ})\ v) = \lambda uv.((u\ (\lambda ksz.\ s\ ((k\ s)\ z)))\ v)\\ &\underset{\beta}{\to} \lambda uv.(u\ (\lambda sz.\ s\ ((v\ s)\ z))) = \lambda uv.(\lambda sz.(u\ s)\ ((v\ s)\ z))\end{aligned}$$

となる．変数相互の位置関係，適用の順序に注意しながら，チャーチの数字を受け取る u, v を内側に取り込んだ．さらに整理して

$$\textbf{Plus} = \lambda uvsz.((u\ s)\ ((v\ s)\ z))$$

を得る——この作用は，実際に数字を取り込んで

$$\begin{aligned}\textbf{Plus}\ \mathbb{C}_m\ \mathbb{C}_n &= (\lambda uvsz.((u\ s)\ ((v\ s)\ z)))\ \mathbb{C}_m\ \mathbb{C}_n\\ &\underset{\beta}{\to} \lambda sz.((\mathbb{C}_m\ s)\ ((\mathbb{C}_n\ s)\ z)) = \lambda sz.(((\lambda pq.\ p^m\ q)\ s)\ ((\mathbb{C}_n\ s)\ z))\\ &\underset{\beta}{\to} \lambda sz.(s^m\ ((\mathbb{C}_n\ s)\ z))\\ &\underset{\beta}{\to} \lambda sz.(s^m\ (s^n\ z)) = \lambda sz.(s^{m+n}\ z) = \mathbb{C}_{m+n}\end{aligned}$$

と確かめられる．これは以下の手続：

```
(define Plus
  (lambda (u v) (lambda (s) (lambda (z)
    ((u s) ((v s) z)) ))))
```

としてコード化され，その作用は先の場合と同様に，add1 を介することで通常の数値として出力される．例えば

```
> (((Plus two three) add1) 0)
5
```

などである——前例と同様に lambda に関する部分を束ねれば簡潔になるが，階層性は失われ，使用方法も異なってくる．この例における処理の実態は以下のようなものである．先ず

$$\begin{aligned}\textbf{Plus}\ \mathbb{C}_2\ \mathbb{C}_3 &= (\lambda uvsz.((u\ s)\ ((v\ s)\ z)))\ \mathbb{C}_2\ \mathbb{C}_3\\ &\underset{\beta}{\to} \lambda sz.((\mathbb{C}_2\ s)\ ((\mathbb{C}_3\ s)\ z))\\ &\underset{\beta}{\to} \lambda sz.((\lambda q.\ s^2 q)\ (s^3\ z))\\ &\underset{\beta}{\to} \lambda sz.(s^2 \cdot s^3\ z) = \mathbb{C}_5\end{aligned}$$

である．これより，$(((\mathbf{Plus}\ \mathbb{C}_2\ \mathbb{C}_3)\ \mathrm{add1})\ 0)$ は

$$\begin{aligned}((\mathbb{C}_5\ \mathrm{add1})\ 0) &= (((\lambda sz.\ s^5 z)\ \mathrm{add1})\ 0) \\ &\underset{\beta}{\to} ((\mathrm{add1})^5\ 0) \\ &= (\mathrm{add1}\ (\mathrm{add1}\ (\mathrm{add1}\ (\mathrm{add1}\ (\mathrm{add1}\ 0))))) \\ &= (1 + (1 + (1 + (1 + (1 + 0))))) = 5\end{aligned}$$

となる．展開することで，チャーチの数字の本質が露わになっている．

当然のことであるが，"$\mathbb{C}_1$ を加える"という意味から

$$\mathbf{Plus}\ \mathbb{C}_1 :=: \mathbf{Succ}$$

であるので，両者は常に置換え可能である．

C.7.4　乗算函数

同様にして乗算が定義される．ここで乗算は，0 を基準に m 個の n を加算することと定義して，末尾に $+0$ を書き加えておく．

$$\begin{aligned}m \times n &= \overbrace{n + n + \cdots + n}^{m\ \text{個}} + 0 = n + (n + (\cdots\cdots(n + 0) \sim) \\ &= n + (m - 1) \times n.\end{aligned}$$

これをヒントに，乗算を

$$\mathbf{Mult}\ \mathbb{C}_m\ \mathbb{C}_n = \mathbb{C}_{m \times n}$$

を充たす函数として，以下のように定義する．

$$\mathbf{Mult} := \lambda uv.\,((u\ (\mathbf{Plus}\ v))\ \mathbb{C}_0)$$

ここで，**Plus** はその右側に数字を二つ要求するので，末尾に $\mathbb{C}_0$ が必要である——これが冒頭の数の例における $+0$ に対応する．$\mathbb{C}_0$ に対して変数 v に取り込まれた数字を **Plus** する，その回数を u が定めるという形式である．これより

$$\begin{aligned}\mathbf{Mult}\ \mathbb{C}_m\ \mathbb{C}_n &= (\lambda uv.\,((u\ (\mathbf{Plus}\ v))\ \mathbb{C}_0))\ \mathbb{C}_m\ \mathbb{C}_n \\ &\underset{\beta}{\to} (\mathbb{C}_m\ (\mathbf{Plus}\ \mathbb{C}_n))\ \mathbb{C}_0\end{aligned}$$

C.7. 函数型言語の基礎

であるが,ここでも先の場合と同様に

$$(\mathbb{C}_m \, (\text{Plus} \, \mathbb{C}_n)) \, \mathbb{C}_0 = ((\lambda ab. \, a^m \, b) \, (\text{Plus} \, \mathbb{C}_n)) \, \mathbb{C}_0$$
$$\underset{\beta}{\to} (\text{Plus} \, \mathbb{C}_n)^m \mathbb{C}_0$$
$$= (\underbrace{(\text{Plus} \, \mathbb{C}_n \, (\text{Plus} \, \mathbb{C}_n \, (\cdots \cdots (\text{Plus}} _{m \text{ 個}} \, \mathbb{C}_n) \sim) \, \mathbb{C}_0$$

と展開され,**Plus** の m 回適用が実現されている——末尾の $\mathbb{C}_0$ が無ければ,二つの引数を要求する **Plus** は充足しない.再帰形式に書き直せば

> 再帰部:**Mult** $\mathbb{C}_m \, \mathbb{C}_n = $ **Plus** $\mathbb{C}_n \, ($**Mult** $\mathbb{C}_{m-1} \, \mathbb{C}_n)$,
> 基底部:**Mult** $\mathbb{C}_0 \, \mathbb{C}_n = \mathbb{C}_0$

となる.一方,ラムダ項の直接変形により

$$\textbf{Mult} = \lambda uv. \, ((u \, (\textbf{Plus} \, v)) \, \mathbb{C}_0)$$
$$= \lambda uv. \, ((u \, ((\lambda pqsz. \, ((p \, s) \, ((q \, s) \, z))) \, v)) \, \mathbb{C}_0)$$
$$\underset{\beta}{\to} \lambda uv. \, (u \, (\lambda sz. \, ((v \, s) \, ((\mathbb{C}_0 \, s) \, z))))$$
$$\underset{\beta}{\to} \lambda uv. \, (\lambda sz. \, ((u \, (v \, s)) \, z))$$

を得る.整理して

$$\textbf{Mult} = \lambda uvsz. \, ((u \, (v \, s)) \, z)$$

となる——実際に数字を取り込んで

$$\textbf{Mult} \, \mathbb{C}_m \, \mathbb{C}_n = (\lambda uvsz. \, ((u \, (v \, s)) \, z)) \, \mathbb{C}_m \, \mathbb{C}_n$$
$$\underset{\beta}{\to} \lambda sz. \, ((\mathbb{C}_m \, (\mathbb{C}_n \, s)) \, z) = \lambda sz. \, (((\lambda pq. \, p^m \, q) \, (\mathbb{C}_n \, s)) \, z)$$
$$\underset{\beta}{\to} \lambda sz. \, ((\mathbb{C}_n \, s)^m \, z) = \lambda sz. \, (((\lambda pq. \, p^n \, q) \, s)^m \, z)$$
$$\underset{\beta}{\to} \lambda sz. \, ((\lambda q. \, s^n \, q)^m \, z) = \lambda sz. \, ((s^n)^m \, z) = \mathbb{C}_{m \times n}$$

となる (最後の変形で関係:$(\lambda q. \, a \, q)^k b = a^k b$ を用いた).

この表記はそのままコードになり

```
(define Mult
  (lambda (u v) (lambda (s) (lambda (z)
    ((u (v s)) z) ))))
```

を得る.以下は実行例である.

```
> (((Mult two three) add1) 0)
6
```

C.7.5　冪乗函数

冪乗を定義する．乗算同様に，数の例をヒントに構成する．ここで冪乗は，1 を基準に m 個の n を乗算することと定義して，末尾に ×1 を書き加える．

$$n^m = \overbrace{n \times n \times \cdots \times n}^{m\,個} \times 1 = n \times (n \times (\cdots\cdots(n \times 1)\sim))$$
$$= n \times n^{m-1}.$$

要求する性質は

$$\textbf{Pows}\ \mathbb{C}_m\ \mathbb{C}_n = \mathbb{C}_{n^m}$$

であり，それは

$$\textbf{Pows} := \lambda uv.((u\,(\textbf{Mult}\,v))\,\mathbb{C}_1)$$

によって実現される——末尾の $\mathbb{C}_1$ は前例と同様の意味である．これより

$$\textbf{Pows}\ \mathbb{C}_m\ \mathbb{C}_n = (\lambda uv.((u\,(\textbf{Mult}\,v))\,\mathbb{C}_1))\,\mathbb{C}_m\,\mathbb{C}_n$$
$$\underset{\beta}{\to} (\mathbb{C}_m\,(\textbf{Mult}\,\mathbb{C}_n))\,\mathbb{C}_1$$

であり，展開して

$$(\mathbb{C}_m\,(\textbf{Mult}\,\mathbb{C}_n))\,\mathbb{C}_1 = ((\lambda ab.\,a^m\,b)\,(\textbf{Mult}\,\mathbb{C}_n))\,\mathbb{C}_1$$
$$\underset{\beta}{\to} (\textbf{Mult}\,\mathbb{C}_n)^m\mathbb{C}_1$$
$$= (\underbrace{(\textbf{Mult}\,\mathbb{C}_n\,(\textbf{Mult}\,\mathbb{C}_n\,(\cdots\cdots(\textbf{Mult}\,\mathbb{C}_n)}_{m\,個}\sim)\,\mathbb{C}_1$$

となる．再帰形式で書けば

> 再帰部：$\textbf{Pows}\ \mathbb{C}_m\ \mathbb{C}_n = \textbf{Mult}\ \mathbb{C}_n\ (\textbf{Pows}\ \mathbb{C}_{m-1}\ \mathbb{C}_n)$,
> 基底部：$\textbf{Pows}\ \mathbb{C}_0\ \mathbb{C}_n = \mathbb{C}_1$

となる．一方，ラムダ項としては

$$\textbf{Pows} = \lambda uv.((u\,(\textbf{Mult}\,v))\,\mathbb{C}_1)$$
$$= \lambda uv.((u\,((\lambda pqsz.((p\,(q\,s))\,z))\,v))\,\mathbb{C}_1)$$
$$\underset{\beta}{\to} \lambda uv.(u\,(\lambda sz.((v\,(\mathbb{C}_1\,s))\,z))))$$
$$\underset{\beta}{\to} \lambda uv.(u\,(\lambda sz.((v\,s)\,z))))$$

C.7. 函数型言語の基礎

となるので，整理して

$$\mathbf{Pows} = \lambda uv.(uv)$$

を得る．これより

$$\mathbf{Pows}\,\mathbb{C}_m\,\mathbb{C}_n = \mathbb{C}_m\,\mathbb{C}_n$$

となるが，さらに $\mathbb{C}_m$ を分解して以下を得る．

$$\mathbb{C}_m\,\mathbb{C}_n = (\lambda sz.(s^m\,z))\,\mathbb{C}_n = \lambda z.(\mathbb{C}_n^m\,z)$$

● **数学的帰納法による証明**

上記関係を確かめる為に，先ず $m = 1$ の場合を考察すると

$$\begin{aligned}\lambda z.(\mathbb{C}_n\,z) &= \lambda z.((\lambda pq.\,p^n\,q)\,z) \\ &= \lambda z.(\lambda q.\,z^n\,q) = \lambda zq.(z^n\,q) = \mathbb{C}_n\end{aligned}$$

となる．続いて，$m = 2$ の場合には

$$\begin{aligned}\lambda z.\mathbb{C}_n^2\,z &= \lambda z.(\mathbb{C}_n\,(\mathbb{C}_n\,z)) = \lambda z.((\lambda pq.\,p^n q)(\mathbb{C}_n\,z)) \\ &\underset{\beta}{\rightarrow} \lambda z.(\lambda q.((\mathbb{C}_n\,z)^n q)) = \lambda zq.((\lambda q'.\,z^n\,q')^n q) \\ &\underset{\beta}{\rightarrow} \lambda zq.((z^n)^n q) = \mathbb{C}_{n^2}\end{aligned}$$

となる (ここでも関係：$(\lambda q.a\,q)^k b = a^k b$ を用いた). $m = 3$ の場合，上記の結果をそのまま流用して

$$\begin{aligned}\lambda z.\mathbb{C}_n^3\,z &= \lambda z.(\mathbb{C}_n\,(\mathbb{C}_n\,(\mathbb{C}_n\,z))) = \lambda z.((\lambda pq.\,p^n q)(\mathbb{C}_n\,(\mathbb{C}_n\,z))) \\ &= \lambda z.(\lambda q.(\mathbb{C}_n\,(\mathbb{C}_n\,z))^n q) = \lambda zq.(\lambda q'.(((z^n)^n q')^n q) \\ &= \lambda zq.(((z^n)^n)^n q) = \mathbb{C}_{n^3}\end{aligned}$$

となる．以下，同様の計算を続けて，$\lambda z.\mathbb{C}_n^m\,z = \mathbb{C}_{n^m}$ が予想される．

そこで，これを "事実" として受け入れ，その "後任" を求める．即ち

求めるべきもの：$\lambda z.\mathbb{C}_n^{m+1}\,z$ を，条件：$\lambda z.\mathbb{C}_n^m\,z = \mathbb{C}_{n^m}$ から

導き出すのである．先ず，任意の a に対して

$$(\lambda z.\mathbb{C}_n^{m+1}\,z)\,a = \mathbb{C}_n^{m+1} a, \qquad (\lambda z.\mathbb{C}_n^m\,z)\,a = \mathbb{C}_n^m a = \mathbb{C}_{n^m}\,a$$

である．この二式を組合せて

$$\mathbb{C}_n^{m+1}\,a = \mathbb{C}_n(\mathbb{C}_n^m\,a) = \mathbb{C}_n(\mathbb{C}_{n^m}\,a)$$

を得る．一方

$$\begin{aligned}\mathbb{C}_n(\mathbb{C}_{n^m}\,a) &= (\lambda pq.\,p^n\,q)(\mathbb{C}_{n^m}\,a)\\ &\underset{\beta}{\to} \lambda q.\,((\mathbb{C}_{n^m}\,a)^n\,q)\\ &\underset{\beta}{\to} \lambda q.\,((a^{n^m})^n\,q) = \lambda q.\,a^{n^{(m+1)}}q = \mathbb{C}_{n^{(m+1)}}\end{aligned}$$

となる (ここで乗法函数において登場した計算を借用した)．これより関係：

$$\lambda z.\,\mathbb{C}_n^k\,z = \mathbb{C}_{n^k}$$

は，$k = n$ においても，$k = m+1$ においても成り立つことが分かった．また，$m = 1$ の場合は既に求めてあるので，これより所望の関係：

$$\textbf{Pows}\ \mathbb{C}_m\ \mathbb{C}_n = \mathbb{C}_{n^m}$$

が全ての自然数に対して確かめられた．コード化して

    (define Pows (lambda (u v) (u v)))

を得る．以下が実行例である．

    > (((Pows three two) add1) 0)
    8

● 一次函数のラムダ項

ここで複合的な例として，一次函数：

$$f(x) = ax + b, \qquad \lambda x.\,ax + b$$
通常表記 　　　　　　　　**ラムダ記法**

のラムダ項を求める——B.3 (p.398) において結果のみを記したものである．

使う部品は，**Plus** と **Mult** である．先ず

$$\textbf{Plus}\ \mathbb{C}_b\ (\textbf{Mult}\ \mathbb{C}_a\ \mathbb{C}_x) = \mathbb{C}_{ax+b}$$

と求められるが，さらにここではコード化を前提に，変数を一列に並べた形で入力出来るように，a, x, b を後に残す形で計算を進める．そこで，先を見越し

て変数名を附け直しておく．即ち

$$\text{Plus} = \lambda mbsz.((b\,s)\,((m\,s)\,z)),$$
$$\text{Mult} = \lambda axpq.((a\,(x\,p))\,q)$$

として，**Plus** (**Mult**) から誘導される **Linear** を

$$\begin{aligned}
\text{Linear} &:= (\lambda mbsz.((b\,s)\,((m\,s)\,z)))(\lambda axpq.((a\,(x\,p))\,q)) \\
&\underset{\beta}{\to} \lambda bsz.((b\,s)\,(((\lambda axpq.((a\,(x\,p))\,q))\,s)\,z)) \\
&\underset{\beta}{\to} \lambda bsz.((b\,s)\,\lambda ax.((a\,(x\,s))\,z)) = \lambda axbsz.((b\,s)\,((a\,(x\,s))\,z))
\end{aligned}$$

と定義する．その使用方法は

$$\text{Linear}\;\mathbb{C}_a\,\mathbb{C}_x\,\mathbb{C}_b = \mathbb{C}_{ax+b}$$

となる．対応するコードは

```
(define Linear
  (lambda (a x b) (lambda (s) (lambda (z)
    ((b s) ((a (x s)) z)) ))))
```

であり，実行例は以下である．

```
> (((linear two three one) add1) 0)
7
```

C.7.6　条件分岐

条件によって分岐する仕組は如何にすれば作れるだろうか．通常 if と呼ばれている，条件 C が真ならば M を，偽ならば N を選択する分岐：

$$\text{if C then M else N}$$

について考える．ここで条件 C における真偽値を *true, *false で表し，真偽値そのものに分岐する仕掛けを内蔵させる．即ち，*true は後に続く二つのラムダ項の中の前者 M を選び，*false は後者 N を選ぶ関数として定義する．

その為には，先に議論した二つの要素の何れかを取り出すコンビネータ：

$$\mathbf{K}\,M\,N = (\lambda xy.x)\,M\,N \underset{\beta}{\to} M, \qquad \mathbf{F}\,M\,N = (\lambda xy.y)\,M\,N \underset{\beta}{\to} N$$

が利用出来る．そこで，これらの名前を

$$\text{*true} := \lambda xy.\,x, \qquad \text{*false} := \lambda xy.\,y$$

と書き直し，ラムダ項として **if** の働きをする函数を

$$\text{*if} := \lambda cmn.\,(c\,m)\,n$$

により定義する．従って

$$\text{*if}\ C\ M\ N = (C\ M)\ N \qquad \begin{cases} (\text{*true}\ M)\ N = M \\ (\text{*false}\ M)\ N = N \end{cases}$$

という形式で分岐が表現される[13]．コードは以下の通り．

```
(define *true  (lambda (x) (lambda (y) x)))
(define *false (lambda (x) (lambda (y) y)))
(define *if    (lambda (c m n) ((c m) n)))
```

これより"ゼロ判定"をする述語を

$$\text{*zero?} := \lambda m.\,((m\,(\lambda x.\,\text{*false}))\,\text{*true})$$

と定義することが出来る．この作用は $\mathbb{C}_m$ を代入して

$$\begin{aligned}
\text{*zero?}\ \mathbb{C}_m &= (\lambda m.\,((m\,(\lambda x.\,\text{*false}))\,\text{*true}))\,\mathbb{C}_m \\
&\underset{\beta}{\to} (\mathbb{C}_m\,(\lambda x.\,\text{*false}))\,\text{*true} \\
&\underset{\beta}{\to} (\lambda x.\,\text{*false})^m\,\text{*true} \\
&= (\text{*false}\,(\text{*false}\,(\cdots\cdots(\text{*false}\,\text{*true})\,\sim) \\
&= \begin{cases} \text{*true} &: m = 0 \\ \text{*false} &: m \neq 0 \end{cases}
\end{aligned}$$

と確かめられる．コードは

```
(define *zero?
  (lambda (m)
    ((m (lambda (n) *false)) *true)))
```

---

[13] ここで ***false** は，チャーチの数字 $\mathbb{C}_0$ と全く同じ形式を持つことを注意しておく．その識別は全て文脈に委ねられる為，混乱を避けることも，意図的に混乱をさせることも容易である．そこで安全なプログラミング環境を確保する為に，「型指定」という考え方が必要になる．この場合であれば，「数」と「真偽値」という事前の型指定を行うことによって，同じ記号が持つ二つの役割を分離することが出来る．

C.7. 函数型言語の基礎

である．また対は，***cons** $:= \lambda xyc.((c\ x)\ y)$ より

$$\text{*cons}\ M\ N = \lambda c.((c\ M)\ N)$$

という形式で定義され

$$\text{*car} := \lambda x.(x\ \text{*true}), \qquad \text{*cdr} := \lambda x.(x\ \text{*false})$$

によって，各要素が取り出される．実際

$$\begin{aligned}
\text{*car}\ (\text{*cons}\ M\ N) &= (\lambda x.\ x\ \text{*true})(\lambda c.((c\ M)\ N)) \\
&\underset{\beta}{\to} (\lambda c.((c\ M)\ N))\ \text{*true} \\
&\underset{\beta}{\to} (\text{*true}\ M)\ N = M, \\
\text{*cdr}\ (\text{*cons}\ M\ N) &= (\lambda x.\ x\ \text{*false})(\lambda c.((c\ M)\ N)) \\
&\underset{\beta}{\to} (\lambda c.((c\ M)\ N))\ \text{*false} \\
&\underset{\beta}{\to} (\text{*false}\ M)\ N = N
\end{aligned}$$

となり，その働きが確かめられた．これらのコードは

```
(define *cons (lambda (x y) (lambda (c) ((c x) y))))
(define *car  (lambda (x) (x *true)))
(define *cdr  (lambda (x) (x *false)))
```

であり，その実行例は以下のようになる．

```
> (*car (*cons 3 5))            > (*cdr (*cons 'a 'b))
3                               b
```

C.7.7 前任函数

チャーチの数字における減算には，間接的な技巧を要する．$\mathbb{C}_m$ から $\mathbb{C}_{m-1}$ を導く前任函数 **Pred** を，対を利用して定義する．先ず基礎となる対：

$$\text{Wzero} := \text{*cons}\ \mathbb{C}_0\ \mathbb{C}_0$$

を定義し，これを初期値として，後任函数の作用により，対の ***cdr** を，***car** よりも一段階前に進める中間的な手続：**Step** を作る．任意の対を p で表して

$$\text{Step} := \lambda p.\ \text{*cons}\ (\text{*cdr}\ p)\ (\text{Succ}\ (\text{*cdr}\ p))$$

である．定義より

$$\text{Step Wzero} = \text{*cons}\,(\text{*cdr}\,(\text{*cons}\,\mathbb{C}_0\,\mathbb{C}_0))\,(\text{Succ}\,(\text{*cdr}\,(\text{*cons}\,\mathbb{C}_0\,\mathbb{C}_0)))$$
$$\underset{\beta}{\to} \text{*cons}\,(\mathbb{C}_0)\,(\text{Succ}\,(\mathbb{C}_0))$$
$$\underset{\beta}{\to} \text{*cons}\,\mathbb{C}_0\,\mathbb{C}_1$$

となるが，これを繰り返し適用して，以下の系列：

$$\text{Wzero} = \text{*cons}\,\mathbb{C}_0\,\mathbb{C}_0,$$
$$\text{Step Wzero} = \text{*cons}\,\mathbb{C}_0\,\mathbb{C}_1,$$
$$\text{Step (Step Wzero)} = \text{*cons}\,\mathbb{C}_1\,\mathbb{C}_2,$$
$$\text{Step (Step (Step Wzero))} = \text{*cons}\,\mathbb{C}_2\,\mathbb{C}_3$$

を得る．ここで右辺の変化に注目すると，その *cdr が順に $0, 1, 2, 3$ と進んでいるのに対して，*car は $0, 0, 1, 2$ と一回空廻りをしている．そこでこの *car を取れば，繰り返し回数に対して一つ前のものが得られる訳である．従って，減算の基礎となる前任函数は

$$\text{Pred} := \lambda m.\,\text{*car}\,((m\,\text{Step})\,\text{Wzero})$$

により定義される．これより

$$\text{Pred}\,\mathbb{C}_m = (\lambda m.\,\text{*car}\,((m\,\text{Step})\,\text{Wzero}))\,\mathbb{C}_m$$
$$\underset{\beta}{\to} \text{*car}\,((\mathbb{C}_m\,\text{Step})\,\text{Wzero}) = \text{*car}\,(((\lambda pq.\,p^m q)\,\text{Step})\,\text{Wzero})$$
$$\underset{\beta}{\to} \text{*car}\,((\text{Step})^m\,\text{Wzero})$$
$$\underset{\beta}{\to} \text{*car}\,(\mathbb{C}_{m-1}\,\mathbb{C}_0) = \mathbb{C}_{m-1}$$

と求められる．具体的なラムダ項の計算としては

$$\mathbb{C}_m = \lambda sz.\,s^m z \quad \text{より} \quad \mathbb{C}_{m-1} = \lambda sz.\,s^{m-1} z$$

を求めるのであるから，s の冪を直接一つ減じる手法があればよい．そこで先ずは，変数を消去する手法として

$$\mathbf{E} := \lambda v.\,z, \quad \mathbf{E}\,s = z$$

を考える．これに変数の順序を入れ換える：

$$\lambda pq.\,q\,(p\,s)$$

C.7. 函数型言語の基礎

を連続して適用すると

$$(\lambda pq.q\,(p\,s))\,\mathbf{E} \underset{\beta}{\rightarrow} \lambda q.q\,(\mathbf{E}\,s) \underset{\beta}{\rightarrow} \lambda q.q\,(z)$$

$$(\lambda pq.q\,(p\,s))\,(\lambda q'.q'\,(z)) \underset{\beta}{\rightarrow} \lambda pq.q\,((\lambda q'.q'\,(z))\,s) \underset{\beta}{\rightarrow} \lambda q.q\,(s\,(z))$$

$$(\lambda pq.q\,(p\,s))\,(\lambda q'.q'\,(s\,(z))) \underset{\beta}{\rightarrow} \lambda pq.q\,((\lambda q'.q'\,(s\,(z)))\,s) \underset{\beta}{\rightarrow} \lambda q.q\,(s^2\,(z))$$

となり，$(m+1)$ 回の適用で

$$(\lambda pq.q\,(p\,s))^{m+1}\,\mathbf{E} = \lambda q.q\,(s^m z)$$

を得る．これが前任函数の核となる．用済みの変数 q の除去の為に，末尾に $\mathbf{I}$ コンビネータを加えて，**Pred** は

$$\mathbf{Pred} = \lambda msz.((m\,(\lambda pq.q\,(p\,s))\,\mathbf{E})\,\mathbf{I})$$

と定義される．これに，$\mathbb{C}_m$ を代入して

$$\mathbf{Pred}\,\mathbb{C}_m = (\lambda msz.((m\,(\lambda pq.q\,(p\,s))\,\mathbf{E})\,\mathbf{I}))\,\mathbb{C}_m$$

$$\underset{\beta}{\rightarrow} \lambda sz.((\mathbb{C}_m\,(\lambda pq.q\,(p\,s))\,\mathbf{E})\,\mathbf{I})$$

$$\underset{\beta}{\rightarrow} \lambda sz.((\lambda pq.q\,(p\,s))^m\,\mathbf{E})\,\mathbf{I})$$

$$\underset{\beta}{\rightarrow} \lambda sz.((\lambda q.q\,(s^{m-1}z))\,\mathbf{I})$$

$$\underset{\beta}{\rightarrow} \lambda sz.(\mathbf{I}\,(s^{m-1}z))$$

$$\underset{\beta}{\rightarrow} \lambda sz.(s^{m-1}z) = \mathbb{C}_{m-1}$$

とその働きが確かめられる．コードは，上式を忠実に翻訳して

```
(define Pred
  (lambda (m) (lambda (s) (lambda (z)
    (((m (lambda (p) (lambda (q) (q (p s)))))
      (lambda (v) z))
        (lambda (v) v) )))))
```

となる．実行例は

```
> (((Pred three) add1) 0)
2
```

である．また，これを用いて減算函数のコードは

```
(define Mins
  (lambda (u v) ((v Pred) u)))
```

となる．実行例は以下である．

```
> (((Mins three two) add1) 0)
1
```

C.7.8 Yコンビネータ

プログラミング言語と称する為には最低限，**逐次実行**と**分岐**，そして**繰り返し**の三種の操作が必要である．ラムダ算法における繰り返しは，先に紹介した"停止しない計算"を導く $\Omega := \omega\,\omega$ $(\omega := \lambda x.\,x\,x)$ をヒントに作る．先ずは

$$w := \lambda x.\,F\,(x\,x)$$

を定義して，$W := w\,w$ を計算すると

$$W = (\lambda x.\,F\,(x\,x))\,w = F\,(w\,w) = F\,W$$

となる．一方，変数 g によるラムダ抽象によって，ラムダ項 F を絞り出すと

$$\begin{aligned}W &= (\lambda x.\,F\,(x\,x))(\lambda x.\,F\,(x\,x))\\ &= (\lambda g.\,(\lambda x.\,g\,(x\,x))(\lambda x.\,g\,(x\,x)))\,F\end{aligned}$$

ここで括弧の中身全体を **Y** と定義すれば，$W = \mathbf{Y}\,F$ となり，さらに $W = F\,W$ より，以下の極めて印象的な関係：

$$\mathbf{Y}\,F = F\,(\mathbf{Y}\,F), \qquad \mathbf{Y} := \lambda g.\,(\lambda x.\,g\,(x\,x))\,(\lambda x.\,g\,(x\,x))$$

が見出される．この **Y** を **Y コンビネータ**(Y-combinator) と呼ぶ．

任意のラムダ項 F に対して，**Y** を作用させたものは，F によってその姿を変えない．即ち，$\mathbf{Y}\,F$ は F の"不動点"になっている．この意味で，**Y** は**不動点コンビネータ**(fixed point combinator) とも呼ばれている．この **Y** の働きにより再帰構造が作られ，繰り返し計算が実現される．一般的な関係は

$$\mathbf{Y}\,F = F\,(\mathbf{Y}\,F) = F\,(F\,(\mathbf{Y}\,F)) = F\,(F\,(F\,(\mathbf{Y}\,F))) = \cdots$$

であり，終らない．この連鎖を裁ち切って処理を終了させ，繰り返しの輪の中から脱出する為には，条件判断の機構が F に内蔵されている必要がある．

C.7. 函数型言語の基礎

例えば，0 から n までの数の和を求める通常の数式，及びその再帰形式は

$$S_n = \sum_{k=0}^{n} k \quad \left(= n + \sum_{k=0}^{n-1} k \right)$$

であり，Scheme のコードでは

```
(define Sn
  (lambda (n)
    (if (zero? n)
        0
        (+ n (Sn (-- n))) )))
```

となるが，ラムダ算法においては以下のように翻訳される．

先ず，分岐条件とその行く先は

$$\text{if } \textbf{*zero?}\, n \text{ then } \mathbb{C}_0 \text{ else } \textbf{Plus}\, n\, (m\, (\textbf{Pred}\, n))$$

となるので，初期値 $\mathbb{C}_n$ とコンビネータを取り込む二変数のラムダ項を

$$F := \lambda mn. (\textbf{*if}\ (\textbf{*zero?}\ n)$$
$$\mathbb{C}_0$$
$$(\textbf{Plus}\ n\ (m\ (\textbf{Pred}\ n))))$$

と定義する——ここでは，ラムダ項の関係がよく見えるように，コードを模して書いた．***if** に関する簡約は直ちに出来て，以下を得る．

$$F = \lambda mn. ((\textbf{*zero?}\ n)\ \mathbb{C}_0\ (\textbf{Plus}\ n\ (m\ (\textbf{Pred}\ n))))$$

● Y の動きを追う

そこで，具体的に $\mathbb{C}_3$ を与えて，その動きを追ってみよう．

$$\begin{aligned}
(\textbf{Y}\, F)\, \mathbb{C}_3 &= (F\, (\textbf{Y}\, F))\, \mathbb{C}_3 \\
&= ((\lambda mn. ((\textbf{*zero?}\ n)\ \mathbb{C}_0\ (\textbf{Plus}\ n\ (m\ (\textbf{Pred}\ n)))))\, (\textbf{Y}\, F))\, \mathbb{C}_3 \\
&= (\textbf{*zero?}\ \mathbb{C}_3)\ \mathbb{C}_0\ (\textbf{Plus}\ \mathbb{C}_3\ ((\textbf{Y}\, F)\ (\textbf{Pred}\ \mathbb{C}_3))) \\
&= \textbf{Plus}\ \mathbb{C}_3\ ((\textbf{Y}\, F)\ \mathbb{C}_2) \\
&= \textbf{Plus}\ \mathbb{C}_3\ ((F\, (\textbf{Y}\, F))\ \mathbb{C}_2) \\
&= \textbf{Plus}\ \mathbb{C}_3\ (\textbf{Plus}\ \mathbb{C}_2\ ((F\, (\textbf{Y}\, F))\ \mathbb{C}_1)) \\
&= \textbf{Plus}\ \mathbb{C}_3\ (\textbf{Plus}\ \mathbb{C}_2\ (\textbf{Plus}\ \mathbb{C}_1\ ((F\, (\textbf{Y}\, F))\ \mathbb{C}_0)))
\end{aligned}$$

ここまでは，条件判断は全て偽であり，else 節が採用されてきたが

$$(F \ (\mathbf{Y} \ F)) \ \mathbb{C}_0 = (\text{*zero?} \ \mathbb{C}_0) \ \mathbb{C}_0 \ (\mathbf{Plus} \ \mathbb{C}_0 \ ((\mathbf{Y} \ F) \ (\mathbf{Pred} \ \mathbb{C}_0))) = \mathbb{C}_0$$

となり，初めて then 節 $\mathbb{C}_0$ が採用されて，繰り返しからの脱出が為される．よって，これらをまとめて

$$(\mathbf{Y} \ F) \ \mathbb{C}_3 = \mathbf{Plus} \ \mathbb{C}_3 \ (\mathbf{Plus} \ \mathbb{C}_2 \ (\mathbf{Plus} \ \mathbb{C}_1 \ \mathbb{C}_0))) = \mathbb{C}_6$$

全く同様にして階乗計算も出来る．通常の数式，及びその再帰形式は

$$\text{fact } n = \prod_{k=1}^{n} k \qquad \left(= n \times \prod_{k=1}^{n-1} k \right)$$

であり，Scheme のコードは

```
(define fact
  (lambda (n)
    (if (zero? n)
        1
        (* n (fact (-- n))) )))
```

となる．ラムダ算法においては

$$F := \lambda mn. ((\text{*zero?} \ n) \ \mathbb{C}_1 \ (\mathbf{Mult} \ n \ (m \ (\mathbf{Pred} \ n))))$$

と定義する——*if に関しては処理済みである．先の例からは加算が乗算に，条件判断の真の場合が，$\mathbb{C}_0$ から $\mathbb{C}_1$ に変わっただけである．

具体的な値 $\mathbb{C}_3$ を与えると

$$\begin{aligned}
(\mathbf{Y} \ F) \ \mathbb{C}_3 &= (F \ (\mathbf{Y} \ F)) \ \mathbb{C}_3 \\
&= ((\lambda mn. ((\text{*zero?} \ n) \ \mathbb{C}_1 \ (\mathbf{Mult} \ n \ (m \ (\mathbf{Pred} \ n))))) \ (\mathbf{Y} \ F)) \ \mathbb{C}_3 \\
&= (\text{*zero?} \ \mathbb{C}_3) \ \mathbb{C}_1 \ (\mathbf{Mult} \ \mathbb{C}_3 \ ((\mathbf{Y} \ F) \ (\mathbf{Pred} \ \mathbb{C}_3))) \\
&= \mathbf{Mult} \ \mathbb{C}_3 \ ((\mathbf{Y} \ F) \ \mathbb{C}_2) \\
&= \mathbf{Mult} \ \mathbb{C}_3 \ (\mathbf{Mult} \ \mathbb{C}_2 \ ((F \ (\mathbf{Y} \ F)) \ \mathbb{C}_1)) \\
&= \mathbf{Mult} \ \mathbb{C}_3 \ (\mathbf{Mult} \ \mathbb{C}_2 \ (\mathbf{Mult} \ \mathbb{C}_1 \ ((F \ (\mathbf{Y} \ F)) \ \mathbb{C}_0))) \\
&= \mathbf{Mult} \ \mathbb{C}_3 \ (\mathbf{Mult} \ \mathbb{C}_2 \ (\mathbf{Mult} \ \mathbb{C}_1 \ \mathbb{C}_1)) = \mathbb{C}_6
\end{aligned}$$

となり，正しく機能していることが分かる．

C.7. 函数型言語の基礎

なお，Y コンビネータと恒等演算子である I コンビネータを組合せると

$$\begin{aligned}\mathbf{Y\,I} &= (\lambda g.(\lambda x.g\,(x\,x))\,(\lambda x.g\,(x\,x)))\,\mathbf{I} \\ &\underset{\beta}{\to} (\lambda x.\mathbf{I}\,(x\,x))\,(\lambda x.\mathbf{I}\,(x\,x)) \\ &\underset{\beta}{\to} (\lambda x.(x\,x))\,(\lambda x.(x\,x)) = \mathbf{\Omega}\end{aligned}$$

となって，再び Ω コンビネータが導かれる．

● **Scheme における Y**

さて，Y コンビネータに関しては，定義をそのまま Scheme のコードに翻訳すると停止しない．何故なら，Scheme においては全ての引数の評価値を先に行う"値呼び"が採用されており，*if における分岐先の評価値が直ちに求められる為に，条件の成立以前の問題として，Y コンビネータによる処理が始まり，その結果，無限ループに陥ってしまうからである．

値呼びでは条件分岐が出来ない，それ故に Scheme の **if** は特殊形式なのであった．従って，Scheme においてラムダ算法の繰り返し計算を実現する為には，Y コンビネータの翻訳を含めて一工夫が必要となる．先ず，"引数の無い函数"を利用して，分岐先の評価値計算を遅らせる．

```
(define Sn
  (lambda (f) (lambda (n)
  ((*if (*zero? n)
        (lambda () zero)
        (lambda () (Plus n (f (Pred n)))) )))))
```

加えて Y 自身も変更する必要がある．その主要部をイータ変換すると

$$(x\,x) \underset{\eta}{\to} \lambda s.(x\,x)\,s$$

となる．これを戻して

$$\mathbf{Y} := \lambda g.(\lambda x.(g\,(\lambda s.(x\,x)\,s)))\,(\lambda x.(g\,(\lambda s.(x\,x)\,s)))$$

と再定義する．これに引数として F を与えると

$$\begin{aligned}\mathbf{Y}\,F &= (\lambda g.(\lambda x.(g\,(\lambda s.(x\,x)\,s)))\,(\lambda x.(g\,(\lambda s.(x\,x)\,s))))\,F \\ &= (\lambda x.(F\,(\lambda s.(x\,x)\,s)))\,(\lambda x.(F\,(\lambda s.(x\,x)\,s))) \\ &= F\,(\lambda s.((\lambda x.(F\,(\lambda s.(x\,x)\,s)))\,(\lambda x.(F\,(\lambda s.(x\,x)\,s))))\,s) \\ &= F\,(\lambda s.(\mathbf{Y}\,F)\,s)\end{aligned}$$

となる．これは，先の計算結果をそのままイータ変換した形になっている．
従って，その評価値は変わらず，評価のタイミングだけが変わる——この形
式，即ち，値呼びにおける Y を，**Z コンビネータ**と呼ぶ場合がある．コードは

```
(define Y
  (lambda (g)
    (lambda (x) (g lambda (s) ((x x) s)))
    (lambda (x) (g lambda (s) ((x x) s))) ))
```

である．これより，Scheme においても正しく計算が行われ，所望の結果：

```
((((Y Sn) three) add1) 0)   => 6
```

が得られる．階乗計算も全く同様であり

```
(define Fact
  (lambda (f) (lambda (n)
    ((*if (*zero? n)
          (lambda () one)
          (lambda () (Mult n (f (Pred n)))) )))))
```

によって，再帰計算が実行される．実行例は以下である．

```
((((Y Fact) two) add1) 0)   => 2
```

● 通常の四則による Y

Y コンビネータの働きを調べるだけならば，他の定義を通常の四則に戻した

```
(define Fact
  (lambda (f) (lambda (n)
    (if (zero? n)
        1
        (* n (f (-- n)))))))
```

を階乗函数として用いれば，((Y Fact) 5) より，その値 120 が求められる．
Y コンビネータの引数となる函数の本体は，定義内で f によりラムダ抽象され
ている．従って函数名 Fact は便宜上のものに過ぎず

```
((Y (lambda (f) (lambda (n)
     (if (zero? n)
         1
         (* n (f (-- n))))))) 5)
```

C.7. 函数型言語の基礎

とすることで，消去することが出来る——この問題は次節でも議論する．

なお，Y コンビネータは，**カリー**により発見されたものであるが，同じ性質を持つものが，**チューリング**によっても見出されている．その定義は

$$\Theta := \theta\,\theta, \quad \text{ただし} \quad \theta := \lambda xy.\, y\,(x\,x\,y)$$

であり，実際

$$\begin{aligned}\Theta\,F &= (\theta\,\theta)\,F = ((\lambda xy.\,y\,((x\,x)\,y))\,\theta)\,F \\ &= F\,((\theta\,\theta)\,F) = F\,(\Theta\,F)\end{aligned}$$

となることから，上記と全く同様の計算が可能になる．

C.7.9　Y の導出への再帰

さて，Ω コンビネータから Y を導くことが出来た．Y コンビネータによる再帰は，その実態を内部に隠し，影だけを見せていた．ここでは階乗計算の中から，それを絞り出す．Y の導出に再帰する訳である．この両方の径路を辿ることによって，奇妙奇天烈にも見える Y の働きが実感出来るだろう．

● 再び Y を探す

先ずは通常の階乗の定義：

```
(define Fact
  (lambda (y)
    (if (zero? y) 1 (* y (Fact (-- y))))))
```

から函数名を除去することを考える．函数名を追い出したその後に，Y コンビネータが残るだろうという発想である．

ラムダ内の函数名を，引数 f により外部に引き出す．

```
(define Fact
  (lambda (f) (lambda (y)
    (if (zero? y) 1 (* y (f (-- y)))))))
```

これで定義内から"名前"は消えた．しかし

```
> ((Fact Fact) 3)
```

を試してみると，エラーとなる．左側の Fact は函数であり，右側の Fact はその第一引数である．ここで Fact は元々二つの引数を取る函数であることに

注意すると，取り込まれた右側の Fact もその実態は二引数を必要とする函数なので，これでは引数不足となる．その為に生じたエラーである．

実際に計算過程を紙上で再現すれば

```
↓ ((Fact Fact) 3)
↓ (((lambda (f) (lambda (y)
    (if (zero? y) 1 (* y (f (-- y)))))) Fact) 3)
↓ ((lambda (y) (if (zero? y) 1 (* y (Fact (-- y))))) 3)
↓ (* 3 (Fact 2))
↓ (* 3 ((lambda (f) (lambda (y)
    (if (zero? y) 1 (* y (f (-- y)))))) 2))
→ (* 3 ((lambda (y) (if (zero? y) 1 (* y (2 (-- y)))))))
```

となって，函数名が入るべき場所に数値2が挿入されて破綻する．

● 二重化による解決

この問題を解決する為に，本体内部の f をも二重化する．即ち

```
(define Fact
  (lambda (f) (lambda (y)
    (if (zero? y) 1 (* y ((f f) (-- y)))))))
```

である．この結果，引数の過不足も無くなり，実行例：

```
> ((Fact Fact) 3)
6
```

を得る．この場合の処理過程を再現すると

```
↓ ((Fact Fact) 3)
↓ (((lambda (f) (lambda (y)
    (if (zero? y) 1 (* y ((f f) (-- y)))))) Fact) 3)
↓ ((lambda (y)
    (if (zero? y) 1 (* y ((Fact Fact) (-- y))))) 3)
↓ (* 3 ((Fact Fact) 2))
↓ (* 3 (((lambda (f) (lambda (y)
    (if (zero? y) 1 (* y ((f f) (-- y)))))) Fact) 2))
↓ (* 3 ((lambda (y)
    (if (zero? y) 1 (* y ((Fact Fact) (-- y))))) 2))
↓ (* 3 (* 2 ((Fact Fact) 1)))
↓ (* 3 (* 2 (((lambda (f) (lambda (y)
```

C.7. 函数型言語の基礎

```
          (if (zero? y) 1 (* y ((f f) (-- y)))))) Fact) 1)))
↓ (* 3 (* 2 ((lambda (y)
          (if (zero? y) 1 (* y ((Fact Fact) (-- y))))) 1)))
↓ (* 3 (* 2 (* 1 ((Fact Fact) 0))))
↓ (* 3 (* 2 (* 1 (((lambda (f) (lambda (y)
          (if (zero? y) 1 (* y ((f f) (-- y)))))) Fact) 0))))
↓ (* 3 (* 2 (* 1 ((lambda (y)
          (if (zero? y) 1 (* y ((Fact Fact) (-- y))))) 0))))
→ (* 3 (* 2 (* 1 1)))
```

となって，数値 6 が得られる．これより便宜上の意味しか持たない函数名 Fact を省き，函数の本体部分だけを ((Fact Fact) 3) に直接代入した

```
(((lambda (f) (lambda (y)
     (if (zero? y) 1 (* y ((f f) (-- y))))))
  (lambda (f) (lambda (y)
     (if (zero? y) 1 (* y ((f f) (-- y))))))) 3)
```

によって，全くの無名のまま階乗計算が出来ることが再度確認された——ここへ来て Ω の影が見えてきた．そこで

```
(define w (lambda (x) (x x)))
```

を定義すれば，一つの簡略記法として以下が得られる．

```
((w (lambda (f) (lambda (y)
     (if (zero? y) 1 (* y ((f f) (-- y))))))) 3)
```

● さらに二重化

もう一つの本質的な簡略化は，定義の本体にある $((ff)\,(--\,y))$ に注目することから得られる．即ち，この項を単一の引数 f 及び $(--\,y)$ から得る為に，二重化函数：

```
(lambda (x) (lambda (s) ((x x) s)))
```

を定めて，以下のように書き直す．

```
(((lambda (x) (lambda (s) ((x x) s))) f) (-- y))
```

ここで今一度，函数名を抽象化した最初の定義 (引数の重複していないもの)：

```
(lambda (f) (lambda (y) (if (zero? y) 1 (* y (f (-- y))))))
```

を用いて，二重化函数の間に挟むと

↓ `(lambda (x)`
`    ((lambda (f) (lambda (y)`
`       (if (zero? y) 1 (* y (f (-- y))))))`
`    (lambda (s) ((x x) s))))`
↓ `(lambda (x) (lambda (y)`
`    (if (zero? y) 1 (* y ((lambda (s) ((x x) s)) (-- y))))))`
→ `(lambda (x) (lambda (y)`
`    (if (zero? y) 1 (* y ((x x) (-- y))))))`

となる．ここで右側から f を与えると，x に代入されて

`(lambda (y) (if (zero? y) 1 (* y ((f f) (-- y)))))`

となり，確かに必要な定義が再現されている．さらに上式は，階乗函数を g でラムダ抽象した形式：

`(lambda (g) (lambda (x) (g (lambda (s) ((x x) s)))))`
`(lambda (f) (lambda (y) (if (zero? y) 1 (* y (f (-- y))))))`

に書き直せる．そこで，これを二重化したもの：

`(define Y (lambda (g)`
`  ((lambda (x) (g (lambda (s) ((x x) s))))`
`   (lambda (x) (g (lambda (s) ((x x) s)))) ))`

が所望の Y コンビネータとなる．

幾らその機能を説明しても，幾らコードの詳細を記述しても，合せ鏡の中で函数が増殖していくような **Y** の摩訶不思議さが消える訳ではない．一枚の鏡のみでは反射させることしか出来ないが，二枚を合わせれば，その間に対象を捉えて"繰り返し"を実現させることが出来る．**Y** は，「ラムダ算法のような最小限のシステムの中で，繰り返しを実現させる為の一つの工夫である」という実務的な観点を越えて，自己言及の本質的な意味についても考えさせられる．

さて最後に，自己言及に言及する為の自己となる例として

`(define quine`
`  (lambda (x) (list x (list (quote quote) x))))`

を紹介しておく．一般に「入力したコードがそのまま出力されるプログラム」を**クワイン**(quine) と呼ぶ——自己言及の研究で著名な二十世紀の論理学者

C.7. 函数型言語の基礎

ウィラード・クワイン (Quine, Willard van Orman) に由来する．各言語において，それぞれ多くの実例が作られている．実際，このコードに自分自身を **quote** したものを引数として与えると，以下に示すように入出力が一致する．

```
> (quine 'quine)
```
(quine 'quine)

コードの各部分の意味を調べる為に，部分的に実行させると

```
(quote quote)                       =>  quote
(list (quote quote) 999)            =>  '999
(list 999 (list (quote quote) 999)) =>  (999 '999)
```

となる．quine は，全体を lambda で包んでいるので，引数の未定義エラーは出ないが，ここではこれを避ける為に数値を与えた——引数を **quote** することによりリストとした場合と，同じ引数を直接 **quote** した場合の出力の違い

```
(list 'x)  =>  (x)
(quote x)  =>  x
```

に注意すれば，各手続の意味は理解出来るだろう．

以上の中間的な処理を廃して，直接にコードを表せば以下のようになる．

```
((lambda (x) (list x (list 'quote x)))
 '(lambda (x) (list x (list 'quote x))))
```

二行目全体がデータとして，一行目の引数 *x* に割り当てられ，リスト第一項，第二項として二重に出力されることによって，全体が再現される仕組である．なお，Gauche によりこのコードを実行する場合には，全体を display で包まないと簡略表記されてしまい，見た目はクワインにならない．

　さて，本節において，Y コンビネータにより再帰が可能となり，ラムダ算法においても繰り返し計算が実現されることが分かった．従って，以上紹介した要素を組合せて充分にプログラミングが出来る訳である．残る問題は，如何に楽に，如何に間違いが少なく，如何にメンテナンスを容易にするか．そういった運用上の問題を軸に，糖衣構文を増やしたり，基本命令のオプションを増やしたりすることで，独自のプログラミング言語が生まれてくるのである．

　次章から，いよいよ具体的な問題を Scheme によって解いていく．

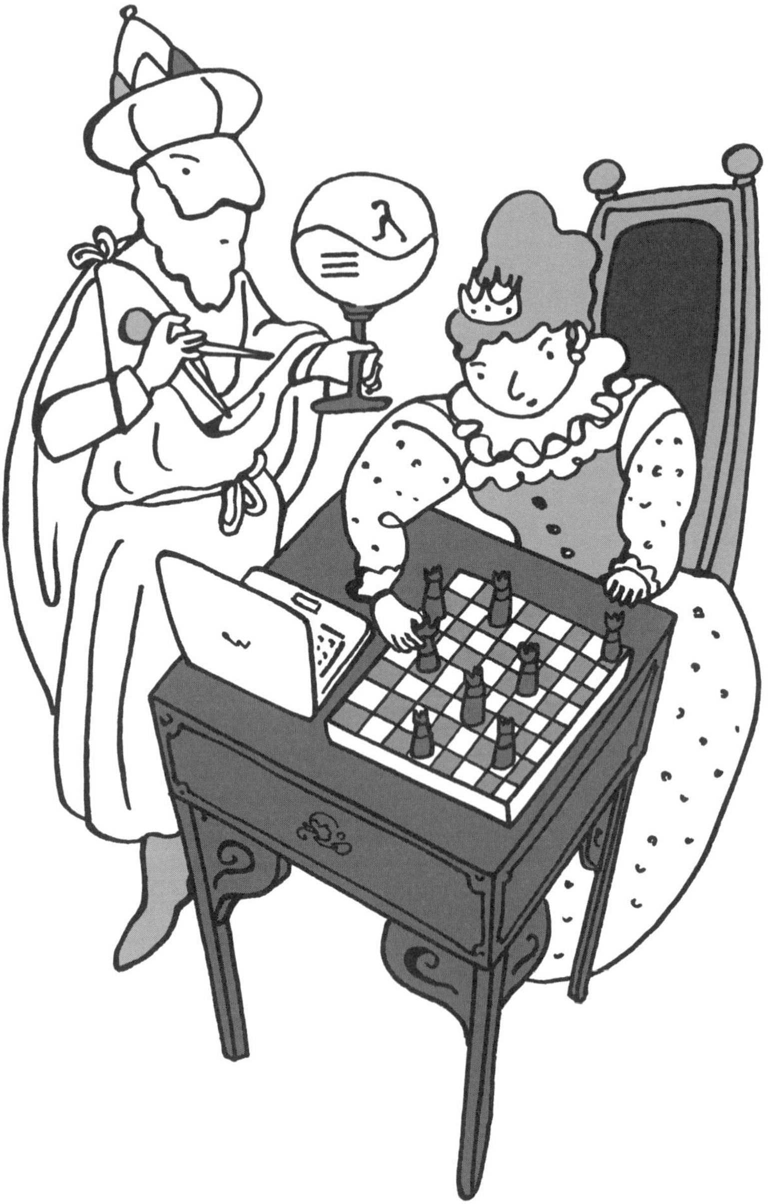

付録 D

女王陛下の LISP

数学は科学の女王であり，整数論は数学の女王である．
　ここからは，その女王たる整数論とプログラムの関係を見ていく．女王の女王たる所以は，「あらゆる分野を自らの栄光の為に酷使しながら，他には貢献しないから」とも伝えられているが，暗号理論の驚異的な展開と共にこうした冗談も色褪せてきた．話はほとんど逆転してしまった．今や，数学の中でも実社会への影響が最も高い分野の一つが整数論である．

　そして，理論そのものも他の分野からの成果を受け入れて，巨大なものへと変貌を遂げた．それ故に，最近では"整数"を外して単に「数論」と呼ばれる場合が多くなったようである．特にその入口は「初等整数論」と呼ばれてきたが，これもまた初等数論と呼ばれるようになった．しかし，ガウスにより体系化されたこの分野は，整数の考察に始まるものであり，整数論という名称には今なお捨て難い味わいがある．そこで本講では整数論の名称を残し，歴史的興趣をも満喫して頂くことにした次第である．

　ここでは講演部分の数学的内容を，コードにして別角度から光を当てる．数学中の数学とも呼ばれる「数学基礎論」は，整数論の一大成果をもって展開された．そして，基礎論研究のすぐ隣に，本講で登場した LISP の開発者を含む多くの計算機研究者が位置していた．両分野は手を携えて発展してきたのである．従って，整数論を LISP コードに翻訳することは，両分野の発展史を確認し，再現する作業に直結する．整数論は計算機理論をも酷使する．その関わりの一端を見ていこう．**女王陛下の LISP** である．

D.1　組込函数による数値計算

ここまでのまとめと組込函数の数値例を挙げる．先ずは**整数**(integer) に関係する**函数**(function) から始める．x 以下の最も近い整数に設定する函数は，**床函数**(floor function) と呼ばれ，記号：$\lfloor x \rfloor$ によって表される．具体的には

$$\lfloor 3 \rfloor = 3, \quad \lfloor 3.14 \rfloor = 3, \quad \lfloor -2.72 \rfloor = -3$$

である．これは組込函数によれば，以下のように求められる．

```
(floor 3)        => 3
(floor 3.14)     => 3.0
(floor -2.72)    => -3.0
```

同種の函数として，x 以上の最も近い整数に設定する**天井函数**(ceiling function) があり，これは記号：$\lceil x \rceil$ によって表される．具体的には

$$\lceil 3 \rceil = 3, \quad \lceil 3.14 \rceil = 4, \quad \lceil -2.72 \rceil = -2$$

である．これは組込函数によれば，以下のように求められる．

```
(ceiling 3)       => 3.0
(ceiling 3.14)    => 4.0
(ceiling -2.72)   => -2.0
```

床函数と天井函数には

$$\lceil x \rceil = \lfloor x \rfloor \qquad : x が整数の場合,$$
$$\lceil x \rceil = \lfloor x \rfloor + 1 \quad : x が整数でない場合,$$
$$\lceil -x \rceil = -\lfloor x \rfloor \qquad : 任意の x に対して$$

という関係がある．これらの相互関係については，手続：

```
(define (room n)
  (list 'ceiling= (ceiling n) 'floor= (floor n)))
```

によって，出力される数値を比較すれば理解が容易になる．なお本章では，**手続定義に対して MIT 記法を用いる**——コードを短くして紙面を有効活用する意味と，他書を参照する時の慣れの為にである．また，数学的問題の解決が主となるので，特に断らない限り「**自然数は 0 を含まない**」ものとする．

D.1. 組込函数による数値計算

三角函数(trigonometric function) の引数は**弧度**(radian) で指定する．そこで，円周率 pi を (define pi 3.141592653589793) によって定義した後

```
(sin (/ pi 3))   =>  0.8660254037844386
(cos (/ pi 3))   =>  0.5000000000000001
(tan (/ pi 3))   =>  1.7320508075688767
```

を得る．そして，**逆三角函数**(inverse trigonometric function) により，再び

```
(* 3 (asin 0.8660254037844386))   =>  3.141592653589793
(* 3 (acos 0.5000000000000001))   =>  3.141592653589793
(* 3 (atan 1.7320508075688767))   =>  3.141592653589793
```

と戻る．**指数函数**(exponential function)，**対数函数**(logarithmic function) は

```
(exp 0)    =>  1.0
(exp 1)    =>  2.718281828459045
(log 1)    =>  0.0
(log 10)   =>  2.302585092994046
```

となる．**自然対数**の値として，以下を覚えておけば概算に役に立つ．

```
(log  2)   =>  0.6931471805599453
(log  3)   =>  1.0986122886681098
(log 10)   =>  2.302585092994046
```

常用対数の値がほしい場合には，(log 10) で割って

```
(/ (log 2) (log 10))   =>  0.30102999566398114
(/ (log 3) (log 10))   =>  0.47712125471966244
```

と求める．**素数定理**は，真数と対数の単純な比であるから

```
(define (pnt n)                          ; prime number theorem
  (adjust-of (/ n (log n))))
```

により計算出来る——小数点以下三桁まで取る．10^{10} までの分布は

```
(map pnt (map (lambda (x) (** 10 x)) (iota 10)))
```

から得る．結果は，1.3 (p.12) のものと，桁処理を除き同じである．

ここで，C.7.1 (p.555) で紹介した合成函数を作る手続：

```
(define ((compose f g) x)
  (f (g x)))
```

を利用して，函数とその逆函数を合成してみよう．結果は実引数の値が，そのまま返ってくることが予想される．先ず，指数函数と対数函数の例を挙げる．

```
((compose log exp) 1)   =>  1.0
((compose exp log) 1)   =>  1.0
```

確定数 1 の入力に対して，限定数 1.0 が出力されている．これは，確定数に対して限定数を返す指数・対数函数が，確かに作用した結果である．また，合成の順序に因らず，同じ結果が得られるのは，両函数の誤差が上手く打ち消し合う数値においてのみであり，一般的には両者は僅かに異なる値となる——合成結果は"理論的"な恒等函数ではないということである．

続いて，三角函数と逆三角函数について調べる．

```
((compose sin asin) 1)   =>  1.0
((compose asin sin) 1)   =>  1.0
```

同様に限定数が返ってくるが，指数・対数の場合よりも，順序の影響はより大きい．それは，−1〜1 の値を持つ三角函数に対して，実引数が 1 を越えた場合を考えれば容易に理解出来る．この時，両者は全く異なる結果となる——それでも処理が破綻しないのは，両函数が複素数に対応しているからである．

一方，確定数に対して確定数を返す四則計算の場合には

```
((compose / /) 1)   =>  1
((compose - -) 1)   =>  1
```

となる．また compose は，論理式の合成にも応用することが出来て

```
((compose not not) #t)   =>  #t
```

を得る．このように，合成函数の手法を用いることによって，手持ちの僅かな函数からでも，有用な函数を作り出すことが出来る訳である．

Scheme では，**虚数単位**は +i と定義されているので，i の i 乗は

```
(expt +i +i)   =>  0.20787957635076193
```

と求められる——これは (exp (/ pi -2)) に等しい．

オイラーの公式(Euler's furmula) も (exp (* +i pi)) により求められるが，残念ながら虚部に誤差が残り，−1 に等しくはならない．そこで，四捨五入の手続：adjust-of を複素数に対応出来るように更新した

D.1. 組込函数による数値計算

```
(define (adjust-i z)
  (let ((a (adjust-of (real-part z)))
        (b (adjust-of (imag-part z))))
    (make-rectangular a b)))
```

を導入する——**実部**(real part) と**虚部**(imaginary part) を切り分けて処理し，結果を再び一つの**複素数**(complex number) としてまとめている．これより

```
(adjust-i (exp (* +i pi)))    =>  -1.0
```

を得る．さらに，1 の n 乗根(n-th root of 1) を求める手続を

```
(define (root-unity n)
  (map (lambda (k) (adjust-i (exp (/ (* +i 2 pi k) n))))
       (iota 0 (- n 1))))
```

により定義すると，冪根がリスト形式で得られる．

```
(root-unity 1)   =>  (1.0)
(root-unity 2)   =>  (1.0 -1.0)
(root-unity 3)   =>  (1.0 -0.5+0.866i -0.5-0.866i)
(root-unity 4)   =>  (1.0 0.0+1.0i -1.0 0.0-1.0i)
(root-unity 5)   =>  (1.0 0.309+0.951i -0.809+0.588i
                      -0.809-0.588i 0.309-0.951i)
(root-unity 6)   =>  (1.0 0.5+0.866i -0.5+0.866i -1.0
                      -0.5-0.866i 0.5-0.866i)
(root-unity 7)   =>  (1.0 0.623+0.782i -0.223+0.975i -0.901+0.434i
                      -0.901-0.434i -0.223-0.975i 0.623-0.782i)
(root-unity 8)   =>  (1.0 0.707+0.707i 0.0+1.0i -0.707+0.707i -1.0
                      -0.707-0.707i 0.0-1.0i 0.707-0.707i)
```

複素数を**直交座標系**(rectangular coordinate system) の $a + bi$ から，**極座標系**(polar coordinate system)(極形式ともいう) の $re^{i\theta}$ に直し，さらに角をラジアンから**度**(degree) へ変更すると円の等分がよく見える．そこで，変換手続：

```
(define (rect->p z)
  (let* ((deg (/ 180 pi))
         (r (inexact->exact (adjust-of (magnitude z))))
         (az (angle z))
         (t (adjust-of (* deg
              (if (negative? az) (+ az (* 2 pi)) az)))))
    (list r t)))
```

を定義する．ここでは angle の返す値が，ラジアン単位の $-\pi \sim \pi$ であることから，度を単位とする $0 \sim 360$ になるよう調整している．この手続と内部の adjust-i と交換したものを，新しく root-unity+ とすれば

```
(root-unity+ 1)   =>  ((1 0.0))
(root-unity+ 2)   =>  ((1 0.0) (1 180.0))
(root-unity+ 3)   =>  ((1 0.0) (1 120.0) (1 240.0))
(root-unity+ 4)   =>  ((1 0.0) (1 90.0) (1 180.0) (1 270.0))
(root-unity+ 5)   =>  ((1 0.0) (1 72.0) (1 144.0) (1 216.0) (1 288.0))
(root-unity+ 6)   =>  ((1 0.0) (1 60.0) (1 120.0) (1 180.0) (1 240.0)
                       (1 300.0))
(root-unity+ 7)   =>  ((1 0.0) (1 51.429) (1 102.857) (1 154.286)
                       (1 205.714) (1 257.143) (1 308.571))
(root-unity+ 8)   =>  ((1 0.0) (1 45.0) (1 90.0) (1 135.0) (1 180.0)
                       (1 225.0) (1 270.0) (1 315.0))
```

と求められる．何れの場合も**半径**(radius) が 1 になっていることが分かる．

平方根(square root) も，複素数に対応しており，例えば

```
(sqrt +i)   =>  0.7071067811865476+0.7071067811865475i
```

と求められる——これは先に求めた (root-unity 8) の二番目の根であり，(exp (/ (* +i pi) 4)) に等しい．

数値計算(numerical calculation) の場合，**誤差**(error) の扱いによって結果が著しく左右される場合があり，その対応には常に繊細さが求められる．従って，如何なる場合においても，解析による**厳密解**(exact solution) の重要性は下がらない．力学的な保存量や，幾何的な考察から導かれる指針が，数値計算の前に立って，それを導く灯火となるのである．その一方で，**概算**(estimate) による"問題の更新"，或いは"派生"が成され，「近似問題の厳密解」へと道を拓くこともある．また，数値計算に関連するソフトの多くでは，形式的な**分数**(fraction) は処理出来ず，特定桁の小数表記しか受け附けない．

そこで，リスト内の数値を，桁を揃えた**小数**(decimal) に丸める手続：

```
(define (dec10 lst)
  (let ((modify (lambda (x) (adjust-of (* 1.0 x)))))
    (if (list? (car lst))
        (dismap modify lst)
        (map    modify lst))))
```

D.1. 組込函数による数値計算　　**589**

を定義する．二重のリストを (car *lst*) により判定し，dismap により内部リストまで処理するようにしている．例えば，以下である．

```
> (dec10 '(1.0 0.5 0.33333 0.25 0.2 0.166666 0.142857))
```
(1.0 0.5 0.333 0.25 0.2 0.167 0.143)

同じく，二重リストの場合も

```
> (dec10 '((1.0 1.0) (1.41421 0.5) (1.73205 0.33333)
  (2.0 0.25) (2.236 0.2) (2.4494 0.166666) (2.645751 0.142857)))
```
((1.0 1.0) (1.414 0.5) (1.732 0.333) (2.0 0.25) (2.236 0.2) (2.449 0.167)
　　(2.646 0.143))

と求められる．桁の調整は，adjust-of の内部変数によって行う．

　以上，組込函数の紹介も含めて，簡単に解決の出来る問題を解いた．Scheme において"手間無しで計算出来る"ものは，この程度の範囲に留まっている．特に数学的函数に関しては，三角函数，指数函数，対数函数が主たるものであり，他はこれらを組み合わせて作っていくしかない．しかし，このことによって，函数そのものを学ぶ機会を得る．また，その有効範囲や条件など，紙面上で眺めているだけでは気が附きにくい問題に関しても，必然的に立ち会わされることになるので，その機微に触れることが出来るのである．

　ここから，整数論の内容を「如何にして計算機に乗せるか」という本題に入る．ガウスやオイラーの巨大な成果を，フェルマーの切れ味鋭い定理を，コードで表現する．本講での **GEB** とは「**ガウス・オイラー・ビット**」である．

ここで Gauss には Green を，Bit には Blue を配色している．また，全体で色の三原色 RGB ともなるように，Euler には Red を用いている．本書の印象は Black Book であるが，この配色の意味で，整数論を語る本体は Green Part，計算機に関する附録は Blue Part とも分けられる．

D.2 フィボナッチ数列に学ぶ

フィボナッチ数列(Fibonacci sequence) とは，次項が前二項の和：

$$\mathrm{fib}(n) := \mathrm{fib}(n-1) + \mathrm{fib}(n-2), \quad \mathrm{fib}(0) = 1, \quad \mathrm{fib}(1) = 1$$

で定まる数列であった．この定義をそのままコードにして以下を得る．

```
(define (fib n)
  (cond ((= n 0) 0)
        ((= n 1) 1)
        (else (+ (fib (- n 1)) (fib (- n 2)))) ))
```

これによって，n 番目の**フィボナッチ数**(Fibonacci number) が得られる．

```
> (map fib (iota 16))
```
(1 1 2 3 5 8 13 21 34 55 89 144 233 377 610 987)

数値を見ながら，この数列の定義を思い出せば，確かにこのリストが定義通りに，前二つの数の和から，次の数が作られていることが分かる．

D.2.1 再帰の動き

数学の定理・公式は，その適用に無限のメモリーと無限の時間が掛かっても構わない．それは定理の価値を下げるものではない．公式の直接的な翻訳である上記コードは，この意味で危険なものである．解釈系は一筆書きのように動く．"並列処理"の出来ない計算機にはこの方法しかない．その速度が人間に比して途方も無く速い為に，如何にも同時に処理しているようにも見えるが，その実態は常に，一つの処理を一つの流れの中で行っているだけである．例えば，$n = 5$ の場合には以下のようになる．一目瞭然，大変な無駄がある．

```
(fib 5)
(+ (fib 4) (fib 3))
(+ (+ (fib 3) (fib 2)) (fib 3))
(+ (+ (+ (fib 2) (fib 1)) (fib 2)) (fib 3))
(+ (+ (+ (+ (fib 1) (fib 0)) (fib 1)) (fib 2)) (fib 3))
(+ (+ (+ (+ 1 (fib 0)) (fib 1)) (fib 2)) (fib 3))
(+ (+ (+ (+ 1 0) (fib 1)) (fib 2)) (fib 3))
(+ (+ (+ (+ 1 0) 1) (fib 2)) (fib 3))
```

```
(+ (+ (+ (+ 1 0) 1) (+ (fib 1) (fib 0))) (fib 3))
(+ (+ (+ (+ 1 0) 1) (+ 1 (fib 0))) (fib 3))
(+ (+ (+ (+ 1 0) 1) (+ 1 0)) (fib 3))
(+ (+ (+ (+ 1 0) 1) (+ 1 0)) (+ (fib 2) (fib 1)))
(+ (+ (+ (+ 1 0) 1) (+ 1 0)) (+ (+ (fib 1) (fib 0)) (fib 1)))
(+ (+ (+ (+ 1 0) 1) (+ 1 0)) (+ (+ 1 (fib 0)) (fib 1)))
(+ (+ (+ (+ 1 0) 1) (+ 1 0)) (+ (+ 1 0) (fib 1)))
(+ (+ (+ (+ 1 0) 1) (+ 1 0)) (+ (+ 1 0) 1))
(+ (+ (+ 1 1) (+ 1 0)) (+ (+ 1 0) 1))
(+ (+ 2 (+ 1 0)) (+ (+ 1 0) 1))
(+ (+ 2 1) (+ (+ 1 0) 1))
(+ (+ 2 1) (+ 1 1))
(+ 3 (+ 1 1))
(+ 3 2)
5
```

一方，我々"人型解釈系"は軽々と並列処理を熟す．唯その速度は途方も無く遅い．「コードに従って計算せよ！」と命じられれば，我々なら

```
                    (fib 5)
(+          (fib 4)              (fib 3))
(+ (+       (fib 3) (fib 2))   (+ (fib 2) (fib 1)))
(+ (+ (+    (fib 2) (fib 1))
      (+    (fib 1) (fib 0)))
                                 (+ (+ (fib 1) (fib 0))
                                       (fib 1)))
(+ (+ (+ (+ (fib 1) (fib 0))
            (fib 1))
      (+ (fib 1) (fib 0)))
                                 (+ (+ (fib 1) (fib 0))
                                       (fib 1)))
```

と拡げて各所の値を合算をする．同じ計算を見附ければ，先に得たものを流用する．書き方を工夫すれば，隠れていたものも見えてくる．ここではむしろ"描き方"と記した方が適切であろう．各部分は実行可能なコードの体裁を保っているが，最早これは一枚の図案である．

● **末尾再帰への準備**

数学的な定義のままでは，3.6 (p.76) の寸劇の逆パターンであり，計算機の沈黙は果てしなく長くなる．まさに「27 程度に留めておく方がよい」，とても

大きな数値を与えるわけにはいかない．数学的定義と，計算機工学における実践の乖離である．ここに対象を表現するに際して，複数のアルゴリズムを検討する意味がある．そこで改めて，この数列の値の変化を，定義に従って順に並べてみよう——ここでは fib を簡潔に F と書く

$$F(2) = F(1) + F(0)$$
$$F(3) = F(2) + F(1)$$
$$F(4) = F(3) + F(2)$$
$$\vdots$$
$$F(n-1) = F(n-2) + F(n-3)$$
$$F(n) = F(n-1) + F(n-2)$$

一つ項がズレた形で計算が進行することを，斜め矢印で強調した．そこでさらに，$a := F(1), b := F(0)$ によって書き直せば，値の変化がより明瞭になる．

	$\langle S1 \rangle$	$\langle S2 \rangle$
$F(0) =$		b
$F(1) = a$		↓
$F(2) = a$		$+ b$
$F(3) = a + b$		$+ a$
$F(4) = a + b$ $+a$		$+ a + b$
$F(5) = a + b$ $+a$ $+a+b$		$+ a + b$ $+a$

$\Rightarrow$

$n-1 :$	$\langle S1 \rangle + \langle S2 \rangle$	$\langle S1 \rangle$
	↓	↓
$n :$	$\langle S1 \rangle$	$\langle S2 \rangle$

ここで a, b を順に収めていくスロット $\langle S1 \rangle, \langle S2 \rangle$ を変数として，一段毎に加算されていく様子をそのままコードにすることが出来る．

```
(define (fib n)
  (define (fib-iter s1 s2 i)
    (if (zero? i)
        s2
        (fib-iter (+ s1 s2) s1 (-- i))))
  (fib-iter 1 0 n))
```

これは**末尾再帰**(tail recursion) の形式になっており，冒頭のコードと比べるとメモリーの消費量が極めて少ない．実際の動きは以下のようになる．

D.2. フィボナッチ数列に学ぶ

```
↓ (fib-iter 1 0 5)        ← (fib 5)
↓ (fib-iter (+ 1 0) 1 4)
↓ (fib-iter (+ 1 1) 1 3)
↓ (fib-iter (+ 2 1) 2 2)
↓ (fib-iter (+ 3 2) 3 1)
→ (fib-iter (+ 5 3) 5 0) → 5
```

このコードは充分に速い．そして，記憶領域の問題もない．これで事実上，問題は解決したのであるが，フィボナッチ数列は様々な角度から調べられ，**時に最善であり，時に最悪の結果をもたらす極めて重要な例**であるので，この数列自身の為ではなく，アルゴリズムの紹介と評価の為に多用されるのである．

そこで，冒頭の純粋な数学的定義に戻り，これを活かしながら高速化を図る手法について紹介する．問題は，同じ計算を何度も繰り返す点にあった．これを避ける為に，一度行った計算は数表の形で記憶させ，もし数表の中にその計算結果が存在すればそれを利用し，無ければ新たに計算を行って数表に加えて次回の参照に備える，という所謂**メモ化**(memoize) の手続を定義する．

ここで鍵になるのは，**連想リスト**(association list) である．連想リストとは，通常のペアの **car** 部を *key*，**cdr** 部を *data* と見做すデータ構造のことであり，*key* を探索する組込手続によって，希望するペア形式のデータを取り出すものである．ここでは，述語 **equal?** により条件判断を行う組込手続 **assoc** を用いる——この **assoc** 自体が述語となるが，真偽以外の評価値を返す為に，述語のシンボルである末尾の疑問符がない．用例としては，例えば

> (assoc '(fib 3) '(((fib 1) 1) ((fib 2) 1) ((fib 3) 2)))
((fib 3) 2)

である．*key* データ (fib 3) に対してリスト内を探索し，対応するものをペア形式 ((fib 3) 2) で返す——*key* が無かった場合には，#f を返す．

従って，組込の **assoc** の実質は

```
(define (assoc key data)
  (cond ((null? data) #f)
        ((equal? key (caar data)) (car data))
        (else (assoc key (cdr data)))))
```

というものである．ここで判断の基礎となる述語 **euqal?** を，**eq?** としたものが **assq** であり，**eqv?** としたものが **assv** である．共に組込として存在する両者の

差異は，**等価性述語**の反映として理解出来る．記号，数値，リストのどの場合でも，同じように判断出来る **equal?** を用いた **assoc** が最も利便性が高い．

これより，数表を table，新規に生成される計算結果を data として

```
(define (memoize proc)
  (let ((table '()))
    (lambda x (let ((stock (assoc x table)))
      (if stock
          (cdr stock)
          (let ((data (apply proc x)))
            (set! table
              (cons (cons x data) table)) data) )))))
```

を定義する．また，この手続を含むメモ化された再帰コードを

```
(define fib-memo
  (memoize (lambda (n)
    (cond ((= n 0) 0)
          ((= n 1) 1)
          (else (+ (fib-memo (- n 1))
                   (fib-memo (- n 2))) )))))
```

と書く．数列の定義としては，冒頭のものと全く変わらない．データが数表の中に無い場合には，通常計算と同等の時間を要するが，一旦内部に値を取り込んだ後は，極めて高速に処理される．

さて，この数列を紹介する際，最も苦労するのは「兎の絵」である．単に一つの式として扱うだけなら，何も問題は生じない．しかし，少々奇妙なその問題設定を説明するに当たって「絵」は欠かせない．そこで誰でも出来る便法を紹介しておく．それは"ひらがな"の柔らかな造形を利用する方法である．

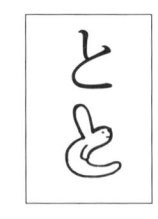

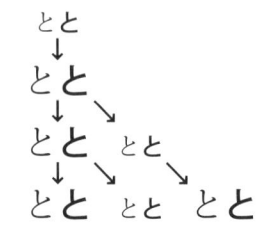

これを "ラビッと" (rabbit*o*) と名附けよう．右が 3.3 (p.67) のイラストを再現したものである．板書主体の講義であれば充分使える．また，コンピュータな

ら二種類のフォントさえあれば簡単に描ける．"御活用"頂ければ幸いである．

☞ | **余談：科学者・技術者の為のイラスト入門講座** | ....

　さて，ここでは"余談"が本題である．理学部・工学部において，微積分や線型代数の基礎知識は必須のものであり，これなくして精密科学の深奥に触れることは出来ない．特に応用分野に進む者にとっては，概念的な理解の上になお，数値計算などの実際に通じている必要もある．初等的な計算で躓いているようでは理解も進まず，自らのアイデアも形になる前に雲散霧消してしまう．これはソビエトの**ランダウ**も，アメリカの**ファインマン**も等しく述べていたことである．この問題に関して"米ソ対立"は無かったのである．

　ところで，こうした数学的教養と同時に，理・工学を学び，社会に出てそれを活用しようという人達に必須と考えるのが，「絵を描く技術」「イラストの技法」である．一枚の絵の持つ情報量は凄まじい．言葉ではどうしても伝えにくいことが，イラストにすれば間違いなく確実に伝えられる．外国語教育に異様に熱心な方が多いが，まさに「世界中とコミュニケート出来る」のはイラストの方である．これは海外に派遣された若手研究者や企業の技術者が，しばしば体験することである．絵画表現能力の有無は，天地の差を生む．

　よって，理・工学部の基礎科目として「イラスト技法」の習得は必須とされるべきである．語学に掛ける時間と費用の何百分の一かで，これはものになる．技術イラストに所謂"絵心"は必要がない．僅かばかりの表現上の常識と，自前のキャラクターを持つことが出来れば，極めて幅の広いものが描けるのである．線画としてのイラストは，日本画の伝統もあって，我々の最も得意とする絵画表現である．「と」が兎に見えるように，「八」は富士山に見える，「Y」はネギに見えるのである．こうした感覚を大切に育めば，我が国の研究者・技術者の新しい武器になる．表意文字を操る我々にとって，あと一歩で届く世界である．

　そこで著者らは，美大の教官と共に，工業大学の学生・院生を対象にイラスト技法の授業を行った．最初は戸惑っていた学生諸君も，演習が進むにつれて，自らの手から描き出される"絵"を楽しむようになっていた．美大と理工学部を結んで，こうした授業を定着させたい．そして当然，逆もある．美大の学生諸君には数学の基礎が必要である．学生間の交流も含めて，両者の歩み寄りが次の世代の科学者・技術者，さらには藝術家を育てると信じる．

　そして最後に一番不思議なことを指摘しておく．何故こうした認識が教育系大学に乏しいのか．教壇に立つ教師こそ，自らの絵画表現能力の欠如に，日々悔しい思いをしているのではないのか．初等教育の現場で，数学・理科教育に携わろうと志している学生諸君には，是非御一考願いたいと思う．イラスト技術は，間違いなく教師を助け，時には救いさえするからである．

....■

D.2.2　一般項の計算

さて，フィボナッチ数列の値の動きは**行列**(matrix) によっても表現出来る．ここでは行列の詳しい説明や関連する定理を省き，計算に必要となる最小限の内容に留める．二行二列の行列と，二行一列の行列 (一行，或いは一列の行列は，特に**数ベクトル**と呼ばれる) の乗算規則は

$$\widetilde{m} := \begin{pmatrix} m_{11} & m_{12} \\ m_{21} & m_{22} \end{pmatrix}, \quad \mathbf{s} := \begin{pmatrix} s_1 \\ s_2 \end{pmatrix}, \quad \widetilde{m}\,\mathbf{s} = \begin{pmatrix} m_{11}s_1 + m_{12}s_2 \\ m_{21}s_1 + m_{22}s_2 \end{pmatrix}$$

である．そこで次の行列を定義すると，その積は

$$\widetilde{M} := \begin{pmatrix} 1 & 1 \\ 1 & 0 \end{pmatrix}, \quad \mathbf{S} := \begin{pmatrix} a \\ b \end{pmatrix}, \quad \widetilde{M}\,\mathbf{S} = \begin{pmatrix} 1 & 1 \\ 1 & 0 \end{pmatrix}\begin{pmatrix} a \\ b \end{pmatrix} = \begin{pmatrix} a+b \\ a \end{pmatrix}$$

となる．さらに，重ねて $\widetilde{M}$ を掛けて

$$\widetilde{M}^2\,\mathbf{S} = \widetilde{M}(\widetilde{M}\,\mathbf{S}) = \begin{pmatrix} 1 & 1 \\ 1 & 0 \end{pmatrix}\begin{pmatrix} a+b \\ a \end{pmatrix} = \begin{pmatrix} (a+b)+a \\ a+b \end{pmatrix}.$$

これはフィボナッチ数列の値の変化そのものである——末尾再帰の場合に対応させれば，一行目をスロット ⟨S1⟩ に，二行目を ⟨S2⟩ に見做すことが出来る．従って，フィボナッチ数列の一般項は $\widetilde{M}^n\,\mathbf{S}$ により与えられる．

具体的に計算を進めて以下を得る．

$$\widetilde{M}\begin{pmatrix}1\\0\end{pmatrix} = \begin{pmatrix}2\\1\end{pmatrix}, \quad \widetilde{M}\begin{pmatrix}2\\1\end{pmatrix} = \begin{pmatrix}3\\2\end{pmatrix}, \quad \widetilde{M}\begin{pmatrix}3\\2\end{pmatrix} = \begin{pmatrix}5\\3\end{pmatrix}, \quad \widetilde{M}\begin{pmatrix}5\\3\end{pmatrix} = \begin{pmatrix}8\\5\end{pmatrix}, \ldots$$

ところで，この行列表現に関連して，一般項のより具体的な形として

$$F(n) = \frac{1}{\sqrt{5}}\left[\left(\frac{1+\sqrt{5}}{2}\right)^n - \left(\frac{1-\sqrt{5}}{2}\right)^n\right]$$

が求められているので，これをそのままコードにして

```
(define (fib n)
  (let ((g (/ (+ 1 (sqrt 5)) 2)))
    (inexact->exact (round
      (/ (- (** g n) (** (- 1 g) n)) (sqrt 5)) ))))
```

より計算することが出来る．

D.2. フィボナッチ数列に学ぶ

● 無理数の除去

　これはフィボナッチ数列の第 n 項を求めるものであるから，表面的に登場している無理数は互いに消し合って，最後には自然数となる．しかし，ここでは無理数を記号化せず，Scheme における"限定数"として直接扱っているので，誤差が生じて値は自然数にならない．そこで **round** により小数点以下の値を丸め，**inexact->exact** により限定数を確定数に改める事後処理を加えた．実際，こうした補正処理を外して，直接の値を出力させると

```
> (fib 4)                    > (fib 16)
3.0000000000000004          987.0000000000005
```

などとなる——しかし，このような単純な小数点以下の丸めでは，$n = 70$ 程度で誤差が整数部にまで混入してくるので，厳密な値は導けない．

　ところで，平方根が計算の結果，互いに消し合うのであれば，それを避ける手法が存在するはずである．そこで x, y を整数とした $Q := x + y\sqrt{5}$ を考える．整数論では，こうした形式の数も広い意味での整数として捉えて，様々な理論を展開する．先ずは，この形式に属する二つの数：

$$Q_1 := a_1 + b_1\sqrt{5}, \qquad Q_2 := a_2 + b_2\sqrt{5}$$

の和と積を求めると

$$Q_1 + Q_2 = (a_1 + a_2) + (b_1 + b_2)\sqrt{5},$$
$$Q_1 \times Q_2 = (a_1 a_2 + 5 b_1 b_2) + (a_1 b_2 + a_2 b_1)\sqrt{5}$$

となり，加算・乗算の結果が，また同じ形式の数になる性質を持っている．

　さて，フィボナッチ数列の一般項は，$q := a + b\sqrt{5}$ の n 乗を求める計算が，その主要部を成しているので，乗算の規則に従って

$$\left(a + b\sqrt{5}\right)\left(x + y\sqrt{5}\right) = (ax + 5by) + (ax + by)\sqrt{5}$$

を作ると，これは，$x = a, y = b$ の場合には q の二乗，x, y がその二乗の結果である場合には q の三乗を示していることになる．即ち，対応：

$$x \to ax + 5by, \qquad y \to ax + by$$

により，順に q の n 乗が求められる．そこで，$a = 1/2, b = 1/2$ と定数の値を定めて，これをコードにすると

```
(define (qi5 n)                          ; quadratic irrational
  (let* ((h 1/2) (a h) (b h))
    (let loop ((i 1) (x h) (y h))
      (if (= i n)
          (list x y 'q= (+ x (* y (sqrt 5))))
          (loop (++ i)
                (+ (* a x) (* 5 b y))
                (+ (* a x) (*   b y)) )))))
```

となる．実行例は以下である——三番目の実数 q が全体の値である．

> (qi5 1)
(1/2 1/2 q= 1.618033988749895)

> (qi5 2)
(3/2 1/2 q= 2.618033988749895)

準備が出来たので一般項を，この手続が使えるように書換える．

$$\left(\frac{1+\sqrt{5}}{2}\right)^n = x + y\sqrt{5}$$

とおけば，一般項 $F(n)$ は

$$F(n) = \frac{1}{\sqrt{5}}\left[\left(x+y\sqrt{5}\right)-\left(x-y\sqrt{5}\right)\right] = 2y$$

となる．これは qi5 の第二要素の二倍，即ち

```
(define (fib-q5 n)
  (* 2 (cadr (qi5 n))))
```

によって与えられる．実行例：

> (map fib-q5 (iota 16))
(1 1 2 3 5 8 13 21 34 55 89 144 233 377 610 987)

により，誤差無く働いていることが確認出来る．

D.2.3　行列計算の為の手続

　先に求めた行列による表現を，そのままコードにし，行列計算を直接行うことで，フィボナッチ数列を求めてみよう．その為には，行列に関する諸要素を扱う手続を準備する必要がある．ここでは積の計算を中心に，必要最小限の道具を，"道具に合わせて慎重に使う"という前提で定義する——入力する要素が適切か否か，その詳細は利用者の判断に委ねられる．

D.2. フィボナッチ数列に学ぶ

● 数ベクトルへの対応

先ず，数ベクトル及び行列の定義をリストにより行う．**数ベクトルは単純なリスト形式で，行列は複数の数ベクトルより成る「二重リストの形式」で与える**ものとする．例えば，以下のように定義する．

$$\begin{pmatrix} 1 & 0 \end{pmatrix} \Rightarrow \quad \text{(define v '(1 0))}$$

$$\begin{pmatrix} 1 & 1 \\ 1 & 0 \end{pmatrix} \Rightarrow \quad \text{(define m '((1 1) (1 0)))}$$

行列の理論における"数ベクトル"とは，単に1行 n 列，或いは m 行 1 列の行列のことである——物理学における"力のベクトル"の定義のように，各要素間に空間変換に伴う拘束は無い．特にその"風貌"から，前者を**行ベクトル**(row vector)，或いは横ベクトル，後者を**列ベクトル**(column vector)，或いは縦ベクトルと呼んでいる．行列の行の要素を列に，列の要素を行に置換えた行列を**転置行列**(transposed matrix) と呼ぶ．元の行列と転置行列は，互いに転置の関係にある．これを記号の左肩に t を載せて表す場合が多い——ここで t は転置 *transpose* を象徴する．従って，以下のようになる．

$$^{t}\begin{pmatrix} 1 & 0 \end{pmatrix} = \begin{pmatrix} 1 \\ 0 \end{pmatrix}, \quad ^{t}\begin{pmatrix} 1 \\ 0 \end{pmatrix} = \begin{pmatrix} 1 & 0 \end{pmatrix}$$

行列の計算は，容易に分かるようにその要素数に関連して制限される．例えば積は，m 行 n 列と n 行 k 列の行列に対してのみ定義され，結果は m 行 k 列の行列となる．従って，数ベクトルとの積は，m 行 n 列の行列に対して右側に位置する n 行 1 列の行列，即ち列ベクトルと，行列の左側に位置する 1 行 m 列の行列，即ち行ベクトルの二種類に限定される．上記の例によれば

$$\begin{pmatrix} 1 & 0 \end{pmatrix}\begin{pmatrix} 1 & 1 \\ 1 & 0 \end{pmatrix} = \begin{pmatrix} 1 & 1 \end{pmatrix}, \quad \begin{pmatrix} 1 & 1 \\ 1 & 0 \end{pmatrix}\begin{pmatrix} 1 \\ 0 \end{pmatrix} = \begin{pmatrix} 1 \\ 1 \end{pmatrix}$$

のみが計算可能である．この種の区別を明確にする必要がある場合に備えて，列ベクトルを，まさに m 行 1 列の行列の形式で

```
(define v-t '((1) (0))))
```

と定義すると，全体の整合性が取れる——以後，転置を表す t は右側に書く．

与えられた行列の転置行列を求める手続から始めよう．先ずは，対象が行ベクトルか列ベクトルかを判断する述語と，行列か否かを判断する述語：

```
(define (rowvec? x)
  (and (list? x) (number? (car x))))
(define (colvec? x)
  (and (list? x) (list? (car x))
       (= 1 (length (car x)))))
(define (mat? x)
  (and (list? x) (list? (car x))
       (< 1 (length (car x)))))
```

を定義しておく．ここでは，単純なリスト形式を持つものを行ベクトル，先頭に"一要素のみを含むリストを持つ"二重リストを列ベクトル，二要素以上を含むものを行列として区別している．以下，同種の条件判断を随所に用いる．

転置行列は，行列と数ベクトルに対応する二つの補助手続を内蔵した

```
(define (mat-t mat)
  (define (mat-form mat)
    (map (lambda (y) (map (lambda (x) (list-ref x y)) mat))
         (iota 0 (- (length (car mat)) 1))))
  (define (vec-form mat)
    (if (list? (car mat))
        (flatten mat)
        (map (lambda (x) (list (list-ref mat x)))
             (iota 0 (- (length mat) 1)))))
  (cond ((mat? mat) (mat-form mat))
        (else (vec-form mat))))
```

により与えられる．実行例は以下である．

```
(mat-t '((2 3) (5 7)))       => ((2 5) (3 7))
(mat-t '((1) (2)))            => (1 2)
(mat-t (mat-t '((1) (2))))    => ((1) (2))
```

次に，二つの数ベクトルの**内積**(inner product)，或いは**ドット積**(dot product)と呼ばれる計算を行う．行列・ベクトルに対して，通常の数を**スカラー**(scalar)と呼ぶ．次の手続 dot* は対象要素を，共にスカラーの場合，スカラーとベクトル一般の場合，列・行のベクトルの場合，行・列の順の場合に分岐させている．また，数学的には定義されないが，行ベクトル同士の積も排除せず，行ベクトルと列ベクトルの内積の意味で処理している．

D.2. フィボナッチ数列に学ぶ

```
(define (dot* v1 v2)
  (cond ((and (number? v1) (number? v2)) (* v1 v2))
        ((or  (number? v1) (number? v2)) (sca*vec v1 v2))
        ((and (colvec? v1) (rowvec? v2)) (col*row v1 v2))
        ((and (rowvec? v1) (colvec? v2)) (row*col v1 v2))
        (else (row*col v1  (mat-t    v2)))))
```

これを実現する補助手続は，以下の通りである．先ず，スカラーとベクトルの積を求める sca*vec である．ここでは，二要素の順序が入れ替わり，ベクトルを右側からスカラー倍する場合も含めるように，引数の swap を行っている．

```
(define (sca*vec sca vec)
  (let* ((dummy sca)
         (judge? (and (number? sca) (list? vec)))
         (sca (if judge? sca vec))
         (vec (if judge? vec dummy))
         (calc1 (lambda (x y)
                  (map (lambda (t) (* x t)) y)))
         (calc2 (lambda (x y)
                  (map (lambda (t) (list (* x (car t)))) y))))
    (if (number? (car vec))
        (calc1 sca vec)
        (calc2 sca vec))))
```

列×行，行×列に対する補助手続は以下である．

```
(define (col*row v1 v2)
  (define (row-calc lst)
    (map (lambda (x) (* (car lst) x)) (cadr lst)))
  (map row-calc
    (map (lambda (x) (list x v2)) (mat-t v1))))
(define (row*col v1 v2)
  (apply + (map * v1 (flatten v2))))
```

以上の定義より，例えば

```
(define A '(2 3 5))    (define B '((2) (3) (5)))
```

に対して，次の関係が確かめられる．

```
(dot* 2 3)   => 6
(dot* 2 A)   => (4 6 10)
```

```
(dot* A 2)        => (4 6 10)
(dot* 2 B)        => ((4) (6) (10))
(dot* B 2)        => ((4) (6) (10))
(dot* A (mat-t A))   => 38
(dot* (mat-t B) B)   => 38
(dot* B A)        => ((4 6 10) (6 9 15) (10 15 25))
(dot* A B)        => 38
```

最後の二例は，積の順序によって結果が全く異なる．単に数値が異なるのではなく，一方は三行三列の行列となり，もう一方は一つの数値(スカラー)となっている．この結果こそ，行列計算の特徴を示す"原風景"である．

● 積の統合手続と逆行列

続いて，行列の積に関する統合手続として

```
(define (mat* m1 m2)
  (cond ((and (mat?    m1) (mat?    m2)) (mat*mat m1 m2))
        ((and (rowvec? m1) (mat?    m2)) (vec*mat m1 m2))
        ((and (mat?    m1) (colvec? m2)) (mat*vec m1 m2))
        ((or  (number? m1) (number? m2)) (sca*mat m1 m2))
        (else (dot* m1 m2))))
```

を定義する．補助手続は以下のように定義される．

```
(define (mat*mat m1 m2)
  (let ((columns (mat-t m2)))
    (map (lambda (x)
      (map (lambda (y) (dot* x y)) columns)) m1)))
(define (vec*mat vec mat)
  (map (lambda (x) (dot* vec x)) (mat-t mat)))
(define (mat*vec mat vec)
  (mat-t (map (lambda (x) (dot* x vec)) mat)))
(define (sca*mat sca mat)
  (let* ((dummy sca)
         (judge? (and (number? sca) (list? mat)))
         (sca (if judge? sca mat))
         (mat (if judge? mat dummy)))
    (map (lambda (x) (dot* sca x)) mat)))
```

また，二つの行列の和と差は

D.2. フィボナッチ数列に学ぶ

```
(define (mat+ m1 m2)
  (cond ((and (mat? m1) (mat? m2)) (map vec+ m1 m2))
        (else  (vec+ m1 m2))))
(define (mat- m1 m2) (mat+ m1 (mat* -1 m2)))
```

により計算することが出来る．用いる補助手続は以下である．

```
(define (vec+ v1 v2)
  (let ((calc (lambda (x y)
                (map (lambda (t) (apply + t))
                  (map list x y)))))
    (cond ((and (rowvec? v1) (rowvec? v2)) (calc v1 v2))
          ((and (colvec? v1) (colvec? v2))
           (mat-t (calc (mat-t v1) (mat-t v2))) ))))
```

二行二列，及び三行三列の行列の場合には，比較的簡単に**逆行列**(inverse matrix) が求められるので，ここで定義しておく．その準備として，**行列式**(determinant) を紹介する．行列式は，行列と訳語が似ているだけで，それのみで深い理論の存在する**全く別の存在**である——matrix と determinant，或いは略称としての mat, det を併用していれば，間違う可能性も減るだろう．ここでは行列理論に必要な部分を利用するだけに留める．

行列の行列式とは，例えば二行二列の行列 A の場合ならば

$$A := \begin{pmatrix} a_{11} & a_{12} \\ a_{21} & a_{22} \end{pmatrix}, \qquad |A| := \begin{vmatrix} a_{11} & a_{12} \\ a_{21} & a_{22} \end{vmatrix} = a_{11}a_{22} - a_{12}a_{21}$$

により定義される $|A|$ である——これを $\det(A)$ とも書く．正数と負数が共存していることから，「如何なる場合に値が 0 になるか」を検討することで，行列式の基本的な性質を知ることが出来る．実際，行列式の持つ性質は全て，この定義式から導き出されるわけであるが，ここでは行列式の持つ乗法性：

$$\begin{aligned}
|AB| &= \begin{vmatrix} \begin{pmatrix} a_{11} & a_{12} \\ a_{21} & a_{22} \end{pmatrix} \begin{pmatrix} b_{11} & b_{12} \\ b_{21} & b_{22} \end{pmatrix} \end{vmatrix} \\
&= \begin{vmatrix} a_{11}b_{11} + a_{12}b_{21} & a_{11}b_{12} + a_{12}b_{22} \\ a_{21}b_{11} + a_{22}b_{21} & a_{21}b_{12} + a_{22}b_{22} \end{vmatrix} \\
&= (a_{11}b_{11} + a_{12}b_{21})(a_{21}b_{12} + a_{22}b_{22}) \\
&\quad - (a_{11}b_{12} + a_{12}b_{22})(a_{21}b_{11} + a_{22}b_{21}) \\
&= a_{11}a_{22}(b_{11}b_{22} - b_{12}b_{21}) - a_{12}a_{21}(b_{11}b_{22} - b_{12}b_{21}) \\
&= (a_{11}a_{22} - a_{12}a_{21})(b_{11}b_{22} - b_{12}b_{21}) = |A||B|
\end{aligned}$$

を特に記しておく．これは，「行列の積の行列式は，それぞれの行列の行列式の積に等しい」ことを表している．乗法性は，行列式一般において成り立つ基本的な性質であり，応用上も極めて重要である．

三行三列の行列の場合には，行列式は

$$\begin{vmatrix} a_{11} & a_{12} & a_{13} \\ a_{21} & a_{22} & a_{23} \\ a_{31} & a_{32} & a_{33} \end{vmatrix} = a_{11}\begin{vmatrix} a_{22} & a_{23} \\ a_{32} & a_{33} \end{vmatrix} - a_{12}\begin{vmatrix} a_{21} & a_{23} \\ a_{31} & a_{33} \end{vmatrix} + a_{13}\begin{vmatrix} a_{21} & a_{22} \\ a_{31} & a_{32} \end{vmatrix}$$

$$= a_{11}a_{22}a_{33} + a_{12}a_{23}a_{31} + a_{13}a_{21}a_{32}$$
$$- a_{11}a_{23}a_{32} - a_{12}a_{21}a_{33} - a_{13}a_{22}a_{31}$$

と定義される．最初の等号では，より小さい行列の行列式 (この場合は二行二列) を利用する**ラプラス展開**の一例を示した．ここでは「与えられた行列の第一行に関する展開」を用いたが，最終的な結果から逆算すれば，他に如何なる展開が可能かが分かるだろう．なお，乗法性：$|AB| = |A||B|$ が成り立つことは，先の場合と同様に，式の展開と整理を叮嚀に行うことで容易に示される．

行列式は，逆行列の構成において重要な役割を果たすが，特に「行列式の値が 0 である行列は逆行列を持たない」ことから，分岐処理の重要な要素となる．以上で逆行列を求める為の準備が整った．

先ずは，二行二列の逆行列を求める手続から定義する．

```
(define (inv2 mat)
  (let* ((a (caar   mat)) (b (cadar  mat))
         (c (caadr  mat)) (d (cadadr mat))
         (det2 (- (* a d) (* b c))))
    (if (zero? det2) 'impossible
      (list (list    (/ d det2) (- (/ b det2)))
            (list (- (/ c det2))   (/ a det2))))))
```

である——行列式：$det2 = ad - bc$ の値が 0 の時，逆行列は存在しないので，それを impossible により告知している．実行例は以下である．

    (inv2 m) => **((0 1) (1 -1))**

上式と m との積を取れば，右下がり対角線に 1 が並び，他は全て 0 となる．

    (mat* m (inv2 m)) => **((1 0) (0 1))**

これを**単位行列**(unit matrix) という．行と列が同数の行列を，その"見掛け"から**正方行列**(square matrix) と呼び，その行或いは列の要素数を正方行列の次

D.2. フィボナッチ数列に学ぶ

数と名附ける．単位行列は正方行列にのみ定義される．これを独語の単位を意味する Einheit の頭文字に次数を添えて E_n と表す——今の例ならば E_2 である．また，**元の行列との積が単位行列になるもの**が逆行列の定義である．

続いて，三行三列の場合を求める．二行二列では見えなかった"構造"が露わになってくる．ここでは，数学的な定義をそのままコードにすることによって，逆行列を求める仕組が分かるようにした．その大半は与えられたリストの数値を，内部の引数に複写する処理である．

```
(define (inv3 mat)
  (let* ((det2 (lambda (a b c d) (- (* a d) (* b c))))
         (a (lambda (i j)
              (list-ref (list-ref mat (- i 1)) (- j 1))))
         (a11 (a 1 1)) (a12 (a 1 2)) (a13 (a 1 3))
         (a21 (a 2 1)) (a22 (a 2 2)) (a23 (a 2 3))
         (a31 (a 3 1)) (a32 (a 3 2)) (a33 (a 3 3))
         (m11 (* +1 (det2 a22 a23 a32 a33)))
         (m12 (* -1 (det2 a21 a23 a31 a33)))
         (m13 (* +1 (det2 a21 a22 a31 a32)))
         (m21 (* -1 (det2 a12 a13 a32 a33)))
         (m22 (* +1 (det2 a11 a13 a31 a33)))
         (m23 (* -1 (det2 a11 a12 a31 a32)))
         (m31 (* +1 (det2 a12 a13 a22 a23)))
         (m32 (* -1 (det2 a11 a13 a21 a23)))
         (m33 (* +1 (det2 a11 a12 a21 a22)))
         (det3 (+ (* a11 m11) (* a12 m12) (* a13 m13)))
         (cof (list (list m11 m12 m13)
                    (list m21 m22 m23)
                    (list m31 m32 m33))))
    (mat* (/ 1 det3) (mat-t cof))))
```

`det3` は，三次の行列に対する行列式である．ここでは先に紹介した第一行に関するラプラス展開を用いて求めている——内部に位置する `det2` は二次の行列式であり，"三次の中に二次を見出す"この手法の特徴を表している．なお行列式が 0 になる場合の分岐は省略した．

実行例は，`(define C '((3 4 5)(1 2 3)(2 -5 4)))` に対して

```
> (inv3 C)
```
((23/32 -41/32 1/16) (1/16 1/16 -1/8) (-9/32 23/32 1/16))

である．この行列が逆行列になっているか否かは，具体的な計算：

> (mat* C (inv3 C))
((1 0 0) (0 1 0) (0 0 1))

により確かめられる——三次の単位行列になっている．

最後に単位行列の一般化を考える．ここまでに

$$\widetilde{E}_2 := \begin{pmatrix} 1 & 0 \\ 0 & 1 \end{pmatrix} \qquad \widetilde{E}_3 := \begin{pmatrix} 1 & 0 & 0 \\ 0 & 1 & 0 \\ 0 & 0 & 1 \end{pmatrix}$$

　　　　　二次の単位行列　　　　　三次の単位行列

を見てきた．この要素数を一般化したものが，n 次の単位行列である．そこで

```
(define (einheit n)
  (let ((lst (iota n)))
    (map (lambda (i)
           (map (lambda (x) (if (= x i) 1 0)) lst))
         lst)))
```

を定義する．実行例は以下である．

> (einheit 4)
((1 0 0 0) (0 1 0 0) (0 0 1 0) (0 0 0 1))

● 実行例から行列の性質を知る

積の統合手続 mat* の動作確認と行列計算の性質を体感する為に，幾つか例題を計算してみよう．先ずは行列の定義から始める．

```
(define A '((1  0) (0  0)))
(define B '((0 -1) (1  0)))
```

これらに対して，以下の結果を得る．

```
(mat* A B)   => ((0 -1) (0 0))
(mat* B A)   => ((0 0) (1 0))
(mat* A A)   => ((1 0) (0 0))
(mat* B B)   => ((-1 0) (0 -1))
(mat* (mat* A B) (mat* A B))   => ((0 0) (0 0))
(mat* (mat* A A) (mat* B B))   => ((-1 0) (0 0))
```

D.2. フィボナッチ数列に学ぶ

これらは行列計算において，積の順序が重大な意味を持ち，一般に $AB \neq BA$ となることを示している．また，全ての要素が 0 である行列を**ゼロ行列**(zero matrix) と呼ぶが，このゼロ行列でない二つの行列の積が，ゼロ行列になる場合があることを，さらに $(AB)^2 \neq A^2B^2$ となる場合があることを示している．

逆行列を含む計算に関しては，以下の結果を得る．

```
(inv2 A)          => impossible
(inv2 B)          => ((0 1) (-1 0))
(mat* (inv2 B) B) => ((1 0) (0 1))
(mat* B (inv2 B)) => ((1 0) (0 1))
```

行列 A は，行列式の値が 0 である為に逆行列を持たない．二行二列の行列 (define I '((0 1) (-1 0))) は虚数単位の役割を担う．

```
(mat* I I)   => (-1 0) (0 -1)
```

二乗が負号附きの単位行列になっている．よって，これを虚数単位と見做して，複素数に関わる諸計算を，行列の形で実行出来るわけである．また，行列：

```
(define U '((2 -3 -5) (-1 4  5) (1 -3 -4)))
(define V '((-1 3  5) (1 -3 -5) (-1 3  5)))
(define W '((2 -2 -4) (-1 3  4) (1 -2 -3)))
```

には，以下に示す極めて特徴的な相互関係がある．

```
(mat* U V)          => ((0 0 0) (0 0 0) (0 0 0))
(mat* V W)          => ((0 0 0) (0 0 0) (0 0 0))
(mat* U W)          => ((2 -3 -5) (-1 4 5) (1 -3 -4)) = U
(mat* W U)          => ((2 -2 -4) (-1 3 4) (1 -2 -3)) = W
(mat* (mat* U V) W) => ((0 0 0) (0 0 0) (0 0 0))
(mat* (mat* W V) U) => ((0 0 0) (0 0 0) (0 0 0))
```

三乗するとゼロ行列になるものもある．例えば次のようなものである．

```
(define N3 '((1 1 3) (5 2 6) (-2 -1 -3)))
(mat* N3 N3)         => ((0 0 0) (3 3 9) (-1 -1 -3))
(mat* N3 (mat* N3 N3)) => ((0 0 0) (0 0 0) (0 0 0))
```

D.2.4 行列の逐次平方

行列計算の最後に，冪を求める手続を定義する．その最も簡潔なものは

```
(define (mat** sm n)
  (cond ((= n 0) (einheit (length sm)))
        ((= n 1) sm)
        (else (mat*mat sm (mat** sm (- n 1))))))
```

である．計算の対象は正方行列に限定される——それを *sm* により印象附けている．掛け算が連続的に実行出来る為には，自分自身とその積の結果が"同じ姿"をしている必要がある．それが理由である．また，ここでは高速化を狙って，統合手続を経由しないようにしている．

数の 0 乗が 1 に等しいことに対応して，行列の 0 乗は単位行列になる．そこで最初の分岐として，*n* 次の単位行列を導く手続 einheit を用い，それに対象行列の次数 (length *sm*) を与えている．続いて，行列の 1 乗は，これも数の場合と同様に，その行列自身となるように *n* = 1 の場合を定めている．

そして，さらなる加速を求めるには，C.2.2 (p.490) で議論した逐次平方の手法を導入することが適切である．その手続は以下のようになる．

```
(define (mat** sm n)
  (let ((mat-sq (lambda (x) (mat*mat x x))))
    (cond ((= n 0) (einheit (length sm)))
          ((= n 1) sm)
          ((even? n) (mat-sq    (mat** sm (/ n 2))))
          ((odd?  n) (mat*mat sm (mat** sm (- n 1)))) )))
```

実行例は以下である．

```
(mat** N3 0)   =>  ((1 0 0)(0 1 0)(0 0 1))
(mat** N3 1)   =>  ((1 1 3)(5 2 6)(-2 -1 -3))
(mat** N3 2)   =>  ((0 0 0)(3 3 9)(-1 -1 -3))
(mat** N3 3)   =>  ((0 0 0)(0 0 0)(0 0 0))
```

mat** は，ほとんどそのままフィボナッチ数列を与える手続に変じる．

```
(define (fib-mat n)
  (let ((n (- n 1)) (m '((1 1)(1 0))))
    (if (= n 0)
        1
        (caar (mat** m n)) )))
```

行列計算の王道としては，数ベクトルとの積を取り，そこから値を抽出するべきであろうが，ここではより簡潔な手法を選んだ．

D.2. フィボナッチ数列に学ぶ

さて，先に末尾再帰の為の変数変換を，一般項の計算としても利用した．これをさらにもう一段深めてみよう．即ち

$$\widetilde{M}\,\mathbf{S} = \begin{pmatrix} 1 & 1 \\ 1 & 0 \end{pmatrix}\begin{pmatrix} a \\ b \end{pmatrix} = \begin{pmatrix} a+b \\ a \end{pmatrix},$$

$$\widetilde{M}^2\,\mathbf{S} = \begin{pmatrix} 1 & 1 \\ 1 & 0 \end{pmatrix}\begin{pmatrix} a+b \\ a \end{pmatrix} = \begin{pmatrix} (a+b)+a \\ a+b \end{pmatrix}$$

という変換を，次の**変換行列**(transformation matirix)：$\widetilde{T}_{pq}$

$$\widetilde{T}_{pq}\mathbf{S} = \begin{pmatrix} p+q & q \\ q & p \end{pmatrix}\begin{pmatrix} a \\ b \end{pmatrix} = \begin{pmatrix} (p+q)a+qb \\ qa+pb \end{pmatrix}$$

により一般化し，その $p=0, q=1$ の場合が，上記 $\widetilde{M}$ に対応すると考えるのである．ところで，この変換行列を二乗すると

$$\widetilde{T}_{pq}^2 = \begin{pmatrix} p+q & q \\ q & p \end{pmatrix}^2 = \begin{pmatrix} p^2+q^2+2pq+q^2 & 2pq+q^2 \\ 2pq+q^2 & p^2+q^2 \end{pmatrix}$$

となる．ここで

$$p^2+q^2 = p', \quad 2pq+q^2 = q'$$

と置換えると

$$\widetilde{T}_{pq}^2\,\mathbf{S} = \begin{pmatrix} p'+q' & q' \\ q' & p' \end{pmatrix}\begin{pmatrix} a \\ b \end{pmatrix} = \begin{pmatrix} (p'+q')a+q'b \\ q'a+p'b \end{pmatrix}$$

となって，一乗と二乗が全く同型になる．従って，この置換えによって，逐次平方の手法が実現出来る．その手続は

```
(define (fib-pq n)
  (let loop ((a 1) (b 0) (p 0) (q 1) (i n))
    (cond ((= i 0) b)
          ((even? i)
            (loop a b (+ (* p p)   (* q q))
                      (+ (* 2 p q) (* q q)) (/ i 2)))
          (else (loop (+ (* p a) (* q a) (* q b))
                      (+ (* q a) (* p b)) p q (-- i)) ))))
```

である．これは行列に関する余分な計算も無く，`loop` による末尾再帰の形式にもなっており，恐らく現状で最速のアルゴリズムであると思われる．

☞ 余談：ベクトルの定義 ....

　定義に五月蠅い数学ではあるが，**行列**の定義は"異彩"を放っている．「**数を矩形に並べたもの**」という，数以外には"数学的な要素"が見当たらないものが，その定義である．行列は，一つの行列に対する具体的な約束事ではなく，行列同士の演算規則によって定まるものだからである．先ずは二つの行列を考え，そこに四則計算を如何にして組込むか，ということによって行列の演算が定義される．その演算の対象となるものが，即ち行列なのである．よって，**数ベクトル**も行列と同様に，数を縦或いは横に直線的に並べたもの，という以上の定義は無い．極めて自由な，自由過ぎる定義である．

　ところが，同じ名称を使っていても，**物理学におけるベクトル**には，単独での定義がある．他のベクトルとの演算規則ではなく，自身の要素間の関係として充たすべきルールがある．それは空間に浮かぶ一本の矢線を見る時，それを「誰がどのように見ようとも，矢線自体は変わらない」という"当り前の事実"を含むものとして定義される．数学における最も広い意味での行列・ベクトルにこの種の縛りは無い——この辺りの事情は，8.5 (p.279) でも紹介した通りである．

　また，2.7 (p.47) において，ピタゴラスの定理を，力のベクトルに関連附ける実験装置『**トリプレット・バランサー**』を紹介した．これにより，**力の平行四辺形の法則**を体感し，さらにそこに錘の重さの比の通りの三角形が構成されることを，誰にも分かる形で示した．一様な空間では運動量や角運動量が保存される．これは空間の持つ特性が物理量に反映したものである．並進と廻転の対称性を持つ空間として，我々が住まいするこの地上を理解する時，そこに平行四辺形の法則が成り立つ．翻って，この装置はピタゴラスの定理の成立から，「**空間の対称性を示す実験装置**」であるとも言える訳である．

　ただし，これは"近似"である．地球表面上の一様重力場が仮定されている．仮に，この実験装置の腕の長さが，地球半径程度あればどうなるか．これは両端の錘が異なる方向——地球の中心——から引っ張られることになり，先の仮定は成り立たなくなる．両端で受ける重力の強さも異なるので，この装置は不安定になり僅かの揺らぎで，どちらか一方に傾いてしまう．「月が何故同じ面を地球に見せ続けているのか」を考えて頂くと分かるだろう．この場合は，丁度それと反対の理由で不安定なのである．

　数学の定義は厳密性を尊ぶが，対象は出来る限り広く取る．一般性を重んじて，全てを包含する為である．一方，物理学の定義では，論理的厳密性よりも，如何に対象を深く把握するかという点に重点が置かれる．両者の往復によってのみ，人類文化の全体像へと斬り込む為の**知的基盤が育成される**のである．

．．■

D.2.5 ベクタとリスト

多要素を一括して扱う組込手続には，リストの他に **vector** がある．これは綴りから明らかなように，既述の"ベクトル"を想起させるように命名されたものである．ここでは，両者の混同を避ける意味から，これを**ベクタ**と訳す．なお，本講ではこれを利用しないので，関連手続の紹介のみに留める．

ベクタは，リストと同様に複数の要素を一つの塊として扱う．例えば

  (make-vector 5 'a) => ***#(a a a a a)***

により生成される．第一引数が要素数であり，第二引数が要素である．先頭の「#記号」がベクタの証である．**list** と類似の手続として

  (vector 2 3 5 7 11) => ***#(2 3 5 7 11)***

がある．その要素数を長さと呼ぶ．上記ベクタの長さは5であり，これは

  (vector-length #(2 3 5 7 11)) => ***5***

により求められる．また，**list-ref** と同形式の手続：

  (vector-ref #(2 3 5 7 11) 3) => ***7***

により，各要素を取り出すことが出来る——ベクタは各要素に直接アクセスする為，順次内部へと進んでいくリストより，平均処理時間が短いという長所がある．ベクタとリストは，以下の手続により相互に変換される．

  (vector->list #(2 3 5 7 11)) => ***(2 3 5 7 11)***
  (list->vector '(2 3 5 7 11)) => ***#(2 3 5 7 11)***

また，(define v5 #(2 3 5 7 11)) と定義する時，破壊的代入：

  (vector-set! v5 3 0)

により v5 は，#(2 3 5 0 11) と書換えられる．(**vector-fill!** v5 0) は，全要素に"破壊的"に 0 を代入する．**vector?**は対象がベクタか否かを判断する述語であり，同種の述語 **list?**と共に以下の関係を充たす．

  (list? (vector->list v5)) => ***#t***
  (vector? (vector->list v5)) => ***#f***
  (vector? v5)   => ***#t***

D.3 四則計算の仕組

整数論の基本中の基本は**除算**(division)に纏わる四要素，その性質を知ることである．$A > B$なる関係にある二つの自然数A, Bに対して

$$A = QB + R, \quad (0 \leqq R < B)$$

の成立を前提とする．この時，**商**(quotient) Q，**剰余**(remainder) Rは唯一つに決まる．また，これをBを**法**(modulus)とする**合同**(congruence)と呼び

$$A \equiv R \pmod{B}$$

とも表した．Schemeにおいて，これらの関係は先に"改名"した組込函数：

```
(define (// a b) (quotient  a b))
(define (/@ a b) (remainder a b))
(define (/: a b) (modulo    a b))
```

のみで記述出来る——その"出自"が明確になるように，三種の手続を全て記号 / で始める工夫をした．$A = 7, B = 3$とした時の実行例は以下である．

```
(// 7 3)   => 2
(/@ 7 3)   => 1
(/: 7 3)   => 1
```

自然数の範囲において，(/@ a b) と (/: a b) は同じ値を返すが，a, bが負数を含む場合には，(/@ a b) の値はaと同符号を，(/: a b) の値はbと同符号を取るように定義されている．従って，以下のような結果になる．

```
(/@  7  3) => 1      (/:  7  3) => 1
(/@ -7  3) => -1     (/: -7  3) => 2
(/@  7 -3) => 1      (/:  7 -3) => -2
(/@ -7 -3) => -1     (/: -7 -3) => -1
```

D.3.1 互除法

これらを活用して，四要素の関係を示す数式をコードで再現する為に

```
(define (form-d a b)
   (list a '= (// a b) '* b '+ (/@ a b)))
```

を定義すると，以下のようになる．

D.3. 四則計算の仕組 **613**

```
> (form-d 7 3)
```
*(7 = 2 * 3 + 1)*

そこで，合同式の記号として，"実装を選ぶ禁断の全角" ≡ を用いて

```
(define (form-m a b)
  (list a ' ≡ (/: (/@ a b) b) 'mod b ))
```

を定義する．この場合の実行例は以下である．

```
> (form-m 7 3)
```
(7 ≡ 1 mod 3)

さて，これらを使って 1.5 (p.18) で論じた**ユークリッドの互除法**(Euclidean algorithm) がコード化されるのであるが，その前に form-d のみを用いて，195, 143 の**最大公約数**(Greatest Common Divisor) GCD を求めておく．

```
(form-d 195 143)   =>   (195 = 1 * 143 + 52)
(form-d 143  52)   =>   (143 = 2 * 52 + 39)
(form-d  52  39)   =>   (52 = 1 * 39 + 13)
(form-d  39  13)   =>   (39 = 3 * 13 + 0)
```

剰余が 0 になって終了である．これより，最大公約数 13 が求められた．

後はこの処理を自動化すればよい．その鍵となる関係は

$$\mathrm{GCD}\,(A,\ B) = \mathrm{GCD}\,(B,\ R)$$

である．これは先に議論した諸計算の間に不変量が存在することを示す，ループ不変表明である．今の例の場合，具体的には以下のように値が変化した．

$$\begin{aligned}
\mathrm{GCD}\,(195,\ 143) &= \mathrm{GCD}\,(143,\ 52) \\
&= \mathrm{GCD}\,(52,\ 39) \\
&= \mathrm{GCD}\,(39,\ 13) \\
&= \mathrm{GCD}\,(13,\ 0) \\
&= 13.
\end{aligned}$$

そこで，再帰により二数が順に入れ替わる形の

```
(define (my-gcd a b)
  (if (zero? b)
      a
      (my-gcd b (/@ a b)) ))
```

を定義すると，直ちに

```
> (my-gcd 195 143)
13
```

と求められる．実際には，最大公約数 GCD を求める函数 **gcd** と**最小公倍数**(least common multiple) LCM を求める函数 **lcm** は，Scheme に組込まれているので，以後はこれを使うことにする．

```
> (gcd 195 143)              > (lcm 195 143)
13                           2145
```

両函数は共に三数以上にも対応している．例えば

```
> (gcd 11111 99999 123454321)    > (lcm 11 1111 11111)
11111                            12344321
```

などと簡単に求められる．

D.3.2 倍数と約数

偶奇を判断する述語 **even?**, **odd?** は 2 で割った剰余が，それぞれ 0, 1 であることから，先に定義した /@ を用いて

```
(define (my-even? x) (= (/@ x 2) 0))
(define (my-odd?  x) (= (/@ x 2) 1))
```

と書ける．これによって，自然数は偶数と奇数に二分割される．従って，より一般的に，剰余を定めることによって数のリストを分割することが出来る．

● **自然数の分割**

そこで先ず以下の述語を定義する．

```
(define (R3-0? x) (= (/@ x 3) 0))
(define (R3-1? x) (= (/@ x 3) 1))
(define (R3-2? x) (= (/@ x 3) 2))
```

これより 60 までの自然数のリスト num60 を filter により分割すれば

```
> (filter R3-0? num60)
(3 6 9 12 15 18 21 24 27 30 33 36 39 42 45 48 51 54 57 60)
```

```
> (filter R3-1? num60)
(1 4 7 10 13 16 19 22 25 28 31 34 37 40 43 46 49 52 55 58)
> (filter R3-2? num60)
(2 5 8 11 14 17 20 23 26 29 32 35 38 41 44 47 50 53 56 59)
```

となる．同様に余りの種類に対応して，4 を基礎にすれば四分割，5 を基礎にすれば五分割出来る．続いて述語：

```
(define (R5-0? x) (= (/@ x 5) 0))
(define (R7-0? x) (= (/@ x 7) 0))
```

を定義すると，5 と 7 の**倍数**(multiple) のみ残した以下のリストが得られる．

```
(filter R5-0? num60)   =>  (5 10 15 20 25 30 35 40 45 50 55 60)
(filter R7-0? num60)   =>  (7 14 21 28 35 42 49 56)
```

また，remove を用いれば希望する数の倍数のみを除去することが出来る．

● **約数を求める**

引き続き 2.2 (p.33) の内容を順を追って確認していく．与えられた数の全ての**約数**(divisor) を求める手続：

```
(define (factors-of n)
  (let loop ((i n) (lst '()))
    (cond ((zero? i) lst)
          ((/@zero? n i) (loop (-- i) (cons i lst)))
          (else          (loop (-- i)          lst) ))))
```

を定義する．ここで x が y で割り切れる時，真となる述語：

```
(define (/@zero? x y)
  (zero? (/@ x y)) )
```

を用いている．実行例は以下である．

```
> (factors-of 60)
(1 2 3 4 5 6 10 12 15 20 30 60)
```

ただし，処理速度は遅いので大きな数を扱うには注意が必要である．

全約数の和を求める手続 sigma-of は

```
(define (sigma-of n)
  (apply + (factors-of n)))
```

であり，その数自身を除いた約数——真の約数と呼ぶ——の和は今の場合なら

```
> (- (sigma-of 60) 60)
108
```

である．真の約数の和が，その数自身に一致するものを**完全数**(perfect number)，それを越えるものを**過剰数**(abundant number)，足りないものを**不足数**(deficient number)と呼ぶのであった——従って，60は過剰数である．よって，完全数であるか否かを判断する述語は

```
(define (perfect? n)
  (= (- (sigma-of n) n) n))
```

と定義される．これより

```
> (perfect? 6)                    > (perfect? 28)
#t                                #t
```

となる．なお，完全数を全数調査により求めることは，"数の跳躍"が激しく計算機の"長時間の沈黙"に耐えねばならず無謀である．

● 素因数分解

数を素数の積に分解する**素因数分解**(factorization in prime numbers)は，1を除く最小の約数を求めることが基礎となる (1.2 (p.7) 参照)．これは，除数を2から順に動かして，剰余が0になる数を求めることで得られる．ただし，偶数は全て2で割り切れるので，2以降の偶数の調査は省き，奇数のみを調べれば充分である．そこで，その除数の分岐を含めた手続は

```
(define (minid-of n)                       ; minimum divisor
  (define (next k)
    (if (= k 2) 3 (+ k 2)))
  (let ((i 2))
    (let loop ((i i))
      (cond ((< n (sq i))  n)
            ((/@zero? n i) i)
            (else (loop (next i))) ))))
```

となる——本体の分岐条件：(< *n* (sq *i*)) の意味については，後にも議論する．特定の数が素数であるか否かは，"最小の約数がその数自身である"ことを示せばよい訳であるから述語：

D.3. 四則計算の仕組

```
(define (prime? n)
  (if (= n 1)
      #f
      (= n (minid-of n))))
```

を定義することにより示される．

さて，`minid-of`を用いて，素因数分解を行う手続：

```
(define (factp-of n)                    ; factors of prime number
  (let loop ((i n) (tmp '()))
    (let ((div (minid-of i)))
      (if (= i div)
          (reverse (cons i tmp))
          (loop (/ i div) (cons div tmp)) ))))
```

を定義する．実行例は以下である．

```
> (factp-of 75600)
(2 2 2 2 3 3 3 5 5 7)
```

これを受けて表記を，**標準分解**(canonical factorization)——**素数冪分解**(prime power factorization)とも呼ぶ——まで整えたい．例えば，以下である．

$$75600 = 2^4 \times 3^3 \times 5^2 \times 7$$

そこで，先ずはリスト内に"壁"を作って，同じ数を一つのリストとしてまとめる．その為には，リストの **car** を求め，それと一致する数は手続 `filter` で取り出す．そして，残りのリストを次のステップの為に `remove` で確保する

```
(define (wall lst)                      ; insert parenthesis into list
  (define pivot?
    (lambda (x) (lambda (y) (= x y))))
  (let loop ((lst1 '()) (lst2 lst))
    (if (null? lst2)
        (reverse lst1)
        (loop
          (cons (filter (pivot? (car lst2)) lst2) lst1)
          (remove (pivot? (car lst2)) lst2) ))))
```

先に求めた値を利用して，その作業内容を確かめると

```
> (wall '(2 2 2 2 3 3 3 5 5 7))
((2 2 2 2) (3 3 3) (5 5) (7))
```

となり正しく機能していることが分かる．

そして，リスト内のリストを個別に扱う次の手続に向かう．それぞれの内部リストの **length** が因子の個数を表す訳であるから，**car** を二重に使ってリスト内リストの先頭要素を求め，因子数と共に一つにまとめた新しいリストを出力すれば，所望の結果が得られる．その手続は

```
(define (fact-exp lst)
  (let loop ((lst1 '()) (lst2 lst))
    (if (null? lst2)
        (reverse lst1)
        (loop
          (cons (list (car (car lst2)) (length (car lst2)))
                lst1)
          (cdr lst2) ))))
```

である．以上の三種の手続を重ねて，標準分解が得られる．

```
(define (factorize-of n)              ; factorization into prime
  (fact-exp (wall (factp-of n))))
```

実行例は以下である．

```
> (factorize-of 75600)
((2 4) (3 3) (5 2) (7 1))
```

● 約数の個数

標準分解は読み取り易いだけではなく，そのままで約数の個数を示している．例えば，$12 = 2^2 \times 3$ であるが，指数部に注目して約数の成り立ちを考えれば，以下の六種類しか存在し得ないことが分かる．即ち

$$2^0 \times 3^0 = 1, \quad 2^0 \times 3^1 = 3,$$
$$2^1 \times 3^0 = 2, \quad 2^1 \times 3^1 = 6,$$
$$2^2 \times 3^0 = 4, \quad 2^2 \times 3^1 = 12$$

である．一つの因子当たり 0 を含めた指数部の数だけの組合せがあり，全体ではそれらの積となる．この場合なら，2^2 に対して $0, 1, 2$ の三種類，3 に対して $0, 1$ の二種類であり，両者を掛け合わせて約数の個数 6 が得られる．

これは先の factorize-of の出力，そのリスト内リストの **cdr** 部を取り出して計算を行えば得られる．その手続は所謂 τ 函数(tau function) の実現であり

D.3. 四則計算の仕組

```
(define (tau-of n)
  (define (fact-list lst)
    (if (null? lst)
        '()
        (cons (+ (cadar lst) 1)
              (fact-list (cdr lst)))))
  (if (= n 1)
      1
      (apply * (fact-list (factorize-of n)))))
```

となる．手続 `fact-list` が **cdr** 部のみを取り出してリストにする．それを `tau-of` が掛け合わせて，所望の結果を得ている．なお，`if` の帰結部の数値 1 は，この分岐処理を施さないと 1 の約数の個数として 2 が出力されてしまうのを避ける為である——$1^0, 1^1$ を異なる二種と数えてしまうからである．

約数の個数を指定して，それを有する数を求めるには

```
(define (cn-tau k)                          ; tau for composite number
  (let loop ((i 1))
    (if (= k (tau-of i))
        i
        (loop (++ i)))))
```

を用いればよい．例えば 100 個の約数を持つ数は

```
> (cn-tau 100)
```
45360

と求められる．

● 平方数を求める

先に 2.3 (p.37) で論じたように，平方数のみが奇数個の約数を持つ．よって，`tau-of` の偶奇判定で平方数を取り出すことが出来る．その述語は

```
(define (sqn? n)                            ; square number
  (if (odd? (tau-of n))
      #t #f))
```

である．この述語と `filter` を組合せて

```
> (filter sqn? (iota 400))
```
(1 4 9 16 25 36 49 64 81 100 121 144 169 196 225 256 289 324 361 400)

を得る．確かに平方数が並んでいる．これは，**sqrt** による逆向きの計算：

```
> (map (lambda (x) (inexact->exact  (sqrt x)))
    (filter sqn? (iota 400)))
```
(1 2 3 4 5 6 7 8 9 10 11 12 13 14 15 16 17 18 19 20)

によって，その正しさが確認される．

● **高度合成数**

合成数(composite number) の中でも，その数未満のどの数よりも多く約数を持つものは，**高度合成数**(highly composite number) と呼ばれる．これは度量衡の基準として有力である．時間を例に挙げれば，一日 24 時間の半分も，三分の一も，四分の一でも端数が出ないことは，日常の生活を便利にしている．これは逆の場合を考えてみればよく分かるだろう．特に一定時間間隔の発着を期待される交通機関などでは，毎時異なる時刻になる可能性が高まる．

そこで先ずは，約数の個数をリストにまとめる手続を定義する．

```
(define (tauseq-to n)                               ; tau sequence
  (let loop ((k 1) (lst1 '()))
    (if (< n k)
        (reverse lst1)
        (loop (+ k 1) (cons (tau-of k) lst1)) )))
```

この手続によって，例えば 24 までの数の約数のリストは

```
> (tauseq-to 24)
```
(1 2 2 3 2 4 2 4 3 4 2 6 2 4 4 5 2 6 2 6 4 4 2 8)

と求められる．元の数との対応関係を書けば

1 **2** 3 **4** 5 **6** 7 8 9 10 11 **12** 13 14 15 16 17 18 19 20 21 22 23 **24**
↓ ↓
1 **2** 2 **3** 2 **4** 2 4 3 4 2 **6** 2 4 4 5 2 6 2 6 4 4 2 **8**

である．ここで約数の個数が，それより左側のどれよりも増えている数——太字で示した——が高度合成数である．

この数だけを抜き出すには，ある数 k に対して，$k-1$ までの数が作るリストの最大値と比較して，それを越える場合のみ，新しいリストに結果を書込む必要である．これを実行する手続が

D.3. 四則計算の仕組

```
(define (hcn-to n)                        ; highly composite number
  (define data (tauseq-to n))
  (let loop ((k 2) (lst1 '((1 1))))
    (if (< n k)
        (reverse lst1)
        (loop (+ k 1)
              (if (< (apply max (list-head data (- k 1)))
                     (tau-of k))
                  (cons (list k (tau-of k)) lst1)
                  lst1) ))))
```

である――ここでは簡単な高速化の例として，最初に `tauseq-to` の出力を *data* として保存して利用する形式を採った．実行例は以下である．

```
> (hcn-to 24)
((1 1) (2 2) (4 3) (6 4) (12 6) (24 8))
```

ここで，リスト内リストの **car** 部が高度合成数を，**cdr** 部が約数の個数を示している．50000 まで範囲を拡げれば以下の結果が得られる．

```
((1 1) (2 2) (4 3) (6 4) (12 6) (24 8) (36 9)
 (48 10) (60 12) (120 16) (180 18) (240 20)
 (360 24) (720 30) (840 32) (1260 36) (1680 40)
 (2520 48) (5040 60) (7560 64) (10080 72) (15120 80)
 (20160 84) (25200 90) (27720 96) (45360 100))
```

因みに 100 個の約数を持つ数 45360 は

```
> (factorize-of 45360)
((2 4) (3 4) (5 1) (7 1))
```

と素因数分解される――確かに $(4+1) \times (4+1) \times (1+1) \times (1+1) = 100$ である．

　高度合成数はその範囲に比べて少ないので，余り効果的ではないが，一般に計算に時間が掛かるものは，結果をデータ化しておいた方がよい．例えば

```
(define hcn-data (hcn-to 50000))
```

として定義すると，連想リストの手法で，高度合成数をその約数の個数と共に取り出すことが出来る．ここでも，メモ化の場合と同様に **assoc** を用いて

```
> (assoc 720 hcn-data)
(720 30)
```

によりデータ探索をする．即ち，*key* となる数 720 に対して，対応する *data* である 30 をペア形式 (720 30) で返し，対応するものが無ければ#f を返す．

● 親和数

親和数(amicable numbers) とは，真の約数の和に関する二数の相互関係であった．その最小例 (220, 284) からコード化のヒントを探る．自身を含めた約数の総和は，手続 sigma-of で求められた．そこで真の約数を求める手続を

```
(define (sumpd-of n)                      ; sum of proper divisors
  (- (sigma-of n) n))
```

によって定義する．これより

```
> (sumpd-of 220)
284
```

```
> (sumpd-of 284)
220
```

を得る．即ち，(sumpd-of (sumpd-of 220)) <=> 220 が成り立つ．従って，同様の関係が成り立つ数を全数探索により探し出せばよい——(220, 284) と (284, 220) は同じものなので，大小関係を述語に入れてこれを除去する．

よって，数 *x* までの範囲の中に存在する親和数を求めるコードは

```
(define (aminum x)                        ; amicable numbers
  (let loop ((i 1) (tmp '()))
    (let* ((n (sumpd-of i)) (m (sumpd-of n)))
      (if (< x i)
          (reverse tmp)
          (if (and (= m i) (< m n))
              (loop (++ i) (cons (list m n) tmp))
              (loop (++ i) tmp) )))))
```

となる．20000 以下では次の八例のみである．

```
((220 284) (1184 1210) (2620 2924) (5020 5564) (6232 6368)
 (10744 10856) (12285 14595) (17296 18416))
```

● フェルマー数

さて，1.4 (p.17) で論じた**フェルマー数**(Fermat number)：

```
(define (fermat-number n)
  (+ (** 2 (** 2 n)) 1))
```

に対して，それが素数であるか合成数であるかを確かめておこう．

結果は $1 \leq n \leq 4$ では (prime? (fermat-number n)) は全て真となり，素数である．ところが $n = 5$ は偽となるので，素因数分解を試みると

> (factorize-of (fermat-number 5))
((641 1) (6700417 1))

より，合成数であることが分かる．同様に六番目のフェルマー数に対しても

> (factorize-of (fermat-number 6))
((274177 1) (67280421310721 1))

と素因数分解される．

D.3.3　循環小数を計算する

計算機で行う通常の数値計算は誤差を伴う．それは内部で保証されている桁数に制限があるからである．大きな数が扱えないのは理解しやすく，そこから生まれる悲劇も目に附きやすいが，小さな数が"丸められて消えていく"問題は気が附き難いので，それだけ解決が遅れる．特に計算機の限界附近の小さな数を遣り取りしていると，小さくとも"そこに存在していた数"が無かったことにされる．しかも，エラー表記もなしに処理が続く場合が多い．

一番単純な例が除算において見られる．**循環小数**(repeating decimal) とは，数の並びが循環することから附けられた名称であるが，その繰り返しの周期が計算機の処理能力を越えると，それが循環しているか否かも"表面的"には分からなくなる．しかし我々は，筆算により循環小数を希望する桁だけ求めることが出来る．その限界は体力と気力である．そこで，筆算の方法を転用することによって，循環小数の循環節を正確に導いておこう．除算の結果得られた剰余を十倍して次の桁の計算に進む，という極めて単純な方法をコード化する．

先ずは a/b に対してその剰余を求める手続：

```
(define (/@check a b i)
  (if (zero? i)
      (/@ a b)
      (/@ (* 10 (/@check a b (-- i))) b)))
```

を定義する．n により計算の"深さ"が制禦される．実行例は $1/7$ に対して

```
(/@check 1 7 0)   => 1
```

```
(/@check 1 7 1)    =>  3
(/@check 1 7 2)    =>  2
(/@check 1 7 3)    =>  6
(/@check 1 7 4)    =>  4
(/@check 1 7 5)    =>  5
```

となる．こうして計算が進み (/@check 1 7 6) において遂に，同じ剰余1が登場する．これによって，以降は同じ計算が続き，それ故に数値が循環することが諒解される訳である．

● 計算の方針

従って，循環小数を正確に求める為には，得られた剰余をリストに保管し，新しく得られた剰余がそのリスト内に存在するか否かを確かめて，計算の終了・続行を定める述語を作ればいい．この流れの中で，除算の商も処理終了まで順次リストに溜め込んでいく必要がある．

先ず，商を求めるコードとして

```
(define (//check a b i)
  (if (zero? i)
      (// a b)
      (// (* 10 (/@check a b (-- i))) b)))
```

を定義する．先と同様に，具体例 1/7 に対して以下を得る．

```
(//check 1 7 0)    =>  0
(//check 1 7 1)    =>  1
(//check 1 7 2)    =>  4
(//check 1 7 3)    =>  2
(//check 1 7 4)    =>  8
(//check 1 7 5)    =>  5
```

次の (//check 1 7 6) において，値7を得て以後は繰り返しとなる——先に示したように，この段階で剰余は一巡している．以上より

$$\frac{1}{7} = 0,142857\cdots$$

というお馴染みの結果が再現される．

以上の処理を自動化すれば，循環小数を求める手続が定義出来る．そこで与えられたリスト内に，指定した数が存在するか否かを判定する述語を

```
(define (member? x lst)
  (cond ((null? lst) #f)
        ((= (car lst) x) #t)
        (else (member? x (cdr lst)))))
```

により定義する．この述語と剰余のゼロ判定との論理和を取ることにより，計算の終了段階を見出す．これらをまとめて，手続 /// を定義する．

```
(define (/// a b)
  (let loop ((i 0) (tmp1 '()) (tmp2 '()))
    (if (or (zero? (/@check a b i))
            (member? (/@check a b i) tmp1))
        (list (length tmp1)
              (reverse (cons (//check a b i) tmp2)))
        (loop (++ i)
          (cons (/@check a b i) tmp1)
          (cons (//check a b i) tmp2) ))))
```

$tmp1$ には剰余が，$tmp2$ には商が順次繰り込まれていく．剰余が 0 か，或いは既に求めたリスト $tmp1$ 内に存在すれば終了である．出力は剰余の個数を **length** により求め，$tmp2$ の内容を逆順に並び替えて，通常の計算過程と同様になるようにしている．

● 巡廻数

コードの働きを確かめる為に，再び 1/7 を利用しよう．

> (/// 1 7)
(6 (0 1 4 2 8 5 7))

である．ここで先頭の数値 6 は $tmp1$ の長さ，即ち異なる剰余の個数である．続くリストの第二要素以降が小数部になる．例を続けよう．

> (/// 1 17)
(16 (0 0 5 8 8 2 3 5 2 9 4 1 1 7 6 4 7))
> (/// 1 19)
(18 (0 0 5 2 6 3 1 5 7 8 9 4 7 3 6 8 4 2 1))
> (/// 1 23)
(22 (0 0 4 3 4 7 8 2 6 0 8 6 9 5 6 5 2 1 7 3 9 1 3))
> (/// 1 29)
(28 (0 0 3 4 4 8 2 7 5 8 6 2 0 6 8 9 6 5 5 1 7 2 4 1 3 7 9 3 1))

これらは素数 p を分母に持ち，最長の循環節 $(p-1)$ を持つ数の例である．この半分，即ち $(p-1)/2$ の長さの循環節を持つ数を二次の**巡廻数**(cyclic number)と呼ぶのであった (3.5 (p.73) 参照)．その一番簡単な例は

> (/// 1 13)
(6 (0 7 6 9 2 3))

である．続いて $(p-1)/3$ となる三次の巡廻数は

> (/// 1 103)
(34 (0 0 0 9 7 0 8 7 3 7 8 6 4 0 7 7 6 6 9 9 0 2 9 1 2 6 2 1 3 5 9 2 2 3 3))

となる——高次の巡廻数も同様である．五次，十二次の巡廻数はそれぞれ

(/// 1 11)   => *(2 (0 0 9))*
(/// 1 37)   => *(3 (0 0 2 7))*

であるが，こうした極めて単純な数値例は，高次巡廻数という視点を得て，初めて意識されるものであろう．

これで除算に纏わる手続が出揃ったのでまとめておこう．

(/   11 7)   => *11/7*
(/   11 7.0)   => *1.5714285714285714*
(//   11 7)   => *1*
(/// 11 7)   => *(6 (1 5 7 1 4 2 8))*
(/@   11 7)   => *4*
(/:   11 7)   => *4*

である——なお，除算 / における分数表記と，小数の桁数は実装により異なる．

D.3.4　循環小数を表記する

循環小数を，除算の繰り返しによるリスト形式で求めることにより，システムの持つ精度の限界を越えた．しかし，その出力は見易い表記ではなかった．そこで，通常の**十進数**(decimal) 表記へと変換したい．ところが，これを安易に数として扱うと，再びシステムの桁制限に抵触して丸められてしまう．

● **数を数字へ**

従って，最後まで文字として，即ち「数値ではなく数字として」扱う必要がある．これを文字処理用の組込手続を利用して実現しよう．具体的には，数

D.3. 四則計算の仕組

値を文字列変換する組込手続 **number->string** と，リスト内の文字列を束ねる **string-append** を用いる．(define ten '(0 1 2 3 4 5 6 7 8 9)) に対して，これを作用させると

```
> (map number->string ten)
("0" "1" "2" "3" "4" "5" "6" "7" "8" "9")
```

となるので，この結果を受けて

```
> (apply string-append
    (map number->string ten))
"0123456789"
```

が導かれる．これにより手続 digit->string を書換えれば簡潔になる．

```
(define (digit->string lst)
  (apply string-append
    (map number->string lst)))
```

以上で準備が出来た．主たる処理は，循環小数のリストから，その整数部と小数部を抜き出すことから始まる．これには **car** と **cdr** を駆使すればよい．

```
(caadr (/// 1 7))  => 0
(cdadr (/// 1 7))  => (1 4 2 8 5 7)
```

これらに対して先の手続を適用させると，以下の結果が得られる．

```
(number->string (caadr (/// 1 7)))  => "0"
(digit->string  (cdadr (/// 1 7)))  => "142857"
```

● 数字から数へ

さて，こうして得た整数部と小数部を，小数点を挟んで合体させれば完成である．これには再び **string-append** を用いる．全体をまとめた

```
(define (decimal lst)
  (string-append
    (number->string (caadr lst)) "."
    (digit->string (cdadr lst)) ))
```

が所望の手続となる．これを実行して

```
> (decimal (/// 1 7))
"0.142857"
```

を得る．なお，この結果を数値化したい場合には，文字・数値の逆変換：

> (string->number (decimal (/// 1 7)))
0.142857

を実行すればよい．この結果は文字ではなく"数値"なので，計算に使うことが出来る．例えば，以下である——ただし，実装によっては文字・数値変換の際に誤差が生じる場合がある．

> (* 2 (string->number (decimal (/// 1 7))))
0.285714

桁制限の問題では，例えばdecimalのみによれば

> (decimal (/// 1 97)))
*"0.01030927835051546391752577319587628865979381443
29896907216494845360824742268041237113402061855 67"*

と正しく求められるが，これを**string->number**により数値化すると

> (string->number (decimal (/// 1 97)))
0.010309278350515464

と途中で打ち切られてしまう．これでは通常の除算：

> (/ 1.0 97)))
0.010309278350515464

と変わらない．これだけに限らず桁制限の問題は，思わぬところに顔を出すので，非常に繊細な注意を要する．

千鳥……

さ夜中に
友呼ぶ千鳥 物思ふと
わびをる時に 鳴きつつもとな

Vol.4, No.618.
大神女郎
（おほみのいらつめ）

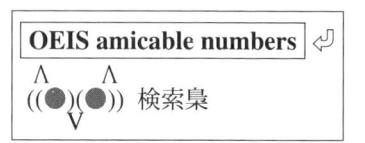

OEIS amicable numbers ⏎
((●)(●)) 検索梟

D.4 素数を求める

倍数と約数の議論から，素数を求める方法が見えてくる．**エラトステネスの篩**(Eratosthenes' sieve) である．その作業は極めて"機械的"であり，容易に"プログラミング可能"である．両者は大変よく似ている．実際，これらが不二の関係にあることが**チューリングマシン**(Turing Machine) と呼ばれる架空の計算機械において示されたのであるが，ここではその詳細に立ち入らず，右往左往しているように見えながら，実は確実に**目的に向かって動くマシンのイメージ**を描くことにする．プログラムは具体的な計算を廃した"作業"によって行う．表を作り倍数に印を打っていく行程を，素朴な発想でコード化する．

D.4.1 チューリングマシン

簡単にチューリングマシンについて触れておく．1936 年，**アラン・チューリング**(Turing, Alan Mathison) により生み出されたこの架空のマシンは，極めて簡素な構造を持っている．レコードは消え失せ，カセットもビデオも今や昔で，これからの時代，益々説明に窮することになるが，思い描いて貰いたいものは，床の上に無限に延びている一本のテープと，その上を走る台車である．

この台車は，テープレコーダーの"録再ヘッド"と同様に，テープ上の情報を読み書きすることが出来る．台車は内部の状況を"記憶"出来る．また，テープは枡目状に区切られており，その一枡を単位として台車は移動する．

チューリングマシンは，こうした設定の下で，計算機に何が可能で，何が不可能かを示す"計算のモデル"として考案された．そして誠に驚くべきことに，このマシンに関する論文が出版された時，**この世界には一台のコンピュータも存在しなかった**のである．チューリングはコンピュータが存在しない時代に，その未来を予見し，空想上の機械を通して，未だ生まれざる機械の限界について考察したのである．そして，そこで得た結論は今も全く揺るがない．

今なお人類は，チューリングマシンを越える能力を持った機械を発明出来ていない．手元のパソコンも超大型計算機も，規模こそ異なるがその本質的能力においてチューリングマシンと同等であり，これを凌駕するものではない．即ち，チューリングマシンと同等であることが計算機の"最高性能"を意味するのであり，この意味での"最高性能保証"を**チューリング完全**(Turing-complete)

と呼ぶ．チューリング完全であることが証明されたならば，それはあらゆるコンピュータと同等であることが示されたことであり，後は処理速度や記述法，運用法などの"雑多な部分"での違いしか生じない．ラムダ算法もチューリング完全であるので，計算機のモデルとして活用されるのである．

現在広く使われているプログラミング言語はチューリング完全であるので，例えばCに出来てLISPに出来ないことはない．逆も然りである．言語の違いは，出来る・出来ないにあるのではなく，人間の思考の如何なるパターンに沿っているか，即ち「何が得意で何が不得意か」という得手不得手にある．

チューリングマシンを模倣するソフトもあれば，実際に動くハードもある．実際，概念を理解するだけなら，それほど難しくはない．ただし，それを正直に適用して具体的な計算を追跡するには，人間側の根気が続かないのである．そこで，ここでは話を逆転させて，チューリングマシンを理解する一助として，素数探査のコードを"マシン風"に書いた．細かい定義や，五月蠅い議論を離れて，自然数が枡目の中に書かれているテープを想定し，その上をSchemeコードの"台車"が順に処理していくように，プログラムを組む．頭の中で，**台車が走りながら合成数を手際よく削除していく様子**を想像して頂きたい．

D.4.2　終了条件

さて，具体的に問題を設定していこう．先ずは，自然数が順に記された一本の無限長テープを用意する．その上を台車が走り作業をする．しかし，相手は"無限"であるから終りがない．そこで数の範囲を限定する．与えられた範囲の中に，「これだけの素数がある」という形式の議論をする．

何かを"具体的"に求める場合，確かに結果が得られたこと，或いは与えられた範囲を調べ尽くしたと分かること，それを示す"印"が必要である．それが無ければ終らない．当面は"任意の範囲において"という決まり文句によって対象を拡げずに，二桁の自然数に限定して頭の負担を軽くしておく．即ち，扱う数の範囲を「1から99までの自然数」として議論を始める．

● **事前の準備**

先ず台車はテープに書かれた数1を確認し，これをやり過ごす——何故，無視をするのか，それはこの後，直ぐに明らかになる．

D.4. 素数を求める

続く数 2 を確認した台車は，その数を記憶した後，探索対象の上限を目指して動き出す．設定された上限 99 を見て，台車はその直後に，記憶した数 2 に対応する二個の記号を附け加える．その記号をここでは「−1」とする——この記号は自由に選べるが"特徴のあるもの"が便利である．

	1	**2**	3	4	5	6	7	8	……	97	98	**99**	−1	−1	

自然数が書かれた無限長テープの中で，最初の 99 個に対象を限定し，それに続く数が書かれた場所二ヶ所を −1 に書換える．これが最初の数 2 に対する台車の活動範囲である．末尾に，−1 を刻印する作業は

```
(define (add-mark lst k)
  (let loop ((i k) (ones '()))
    (if (zero? i)
        (append lst ones)
        (loop (-- i) (cons '-1 ones)) )))
```

により実現する．ここで変数 *lst* には，`(define nn99 (iota 99))` により定義された自然数のリストが入る．その実行結果は以下である．

```
> (add-mark nn99 2)
```
(1 2 3 4 5 6 7 8 9 10 …… 91 92 93 94 95 96 97 98 99 -1 -1)

末尾の記号を刻印した台車は，再び数 2 の位置まで戻る．

D.4.3 更新と書込み

ここから 2 の倍数を消去する為に動き出す．それは計算ではなく"跳躍"により行われる．2 を単位としてジャンプする．降り立った地点が更新対象である．実際には台車はテープ上を"通過"と"更新"を繰り返しながら進む．そして −1 を発見して一連の作業を終える．2 が跳躍の一単位であるから，末尾に二個の記号を附加しておけば，ジャンプの元位置が何処であろうと，最終的には必ず −1 に着地することになる．その時点で作業は終了する．

移動の主旨は明らかになった．それと同時にテープの最初の数 1 を無視した意味も明らかである．もし同じ作業を 1 に適用したなら，間隔 1 で跳躍，そして更新するとは，全ての自然数を更新することになるからである——これは 1 が全ての自然数の約数であることの別表現になっている．

● 更新の実現

　さてそこで，この"更新"をどのような形で実現させるかを考える．先ずはテープ上の任意の位置を記述する二つの手続を定義する．

```
(define (nn-tail lst i) (list-tail lst (- i 1)))
(define (nn-ref  lst i) (list-ref  lst (- i 1)))
```

nn-tail は引数に続く自然数のリストを出力し，nn-tail は引数に対応するリスト上の数を出力する——0を基準とする組込 **list-tail**，**list-ref** の引数を一つズラして，引数の値が自然数そのものに一致するようにした．即ち

> (nn-tail nn99 91)	> (nn-ref nn99 91)
(91 92 93 94 95 96 97 98 99)	**91**

となる．この手続を用いて，指定した自然数を0に書換える——末尾記号として数 −1 を，消去記号として0を用いたことにより，最後の段階で「1以下の数は無用」と一括削除が出来る．これを実現する手続は

```
(define (zero->nn lst k)
  (set-car! (nn-tail lst k) 0))
```

である．例えば，(zero->nn nn99 4) によって，4が0に更新される．

　以上を用いて，2を除いた2の倍数を，次の手続によって順次消去する．

```
(define (jump-p lst p)
  (let loop ((i p))
    (cond ((= (nn-ref lst i) -1) (filter del-mark? lst))
          ((= i p)               (loop (+ i p)))
          (else (zero->nn lst i) (loop (+ i p))))))
```

手続 jump-p は，リストに附加されている −1 を述語：

```
(define (del-mark? x) (<= 0 x))
```

によって発見し，これを消す．そうでない場合には，読込んだ p の値を跳躍の単位として順に0に書換える．

	1	**2**	3	0	5	0	7	0	……	97	0	**99**		−1	−1	

ここまでの手続をまとめた

D.4. 素数を求める

```
(define (ps lst p)
  (jump-p (add-mark lst p) p))
```

は末尾に記号を附加したリストを対象に 0 を上書きしていく．これよりリスト

```
> (ps nn99 2)
```
(1 2 3 0 5 0 7 0 9 0 11 0 13 0 15 0 17 0 19 0 21 0 23 0 25
0 27 0 29 0 31 0 33 0 35 0 37 0 39 0 41 0 43 0 45 0 47 0 49 0
51 0 53 0 55 0 57 0 59 0 61 0 63 0 65 0 67 0 69 0 71 0 73 0 75
0 77 0 79 0 81 0 83 0 85 0 87 0 89 0 91 0 93 0 95 0 97 0 99)

が得られる．2 を除く 2 の倍数，即ち偶数が消去されている．

● **原点復帰**

末尾の -1 を見附けて作業を終えた台車は，元の位置に戻り，次なるターゲット 3 に挑む．作業内容は 2 と同様であるが，この場合の跳躍は，「通過・通過・更新」の繰り返しとなる．

```
> (ps nn99 3)
```
(1 2 3 0 5 0 7 8 0 10 11 0 13 14 0 16 17 0 19 20 0 22 23 0 25
26 0 28 29 0 31 32 0 34 35 0 37 38 0 40 41 0 43 44 0 46 47 0 49 50
0 52 53 0 55 56 0 58 59 0 61 62 0 64 65 0 67 68 0 70 71 0 73 74 0
76 77 0 79 80 0 82 83 0 85 86 0 88 89 0 91 92 0 94 95 0 97 98 0)

実際には，これらの処理は連続して行われて以下のようになる．

```
> (ps (ps nn99 2) 3)
```
(1 2 3 0 5 0 7 0 0 0 11 0 13 0 0 0 17 0 19 0 0 0 23 0 25
0 0 0 29 0 31 0 0 0 35 0 37 0 0 0 41 0 43 0 0 0 47 0 49 0
0 0 53 0 55 0 0 0 59 0 61 0 0 0 65 0 67 0 0 0 71 0 73 0 0
0 77 0 79 0 0 0 83 0 85 0 0 0 89 0 91 0 0 0 95 0 97 0 0)

これで 2, 3 の倍数が全て 0 に更新された．

D.4.4 探索範囲の設定

そして次の数 4 に至る訳であるが，これは既に更新されている．4 の倍数は当然 2 の倍数でもあるから，ここから 4 を単位に跳躍を繰り返しても，全ては消去済みであり全くの無駄になる．そこで，0 を見出した場合，それ以降の作業をキャンセルして，次の数に進むようにする．

● **無駄除去機能**

この無駄除去の機能を含めた一括処理は

```
(define (scan lst)
  (let loop ((i 1) (tmp lst))
    (cond ((range? lst i) tmp)
          ((zero? (nn-ref tmp (++ i))) (loop (++ i) tmp))
          (else (loop (++ i) (ps tmp (++ i)))) )))
```

により行う．ゼロ判断を行っている述語部分が，この無駄除去の機能を実現している．また述語 range? は，一連の作業をどの数まで続けるかを決めるものである．最も工夫しない，全く計算を伴わない定義は全数探索：

```
(define (range1? lst i) (= (length lst) i))
```

である．しかし，これでは余りにも無駄が多い．例えば，この場合なら 51 に作業が至った場合，その二倍である 102 は与えられた上限値を超えるので，これ以上の数に対しては作業を続ける必要が無い．そこで探索範囲を半分に絞った

```
(define (range2? lst i) (= (/ (length lst) 2) i))
```

によっても，正しい答が見出せる．さらに探索範囲を二分の一，三分の一と区切っていけば，即ち，その数の二倍，三倍が範囲内にあるか否かを考察すれば，理論が教えるところの「**与えられた上限値の平方根までで充分である**」ことが実感出来るだろう．逆に見れば，その数の二乗が範囲を超えている場合には，その段階で作業を終了してよいのである．そこで最も効率的な範囲指定として

```
(define (range? lst i) (< (length lst) (* i i)))
```

を得る——この手法で唯一の具体的な計算手続である．

最後に，リストの作成から，余分な項目の除去まで一挙に処理する手続：

```
(define (primes n)
  (filter (lambda (x) (< 1 x))
    (scan (iota n))))
```

を定義する．ここでラムダによる述語が，「素数として扱わない 1」「合成数の印としての 0」，そして「終了条件として利用した −1」を判別している．

● Elephant なコード

　チューリングマシン風に，台車の移動を頭に描きながら，合成数を順次削除した．手作業をプログラムとして再現する為に，様々な無駄をしている．無駄を減らせば処理速度は向上する．しかし，ここではそうした効率面に興味を分散させず，"思考の動き"と併走するプログラムを書いたのである．

　繰り返しが処理時間に大きく影響するので，例えば末尾の記号添附を最初の一回で済ませば，かなりの速度向上が期待される——これも探索範囲に連動して二乗の範囲で附加しておけばよいので，range? の最後の形式を用いる．

```
(define (add-mark lst)
  (let loop ((i 0) (ones '()))
    (if (range? lst i)
        (append lst ones)
        (loop (++ i) (cons '-1 ones)) )))
```

引数の減少に対応して，ps も変更する．

```
(define (ps lst p)
  (jump-p (add-mark lst) p))
```

対象とする数の範囲が拡がれば拡がるほど，この再定義が利いてくる．

　ただし，処理時間を短縮する工夫は，このような極端な場合を除いては，対象を細部まで知っていることによって初めて見出せるものであり，コード化の絶対的な前提とするものではない．先ずは設定の通りに"動く"こと，その動きが頭の中で容易に描けるようなものであることの方が重要である．

　論理の基本である **and** や **or** でも，高々三重程度に重ねるだけで，既に一瞥では理解出来ない複雑な論理構造を作ることが出来る．従って，コードの各要素がそれぞれの働きを十全に果たしていたとしても，それらが合体した際に，設計者の"予想通り"に動くか否かは，改めて検証する必要がある．所謂"バグの混入"を避け，部品の独立性と合体時の安全性を高める為に函数型言語が推奨されている訳であるが，それでも厳しい動作試験を課す必要が減る訳ではない．天災と同様に，バグもまた忘れた頃にやってくるのである．

　"Elegant なコード"は人を魅了するものであるが，それは"Elephant なコード"が洗練されて出来たものである．初学者は，"巨象"が伸び歩く様を楽しみ，その巨大さ故に見える風景を目に焼き附けておくことこそ重要である．

☞ 余談：小学生にもチューリングを！ ....

　ある公開授業の話をしよう．小道具は百枚の画用紙と使い古しのベビーカーである．大手スーパー等でお馴染みのショッピングカーや車輪付きのショッピングバックでも面白い．狭い教室なら，少々面白みに欠けるがキャスター附きの椅子でも充分である．画用紙の表には 100 までの自然数を書いておく．これを裏返しにして床に一列に並べて長い帯を作る．ここから授業を開始する．

　主役は二人の生徒である．一人はチューリングマシンの心臓部を演じ，もう一人はその移動を手伝う．その起動スイッチは子供達が囃し立てる歓声である．
　チューリングマシンと化した生徒は，搭乗前にした約束に従って行動する．一枚目の画用紙を捲れば，そこに 1 がある．そこでこれを通過し次を捲る．
　2 が出た！　そこで二人はこれも通過し，以後「一枚通過した後に一枚を捲る」という作業に入る．捲った画用紙はマシンに収める．最後まで辿り着けば，一回目のスキャンは終り．自宅にスキャナーがある時代である，"スキャン"という言葉は直ぐに覚える．この段階で既に半数の画用紙が床上から消えている訳であるが，その枚数を質問することも重要である．出発点に戻り，まだ捲られていない最初の画用紙に進む．

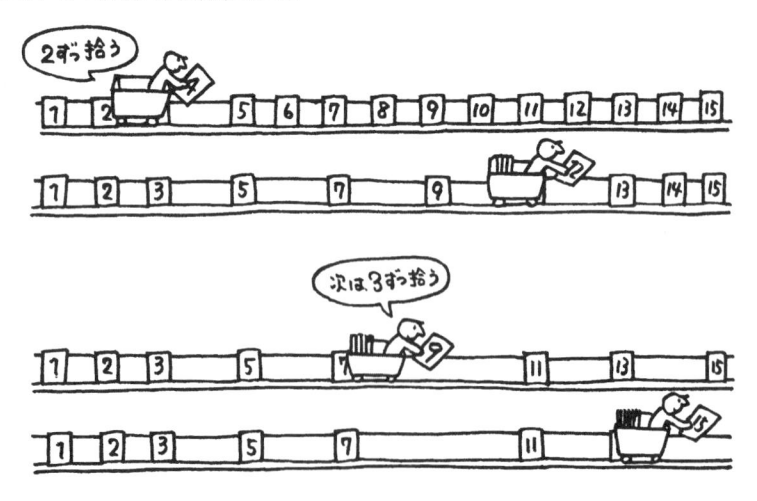

　3 が出た！　二人はこれを通過し，以後「二枚通過した後に一枚を捲る」という作業に入る．ただし，通過場所には既に画用紙が回収されて何も無い所があるので，その点も注意する．後は本文の通りの"人間計算機"の連続実行である．
　この間，外野の生徒達は口々に予想を語り出す．何処まで作業は続くのか，終りの数字を予想させる．7 まで事が進んだ時には，"意味深な笑顔"も必要である．もう捲るべき画用紙が残っていないことを，子供達が自分の目で身体で確

D.4. 素数を求める

認するまで安易に答を伝える必要はない．何故 7 で終るのか，事後に意見を聞くことも忘れない．

　以上のプロセスを子供達は楽しみ，そして理解する．チューリングマシンやエラトステネスの篩を理解することに何の問題も生じない．充分に小学校課程で実施出来る内容である．そして黒板に戻って "謎" を出す．チューリングマシンに収納された画用紙と，床に残った画用紙の違いは何か．そこに書かれた数字にどのような性質があるのか．

　倍数・約数の関係を強調するよりも，先ずは素因数分解に進んでみたい．手元の画用紙の数字は全て，床にある数字で書けることを示していく．その為に，床上の画用紙もまた回収して黒板の左側に置く．この段階で比較的小さな，磁気を帯びたカードに切り替えて，黒板上に貼り付けた．左は素数，右は合成数の集団である．ただし，これらの用語も使わない，タネ明かしはまだ後に残す．

　ここは謎に徹しよう．右側から適当な数を子供達に選ばせ，それが左側の数の掛け算だけで作れることを宣言し，これを謎解きのゲームにする．自ら出題する時は，そこに序列を附けておく．最初は 6 や 35 といった二数の掛け算から作られるもの．次に 30 や 42 など三数が必要なものへと進む．そして実際に黒板の左側で，そこにあるカードを組合せてこれを実行してみせる．

　最後の段階は，9 や 25 といった二乗数である．これにはカードが足りないので，カードを貼り付けた丁度その上に小さく 2 と書いて，「本当は二枚必要だけれど，ここに一枚しかないから，この上に小さく，二枚分という意味で 2 と書きます」と話すと，ごく自然に納得する．これで二乗の意味も，その記法も子供達の頭の中に入った．最後に 27 を考えさせる．これも 3 のカードが三枚必要なことは，容易に理解する．そして三乗の表記にも何の違和感も感じない．詳しい説明を避け，"ルールの紹介" に留めておけば，子供は難しいものでも受け入れる．それが難しいものとは知らないから．「カードが足りない時は，その上に枚数を書いて」と話せば，次の瞬間には 36 を見事に分解している．

　これで 100 までの全ての合成数は，素数の積で書けることを子供達は体感する．全く同じ種類の数に見えたものが，実は "作る数" と "作られる数" の二種類に分かれることを彼等は知った．最後に左側を指しながら「これを素数と呼びます」と言って締め括りとした——合成数という名称は教えなかった．

　チューリングマシンやエラトステネスの篩という言葉は使っても構わない．何故なら，彼等がそれを好むからである．ゲームの必殺技のように，これらの言葉の持つ "摩訶不思議な響き" に憧れ，ポケモンカードを覚えるように，素数カードに親しみを感じて貰えればいい．子供達は，難解なもの，複雑なものに憧れ，種類の多いもの，変化の激しいものを好む．それを忌避せず，楽しみ好むところに知的成長期の特徴がある．アルゴリズムや計算機の内部構成など，子供達の "期待に応える" 授業は幾らでも工夫可能である．

・・・■

D.4.5 エラトステネスの篩と素数分布

　ここでは，エラトステネスの篩をもう少し簡潔に書いて見たい．手法はほとんど同じである．先ず，与えられた数の約数を求める．最初の約数——即ち，一番小さい約数——が見附かれば合成数なので作業を終える．最後まで探して，その数自身にまで及べば，それは素数である．

● **計算による方法**

　2から始まる自然数の列に対して，順に除算をしてその余りが0になるか否かを述語により判断する．そして，与えられた数の平方根まで作業が進めば，それで終りとする——これを立場を入れ換えて，調査中の自然数の二乗が，設定範囲を超えるか否かという形の述語を作る．これを手続 search として定義すると，(search n) は，n の最初の約数を出力する．その約数が n 自身に等しい時，それは素数となるので，全体をまとめて

```
(define (prime? n)
  (define (search n)
    (let loop ((i 2))
      (cond ((< n (* i i))    n)
            ((zero? (/@ n i)) i)
            (else (loop (++ i))) )))
  (if (= n 1)
      #f
      (= n (search n))))
```

が，与えられた数が素数か否かを判定する述語となる——よって，述語のシンボル "?" を末尾に附加している．実行例は以下である．

　　(prime? 4)　=>　**#f**　　　　　(prime? 97)　=>　**#t**

　この述語を用いて，真ならばその数を，偽ならば0をリストに加える手続：

```
(define (sieve n)
  (map (lambda (x) (if (prime? x) x 0))
       (iota 2 n)))
```

を定義する．これが求めるべき篩である．実行例は

```
> (sieve 31)
```
(2 3 0 5 0 7 0 0 0 11 0 13 0 0 0 17 0 19 0 0 0 23 0 0 0 0 0 29 0 31)

である．ここで紹介したエラトステネスの篩を実現する為の二つの方法に関して，何処がどのように違うのか，計算機の負担はどれほど違うのか，さほど変わらないのか，こういった点を調べていくと，コードの中で四則や剰余といった初等的な計算が果たす役割が，より鮮明に理解出来るだろう．

ここで，`sieve` の出力から，合成数の印とした数字 0 を除去すれば，素数を導き出す函数となる——不要の 0 を除去する為に全体に `filter` を被せる．

```
(define (primes n)
  (filter positive? (sieve n)))
```

以上で，素数探索の基本中の基本であるエラトステネスの篩をコード化することが出来た．これで計算機の能力の範囲で，希望するだけの素数を手に入れることが出来る．オイラー，ガウスの時代には，人がその生涯を賭けて挑んだ数表作りが，手軽に出来るようになった訳である．

素数は，それぞれが名誉ある孤立を誇っている．それぞれが特徴のある風貌をしている．しかし，それを集団として見た際には，何処にこうした性質が隠されていたのか，と目を疑うような見事な統一性を見せてくる．素数全体の性質を見極めることは，現代数学の最先端の問題である．従って，素数のリストを入手した人は，その"集団行動"に注目することで，数の持つ不思議さの本質に迫ることが出来るのである．

● **集団としての素数**

二桁の自然数の中に埋もれていた素数は，以下の 25 個である．

```
> (primes 99)
```
(2 3 5 7 11 13 17 19 23 29 31 37 41 43 47 53 59 61 67 71 73 79 83 89 97)

このリストだけからでも分かることは多い．先ずは，隣同士の奇数が共に素数である双子素数の存在が目に附く．素数の問題は大抵の場合，少し考えると当り前に見えて，もう少し深く考えると不思議さが滲み出てくる．さらに深くその奥に入り込んでいくと，手に負えない難解さを垣間見せる．これは素数の密集領域である．数の範囲が拡大するにつれて，その孤立性が増してくることを知ると，素数探索が楽しかったこの"二桁時代"を懐かしむことになる．

素数の個数は，その集団的性質を調べる為の一番簡単な指標である．この場合，個数はリストの長さとして求められる．

```
(length (primes    9))  => 4
(length (primes   99))  => 25
(length (primes  999))  => 168
(length (primes 9999))  => 1229
```

増えてはいるが，その伸びは次第に鈍化しているように見える．さらに精密に調べる為には，刻み幅を小さくすればよい．そこで次の手続を定義する．

```
(define (p-dis lst nn)                      ; prime distribution
  (let loop ((i nn) (tmp '()))
    (if (zero? i)
        tmp
        (loop (-- i)
          (cons (length (filter (lambda (x) (<= x i)) lst))
                tmp)))))
```

これは 1 から順に素数であるか否かを調べ，任意の自然数以下の素数の個数を与える手続である——以下，(define pn99 (primes 99)) である．

```
> (p-dis pn99 99)
```
(0 1 2 2 3 3 4 4 4 4 5 5 6 6 6 6 7 7 8 8 8 8 9 9 9 9 9 9 10 10 11 11 11 11 11 11 12 12 12 12 13 13 14 14 14 14 15 15 15 15 15 15 16 16 16 16 16 16 17 17 18 18 18 18 18 18 19 19 19 19 20 20 21 21 21 21 21 21 22 22 22 22 23 23 23 23 23 23 24 24 24 24 24 24 24 24 25 25 25)

さらに，**newline** を用いて，データ毎に改行を入れる汎用手続：

```
(define (output lst)
  (let loop ((i 0)) (newline)
    (if (= i (length lst))
        'end
        (begin (display (list-ref lst i))
               (loop (++ i)) ))))
```

を定義する．そして，(output (p-dis pn99 99)) を実行すると，データ毎に改行が為されて縦方向に数値が並ぶ．この出力を表計算ソフトなどで処理すれば素数の分布を示す**グラフ**(graph) を作ることが出来る．

D.4.6 データの入出力とグラフ

グラフの描画を Scheme の外部に委託するとなれば，求めたデータの遣り取りを行う必要がある．その為には，先ず計算結果を**ファイル**(file) にまとめて保存する手法を確立し，それを仲立ちとしてデータを相手方に渡す．或いは逆にファイルからデータを受取り，Scheme によって加工する．こうしたデータの入出力，"読み・書き" を簡便に行う為の手続が必要である．

● **ファイルとポート**

さてファイルとは，最も一般的には，一連のデータの集まりに対する総称である．中身は，それを生成したソフトにより様々な形式を持つが，コンピュータが実行する命令を収めた**プログラム・ファイル**と，そのプログラムに利用されるデータを収めた**データ・ファイル**の二種に大別される．プログラム・ファイルは，制禦命令や処理コードなどの二進数表記を含むことから，**バイナリ・ファイル**とも呼ばれ，その対義語として可読性のある文字のみを含むものを**テキスト・ファイル**と呼ぶ．今まさにここで記述している Scheme のコードは，テキストのみで構成されたものであり，これを格納するファイルは単なるテキスト・ファイルである——通常，これを *scm* を拡張子とするファイルに保存し，手続：(**load** "*name*") により取り込む．従って，プログラムの制作過程において，最も重要なことはテキスト・ファイルの扱いだということになり，最も重要な "道具" はそのファイルを，意図通りに的確に迅速に 編輯 する為の，柔軟で強靱な**テキスト・エディタ**(text editor) だということになる．

ところで，データの読み書きは，ファイルに留まらず，キーボードやディスプレイなど入出力を伴うあらゆる機器に生じる問題である．そこでコンピュータシステム全体を管理する **OS**(Operating System) は，こうした入出力全般の端点を**ポート**(port) と名附け，その遣り取りの標準的な規格を提供している．標準入力・標準出力という用語もよく用いられるが，その "標準" とは，キーボードによる入力と，ディスプレイによる出力である．そこにスキャナーによる入力や，プリンタによる出力が加わり，次第に複雑化していく．これらに統一的なインターフェイスを与えるのがポートの役割である．そこでファイル処理を担当するのが，ファイル・ポートということになる．

Schemeにおけるこの処理の本体は，組込のreadとwriteである．これは共に，第二引数としてポートを取る．それらが省略された場合，標準入力・標準出力が選択される．従って，名前を与えてファイル・ポートを定義し，これを指定することで，データの入出力，ファイルの読み書きが可能になる．なおこれらは全て，Scheme 側から見た記述である．即ち，Scheme から外側 (out) へ書込み (write)，外から Scheme 内部 (in) に読込む (read) のである．

ファイルとの遣り取りを行う為には，「開く・閉じる」という事前，事後の二操作が必要である．データを書込むには，先ずファイル・ポートを開く必要がある．また，開いていないポートを閉じることは出来ず，開いているポートをさらに開くことも出来ない．こうした媒体との遣り取りは，出来る限り自動化されることが望ましい．そこで Scheme には，ポートの開閉を一括して行う組込手続：**call-with-output-file** と **call-with-input-file** が定義されている．これらは継続と共に "call-with 系の手続" と呼ばれ名称が長い．そこで，記号「/」に with の意味を持たせるという Scheme での慣例に倣って，略記：

```
(define call/out call-with-output-file)
(define call/in  call-with-input-file)
```

を用いることにする．call/out はポートを開き，データを書込み，終れば閉じる．同様に call/in は開き，読込み，そして閉じる．

これら二つの組込手続は，このような読み書きの一連のプロセスを自動化したものであり，さらに根本的な単機能の組込手続：

(**open-input-file** ⟨*filename*⟩)　　(**close-input-port** ⟨*input-port*⟩)
(**open-output-file** ⟨*filename*⟩)　(**close-output-port** ⟨*input-port*⟩)

を組合せたものと考えられる．実際，これらは以下のように再定義される．

```
(define (call/out name proc)
  (let ((x (open-output-file name)))
    (let ((result (proc x)))
      (close-output-port x) result)))
(define (call/in name proc)
  (let ((x (open-input-file name)))
    (let ((result (proc x)))
      (close-input-port x) result)))
```

D.4. 素数を求める

● 入出力の手続

このように，call/out, call/in は共に二つの引数を取る．その第一には string 形式によるファイル名を与え，第二には「データを生成する手続」にポート名の為の引数を添えて与える．そこで，次の手続：save->file を定義し，先に求めた primes を例に採って，これらの働きについて考えよう．

```
(define (status name)
  (string-append "c:¥¥data¥¥" (symbol->string name)))
(define (save->file name proc)
  (call/out (status name) (lambda (x) (write proc x))) 'ok)
```

先ず，ファイル名とその位置するフォルダを定める手続 status を定義した．ここでは説明をより具体的にする為に，OS を Windows と仮定して書く．これは，対象とするファイルを C ドライブ下のフォルダ名「data」に置く設定である――Linux などでは home 以下の定義された場所ということになる．実際に指定すべき場所は C:¥data¥ であり「¥ 記号」に重複はない．これは **string** として処理される文字列内部では，この記号が別の働きを持ち，「¥ 記号」そのものを表す書式が，「¥¥」と定義されていることに起因する．

ファイル名制限は OS に因る．通常は名称の後に，識別用の拡張子を附随させる．先に示したようにコードの場合なら「名称.scm」，文字ファイルの場合なら，text を暗示させる「名称.txt」という形式が標準的である．以下では，data ファイルであることから，「dat」を拡張子とする．この種の省略は，元々文字数制限から派生したものであり，現在の OS の力量からすれば，より自由に選択出来るものであるが，慣例として三文字，或いは四文字が用いられている．

quote によりシンボル形式で与えられたファイル名 *name* は，**symbol->string** により文字列に変換され，**string-append** によってフォルダ名と結合される――逆変換は **string->symbol** である．これでファイルの"置き場所と名前"が確定し，call/out に渡される．具体的な処理は，手続 *proc* による出力を，**write** が引数により代表されるファイル・ポートを通して書込む．例えば，ファイル *list-prime.dat* に，100 までの素数を書込むには

```
(save->file 'list-prime.dat (primes 100))
```

とする．これは primes の設計を反映して，リストで書込まれる．

データを処理する側の対応を考えれば，出力をリスト形式ではなく，改行により分解しておいた方がよい．そこで先に定義した output を書込み用に更新して nl-add と名附け，これを含んだ手続 save->data を定義する．

```
(define (save->data name proc . opt)
  (define (nl-add lst x)                              ; newline add
    (let* ((fn0 (lambda (k) (list-ref lst k)))
           (fn1 (lambda (y) (write y x)
                            (write-char #\space x)))
           (store (lambda (z)
             (if (and (null? opt) (list? (fn0 z)))
                 (map fn1 (fn0 z))
                 (write   (fn0 z) x)))))
      (let loop ((i 0))
        (cond ((= i (length lst)) 'ok)
              (else (store i) (newline x) (loop (++ i))) ))))
  (call/out (status name) (lambda (x) (nl-add proc x))))
```

データが二重のリストの場合，引数 opt の入力の有無によって分岐する．opt が null の場合には，内部のリストも外し，空白を分離記号とする裸のデータを，内部リストを単位として，改行を加えて保存する．何かを与えれば，内部リストを保ったまま保存する．単純なリストの場合の具体例は以下である．

```
(save->data 'line-prime.dat (primes 100))
```

この手続により，100 までの素数は，2, 3, 5, ... と素数毎に改行されてファイル *line-prime.dat* に書込まれる——この場合，opt の有無は影響しない．

このデータを再び Scheme に読込む手続が，次の data->load である．

```
(define (data->load name)
  (call/in (status name)
    (lambda (x)
      (let loop ((dat (read x)) (tmp '()))
        (if (eof-object? dat)
            (reverse tmp)
            (loop (read x) (cons dat tmp)) )))))
```

ここでは，順に読込まれた個別のデータを，一つのリストにまとめている．終了判定はファイルの終端を真とする述語：**eof-object?**により行う——名称 eof は，ファイルの終端 (End Of File) の略である．仮に入力されるデータがリス

D.4. 素数を求める

ト形式に限定されているのであれば，より簡潔に

```
(define (list->load name)
  (call/in (status name) (lambda (x) (write (read x)))))
```

と定義することが出来る．さらに大域変数 data を事前に準備して

```
(define (list->args name)
  (set! data
    (call/in (status name) (lambda (x) (read x)))))
```

により内部の共有データとして処理に供することが出来る．

● **グラフを描く**

　グラフの細かい処理を行うには専用のソフトを用いる．定番は **gnuplot** である．フリーソフトであり，グラフ描画に特化した所謂単機能ソフトである．世界中に利用者がいることから活用事例に事欠くことはない．出力データをファイルにし，各種ソフト間で共用することに慣れれば，こうした単機能ソフトの組合せで様々な処理が，極めて高いレベルで出来ることが分かるだろう．

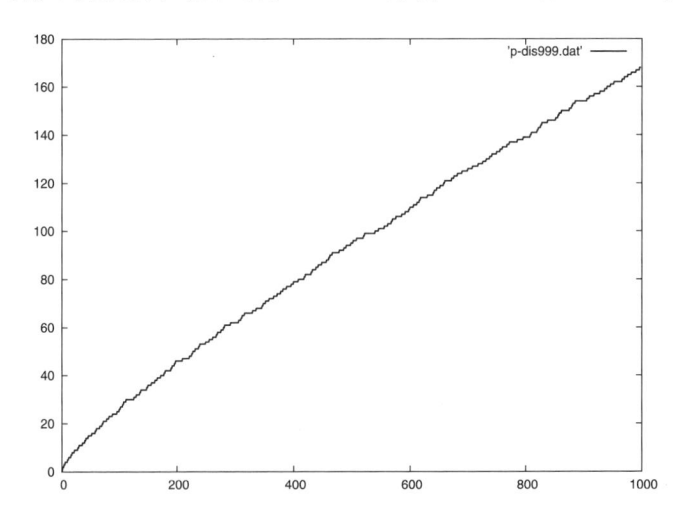

`plot` 命令にデータファイルを与えるだけで，目盛も自動的に附けられる．ここでは何の工夫も無く，単純に 999 までの素数分布のデータを：

```
(save->data 'p-dis999.dat (p-dis (primes 999) 999))
```

によりファイルに収め，これを処理させたのが上のグラフである．

データをグラフにすることで，まさに"見えてくる"ものがある．全くランダムに出現するように感じられた素数の存在には，極めて美しい相互関係があることを，このグラフは示唆している．これは**素数定理**と呼ばれているが，最も粗くその内容をまとめれば，「具体的に素数を求めて得たその分布が，函数 $x/\ln x$ によって高精度で近似される」というものである．そこで，この対数函数のグラフを重ね書きしてみよう．

gnuplot にデータ名を教え，描画方法を定めるのは，拡張子「plt」のファイルである．以降，データは全て特定の場所 (例えば，c:¥data) に保存されているものとする——この場所を gnuplot に認識させるには，「フォルダ移動」の命令を実行する．この場合には以下をファイル「p-dis999.plt」として与えた．

```
set xrange [0:1000]
plot 'p-dis999.dat' with lines lt 1 lc rgb "black" lw 3,¥
     x/log(x) lt 0 lc rgb "black" lw 5
```

描画命令 `plot` に対して，`with lines` は線による描画を指定している．`lt` は line-type，`lc` は line-color，`lw` は line-width の略であり，それぞれ線種，色，幅を定めている．なお，¥は行末でのみ機能する gnuplot の分離記号であり，主にコードの見易さの為に利用する．結果は以下のようになる．

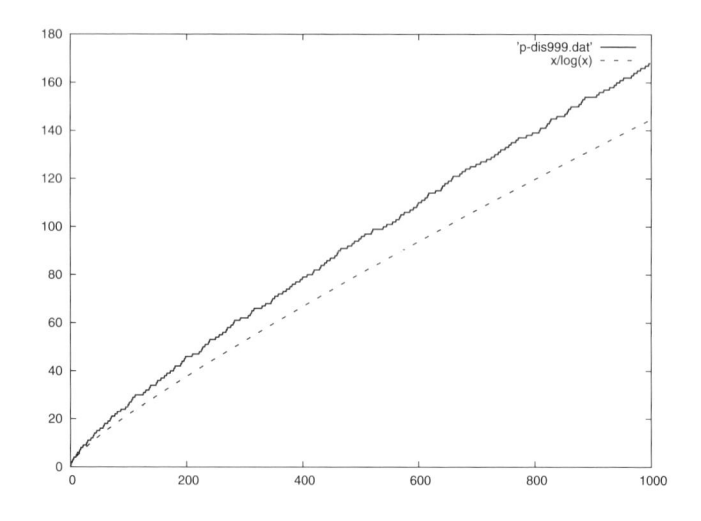

近似の程度は，数の範囲が拡がるに従って改善されていく．また，同じ数の範囲でも，より精度の高い近似をする函数も作られている．

D.4.7 素数と巡廻数

素数に親しむことは，全ての自然数に親しむことである．そしてそれは有理数へ実数へと繋がっていく．先に議論した循環小数を誤差無く求める手続を使って，素数と高次巡廻数との関係を組織的に調べよう．分子を 1, 分母を素数とする分数で，循環小数になるもののリストを作り，素数 p を循環節の長さの比から，高次巡廻数の次数を定める．先ずは手続 /// を用いて

```
(define (cyclic lst)
  (let loop ((i (- (length lst) 1)) (tmp '()))
    (if (< i 0)
        tmp
        (loop (-- i) (cons (/// 1 (list-ref lst i)) tmp)))))
```

を作る．これは循環節とその長さを一つにまとめ，そのリストを出力する——ここで入力される *lst* は，2,5 を除いた素数のリストである．これを元に，素数 p, 循環節の長さ，そして両者の比を順に並べたリストを生成する手続は

```
(define (cyclic-n lst)
  (define (p-n i) (list-ref lst i))
  (define (c-n i) (car (list-ref (cyclic lst) i)))
  (define (k-n i) (/ (- (p-n i) 1) (c-n i)))
  (let loop ((i (- (length lst) 1)) (tmp '()))
    (if (< i 0)
        tmp
        (loop (-- i)
              (cons (list (p-n i) (c-n i) (k-n i))
                    tmp) ))))
```

となる．そこで 99 までの素数 (2,5 を除く) のリスト pn99- を与え，手続 output によりリストの各要素を出力させると

```
> (output (cyclic-n pn99-))
(3 1 2)    (7 6 1)    (11 2 5)   (13 6 2)   (17 16 1) (19 18 1)
(23 22 1)  (29 28 1)  (31 15 2)  (37 3 12)  (41 5 8)  (43 21 2)
(47 46 1)  (53 13 4)  (59 58 1)  (61 60 1)  (67 33 2) (71 35 2)
(73 8 9)   (79 13 6)  (83 41 2)  (89 44 2)  (97 96 1) end
```

を得る——実際の出力は縦形式であるが，紙面の節約の為に横書きにした．

D.5 コラッツの問題

コラッツの問題(Collatz problem) はフィボナッチ数列と同様に，コード化が容易であり，また数値も劇的に変化するので，計算機実験としても充分楽しめる題材となっている．この数列をリスト形式で出力するには，例えば

```
(define (collatz n)
  (cond ((= n 1) '(1))
        ((even? n) (cons n (collatz (/ n 2))))
        (else      (cons n (collatz (+ (* 3 n) 1))) )))
```

とすればよい．実行例は以下である．

```
> (collatz 7)
```
(7 22 11 34 17 52 26 13 40 20 10 5 16 8 4 2 1)

一方的に増加していくフィボナッチ数列とは異なり，この数列に特徴的なことは，値が振動して最後に1に戻ってくるところにある．しかし，これは今なお数学的には証明されていない事柄であり，計算機実験と"状況証拠"しかない．任意の初期値 n に対して，"最後には必ず $4 \to 2 \to 1 \to \cdots$ のループになるか？"という予想の形式を採るのが元々のコラッツの問題設定である．

● **停止問題**

これは，「最後のループを数値1で打ち切ることによって，コラッツ問題を記述したプログラムは停止するか？」という計算機処理の問題に変わる．従って，ある初期値を入力したことによって計算機が沈黙を始めた時，それが単に処理に手間取っている為なのか，記憶容量，扱う数値の限界などにより壊れたのか，それとも"未発見の反例"を見出したが故なのか，は分からない——しかし，未発見の初期値は仮に存在するとしても，10^{18} 以上の大きさであることが分かっているので，我々は"安心して遊べる"のである．

小さな初期値で最も劇的な変化を見せるのは，以下の例である．

```
> (collatz 27)
```
(27 82 41 124 62 31 94 47 142 71 214 107 322 161 484 242 121 364
182 91 274 137 412 206 103 310 155 466 233 700 350 175 526 263
790 395 1186 593 1780 890 445 1336 668 334 167 502 251 754 377

D.5. コラッツの問題

1132 566 283 850 425 1276 638 319 958 479 1438 719 2158 1079 3238 1619 4858 2429 7288 3644 1822 911 2734 1367 4102 2051 6154 3077 9232 4616 2308 1154 577 1732 866 433 1300 650 325 976 488 244 122 61 184 92 46 23 70 35 106 53 160 80 40 20 10 5 16 8 4 2 1)

これを gnuplot に送って，次のグラフを得る．

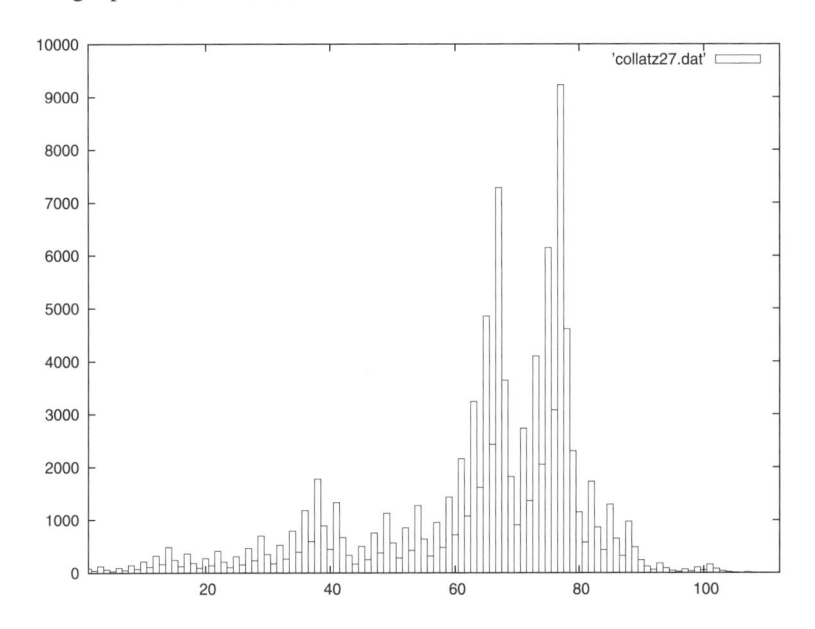

目盛は自動的に書かれるが，より精密に限定したい場合には

> (length (collatz 27))	> (apply max (collatz 27))
112	**9232**

により，変動幅を求めてから，これを範囲として採用すればよい．また，これまでに開発した小道具を使えば，偶奇の割合を調べることも簡単である．

```
(length (filter  odd? (collatz 27)))  => 42
(length (filter even? (collatz 27)))  => 70
```

● sort

数値の変動はグラフにより明らかであるが，各数値の間隔や大小関係を明確にする為には，大きさ順のリストがほしい．一般に，こうしたデータの順序変更の処理を**ソート**(sort) と呼ぶ．

ソートには多くの種類があり，用いるアルゴリズムによってそれぞれに名称が附されている．ここでは，リストの最大値を導く手続 **max** を活用する手法を採る．発想は極めて単純である．リストの中から **max** により最大値を抜き出し，残ったリストに再び **max** を適用する．そして抜き出した順番で新しいリストを作れば，それは大きさ順に並んでいるはずである．

特定の要素だけを抜き出す `filter` と，特定の要素以外を残す `remove` を用いる．加えて，リスト *lst* の中の最大値を選択する述語：

```
(target? = (apply max lst))
```

を利用する．そして，これを条件判断に用いた手続：

```
(define (filter-max lst)
  (filter (target? = (apply max lst)) lst))
(define (remove-max lst)
  (remove (target? = (apply max lst)) lst))
```

により最大値の確保と除去を行う．この二つの手続によりソートが実現する．

```
(define (sort lst)
  (let loop ((sub lst) (add '()))
    (if (null? sub)
        add
        (loop (remove-max sub)
              (append (filter-max sub) add) ))))
```

実行例は以下である．

```
> (sort (collatz 7))
```
(1 2 4 5 7 8 10 11 13 16 17 20 22 26 34 40 52)

● 初期値の集団

一つの初期値に関するコラッツ数列の値の変化を調べることも面白いが，様々な初期値に対する結果をまとめて一望の下に収めることも，この数列の本質を探る意味で極めて重要である．その為に，与えられた初期値に対する数列の最大値のみを取り出して，リストにまとめる手続：

```
(define (peak n)
  (map (lambda (i) (apply max (collatz i)))
       (iota 1 n)))
```

を定義する．次の実行例を見れば，初期値 27 の特殊性がよく分かる．

```
> (peak 27)
(1 2 16 4 16 16 52 8 52 16 52 16 40 52
 160 16 52 52 88 20 64 52 160 24 88 40 9232)
```

それまでの最高値である初期値 23 に対する値 160 を一気に 50 倍以上上回っている．ところが，初期値の範囲を 99 まで拡げて調べて見ると

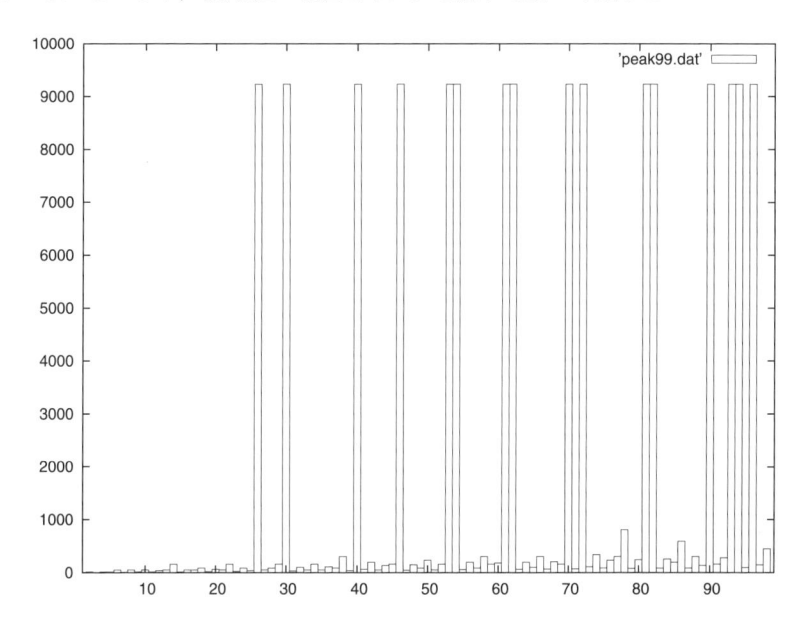

となって，特別珍しいものではないことが分かる (16 個存在する)．さらに範囲を 999 まで拡げると，何と 353 個の初期値がこの値を取るのである．

```
> (length (filter (just? 9232) (peak 999)))
353
```

即ち，この範囲の中では"最も普通の最大値"なのである．

● 成長率を調べる

調べることは幾らでもある．999 までの初期値の中で"最も大きい最大値"は 250504 であり，その最初のものは初期値 703 において生じる．初期値と最大値の比を"成長率"として意味附けると，次のデータが双璧である．

$$\frac{9232}{27} \sim 342\text{ 倍}, \quad \frac{250504}{703} \sim 356\text{ 倍}$$

成長率では僅かに譲った初期値 27 であるが，最大値まで何ステップで到達したかを比較すると，78 対 83 であり，成長率をステップ数で割った値は

$$\frac{342}{78} \sim 4.38, \quad \frac{356}{83} \sim 4.29$$

となって，ワンステップ当たりの伸び率は初期値 27 の方が高い．

数列が終了するまでの総ステップ数を組織的に調べる為に手続：

```
(define (steps n)
  (map (lambda (i) (length (collatz i)))
    (iota 1 n)))
```

定義する．先ず，99 までの範囲では (steps 99) より以下を得るが，このグラフは明らかに二つの異なる集団が存在することを示している．

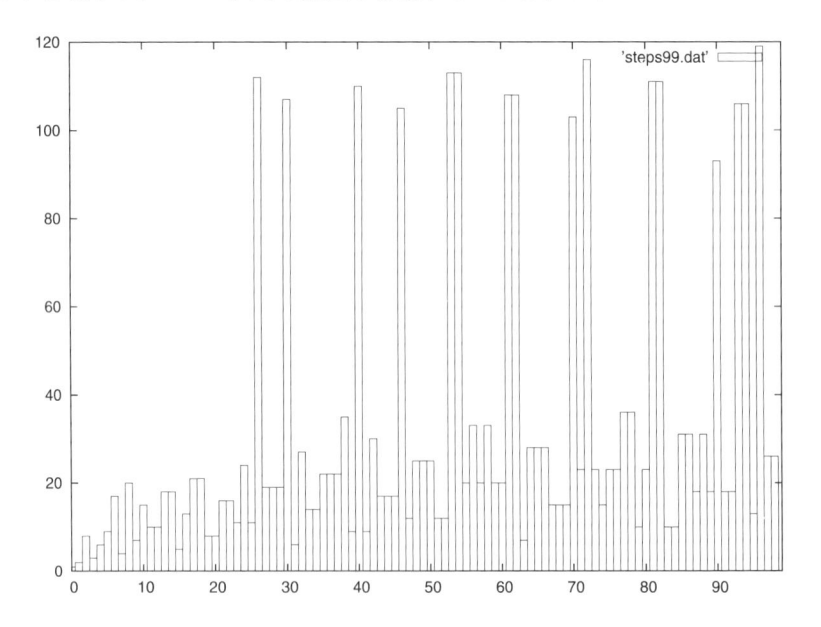

ステップ数 20 前後と，115 前後の二グループである．そこで探索の範囲を 999 まで拡げて，プロット記号に「+」を用いて動きの細部が見えるようにする．

D.5. コラッツの問題

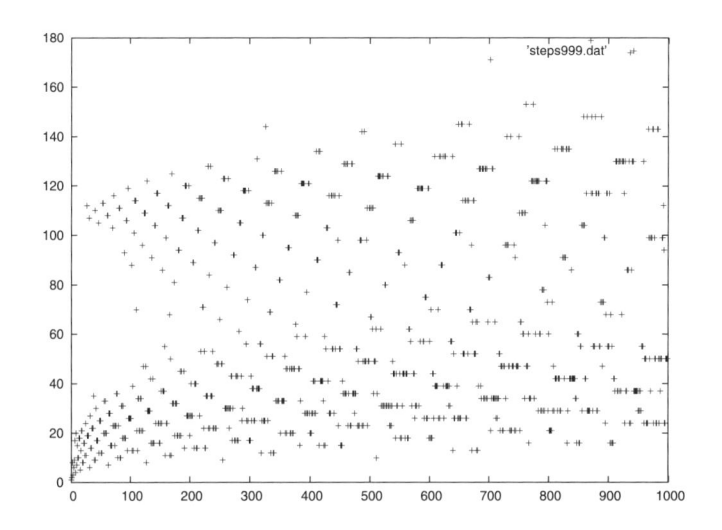

分離がより顕著になり，合流する二本の川の流れのようにも見える．これは sort により大きさ順に並べれば，より鮮明になる．そのデータは

    (save->data 'sort999.dat (sort (peak 999)))

により生成される．これを gnuplot に送って以下のグラフを得る．

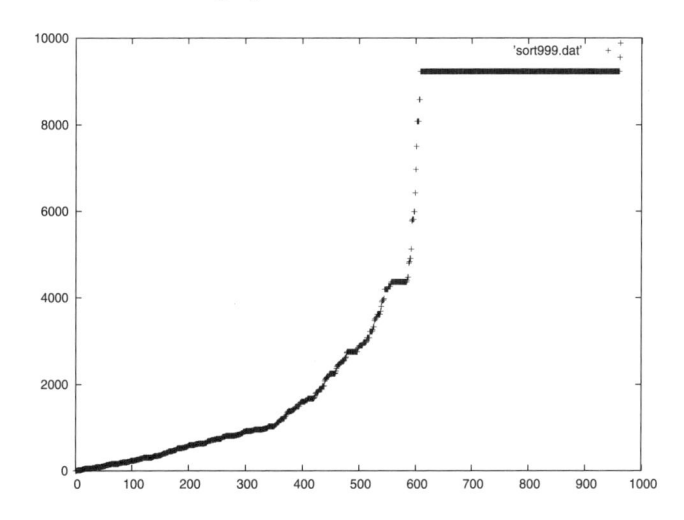

なお，9232 以降の大きな値 (35 個) を除く為に，縦軸を 10000 以下に設定した．

コラッツの問題は，計算機実験の楽しさと，数学的証明の極端な難しさを体感させてくれる極めて優れた研究テーマである．

D.6 パスカルの三角形と剰余

さて，ここではパスカルの三角形の係数を組織的に調べる．その作業の中で，剰余と色を対応させて塗り分けを行う．先ずは，その構造から復習する．

二項係数(binomial coefficients) については，5.3 (p.143) が詳しい．ここでは，コード全体の実行速度の観点から，階乗 fact を用いた定義：

```
(define (bc n r)
  (/ (fact n) (* (fact r) (fact (- n r)))))
```

を採用する．そこで，再びパスカルの三角形を見直せば，その第 $(n+1)$ 行は

```
(define (row n)
  (map (lambda (x) (bc n x)) (iota 0 n)))
```

により計算される．例えば，第 11 行目なら次のように求められる．

```
> (row 10)
(1 10 45 120 210 252 210 120 45 10 1)
```

因みに行全体の係数の和は，以下に示すように全て 2 の冪になる．

```
(apply + (row 0))   =>  1
(apply + (row 1))   =>  2
(apply + (row 2))   =>  4
(apply + (row 3))   =>  8
```

D.6.1 係数の相互関係

ここでは，列要素を束ねて三角形にし，各係数の剰余を求めて分類する．先ずは，各行の内容を表すリストをさらに束ねる手続：

```
(define (pascal n)
  (map (lambda (x) (row x)) (iota 0 n)))
```

を定義すると，これは $(n+1)$ 行で構成されたパスカルの三角形を，一つのリストの形で出力する．例えば以下である．

```
> (pascal 5)
((1) (1 1) (1 2 1) (1 3 3 1) (1 4 6 4 1) (1 5 10 10 5 1))
```

D.6. パスカルの三角形と剰余

これに手続 output を適用すれば，リスト内の要素が縦列する．

● **剰余による分類**

パスカルの三角形の各項を剰余によって分類する．その為に先ず

```
(define (row-mod n m)
  (map (lambda (x) (/: x m)) (row n)))
```

を定義する．これで行の各項に対する剰余が，以下のように求められる．

```
> (row-mod 10 2)
(1 0 1 0 0 0 0 0 1 0 1)
```

これを各行に適用すると，2で割れば余り 0, 1 により二種類，3ならば余り 0, 1, 2 により三種類に分類されるので，この値に従って記号を選定すれば，一つの幾何学模様が出来上がる．row-mod を含んだ全体の手続は

```
(define (pas-mod n m)
  (map (lambda (x) (row-mod x m)) (iota 0 n)))
```

である．これを実行して以下の表記 (左側) を得る．

```
> (output (pas-mod 10 3))
(1)                         (+)
(1 1)                       (+ +)
(1 2 1)                     (+ ! +)
(1 0 0 1)                   (+ - - +)
(1 1 0 1 1)                 (+ + - + +)
(1 2 1 1 2 1)               (+ ! + + ! +)
(1 0 0 2 0 0 1)             (+ - - ! - - +)
(1 1 0 2 2 0 1 1)           (+ + - ! ! - + +)
(1 2 1 2 1 2 1 2 1)         (+ ! + ! + ! + ! +)
(1 0 0 0 0 0 0 0 0 1)       (+ - - - - - - - +)
(1 1 0 0 0 0 0 0 0 1 1)     (+ + - - - - - - - + +)
end
```

後はこのデータを描画ソフトに持ち込めばよい．簡潔な方法としては，文字キャラクターの置換でも表現出来る．一例として右側の図を描いた——0 を記号 – で，1 を + で，2 を ! で置換え，各行をズラして三角形状に配置した．

D.6.2 パスカルの三角形に色を塗る

描画ソフトと連携して塗り分けをする．先ずはその準備である．一番最初に必要なことは，係数が配置される座標値を決めることである．表記を簡潔にする為に，xy の直交座標系の原点に三角形の頂点を取り，全体は下向きに延びるよう定める．従って y の座標値は全て負数になる．また，x 座標における各係数の間隔は全て 2 とする——後に描画ソフトにおいて，縦横比を $\sqrt{3}/2$，即ち，縦方向を約 0.87 倍することにより，この設定は正三角形上の配置となる．

● **剰余と座標のリスト**

以上の設定より，各段の係数の位置座標を定める手続：

```
(define (tri-n n)
  (let ((y (* -1 n)))
    (map (lambda (x) (list x y)) (iota y n 2))))
```

を定義する．これは座標値のリストであり，例えば

```
(tri-n 0)   =>   ((0 0))
(tri-n 1)   =>   ((-1 -1) (1 -1))
(tri-n 2)   =>   ((-2 -2) (0 -2) (2 -2))
(tri-n 3)   =>   ((-3 -3) (-1 -3) (1 -3) (3 -3))
```

と求められる．一方，`row-mod` により剰余は

```
(row-mod 0 2)   =>   (1)
(row-mod 1 2)   =>   (1 1)
(row-mod 2 2)   =>   (1 0 1)
(row-mod 3 2)   =>   (1 1 1 1)
```

となる．これら二つの要素を一つのリストとして

```
(define (mod-xy n m)
  (map flatten
    (map list (tri-n n) (row-mod n m))))
```

により束ねると，その出力は以下の形式となる．

```
(mod-xy 0 2)   =>   ((0 0 1))
(mod-xy 1 2)   =>   ((0 0 1) (-1 -1 1) (1 -1 1))
```

D.6. パスカルの三角形と剰余

```
(mod-xy 2 2)   =>   ((-2 -2 1) (0 -2 0) (2 -2 1))
(mod-xy 3 2)   =>   ((-3 -3 1) (-1 -3 1) (1 -3 1) (3 -3 1))
```

以上の部品を組合せて，$(n+1)$ 段目までの二項係数の剰余を，その位置座標と共に与える手続が定義される．

```
(define (plot-data n m)
  (apply append
    (map (lambda (x) (mod-xy x m)) (iota 0 n))))
```

以下に具体例を記す．

```
> (plot-data 2 2)
((0 0 1) (-1 1 1) (1 1 1) (-2 -2 1) (0 -2 0) (2 -2 1))
```

このように出力は，$(n+1)$ 段までの各値を内部リストとして含むリスト形式になる——以後これを，剰余を *key* とする"連想リスト"として考察を進める．

さて，第 $(n+1)$ 段の座標値の範囲は，$-n \leq x \leq n$, $-n \leq y \leq 0$ であり，除数 m に対する剰余の範囲は，$0 \sim (m-1)$ となることは自明であるが，こうした"問題の構造により定まる値"を利用せず，"手続から導き出された値"によってこれを再確認しておこう．その為に次の手続：

```
(define (extreme lst)
  (map (lambda (x) (list (apply min x) (apply max x)))
    (apply map list lst)))
```

を定義する——これは問題の特殊性を利用していないので，一般的なリスト処理に転用可能である．この手続の基礎になっているのは，**list** による組み替えである．**list** を **map** により分配すれば，後続するリストの i 番目の要素を組合せた新しいリストを作ることが出来る．例えば

```
(map list '(1 2 3) '(4 5 6) '(7 8 9))   =>   ((1 4 7) (2 5 8) (3 6 9))
```

である．これにより，各係数の剰余と位置をまとめていたリストを，剰余のみ，x 座標のみ，y 座標のみのリストに再構成することが出来る．後は，この各リスト内の最大値・最小値を **max, min** により求めて，再度リスト化すればよい．これより，手続全体が上手く機能している"傍証"として値：

```
(extreme (plot-data 63 4))   =>   ((-63 63) (-63 0) (0 3))
```

の正しさを確認する——リストは x, y 座標値，剰余の範囲の順である．

これによって生成されたデータを読込み，その値に画素を対応させればよい．残るのは，その画素に如何なる色を割当てれば，より美しいかという美観の問題となる．しかしながら，古い版の gnuplot はこうした処理があまり得意ではなかった．各点に異なる色を与えるにはデータ側に工夫を要した．そこで先ずは，gnuplot の標準的技法であるデータのブロック化により，塗り分けを実現する．その為に，同じ剰余を持つ座標値をまとめる手続を定義する．

D.6.3 描画ソフトへの対応

古い版の gnuplot など，個別の点の処理を不得手とする描画ソフトに対応する為に，与えられたリストを剰余を *key* に並べ替える．ここでも，一般的な手続として再利用が出来るように，問題の構造を直接には利用しない．

● 連想リストとしてのデータ

リストに *key* を附属させたものを連想リスト，略称「alist」と呼ぶことは，D.2.1 (p.590) で紹介した．この alist に対して，*key* の属するリストを取り出す組込手続の一つが **assoc** である．この定義を再掲すると

```
(define (assoc obj lst)
  (cond ((null? lst) #f)
        ((equal? (caar lst) obj) (car lst))
        (else (assoc obj (cdr lst))) ))
```

である．この手続により，*obj* を要素として持つリストを *lst* の中から導くことが出来る．そこでこれを雛形に，希望する剰余を持つリストを導く手続：

```
(define (key-1 obj lst)
  (let loop ((lst lst) (tmp '()))
    (cond ((null? lst) tmp)
          ((equal? (caddar lst) obj)
              (loop (cdr lst) (cons (car lst) tmp)))
          (else  (loop (cdr lst)                 tmp)) )))
```

を定義する．実行例は以下である．

```
(key-1 0 (plot-data 2 2))   => ((0 -2 0))
```

以上を組合せて，剰余の小さい順にリストを再構成する手続：

D.6. パスカルの三角形と剰余

```
(define (build n m)
  (let* ((lst (plot-data n m))
         (min-v (car  (list-ref (extreme lst) 2)))
         (max-v (cadr (list-ref (extreme lst) 2)))
         (LF '()))
    (let loop ((k min-v) (tmp '()))
      (cond ((< max-v k) (reverse tmp))
            (else (loop (++ k)
              (cons LF (append (key-1 k lst) tmp) ))))))))
```

を得る．ここで，gnuplot が空行を目印に，データを一つのブロックとして認識することに対応して，一つのループ毎に LF の名前で空リストを挿入した．

例えば，64 段，除数 2 による二色の塗り分けの場合ならば

```
(output (build 63 2))
```

により画面出力を得る——この場合には，() がそのまま出力される．一方

```
(save->data 'pascal2.dat (build 63 2))
```

によって保存すると，ファイル上には空行として記載され，データが剰余を単位として分離される．拡張子 plt のファイル (以下に示す内容) を作り，gnuplot に送れば，除数 2 のパスカルの三角形が描かれる．

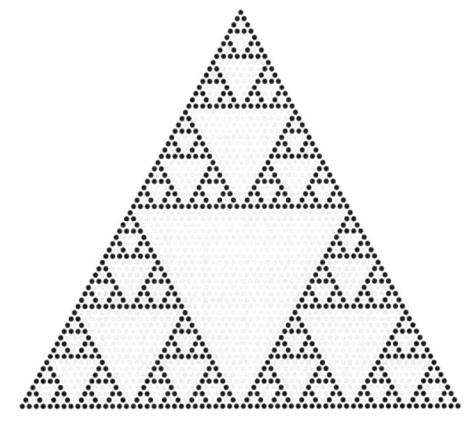

set size ratio 0.87
unset border
unset key
unset tics
set style line 1 pt 7 lc rgb "black"
set style line 2 pt 7 lc rgb "yellow"
plot '*pascal2.dat*' using 1:2 every :::0::0 with points ls 1,¥
  '*pascal2.dat*' using 1:2 every :::1::2 with points ls 2

plot 命令以下で改行したい場合には，¥記号によって分離する．using はリストの何番目の要素をデータとして採用するかを定め，every は与えられたブロックの何番目を採用するかを定めるオプションである．

　先の図は，"正三角形"にするべく縦横比を調整したものであるが，同じものを頂点の角度を拡げ，廻転させて"パスカルの四角形"にすることも出来る．

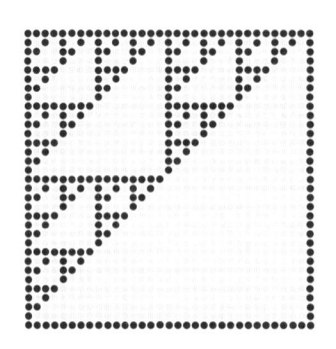

$$P \equiv \begin{pmatrix} 1 & 1 & 1 & 1 & 1 & \cdots \\ 1 & 2 & 3 & 4 & 5 & \cdots \\ 1 & 3 & 6 & 10 & 15 & \cdots \\ 1 & 4 & 10 & 20 & 35 & \cdots \\ 1 & 5 & 15 & 35 & 70 & \cdots \\ \vdots & \vdots & \vdots & \vdots & \vdots & \ddots \end{pmatrix}$$

パスカル行列

　これは右側に記した**パスカル行列**を元にして描くことが出来る——先に得た図形を画像処理ソフトで変形したものとも一致する．パスカル行列 P とは，その行・列の要素が $p_{ij} \equiv {}_{i+j}C_i$ で与えられる無限行列である——"二項係数の斜め配置"である．従って，これを出力するコードは bc を含んだ

```
(define (pas-mat j)
  (append (map (lambda (i) (bc (+ i j) i)) (iota 0 9))
          '(……)))
```

となる——ここでは要素数を 10 に限定した．具体例は

```
(pas-mat 0)   =>   (1 1 1 1 1 1 1 1 1 1 ……)
(pas-mat 1)   =>   (1 2 3 4 5 6 7 8 9 10 ……)
(pas-mat 2)   =>   (1 3 6 10 15 21 28 36 45 55 ……)
(pas-mat 3)   =>   (1 4 10 20 35 56 84 120 165 220 ……)
```

である．これを偶・奇によって白・黒に塗り分ければ

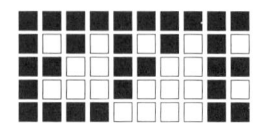

となり上の図の一部が再現される．

D.6. パスカルの三角形と剰余　　　　　　　　　　　　　　　　　　　　　　　　661

　パスカル行列は，非常に興味深い性質を持っており，様々に研究されている．こうした塗り分けの問題に関しても，行列の処方が使えるので，三角形を直接調べるよりも，計算の見通しが良い．

D.6.4　係数の分布を調べる

　パスカルの三角形における二項係数の分布を調べる．考察の基礎として

```
> (pas-mod 5 4)
```
((1) (1 1) (1 2 1) (1 3 3 1) (1 0 2 0 1) (1 1 2 2 1 1))

を例とする．係数の全個数を調べる為には，内部括弧を外す作業：

```
> (flatten (pas-mod 5 4))
```
(1 1 1 1 2 1 1 3 3 1 1 0 2 0 1 1 1 2 2 1 1)

を行い，**length** を適用すれば，21 と求められる．これは具体的な数え挙げの手法であるが，パスカルの三角形が三角数を為すことから，その全要素数は

```
(define (tri-num k)
  (/ (* (+ k 1) (+ k 2)) 2))
```

により，段数 k から直接求めることが出来る——以後，こちらを採用する．

　さらに，filter により，i に等しい係数とその個数が

```
(define (dis-1 k n i)                 ; distribution (one coefficient)
  (list i (length (filter
           (lambda (x) (= x i))
            (flatten (pas-mod k n)) ))))
```

により求められる．そこで，この手続を全係数に渡って適用する

```
(define (bc-dis k n)                   ; bc distribution
  (map (lambda (x) (dis-1 k n x)) (iota 0 (- n 1))))
```

を定義することで，パスカルの三角形の係数分布を得る．具体的には

```
> (bc-dis 5 4)
```
((0 2) (1 13) (2 4) (3 2))

である．これは，六段のパスカルの三角形の各係数の 4 の剰余を求めた場合，剰余 0 が二個，1 が十三個，2 が四個，3 が二個あることを示している．

● 分布のグラフ

分布を可視化する為に，全体に対する各係数の比を求める．その手続は

```
(define (bc-ratio k n)
  (let* ((coeff (bc-dis-test k n))
         (total (tri-num k)))
    (map (lambda (x) (/ (cadr x) total)) coeff)))
```

であり，具体的には以下のよう変形される．

> `(bc-ratio 5 4)`
(2/21 13/21 4/21 2/21)

円グラフなどで，全体に占める部分の割合を図示したい場合には，0 から順に値を積み上げて，最後の値で丁度 1 になるようにデータを書換えておく必要がある．例えば，(0.1 0.2 0.3 0.4) なら，(0.1 0.3 0.6 1.0) として，これを描画ソフトに送るのである．その為の手続として

```
(define (pile lst)
  (let* ((k (- (length lst) 1))
         (total (apply + lst))
         (lst (reverse lst))
         (sum (lambda (x) (/ (apply + x) total))))
    (let loop ((i k) (tmp '()))
      (if (< i 0)
          (map sum (reverse tmp))
          (loop (-- i) (cons (list-tail lst i) tmp))))))
```

を定義する．これを係数の比に適用すると

> `(pile (bc-ratio 5 4))`
(2/21 5/7 19/21 1)

となる．さらにこのデータを，「gnuplot の極形式 (θ, r)」に対応させる為に

```
(define (pie-chart lst)
  (map (lambda (x)
         (list (+ (* -2 pi x) (/ pi 2)) 1))
       (pile lst)))
```

D.6. パスカルの三角形と剰余

により変換する．時計方向 12 時を軸にして，時計廻りを正とする極座標での値 (ラジアン) に変換している．リスト第二項の 1 は，半径 $r = 1$ の単位円とする為のデータである．これより手続：

```
(save->data 'pie.dat (pie-chart (bc-ratio 5 4)))
```

によってデータを生成し，以下の plt ファイルにより円グラフを描いた．

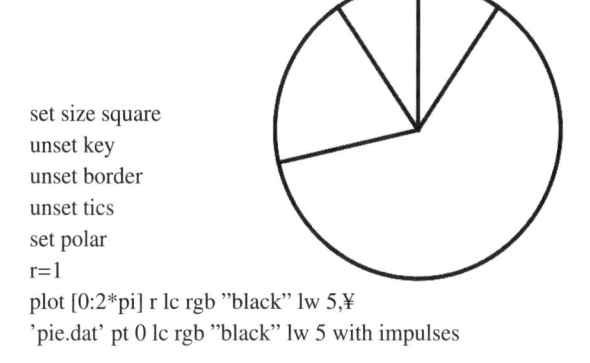

```
set size square
unset key
unset border
unset tics
set polar
r=1
plot [0:2*pi] r lc rgb "black" lw 5,¥
     'pie.dat' pt 0 lc rgb "black" lw 5 with impulses
```

領域は，12 時の方向から順に，剰余 0, 1, 2, 3 に対応する．この場合，剰余 1 が圧倒的に多いことが，グラフによって強調されている．この結果は元の計算値より明白であり，特に可視化によって問題点が示された訳ではない．しかし，問題解明の為のアイデアは，何処に眠っているか分からない．代数を幾何的に考え，幾何を代数的に考えることは，常に重要である．

● **剰余 0 の場合を調べる**

続いては，剰余 0 の場合に問題を絞って考える．三角形の段数による剰余 0 の項の増加の様子，そこから順に確かめていく．即ち，考察する主題は，以下に示す三角形の "成長" に伴って，模様がどのように変化するか，それを剰余の割合として調べるのである．

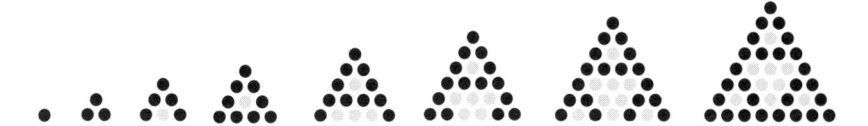

その為に次の手続を定義する．

```
(define (zero-ratio k m)
  (map (lambda (i)
         (/ (cadar (bc-dis i m))
            (tri-num i)))
       (iota 1 k)))
```

先ず，三角形の段数の上限 k を 100 と定める．これは先の図に示した，一段ずつ大きくなる三角形を 100 個用意することに対応する．次に，除数 m を 2 と定めることで，100 個の三角形の各々の"成長の証"が，横軸を段数，縦軸を剰余 0 の割合とする一枚のグラフになる．このデータの生成は，分数表記を小数に変換する手続 decimal を間に挟んで

```
(save->data 'zero-ratio2.dat
  (decimal (zero-ratio 100 2)))
```

により行う．そして，除数を 3, 4, 5 と順に変え，同様のデータファイルを作成して計四枚のグラフを描く．それを一枚にまとめて以下の合成グラフを得る．

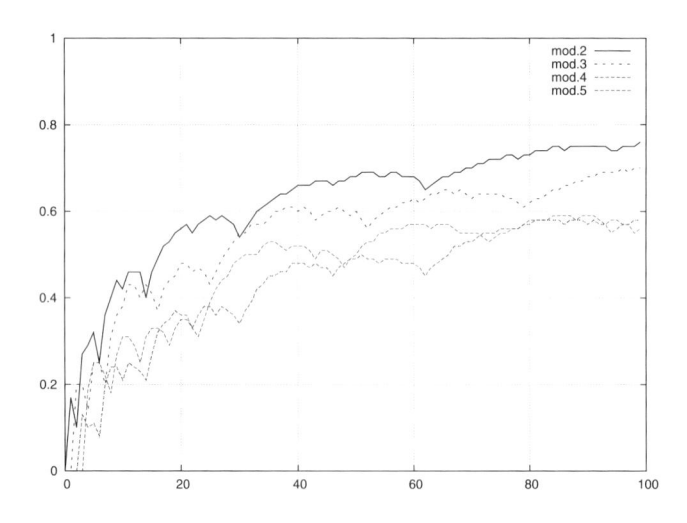

折線の上から順に mod.2,3,4,5 である (横軸 60 附近が最も明瞭に分離している)．何れの場合も，段数の増加と共に，剰余 0 の場合が増えている．ただし，除数が大きくなるに従って，剰余の種類も増える．従って，特定の剰余に対する依存度は低下していくことは，容易に想像が出来る．

次は，三角形を一つ固定して考える．与えられた三角形に対して除数のみを動かし，その時の剰余 0 の割合の変化を調べたい．それを手続：

D.6. パスカルの三角形と剰余

```
(define (variety k j n)
  (map (lambda (i)
         (/ (cadr (dis-1 k i 0))
            (tri-num k)))
       (iota j n)))
```

によって実現する．三角形の規模を 100 と定め，除数を 2 ~ 101 とする．これは (variety 100 2 101) により得られるので

```
(save->data 'variety101.dat
  (decimal (variety 100 2 101)))
```

により，variety101.dat を作り，これを gnuplot に送って以下を得る．

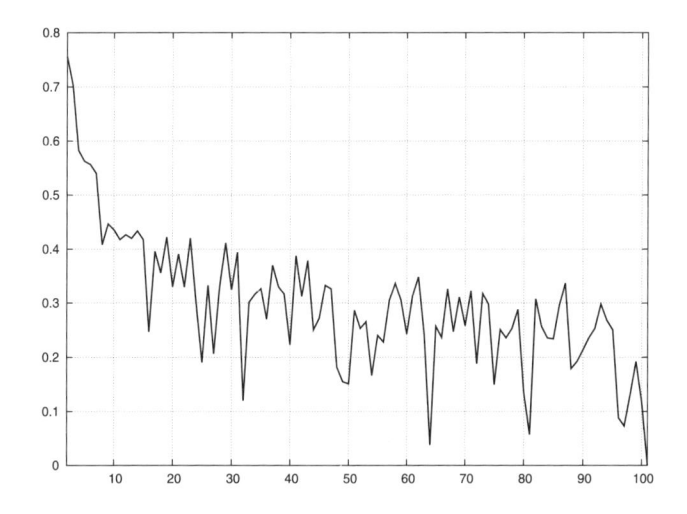

上下に激しく動きながらも，全体としては除数の大きさに従って剰余 0 の割合が落ちていく，そうした一般的な傾向の中で，一気に落ち込む場所が数カ所あるところが非常に印象的である．例えば，除数 31 から 32 への，或いは 63 から 64 への急降下である．そこで，これら四種の除数に対して，特別に調べて見よう．剰余 0 が極端に少なくなる場合には，他のどの剰余が増加しているのか．剰余の分布を確かめる．これには再び bc-ratio を活用すればよい．

```
(bc-ratio 100 31)       (bc-ratio 100 63)
(bc-ratio 100 32)       (bc-ratio 100 64)
```

以上四種のデータを gnuplot に送る．先ずは，31, 32 を一枚にまとめた

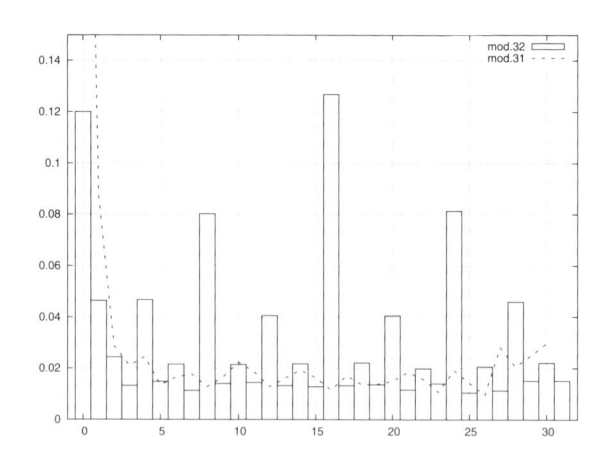

である——点線で示された 31 の場合，剰余 0 の割合は枠外の 0.3943 である．棒状グラフで示された除数 32 の場合，剰余 8, 16, 24 に大きなピークがある．このようにピーク値が複数ある場合には，先に示した円グラフより，こうした棒状グラフによるある種の"スペクトル表記"が有効である．

同様に，63 と 64 をまとめたものが以下である．点線が 63，棒が 64 の値を示している——63 における剰余 0 の割合は，枠外の 0.2419 である．

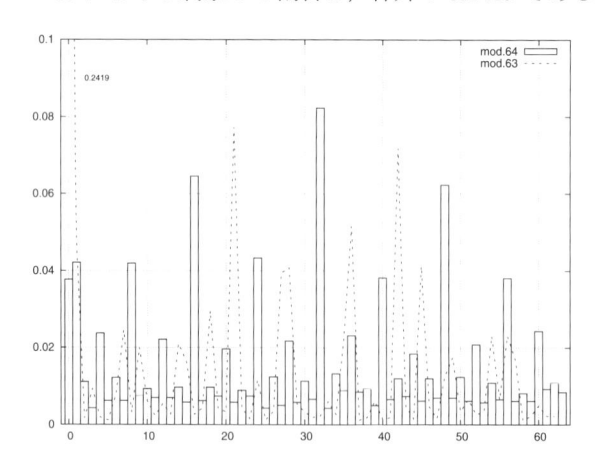

32 と同様に，64 にも複数のピークがある．特に目立つのは，16, 32, 48 の場合である．計算機実験は，自らのアイデアを即座に試し，結果を可視化して，そこからさらに想を練ることが出来る優れた方法である．目的云々以前に，素材を徹底的に調べて，その秘めたる構造を引き出すことが重要である．

D.6.5　パスカルカラーの世界

　パスカルの三角形は，除数を変えることで様々に塗り分けることが出来る．ここでは gnuplot 側の比較的新しい機能である plot 命令のオプション：

```
plot 'datafile.dat' ¥
  with points pt 7 ps variable lc rgb variable
```

を利用した簡便な方法を採用して多色刷りを試みる．この *variable* の機能により，データファイルの座標値の後に，点 (この場合は pt を 7 にすることで円板を指定している) の大きさを定める数値と，その色を指定する数値 (RGB の 10 進表記) を並べることで，点の大きさと色を個別に制禦することが出来る．

　その為に先ずは具体的な色の設定から行う．これは「選択肢が多すぎて結論が出ない」という"難問"の典型である．多種多様な色を選ぶことが出来る環境では，何を何処にどう配せば一番見栄えが良いのか，という極端に主観に依存する迷路に填り込み，規準を見失ってしまう．そこで制限を加えることで，この"難問"を解決する．学童用として**日本工業規格**(JIS) で定められているもの (規格番号 JIS S6006「鉛筆，色鉛筆及びそれらに用いるしん」) から，三菱鉛筆の「色鉛筆 NO.880 シリーズ」に従って十二色を選び，UNIX が規定する RGB 値を用いて具体的な定義とする．これを手続：

```
(define (colors x)
  (let ((rgb (lambda (r g b)
               ( + (* 65536 r) (* 256 g) b))))
    (cond ((= x  0) (rgb 255 255   0)) ; yellow
          ((= x  1) (rgb   0   0   0)) ; black
          ((= x  2) (rgb 255 165   0)) ; orange
          ((= x  3) (rgb 154 205  50)) ; yellow green
          ((= x  4) (rgb   0 255   0)) ; green
          ((= x  5) (rgb 173 216 230)) ; light blue
          ((= x  6) (rgb 160  32 240)) ; purple
          ((= x  7) (rgb 255   0   0)) ; red
          ((= x  8) (rgb 165  42  42)) ; brown
          ((= x  9) (rgb   0   0 255)) ; blue
          ((= x 10) (rgb 255 192 203)) ; pink
          ((= x 11) (rgb 255 255 255)) ; white
          (else 'fail))))
```

により実現する——これで除数が 12 の場合まで対応出来る．なお，各剰余の登場回数には偏りがあるので，全体の色調を好みのものに変える為には，colors における引数 x と，色との対応関係を変えればよい．特に，三角形の一番外側の辺に相当する剰余 1 と，内部で広い面積を専有する剰余 0 に対する色指定により，印象は全く変わる．この辺りに主観が"色濃く"残るものの，その選択は随分と楽になった．

さて，個別の色指定が gnuplot 側で行われることにより，Scheme のコードは著しく簡単になる．その実質は先に定義した plot-data のみで事足りる．この場合は，用いる円板の色が附加機能の唯一の変数であり，大きさは全て一律であるので，その部分のみを更新した手続：

```
(define (pascalcolor n m)
  (map (lambda (x)
         (list (car x)
               (cadr x)
               (colors (caddr x)) ))
       (plot-data n m)))
```

を定義する——淡く明るい中間色を意味するパステルカラーに対して，ここで定義した"**パスカルカラー**"は，原色とその周辺に位置する十二色から成っているわけである．この手続は，リストの第三要素として収められている剰余を colors に与えて色指定用の数値に直し，再びリストとして統合している．

これで，例えば 64 段の三角形に対する 3 の剰余の場合なら

```
(save->data 'pascal-n.dat (pascalcolor 63 3))
```

を実行することにより生成されるデータファイル pascal-n.dat は，(x 座標値，y 座標値，色指定) が，一行毎に個別に定義されたものとなる．これを

```
set size ratio 0.87
plot 'pascal-n.dat' with points pt 7 ps 1 lc rgb variable
```

を主要部とする plt ファイルから制禦して，gnuplot によるパスカルの三角形の塗り分けが可能となる．ただし，画面用と印刷用では適切な ps の値が異なるので，出来上がりから判断した微調整が必要である．

具体的に $n = 3 \sim 12$ を与えて，次の図を得る．

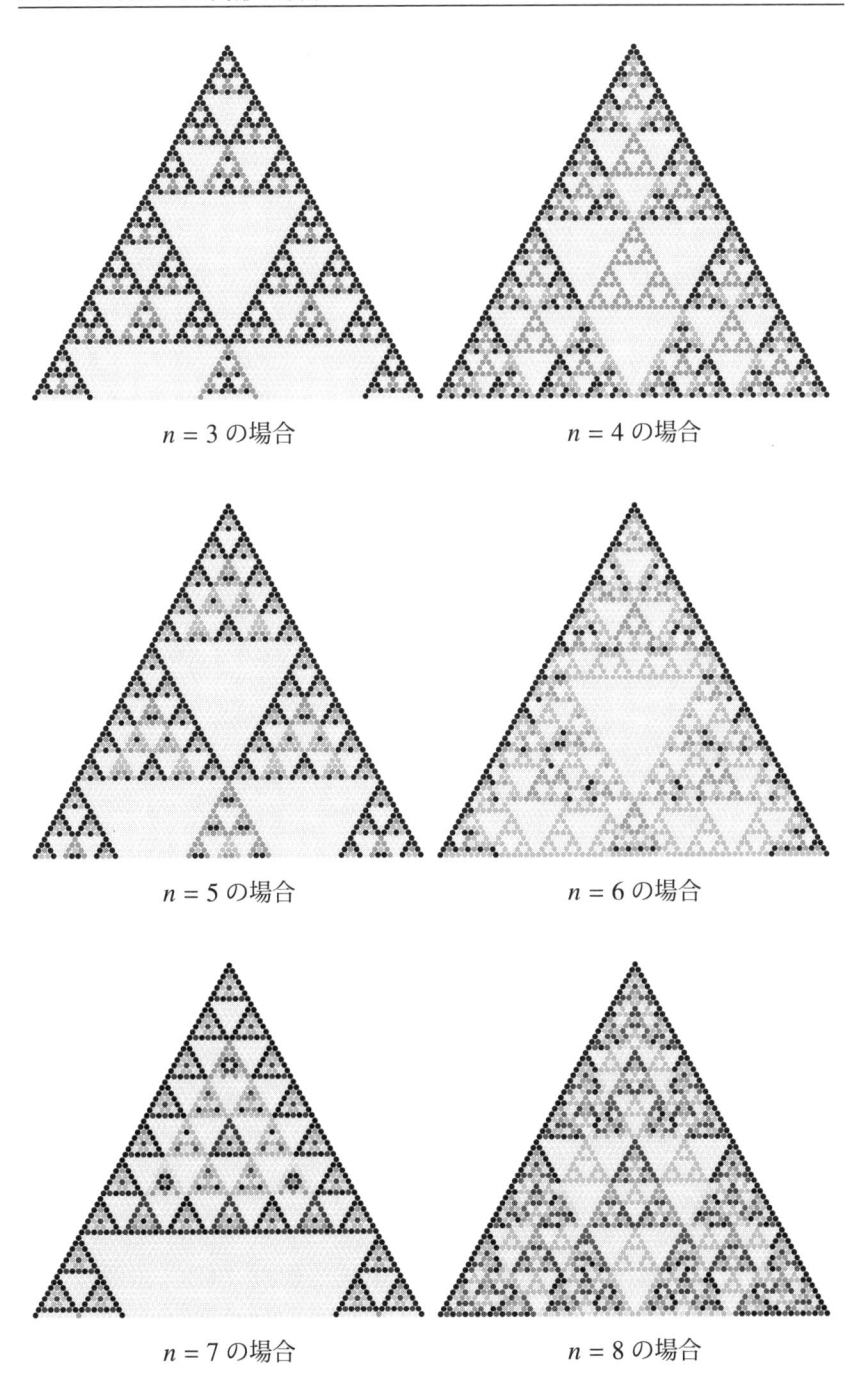

D.6. パスカルの三角形と剰余

$n = 3$ の場合

$n = 4$ の場合

$n = 5$ の場合

$n = 6$ の場合

$n = 7$ の場合

$n = 8$ の場合

$n = 9$ の場合

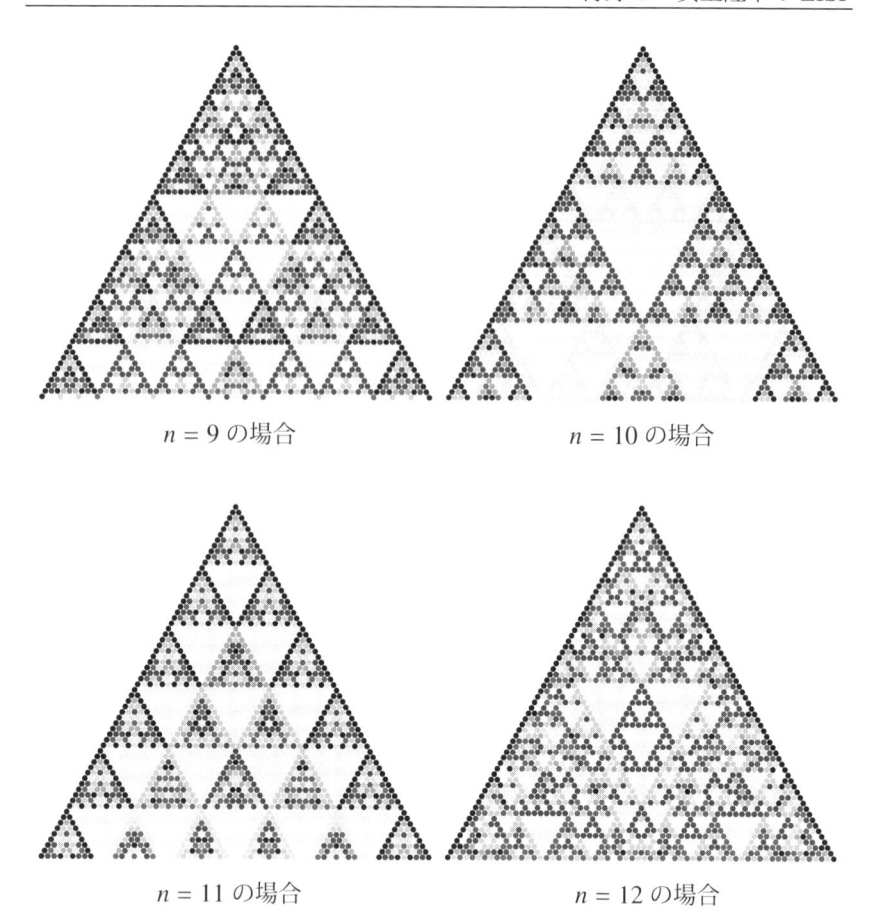

$n = 10$ の場合

$n = 11$ の場合

$n = 12$ の場合

D.6.6 墨絵の世界

多色の塗り分けが完成した．ただし，本当に"一枚の絵"として鑑賞に堪えるものにするには，なお色選択の問題が残る．そこで，次にこの選択の問題が無い，パスカルの三角形に"色を塗らない"一例を挙げておく．白黒のグラデーションとしてこれを描くのである．パスカルの三角形"墨絵版"である．

ここでは除数を 10 として，最も登場する回数の少ない剰余に黒を与え，登場回数が増える順番に従って gray の指定値により薄くしていく．10 段階の濃淡を設定し，三角形内で専有面積の狭い場所は濃く，広い場所は薄くなるように選んで，グラデーションを実現する．その為の色指定手続 monochrome は，

D.6. パスカルの三角形と剰余

先の手続の選択肢を減らし，RGB値を改変したものである．

```
(define (monochrome x)
  (let ((rgb (lambda (r g b)
               ( + (* 65536 r) (* 256 g) b))))
    (cond ((= x 9) (rgb   0   0   0)) ; black
          ((= x 7) (rgb  26  26  26)) ; gray10
          ((= x 3) (rgb  51  51  51)) ; gray20
          ((= x 2) (rgb  77  77  77)) ; gray30
          ((= x 8) (rgb 102 102 102)) ; gray40
          ((= x 4) (rgb 127 127 127)) ; gray50
          ((= x 6) (rgb 153 153 153)) ; gray60
          ((= x 1) (rgb 179 179 179)) ; gray70
          ((= x 5) (rgb 204 204 204)) ; gray80
          ((= x 0) (rgb 229 229 229)) ; gray90
          (else 'fail))))
```

この設定の根拠となる数値データは，(bc-dis 63 10)により与えられる．それは，総点数2080を出現頻度の少ない剰余順に並び替えたもの：

```
[1]:(9  46) black     [2]:(7  50) gray10    [3]:(3  50) gray20
[4]:(2 104) gray30    [5]:(8 109) gray40    [6]:(4 115) gray50
[7]:(6 207) gray60    [8]:(1 219) gray70    [9]:(5 364) gray80
[10]:(0 816) gray90
```

である——括弧内は，剰余とその個数の順に記している．剰余7と3は同数であるが，同じ濃度とせず，剰余の大きい方をより濃く設定した．

塗り分けの場合と全く同様にして

```
(define (pascalmono n)
  (map (lambda (x)
         (list (car x)
               (cadr x)
               (monochrome (caddr x)) ))
       (plot-data n 10)))
```

を定義して，データファイルを

```
(save->data 'pascalmono.dat (pascalmono 63))
```

により作成する．その結果，以下の図を得る．

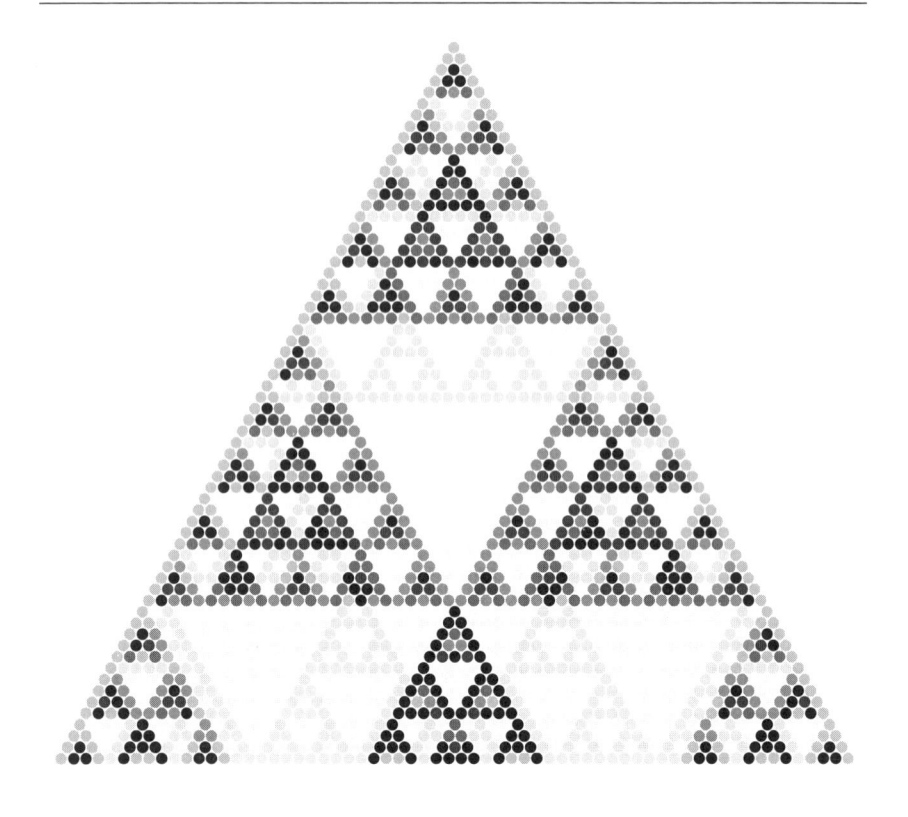

以上の設定によって，穏やかなグラデーションの味わいを出すことに成功した．通常のフラクタル画像よりも奥行きが感じられるのではないだろうか．

　本来，日本画は西洋流の遠近感を破壊する所に妙味があり，特に墨絵に関してはこの趣が強い．部分がまた全体を含むフラクタル図形において，単純な大小感覚は破壊される．加えて濃淡によって，前後の感覚を麻痺させ，無限の奥行きをそこに感じさせるように設定出来たとすれば，それは一枚の絵画としての値打ちがある．ここでは色選択の恣意性を排除し，統計的な分布から濃淡が自動的に定まるように設定した．単色の濃淡であっても，基礎となる色を変えれば，またその雰囲気も変わる．それを確かめる為には，先の手続のRGB値を変えるだけでよい．加えて，総段数を増やせば，見える景色も変わってくるが，処理が重くなるのでプログラムの改善も必要になる．

D.6.7 カタラン数と径路

カタラン数(Catalan number) に関しては，パスカルの三角形との関係から，また括弧の正しい組合せを求める立場から論じられ，5.3 (p.143) において，その一般形を導いた．カタラン数は，様々な意味附けが為されており，その数は 170 にも及ぶという．ここでは，図解が利いて意味が理解しやすい問題として，正方形格子における**最短経路問題**との関係を挙げておく．

整数値のみによる座標は，空間を格子状に分割する．その座標を**格子点**(lattice point) と呼ぶ．そこで，左端下を出発点とし，対角線上の右端上を到着点とする最短径路を求める問題を考える．この問題を n により特徴附けると，その径路長は如何なる場合であっても，全て等しく $2n$ となる——最も外側の正方形の辺と同じ距離だけ，水平・垂直の両方向にそれぞれ移動しなければ"到着しない"からである．以下に，その経路を求めたものを並べる．

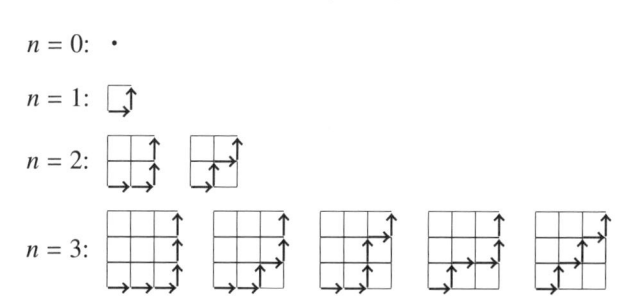

$n = 0$: ・

$n = 1$: ⌐↑

$n = 2$: (2 paths)

$n = 3$: (5 paths)

最短経路の個数は，1, 1, 2, 5 となっているが，これはカタラン数 $\mathcal{K}_0 \sim \mathcal{K}_3$ に対応している——$n = 0$ は出発点と到着点が等しい自明な場合であり，その最短径路は「径路長 0 の点」が唯一の解となる．なお，問題の対称性から，対角線を跨いだ左上部の三角形部分への移動は，考察の対象外としている．

さて，カタラン数のコードは，組合せ comb を用いれば

```
(define (catalan n)
  (/ (comb (* 2 n) n) (+ n 1)))
```

となる．これは $\mathcal{K}_n = {}_{2n}\mathrm{C}_n/(n+1)$ を元にしたものである．また関係:

$$\mathcal{K}_n = \frac{2(2n-1)}{n+1}\mathcal{K}_{n-1}, \qquad \mathcal{K}_0 = 1$$

を元にすれば，再帰として自分自身だけを用いて

```
(define (catalan-rec n)
  (if (= n 0)
      1
      (* (/ (* 2 (- (* 2 n) 1)) (+ n 1))
         (catalan-rec (- n 1)))))
```

と定義出来る．同じ意味であるが

$$\mathcal{K}_n = \sum_{i}^{n} \mathcal{K}_i \cdot \mathcal{K}_{n-i}, \qquad \mathcal{K}_0 = \mathcal{K}_1 = 1$$

はカタラン数の成り立ちを直接示している．総和の部分を分解すると

$$\begin{array}{ccccc} \mathcal{K}_0 & \mathcal{K}_1 & \mathcal{K}_2 & \cdots & \mathcal{K}_n \\ \times & \times & \times & \cdots & \times \\ \mathcal{K}_n & \mathcal{K}_{n-1} & \mathcal{K}_{n-2} & \cdots & \mathcal{K}_0 \end{array} \quad (+$$

$$\mathcal{K}_n = \mathcal{K}_0\mathcal{K}_n + \mathcal{K}_1\mathcal{K}_{n-1} + \mathcal{K}_2\mathcal{K}_{n-2} + \cdots + \mathcal{K}_n\mathcal{K}_0$$

となるが，これはカタラン数の再帰構造を反映した形式である．

さて，実行例は以下である．

> (map catalan (iota 0 13))
(1 1 2 5 14 42 132 429 1430 4862 16796 58786 208012 742900)

全体として偶数が多い印象を受けるので，"カタラン奇数"を探す為に

```
(define (catalan-odd n)
  (let loop ((i n) (tmp '()))
    (cond ((= i 0) tmp)
          ((odd? (catalan i))
                 (loop (-- i) (cons i tmp)))
          (else (loop (-- i)          tmp)) )))
```

を定義する．これより，1000 までの範囲で調べると

> (catalan-odd 1000)
(1 3 7 15 31 63 127 255 511)

の九個のみである——$\mathcal{K}_0$ は除外した．1 を除くこれらの数は，明らかにメルセンヌ数：$2^m - 1$ の形をしており，例外が無い．こうして，パスカルの三角形，カタラン数，そしてメルセンヌ数の関連が明らかになったわけである．

D.6.8 冪の三角形を作る

　自然数の冪の和を求める式については，4.3 (p.88) において議論した．また，5.4 (p.153) ではパスカルの三角形に関連して，**冪和係数**を定義し，再び和を求める式を導いた．ここでは，これらの内容を数値的に検証する．

　先ず，二項係数を修正する．

```
(define (m-bc n r)                    ; modified binomial coefficients
  (cond ((or (= r 0) (= r n)) 1)
        ((< n r) 0)
        (else (+ (m-bc (- n 1) (- r 1))
                 (m-bc (- n 1)    r)) )))
```

ここでは，$n < r$ の場合に対して，値 0 を出力するように条件を追加した．

　続いて，冪和係数 psc を定義する．

```
(define psc                           ; power-sum coefficients
  (memoize (lambda (n r)
    (cond ((= r 1) 1)
          ((= r n) (fact (- n 1)))
          (else  (+ (* (- r 1) (psc (- n 1) (- r 1)))
                    (* r       (psc (- n 1)    r))) )))))
```

高速化のために memoize を用いた——ここで fact は階乗である．

　二式より，一般の冪の和を求めるコード：

```
(define (ps k n)
  (let ((fn (lambda (i)
              (* (psc (+ k 1) i) (m-bc n i)))))
    (apply + (map fn (iota (+ k 1)))) ))
```

を得る．以下に，4 までの各冪の和を求める例を挙げておく．

　　(ps 0 4)　=> **4**　　　　　　　　$(1^0 + 2^0 + 3^0 + 4^0 = 4)$
　　(ps 1 4)　=> **10**　　　　　　　 $(1^1 + 2^1 + 3^1 + 4^1 = 10)$
　　(ps 2 4)　=> **30**　　　　　　　 $(1^2 + 2^2 + 3^2 + 4^2 = 30)$
　　(ps 3 4)　=> **100**　　　　　　　$(1^3 + 2^3 + 3^3 + 4^3 = 100)$
　　(ps 4 4)　=> **354**　　　　　　　$(1^4 + 2^4 + 3^4 + 4^4 = 354)$

　勿論，単純に冪の総和を求めるだけであれば

```
(define (psum k n)
  (apply + (map (lambda (i) (** i k)) (iota n))))
```

を実行すれば事は足りる．また速度も圧倒的に速い．従って，冪和係数による方法は，その理論的背景に意味があり，実際には，その処理時間を事前に考慮してから用いるべきである．

さて，パスカルの三角形に倣って，冪和係数を図案化したものが，冪の三角形である．各段の係数をリストとして出力させるには

```
(define (psc-row n)
  (map (lambda (x) (psc n x)) (iota n)))
```

を用いる実行例は，以下である．

```
(psc-row 5)  =>  (1 15 50 60 24)
```

この各段をまとめれば，図案用のリストが生成される．その手続は

```
(define (psc-tri k)
  (map psc-row (iota k)))
```

である．リストを縦列させる output を利用して，以下の実行例を得る．

```
> (output (psc-tri 9))
(1)
(1 1)
(1 3 2)
(1 7 12 6)
(1 15 50 60 24)
(1 31 180 390 360 120)
(1 63 602 2100 3360 2520 720)
(1 127 1932 10206 25200 31920 20160 5040)
(1 255 6050 46620 166824 317520 332640 181440 40320)
end
```

リストを見れば，左端二行が奇数であり，他は全て偶数となっていることが分かる．それは (mod.2) の図を描けば，右下三角形が全て剰余 0 の"一色"となることを意味している．また，右端は単純な階乗なので，$(n-1)$ 以下の全ての数を約数として持っている．従って，冪和係数の横一列に関して，どの数の約数にもならない数は自動的に n 以上となる．

D.6. パスカルの三角形と剰余

以下に $_nG_r$ の剰余の図を与える. 縦の段が n に横が r に相当する.

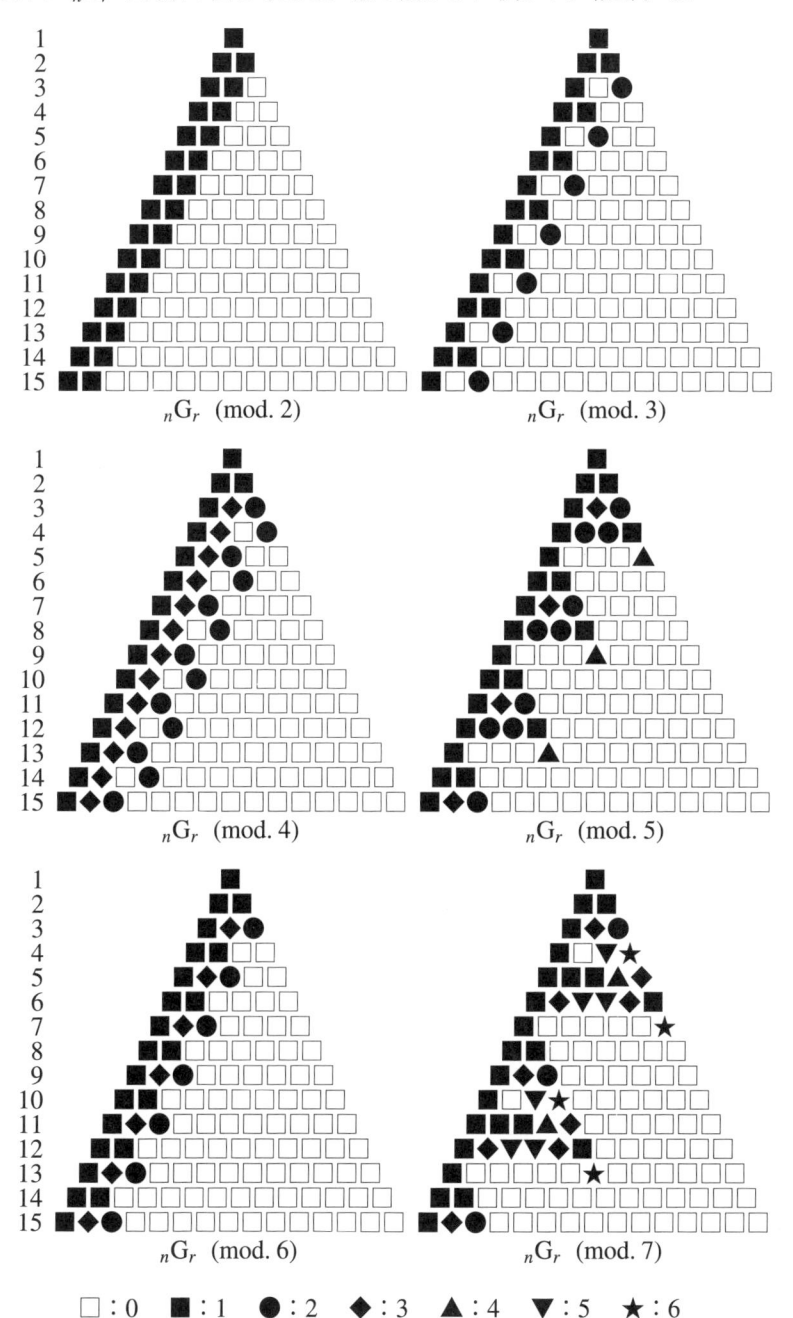

$_nG_r$ (mod. 2)

$_nG_r$ (mod. 3)

$_nG_r$ (mod. 4)

$_nG_r$ (mod. 5)

$_nG_r$ (mod. 6)

$_nG_r$ (mod. 7)

□ : 0　■ : 1　● : 2　◆ : 3　▲ : 4　▼ : 5　★ : 6

再び数値データに戻れば，以下の高度合成数：

1, 2, 6, 12, 24, 60, 120, 180, 360, 720, 2520, 5040, 20160, 25200

が合計 14 個も含まれており，非常に約数の多い数が並んでいることが分かる．そこで，段数 n を与えた時，全ての剰余が 0 以外になる最小の数 Y は何か，という問題意識が生じる．言い換えれば，図版から白色部分を無くすには，如何なる数で割ればよいかということである．$n = 1, 2$ の場合は共に 2 であることは自明である．$n = 3$ の場合は 4，$n = 4$ の場合には 5 で割ればよい．

```
        1                    1
       1 1                  1 1                   ■
      1 3 2       ⇒        1 3 2        ⇒       ■ ■
     1 7 12 6              1 2 2 1              ■ ◆ ●
                                                ■ ● ● ■
     冪和三角形             5 の剰余              剰余三角形
```

これを $n = 50$ まで調べ，まとめたものが以下の表である．

n	1	2	3	4	5	6	7	8	9	10	11	12	13	14	15	16	17	18	19	20
Y	2	2	4	5	9	11	11	29	29	29	29	29	29	29	59	59	59	59	59	71

n	21	22	23	24	25	26	27	28	29	30	31	32	33	34	35	36
Y	71	71	71	71	71	71	71	71	71	229	229	229	293	293	293	293

n	37	38	39	40	41	42	43	44	45	46	47	48	49	50
Y	293	383	383	383	383	383	461	461	461	461	461	461	461	461

先ず，合成数 4, 9 が目を引く．また，同じ素数の繰り返しが特徴的である．

探索には，先ず全体の剰余を求めたリストを作り，それを **flatten** によりフラット化させて，**apply** により全要素の積を取る．そして，その結果が 0 以外になる y を探す，という極めて素朴なコード：

```
(define (scan-y n)
  (let loop ((y 2))
    (if (< 0 (apply * (map (lambda (x) (/@ x y))
                           (flatten (psc-tri n)))))
        y
        (loop (++ y)))))
```

を用いた．上記表は，`(map scan-y (iota 50))` の出力より作成した．

D.7 連分数・円周率・ベルヌーイ数

先ず初めに，連分数による冪根と円周率の扱いを紹介する．その後，ベルヌーイ数を求め，その分母の性質を議論する．そして，ベータ函数へと話題を拡げる．そこでは厳密な有理数表記と，小数を混在させる手法を採っている．

D.7.1 連分数による無理数の定義

先ずは，7.4 (p.241) で論じた**連分数**(continued fraction) によって無理数を表現し，その値の正否を具体的に確かめる．次の手続を定義する．

```
(define (cont-frac para-func)
  (define (con i)
    (if (= i 25)
        0
        (/ 1 (+ (para-func i) (con (++ i))))))
  (+ (para-func 0) (con 1)))
```

para-func によって変化する分母の係数を定義し，n の最大値を 25 として，25 段目まで下降する．n を 1 から動かすこととし，$n = 0$ の場合には整数値を設定する．最も簡単な例は，係数が変化せず全て 1 となる黄金数の場合である．この時，cont-frac に与えるべき係数は

```
(define (golden-num n) 1.0)
```

により定義される——ここで結果を小数表記にする為に，係数を限定数の形式 1.0 により与えた．結果は以下である．

```
(cont-frac golden-num)   =>   1.6180339886704433
```

● **平方根を求める**

続いて，平方根を求める．汎用手続を定めたので，後は個別の係数を定義するだけでよい．2 の平方根の場合には，黄金数と同様に係数が変化しないので

```
(define (sq2 n)
  (cond ((= n 0) 1.0)
        (else 2)))
```

とすればよい．これより

  (cont-frac sq2) => ***1.4142135623730951***

を得る．同じ形式で処理出来るものに以下がある．

```
(define (sq5 n)                    (define (sq10 n)
  (cond ((= n 0) 2.0)                 (cond ((= n 0) 3.0)
        (else 4)))                         (else 6)))

(define (sq17 n)
  (cond ((= n 0) 4.0)
        (else 8)))
```

循環する係数を定めるには，剰余を利用する．3 の平方根の場合には n の偶奇により係数が別れる．

```
(define (sq3 n)
  (cond ((= n 0) 1.0)
        ((= (/@ n 2) 1) 1)
        ((= (/@ n 2) 0) 2)))
```

同様に，偶奇で処理出来るものは以下の七種である．

```
(define (sq6 n)                    (define (sq8 n)
  (cond ((= n 0) 2.0)                 (cond ((= n 0) 2.0)
        ((= (/@ n 2) 1) 2)                 ((= (/@ n 2) 1) 1)
        ((= (/@ n 2) 0) 4)))               ((= (/@ n 2) 0) 4)))

(define (sq11 n)                   (define (sq12 n)
  (cond ((= n 0) 3.0)                 (cond ((= n 0) 3.0)
        ((= (/@ n 2) 1) 3)                 ((= (/@ n 2) 1) 2)
        ((= (/@ n 2) 0) 6)))               ((= (/@ n 2) 0) 6)))

(define (sq15 n)                   (define (sq18 n)
  (cond ((= n 0) 3.0)                 (cond ((= n 0) 4.0)
        ((= (/@ n 2) 1) 1)                 ((= (/@ n 2) 1) 4)
        ((= (/@ n 2) 0) 6)))               ((= (/@ n 2) 0) 8)))

(define (sq20 n)
  (cond ((= n 0) 4.0)
        ((= (/@ n 2) 1) 2)
        ((= (/@ n 2) 0) 8)))
```

D.7. 連分数・円周率・ベルヌーイ数

以下，循環節の長さに対応して，$\sqrt{7}, \sqrt{14}$ は四種類，$\sqrt{13}$ は五種類，$\sqrt{19}$ は六種類に分割して定義する必要がある．

```
(define (sq7 n)
  (cond ((= n 0) 2.0)
        ((= (/@ n 4) 1) 1)
        ((= (/@ n 4) 2) 1)
        ((= (/@ n 4) 3) 1)
        ((= (/@ n 4) 0) 4)))
```

```
(define (sq14 n)
  (cond ((= n 0) 3.0)
        ((= (/@ n 4) 1) 1)
        ((= (/@ n 4) 2) 2)
        ((= (/@ n 4) 3) 1)
        ((= (/@ n 4) 0) 6)))
```

```
(define (sq13 n)
  (cond ((= n 0) 3.0)
        ((= (/@ n 5) 1) 1)
        ((= (/@ n 5) 2) 1)
        ((= (/@ n 5) 3) 1)
        ((= (/@ n 5) 4) 1)
        ((= (/@ n 5) 0) 6)))
```

```
(define (sq19 n)
  (cond ((= n 0) 4.0)
        ((= (/@ n 6) 1) 2)
        ((= (/@ n 6) 2) 1)
        ((= (/@ n 6) 3) 3)
        ((= (/@ n 6) 4) 1)
        ((= (/@ n 6) 5) 2)
        ((= (/@ n 6) 0) 8)))
```

● **円周率を求める**

さて，連分数の最も一般的な形式は，分母だけではなく，分子の係数も変化するものである．そこで，この二種類の係数を para-a, para-b によって定義して，一般的な場合にも対応出来るように手続 cont-frac を書き直す．

```
(define (cont-frac para-a para-b)          ; continued fraction
  (define (con i)
    (if (= i 25)
        0
        (/ (para-a i) (+ (para-b i) (con (++ i))))))
  (+ (para-b 0) (con 1)))
```

以下に例として，円周率を定める連分数：

$$\pi = \cfrac{4}{1} + \cfrac{1^2}{3} + \cfrac{2^2}{5} + \cfrac{3^2}{7} + \cfrac{4^2}{9} + \cdots$$

をコード化して実際に値を求める．分子・分母の係数はそれぞれ

```
(define (pi-a n)
  (cond ((= n 1) 4.0)
        (else (** (- n 1) 2))))
```

```
(define (pi-b n)
  (cond ((= n 0) 0)
        (else (- (* 2 n) 1))))
```

となる．これを実行して次の値を得る．

```
(cont-frac pi-a pi-b)   =>   3.141592653589793
```

● 正多角形と円周率

連分数を利用して円周率を求めたところであるが，これは円とは"表面的には無関係"な代数的関係をコード化したものであり，我々の直観に訴えるものではない．そこでここでは，より原始的に，正多角形を利用して目に見える形で円周率を求める．その手続は，7.8 (p.254) で示した正 (6×2^n) 角形の周長を求める式より定義される以下のものである．

```
(define (pi-gon n)
  (define (gon n)
    (if (zero? n)
        1
        (sqrt (- 2 (sqrt (- 4 (expt (gon (-- n)) 2)))))))
  (* 3 (** 2 n) (gon n)))
```

正六角形から始めて，順に角を増やしていく．それに従って，当然近似の程度も次第に上がっていく．実行例は以下である．

```
(pi-gon 0)   =>   3
(pi-gon 1)   =>   3.1058285412302498
(pi-gon 2)   =>   3.132628613281237
(pi-gon 3)   =>   3.139350203046872
(pi-gon 4)   =>   3.14103195089053
(pi-gon 5)   =>   3.1414524722853443
(pi-gon 6)   =>   3.141557607911622
(pi-gon 7)   =>   3.141583892148936
```

以上，手計算で求めた結果が再現された．

D.7.2　ベルヌーイ数とゼータ函数

ここでは 7.6 (p.248) で紹介した**ベルヌーイ数**(Bernoulli number) の定義：

$$B_n = \frac{-1}{n+1} \sum_{k=0}^{n-1} {}_{n+1}C_k B_k \quad \text{ただし，} \ B_0 = 1$$

を Scheme コードとして実現し，ベルヌーイ数の性質を実験的に確かめる為の準備をする．先ず，上式の素直な翻訳として次の手続を定義する．

D.7. 連分数・円周率・ベルヌーイ数

```
(define bernoulli
  (memoize (lambda (n)
    (let ((fn (lambda (x)
                (* (/ -1 (+ n 1)) (comb (+ n 1) x)) )))
      (let loop ((k 0) (num 0))
        (cond ((= n 0) 1)
              ((< (- n 1) k) num)
              (else (loop (++ k)
                     (+ (* (fn k)(bernoulli k)) num)))))))))
```

B_n は，$(n-1)$ 以下の番号の自身の総和として定義されるので，ループは二重になる．処理の高速化の為にメモ化 `memoize` を行った．実行例は以下である．

```
> (map bernoulli (iota 0 14))
```
(1 -1/2 1/6 0 -1/30 0 1/42 0 -1/30 0 5/66 0 -691/2730 0 7/6)

また，ベルヌーイ数を係数とする**ベルヌーイ多項式**(Bernoulli polynomials)：

$$B_n(x) := \sum_{k=0}^{n} {}_n\mathrm{C}_k B_k x^{n-k}$$

が定義され，その最初の三種を，二項係数の展開と共に具体的に書けば

$$B_0(x) = {}_0\mathrm{C}_0 B_0 x^0 = 1,$$
$$B_1(x) = {}_1\mathrm{C}_0 B_0 x^1 + {}_1\mathrm{C}_1 B_1 x^0 = x - \frac{1}{2},$$
$$B_2(x) = {}_2\mathrm{C}_0 B_0 x^2 + {}_2\mathrm{C}_1 B_1 x^1 + {}_2\mathrm{C}_2 B_2 x^0 = x^2 - x + \frac{1}{6}$$

となる．これより冪乗の和――これを**ファウルハーバーの式**(Faulhaber's formula) と呼ぶ場合がある――は，以下に示すように極めて簡潔に書ける．

$$s_i(n) = \sum_{k=1}^{n} k^i = \frac{1}{i+1}\left[B_{i+1}(n+1) - B_{i+1}(1)\right].$$

これらを次のように翻訳する．先ず，ベルヌーイ多項式を

```
(define (b-poly n x)                    ; bernoulli polynomials
  (apply + (map (lambda (k)
                  (* (comb n k) (bern k) (** x (- n k))))
                (iota 0 n)) ))
```

と定め，これを用いて冪乗の和を

```
(define (faulhaber i n)
  (* (/ 1 (+ i 1))
     (- (b-poly (+ i 1) (+ n 1))
        (b-poly (+ i 1) 1))))
```

と定義する．この手続を用いて，例えば，10 までの各冪乗の和は

```
(faulhaber 0 10)   =>  10
(faulhaber 1 10)   =>  55
(faulhaber 2 10)   =>  385
(faulhaber 3 10)   =>  3025
(faulhaber 4 10)   =>  25333
(faulhaber 5 10)   =>  220825
(faulhaber 6 10)   =>  1978405
(faulhaber 7 10)   =>  18080425
(faulhaber 8 10)   =>  167731333
(faulhaber 9 10)   =>  1574304985
```

となる——この和は，ここまでに様々な手法で求めてきたものである．

ここで再び，ベルヌーイ数の値そのものに話題を戻そう．Scheme においては，有理数同士の計算は誤差無しで続けられるので，一つの有理数であるベルヌーイ数の分子分母を，組込手続 **numerator** と **denominator** によって二分割し，別々に調べていくことが可能である．そこで分母を分離し，素因数分解をして具体的に書き出す手続：

```
(define (decomp k)
  (let* ((b-num (remove zero?
          (map bernoulli (iota 0 k))))
         (fn (lambda (x)
              (list (numerator x)
                    (factorize-of (denominator x))))))
    (map fn b num)))
```

を定義する．ベルヌーイ数の分子は急速に大きくなり，手続 factorize-of で速やかに分解出来るレベルを簡単に超えてしまうので，分母のみを分解するよう定義している——ここでの議論には，これで充分である．また，値が 0 である奇数番号を除去する為に，remove を用いている．従って，$B_0, B_1, B_2, B_4, B_6, \ldots$ の順となる．

D.7. 連分数・円周率・ベルヌーイ数

これより，(output (decomp 50)) を実行して以下の結果を得る．

```
(1 ((1 1)))
(-1 ((2 1)))
(1 ((2 1) (3 1)))
(-1 ((2 1) (3 1) (5 1)))
(1 ((2 1) (3 1) (7 1)))
(-1 ((2 1) (3 1) (5 1)))
(5 ((2 1) (3 1) (11 1)))
(-691 ((2 1) (3 1) (5 1) (7 1) (13 1)))
(7 ((2 1) (3 1)))
(-3617 ((2 1) (3 1) (5 1) (17 1)))
(43867 ((2 1) (3 1) (7 1) (19 1)))
(-174611 ((2 1) (3 1) (5 1) (11 1)))
(854513 ((2 1) (3 1) (23 1)))
(-236364091 ((2 1) (3 1) (5 1) (7 1) (13 1)))
(8553103 ((2 1) (3 1)))
(-23749461029 ((2 1) (3 1) (5 1) (29 1)))
(8615841276005 ((2 1) (3 1) (7 1) (11 1) (31 1)))
(-7709321041217 ((2 1) (3 1) (5 1) (17 1)))
(2577687858367 ((2 1) (3 1)))
(-26315271553053477373 ((2 1) (3 1) (5 1) (7 1) (13 1)
                              (19 1) (37 1)))
(2929993913841559 ((2 1) (3 1)))
(-261082718496449122051 ((2 1) (3 1) (5 1) (11 1) (41 1)))
(1520097643918070802691 ((2 1) (3 1) (7 1) (43 1)))
(-27833269579301024235023 ((2 1) (3 1) (5 1) (23 1)))
(596451111593912163277961 ((2 1) (3 1) (47 1)))
(-5609403368997817686249127547 ((2 1) (3 1) (5 1) (7 1)
                                   (13 1) (17 1)))
(495057205241079648212477525 ((2 1) (3 1) (11 1)))
```

一目瞭然であるが，何れの場合も，分母の分解には同じ素数が二度とは出て来ない．見易くする為に，通常の数表記に従ってまとめてみよう．

$B_0 = 1,$ $\quad B_1 = \dfrac{-1}{2},$ $\quad B_2 = \dfrac{1}{2 \cdot 3},$ $\quad B_4 = \dfrac{-1}{2 \cdot 3 \cdot 5},$

$B_6 = \dfrac{1}{2 \cdot 3 \cdot 7},$ $\quad B_8 = \dfrac{-1}{2 \cdot 3 \cdot 5},$ $\quad B_{10} = \dfrac{5}{2 \cdot 3 \cdot 11},$ $\quad B_{12} = \dfrac{-691}{2 \cdot 3 \cdot 5 \cdot 7 \cdot 11},$

$B_{14} = \dfrac{7}{2 \cdot 3},$ $\quad B_{16} = \dfrac{-3617}{2 \cdot 3 \cdot 5 \cdot 17},$ $\quad B_{18} = \dfrac{43867}{2 \cdot 3 \cdot 7 \cdot 19}.$

さらに調べると，分母の素数は最大のものでも，B_n の番号に 1 を加算した $n+1$ を越えないことが分かる．以上の観察による"推測"は，**フォン・シュタウトークラウゼンの定理**(von Staudt-Clausen's theorem) として証明されている．

さて，ベルヌーイ数は**ゼータ函数**と密接に関係しており，7.6 (p.248) でも示したように，特に引数を偶数とする特殊値に関して，以下の極めて簡潔な式：

$$\zeta(k) = \frac{2^{k-1}|B_k|\pi^k}{k!}, \quad (k = 2, 4, 6, \ldots)$$

が成立する．具体的な数値については，C.4.5 (p.521) においても求めたが，ここでは上記関係式をそのままコードにすると共に，係数部分を一工夫する．

```
(define (zeta2k k)
  (let* ((c (/ (* (** 2 (- k 1)) (abs (bernoulli k)))
               (fact k)))
         (n (numerator c))
         (d (denominator c))
         (z (* c (** pi k))))
    (cond ((odd? k) 'error)
          ((= n 1) (list   ' π ^ k '/ d '= z))
          (else   (list n ' π ^ k '/ d '= z)))))
```

を得る．実行例は以下である．

```
(zeta2k  2)   => (π ^ 2 / 6 = 1.6449340668482262)
(zeta2k  4)   => (π ^ 4 / 90 = 1.082323233711138)
(zeta2k  6)   => (π ^ 6 / 945 = 1.017343061984449)
(zeta2k  8)   => (π ^ 8 / 9450 = 1.004077356197944)
(zeta2k 10)   => (π ^ 10 / 93555 = 1.0009945751278178)
(zeta2k 12)   => (691 π ^ 12 / 638512875 = 1.0002460865533076)
(zeta2k 14)   => (2 π ^ 14 / 18243225 = 1.0000612481350581)
```

ここでは，有理数を厳密に扱える Scheme の長所を活かして，全角文字の「π」をリスト内に交えた表記を，計算値の前に配置して"二兎"を追った．

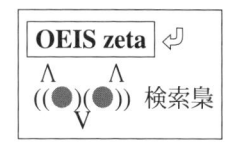

D.8 ベクトルの変換性

複数の要素が一つの集団として機能し，その全体が**線型の条件**を満たす時，数学ではそれを数ベクトル，或いは単にベクトルと略称した．一方，物理学では，さらに空間における**変換の条件**を加えたものを，空間ベクトル，或いは単にベクトルと略称する．これは既に，8.5 (p.279) で紹介した通りである．ここでは，この変換性に関してより詳細に議論する．

D.8.1 二つの積と行列式

ベクトル代数の恒等式の多くは，スカラー積とベクトル積：

$$\text{スカラー積} \quad \mathbf{A} \cdot \mathbf{B} := |\mathbf{A}||\mathbf{B}|\cos\theta,$$
$$\text{ベクトル積} \quad \mathbf{A} \times \mathbf{B} := |\mathbf{A}||\mathbf{B}|\sin\theta\, \mathbf{k}$$

という二種類の積を操ることで導出される．これらは，具体的に座標系を基底ベクトル $(\mathbf{e}_x, \mathbf{e}_y, \mathbf{e}_z)$ により定め，ベクトル $\mathbf{A}, \mathbf{B}$ を

$$\mathbf{A} = A_x \mathbf{e}_x + A_y \mathbf{e}_y + A_z \mathbf{e}_z, \qquad \mathbf{B} = B_x \mathbf{e}_x + B_y \mathbf{e}_y + B_z \mathbf{e}_z$$

という形式で与えることで，成分の関係として記述出来た．

$$\mathbf{A} \cdot \mathbf{B} = A_x B_x + A_y B_y + A_z B_z,$$
$$\mathbf{A} \times \mathbf{B} = \mathbf{e}_x (A_y B_z - A_z B_y) + \mathbf{e}_y (A_z B_x - A_x B_z) + \mathbf{e}_z (A_x B_y - A_y B_x).$$

さらに，地道な計算を繰り返すことで，以下に示すベクトル恒等式：

$$\mathbf{A} \cdot (\mathbf{B} + \mathbf{C}) := \mathbf{A} \cdot \mathbf{B} + \mathbf{A} \cdot \mathbf{C} \qquad :\text{分配法則 (スカラー積)},$$
$$\mathbf{A} \times (\mathbf{B} + \mathbf{C}) := \mathbf{A} \times \mathbf{B} + \mathbf{A} \times \mathbf{C} \qquad :\text{分配法則 (ベクトル積)},$$
$$\mathbf{A} \cdot (\mathbf{B} \times \mathbf{C}) := \mathbf{B} \cdot (\mathbf{C} \times \mathbf{A}) = \mathbf{C} \cdot (\mathbf{A} \times \mathbf{B}) \qquad :\text{スカラー三重積},$$
$$\mathbf{A} \times (\mathbf{B} \times \mathbf{C}) := (\mathbf{A} \cdot \mathbf{C})\mathbf{B} - (\mathbf{A} \cdot \mathbf{B})\mathbf{C} \qquad :\text{ベクトル三重積}$$

を得る——これらは応用上極めて重要である．なお，最後の二式 (三重積) は計算結果がそれぞれ，スカラー，ベクトルになることが名称の由来である．ただし，スカラー三重積は，右手系から左手系への変換に対して，符号を変える．従って，これは厳密な意味でのスカラー量ではなく，**擬スカラー**(pseudo-scalar)

と呼ばれる量である．また，スカラー三重積は行列式の表記を用いて

$$\mathbf{A}\cdot(\mathbf{B}\times\mathbf{C}) = \begin{vmatrix} A_1 & A_2 & A_3 \\ B_1 & B_2 & B_3 \\ C_1 & C_2 & C_3 \end{vmatrix}$$

と表すことが出来る．これから，スカラー三重積の持つ以下の性質：

[1] $\mathbf{A}\cdot(\mathbf{B}\times\mathbf{C}) = -\mathbf{A}\cdot(\mathbf{C}\times\mathbf{B})$
[2] $\mathbf{B} = k\mathbf{A}$ ならば，$\mathbf{A}\cdot(k\mathbf{A}\times\mathbf{C}) = k(\mathbf{A}\times\mathbf{A})\cdot\mathbf{C} = 0$
[3] $\mathbf{A}\cdot(\mathbf{B}\times\mathbf{0}) = 0$
[4] $\mathbf{A}\cdot[(k\mathbf{B})\times\mathbf{C}] = k\mathbf{A}\cdot(\mathbf{B}\times\mathbf{C})$
[5] $(\mathbf{A} + k\mathbf{B})\cdot(\mathbf{B}\times\mathbf{C}) = \mathbf{A}\cdot(\mathbf{B}\times\mathbf{C}) + k\mathbf{B}\cdot(\mathbf{B}\times\mathbf{C}) = \mathbf{A}\cdot(\mathbf{B}\times\mathbf{C})$

を行列式の言葉に読み替えれば，行列式の**行・列に関する基本変形**：

> [1] 任意の二つの行 (列) を交換すると，行列式の符号が変わる．
> [2] 任意の二つの行 (列) が互いに他の k 倍の時，行列式の値は 0．
> [3] 一つの行 (列) の要素が全て 0 の時，行列式の値は 0．
> [4] 任意の行 (列) を k 倍すると，行列式の値も k 倍となる．
> [5] ある行 (列) の k 倍を他の行に加えても，行列式の値は不変．

を導き出すことが出来る (k はスカラー定数)．

D.8.2 和の規約と縮約計算

以上の計算は，三次元の直交座標系を特徴附ける基底ベクトルの関係：

$$\mathbf{e}_x\cdot\mathbf{e}_x = \mathbf{e}_y\cdot\mathbf{e}_y = \mathbf{e}_z\cdot\mathbf{e}_z = 1,$$
$$\mathbf{e}_x\cdot\mathbf{e}_y = \mathbf{e}_y\cdot\mathbf{e}_z = \mathbf{e}_z\cdot\mathbf{e}_x = 0,$$
$$\mathbf{e}_x\times\mathbf{e}_y = \mathbf{e}_z, \quad \mathbf{e}_y\times\mathbf{e}_z = \mathbf{e}_x, \quad \mathbf{e}_z\times\mathbf{e}_x = \mathbf{e}_y$$

に支えられている．そこで，以後の議論を円滑にする為に，基底ベクトルを番号を添字として，$\mathbf{e}_x \to \mathbf{e}_1$，$\mathbf{e}_y \to \mathbf{e}_2$，$\mathbf{e}_z \to \mathbf{e}_3$ と書き直しておく．

先ず，スカラー積による関係は，以下のようになる．

$$\mathbf{e}_1\cdot\mathbf{e}_1 = \mathbf{e}_2\cdot\mathbf{e}_2 = \mathbf{e}_3\cdot\mathbf{e}_3 = 1, \qquad \mathbf{e}_1\cdot\mathbf{e}_2 = \mathbf{e}_2\cdot\mathbf{e}_3 = \mathbf{e}_3\cdot\mathbf{e}_1 = 0.$$

要するに，番号が揃えば 1，異なれば 0 であるから

$$\mathbf{e}_i\cdot\mathbf{e}_j = \delta_{ij}, \quad \text{ただし，} \delta_{ij} = \begin{cases} 1 : i = j \text{ の時 } (\delta_{11} = \delta_{22} = \delta_{33} = 1), \\ 0 : i \neq j \text{ の時 } (\delta_{12} = \delta_{23} = \cdots = 0) \end{cases}$$

D.8. ベクトルの変換性

とまとめられる．ここで δ_{ij} は，**クロネッカー(Kronecker)のデルタ**と呼ばれる記号である．続いて，ベクトル積による関係は

$$\mathbf{e}_1 \times \mathbf{e}_2 = \mathbf{e}_3, \quad \mathbf{e}_2 \times \mathbf{e}_3 = \mathbf{e}_1, \quad \mathbf{e}_3 \times \mathbf{e}_1 = \mathbf{e}_2$$

と，$1, 2, 3$ の循環になっているので．添字の置換の偶奇に従って

$$\mathbf{e}_i \times \mathbf{e}_j = \varepsilon_{ijk} \mathbf{e}_k, \quad \text{ただし，} \varepsilon_{ijk} = \begin{cases} 1 : 1,2,3 \text{ の偶置換 } (\varepsilon_{123} = \varepsilon_{231} = \varepsilon_{312}), \\ -1 : 1,2,3 \text{ の奇置換 } (\varepsilon_{321} = \varepsilon_{213} = \varepsilon_{132}), \\ 0 : \text{その他の場合 } (\varepsilon_{111} = \varepsilon_{112} = \cdots) \end{cases}$$

と書き直せる．ここで ε_{ijk} は，**レビ・チビタの記号**(Levi-Civita symbol) と呼ばれ，添字の入れ替えに対して符号を変える"反対称性"を持つ[1]．具体的には

$$\begin{pmatrix} \varepsilon_{111} = 0 & \varepsilon_{112} = 0 & \varepsilon_{113} = 0 \\ \varepsilon_{121} = 0 & \varepsilon_{122} = 0 & \varepsilon_{123} = 1 \\ \varepsilon_{131} = 0 & \varepsilon_{132} = -1 & \varepsilon_{133} = 0 \end{pmatrix} \begin{pmatrix} \varepsilon_{211} = 0 & \varepsilon_{212} = 0 & \varepsilon_{213} = -1 \\ \varepsilon_{221} = 0 & \varepsilon_{222} = 0 & \varepsilon_{223} = 0 \\ \varepsilon_{231} = 1 & \varepsilon_{232} = 0 & \varepsilon_{233} = 0 \end{pmatrix} \begin{pmatrix} \varepsilon_{311} = 0 & \varepsilon_{312} = 1 & \varepsilon_{313} = 0 \\ \varepsilon_{321} = -1 & \varepsilon_{322} = 0 & \varepsilon_{323} = 0 \\ \varepsilon_{331} = 0 & \varepsilon_{332} = 0 & \varepsilon_{333} = 0 \end{pmatrix}$$

である——$21/27$ 要素が 0 であるこの記号は，しかしながら極めて強力である．

ここで表記：$\mathbf{e}_i \times \mathbf{e}_j = \varepsilon_{ijk} \mathbf{e}_k$ は，和の記号が省略されたものであることを注意しておく．これは本来ならば，二度登場する添字 k に関して展開して

$$\mathbf{e}_i \times \mathbf{e}_j = \sum_{k=1}^{3} \varepsilon_{ijk} \mathbf{e}_k = \varepsilon_{ij1} \mathbf{e}_1 + \varepsilon_{ij2} \mathbf{e}_2 + \varepsilon_{ij3} \mathbf{e}_3$$

と記すべきものである．ただし，こうした記法を採用すると煩雑になり，しかも展開の主要部の印象が薄れる．そこで同一の項の中に，同じ添字が二度現れた場合には，可能な全ての和を取っているものと約束し，記号 $\sum$ を略する．これを**アインシュタインの和の規約**，或いは単に**和の既約**と呼ぶ．そして

$$\begin{aligned}
\mathbf{e}_1 \times \mathbf{e}_1 &= \varepsilon_{111} \mathbf{e}_1 + \varepsilon_{112} \mathbf{e}_2 + \varepsilon_{113} \mathbf{e}_3 = \mathbf{0}, \\
\mathbf{e}_1 \times \mathbf{e}_2 &= \varepsilon_{121} \mathbf{e}_1 + \varepsilon_{122} \mathbf{e}_2 + \varepsilon_{123} \mathbf{e}_3 = +\mathbf{e}_3, \\
\mathbf{e}_1 \times \mathbf{e}_3 &= \varepsilon_{131} \mathbf{e}_1 + \varepsilon_{132} \mathbf{e}_2 + \varepsilon_{133} \mathbf{e}_3 = -\mathbf{e}_2, \\
\mathbf{e}_2 \times \mathbf{e}_1 &= \varepsilon_{211} \mathbf{e}_1 + \varepsilon_{212} \mathbf{e}_2 + \varepsilon_{213} \mathbf{e}_3 = -\mathbf{e}_3, \\
\mathbf{e}_2 \times \mathbf{e}_2 &= \varepsilon_{221} \mathbf{e}_1 + \varepsilon_{222} \mathbf{e}_2 + \varepsilon_{223} \mathbf{e}_3 = \mathbf{0}, \\
\mathbf{e}_2 \times \mathbf{e}_3 &= \varepsilon_{231} \mathbf{e}_1 + \varepsilon_{232} \mathbf{e}_2 + \varepsilon_{233} \mathbf{e}_3 = +\mathbf{e}_1, \\
\mathbf{e}_3 \times \mathbf{e}_1 &= \varepsilon_{311} \mathbf{e}_1 + \varepsilon_{312} \mathbf{e}_2 + \varepsilon_{313} \mathbf{e}_3 = +\mathbf{e}_2, \\
\mathbf{e}_3 \times \mathbf{e}_2 &= \varepsilon_{321} \mathbf{e}_1 + \varepsilon_{322} \mathbf{e}_2 + \varepsilon_{323} \mathbf{e}_3 = -\mathbf{e}_1, \\
\mathbf{e}_3 \times \mathbf{e}_3 &= \varepsilon_{331} \mathbf{e}_1 + \varepsilon_{332} \mathbf{e}_2 + \varepsilon_{333} \mathbf{e}_3 = \mathbf{0}
\end{aligned}$$

---

[1] 要するに，$1, 2, 3$ の並びに対して，例えば先頭の二要素を $2, 1, 3$ と入れ換えれば負号が附き，さらに後半の二要素を入れ換えて $2, 3, 1$ とすれば，再び負号が附くので全体として正に戻る仕組である——この時，並びは最初の $1, 2, 3$ から $2, 3, 1$ へと循環的に変わっている．即ち，奇数回の置換では負になり，偶数回では正になる，という意味である．

により，特定の添字に関する結果を導くのである．添字を数字に変えた意味は，この結果からも明らかであろう．これだけの内容を，和の規約は僅かに一つの数式：$\mathbf{e}_i \times \mathbf{e}_j = \varepsilon_{ijk}\mathbf{e}_k$ に圧縮しているわけである．

さて，レビ・チビタの記号によりベクトル計算を行う為には，その基本的な性質を調べておく必要がある．そこで先ず，基底ベクトルにおけるスカラー三重積を求める．$\mathbf{e}_i \times \mathbf{e}_j = \varepsilon_{ijq}\mathbf{e}_q$ と，$\mathbf{e}_k$ のスカラー積を計算すると

$$(\mathbf{e}_i \times \mathbf{e}_j) \cdot \mathbf{e}_k = \varepsilon_{ijq}\mathbf{e}_q \cdot \mathbf{e}_k = \varepsilon_{ijq}\delta_{qk} = \varepsilon_{ijk}$$

となる．同様にして，$(\mathbf{e}_l \times \mathbf{e}_m) \cdot \mathbf{e}_n = \varepsilon_{lmn}$ を得る．即ち，"裸のレビ・チビタ記号"そのものが，スカラー三重積の性質を持っていることが分かった．従って，これは三行三列の行列式を用いて表すことが出来るはずである．そこで

$$\widetilde{A} := \begin{pmatrix} \mathbf{e}_i \\ \mathbf{e}_j \\ \mathbf{e}_k \end{pmatrix}, \qquad \widetilde{B} := \begin{pmatrix} \mathbf{e}_l \\ \mathbf{e}_m \\ \mathbf{e}_n \end{pmatrix}$$

とおけば，$\varepsilon_{ijk} = |\widetilde{A}|$，$\varepsilon_{lmn} = |\widetilde{B}|$ となる．ここで行列式の**乗法性**(行列式の積は，積の行列式に等しい)を利用すれば，二つのレビ・チビタ記号の積を

$$\varepsilon_{ijk}\varepsilon_{lmn} = |\widetilde{A}||\widetilde{B}| = |\widetilde{A}\,\widetilde{B}^t| = \left| \begin{pmatrix} \mathbf{e}_i \\ \mathbf{e}_j \\ \mathbf{e}_k \end{pmatrix} (\mathbf{e}_l \ \mathbf{e}_m \ \mathbf{e}_n) \right|$$

$$= \begin{vmatrix} \mathbf{e}_i \cdot \mathbf{e}_l & \mathbf{e}_i \cdot \mathbf{e}_m & \mathbf{e}_i \cdot \mathbf{e}_n \\ \mathbf{e}_j \cdot \mathbf{e}_l & \mathbf{e}_j \cdot \mathbf{e}_m & \mathbf{e}_j \cdot \mathbf{e}_n \\ \mathbf{e}_k \cdot \mathbf{e}_l & \mathbf{e}_k \cdot \mathbf{e}_m & \mathbf{e}_k \cdot \mathbf{e}_n \end{vmatrix} = \begin{vmatrix} \delta_{il} & \delta_{im} & \delta_{in} \\ \delta_{jl} & \delta_{jm} & \delta_{jn} \\ \delta_{kl} & \delta_{km} & \delta_{kn} \end{vmatrix}$$

と書き直せる――B^t は B の転置行列を表す．さらに展開して

$$\varepsilon_{ijk}\varepsilon_{lmn} = \delta_{il}(\delta_{jm}\delta_{kn} - \delta_{jn}\delta_{km}) - \delta_{im}(\delta_{jl}\delta_{kn} - \delta_{jn}\delta_{kl}) + \delta_{in}(\delta_{jl}\delta_{km} - \delta_{jm}\delta_{kl})$$

を得る――三行三列の行列式の展開による．これが所望の式である．

こうした一般的な関係から，和を取って「添字を二つ一組で減らす計算」を**縮約**と呼ぶ．この場合ならば，六種類の添字に対して三段階の縮約が考えられる．先ず，$i = l$ として和を取ると，右辺第一項のみが残って

$$\varepsilon_{ijk}\varepsilon_{imn} = \delta_{jm}\delta_{kn} - \delta_{jn}\delta_{km}$$

となる．続いて，$j = m$ として和を取ると

$$\varepsilon_{ijk}\varepsilon_{ijn} = \delta_{jj}\delta_{kn} - \delta_{jn}\delta_{kj} = 3\delta_{kn} - \delta_{kn} = 2\delta_{kn}.$$

D.8. ベクトルの変換性

ここで，クロネッカーのデルタの和は一般に

$$\delta_{qq} = \sum_{q=1}^{3} \delta_{qq} = \delta_{11} + \delta_{22} + \delta_{33} = 1 + 1 + 1 = 3$$

となることに注意する——従って「和を取る，取らない」の文脈を常に意識する必要がある．これより，最後の縮約が

$$\varepsilon_{ijk}\varepsilon_{ijk} = 2\delta_{kk} = 6$$

となることが分かる．縮約の結果をまとめると，以下のようになる．

$$\varepsilon_{ijk}\varepsilon_{lmn} = \delta_{il}(\delta_{jm}\delta_{kn} - \delta_{jn}\delta_{km}) - \delta_{im}(\delta_{jl}\delta_{kn} - \delta_{jn}\delta_{kl}) + \delta_{in}(\delta_{jl}\delta_{km} - \delta_{jm}\delta_{kl}),$$

$$\sum_i \varepsilon_{ijk}\varepsilon_{imn} = \delta_{jm}\delta_{kn} - \delta_{jn}\delta_{km}, \quad \sum_{i,j} \varepsilon_{ijk}\varepsilon_{ijn} = 2\delta_{kn}, \quad \sum_{i,j,k} \varepsilon_{ijk}\varepsilon_{ijk} = 6$$

翻って，スカラー，ベクトルの主な積を，この関係を用いて導くと

$$\begin{aligned}
\mathbf{A}\cdot\mathbf{B} &= (A_i\mathbf{e}_i)\cdot(B_j\mathbf{e}_j) = A_iB_j\mathbf{e}_i\cdot\mathbf{e}_j = A_iB_j\delta_{ij} \\
&= A_iB_i, \\
\mathbf{A}\times\mathbf{B} &= (A_i\mathbf{e}_i)\times(B_j\mathbf{e}_j) = A_iB_j\mathbf{e}_i\times\mathbf{e}_j \\
&= \varepsilon_{ijk}A_iB_j\mathbf{e}_k, \\
\mathbf{A}\cdot(\mathbf{B}\times\mathbf{C}) &= (A_l\mathbf{e}_l)\cdot(\varepsilon_{ijk}\mathbf{e}_iB_jC_k) = \varepsilon_{ijk}(\mathbf{e}_l\cdot\mathbf{e}_i)A_lB_jC_k \\
&= \varepsilon_{ijk}\delta_{li}A_lB_jC_k \\
&= \varepsilon_{ijk}A_iB_jC_k, \\
\mathbf{A}\times(\mathbf{B}\times\mathbf{C}) &= (A_l\mathbf{e}_l)\times(\varepsilon_{ijk}\mathbf{e}_iB_jC_k) = \varepsilon_{ijk}(\mathbf{e}_l\times\mathbf{e}_i)A_lB_jC_k \\
&= \varepsilon_{ijk}(\varepsilon_{mli}\mathbf{e}_m)A_lB_jC_k \\
&= -(\delta_{jl}\delta_{km} - \delta_{jm}\delta_{kl})\mathbf{e}_mA_lB_jC_k \\
&= (A_kC_k)B_j\mathbf{e}_j - (A_jB_j)C_k\mathbf{e}_k
\end{aligned}$$

となる．また，ベクトル積を行列で書けば，以下の反対称行列を含む形式：

$$\mathbf{A}\times\mathbf{B} = \begin{pmatrix} 0 & -A_3 & A_2 \\ A_3 & 0 & -A_1 \\ -A_2 & A_1 & 0 \end{pmatrix}\begin{pmatrix} B_1 \\ B_2 \\ B_3 \end{pmatrix} = \begin{pmatrix} A_2B_3 - A_3B_2 \\ A_3B_1 - A_1B_3 \\ A_1B_2 - A_2B_1 \end{pmatrix}$$

になる．これは計算機を用いる時に，非常に有効な表現である．

ここまでに得た結果をコードで確認する．
先ず，ベクトルの長さをスカラー積から求める．手続は以下である．

```
(define (mag vec)
  (sqrt (mat* vec vec)))
```

一方で，スカラー積は「各々のベクトルの長さと，その間の角の cosine との積に等しい」という幾何的な意味を持っていた．従って，具体的にベクトルが与えられた時，その間の角は，逆余弦函数を用いて

```
(define (ang-dot vec1 vec2)
  (let ((cos-ang
         (/ (mat* vec1 vec2)
            (mag vec1)
            (mag vec2))))
    (acos cos-ang)))
```

により求められる．通常の表現：

$$\cos\theta = \frac{A_1 B_1 + A_2 B_2 + A_3 B_3}{\sqrt{A_1^2 + A_2^2 + A_3^2}\sqrt{B_1^2 + B_2^2 + B_3^2}}$$

の素直な翻訳である．ここで，三次元空間の基底ベクトルとして

```
(define e1 '(1 0 0)) (define e2 '(0 1 0)) (define e3 '(0 0 1))
```

を定義すると，(mag e1)，(mag e2)，(mag e3) の値は全て 1.0 となり，これらが長さが 1 のベクトルであることが分かる．また，自分自身との間の角は 0 度であり，相互の角は 90 度である．それは以下で確認される．

```
(ang-dot e1 e1)   => 0.0
(ang-dot e1 e2)   => 1.5707963267948966
(ang-dot e1 e3)   => 1.5707963267948966
(ang-dot e2 e1)   => 1.5707963267948966
(ang-dot e2 e2)   => 0.0
(ang-dot e2 e3)   => 1.5707963267948966
(ang-dot e3 e1)   => 1.5707963267948966
(ang-dot e3 e2)   => 1.5707963267948966
(ang-dot e3 e3)   => 0.0
```

ここで単位はラジアンであり，$1.5707963267948966 \approx \pi/2$ は 90 度と見做せる．こうして二つのベクトルが為す角が"求められた"わけであるが，この計算処方は，三次元以上の空間ではそのまま"角の定義"として流用される．

続いて，ベクトル積を行列を介して求める．先ずは，反対称行列を用いた準

D.8. ベクトルの変換性

備的手続を，以下により定義する．

```
(define (cross vec)
  (let ((x (car   vec))
        (y (cadr  vec))
        (z (caddr vec)))
    (list (list  0    (- z)    y)
          (list  z     0    (- x))
          (list (- y)  x     0)) ))
```

計算は，掛けられる側のベクトルを，この手続によって"行列化"させ，その後，通常の行列の積計算を行う．即ち，手続：(mat* A (cross B)) が A, B のベクトル積となる．基底ベクトルに対する計算例を，以下に列挙する．

```
(mat* e1 (cross e1))   =>  (0 0 0)
(mat* e1 (cross e2))   =>  (0 0 1)              ; +e3 に等しい
(mat* e1 (cross e3))   =>  (0 -1 0)             ; -e2 に等しい
(mat* e2 (cross e1))   =>  (0 0 -1)             ; -e3 に等しい
(mat* e2 (cross e2))   =>  (0 0 0)
(mat* e2 (cross e3))   =>  (1 0 0)              ; +e1 に等しい
(mat* e3 (cross e1))   =>  (0 1 0)              ; +e2 に等しい
(mat* e3 (cross e2))   =>  (-1 0 0)             ; -e1 に等しい
(mat* e3 (cross e3))   =>  (0 0 0)
```

ベクトル積により，二つのベクトルの為す角を求めるには

```
(define (ang-cross vec1 vec2)
  (let* ((vxv (mat* vec1 (cross vec2)))
         (sin-ang
          (/ (sqrt (mat* vxv vxv))
             (mag vec1)
             (mag vec2))))
    (asin sin-ang)))
```

を利用する．基底ベクトルに対して，これを適用する．最初の三式のみ記すと

```
(ang-cross e1 e1)   =>  0.0
(ang-cross e1 e2)   =>  1.5707963267948966
(ang-cross e1 e3)   =>  1.5707963267948966
```

となる——これ以降も当然，内積によって求めたものと一致する．ただし，角の範囲によって，符号が変わる点に注意が必要である．

D.8.3　ベクトルの展開

空間の一点 P を指し示す**位置ベクトル r** を設定する．これは虚空に浮かんだ一本の矢線である．その切っ先がまさに P を指している．

例えばこの矢線が，富士山の頂上，その一点を表しているとすれば，これを何処から見るか，見る人間の"立場"によって，その位置は右にも左にも上にも下にも変わってくる．山梨から見るか，静岡から見るか，地表から見るか，飛行機から見るか，観測者の位置を設定しなければ，その値は分からない．

そこで座標を導入する．我々に出来ることは，"見る場所を選ぶ"こと，即ち**座標系の選択**と，そこに見出される"影の長さを測る"こと，即ち**座標値の測定**，この二つだけである．座標系の選び方によって，当然その座標値は変わる．変わらないのは，ベクトルの姿だけである．

基底ベクトルとは，単に「座標の基礎を与えるベクトル」の意味であり，その長さにも相互関係にも特別の規則は無い．長さ1の互いに直交したベクトルが，我々の直観に訴える所が多く，また汎用性に富む為に，これが採用される場合が目立つだけである．ここでも基底として，互いに直交する単位ベクトルの組 ($\mathbf{e}_1$, $\mathbf{e}_2$, $\mathbf{e}_3$) を採用する．これが座標原点 $(0,0,0)$ を定め，点 P の所在を (x,y,z) と定める．この座標系を S とする．この時，S とその座標値の組は

$$x_1 \mathbf{e}_1 + x_2 \mathbf{e}_2 + x_3 \mathbf{e}_3 = \mathbf{r}$$

という形式で，$\mathbf{r}$ によって拘束される．上式の要素数を減らして $x_1 \mathbf{e}_1 = \mathbf{r}$ とし，これを右辺を定数とした反比例の関係 $xy = a$ と見れば，式の本質が露わになる．即ち，基底ベクトルの長さが倍になれば，その座標値は半分になるわけである．互いに相反する関係にあるのが，基底と座標値の関係である．**座標と座標値は連動する**．この関係は要素数が増えても変わらない．

一方，座標値の組によりベクトルを定義することも，或いは，左辺を右辺で展開するという意味から，両辺を入れ換えて書くことも出来る．即ち

$$\mathbf{r} = \sum_{i=1}^{3} x_i \mathbf{e}_i$$

は，S における $\mathbf{r}$ の展開である．ベクトルの座標系における"影"であり，展

D.8. ベクトルの変換性

開の係数である x_i は，基底ベクトルの直交性を利用して

$$\mathbf{e}_i \cdot \mathbf{r} = \mathbf{e}_i \cdot \sum_{j=1}^{3} x_j \mathbf{e}_j = \sum_{j=1}^{3} x_j (\mathbf{e}_i \cdot \mathbf{e}_j) = \sum_{j=1}^{3} x_j \delta_{ij} = x_i$$

と求められる．これを今一度ベクトルの中へ戻すと，極めて一般的な関係：

$$\mathbf{r} = \sum_{i=1}^{3} (\mathbf{r} \cdot \mathbf{e}_i) \mathbf{e}_i$$

を得る．和の規約を用いて，この**基底展開の式**をより印象的にまとめると

$$\boxed{\mathbf{r} = (\mathbf{r} \cdot \mathbf{e}_i) \mathbf{e}_i}$$

となる．上式により，我々は座標系，即ち，基底の選択をすれば直ちに，与えられたベクトルを，その座標系での値で展開出来る方法を得たのである．簡潔ではあるが，まさにそれ故にこの式は極めて有効である．例えば，同じ一つのベクトルが，座標系 $S(\mathbf{e}_1, \mathbf{e}_2, \mathbf{e}_3)$ の観測者 A と，$S'(\mathbf{e}'_1, \mathbf{e}'_2, \mathbf{e}'_3)$ の B とでは

$$\mathbf{r} = \underbrace{(\mathbf{r} \cdot \mathbf{e}_i) \mathbf{e}_i = x_1 \mathbf{e}_1 + x_2 \mathbf{e}_2 + x_3 \mathbf{e}_3}_{\text{A が観測する } S \text{ 系での値 } (x_1, x_2, x_3)}$$
$$= \underbrace{(\mathbf{r} \cdot \mathbf{e}'_i) \mathbf{e}'_i = x'_1 \mathbf{e}'_1 + x'_2 \mathbf{e}'_2 + x'_3 \mathbf{e}'_3}_{\text{B が観測する } S' \text{系での値 } (x'_1, x'_2, x'_3)}$$

という異なった表現を持つが，これは両者の立場の差を座標値が埋め合わた結果，全体で辻褄が合っているのである．以上がここまでに述べたことである．

次に，問題になるのは複数の座標系の間の相互関係である．如何なる座標系から見ても，ベクトルそれ自身は不変でなければならない．これを唯一の条件として，基底を他の座標系の基底で書き直す．即ち，S' 系の基底を，S 系の基底で展開する．基底展開の式の $\mathbf{r}$ の部分に，基底 $\mathbf{e}'$ を代入して

$$\mathbf{e}'_i = (\mathbf{e}'_i \cdot \mathbf{e}_j) \mathbf{e}_j \quad \text{より，} \quad \mathbf{e}'_i = \lambda_{ij} \mathbf{e}_j$$

を得る——ここで $\lambda_{ij} \equiv \mathbf{e}'_i \cdot \mathbf{e}_j$ とおいた[2]．さらに，$\mathbf{e}'_k$ とのスカラー積を取って

$$\text{左辺} = \mathbf{e}'_k \cdot \mathbf{e}'_i = \delta_{ik}, \qquad \text{右辺} = \mathbf{e}'_k \cdot (\lambda_{ij} \mathbf{e}_j) = \lambda_{ij} \lambda_{kj}$$

---

[2] スカラー積の定義に照らして，$\lambda_{ij} = \cos \varphi_{ij}$．この意味で，$\lambda_{ij}$ を**方向余弦**と呼ぶ．

より，$\lambda_{ij}\lambda_{kj} = \delta_{ik}$. 同様に，$\mathbf{e}_i = (\mathbf{e}_i \cdot \mathbf{e}'_j)\mathbf{e}'_j = \lambda_{ji}\mathbf{e}'_j$ より，$\lambda_{ji}\lambda_{jk} = \delta_{ik}$ を得る．

続いて，基底のベクトル積：

$$\mathbf{e}_i \times \mathbf{e}_j = \varepsilon_{ijk}\mathbf{e}_k, \qquad \mathbf{e}'_i \times \mathbf{e}'_j = \varepsilon_{ijk}\mathbf{e}'_k$$

より定まる係数相互の関係を求めておく．先ず

$$(\mathbf{e}'_r \times \mathbf{e}'_q) \cdot \mathbf{e}'_t = \varepsilon_{rqs}\mathbf{e}'_s \cdot \mathbf{e}'_t = \varepsilon_{rqs}\delta_{st} = \varepsilon_{rqt}$$

であり，一方，基底ベクトルは

$$\mathbf{e}'_i = \lambda_{il}\mathbf{e}_l, \quad \mathbf{e}'_j = \lambda_{jm}\mathbf{e}_m, \quad \mathbf{e}'_k = \lambda_{kn}\mathbf{e}_n$$

と展開されるから，添字を整理して

$$(\mathbf{e}'_i \times \mathbf{e}'_j) \cdot \mathbf{e}'_k = \varepsilon_{ijk} = \lambda_{il}\lambda_{jm}\lambda_{kn}(\mathbf{e}_l \times \mathbf{e}_m) \cdot \mathbf{e}_n = \varepsilon_{lmn}\lambda_{il}\lambda_{jm}\lambda_{kn}$$

を得る．この式の両辺に，$\lambda_{kr}, \lambda_{jq}, \lambda_{ip}$ を順に掛け，k, j, i に関して和を取り，添字を整理すると係数間の相互関係：

$$\varepsilon_{ijk}\lambda_{kn} = \varepsilon_{lmn}\lambda_{il}\lambda_{jm}, \quad \varepsilon_{ijk}\lambda_{jm}\lambda_{kn} = \varepsilon_{lmn}\lambda_{il}, \quad \varepsilon_{ijk}\lambda_{il}\lambda_{jm}\lambda_{kn} = \varepsilon_{lmn}$$

が導かれる．以上をまとめて

$$\lambda_{ij}\lambda_{kj} = \delta_{ik}, \quad \lambda_{ji}\lambda_{jk} = \delta_{ik}, \quad \varepsilon_{ijk} = \varepsilon_{lmn}\lambda_{il}\lambda_{jm}\lambda_{kn}$$

が展開係数 λ_{ij} の満たすべき条件である．

以上の結果を持ち帰り，$\mathbf{r} = x_j\mathbf{e}_j = x'_j\mathbf{e}'_j$ と，$\mathbf{e}'_i$ のスカラー積を取って，両座標の関係，$x'_i = \lambda_{ij}x_j$ が明らかになる——逆の関係は，両辺に λ_{ik} を掛けて和を取り，$\lambda_{ik}\lambda_{ij} = \delta_{kj}$ を用い，添字を整理して，$x_i = \lambda_{ji}x'_j$ と求められる．

この座標変換 $x'_i = \lambda_{ij}x_j$ の下で，同じ係数によって成分変換：

$$A'_i = \lambda_{ij}A_j$$

が行われる量を**ベクトル**と呼ぶのである．この定義があればこそ，ベクトルで書かれた基礎方程式が座標に因らずに成立する，と言えるのである．そこで，スカラー積に議論を戻し，それが確かに"スカラー"であることを，ここで展開した手法を駆使して証明しておく．ベクトル：$\mathbf{A} = A_i\mathbf{e}_i$, $\mathbf{B} = B_j\mathbf{e}_j$ に対して

$$\mathbf{A} \cdot \mathbf{B} = (A_i\mathbf{e}_i) \cdot (B_j\mathbf{e}_j) = A_iB_j\mathbf{e}_i \cdot \mathbf{e}_j = A_iB_j\delta_{ij} = A_iB_i.$$

D.8. ベクトルの変換性

であるが，この量は，S, S' 系において，それぞれ $A'_i = \lambda_{ij}A_j$, $B'_i = \lambda_{ij}B_j$ と変換される二つのベクトル $\mathbf{A}, \mathbf{B}$ の積が，両座標系において同一の値：

$$A'_i B'_i = (\lambda_{ij}A_j)(\lambda_{ik}B_k) = \delta_{jk}A_j B_k = A_k B_k$$

を取るので，確かにスカラー量である，と確認出来るわけである．これより，$\mathbf{B} = \mathbf{A}$ とおくことによりベクトルの長さ：$\sqrt{\mathbf{A} \cdot \mathbf{A}}$ がスカラーであり，座標系によらず同じ値となることが示される．

さらに，二つのベクトル $\mathbf{A}, \mathbf{B}$ を組み合わせて，**テンソル積**と呼ばれる量：

$$\widetilde{T} \equiv \mathbf{A} \otimes \mathbf{B}, \qquad T_{ij} = A_i B_j$$

が定義される．ここで，$\widetilde{T}$ は**二階のテンソル**と呼ばれる．右側の式は，その成分による表示である．即ち，二階のテンソルとは，座標変換：$x'_i = \lambda_{ij}x_j$ の下で，それぞれのベクトルの成分の積として変換する量：

$$T'_{ij} = A'_i B'_j = \lambda_{il}\lambda_{jm}A_l B_m = \lambda_{il}\lambda_{jm}T_{lm}$$

を意味する．二階のテンソルとベクトルの積 $\widetilde{T}\mathbf{A}$ は，ベクトルとして変換する．

$$T'_{ij}A'_j = \lambda_{il}\lambda_{jm}T_{lm}(\lambda_{jk}A_k) = \lambda_{il}\delta_{mk}T_{lm}A_k = \lambda_{il}(T_{lk}A_k).$$

上式は，二階のテンソルが，与えられたベクトルを大きさも方向も全く異なる別のベクトルに作り変える作用，即ち，**演算子**としての能力を示している．

二階以上のテンソルも同様に定義される．一般に，同階のテンソルの成分の和・差を成分とする量は，同種のテンソルとなる．これをテンソルの和（差）と呼ぶ．縮約は，内積演算の拡張と考えられる．クロネッカーのデルタを $\delta_{ij} = \mathbf{e}_i \cdot \mathbf{e}_j$ と見ると，これは二階のテンソルとして変換する――δ_{ij} をテンソルとして扱う場合には $\widetilde{I}$ などと書き，**単位テンソル**と呼ぶ．同様に，$\varepsilon_{ijk} = (\mathbf{e_i} \times \mathbf{e_j}) \cdot \mathbf{e}_k$ は三階のテンソルとして変換する．

物理学では，基礎方程式をベクトルで書く必要がある．如何に美しく対称性の高い方程式を得たとしても．実際の観測値と照合する為には，特定の座標系を定め，その座標に落ちる"影"を測る泥臭い仕事を熟さねばならない．座標系の選択が，問題解決の鍵を握ることも多い．その時に，座標系の選択に依存しないベクトル形式で書かれていることが，重大な意味を持つわけである．

D.8.4 座標系の廻転とベクトルの廻転

右手系と左手系の交換である**鏡像**を考えない場合，系の変換は**平行移動**と**廻転**の二種になる．鏡像は如何なる廻転でも実現出来ない，要するに，幾ら"廻しても"鏡の中の世界は作れないということである．ベクトルは平行移動により，始点を揃えることが出来るので，ここでは廻転を中心に「座標原点を共有する座標系」の変換を扱う．使う"道具"は基底展開の式のみである．

先ずは平面の廻転から始める．基準となる座標系を xy 平面の直交系 S とし，基底単位ベクトル $(\mathbf{e}_x, \mathbf{e}_y)$ により定義する．そして，これに対して角 θ だけ廻転した直交系 S_θ を，同じく単位ベクトル $(\mathbf{e}_X, \mathbf{e}_Y)$ により特徴附ける．両系において同一の点を指す位置ベクトル $\mathbf{r} = \mathbf{R}$ を，以下のように書く．

$$S : \mathbf{r} = x\mathbf{e}_x + y\mathbf{e}_y \quad \Longleftrightarrow \quad S_\theta : \mathbf{R} = X\mathbf{e}_X + Y\mathbf{e}_Y.$$

S_θ 系の単位ベクトルは，基底展開の式に，$\mathbf{e}_x, \mathbf{e}_y, \mathbf{e}_X, \mathbf{e}_Y$ を代入して

$$\mathbf{e}_X = (\mathbf{e}_X \cdot \mathbf{e}_x)\mathbf{e}_x + (\mathbf{e}_X \cdot \mathbf{e}_y)\mathbf{e}_y = \mathbf{e}_x \cos\theta + \mathbf{e}_y \sin\theta,$$
$$\mathbf{e}_Y = (\mathbf{e}_Y \cdot \mathbf{e}_x)\mathbf{e}_x + (\mathbf{e}_Y \cdot \mathbf{e}_y)\mathbf{e}_y = -\mathbf{e}_x \sin\theta + \mathbf{e}_y \cos\theta$$

により定義される．行列の形式でまとめれば，両系の関係は

$$\begin{pmatrix} \mathbf{e}_X \\ \mathbf{e}_Y \end{pmatrix} = \mathcal{R}_\theta \begin{pmatrix} \mathbf{e}_x \\ \mathbf{e}_y \end{pmatrix}, \quad \text{ただし，} \mathcal{R}_\theta := \begin{pmatrix} \cos\theta & \sin\theta \\ -\sin\theta & \cos\theta \end{pmatrix}$$

となる．$\mathcal{R}_\theta$ は**廻転行列**と呼ばれる．さらに，この逆行列 $\mathcal{R}_\theta^{-1}$ を用いて

$$\begin{pmatrix} \mathbf{e}_x \\ \mathbf{e}_y \end{pmatrix} = \mathcal{R}_\theta^{-1} \begin{pmatrix} \mathbf{e}_X \\ \mathbf{e}_Y \end{pmatrix}, \quad \text{ただし，} \mathcal{R}_\theta^{-1} = \begin{pmatrix} \cos\theta & -\sin\theta \\ \sin\theta & \cos\theta \end{pmatrix}$$

を得る——$\mathcal{R}_\theta^{-1}$ は逆行列であり，それは時計方向への角 θ の廻転を起こすものである．ここで，両座標系の関係を"記号的"に書けば，$S_\theta = \mathcal{R}_\theta S$ となる．

同様の計算により，S_θ 系の成分 X, Y は

$$X = \mathbf{r} \cdot \mathbf{e}_X = (x\mathbf{e}_x + y\mathbf{e}_y) \cdot (\mathbf{e}_x \cos\theta + \mathbf{e}_y \sin\theta) = x\cos\theta + y\sin\theta,$$
$$Y = \mathbf{r} \cdot \mathbf{e}_Y = (x\mathbf{e}_x + y\mathbf{e}_y) \cdot (-\mathbf{e}_x \sin\theta + \mathbf{e}_y \cos\theta) = -x\sin\theta + y\cos\theta$$

と求められる．逆の関係と共に，行列を用いて書けば，次のようになる．

$$\begin{pmatrix} X \\ Y \end{pmatrix} = \mathcal{R}_\theta \begin{pmatrix} x \\ y \end{pmatrix}, \qquad \begin{pmatrix} x \\ y \end{pmatrix} = \mathcal{R}_\theta^{-1} \begin{pmatrix} X \\ Y \end{pmatrix}.$$

D.8. ベクトルの変換性

さて，座標系 S を反時計方向に角 θ だけ廻転させた結果，空間に固定された"不変のベクトル"は，廻転後の座標系 S' において，どのように見えるか．「自分自身は不動であるにも関わらず，床が動き，壁が近寄ってきた」わけであるから，ベクトルは座標軸により接近した位置にある．正確には，座標系が反時計方向に角 θ だけ廻転すれば，座標系 S' でのベクトルは，時計方向に同じ角だけ廻転したもの，即ち $-\theta$ だけ廻転したものになる．この結果は，二つの座標系 S, S' を用いるのではなく，一つの座標系 S の中に，元のベクトル $\mathbf{r} = x\mathbf{e}_x + y\mathbf{e}_y$ と，それを時計方向に廻転させたベクトル $\mathbf{r}' = x'\mathbf{e}_x + y'\mathbf{e}_y$ を同居させることによっても，廻転変換が表現出来ることを示している．それは

$$\mathbf{r}' := \mathcal{R}_\theta^{-1}\mathbf{r}, \qquad \begin{pmatrix} x' \\ y' \end{pmatrix} = \begin{pmatrix} \cos\theta & -\sin\theta \\ \sin\theta & \cos\theta \end{pmatrix}\begin{pmatrix} x \\ y \end{pmatrix}$$

により定義することが出来る．

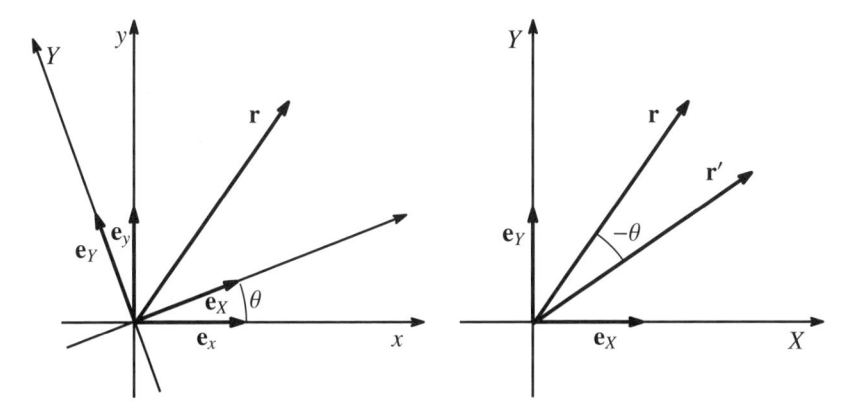

また，一つの座標系の中で，点を廻転させる場合でも，角 θ だけ廻転する座標系 S' を定義しておいて，S' においても「S と同じ大きさの座標値を取る」とすることで求められる．即ち，$\mathbf{r} = x\mathbf{e}_x + y\mathbf{e}_y$ に対して，所望の $\mathbf{r}'$ を

$$\begin{aligned}\mathbf{r}' :&= x\mathbf{e}_X + y\mathbf{e}_Y \\ &= x(\mathbf{e}_x\cos\theta + \mathbf{e}_y\sin\theta) + y(-\mathbf{e}_x\sin\theta + \mathbf{e}_y\cos\theta) \\ &= (x\cos\theta - y\sin\theta)\mathbf{e}_x + (x\sin\theta + y\cos\theta)\mathbf{e}_y = x'\mathbf{e}_x + y'\mathbf{e}_y\end{aligned}$$

とするのである．この関係を行列を用いて書けば，先例と同じ結果になる．

$$\begin{pmatrix} x' \\ y' \end{pmatrix} = \begin{pmatrix} \cos\theta & -\sin\theta \\ \sin\theta & \cos\theta \end{pmatrix}\begin{pmatrix} x \\ y \end{pmatrix} \quad \Rightarrow \quad \begin{pmatrix} x' \\ y' \end{pmatrix} = \mathcal{R}_\theta^{-1}\begin{pmatrix} x \\ y \end{pmatrix}.$$

D.8.5　三次元の廻転

直交座標系の三軸それぞれに，先に得た廻転行列を作用させることで，三次元空間での点の廻転を一般的に記述することが出来る．この種の議論では，各添字を循環的に変化させていくことが，間違いを減らす．この場合ならば，$x \cdot y \to y \cdot z \to z \cdot x$ という組で変えていく——これまで通り，全ての場合において右ネジの進む方向を正廻転とする右手系を採用する．先ず，廻転行列を変数 $x \cdot y$ 平面に作用させる．これは z 軸 (基底ベクトル $\mathbf{e}_3$) に対する廻転である．

$$\begin{pmatrix} x' \\ y' \end{pmatrix} = \begin{pmatrix} \cos\phi & -\sin\phi \\ \sin\phi & \cos\phi \end{pmatrix} \begin{pmatrix} x \\ y \end{pmatrix}.$$

続いて，$y \cdot z$ は x 軸 (基底 $\mathbf{e}_1$)，$z \cdot x$ は y 軸 (基底 $\mathbf{e}_2$) 周りの廻転である．

$$\begin{pmatrix} y' \\ z' \end{pmatrix} = \begin{pmatrix} \cos\psi & -\sin\psi \\ \sin\psi & \cos\psi \end{pmatrix} \begin{pmatrix} y \\ z \end{pmatrix}, \qquad \begin{pmatrix} z' \\ x' \end{pmatrix} = \begin{pmatrix} \cos\theta & -\sin\theta \\ \sin\theta & \cos\theta \end{pmatrix} \begin{pmatrix} z \\ x \end{pmatrix}.$$

これらを三次の行列として書き直すと

$$\underbrace{\begin{pmatrix} 1 & 0 & 0 \\ 0 & \cos\psi & -\sin\psi \\ 0 & \sin\psi & \cos\psi \end{pmatrix}}_{\text{以後, } \mathcal{R}(\mathbf{e}_1, \psi) \text{ と書く}}, \quad \underbrace{\begin{pmatrix} \cos\theta & 0 & \sin\theta \\ 0 & 1 & 0 \\ -\sin\theta & 0 & \cos\theta \end{pmatrix}}_{\text{以後, } \mathcal{R}(\mathbf{e}_2, \theta) \text{ と書く}}, \quad \underbrace{\begin{pmatrix} \cos\phi & -\sin\phi & 0 \\ \sin\phi & \cos\phi & 0 \\ 0 & 0 & 1 \end{pmatrix}}_{\text{以後, } \mathcal{R}(\mathbf{e}_3, \phi) \text{ と書く}}$$

となる——ここで $\mathcal{R}(\mathbf{e}_2, \theta)$ を構成するに当たり，事前に $z \cdot x$ の行・列を

$$\begin{pmatrix} z' \\ x' \end{pmatrix} = \begin{pmatrix} \cos\theta & -\sin\theta \\ \sin\theta & \cos\theta \end{pmatrix} \begin{pmatrix} z \\ x \end{pmatrix} \quad \Rightarrow \quad \begin{pmatrix} x' \\ z' \end{pmatrix} = \begin{pmatrix} \cos\theta & \sin\theta \\ -\sin\theta & \cos\theta \end{pmatrix} \begin{pmatrix} x \\ z \end{pmatrix}$$

と入れ換えておけば間違いが減る．これらを用いて，三次元の一般的な廻転は

$$\mathbf{r}' = \mathcal{R}(\mathbf{e}_1, \psi)\, \mathcal{R}(\mathbf{e}_2, \theta)\, \mathcal{R}(\mathbf{e}_3, \phi)\, \mathbf{r}$$
$$= \begin{pmatrix} 1 & 0 & 0 \\ 0 & \cos\psi & -\sin\psi \\ 0 & \sin\psi & \cos\psi \end{pmatrix} \begin{pmatrix} \cos\theta & 0 & \sin\theta \\ 0 & 1 & 0 \\ -\sin\theta & 0 & \cos\theta \end{pmatrix} \begin{pmatrix} \cos\phi & -\sin\phi & 0 \\ \sin\phi & \cos\phi & 0 \\ 0 & 0 & 1 \end{pmatrix} \begin{pmatrix} x \\ y \\ z \end{pmatrix}$$

と表される．三次元運動をする航空機，船舶，これらの比ではないが車においても生じている三軸の運動を記述するには，この方法は非常に適している．

航空機の場合，座標原点を機体の重心位置とし，機軸進行方向に向け x 軸 (基底 $\mathbf{e}_x = \mathbf{e}_1$) を取る．これを**ロール軸**(roll axis)，その角 ϕ をロール角と呼

ぶ．次に，機軸に垂直に左右の翼を貫く軸を，重心から右翼方向に向け y 軸 (基底 $\mathbf{e}_y = \mathbf{e}_2$) とする．これを**ピッチ軸**(pitch axis)，その角 θ をピッチ角と呼ぶ．最後に，これら二軸に垂直な鉛直方向の軸を，重心から下向きに z 軸 (基底 $\mathbf{e}_z = \mathbf{e}_3$) とする．これを**ヨー軸**(yaw axis)，その角 ψ をヨー角と呼ぶ——これらをまとめて**カルダン角**(Cardan angles) と称する場合がある．即ち，操縦者から見て，前・右・下 ($x \cdot y \cdot z$) を正とする右手系の座標である．また，xyz の三軸を**前後軸**(longitudinal axis)，**左右軸**(lateral axis)，**上下軸**(vertical axis) とも呼び，それぞれの軸に関する運動そのものに対しては，ローリング，ピッチング，ヨーイングと名附けている．

操縦桿を左右に倒す，或いは廻転させることで，主翼両端の**補助翼**(aileron) を操作して，ロール軸を制禦する．この方向に関する安定性を横安定と呼ぶ．操縦桿を右に倒して生じる右ロールが，変数 ϕ の正方向である．

操縦桿を前後に押し引きすることで，水平尾翼の**昇降舵**(elevator) を操作して，ピッチ軸を制禦する．この方向に関する安定性を縦安定と呼ぶ．操縦桿を引いて機体を上昇させる方向が，変数 θ の正方向である．

両足で操作するペダルにより，垂直尾翼の**方向舵**(rudder) を動かして，ヨー軸を制禦する．この方向に関する安定性を方向安定と呼ぶ．右足ペダルを踏み込み，機首を右に向ける方向が，変数 ψ の正方向である．

このように，三次元運動を三種の角により記述する方法を，一般に**オイラー角**(Euler angle) による方法と呼ぶ——「名称の最も広い意味で」である．定義は分野や問題に応じて様々であり，統一したものはない．従って，行列の設定，積の順序などを慎重に見極める必要がある．次に紹介するのは，三種の角であり，加えて"この組合せを"という限定的な意味を含んだ狭い定義である．

$$\mathcal{E}(\psi, \theta, \phi) = \mathcal{R}(\mathbf{e}_3, \psi)\, \mathcal{R}(\mathbf{e}_2, \theta)\, \mathcal{R}(\mathbf{e}_3, \phi)$$
$$= \begin{pmatrix} \cos\psi & -\sin\psi & 0 \\ \sin\psi & \cos\psi & 0 \\ 0 & 0 & 1 \end{pmatrix} \begin{pmatrix} \cos\theta & 0 & \sin\theta \\ 0 & 1 & 0 \\ -\sin\theta & 0 & \cos\theta \end{pmatrix} \begin{pmatrix} \cos\phi & -\sin\phi & 0 \\ \sin\phi & \cos\phi & 0 \\ 0 & 0 & 1 \end{pmatrix}$$

即ち，この組合せ：(ψ, θ, ϕ) を指してオイラー角と呼ぶ，という立場である——この場合，$\mathbf{e}_1$ 軸を用いていない所に特徴がある．行列計算においては「積の順序が交換出来ない」ため，何れの定義に従っても，行列の積の順序を間違うと，全く別の廻転を扱うことになるので，細心の注意が必要である．

D.9 行列で蝶を愛でる

行列・ベクトルは数概念の拡張である．複数の数により惹き起こされる "働き" を集約し，一つのまとまりとして用いる．多元要素の一元化である．利用者は，裏に隠された仕掛けを意識することなく，それが単なる "数であるかの如く" 感じて，気軽に計算を行うことが出来る．所謂「抽象化」である．この意味で，行列は数学の発展，拡張の王道にあると同時に，計算機言語の働きを，そのまま数式で表したようなものと言えるだろう．

D.9.1 廻転行列と正多角形

平面上の点の位置を移すには，二つの座標値を一度に変換しなければならない．それは行列が最も得意とする作業である．変換は平行移動と廻転という二つの要素からなる．以上は既に述べた．

平行移動は，各座標値への加算であるから，列ベクトルを用いて

$$\mathbf{v} = \mathbf{v}_t + \mathbf{v}_0, \qquad \mathbf{v} := \begin{pmatrix} x \\ y \end{pmatrix}, \qquad \mathbf{v}_t := \begin{pmatrix} x_t \\ y_t \end{pmatrix}, \qquad \mathbf{v}_0 := \begin{pmatrix} x_0 \\ y_0 \end{pmatrix}$$

と表される．廻転は廻転行列：

$$\mathbf{v} = \mathcal{R}_\theta^{-1} \mathbf{v}_0, \qquad \mathcal{R}_\theta^{-1} = \begin{pmatrix} \cos\theta & -\sin\theta \\ \sin\theta & \cos\theta \end{pmatrix}$$

によって簡潔に書けた．廻転行列は，定義をそのまま素直に翻訳して

```
(define (rot-1 t)
  (let ((c (cos t)) (s (sin t)))
    (list (list c (* -1 s)) (list s c))))
```

とコード化される．この行列の冪によって，円周上の点を次々に移動させていくことが出来る．例えば，90度の廻転により正方形の各頂点を求める作業は，対応する行列 $\mathcal{R}_\theta^{-1}$ を四回掛けることにより実現する．

そこで，列ベクトル $v0 := ((1)\ (0))$ を単位円の半径として，多角形を生成する手続を定義する．先ずは，手続 mat* により，廻転行列を $v0$ に乗じ，その結果を行ベクトルの形式に直す為に，mat-t により転置させる．計算誤差の累積によって，多角形が閉じなくなることを恐れて，最後の座標値の計算はせず，

D.9. 行列で蝶を愛でる

初期値で置換えることによって，誤差の影響を消す——この為に iota の引数を $(n-1)$ までに留め，**append** により末尾に v0 を加える．以上をまとめて

```
(define (polygon n)
  (define (points n)
    (let ((v0 '((1) (0))))
      (map mat-t
        (append
          (map (lambda (x)
                 (mat* (mat** (rot-1 (/ (* 2 pi) n)) x) v0))
               (iota 0 (- n 1)))
          (list v0)))))
  (dismap adjust-of (points n)))
```

を得る——末尾の手続 dismap は

```
(define (dismap proc dlst)
  (map (lambda (x) (map proc x)) dlst))
```

により定義されたもので，ここでは adjust-of と連繋して，リスト内全要素の値を，小数点以下三桁に丸めている．実行例は以下である．

```
(polygon 3)  =>  ((1 0) (-0.5 0.866) (-0.5 -0.866) (1 0))
(polygon 4)  =>  ((1 0) (0.0 1.0) (-1.0 0.0) (0.0 -1.0) (1 0))
(polygon 5)  =>  ((1 0) (0.309 0.951) (-0.809 0.588)
                 (-0.809 -0.588) (0.309 -0.951) (1 0))
(polygon 6)  =>  ((1 0) (0.5 0.866) (-0.5 0.866) (-1.0 0.0)
                 (-0.5 -0.866) (0.5 -0.866) (1 0))
```

これらをファイルにする——例えば，正三角形の場合なら以下である．

```
(save->data 'polygon.dat (polygon 3))
```

そして，以下の plt ファイルを gnuplot に与えれば，作図が出来る．

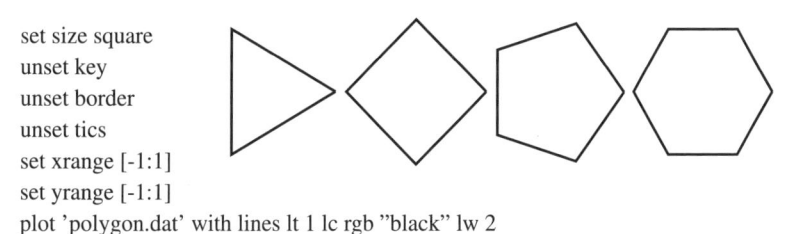

```
set size square
unset key
unset border
unset tics
set xrange [-1:1]
set yrange [-1:1]
plot 'polygon.dat' with lines lt 1 lc rgb "black" lw 2
```

D.9.2 不可能を描く

　さて，三次元の立体を，二次元として描く．これは普通の話であるが，それでは二次元の平面上に描かれた図形が，そのまま三次元の立体として成立するか．それが不可なることを明確に示すのが，一般に**不可能物体**(impossible object) と呼ばれる画像である．そこには感情と理性の葛藤がある．当り前のように存在しているが，全く現実感が無い．見れば見るほど引き込まれていく．そんな作品の代表が**ペンローズ**(Penrose) 父子による作品，通称 "不可能三角形" である．この図形は，64 個の正三角形を用意すれば簡単に描ける．

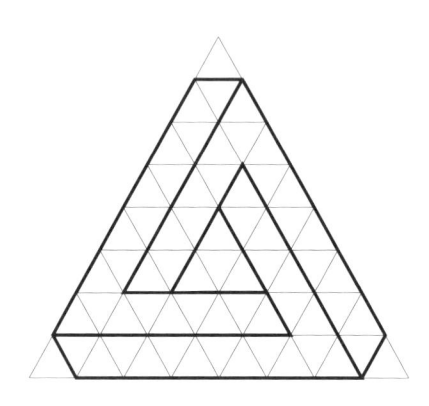

太線の部分が不可能三角形である．この部分のデータは，以下で定義される．

```
(define it2                                    ; impossible-triangle
  (let* ((S 2.0) (k (/ (sqrt 3) 2))
         (x0 (/ S 2)) (y0 (* x0 k))
         (L (/ S 8)) (H (* L k))
         (@ (lambda (x y)
              (list (- (* L x) x0) (- (* H y) y0))))
         (p1  (@ 1.0 0)) (p2  (@ 7.0 0)) (p3  (@ 7.5 1))
         (p4  (@ 4.5 7)) (p5  (@ 3.5 7)) (p6  (@ 0.5 1))
         (p7  (@ 4.5 5)) (p8  (@ 3.0 2)) (p9  (@ 2.0 2))
         (p10 (@ 5.0 2)) (p11 (@ 5.5 1)) (p12 (@ 4.0 4)))
    (list p1 p2 p3 p4 p5 p6 p1
          p2 p7 p8 p9 p4 p9 p10 p12 p11 p6)))
```

D.9. 行列で蝶を愛でる

一番外側の三角形の左端を原点とし，右・上を正とする座標を定め，各点を定義した——空行を挟まない為に複数の点を往復している．

```
(save->data 'it2.dat it2)
```

これで画像用のデータファイルが生成される．

さて次に，既に計算済みのデータファイルの中身を更新して，元の図形を"廻転"させる手続を定義して，この不可能三角形を廻してみよう．手続：

```
(define (data-rot proc degree)
  (let ((k (* (/ pi 180) degree)))
    (map mat-t (map (lambda (x) (mat* (rot-1 k) x))
      (map mat-t proc)))))
```

を定義する——ここでは操作が直観的に出来るように，廻転角を**度**(degree) で入力する方法を選んだ．この手続に，先のファイル it2.dat を与える．即ち

```
(save->data 'it2-rot.dat
  (data-rot it2 45))
```

である．これでファイル it2.dat の中の全ての座標値が，反時計方向 45 度の廻転に対応する値に更新され，その結果が新ファイル it2-rot に記録された．

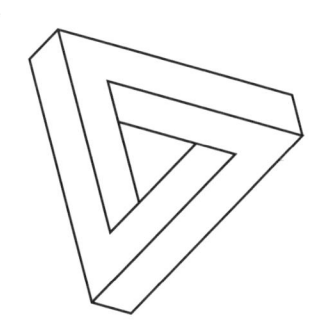

これを gnuplot により描画すると，確かに廻転していることが分かる．ただし，元々は正三角形から作ったものであるから，全体の対称性が高すぎて，廻転の角度を確かめる用途には不向きな図形である．そこでもう少し"方向性"を持った図形を描くことにする．

極形式の函数を用いて様々な"作品"が提供されている．例えば

$$r = e^{\sin\theta} - 2\cos 4\theta + \sin^5 \frac{\theta}{12}, \quad (0 \leq \theta \leq 24\pi)$$

である．この函数をそのままコード化して

```
(define (butterfly t)
  (let* ((r (+ (exp (sin t))
               (* -2 (cos (* 4 t)))
               (** (sin (/ t 12)) 5)))
         (x (* r (cos t))) (y (* r (sin t)))
         (pi (* 4 (atan 1))))
    (list x y)))
```

を得る．この函数の $\pi/240$ 毎の値を得る為に

```
(save->data 'texsq2.dat
  (map butterfly (iota 0 (* 24 pi) (/ pi 240))))
```

を実行し，多角形の場合と同様の plt ファイルを与えて

を描いた．これは単なる"極座標のグラフ"というだけでは収まらない美しさを持っている．また，その定義式も実に簡潔で美しいものである．

　この刻み幅 (240) を，1 から順に 24 まで動かすと，次頁の作品『羽化』が出来上がる——刻み幅 1 の場合は横一本の線分なので少々見辛い．ここでは gnuplot が．刻み幅に従って定まる二点間を直線で結んでいることを利用して，外形が次第に滑らかになっていく様子を追跡して"蝶の成長"を表現した．刻みの偶奇に応じて，対称性が変わっていることも面白い．

D.9. 行列で蝶を愛でる

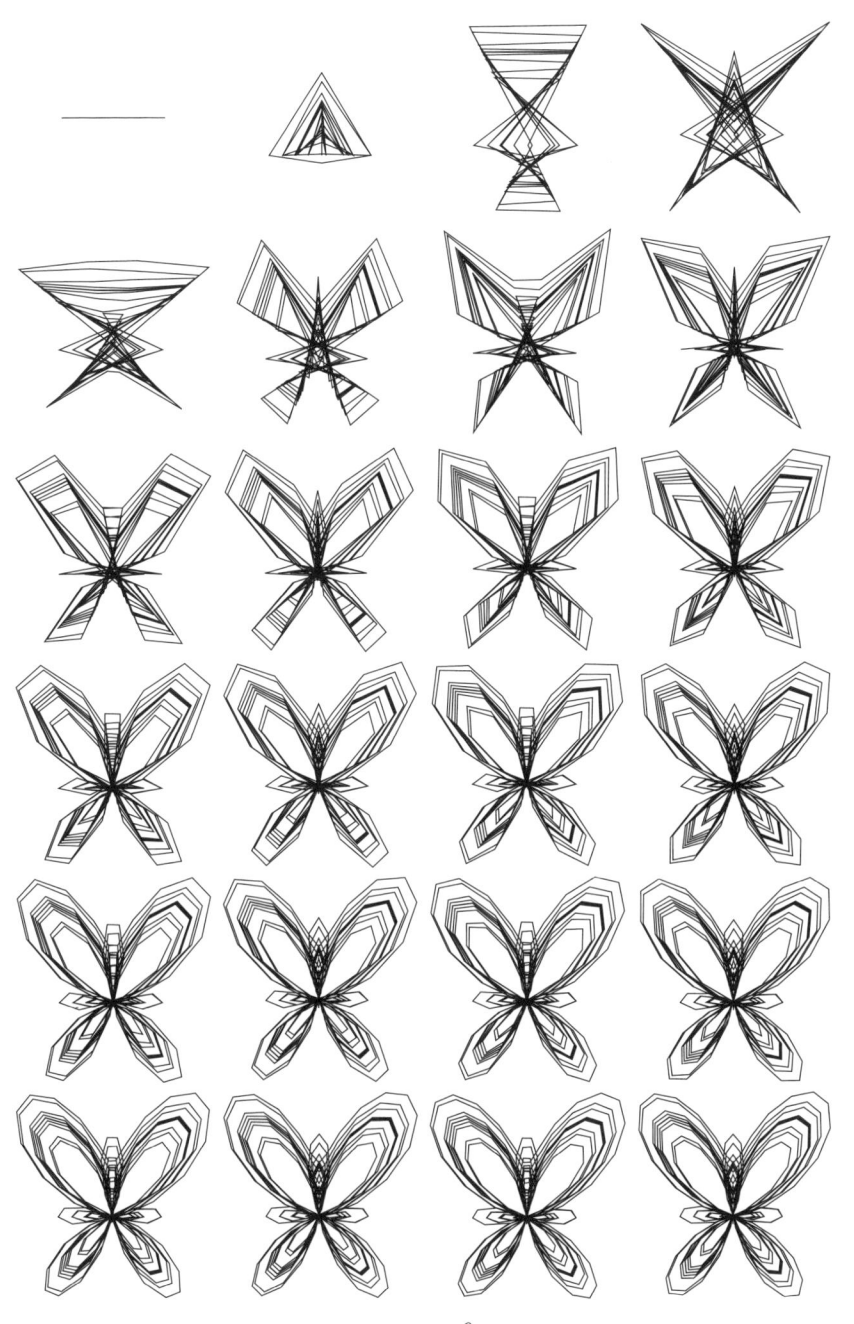

$$r = e^{\sin\theta} - 2\cos 4\theta + \sin^5\frac{\theta}{12}, \quad (0 \leqq \theta \leqq 24\pi)$$

D.9.3 三次元への飛翔

さて，二次元の座標データの各行の末尾に，数値を加えて三次元化する．例えば，先の不可能三角形 it2 の第三要素として数値 0 を加える手続：

```
(define it3
  (map (lambda (x) (append x (list 0))) it2))
```

により，*xyz* の三次元空間における *xy* 平面 ($z = 0$) に不可能三角形を描くデータ it3 が生成される．gnuplot は，*plot* の三次元への拡張として，命令 *splot* を持っている．そこで以下の plt ファイルを作成して，実行すると空間に"不思議の環"が浮かぶ．

```
set grid
unset key
set xrange [-1:1]
set yrange [-1:1]
set zrange [-1:1]
splot 'it3.dat' with lines lt 1 lc rgb "black" lw 6
```

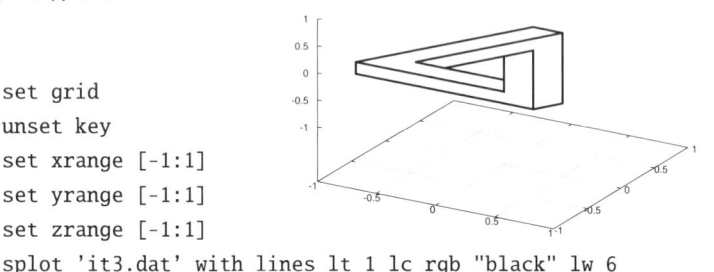

splot の附加機能に *view* がある．これは対象を動かすのではなく，座標系に対する視点を移動させる．その働きを見る為に，次の手続によりデータを作る．

```
(define (spiral n)
  (let* ((pi (* 4 (atan 1))) (k (/ pi 240)))
    (map (lambda (x) (list (cos x) (sin x) x))
      (iota 0 (* 2 pi n) k))))
```

```
(save->data 'spiral.dat (spiral 1))
```

これは手続名からも分かるように螺旋である．加えて，この手続は

```
(define (spiral n)
  (let* ((pi (* 4 (atan 1))) (k (/ pi 240))
         (cosin (lambda (t) (real-part (exp (* +i t)))))
         (sine  (lambda (t) (imag-part (exp (* +i t))))))
    (map (lambda (x) (list (cosin x) (sine x) x))
      (iota 0 (* 2 pi n) k))))
```

D.9. 行列で蝶を愛でる

と一つの函数 (`exp (* +i t)`) によって書くことも出来る．これは既に何度も登場してきたオイラーの公式である．従って，ここで描かれる図形は，三次元空間におけるオイラーの公式の幾何的な表現にもなる訳である．

さて，ここまでに見てきたように，*view* を省略した場合には

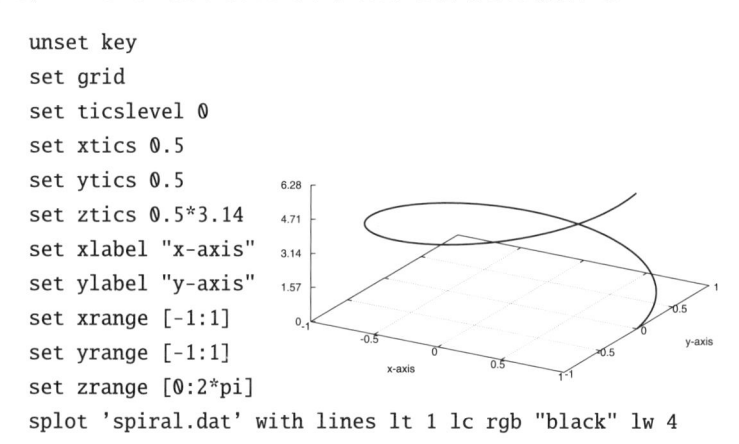

```
unset key
set grid
set ticslevel 0
set xtics 0.5
set ytics 0.5
set ztics 0.5*3.14
set xlabel "x-axis"
set ylabel "y-axis"
set xrange [-1:1]
set yrange [-1:1]
set zrange [0:2*pi]
splot 'spiral.dat' with lines lt 1 lc rgb "black" lw 4
```

という角度からの描写になるが，これは *splot* に標準値として

$$\text{set view } 60, 30, 1, 1$$

が設定されていることによる——ただし上図では，三角函数らしい拡がりが得られるように，*z* 方向の倍率を定める末尾の値を，既に π/4 に変更している．さらに具体例を見ながら，この値の効果を体感しておこう．

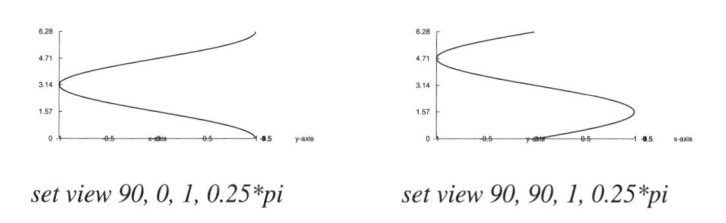

set view 90, 0, 1, 0.25*pi　　　*set view 90, 90, 1, 0.25*pi*

紙面垂直に *x* 方向を取った左図，即ち *yz* 平面への射影は cos であり，*xz* 平面への射影となる右図は sin を示している．さらに，設定「*set view 0, 0, 1, 1*」は，*xy* 平面を上から見た描写を与える——第三引数は全体の拡大率を定めている．こうした具体的な描写から，オイラーの公式は，複素平面を底面として第三軸 (実数) に沿って伸びていく螺旋として視覚化することが出来る訳である．

続いて，三次元の廻転を扱う．これについては様々な方法があることは既に述べた．特に航空機などで用いられる，ロール・ピッチ・ヨーによる記述は，三軸を独立に支えた**ジンバル**(gimbal)と呼ばれる機構で容易に可視化される．

右の模型は，先に示した航空機の座標設定をそのまま適用したものである．それぞれの軸は，次の行列により制禦される．

$$\mathcal{R}(\mathbf{e}_x, \psi) = \begin{pmatrix} 1 & 0 & 0 \\ 0 & \cos\psi & -\sin\psi \\ 0 & \sin\psi & \cos\psi \end{pmatrix},$$

$$\mathcal{R}(\mathbf{e}_y, \theta) = \begin{pmatrix} \cos\theta & 0 & \sin\theta \\ 0 & 1 & 0 \\ -\sin\theta & 0 & \cos\theta \end{pmatrix},$$

$$\mathcal{R}(\mathbf{e}_z, \phi) = \begin{pmatrix} \cos\phi & -\sin\phi & 0 \\ \sin\phi & \cos\phi & 0 \\ 0 & 0 & 1 \end{pmatrix}.$$

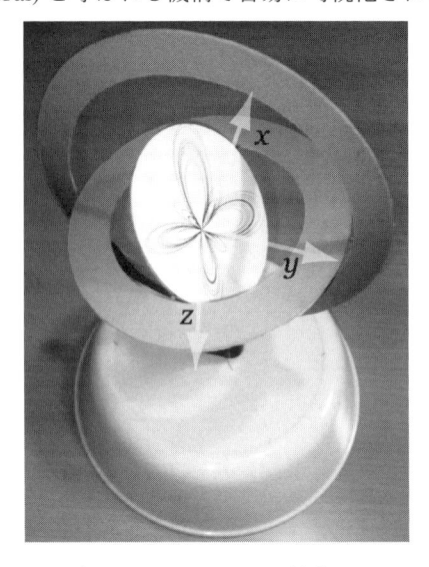

ここで重要なことは，座標系は空間に固定されており，その基底ベクトルからの変位を，ψ, θ, ϕ が表していることである．これら変数の値を 0 にした時，上の三種の行列は全て単位行列になる．この時，蝶の三軸と座標の基底ベクトルが一致する．そこからの変位によって，蝶の姿勢を記述するわけである．三次元の要素を記述する為に，最低限必要とされるのは互いに独立な三変数である．互いに直交する三軸を持ったジンバルは，この条件を充たしているので，如何なる蝶の姿勢でも記述することが出来るのである．

独立な三変数を用意すれば，対象の任意の状態が記述出来るので，問題に応じた様々な座標系と変数の組が考案されてきたわけである．そこで，次に具体的な数値計算を行う為に，先に紹介したオイラー角の組：

$$\mathcal{E}(\psi, \theta, \phi) = \mathcal{R}(\mathbf{e}_3, \psi)\,\mathcal{R}(\mathbf{e}_2, \theta)\,\mathcal{R}(\mathbf{e}_3, \phi)$$
$$= \begin{pmatrix} \cos\psi & -\sin\psi & 0 \\ \sin\psi & \cos\psi & 0 \\ 0 & 0 & 1 \end{pmatrix} \begin{pmatrix} \cos\theta & 0 & \sin\theta \\ 0 & 1 & 0 \\ -\sin\theta & 0 & \cos\theta \end{pmatrix} \begin{pmatrix} \cos\phi & -\sin\phi & 0 \\ \sin\phi & \cos\phi & 0 \\ 0 & 0 & 1 \end{pmatrix}$$

を利用する．これを素直にコードに翻訳して，三次元廻転を実現させる．即ち

D.9. 行列で蝶を愛でる

```
(define (rot-e3 p)
  (let ((c3 (cos p)) (s3 (sin p)))
    (list (list c3 (* -1 s3) 0)
          (list s3  c3        0)
          (list 0   0         1))))
(define (rot-e2 t)
  (let ((c2 (cos t)) (s2 (sin t)))
    (list (list c2        0 s2)
          (list 0         1 0)
          (list (* -1 s2) 0 c2))))

(define (rot-3d psi theta phi)
  (mat* (rot-e3 psi) (mat* (rot-e2 theta) (rot-e3 phi))))
```

である．この変換を元に，三次元の座標データそのものを書換える手続：

```
(define (data-r3d proc psi theta phi)
  (let* ((rad (/ pi 180))
         (psi   (* rad psi))
         (theta (* rad theta))
         (phi   (* rad phi)))
    (map mat-t (map (lambda (x)
      (mat* (rot3d psi theta phi) x))
        (map mat-t proc)))))
```

を定義する．以上の道具を用いて，蝶を廻転させよう．

先ずは，不可能三角形の場合と同様に，三次元データを

```
(define texsq3
  (map (lambda (x) (append x (list 0)))
    (map butterfly (iota 0 (* 24 pi) (/ pi 240)))))
```

により生成する．これに `data-r3d` を作用させることでデータを更新する．

```
(save->data 'texsq3-rot.dat
  (data-r3d texsq3 60 -15 -15))
```

これが求めるべきデータである．以上，一連の定義において，角はラジアンではなく"度"で与えられるようにしておいた——オイラー角による廻転は，直観的に対象の姿勢を把握することが難しいので，値の入力時に少しでも工夫をしておいた方がよい．変数設定の一長一短である．

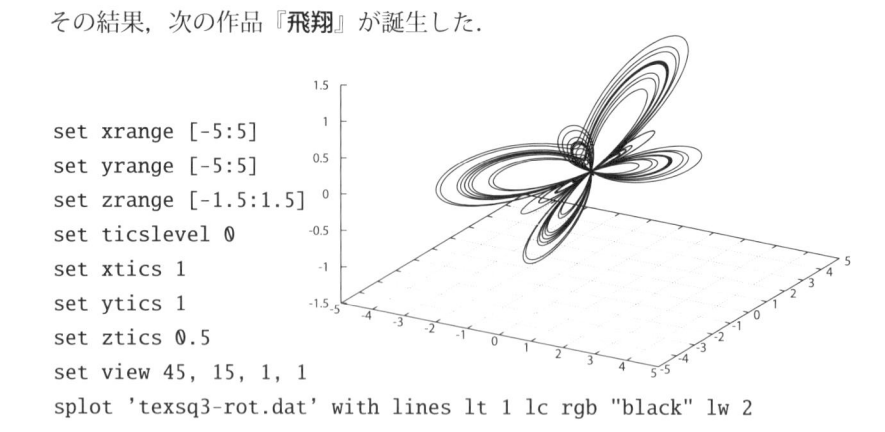

その結果，次の作品『飛翔』が誕生した．

```
set xrange [-5:5]
set yrange [-5:5]
set zrange [-1.5:1.5]
set ticslevel 0
set xtics 1
set ytics 1
set ztics 0.5
set view 45, 15, 1, 1
splot 'texsq3-rot.dat' with lines lt 1 lc rgb "black" lw 2
```

これは data-r3d における三引数にある角度を与えることで，変換されたものであり，先に調べた view の効果ではない．従って，上の plt ファイルの設定を更新することで，さらに様々な角度から蝶を愛でることが出来るのである．

さて，ジンバルには深刻な欠点がある．右の状態になった時，自由度が消えるのである．$\theta = \pi/2$ の時，ϕ, ψ は共に鉛直方向の廻転を記述するのみであり，所謂ヨー運動をする自由度が失われている．即ち，この状態では，蝶は首を左右に振れないのである．これは三次元の廻転を三変数で記述する時，一般的に起こる問題であり，**ジンバル・ロック**と呼ばれている．

ジンバル・ロックとは，ジンバルが自由度を失い"固定化"されたという意味である．ジンバル・ロックが生じると，実際に"首が廻らない"だけではなく，プログラムにおいても行列が特異な状態になり，処理が不連続になったり，場合によっては破綻したりするので，予めこれを避けるルーチンが必要となる．これは変数の選択によって避けられる性質のものではないので，近年では，その根本的な解決策として四元数が広く用いられるようになっている．

D.10 四元数による廻転の記述

ここでは，8.7 (p.292) で議論した**ハミルトン**(Hamilton, William Rowan) の四元数と，三次元の廻転の関係をさらに調べていく．先ずは概要から始める．

四元数(quaternion) とは，通常の虚数単位 i に加えて，新たな虚数単位 j を含んだ体系であり，"複素数の複素数化"である．従って，対象とする要素数は二倍の四個となる．二つの虚数単位は**非可換** (積の交換不能) な関係：

$$ii = -1, \quad jj = -1, \quad ij + ji = 0$$

で結ばれている．ここで，第三の虚数単位として，k := ij を定義すると

$$kk = ij\,ij = ij\,(-ji) = i(-jj)i = ii = -1$$

となる——以後，ii 等を i^2 と略記する．これらの関係をまとめたものが，ハミルトンが発見の喜びに我を忘れて，橋脚に刻み込んだとされる

$$i^2 = j^2 = k^2 = ijk = -1$$

である．ダブリンのブルーム橋にある記念の銘板には，以下の記述がある．

> Here as he walked by
> on the 16th of October 1843
> Sir William Rowan Hamilton
> in a flash of genius discovered
> the fundamental formula for
> quaternion multiplication
> $i^2 = j^2 = k^2 = ijk = -1$
> & cut it on a stone of this bridge

四元数の"基本"は，この三個の虚数単位と，四個の実数による次の形式：

$$Q = w + (x i + y j + z k), \qquad Q^* = w - (x i + y j + z k)$$

である．実数である第一項を四元数の実部，第二項以下を虚部と呼ぶ．アスタリスクは虚部の符号反転，即ち，複素数と同様の"共軛の印"である．複素数を平面上の点として表現した場合，基底となる二軸を実軸，虚軸と呼んだ．これに倣えば，四元数は，一本の実軸による一次元の実空間と，三次元の虚空間による四次元空間の一点として表記されるもの，と考えられる．

四元数の性質の大半は，虚数単位そのものの性質に帰着される．そして，それはベクトルのスカラー積，ベクトル積を想起させる．四元数が発見された当時，これらベクトル算法は未完であった．後発のベクトルが，四元数を参考にしたことは当然であった．従って，様々な点で両者は似ており，相違点に"現状の利用度の差"が現れている．四元数の欠点は豊か過ぎたことである．

> そう考えるにつけて、余のこの事件に対する行動が——行動と云わんよりむしろ思いつきが、なかなか巧みである、無学なものならとうていこんな点に考えの及ぶ気遣はない、学問のあるものでも才気のない人にはこのような働きのある応用が出来る訳がないと、寝ながら大得意であった。ダーウィンが進化論を公けにした時も、ハミルトンがクォーターニオンを発明した時も大方こんなものだろうと独りでいい加減にきめて見る。自宅の渋柿は八百屋から買った林檎より旨いものだ。
> 『趣味の遺伝』夏目漱石

　漱石の作品に数学や物理学の話がよく出て来るのは，寺田寅彦との交流によるものであるが，そうしたよく知られた人間関係よりも，ここではこの作品の発表当時 (1906 年)，人々が如何に"クォーターニオン"という言葉の響きに反応したか，この点に注目したい．要するに，小説の味附けとして機能し得る程度に無名であり，知的であり，かつ神秘的な用語であったのだろう．これは相対性理論発見の"知的衝撃"が，世界中の人々を巻き込む直前の話である．

D.10.1　四元数の性質

　さて，$e_0 = 1, e_1 = i, e_2 = j, e_3 = k$ とおくと，これら四要素は，クロネッカーのデルタ，レビ・チビタの記号を用いて，次のようにまとめられる．

$$\begin{cases} e_0 e_0 = e_0, \\ e_0 e_l = e_l e_0 = e_l, & (l = 1, 2, 3) \\ e_l e_m = -\delta_{lm} e_0 + \varepsilon_{lmn} e_n, & (l, m, n = 1, 2, 3) \end{cases}$$

上二段は，1 が単位元であることを全体の整合性の面から加えたものであって，最も重要な関係は三段目である——従って，以後の式においては，再び e_0 を 1 に戻して省略する場合が多い．これは，基底ベクトルの関係：

$$\mathbf{e}_i \times \mathbf{e}_j = \varepsilon_{ijk} \mathbf{e}_k$$

D.10. 四元数による廻転の記述

に類似しており，自分自身との積において，基底ベクトルの場合には $\mathbf{e_1} \times \mathbf{e_1} = \mathbf{0}$ に示されるように結果はゼロベクトルとなり，一方，虚数単位の場合には $e_1 e_1 = ii = -1$ で示されるように -1 になるところが異なるだけである――この点が δ_{lm} に現れている．これより，四元数の虚数単位は全体で

交換関係： $[e_l, e_m] := e_l e_m - e_m e_l = 2\varepsilon_{lmn} e_n$,

反交換関係： $\{e_l, e_m\} := e_l e_m + e_m e_l = -2\delta_{lm}$

という二種類の重要な代数的関係を充たすものであることが分かる．

また，虚数単位の三個の積の関係においては

$$\begin{aligned}
(e_l e_m) e_n &= (-\delta_{lm} + \varepsilon_{lms} e_s) e_n \\
&= -\delta_{lm} e_n + \varepsilon_{lms} e_s e_n \\
&= -\delta_{lm} e_n + \varepsilon_{lms} (-\delta_{sn} + \varepsilon_{snt} e_t) \\
&= -\delta_{lm} e_n - \varepsilon_{lms} \delta_{sn} + \varepsilon_{lms} \varepsilon_{snt} e_t \\
&= -\delta_{lm} e_n - \varepsilon_{lmn} + (\delta_{ln} \delta_{mt} - \delta_{lt} \delta_{mn}) e_t \\
&= -\delta_{lm} e_n - \varepsilon_{lmn} + \delta_{ln} e_m - \delta_{mn} e_l, \\
e_l (e_m e_n) &= e_l (-\delta_{mn} + \varepsilon_{mns} e_s) \\
&= -\delta_{mn} e_l + \varepsilon_{mns} e_l e_s \\
&= -\delta_{mn} e_l + \varepsilon_{mns} (-\delta_{ls} + \varepsilon_{lst} e_t) \\
&= -\delta_{mn} e_l - \varepsilon_{mns} \delta_{ls} + \varepsilon_{mns} \varepsilon_{lst} e_t \\
&= -\delta_{mn} e_l - \varepsilon_{mnl} + (\delta_{ml} \delta_{nt} - \delta_{mt} \delta_{nl}) e_t \\
&= -\delta_{mn} e_l - \varepsilon_{mnl} - \delta_{ml} e_n + \delta_{nl} e_m
\end{aligned}$$

となるので，添字を揃えて積の結合法則： $(e_l e_m) e_n = e_l (e_m e_n)$ が示される．

各行とも変形を最小限にして，その"動き"を追跡しやすいようにした．これ以降も基本的な関係を用いた地道な計算が続くが，上記した計算と同様に，改行を積極的に用いて，縦の並びによって計算過程が見易いように工夫した．本来，**あらゆる計算は等号を基準に"縦に揃える"もの**であるが，紙面の消費量の問題もあって，なかなか徹底出来ない．この節においては，出来る限り縦揃えに徹して，手計算を行う場合の"形式的な見本"となるよう配慮した．

単純なミスを減らし，正しい計算結果を得るには，"正しく揃えること"である．これはプログラム・コードに"字下げ"が必要不可欠であることと同じ意味である．字下げ，縦揃えは木構造の一種であり，従ってこれを軽視することは，処理すべき内容の論理構造や式の対称性を見え難くし，その結果，項の見落としや，符号の取り違えなどの単純なミスを生じやすくするのである．

四元数の和と差，及び定数倍が再び四元数に戻ることから，線型性が充たされていること，即ち，四元数は数ベクトルとしても機能すること，また四元数の積の非可換，絶対値，逆数の存在などに関しては既に議論してきた．ここでは既知のことも含めて，四元数の全体を整理して，応用への道を探っていく．

　出来る限り「和の規約」を用いて，計算の全体像が見易いように工夫をする．ここまでに知り得た四元数の性質に鑑みて，ギリシア文字が添字の場合には，和は0から3までを，ラテン文字が添字の場合には，和は1から3までを取る，と決めておくと便利である．即ち

$$A_\mu B_\mu = A_0 B_0 + A_1 B_1 + A_2 B_2 + A_3 B_3,$$
$$A_i B_i = A_1 B_1 + A_2 B_2 + A_3 B_3$$

である．この約束の下で，四元数及びその実部・虚部は

$$Q = q_\mu e_\mu \quad (= q_0 + q_1 e_1 + q_2 e_2 + q_3 e_3)$$
$$= q_0 + q_l e_l = q_0 + \mathbf{q}$$

と様々に表記出来る．共軛四元数は，次のようになる．

$$Q^* = q_0 + \mathbf{q}^* = q_0 - \mathbf{q}.$$

　四元数のスカラー倍と加減は，実数 α を用いて，以下のように定義される．

$$\alpha Q = \alpha q_\mu e_\mu,$$
$$Q \pm P = q_\mu e_\mu \pm p_\mu e_\mu = (q_\mu \pm p_\mu) e_\mu.$$

実部が0であり，虚部のみが存在する四元数を，**純虚四元数**(purely imaginary quaternion) [或いは pure quaternion] と呼ぶ．以後，この全体を $_pQ$ と書いて，三次元虚空間の構成要素である点を強調する．四元数においては，通常の三次元の空間——これを 3D-実空間と表す——と，四元数空間内に属する「虚空間 $_pQ$」を同一視することによって，応用への道が拡がる．即ち，次の対応関係：

$$\boxed{\begin{array}{c}\text{Quaternion}\\ _pQ: 0 + \mathbf{v}\end{array}} \iff \boxed{\begin{array}{c}\text{3D-Real}\\ \mathbf{v}\end{array}}$$

によって，出自の異なる数ベクトル $\mathbf{v}$ を同じものと見做すのである．

D.10. 四元数による廻転の記述

この純虚四元数 **q**, **p** の積を求め，ベクトル記法を流用してまとめると

$$\begin{aligned}
\mathbf{q}\,\mathbf{p} &= (q_l e_l)(p_m e_m) \\
&= q_l p_m e_l e_m \\
&= q_l p_m (-\delta_{lm} + \varepsilon_{lmn} e_n) \\
&= -q_l p_m \delta_{lm} + q_l p_m \varepsilon_{lmn} e_n \\
&= -q_m p_m + \varepsilon_{lmn} q_l p_m e_n \\
&= -\mathbf{q}\cdot\mathbf{p} + \mathbf{q}\times\mathbf{p}
\end{aligned}$$

となる．これは，積が $_pQ$ の枠をはみ出して，実部 $-\mathbf{q}\cdot\mathbf{p}$ と虚部 $\mathbf{q}\times\mathbf{p}$ を持つ四元数になることを表している——この結果に対応して，実部をスカラー部，虚部をベクトル部と呼ぶ場合もある．これより，四元数の積は

$$\begin{aligned}
QP &= (q_0 + \mathbf{q})(p_0 + \mathbf{p}) \\
&= q_0 p_0 - \mathbf{q}\cdot\mathbf{p} + q_0 \mathbf{p} + p_0 \mathbf{q} + \mathbf{q}\times\mathbf{p}
\end{aligned}$$

と求められる．これは明らかに一つの四元数である．また，逆の積は

$$\begin{aligned}
PQ &= (p_0 + \mathbf{p})(q_0 + \mathbf{q}) \\
&= p_0 q_0 - \mathbf{p}\cdot\mathbf{q} + p_0 \mathbf{q} + q_0 \mathbf{p} + \mathbf{p}\times\mathbf{q}
\end{aligned}$$

となるので，一般に $QP \neq PQ$ である．三数の積に対して，$(e_l e_m)e_n = e_l(e_m e_n)$ から，$(\mathbf{q}\,\mathbf{p})\mathbf{r} = \mathbf{q}(\mathbf{p}\,\mathbf{r})$ が成り立つ．よって，結合法則 $(QP)R = Q(PR)$ を得る．

特に，$P = Q$, $P = Q^*$ の場合には，それぞれ

$$Q^2 = q_0^2 - \mathbf{q}\cdot\mathbf{q} + 2q_0 \mathbf{q}, \quad [P = Q \text{ の場合}]$$
$$Q^* Q = q_0^2 + \mathbf{q}\cdot\mathbf{q} = q_\mu q_\mu, \quad [P = Q^* \text{の場合}]$$

となる．ここで，二つの四元数に対するスカラー積を

$$Q \odot P := q_\mu p_\mu$$

により定義する．さらに

$$\begin{aligned}
QP^* &= (q_0 + \mathbf{q})(p_0 + \mathbf{p}^*) \\
&= q_0 p_0 - \mathbf{q}\cdot\mathbf{p}^* + q_0 \mathbf{p}^* + p_0 \mathbf{q} + \mathbf{q}\times\mathbf{p}^* \\
&= q_0 p_0 + \mathbf{q}\cdot\mathbf{p} - q_0 \mathbf{p} + p_0 \mathbf{q} - \mathbf{q}\times\mathbf{p}
\end{aligned}$$

である．複素数の場合と同様に，四元数の実部は

$$\mathbf{Re}\,(Q) := \frac{1}{2}(Q + Q^*)$$

により取り出せる．この記法によれば，スカラー積を

$$\begin{aligned}\mathbf{Re}\,(QP^*) &= q_0 p_0 + \mathbf{q}\cdot\mathbf{p} \\ &= q_\mu p_\mu \\ &= Q \odot P\end{aligned}$$

と書くことが出来る——Q，または P が純虚四元数であれば，$q_0 p_0 = 0$ となるので，三次元のスカラー積に一致する．また，四元数の絶対値，及び逆数は

$$|Q| = \sqrt{QQ^*}, \qquad Q^{-1} = Q^*/|Q|$$

により与えられる．絶対値が 1 である四元数を**単位四元数**(unit quaternion) と呼び，山印記号を附けてこれを区別する場合がある——例えば $\hat{Q}$ などである．上式より単位四元数の逆数は，共軛四元数そのものであることが分かる．

純虚四元数 $\mathbf{q}$ には，積の共軛に関して，虚数単位の非可換性を反映した性質：

$$(\mathbf{q}\,\mathbf{p})^* = \mathbf{p}^*\mathbf{q}^*$$

がある．この関係は，そのまま四元数に引き継がれている．実際

$$\begin{aligned}(QP)^* &= [(q_0 + \mathbf{q})(p_0 + \mathbf{p})]^* \\ &= [q_0 p_0 + \mathbf{q}\mathbf{p} + p_0 \mathbf{q} + q_0 \mathbf{p}]^* \\ &= q_0 p_0 + \mathbf{p}^*\mathbf{q}^* + p_0 \mathbf{q}^* + q_0 \mathbf{p}^*, \\ P^* Q^* &= (p_0 + \mathbf{p})^*(q_0 + \mathbf{q})^* \\ &= (p_0 + \mathbf{p}^*)(q_0 + \mathbf{q}^*) \\ &= q_0 p_0 + \mathbf{p}^*\mathbf{q}^* + p_0 \mathbf{q}^* + q_0 \mathbf{p}^*\end{aligned}$$

より，$(QP)^* = P^* Q^*$ となる．これを用いて，四元数の絶対値に関して

$$\begin{aligned}|QP|^2 &= (QP)\,[(QP)^*] \\ &= (QP)\,(P^* Q^*) \\ &= Q(PP^*)Q^* \\ &= |P|^2 QQ^* \\ &= |P|^2 |Q|^2\end{aligned}$$

を得る．即ち，$|QP| = |P||Q|$ である．これより複素数と同様に乗法性：「**四元数の積の絶対値は，各々の絶対値の積に等しい**」を持つことが分かった．

D.10. 四元数による廻転の記述

以下に,四元数 Q_A, Q_B, Q_C の間に成立する法則をまとめておく.

$$Q_A + Q_B = Q_B + Q_A \qquad :\text{加法の交換法則}$$
$$Q_A Q_B \neq Q_B Q_A \qquad :\text{乗法の非可換則}$$
$$(Q_A + Q_B) + Q_C = Q_A + (Q_B + Q_C) \qquad :\text{加法の結合法則}$$
$$(Q_A Q_B) Q_C = Q_A (Q_B Q_C) \qquad :\text{乗法の結合法則}$$
$$Q_A \times (Q_B + Q_C) = Q_A Q_B + Q_A Q_C \qquad :\text{分配法則}$$

絶対値と共軛四元数に関しては以下が成り立つ.

$$|Q| = \sqrt{QQ^*}, \qquad (Q^*)^* = Q,$$
$$|Q_A Q_B| = |Q_A||Q_B|, \qquad (Q_A Q_B)^* = Q_B^* Q_A^*,$$
$$Q^{-1} = Q^*/|Q|^2, \qquad (Q_A + Q_B)^* = Q_A^* + Q_B^*.$$

特に注意を要するのは,積に関する二種類の関係:

$$Q_A Q_B \neq Q_B Q_A, \qquad (Q_A Q_B)^* = Q_B^* Q_A^*$$

である.他は,実数の性質,複素数の性質を引き継いだものである.上記した注意事項は,以下の簡単な例を確かめることで諒解出来る.

$$Q_A := \mathrm{i}, \quad Q_B := \mathrm{i} + \mathrm{j} \text{ に対して}$$
$$Q_A Q_B = -1 + \mathrm{k} \quad \neq \quad Q_B Q_A = -1 - \mathrm{k},$$
$$(Q_A Q_B)^* = -1 - \mathrm{k} \quad = \quad Q_B^* Q_A^* = -1 - \mathrm{k}.$$

また,同じことではあるが,三数の場合:$(Q_A Q_B Q_C^*)^*$ には

$$(Q_A Q_B Q_C^*)^* = Q_C (Q_A Q_B)^* = Q_C Q_B^* Q_A^*$$

となって並び順が逆転することがよく見える.この関係は後で利用する.

D.10.2 虚空間の廻転角

既に 8.7 (p.292) において,四元数版のオイラーの公式:

$$e^{\mathbf{I}\Theta} = \cos\Theta + \mathbf{I}\sin\Theta$$

が成立し,単位四元数であるこの式が,角 2Θ の廻転を表すことを見た.ここでは,単位四元数と廻転の関係を再度確認して,次への準備とする.最初に

$$\mathcal{T}(\mathbf{r}) := \hat{q}\,\mathbf{r}\,\hat{q}^*$$

は，**r** を廻転させる変換であることを示していく．ここで **r** は，3D-実空間の数ベクトルと 1 対 1 に対応する純虚四元数である――即ち，$\mathrm{Re}\,(\mathbf{r}) = 0$ である．$\hat{q}$ は単位四元数であり，これはオイラーの公式により表せる．

先ず，廻転が「四元数の虚部と実部を混ぜない」こと，即ち，純虚四元数は，そのまま $_p\mathcal{Q}$ 空間内に留まることを示す．廻転後の $\mathcal{T}(\mathbf{r})$ の実部は

$$\begin{aligned}\mathrm{Re}\,(\mathcal{T}(\mathbf{r})) &= \mathrm{Re}\,(\hat{q}\,\mathbf{r}\,\hat{q}^*) \\ &= \frac{1}{2}((\hat{q}\,\mathbf{r}\,\hat{q}^*) + (\hat{q}\,\mathbf{r}\,\hat{q}^*)^*) \\ &= \frac{1}{2}(\hat{q}\,\mathbf{r}\,\hat{q}^* + \hat{q}\,\mathbf{r}^*\hat{q}^*) = \hat{q}\,\frac{\mathbf{r}+\mathbf{r}^*}{2}\hat{q}^* \\ &= \hat{q}\,\mathrm{Re}\,(\mathbf{r})\hat{q}^*\end{aligned}$$

と計算されるが，$\mathrm{Re}\,(\mathbf{r}) = 0$ より，$\mathrm{Re}\,(\mathcal{T}(\mathbf{r})) = 0$ を得る．よって，虚部の値が実部に漏れ出していないことが分かった．また，絶対値計算が持つ性質より

$$\begin{aligned}|\mathcal{T}(\mathbf{r})| &= |\hat{q}\,\mathbf{r}\,\hat{q}^*| \\ &= |\hat{q}|\,|\mathbf{r}|\,|\hat{q}^*| \\ &= |\mathbf{r}|\end{aligned}$$

を得る．即ち，与えられたベクトルの長さは廻転により変化しない――ここで $\hat{q}$, $\hat{q}^*$ が単位四元数であることを用いた．さらに，二つの実数 α, β を用いて，二つの純虚四元数 **r**, **v** の線型結合を作り，その廻転を調べると

$$\begin{aligned}\mathcal{T}(\alpha\mathbf{r} + \beta\mathbf{v}) &= \hat{q}\,(\alpha\mathbf{r} + \beta\mathbf{v})\,\hat{q}^* \\ &= \hat{q}\,\alpha\mathbf{r}\,\hat{q}^* + \hat{q}\,\beta\mathbf{v}\,\hat{q}^* \\ &= \alpha\hat{q}\,\mathbf{r}\,\hat{q}^* + \beta\hat{q}\,\mathbf{v}\,\hat{q}^* \\ &= \alpha\mathcal{T}(\mathbf{r}) + \beta\mathcal{T}(\mathbf{v})\end{aligned}$$

となり，廻転を表す $\mathcal{T}$ は線型変換であることが分かった．

さて，オイラーの公式における **I** は，以下の純虚四元数を表していた．

$$\mathbf{I} := x\mathrm{i} + y\mathrm{j} + z\mathrm{k}.$$

そこで，廻転：$\hat{q} = e^{\mathbf{I}\Theta}$ を，**I** 自身に作用させる．その準備として

$$\begin{aligned}\mathbf{I}\,\hat{q} &= \mathbf{I}\,(\cos\Theta + \mathbf{I}\sin\Theta) \\ &= \mathbf{I}\cos\Theta - \sin\Theta \\ &= (\cos\Theta + \mathbf{I}\sin\Theta)\,\mathbf{I} \\ &= \hat{q}\,\mathbf{I}\end{aligned}$$

D.10. 四元数による廻転の記述

を求めておく．この関係を利用して，廻転の結果を求めると

$$\mathcal{T}(\mathbf{I}) = \hat{q}\,\mathbf{I}\,\hat{q}^* = \mathbf{I}\,\hat{q}\hat{q}^* = \mathbf{I}$$

となり，$\mathbf{I}$ は不変である．これは，$\mathbf{I}$ が"廻転の軸"であることを示している．

続いて，$\mathbf{I}$ を基礎に，虚空間 $_pQ$ 内の新たな直交基底となる組：$\mathbf{I}, \mathbf{J}, \mathbf{K}$ を構成する．これらは i, j, k と同様の関係：

$$\mathbf{I}^2 = \mathbf{J}^2 = \mathbf{K}^2 = \mathbf{I}\,\mathbf{J}\,\mathbf{K} = -1$$

を充たすものとする．$_pQ$ 内の任意のベクトルは，この基底による展開：

$$\mathbf{V} = X\mathbf{I} + Y\mathbf{J} + Z\mathbf{K}$$

を持つ．先と同様に，$\hat{q}$ と基底の交換を計算しておく．

$$\begin{aligned}
\mathbf{J}\,\hat{q} &= \mathbf{J}\,(\cos\Theta + \mathbf{I}\sin\Theta) & \mathbf{K}\,\hat{q} &= \mathbf{K}\,(\cos\Theta + \mathbf{I}\sin\Theta) \\
&= \mathbf{J}\cos\Theta - \mathbf{K}\sin\Theta & &= \mathbf{K}\cos\Theta + \mathbf{I}\sin\Theta \\
&= (\cos\Theta - \mathbf{I}\sin\Theta)\,\mathbf{J} & &= (\cos\Theta - \mathbf{I}\sin\Theta)\,\mathbf{K} \\
&= \hat{q}^*\,\mathbf{J}, & &= \hat{q}^*\,\mathbf{K}.
\end{aligned}$$

この関係を用いて，$\mathbf{J}, \mathbf{K}$ に対する廻転は

$$\begin{aligned}
\mathcal{T}(\mathbf{J}) &= \hat{q}\,\mathbf{J}\,\hat{q}^* & \mathcal{T}(\mathbf{K}) &= \hat{q}\,\mathbf{K}\,\hat{q}^* \\
&= \hat{q}\,(\hat{q}\hat{q}^*)\mathbf{J}\,\hat{q}^* & &= \hat{q}\,(\hat{q}\hat{q}^*)\mathbf{K}\,\hat{q}^* \\
&= \hat{q}^2(\hat{q}^*\mathbf{J})\,\hat{q}^* & &= \hat{q}^2(\hat{q}^*\mathbf{K})\,\hat{q}^* \\
&= \hat{q}^2(\mathbf{J}\hat{q})\,\hat{q}^* & &= \hat{q}^2(\mathbf{K}\hat{q})\,\hat{q}^* \\
&= \hat{q}^2\mathbf{J}(\hat{q}\,\hat{q}^*) & &= \hat{q}^2\mathbf{K}(\hat{q}\,\hat{q}^*) \\
&= \hat{q}^2\,\mathbf{J}, & &= \hat{q}^2\,\mathbf{K}
\end{aligned}$$

と求められる．これらを用いて以下を得る．

$$\begin{aligned}
\mathcal{T}(\mathbf{V}) &= \hat{q}\,\mathbf{V}\,\hat{q}^* \\
&= \hat{q}\,(X\mathbf{I} + Y\mathbf{J} + Z\mathbf{K})\,\hat{q}^* \\
&= X(\hat{q}\,\mathbf{I}\,\hat{q}^*) + Y(\hat{q}\,\mathbf{J}\,\hat{q}^*) + Z(\hat{q}\,\mathbf{K}\,\hat{q}^*) \\
&= X\,\mathbf{I} + \hat{q}^2(Y\,\mathbf{J} + Z\,\mathbf{K}).
\end{aligned}$$

続いて，四元数のスカラー積と，実部を引き出す計算手法を用いて廻転角を求める．$\mathbf{J}$ を q により廻転させた結果と，元の $\mathbf{J}$ の間の角を求めれば，それ

が q により生成された廻転角となる．そこで，単位ベクトル同士のスカラー積は，挟まれた角の cosine となることから，以下の関係：

$$\cos \Phi = (\hat{q}\,\mathbf{J}\,\hat{q}^*)\cdot \mathbf{J}$$
$$= \mathbf{Re}\,(\hat{q}\,\mathbf{J}\,\hat{q}^*\,\mathbf{J}^*)$$

を得る．これは，先に求めた $\hat{q}$ と基底の関係を利用して

$$\cos \Phi = \mathbf{Re}\,(\hat{q}\,\mathbf{J}\,\hat{q}^*\,\mathbf{J}^*)$$
$$= \mathbf{Re}\,(-\hat{q}\,\mathbf{J}\,(\hat{q}^*\,\mathbf{J}))$$
$$= \mathbf{Re}\,(-\hat{q}\,\mathbf{J}\,(\mathbf{J}\,\hat{q}))$$
$$= \mathbf{Re}\,(-\hat{q}\,\mathbf{J}^2\,\hat{q}))$$
$$= \mathbf{Re}\,(\hat{q}^2)$$
$$= \mathbf{Re}\,(\mathrm{e}^{2\mathbf{I}\Theta})$$
$$= \cos 2\Theta$$

となる．よって，求めるべき角は $\Phi = 2\Theta$ である．以上より，オイラーの公式によるベクトル $\mathbf{V}$ への作用は，$\mathbf{I}$ 軸周りの角 2Θ の廻転であることが示された．

この結果を受けて，異なる二種の廻転 $\mathcal{T}_a, \mathcal{T}_b$ を連続して作用させた場合は

$$\mathcal{T}_b(\mathcal{T}_a(\mathbf{V})) = \mathcal{T}_b(\hat{q}_a\,\mathbf{V}\,\hat{q}_a^*)$$
$$= \hat{q}_b(\hat{q}_a\,\mathbf{V}\,\hat{q}_a^*)\,\hat{q}_b^*$$
$$= \hat{q}_b\hat{q}_a\,\mathbf{V}\,\hat{q}_a^*\hat{q}_b^*$$
$$= \hat{q}_b\hat{q}_a\,\mathbf{V}\,(\hat{q}_b\hat{q}_a)^*$$

となる．これは，積 $\hat{q}_b\hat{q}_a$ による新しい廻転 $\mathcal{T}_{ba}$ に他ならない．明らかに，この計算は何度でも繰り返すことが出来るので，四元数による廻転は，その積をまとめることで一回の廻転として扱うことが出来るわけである．即ち

$$\mathcal{T}_b(\mathcal{T}_a(\mathbf{V})) \quad \Rightarrow \quad \mathcal{T}_{ba}(\mathbf{V})$$

が成り立つ——なお，四元数による廻転は，$(-\hat{q})\,\mathbf{V}\,(-\hat{q}^*) - \hat{q}\,\mathbf{V}\,\hat{q}^* = \mathcal{T}(\mathbf{V})$ より，$\pm\hat{q}$ ともに同じ廻転を表すので，この点に注意を要する．

ここで四元数における廻転の意味を整理しておく．

実三次元空間「3D-Real」のベクトルと，純虚四元数空間「$_p\mathcal{Q}$」の要素を同じものと見做すことで，三次元のベクトル $\mathbf{v}$ を四元数の世界に引き込むところから，この手法は始まる．その後の処理は全て四元数の世界 $\mathcal{Q}$ で行われる．

D.10. 四元数による廻転の記述

処理の対象は純虚四元数であり，処理の主役は単位四元数 $\hat{q}$ である．純虚四元数とは，実部が 0 の四元数である——四元数の実部は常にスカラーであり，虚部はベクトルとしての働きをすることから，実部が 0 の純虚四元数は，実三次元空間のベクトルと一対一に対応するのである．

単位四元数とは，大きさが 1 の四元数である．従って，全ての単位四元数は，半径 1 の球面を構成する．実部も虚部も存在する一般的な形式 $\hat{q} = q_0 + \mathbf{q}$ を持つ．この形式において，なお虚部から単位ベクトルを絞り出すことによって

$$\hat{q} = \cos\xi + \mathbf{u}\sin\xi, \qquad (\mathbf{u} := \mathbf{q}/|\mathbf{q}|, \quad \tan\xi = |\mathbf{q}|/q_0)$$

と変形される．さらに，これはオイラーの公式により指数表記を持つ．

$$e^{\mathbf{u}\xi} = \cos\xi + \mathbf{u}\sin\xi.$$

ここで，ベクトル $\mathbf{u}$ は廻転の軸，スカラー ξ は廻転の角という意味を持つ．この表現によって単位四元数が廻転変換の主役であることが明白になる．

変換は四元数の中の，そのまた単位四元数の世界，即ち，単位球面上で行われる．実空間のベクトル $\mathbf{v}$ を純虚四元数と見做し，球面上の二要素で挟む．

$$\hat{q}\,\mathbf{v}\,\hat{q}^* = e^{\mathbf{u}\xi}\,\mathbf{v}\,e^{-\mathbf{u}\xi}.$$

この計算結果は実部を生まない．加えて，$\mathbf{v}$ の長さを変えない．従って，結果は新たな純虚四元数である．純虚四元数と実空間のベクトルは，一対一に対応しているので，これは新たな実ベクトルへの長さを変えない変換であり，廻転と見做すことが出来る．廻転の軸は，変換により不動であることによって，まさに"軸"となる．ここで，与えられたベクトル $\mathbf{v}$ を，廻転軸に平行な成分 $\alpha\mathbf{u}$ と，これに垂直な成分 $\mathbf{n}$ に分解する——α は実数である．この分解を元に

$$\begin{aligned}\hat{q}\,\mathbf{v}\,\hat{q}^* &= \hat{q}\,(\alpha\mathbf{u} + \mathbf{n})\,\hat{q}^* \\ &= \alpha\mathbf{u} + \hat{q}\,\mathbf{n}\,\hat{q}^* \\ &= \alpha\mathbf{u} + \mathbf{m}\end{aligned}$$

と計算することで，廻転の実体が，軸に垂直な成分 $\mathbf{n}$ から $\mathbf{m}$ への変換であることが明らかになる．以上が，四元数による廻転変換の流れである．

さて，四元数による廻転の一般的な形式は整ったので．次に基底を i, j, k に戻し，具体例を挙げる．一番簡単な問題は，8.7 (p.292) で紹介した，基底を

廻転軸とするものである．ここでは，x 軸上の点 $R_P = \mathrm{i}$ を，三軸に沿って 90 度ずつ廻転させる．先ずは，$\phi = \theta = \psi = \pi/2$ を代入した

$$\hat{q}_x = \cos\frac{\psi}{2} + \mathrm{i}\sin\frac{\psi}{2} \qquad \hat{q}_y = \cos\frac{\theta}{2} + \mathrm{j}\sin\frac{\theta}{2} \qquad \hat{q}_z = \cos\frac{\phi}{2} + \mathrm{k}\sin\frac{\phi}{2}$$
$$= \cos\frac{\pi}{4} + \mathrm{i}\sin\frac{\pi}{4} \qquad\quad = \cos\frac{\pi}{4} + \mathrm{j}\sin\frac{\pi}{4} \qquad\quad = \cos\frac{\pi}{4} + \mathrm{k}\sin\frac{\pi}{4}$$
$$= \frac{\sqrt{2}}{2}(1+\mathrm{i}), \qquad\qquad = \frac{\sqrt{2}}{2}(1+\mathrm{j}), \qquad\qquad = \frac{\sqrt{2}}{2}(1+\mathrm{k})$$

を準備する．これら四元数とその共軛四元数により，廻転の対象となる四元数を挟む．z 軸周りの廻転から順に重ねていくと，左から順に

$$\hat{q}_z R_P \hat{q}_z^* = \frac{\sqrt{2}}{2}(1+\mathrm{k})\,\mathrm{i} \qquad \hat{q}_y\,\mathrm{j}\,\hat{q}_y^* = \frac{\sqrt{2}}{2}(1+\mathrm{j})\,\mathrm{j} \qquad \hat{q}_x\,\mathrm{j}\,\hat{q}_x^* = \frac{\sqrt{2}}{2}(1+\mathrm{i})\,\mathrm{j}$$
$$\times \frac{\sqrt{2}}{2}(1-\mathrm{k}) \qquad\qquad \times \frac{\sqrt{2}}{2}(1-\mathrm{j}) \qquad\qquad \times \frac{\sqrt{2}}{2}(1-\mathrm{i})$$
$$= \frac{1}{2}(1+\mathrm{k})(\mathrm{i}+\mathrm{j}) \qquad = \frac{1}{2}(1+\mathrm{j})(\mathrm{j}+1) \qquad = \frac{1}{2}(1+\mathrm{i})(\mathrm{j}+\mathrm{k})$$
$$= \mathrm{j}, \qquad\qquad\qquad\quad = \mathrm{j}, \qquad\qquad\qquad\quad = \mathrm{k}$$

となる——連続的に書けば，$\hat{q}_x\,(\hat{q}_y\,(\hat{q}_z R_P \hat{q}_z^*)\,\hat{q}_y^*)\,\hat{q}_x^* = \mathrm{k}$ である．

この計算は，次のようにまとめられる：x 軸上の点を z 軸を廻転軸として 90 度廻転させれば，それは y 軸に移り，y 軸上の点を y 軸を廻転軸として廻転させれば，それはそのまま y 軸に残る．その y 軸上の点を，x 軸を廻転軸として廻転させれば，それは z 軸に移る．以上，三回の廻転を連続して行った結果，x 軸上の点 R_P：$(1\ 0\ 0)$ は，z 軸上の点 $(0\ 0\ 1)$ に移動したのである．

これを「一回の廻転にまとめる」には，三つの四元数を合成した

$$\hat{q}_T := \hat{q}_x\,\hat{q}_y\,\hat{q}_z$$
$$= \frac{\sqrt{2}}{4}(1+\mathrm{i})(1+\mathrm{j})(1+\mathrm{k})$$
$$= \frac{\sqrt{2}}{2}(\mathrm{i}+\mathrm{k})$$

を定義する．この四元数と共軛四元数で R_P を挟んで，再び

$$\hat{q}_T\,R_P\,\hat{q}_T^* = \frac{\sqrt{2}}{2}(\mathrm{i}+\mathrm{k})\,\mathrm{i}\,\frac{\sqrt{2}}{2}(-\mathrm{i}-\mathrm{k}) = \mathrm{k}$$

を得る——ここで $\hat{q}_T^*$ は，先に一般的な関係として求めたように，積の順序が逆になった $\hat{q}_z^*\hat{q}_y^*\hat{q}_x^*$ に等しい．ところで，$\hat{q}_T$ は単位四元数であり，また純虚四元数でもある．よって，これはそのまま廻転の軸となる．

そこで，これを軸らしく **a** と書き直して，一般的な廻転の式に適用すると

$$\cos\frac{t}{2} + \mathbf{a}\sin\frac{t}{2} \iff \hat{q}_T = \mathbf{a}$$

より，$\cos(t/2) = 0$, $\sin(t/2) = 1$ を充たす $t = \pi$ が，廻転角の大きさとなる．**a** は，x-z 平面上の傾き 45 度，長さ 1 の線分である．この軸周りに 180 度の廻転を行えば，x 軸上の点 (1 0 0) は，z 軸上の点 (0 0 1) に一回で移るわけである．

D.10.3 行列による四元数

さて，ここまでに得た関係を，四行四列の行列を用いてコード化する．先ずは，四元数の基礎となる三種の虚数単位と，単位行列を

```
(define I '((0 -1  0  0) (1  0  0  0) (0  0  0 -1) (0  0  1  0)))
(define J '((0  0 -1  0) (0  0  0  1) (1  0  0  0) (0 -1  0  0)))
(define K '((0  0  0 -1) (0  0 -1  0) (0  1  0  0) (1  0  0  0)))

(define E (einheit 4))
```

により定義する．その相互関係は，行列の積として直接的な計算：

```
(mat* I I)   => ((-1 0 0 0) (0 -1 0 0) (0 0 -1 0) (0 0 0 -1))
(mat* J J)   => ((-1 0 0 0) (0 -1 0 0) (0 0 -1 0) (0 0 0 -1))
(mat* K K)   => ((-1 0 0 0) (0 -1 0 0) (0 0 -1 0) (0 0 0 -1))
```

から確かめることが出来る——これらは全て単位行列の −1 倍，即ち -E に等しいので，虚数単位の役割を演じる行列であることが示された．さらに

```
(mat* I J)   => ((0 0 0 -1) (0 0 -1 0) (0 1 0 0) (1 0 0 0))
(mat* J I)   => ((0 0 0  1) (0 0  1 0) (0 -1 0 0) (-1 0 0 0))
(mat* J K)   => ((0 -1 0 0) (1 0 0 0) (0 0 0 -1) (0 0 1 0))
(mat* K J)   => ((0 1 0 0) (-1 0 0 0) (0 0 0 1) (0 0 -1 0))
(mat* K I)   => ((0 0 -1 0) (0 0 0 1) (1 0 0 0) (0 -1 0 0))
(mat* I K)   => ((0 0 1 0) (0 0 0 -1) (-1 0 0 0) (0 1 0 0))
```

より，関係：IJ=-JI=K, JK=-KJ=I, KI=-IK=J を見出す．また，これらの関係の源であるハミルトンの定義：IJK=-E も以下の計算から確かめられる．

```
(mat* I (mat* J K))   => ((-1 0 0 0) (0 -1 0 0) (0 0 -1 0) (0 0 0 -1))
```

よって，次の四引数の手続 Q は，一つの四元数を定義する．

```
(define (Q w x y z)
  (let ((E (einheit 4)))
    (mat+ (mat* w E)
    (mat+ (mat* x I)
    (mat+ (mat* y J)
          (mat* z K)))) ))
```

以上を通常の数式で書けば，四元数の各要素の"配置"がよく見える．

$$w\begin{pmatrix}1&0&0&0\\0&1&0&0\\0&0&1&0\\0&0&0&1\end{pmatrix}+x\begin{pmatrix}0&-1&0&0\\1&0&0&0\\0&0&0&-1\\0&0&1&0\end{pmatrix}+y\begin{pmatrix}0&0&-1&0\\0&0&0&1\\1&0&0&0\\0&-1&0&0\end{pmatrix}+z\begin{pmatrix}0&0&0&-1\\0&0&-1&0\\0&1&0&0\\1&0&0&0\end{pmatrix}$$

$$=\begin{pmatrix}w&0&0&0\\0&w&0&0\\0&0&w&0\\0&0&0&w\end{pmatrix}+\begin{pmatrix}0&-x&0&0\\x&0&0&0\\0&0&0&-x\\0&0&x&0\end{pmatrix}+\begin{pmatrix}0&0&-y&0\\0&0&0&y\\y&0&0&0\\0&-y&0&0\end{pmatrix}+\begin{pmatrix}0&0&0&-z\\0&0&-z&0\\0&z&0&0\\z&0&0&0\end{pmatrix}$$

$$=\begin{pmatrix}w&-x&-y&-z\\x&w&-z&y\\y&z&w&-x\\z&-y&x&w\end{pmatrix}.$$

この行列の第一行目に注目すれば，w, x, y, z の値を容易に見出せる．

四元数 (Q w x y z) に対して，(Q w -x -y -z) は，Q の共軛四元数 Q^* を与える——行列表記の第一行目は，共軛四元数の形式になっている．両者の積は順序に因らず，同じ実数値を取る．例えば

```
(Q 2 3 5 7)      => ((2 -3 -5 -7) ( 3 2 -7  5) ( 5  7 2 -3) ( 7 -5  3 2))
(Q 2 -3 -5 -7)   => ((2  3  5  7) (-3 2  7 -5) (-5 -7 2  3) (-7  5 -3 2))
(mat* (Q 2 3 5 7)
      (Q 2 -3 -5 -7))  => ((87 0 0 0) (0 87 0 0) (0 0 87 0) (0 0 0 87))
(mat* (Q 2 -3 -5 -7)
      (Q 2 3 5 7))     => ((87 0 0 0) (0 87 0 0) (0 0 87 0) (0 0 0 87))
```

である．値は常に，「実数×単位行列」の形式になる．この結果を利用して，四元数の逆数 Q^{-1} が，$Q^*/(QQ^*)$ により求められる．

さて，各軸周りの手続を個別に定義することから，四元数の働きをコード上で調べていく．先ずは，z 軸を廻転軸として角 ϕ だけ廻転させる四元数を

```
(define (Qz phi)
  (let ((phi (* phi (/ pi 180))))
    (Q (cos (/ phi 2)) 0 0 (sin (/ phi 2))) ))
```

D.10. 四元数による廻転の記述

により定義する．最も簡単な例として，x 軸上の一点 $x = 1$ を表す四元数を (define Rp (Q 0 1 0 0)) により定義し，これを Qz により廻転させる——なお，これらを通常の数式に直せば，以下のようになる．

$$Q_z = \begin{pmatrix} 1 & 0 & 0 & 0 \\ 0 & 1 & 0 & 0 \\ 0 & 0 & 1 & 0 \\ 0 & 0 & 0 & 1 \end{pmatrix} \cos\frac{\phi}{2} + \begin{pmatrix} 0 & 0 & 0 & -1 \\ 0 & 0 & -1 & 0 \\ 0 & 1 & 0 & 0 \\ 1 & 0 & 0 & 0 \end{pmatrix} \sin\frac{\phi}{2}$$

$$= \begin{pmatrix} \cos\frac{\phi}{2} & 0 & 0 & -\sin\frac{\phi}{2} \\ 0 & \cos\frac{\phi}{2} & -\sin\frac{\phi}{2} & 0 \\ 0 & \sin\frac{\phi}{2} & \cos\frac{\phi}{2} & 0 \\ \sin\frac{\phi}{2} & 0 & 0 & \cos\frac{\phi}{2} \end{pmatrix},$$

$$R_P = 1 \times \begin{pmatrix} 0 & -1 & 0 & 0 \\ 1 & 0 & 0 & 0 \\ 0 & 0 & 0 & -1 \\ 0 & 0 & 1 & 0 \end{pmatrix} = \begin{pmatrix} 0 & -1 & 0 & 0 \\ 1 & 0 & 0 & 0 \\ 0 & 0 & 0 & -1 \\ 0 & 0 & 1 & 0 \end{pmatrix}.$$

四元数における廻転とは，対象を単位四元数と，その共軛で挟み込むのであった．先に行った三軸周りの三回の廻転について再確認をしておく．先ずは

```
> (dismap adjust-of
    (mat* (Qz 90) (mat* Rp (Qz -90))))
((0.0 0.0 -1.0 0.0) (0.0 0.0 0.0 1.0)
 (1.0 0.0 0.0 0.0) (0.0 -1.0 0.0 0.0))
```

である——ここでは見易さの為に adjust-of により桁を抑えた．行列の一行目が，共軛四元数の形式 (w -x -y -z) で出力されるので，この場合なら，廻転によって値が R_P: (1 0 0) から，(0 1 0) へと移ったことが分かる．これで，90 度の廻転が実現していることが確認出来た．

全く同様にして，x, y 軸周りの廻転を求める手続を定義する．

```
(define (Qx psi)
  (let ((psi (* psi (/ pi 180))))
    (Q (cos (/ psi 2)) (sin (/ psi 2)) 0 0) ))
(define (Qy theta)
  (let ((theta (* theta (/ pi 180))))
    (Q (cos (/ theta 2)) 0 (sin (/ theta 2)) 0) ))
```

引き続き，90 度の廻転を行う．上の結果をさらに Qy で挟み込むと

```
> (dismap adjust-of
    (mat* (Qy 90) (mat*
      (mat* (Qz 90) (mat* Rp (Qz -90)))
        (Qy -90))))
((0.0 0.0 -1.0 0.0) (0.0 0.0 0.0 1.0)
 (1.0 0.0 0.0 0.0) (0.0 -1.0 0.0 0.0))
```

となる——y 軸上の点を，「y 軸を廻転軸として廻転させる」のであるから，点は不動であり，結果は先のものと同じになる．さらに，もう一層 Qx で挟んで

```
> (dismap adjust-of
    (mat* (Qx 90) (mat*
      (mat* (Qy 90) (mat*
        (mat* (Qz 90) (mat* Rp (Qz -90)))
          (Qy -90)))
            (Qx -90))))
((0.0 0.0 0.0 -1.0) (0.0 0.0 -1.0 0.0)
 (0.0 1.0 0.0 0.0) (1.0 0.0 0.0 0.0))
```

を得る．以上で，先に求めた手計算の結果が再現された．これら三回の廻転を合成する四元数は，次のように定義される．

```
> (dismap adjust-of
    (mat* (Qx 90) (mat* (Qy 90) (Qz 90))))
((0.0 -0.707 0.0 -0.707) (0.707 0.0 -0.707 0.0)
 (0.0 0.707 0.0 -0.707) (0.707 0.0 0.707 0.0))
```

この結果を見て，行列の一行目が共軛四元数の形式であることを思い出せば，虚部の符号を変えたものが，合成廻転の四元数となることが分かる．実際

```
> (dismap adjust-of
    (mat* (Q 0.0 0.707 0.0 0.707)
      (mat* Rp (Q 0.0 -0.707 0.0 -0.707))))
((0.0 0.0 0.0 -1.0) (0.0 0.0 -1.0 0.0)
 (0.0 1.0 0.0 0.0) (1.0 0.0 0.0 0.0))
```

により，確かに先の結果が再現されている．

D.10.4　四元数による補間

オイラー角による廻転の表現には，様々な問題があった．最も目立つ欠点は，ジンバル・ロックである．これはオイラー角一般に起こる現象であるが，その一つの例としてロール・ピッチ・ヨーの分解を挙げる．その行列表現は

$$
\begin{aligned}
\mathbf{r}' &= \mathcal{R}(\mathbf{e}_1,\psi)\,\mathcal{R}(\mathbf{e}_2,\theta)\,\mathcal{R}(\mathbf{e}_3,\phi)\,\mathbf{r} \\
&= \begin{pmatrix} 1 & 0 & 0 \\ 0 & \cos\psi & -\sin\psi \\ 0 & \sin\psi & \cos\psi \end{pmatrix} \begin{pmatrix} \cos\theta & 0 & \sin\theta \\ 0 & 1 & 0 \\ -\sin\theta & 0 & \cos\theta \end{pmatrix} \begin{pmatrix} \cos\phi & -\sin\phi & 0 \\ \sin\phi & \cos\phi & 0 \\ 0 & 0 & 1 \end{pmatrix} \begin{pmatrix} x \\ y \\ z \end{pmatrix} \\
&= \begin{pmatrix} \cos\theta & -\cos\theta\sin\phi & \sin\theta \\ \sin\phi\cos\psi + \sin\theta\cos\phi\sin\psi & \cos\phi\cos\psi - \sin\theta\sin\phi\sin\psi & -\cos\theta\sin\psi \\ \sin\phi\sin\psi - \sin\theta\cos\phi\cos\psi & \cos\phi\sin\psi + \sin\theta\sin\phi\cos\psi & \cos\theta\cos\psi \end{pmatrix} \begin{pmatrix} x \\ y \\ z \end{pmatrix}
\end{aligned}
$$

であった．ここで $\theta = \pi/2$ とすると二つの廻転軸が揃う．その様子は

$$
\begin{aligned}
\mathbf{r}' &= \mathcal{R}(\mathbf{e}_1,\psi)\,\mathcal{R}(\mathbf{e}_2,\pi/2)\,\mathcal{R}(\mathbf{e}_3,\phi)\,\mathbf{r} \\
&= \begin{pmatrix} 0 & 0 & 1 \\ \sin\phi\cos\psi + \cos\phi\sin\psi & \cos\phi\cos\psi - \sin\phi\sin\psi & 0 \\ \sin\phi\sin\psi - \cos\phi\cos\psi & \cos\phi\sin\psi + \sin\phi\cos\psi & 0 \end{pmatrix} \begin{pmatrix} x \\ y \\ z \end{pmatrix} \\
&= \begin{pmatrix} 0 & 0 & 1 \\ \sin(\phi+\psi) & \cos(\phi+\psi) & 0 \\ -\cos(\phi+\psi) & \sin(\phi+\psi) & 0 \end{pmatrix} \begin{pmatrix} x \\ y \\ z \end{pmatrix}
\end{aligned}
$$

によって明らかである．このように θ を特定の値に固定した時，他の二変数が独立性を失い，変数の組：$(\phi+\psi)$ としてしか廻転に寄与しない構造になっている．これがジンバル・ロックの数式上の意味である．この欠点は，変数設定の工夫では取り除けない深刻なものである——しかも，一つの廻転を三変数に分割して記述している為に，変数と廻転の対応関係が直観的ではなく，読み取り難い．従って，こうした"危険な角"を事前に洗い出して，その値周辺での処理方法を別途追加しておく必要があるが，これはなかなか面倒である．

四元数は，一つの廻転を一つのまま扱う．三次元球面上の一点を指定することは，どんな場合でも出来るから，ジンバル・ロックに類する"危険な角"の問題は生じない．また，変数と対象の動きはよく追随している．従って，指定された二点間を補間することにより，対象の滑らかな動きを数式上で定義出来る．これはアニメーションの作成などで本質的な貢献をする．そこで次に，この四元数を用いた補間の方法を紹介する．

● 線型補間

 初期状態と終状態を与えられた時，その途中の過程を，これら二条件から求める処理を**補間**と呼ぶ．これを，時刻 t を変数とするニュートンの運動方程式の解から求める．ここでは具体的な微分方程式の定義や解法を略し，解そのものを扱うことで，補間を与える式が得られることを見ていく．

 最も簡単な力学的運動は，外部からの力が働かない質点が示す**自由粒子**の等速直線運動である．その解はベクトル形式を用いて

$$\mathbf{x}(t) = \mathbf{v}_0\, t + \mathbf{x}_0$$

となる．ここで，ベクトル $\mathbf{x}_0$ は初期位置であり，$\mathbf{v}_0$ は初期速度である．$\mathbf{v}_0$ の大きさが一定で，不変であることが等速直線運動であることを表す．

 さて，ニュートンの運動方程式は二階の微分方程式であり，初期条件として二要素を要求する．多くの場合，それは初期位置と初期速度であるが，二点の位置を与えることによっても条件は充たされる．ここでは時刻 0 と時刻 1 における位置ベクトルを，それぞれ $\mathbf{a}$, $\mathbf{b}$ と設定することにより，未決の定数を具体的に定めることとする．即ち，以下が設定条件である．

$$\mathbf{x}(0) = \mathbf{x}_0 = \mathbf{a}, \qquad \mathbf{x}(1) = \mathbf{v}_0 + \mathbf{x}_0 = \mathbf{b}.$$

これを，$\mathbf{a}$, $\mathbf{b}$ について解き，元の式に代入して

$$\mathbf{x}(t) = (\mathbf{b} - \mathbf{a})\, t + \mathbf{a} = \mathbf{a}(1 - t) + \mathbf{b}t$$

を得る．これが問題の解である．このベクトルを四元数に変えたもの，即ち

$$Q(t) = q_0(1 - t) + q_1 t$$

を**線型補間**(linear interpolation) と呼ぶ——略称は LERP である．これにより，時刻 $Q(0) = q_0$, $Q(1) = q_1$ を繋ぐ四元数が与えられるわけである．

● 球面線型補間

 今求めた線型補間は，まさに直線的に処理するものであるので，誤差の問題により使えない場合も多い．そこで，次に円周上に沿った補間を考える．

 力学において最も有用な解は，**調和振動子**である——これは単振子とも呼ばれている．二次元の調和振動子とは，縦横に振動する振り子であり，長い吊り

D.10. 四元数による廻転の記述

紐の下で動く錘の運動を想像すればよい．この軌道は一般的には楕円になり，角振動数と呼ばれる定数 ω を用いて

$$\mathbf{r}(t) = \boldsymbol{\alpha}\cos\omega t + \boldsymbol{\beta}\sin\omega t$$

と表される．ここでベクトル $\boldsymbol{\alpha}, \boldsymbol{\beta}$ は，互いに直交する定ベクトルであり，楕円の長軸・短軸を表している——直交座標系の単位ベクトル $\mathbf{e}_x, \mathbf{e}_y$ により $\boldsymbol{\alpha} = \alpha\mathbf{e}_x, \boldsymbol{\beta} = \beta\mathbf{e}_y$ と定義されているとしておく．

この解によって，単位円周上の二点 $\mathbf{a}, \mathbf{b}$ の補間を行う．条件より，$|\mathbf{a}| = |\mathbf{b}| = 1$ であり，両者が挟む角を θ として，$\mathbf{a}\cdot\mathbf{b} = \cos\theta$ が成り立つ．上の解は直交基底により記述されているので，この二つのベクトルと基底との関係を求める——ここでは簡単の為に，$\mathbf{a} = \mathbf{e}_x$ とする．展開の式を用いて

$$\mathbf{a} = (\mathbf{a}\cdot\mathbf{e}_x)\mathbf{e}_x + (\mathbf{a}\cdot\mathbf{e}_y)\mathbf{e}_y = \mathbf{e}_x,$$
$$\mathbf{b} = (\mathbf{b}\cdot\mathbf{e}_x)\mathbf{e}_x + (\mathbf{b}\cdot\mathbf{e}_y)\mathbf{e}_y = \cos\theta\,\mathbf{e}_x + \sin\theta\,\mathbf{e}_y$$

を得る．これを逆に解いて

$$\mathbf{e}_x = \mathbf{a}, \qquad \mathbf{e}_y = (\mathbf{b} - \mathbf{a}\cos\theta)/\sin\theta$$

が導かれる．これらを新たな基底として，半径 1 の円運動を記述する解：

$$\begin{aligned}\mathbf{r}(t) &= \mathbf{e}_x\cos\omega t + \mathbf{e}_y\sin\omega t\\ &= \mathbf{a}\cos\omega t + \frac{1}{\sin\theta}(\mathbf{b} - \mathbf{a}\cos\theta)\sin\omega t\\ &= \frac{1}{\sin\theta}(\mathbf{a}\sin\theta\cos\omega t - \mathbf{a}\cos\theta\sin\omega t + \mathbf{b}\sin\omega t)\\ &= \frac{1}{\sin\theta}(\mathbf{a}\sin(\theta - \omega t) + \mathbf{b}\sin\omega t)\end{aligned}$$

を得る．ここで条件：$\mathbf{r}(0) = \mathbf{a}, \mathbf{r}(1) = \mathbf{b}$ より $\omega = \theta$ となる．よって

$$\mathbf{r}(t) = \frac{1}{\sin\theta}[\mathbf{a}\sin(\theta(1-t)) + \mathbf{b}\sin(\theta t)]$$

が導かれた．ここで前例同様に四元数を導入して

$$Q(t) = \frac{1}{\sin\theta}[q_0\sin(\theta(1-t)) + q_1\sin(\theta t)]$$

を得る．これは四元数の性質に対応して，三次元の単位球面上の補間を表す式になっている．これは**球面線型補間**(spherical linear interpolation) と呼ばれている——略称は SLERP である．

以上，線型補間，球面線型補間ともに，四元数とは無関係に一般的なベクトルの関係式から求めた．最後に後者の例を，直接的に四元数を扱う形式で求めておこう．その為に，極めて簡素な式：$\mathbf{a}(\mathbf{a}^*\mathbf{b})^t$ を用いる．ここで，$\mathbf{a}, \mathbf{b}$ は，間を挟む角を θ とする単位四元数であり．t は冪を表す．容易に分かるように，この式は $t = 0$ において $\mathbf{a}$ であり，$t = 1$ において $\mathbf{b}$ に一致する．

　この式を展開する．先ず，$\mathbf{a}^*\mathbf{b}$ は単位四元数であり

$$\mathbf{a}^*\mathbf{b} = \mathbf{a}\cdot\mathbf{b} - \mathbf{a}\times\mathbf{b} = \cos\theta - \frac{\mathbf{a}\times\mathbf{b}}{|\mathbf{a}\times\mathbf{b}|}\sin\theta$$

と変形出来る．右辺はオイラーの公式の形式を整えているので，冪を含めて

$$\mathbf{a}(\mathbf{a}^*\mathbf{b})^t = \mathbf{a}\left[\cos\theta - \frac{\mathbf{a}\times\mathbf{b}}{|\mathbf{a}\times\mathbf{b}|}\sin\theta\right]^t = \mathbf{a}\left[\cos\theta t - \frac{\mathbf{a}\times\mathbf{b}}{|\mathbf{a}\times\mathbf{b}|}\sin\theta t\right]$$

となる．四元数の恒等関係を用いて計算を進めと

$$\begin{aligned}\mathbf{a}(\mathbf{a}^*\mathbf{b})^t &= \mathbf{a}\cos\theta t - \frac{\mathbf{a}\,\mathbf{a}\times\mathbf{b}}{|\mathbf{a}\times\mathbf{b}|}\sin\theta t \\ &= \frac{1}{|\mathbf{a}\times\mathbf{b}|}[\mathbf{a}|\mathbf{a}\times\mathbf{b}|\cos\theta t - ((\mathbf{a}\cdot\mathbf{b})\mathbf{a} - (\mathbf{a}\cdot\mathbf{a})\mathbf{b})\sin\theta t] \\ &= \frac{1}{|\mathbf{a}\times\mathbf{b}|}[\mathbf{a}(|\mathbf{a}\times\mathbf{b}|\cos\theta t - (\mathbf{a}\cdot\mathbf{b})\sin\theta t) + \mathbf{b}((\mathbf{a}\cdot\mathbf{a})\sin\theta t)] \\ &= \frac{1}{\sin\theta}[\mathbf{a}(\sin\theta\cos\theta t - \cos\theta\sin\theta t) + \mathbf{b}\sin\theta t] \\ &= \frac{1}{\sin\theta}[\mathbf{a}\sin(\theta(1-t)) + \mathbf{b}\sin(\theta t)]\end{aligned}$$

が導かれる——式の変形には，$\mathbf{a}\,\mathbf{a}\times\mathbf{b} = (\mathbf{a}\cdot\mathbf{b})\mathbf{a} - (\mathbf{a}\cdot\mathbf{a})\mathbf{b}$，$\mathbf{a}\cdot\mathbf{a} = 1$，$\mathbf{a}\cdot\mathbf{b} = \cos\theta$，$|\mathbf{a}\times\mathbf{b}| = \sin\theta$ を用いた．ここで，$\mathbf{a} = q_0$，$\mathbf{b} = q_1$ とおいて

$$q_0(q_0^*q_1)^t = \frac{1}{\sin\theta}[q_0\sin(\theta(1-t)) + q_1\sin(\theta t)]$$

を得る．これは先に運動方程式の解を元に求めたものに一致している．

　四元数による球面線型補間は，滑らかな補間を極めて簡潔な形式で与えている．これはジンバル・ロック現象を含むオイラー角には難しい注文である．一方，四元数による記述は，常に座標原点を中心としたものになるので，平行移動などは別処理を要する．また正負二種類の表現が存在するなど短所もある．しかしながら，四元数の持つ長所は，他では補い得ない部分も多く，今後その利用が減ることはないであろう．ハミルトンは復活したのである．

D.11 黄金の花を愛でる

蝶は舞った．次は花を咲かせよう．金色の花を．

黄金比とは，7.5 (p.244) で紹介したように，一方の端から正方形を取り除いた時，残った長方形が，再び自分自身と相似になる"長方形の縦横の辺の比"のことであった．その比の値：

$$\varphi = \frac{1+\sqrt{5}}{2} \approx 1.6180339\cdots$$

は黄金数と呼ばれた．さて，この黄金比の円周版，それが**黄金角**(golden angle)である．単位円の全周 2π を $\varphi : 1$ に分割した時，その 1 を表す中心角：

$$\frac{2\pi}{1+\varphi} \approx 2.399963229728653\cdots$$

を黄金角と名附ける——これは角度に直せば約 137.5 度になる．

この角の倍数毎に●を描いていくと，そこには見事な図形が浮かび上がってくる．黄金数，黄金比がフィボナッチ数列と密接な関係を持っていたことをそのままに，3.4 (p.71) で示したヒマワリの中心部が再現されるのである．

描いた●の個数は順に，3, 10, 50, 100, 200, 400 である．時計廻りの螺旋，反時

計廻りの螺旋が次第に育っていく様子を楽しむことが出来る．

ここでは，xy 平面上の点 $(0, 1)$ を始点として，反時計廻りに半径を k 倍，●の大きさを同じく k 倍に縮小させながら描いている．コードは以下である．

```
(define (g-angle n)
  (let* ((num (/ (+ 1 (sqrt 5)) 2))
         (ang (/ (* 2 pi) (+ 1 num)))
         (size 5)
         (k (lambda (x) (** 0.991 x))))
    (map (lambda (t)
           (list (* (k t) (cos (* t ang)))
                 (* (k t) (sin (* t ang)))
                 (* (k t) size)))
         (iota 0 (- n 1)) )))
```

そして $n = 3$ と定め，(save->data 'g-angle.dat (g-angle 3)) によりデータを作って，gnuplot に送っている——size に関しては出力対象によって調整する必要がある．ここで g-angle が出力するリストの第三要素が，●の大きさを定める．これを受ける gnuplot 側のコードは，plt ファイル内の plot 命令のサイズオプション：variable である．具体的には

```
plot 'g-angle.dat' with points pt 7 ps variable lc rgb "black"
```

として用いる——D.6.5 (p.667) でも示したように，この命令を用いれば，色指定の追加も容易であり，描画そのものを楽しむことが出来る．実に驚くべきことは，僅かこれだけの設定で，大量の記号がほとんど重複することなく，見事に描かれたことである．これはまさに黄金角 137.5 度の威力である．

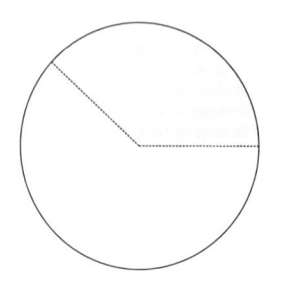

さて，こうして"黄金の花"を咲かせることが出来た．次はもう一つの技法として，時計廻り・反時計廻りの螺旋を直接描いてみよう．先ずは一本の螺旋を描く手続から定義する．

D.11. 黄金の花を愛でる

```
(define (helix s k)
  (let ((min (* -1 pi)) (max pi)
        (step (/ pi 20)))
    (map (lambda (t)
           (list (* t (cos (+ t k)))
                 (* t (sin (+ t k)))))
         (cond ((positive? s) (iota 0 max step))
               ((negative? s) (iota min 0 step)) ))))
```

ここで引数 s は，廻転の方向を定める切替スイッチである——正数なら反時計廻り，負数なら時計廻りの螺旋となる．*step* は描画の刻みを変える．

これを束ねて複数の螺旋を生成する手続が

```
(define (helixes s n)
  (let ((unit (/ (* 2 pi) n)))
    (map (lambda (x) (append (helix s x) '(())))
         (iota 0 (* unit n) unit))))
```

である．引数 *n* は螺旋の本数である．なおこの場合も，**append** により"空リストのリスト"を加えて，データファイルにそれぞれのデータを分離するのに必要な「空行」を挿入する工夫をしている．

これで二種類の廻転に対して，任意の本数の螺旋を描く手続が定義出来た．さらにこれをまとめる手続:

```
(define (sunflower n)
  (flat-in
    (append (helixes  1 (fib n))
            '(())
            (helixes -1 (fib (- n 1))) )))
```

によって，希望の図形が描ける．ここでは反時計廻りの螺旋を切替引数を 1 にすることで実現し，その本数を *n* 番目のフィボナッチ数とした．そして，データファイル上の「空行」に続いて，反時計廻りの螺旋を (*n* – 1) 番目のフィボナッチ数分だけ描く手続を並べている．最後に余分の括弧を除去する flat-in を被せることで，通常のデータ出力手続に送ることが出来る．実際

```
(save->data 'sunflower.dat (sunflower 11))
```

などにより，データ生成を実行し，描いたものが次の図である．

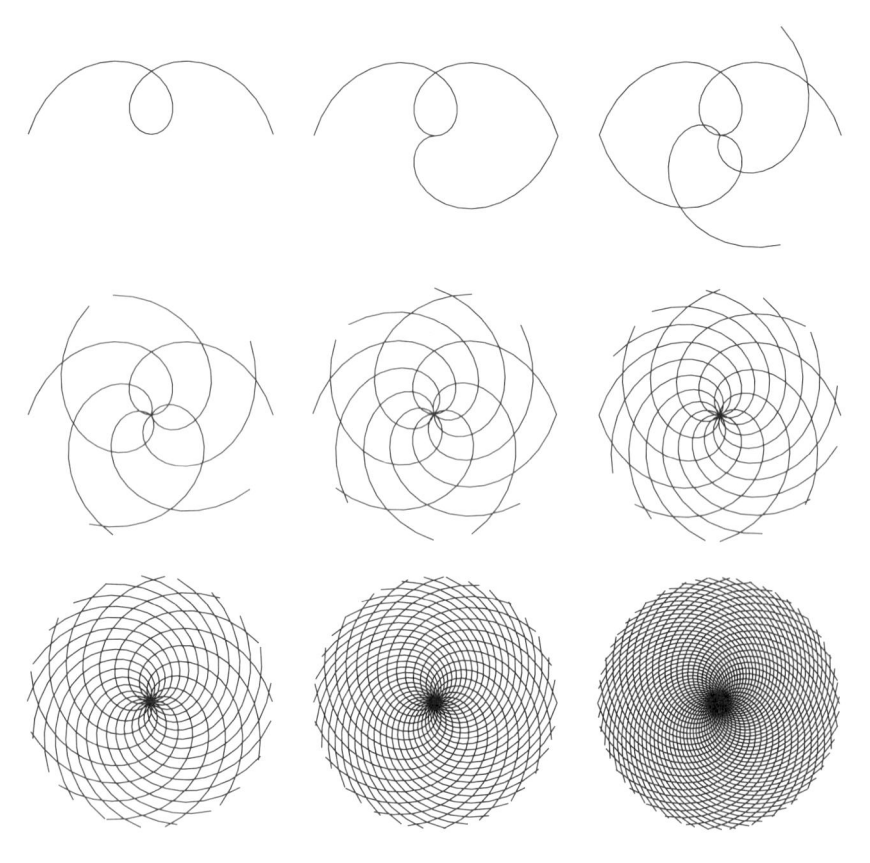

ここで，n は 2 〜 11 である．最後の図形は，反時計廻りの螺旋が 11 番目のフィボナッチ数である 89 本，時計廻りが 55 本描かれたものである．フィボナッチ数における，前後二数の組が一枚の図の中に存在しているわけである．

```
(map fib (iota 2 11))   =>  (1 2 3 5 8 13 21 34 55 89)
```

なお，plt ファイルの主要部は以下である．

```
set xrange [-pi:pi]
set yrange [-pi:pi]
plot 'sunflower.dat' with lines lt 1 lc rgb "black" lw 2
```

ここで紹介した二つの技法を見比べれば，フィボナッチ数列と黄金数，そして黄金角との関係が，そして植物にごく普通に見られる「重複を避ける為のメカニズム」が理解出来るだろう．

D.12　無理数の視覚化

　黄金角による分布を用いれば，各点の半径調整のみで，重なりの少ない螺旋状配置が，極めて簡単に構成出来ることが分かった．そこで，この螺旋と十二色の"パスカルカラー"を利用して，循環小数の視覚化を試みる．外側から内側に向けて，小数の各桁の数字を配していく．そして，その0から9までの数字に色を設定して，全体が作り出す絵柄を楽しもうという計画である．

　循環節の短いものは，周期性の高い模様になるであろう．また逆に循環節の長いもの，その極限としての無理数では，図に周期性は表れない——ただし，黄金角を利用する以上，それに伴う時計廻り・反時計廻りの渦は存在するので，その周期性が全体の絵柄に影響を与えるが，ここで描かれるものは全て「各点の配色が異なる」だけであり，図形としては全て同一のものなので，複数を比較することでその変化は楽しめる．

　この方法によって，無理数を近似する循環小数の列が，次第にその姿を変え，崩れていくことを直接に"見る"ことが出来るわけである．処理の基本となる手続は，g-angle を汎用化した

```
(define (repdec proc n)                       ; repeated decimal
  (let* ((num (/ (+ 1 (sqrt 5)) 2))
         (ang (/ (* 2 pi) (+ 1 num)))
         (size 1)
         (k (lambda (x) (* 10 (** 0.998 x)))))
    (map (lambda (t)
           (list (* (k t) (cos (* t ang)))
                 (* (k t) (sin (* t ang)))
                 (* (k t) size)
                 (colors (proc t)) ))
         (iota 0 (- n 1)) )))
```

である．引数としての手続 *proc* を定めることで，色附きの螺旋分布が描かれる．循環小数の各桁を取り出す為に (//check *n m i*) を用いる．この手続は

```
> (map (lambda (x) (//check 1 7 x)) (iota 0 6))
```
(0 1 4 2 8 5 7)

からも明らかなように，第三引数の指定により希望する桁の数字が得られる．

これらの値を手続 colors に与えることによって，数字が"色"になる．

先ずは"色見本"から作ろう．その為には関係：

$$\frac{1234567890}{9999999999} = 0.1234567890\cdots$$

を利用すれば，全ての数字が順に登場するので便利である．これより

```
(save->data 'repdec.dat
  (repdec (lambda (x) (//check 1234567890 9999999999 x))
          100))
```

によってデータを作成する．以下の plt ファイルによって gnuplot を制禦して，次の図を得る——二つの variable により大きさと色を定めている．

```
set size square
unset border
unset key
unset tics
set xrange [-10.3:10.3]
set yrange [-10.3:10.3]
plot 'repdec.dat' ¥
  with points pt 7 ¥
    ps variable lc rgb variable
```

ここでは，多くの点を描く必要から，積極的に点を重ねていくように，repdec において半径の縮小率を定めている引数 k を，小さめに設定している．

ここまでの準備が整えば，後は分子・分母となる数を設定することで，その数の周期性が視覚化される．先ずは，循環小数 1/7 から，素数を分母に持つ数六種類を調べる．以後，プロットする総点数は 2500 に統一する．

1/7 の場合　　　　1/11 の場合　　　　1/13 の場合

D.12. 無理数の視覚化　　　　　　　　　　　　　　　　　　　　　　　　　739

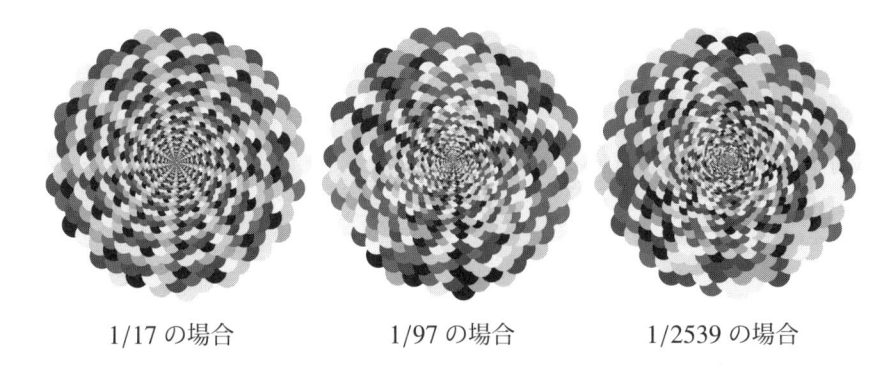

　　　1/17 の場合　　　　　　1/97 の場合　　　　　　1/2539 の場合

循環小数の周期によって，明らかに絵柄が異なる．最後の例である 1/2539 の循環節は 2538 の長さを持つ．従って，2500 個の数字を記していくこの手法の中では，循環しない小数であり"事実上の無理数"となる．

　続いて，無理数に至る道を調べよう．円周率の近似分数の列を視覚化する．

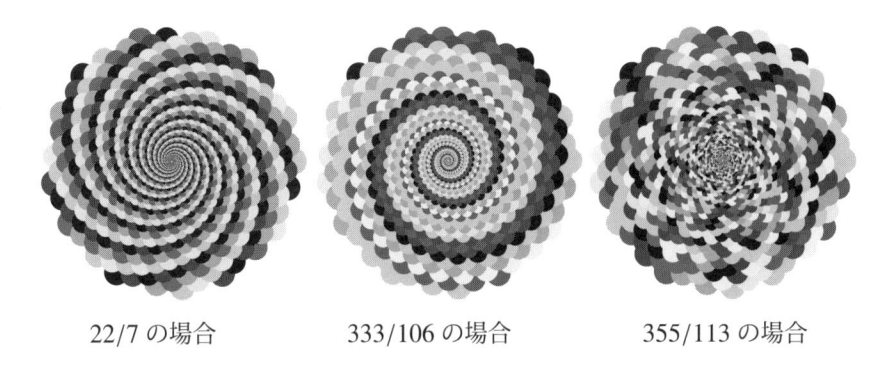

　　　22/7 の場合　　　　　　333/106 の場合　　　　　355/113 の場合

近似分数は，対象を何桁まで近似しているかが問題であり，必ずしも循環小数として最長の周期を持っているわけではない．その結果，より有効な近似分数が意外な周期性を見せる場合もある．

　無理数に「繰り返し」は無いが，ここで扱っているものは，次の桁が計算により確実に定まるものであるから，乱数を扱う意味での予測不可能性はない．如何に不規則に続くように"見えて"も，視点の変更が内在する規則性を露わにする．例えば，連分数表記は冪根の法則性を見事に引き出して見せる．そこで，単純な定義により定まる"人工的無理数"が，その規則性によって描く独特の文様を楽しもう．7.1 (p.232) で紹介した，自然数を並べて作る無理数：

$$0.1\,2\,3\,4\,5\,6\,7\,8\,9\,10\,11\,12\,13\,14\,15\,16\,17\,18\,19\,20\cdots$$

をコードにする．これは数と文字との相互変換を用いれば容易に実現出来る．

```
(define (irr-stg n)                          ; irrational to string
  (let loop ((i 1) (tmp "0"))
    (if (< n i)
        tmp
        (loop (++ i)
              (string-append tmp (number->string i)))))))
```

である——これを数値に変換して具体的な計算を行う場合には，*tmp* を小数点を含む "0." という形式にしておく．実行例は以下である．

```
(irr-stg 9)   =>  "0123456789"
```

これを用いて，2500 個の数字を持つ無理数 (irr-stg 869) を定義する．この無理数の k 番目の要素を抽出する手続：

```
(define (nth869 k)
  (- (char->integer (string-ref (irr-stg 869) k)) 48))
```

を repdec と組合せることで，以下のデータファイルが生成される．

```
(save->data 'irr869.dat (repdec nth869 2500))
```

この手法の基礎である円周率と黄金数，そしてこの画像をまとめて

| 円周率の場合 | 黄金数の場合 | irr869 の場合 |

を得る——円周率，黄金数共に 2500 桁の"正確な値"を用いた．左側の二つの画像には構造上の差は見出せない．ところが，これらとは異なり，irr869 には明確な構造が見える．これは，例えば 100 から後の数の並びは，101, 102, . . . と間に二数を挟む 1 の並びが 199 まで続くことから，当然予想される結果である．従って，この種の渦は同心円の奥にも繰り返し現れる．

D.13 擬似乱数を作る

　ここで，以後の考察の基礎となる**擬似乱数**(pseudorandom numbers) を作っておく．それまでに得た数から，次の数が予測し得ない数の列，予測不能，再現不能の数の列を**乱数**(random numbers) と呼ぶ．簡単に要約すれば，この通りであるが，乱数を実態として捉えることは極めて難しい．

　しかし，その定義の詳細を知らずとも，それが決して"通常の計算過程"から作り得るものではないことは，直観的に理解出来るだろう．計算の処方，そのアルゴリズムが存在する段階で，それは"次の数が予測可能である"，即ち乱数ではない，という話になるからである．

　真の乱数を作るという問題は，実は数学の問題ではなく物理学，それも実験物理学の問題である．実際に正二十面体に数値を書いた**乱数サイコロ**(下の展開図) を転がすか，放射性物質の崩壊という原子レベルの自然現象に因らなければ実現不能である．しかし，こうしたハードウエアに依存した乱数生成器ですら，その一様性を吟味する必要がある．何処までも奥深く，何処までも難しい，まさに"予測不能の困難"を抱えているのが，乱数の問題である．

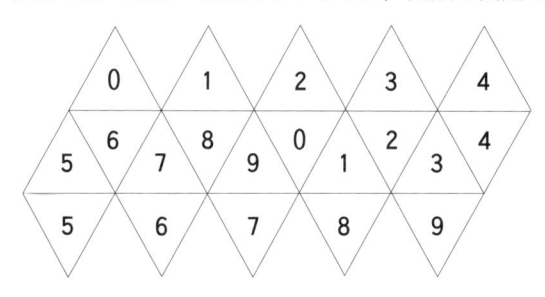

　そこでアルゴリズムにより生成される乱数を擬似乱数と呼んで，研究の対象としてきた訳であるが，これは瞬く間に広大な研究テーマに育っていった．現実をシミュレーションするその基礎として，乱数の需要が日増しに増大していく中で，如何にして"ランダム"を定義しランダムを実現するか，如何にして均質な予測不能性を計算機の中に常備させ，現実問題の解析に活用するかが，大型計算機の主たる任務になってきたのである．従って，擬似乱数生成器の優劣は，巨大科学の心臓部にあって，その方向性を決めている．純粋数学の研究テーマが，突如として現実を支配するようになった特異な分野である．

D.13.1 線型合同法

ここでは，基本中の基本である**線型合同法**(linear congruential method) によって，擬似乱数を作る．それは整数論における"合同"の概念を駆使して，整数のルーレットを作り，次に"どの溝に玉が止まるか"を出来る限り多様にして，予測し難いレベルに上げていく作業である．

それには**種**(seed) と呼ばれる初期値が必要であり，その初期値に従って漸化式が次の数を生み出していく．よって，種が同じなら以後の数列も同じであり，定まった周期をもってこれが繰り返される．これは乱数としては致命的な欠点であるが，この繰り返しの周期を出来る限り長く取ることによって，この問題を部分的に解決すると共に，逆にその再現性を利用して，実験の確認や他の手法との比較に用いることも出来るので，長所にもなっている．

● **合同式に始まる**

線型合同法とは，1949 年に**レーマー**(Lehmer, Derrick Henry) によって発表された一様乱数発生法の一つであり，以下の**漸化式**(recurrence formula)——再帰的定義を具体化した式であり，直訳すれば"再帰式"——を採用する．

$$X_n := (aX_{n-1} + c) \pmod{m}, \quad 0 \leqq n.$$

ただし，法 m，乗数 a，増分 c，初期値 X_0 には以下の条件が附く．

$$0 < m, \quad 0 \leqq a < m, \quad 0 \leqq c < m, \quad 0 \leqq X_0 < m.$$

これによって，非負の整数列 $X_1, X_2, X_3, \ldots$ を作る．これが擬似乱数列である．ここで乗数 a の選択がこの擬似乱数の性質を決定的に左右する——特に $c = 0$ の場合は乗算型合同法と呼ばれている．また，周期は m を越えることはないので，これを如何に大きく取るかも非常に重要である．

先ずは手計算で追跡可能な値を定めて，その意味を体感しておく．例えば

$$X_n := (3X_{n-1} + 5) \pmod{13}$$

の場合，初期値を $X_0 = 1$ に対して，各行途中の (mod.13) を省略して書くと

$$\begin{aligned}
X_0 &= 1, \\
X_1 &= (3X_0 + 5) = (3 + 5) \equiv 8 \pmod{13}, \\
X_2 &= (3X_1 + 5) = (24 + 5) \equiv 3 \pmod{13}, \\
X_3 &= (3X_2 + 5) = (9 + 5) \equiv 1 \pmod{13}
\end{aligned}$$

となり，僅か三回で初期値に戻ってしまう——これでは次に出す手が分かっているジャンケンのようなものである．そこで次の例：

$$X_n := (13X_{n-1} + 5) \pmod{24}$$

を考える．先例と同様に初期値を $X_0 = 1$ とし，各行の (mod.24) を省略して

$X_1 = (13X_0 + 5) = (13 + 5) \equiv 18, \quad X_{13} = (13X_{12} + 5) = (169 + 5) \equiv 6,$
$X_2 = (13X_1 + 5) = (234 + 5) \equiv 23, \quad X_{14} = (13X_{13} + 5) = (78 + 5) \equiv 11,$
$X_3 = (13X_2 + 5) = (299 + 5) \equiv 16, \quad X_{15} = (13X_{14} + 5) = (143 + 5) \equiv 4,$
$X_4 = (13X_3 + 5) = (208 + 5) \equiv 21, \quad X_{16} = (13X_{15} + 5) = (52 + 5) \equiv 9,$
$X_5 = (13X_4 + 5) = (273 + 5) \equiv 14, \quad X_{17} = (13X_{16} + 5) = (117 + 5) \equiv 2,$
$X_6 = (13X_5 + 5) = (182 + 5) \equiv 19, \quad X_{18} = (13X_{17} + 5) = (26 + 5) \equiv 7,$
$X_7 = (13X_6 + 5) = (247 + 5) \equiv 12, \quad X_{19} = (13X_{18} + 5) = (91 + 5) \equiv 0,$
$X_8 = (13X_7 + 5) = (156 + 5) \equiv 17, \quad X_{20} = (13X_{19} + 5) = (0 + 5) \equiv 5,$
$X_9 = (13X_8 + 5) = (221 + 5) \equiv 10, \quad X_{21} = (13X_{20} + 5) = (65 + 5) \equiv 22,$
$X_{10} = (13X_9 + 5) = (130 + 5) \equiv 15, \quad X_{22} = (13X_{21} + 5) = (286 + 5) \equiv 3,$
$X_{11} = (13X_{10} + 5) = (195 + 5) \equiv 8, \quad X_{23} = (13X_{22} + 5) = (39 + 5) \equiv 20,$
$X_{12} = (13X_{11} + 5) = (104 + 5) \equiv 13, \quad X_{24} = (13X_{23} + 5) = (260 + 5) \equiv 1$

を得る．この場合，最大周期 24 が実現している——少人数学級の席順決定なら使える．線型合同法において最大周期を得る為には，係数が次の三条件：

[1] : c と m は互いに素である．
[2] : $a - 1$ は，m の約数である素数 p，その全ての倍数である．
[3] : m が 4 の倍数なら，$a - 1$ は 4 の倍数である．

を充たせばよいことが知られている．この定理を今の場合に適用すると

[1] : 5 と 24 は互いに素である．
[2] : 13 - 1 は，24 の約数である素数 2, 3 の倍数である．
[3] : 24 が 4 の倍数なら，13 - 1 は 4 の倍数である．

となり，確かに三条件を充たしている．

● 三条件を定める

以上の準備の下で，これから使用する線型合同法の係数を定め，それをコードにする．法 m は出来る限り大きな数であることが望ましいので，計算機のワード長を取ることが多い．ここでは 32bit マシンであることを前提に，$m = 2^{32}$ とする．そして，比較的質の高い擬似乱数を生成することで知られている乗数 $a = 1664525$，増分 $c = 1013904223$ を選ぶ．三条件は

```
> (gcd 1013904223 (** 2 32))
1
```
```
> (gcd 1664524 (** 2 32))
4
```

より，c と m の最大公約数は 1，即ち互いに素であり，$a-1$ と m の最大公約数は 4 であることより共に 4 の倍数である．また，$a-1$ は偶数であり，m が含む唯一の素数 2 の倍数である．従って

$$X_n := (1664525 X_{n-1} + 1013904223) \pmod{4294967296}$$

は最大周期 $2^{32} = 4294967296$ を持つ．

この式によって，擬似乱数を生成していくには，B.4.9 (p.436) で求めた generator のコードを活用すればよい．具体的にはカウントをする部分を，上記合同式で置換えるだけである．初期値を seed として，そのコードは

```
(define (gene32 seed)
  (let ((x seed))
    (lambda ()
      (let ((a 1664525) (c 1013904223) (m (** 2 32)))
        (set! x (/: (+ (* a x) c) m))))))
```

となる．これより $X_0 = 1$ に対する擬似乱数手続：

```
(define random32 (gene32 1))
```

が定まる．トップレベルにおいて (random32) を入力する度に評価値としての擬似乱数が生成される．

```
    1015568748   1586005467   2165703038   3027450565    217083232
    1587069247   3327581586   2388811721     70837908   2745540835...
```

初めの 10 項を並べて見ると，偶数と奇数が規則正しく並んでいることが分かる．"規則"によって作られた擬似乱数には，規則性が内在している．その規則性を出来る限り消すように工夫をしている訳であるが，使用方法を誤ると，奥に押しやった規則的な部分だけを抽出してしまう悲劇も起こり得る．偶奇の規則性はその一番分かり易い例である．

D.13.2 規則性の切除

乱数が必要になる場面において，最も期待される形式は，ある数の範囲の自然数をランダムに出力するものと，0 と 1 の間の実数をランダムに出力する

D.13. 擬似乱数を作る

ものの二形態であろう．先ずは，ある範囲の自然数に限定するように，コードを書換える．その為に再び合同式を利用する．2で割った余りで分類することが，全体を二分割するように，n で割った余りによって，全体は 0 から $n-1$ までの n 通りに分割される．

ところが，これを実現しようとして，(/: (random32) 2) を実行すると，先に示した偶奇性から明らかなように

　　0　1　0　1　0　1　0　1　0　1　……

となって，その規則性を改めて思い知らされる．元々この手法によって作られた擬似乱数は，下位桁から2の冪による周期性を持っているので，これは致し方無い．実際，(/: (random32) 4) の出力は

　　0　3　2　1　0　3　2　1　0　3　……

であり，(/: (random32) 8) の出力は

　　4　3　6　5　0　7　2　1　4　3　……

となって，規則性だけを切り出してしまう．しかし，こうした結果から分かるように，上位桁に進めば進むほどその周期は長くなり，次第に"擬似乱数"の名に恥じないものになっていく．

● **下位桁を捨てる**

そこで，2^{16} で除算した商を作ることによって，下の桁半分を捨てる．即ち

　　(// (random32) (** 2 16))

が出力となるように，コードを書換える．また，これを元に範囲 0〜1 の実数型擬似乱数を生成するには，出力 x をさらに因子 (** 2 16) で除算すればよい．以上の要素を含めた手続：

```
(define (gene16 seed type)
  (let ((x seed))
    (lambda ()
      (let ((a 1664525) (c 1013904223)
            (m (** 2 32)) (k (** 2 16)))
        (set! x (/: (+ (* a x) c) m))
        (* (** (/ 1 k) type) (// x k)) ))))
```

を汎用の生成器とする．ここでは，変数 *type* によって整数型と実数型を切り替えている．0 を入力すれば，因子 (/ 1 k) の効果が消えて整数型となる．1 を入力すれば，自然数の比の形で出力が為される分数型となる．1.0 を入力すれば，範囲 0 ~ 1 の実数型となる——値そのものは分数型と同じである．即ち

```
(define random-int  (gene16 1 0))                ; 整数型
(define random-frac (gene16 1 1))                ; 分数型
(define random-real (gene16 1 1.0))              ; 実数型
```

である——ここで seed は 1 に固定して記述した．また，整数型の出力範囲を n の函数として定めたい場合も多い．それには以下を定義する．

```
(define (random n) (/: (random-int) n))
```

これは 0 ~ ($n-1$) の範囲の整数を出力する．範囲を 1 ~ n に変えたい場合には

```
(define (random+ n) (+ 1 (/: (random-int) n)))
```

を利用すればよい．

D.13.3　実行と検証

　さて，擬似乱数の定義を終えて，それを実行しよう．(ramdom 2) によって再び二分割が出来る．その列は

```
旧: 0 1 0 1 0 1 0 1 0 1 0 1 0 1 0 1
新: 0 0 0 1 0 0 0 0 1 1 0 1 1 1 0 1 1
```

となって，確かに単純な偶奇の交代から免れている．また，random-int に戻って種を 2 に変えれば

```
1 0 1 1 1 0 1 1 0 0 0 0 1 1 1 0 0 0 1 1
```

とその様相も変わる．四分割，八分割も同様である．先ず n を 4 にして

```
旧: 0 3 2 1 0 3 2 1 0 3 2 1 0 3 2 1 0 3 2 1
新: 0 0 2 3 0 0 2 2 0 1 1 0 3 1 1 0 3 2 3 1
```

続いて，8 の場合には以下のようになる．

```
旧: 4 3 6 5 0 7 2 1 4 3 6 5 0 7 2 1 4 3 6 5
新: 0 0 6 3 0 0 6 2 0 5 5 0 7 1 5 0 3 6 7 5
```

両者をより明瞭に比較する為に，二次元のプロットを試みた．

D.13. 擬似乱数を作る

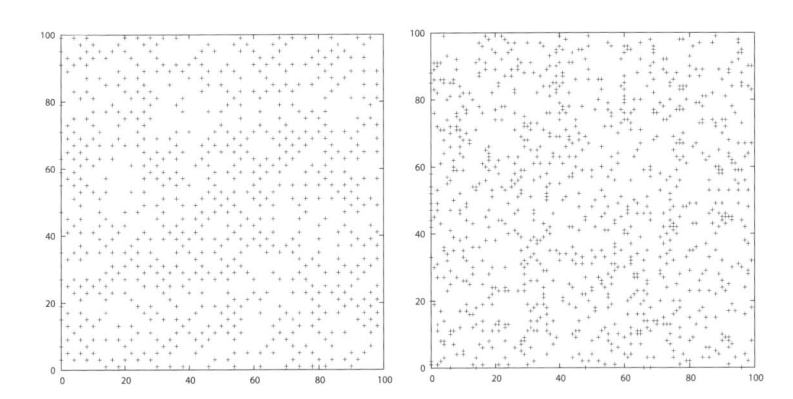

左側が補正前のもの，右側が補正後の 2^{16} で除したものである——共に $n = 100$ に設定した．描画には，1000 組の二次元データを用いている．補正前にあった明らかなパターンが除去されていることが分かる．

右図で用いたデータはこれ以降，主に用いる補正された乱数であり

```
(save->data 'random-2d.dat (rand2d 1000))
```

によってファイル化したものである．その生成手続は

```
(define (rand2d k)
  (map (lambda (x) (list (random-real) (random-real)))
       (iota k)))
```

である．これより，空白を挟んだ二実数を一組として，それが k 列並んだデータファイルが得られる．複数の問題を比較する場合などで，"同じ乱数"が必要な時には，こうしたファイルを用いる方法が便利である．

また，(random 10) の 2500 個の分布データ：

```
(save->data 'mc-colors.dat
   (repdec (lambda (x) (random 10))
           2500))
```

を螺旋により視覚化した右図からも，その"雰囲気"は確かめられる．

D.14　モンテカルロ法

さて，こうして作られた擬似乱数を用いて，**積分**(integration) の問題を解く**モンテカルロ法**(Monte Carlo method) と呼ばれる手法を紹介する．

その発想は至極単純である．壁に面積の分かっている図形を描き，さらにその内部に面積を求めたい図形を描く．そして，ガンマンが大量の銃弾を浴びせる．ガンマンは，百発百中で中の図形に撃ち込むまでの技術はないが，外の図形は外さない，その程度の腕は持っている．この時，撃ち込んだ弾の総数——即ち内外の図形に当たった弾の数——と，内部だけに当たった弾の数が分かれば，その比から内部の図形のおよその面積が分かる．これがモンテカルロ法の考え方である．そのガンマンの役割を演じるのが乱数である．

D.14.1　面積を求める

具体的に問題を設定しよう．外部図形を一辺1の正方形とし，その頂点を中心とする円を描くと，単位円の 1/4 が正方形内に描かれる．正方形の面積は1であるから，円の内部に撃ち込まれたもの (内部に入った乱数による点) の総数が，そのまま円の面積の 1/4，即ち $\pi/4$ に比例するだろう．そこで，先の検証例と同様に random-real を用い，述語 *proc* で定義された内部図形の面積を求める．先ず，与えられた図形内に属する点の個数を求める手続：

```
(define (mc-method pred k)                    ; monte carlo method
  (let loop ((i 0) (hits 0))
    (if (= i k)
        hits
        (loop (++ i)
              (+ hits
                 (if (pred (random-real)
                           (random-real))
                     1 0) )))))
```

を定義する．*hits* が求めるべき値である．この手法により生成される乱数は，常に初期化されるので，実行の毎に値は異なる——先にも述べたように，ファイル化すれば同じ乱数が利用出来る．後は，面積を求めたい図形の方程式を元に，その図形の内外を判定する述語を設定すれば準備完了である．

● 円の面積を求める

xy 平面における半径 a の円の方程式は $x^2 + y^2 = a^2$ で表される．また，θ を**媒介変数** (parameter) とする表示は以下である．

$$x = a\cos\theta, \quad y = a\sin\theta$$

gnuplot にも媒介変数による表記があり，次のコードにより円が描かれる．

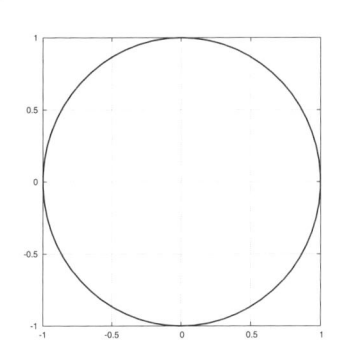

```
set xrange [-1:1]
set yrange [-1:1]
set size square
set grid
set parametric
unset key
set style line 1 lc rgb "black" lw 3
plot cos(t),sin(t) ls 1
```

定数を $a = 1$ と定めて，求めるべき述語：

```
(define (eq-pi x y)
  (<= (+ (** x 2) (** y 2)) 1))
```

を得る．これは単位円の方程式：$x^2 + y^2 = 1$ より内側に入った，所謂ヒットした点を真とし，他を偽とする述語である．では実験を始めよう．

試行回数	Hit 数	近似値
(mc-method eq-pi 10)	9	3.6
(mc-method eq-pi 100)	73	2.92
(mc-method eq-pi 1000)	762	3.048
(mc-method eq-pi 10000)	7893	3.1572
(mc-method eq-pi 100000)	78652	3.14608
(mc-method eq-pi 1000000)	785276	3.141104

ここで近似値は，4×(Hit数/試行回数) である．試行回数に比して，早期に良い値が得られる訳ではないが，"こんなに簡単に値が求められる" ということに大きな意味がある．問題は，その対象が述語として数式で記述可能か否かだ

けである．従って，如何に複雑な形状であっても，高次元の問題であっても，ここで記述した道具だけで積分を実行することが出来るのである．

手続 (rand2d 4000) により得た 4000 組の二次元データを gnuplot に送り，内部処理によって Hit したものだけを取り出した図が以下である．

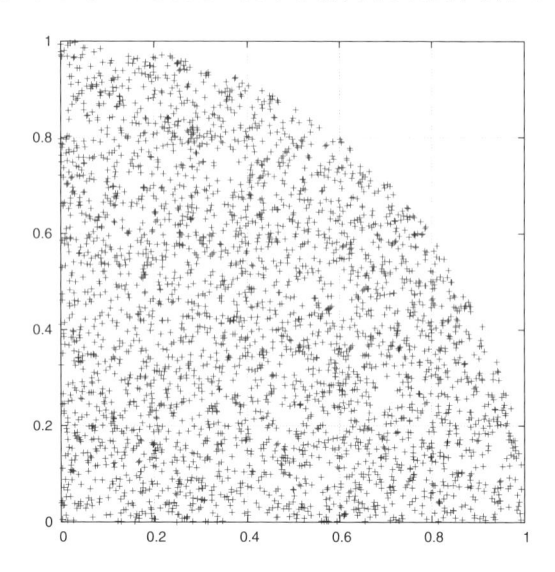

その内部処理の主要部は，plt ファイルにおける *plot* の行である．

```
plot 'random-2d.dat' ¥
     using 1:($1**2+$2**2<=1 ? $2 : 1/0) lc rgb "black" lw 1
```

ここで記号「?」は三項演算子であり，「a ? b:c」は，a を真偽値として，b (**then**)，c (**else**) の何れかに分岐する **if** である──「1/0」は何もしない函数 (**nop**) である．これにより，データファイルの二列目のデータの採否が決まる．

● アステロイドの面積を求める

実験を続けよう．**アステロイド**(asteroid)，星に似たその形から**星芒形**とも呼ばれているが，これもまた非常によく知られた曲線である．その定義は

$$x^{2/3} + y^{2/3} = a^{2/3}, \qquad (0 < a)$$

であり，媒介変数による表示は

$$x = a\cos^3\theta, \quad y = a\sin^3\theta$$

D.14. モンテカルロ法

である．この曲線も円と同様に平面を自身の内外に二分する．従って，面積が存在する．その値は $S = 3\pi a^2/8$ と求められている．この場合も gnuplot により図を描くには媒介変数表示が便利である．そこで定数を $a = 1$ として

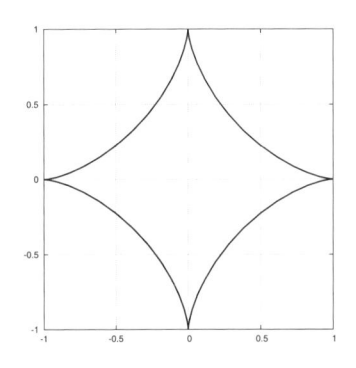

```
set xrange [-1:1]
set yrange [-1:1]
set size square
set grid
set parametric
unset key
set style line 1 lc rgb "black" lw 3
plot cos(t)**3,sin(t)**3 ls 1
```

を得る．計算に必要な述語は，xy 座標での曲線の定義に戻って

```
(define (eq-ast x y)
  (<= (+ (** x (/ 2 3)) (** y (/ 2 3))) 1))
```

となる．実験結果は以下である．

試行回数	Hit 数	近似値
(mc-method eq-ast 10)	1	0.1
(mc-method eq-ast 100)	25	0.25
(mc-method eq-ast 1000)	260	0.260
(mc-method eq-ast 10000)	2944	0.2944
(mc-method eq-ast 100000)	29317	0.29317
(mc-method eq-ast 1000000)	294284	0.294284

ここで対象としたエリアは全体の四分の一であるから，その面積は $S = 3\pi/32$ である——これを組込函数 **atan** により求めると

```
> (/ (* 3 (* 4 (atan 1))) 32)
```
0.2945243112740431

であるので，小数点以下三位まで正しい．この計算を元に π を求めることも出来る．円の場合と同様に，`gnuplot` によって次の図を描いた．これを上下左右に対称に繋いだものがアステロイドの内部ということになる．

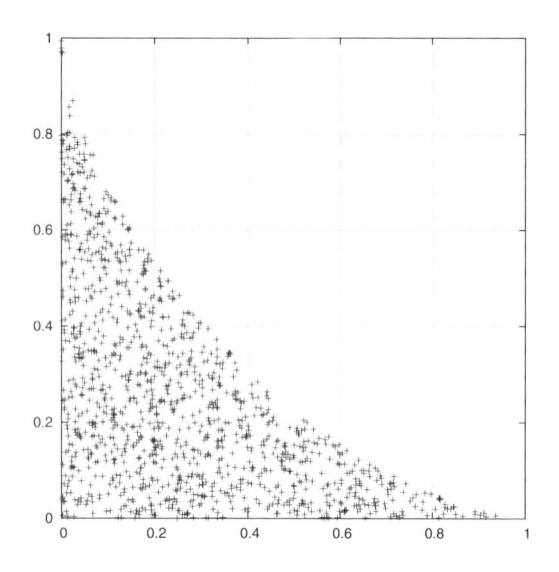

● レムニスケートの面積を求める

レムニスケート(lemniscate) は，8 の字状のその形から**連珠形**とも呼ばれている．直交系では $(x^2 + y^2)^2 - 2a^2(x^2 - y^2) = 0$，媒介変数表示では

$$x = \frac{\sqrt{2}a\cos\theta}{1+\sin^2\theta}, \quad y = \frac{\sqrt{2}a\sin\theta\cos\theta}{1+\sin^2\theta}$$

となる．その面積は $2a^2$ である．x 軸との交点が ± 1 となるように $a^2 = 1/2$ と選ぶと，全体の四分の一に当たる第一象限の面積は 1/4 ということになる．

先ずは，gnuplot によってこの図形を描いておこう．

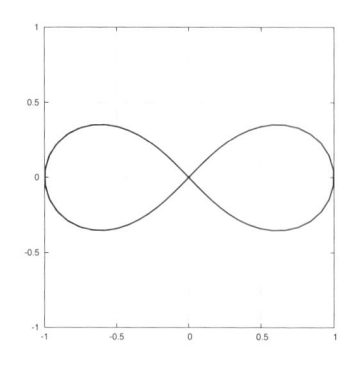

```
set xrange [-1:1]
set yrange [-1:1]
set size square
set grid
set parametric
unset key
set style line 1 lc rgb "black" lw 3
plot cos(t)/(1+sin(t)**2),¥
(sin(t))*(cos(t))/(1+sin(t)**2) ls 1
```

手続 mc-method に与えるべき述語は

```
(define (eq-lem x y)
  (<= (- (** (+ (** x 2) (** y 2)) 2)
         (- (** x 2) (** y 2))) 0))
```

となり，計算を実行して以下の近似値を得る．

試行回数	Hit 数	近似値
(mc-method eq-lem 10)	0	0
(mc-method eq-lem 100)	22	0.22
(mc-method eq-lem 1000)	232	0.232
(mc-method eq-lem 10000)	2496	0.2496
(mc-method eq-lem 100000)	24980	0.24980
(mc-method eq-lem 1000000)	250051	0.250051

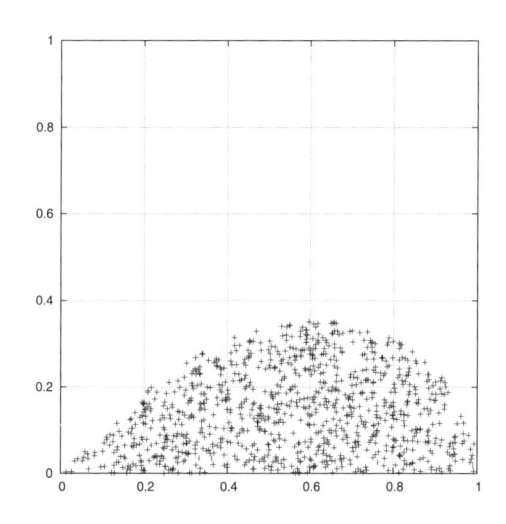

D.14.2　三次元への拡張

先にも述べたように，モンテカルロ法は扱う対象の次元拡張が極めて容易である．本質的な部分は全く変更すること無く，一次元分の処理を追加するだけで済む．高次元空間の計算が簡単に出来る，ほとんど唯一の手法である．

そこで三次元問題の準備として，対応する乱数データを生成する手続：

```
(define (rand3d k)
  (map (lambda (x)
         (list (random-real)
               (random-real)
               (random-real)))
       (iota k)))
```

を定義する．これより，4000個のデータ random-3d を生成し，その分布を示す．これを描画する plt の主要部は，次の *splot* 命令である．

    splot 'random-3d.dat' using 1:2:3 lc rgb "black" lw 1

この場合には，splot 'random-3d.dat' だけでもよい——ただし点は赤い．

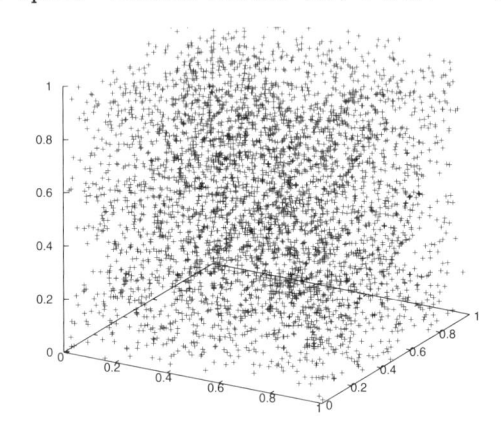

このデータを元に三次元球の体積を求める．基礎となる三次元版の手続は

```
(define (mc-method3 pred k)
  (let loop ((i 0) (hits 0))
    (if (= i k)
        hits
        (loop (++ i)
              (+ hits (if (pred (random-real)
                                (random-real)
                                (random-real))
                          1 0) )))))
```

となる——生成器を一つ増やしている．球を表す述語は以下である．

```
(define (eq-pi3 x y z)
  (<= (+ (** x 2) (** y 2) (** z 2)) 1))
```

D.14. モンテカルロ法

半径 r の球の体積の公式は $4\pi r^3/3$ であるから，単位球の 1/8 を求めるこの方法では，理論値 $\pi/6 \approx 0.5235987755982988$ に近い値が期待される．実際には

試行回数	Hit 数	近似値
(mc-method3 eq-pi3 10)	6	0.6
(mc-method3 eq-pi3 100)	52	0.52
(mc-method3 eq-pi3 1000)	481	0.481
(mc-method3 eq-pi3 10000)	5275	0.5275
(mc-method3 eq-pi3 100000)	52233	0.52233
(mc-method3 eq-pi3 1000000)	523168	0.523168

となる．こうして三次元単位球の体積が求められた．gnuplot で描くには

```
splot 'random-3d.dat' using 1:¥
      ($1**2+$2**2+$3**2<=1 ? $2 : 1/0):¥
      ($1**2+$2**2+$3**2<=1 ? $3 : 1/0) lc rgb "black" lw 1
```

を主要部とする plt ファイルを与える．その結果，以下の図版を得る．

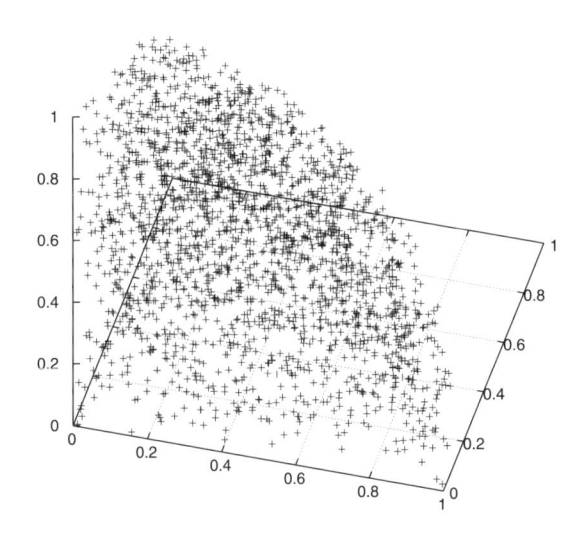

これは球全体の 1/8 に相当する部分である．サイズを縮小し，原点を移動させて，球全体を乱数データの範囲内に入れることも出来る．具体的には方程式：$(x-0.5)^2 + (y-0.5)^2 + (z-0.5)^2 = 1/2^2$ により描けば，全体が枠内に入る．

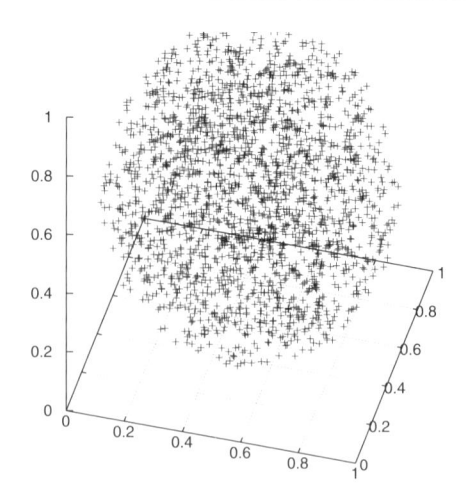

ここまで見てきたように，一回の試行では何も分からないが，多数回の試行の平均値を取ることで真値に迫ることが出来る．それがモンテカルロ法の思想である．この手法は計算機が高速化されて始めて実用化された．応用分野は極めて広く，科学・技術計算から意志決定のモデルにまで使われている．シミュレーションある所にモンテカルロ法があり，そこには必ず擬似乱数がある．計算機実験の当否は，その多くの部分を擬似乱数の質に依存している．現在，最も評価が高いものが，松本眞，西村拓士両氏により開発された**メルセンヌ・ツイスタ**(Mersenne twister) である．これは広く実用に供されており，Scheme においてもライブラリ集 **SRFI** により利用することが出来る．

D.14.3　ピタゴラス数を求める

ここまでに紹介した手法は，二次元であれ三次元であれ，その境界内部にある擬似乱数の数と，全体との比から面積・体積を求めるものであった．従って，境界内部と外部の違いはあっても，撃ち込まれた数には全て意味があった．

● 述語を定める

ここで紹介するのは，そのほとんどが無意味になってしまう，無駄遣いな手法である．直角三角形の三辺の長さをそれぞれ整数とする時，その三つ組を**ピタゴラス数**と呼ぶのであった．これをモンテカルロ法によって求めてみよう．境界の内部でも外部でもない，三角形の境界上に擬似乱数が当たった特殊な場

D.14. モンテカルロ法

合にのみ，この計算の意味がある．無駄撃ちは"覚悟の上"で挑戦する．

問題の設定は $x^2 + y^2 = z^2$ を充たす整数解を求めることであるが，この条件が充たされているか否かを判断する述語を

```
(define (Pythagorean? x y z)
  (and (< x y)
       (gcd=1? x y z)
       (= (+ (** x 2) (** y 2)) (** z 2)) ))
```

により与える——解の整理がしやすいように，x が三変数の中で最小になるように条件を附けた．また，内部の述語 gcd=1? は

```
(define (gcd=1? x y z)
  (if (= (gcd x y z) 1) #t #f))
```

であり，これによってピタゴラス数に特有の「全体が定数倍されただけの自明なものを排除」して，互いに素な，真に新しい三つ組のみを抜き出す．

さらに，diff? を定義する．これは擬似乱数により発見された解が，既にリスト内に登録済みのものであるか否かを判断し，重複登録を避ける為の述語である．これを組込手続 **member** の否定として，以下のように定める．

```
(define (diff? x lst)
  (not (member x lst)))
```

x が lst の中に存在しなければ #t を，存在すれば #f を返す．これによって，新しい解だけが tmp の中に収める——因みに，diff? の否定として same? を定義すると，**member** とは異なり，#t の時にリストを返す述語となる．

● 境界上の擬似乱数

この問題におけるモンテカルロ法の主要部，その手続は

```
(define (mc-xyz pred z)
  (let loop ((i 0) (tmp '()))
    (let ((x (random+ z)) (y (random+ z)))
      (cond ((< (* z z) i) tmp)
            ((and (pred x y z) (diff? (list x y z) tmp))
             (loop (++ i) (cons (list x y z) tmp)))
            (else (loop (++ i) tmp))))))
```

で与えられる．先ず z を与えることによって結果を縛り，1～z の範囲の整数値を出力する擬似乱数 **random+** により生成された x, y の中，この条件に当てはまるものだけを残す，という手法である．ほとんどが無駄撃ちになる弾の総数は，最初の条件 (* z z) により定める——これはその範囲でのピタゴラス数の全体が得られるように，後で"実験的"に調整する．

以上は，固定された z に対する処方である．続いて，その範囲を max により与え，最小解：$3^2 + 4^2 = 5^2$ まで連続して探索する手続を定義する．それは

```
(define (mc-all pred max)
  (let loop ((i max) (tmp '()))
    (cond ((= 3 i) tmp)
          ((null? (mc-xyz pred i)) (loop (-- i) tmp))
          (else (loop (-- i)
                      (append (mc-xyz pred i) tmp)) ))))
```

により与えられる．何度も繰り返しているように，この手法は"空撃ち"が多く大量の失敗が空リスト () の形式で返されてくる．それを 解のリストである tmp に含めないように，事前に述語 **null?** により判別している．

● 実験結果

実際に z を 100 として，(mc-all Pythagorean? 100) を実行した結果

((3 4 5) (5 12 13) (8 15 17) (7 24 25) (20 21 29) (12 35 37)
 (9 40 41) (28 45 53) (11 60 61) (16 63 65) (33 56 65)
 (48 55 73) (13 84 85) (36 77 85) (39 80 89) (65 72 97))

が"発見"出来た——繰り返し回数は z の二乗では充分ではなく，三乗では余る程度であった．これは，定数倍を除く範囲内の全ての解である．

勿論，ピタゴラス数は 2.5 (p.42) においても解析的に求められており，また数値計算の例として採り上げるにしても，モンテカルロ法を使うような対象ではない．ただし，ここで重要なことは先の円周率の例題と同様に，中身を知らなくても，函数でその"外形"を与えるだけで，解が求められることである．従って，問題設定を与える述語の定義を変えるだけで，直ちに他の問題に転用可能となる．この柔軟性がモンテカルロ法の最大の長所である．

● リストによる方法

さて，この項のまとめとして，先に議論した **map** により生成されるリストから，ピタゴラス数を抽出する．既出の"道具"を部分修正して，これを求める．

先ず，元になるリストは C.4.3 (p.514) で定義した triple により生成する．リスト内リストの先頭，即ち **car** は続く二要素の二乗和であるから，自身が平方数 (二乗数) であれば，全体はピタゴラス数となる．そこで，先頭要素が平方数であるか否かを判定する述語を sqn? を用いて

```
(define (sqn-car? lst)
  (sqn? (car lst)))
```

と定義する――これは pow2? を基礎にしても同様に定義出来る．ここで例えば，triple の実引数を 15 として，filter を用いれば

```
> (filter sqn-car? (triple 15))
```
((25 4 3) (100 8 6) (169 12 5) (225 12 9) (289 15 8))

を得る．さらに，先頭要素の平方根を取る手続：

```
(define (sqrt-car lst)
  (cons (inexact->exact (sqrt (car lst)))
        (cdr lst)))
```

を定義して被せれば，以下が求められる．

```
> (map sqrt-car (filter sqn-car? (triple 15)))
```
((5 4 3) (10 8 6) (13 12 5) (15 12 9) (17 15 8))

ここで，互いに定数倍の関係にあるピタゴラス数を除去する為の述語：

```
(define (gcd-xyz? lst)
  (if (= (gcd (car lst) (cadr lst) (caddr lst)) 1)
      #t #f))
```

を定義して，リストに適用すると，以下の結果が得られる．

```
> (filter gcd-xyz?
    (map sqrt-car (filter sqn-car? (triple 15))))
```
((5 4 3) (13 12 5) (17 15 8))

さらに，リスト内の各リストの数値の並びを逆順にし，かつ全体の並びをその

ままに保つ為に，reverse-all を適用後，直ちに **reverse** により戻す手続：

```
(define (triple-xyz n)
  (reverse (reverse-all
    (filter gcd-xyz?
      (map sqrt-car
        (filter sqn-car?
          (triple n) ))))))
```

を含めてまとめると，希望する形式のリストが得られる．

> (triple-xyz 15)
((3 4 5) (5 12 13) (8 15 17))

ここで引数を 84 とすれば，先のモンテカルロ法の場合と全く同じ結果が得られる——ただし，リスト内のピタゴラス数の順序に若干の異同がある．

D.14.4　ガウス素数の抽出

さて，ピタゴラス数を求めた手法は，そのまま 9.1 (p.306) で議論したガウス素数の抽出に利用出来る．triple により生成されたリストの先頭要素から素数を引き出すには，先ず述語：

```
(define (prime-car? n)
  (prime? (car n)))
```

を準備し，filter にこれを適用して，以下の結果を得る．

> (filter prime-car? (triple 5))
((5 2 1) (13 3 2) (17 4 1) (29 5 2) (41 5 4))

各リストの **car** は 4 の剰余が 1 である，所謂 $\mathcal{P}_{4n+1}$ 型の素数である．そこで

```
(define (p4n1? n)
  (if (and (prime? n) (= (/@ n 4) 1)) #t #f))
(define (p4n3? n)
  (if (and (prime? n) (= (/@ n 4) 3)) #t #f))
```

という型判定の為の二つの述語を定義すれば

(filter p4n1? (iota 99))　=> *(5 13 17 29 37 41 53 61 73 89 97)*
(filter p4n3? (iota 99))　=> *(3 7 11 19 23 31 43 47 59 67 71 79 83)*

D.14. モンテカルロ法

となって，上の結果の確認にもなり，また 4.8 (p.118) の内容も再現出来る．

さて，再び本題に戻り，**car** が素数であればこれを除去し，**cdr** を残す手続：

```
(define (sqsum-p lst)
  (remove null?
    (map (lambda (x) (if (prime-car? x) (cdr x) '())) lst)))
```

を定義すれば，希望する項だけが残されたリスト：

```
> (sqsum-p (triple 5))
```
((2 1) (3 2) (4 1) (5 2) (5 4))

を得る．これが $\mathcal{P}_{4n+1}$ 型の素数より生じるガウス素数の核であり，同伴数の考え方より，リスト一項目当たり正・負，**car**・**cdr** の交換により全部で八種類のガウス素数が生成される．その為の準備として

```
(define (quad1 lst)                              ; quadruple
  (let ((ones '((1 1) (1 -1) (-1 1) (-1 -1))))
    (map (lambda (x) (map * lst x)) ones)))
(define (quad2 lst)                              ; quadruple
  (let ((ones '((1 0) (-1 0) (0 1) (0 -1))))
    (map (lambda (x) (map * lst x)) ones)))
```

を定義する．これは与えられた二要素のリストに対して，定数部で定義された数値を各要素に乗じる手続である．例えば

```
(quad1 '(2 3))   => ((2 3) (2 -3) (-2 3) (-2 -3))
(quad2 '(2 3))   => ((2 0) (-2 0) (0 3) (0 -3))
```

である．この **quad1** を用いて以下の手続を定義する．

```
(define (gauss-p1 lst)
  (let* ((ex (lambda (l) (list (cadr l) (car l)))))
    (append (quad1 lst) (quad1 (ex lst)))))
```

これより，$\mathcal{P}_{4n+1}$ 型から生じるガウス素数と，その同伴数を得る．例えば

```
> (flat-in (map gauss-p1 (sqsum-p (triple 5))))
```
((2 1) (2 -1) (-2 1) (-2 -1) (1 2) (1 -2) (-1 2) (-1 -2)
(3 2) (3 -2) (-3 2) (-3 -2) (2 3) (2 -3) (-2 3) (-2 -3)
(4 1) (4 -1) (-4 1) (-4 -1) (1 4) (1 -4) (-1 4) (-1 -4)
(5 2) (5 -2) (-5 2) (-5 -2) (2 5) (2 -5) (-2 5) (-2 -5)
(5 4) (5 -4) (-5 4) (-5 -4) (4 5) (4 -5) (-4 5) (-4 -5))

である——無用の内部括弧を削除する為に，`flat-in`を用いた．

また，4の剰余が3となる$\mathcal{P}_{4n+3}$型の素数は，そのままガウス素数でもある．この場合は，正負，実虚に応じて四種類のものが存在する．そこで

```
(define (gauss-p2 n)
  (let ((lst (list n n)))
    (quad2 lst)))
```

を定義すると

```
> (flat-in (map gauss-p2 (filter p4n3? (iota 25))))
((3 0) (-3 0) (0 3) (0 -3) (7 0) (-7 0) (0 7) (0 -7)
 (11 0) (-11 0) (0 11) (0 -11) (19 0) (-19 0) (0 19) (0 -19)
 (23 0) (-23 0) (0 23) (0 -23))
```

が求められる．この手法では，大小関係を規定した二数からリスト作りを始めているので，偶素数2の分解，即ち$2 = (1 + i)(1 - i)$が洩れている．これを

```
(define gauss-p3 (quad1 '(1 1)))
```

により与える．また，単数に関するデータは以下で与えられる．

```
(define gauss-p0 (gauss-p2-test 1))
```

以上をまとめて，ガウス素数を生成する手続：

```
(define (gauss-p n)
  (flat-in
    (append
      (list gauss-p0 '(()) gauss-p3)
      (map gauss-p1 (sqsum-p (triple n)))
      (map gauss-p2 (filter p4n3? (iota n))) )))
```

を定義する．ここで，gnuplotで単数データの分離を行う為に，ファイル中で改行に変じる記号'(())を加えた．また，同心円状に分布させる為に

```
(define (diskcut k)
  (filter list?
    (map (lambda (x)
           (cond ((equal? x '()) '())
                 ((<= (sq+ (car x) (cadr x)) (** k 2)) x)
                 (else 'del-term)))
         (gauss-p k))))
```

D.14. モンテカルロ法

を用いて周辺を切り取る——(gauss-p 50) ならば矩形である．これより

(save->data 'gauss50.dat (diskcut 50))

を実行してデータを作る．以下が図版と，それを生成する plt ファイルである．

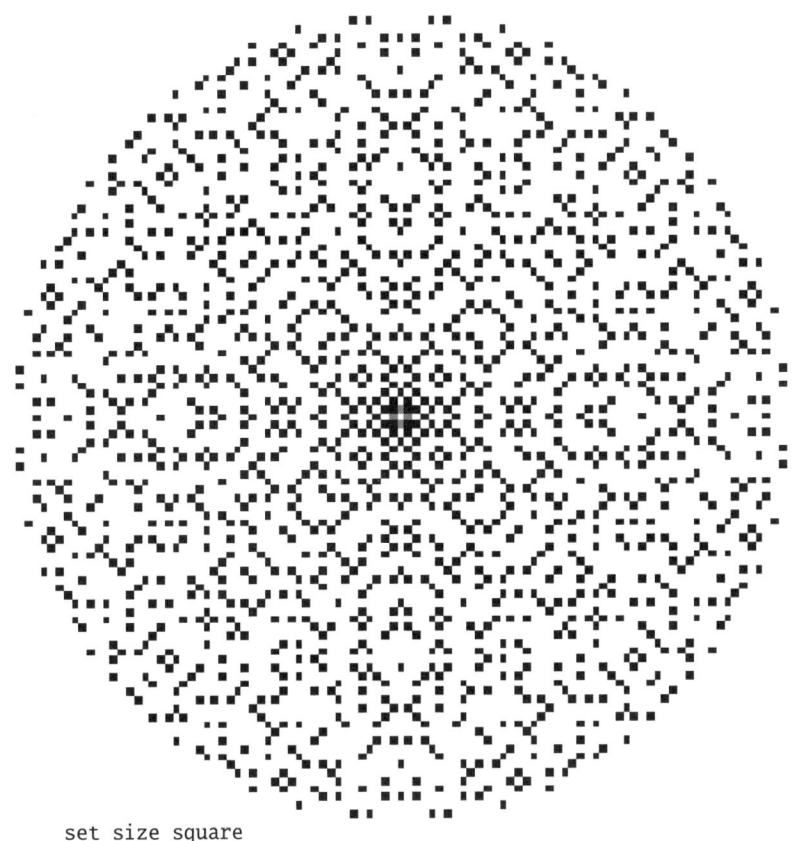

```
set size square
unset border
unset key
unset tics
plot 'gauss50.dat' every :::0::0 lc rgb "red" pt 5 ps 0.8,¥
     'gauss50.dat' every :::1::1 lc rgb "black" pt 5 ps 0.8
```

D.15　非決定性計算による解法

ここでは C.6.2 (p.550) で定義した choose と fail による非決定性計算を利用して，具体的な問題を解く．choose はその行く先に fail があれば，それを避けて動くように見える．実際には，fail に辿り着いた結果，その起動によりバックトラックが行われて別ルートを探している．深さ優先探索が隠されているだけの話なのであるが，そうした"内部事情"を忘れ，表面的な部分のみを採り上げて一つの描像を作る．用いられた技法は多岐に渡り，理解すべき項目は数多くあったが，それらを"非決定性"の一語の中に隠蔽する．これが抽象化の利点である．難しいことは"包んで・隠して・忘れる"のである．

従って，我々は"何らかの方法"によって，choose は fail の存在を予感し，先んじてこれを避けるルートを見出す，と理解してプログラミングを行ってよい．そこで最も簡単で象徴的な例として

```
(choose (choose) 1)
```

を考えよう．これは (choose) が (fail) と等価であるから，これを避けて評価値 1 を返すはずである．ところが，この場合のように引数に函数が含まれる場合，先に定義した choose では上手くいかない．この問題に対処する為には，マクロにより choose を再定義する必要がある．

● マクロによる定義

手続 choose のマクロ定義を行う前に，その引数に対する性質を再確認しておこう．choose は個別のデータを内部でリスト化して処理する形式を取っていた．それは括弧無しの引数を持つ **lambda** により象徴されている．従って，リストをそのままの形で choose に渡すことは出来ない．この書式に対応する為には，先の函数による定義：

```
(define choose
  (lambda x              ← (x) に変更
    (if (null? x)
        (fail)                    削除
        (call/cc (lambda (c-cc)   ↓
          (push (lambda () (c-cc (apply choose (cdr x)))))
          (car x))) ))
```

D.15. 非決定性計算による解法

において斜体表記した部分，即ち，lambda 直後の x を (x) と改め，**apply** を削除すればよい．これにより，リストを引数として choose に直接与えることが出来る．例えば

```
(choose (iota 2 5))
```

などの記法が可能になる．ただし，一つの引数を必須とするこの形式においては，(choose) はエラーとなり，(fail) との等価性は失われる――具体的には，(choose '()) として空リストを引数に置く必要がある．

さて，この函数による定義と見比べながら，マクロによる choose を

```
(define-syntax choose
  (syntax-rules ()
    ((_) (fail))
    ((_ 1st) 1st)
    ((_ 1st 2nd ...)
        (call/cc (lambda (c-cc)
          (push (lambda () (c-cc (choose 2nd ... ))))
          1st)) )))
```

により定義する．このマクロによれば

```
> (choose (choose) 1)
1
```

と正しい評価値が得られる．

● リストへの対応

再びマクロによる定義と，函数による定義とを比較する．二つの定義はほぼ並行しているが，**apply** や **map** 等は，手続を引数に取る「高階函数」であり，マクロを引数とすることは出来ない．従って，ここで **apply** は使えない．そこで 1st を第一引数としてリストの **car** を，2nd を第二引数，三点ドットを後に続く任意個数の引数に対応させて，2nd ... で **cdr** の中身を取り込んでいる．

通常，Scheme においては，データの遣り取りはリスト形式で行われる．また，ここまでに積み上げてきた"資産継承"の意味からも，リストを直接の引数とする形でデータを渡したい．こうした点を考慮した上で，choose のリスト対応版を作っておく．

```
(define (amb . lst)
  (if (null? lst)
      (fail)
      (let loop ((x (car lst)))
        (if (null? x)
            (fail)
            (choose
              (eval (car x) (interaction-environment))
              (loop (cdr x)) )))))
```

を定義する――ここで amb は複数の可能性を意味する *ambiguous* から取った. リストに対応させるには様々な方法が考えられるが, ここでは強引な方法を採用した. 先ずは, (amb) と (fail) を等価にする為に, 引数無しの場合を処理する. 次に, choose の引数を列挙するループを作る. ここで, 引数自身の評価値が必要な場合の為に, **eval** を用いている. これより

```
> (amb '((amb) 1))
1
```

に対しても正確に動作している.

函数による場合も, マクロによる場合でも, choose は最初の解を出力した後は待機状態に入り, 引き続き (fail) を実行するまで, 残りの解は示されない. そこで全体をリスト形式で一挙に与えるマクロを定義しておく.

```
(define-syntax ans-of                          ; answers-of
  (syntax-rules ()
    ((_ eqs)
     (let ((tmp '()))
       (choose
         (let ((dum eqs))
           (set! tmp (cons dum tmp))
           (fail))
         (reverse tmp)) ))))
```

このマクロにより, 解の全体が直ちに求められる.

```
> (ans-of (list (choose 2 3) (choose 5 7)))
((2 5) (2 7) (3 5) (3 7))
```

である. amb の場合にはリスト表記により

D.15. 非決定性計算による解法

```
(ans-of (list (amb '(2 3)) (amb '(5 7))))
```

とする．これで非決定性計算を具体的な問題に対応させる為の準備が整った．

● 制約のある問題

先ず，非決定的に数を返す手続：

```
(define (amb-num min max)
  (amb (iota min max)))
```

を定義する．実行例は以下である．

```
> (amb-num 2 5)
2
```

評価値の全体が見たい場合には，これを ans-of で包めばよい．例えば

```
> (ans-of (amb-num 2 5))
(2 3 4 5)
```

である――表面的な結果的だけ見れば，(iota 2 5) と変わらない．

非決定性計算の本質は，(fail) によるバックトラックであった．失敗をしないのではなく，失敗をさせて，そこから反転させる．失敗により正しい方向を見出す戦略であった．そこで一般的な問題をより簡便に扱う為に，解の性質を記すだけで，プログラムが正しく起動する"要請"を

```
(define (require predi)
  (if (not predi) (fail)))
```

により定義する．解の充たすべき性質を述語形式で書き，require に与える．もし，その性質が充たされていない場合には，(fail) によりバックトラックが為されて，他の要素を自動的に探索する．**非決定性計算における問題の解法とは，解の性質の記述と探索範囲を与える，即ち，問題の制約条件を定めることで，不可なるものを排除して，解を追い詰めていく手法である．**

例えば，素数判定を行う述語 prime? を用いて，ある範囲の全素数をリストにする為には，以下の手続を利用すればよい．

```
(define (p-generator n)
  (let ((i (amb-num 2 n)))
    (require (prime? i)) i))
```

探索の範囲として，100以下の数に限定すれば，実行例は

```
> (p-generator 100)
2
```

である．最初の素数 2 が得られた．残る解は，(amb) の連打により得られる．
全ての解が一挙にほしければ，ans-of を利用する．

```
> (ans-of (p-generator 100))
(2 3 5 7 11 13 17 19 23 29 31 37 41 43 47 53 59 61 67 71 73 79 83 89 97)
```

ここで重要なことは，手続 p-generator において記述された内容は，**let** による探索範囲の指定と，require による解の性質の記述——計数 i は素数か？——だけであること．求めるべき解の性質を書いただけで，それが求められていることである．これで双子素数の問題も簡単に解決出来る．そのコードは

```
(define (p-pair min max)
  (let ((i (amb-num min max)))
    (require
      (and (prime? i)
           (prime? (+ i 2)) ))
    (list i (+ i 2))))
```

である．実行例は以下である．

```
> (ans-of (p-pair 3 100))
((3 5) (5 7) (11 13) (17 19) (29 31) (41 43) (59 61) (71 73))
```

ここで必要とされたことは，双子素数の性質の記述，即ち，「ある奇数と次の奇数が共に素数である」こと，それをコードにすることだけであった——上限を 1000 にまで拡げると，700，900 台には双子素数が存在しないことが分かる．

ソフィー・ジェルマン素数(Sophie Germain prime) とは，$2p+1$ もまた素数になる素数 p のことである——p の相棒である $2p+1$ を**安全素数**(safe prime) と呼ぶことがある．これを求めるコードは，次のようになる．

```
(define (sgp-pair min max)
  (let ((i (amb-num min max)))
    (require
      (and (prime? i)
           (prime? (+ (* i 2) 1)) ))
    (list i '/ (+ (* i 2) 1) )))
```

D.15. 非決定性計算による解法

50までのソフィー–ジェルマン素数・安全素数の組は以下の通りである.

```
> (ans-of (sgp-pair 2 50))
((2 / 5) (3 / 7) (5 / 11) (11 / 23) (23 / 47) (29 / 59) (41 / 83))
```

ピラゴラス数も全く同様に求めることが出来る.

```
(define (amb-triple n)
  (let* ((i (amb-num 3 n))
         (j (amb-num i n))
         (k (amb-num j n)))
    (require (Pythagorean? i j k))
    (list i j k)))
```

この手続に対して, 探索範囲を50とすると, 以下の結果が得られる.

```
> (ans-of (amb-triple 50))
((3 4 5) (5 12 13) (7 24 25) (8 15 17) (9 40 41) (12 35 37) (20 21 29))
```

合同式の問題も, その数が充たすべき性質を書くだけでよい. 例えば, 3で割れば1余り, 5で割れば2余り, 7で割れば3余る最小の数は

```
(define (amb-105 n)
  (let ((i (amb-num 1 n)))
    (require
      (and (= 1 (/@ i 3))
           (= 2 (/@ i 5))
           (= 3 (/@ i 7))))
    i))
```

より, (amb-105 100) を実行して52を得る——これで5.1 (p.126) における孫子剰余定理の例題が解かれたことになる. 探索範囲を1000まで拡げれば

```
> (ans-of (amb-105 1000))
(52 157 262 367 472 577 682 787 892 997)
```

の10種類が得られる.

D.16　乱択アルゴリズム

ここまで紹介してきたアルゴリズムは，全て"決定論的"なものであった．即ち，そのプログラムが終了した時に，結果が確定しているものを扱ってきた．ここでは結果が一意に確定しない，そこに"含み"がある**確率的アルゴリズム**(probabilistic algorithm) を扱う．

主題は素数判定である．これは，エラトステネスの篩により決定論的に実行出来た．要するに調査対象とする数 n に，約数があるか否か，$\sqrt{n}$ までの全数検査を行えば，それが"確定する"のであった．しかし，巨大素数が"実用"されている今，その判定作業は確実であると共に，高速でなければならない．たとえ $\sqrt{n}$ であっても，その計算量は厖大であり，これ以上の高速化は非常に困難である．そこで，ここまで調べたら"**非常に高い確率で素数と判断出来る**"という方法があれば，一つの重要な指針になるだろう．

この問題も実は既に体験済みである．99 までの素数を篩によって選別する際，約数として素数 7 までを調べれば，調査範囲の全素数 25 個が"確定"した．次の素数の二乗，即ち 11^2 が上限 99 を越えるからである——これが $\sqrt{n}$ の意味であった．今一度，その顔ぶれを見ておこう．

> (primes 99)
(2 3 5 7 11 13 17 19 23 29 31 37 41 43 47 53 59 61 67 71 73 79 83 89 97)

しかし，一つ前の素数 5 で約数の検査を止めた場合でも，このリストには 7 の倍数として残った $49, 77, 91$ の僅かに三数が"間違い登録"されるだけである．従って，この場合なら $25/28$，即ち九割近い確率で正しい答を出せる方法だと解釈出来る訳である．こうした実例からも，"確率論的解法"が特異なものではないことがよく分かるだろう．

D.16.1　フェルマー・テスト

一般に，乱数を利用して確率論的に"解答"を与える手法，そのアルゴリズムを，**乱択アルゴリズム**(Randomized algorithm) と呼んでいる．ここでは**フェルマー・テスト**(Fermat primality test) として知られる素数の判定法を紹介する．その基礎になるのは，5.5 (p.156) で論じた**フェルマーの小定理**(Fermat's

D.16. 乱択アルゴリズム

little theorem) である．それは合同式：

$$a^p \equiv a \pmod{p}$$

を基礎に，「整数 a と素数 p は互いに素である」という条件を加えた：

$$a^{p-1} \equiv 1 \pmod{p}, \qquad ただし，1 \leqq a \leqq p-1$$

によって与えられた．この条件と合同式をコード化した述語：

```
(define (fermat? a p)
  (= (/: (** a p) p) a))
```

を用いて議論を進める．

● 証人を探す

これは p が素数であれば"必ず成り立つ"合同式である．しかし，合成数であっても成り立つ場合がある．従って，フェルマーの小定理を充たすことが，素数であることの証明にはならない．一方，この合同式を破綻させる a, p の組合せが見附かれば，それは p が合成数であることの証明になる．

例えば，上のコードで p を素数 5 に固定して実験をしよう．可能な組合せは

$$
\begin{array}{ll}
1^5 \equiv 1 \pmod{5} & \text{(fermat? 1 5)} \to \quad \#t \\
2^5 \equiv 2 \pmod{5} & \text{(fermat? 2 5)} \to \quad \#t \\
3^5 \equiv 3 \pmod{5} & \text{(fermat? 3 5)} \to \quad \#t \\
4^5 \equiv 4 \pmod{5} & \text{(fermat? 4 5)} \to \quad \#t \\
\end{array}
$$

であり，全ての場合において"真"である．一方，合成数 6 の場合には

$$
\begin{array}{ll}
1^6 \equiv 1 \pmod{6} & \text{(fermat? 1 6)} \to \quad \#t \\
2^6 \equiv \mathbf{4} \pmod{6} & \text{(fermat? 2 6)} \to \quad \#f \\
3^6 \equiv 3 \pmod{6} & \text{(fermat? 3 6)} \to \quad \#t \\
4^6 \equiv 4 \pmod{6} & \text{(fermat? 4 6)} \to \quad \#t \\
5^6 \equiv \mathbf{1} \pmod{6} & \text{(fermat? 5 6)} \to \quad \#f \\
\end{array}
$$

となって，真・偽が混じり合う．

今ここで示したように，可能な場合を全て網羅する手法であれば間違うことはない．確かに素数 5 の場合には，全ての a に対してフェルマーの小定理は成立している．合成数 6 の場合には成立しない a が存在する——この場合の a を，p に対する**証人**(witness) と呼ぶ．

しかし，全数検査をするのであれば，エラトステネスの篩を用いることと大差がない．そこで特定の a を選んで，全体に占める証人の数から，その確からしさを推察したい．仮に証人が極めて多数見附かるのであれば，その一つを捉えることは非常に簡単であろう．一つでも見附かれば，最早それは素数ではないのであるから，これを以て"合成数の判定方法"とすることが出来る．

逆にある程度の個数を調べても，真が連続して返ってくる場合には，それは素数である確率が高くなる．本来なら証人で溢れかえっているはずの場所で，「そうではない」という結論しか返ってこないのであれば，それを素数と判定することに，確率的な意味が生じるという訳である．このアイデアに沿って素数判定を行うアルゴリズムをフェルマー・テストと呼ぶ．

● 冪計算の改善

それでは，与えられた数に対して，証人が占める割合を調べよう．その前に，大きな数の計算に耐えられるように，道具を補強しておく．そろそろ合同に対する直観も利くようになったところで，手続 `fermat?` の基礎となっている冪計算を，C.2.2 (p.490) で示した逐次平方の手法を用いて改良する．

逐次平方による冪計算とは，指数部の偶奇によって処理を変える手法であり，そのコードは以下のものであった．再掲する．

```
(define (sq** b n)
  (cond ((zero? n) 1)
        ((even? n) (sq  (sq** b (/ n 2))))
        ((odd?  n) (* b (sq** b (- n 1)))) ))
```

この計算過程では，指数部は二進数に展開されていた．これと全く並行的に，合同計算もまた指数部の偶奇により処理を変えよう．そして一回の計算毎にその剰余を求めて，数の爆発を抑えることにする．これを次の手続：

```
(define (/:** a p m)
  (cond ((zero? p) 1)
        ((even? p) (/: (sq  (/:** a (/ p 2) m)) m))
        ((odd?  p) (/: (* a (/:** a (- p 1) m)) m))))
```

により与え，`fermat?` もまた

```
(define (fermat? a p)
  (= (/:** a p p) a))
```

D.16. 乱択アルゴリズム

と書き直しておく．これで高次の冪も，全て平方にまで還元されるので，当面の問題に関して桁溢れの心配が無くなる．

ここで少々寄り道をして，冪計算の手法について，さらに深めておきたい．ただし，逐次計算の手法よりは，速度も遅く簡潔さも無い．逐次平方では，再帰により自動的に二進数への展開が行われるが，ここでは指数部の二進数への展開を別処理として行い，最後に主たる計算部分に持ち寄って値を求める．

ここでも 82^{43} より，指数の例として 43 を採り上げる．これは

$$43 = 1\times 2^5 + 0\times 2^4 + 1\times 2^3 + 0\times 2^2 + 1\times 2^1 + 1\times 2^0$$

より二進数 101011 に変換された．この変換を与える手続から考える．

組込手続 **number->string** は，数値を文字化するだけではなく，同時に基底変換を行うオプション引数をも有している．例えば

```
(number->string 43  2)    => "101011"
(number->string 43 16)    => "2b"
(number->string 43 10)    => "43"
(number->string 43)       => "43"
```

などである．第二引数が無い場合には，10 が基底として選ばれる仕組である．これを用いて，二進表記を"数値のリスト"で返す手続：

```
(define (base2 x)
  (define (decompo lst)
    (cond ((not (list? lst)) (list (string->number lst)))
          ((null? lst) '())
          (else (cons (string->number (car lst))
                      (decompo (cdr lst))))))
  (let ((lst (string-divide 1 (number->string x 2))))
    (decompo lst)))
```

を定義する．実行例は

```
(base2 43)   => (1 0 1 0 1 1)
(base2 63)   => (1 1 1 1 1 1)
```

である．そして，この表記の利用を念頭に，リスト同士の積を取る手続：

```
(define (bit-and lst1 lst2)
  (apply * (remove zero? (map * lst1 lst2))))
```

を準備する．これは二つのリストの対応する項の積を取り，その中から 0 になった部分を取り除いて，さらに全体の積を取る．例えば

```
> (bit-and '(1 0 1 0 1 1) '(1 1 16 81 9 82))
11808
```

である．二番目のリストは，以下の計算過程：

$$\left.\begin{array}{l} 82^1 = 82 \equiv 82, \\ 82^2 = 6724 \equiv 9, \\ 82^4 = 81 \equiv 81, \\ 82^8 = 6561 \equiv 16, \\ 82^{16} = 256 \equiv 1, \\ 82^{32} \equiv 1 \end{array}\right\} \text{(mod. 85)}$$

からその剰余を抽出したものである．即ち，上の bit-and による計算は

$$\begin{array}{cccccc} 82^{32} \equiv 1 & 82^{16} \equiv 1 & 82^8 \equiv 16 & 82^4 \equiv 81 & 82^2 \equiv 9 & 82^1 \equiv 82 \\ \times & \times & \times & \times & \times & \times \\ 1 & 0 & 1 & 0 & 1 & 1 \\ \hline 1 & & 16 & & 9 & 82 \end{array}$$

より，$1 \times 16 \times 9 \times 82 = 11808$ を導いたのである．これを法 85 で除して

```
> (/: 11808 85)
78
```

を得る――これは確かに $82^{43} \equiv 78$ (mod. 85) を再現している．

以上の過程を自動化し，bit-and により値をまとめる．その手続は

```
(define (bit** y s n)
  (let ((bexp (base2 s)))
    (let loop ((k 0) (tmp '()) (t (/@ y n)))
      (if (= k (length bexp))
          (if (< n (bit-and bexp tmp))
              (/@  (bit-and bexp tmp) n)
              (bit-and bexp tmp))
          (loop (+ k 1) (cons t tmp) (/@ (* t t) n))))))
```

となる．ここで，bexp は与えられた数 s の二進展開である．二重の **if** の二段目は，結果がなお法 n より大きい場合に，最後の合同計算を行う判断の為に設定されている．冪計算の実行に，loop 内における (* *t t*) という単純な二乗計算しか用いていないのが，この処理の特徴である．実行例は

D.16. 乱択アルゴリズム

```
(bit** 82 43 85)        => 78
(bit** 2 1092 (** 1093 2))     => 1
(bit** 2 3510 (** 3511 2))     => 1
```

である．下の二例は 5.8 (p.180) の末尾の問題から採った．

● **証人の存在確率**

さて，それでは証人探しを始めよう．手続 witness を定義する．

```
(define (witness k)
  (let loop ((i 2) (w 0))
    (cond ((= k i) w)
          ((eqv? (fermat? i k) #f)
           (loop (++ i) (++ w)))
          (else (loop (++ i)       w)) )))
```

これは，数 k が何個の証人を抱えているかを求める——従って，素数の場合には 0 が出力される．例えば

```
(witness 5)  => 0
(witness 6)  => 2
```

問題は．特定の a に対して 0 が出力されても，それが素数である証明にはならないことである．そこで"証人の素顔"を知る為に，統計的に調べを進める．

```
(define (wit-list n)
  (let loop ((i 2) (tmp '()))
    (if (< n i)
        (reverse tmp)
        (loop (++ i) (cons (list i (witness i)) tmp)) )))
```

は，witness のデータをリストにする．例えば，20 までの数の証人数は

```
> (wit-list 20)
((2 0) (3 0) (4 2) (5 0) (6 2) (7 0) (8 6) (9 6) (10 6) (11 0) (12 8)
 (13 0) (14 10) (15 6) (16 14) (17 0) (18 14) (19 0) (20 16))
```

と求められる．この場合，証人数ゼロを示す数は，確かに素数である．また，数が大きくなるに従って，証人の数はその大半を占めているように見える．

そこで 100 までの証人数と，その数自身との比をグラフにする——グラフ作成の為に，wit-list のリスト部を (* 1.0 (/ (witness i) i)) と書換えた．

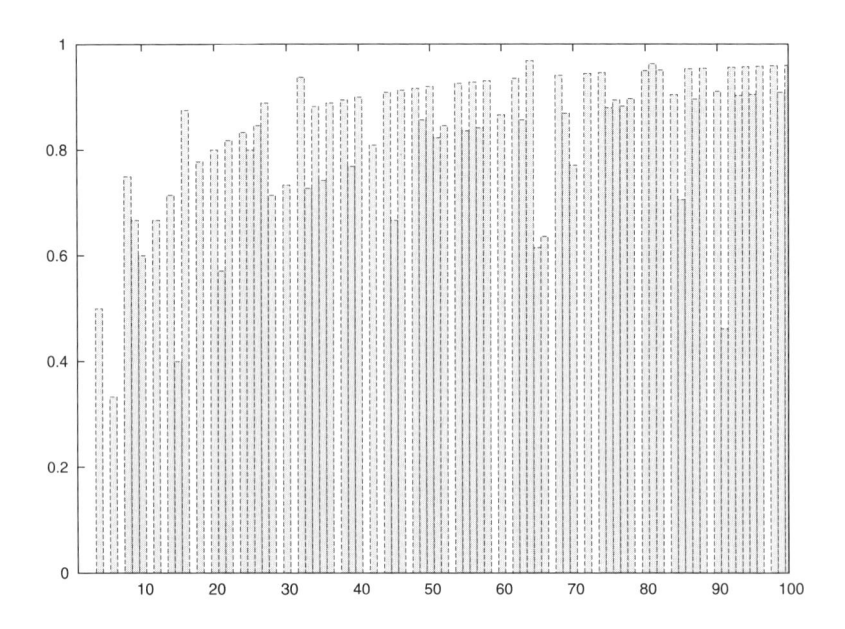

ほとんどの数が 0.5 を越えている．欠損部は素数である．

D.16.2　カーマイケル数

リストの全域に渡って，このことを確かめたい．先ずは `wit-list` の出力を証人数だけにする．

```
(define (wit-list n)
  (let loop ((i 2) (tmp '()))
    (if (< n i)
        (reverse tmp)
        (loop (++ i) (cons (witness i) tmp)) )))
```

この出力を操作する為に，小道具を作る．0 以外の数値は全て 1 に変更する手続 unit と，0 を 1 にその他を 0 に変える手続 exchange である．

```
(define (unit x) (if (nonzero? x) (/ x x) x))
(define (exchange x) (if (zero? x) 1 0))
```

この二つの手続を **map** でリストに作用させると，証人数の項目を 1 に変え，素数の部分と合成数の部分の 0, 1 を入れ換える．実際に実行してみると

D.16. 乱択アルゴリズム

```
> (map exchange (map unit (wit-list 20)))
```
(1 1 0 1 0 1 0 0 0 1 0 1 0 0 0 1 0 1 0)

となる．これに対して，素数のリストに対して unit を作用させると

```
> (map unit (sieve 20))
```
(1 1 0 1 0 1 0 0 0 1 0 1 0 0 0 1 0 1 0)

を得る．両者は完全に一致している．調査を自動化する為に

```
(define (flag n)
  (apply + (map -
             (map exchange
               (map unit (wit-list n)))
             (map unit (sieve n)))))
```

を定義すると，両者が一致する限り出力は 0，今の場合なら (flag 20) は 0 となる訳である．そこで，一気に範囲を拡げて $n = 560$ まで調べると

```
> (flag 560)
```
0

となり，異なる二手法によって得たリストが完全に一致することが確かめられた．よって，合同計算による素数判定は，エラトステネスの篩の方法と同等ではないか，との予想が出来る訳であるが，この次の数，即ち $n = 561$ において

```
> (flag 561)
```
1

となって，予想は見事に覆る．561 は $3 \times 11 \times 17$ と素因数分解される合成数である．にも関わらず，この数はフェルマー・テストを潜り抜ける特殊な性質を持っている訳である．これは発見者に因んで**カーマイケル数**(Carmichael numbers)，或いは**絶対擬素数**(absolute pseudoprimes) と呼ばれている．

整数論が面白く，かつ非常に恐ろしいのは，数値実験を行って，あらゆる調査が順調に進み，これで一般的な方針が得られるのではないかと考えると，忽ち奇妙な形で反例が現れて，それまでの目論見が壊れてしまうところにある．

次のカーマイケル数は 1105 である．これも実際に確かめておこう．

```
(flag 1104)   =>  1
(flag 1105)   =>  2
```

この数も 1105 = 5 × 13 × 17 と素因数分解が出来るにも関わらず，合成数であるとする証人が一つも存在しないのである．

ただし，このカーマイケル数を慎重に除去すれば，フェルマー・テストは簡便な素数判定の一つとして充分利用出来る——カーマイケル数は無限に存在することが知られているが，十万以下では次の 16 個のみである．

> 561, 1105, 1729, 2465, 2821, 6601, 8911, 10585,
> 15841, 29341, 41041, 46657, 52633, 62745, 63973, 75361

● **素数である確率**

ここまでに見てきたように，非常に多くの合成数の証人が存在することから，合同式の全ての場合を尽くさなくても，複数回の検査に通れば，素数である可能性がかなり高いことが分かる．

そこで，擬似乱数によって，適当な a の値を選ばせて，その検査の如何を以て素数判定に変えることが出来る訳である．合成数である場合には，明確にそれを示すことが出来る．そして，素数の場合には，"高い確率で素数らしい"との判定を下せるのである．これを実現する為に先ず

```
(define (random-test p)
  (let ((a (random+ (- p 1))))
    (= (/: (** a p) p) a)))
```

を定義する——擬似乱数の範囲を，1 から $(n-1)$ にする必要から，その引数を $(-\ p\ 1)$ とした．この述語を用いて，フェルマー・テストは

```
(define (judge? p i)
  (cond ((zero? i) #t)
        ((random-test p) (judge? p (-- i)))
        (else #f)))
```

によって行われる．ここで i は調査する a の個数である．例えば

```
(judge? 93 6)   =>  #f
(judge? 97 6)   =>  #t
```

となり，この場合 "運良く" 正解を得た．調査回数は六回であるが，これは擬似乱数によるものなので，当然 "六種類の異なる a" には一般的にはならない．

100 までの範囲で証人数が目立って少ないのは

```
> (witness 91)
42
```
である．総数 91 に対して証人数 42 は，この領域の数としては破格である．
従って，フェルマー・テストは一回の試行では

$$\frac{91-42}{91} \approx 0.538$$

により半分以上の確率で騙されることになる．実際に，(judge? 91 1) を連続試行して，その比を求めると，ほぼこの値通りの結果となる．試行回数を増やせば，この数値の冪で騙される確率は下がっていく．1000 回の試行に対して，どれほど騙されたか，実測値と上の数値を冪計算した理論値を並記する．

実測方法 (1000 回)	Hit 数	理論値
(judge? 91 1)	543	0.538
(judge? 91 2)	294	0.289
(judge? 91 3)	158	0.156
(judge? 91 4)	83	0.084
(judge? 91 5)	45	0.045
(judge? 91 6)	27	0.024
(judge? 91 7)	14	0.013
(judge? 91 8)	7	0.007
(judge? 91 9)	4	0.004
(judge? 91 10)	2	0.002
(judge? 91 11)	1	0.001
(judge? 91 12)	0	0.0006

このように，極めて証人の割合が多い数に関しても，12 回の試行によって，ほぼ確率的には騙される可能性が消えていることが分かる．

ハイ，合成数！

D.17 有限集合に対する諸計算

論理の幾何学化が即ち，**集合**(set) であるが，それは再び抽象化されて，論理と融合する．ベン図による図解は，直観的な処理に道を拓く自然なものではあるが，その限界は直ぐに来る．抽象概念を具象化することの限界である．

Scheme では，論理演算子としての **and, or, not** が定義されている．これを元に B.5.3 (p.453) では万能結合子 nand をマクロとして定義した．定義が循環するだけで，何か新しい要素を加えるものではないものの，ここで nand の働きを具体的に確かめておくことは，"万能"を理解する上で意味がある．

先ず，否定演算子 **not** は

    (define (my-not P) (nand P))

により再現される．この定義が機能していることは，実行例：

    (my-not #t) => **#f**   (my-not #f) => **#t**

により確認される．続いて，**and, or** は

    (define (my-and P Q) (nand (nand P Q) (nand P Q)))
    (define (my-or P Q) (nand (nand P P) (nand Q Q)))

により定義される．以下の結果が，その正しさを保証している．

    (my-and #t #t) => **#t**   (my-or #t #t) => **#t**
    (my-and #t #f) => **#f**   (my-or #t #f) => **#t**
    (my-and #f #t) => **#f**   (my-or #f #t) => **#t**
    (my-and #f #f) => **#f**   (my-or #f #f) => **#f**

こうして nand 一つで，確かに他が定義出来ることが示された．一方のみが真の時に，結果も真となる**排他的論理和**(exclusive or) は，これらを組合せた

    (define (xor P Q) (and (or P Q) (nand P Q)))

により定義出来る——勿論，nand だけでも表現出来る．

続いて，集合の諸概念を順にコード化していく．集合を順序の無いリスト，要素の重複を許さないリストとして定義する．先ずは**空集合**(empty set) を判定する述語 empty? から始める．これは，**null?** がそのまま使えるので

    (define empty? null?)

D.17. 有限集合に対する諸計算

と定義する．その要素が，続く集合に属しているか否かを判定する述語もまた，組込の **member** がそのまま使える．また，集合の要素数を得るには，リストの要素数を与える **length** が使える．そこで，以下を定義する．

```
(define element? member)        (define cardinal length)
```

以上，組込の改名による再定義を列挙した．ここから先は，自前の定義となる．

合併(union) [或いは和集合] を記号「+」，**共通部分**(intersection) [或いは積集合] を記号「*」，**差集合**(difference set) を記号「-」により表して，以下の手続を定義する．なお，実際のコードの動きからは無用であっても，より定義が理解しやすくなるように，特に条件判断の部分は，重複を厭わず，他の定義との統一性を重視している．先ず，二つの集合の"和"は

```
(define (set+ A B)
  (cond ((empty? A) B)
        ((empty? B) A)
        ((element? (car A) B) (set+ (cdr A) B))
        (else (set+ (cdr A) (cons (car A) B))) ))
```

により与えられる．同じく，二つの集合の"積"は

```
(define (set* A B)
  (cond ((empty? A) '())
        ((empty? B) '())
        ((element? (car A) B) (cons (car A) (set* (cdr A) B)))
        (else (set* (cdr A) B)) ))
```

となる．集合の"差"は，以上の二手続とは異なり，要素 A, B に順序がある．従って，定義にも非対称性が表れる．A から B を"引く"その手続は

```
(define (set- A B)
  (cond ((empty? A) '())
        ((empty? B)    A)
        ((element? (car A) B) (set- (cdr A) B))
        (else (cons (car A)   (set- (cdr A) B))) ))
```

である．実行例として，20までの奇数，偶数，素数の集合(リスト)を

```
(define e20 (iota 1 20 2))
(define o20 (iota 2 20 2))
(define p20 (primes 20))
```

により定義する．これらを用いて

    (set+ e20 o20)   => *(19 17 15 13 11 9 7 5 3 1 2 4 6 8 10 12 14 16 18 20)*
    (set* p20 o20)   => *(2)*
    (set- e20 p20)   => *(1 9 15)*

を得る．要素順は整っていないが，最上段は「奇数の集合」と「偶数の集合」の和は，再び自然数に戻ることを表している．中段は，「素数の集合」と「偶数の集合」の積，即ち両者に共通する要素は 2 しかないことを示している．下段は，「奇数の集合」から「素数の集合」を抜き出した残りを記している．また

    (sort (set- (set+ e20 o20) p20)) => *(1 4 6 8 9 10 12 14 15 16 18 20)*

により，「20 までの合成数の集合 (1 を含む)」が導き出される——集合の立場からは無意味であるが，ここでは sort により見た目を整えた．

全体集合(universal set) U が定まれば，**補集合**(complement) が

    (define (set-not A) (set- U A))

と定まる．これは論理演算子 **not** の集合版であり，「A 以外の全要素を含む集合」を定めることになる．例えば，一桁の自然数 (iota 9) を全体集合 U と見るとき，要素 5 の否定，即ち補集合は

    (set-not '(5))   => *(1 2 3 4 6 7 8 9)*

と求められる——補集合は，全体集合により変化することを注意しておく．

部分集合(sub set) を判定する述語 sub? を，以下のように定義する．

    (define (sub? A B)
      (cond ((empty? A) #t)
            ((element? (car A) B) (sub? (cdr A) B))
            (else #f)))

この場合も，定義は非対称である——A が B に含まれるか否かを判定する．これより直ちに，二つの集合が等しいことを判定する述語 seteq?：

    (define (seteq? A B)
      (and (sub? A B) (sub? B A)))

を定義出来る——これは二つの"真偽値の積"により定まるので，論理演算子 **and** が用いられる．与えられた集合の「全ての部分集合」の集合は，**冪集合**(power set) と呼ばれている．冪であることを記号「**」により強調して

D.17. 有限集合に対する諸計算

```
(define (set** A)
  (let ((fn (lambda (x) (cons (car A) x))))
    (cond ((empty? A) (list '()))
      (else (append (set** (cdr A))
            (map fn (set** (cdr A))) )))))
```

を定義する．実行例は以下である．

(set** (iota 3))　=> ***(() (3) (2) (2 3) (1) (1 3) (1 2) (1 2 3))***

要素数は 2 の冪乗で増えていく．cardinal を用いて以下を得る．

(cardinal (set** (iota 3)))　=> ***8***
(cardinal (set** (iota 10)))　=> ***1024***

集合の要素は重複しない．これがリストとの違いである．そこで与えられたリストから，同一のものをまとめて"集合化"させる手続を定義する．それは

```
(define (combine A)
  (cond ((empty? A) '())
    ((element? (car A) (cdr A)) (combine (cdr A)))
    (else (cons (car A)          (combine (cdr A)))) ))
```

で与えられる．実行例は

(combine '((1 2) 3 (1 2) (2 3) 3 4))　=> ***((1 2) (2 3) 3 4)***

である．これより，例えばリストの結合手続である **append** による結果も

```
(define (set-v A B)
  (combine (append A B)))
```

とすることによって，集合の和に変えることが出来る．また，排他的論理和の集合版，即ちどちらか一方のみに属している要素を抜き出す手続は

```
(define (set-xor A B)
  (set- (set+ A B) (set* A B)))
```

により定義される——和・積・差，総登場である．実行例は以下である．

(set-xor '(a c e) '(a b c d e z))　=> ***(b d z)***

D.18 無限ストリーム

数学において最も有名であり，最も広く使われている記号．それにも関わらず人の意識に上らず，今なお"名前の無い記号"がある．例えば

$$1, 2, 3, \ldots, \qquad 1 + 2 + 3 + \cdots$$

における「…」である．これでは可哀想なので**打点記号**(dot symbol) という名称を提案する．左側が**下打点**(lower dots)，右側が**中打点**(center dots) である．

打点記号には深遠な意味がある．1.1 (p.2) でも論じたように，それは"無限"を暗示している．数学は無限を扱う学問であるから，本来ならこの記号は最も重要な位置を占めるべき記号のはずであるが，余りにも簡潔で，余りにも親しみやすいが故に，却ってその本質が隠されてしまった．

無限を暗示してはいるが，暗示だけでは数学にならない．そこに再帰が登場する．無限を有限に束ねるのがその役目である．しかし，再帰における無限は片側の無限であった．どちらか一方が必ず抑えられていた．これを終了条件，或いは基底部と呼んだ．集合なら空集合の存在が"底の底"である．

ここでは計算機で無限を扱う手法を紹介する．有限のメモリーと有限の時間の中で右往左往する計算機に"生の無限"は扱えない．しかしながら，打点記号に象徴される，「ここから先は同じ展開」という手法で，あたかも無限を扱っているかの如く振る舞わせることは可能である．事前に存在はしないが，要望があれば引き出せる，それが**ストリーム**(stream) であり，それを元に諸計算を行うのが**ストリーム計算**(stream computation) である．

● 遅延リスト

それではストリーム計算とは何か．具体的な定義は何か．**ストリーム計算とは遅延を伴う再帰計算，終了条件の無い再帰計算である**．幾ら掘っても源泉が尽きない，そんな無限を表現する手法である．主役は **delay** と **force** である．計算の手法は定まっているが，それを要請があるまで実行せず，そのままに保管する——これを *promise* と呼ぶ．そして，一旦要請があれば，何度でも繰り返しそれに応える．それは終わることがない．よって，無限の表現となる．

Scheme における主役はリストである．無限を扱うのは **delay** である．よって遅延されたリスト，**遅延リスト**(delayed list) がストリーム計算の主役とな

D.18. 無限ストリーム

り，その構成子たる *delayed cons*，即ち，特殊形式 s-cons がその基礎を為す．それは既に B.5.3 (p.453) において定義したマクロ：

```
(define-syntax s-cons
  (syntax-rules ()
    ((_ x y) (cons x (delay y)))))
```

である——以降，基本要素の接頭辞 *s* は *stream* の略記であり，ストリーム計算に関連するものであることを示す．これによって構成されるストリームは，**cdr** 部が遅延される．一番簡単な例は，冒頭の打点記号の再現，**自然数のストリーム**である．先ずは，その生成器を再帰形式で定義する．

```
(define (int-from n)
  (s-cons n (int-from (+ n 1))))
```

しかし，これには再帰部のみがあって基底部が無い．もし構成子が普通の **cons** なら停止しない．メモリーを食い尽くしてダウンする．ところが，構成子を s-cons に変更することによって，状況は全く変わってくるのである．

そこで，**自然数のストリーム**を

```
(define numbers* (int-from 1))
```

により定義し，実験を始める．ここで注目すべきは，numbers* には定数定義のように引数が無い点である——なお，ストリームによる手続には，末尾に「*」を附けることによって他との差異を強調した．先ず初めに，リストの **car** 部と **cdr** 部を確かめる．その為に必要なのは，ストリーム計算用の選択子：

```
(define (s-car stm)      (car stm))
(define (s-cdr stm) (force (cdr stm)))
```

である．通常の選択子との差異は，delay によって遅延されていた評価値を表に引き出す **force** が **cdr** に含まれている点である．これによって，引数すら持たない numbers* の "中身" が調べられる．その実態は

```
(s-car numbers*)   => 1
(s-cdr numbers*)   => (2 . #<promise>)
```

である——promise に関する表記は実装によって異なる．そして，s-cdr を連続して取ると，自然数がドットリストの **car** 部に現れてくる．

```
(s-cdr (s-cdr numbers*))          => (3 . #<promise>)
```

```
(s-cdr (s-cdr (s-cdr numbers*)))   => (4 . #<promise>)
```

これはデータそのものが，再帰構造を含んでいることを示している．問わなければ答えないが，問えば必ず自然数を返してくる．誰もが何気なく書いている

$$1, 2, 3, \ldots$$

における打点記号の主旨が，コードによって表現出来た訳である．しかし，打点記号が我々の直観を刺戟し，無限を暗示するものであるなら，1 の後に幾つ自然数を並べるかは全く問題ではない．即ち

$$1, \ldots$$

で充分なはずである．そして，この表記は numbers* の中身である

```
(s-cons 1 (2 . #<promise>))
```

を連想させる——即ち，打点記号が遅延リストの **cdr** 部を象徴している．

● 各種手続の更新

さて，リストの n 番要素を引き出す **list-ref** のストリーム版を

```
(define (s-ref stm n)
  (if (zero? n)
      (s-car stm)
      (s-ref (s-cdr stm) (- n 1))))
```

により定義する．これは **list-ref** の **cons** を s-cons に変えただけなので

```
(s-ref numbers*   4)   => 5
(s-ref numbers* 365)   => 366
```

となる——基準値が 0 であることから実引数と評価値は 1 だけズレる．

繰り返しになるが，ここで重要なことは，評価値 366 は，それを問うまでは numbers* の中に陽には存在しなかったことである．これまでの計算手法では，問題に応じてその上限を定め，リストの形式で全データを準備し，その中から抜き出した．ここでは事前に上限に関して考察する必要は無い．必要に応じてリストが自動的に延びる．無駄になる部分まで準備し，無用の部分を掻き分けて，漸く答に辿り着くのではなく，必要な時に必要なだけ計算を実行していく，それがこの手法の特徴である．そして，この特徴によって，**数学的な表**

D.18. 無限ストリーム

現がそのままコード化出来るようになる．打点記号が我々にとって極めて自然であるように，計算機はこれを遅延リストという形式で受け入れる．

同様に，リストの最初の n 個の要素を引き出す list-head は

```
(define s-head
  (lambda (stm n)
    (if (zero? n)
        '()
        (cons    (s-car stm)
          (s-head (s-cdr stm) (- n 1)) ))))
```

と書換えられる．代替部は，抜き出したリストをまとめる作業を行うだけであり，新たな遅延を加える訳ではないので，s-cons ではなく通常の **cons** を用いる．実行例は以下である．

```
> (s-head numbers* 10)
```
(1 2 3 4 5 6 7 8 9 10)

int-from とこの手続を組合せることによって，iota のストリーム版：

```
(define (s-iota min max)
  (if (< max min)
      '()
      (s-head (int-from min) (+ (- max min) 1))))
```

を定義することが出来る．

```
> (s-iota -5 15)
```
(-5 -4 -3 -2 -1 0 1 2 3 4 5 6 7 8 9 10 11 12 13 14 15)

が実行例である．

また，対象を選別する手続 filter のストリーム版は

```
(define (s-filter pred stm)
  (cond ((s-null? stm) '())
        ((pred (s-car stm))
          (s-cons    (s-car stm)
            (s-filter pred (s-cdr stm))))
        (else (s-filter pred (s-cdr stm)) )))
```

となる——ここで述語 s-null? は，組込述語 **null?** により定義する，即ち (define s-null? null?) である．対象のみを削除する手続 s-remove は

```
(define (s-remove pred stm)
  (cond ((null? stm) '())
        ((pred (s-car stm))
         (s-remove pred (s-cdr stm)))
        (else    (s-cons (s-car stm)
         (s-remove pred (s-cdr stm)) ))))
```

である．これらと手続 s-head を組合せた実行例は以下である．

```
> (s-head (s-filter even? numbers*) 10)
```
(2 4 6 8 10 12 14 16 18 20)

```
> (s-head (s-remove even? numbers*) 10)
```
(1 3 5 7 9 11 13 15 17 19)

これで指定された範囲での議論ではなく，「条件を充たす最初の n 個を取り出せ」という設問が出来るようになった．「20 までの自然数の中の偶数を示せ」ではなく，**「偶数の最初の 10 個を示せ」**という形で，"具体的な上限の設定されていない問題" に対応出来るようになった訳である．

● 擬似素数を求める

こうした対応が出来ることによって，簡単に "未知の数" を探すコードが書ける．取り敢えず "既知の数" としての例を挙げる．フェルマーの小定理：

$$2^n \equiv 2 \pmod{n}$$

を充たす n を一般に**擬似素数**(pseudoprime number)と呼ぶが，この中でも偶数のものを見附けよう．合同計算の為の fermat? を活用して

```
(define (p-prime? x)
  (and (zero? (/@ x 2)) (fermat? 2 x)))
```

を定義する．この述語を用いて，最初の要素を計算させると

```
> (s-ref (s-filter p-prime? numbers*) 0)
```
161038

となる．これは先に定義した手続 factorize-of により

```
> (factorize-of 161038)
```
((2 1) (73 1) (1103 1))

即ち，$2 \times 73 \times 1103$ と素因数分解される合成数である．続いて

> (s-ref (s-filter p-prime? numbers*) 1)
> **215326**

を得る．これは

> (factorize-of 215326)
> **((2 1) (23 1) (31 1) (151 1))**

と分解される．この次は一挙に桁が跳ね上がり 2568226 となる．これは

> (factorize-of 2568226)
> **((2 1) (23 1) (31 1) (1801 1))**

となり，215326 とは第四因子が異なるだけであることが分かる．

☞ 余談：かのように ....

　ストリーム計算は，恰もそこに解答が"あるかのように"抜き出してくる．**ファイフィンガー**(Vaihinger, Hans) の "かのようにの哲学 (Als Ob)" の具現化である――森鷗外はこの哲学を題材にして小説『かのように』を書いた．質問は「何番目の答を求めよ」でよい．上限設定の無いプログラム構造の中で，必要な計算のみを行い，答が出ればそこで停止する．これは解の全体を一望の下に収める"幾何学化"である．惑星の時々刻々の位置を追うのではなく，時を消去し，一つの幾何学軌道として過去と未来を一挙に掌握する手法と同様である．

　答は既に求められ，ストリームという名の容器の中に保存されている"かのように"扱う．この手法によって我々の負担は大きく減る．プログラミング言語における"究極の抽象化"とは，言語そのものがその問題の専用解答器である"かのように"構成することである．こちらが，その"求め方"を指示するのではなく，"ほしいもの"を書けばそれが返ってくるように，全体を調整することである．"求める"から"探す・選ぶ"への移行である．**マラルメ**(Mallarmé, Stéphane) を気取れば，「全ての解は書かれたり，選択は楽し」である．

　独立に機能する汎用部品を開発して，これに対処する．計算処方を細分化し，各々に汎用部品を適用させて解答を出力させる．「対象を分類し，各部分で再帰させて全体をまとめ，その中から適合するものを抽出して，それをリストの形式に収めて云々」という具体的な議論から出来る限り早い段階で離れて，「ほしいものはこれ，その性質は以下の述語による」という形式に書き改める，これが計算機言語における抽象化の目標である．ストリーム計算を導入したことで，この目標達成にまた一歩近づいた訳である．

● **素数とフィボナッチのストリーム**

さて，割り切れるとは余りが無いことであるから，これを判定する述語：

```
(define (/@zero? x y)
  (= (/@ x y) 0))
```

を用いて，割り切れる数を除外したリストを s-remove により得ることが出来る．例えば，最初の 10 個は

```
> (s-head
    (s-remove
      (lambda (x) (/@zero? x 2)) numbers*)
    10)
```
(1 3 5 7 9 11 13 15 17 19)

である．これを順次繰り返すことで，**篩のストリーム版**が出来る．

```
(define (sieve* stm)
  (s-cons
    (s-car stm)
    (sieve* (s-remove
      (lambda (x) (/@zero? x (s-car stm)))
      (s-cdr stm))) ))
```

これより**素数のストリーム**：

```
(define primes* (sieve* (int-from 2)))
```

が定義され，希望する個数を含んだ素数のリストが取得出来る．

```
> (s-head primes* 25)
```
(2 3 5 7 11 13 17 19 23 29 31 37 41 43 47 53 59 61 67 71 73 79 83 89 97)

また，n 番目の素数は

```
(define (p-nth n)
  (s-ref primes* (- n 1)))
```

により求められる．具体例は以下である．

```
(p-nth   1)  =>  2
(p-nth  10)  =>  29
(p-nth 100)  =>  541
```

D.18. 無限ストリーム

```
(p-nth 100)   =>  7919
```

完全数の議論も容易に展開出来る．既に紹介した述語：

```
(define (perfect? n)
  (= (- (sigma-of n) n) n))
```

を用いて**完全数のストリーム**：

```
(define perfect-numbers*
  (s-filter perfect? numbers*))
```

を定義する．最初の三例は比較的短時間で求められて

```
> (s-head perfect-numbers* 3)
(6 28 496)
```

となる——この手法では 4 以上の探索は極めて長時間を要する．

全く同様にして，過剰数判別用の述語：

```
(define (abundant? n)
  (< n (- (sigma-of n) n)))
```

を用いれば，**過剰数のストリーム**：

```
(define abundant-number*
  (s-filter abundant? numbers*))
```

が定義出来る．これを実行すると

```
> (s-head abundant-number* 22)
(12 18 20 24 30 36 40 42 48 54 56 60 66 70 72 78 80 84 88 90 96 100)
```

が得られる．この程度の範囲では，過剰数は全て偶数であるかのように見えるが，奇数の過剰数も無限に存在する．ただ，その登場がやや遅いだけである．これを探すには，述語 **odd?** を用いて，さらに s-filter を作用させればよい．その結果は以下である．

```
> (s-head (s-filter odd? abundant-number*) 12)
(945 1575 2205 2835 3465 4095 4725 5355 5775 5985 6435 6615)
```

即ち，945 が最小の奇数の過剰数である．この数の全約数は

```
> (factors-of 945)
(1 3 5 7 9 15 21 27 35 45 63 105 135 189 315 945)
```

であり，総和は 1920，自身を除けば 975．素因数分解は次のようになる．

> (factorize-of 945)
((3 3) (5 1) (7 1))

自然数と同様に**フィボナッチ数のストリーム**も定義出来る．その生成器は

(define (fib-gen a b)
  (s-cons a (fib-gen b (+ a b))))

である．これより次のストリームが定義される．

(define fibseq* (fib-gen 1 1))

実行例は以下である．

> (s-head fibseq* 20)
(1 1 2 3 5 8 13 21 34 55 89 144 233 377 610 987 1597 2584 4181 6765)

また，100 番目のフィボナッチ数は

> (s-ref fibseq* 99)
354224848179261915075

と求められる．

● 単項目のストリームを作る

より直截にストリームを定義し，ストリームによって新たなストリームを作っていく方法もある．先ずは，1 を"無限"に取り出せる

(define ones* (s-cons 1 ones*))

を定義しよう．ストリームの一つの特徴である"終了条件の無い再帰"の最も簡単な表現になっている．最初の 10 個を取り出せば

> (s-head ones* 10)
(1 1 1 1 1 1 1 1 1 1)

となる．この手法によって，核となる数 1 を変化させることによって，様々なストリームが得られることが分かる．例えば

(define minus1s* (s-cons -1 minus1s*))
(define zeros*   (s-cons 0 zeros*))

D.18. 無限ストリーム

である．同じく最初の 10 個を示せば

```
> (s-head minus1s* 10)              > (s-head zeros* 10)
(-1 -1 -1 -1 -1 -1 -1 -1 -1 -1)     (0 0 0 0 0 0 0 0 0 0)
```

となる．二種類の核 1, −1 を選んで

```
(define sign*
  (s-cons 1 (s-cons -1 sign*)))
```

を作れば，以下に示すような符号が交代する形式が得られる．

```
> (s-head sign* 10)
(1 -1 1 -1 1 -1 1 -1 1 -1)
```

● ストリームの加算・乗算

二つのストリームの加算・乗算には以下の手続を用いる．

```
(define (s-add stm1 stm2) (s-map + stm1 stm2))
(define (s-mul stm1 stm2) (s-map * stm1 stm2))
```

この定義には **map** のストリーム版 **s-map** が必要である．そこで，C.4.2 (p.508) において論じた自前の map：

```
(define map-strict
  (lambda (proc . rest)
    (define map-unit
      (lambda (proc lst)
        (if (null? lst)
            '()
            (cons     (proc (car lst))
                  (map-unit proc (cdr lst)) ))))
    (if (null? (car rest))
        '()
        (cons (apply            proc (map-unit car rest))
              (apply map-strict proc (map-unit cdr rest)) ))))
```

を元に s-map を求めることにする——混乱を避ける為に **map-strict** と改名しておいた．ここでの目的は組込機能の再現ではなく，新機能の実現にあるので，map-unit の定義部分を削除して，組込の **map** に差し替える．さらに，MIT 記法により引数部の表記を簡略化して

```
(define (map-strict proc . rest)
  (if (null? (car rest))
      '()
      (cons (apply            proc (map car rest))
            (apply map-strict proc (map cdr rest)) )))
```

を得る．最後に，**cons**, **car**, **cdr** をストリーム形式に改めることで所望の

```
(define (s-map proc . rest)
  (if (null? (car rest))
      '()
      (s-cons (apply       proc (map s-car rest))
              (apply s-map proc (map s-cdr rest))) ))
```

が定義される．実行例は以下である．

> (s-map even? '(1 2 3))
> *(#f . #<promise>)*
> (s-cdr (s-map even? '(1 2 3)))
> *(#t . #<promise>)*

確かに次項が遅延されている．続いて

> (s-map * '(2 3 5) '(7 11 13) '(17))
> *(238 . #<promise>)*
> (s-cdr (s-map * '(2 3 5) '(7 11 13) '(17 19)))
> *(627 . #<promise>)*
> (s-cdr (s-cdr (s-map * '(2 3 5) '(7 11 13) '(17 19 23))))
> *(1495 . #<promise>)*

である．ここで定義した s-map はリストの長さが不揃いの場合には対応していないので，その部分の評価値を求める段階まで処理が進むとエラーになる．上記三例は，全てその一段階前で止まるように第三リストを調整しているので，エラーは出ず，正しい評価値が返されている．

さて，これらの手続を用いれば，通常のリストと同じ感覚でストリームが処理出来，また生成されるストリームの範囲が飛躍的に拡がる．例えば

> (s-head (s-add numbers* minus1s*) 10)
> *(0 1 2 3 4 5 6 7 8 9)*
> (s-head (s-add numbers* numbers*) 10)
> *(2 4 6 8 10 12 14 16 18 20)*

D.18. 無限ストリーム

により，0 を含む自然数の列と，偶数の列が得られる．列の初期値を変えることも簡単に出来る．例えば，以下である．

```
> (s-head (s-cdr numbers*) 10)
(2 3 4 5 6 7 8 9 10 11)
> (s-head (s-cdr (s-cdr numbers*)) 10)
(3 4 5 6 7 8 9 10 11 12)
```

これらを組合せて，フィボナッチ数列の別定義が得られる．

```
(define fibs*
  (s-cons 1
    (s-cons 1
      (s-add fibs* (s-cdr fibs*)) )))
```

乗算手続を自然数のストリームに適用して，**二乗数，三乗数のストリーム**：

```
> (s-head (s-mul numbers* numbers*) 10)
(1 4 9 16 25 36 49 64 81 100)
> (s-head (s-mul numbers* (s-mul numbers* numbers*)) 10)
(1 8 27 64 125 216 343 512 729 1000)
```

が得られる．また，**階乗のストリーム版**として

```
(define fact*
  (s-cons 1
    (s-mul fact* (s-cdr numbers*))))
```

という形式も可能である．実行例は以下である．

```
> (s-head fact* 10)
(1 2 6 24 120 720 5040 40320 362880 3628800)
```

● **ストリームによる数値計算**

ストリームの各項を対象に，その項までの和を求める手続が

```
(define (sum-list stm)
  (define sum-gen
    (s-cons (s-car stm)
            (s-add (s-cdr stm) sum-gen)))
  sum-gen)
```

である．この手続と階乗のストリームを用いて，ネイピア数を得る．結果は

```
> (s-head
    (sum-list
      (cons 1.0
        (s-map (lambda (x) (/ 1 x)) fact*))) 5)
```
(1.0
2.0
2.5
2.6666666666666665
2.708333333333333)

である――値の変化を見る為に縦書きにした．因みに第 100 項の値を s-ref により取り出すと，2.7182818284590455 となっている．係数倍をする手続：

```
(define (s-mag stm coef)
  (s-map (lambda (x) (* x coef)) stm))
```

を用いても様々な計算が可能となる．これより**二倍数のストリーム**は

```
(define times2*
  (s-cons 1 (s-mag times2* 2)))
```

により定義され，以下のようになる．

```
> (s-head times2* 10)
```
(1 2 4 8 16 32 64 128 256 512)

この逆数は 1/2 を用いて

```
(define half*
  (s-cons 1 (s-mag half* 1/2)))
```

と定義される．実行例は以下である．

```
> (s-head half* 10)
```
(1 1/2 1/4 1/8 1/16 1/32 1/64 1/128 1/256 1/512)

自然数の逆数は

```
(define inv*
  (s-map (lambda (x) (/ 1 x)) numbers*))
```

と定義される．これより

```
> (s-head inv* 10)
```
(1 1/2 1/3 1/4 1/5 1/6 1/7 1/8 1/9 1/10)

D.18. 無限ストリーム

を得る．これを用いて符号が交代する逆数が定義出来る．

```
> (s-head (s-mul inv* sign*) 10)
```
(1 -1/2 1/3 -1/4 1/5 -1/6 1/7 -1/8 1/9 -1/10)

そこでこの総和を計算すると，先にも求めた log 2 の近似計算となる．

```
> (* 1.0
     (apply +
       (s-head (s-mul inv* sign*) 100)))
```
0.6881721793101953

また奇数のみの逆数を求めるには

```
(define inv-odd*
  (s-map
    (lambda (x) (/ 1 x))
    (s-filter odd? numbers*)))

> (s-head inv-odd* 10)
```
(1 1/3 1/5 1/7 1/9 1/11 1/13 1/15 1/17 1/19)

とすればよい．これよりライプニッツの式による円周率の計算が出来る．

```
> (* 4.0
     (apply +
       (s-head (s-mul inv-odd* sign*) 100)))
```
3.131592903558553

● "無限"を加える

項目同士の加算ではなく，ストリーム全体を単純に加算すると，そこに"無限集合"が持つ独特の特徴が現れる．例えば，リストの加算である **append** の自然な拡張である s-append：

```
(define (s-append stm1 stm2)
  (if (s-null? stm1)
      stm2
      (s-cons   (s-car stm1)
        (s-append (s-cdr stm1) stm2) )))
```

を用いて，ones* と minus1s* のストリームとしての加算をすると

```
> (s-head
    (s-append
      ones*
      minus1s*) 10)
```
(1 1 1 1 1 1 1 1 1 1)

となって，幾ら探しても minus1s* の -1 は出て来ない．共に無限集合である奇数と偶数も，単純に加えたのではどちらか一方の数が現れるだけである．

```
> (s-head
    (s-append
      (s-filter odd?  numbers*)
      (s-filter even? numbers*)) 10)
```
(1 3 5 7 9 11 13 15 17 19)

そこで，取り出すべき無限集合を順番に入れ換えながら，順次その要素を取り出す手続 interleave：

```
(define (interleave stm1 stm2)
  (if (s-null? stm1)
      stm2
      (s-cons            (s-car stm1)
        (interleave stm2 (s-cdr stm1)) )))
```

が必要となる．この手続によって，二集合は順に混ぜ合わされる．実際

```
> (s-head (interleave ones* minus1s*) 10)
```
(1 -1 1 -1 1 -1 1 -1 1 -1)

```
> (s-head
    (interleave
      (s-filter odd?  numbers*)
      (s-filter even? numbers*)) 10)
```
(1 2 3 4 5 6 7 8 9 10)

となり，二つの集合の要素が順次入れ替わって採用されていることが分かる．

D.19 カードから格子点へ

自然数の並びの，まさに"自然な拡張"として数の組を作る．最も直観的なコードは，C.4.3 (p.514) で行った **map** と **iota** を用いた定義である．

```
(define (lattice2 n)
  (let ((lst (iota n)))
    (flatmap (lambda (i)
       (map (lambda (j)
          (list i j)) lst)) lst)))
```

ここでは，flatmap により余分な括弧を外している．具体的に $n = 4$ として

```
> (lattice2 4)
((1 1) (1 2) (1 3) (1 4) (2 1) (2 2) (2 3) (2 4)
 (3 1) (3 2) (3 3) (3 4) (4 1) (4 2) (4 3) (4 4))
```

を得る．これは幾何的には，二次元座標の第一象限であり，自然数によって平面を格子状に切り分けた，その格子点を表している．また同時に，これは 4 までの自然数から，任意に二数を選んだ全ての場合を列挙したものであり，その総数は 4^2 より 16 個となる．従って，これは 5.2 (p.135) において，カードの並びに対する重複順列の考察から得た結果に一致する．

また，この手続は容易に次元を上げることが出来る．例えば

```
(define (lattice3 n)
  (let ((lst (iota n)))
    (flatmap (lambda (i)
      (flatmap (lambda (j)
        (map (lambda (k)
          (list i j k)) lst)) lst)) lst)))
```

である．これは三次元の格子点を表す．実行例は以下である．

```
> (lattice3 4)
((1 1 1) (1 1 2) (1 1 3) (1 1 4) (1 2 1)  〜省略〜
 (4 3 3) (4 3 4) (4 4 1) (4 4 2) (4 4 3) (4 4 4))
```

この場合は，四種類のカードから三枚を選んだ重複順列と同じ結果となり，要素数は 4^3 より 64 個となっている——途中の要素を省略した．

D.19.1　格子点を求める

さて，ここからは"壮大な無駄"に取り組みたい．直観的で，幾何学的なイメージに溢れているが，全く実用的ではない"エレファント"な処理を行う．その昔，調和振動子の問題を解くに当たってハミルトン・ヤコビ方程式を使うことは，"胡桃を割るに爆薬を使うが如し"との格言があったが，ここで行うこともその類である．しかし，その方法の如何に因らず，割れた胡桃が旨ければ，そのことが全体を肯定する．さて，その試食は後の楽しみとしておこう．

● 格子点の生成

高次元の格子点を求めて，その点を定める数の性質を調べていく．そして，ある条件を充たす格子点の個数を求めることで，これまでに議論してきた「**場合の数**」の問題の別解を与える．全ての可能性を先ずは眼前に拡げ，そこから条件を充たす点だけを取り出して，その総和を求めるという極めて非効率な，しかし安全で確実な方法である．

その為の第一歩は，高次元の格子点を生成することである．先の例でも示されているように，三枚の選択に対して，三次元の格子点が必要であり，その次元毎に異なる手続を定義していく方法は，非効率以前に非現実的である．

そこで，任意の次元の格子点を生成する手続 lattice を与える．

```
(define (lattice n d init)
  (let ((rst '()))
    (let loop ((dim 0) (tmp '()))
      (if (= dim d)
          (set! rst (cons (reverse tmp) rst))
          (do ((k init (+ k 1)))
              ((< n k) )
            (loop (+ dim 1) (cons k tmp)) )))
    (reverse rst)))
```

ここで，n は要素数，d は次元，$init$ は初期値である．具体的な実行例により，この意味を確認しておく．先の手続による実行例 (lattice2 4) は，ここでは (lattice 4 2 1) により再現される．例えば，初期値を 0 に選べば，原点 (0 0) を基点とする格子点が列挙される．具体的には

D.19. カードから格子点へ

```
> (lattice 4 2 0)
```
((0 0) (0 1) (0 2) (0 3) (0 4) (1 0) (1 1) (1 2) (1 3) (1 4) (2 0) (2 1)
(2 2) (2 3) (2 4) (3 0) (3 1) (3 2) (3 3) (3 4) (4 0) (4 1) (4 2) (4 3) (4 4))

である．逆に初期値を大きく取れば，例えば

```
> (lattice 4 2 3)
```
((3 3) (3 4) (4 3) (4 4))

となる．何れの場合であっても，初期値の処理は，与えられた値を元に，同じ数値を必要な次元数だけ並べたものとなる――各次元毎に異なる初期値を選べるようには，定義されていない．

次元数 d を大きく取ることは，結果の爆発的増加を覚悟しなければならない．例えば，僅かに二要素でも五次元の場合 2^5 より，32 個の格子点：

```
> (lattice 2 5 1)
```
((1 1 1 1 1) (1 1 1 1 2) (1 1 1 2 1) (1 1 1 2 2)
(1 1 2 1 1) (1 1 2 1 2) (1 1 2 2 1) (1 1 2 2 2)
(1 2 1 1 1) (1 2 1 1 2) (1 2 1 2 1) (1 2 1 2 2)
(1 2 2 1 1) (1 2 2 1 2) (1 2 2 2 1) (1 2 2 2 2)
(2 1 1 1 1) (2 1 1 1 2) (2 1 1 2 1) (2 1 1 2 2)
(2 1 2 1 1) (2 1 2 1 2) (2 1 2 2 1) (2 1 2 2 2)
(2 2 1 1 1) (2 2 1 1 2) (2 2 1 2 1) (2 2 1 2 2)
(2 2 2 1 1) (2 2 2 1 2) (2 2 2 2 1) (2 2 2 2 2))

が存在する．ここでの試みは，再びこの全要素数を数えることで，2^5 を計算しようとする無謀なものである．こうして得た格子点の全体に，ある条件を附けて選別する．そして，その個数を数える，という手順で順列や組合せを求めたい．その為には，その選択条件を定める手続が必要となる．

● **選択条件を定める**

ここまでに求めた格子点の全体は，初期値と外枠のみが定まった無条件のものであり，それは**重複順列**(repeated permutation) に対応していた．一方，単に**順列**と書く場合，それは重複を含まない，異なる要素の並びの数のことであった．そこで，求めた格子点から，同じ要素を複数回含むものを除去して，残る要素数を求めれば，それはそのまま順列の値となる．

その為の準備として，リスト内に同じ数を含むか否かを判断する述語：

```
(define (unique? lst)
  (define (twin=? x)
    (cond ((null? x) #f)
          ((null? (cdr x)) #t)
          (else (and
                 (not (= (car x) (cadr x)))
                 (twin=? (cdr x))))))
  (twin=? (sort lst)))
```

を定義する．リストの先頭要素 (car *x*) と，続く要素 (cadr *x*) を比較してその真偽を確かめる．ただし，単純な隣接二数の比較だけでは，複数箇所に同じ数値があっても，間に異なる数がある限り，判断から漏れてしまうので，事前に sort によって要素を小さい順に並べ直しておく．最後に，**and** によって"真・偽の和"を取る．これによって，一組でも同じ数が存在するリストは，偽判定となる．実行例は，以下である．

```
> (map unique? '((1 1) (1 2) (2 1) (2 2) (1 2 4 3 1)))
(#f #t #t #f #f)
```

D.19.2　格子点の全数探査

さて，これで格子点の全数探索により，順列を求める下準備が整った．選択条件を示す篩が定義出来た訳である．残る作業は，採否の具体的な実行を行う手続を求めることである．その本体は，次のように定義される．

```
(define (element-pch proc n r)
  (let loop ((lst (lattice n r 1)) (tmp '()))
    (cond ((null? lst) (reverse tmp))
          ((proc (car lst))
           (loop (cdr lst) (cons (car lst) tmp)))
          (else (loop (cdr lst) tmp)))))
```

以下，順列に関わる手続を末尾 p で，組合せを c で，重複組合せを h で明示する．上記手続名の末尾 pch は，この三種の処理本体であることを示している．

既に 5.2 (p.135) 以降で述べたように，順列は否定等号「≠」により，組合せは「<」により，重複組合せは「≦」により，格子点を選別することで得られる．そこで，それらを述語として含む以下の三種の手続を定義する．

D.19. カードから格子点へ

```
(define (element-p n r)
  (element-pch unique? n r))

(define (element-c n r)
  (element-pch (lambda (x) (apply < x)) n r))

(define (element-h n r)
  (element-pch (lambda (x) (apply <= x)) n r))
```

実行例は以下である．

```
(element-p 3 2)  =>  ((1 2) (1 3) (2 1) (2 3) (3 1) (3 2))
(element-c 3 2)  =>  ((1 2) (1 3) (2 3))
(element-h 3 2)  =>  ((1 1) (1 2) (1 3) (2 2) (2 3) (3 3))
```

また，その要素数は「場合の数」そのものなので

```
(define (sieve-p n r) (length (element-p n r)))
(define (sieve-c n r) (length (element-c n r)))
(define (sieve-h n r) (length (element-h n r)))
```

を得る．これより，順列，組合せ，重複組合せの計算が，格子点の全数探索による数え挙げにより求められた．一例を挙げれば，次のようになる．

```
(sieve-p 3 2)  =>  6
(sieve-c 3 2)  =>  3
(sieve-h 3 2)  =>  6
```

以上，格子点の数え挙げにより，所望の結果を得た．ただし，これは理論的に計算が出来ることを示したこと，そして実際に小さい数の範囲では，それが正しく機能することを示したのであって，その生成過程から容易に想像出来るように，"実用性"は全く無い．例えば，$_6P_6$ を求めるだけであっても，生成される格子点の数は 46656 個に及び，処理時間は言うに及ばず，格子点を記憶する為の領域の専有も甚だしい為に，"計算不能"という現実を突き附けられる．

D.20　オイラーの函数

さて，5.6 (p.163) で紹介したように，既約剰余系の個数を表す函数 $\varphi(n)$ を，**オイラーの函数**(Euler's [totient] function) と呼んだ．その意味を，より平易に書けば，与えられた数 n 未満の数の中で，n と**互いに素**(relatively prime) な関係にある数の個数を表すものである．

この函数は，自然数の素因数分解により分離される各素数を p_i で表す時

$$\varphi(n) = n \prod_{i=1}^{k} \left(1 - \frac{1}{p_i}\right)$$

によって求められた．特に n が素数 p である時には，極めて簡潔な表記：

$$\varphi(p) = p - 1$$

を持っていた．また，互いに素な二数 a, b に対して

$$\varphi(ab) = \varphi(a)\,\varphi(b)$$

が成り立ち，これよりオイラーの函数は，**乗法的函数**(multiplicative function) であるというのであった．

D.20.1　式のコード化

以上の関係式を，そのままコードにすると以下のようになる．

```
(define (euler-phi . num)
  (let ((f1 (lambda x (- 1 (/ 1 (car x)))))
        (f2 (lambda x (- (car x) 1)))
        (p1 (car num)) (p2 (cdr num)))
    (if (= p1 1)
        1
        (if (null? p2)
            (apply * (cons p1 (map f1 (p-factor p1))))
            (apply * (map f2 num)) ))))
```

これは次のように利用する．先ず，合成数 C に対する値を求める場合には，そのまま (euler-phi C) として実行する．入力は全てリストして扱われる

D.20. オイラーの函数

が，この場合は単独の入力であり，その **cdr** である $p2$ が null なので，函数 $f1$ に関する部分に分岐する．ここで，p-factor は

```
(define (p-factor num)
  (map (lambda lst (caar lst))
    (factorize-of num)))
```

であり，与えられた数の素因数分解を行い，指数部を除いた各素数を抜き出す手続である．実行例は

```
> (factorize-of 30)                > (p-factor 30)
((2 1) (3 1) (5 1))                (2 3 5)
```

である．こうして生成された合成数 C の構成要素たる素数に対して，函数 $f1$ を分配し，さらに全体を掛け合わせることで，冒頭の計算式を再現している．

また，引数が複数の素数である場合，例えば (euler-phi $p1$ $p2$) である場合には，代替部が機能する．これによって，何れの入力形式の場合でも

```
> (euler-phi 30)                   > (euler-phi 2 3 5)
8                                  8
```

と値を求めることが出来る．ただし合成数の場合，factorize-of による素因数分解が前提になっている為，大きな数に対しては処理が大変重くなる．従って，構成する素数が事前に判明している場合には，瞬時に計算が終了する代替部を活用する為に，引数を複数にして引き渡す方がよい．

また，与えられた"数式"を直接コードにするのではなく，オイラーの函数の意味，即ち，ある数と互いに素な関係にある数の個数，という"意味"からコード化すると，次の簡潔な定義も出来る．

```
(define (totient n)                          ; totient function
  (apply +
    (map (lambda (x) (if (= 1 (gcd n x)) 1 0))
         (iota n))))
```

実行例は以下である．

```
> (totient 30)
8
```

ただし，この手続は極めて単純な全数検査を行うものであり，大きな数に対して使用すると"長い沈黙に悩まされる"ことになる．

さて，オイラーの函数の**大域的な性質**(global property) を調べるには，やはりグラフを描くのが適当である．先ずは，1 から 100 までのその値を

```
(map (lambda (x) (euler-phi x)) (iota 100))
```

により出力させる．以下がその一覧である——素数を太字で表した．

n	1	**2**	**3**	4	**5**	6	**7**	8	9	10	**11**	12	**13**	14	15	16	**17**	18	**19**	20
φ	1	1	2	2	4	2	6	4	6	4	10	4	12	6	8	8	16	6	18	8

n	21	22	**23**	24	25	26	27	28	**29**	30	**31**	32	33	34	35	36	**37**	38	39	40
φ	12	10	22	8	20	12	18	12	28	8	30	16	20	16	24	12	36	18	24	16

n	**41**	42	**43**	44	45	46	**47**	48	49	50	51	52	**53**	54	55	56	57	58	**59**	60
φ	40	12	42	20	24	22	46	16	42	20	32	24	52	18	40	24	36	28	58	16

n	**61**	62	63	64	65	66	**67**	68	69	70	**71**	72	**73**	74	75	76	77	78	**79**	80
φ	60	30	36	32	48	20	66	32	44	24	70	24	72	36	40	36	60	24	78	32

n	81	82	**83**	84	85	86	87	88	**89**	90	91	92	93	94	95	96	**97**	98	99	100
φ	54	40	82	24	64	42	56	40	88	24	72	44	60	46	72	32	96	42	60	40

このデータをファイルにし，gnuplot に送って

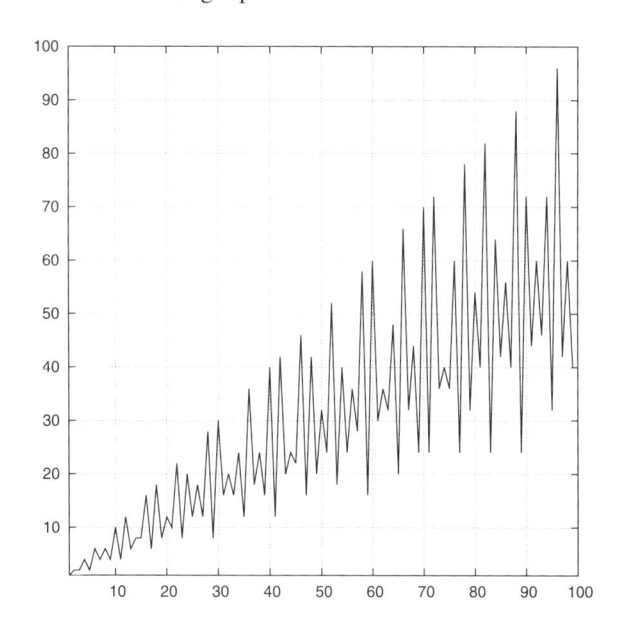

D.20. オイラーの函数

が得られた．その分布は極めて特徴的である．素数 p におけるオイラーの函数の値は，$\varphi(p) = p - 1$ であることから，n の増加と共に最大値が順に大きくなっていくことは，容易に理解出来る．そして，同時に最小値も順調に大きくなっていくので，全体では三角形状に最大値・最小値の幅が拡がっていくことが読み取れる．このことは，より広範囲に調べればさらに明瞭になる．以下は，範囲を 1000 にまで拡げてプロットしたものである．

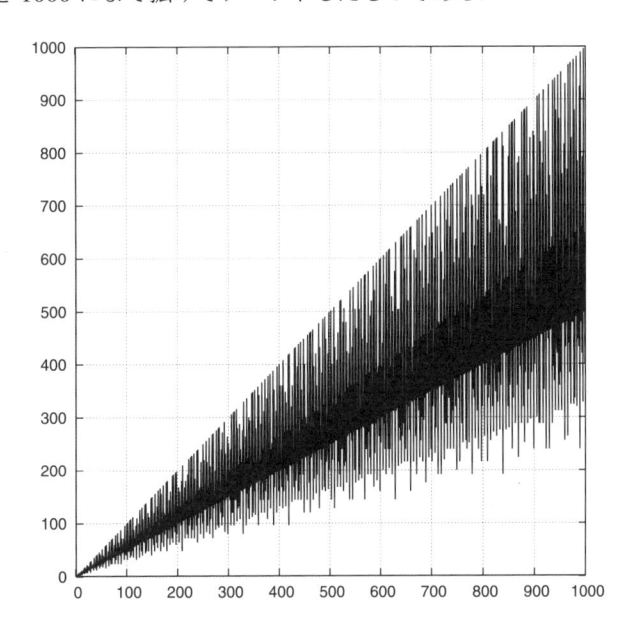

このグラフの示す規則性と，素数が持つ不規則性の間には，如何なる"規則"があるのだろうか．非常に単純な設定が，誠に驚嘆すべき複雑な結果をもたらし，また複雑なはずの関係が，極めてシンプルな結論に導く．**素数の魅力は，こうした"矛盾の中にある"**と言えるだろう．

最後にもう一つ，非常に興味深い関係を示しておく．以下のコード：

    (map (lambda (x) (euler-phi (** 10 x))) (iota 10))

より出力されるデータを表にすると

n	10	10^2	10^3	10^4	10^5	10^6	10^7	10^8	10^9	10^{10}
φ	4	$4 \cdot 10^1$	$4 \cdot 10^2$	$4 \cdot 10^3$	$4 \cdot 10^4$	$4 \cdot 10^5$	$4 \cdot 10^6$	$4 \cdot 10^7$	$4 \cdot 10^8$	$4 \cdot 10^9$

となる．この規則性もまた驚くべきものである．

D.20.2 自然数の相互関係

今一度，オイラーの函数の定義に戻り，"互いに素な数"という自然数の関係について考える．ここでは，互いに素な二数は，どのように分布しているのか．それらの組は，どの程度存在しているのか，という点に注目する．

● **オイラーの函数による方法**

一番簡単な手法は，定められた数の範囲の中で，互いに素な二数の個数を求めて，その割合を計算することである．これを手続の形で示せば

```
(define (coprime2 n)
  (list (apply + (map euler-phi (iota n)))
        '/ (hc n 2)))
```

となる．ここで計算の主体は，互いに素な個数を求める分子と，全探査対象を示す分母にある．分子は，自然数の各数にオイラーの函数を分配して，その値を求め，全体の総和を計算している．

その具体的意味について，$n = 5$ の場合を例に説明しよう．探索対象を格子点と見て，その全体像を把握する．互いに素な二数は「二数の関係」であり，その順序には因らない．例えば，(2 3) と (3 2) は同じ数の組になるので，全探索対象は重複組合せ $_5H_2$ によって選別される以下の 15 個の格子点：

```
(1 1)
(1 2)  (2 2)
(1 3)  (2 3)  (3 3)
(1 4)  (2 4)  (3 4)  (4 4)
(1 5)  (2 5)  (3 5)  (4 5)  (5 5)
```

であり，これが分母となる．

続いて，オイラーの函数が示す互いに素な二数を，表の形式で確認する．先ずは，n と互いに素な数を左端に書き，それぞれを組にして，n の右側に書く．

n と素な数	n	互いに素な二数の組	$\phi(n)$
1	**1**	(1 1)	1
1	**2**	(1 2)	1
1 2	**3**	(1 3) (2 3)	2
1 3	**4**	(1 4) (3 4)	2
1 2 3 4	**5**	(1 5) (2 5) (3 5) (4 5)	4

D.20. オイラーの函数

以上より，オイラーの函数 $\phi(n)$ の値が，n の各段における素な数の組を表していることが分かる．従って，この総和 10 が分子となる．

実際，coprime2 を実行して，以下の結果を得る．

```
> (coprime2 5)
10 / 15
```

ここで興味があるのは，この割合が n の増加によって如何に変化していくかである．先の手続は，数え挙げられた具体的な格子点の個数を，分母・分子にそのまま反映させるように表記している．これを小数表記に改め，同時に分母の重複組合せも，一方の変数が 2 に固定されていることから，具体的な数式に書き直して利用する．この二点を配慮した再定義：

```
(define (coprime2 n)
  (* 1.0
    (/ (apply + (map euler-phi (iota n)))
       (/ (* n (+ n 1)) 2))))
```

を用いて，以下の結果を得た．

n	coprime2
10^1	0.5636363636363636
10^2	0.6025742574257426
10^3	0.6077742257742258
10^4	0.6078889111088891
10^5	0.6079240713592864
10^6	0.6079264968555032

最後の数値は，$n = 10^6$ により生じる 500000500000 個の組を調べた場合，その約六割が互いに素な関係にあることを示している．そして，この値は

```
> (let ((pi (* 4.0 (atan 1.0)) ))
    (/ 6 (* pi pi)))
0.6079271018540267
```

に実によく似ている．実際，無限個の数に対して

$$\frac{1}{\zeta(2)} = \frac{6}{\pi^2}$$

となることが知られている．ここで $\zeta(2)$ は，C.4.5 (p.521) で紹介したゼータ函数である．こうして，「互いに素であるか否か」，その割合を求める計算か

ら，円周率が絞り出されてきた．ゼータ函数は，元々オイラーによる素数の逆数の積から派生したものであり，その意味では結果にゼータ函数が含まれることも理解は出来る．しかし，幾ら理論を理解しても，二数の最大公約数を求める計算から円周率が生じる，この不思議さは減じないのである．

● **格子点の直接探索**

続いて，格子点の各点において手続 gcd を適用し，「最大公約数が 1 になるか否か」という最も基本的な方法から，互いに素な数の組を選別する．発想としては，先に示した手続：totient の拡張である．

この方法は途方も無く迂遠であり，実行速度も遅く，扱える数の範囲も極めて狭いが，コードの主旨が明快であり，かつ多次元化がしやすい長所がある．ここでは，三つの数が互いに素であるか否か，その割合を調べることにする．従って，扱う格子点は三次元に分布する．先ず最初に紹介する手続は

```
(define (coprime3 n)
  (let* ((judge (lambda (x)
          (if (= 1 (gcd (car x) (cadr x) (caddr x)))
              1 +i))))
    (apply + (map judge (element-h n 3))) ))
```

である．実行例は以下である．

> (coprime3 10)
> **172.0+48.0i**

ここで，後の便宜の為に複素数を用いた．実部は互いに素な組の総数を表し，虚部は素でない組を表す．従って，この場合なら $172/(172 + 48) \approx 0.7818$ が互いに素である組の全体に占める割合になる．また，初めに述べたように，この手続の長所の一つは多次元化が容易なことである．実際，「四つの数が互いに素であるか否か」，その割合を求める手続 coprime4 を定義するには，judge の引数を一つ増やし，element-h の第二引数を 4 に変更するだけである．

次に，もう少し速い処理が可能なように手続を改良する．高階函数を用いる場合，先ずリストを展開し，そのリストを順次加工していく，という手法が基本的である為，コードは読み易くなるが，処理時間の面で問題を残す．そこで，単純な三重ループによって格子点を作りながら，同時にその組の判定を行う手

D.20. オイラーの函数

続を定義する．また，結果を小数表記とする為に，複素数の処理部を加えた．

```
(define (coprime3 n)
  (let* ((judge (lambda (x1 x2 x3)
          (if (<= x1 x2 x3)
              (if (= 1 (gcd x1 x2 x3)) 1 +i) 0)))
         (calc (lambda (z)
          (/ (real-part z)
             (+ (real-part z) (imag-part z))))))
    (let loop ((i 1) (j 1) (k 1) (tmp 0))
      (cond ((<= k n) (loop i j (++ k) (+ (judge i j k) tmp)))
            ((<  j n) (loop i (++ j) 1 tmp))
            ((<  i n) (loop (++ i) 1 1 tmp))
            (else (calc tmp)) ))))
```

judge の最初の **if** で，格子点を重複組合せの手法で振り分け，二つ目の **if** で，互いに素な場合とその他の場合を選別している．即ち，大小関係を充たさない格子点には先ず 0 を与え，素な組には実数 1 を，素でない組には虚数 i を与えている．この振り分けにより，単純にリストの総和を取るだけで，所望の結果が得られる訳である．結果は以下の通りである．

n	coprime3
10	0.7818181818181819
50	0.8233031674208144
100	0.8260104834012814
200	0.8298093689966012
300	0.8298684297375195
400	0.8304320355826851
500	0.8310191091919746
1000	0.8313754987527443
2000	0.8317035513212425

最後の $n = 2000$ は，1335334000 個（$_{2000}H_3$）の格子点を調べた結果である．そして，この値は徐々に

$$\frac{1}{\zeta(3)} \approx 0.8319073725807075$$

に近づいている．実際，n の極限において，m 個の数が互いに素である割合は

$$\frac{1}{\zeta(m)}$$

になることが知られている．即ち，互いに素である数の組は，"全ての場合"においてゼータ函数に関係しているのである．

● モンテカルロ法による探索

既に見てきたように，何の工夫も無い「格子点の全数探索」は，計算機資源を食い尽くすので，コードの見通しが良いことを除いては実用的ではない．そこで，この見通しの良さを残し，実用的にも意味のある数値を手軽に得る為に，モンテカルロ法を適用してみよう．先ずは，二数の組から調べる．その手続は

```
(define (mc-coprime2 range k)
  (let loop ((i 0) (hits 0))
    (let ((x1 (random+ range))
          (x2 (random+ range)))
      (if (< i k)
          (if (= 1 (gcd x1 x2))
              (loop (++ i) (+ hits 1))
              (loop (++ i)    hits))
          (* 1.0 (/ hits k))))))
```

である．実行例は以下である．

```
> (mc-coprime2 10000 1000000)
```
0.607456

この場合も多次元化は極めて容易である．三つの数に関する場合ならば

```
(define (mc-coprime3 range k)
  (let loop ((i 0) (hits 0))
    (let ((x1 (random+ range))
          (x2 (random+ range))
          (x3 (random+ range)))
      (if (< i k)
          (if (= 1 (gcd x1 x2 x3))
              (loop (++ i) (+ hits 1))
              (loop (++ i)    hits))
          (* 1.0 (/ hits k))))))
```

を用いる――乱数と判定部の変数を一つずつ増やしただけである．結果は

```
> (mc-coprime3 10000 1000000)
```
0.83202

D.20. オイラーの函数

となる．四つの数に関する場合は，さらに変数を一つ増やした

```
(define (mc-coprime4 range k)
  (let loop ((i 0) (hits 0))
    (let ((x1 (random+ range))
          (x2 (random+ range))
          (x3 (random+ range))
          (x4 (random+ range)))
      (if (< i k)
          (if (= 1 (gcd x1 x2 x3 x4))
              (loop (++ i) (+ hits 1))
              (loop (++ i)    hits))
          (* 1.0 (/ hits k))))))
```

より，以下の結果を得る．

```
> (mc-coprime4 10000 1000000)
```
0.923993

この場合も，ゼータ函数の値：

$$\frac{1}{\zeta(4)} = \frac{90}{\pi^4} \approx 0.9239384029215904$$

をよく近似している．

さて，最後に通常の定義に戻して，オイラーの函数の持つ性質を確かめておく．5.10 (p.195) において証明した，オイラーの函数の全約数にわたる総和は

```
(define (phi-sum n)
  (apply +
    (map euler-phi (factors-of n))))
```

と翻訳出来る．具体例は

```
> (phi-sum 23)
```
23

である．ただし，これは任意の入力に対して，それ自身を出力するものであり，"実質的には恒等函数"としての意味しか持たないが，そのことが"定理の正しさを示している"ことになるわけである．

D.21 合同計算と素数

ここでは，初等整数論の基礎を為す幾つかの関係を扱う．これらは理論上のみならず，現実的な問題への対応にも直結している，重要なものばかりである．

D.21.1 合同式と根の個数

オイラーの函数により，5.6 (p.163) で紹介した一次合同式：

$$ax \equiv b \pmod{n} \quad \Rightarrow \quad x \equiv a^{\varphi(n)-1}b \pmod{n} \quad \text{ただし, } (n, a) = 1$$

が，まさに機械的に解けるようになった．解を求める手続は以下である．

```
(define (lce a b n)                ; linear congruence equation
    (if (not (= 1 (gcd a n)))
        'not-coprime
        (/: (* b (** a (- (euler-phi n) 1))) n) ))
```

ここで，a, n が互いに素でない場合には，分岐してその旨を告知して終了する．実際の処理は代替部の一行である．具体的な例題：

$$26x \equiv 1 \pmod{13}, \qquad 26x \equiv 1 \pmod{57}, \qquad 13x \equiv 1 \pmod{7}$$

の解答は，次のようになる．

> (lce 26 1 13)	> (lce 26 1 57)	> (lce 13 1 7)
not-coprime	**11**	**6**

また，法が次のような大きな数の場合：

$$5x \equiv 1 \pmod{70000000012680000000144}$$

でも，そのまま解が得られることもある．

```
(lce 5 1 70000000012680000000144)   =>  14000000002536000000029
```

ただし，これはオイラーの函数に内蔵されている素因数分解の手続が"実際的な時間内"で実行可能な場合に限られる．この問題は以下に示すように，運良く分解が出来たので，解が求められたわけである．

```
(factorize-of 70000000144)   => ((2 4) (631 1) (6933439 1))
(euler-phi 700000001144)     => 349870886080
```

D.21. 合同計算と素数

　一次が済めば二次，そしてその次へと順に"守備範囲"を拡げていくのが常道であるが，合同式の一般論には，通常の方程式とは異なる複雑さがある．法を奇素数に限定することによって，漸くその一般性を論じることが出来るが，合成数の場合には，それぞれが特徴的な"分岐"をして，全体像を容易には見せない．二次の場合には，平方剰余の法則により根の存在を論じ，そこから順に詳細を追えるが，極めて繊細な注意を要することに変わりはない．例えば

```
(define (qce a b c p)                 ; quadratic congruence equation
  (let ((eq (lambda (x) (+ (* a x x) (* b x) c))))
    (let loop ((i 0) (tmp '()))
      (cond ((< (- p 1) i) (reverse tmp))
            ((= (/@ (eq i) p) 0)
                (loop (++ i) (cons i tmp)))
            (else (loop (++ i)          tmp))) )))
```

によって，二次の合同式を解いてみよう．先ず

$$3x^2 - 4x + 6 \equiv 0 \pmod{5}, \quad 2x^2 + 3x + 1 \equiv 0 \pmod{7}, \quad x^2 + 1 \pmod{13}$$

など，奇素数を法とする場合には，根の個数は

```
(qce 3 -4 6  5)  => (1 2)
(qce 2  3 1  7)  => (3 6)
(qce 1  0 1 13)  => (5 8)
(qce 1  0 1  7)  => ()
```

となり，方程式と同様の「二次に対しては二個の根」という対応が見られる——最後の例は，根が存在しないことを示している．しかし，法を合成数に変えた瞬間に，こうした方程式由来の秩序は崩壊し，合同式独特の新しい規則性が顔を覗かせる．例えば，$x^2 - 1 \equiv 0$ に対して

```
(qce 1 0 -1 7)  => (1 6)
(qce 1 0 -1 2)  => (1)
(qce 1 0 -1 4)  => (1 3)
(qce 1 0 -1 8)  => (1 3 5 7)
```

となり，根の個数は次数とは別の理論から定まることがよく分かる——特に法を偶素数 2 とする場合には，法と係数との関係から，根が存在しない場合，0 の場合，1 の場合の三種に限定されて，根の個数からは"二次であることの刻印"は見られない．如何に"法の支配"が強いかが分かる例である．

さて続いて，4.8 (p.118) で行った奇数の分類をコード化する．これには様々な書き方が考えられるが，ここでは自然数のリストを与える iota を軸にする形式を採った．以下の三種は，単にステップを変えるだけである．

```
(define (B n)   (iota 1 n 2))
(define (Q1 n)  (iota 1 n 4))
(define (O1 n)  (iota 1 n 8))
```

(B 100) は 100 までの奇数のリストを出力する．Q1 と O1 は以下である．

> (Q1 100)
(1 5 9 13 17 21 25 29 33 37 41 45 49 53 57 61 65 69 73 77 81 85 89 93 97)
> (O1 100)
(1 9 17 25 33 41 49 57 65 73 81 89 97)

二つのリストを束ねて，大きさ順に並べ代える手続は

```
(define (Opm1 n)
  (sort (flatten (list (iota 1 n 8) (iota 7 n 8)))))
```

である．これより

> (Opm1 100)
(1 7 9 15 17 23 25 31 33 39 41 47 49 55 57 63 65 71 73 79 81 87 89 95 97)

を得る．そして，これらの数値を prime? により選別する．その手続は

```
(define (Ppm1 n)
  (filter prime? (Opm1 n)))
```

であり，結果は以下の通りである．

> (Ppm1 100)
(7 17 23 31 41 47 71 73 79 89 97)

加えて，$\mathcal{P}_{4n+1}$ は

```
(define (P4n1 n)
  (filter (lambda (x) (if (= (/@ x 4) 1) #t #f)) (primes n)))
```

により実現される．実行例は

> (P4n1 100)
(5 13 17 29 37 41 53 61 73 89 97)

である．以上で，$\mathcal{B}$, Q_1, O_1, $O_{\pm 1}$，および素数の列 $\mathcal{P}_{\pm 1}$, $\mathcal{P}_{4n+1}$ が求められた．

D.21.2　原始根を求める

素数 p を法とする合同式を考える．数 x の冪を 1 と合同にする最小の正数を **位数**(order)，位数が $(p-1)$ である x を **原始根**(primitive root) と呼んだ (5.7 (p.171) 参照)．先ずは，奇素数の最小原始根から求めていく．

```
(define (min-pr p)
  (define (pr x k p)
    (let ((p-1? (= (- p 1) k))
          (one? (= (/:** x k p) 1)))
      (cond ((and       p-1? one?)  1)
            ((and (not p-1?) one?) -1)
            (else 0))))
  (let loop ((x 2) (k 1))
    (cond ((=  1 (pr x k p)) x)
          ((= -1 (pr x k p)) (loop (++ x) 1))
          (else              (loop x (++ k))))))
```

これより，最小原始根のリスト：

```
> (map (lambda (x) (list x (min-pr x)))
       (cdr (primes 41)))
((3 2) (5 2) (7 3) (11 2) (13 2) (17 3) (19 2) (23 5) (29 2) (31 3) (37 2) (41 6))
```

を得る——偶素数 2 を外す為に `primes` の **cdr** を取っている．単独の奇素数に対する全原始根のリストは，一つの原始根 (この場合には，最小原始根 `min-pr` の結果を利用する) を元に生成する．それは以下の手続により求められる．

```
(define (p-root p)                        ; primitive root
  (define (co-p p)
    (let loop ((i 2) (tmp '()))
      (cond ((< (- p 2) i) (reverse tmp))
            ((= (gcd i (- p 1)) 1)
                 (loop (++ i) (cons i tmp)))
            (else (loop (++ i)            tmp)) )))
  (let ((min (min-pr p)))
    (sort (cons min
           (map (lambda (x) (/@ (** min x) p))
                (co-p p))))))
```

先ず，内部手続 co-p により，$(p-1)$ と互いに素な数を求めてリストにする．それらを最小原始根の冪として，残りを求めている．以下が具体例である．

```
(p-root 7)   => (3 5)
(p-root 17)  => (3 5 6 7 10 11 12 14)
(p-root 41)  => (6 7 11 12 13 15 17 19 22 24 26 28 29 30 34 35)
```

なお，min-pr における内部手続 pr は，「x の冪が $(p-1)$ 乗において 1 になった場合に値 1」を，「それ以前に 1 になった場合に値 −1」を，「その他は 0」を出力し，これを受けて min-pr は，$(p-1)$ 以前の冪で 1 になった場合，それは原始根ではないので以後の計算を止め，x に 1 を加え，k を初期値 1 に戻して，次のループへと移動するようにしている．

D.21.3 指数を求める

原始根に引き続き，**指数**(index) を求める手続を与えておく．

```
(define (ind-pr p)
  (define (ind-cal p lst)
    (map (lambda (val) (list val
      (map (lambda (ind) (cadr ind))
        (map (lambda (num) (assoc num
          (map (lambda (x)
            (list (/:** val x p) x))
            (iota 0 (- p 2)))))
          (iota (- p 1)))))) lst))
  (let ((lst (p-root p)))
    (ind-cal p lst)))
```

出来る限り **map** を用いて，一番内側の **map** から順に解していけば，その処理内容が明らかになるように工夫した．出力は，初めに原始根の値を示し，それ以降にリストの形式で指数の値を並べている．以下が実行例である．

> (ind-pr 7)
((3 (0 2 1 4 5 3)) (5 (0 4 5 2 1 3)))

また，**car** により，最小原始根に対する指数のみを求めることが出来る．

> (car (ind-pr 23))
(5 (0 2 16 4 1 18 19 6 10 3 9 20 14 21 17 8 7 12 15 5 13 11))

D.21.4 無限降下法と平方和

奇素数の中でも，4 で割って 1 余る $\mathcal{P}_{4n+1}$ 型の素数は，二つの平方数の和として表すことが出来る．この定理は，9.3 (p.314) において，フェルマーの無限降下法を用いて証明した．ここでは，その証明方法が具体的な問題を解決する為の手順にもなっていることから，証明をそのままコードに直して，$\mathcal{P}_{4n+1}$ 型の素数を平方和に分解する．$p = x^2 + y^2$ を $(p\ x\ y)$ の形式で出力する．

```
(define (sum2sq p)
  (define (fid p x y k)                    ; Fermat infinite descent
    (let* ((shift (lambda (z m)
                    (if (> (/@ z m) (/ m 2))
                        (- (/@ z m) m)
                        (/@ z m))))
           (rx (shift x k))
           (ry (shift y k))
           (x1 (abs (/ (+ (* x rx) (* y ry)) k)))
           (y1 (abs (/ (- (* y rx) (* x ry)) k)))
           (k1 (/ (+ (** x1 2) (** y1 2)) p)))
      (if (= k1 1)
          (list p x1 y1)
          (fid p x1 y1 k1))))
  (let* ((g (min-pr p))
         (x0 (/:** g (/ (- p 1) 4) p))
         (y0 1)
         (k0 (/ (+ (** x0 2) (** y0 2)) p)))
    (if (= k0 1)
        (list p x0 y0)
        (fid p x0 y0 k0))))
```

内部手続 fid が "無限降下" を行う．係数 k1 が，1 に等しくなるまで再帰を続ける．本体 sum2sq は初期値設定を主な仕事にしている．与えられた素数の原始根を求めて，そこから "降下" の前提となる値を生成している．素数 5 の場合には，設定値の k1 が既に 0 なので，冒頭でこれを分岐させ，そのままの値を出力するようにしている．具体例は以下である．

```
> (map sum2sq (P4n1 80))
((5 2 1) (13 3 2) (17 4 1) (29 5 2) (37 6 1) (41 5 4) (53 7 2) (61 6 5) (73 8 3))
```

D.22 拡張された互除法

互除法に関しては，既に D.3.1 (p.612) において論じている．ここでは，その内容を再確認した後，これを拡張して**ディオファントス方程式**(Diophantine equation) を解く——これに関しては 4.4 (p.96) において，特定の解から一般解へと誘導し，方程式と解法が表裏一体であることを説明している．

D.22.1 互除法における値の変化

最大公約数を求める互除法のアルゴリズムは，実に簡潔・明瞭であり，その鮮やかさはコードに直接現れている．先に定義したものは以下である．

```
(define (my-gcd s r)
  (if (zero? r)
      s
      (my-gcd r (/@ s r)) ))
```

再帰形式の例題としては，階乗函数と双璧を為すであろう，教育的意味と実用性の両面を持っている．実際，再帰部の働きは

$$s \leftarrow r, \qquad r \leftarrow (/@\ s\ r)$$

により尽くされている．s へ r を，r へ除算の余りを代入する．これを $r = 0$ まで繰り返した時，s には二数の最大公約数が記録される，という仕組である．

以上のことを，もう少し叮嚀に追跡する為に，数値例として 143, 195 を選び，値の変化を表にしよう．ここで rem は s, r の剰余：$(/@\ s\ r)$ である．

s	r	rem	初期値による記述
143	195	143	$143 = 1 \times 143 + 0 \times 195$
195	143	52	$195 = 0 \times 143 + 1 \times 195$
143	52	39	$143 = 1 \times 143 + 0 \times 195$
52	39	13	$52 = -1 \times 143 + 1 \times 195$
39	13	3	$39 = 3 \times 143 - 2 \times 195$
13	0		$13 = -4 \times 143 + 3 \times 195$

二数の除算のみで順に展開される数値であるから，当り前のことではあるが，全て 143 と 195 のみを使って書き直せる．それを表の右側に記した．

このような形式で書き直せることがそのまま，整数係数の方程式の整数解を導く問題，即ち，ディオファントス方程式の問題へと繋がっている．従って，

D.22. 拡張された互除法

ここで手作業で作成した表の右側の関係を自動化出来れば，それはこの方程式の一つの解を与えるアルゴリズムとなる．それは以下のコードで実現される．

```
(define (euclid-ss a b)                    ; special solution
  (define (ext-ss s r sa sb ra rb)
    (let ((trans
            (lambda (x y u v) (- x (* y (// u v))))))
      (if (zero? r)
          (list 'x= sa 'y= sb 'gcd= s)
          (ext-ss r (/@ s r)
                  ra rb
                  (trans sa ra s r)
                  (trans sb rb s r) ))))
  (ext-ss a b 1 0 0 1))
```

これは拡張されたユークリッドの互除法と呼ばれている．一目見て分かるように，引数 s, r に関しては，通常の互除法そのままである．従って，s の最終出力は二数の最大公約数 gcd である．残りの四引数が，一回のループ毎に変化する数値を，与えられた二数で書き直す為の係数を計算する．

六引数は以下の関係により書き直されていく．なお，ここでは表記が鮮明になるように，引数を添字附きにした．q は s, r の商：(// s r) である．

$$s \leftarrow r, \quad s_a \leftarrow r_a, \quad r_a \leftarrow (s_a - r_a \times q),$$
$$r \leftarrow rem, \quad s_b \leftarrow r_b, \quad r_b \leftarrow (s_b - r_b \times q).$$

こうして求められた係数により，入力値 a, b は

$$s = s_a a + s_b b,$$
$$r = r_a a + r_b b$$

に従って順に書き直されていく．太字は初期値である．

s	r	s_a	s_b	r_a	r_b	q
143	**195**	**1**	**0**	**0**	**1**	0
195	143	0	1	1	0	1
143	52	1	0	−1	1	2
52	39	−1	1	3	−2	1
39	13	3	−2	−4	3	3
13	0	−4	3	15	−11	*

s に登場する数値が r に対して一段階遅れているのに対応して，係数の組 (s_a, s_b) の数値は，(r_a, r_b) に対して一段階遅れて登場する．即ち，ここで定義

した係数の組は，初期値に s, r の商を加味して互除法を適用したものである．
具体的に手続 euclid-ss を実行して，$143x + 195y = 13$ の解：

```
> (euclid-ss 143 195)
```
(x= -4 y= 3 gcd= 13)

を得る．方程式全体を，最大公約数 13 で除した $11x + 15y = 1$ に対しても当然

```
> (euclid-ss 11 15)
```
(x= -4 y= 3 gcd= 1)

となって同じ解を導く．

D.22.2 一般解を導く

ここまで準備が出来れば，与えられた方程式：

$$ax + by = c$$

の一般解を導くことは容易である．そのコードは以下で与えられる．

```
(define (euclid-gs a b c)                    ; general solution
  (define (ext-gs s r c sa sb ra rb)
    (let ((trans
            (lambda (x y u v) (- x (* y (// u v))))))
      (if (zero? r)
          (if (not (zero? (/@ c s)))
              'No-solution
              (list (list 'x= (* sa (/ c s)) '+ (/ b s) 't)
                    (list 'y= (* sb (/ c s)) '- (/ a s) 't)))
          (ext-gs r (/@ s r) c
                  ra rb
                  (trans sa ra s r)
                  (trans sb rb s r) ))))
  (ext-gs a b c 1 0 0 1))
```

基本的な処理は全く同様であり，解の出力部分で一般解の対応を行う．この方程式は，既に見てきたように，c が a, b の最大公約数 $g := \gcd(a, b)$ の定数倍である時のみ解を持つ．従って，先ずその条件判断で分岐をする．例えば

```
> (euclid-gs 143 195 2)
```
No-solution

である．定数倍の条件が充たされている場合には，任意の整数 t を用いて

> (euclid-gs 143 195 13)
((x= -4 + 15 t) (y= 3 - 11 t))

が解となる．これは，方程式を充たす特殊解を x_0, y_0 とする時

$$ax_0 + by_0 = c$$

が成り立ち，さらにこの解に，$(b/g)t, -(a/g)t$ をそれぞれ加算したものを作って，再び方程式に代入すると

$$a[x_0 + (b/g)t] + b[y_0 - (a/g)t]$$
$$= (ax_0 + by_0) + (ab/g)t - (ba/g)t$$
$$= (ax_0 + by_0)$$

となり，これらも解となることから得たものである．

また，具体的に c の値を二倍したものを計算させると

> (euclid-gs 143 195 26)
((x= -8 + 15 t) (y= 6 - 11 t))

が得られる．係数が最大公約数の二倍になっていることに対応して，特殊解も $(x = -4, y = 3)$ から，$(x = -8, y = 6)$ へと，x, y それぞれの値が二倍になる．ただし，任意整数を含む部分はその影響を受けない．

さて，本講義も残すところ僅かとなった．厳しい冬の寒さに耐えた後には，櫻咲く春が来る．**春こそ別れと出会いの季節である．** これは万葉の時代から変わらない．季節に沿って生きてこそ，人の心が潤い，文化も栄えるのである．諸君には，如何なる分野に進んでも，雄々しく生きて貰いたいと祈念する．

ますらをの 大夫の 　行くといふ道ぞ　おほろかに 　思ひて行くな　大夫の伴

Vol.6, No.974.
聖武天皇御製

もうすぐ卒業，この学生証ともお別れだ

D.23 平方剰余

ヤコビ記号をコードに移し，**平方剰余**(quadratic residue) に関する問題を解く．この記号は，5.9 (p.185) において，次の関係を持つことが示されている．

$$\left[\frac{a}{n}\right] = \left[\frac{a'}{n}\right], \quad \text{ただし，} a \equiv a' \pmod{n}, \qquad \left[\frac{1}{n}\right] = 1,$$

$$\left[\frac{-1}{n}\right] = (-1)^{(n-1)/2}, \quad \left[\frac{2}{n}\right] = (-1)^{(n^2-1)/8}, \quad \left[\frac{a}{n}\right] = (-1)^{(a-1)(n-1)/4}\left[\frac{n}{a}\right].$$

以上の条件を連続的に適用して，与えられた数値から結論である ±1 を導く．そのコードは次のようになる．

```
(define (jacobi a n)
  (define (j-core a n)
    (let* ((a (/@ a n))
           (fn (lambda (t k) (** -1 (/ t k))))
           (sup-2nd (fn (- (* n n) 1) 8))
           (qr-main (fn (* (- a 1) (- n 1)) 4)))
      (cond ((= (abs a) 1) a)
            ((even? a) (* sup-2nd (j-core (/ a 2) n)))
            (else      (* qr-main (j-core n a))))))
  (cond ((= a  1) 1)
        ((= a -1) (** -1 (/ (- n 1) 2)))
        (else (j-core a n))))
```

先ず，$n = \pm 1$ に関して処理をする．その後，n の剰余を取り各処理に分岐する．第二補充法則が **sup-2nd** により，**相互法則**(quadratic reciprocity) が **qr-main** により与えられている．再帰が深まるに連れ値は小さくなり，±1 の何れかに一致すれば，それを出力して終了する．この手続を用いて

```
(define (qr-list p)
  (map (lambda (x) (jacobi x p)) (iota (- p 1))))
```

を定義すれば，特定の法に関する平方剰余の解が一挙に求められる．例えば，$p = 23$ を選べば，以下の結果が得られる．

```
> (qr-list 23)
(1 1 1 1 -1 1 -1 1 1 -1 -1 1 1 -1 -1 1 -1 1 -1 -1 -1 -1)
```

D.23. 平方剰余

さて，ここで具体的な数値例を挙げて，コードの動きを追ってみよう．それはそのまま，ヤコビ記号の処理の詳細を調べることでもある．二数に $a = 365$, $p = 1847$ を選ぶ．コードの流れに沿って変化する数値を書き出すと

$$\left[\frac{365}{1847}\right] \Rightarrow \begin{cases} 1: 365 \equiv 365 \pmod{1847} \\ 2: 365 \neq 1, \quad 1847 \not< 365 \\ 3: a \text{ は奇} \\ 4: (365-1)(1847-1)/4 \text{ は偶} \end{cases} \Rightarrow (+1) \times \left[\frac{1847}{365}\right]$$

となる．これで一回目の処理が終了し，再帰に入る．

$$\left[\frac{1847}{365}\right] \Rightarrow \begin{cases} 1: 1847 \equiv 22 \pmod{365} \\ 2: 22 \neq 1, \quad 365 \not< 22 \\ 3: a \text{ は偶} \\ 4: (365^2-1)/8 \text{ は奇} \end{cases} \Rightarrow (-1) \times \left[\frac{11}{365}\right]$$

こうして順次，値を小さくしながら再帰は続く．

$$\left[\frac{11}{365}\right] \Rightarrow \begin{cases} 1: 11 \equiv 11 \pmod{365} \\ 2: 11 \neq 1, \quad 365 \not< 11 \\ 3: a \text{ は奇} \\ 4: (11-1)(365-1)/4 \text{ は偶} \end{cases} \Rightarrow (+1) \times \left[\frac{365}{11}\right]$$

$$\left[\frac{365}{11}\right] \Rightarrow \begin{cases} 1: 365 \equiv 2 \pmod{11} \\ 2: 2 \neq 1, \quad 11 \not< 2 \\ 3: a \text{ は偶} \\ 4: (11^2-1)/8 \text{ は奇} \end{cases} \Rightarrow (-1) \times \left[\frac{1}{11}\right]$$

$$\left[\frac{1}{11}\right] \Rightarrow \begin{cases} 1: 1 \equiv 1 \pmod{11} \\ 2: 1 = 1 \end{cases} \Rightarrow 1$$

処理全体を一つのプロセスにまとめて，以下の結果を得る．

$$\begin{aligned}
\left[\frac{365}{1847}\right] &= (+1) \times \left[\frac{1847}{365}\right] \\
&= (+1) \times \left\{(-1) \times \left[\frac{11}{365}\right]\right\} \\
&= (+1) \times \left\{(-1) \times \left\{(+1) \times \left[\frac{365}{11}\right]\right\}\right\} \\
&= (+1) \times \left\{(-1) \times \left\{(+1) \times \left\{(-1) \times \left[\frac{1}{11}\right]\right\}\right\}\right\} \\
&= (+1) \times \{(-1) \times \{(+1) \times \{(-1) \times \{1\}\}\}\} = 1
\end{aligned}$$

さてここで，5.10 (p.195) において，相互法則の証明に用いた**ガウスの予備定理**をコード化しておく．先ず，**floor** によりガウス記号を代替させ，定義をそのまま翻訳して，表の計算値を出力する手続：

```
(define (g-core a p)
  (let ((fn (lambda (x) (/ (* a x) p))))
    (map (lambda (x) (- (fn x) (floor (fn x))))
         (iota (/ (- p 1) 2)))))
```

を定義する．実行例は以下である．

> (g-core 5 23)
(5/23 10/23 15/23 20/23 2/23 7/23 12/23 17/23 22/23 4/23 9/23)

小数による表記がほしい場合には，どちらか一方の数値を限定数にして

> (map adjust-of (g-core 5.0 23))
(0.217 0.435 0.652 0.87 0.087 0.304 0.522 0.739 0.957 0.174 0.391)

とすればよい．これを用いて，ガウスの予備定理は

```
(define (g-lemma a p)
  (let ((fn (lambda (x) (/ (* a x) p))))
    (** -1
        (length (remove (lambda (x) (< x 1/2))
                        (g-core a p))))))
```

と定義される．ここでは g-core により求められた値から，remove により 1/2 未満の条件に合わないものを外している．そして，**length** により格子点を数え挙げている．この手続を，ここまでに扱った例題に適用すれば

(g-lemma 5 23)   => *-1*
(g-lemma 7 13)   => *-1*
(g-lemma 13 7)   => *-1*
(g-lemma 365 1847) => *1*

となり，正しい値を得ていることが分かる．

D.24 RSA 暗号

公開鍵暗号(Public key cryptosystem) が開発されて既にかなりの年月が経った．鍵を公開しながら，なお暗号として成立するという衝撃的事実から，この分野は多くの才能を引き寄せ，またその重要性から極めて熱心に研究された．

イギリス政府機関 GCHQ の Ellis, Cocks, Williamson らは 1973 年までに，このアイデアを見出していたが，それは国家機密とされた．1976 年，Diffie, Hellman により公開鍵暗号の概念が初めて一般に公開された．その二年後，**リベスト**(Rivest, Ronald)，**シャミア**(Shamir, Adi)，**エーデルマン**(Adleman, Leonard) により，具体的なアルゴリズムとして実現された——以後，三名の頭文字を繋いで RSA 暗号と呼ばれるようになった．ここでは，文字処理と冪を含む合同計算をコード化し，RSA 暗号の最も簡単な例題を解いていく．これにより，"謎の研究所"から発せられた暗号が，漸く解読される．

D.24.1 文字と数字の相互変換

既に C.4.7 (p.531) において，文字と数字の変換は実現している．ただし，それは文字列を個別のキャラクターに分解して符号化する `shift-encode` と，それを復号化する `shift-decode` の組合せであり，入出力は共にリスト形式で行った．従って，各文字と数字間の対応が崩れる心配はなかった．

ここでは，後に続く暗号化の為に，符号化の結果を一つの自然数にまとめる手続，そしてその逆，即ち自然数を文字列に復号化する手続を定義する．再び ASCII コードを用いるが，この時，一つ問題が発生する．それは，ASCII コードが 0 から 127 までの三桁に渡って拡がっている為に，変換後の数値を単純に繋いだのでは，文字・数字の対応が崩れ，復号時に一義的な区分けが出来ずに，混乱が生じることである．そこで，事前の処理として以下のことを行う．

● 桁揃えと encode

先ず，ASCII コードの内訳に注目する．先頭から 31 までは制禦コードであり，文字表記には関係しない．その後の 32 は「空白記号」，33 ~ 126 に「印刷可能文字」が並び，末尾の 127 が再び制禦コードになっている．

そこで，番号を 27 文字分スライドさせることにより，表記に関係する 94 文

字を二桁の数値で表現する．これにより，空白記号を含む五つの記号が 5 ～ 9 の一桁になるが，これらは変換作業を行う際に，一旦文字化してその前に文字としての 0 を加え，05 ～ 09 という形で二桁にする．その手続が

```
(define (prefix0 x)
  (cond ((equal? x "5") "05")
        ((equal? x "6") "06")
        ((equal? x "7") "07")
        ((equal? x "8") "08")
        ((equal? x "9") "09")
        (else x)))
```

である．これで全要素が"二桁の数値"として扱えるようになる．05 が「空白記号」であり，末尾の 99 は「チルダ」である．

この手続と，数値を文字列化する **number->string**，文字列を数値化する **string->number**，及び複数の文字列を空白無く連結する **string-append** の三種の組込手続を利用して，与えられた文を一つの自然数にまとめる

```
(define (encode str)
  (string->number
    (apply string-append
      (map prefix0
        (map number->string
          (shift-encode str -27) )))))
```

を定義する．27 文字分のシフト，文字化，ゼロの附与，連結，そして数値化の流れで変換する．実行例は以下である．

```
(encode "Scheme")  =>  567277748274
(encode "#Scheme") =>  8567277748274
```

ここで，コード化に際してゼロを附与した記号は，それが先頭に位置した場合に，最後の数値化処理において前部のゼロが外されていることが見て取れる．これが"二桁化"の唯一の例外であり，本来なら偶数個であるはずの個数が，この場合のみ，全体として奇数個になる．この問題は，復号化の際に克服する．

● **文字分割と decode**

与えられた複数の文字列を，隙間無く繋ぐ手続が **string-append** であった．この逆変換，即ち，一つの文字列を複数に分割する手続を定義する．

D.24. RSA 暗号

文字列から文字列を切り出す組込手続 **substring** を用いる．書式は

　　(substring str start end)

であり，$0 \leq start \leq end \leq len$ なる関係にある二つの自然数によって，切り出しの範囲を定める．三番目の変数 *len* は，与えられた文字列の長さを評価値とする手続：**string-length** により定まる上限値である．

ここで問題になるのは，分割の一ブロック当たりの文字数と，総数 *len* の関係である．以下の定義では，左から順に切り出していき，割り切れずに余った部分は，そのまま最後に附け加えている．また分割数を，与えられた文字数の範囲外に設定した場合には，分割を行わずそのまま文字列を返す設定である．

```
(define (string-divide s str)
  (let ((len (string-length str)))
    (let loop ((k 0) (tmp '()))
      (cond ((or (<= s 0) (<= len s)) str)
            ((= k len) (reverse tmp))
            ((< len (+ k s))
             (reverse (cons (substring str k len) tmp)))
            (else (loop (+ k s)
                   (cons (substring str k (+ k s)) tmp) ))))))
```

実行例は以下である．

```
> (string-divide 0 "abcdefghijklmn")
```
("abcdefghijklmn")
```
> (string-divide 1 "abcdefghijklmn")
```
("a" "b" "c" "d" "e" "f" "g" "h" "i" "j" "k" "l" "m" "n")
```
> (string-divide 2 "abcdefghijklmn")
```
("ab" "cd" "ef" "gh" "ij" "kl" "mn")
```
> (string-divide 6 "abcdefghijklmn")
```
("abcdef" "ghijkl" "mn")

この手続を用いて復号化を行う．与えられる自然数は，二桁の数の寄せ集めであるから，全体では偶数個の数字を含む．そこで，string-divide の第一引数を 2 と定めて分割する．これにより，分割されたそれぞれの数値を ASCII コードと見做した変換作業が可能となる．また，全体の要素数が奇数の場合には，先頭にゼロ附与された要素が"あったもの"と見て，その分を再度附け加えて偶数個に戻す．以上の処理を自動化した手続が

```
(define (decode num)
  (let ((str (number->string num)))
    (shift-decode
      (map (lambda (x) (+ 27 x))
        (map string->number
          (string-divide 2
            (if (odd? (string-length str))
                (string-append "0" str)
                str)) )) 0)))
```

である．偶奇の判定によるゼロ附与，二桁単位の分割，数値化，27 文字分のシフト，そして文字化の流れで変換する．実行例は以下である．

 (decode 567277748274) => ***"Scheme"***
 (decode 8567277748274) => ***"#Scheme"***

D.24.2 暗号生成と暗号解読

さて，以上の準備の下に，暗号の生成と解読，即ち平文の符号化と復号化を 9.4.4 (p.325) の例に倣って示していこう．この例の場合には，ASCII コードの数値を移動させることなくそのまま利用しているので，ここで定義したより一般的な変換とは異なる．この点に注意しながら，平文：「Go/No-Go」を

 > (map-encode "Go/No-Go" 0)
 (71 111 47 78 111 45 71 111)

により数値化した
$$x = 7111147781114571111$$
を用いる．暗号化に用いた数は
$$n = 7000000013390000000171, \quad r = 5$$
であった．合同計算：$x^r \pmod{n}$ より

 > (/@ (** 7111147781114571111 5) 7000000013390000000171)
 2573486531281732474725

によって暗号文：
$$y = 2573486531281732474725$$
を得る．以上で，平文が符号化された．

D.24. RSA 暗号

続いて復号化に移る．最重要の問題は，与えられた数 n の素因数分解であるが，ここではこの数の正体が

$$n = 7000000013390000000171$$
$$= pq = 10000000019 \times 700000000009$$

であることを知っているので，これを使う．オイラーの函数の値は

$$\varphi = (p-1)(q-1)$$
$$= 7000000012680000000144$$

であり，これを素因数分解すると

> (factorize-of 7000000012680000000144)
((2 4) (3 1) (73 1) (131 1) (521 1) (73259 1) (399543379 1))

が得られる．この結果より自明ではあるが，$r = 5$ とは

> (gcd 7000000012680000000144 5)
1

により，二数は互いに素であることが再度確認出来る．よって，解読には

$$5s \equiv 1 \pmod{\varphi}$$

の解 s が必要となる．これは k を任意の整数として

$$5s - 1 = k\varphi \quad \Rightarrow \quad 5s - k\varphi = 1$$

が成り立つ，即ちディオファントス方程式：

$$ax + by = 1$$

において，$a = 5$, $b = -\varphi$ の場合を解けばよい．よって

> (euclid-ss 5 -7000000012680000000144)
(x= 1400000002536000000029 y= 1 gcd= 1)

により解：

$$s = 1400000002536000000029$$

を得る．解読の最終段階は，この s を用いて

$$y^s \pmod{n}$$

を計算することである．それは以下の手続

```
> (/:** 25734865312817324747725
       14000000002536000000029
       70000000133900000000171)
```
71111147781114571111

により得られる——見易さを優先して本来は無用の改行を入れた．これは平文の数値 x と完全に一致している．以上により解読が完了した．

以上を一括処理する手続を定義しておこう．文字・数値変換は，先に定義した 27 文字シフトの形式を用いる．内部の n, p, q, r は一例である．

```
(define (RSA-encode str)
  (let ((x (encode str))
        (n 18002661791960445452490034358533535434461)
        (r 65537))
    (/:** x r n)))
```

これで 38 文字までの平文を暗号化出来る．解読は

```
(define (RSA-decode num)
  (let* ((p 13265535618784201153)  ; 20 桁素数
         (q 13571002565828100637)  ; 20 桁素数
         (phi (* (- p 1) (- q 1)))
         (r 65537)
         (s (cadr (euclid-ss r (- phi)))))
    (decode (/:** num s (* p q)))))
```

である．残る問題は $n = pq, r$ を如何に適切に選ぶかということである．

☞ 余談：謎の返信

さて，ここで"時空を曲げて"某所に暗号を送っておこう．"問合せ"に対する返信である．

```
> (RSA-encode "We go for launch")
```
1643765783480443519731451173901380005109

を送信して，こちらも作業完了"Mission Completed"である．

D.25 最終講義

ここまで共に学び続けて来た諸君に敬意を表して，反教訓的教訓という如何にも再帰的な話をもって本講義の締めとしたい．そして，卒業おめでとう！

世は"教訓"に充ちている．

「**車輪の再発明**(reinventing the wheel)」という言葉がある．先人が既に発見，発明したものを，今さらながらに見出して喜んでいる，という否定的な意味合いで使われることが多い言葉である．既存の体系に無知であり，或いは意図的にこれを無視して，"独自路線"を気取ることを揶揄しているのである．

ところで，「既存の体系に無知である」ことが批判の対象になるのなら，既存の体系を理解する為には如何なる学習が必要か．実はその為には「車輪の再発明」こそが最も有効であり，これなくしては決して到達出来ない高みがある．この基本を知らない者の皮肉など，まさに「皮肉の再発明」に過ぎない．

先ずは交叉点に立て

真理は一つである．一つではあるが，それは多様な側面を持つ．同じ山が多様な景色を見せること，そして，その登り方にも様々なアプローチがあることに似ている．真理は唯一であっても，それを記述する方法は一つとは限らない．多種多様な概念がそれに貢献する．それは混乱ではなく豊穣である．

独自のアイデア，独自の手法で再発見された車輪は，さて既存の車輪と同一か．確かに"物"としては同じかもしれない．同じだからこそ"再発見"なのである．しかし，そこに到達したアイデアが違う以上は，そこから先には異なる道が待っている．それは概念上の「交叉点」である．辿り着いてみれば，既存の理論と全く同じ結論を導く「同じ場所」に過ぎないが，その先まで同じとは限らない．それが一瞬の邂逅でないと誰が決められる．

殊更にこの種の教訓を垂れて効率ばかりを論じる人間には，即ち再発明を恐れる人間には，新発見も新発明も出来はしない．彼等は非創造的であるばかりではなく，自らの主張の基礎たる「既存の体系」すら深く学び得ないのである．

車輪の再発明に徹せよ，概念の交叉点に立て．
不合理や非効率を恐れず，自分の考えを推し進めろ．

社会人になれば，非効率は直ちに自身への低評価へと繋がる．学生に取っても，入試合格を目的とする立場からすれば，無意味な廻り道に過ぎない．しかし，それらは全て錯覚である．冷笑家は，如何にも現実を見ている，知っているという態度を取ろうとするが，それは「合理的に新発見が出来る」「学習は効率的に出来る」と信じる"非現実的な妄想"に基づいている．

　創造は不合理の果てに成されるものである．対象の深い理解には途方もない廻り道が必要である．あらゆる概念が試され，車輪もネジも傘も靴も再発見された後に，漸くそこに辿り着けるのである．それは人類の歴史が明確に示している．もし，低評価や不合格を恐れるのであれば，「再発見の速度を上げればいい」．自分の発想を捨てる必要など何処にもないのである．

　何についても独自性を持つことは極めて難しく，辛いことでもある．しかし，「自分の方法」を見出した者は，それを貫き通すことで，漸く「自分自身を発見する」．「その方法こそが自分なのだ」と悟るのである．遂には「その方法を捨てることは，自分を捨てることだ」という境地に達する．そして再び，「それを見出し得た理由」に想いを馳せて，なるほど「再発見を恐れず，基礎を重んじたからだ」という結論に至るのである．暮らしぶりは平凡の極みに徹しながらも，発想だけは独創性を保つ必要がある．「自分の人生を多数決に委ねるべきではない」——研究者・技術者の生涯はこの一点に尽きるのである．

　この瞬間にも，自然数が再発見され，九九が再発見され，階乗がフィボナッチ数列が再発見されてコード上を踊っている．あらゆる文化を再発見せよ．文科・理科の区分など全くの幻想である．「二兎追う者は一兎をも得ず」など気にするな．「二兎追う者はフィボナッチ数を得る」と切り返せ．自称であれ他称であれ"研究者"に必須の要件は，独自のアイデアを持つことである．その妨げになる教訓なら，『「車輪の再発明」を再発明』している人達に任せておけ．

　　山は速く登る人の為にあるのではない．
　　山は効率的に登る人の為にあるのでもない．
　　苦楽を共にし，山と一体となることを望む人，
　　そこに佇み，見廻し，愛でる人の為にある．
　　What Do You Care What Other People Think?

　　　　　　　　　　　　　　　　　　諸君の健闘を祈る．

付録 E

数表 (素数・原始根)

● 10000 までの素数表

2	3	5	7	11	13	17	19	23	29	31	37	41	43	47
53	59	61	67	71	73	79	83	89	97	101	103	107	109	113
127	131	137	139	149	151	157	163	167	173	179	181	191	193	197
199	211	223	227	229	233	239	241	251	257	263	269	271	277	281
283	293	307	311	313	317	331	337	347	349	353	359	367	373	379
383	389	397	401	409	419	421	431	433	439	443	449	457	461	463
467	479	487	491	499	503	509	521	523	541	547	557	563	569	571
577	587	593	599	601	607	613	617	619	631	641	643	647	653	659
661	673	677	683	691	701	709	719	727	733	739	743	751	757	761
769	773	787	797	809	811	821	823	827	829	839	853	857	859	863
877	881	883	887	907	911	919	929	937	941	947	953	967	971	977
983	991	997	1009	1013	1019	1021	1031	1033	1039	1049	1051	1061	1063	1069
1087	1091	1093	1097	1103	1109	1117	1123	1129	1151	1153	1163	1171	1181	1187
1193	1201	1213	1217	1223	1229	1231	1237	1249	1259	1277	1279	1283	1289	1291
1297	1301	1303	1307	1319	1321	1327	1361	1367	1373	1381	1399	1409	1423	1427
1429	1433	1439	1447	1451	1453	1459	1471	1481	1483	1487	1489	1493	1499	1511
1523	1531	1543	1549	1553	1559	1567	1571	1579	1583	1597	1601	1607	1609	1613
1619	1621	1627	1637	1657	1663	1667	1669	1693	1697	1699	1709	1721	1723	1733
1741	1747	1753	1759	1777	1783	1787	1789	1801	1811	1823	1831	1847	1861	1867
1871	1873	1877	1879	1889	1901	1907	1913	1931	1933	1949	1951	1973	1979	1987
1993	1997	1999	2003	2011	2017	2027	2029	2039	2053	2063	2069	2081	2083	2087
2089	2099	2111	2113	2129	2131	2137	2141	2143	2153	2161	2179	2203	2207	2213
2221	2237	2239	2243	2251	2267	2269	2273	2281	2287	2293	2297	2309	2311	2333
2339	2341	2347	2351	2357	2371	2377	2381	2383	2389	2393	2399	2411	2417	2423
2437	2441	2447	2459	2467	2473	2477	2503	2521	2531	2539	2543	2549	2551	2557
2579	2591	2593	2609	2617	2621	2633	2647	2657	2659	2663	2671	2677	2683	2687
2689	2693	2699	2707	2711	2713	2719	2729	2731	2741	2749	2753	2767	2777	2789
2791	2797	2801	2803	2819	2833	2837	2843	2851	2857	2861	2879	2887	2897	2903
2909	2917	2927	2939	2953	2957	2963	2969	2971	2999	3001	3011	3019	3023	3037
3041	3049	3061	3067	3079	3083	3089	3109	3119	3121	3137	3163	3167	3169	3181
3187	3191	3203	3209	3217	3221	3229	3251	3253	3257	3259	3271	3299	3301	3307
3313	3319	3323	3329	3331	3343	3347	3359	3361	3371	3373	3389	3391	3407	3413
3433	3449	3457	3461	3463	3467	3469	3491	3499	3511	3517	3527	3529	3533	3539

付録 E　数表 (素数・原始根)

3541	3547	3557	3559	3571	3581	3583	3593	3607	3613	3617	3623	3631	3637	3643
3659	3671	3673	3677	3691	3697	3701	3709	3719	3727	3733	3739	3761	3767	3769
3779	3793	3797	3803	3821	3823	3833	3847	3851	3853	3863	3877	3881	3889	3907
3911	3917	3919	3923	3929	3931	3943	3947	3967	3989	4001	4003	4007	4013	4019
4021	4027	4049	4051	4057	4073	4079	4091	4093	4099	4111	4127	4129	4133	4139
4153	4157	4159	4177	4201	4211	4217	4219	4229	4231	4241	4243	4253	4259	4261
4271	4273	4283	4289	4297	4327	4337	4339	4349	4357	4363	4373	4391	4397	4409
4421	4423	4441	4447	4451	4457	4463	4481	4483	4493	4507	4513	4517	4519	4523
4547	4549	4561	4567	4583	4591	4597	4603	4621	4637	4639	4643	4649	4651	4657
4663	4673	4679	4691	4703	4721	4723	4729	4733	4751	4759	4783	4787	4789	4793
4799	4801	4813	4817	4831	4861	4871	4877	4889	4903	4909	4919	4931	4933	4937
4943	4951	4957	4967	4969	4973	4987	4993	4999	5003	5009	5011	5021	5023	5039
5051	5059	5077	5081	5087	5099	5101	5107	5113	5119	5147	5153	5167	5171	5179
5189	5197	5209	5227	5231	5233	5237	5261	5273	5279	5281	5297	5303	5309	5323
5333	5347	5351	5381	5387	5393	5399	5407	5413	5417	5419	5431	5437	5441	5443
5449	5471	5477	5479	5483	5501	5503	5507	5519	5521	5527	5531	5557	5563	5569
5573	5581	5591	5623	5639	5641	5647	5651	5653	5657	5659	5669	5683	5689	5693
5701	5711	5717	5737	5741	5743	5749	5779	5783	5791	5801	5807	5813	5821	5827
5839	5843	5849	5851	5857	5861	5867	5869	5879	5881	5897	5903	5923	5927	5939
5953	5981	5987	6007	6011	6029	6037	6043	6047	6053	6067	6073	6079	6089	6091
6101	6113	6121	6131	6133	6143	6151	6163	6173	6197	6199	6203	6211	6217	6221
6229	6247	6257	6263	6269	6271	6277	6287	6299	6301	6311	6317	6323	6329	6337
6343	6353	6359	6361	6367	6373	6379	6389	6397	6421	6427	6449	6451	6469	6473
6481	6491	6521	6529	6547	6551	6553	6563	6569	6571	6577	6581	6599	6607	6619
6637	6653	6659	6661	6673	6679	6689	6691	6701	6703	6709	6719	6733	6737	6761
6763	6779	6781	6791	6793	6803	6823	6827	6829	6833	6841	6857	6863	6869	6871
6883	6899	6907	6911	6917	6947	6949	6959	6961	6967	6971	6977	6983	6991	6997
7001	7013	7019	7027	7039	7043	7057	7069	7079	7103	7109	7121	7127	7129	7151
7159	7177	7187	7193	7207	7211	7213	7219	7229	7237	7243	7247	7253	7283	7297
7307	7309	7321	7331	7333	7349	7351	7369	7393	7411	7417	7433	7451	7457	7459
7477	7481	7487	7489	7499	7507	7517	7523	7529	7537	7541	7547	7549	7559	7561
7573	7577	7583	7589	7591	7603	7607	7621	7639	7643	7649	7669	7673	7681	7687
7691	7699	7703	7717	7723	7727	7741	7753	7757	7759	7789	7793	7817	7823	7829
7841	7853	7867	7873	7877	7879	7883	7901	7907	7919	7927	7933	7937	7949	7951
7963	7993	8009	8011	8017	8039	8053	8059	8069	8081	8087	8089	8093	8101	8111
8117	8123	8147	8161	8167	8171	8179	8191	8209	8219	8221	8231	8233	8237	8243
8263	8269	8273	8287	8291	8293	8297	8311	8317	8329	8353	8363	8369	8377	8387
8389	8419	8423	8429	8431	8443	8447	8461	8467	8501	8513	8521	8527	8537	8539
8543	8563	8573	8581	8597	8599	8609	8623	8627	8629	8641	8647	8663	8669	8677
8681	8689	8693	8699	8707	8713	8719	8731	8737	8741	8747	8753	8761	8779	8783
8803	8807	8819	8821	8831	8837	8839	8849	8861	8863	8867	8887	8893	8923	8929
8933	8941	8951	8963	8969	8971	8999	9001	9007	9011	9013	9029	9041	9043	9049
9059	9067	9091	9103	9109	9127	9133	9137	9151	9157	9161	9173	9181	9187	9199
9203	9209	9221	9227	9239	9241	9257	9277	9281	9283	9293	9311	9319	9323	9337
9341	9343	9349	9371	9377	9391	9397	9403	9413	9419	9421	9431	9433	9437	9439
9461	9463	9467	9473	9479	9491	9497	9511	9521	9533	9539	9547	9551	9587	9601
9613	9619	9623	9629	9631	9643	9649	9661	9677	9679	9689	9697	9719	9721	9733
9739	9743	9749	9767	9769	9781	9787	9791	9803	9811	9817	9829	9833	9839	9851
9857	9859	9871	9883	9887	9901	9907	9923	9929	9931	9941	9949	9967	9973	

● 素数の最小原始根 (2000 以下)

素数 | 最小原始根

2| 1	3| 2	5| 2	7| 3	11| 2	13| 2	17| 3	19| 2	23| 5
29| 2	31| 3	37| 2	41| 6	43| 3	47| 5	53| 2	59| 2	61| 2
67| 2	71| 7	73| 5	79| 3	83| 2	89| 3	97| 5	101| 2	103| 5
107| 2	109| 6	113| 3	127| 3	131| 2	137| 3	139| 2	149| 2	151| 6
157| 5	163| 2	167| 5	173| 2	179| 2	181| 2	191| 19	193| 5	197| 2
199| 3	211| 2	223| 3	227| 2	229| 6	233| 3	239| 7	241| 7	251| 6
257| 3	263| 5	269| 2	271| 6	277| 5	281| 3	283| 3	293| 2	307| 5
311| 17	313| 10	317| 2	331| 3	337| 10	347| 2	349| 2	353| 3	359| 7
367| 6	373| 2	379| 2	383| 5	389| 2	397| 5	401| 3	409| 21	419| 2
421| 2	431| 7	433| 5	439| 15	443| 2	449| 3	457| 13	461| 2	463| 3
467| 2	479| 13	487| 3	491| 2	499| 7	503| 5	509| 2	521| 3	523| 2
541| 2	547| 2	557| 2	563| 2	569| 3	571| 3	577| 5	587| 2	593| 3
599| 7	601| 7	607| 3	613| 2	617| 3	619| 2	631| 3	641| 3	643| 11
647| 5	653| 2	659| 2	661| 2	673| 5	677| 2	683| 5	691| 3	701| 2
709| 2	719| 11	727| 5	733| 6	739| 3	743| 5	751| 3	757| 2	761| 6
769| 11	773| 2	787| 2	797| 2	809| 3	811| 3	821| 2	823| 3	827| 2
829| 2	839| 11	853| 2	857| 3	859| 2	863| 5	877| 2	881| 3	883| 2
887| 5	907| 2	911| 17	919| 7	929| 3	937| 5	941| 2	947| 2	953| 3
967| 5	971| 6	977| 3	983| 5	991| 6	997| 7	1009| 11	1013| 3	1019| 2
1021| 10	1031| 14	1033| 5	1039| 3	1049| 3	1051| 7	1061| 2	1063| 3	1069| 6
1087| 3	1091| 2	1093| 5	1097| 3	1103| 5	1109| 2	1117| 2	1123| 2	1129| 11
1151| 17	1153| 5	1163| 5	1171| 2	1181| 7	1187| 2	1193| 3	1201| 11	1213| 2
1217| 3	1223| 5	1229| 2	1231| 3	1237| 2	1249| 7	1259| 2	1277| 2	1279| 3
1283| 2	1289| 6	1291| 2	1297| 10	1301| 2	1303| 6	1307| 2	1319| 13	1321| 13
1327| 3	1361| 3	1367| 5	1373| 2	1381| 2	1399| 13	1409| 3	1423| 3	1427| 2
1429| 6	1433| 3	1439| 7	1447| 3	1451| 2	1453| 2	1459| 3	1471| 6	1481| 3
1483| 2	1487| 5	1489| 14	1493| 2	1499| 2	1511| 11	1523| 2	1531| 2	1543| 5
1549| 2	1553| 3	1559| 19	1567| 3	1571| 2	1579| 3	1583| 5	1597| 11	1601| 3
1607| 5	1609| 7	1613| 3	1619| 2	1621| 2	1627| 3	1637| 2	1657| 11	1663| 3
1667| 2	1669| 2	1693| 2	1697| 3	1699| 3	1709| 3	1721| 3	1723| 3	1733| 2
1741| 2	1747| 2	1753| 7	1759| 6	1777| 5	1783| 10	1787| 2	1789| 6	1801| 11
1811| 6	1823| 5	1831| 3	1847| 5	1861| 2	1867| 2	1871| 14	1873| 10	1877| 2
1879| 6	1889| 3	1901| 2	1907| 2	1913| 3	1931| 2	1933| 5	1949| 2	1951| 3
1973| 2	1979| 2	1987| 2	1993| 5	1997| 2	1999| 3			

● $4n+1$ 型素数の平方和分解 (2800 以下)

5 (1 2)	433 (12 17)	1009 (15 28)	1609 (3 40)	2221 (14 45)
13 (2 3)	449 (7 20)	1013 (22 23)	1613 (13 38)	2237 (11 46)
17 (1 4)	457 (4 21)	1021 (11 30)	1621 (10 39)	2269 (30 37)
29 (2 5)	461 (10 19)	1033 (3 32)	1637 (26 31)	2273 (8 47)
37 (1 6)	509 (5 22)	1049 (5 32)	1657 (19 36)	2281 (16 45)
41 (4 5)	521 (11 20)	1061 (10 31)	1669 (15 38)	2293 (23 42)
53 (2 7)	541 (10 21)	1069 (13 30)	1693 (18 37)	2297 (19 44)
61 (5 6)	557 (14 19)	1093 (2 33)	1697 (4 41)	2309 (10 47)
73 (3 8)	569 (13 20)	1097 (16 29)	1709 (22 35)	2333 (22 43)
89 (5 8)	577 (1 24)	1109 (22 25)	1721 (11 40)	2341 (15 46)
97 (4 9)	593 (8 23)	1117 (21 26)	1733 (17 38)	2357 (26 41)
101 (1 10)	601 (5 24)	1129 (20 27)	1741 (29 30)	2377 (21 44)
109 (3 10)	613 (17 18)	1153 (8 33)	1753 (27 32)	2381 (34 35)
113 (7 8)	617 (16 19)	1181 (5 34)	1777 (16 39)	2389 (25 42)
137 (4 11)	641 (4 25)	1193 (13 32)	1789 (5 42)	2393 (32 37)
149 (7 10)	653 (13 22)	1201 (24 25)	1801 (24 35)	2417 (4 49)
157 (6 11)	661 (6 25)	1213 (22 27)	1861 (30 31)	2437 (6 49)
173 (2 13)	673 (12 23)	1217 (16 31)	1873 (28 33)	2441 (29 40)
181 (9 10)	677 (1 26)	1229 (2 35)	1877 (14 41)	2473 (13 48)
193 (7 12)	701 (5 26)	1237 (9 34)	1889 (17 40)	2477 (19 46)
197 (1 14)	709 (15 22)	1249 (15 32)	1901 (26 35)	2521 (35 36)
229 (2 15)	733 (2 27)	1277 (11 34)	1913 (8 43)	2549 (7 50)
233 (8 13)	757 (9 26)	1289 (8 35)	1933 (13 42)	2557 (21 46)
241 (4 15)	761 (19 20)	1297 (1 36)	1949 (10 43)	2593 (17 48)
257 (1 16)	769 (12 25)	1301 (25 26)	1973 (23 38)	2609 (20 47)
269 (10 13)	773 (17 22)	1321 (5 36)	1993 (12 43)	2617 (4 51)
277 (9 14)	797 (11 26)	1361 (20 31)	1997 (29 34)	2621 (11 50)
281 (5 16)	809 (5 28)	1373 (2 37)	2017 (9 44)	2633 (28 43)
293 (2 17)	821 (14 25)	1381 (15 34)	2029 (2 45)	2657 (16 49)
313 (12 13)	829 (10 27)	1409 (25 28)	2053 (17 42)	2677 (34 39)
317 (11 14)	853 (18 23)	1429 (23 30)	2069 (25 38)	2689 (33 40)
337 (9 16)	857 (4 29)	1433 (8 37)	2081 (20 41)	2693 (22 47)
349 (5 18)	877 (6 29)	1453 (3 38)	2089 (8 45)	2713 (3 52)
353 (8 17)	881 (16 25)	1481 (16 35)	2113 (32 33)	2729 (5 52)
373 (7 18)	929 (20 23)	1489 (20 33)	2129 (23 40)	2741 (25 46)
389 (10 17)	937 (19 24)	1493 (7 38)	2137 (29 36)	2749 (30 43)
397 (6 19)	941 (10 29)	1549 (18 35)	2141 (5 46)	2753 (7 52)
401 (1 20)	953 (13 28)	1553 (23 32)	2153 (28 37)	2777 (29 44)
409 (3 20)	977 (4 31)	1597 (21 34)	2161 (15 44)	2789 (17 50)
421 (14 15)	997 (6 31)	1601 (1 40)	2213 (2 47)	2797 (14 51)

● パスカルの動物園

法 4 における二項係数の剰余を記載した．このデータを元に四色の塗り分けが出来る．第 3 夜冒頭のイラスト「**パスカルの喜怒哀楽**」は，これを四種類の表情によって描き分けたものである．またカラー頁の「**パスカルの動物園**」は，同じくこれを四種の動物により表現したものである．"塗り分け"と共に，この種の"描き分け"は，パターンを見抜き，それを楽しむ好い教材になる．

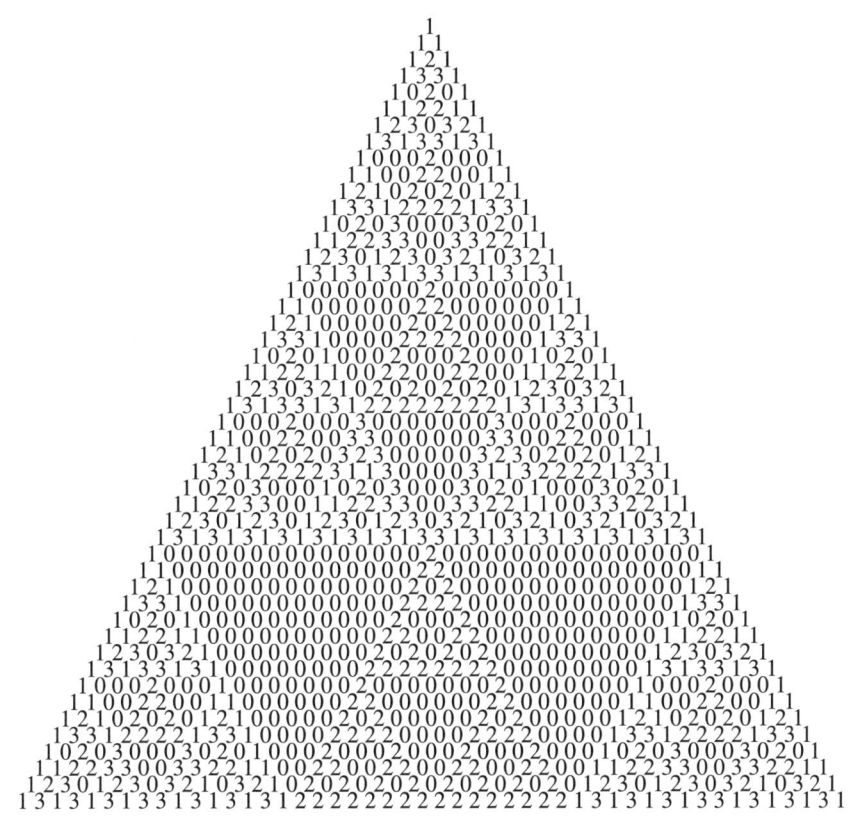

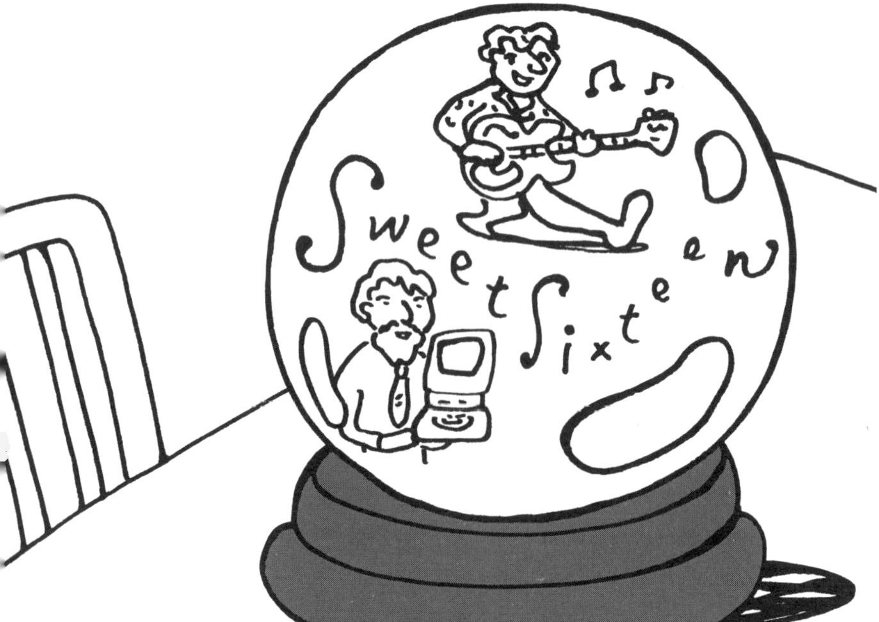
Sweet Sixteen

Postscript

　本書主題は，服部良一の名曲 **蘇州夜曲** のもじりである．深夜の高速道路を走行中に，この曲を聴きながら，ふと口をついた言い間違いをそのままタイトルにした．滑舌の悪さが幸いして，以前から温めてきた漠然としたアイデア：

> 素数を中心としたパズル的な数遊びと，整数論教科書の中間に
> 位置する啓蒙書があれば，中学生から一般まで読めて，しかも
> 単なる数遊びでは終らない，面白い教材になるのではないか

が突如，具体的な形を伴って脳裏を過ぎった．「素数から始めて，実数，複素数に至る壮大な数の物語を『夜の一般講演会』という形で実現できれば……」．発想の元は Sgt. Pepper's Lonely Hearts Club Band にあった．所謂「擬似ライブ」のアイデアである．そこで，以前から書き溜めていた整数論関係のノートに手を入れて本書の雛形を作成した．およそ二十年前の話である．

♪ The Time Machine

　さらに遡ること二昔前．友人の父親が「電子式卓上計算機」を買った．『トスカルで助かる』が惹句であった．ニキシー管表示が綺麗で，今のレジスターほどの大きさがあった．長い計算をやらせている間に，横面を叩くと結果が変わることを発見した．当時の軽自動車よりも高い商品であったが，そんなことはお構いなしに，集まった悪童どもは交代に一発ずつパンチを見舞っていた．自営業の父親が大奮発したことを知っていただけに，大歓声の中で息子はさぞ冷や冷やしていただろう．それが電卓との出会いであった．

　ここで時計は反転する．遂に自分のコンピュータが持てる時代が来た．
　想い出は色褪せない．秋葉原の Bit-inn に行き，本郷の ESD ラボに潜り込み，新幹線を使っての大遠征は，終日パーツ屋詣の情報収拾で終っていた．そうして手に入れた雑誌：Lab.Letters を読みながら，ブザー音の Bach を聴くのが至福の瞬間であった．「赤本」を見ながら，本当に世の中にはトンデモナイ才能を持った連中がいるもんだと溜息混じりに写真を見ていた．「Woz の魔法使い」という渾名は伊達ではなかった．

今も **AppleII** は手元にある．売る気にも勿論廃棄する気にもなれない，不思議なマシンである．よく知らない癖に，6502 が好きで Z80 には興味が持てなかった．頑張れば CPU の支配空間を全て掌握出来そうな，そんな気になれる，今思えば牧歌的な時代だった．古い想い出が詰まったマシンと言うよりは，今なお何かを考えさせられる"現役"なのである．個人の想い出ではなく世界の想い出，「マイクロコンピュータの歴史」そのものが詰まっている．データ入力用のカセットレコーダーと，出力用のアナログテレビを失った今，次に電源を入れる日は何時だろうか．しかし，これは決して"死蔵"ではないのだ．

伝説のマシンの"今"を
伝える為に一工夫した

　ハードの機能不足は，ソフトで乗り越える．開発された様々な"小技"の御蔭で，如何にもマシンが育っていくように見えたものである．言語も盛んに研究され，雑誌でも再帰の走る言語が大きく扱われていた．毎週テレビで「森口繁一の Fortran 講座」を見ていた関係で，Basic には何の違和感も無かった．
　その一方で，ニモニックを眺めながら，上の世界を覗いていた．使えることと理解していることは別である．機械語から高級言語へ，両者の隔たりは凄まじく，理解の階梯は余りに長く，目的地は遙か遠くに感じられた．キルヒホッフの法則一本で，テレビの回路図を読もうとするような感覚であった――昔々，テレビを買えば，その裏側に回路図が添付されていたのだ．

♪ 友人から執事へ

　再帰に魅力は感じても，その威力には未だ気附いていなかった．

　そして，マイコンがパソコンと通称を変え，ホビーからビジネス向けへと能力を増大させていくに従って，それは個性を失い，一日を通して語り合う友から，呼べば応える寡黙な執事へと変貌していった．論文を書く為のワードプロセッサであり，数値計算を行う為の計算機であり，楽しみの為のゲームマシンであり，多様な側面は保っていたが，それはやはり「高機能な道具」としての威力に過ぎず，心を惑わす魅力は次第に失われていった．

　時は流れ，僅かに数万円の出費で，自宅に"計算機センター"が作れる時代になった．OSから実用ソフトまで，全て無料で入手出来るようになった．携帯電話一つで"自宅の今"をモニター出来，研究室の実験装置も制禦(せいぎょ)出来るようになった．OSから仮名漢字変換，エディタ，数値計算，数式処理，画像ソフトまで設定されたものが，自由にダウンロード出来，それが切手大のメモリに収まるのである．その能力を問われているのは，計算機環境の方ではなく，もはや人間の方である．これらの環境を如何に活用して新生面を切り開いていくか，道具に使われるのではなく，如何にこれらを使い，その価値を拡げていくか，それが若者の仕事であり，それを支援するのが教育の仕事となった．

　個人の力でその全貌を捉えることは，極めて難しい時代になったが，それでもやはり"基本"はある．下から上を覗けば絶望的に遠いが，底の底まで潜り込めば，また古き良き手作業の世界が待っている．それは郷愁を誘う"追想"ではなく，新時代の礎を作る為の"反省"である．

♪ 言語の問題

　言語の選択は極めて悩ましい．著作が長く読まれ，役立つように，息の長い言語を選ぶことは当然として，その"教育的能力"が問題となる．あらゆる処理が定義済みで，一文の入力で問題が解決出来るなら，それは専用電卓を購入したことに過ぎず，全く教育的ではない．随分と手は動かしたけれども，「頭は全く使わなかった」ということになる．従って，言語そのものを鍛え，言語を成長させていく過程が，そのまま数学的内容の理解へと繋がる，そんな言語を選ばねばならない．完璧なるMathematicaでは教育的効果に乏しいのである．

この意味で Scheme は最良の選択であったと信ずる．僅か 50 頁に充たない言語仕様書 (R5RS) がそのことを示唆している．基本構成はしっかりとしているが，希望する処理は自分の手で組み上げる必要がある．そこに"教育"が存在する．誰の手を借りるでもない"自己鍛錬"の場として，Scheme は最高の環境を提供する．従って，標準 Scheme の機能強化をする為の手続集：SRFI(Scheme Requests for Implementation) を，本書では一切用いていない．

　その結果，本書を読了された時，読者は整数論専用言語 **Queen Scheme** を自らの手で作り上げたことになる．なお，本書のコードは多くの欠点を持っている．洗練されていない．全体に渡る統一性が無い．先ずは動くこと，その動きが直観的に把握出来ることを目指して書いたものであり，エラーチェックは無く，計算量への配慮も皆無である．多様な手法を例示する為に，無用の手続を導入したものもある．これらを改善するのが読者の演習となる．

　歴史的名著『計算機プログラムの構造と解釈』，通称「SICP」は常に傍らにあった．この著作は演習問題の厖大さでも知られている．初学者に読み難さを感じさせる最大の要因が，問題を解かなければ次に進めない構造，解答がそのまま次のステップで必須とされる点にあるだろう．

　これは多くの著作者にとって陥りやすい巧妙な"罠"でもある．演習問題を多用する形式は，非常に多くの内容を，本論の筋道を外さずに網羅出来る為，頁数の削減にも大いに貢献するのである．部は薄いが，内容は濃い本にしようと思えば，この形式を採るに限る——それでも演習問題の解答まで叮嚀に記述すれば，結局 Knuth の一連の著作のような巨大なものになってしまうが．

　SICP の難しさは，その内容もさることながら，こうした形式上の問題もある．本質的に易しい本ではないが，より近寄りがたくしているのは，この点である．しかし，逆に問題を一問一問，飽きることなく解いていき，"論理のブロック"を一個また一個と積み上げることが好きな人には，この上ない満足感を与える最高の著作ということにもなろう．

　本書は，これを補完することを一つの目的とした．従って，本書には一題の演習問題も掲載していない．それは**本書全体を一つの演習問題にする**為である．読者は，是非ともこれを批判的に読まれ，その足らぬところを補い，自分専用の Queen Scheme に成長させて頂きたい．SICP に挫折された方が，本書を「再挑戦への踏み台」として頂ければと希望している．

♪ インターフェイス

世に蔓延する「何かを成し遂げたければ他人の二倍も三倍も努力しろ」という訓戒に，子供の頃から強い反撥心を感じていた．少なくともこの手の話は，「三倍か，少なくとも二倍は」と減る方向で諭されるべきではないのか．それが何故か，「二倍も三倍も」と増えるのである．同様の構造を持ったものに「千円でも二千円でもいいから節約して……」などというものがある．こちらも何故か増えるのである．この件，皆が不思議がらないのが，不思議である．

本書執筆に当たって，一日最低 16 時間のノルマを課した．「通常値の二倍」は精進したつもりである．「三倍」は無理である．2 から 3 への動きは，「自然数にとっては小さな一歩だが，人間にとっては巨大な飛躍である」．比例定数は精々 $C \leq 2$ である．「無理な訓戒は訓戒たり得ず」を新たな訓戒としたい．

衰え続ける体力をカバーするには，良き道具の力を借りるしかない．そこで思い切って，マン・マシンインターフェイスの根本を改善した．確かに費用は嵩んだが，それに相応しい効果があったので，御参考までに情報を提供する．

先ず，ディスプレイを大型の二画面に変えた．同時処理する"窓"も増えた．これはまだ改善の余地はあるものの，概ね良好である．

キーボードを長年の憧れであった **HHKB** (Happy Hacking Keyboard Professional2) に変えた．無刻印タイプである．これは偏に"ハッカー"を気取る為である．何十年ぶりかの"プログラマー稼業"に精励する為の，ビタミン剤のつもりであった．長年染み付いた悪い指癖も改善することにした．US 配列なので最初は記号の位置が分からず，見るべき刻印も無くで大騒ぎをしたが，これも慣れの問題でしかない．明らかに手首と肩への負担は減った．

マウスは **Logicool** 社のものに変えた．ボタンが定義出来るので快適である．

エディタは **Emacs** に変えた．これは今なお"使われている状態"で使うレベルにまで達していないが，基本的な操作には慣れた．Scheme を採用するに当たって，その実装として **Gauche** と **Racket** を併用した．本文のコードのほとんどは，この Emacs と Gauche の連繋によるものである．これら素晴らしいフリーソフトを開発された関係者の皆様に，心からの敬意を表する．

そして，最も重要なインターフェイスである机と椅子である．机は中古家具店でオカムラの L 型を購入した．品質面も含めて考えれば，信じられないほど

の安価であった．多画面を駆使しようとするなら，必須ではないだろうか．

次に椅子である．半年の調査期間を経て Herman Miller 社の **Embody Chair** を選んだ．これはまさに"清水の舞台から飛び降りる"気分であったが，これで椅子遍歴に終止符が打たれたことを思えば，痩せ我慢しながら"安かった"というべきなのかもしれない．少なくとも"安物買いの銭失い"の悪循環から最終的に脱出することが出来たことだけは確かである．

椅子に座ったまま仮眠をしても，腰が痛むことも少ないので，作業効率は飛躍的に上昇した．やはり良い道具には，値打ちがある．長く風雪に耐えて，評価を積み重ねてきた作品には，製作者の魂が籠められている．これはソフトにもハードにも共通して言えることだろう．

♪ そして音楽

最後にもう一つ．それは **Glenn Gould** である．

著作をものする時，何の偶然か何の必然か，ある曲がテーマとして選ばれて，終日部屋を潤す任務を負わされる．過去には，Mozart の Requiem (K.626) が，Bach の Matthäus-Passion (BWV.244) が選ばれた．今回は The Art of Fugue (BWV.1080) と Partita (BWV.825-830) であった．

誰よりも Bach を愛し，誰よりもメディアの可能性を追求していた Gould が，今のネット環境の中に生きて居たら，如何なる振る舞いをし，如何なる存在として屹立していたか，誠に興味深い．古典音楽の長い歴史の中でも，「私

一人の為に演奏してくれている」と聴衆に信じさせる演奏者は Gould 以外には居ないのではないか．「一瞬でもこの世の憂さを忘れさせてくれる藝術は，それが出来ない藝術よりも優れている」と Gould は主張した．誠に同感である．そして，Gould の演奏それ自体が，日毎に増すばかりの私事雑多な問題を見事に忘れさせてくれ，著作に真一文字に取組むべき本物の力を与えてくれた．本物の藝術は人を癒し，本物の学問は人を救う．実に有難いことである．

♪ 本書の特徴

最後に本書の特徴をまとめておこう．

先ずは著者が考える「独習書」の条件をまとめたものを以下に示す．

[1] 自己完結している

基本的な内容に関して，他書を参照する必要がないこと．順次読み進んでいく中に，疑問点が自然に解消される構成になっていること．

[2] "分類"にこだわらない

数学を不可分一体のものとして捉え，分けない．何を学ぶか，何を追求するかを先ず定めて，その為に必要な数学的知識を総動員し，道具を作り上げる．

[3] 定義を重視する

最重要項目は定義であり，数学は「定義を学び，定理(公式)を導く」ものであることを形式的にも明確にする．解法の暗記は理解ではない．

[4] 数値による計算を積極的に取り入れる

文字と数値の関係を，より深く理解する為には，数値計算により確認することが最も効果的である．特殊から一般へが標語である．

[5] 式番号を省略した

式番号に依存すると，文章の流れが阻害される．大切なことは無駄を厭わず何度も書く．これにより論旨が明快になり，学習者の負担が減る．

以上が，著者が予てより標榜している「**独習書五原則**」である．ここでは数学に限定して書いたが，他分野に関しても同種の手法が成立する．本書も当然，この原則に従って執筆した．加えて「第 0 夜」も再読頂ければ幸いである．

本書は前半を「理論篇(へん)」，後半を「実践篇」と見做すことが出来る．前半で手計算により示した結果を，後半では計算機により再確認している．また手計算では不可能な大きな数値に関する実例を，後半で求めている．その逆に，特殊例に過ぎない後半の結果は，前半で証明されている．後半のアルゴリズムの基礎となる数式は，前半で導かれている．どのような切り口でも，前半と後半が相互に関係し，相補うように工夫を凝らした．この意図を以て，この規模の著作が成立した前例を著者は知らない．前例が無い故に挑戦することに決めた．この手法が有効であり，読者に益すること多であることを祈っている．

　函数型言語の基礎を支える「ラムダ計算」に関しても，その意義と仕組を繰り返し説明をし，コードによる実践例も提供した．これも入門書では余り採り上げられない項目である．この段階でラムダの記述法に慣れておけば，以後のプログラム理解がより容易に，より深くなるだろう．

　なお，前半部に著者の考案になる"精密実験装置"を紹介する論文を挿入した．これはある教育関係の学会に提出したところ，"教育的に無価値"と判定され，掲載不可となった論文を，ほぼそのまま活用したものである．装置の"教育的価値"を読者に判定して頂きたく希うものである．

　後半のスポイトロケットも，また著者の考案になるものである．こちらは講演などで数回紹介しただけであるが，通常の水ロケットよりも，さらに安全性が高いので，小学校低学年からの取組が可能なのではないか，と期待している．

　この二つの試みもまた「分類をしない」結果である．三平方の定理を物理理論から確認し，ロケット実験を通して，その測定とデータ分析の重要性に歩が進むように，出来る限り安価で，出来る限り安全な「極小実験装置」が必要である．実験と測定，そして数値解析の三つ組は工学の基本であるが，基本は出来るだけ年少の頃から，"それとなく匂わせておくこと"が肝要である．高校生，大学生になってから，突如として「基本が大切だ」と強調しても手遅れである場合が多い．「胸を張って真っ直ぐ歩くことが健康維持の基本である」と理解出来るのは，子供の頃から歩いているからである．

　科学，藝術，技術の代表として物理学，数学，計算機工学を採り上げ，著者が考える三者の関係を図示しておく．数学から計算機工学への関わり，ソフトウエア設計との関係は極めて深い．共に物理的な"実体"を伴わない「概念」を積み上げて作られた論理的構築物であり，紙上に展開される理論的側面だけ

に注目すれば，両者は分かち難い．しかしながら，それが"電子のダンス"を誘発し，物理的な実体を動かして現実と関わりを持つ．そこに最終的な目標がある以上，数学とは異なる制約が生じてくる．物理学以上に自由ではあるが，数学よりは窮屈なのが，計算機工学が置かれた立場だと言えるのではないか．

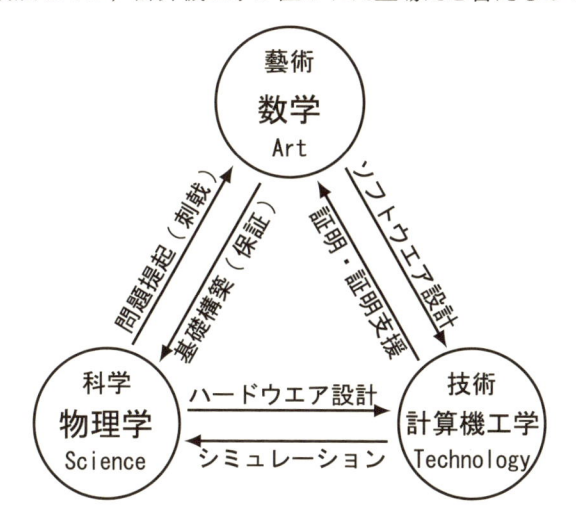

```
                    藝術
                    数学
                    Art
              ↗  ↖   ↑ ↓  ↘  ↙
        問題提起（刺戟）  証明・証明支援  ソフトウエア設計
        基礎構築（保証）
    科学                          技術
    物理学  ←ハードウエア設計→   計算機工学
    Science  ←シミュレーション→  Technology
```

数学が無限を扱い，あらゆる対象を理想化し，無限化するのに対して，計算機工学では，そこから得た結論を現実化し，有限化することによって，物理学の出番を作る．これを「実装」と呼ぶ．実装の難しさは現実の難しさである．

計算機工学の魅力は，こうした理想と現実の狭間に立って，理想を見失わず，現実を無視せず，常に具体的な成果を求めて，あらゆる文化をその中に吸収していく点にあるといえる．文化というものが，蒐集によりその命を吹き込まれていく以上，対象に相応しいシステム設計を求められる．しかしそれは，その対象たる文化そのものに精通していなければ決して為し得ず，従って計算機工学は，直接・間接を問わず，常にこの世界全体と深く関わっていく運命にある．その意味で，**計算機工学それ自身が綜合的文化の趣を持つ**．

本書では，この立場を鮮明にし，数学と計算機工学の本質的な関わりを広く知って頂く為に，二部構成の形式を採りながら，両者を同等に論じた．設定を変え，文体を変え，対象の取扱いの深浅を変え，全く独立した記述を基礎にしながら，なお両者の関係を最も重視した．これが分冊に出来ない理由である．

科学は真理の追究であり，技術は善の追求であり，藝術は美の追究である．これにより所謂「真・善・美」が揃う．どれが欠けても問題である．それは個

人においても，社会のレベルにおいても同様である．これを理解し，体得することが教養である．最も重要なことは三者のバランスである．ただし，これは各々を均等に学べという意味ではない．真には美があり，美は真により深みを増し，それらは善により支えられている．従って，入口を何処に選ぼうと，必ずやこれらのバランスが取れた，より上位の境地に到達する．要は，如何に真剣に，如何に柔軟に学ぼうとするか，この一点に尽きる．

　人が溜息を漏らし，驚嘆の声を挙げ，時に泣き，時に笑う．この世界を凝縮し，美を極めた一枚の絵画も，今はデジタル・データとして閲覧されている．その配信は，「誰もが等しく，誰もが気軽に扱えるように」という善の追求，即ち，工学的努力の成果として確立されたものである．そして，それは「全ては0と1のみで表現可能である」という数学的真理により裏附けられている．こうした卑近な例を一つ挙げただけでも，三者が不可分一体のものであることは明らかである．分割すれば劣化する，引き裂けば，その生命を失うのである．

　あらゆる文化の"通奏低音"として数学がある．より広く言えば論理がある．これは当り前の話である．そして，数学の特徴として最も強調されるものが，その自由性である．「**数学は自由である**」，このことを知れば，何より数学が愛しくなる．何故なら，不自由極まるこの世界の中で，人の魂を最も自由に解放し，飛翔させてくれるものが数学だからである．人は自由を愛するのである．

　数学における厳密性は，その結果である．打ち立てられた大理石の殿堂も，建設中は脆弱なものである．出来上がった数学ばかり見ていては，その本質は分からない．だからこそ，自らこれを解体し，その本質を抉る必要がある．そこに何を付け加えることが出来るのか，何物をも拒む一分の隙も無いものなのか，自分の目で見て，自分の頭で考えて，その細部の構造に精通する必要がある．この時，完全なる自由を得る．何を考え，何を試み，何を足し，何を引いてもよい．全く制約の無い環境の中でのみ，新しい数学は生み出される．

　こうして会得した"自由に物事を考える能力"が他分野で活きる．特に幼年期において，何よりも数学の学習が優先されるべきなのは，この意味においてである．**自らの発想に厳密性という名のブレーキを掛けるのではなく，自由性という名の翼を与える**のである．その為に数学がある．その為に幾多の入門書が書かれてきた．本書はその列に連なる最も新しい試みである．例によって，図版作成，イラストの埋め込みを含む版下(pdf)までの全過程を著者自ら行った．計算機のみを用いて計算機の本を書く，これもまた再帰である．

Postscript

♪ 謝辞

多摩美術大学・中野嘉之教授には，本書の為に新作「凝」を描いて頂いた．凝視の凝，凝縮の凝である．暗闇で目を凝らし，真理を見抜こうとする梟．そして，一旦それを見附けるや急襲する獰猛さを，絶対に逃がさない執念を，墨一色の世界で鮮やかに表現して頂いた．我らもまた真理を獲物とする梟たらん．

日本画が表紙となることは稀である．ましてや理工書においては前代未聞である．しかも，当代随一の巨匠に渾身の新作を御提供頂いたことは異例中の異例であり，感無量という他にない．後に続く画学生達の為にも，本物の日本画が様々な分野の著作を飾ることが望まれる．その一つの突破口になればと思い，無理な御願いを聞いて頂いた．表紙絵一枚で本書は定価の価値を超える．

大高郁子画伯には，多忙を極める日程の中から優先的に本書の挿絵に御協力頂いた．今回もまた"概念を描く画家"としての力量を存分に発揮され，本書原稿を叮嚀に読込んだ上で，内容に則した軽妙洒脱なイラストを多数描いて頂いたことは，誠に感謝に堪えない．読者は内外の梟の対比を楽しまれたい．

理工書の宝庫である共立出版，代表取締役・南條光章様には多数の書籍を御恵贈に与った．この御支援が無ければ，本書が今の形で世に出ることはなかった．改めて感謝申し上げたい．東海大学出版会には，今回もまた様々な挑戦をさせて頂いた．可能な限りの自由度を与えて頂いたことを感謝申し上げる．

♪ 未来を生きる青年達の為に

人生の一秒を豊かにする為に書いた．孤高の学徒を支援する為に書いた．独学者が一つの式の理解に難渋することは当然である．その時間を僅かでも減らしたくて書いた．一万人の読者の一秒が活きた時間になれば，日本は一万秒だけ前に進む．あの日以来，このことだけを考えて，他の一切を投げ捨てて本書執筆に賭けた．既に本書に関わった総時間は一万時間を優に超えている．荒ぶる大地を鎮め，故郷の復興に挑む青年達に本書を捧げたい．

教育とは何であるか．大人が今日の日を生きるのに対して，青年は明日を生きる．未来を生きる．この世界は若者のものである．明日を生きる青年達の為に，今日の日を捧げるのが教育者の責務である．青年は明日を生きる権利を有

する．その為に今日の日の雑事を免除されている．生きることは学ぶことである．このことを知る為に，その為に青年には時間が与えられているのである．

「机に齧り附いているだけではダメだ」と識者達は指摘する．確かに「だけでは」ダメである．しかし，机に齧り附いた経験の無い者に未来は拓けない．旅することも各種ボランティアも大切である．しかし，地道な学習を軽視して大成は望めない．学ぶとは，明日の為に今日を耐えることである．多くの仲間が内に外に動き廻っている．社会に関わって大人達の評価を得ている．こうしたことに焦らず，騒がず，動きたい気持ちを抑えて未来に備えることである．

青年に"静かな十年を贈る"のが教育者の務めである．十一年目には必ずや，社会の礎となり，地域の軸となって大活躍する雄偉の人物となる．その為の十年を大人が捻り出すのである．青年は宜しくその事情を理解して，耐えて忍んで学ぶことに徹するべきである．勿論，人により得手不得手がある．動くことが得意な者は動けばいい．しかし，それだけが評価され，全てがその方向へ向くことは，将来の蓄えを抛棄するに等しい．それでは社会が自滅する．

混乱期であればあるほど，青年達に静かな学習環境を与えることが必要なのである．強靭な日本，強く優しい日本は，強靭な青年の手によってしか作り得ない．目先を乗り切る知識はあっても，二の矢，三の矢が出ない，アイデアが涸渇した若年寄ばかりになっては，助けられる人も助けられない．故郷を復旧させるのは大人の仕事であるが，復興させるのは，そうした大人の背中を見ながら，学ぶことに徹した青年達である．「こんな状況で数学なんて……」ではなく，こんな状況だからこそ数学や物理学を基礎から学んだ人達が，一人でも多く必要なのである．その為の手伝いがしたくて，本書を書いた．

　君達は我々が護る．君達は未来を護れ！

型落ちのコンピュータと無料ソフトの組合せで，本書の内容は再現出来る．ネット環境があれば，ソフトの仕様書も，数学の今も，情報は幾らでも取れる．研究を進めるものは金や設備ではない．智慧であり工夫である．数学は，既存のゲームよりも遥かに刺戟的で奥深い．本書は最初に取り組むべきゲームのルールブックである．知力・体力の続く限り *Game Over* はない．学ぶことが人生である．ならば楽しく学ぶことが，人生を楽しむことではないか．

平成二十四年三月十一日・著者

索引

(Built-in R5RS)

*	387
+	387
−	388
/	388
<	390
<=	390
=	390
>	390
>=	390
;	442
#e	452
#i	452
abs	442
acos	585, 692
and	446, 780
angle	587
append	430, 497, 783, 797
apply	506
asin	585, 693
assoc	593, 658
assq	593
assv	593
atan	585, 751
begin	419
boolean?	449
c(a⋯d)r	429
call-with-current-continuation	460
call-with-input-file	642
call-with-output-file	642
call/cc	460
car	423, 785
cdr	423, 785
ceiling	584
char->integer	533
char-alphabetic?	534
char-lower-case?	534
char-numeric?	534
char-upper-case?	534
char-whitespace?	534
char?	449, 532
close-input-port	642
close-output-port	642
complex?	451
cond	444
cons	430, 785
cos	585
define-syntax	453
define	411, 413
delay	426, 456, 785
denominator	684
display	449
do	495
eof-object?	644
eq?	510
equal?	518
eqv?	593
eval	429
even?	448, 451
exact->inexact	522
exact?	451
exp	390, 530, 585
expt	470, 586
floor	584
for-each	512
force	456, 785
gcd	614
if	441
imag-part	586
inexact->exact	597
inexact?	451
integer->char	532
integer?	451
interaction-environment	429
lambda	395, 416, 424
lcm	614
length	481, 498, 781
let*	434
let	419
letrec	435
list->string	533
list->vector	611
list-ref	498, 786
list-tail	498
list?	504

list	424
load	641
log	585
magnitude	587
make-rectangular	586
make-vector	611
map	508, 794
max	650
member	512, 531, 781
modulo	470
negative?	442, 451
newline	640
not	446, 780
null?	447, 449, 780
number->string	627, 773, 828
number?	449, 451
numerator	684
odd?	448, 451
open-input-file	642
open-output-file	642
or	446, 780
pair?	447, 449
positive?	442, 451
procedure?	449
quote	428, 431, 580, 643
quotient	470
rational?	451
read	642
real-part	586
real?	451
remainder	470
reverse	478, 499
round	472, 597
set!	436
set-car!	538
set-cdr!	538
sin	585
sqrt	389
string->list	534
string->number	628, 828
string->symbol	643
string-append	627, 643, 828
string-length	829
string-ref	532
string=?	543
string?	449, 532
substring	829
symbol->string	643
symbol?	449
tan	585
truncate	473
vector->list	611
vector-fill!	611
vector-length	611
vector-ref	611
vector-set!	611
vector?	449, 611
vector	611
write	642
zero?	442, 451

（Lambda Calculus Code）

*car	569
*cdr	569
*cons	569
*false	568
*if	568
*true	568
*zero?	568
compose	556
Fact	576
Linear	567
Mins	571
Mult	563
numerals (one)	555
numerals (three)	555
numerals (two)	555
numerals (zero)	555
Plus	561
Pows	566
Pred	571
repeated	556
Sn	575
Succ	558
Y-combinator	572, 576, 580

（Queen Scheme Code）

!n 階乗	520
** 冪計算	470
++ 加算 (+1)	470
-- 減算 (-1)	470
// 商計算	470, 612
/// 循環小数	625
/: 法計算	470, 612
/:** 合同計算の冪	772
/@ 剰余計算	470, 612
abundant-number* 遅延 abundant	791
accumulate 集積計算	528
add1 加算 (+1)	469
adjust-i 丸め・複素数版	586
adjust-of 丸め	473, 585
amb 非決定性選択	765
amb-num 百五減算	769
amb-triple ピタゴラス数	769

aminum 親和数	622	element-pch 格子点判定	802
and-cross 外積による角	693	empty? 空集合	780
and-dot 内積による角	692	enqueue データ入力	538
ans-of 解リスト	766	euclid-gs 一般解	822
b-poly ベルヌーイ多項式	683	euclid-ss 拡張互除法	821
base2 二進変換	773	euler-phi オイラーの函数	804
bc 組合せ	654	fact 階乗	494, 528
bc-dis パスカル (係数分布)	661	fact* 遅延 fact	795
bernoulli ベルヌーイ数	682	fact-do 階乗 (do)	495
bfs 幅優先探索	543	fact-let 階乗 (let)	495
bit** 2 進展開による冪	774	fact-let+ 階乗 (let)	495
butterfly 蝶の函数	706	fact-tailrec 階乗 (末尾再帰)	494
call/in ファイル・ポート (閉)	642	factorize-of 標準分解	618
call/out ファイル・ポート (開)	642	factors-of 約数探索	615
catalan カタラン数	673	factp-of 素因数分解	617
catalan カタラン数 (再帰)	674	fail 失敗処理	550
catalan-odd カタラン数 (奇数)	674	faulhaber 冪乗の和	683
choose マクロ版	765	fermat-number フェルマー数	622
choose 非決定性選択	551	fermat? 小定理判定	771, 772
cn-tau 約数の個数指定	619	fib フィボナッチ数列	590
collatz コラッツ問題	648	fib 一般項	596
colors 色指定	667	fib 末尾再帰	592
comb 組合せ	519	fib-mat 行列	608
combine 集合要素の整理	783	fib-memo メモ化	594
compose 合成函数の生成	585	fib-pq pq 変換	609
cont-frac 連分数	679	fib-q5 二次整数	598
coprime2 互いに素	808, 809	fibseq* 遅延 fib	792
coprime3 互いに素	810	filter 指定要素選別	513, 787
coprime4 互いに素	813	flag 証人確認	777
cps 継続渡し	458	flat-in 内部リスト一層除去	505
cps-div 除算の核 (cps)	459	flatmap 平坦化 map	515
cross 外積への変換	693	flatten リスト平坦化	502
cyclic-n 巡廻数リスト	647	form-d 要素表記	612
data-r3d 三次元データ廻転	711	form-m 要素表記	613
data-rot 全データの廻転	705	frac-odd 奇数分母 (cps)	459
dec マクロ (−n)	455	g-core ガウスの予備定理の核	826
dec10 小数表記に変更	588	g-lemma ガウスの予備定理	826
decimal 10 進表記	627	gauss-p ガウス素数 (全体)	762
decomp ベルヌーイ数の分解	684	gauss-p0 ガウス素数 (単数)	762
dequeue データ出力	538	gauss-p1 ガウス素数 (4n+1)	761
dfs 深さ優先探索	543	gauss-p2 ガウス素数 (4n+3)	762
dfs-w 深さ優先探索	548	gauss-p3 ガウス素数 (2 の分解)	762
dickcut ガウス素数 (同心円)	762	gcd-xyz? gcd 判定	759
diff? member の否定	757	gene16 擬似乱数の核	745
dig-bfs 探索補助手続 (bfs)	547	gene32 擬似乱数の核	744
dig-dfs 探索補助手続 (dfs)	544	hcn-to 高度合成数	620
digit->string 数・文字変換	533, 627	id 恒等函数	469, 496
dismap 分配 map	517	id-all 恒等函数 (全要素)	501
dot* 数ベクトルの積	600	id-updown 恒等函数 (再帰)	497
einheit 単位行列生成	606	inc マクロ (+n)	455
element-c 組合せ	802	ind-pr 指数計算	818
element-h 重複組合せ	802	inv2 逆行列	604
element-p 順列	802	inv3 逆行列	605

855

iota 数リスト生成	474, 480	output データに改行	640
irr-stg 無理数生成	740	p-dis 素数分布	640
it2 不可能三角形データ	704	p-generator 素数生成	767
it3 不可能三角形 (三次元)	708	p-pair 双子素数	768
jacobi ヤコビ記号	824	p-path n-th 素数	790
kakko 括弧の数	484	p-root 原始根	817
last-pair 末尾の対	499	p4n1? 素数型判定	760
lattice 任意次元格子点	800	p4n3? 素数型判定	760
lattice2 二次元格子点	799	parity-of 偶奇判定	471
lattice3 三次元格子点	799	pas-mat パスカル行列	660
lce 一次合同式の解	814	pas-mod パスカル (剰余)	655
leibniz 級数計算	527	pascal パスカルの三角形	654
length-all atom の総数	501	pascalcolor 多色刷	668
list->load リストの読込み	645	pascalmono 単色刷	671
list-head 部分リスト	499, 787	peak コラッツ (最大値)	650
m-bc 二項係数の修正	675	perfect-number* 遅延 perfect	791
mag ベクトルの絶対値	691	perfect? 完全数判定	616
make-even 偶数生成	471	perm 順列	519
make-odd 奇数生成	471	permutations 順列	518
map-decode 復号化 (map)	535	phi-sum オイラーの函数の約数の和	813
map-encode 符号化 (map)	535	pi 円周率	523
map-unit map(再定義)	511	pi-gon 円周率 (正多角形)	682
mat* 行列の積	602	plot-data データ処理	657
mat** 行列の冪	608	plus 加算 (再帰)	482
mat+ 行列の和	602	plus-iter 加算 (反復)	487
mat- 行列の差	602	plus-num 加算 (再帰)	483
mat-t 転置行列	600	plus-tailrec 加算 (末尾再帰)	488
mc-all モンテカルロ法 (三平方)	758	polygon 正多角形 data 生成	703
mc-coprime2 互いに素	812	pop データ出力	537
mc-coprime3 互いに素	812	postfix 後置表記	457
mc-method モンテカルロ法 (二次元)	748	pows 冪計算 (再帰)	484
mc-method3 モンテカルロ法 (三次元)	754	pows-tailrec 冪計算 (末尾再帰)	489
mc-xyz モンテカルロ法 (三平方)	757	pred 前任函数	481
member? 存在判定	624	prime-car? 素数判定 (car)	760
memoize メモ化	594	prime? 素数判定	638
min-pr 最小原始根	817	primes 素数探索	634, 639
monochrome 濃淡指定	671	primes* 遅延 primes	790
mult 乗算 (再帰)	483	product 積計算 (call/cc)	466
mult-tailrec 乗算 (末尾再帰)	489	product 総乗計算	527
my-and nand による定義	780	ps 自然数の冪和	675
my-even? 偶数判定	614	psc 冪和係数	675
my-gcd 互除法	820	psc-row 冪和のリスト	676
my-gcd 最大公約数	613	psc-tri 冪の三角形	676
my-not マクロ (nand)	780	psum 自然数の冪和	675
my-odd? 奇数判定	614	push データ入力	536
my-or nand による定義	780	Pythagorean? 三平方判定	757
nand マクロ (nand)	454	Q 四元数	725
nand 不可能結合子	780	qce 二次合同式	815
napier ネイピア数	529	qi5 二次整数	597
new-if マクロ (if)	453	quad1 リスト同士の積	761
nl-add ファイル用改行附加	644	quad2 リスト同士の積	761
nonpair? ペアの否定	500	quine 自己言及	580
numbers* 自然数生成	785	Qx 四元数 (x 周りの廻転)	727

Qy 四元数 (y 周りの廻転) ······· 727	sigma-of 約数の総和 ········· 615
Qz 四元数 (z 周りの廻転) ······· 726	sort 大きさ順 ············· 650
rand2d 乱数生成 (二次元) ······· 747	spiral 螺旋のデータ ·········· 708
rand3d 乱数生成 (三次元) ······· 753	sq 平方計算 ··············· 491
random+ 擬似乱数 (自然数) ······ 746	sq** 冪計算 (逐次平方) ········ 491
random-frac 擬似乱数 (分数型) ···· 746	sq**-tailrec 冪計算 (末尾再帰) ··· 493
random-int 擬似乱数 (整数型) ···· 746	sqn-car? 平方数判定 (car) ······ 759
random-real 擬似乱数 (実数型) ··· 746	sqn? 平方数判定 ············ 619
random32 擬似乱数 ··········· 744	sqrt-car 平方根 (car) ········· 759
rect->p 直交・極変換 ·········· 587	status ファイル名の指定 ······· 643
remove 指定要素削除 ······ 514, 787	steps コラッツ (段数) ········· 652
repdec 着色螺旋 ············· 737	sub? 部分集合の判定 ·········· 782
rept 重複組合せ ············· 520	sub1 減算 (−1) ············· 469
reverse-all 全要素逆転 ········· 501	succ 後任函数 ·············· 481
root-unity 1 の n 乗根 ········· 587	sum 総和計算 ·············· 526
root-unity+ 1 の n 乗根・極形式 ···· 588	sum2sq 二平方和分解 ·········· 819
rot 廻転行列 ··············· 702	sumpd-of 真の約数 ··········· 622
rot-3d 三次元廻転 ············ 710	tau-of 約数の個数 ············ 618
RSA-decode 暗号解読 ·········· 832	tauseq-to 約数の個数リスト ····· 620
RSA-encode 暗号生成 ·········· 832	texsq3 蝶の三次元データ ······· 711
s-add 遅延 add ·············· 793	triple-xyz ピタゴラス数 ········ 760
s-append 遅延 append ········· 797	ul-exchange 大小文字変換 ······ 533
s-car 遅延 car ·············· 456	unique? 一意性判定 ··········· 801
s-cdr 遅延 cdr ·············· 456	variety 剰余 0 の変化 ········· 664
s-cons 遅延 cons ······· 456, 785	wit-list 証人リスト ··········· 775
s-filter 遅延 filter ············ 787	witness 証人探索 ············ 775
s-head 遅延 head ············ 787	xor 排他的論理和 ············ 780
s-iota 遅延 iota ············· 787	zero-ratio 剰余 0 の割合 ······· 663
s-map 遅延 map ············· 794	zeta2 ゼータ函数 ············ 527
s-mul 遅延 mul ············· 793	zeta2k ゼータ函数 (偶数の一般形) ··· 686
s-ref 遅延 ref ·············· 786	
s-remove 遅延 remove ········· 787	(Scheme Words)
save->args リストを大域変数へ ··· 645	
save->data 改行データの保存 ···· 644	ASCII コード ·········· 532, 827
save->file ファイルへの保存 ····· 643	+i (虚数単位の表記) ·········· 586
save->load データの読込み ····· 644	MIT 記法 ············ 411, 584
scan-y 非ゼロ剰余の探索 ······· 678	R5RS ···················· 382
search 木の探索 ············· 543	Y コンビネータ ············· 575
set* 集合の積 ·············· 781	REPL ···················· 386
set** 集合の冪 ············· 782	アキュムレーション ·········· 528
set+ 集合の和 ·············· 781	値呼び評価 ················ 391
set- 集合の差 ·············· 781	インタープリタ (解釈系) ······· 385
set-not 補集合 ············· 782	隠蔽 ····················· 432
set-queue 初期化 ············ 538	引用 ····················· 428
set-stack 初期化 ············ 536	OS(Operating System) ········· 641
set-v 集合の和 (別定義) ········ 783	拡張子 (scm) ··············· 641
set-xor 集合の排他的和 ········ 783	確定数 (正確数) ········ 452, 522, 597
seteq? 集合の等価性判定 ······· 782	カッコ・コッカ ·········· 341, 376
sgp-pair S・G 素数 ··········· 768	環境 ····················· 416
shift-decode 文字復号化 ······· 535	局所環境 ·················· 412
shift-encode 文字符号化 ······· 534	局所変数 ·················· 412
sieve 篩 ············· 638, 790	偶数丸め (偶捨奇入) ··········· 473
sieve* 遅延 sieve ············ 790	組込手続 ·················· 390

858　索引

クロージャー (函数閉包) ・・・・・・・ 421
継続 ・・・・・・・・・・・・・ 457, 460, 518
継続渡し形式 ・・・・・・・・・・・・ 459
限定数 (不正確数) ・・・・・・ 452, 522, 597
構文定義 ・・・・・・・・・・・・・・ 453
コンパイラ (翻訳系) ・・・・・・・・・ 385
作用的順序の評価 ・・・・・・・・・・ 391
字下げ (インデント) ・・・・・・・・・ 350
四捨五入 ・・・・・・・・・・・・・・ 472
失敗 (探索) ・・・・・・・・・・・・・ 550
述語 ・・・・・・・・・・・・・・・・ 390
スコープ ・・・・・・・・・・・・・・ 421
ストリーム計算 ・・・・・・・・・・・ 784
正規順序の評価 ・・・・・・・・・・・ 391
宣言的知識 ・・・・・・・・・・・・・ 394
前置記法 ・・・・・・・・・・・・ 387, 417
束縛 ・・・・・・・・・・・・・・・・ 416
大域環境 ・・・・・・・・・・・・・・ 412
大域脱出 ・・・・・・・・・・・・・・ 465
大域変数 ・・・・・・・・・・・・ 412, 437
対話モード ・・・・・・・・・・・・・ 386
遅延リスト ・・・・・・・・・・・・・ 456
手続 (函数・演算子) ・・・・・・・・・ 394
糖衣構文 ・・・・・・・・・・・・ 411, 470
等価性述語 ・・・・・・・・・・・ 510, 594
特殊形式 (構文) ・・・・・・・・・・・ 413
ドット末尾記法 ・・・・・・・・・・・ 423
トップレベル ・・・・・・・・・・・・ 385
トップレベル定義 ・・・・・・・・・・ 411
内部定義 ・・・・・・・・・・・・・・ 417
名前呼び評価 ・・・・・・・・・・・・ 391
ニル ・・・・・・・・・・・・・・・・ 338
破壊的代入 ・・・・・・・・・・・・・ 436
非決定性計算 ・・・・・・・・・・・・ 549
評価 ・・・・・・・・・・・・・・・・ 386
評価値 (戻り値・返り値) ・・・・・・・ 386
ファイル (バイナリ&テキスト) ・・・・ 641
ブロック構造 ・・・・・・・・・・・・ 418
ベクタ ・・・・・・・・・・・・・・・ 611
変数参照 ・・・・・・・・・・・・・・ 415
ポート ・・・・・・・・・・・・・・・ 641
マクロ ・・・・・・・・・・・・・・・ 453
命令的知識 ・・・・・・・・・・・・・ 394
メモ化 ・・・・・・・・・・・ 593, 675, 683
文字 ・・・・・・・・・・・・・・・・ 531
文字列 ・・・・・・・・・・・・・・・ 532
モンテカルロ法 ・・・・・・・・・ 748, 812
約束 ・・・・・・・・・・・・・・・・ 456
乱数サイコロ ・・・・・・・・・・・・ 741
乱択アルゴリズム ・・・・・・・・・・ 770
レキシカル・クロージャ ・・・・・・・ 421
レキシカル・スコープ ・・・・・・・・ 421
連想リスト (alist) ・・・・・・・ 593, 621, 658

■ Data Structure ■

FIFO 方式 (先入れ先出し) ・・・・・・ 537
LIFO 方式 (後入れ先出し) ・・・・・・ 536
エンキュー ・・・・・・・・・・・・・ 537
木 ・・・・・・・・・・・・・・・・・ 140
木構造 ・・・・・・・・・・・・・・・ 380
　　　二分木 ・・・・・・・・・・・・ 380
　　　節・親・子・根・葉 ・・・・ 140, 380
キュー ・・・・・・・・・・・・・・・ 537
スタック ・・・・・・・・・・・・・・ 536
ソート ・・・・・・・・・・・・・・・ 649
デキュー ・・・・・・・・・・・・・・ 537
バックトラック ・・・・・・・・・・・ 546
幅優先探索 (bfs) ・・・・・・・・・・・ 540
深さ優先探索 (dfs) ・・・・・・・・・・ 540
ポップ ・・・・・・・・・・・・・・・ 536

■ gnuplot ■

gnuplot ・・・・・・・・・・・・・・・ 645
line feed ・・・・・・・・・・・・・・・ 659
plot ・・・・・・・・・・・・・・・・ 646
　　? ・・・・・・・・・・・・・・・ 750
　　¥ ・・・・・・・・・・・・・・・ 646
　　cos(t) ・・・・・・・・・・・・・ 749
　　every ・・・・・・・・・・・ 659, 763
　　impulses ・・・・・・・・・・・・ 663
　　lc ・・・・・・・・・・・・・ 646, 738
　　lines ・・・・・・・・・・・・・・ 646
　　lt ・・・・・・・・・・・・・・・ 646
　　lw ・・・・・・・・・・・・・・・ 646
　　points ・・・・・・・・・・・・・ 659
　　ps ・・・・・・・・・・・・・・・ 738
　　sin(t) ・・・・・・・・・・・・・・ 749
　　using ・・・・・・・・・・・・・・ 659
　　variable ・・・・・・・・ 667, 734, 738
set ・・・・・・・・・・・・・・・・・ 646
　　border ・・・・・・・・・・・・・ 659
　　grid ・・・・・・・・・・・・ 708, 749
　　key ・・・・・・・・・・・・・・ 659
　　parametric ・・・・・・・ 749, 751, 752
　　polar ・・・・・・・・・・・・・・ 663
　　size(ratio) ・・・・・・・・・・・・ 659
　　size(square) ・・・・・・・・・・・ 663
　　style ・・・・・・・・・・・・・・ 659
　　tics ・・・・・・・・・・・・・・・ 659
　　ticslevel ・・・・・・・・・・・・・ 709
　　view ・・・・・・・・・・・・・・ 709
　　xlabel ・・・・・・・・・・・・・・ 709
　　xrange ・・・・・・・・・・・ 646, 708
　　xtics ・・・・・・・・・・・・・・ 709
　　ylabel ・・・・・・・・・・・・・・ 709

859

yrange · · · · · · · · · · · · · · · · 708	積—— · · · · · · · · · · · · · 224, 781
ytics · · · · · · · · · · · · · · · · · 709	対 · · · · · · · · · · · · · · · · · · 343
zrange · · · · · · · · · · · · · · · · 708	——の内包記法 · · · · · · · · · · · 345
ztics · · · · · · · · · · · · · · · · · 709	濃度 · · · · · · · · · · · · · · · · · 225
splot · · · · · · · · · · · · 708, 712, 754, 755	非可算—— · · · · · · · · · · · · · · 253
unset · · · · · · · · · · · · · · · · · 659	部分—— · · · · · · · · · · · · 223, 782
	冪—— · · · · · · · · · · · · · · · · 782
■ 論理 ■	補—— · · · · · · · · · · · · · · · · 782
	無限—— · · · · · · · · · · · · 222, 484
含意 · · · · · · · · · · · · · · · · · · 353	無定義用語 · · · · · · · · · · · · · · 342
原子式 · · · · · · · · · · · · · · · · · 352	有限—— · · · · · · · · · · · · · · · 222
公理 · · · · · · · · · · · · · · · · · · 352	——の要素 · · · · · · · · · · · 222, 343
シェーファーの棒 · · · · · · · · · · · 359	連続の濃度 · · · · · · · · · · · · · · · 253
双条件法 · · · · · · · · · · · · · · · · 354	——論 · · · · · · · · · 342, 347, 370, 559
ド・モルガンの法則 · · · · · · · · · · 359	和—— · · · · · · · · · · · · · 224, 781
二値原理 · · · · · · · · · · · · · · · · 351	
排他的論理和 · · · · · · · · · · · 355, 780	■ 数 ■
排中律 · · · · · · · · · · · · · · 351, 358	
否定 · · · · · · · · · · · · · · · · · · 353	位数 · · · · · · · · 116, 160, 228, 299, 301
包含的論理和 · · · · · · · · · · · · · · 355	n 進数 · · · · · · · · · · · · · · · · · 106
命題 · · · · · · · · · · · · · · · · · · 351	円周率 · · · · · · · · · · · · · · 585, 681
古典—— · · · · · · · · · · · · · · 353	黄金角 · · · · · · · · · · · · · · · · · 733
単純—— · · · · · · · · · · · · · · 352	黄金数 · · · · · · · · · · · · · · 244, 733
複合—— · · · · · · · · · · · · · · 352	カーマイケル数 · · · · · · · · · · · · · 777
論理結合子 · · · · · · · · · · · · · · · 353	廻文数 · · · · · · · · · · · · · · · · · ·62
論理式 · · · · · · · · · · · · · · · · · 352	過剰数 · · · · · · · · · · · · · · · · · 791
論理積 (連言) · · · · · · · · · · · · · · 353	カタラン数 · · · · · · · ·64, 152, 341, 673
論理和 (選言) · · · · · · · · · · · · · · 353	完全数 · · · · · · · · · · · · 33, 616, 791
	過剰数 · · · · · · · · · · · · · 34, 616
■ 集合 ■	不足数 · · · · · · · · · · · · · 34, 616
	奇数 · · · · · · · · · · · · · · · · · ·5, 108
アレフ・ゼロ · · · · · · · · · · · · · · 225	$4n + 1$ 型 · · · · · · · · · · · · · · 118
——の外延記法 · · · · · · · · · · · · 343	$8n + 1$ 型 · · · · · · · · · · · · · · 120
可算 · · · · · · · · · · · · · · · · · · 225	逆数 · · · · · · · · · · · · · · · · · · 208
可算濃度 · · · · · · · · · · · · · · · · 225	虚数単位 · · · · · · · · · · · · · 269, 586
合併 · · · · · · · · · · · 224, 347, 431, 781	偶数 · · · · · · · · · · · · · · · · · ·5, 107
可附番 · · · · · · · · · · · · · · · · · 225	高次巡廻数 · · · · · · · · · · · · · · · 647
共通部分 · · · · · · · · · · · · · 224, 781	合成数 · · · · · · · · · · · · · · · · · · 9
空—— · · · · · 224, 342, 349, 361, 484, 780	高度合成数 · · · · · · · · · · · · 620, 678
——の元 · · · · · · · · · · · · · 222, 343	最小公倍数 · · · · · · · · · · · · · · · ·20
公理 · · · · · · · · · · · · · · · · · · 342	最大公約数 · · · · · · · · · · · · · · · ·18
外延—— · · · · · · · · · · · · · · 344	三角数 · · · · · · · · · · · · · · · 29, 183
合併—— · · · · · · · · · · · · · · 347	四角数 · · · · · · · · · · · · · · · · · ·30
空集合—— · · · · · · · · · · · · · 361	四元数 · · · · · · · · · · · · · · 292, 716
存在—— · · · · · · · · · · · · · · 343	共軛—— · · · · · · · · · · · · 294, 716
置換—— · · · · · · · · · · · · · · 345	——の行列表記 · · · · · · · · · · · 725
対—— · · · · · · · · · · · · · · · 343	純虚—— · · · · · · · · · · · · · · 716
冪集合—— · · · · · · · · · · · · · 345	絶対値—— · · · · · · · · · · · 294, 718
無限—— · · · · · · · · · · · · · · 361	単位—— · · · · · · · · · · · · · · 718
差—— · · · · · · · · · · · · · · · · · 781	非可換性 · · · · · · · · · · · · 293, 715
集合 · · · · · · · · · · · · · · · · · · 222	指数 · · · · · · · · · · · · · · · · · · · 9
順序対 · · · · · · · · · · · · · · · · · 346	合同式における · · · · · · · · · 176, 290
シングルトン · · · · · · · · · · · · · · 344	離散対数 · · · · · · · · · · · · · · 290

860　　　　　　　　　　　　　　　　　　　　　　　　　　　　　　索引

次数 266
自然数 2
　　形式的―― 340, 342, 361, 367
　　直観的―― 362
　　――の冪の総和 93, 150, 153, 675
実数 239, 252
　　――の連続性 240
巡廻数 73, 214, 625
　　一次の―― 218
　　高次の―― 219
　　二次の―― 218
小数 208
　　(無限) 循環―― 209, 228, 623
　　有限―― 209
親和数 35, 622
数字
　　アラビア―― 135
　　ローマ―― 135
整数 83
　　アイゼンシュタイン―― 310
　　ガウス―― 306
　　正の整数 82
　　代数的―― 254, 310
　　複素―― 306
　　負の整数 83
　　有理―― 254
ゼロ 82
　　基準の―― 86
　　空位の―― 86
　　無の―― 86
素因数 9
　　素数冪分解 9, 617
　　標準分解 9, 617
　　――分解 9, 616
　　――分解の一意性 10
　　――分解の可能性 10
素数 6
　　アイゼンシュタイン―― 312
　　安全―― 768
　　ガウス―― 308, 760
　　擬似―― 788
　　奇素数 6
　　奇素数 ($4n+1$ 型) 119, 314
　　奇素数 ($8n+1$ 型) 121
　　偶素数 6
　　絶対擬―― 777
　　ソフィー・ジェルマン―― 768
　　――定理 15, 585, 646
　　――の表 835
　　双子―― 15, 549, 768
　　メルセンヌ―― 33
大字 (零壹貳參肆伍陸漆捌玖拾:0~10) . . . 25
代数的数 254

代数的整数 254, 306
　　代数的無理数 254
単数 306
超越数 254
調和数 250
対ごとに素 131
同伴数 306
二項係数 59, 146, 153, 675
二次の無理数 245
二乗数 30
ネイピア数 . . 260, 262, 287, 390, 529, 795
倍数 4
反数 84
フェルマー
　　テスト 770
フェルマー数 17, 622
複素数 269
　　共軛 269
　　――の虚部 269
　　――の実部 269
　　――の絶対値 270
　　複素共軛 269
分数 208
平方数 30, 38
冪和係数 155, 675
ベルヌーイ数 94, 248, 682
無理数 231, 233, 239, 262
メルセンヌ数 13
約数 4
　　――の個数 37
　　真の―― 6
　　――の総和 33
有理数 207
レプ・ユニット 13
連分数 242
　　無限―― 242
　　有限―― 242

■ 式 ■

円分方程式 275
恒等式 41, 98, 266
合同式 98
　　一次―― 126, 298
　　n 次―― 300
　　自明な―― 128
　　――の推移律 99
　　――の対称律 99
　　二次―― 298
　　――の反射律 99
　　不合同 108
　　法 98
漸化式 68

多項式 $\cdots\cdots\cdots\cdots\cdots$ 39
単項式 $\cdots\cdots\cdots\cdots\cdots$ 39
方程式 $\cdots\cdots\cdots\cdots\cdots$ 98, 266
 代数—— $\cdots\cdots\cdots\cdots\cdots$ 254, 266
 ——の代数的解法 $\cdots\cdots\cdots$ 270
 ——の高さ $\cdots\cdots\cdots\cdots$ 255
 ディオファントス—— $\cdots\cdots$ 96
 二次—— $\cdots\cdots\cdots\cdots\cdots$ 270
 不定—— $\cdots\cdots\cdots\cdots\cdots$ 97

■ 根 ■

1 の n 乗根 $\cdots\cdots\cdots\cdots\cdots$ 275
——と係数の関係 $\cdots\cdots\cdots\cdots$ 267
原始根 $\cdots\cdots$ 161, 171, 275, 299, 817, 837
 ——の存在証明 $\cdots\cdots\cdots\cdots$ 302
 ——の判定方法 $\cdots\cdots\cdots\cdots$ 301
——の公式 (二次方程式) $\cdots\cdots\cdots$ 268
根 $\cdots\cdots\cdots\cdots\cdots\cdots\cdots$ 266
 原始 n 乗根 $\cdots\cdots\cdots\cdots\cdots$ 275
実根・重根・虚根 (二次方程式) $\cdots\cdots$ 270
対数函数
 離散対数 $\cdots\cdots\cdots\cdots\cdots$ 290
——の判別式 (二次方程式) $\cdots\cdots$ 267
平方—— $\cdots\cdots\cdots\cdots\cdots$ 233, 679

■ 函数 ■

一次—— $\cdots\cdots\cdots\cdots\cdots\cdots$ 279
函数 $\cdots\cdots\cdots\cdots\cdots\cdots$ 279, 369
逆三角—— $\cdots\cdots\cdots\cdots\cdots$ 585
後任 $\cdots\cdots\cdots\cdots\cdots$ 363, 407, 481
三角—— $\cdots\cdots\cdots\cdots\cdots$ 286, 585
指数—— $\cdots\cdots\cdots\cdots\cdots$ 287, 585
乗法的—— $\cdots\cdots\cdots\cdots\cdots$ 167
ゼータ—— $\cdots\cdots\cdots$ 251, 522, 686
線型—— $\cdots\cdots\cdots\cdots\cdots\cdots$ 279
前任 $\cdots\cdots\cdots\cdots\cdots\cdots$ 481
対数—— $\cdots\cdots\cdots\cdots\cdots$ 289, 585
 自然対数 $\cdots\cdots\cdots\cdots\cdots$ 289
 常用対数 $\cdots\cdots\cdots\cdots\cdots$ 289
 対数の底 $\cdots\cdots\cdots\cdots\cdots$ 289
——の値域 $\cdots\cdots\cdots\cdots\cdots$ 369
——の定義域 $\cdots\cdots\cdots\cdots\cdots$ 369
天井—— $\cdots\cdots\cdots\cdots\cdots$ 584
床—— $\cdots\cdots\cdots\cdots\cdots\cdots$ 584

■ ベクトル ■

位置—— $\cdots\cdots\cdots\cdots\cdots$ 283, 694
外積 $\cdots\cdots\cdots\cdots\cdots\cdots$ 284
基底 $\cdots\cdots\cdots\cdots\cdots$ 283, 694
——の基底展開 $\cdots\cdots\cdots\cdots$ 695

数ベクトル $\cdots\cdots\cdots\cdots\cdots$ 281
 ——の次元 $\cdots\cdots\cdots\cdots\cdots$ 281
スカラー $\cdots\cdots\cdots\cdots\cdots$ 281, 283
 擬—— $\cdots\cdots\cdots\cdots\cdots$ 687
 ——積 $\cdots\cdots\cdots\cdots\cdots$ 284
 内積 $\cdots\cdots\cdots\cdots\cdots$ 284
スカラー積 $\cdots\cdots\cdots\cdots\cdots$ 687
 ——積 $\cdots\cdots\cdots\cdots\cdots$ 284
スカラー三重積，ベクトル三重積 $\cdots$ 687
——の絶対値 $\cdots\cdots\cdots\cdots\cdots$ 284
単位—— $\cdots\cdots\cdots\cdots\cdots$ 283
テンソル
 ——積 $\cdots\cdots\cdots\cdots\cdots$ 697
 単位—— $\cdots\cdots\cdots\cdots\cdots$ 697
 二階の—— $\cdots\cdots\cdots\cdots\cdots$ 697
——の分配法則 $\cdots\cdots\cdots\cdots$ 687
ベクトル $\cdots\cdots\cdots\cdots\cdots$ 281, 610
ベクトル積 $\cdots\cdots\cdots\cdots\cdots$ 687
——の変換性 $\cdots\cdots\cdots\cdots\cdots$ 282
変換性による定義 $\cdots\cdots\cdots\cdots$ 696
——の方向余弦 $\cdots\cdots\cdots\cdots$ 695

■ 行列 ■

廻転—— $\cdots\cdots\cdots\cdots\cdots$ 698
逆—— $\cdots\cdots\cdots\cdots\cdots\cdots$ 603
行ベクトル $\cdots\cdots\cdots\cdots\cdots$ 599
行列 $\cdots\cdots\cdots\cdots\cdots\cdots$ 596
行列式 $\cdots\cdots\cdots\cdots\cdots\cdots$ 603
 ——の基本変形 $\cdots\cdots\cdots\cdots$ 688
 ——の次数 $\cdots\cdots\cdots\cdots\cdots$ 605
数ベクトル (行列表記) $\cdots\cdots\cdots$ 596
スカラー—— $\cdots\cdots\cdots\cdots\cdots$ 600
正方—— $\cdots\cdots\cdots\cdots\cdots$ 604
ゼロ—— $\cdots\cdots\cdots\cdots\cdots$ 607
単位—— $\cdots\cdots\cdots\cdots\cdots$ 604
——の定義 $\cdots\cdots\cdots\cdots\cdots$ 610
転置 $\cdots\cdots\cdots\cdots\cdots$ 599, 690
ドット積 $\cdots\cdots\cdots\cdots\cdots$ 600
内積 $\cdots\cdots\cdots\cdots\cdots\cdots$ 600
ラプラス展開 $\cdots\cdots\cdots\cdots\cdots$ 604
列ベクトル $\cdots\cdots\cdots\cdots\cdots$ 599

■ 人名由来 ■

アイゼンシュタイン $\cdots\cdots\cdots\cdots$ 310
アインシュタイン $\cdots\cdots\cdots\cdots$ 410
 ——の和の規約 $\cdots\cdots\cdots\cdots$ 689
安倍晴明 (五芒星) $\cdots\cdots\cdots\cdots$ 31
阿倍仲麿 (古今集) $\cdots\cdots\cdots\cdots$ 373
アリストテレス $\cdots\cdots\cdots\cdots$ 25
アルキメデス $\cdots\cdots\cdots\cdots$ 25
アル・フワーリズミー $\cdots\cdots\cdots\cdots$ 20

ウィルソン (定理) · · · · · · · · · · · · · 184
エウドクソス · · · · · · · · · · · · · · · · 25
エッシャー · · · · · · · · · · · · · · · · 366
エラトステネス · · · · · · · · · · · · · · 25
　　――の篩 · · · · · · · · · · · 8, 629, 638
オイラー · · · · · 17, 33, 45, 80, 123, 125, 251
　　――角 · · · · · · · · · · · · · · · · · 701
　　――の函数 · · · · · · · · · · 113, 279, 804
　　――の規準 · · · · · · · · · · · · 183, 185
　　――の公式 · · · 287, 295, 586, 709, 719
　　――の定理 · · · · · · · · · · · · · · · 163
大神女郎 (萬葉集 Vol.4, No.618.) · · · · 628
ガウス · · · · · · · · 17, 80, 101, 125, 195, 254
　　アリトメティカ (著作) · · · · · · · · · 101
　　――整数 · · · · · · · · · · · · · · · · 306
　　――素数 · · · · · · · · · · · · · · · · 308
　　――平面 · · · · · · · · · · · · · · · · 273
　　――の予備定理 · · · · · · · · · 197, 826
柿本人麿 (萬葉集 Vol.12, No.3129.) · · · 297
門部王 (萬葉集 Vol.6, No.1013.) · · · · · 467
カリー (カリー化) · · · · · · · · · · · · · 372
ガリレイ · · · · · · · · · · · · · · · · · · · 80
カントル (対角線論法) · · · · · · · · · · · 253
クリーネ · · · · · · · · · · · · · · · · · · 410
久留島義太 (久留島・オイラー函数) · · · 113
クロネッカー (デルタ記号) · · · · · · · · 689
クワイン · · · · · · · · · · · · · · · · · · 580
クンマー · · · · · · · · · · · · · · · · · · · 45
ゲーデル · · · · · · · · · · · · · · · 366, 410
ケプラー · · · · · · · · · · · · · · · · · · · 80
コラッツ (問題) · · · · · · · · · · · · 76, 648
作者未詳歌 (萬葉集 Vol.13, No.3249.) · · 84
シェルピンスキー (ガスケット) · · · · · · 66
聖武天皇 (萬葉集 Vol.6, No.974.) · · · · 823
清江娘子 (萬葉集 Vol.1, No.69.) · · · · · 219
関孝和 (関・ベルヌーイ数) · · · · · · · · · 94
髙木貞治 · · · · · · · · · · · · · · · · · · 410
タレス · · · · · · · · · · · · · · · · · · 25, 28
チェビシェフ (定理) · · · · · · · · · · · · 14
チャーチ · · · · · · · · · · · · 371, 376, 410
　　チャーチの数字 · · · · · · · · · · · · 555
　　チャーチ・ロッサー定理 · · · · · · · 405
チューリング · · · · · · · · · · · · 410, 629
　　――完全 · · · · · · · · · · · · · · · · 629
　　――マシン · · · · · · · · · · · · · · · 629
テアイテトス · · · · · · · · · · · · · · · · 25
ディオファントス · · · · · · · · · · · · · · 80
ディラック · · · · · · · · · · · · · · · · · 341
ディリクレ · · · · · · · · · · · · · · 45, 219
デカルト · · · · · · · · · · · · · · · · · · · 80
デデキント (切断) · · · · · · · · · · · · · 237
デモクリトス · · · · · · · · · · · · · · · · 25
寺田寅彦 · · · · · · · · · · · · · · · · · · 714

夏目漱石 (趣味の遺伝) · · · · · · · · · · 714
ニュートン · · · · · · · · · · · · · · · · · 80
ネイピア · · · · · · · · · · · · · · · · · · 80
　　――数 · · · 260, 262, 287, 390, 529, 795
ノイマン · · · · · · · · · · · · · · · · · · 410
パスカル · · · · · · · · · · · · · · · · 61, 78
　　――の三角形 · · · 60, 72, 146, 153, 654
バッハ · · · · · · · · · · · · · · · · · · · 366
ハミルトン · · · · · · · · · · · · · · 295, 713
ピタゴラス · · · · · · · · · · · · · · · 25, 27
　　――音階 · · · · · · · · · · · · · · · · 29
　　――数 · · · · · · · · · · 27, 42, 516, 757
　　――の定理 · · · · · · · 27, 42, 231, 610
ヒルベルト · · · · · · · · · · · · · · · · · 410
ファイフィンガー (Als Ob) · · · · · · · 789
フィボナッチ (ピサのレオナルド) · · 68, 79
　　――数列 · · · · 68, 247, 590, 596, 792
フェルマー · · · · · · · · · · · · · 17, 45, 49
　　――の小定理 · · · · · · · · 157, 164, 771
　　――数 · · · · · · · · · · · · · · · · · · 17
　　――の大定理 (最終定理) · · · · · · · 45
　　――の無限降下法 · · · · · · · · 314, 819
プラトン · · · · · · · · · · · · · · 25, 31, 234
　　――の立体 · · · · · · · · · · · · · · · 31
ベルヌーイ
　　――数 · · · · · · · · · · · · · · · 94, 248
　　――多項式 · · · · · · · · · · · · · · · 683
ベン (ベン図) · · · · · · · · · · · · · · · 356
マッカーシー · · · · · · · · · · · · · 376, 410
マラルメ · · · · · · · · · · · · · · · · · · 789
メルセンヌ · · · · · · · · · · · · · · · · · · 78
　　――数 · · · · · · · · · · · · · · · 13, 172
森鴎外 (かのように) · · · · · · · · · · · 789
ヤコビ (記号) · · · · · · · · · · · · · 193, 824
山部赤人 (萬葉集 Vol.6, No.924.) · · · · 448
ユークリッド · · · · · · · · · · · · 12, 25, 31
　　――空間 · · · · · · · · · · · · · · · · 284
　　原論 (著作) · · · · · · · · · · · · · · · 31
ライプニッツ (級数) · · · · · · · · · · · · 527
ラマヌジャン · · · · · · · · · · · · · · · · 325
リーマン · · · · · · · · · · · · · · · · · · 251
リウヴィル · · · · · · · · · · · · · · · · · 257
リンデマン · · · · · · · · · · · · · · · · · 257
ルジャンドル · · · · · · · · · · · · · · · · 45
　　――記号 · · · · · · · · · · · · · · · · 185
レーマー (線型合同法) · · · · · · · · · · 742
レビ・チビタ (記号) · · · · · · · · · · · 689
ロッサー · · · · · · · · · · · · · · · · · · 410
ワイルズ · · · · · · · · · · · · · · · · · · · 45

■ ラムダ算法 ■

car · 378

cdr	378
Common Lisp	382
cons	378
IBM704	378
Scheme R5RS	382
値呼び	408
アトム	377
アルファ変換	397
S-表記	377
カリー化	372, 558
仮引数	372
関数	
イータ可簡約項	403
イータ簡約	403
イータ変換	403
——の外延性	403
——型言語	374
後任——	555
コントラクタム	399
最左簡約	408
最左最内簡約	408
正規戦略	408
——抽象	398
——適用	398
左結合	401
——プログラミング	374
ベータ可簡約項	399
ベータ簡約	398
ベータ正規形	405
ベータ変換	399
右結合	402
無名——	371
ラムダ抽象	398
結合子	405
構成子	406
コンス	375
コンスセル	378
コンビネータ	405
識別子	380
字句解析	381
実引数	372
自由変数	397
シンボル (名前アトム)	380
選択子	406
束縛変数	397
チャーチの数字	555
チャーチ・ロッサー定理	405
データ構造	378
トークン	381
ドット対	378
名前呼び	408
不動点コンビネータ (Y)	572
ラムダ記法	371, 400

ラムダ項	398, 400
ラムダ算法	398
リスト	375, 377, 378
真性——	379
LISP	376, 377
リテラル (数値・文字)	380

■ 五十音順 ■

アスタリスク	269, 294, 437, 713
アルゴリズム	20, 335, 741
確率的 (乱択)——	770
暗号	
公開鍵——	325, 827
シーザー——	318, 534
平文	326, 830
——の復号化	534, 831
——の符号化	534, 830
以上・以下	18
一覧表	
キーボード記号	373
ギリシア文字	36
正多面体	31
一方通行性	329
入れ子構造	246, 340, 362, 372, 388, 427
演算子	697
黄金分割	244
オープンエンド問題	75
概算	88
階乗	14
下降階乗冪	141
上昇階乗冪	151
加群	84, 115
括弧	
角——	193
波——	342
丸——	193, 342, 375, 387
加法	4
仮変数	88
環	85
完全剰余系	108
完全平方式	268
擬似乱数	741
帰謬法	13
逆元	84, 115
既約剰余系	111
球の体積	754
球面線型補間	731
鏡像	698
近似分数	242
組合せ	143, 519, 802
位取り記数法	86
クワイン	580

群	84	正多面体	31
係数	39	積	4
結合法則	40, 115, 274	絶対値記号	251
項	39	線型	279, 687
交換法則	40, 274	線型合同法	742
格子点	673	線型補間	730
合同類	108	総乗	170
互除法	19, 96, 820	存在定理	274
ゴッドファーザー・ゲーム	75	孫子剰余定理	133
弧度 (ラジアン)	286, 765	体	85
再帰	16, 246, 365	対数 (自然)	15
再帰的定義	152	代数学の基本定理	274
自己言及 (自己参照)	365	代数的構造	85
自己相似図形	65	互いに素	18
数学的帰納法	368	打点記号	784
相互再帰	448	単位元	115
定義の塔	486	加法における——	84, 387
二重——	500	乗法における——	84, 387
フラクタル図形	65	単子 (モナド)	29
末尾——	488, 592	地球スイングバイ	320
ループ不変表明	488	逐次平方	491
最短経路問題	673	稠密	220, 237
最良近似	260	調和振動子	730
座標系	282	底	105
三次元直交——	282	定義	2
直交——	282	底の変換規則	289
デカルト——	282	テイラー展開	286
左手系	283	同一視	143
右手系	283	等速直線運動	730
右ネジ	283	同値律	98
三平方の定理	284	推移律	98
GEB	366, 589	対称律	98
写像	369	反射律	98
重複組合せ	147, 520, 802	特殊相対性理論	410
重複順列	136	トリプレット・バランサー	47, 281, 610
重力	47	トレース	270
縮約	690	二項係数	661
順序対	370	二項展開	58
順序的構造	273	ノルム	307
順列	137, 517, 802	背理法	13
昇冪の順	94	パスカルカラー	668, 737
乗法	4	鳩の巣原理	215
乗法性	270, 603, 690, 718	非可換	713
剰余		否定等号	139
絶対最小——	111	複素平面	273
非負最小——	111	——の実軸・虚軸	273
剰余群	116	不思議の環	366, 708
剰余類	108	不定	267
真数	289	不等号	18
ジンバル・ロック	729	不能	267
数直線	237	ブルーム橋・銘板	713
スポイト・ワン (水ロケット)	323	分配法則	40, 274
整数環	85	平行四辺形の法則	48, 281, 610

平方剰余 180, 298, 824
　——の相互法則 191, 203
　——の第一補充法則 191, 201
　——の第二補充法則 ... 191, 201, 236
冪の三角形 154, 676
変換 369
星形五角形(五芒星) 31, 244
未知数 266
未満 18
面積
　アステロイド 750
　円 749
　レムニスケート 752
約分 209
有限群 116
有理点 237
量子力学 341, 410
累積変数 487
類別 112
零因子 103
連続 237
ローマ数字 135
ロール・ピッチ・ヨー 700
和 4
和の規約 689

■ 欧文 ■

α-conversion: アルファ変換 397
β-normal form: ベータ正規形 405
β-redex: ベータ可簡約項 399
β-reduction: ベータ簡約 398
η-conversion: イータ変換 403
η-redex: イータ可簡約項 403
η-reduction: イータ簡約 403
n-th root of 1: 1 の n 乗根 587
Adleman, Leonard: エーデルマン ... 827
Arabic numeral: アラビア数字 339
Assembler: アセンブラ 458
Backtracking: バックトラック法 546
Bernoulli number: ベルヌーイ数 ... 682
Bernoulli polynomials: ベルヌーイ多項式 683
Caesar cipher: シーザー暗号 534
Cardan angles: カルダン角 701
Carmichael numbers: カーマイケル数 .. 777
Catalan number: カタラン数 ... 341, 673
Church numerals: チャーチの数字 .. 555
Church, Alonzo: チャーチ 371, 410
Church-Rosser theorem: チャーチ・ロッサー
　定理 405
Collatz problem: コラッツの問題 ... 648
Curry, Haskell: カリー 372
De Morgan's law: ド・モルガンの法則 . 359

Diophantine equation: ディオファントス方程
　式 820
Dirc, Paul Adrien Maurice: ディラック . 341
Einstein, Albert: アインシュタイン ... 410
Eratosthenēs: エラトステネス 25
Eratosthenes' sieve: エラトステネスの篩 629
Euclidean algorithm: ユークリッドの互除法
　613
Euclid: ユークリッド 25
Euler angle: オイラー角 701
Euler's [totient] function: オイラーの函数 804
Euler's furmula: オイラーの公式 586
Euler, Leonhard: オイラー 123
Faulhaber's formula: ファウルハーバーの式
　683
Fermat number: フェルマー数 622
Fermat primality test: フェルマー・テスト 770
Fermat's little theorem: フェルマーの小定理
　771
Fermat, Pierre de: フェルマー 49
Fibonacci number: フィボナッチ数 .. 590
Fibonacci sequence: フィボナッチ数列 . 590
Gödel, Kurt: ゲーデル 410
Gauss, Carl Friderich: ガウス 195
Greatest Common Divisor: 最大公約数 . 613
Gregory, James: グレゴリー 527
Hamilton, William Rowan: ハミルトン .. 713
Hilbert, David: ヒルベルト 410
JIS: 日本工業規格 667
Kleene, Stephen Cole: クリーネ ... 410
Lehmer, Derrick Henry: レーマー .. 742
Leibniz, Gottfried Wilhelm: ライプニッツ 527
Leonardo Pisano: フィボナッチ 79
Mallarmé, Stéphane: マラルメ 789
McCarthy, John: マッカーシー ... 376, 410
Mersenne twister: メルセンヌ・ツイスタ 756
Mersenne, Marin: メルセンヌ 78
Monte Carlo method: モンテカルロ法 . 748
Napier's number: ネイピア数 ... 390, 529
Neumann, John von: ノイマン 410
Operating System: OS 641
Pascal, Blaise: パスカル 78
Penrose: ペンローズ 704
Public key cryptosystem: 公開鍵暗号 . 827
Pythagorean number: ピタゴラス数 .. 516
Quantum mechanics: 量子力学 410
Quine, Willard van Orman: クワイン ... 581
Randomized algorithm: 乱択アルゴリズム 770
Rivest, Ronald: リベスト 827
Rosser, John Barkley: ロッサー 410
Shamir, Adi: シャミア 827
Sheffer stroke: シェーファーの棒 ... 359

Sophie Germain prime: ソフィー・ジェルマン
　　素数 ・・・・・・・・・・・・・・・768
Turing Machine: チューリングマシン ・・629
Turing's halting problem: チューリングの停止
　　問題 ・・・・・・・・・・・・・・405
Turing, Alan Mathison: チューリング 410, 629
Turing-complete: チューリング完全 ・・・629
Vaihinger, Hans: ファイフィンガー ・・・789
Venn diagram: ベン図 ・・・・・・・・・・356
Venn, John: ベン ・・・・・・・・・・・・356
absolute pseudoprimes: 絶対擬素数 ・・・777
abundant number: 過剰数 ・・・・・・・・616
accumulation: アキュムレーション ・・・・528
acutual-parameters: 実引数 ・・・・・372, 413
aileron: 補助翼 ・・・・・・・・・・・・・701
al-Khwārizmī: アル・フワーリズミー ・・・20
algorirhm: アルゴリズム ・・・・・・・・335
alternating series: 交代級数 ・・・・・・523
alternative: 代替部 ・・・・・・・・・・・441
amicable numbers: 親和数 ・・・・・・・・622
applicative-order evaluation: 作用的順序の評価
　　391
argument: 引数 ・・・・・・・・・・・・・413
association list: 連想リスト ・・・・・・・593
association to the left: 左結合 ・・・・・・401
association to the right: 右結合 ・・・・・402
asteroid: アステロイド ・・・・・・・・・750
atomic formula: 原子式 ・・・・・・・・・352
atom: アトム ・・・・・・・・・・・・・・377
axiom of empty set: 空集合の存在公理 ・・361
axiom of extensionality: 外延公理 ・・・・344
axiom of infinity: 無限公理 ・・・・・・・361
axiom of power set: 冪集合公理 ・・・・・345
axiom of union: 合併公理 ・・・・・・・・347
axiom of unordered pair: 対公理 ・・・・・343
axiom schema of replacement: 置換公理・345
axiom: 公理 ・・・・・・・・・・・・343, 352
base case: 基底部 ・・・・・・・・・・・・366
biconditional: 双条件法 ・・・・・・・・・354
binary tree: 二分木 ・・・・・・・・・・・380
bind: 束縛 ・・・・・・・・・・・・・・・416
binomial coefficients: 二項係数 ・・・・・654
block structure: ブロック構造 ・・・・・・418
bound variable: 束縛変数 ・・・・・・・・397
brace: 波括弧 ・・・・・・・・・・・・・・342
breadth-first search: 幅優先探索 ・・・・・540
built-in procedure: 組込手続 ・・・・・・・390
call-by-value evaluation: 値呼び評価 ・・・391
call-by-value evaluation: 名前呼び評価 ・391
canonical factorization: 標準分解 ・・・・617
ceiling function: 天井函数 ・・・・・・・・584
center dots: 中打点 ・・・・・・・・・・・784
character: 文字 ・・・・・・・・・・・・・531

child node: 子 ・・・・・・・・・・・・・・380
circumflex / caret: 山印記号 ・・・・・・・372
classical propositional logic: 古典命題論理 353
clause: 節 ・・・・・・・・・・・・・・・・454
closure: クロージャ ・・・・・・・・・・・421
column vector: 列ベクトル ・・・・・・・599
combination: 組合せ ・・・・・・・・・・519
combinator: コンビネータ ・・・・・・・・405
compiler: コンパイラ ・・・・・・・・・・385
complement: 補集合 ・・・・・・・・・・・782
complex number: 複素数 ・・・・・・・・587
composite number: 合成数 ・・・・・・・620
compound proposition: 複合命題 ・・・・352
congruence: 合同 ・・・・・・・・・・・・612
conjunction: 連言 ・・・・・・・・・・・・353
cons cell: コンスセル ・・・・・・・・・・378
consequent: 帰結部 ・・・・・・・・・・・441
constructor: 構成子 ・・・・・・・・・・・406
cons: コンス ・・・・・・・・・・・・・・375
continuation passing style: 継続渡し形式・459
continuation: 継続 ・・・・・・・・・・・457
continued fraction: 連分数 ・・・・・・・679
contractum: コントラクタム ・・・・・・・399
contraposition: 対偶 ・・・・・・・・・・・357
converse: 裏 ・・・・・・・・・・・・・・357
cosine: コサイン ・・・・・・・・・・・・286
currying: カリー化 ・・・・・・・・・・・372
cyclic number: 巡廻数 ・・・・・・・・・・626
data structure: データ構造 ・・・・・・・・378
decimal: 十進数 ・・・・・・・・・・・・・626
decimal: 小数 ・・・・・・・・・・・・・・588
declarative: 宣言的 ・・・・・・・・・・・394
decode: 復号化 ・・・・・・・・・・・・・534
default value: デフォルト値 ・・・・・・・422
deficient number: 不足数 ・・・・・・・・616
degree: 度 ・・・・・・・・・・・・・587, 705
delayed list: 遅延リスト ・・・・・・・・・784
depth-first search: 深さ優先探索 ・・・・・540
dequeue: デキュー ・・・・・・・・・・・537
determinant: 行列式 ・・・・・・・・・・・603
difference set: 差集合 ・・・・・・・・349, 781
disjunction: 選言 ・・・・・・・・・・・・353
division: 除算 ・・・・・・・・・・・・・・612
divisor: 約数 ・・・・・・・・・・・・・・615
domain: 定義域 ・・・・・・・・・・・・・369
dot product: ドット積 ・・・・・・・・・・600
dot symbol: 打点記号 ・・・・・・・・・・784
dotted pair: ドット対 ・・・・・・・・・・378
dotted-tail notation: ドット末尾記法 ・・・423
double: 二つ組 ・・・・・・・・・・・・・345
dummy: ダミー ・・・・・・・・・・・・・397
element: 要素 ・・・・・・・・・・・・・・343
elevator: 昇降舵 ・・・・・・・・・・・・・701

867

empty set: 空集合 342, 780
encode: 符号化 534
enqueue: エンキュー 537
environment: 環境 416
equivalence predicate: 等価性述語 510
error: 誤差 588
estimate: 概算 588
evaluation: 評価 386
even number: 偶数 471
exact number: 確定数 452
exact solution: 厳密解 588
exclusive or: 排他的論理和 355, 780
exponential function: 指数函数 585
expression: 式 413
extensional notation: 外延記法 343
extensionality: 外延性 403
factorization in prime numbers: 素因数分解 616
false: 偽 351
file: ファイル 641
final value: 最終値 526
first parameter: 第一引数 423
fixed point combinator: 不動点コンビネータ
     572
floor function: 床函数 584
formal-parameters: 仮引数 372, 413
fraction: 分数 588
free variable: 自由変数 397
function closure: 函数閉包 421
functional Programming: 函数プログラミング
     374
functional abstraction: 函数抽象 398
functional application: 函数適用 398
functional language: 函数型言語 374
function: 函数 369, 394, 584
general term: 一般項 525
gimbal: ジンバル 710
global exit: 大域脱出 465
global property: 大域的な性質 806
global variables: 大域変数 412
golden angle: 黄金角 733
graph: グラフ 640
grobal environment: 大域環境 412
higher-order procedures: 高階手続 ... 507
highly composite number: 高度合成数 .. 620
identifier: 識別子 380, 454
identity function: 恒等函数 458
imaginary part: 虚部 587
imperative: 命令的 394
implication: 含意 352
impossible object: 不可能物体 704
inclusive or: 包含的論理和 355
indent: 字下げ・インデント 350
index: 指数 818

inexact number: 限定数 452
infinite descent: 無限降下法 314
infinite product: 無限乗積 527
infix notation: 中置記法 348, 417
initial value: 初期値 526
inner product: 内積 600
integer: 整数 584
integration: 積分 748
intensive notation: 内包記法 345
interactive mode: 対話モード 386
internal definitions: 内部定義 417
interpreter: インタープリタ 385
intersection: 共通部分 348, 781
inverse matrix: 逆行列 603
inverse trigonometric function: 逆三角函数 585
lambda abstraction: ラムダ抽象 398
lambda calculus: ラムダ算法 398
lambda notation: ラムダ記法 371
lambda term: ラムダ項 398
lateral axis: 左右軸 701
lattice point: 格子点 673
law of the excluded middle: 排中律 ... 351
leaf node: 葉 380
least common multiple: 最小公倍数 .. 614
leftmost innermost reduction: 最左最内簡約 408
leftmost reduction: 最左簡約 408
lemniscate: レムニスケート 752
lexical analysis: 字句解析 381
lexical closure: レキシカル・クロージャ . 421
lexical scope: レキシカル・スコープ .. 421
linear congruential method: 線型合同法 . 742
linear interpolation: 線型補間 730
list: リスト 375, 377
literal: リテラル 380
local environment: 局所環境 412
local variables: 局所変数 412
logarithmic function: 対数函数 585
logical connective: 論理結合子 352
logical product: 論理積 352
logical sum: 論理和 352
logically equivalent: 論理的同値 ... 354
logic: 論理学 351
longitudinal axis: 前後軸 701
loop invariant assertion: ループ不変表明 . 488
lower dots: 下打点 784
macro: マクロ 453
mapping: 写像 369
mathematical induction: 数学的帰納法 . 368
matrix: 行列 596
member: 元 343
memoize: メモ化 593
modulus: 法 612
multiple: 倍数 615

multiplicative function: 乗法的函数 · · · 804
mutual recursion: 相互再帰 · · · · · · · 448
named let: 名前附き let · · · · · · · · 475
nameless function: 無名函数 · · · · · · 371
natural number: 自然数 · · · · · · · · · 364
negation: 否定 · · · · · · · · · · · · · · 352
nested structure: 入れ子構造 · · · · · · 340
nil: ニル · · · · · · · · · · · · · · · · · 338
node: 節 · · · · · · · · · · · · · · · · · 380
nondeterministic computation: 非決定性計算 549
normal order strategy: 正規戦略 · · · · 408
normal-order evaluation: 正規順序の評価 391
number: 数 · · · · · · · · · · · · · · · 533
numeral: 数字 · · · · · · · · · · · · · · 533
numerical calculation: 数値計算 · · · · 588
odd number: 奇数 · · · · · · · · · · · · 471
operand: オペランド · · · · · · · · · · 362
operator: オペレータ · · · · · · · 362, 394
ordered pair: 順序対 · · · · · · · 346, 370
order: 位数 · · · · · · · · · · · · · · · · 817
pair: 対 · · · · · · · · · · · · · · 343, 447
pangram: パングラム · · · · · · · · · · 345
parameter: 引数 · · · · · · · · · · · · · 413
parent node: 親 · · · · · · · · · · · · · 380
parenthesis: 丸括弧 · · · · · · · · · · · 342
pattern: パターン · · · · · · · · · · · · 454
perfect number: 完全数 · · · · · · · · · 616
permutation: 順列 · · · · · · · · · · · · 517
pitch axis: ピッチ軸 · · · · · · · · · · · 701
place holder: プレースホルダー · · · · 401
polar coordinate system: 極座標系 · · · 587
polyhedron: 多面体 · · · · · · · · · · · ·32
pop: ポップ · · · · · · · · · · · · · · · 536
port: ポート · · · · · · · · · · · · · · · 641
postfix notation: 後置記法 · · · · · · · 417
power set: 冪集合 · · · · · · · · · · · · 782
predecessor: 前任函数 · · · · · · · · · 481
predicate: 述語 · · · · · · · · · 352, 390, 441
prefix notation: 前置記法 · · · · · 347, 387
prime power factorization: 素数冪分解 · · 617
primitive root: 原始根 · · · · · · · · · · 817
principle of bivalence: 二値原理 · · · · 351
probabilistic algorithm: 確率的アルゴリズム 770
procedure application: 手続適用 · · · · 415
procedure: 手続 · · · · · · · · · 387, 394
promise: 約束 · · · · · · · · · · · · · · 456
prompt: プロンプト · · · · · · · · · · · 385
proper list: 真性リスト · · · · · · · · · 379
proposition: 命題 · · · · · · · · · · · · 351
pseudo-scalar: 擬スカラー · · · · · · · 687
pseudoprime number: 擬似素数 · · · · 788
pseudorandom numbers: 擬似乱数 · · · · 741
purely imaginary quaternion: 純虚四元数 716
push: プッシュ · · · · · · · · · · · · · 536
quadratic reciprocity: 相互法則 · · · · · 824
quadratic residue: 平方剰余 · · · · · · · 824
quaternion: 四元数 · · · · · · · · 292, 713
queue: キュー · · · · · · · · · · · · · · 537
quine: クワイン · · · · · · · · · · · · · 580
quotation: 引用 · · · · · · · · · · · · · 428
quotient: 商 · · · · · · · · · · · · · · · 612
rabbit$o$: "ラビっと" · · · · · · · · · · 594
radian: 弧度 · · · · · · · · · · · · · · · 585
radius: 半径 · · · · · · · · · · · · · · · 588
random numbers: 乱数 · · · · · · · · · 741
range: 値域 · · · · · · · · · · · · · · · 369
real part: 実部 · · · · · · · · · · · · · · 587
reciprocal number: 逆数 · · · · · · · · 521
rectangular coordinate system: 直交座標系 587
recurrence formula: 漸化式 · · · · · · · 742
recursion case: 再帰部 · · · · · · · · · 366
recursion: 再帰 · · · · · · · · · · · · · 365
regular dodecahedron: 正十二面体 · · · ·32
regular hexahedron: 正六面体 · · · · · ·32
regular icosahedron: 正二十面体 · · · · ·32
regular octahedron: 正八面体 · · · · · ·32
regular tetrahedron: 正四面体 · · · · · ·32
reinventing the wheel: 車輪の再発明 · · 833
relatively prime: 互いに素 · · · · · · · 804
remainder: 剰余 · · · · · · · · · · · · · 612
repeated combination: 重複組合せ · · · 519
repeated permutation: 重複順列 · · · · 801
repeating decimal: 循環小数 · · · · · · 623
rest parameter: 残余パラメータ · · · · 423
reverse: 逆 · · · · · · · · · · · · · · · · 357
roll axis: ロール軸 · · · · · · · · · · · · 700
root: 根 · · · · · · · · · · · · · · · · · · 380
row vector: 行ベクトル · · · · · · · · · 599
rudder: 方向舵 · · · · · · · · · · · · · · 701
safe prime: 安全素数 · · · · · · · · · · 768
scalar: スカラー · · · · · · · · · · · · · 600
scope: スコープ · · · · · · · · · · · · · 421
seed: 種 · · · · · · · · · · · · · · · · · 742
selector: 選択子 · · · · · · · · · · · · · 406
self-reference: 自己参照 · · · · · · · · 365
set theory: 集合論 · · · · · · · · · · · · 342
set: 集合 · · · · · · · · · · · · · · · · · 780
shadow: 隠蔽 · · · · · · · · · · · · · · 432
simple proposition: 単純命題 · · · · · · 352
sine: サイン · · · · · · · · · · · · · · · 286
singleton: シングルトン · · · · · · · · 344
sort: ソート · · · · · · · · · · · · · · · 649
special from: 特殊形式 · · · · · · · · · 413
special theory of relativity: 特殊相対性理論 410

869

spherical linear interpolation: 球面線型補間	731
square matrix: 正方行列	604
square number: 二乗数	516
square root : 平方根	588
stack: スタック	536
statement: 陳述	351
stream computation: ストリーム計算	784
stream: ストリーム	784
string: 文字列	532
sub set: 部分集合	782
subterm: 部分項	404
successive squaring: 逐次平方	491
successor: 後任函数	363, 481
summation: 総和	526
symbol: シンボル	380
syntax sugar: 糖衣構文	411
syntax: 構文	413
tail recursion: 末尾再帰	488, 592
tangent: タンジェント	286
tau function: τ 函数	618
tautology: 恒真式・トートロジー	358
template: テンプレート	454
text editor: テキスト・エディタ	641
token: トークン	381
top level: トップレベル	385
top-level definition: トップレベル定義	411
tower of definitions: 定義の塔	486
transformation matirix: 変換行列	609
transformation: 変換	369
transposed matrix: 転置行列	599
tree structure: 木構造	380
trigonometric function: 三角函数	585
triple: 三つ組	345
true: 真	351
truth table: 真理表	354
tuple: タプル	345
twin prime: 双子素数	549
type: 型	449
undefined term: 無定義用語	342
union: 合併	347, 781
unit matrix: 単位行列	604
unit quaternion: 単位四元数	718
universal set: 全体集合	782
variable reference: 変数参照	415
vertical axis: 上下軸	701
von Staudt-Clausen's theorem: フォン・シュタウト–クラウゼンの定理	686
well-formed formula: 論理式	352
whitespace charactor: 空白文字	375
witness: 証人	771
yaw axis: ヨー軸	701
zero matrix: ゼロ行列	607
zeta function: ゼータ函数	522

■ テーマ別 ■

一次合同式
　具体例 ····· 127
　コード ····· 814
　理論 ····· 126

1 の n 乗根
　具体例 ····· 275
　コード ····· 587

エラトステネスの篩
　具体例 ····· 8
　コード ····· 638
　人物 ····· 25

オイラーの函数
　具体例 ····· 113
　コード ····· 804
　証明 ····· 196

オイラーの定理
　人物 ····· 123
　理論 ····· 163

黄金数
　コード ····· 679
　視覚化 ····· 733
　理論 ····· 244

階乗
　具体例 ····· 16
　コード ····· 443, 494, 520, 574, 576, 795
　定義 ····· 14

ガウス素数
　具体例 ····· 308
　コード ····· 762

カタラン数
　具体例 ····· 64
　コード ····· 673
　理論 ····· 152

完全数
　具体例 ····· 33
　コード ····· 616, 791

組合せ
　具体例 ····· 143
　コード ····· 802

原始根
　具体例 ····· 171
　コード ····· 817
　証明 ····· 299–301
　理論 ····· 161

公開鍵暗号
　具体例 ····· 325
　コード ····· 827

互除法
　コード ····· 612, 820
　理論 ····· 19

コラッツの問題

索引

具体例 76
コード 648
座標と廻転
　応用 320
　虚空間 719
　具体例 283
　コード 702
　視覚化 (二次元) 705
　視覚化 (三次元) 712
　理論 698
シーザー暗号
　具体例 318
　コード 534
四元数
　応用 730
　具体例 292
　コード 716, 725
指数 (合同式)
　コード 818
　理論 176
自然数
　具体例 2
　コード 785
　定義 364
集合
　具体例 222
　コード 780
　定義 342
重複組合せ
　具体例 147
　コード 802
巡廻数
　具体例 73, 214
　コード 625, 647
循環小数
　具体例 209
　コード 623
　視覚化 737
　理論 228
順列
　具体例 137
　コード 802
親和数
　具体例 35
　コード 622
ストリーム計算
　階乗 795
　過剰数 791
　完全数 791
　自然数 785
　素数 790
　遅延 426, 445, 456, 784
　フィボナッチ数 792

ゼータ函数
　具体例 251
　コード 522, 686
素数
　具体例 7
　コード 790
　証明 23
ディオファントス方程式
　具体例 96
　コード 822
二次合同式
　コード 815
　理論 298
パスカルの三角形
　具体例 60
　コード 654
　人物 78
　理論 153
ピタゴラス数
　コード 760
　理論 42
フィボナッチ数列
　具体例 68
　コード 590, 792
　人物 79
フェルマー数
　具体例 17
　コード 622
フェルマーの小定理
　人物 49
　理論 157
双子素数
　具体例 15
　コード 768
平方剰余
　具体例 180
　コード 824
　証明 197
　人物 195
　理論 185
ベルヌーイ数
　具体例 94
　コード 682
　理論 248
名歌・迷歌
　萬葉集 . . . 84, 219, 297, 467, 628, 823
　迷歌 373, 448
メルセンヌ数
　具体例 13
　人物 78
連分数
　具体例 242
　コード 679

論理式
 コード ・・・・・・・・・・・・・・780
 定義 ・・・・・・・・・・・・・・・352

■ 余談 ■

かのように ・・・・・・・・・・・・・789
ベクトルの定義 ・・・・・・・・・・・610
科学者・技術者の為のイラスト入門講座 595
記号の工夫 ・・・・・・・・・・・・・338
鋸引き ・・・・・・・・・・・・・・・503
計算機言語の抽象化 ・・・・・・・・・525
劇中劇 ・・・・・・・・・・・・・・・427
自己言及の捧げもの ・・・・・・・・・366
小学生にもチューリングを! ・・・・・636
証明の発想 ・・・・・・・・・・・・・368
数学と「鳩の巣」について ・・・・・・215
数学基礎論と計算機工学 ・・・・・・・410
謎の返信 ・・・・・・・・・・・・・・832
発見された言語 ・・・・・・・・・・・381
分割統治 ・・・・・・・・・・・・・・374
無意味を考える ・・・・・・・・・・・341
名附の問題 ・・・・・・・・・・・・・397
論理的な文章とは何か ・・・・・・・・360

■ 逆引き ■

値を丸めるには
 adjust-of ・・・・・・・・・・・473
大きさ順に整列させるには
 sort ・・・・・・・・・・・・・650
カウンタを作るには
 generator ・・・・・・・・・・・440
画面表示をするには
 display ・・・・・・・・・・・・510
グラフ (2 次元) を描くには
 gnuplot (plot) ・・646, 659, 663, 667, 703, 738, 749
グラフ (3 次元) を描くには
 gnuplot (splot) ・・・・・・・708, 755
繰り返し処理には
 named let ・・・・・・・・・・・475
再帰の内部定義には
 letrec ・・・・・・・・・・・・・435
式を列挙するには
 begin ・・・・・・・・・・・・・419
指定要素のみ取り出すには
 filter ・・・・・・・・・・・・・513
指定要素のみ取り除くには
 remove ・・・・・・・・・・・・514
白黒濃淡を使うには
 monochrome ・・・・・・・・・671
数値データの型を知るには
 type-of ・・・・・・・・・・・・451

数のリストを作るには
 iota ・・・・・・・・・・・・・・478
数を数字にするには
 digit->string ・・・・・・・・・533
大域脱出をするには
 call/cc ・・・・・・・・・・・・464
多色指定を行うには
 colors ・・・・・・・・・・・・・667
遅延リストを作るには
 s-cons ・・・・・・・・・・・・・456
逐次平方計算をするには
 sq** ・・・・・・・・・・・・・・491
内部要素まで逆転させるには
 reverse-all ・・・・・・・・・・501
引数の書法を選ぶには
 ドット末尾記法 ・・・・・・・・・422
非数値データの型を知るには
 type-check ・・・・・・・・・・449
ファイル・ポートを閉じるには
 call/in ・・・・・・・・・・・・642
ファイル・ポートを開くには
 call/out ・・・・・・・・・・・・642
ファイルから読込むには
 data->load ・・・・・・・・・・644
ファイルに記録するには
 save->file ・・・・・・・・・・・643
ファイルの位置を決めるには
 status ・・・・・・・・・・・・・643
分子分母を分けるには
 numerator,denominator ・・・・・・・684
マクロを作るには
 define-syntax ・・・・・・・・・453
map を分配するには
 dismap ・・・・・・・・・・・・517
文字を数値にするには
 char->integer ・・・・・・・・・533
リスト内の処理をするには
 flatmap ・・・・・・・・・・・・515
リストを平坦化させるには
 flatten ・・・・・・・・・・・・502
古典力学の入門には
 ・・・・・『ケプラー・天空の旋律』を
電磁気学の入門には
 ・『マクスウェル・場と粒子の舞踏』を
基礎数学の入門には
 ・・・・・・・・『オイラーの贈物』を
数学の文化的意義を知るには
 ・・・・・・・・・『虚数の情緒』を
再帰を体感するには
 ・・・・・・・・・・『素数夜曲』を

目次へ戻る→

著者紹介

吉田　武（よしだ　たけし）
京都大学工学博士（数理工学専攻）

東海大学出版会より刊行された著作に，
『虚数の情緒：中学生からの全方位独学法』2000年
　　――平成十二年度「技術・科学図書文化賞（最優秀賞）」受賞
『ノーベル物理学劇場・仁科から小柴まで：中学生が演じた素粒子論の世界』2003年
『私の速水御舟：中学生からの日本画鑑賞法』2005年
『新装版 オイラーの贈物：人類の至宝 $e^{i\pi}=-1$ を学ぶ』2010年
『はじめまして数学 リメイク』2014年
『はじめまして物理』2017年

がある．

表紙画　中野嘉之
挿絵　　大高郁子

素数夜曲 ― 女王陛下のLISP
（そすうやきょく じょおうへいか）

2012年 6月28日　第1版第1刷発行
2017年 1月30日　第1版第3刷発行

著　者	吉田　武
発行者	橋本敏明
発行所	東海大学出版部
	〒259-1292
	神奈川県平塚市北金目4-1-1
	TEL：0463-58-7811　FAX：0463-58-7833
	振替　00100-5-46614
	URL：http://www.press.tokai.ac.jp/
印刷所	株式会社真興社
製本所	誠製本株式会社

© YOSHIDA Takeshi, 2012　　　　　ISBN978-4-486-01924-4

Ⓡ〈日本複製権センター委託出版物〉
本書の全部または一部を無断で複写複製（コピー）することは，著作権法上の例外を除き，禁じられています．本書から複写複製する場合は日本複製権センターへご連絡の上，許諾を得てください．日本複製権センター（電話 03-3401-2382）

1/7

1/17

1/11

1/97

1/13

1/2539

22/7   π

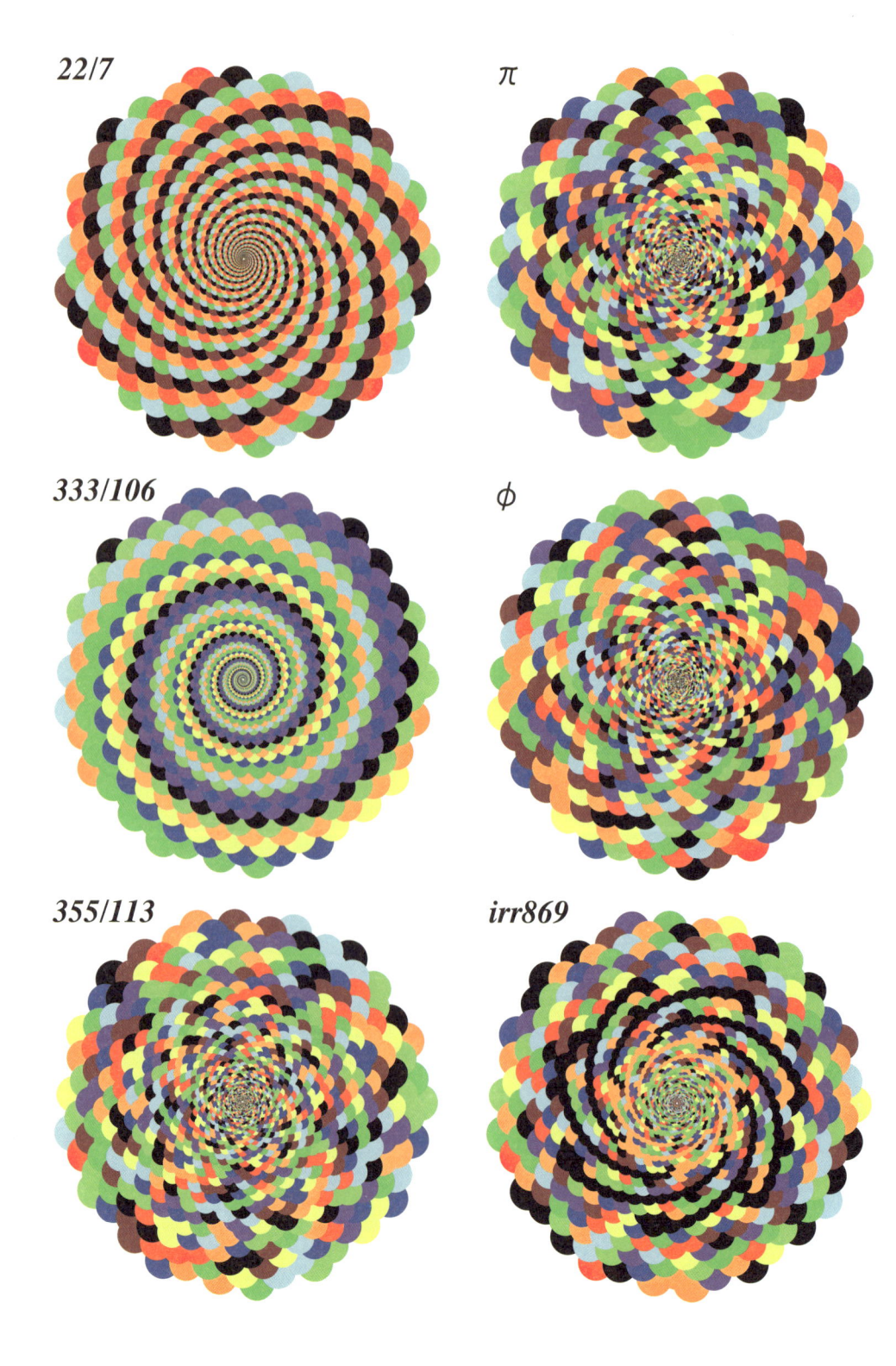

333/106   φ

355/113   *irr869*

n=2

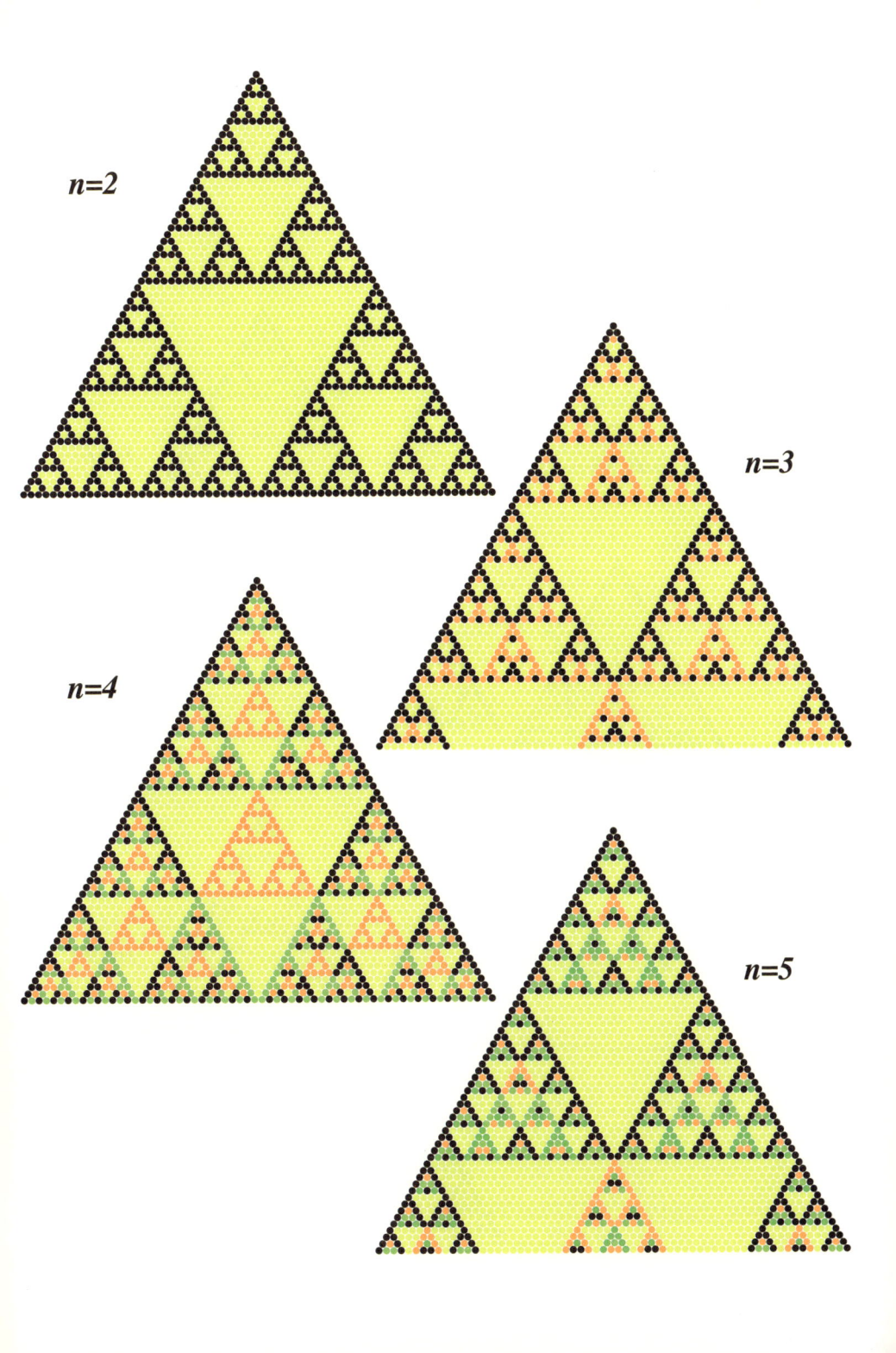

n=3

n=4

n=5

n=6

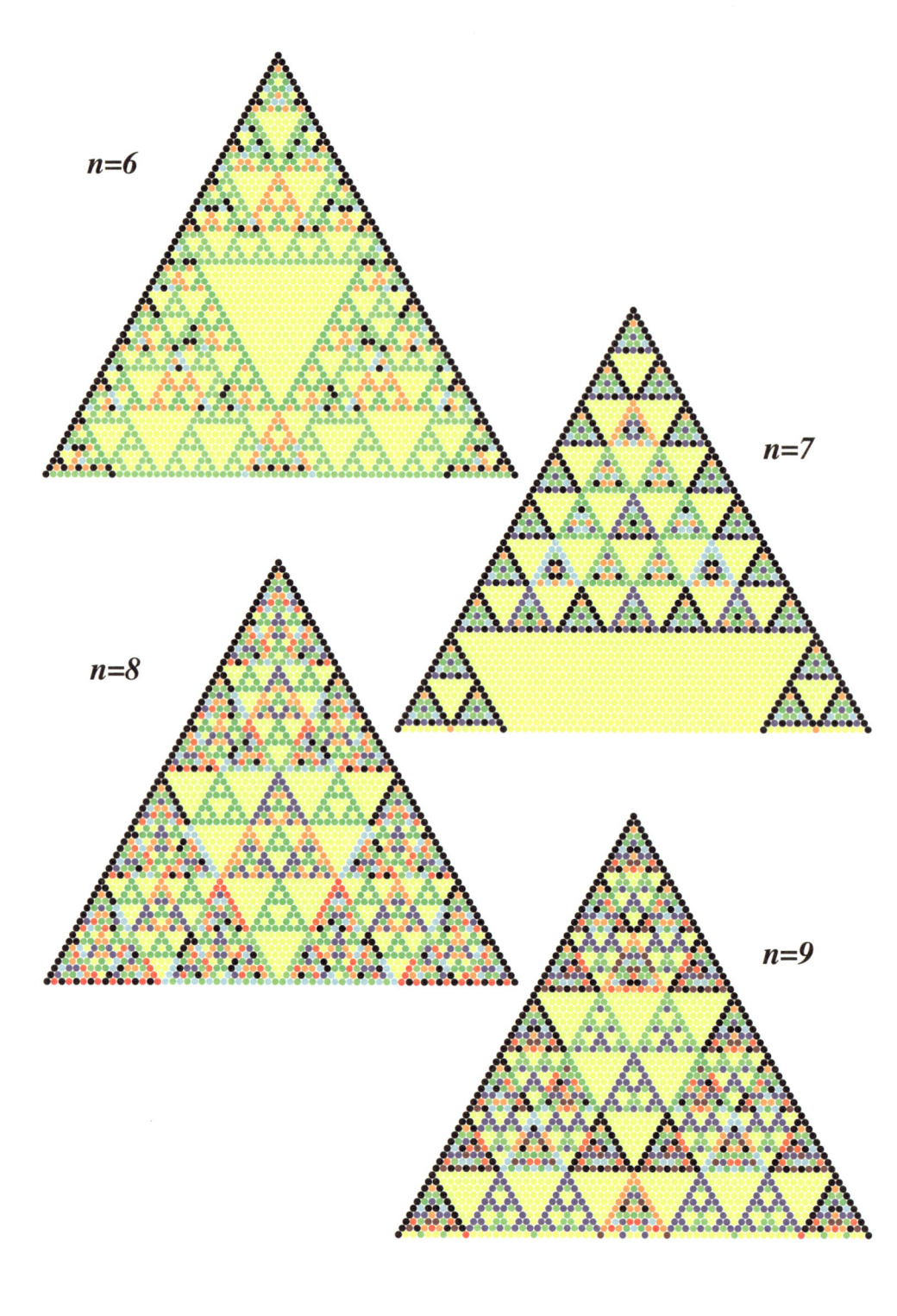

n=7

n=8

n=9

n=10

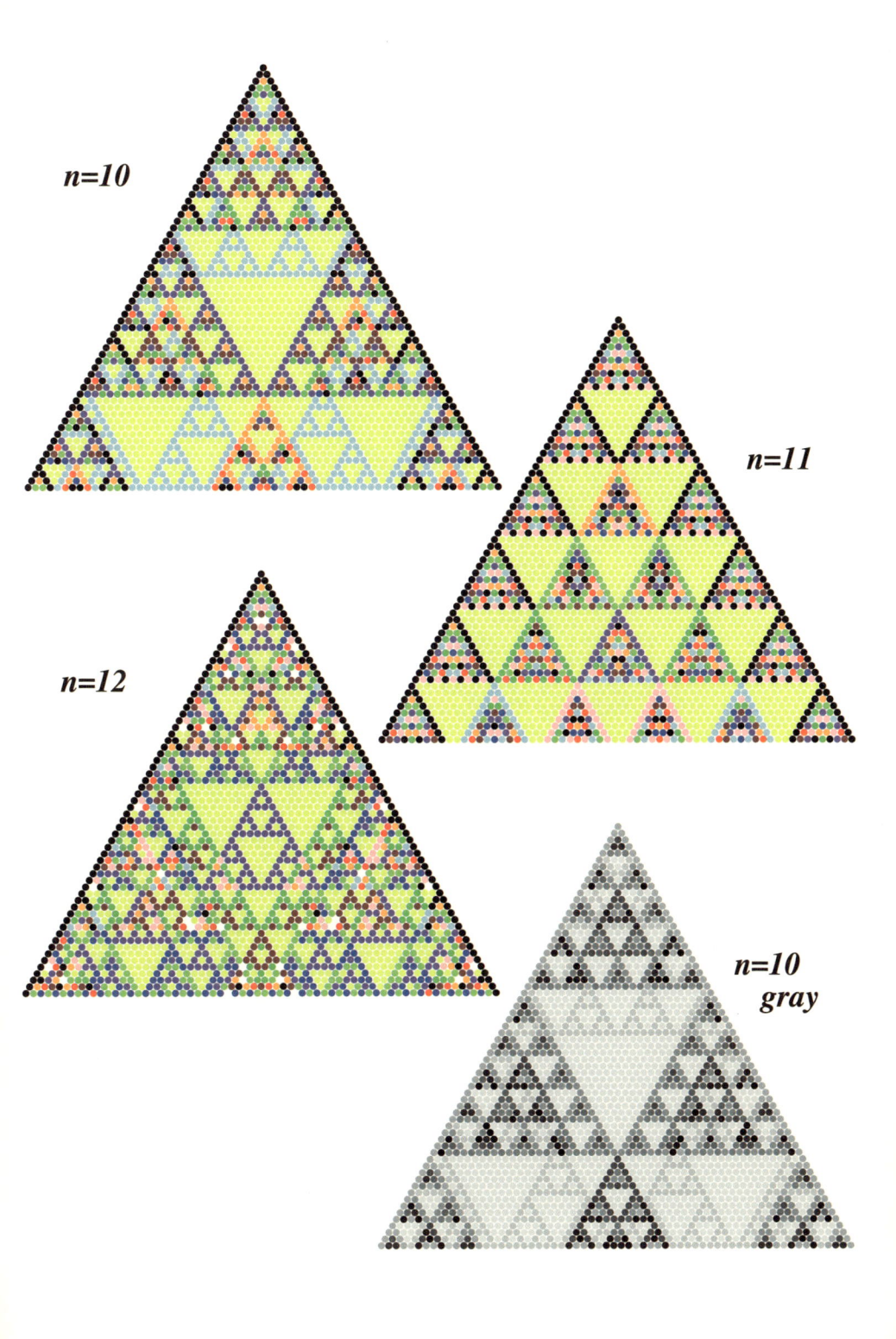

n=11

n=12

n=10 gray

Pascal's Zoo

虚数の情緒—中学生からの全方位独学法
吉田　武　著　　　　　　　　　　　　　　　　　　　　定価（本体 4300 円＋税）
虚数を軸に人類文化の全体的把握をめざした二十世紀最後の大著．

新装版 オイラーの贈物—人類の至宝 $e^{i\pi}=-1$ を学ぶ
吉田　武　著　　　　　　　　　　　　　　　　　　　　定価（本体 1800 円＋税）
名著復活．予備知識一切無用の完全独習書！数学美の頂点に誘う迫力の500頁．

ノーベル物理学劇場・仁科から小柴まで　中学生が演じた素粒子論の世界
吉田　武　著　　　　　　　　　　　　　　　　　　　　定価（本体 1600 円＋税）
身近な題材を用い，斬新な発想，大胆な比喩と軽妙な図版で素粒子の世界を易しく紹介．

私の速水御舟—中学生からの日本画鑑賞法
吉田　武　著　　　　　　　　　　　　　　　　　　　　定価（本体 2400 円＋税）
夭折の天才画家に迫る私的で詩的な案内書．付録では「日本画の絶対的定義」を試みる．

はじめまして数学　リメイク
吉田　武　著／大高郁子　イラスト　　　　　　　　　　定価（本体 2700 円＋税）
三部構成，総ルビによる「小学生のための数学入門，大人のための再入門」の書．

はじめまして物理
吉田　武　著／大高郁子　イラスト　　　　　　　　　　定価（本体 2700 円＋税）
小学生のための物理入門，大人のための再入門の書．初等幾何学から始め物理の基本"力"を縦横に論じる．

正多面体を解く ［TOKAI LIBRARY］
一松　信　著　　　　　　　　　　　　　　　　　　　　定価（本体 2000 円＋税）
美しい規則性とその構成，作り方などを解説．数学と芸術の境界を楽しめる．

ガードナーのおもしろ科学実験
マーティン・ガードナー　著／　　　　　　　　　　　　定価（本体 1400 円＋税）
秋山　仁　監訳，川北真由美・松永清子　訳
身近な道具を使った，誰にでもできる数学・化学・物理・心理学などの実験を紹介．

数学は生きている—身近に潜む数学の不思議
テオニ・パパス　著／　　　　　　　　　　　　　　　　定価（本体 2700 円＋税）
秋山　仁　監訳，中村義作・松永清子・小舘崇子　訳
私たちの身のまわりにある数学的なことがらを，やさしく紹介する．

眺めて愉しむ数学　証明の展覧会 I・II
ロジャー・B・ニールセン　著／　　　　　　　　　　　定価各（本体 2200 円＋税）
秋山　仁・奈良知惠・酒井利訓　訳
数学の定理や公式を，図を用いて視覚的に解説．直感と証明の間をつなぐ．